全国勘察设计注册公用设备工程师

暖通空调专业考试复习教材

（2022 年版）

全国勘察设计注册工程师公用设备专业管理委员会秘书处　组织编写

中国建筑工业出版社

图书在版编目(CIP)数据

全国勘察设计注册公用设备工程师暖通空调专业考试复习教材：2022年版／全国勘察设计注册工程师公用设备专业管理委员会秘书处组织编写. — 北京：中国建筑工业出版社，2022.1

ISBN 978-7-112-26914-3

Ⅰ．①全… Ⅱ．①全… Ⅲ．①建筑工程－供热系统－资格考试－自学参考资料②建筑工程－通风系统－资格考试－自学参考资料③建筑工程－空气调节系统－资格考试－自学参考资料 Ⅳ．①TU83

中国版本图书馆 CIP 数据核字(2021)第 248834 号

责任编辑：张文胜
责任校对：焦 乐

全国勘察设计注册公用设备工程师暖通空调专业考试复习教材（2022年版）
全国勘察设计注册工程师公用设备专业管理委员会秘书处 组织编写
*
中国建筑工业出版社出版、发行（北京海淀三里河路9号）
各地新华书店、建筑书店经销
北京红光制版公司制版
北京君升印刷有限公司印刷
*
开本：787毫米×1092毫米 1/16 印张：52 插页：1 字数：1265千字
2022年1月第一版 2022年1月第一次印刷
定价：**189.00**元
ISBN 978-7-112-26914-3
（38656）
版权所有 翻印必究
如有印装质量问题，可寄本社图书出版中心退换
（邮政编码100037）

前　言

《全国勘察设计注册公用设备工程师暖通空调专业考试复习教材》（简称"复习教材"）出版以来，帮助暖通空调专业考生了解考试大纲的主要内容，加深理解执业资格考试的试题特点和形式，全面复习本专业的基本知识，加强专业理论在工程设计实践中的应用等方面都起到了很好的作用。

近年来，住房城乡建设主管部门日益重视和推广"绿色建筑"的设计理念，并出台了相关的设计规范和绿色建筑评价标准等。节约资源和保护环境是我国的基本国策，推进节能减排工作，加快建设资源节约型、环境友好型社会是国家的重要战略任务。暖通空调专业的工程技术人员更应对这方面的内容有准确、全面的理解，并在工程建设实践中加以应用。

复习教材以考试大纲为依据，以暖通注册工程师应掌握的专业基本知识为重点，紧密联系工程实践，运用设计规范、标准融理论性、技术性、实用性为一体；力求准确体现考试大纲中"了解、熟悉、掌握"三个不同层次的要求。参加执业资格考试人员认真复习本教材后，不仅能掌握专业知识和正确运用设计标准、规范进行工程设计，并且对处理工程实际问题的综合分析、应用能力也会有所收益。因此，本书还可以作为本专业技术人员从事工程咨询设计、工程建设项目管理、专业技术管理的辅导读本和高等学校师生教学、学习参考用书。

本书共分为6章，章目名称、编者姓名、所在单位分别是：

第1章供暖　金丽娜（中国建筑东北设计研究院有限公司）、艾为学（中机中联工程有限公司）、李安桂（西安建筑科技大学）。

第2章通风　张小慧（中国五洲工程设计有限公司）、叶鸣（中国航空规划设计研究总院有限公司）、沈恒根（东华大学）、艾为学（中机中联工程有限公司）。

第3章空气调节　潘云钢（中国建筑设计研究院有限公司）、叶大法（华东建筑设计研究院有限公司）、江元升（信息产业电子第十一设计研究院科技工程股份有限公司）。

第4章制冷与热泵技术　艾为学（中机中联工程有限公司）、冀兆良（广州大学）。

第5章绿色建筑　虞永宾（中国海诚工程科技股份有限公司）、李百战（重庆大学）、艾为学（中机中联工程有限公司）。

第6章民用建筑房屋卫生设备和燃气供应　艾为学（中机中联工程有限公司）。

主编：艾为学（中机中联工程有限公司）。

主要审核人员：艾为学（中机中联工程有限公司）、李娥飞（中国建筑设计研究院有限公司）、罗继杰（中国人民解放军空军工程设计局）、张家平（机械工业第六设计研究院有限公司）、李先庭（清华大学）。

主要审查人员：孟详恩、毛文中（全国勘察设计注册工程师公用设备专业管理委员会秘书处）。

本书是在前三版的基础上编写而成，前三版的编写人员分别是（以章节编写为序）：

第一版：赵先智、李安桂、沈恒根、张春风、胡仰耆、王唯国、龙惟定、艾为学、刘宪英、曹越、孙敏生（审核人员：彦启森、张家平）。

第二版：赵先智、李安桂、王随林、沈恒根、张春风、张小慧、李著萱、胡仰耆、王唯国、龙惟定、潘云钢、艾为学、刘宪英、曹越、孙敏生（审核人员：彦启森、张家平、吴德绳）。

第三版：金丽娜、艾为学、李安桂、张小慧、叶鸣、沈恒根、潘云钢、叶大法、江元升、冀兆良、虞永宾、李百战（审核人员：艾为学、李娥飞、罗继杰、张家平、李先庭）。

参加复习教材编写的专家，具有深厚、扎实的理论造诣；丰富的工程实践经验以及对规范、标准的准确理解；为复习教材的精心编写付出了辛勤劳动。编者所在单位对编写工作给予了关心和帮助。在此，对他们一并表示衷心感谢。

由于复习教材编写期间，恰逢本专业的有关标准、规范刚刚发布或已经处于上报待批，或正处于重新修编阶段，又兼编写专家都是在岗工作，时间紧张，因此难免存在不足与错误之处，承望广大读者提出宝贵意见，以便再版时修改完善。

复习教材围绕考试大纲编写，鉴于近年来涉及本专业的标准、规范新增、修订的速度加快，为使本书涉及的相关内容能够与现行标准规范保持一致，在全书主体结构不变的前提下，会在每一年度印刷时，按照上一年度已经实施的标准规范，进行相应内容的修改。出版的书名将冠以出版年号表示，如：2022 年版，特此说明。

全国勘察设计注册工程师公用设备专业管理委员会秘书处
2022 年 1 月

目　录

第1章 供 暖

1.1 建筑热工与节能

1.1.1 建筑热工设计及气候分区要求

建筑热工设计应与地区气候相适应,《民用建筑热工设计规范》GB 50176—2016 将我国划分为五个建筑热工设计气候区域:严寒地区、寒冷地区、夏热冬冷地区、夏热冬暖地区和温和地区。全国建筑热工设计划分为两级。建筑热工设计一级区划指标及设计原则应符合表 1.1-1 的规定。建筑热工设计二级区划指标应符合表 1.1-2 的规定。二级区划的设计要求,按现行国家标准《民用建筑热工设计规范》GB 50176 的规定执行。

建筑热工设计分区及设计要求　　　　　　　　　　　　表 1.1-1

分区名称	分 区 指 标		设计要求
	主要指标	辅助指标	
严寒地区	最冷月平均温度≤-10℃	日平均温度≤5℃的天数≥145d	必须充分满足冬季保温要求,一般可不考虑夏季防热
寒冷地区	最冷月平均温度0～-10℃	日平均温度≤5℃的天数为90～145d	应满足冬季保温要求,部分地区兼顾夏季防热
夏热冬冷地区	最冷月平均温度0～10℃,最热月平均温度25～30℃	日平均温度≤5℃的天数为0～90d,日平均温度≥25℃的天数为40～110d	必须满足夏季防热要求,适当兼顾冬季保温
夏热冬暖地区	最冷月平均温度>10℃,最热月平均温度25～29℃	日平均温度≥25℃的天数为100～200d	必须充分满足夏季防热要求,一般可不考虑冬季保温
温和地区	最冷月平均温度0～13℃,最热月平均温度18～25℃	日平均温度≤5℃的天数为0～90d	部分地区应考虑冬季保温,一般可不考虑夏季防热

建筑热工设计二级区划依据不同的供暖度日数(HDD18)和空调度日数(CDD26)范围划分,如表 1.1-2 所示。

建筑热工设计二级区划指标　　　　　　　　　　　　表 1.1-2

二级区划名称		区划指标		二级区划名称	区划指标	
严寒地区	严寒(1A)区	6000≤HDD18		夏热冬冷B区(3B)	700≤HDD18<1200	
	严寒(1B)区	5000≤HDD18<6000		夏热冬暖A区(4A)	500≤HDD18<700	
	严寒(1C)区	3800≤HDD18<5000		夏热冬暖B区(4B)	HDD18<500	
寒冷地区	寒冷(2A)区	2000≤HDD18<3800	CDD26≤90	温和A区(5A)	CDD26<10	700≤HDD18<2000
	寒冷(2B)区		CDD26>90	温和B区(5B)		HDD18<700
夏热冬冷A区(3A)		1200≤HDD18<2000				

《公共建筑节能设计标准》GB 50189—2015 给出了代表城市的公共建筑热工二级区划，见表1.1-3。

代表城市建筑热工设计分区　　　　　　表1.1-3

气候分区及气候子区		代 表 城 市
严寒地区	严寒A区	博克图、伊春、呼玛、海拉尔、满洲里、阿尔山、玛多、黑河、嫩江、海伦、齐齐哈尔、富锦、哈尔滨、牡丹江、大庆、安达、佳木斯、二连浩特、多伦、大柴旦、阿勒泰、那曲
	严寒B区	
	严寒C区	长春、通化、延吉、通辽、四平、抚顺、阜新、沈阳、本溪、鞍山、呼和浩特、包头、鄂尔多斯、赤峰、额济纳旗、大同、乌鲁木齐、克拉玛依、酒泉、西宁、日喀则、甘孜、康定
寒冷地区（A区、B区）		丹东、大连、张家口、承德、唐山、青岛、洛阳、太原、阳泉、晋城、天水、榆林、延安、宝鸡、银川、平凉、兰州、喀什、伊宁、阿坝、拉萨、林芝、喀什、北京、天津、石家庄、保定、邢台、济南、德州、兖州、郑州、安阳、徐州、运城、西安、咸阳、吐鲁番、库尔勒、哈密
夏热冬冷地区（A区、B区）		南京、蚌埠、盐城、南通、合肥、安庆、九江、武汉、黄石、岳阳、汉中、安康、上海、杭州、宁波、温州、宜昌、长沙、南昌、株洲、永州、赣州、韶关、桂林、重庆、达县、万州、涪陵、南充、宜宾、成都、遵义、凯里、绵阳、南平
夏热冬暖地区（A区、B区）		福州、莆田、龙岩、梅州、兴宁、英德、河池、柳州、贺州、泉州、厦门、广州、深圳、湛江、汕头、南宁、北海、梧州、海口、三亚
温和地区	温和A区	昆明、贵阳、丽江、会泽、腾冲、保山、大理、楚雄、曲靖、沪西、屏边、广南、兴义、独山
	温和B区	瑞丽、耿马、临沧、澜沧、思茅、江城、蒙自

1.1.2 围护结构传热阻

建筑物围护结构应通过传热阻计算确定，传热阻要满足冬季供暖节能要求，同时保证围护结构内表面温度符合卫生标准。

1. 围护结构传热阻

围护结构传热阻，应按下式计算：

$$R_0 = \frac{1}{\alpha_n} + R_j + \frac{1}{\alpha_w} \tag{1.1-1}$$

$$R_0 = R_n + R_j + R_w \tag{1.1-2}$$

式中　R_0——围护结构的传热阻，$m^2 \cdot K/W$；

α_n——围护结构内表面换热系数，$W/(m^2 \cdot K)$，见表1.1-4；

R_n——围护结构内表面换热阻，$m^2 \cdot K/W$，见表1.1-4；

α_w——围护结构外表面换热系数，$W/(m^2 \cdot K)$，见表1.1-5；

R_w——围护结构外表面换热阻，$m^2 \cdot K/W$，见表1.1-5；

R_j——围护结构本体的热阻，$m^2 \cdot K/W$。

围护结构的传热系数应按下式计算：

$$K = \frac{1}{R_0} = \frac{1}{\dfrac{1}{\alpha_n} + \Sigma \dfrac{\delta}{\alpha_\lambda \cdot \lambda} + R_k + \dfrac{1}{\alpha_w}} \tag{1.1-3}$$

式中　K——围护结构的传热系数，$W/(m^2 \cdot K)$；

　　　α_n——围护结构内表面换热系数，$W/(m^2 \cdot K)$，见表 1.1-4；

　　　α_w——围护结构外表面换热系数，$W/(m^2 \cdot K)$，见表 1.1-5；

　　　δ——围护结构各层材料厚度，m；

　　　λ——围护结构各层材料导热系数，$W/(m \cdot K)$；

　　　α_λ——材料导热系数修正系数，见表 1.1-6；

　　　R_k——封闭空气间层的热阻，$m^2 \cdot K/W$，见《民用建筑热工设计规范》GB 50176—
2016 附录 B.3。

内表面换热系数和内表面换热阻　　　　　　　　表 1.1-4

适用季节	表面特征	α_n $[W/(m^2 \cdot K)]$	R_n $(m^2 \cdot K/W)$
冬季和 夏季	墙面、地面、表面平整或有肋状突出物的顶棚，当 $h/s \leqslant 0.3$ 时	8.7	0.11
	有肋状突出物的顶棚，当 $h/s > 0.3$ 时	7.6	0.13

注：表中 $h =$ 肋高(m)；$s =$ 肋间净距(m)。

外表面换热系数和外表面换热阻　　　　　　　　表 1.1-5

适用季节	表面特征	α_w $[W/(m^2 \cdot K)]$	R_w $(m^2 \cdot K/W)$
冬季	外墙、屋面与室外空气直接接触的地面	23.0	0.04
	与室外空气相通的不供暖地下室上面的楼板	17.0	0.06
	闷顶和外墙上有窗的不供暖地下室上面的楼板	12.0	0.08
	外墙上无窗的不供暖地下室上面的楼板	6.0	0.17
夏季	外墙和屋面	19.0	0.05

对海拔 3000m 以上的地区，内表面换热系数和内表面换热阻，外表面换热系数和外表面换热阻应采用《民用建筑热工设计规范》GB 50176—2016 的规定值。

常用保温材料导热系数的修正系数 α_λ　　　　　　　表 1.1-6

材料	使用部位	修正系数 α_λ			
		严寒和寒冷地区	夏热冬冷地区	夏热冬暖地区	温和地区
聚苯板	室外	1.05	1.05	1.10	1.05
	室内	1.00	1.00	1.05	1.00
挤塑聚苯板	室外	1.10	1.10	1.20	1.05
	室内	1.05	1.05	1.10	1.05
聚氨酯	室外	1.15	1.15	1.25	1.15
	室内	1.05	1.10	1.15	1.10
酚醛	室外	1.15	1.20	1.30	1.15
	室内	1.05	1.05	1.10	1.05

材料	使用部位	修正系数 α_λ			
		严寒和寒冷地区	夏热冬冷地区	夏热冬暖地区	温和地区
岩棉、玻璃棉	室外	1.10	1.20	1.30	1.20
	室内	1.05	1.15	1.25	1.20
泡沫玻璃	室外	1.05	1.05	1.10	1.05
	室内	1.00	1.05	1.05	1.05

封闭空气间层热阻数值,其厚度分有 13mm、20mm、40mm、90mm 四种,依据热流方向(水平、倾斜还是垂直设置)、空气间层的平均温度、温差、辐射率,按《民用建筑热工设计规范》GB 50176—2016 的附录表 B.3 得出。热阻范围处于 $0.30\sim2.28\mathrm{m}^2\cdot\mathrm{K/W}$ 之间。

工业建筑的封闭空气间层热阻数值,见《工业建筑供暖通风与空气调节设计规范》GB 50019—2015 表 5.2.4-3。

2. 有顶棚的坡屋面的综合传热系数

有顶棚的坡屋面,当用顶棚面积计算其传热量时,屋面和顶棚的综合传热系数,可按下式计算:

$$K = \frac{K_1 \times K_2}{K_1 \times \cos\alpha + K_2} \tag{1.1-4}$$

式中 K_1 ——顶棚的传热系数,$\mathrm{W/(m^2 \cdot K)}$;

        K_2 ——屋面的传热系数,$\mathrm{W/(m^2 \cdot K)}$;

        α ——屋面和顶棚的夹角,(°)。

1.1.3 围护结构的最小传热阻

1. 民用建筑围护结构的最小热阻

民用建筑围护结构的最小热阻根据《民用建筑热工设计规范》GB 50176—2016 的规定,计算如下:

(1) 围护结构的内表面温度与室内空气温度 t_n(供暖房间取 18℃、非供暖房间取 12℃)的允许温差 $\Delta t_y = \dfrac{R_n}{R_O}(t_n - t_w)$(式中 R_O 为围护结构热阻):防结露时,$\leqslant (t_n - t_l)(\mathrm{K})$,$t_l$ 为室内空气露点温度;满足基本热舒适时,$\leqslant 3(\mathrm{K})$(墙体)、$\leqslant 4(\mathrm{K})$(楼、屋面、距地面超过 0.5m 且与土体接触的地下室外墙)。

(2) 不同地区,符合以上要求的围护结构热阻最小值 $R_{O,\min}$ 应按下式计算或按 GB 50176—2016 附录 D 表 D.1 的规定选用。

$$R_{O,\min} = \frac{(t_n - t_w)}{\Delta t_y} R_n - (R_n + R_w) \tag{1.1-5}$$

式中 $R_{O,\min}$ ——满足 Δt_y 要求的围护结构热阻最小值,$\mathrm{m^2 \cdot K/W}$;

        R_n,R_w ——依次是内表面换热阻,外表面换热阻,$\mathrm{m^2 \cdot K/W}$;

        t_w ——冬季室外计算温度,℃,按表 1.1-12 采用。

(3) 对不同材料和建筑不同部位的围护结构热阻最小值应按下式进行修正计算:

$$R_O = \varepsilon_1 \varepsilon_2 R_{O,min} \qquad (1.1\text{-}6)$$

式中　R_O ——修正后的围护结构热阻最小值，$m^2 \cdot K/W$；

　　　ε_1 ——围护结构密度修正系数，按表 1.1-7 选用；

　　　ε_2 ——建筑不同部位的温差修正系数，按表 1.1-8 选用。

热阻最小值的密度修正系数 ε_1 表 1.1-7

围护结构密度 $\rho(kg/m^3)$	$\rho \geqslant 1200$	$1200 > \rho \geqslant 800$	$800 > \rho \geqslant 500$	$\rho < 500$
修正系数 ε_1	1.0	1.2	1.3	1.4

注：围护结构密度 ρ 计算：自保温体系按围护结构实际构造计算，其余则应扣除保温层的构造后计算；空气间层完全处于墙体(屋面)材料一侧时，应扣除空气间层后的围护结构构造计算，否则按围护结构实际构造计算。

热阻最小值的温差修正系数 ε_2 表 1.1-8

部 位	修正系数 ε_2
与室外空气直接接触的围护结构	1.0
与有外窗的不供暖房间相邻的围护结构	0.8
与无外窗的不供暖房间相邻的围护结构	0.5

（4）居住建筑和公共建筑的围护结构传热阻，应满足现行行业标准《严寒和寒冷地区居住建筑节能设计标准》JGJ 26、《夏热冬冷地区居住建筑节能设计标准》JGJ 134、《夏热冬暖地区居住建筑节能设计标准》JGJ 75 及《公共建筑节能设计标准》GB 50189 的要求。

（5）门窗、幕墙、采光顶和地面保温设计的热阻，按《民用建筑热工设计规范》GB 50176—2016 的规定设计。

2. 设置全面供暖的工业建筑围护结构（除外窗、阳台门和天窗外）的最小热阻

根据《工业建筑供暖通风与空气调节设计规范》GB 50019—2015 的规定，计算如下：

围护结构的最小热阻，应按下式确定：

$$R_{O,min} = k \frac{a(t_n - t_w)}{\Delta t_y \alpha_n} \qquad (1.1\text{-}7)$$

或

$$R_{O,min} = k \frac{a(t_n - t_w)}{\Delta t_y} R_n \qquad (1.1\text{-}8)$$

式中　$R_{O,min}$ ——围护结构的最小热阻，$m^2 \cdot K/W$；

　　　t_n ——冬季室内计算温度，℃，按表 1.2-2 采用；

　　　t_w ——冬季室外计算温度，℃，按表 1.1-11 采用；

　　　a ——围护结构温差修正系数，按表 1.1-9 采用；

　　　Δt_y ——冬季室内计算温度与围护结构内表面温度的允许温差，℃，按表 1.1-10 采用；

　　　α_n ——围护结构内表面换热系数，$W/(m^2 \cdot K)$，按表 1.1-4 采用；

　　　R_n ——围护结构内表面换热阻，$m^2 \cdot K/W$，按表 1.1-4 采用；

　　　k ——最小热阻修正系数：砖石墙体取 0.95；外门取 0.60；其他取 1。

注：当相邻房间的温差大于 10℃时，内围护结构的最小传热阻，亦应通过计算确定。

温差修正系数 a 表 1.1-9

围护结构特征	a
外墙、屋顶、地面以及与室外相通的楼板等	1.00
闷顶和与室外空气相通的非供暖地下室上面的楼板等	0.90
与有外门窗的不供暖楼梯间相邻的隔墙（1～6 层建筑）	0.60
与有外门窗的不供暖楼梯间相邻的隔墙（7～30 层建筑）	0.50
非供暖地下室上面的楼板，外墙上有窗时	0.75
非供暖地下室上面的楼板，外墙上无窗且位于室外地坪以上时	0.60
非供暖地下室上面的楼板，外墙上无窗且位于室外地坪以下时	0.40
与有外门窗的非供暖房间相邻的隔墙	0.70
与无外门窗的非供暖房间相邻的隔墙	0.40
伸缩缝墙、沉降缝墙	0.30
防震缝墙	0.70

允许温差 Δt_y 值（℃） 表 1.1-10

建筑物及房间类别	外墙	屋顶
室内空气干燥或正常的工业企业辅助建筑物	7.0	5.5
室内空气干燥的生产厂房	10.0	8.0
室内空气湿度正常的生产厂房	8.0	7.0
室内空气潮湿的公共建筑、生产厂房及辅助建筑物： 当不允许墙和顶棚内表面结露时 当仅不允许顶棚内表面结露时	$t_n - t_l$ 7.0	$0.8(t_n - t_l)$ $0.9(t_n - t_l)$
室内空气潮湿且具有腐蚀性介质的生产厂房	$t_n - t_l$	$t_n - t_l$
室内散热量大于 50W/m³，且计算相对湿度不大于 50% 的生产厂房	12.0	12.0

注：1. 室内空气干湿程度的区分，应根据室内温度和相对湿度按表 1.1-9 确定；

2. 与室外空气相通的楼板和非供暖地下室上面的楼板，其允许温差 Δt_y 值可采用 2.5℃；

3. 表中 t_n——冬季室内计算温度，℃；t_l——在室内计算温度和相对湿度状况下的露点温度，℃。

室内干湿程度的区分 表 1.1-11

相对湿度（%）　　温度（℃） 类别	≤12	13～24	>24
干燥	≤60	≤50	≤40
正常	61～75	51～60	41～50
较湿	>75	61～75	51～60
潮湿	—	>75	>60

3. 冬季室外计算温度

确定围护结构最小传热阻时，冬季围护结构室外计算温度 t_w 应根据围护结构热惰性指标 D 值按表 1.1-12 采用。

冬季室外计算温度 表 1.1-12

围护结构热稳定性	计算温度（℃）
$D \geqslant 6.0$	$t_w = t_{wn}$
$4.1 \leqslant D < 6.0$	$t_w = 0.6 t_{wn} + 0.4 t_{p \cdot min}$
$1.6 \leqslant D < 4.1$	$t_w = 0.3 t_{wn} + 0.7 t_{p \cdot min}$
$D < 1.6$	$t_w = t_{p \cdot min}$

注：表中 t_{wn} 和 $t_{p \cdot min}$ 分别为供暖室外计算温度和累年最低日平均温度（℃）。

4. 提高围护结构传热阻值的措施

（1）采用轻质高效保温材料与砖、混凝土、钢筋混凝土、砌块等材料组成的复合保温构造。

（2）采用低导热系数的新型材料。

（3）采用带有封闭空气层复合构造。

（4）外墙宜内侧为重质材料的复合保温墙体，或内侧设置蓄热性能、相变材料。

（5）屋面材料应严格控制吸水率。

1.1.4 围护结构的防潮设计

防潮设计的主要任务是：对围护结构内部冷凝受潮情况进行验算，使供暖期间围护结构中保温材料因内部冷凝受潮而增加的重量湿度允许增量，应符合表 1.1-13 的规定。

供暖期间围护结构中保温材料重量湿度的允许增量 $\Delta \omega$ 表 1.1-13

序号	材 料 名 称	允许增量 $\Delta \omega$（%）
1	多孔混凝土（包括泡沫混凝土、加气混凝土等）$\rho_0 = 500 \sim 700 kg/m^3$	4
2	水泥膨胀珍珠岩和水泥膨胀蛭石等 $\rho_0 = 300 \sim 500 kg/m^3$	6
3	水泥纤维板	5
4	矿棉、岩棉、玻璃棉及其制品（板或毡）	5
5	模塑聚苯乙烯泡沫塑料（EPS）/挤塑聚苯乙烯泡沫塑料（XPS）	15/10
6	矿渣和炉渣填料	2

验算的方法：根据供暖期保温层内重量湿度允许增量，计算冷凝界面内侧所需的蒸汽渗透阻。

屋顶、外墙内部冷凝验算：外侧有卷材或其他密闭防水层的屋面、保温层外侧有密实保护层或保温层的蒸汽渗透系数较小的多层外墙，当内侧结构层的蒸汽渗透系数较大时，都要进行验算。

1. 防潮验算方法

（1）根据湿度允许增量，求出冷凝界面内侧所需的蒸汽渗透阻 $H_{0,n}$（m² · h · Pa/g）。

$$H_{0,n} = \frac{P_n - P_{b,f}}{\dfrac{10 \rho \delta_n [\Delta \omega]}{24Z} + \dfrac{P_{b,f} - P_w}{H_{0,w}}} \qquad (1.1-9)$$

式中 $H_{0,n}$——冷凝计算界面至围护结构外表面之间的蒸汽渗透阻，m² · h · Pa/g；

P_n——室内空气水蒸气分压，Pa，根据室内温湿度确定；

P_w——室外空气水蒸气分压，Pa，根据供暖期室外平均温度和平均相对湿度确定；

$P_{b,f}$——冷凝计算界面处与界面温度 θ_j 对应的饱和水蒸气分压，Pa，冷凝计算界面温度 θ_j（℃）按下式计算：

$$\theta_j = t_n - \frac{R_n + R_{0,n}}{R_0}(t_n - \bar{t}_w) \tag{1.1-10}$$

式中　t_n——室内计算温度，℃；

$\bar{t}_w$——供暖期室外平均温度，℃；

R_0、R_n——分别为围护结构传热阻和内表面换热阻，$m^2 \cdot K/W$；

$R_{0,n}$——冷凝计算界面至围护结构内表面之间的热阻，$m^2 \cdot K/W$；

Z——供暖期天数；

$[\Delta\omega]$——供暖期间保温材料重量湿度允许增量，%，见表1.1-14；

ρ——保温材料干密度，kg/m^3；

δ_n——保温材料厚度，m。

（2）对不设通风口的坡屋面，其顶棚部分的蒸汽渗透阻 $H_{0,n}$ 应满足下式要求：

$$H_{0,n} \geqslant 1.2(P_n - P_w) \tag{1.1-11}$$

式中　$H_{0,n}$——顶棚部分蒸汽渗透阻，$m^2 \cdot h \cdot Pa/g$。

单一均质材料层的蒸汽渗透阻 H（$m^2 \cdot h \cdot Pa/g$）：

$$H = \frac{\delta}{\mu} \tag{1.1-12}$$

式中　δ——材料层厚度，m；

μ——材料的蒸汽渗透系数，$g/(m \cdot h \cdot Pa)$。

对多层结构的蒸汽渗透阻按各层蒸汽渗透阻之和确定。

（3）围护结构任一层水蒸气分压计算

围护结构任一层水蒸气分压分布曲线不应与该界面饱和蒸汽分压曲线相交，若相交则内部有冷凝发生。任一层内界面的水蒸气分压 P_m（Pa）应按下式计算：

$$P_m = \frac{\sum_{j=1}^{m-1} H_j}{H_0}(P_n - P_w) \tag{1.1-13}$$

式中　$\sum_{j=1}^{m-1} H_j$——从室内一侧算起，由第1层到第 $m-1$ 层的蒸汽渗透阻之和，$m^2 \cdot h \cdot Pa/g$；

H_0——围护结构的总渗透阻，$m^2 \cdot h \cdot Pa/g$。

2. 表面结露验算

（1）冬季室外计算温度低于0.9℃时，应对围护结构进行内表面结露验算。

（2）进行外围护结构热工设计时，热桥处理应遵循下述原则：

1）提高热桥部位的热阻；

2）确保热桥和平壁部位的保温材料连续；

3）切断热流通路；

4）减少热桥中低热阻部分的面积；

5）降低热桥部位内外表面层材料的导温系数。

1.1.5 建筑热工节能设计

建筑物体形系数是指建筑物的外表面积和外表面积所包围的体积之比。体形系数的大小对建筑能耗的影响非常大。体形系数越小，单位建筑面积对应的外表面积越小，外围护结构的传热损失越小。依据严寒地区的气象条件，建筑物体形系数在0.3的基础上每增加0.01，能耗约增加2.4%～2.8%；每减少0.01，能耗约减少2.3%～3%。因而，从降低建筑能耗的角度出发，应该将体形系数控制在一个较小的水平上。

各个朝向窗墙面积比是指不同朝向外墙面上的窗、阳台门及幕墙的透明部分的总面积与所在朝向外墙面的总面积（包括该朝向上的窗、阳台门及幕墙的透明部分的总面积）之比。一般普通窗户（包括阳台门及幕墙的透明部分）的保温隔热性能比外墙差很多，而且窗和墙连接的周边又是保温的薄弱环节，窗墙面积比越大，供暖能耗也越大。因此，从降低建筑能耗的角度出发，必须限制窗墙面积比。

建筑围护结构热工性能直接影响建筑供暖热负荷与能耗，严寒和寒冷地区冬季室内外温差大，供暖期长，提高围护结构的保温性能对降低供暖能耗作用非常明显。

1. 居住建筑热工节能设计

《严寒和寒冷地区居住建筑节能设计标准》JGJ 26—2018 和《夏热冬冷地区居住建筑节能设计标准》JGJ 134—2010 中，根据建筑物的不同体形系数、楼层数、窗墙面积比等因素对居住建筑的围护结构传热系数作了强制性规定，见表1.1-14～表1.1-19。

严寒和寒冷地区居住建筑的体形系数和窗墙面积比限值　表1.1-14

气候区	体形系数限值		窗墙面积比限值		
	≤3层	≥4层	北向	东、西向	南向
严寒地区（1区）	0.55	0.30	0.25	0.30	0.45
寒冷地区（2区）	0.57	0.33	0.30	0.35	0.50

严寒地区居住建筑围护结构热工参数限值（传热系数 $K[W/(m^2 \cdot K)]$）　表1.1-15

围护结构部位			严寒A区（1A区）		严寒B区（1B区）		严寒C区（1C区）	
			≤3层	≥4层	≤3层	≥4层	≤3层	≥4层
屋面			0.15		0.20		0.20	
外墙、架空或外挑楼板			0.25	0.35	0.25	0.35	0.30	0.40
外窗	窗墙面积比≤0.30		1.4	1.6	1.4	1.8	1.6	2.0
	0.3<窗墙面积比≤0.45		1.4	1.6	1.4	1.6	1.4	1.8
屋面天窗			1.4		1.4		1.6	
周边地面	保温材料热阻 R ($m^2 \cdot K/W$)		2.0		1.8		1.8	
地下室与土壤接触的外墙			2.0					

寒冷地区居住建筑围护结构热工参数限值（传热系数 $K[W/(m^2 \cdot K)]$）　表 1.1-16

围护结构部位			寒冷 A 区（2A 区）		寒冷 B 区（2B 区）	
			≤3 层	≥4 层	≤3 层	≥4 层
屋面			0.25		0.30	
外墙、架空或外挑楼板			0.35	0.45	0.35	0.45
外窗	窗墙面积比≤0.30		1.8	2.2	1.8	2.2
	0.3<窗墙面积比≤0.45		1.5	2.0	1.5	2.0
屋面天窗			1.8			
周边地面	保温材料热阻 R		1.5			
地下室与土壤接触的外墙	$(m^2 \cdot K/W)$		1.6			

夏热冬冷地区居住建筑的体形系数和窗墙面积比限值　表 1.1-17

气候区	体形系数限值			不同朝向窗墙面积比限值			
	≤3 层	4～11 层	≥12 层	北向	东、西向	南向	每套房间允许一个房间（不分朝向）
夏热冬冷地区	≤0.55	≤0.40	≤0.35	≤0.40	≤0.35	≤0.45	≤0.60

夏热冬冷地区居住建筑围护结构各部分的
传热系数 K 和热惰性指标（D）的限值　表 1.1-18

围护结构部位		传热系数 $K[W/(m^2 \cdot K)]$	
		热惰性指标 $D \leqslant 2.5$	热惰性指标 $D > 2.5$
体形系数 ≤0.40	屋面	$K \leqslant 0.8$	$K \leqslant 1.0$
	外墙	$K \leqslant 1.0$	$K \leqslant 1.5$
	底面接触室外空气的架空或外挑楼板	$K \leqslant 1.5$	
	分户墙、楼板、楼梯间隔墙、外走廊隔墙	$K \leqslant 2.0$	
	户门	$K \leqslant 3.0$(通往封闭空间) $K \leqslant 2.0$(通往非封闭空间或户外)	
	外窗（含阳台门透明部分）	按表 1.1-16 和表 1.1-18 的规定	
体形系数 >0.40	屋面	$K \leqslant 0.5$	$K \leqslant 0.6$
	外墙	$K \leqslant 0.80$	$K \leqslant 1.0$
	底面接触室外空气的架空或外挑楼板	$K \leqslant 1.0$	
	分户墙、楼板、楼梯间隔墙、外走廊隔墙	$K \leqslant 2.0$	
	户门	$K \leqslant 3.0$(通往封闭空间) $K \leqslant 2.0$(通往非封闭空间或户外)	
	外窗（含阳台门透明部分）	按表 1.1-17 和表 1.1-19 的规定	

夏热冬冷地区居住建筑不同朝向、不同窗墙面积比的外窗
传热系数和综合遮阳系数限值　表 1.1-19

建筑	窗墙面积比	传热系数 K $[W/(m^2 \cdot K)]$	外窗综合遮阳系数 SC_w（东、西向/南向）
体形系数 ≤0.40	窗墙面积比≤0.20	≤4.7	—/—
	0.20<窗墙面积比≤0.30	≤4.0	—/—
	0.30<窗墙面积比≤0.40	≤3.2	夏季≤0.40/夏季≤0.45
	0.40<窗墙面积比≤0.45	≤2.8	夏季≤0.35/夏季≤0.40
	0.45<窗墙面积比≤0.60	≤2.5	东、西、南向设置外遮阳 夏季≤0.25 冬季≥0.60

续表

建筑	窗墙面积比	传热系数 K [W/(m²·K)]	外窗综合遮阳系数 SC_w （东、西向/南向）
体形系数 >0.40	窗墙面积比≤0.20	≤4.0	—/—
	0.20<窗墙面积比≤0.30	≤3.2	—/—
	0.30<窗墙面积比≤0.40	≤2.8	夏季≤0.40/夏季≤0.45
	0.40<窗墙面积比≤0.45	≤2.5	夏季≤0.35/夏季≤0.40
	0.45<窗墙面积比≤0.60	≤2.3	东、西、南向设置外遮阳 夏季≤0.25 冬季≥0.60

注：1. 表中的"东、西"代表从东或西偏北30°(含30°)至偏南60°(含60°)的范围；"南"代表从南偏东30°至偏西30°的范围；

2. 楼梯间、外走廊的窗户不按本表规定执行。

2. 公共建筑热工节能设计

《公共建筑节能设计标准》GB 50189—2015 中根据公共建筑的类别、体形系数、楼层数、窗墙面积比等因素对公共建筑的围护结构传热系数作了强制性规定，见表 1.1-20～表 1.1-27。

严寒 A、B 和 C 区甲类公共建筑围护结构热工性能限值　　　　表 1.1-20

围护结构部位		严寒 A、B 区传热系数 K [W/(m²·K)]		严寒 C 区传热系数 K [W/(m²·K)]	
		体形系数 ≤0.3	0.3< 体形系数≤0.5	体形系数 ≤0.3	0.3< 体形系数≤0.5
屋面		≤0.28	≤0.25	≤0.35	≤0.28
外墙(包括非透光幕墙)		≤0.38	≤0.35	≤0.43	≤0.38
底面接触室外空气的架空或外挑楼板		≤0.38	≤0.35	≤0.43	≤0.38
地下车库与供暖房间之间的楼板		≤0.50		≤0.70	
非供暖房间与供暖房间之间的隔墙		≤1.2		≤1.5	
单一立面外窗(包括透光幕墙)	窗墙面积比<0.2	≤2.7	≤2.5	≤2.9	≤2.7
	0.2<窗墙面积比<0.3	≤2.5	≤2.3	≤2.6	≤2.4
	0.3<窗墙面积比<0.4	≤2.2	≤2.0	≤2.3	≤2.1
	0.4<窗墙面积比<0.5	≤1.9	≤1.7	≤2.0	≤1.7
	0.5<窗墙面积比<0.6	≤1.6	≤1.4	≤1.7	≤1.5
	0.6<窗墙面积比<0.7	≤1.5	≤1.4	≤1.7	≤1.5
	0.7<窗墙面积比<0.8	≤1.4	≤1.3	≤1.5	≤1.4
	窗墙面积比>0.8	≤1.3	≤1.2	≤1.4	≤1.3
屋顶透光部分(屋顶透光部分面积≤20%)		≤2.2		≤2.3	

寒冷地区甲类公共建筑围护结构热工性能限值　　　　表 1.1-21

围护结构部位	体形系数≤0.3 传热系数 K [W/(m²·K)]	0.3<体形系数≤ 0.5 传热系数 K [W/(m²·K)]
屋面	≤0.45	≤0.40
外墙(包括非透光幕墙)	≤0.50	≤0.45
底面接触室外空气的架空或外挑楼板	≤0.50	≤0.45
地下车库与供暖房间之间的楼板	≤1.0	
非供暖楼梯间与供暖房间之间的隔墙	≤1.5	

外窗（包括透光幕墙）		传热系数 K $[W/(m^2 \cdot K)]$	太阳得热系数 $SHGC$（东、南、西向/北向）	传热系数 K $[W/(m^2 \cdot K)]$	太阳得热系数 $SHGC$（东、南、西向/北向）
单一立面外窗（包括透光幕墙）	窗墙面积比≤0.2	≤3.0	—	≤2.8	—
	0.2<窗墙面积比≤0.3	≤2.7	≤0.52/—	≤2.5	≤0.52/—
	0.3<窗墙面积比≤0.4	≤2.4	≤0.48/—	≤2.2	≤0.48/—
	0.4<窗墙面积比≤0.5	≤2.2	≤0.43/—	≤1.9	≤0.43/—
	0.5<窗墙面积比≤0.6	≤2.0	≤0.40/—	≤1.7	≤0.40/—
	0.6<窗墙面积比≤0.7	≤1.9	≤0.35/0.60	≤1.7	≤0.35/0.60
	0.7<窗墙面积比≤0.8	≤1.6	≤0.35/0.52	≤1.5	≤0.35/0.52
	窗墙面积比>0.8	≤1.5	≤0.30/0.52	≤1.4	≤0.30/0.52
屋顶透光部分（屋顶透光部分面积≤20%）		≤2.4	≤0.44	≤2.4	≤0.35

夏热冬冷地区甲类公共建筑围护结构热工性能限值　　　　　表 1.1-22

围护结构部位		传热系数 $K[W/(m^2 \cdot K)]$
屋面	围护结构热惰性指标 D≤2.5	≤0.40
	围护结构热惰性指标 D>2.5	≤0.50
外墙（包括非透光幕墙）	围护结构热惰性指标 D≤2.5	≤0.60
	围护结构热惰性指标 D>2.5	≤0.80
底面接触室外空气的架空或外挑楼板		≤0.70

外窗（包括透光幕墙）		传热系数 K $[W/(m^2 \cdot K)]$	太阳得热系数 $SHGC$（东、南、西向/北向）
单一立面外窗（包括透光幕墙）	窗墙面积比≤0.2	≤3.5	—
	0.2<窗墙面积比≤0.3	≤3.0	≤0.44/0.48
	0.3<窗墙面积比≤0.4	≤2.6	≤0.40/0.44
	0.4<窗墙面积比≤0.5	≤2.4	≤0.35/0.40
	0.5<窗墙面积比≤0.6	≤2.2	≤0.35/0.40
	0.6<窗墙面积比≤0.7	≤2.2	≤0.30/0.35
	0.7<窗墙面积比≤0.8	≤2.0	≤0.26/0.35
	窗墙面积比>0.8	≤1.8	≤0.24/0.30
屋顶透光部分（屋顶透光部分面积≤20%）		≤2.6	≤0.30

夏热冬暖地区甲类公共建筑围护结构热工性能限值　　　　　表 1.1-23

围护结构部位		传热系数 $K[W/(m^2 \cdot K)]$
屋面	围护结构热惰性指标 D≤2.5	≤0.50
	围护结构热惰性指标 D>2.5	≤0.80
外墙（包括非透光幕墙）	围护结构热惰性指标 D≤2.5	≤0.80
	围护结构热惰性指标 D>2.5	≤1.5
底面接触室外空气的架空或外挑楼板		≤1.5

外窗（包括透光幕墙）		传热系数 K $[W/(m^2 \cdot K)]$	太阳得热系数 $SHGC$（东、南、西向/北向）
单一朝向外窗（包括透光幕墙）	窗墙面积比≤0.2	≤5.2	≤0.52/—
	0.2<窗墙面积比≤0.3	≤4.0	≤0.44/0.52
	0.3<窗墙面积比≤0.4	≤3.0	≤0.35/0.44
	0.4<窗墙面积比≤0.5	≤2.7	≤0.35/0.40
	0.5<窗墙面积比≤0.6	≤2.5	≤0.26/0.35
	0.6<窗墙面积比≤0.7	≤2.5	≤0.24/0.30
	0.7<窗墙面积比≤0.8	≤2.5	≤0.22/0.26
	窗墙面积比>0.8	≤2.0	≤0.18/0.26
屋顶透光部分（屋顶透光部分面积≤20%）		≤3.0	≤0.30

温和地区甲类公共建筑围护结构热工性能限值 表 1.1-24

围护结构部位		传热系数 $K[W/(m^2 \cdot K)]$
屋面	围护结构热惰性指标 $D \leqslant 2.5$	$\leqslant 0.50$
	围护结构热惰性指标 $D > 2.5$	$\leqslant 0.80$
外墙（包括非透光幕墙）	围护结构热惰性指标 $D \leqslant 2.5$	$\leqslant 0.80$
	围护结构热惰性指标 $D > 2.5$	$\leqslant 1.5$

外窗（包括透光幕墙）	传热系数 K $[W/(m^2 \cdot K)]$	太阳得热系数 $SHGC$ （东、南、西向/北向）
单一朝向外窗（包括透光幕墙） 窗墙面积比 $\leqslant 0.2$	$\leqslant 5.2$	
$0.2 <$ 窗墙面积比 $\leqslant 0.3$	$\leqslant 4.0$	$\leqslant 0.44/0.48$
$0.3 <$ 窗墙面积比 $\leqslant 0.4$	$\leqslant 3.0$	$\leqslant 0.40/0.44$
$0.4 <$ 窗墙面积比 $\leqslant 0.5$	$\leqslant 2.7$	$\leqslant 0.35/0.40$
$0.5 <$ 窗墙面积比 $\leqslant 0.6$	$\leqslant 2.5$	$\leqslant 0.35/0.40$
$0.6 <$ 窗墙面积比 $\leqslant 0.7$	$\leqslant 2.5$	$\leqslant 0.30/0.35$
$0.7 <$ 窗墙面积比 $\leqslant 0.8$	$\leqslant 2.5$	$\leqslant 0.26/0.35$
窗墙面积比 > 0.8	$\leqslant 2.0$	$\leqslant 0.24/0.30$
屋顶透光部分（屋顶透光部分面积 $\leqslant 20\%$）	$\leqslant 3.0$	$\leqslant 0.30$

注：传热系数 K 只适用于温和 A 区，温和 B 区的传热系数不作要求。

乙类公共建筑屋面、外墙、楼板热工性能限值 表 1.1-25

围护结构部位	传热系数 $K[W/(m^2 \cdot K)]$				
	严寒 A、B 区	严寒 C 区	寒冷地区	夏热冬冷地区	夏热冬暖地区
屋面	$\leqslant 0.35$	$\leqslant 0.45$	$\leqslant 0.55$	$\leqslant 0.70$	$\leqslant 0.90$
外墙（包括非透光幕墙）	$\leqslant 0.45$	$\leqslant 0.50$	$\leqslant 0.60$	$\leqslant 1.00$	$\leqslant 1.50$
底面接触室外空气的架空或外挑楼板	$\leqslant 0.45$	$\leqslant 0.50$	$\leqslant 0.60$	$\leqslant 1.00$	—
地下车库和供暖房间与之间的楼板	$\leqslant 0.50$	$\leqslant 0.70$	$\leqslant 1.00$	—	—

注：乙类是单栋建筑面积小于或等于 300m² 的建筑（单栋建筑包括地下部分的建筑面积），当单栋建筑面积小于或等于 300m² 但总建筑面积大于 1000m² 的建筑群应为甲类建筑。

乙类公共建筑外窗（包括透光幕墙）热工性能限值 表 1.1-26

围护结构部位 外墙（包括非透光幕墙）	传热系数 $K[W/(m^2 \cdot K)]$					太阳得热系数 $SHGC$		
	严寒 A、B 区	严寒 C 区	寒冷地区	夏热冬冷地区	夏热冬暖地区	寒冷地区	夏热冬冷地区	夏热冬暖地区
单一朝向外窗（包括透光幕墙）屋面	$\leqslant 2.0$	$\leqslant 2.2$	$\leqslant 2.5$	$\leqslant 3.0$	$\leqslant 4.0$	—	$\leqslant 0.52$	$\leqslant 0.48$
屋顶透光部分（屋顶透光部分面积 $\leqslant 20\%$）	$\leqslant 2.0$	$\leqslant 2.2$	$\leqslant 2.5$	$\leqslant 3.0$	$\leqslant 4.0$	$\leqslant 0.44$	$\leqslant 0.35$	$\leqslant 0.30$

不同气候区公共建筑地面和地下室外墙保温材料层热阻限值 表 1.1-27

围护结构部位	气候分区	
	严寒地区 A、B、C 区 热阻 R [(m²·K)/W]	寒冷地区 热阻 R [(m²·K)/W]
周边地面	≥1.1	≥0.6
供暖地下室与土壤接触的外墙	≥1.1	≥0.6
变形缝(两侧墙内保温时)	≥1.2	≥0.9

注：周边地面系指室内距外墙内表面 2m 以内的地面。

3. 工业建筑热工节能设计

对工业建筑的玻璃外窗和天窗的层数应按表 1.1-28 采用。

工业建筑围护结构热工设计应遵循现行国家标准《工业建筑节能设计统一标准》GB 51245 的规定。

外窗和天窗层数表 表 1.1-28

建筑物及房间类型	室内外温差 (℃)	层 数	
		外 窗	天 窗
干燥或正常湿度状况的工业建筑物	<36	单层	单层
	≥36	双层	单层
潮湿的公共建筑、工业建筑物	<31	单层	单层
	≥31	双层	单层
散热量大于 23W/m³，且室内计算相对湿度不大于 50% 的工业建筑	不限	单层	单层

注：1. 表中所列的室内外温差，系指冬季室内计算温度和供暖室外计算温度差；

2. 对高度较高的工业建筑，可视具体建筑情况确定。

1.2 建筑供暖热负荷计算

冬季供暖通风系统的热负荷应根据建筑物下列散失和获得的热量确定：

(1) 围护结构的耗热量；

(2) 加热由外门、窗缝隙渗入室内的冷空气耗热量；

(3) 加热由门、孔洞及相邻房间侵入室内的冷空气耗热量；

(4) 水分蒸发的耗热量；

(5) 加热由外部运入的冷物料和运输工具的耗热量；

(6) 通风耗热量；

(7) 最小负荷班的工艺设备散热量；

(8) 热管道及其他热表面的散热量；

(9) 热物料的散热量；

(10) 通过其他途径散失或获得的热量。

注：1. 不经常的散热量可不计；

2. 经常而不稳定的散热量应采用小时平均值。

1.2.1　围护结构的耗热量计算

围护结构的耗热量，应包括基本耗热量和附加耗热量。

1. 围护结构的基本耗热量

应按下式计算：

$$Q = \alpha FK\,(t_n - t_{wn}) \tag{1.2-1}$$

式中　Q——围护结构的基本耗热量，W；

　　　α——围护结构计算温差修正系数，按表 1.1-9 采用；

　　　F——围护结构的面积，m^2；

　　　K——围护结构的传热系数，$W/(m^2 \cdot K)$，查表 1.2-1 或按式（1.1-3）计算；外墙的传热系数计算，应采用考虑热桥影响的平均传热系数；

　　　t_n——供暖室内设计温度（℃），按《民用建筑供暖通风与空调设计规范》GB 50736—2012 和《工业建筑供暖通风与空调设计规范》GB 50019—2015 采用；

　　　t_{wn}——供暖室外计算温度，℃，按民用建筑《民用建筑供暖通风与空气调节设计规范》GB 50736—2012 附录 A 采用。

公共建筑和居住建筑的围护结构的传热系数在《公共建筑节能设计标准》GB 50189—2015 和《严寒和寒冷地区居住建筑节能设计标准》JGJ 26—2018 及《夏热冬冷地区居住建筑节能设计标准》JGJ 134—2010 中作了强制性规定，见表 1.1-15～表 1.1-27。

注：当已知或可求出冷侧温度时，t_{wn} 一项可直接用冷侧温度值代入，不再进行 α 值修正。

建筑物围护结构传热阻 R 及传热系数 K 值　　　　表 1.2-1

围护结构特征	厚度(mm)	R(m²·K/W)	K[W/(m²·K)]	围护结构特征	厚度(mm)	R(m²·K/W)	K[W/(m²·K)]
砖墙(无抹灰)	120	0.299	3.344	空心砖墙(无抹灰)	120	0.357	2.801
	180	0.372	2.688		180	0.460	2.174
	240	0.446	2.242		240	0.564	1.773
	370	0.607	1.647		370	0.788	1.269
	490	0.755	1.323		490	0.995	1.005
	620	0.915	1.093		620	1.219	0.886
砖墙(单面抹灰)	120	0.321	3.115	空心砖墙(单面抹灰)	120	0.380	2.631
	180	0.395	2.532		180	0.483	2.070
	240	0.469	2.132		240	0.587	1.704
	370	0.630	1.587		370	0.811	1.233
	490	0.778	1.285		490	1.018	0.982
	620	0.938	1.066		620	1.242	0.805
砖墙(双面抹灰)	120	0.344	2.907	空心砖墙(双面抹灰)	120	0.403	2.481
	180	0.418	2.392		180	0.506	1.976
	240	0.492	2.033		240	0.610	1.639
	370	0.653	1.531		370	0.834	1.199
	490	0.801	1.248		490	1.041	0.961
	620	0.961	1.041		620	1.256	0.796

续表

围护结构特征		厚度(mm)	R (m²·K/W)	K [W/(m²·K)]	围护结构特征	厚度(mm)	R (m²·K/W)	K [W/(m²·K)]
钢铝	单层窗	—	0.156	6.4	加气混凝土块	175	0.795	1.258
	单框双玻窗	12	0.256	3.9		200	0.909	1.100
		16	0.270	3.7		225	1.023	0.977
		20～30	0.278	3.6		250	1.136	0.880
	双层窗	100～140	0.333	3.0		275	1.250	0.800
	单层+单框双玻窗	100～140	0.400	2.5		300	1.364	0.733
						325	1.477	0.677
						350	1.591	0.629
木、塑料	单层窗	—	0.213	4.7	水泥膨胀珍珠岩	40	0.250	4.000
	单框双玻窗	12	0.370	2.7		50	0.313	3.195
		16	0.385	2.6		60	0.375	2.667
		20～30	0.400	2.5		70	0.438	2.283
	双层窗	100～140	0.435	2.3		80	0.500	2.000
	单层+单框双玻窗	100～140	0.500	2.0		90	0.563	1.776
沥青膨胀珍珠岩		40	0.333	3.003		100	0.625	1.600
		50	0.417	2.398		125	0.781	1.280
		60	0.500	2.000		150	0.938	1.066
		70	0.583	1.715		175	1.094	0.914
		80	0.667	1.499		200	1.250	0.800
		90	0.750	1.333		225	1.406	0.711
		100	0.833	1.200		250	1.563	0.640
		125	1.042	0.960		275	1.719	0.582
		150	1.250	0.800		300	1.875	0.533
		175	1.458	0.686		325	2.031	0.492
		200	1.667	0.59		350	2.188	0.457
		225	1.875	0.533	水泥膨胀蛭石	40	0.286	3.450
		250	2.083	0.480		50	0.357	2.801
		275	2.292	0.436		60	0.429	2.331
		300	2.500	0.400		70	0.500	2.000
		325	2.708	0.340		80	0.571	1.751
		350	2.917	0.343		90	0.643	1.555
加气混凝土块		40	0.182	5.494		100	0.714	1.401
		50	0.227	4.405		125	0.893	1.120
		60	0.273	3.663		150	1.071	0.933
		70	0.318	3.14		175	1.250	0.800
		80	0.364	2.747		200	1.429	0.700
		90	0.409	2.445		225	1.607	0.622
		100	0.455	2.198		250	1.786	0.560
		125	0.568	1.757		275	1.964	0.509
		150	0.682	1.466		300	2.143	0.467
						325	2.321	0.431
						350	2.500	0.400

注：1. 窗的厚度为空气间层厚度。

2. 非保温地面的传热系数和换热阻按每 2m 划分一个地带采用；第一地带 $R=2.15$m²·K/W，$K=0.47$W/(m²·K)；第二地带 $R=4.3$m²·K/W，$K=0.23$W/(m²·K)；第三地带 $R=8.6$m²·K/W，$K=0.12$W/(m²·K)；第四地带 $R=14.2$m²·K/W，$K=0.07$W/(m²·K)。第一地带靠近墙角处的面积需计算两次。对于地下室，则可将地下室邻接土壤的墙体亦视作地面，自室外地坪起，同样按 2m 划分一个地带进行计算。

（1）室内设计温度 t_n 的确定。

室内设计温度应根据建筑物的用途按表 1.2-2 的规定采用；民用建筑和工业建筑室内

设计温度应分别按《民用建筑供暖通风与空气调节设计规范》GB 50736—2012、《工业建筑供暖通风与空调设计规范》GB 50019—2015 采用。

冬季室内计算温度（℃）   表 1.2-2

序号	建筑类别和用途		冬季室内计算温度（℃）
1	民用建筑：主要房间		16～20
	次要房间（走道、楼梯间、厕所）		14～16
2	生产厂房的工作地点：劳动强度（分级）		
		Ⅰ（轻劳动）	18～21（节能设计 16）
		Ⅱ（中等劳动）	16～18（节能设计 14）
		Ⅲ（重劳动）	14～16（节能设计 12）
		Ⅳ（极重劳动）	12～14（节能设计 10）
3	辅助建筑：淋浴室、更衣室		不应低于 25
	办公室、休息室、食堂		不应低于 18
	厕所、盥洗室		不应低于 14

注：1. 劳动强度的分级，应按《工业企业设计卫生标准》GBZ 1—2010 执行。

2. 当每名工人占用面积为 50～100m² 时，室内设计温度可降低至下列值：轻作业 10℃；中作业 7℃；重作业 5℃。当每名工人占用面积超过 100m² 时，宜在工作地点设置局部供暖，工作地点不固定时应设置取暖室。

3. 严寒和寒冷地区的生产厂房、仓库、公用辅助建筑仅要求室内防冻时，室内防冻设计温度宜为 5℃。

（2）当层高大于 4m 的工业建筑，冬季室内计算温度，尚应符合下列规定：

1）地面：应采用工作地点的温度；

2）墙、窗和门：应采用室内平均温度；

3）屋顶和天窗：应采用屋顶下的温度。

注：1. 屋顶下的温度，可按下式计算：

$$t_d = t_g + \Delta t_H (H - 2)$$

式中　t_d——屋顶下的温度，℃；

　　　t_g——工作地点温度，℃；

　　　Δt_H——温度梯度，辐射供暖取 0.23℃/m，横向热风幕供暖取 0.28℃/m，热风供暖加散热器值班供暖取 0.3℃/m，散热器供暖取 0.61℃/m；

　　　H——房间高度，m。

2. 室内平均温度，应按下式计算：

$$t_{np} = \frac{t_d + t_g}{2}$$

式中　t_{np}——室内平均温度，℃。

（3）与相邻房间的温差大于或等于 5℃时，应计算通过隔墙或楼板等的传热量。与相邻房间的温差小于 5℃，且通过隔墙和楼板等的传热量大于该房间热负荷的 10%时，尚应计算其传热量。

（4）设置集中供暖的公共建筑和工业建筑，当其位于严寒地区和寒冷地区，且在非工作时间或中断使用的时间内，室内温度必须保持在 0℃以上，而利用房间蓄热量不能满足要求时，应按 5℃设置值班供暖。

注：当工艺或使用条件有特殊要求时，可根据需要另行确定值班供暖所需维持的室内温度。

2. 围护结构的附加耗热量

围护结构的附加耗热量应按其占基本耗热量的百分率确定。各项附加（或修正）百分率，宜按下列规定的数值选用：

（1）朝向修正率：

北、东北、西北	0～10%；
东、西	-5%；
东南、西南	-10%～-15%；
南	-15%～-30%。

注：1. 应根据当地冬季日照率、辐射照度、建筑物使用和被遮挡等情况选用修正率。

2. 冬季日照率小于35%的地区，东南、西南和南向的修正率，宜采用-10%～0，东、西向可不修正。

（2）风力附加率：设在不避风的高地、河边、海岸、旷野上的建筑物，以及城镇中高出周围其他建筑物的建筑，其垂直外围护结构宜附加5%～10%。

（3）外门附加率：

当建筑物的楼层数为 n 时：

一道门	65%× n；
两道门（有门斗）	80%× n；
三道门（有两个门斗）	60%× n；
公共建筑的主要出入口	500%。

注：1. 外门附加率，只适用于短时间开启的、无热风幕的外门。

2. 阳台门不考虑外门附加。

民用建筑和工业建筑辅助建筑物（除楼梯间外）的高度附加率：房间高度大于 4m 时，每高出 1m 应附加 2%，但总附加率不应大于 15%。地面辐射供暖的房间高度大于 4m 时，每高出 1m 宜附加 1%，但总附加率不大于 8%。

（4）工业建筑的高度附加率：地面辐射供暖的房间取 $(H-4)$%，且总附加率不宜大于 8%；采用热水吊顶或燃气红外辐射供暖的房间取 $(H-4)$%，且总附加率不宜大于 15%；采用其他供暖形式的房间取 $2(H-4)$%，且总附加率不宜大于 15%。H 为房间高度（m）。

高度附加率，应附加于围护结构的基本耗热量和其他附加耗热量之和的基础上。

（5）对公共建筑房间有两面及两面以上外墙时，将外墙、窗、门的基本耗热增加 5%。

（6）窗墙面积比（不含窗）超过 1:1 时，对窗的基本耗热附加 10%。

（7）间歇附加：对于只要求在使用时间保持室内温度，而其他时间可以自然降温的供暖建筑物，可按间歇供暖系统设计。其供暖热负荷应对围护结构耗热量进行间歇附加，附加率应根据间歇使用建筑物保证室温的时间和预热时间等因素通过计算确定：

| 仅白天供暖者（例如办公楼、教学楼等） | 20%； |
| 不经常使用者（例如礼堂等） | 30%。 |

（8）为了简化计算，伸缩缝或沉降缝墙按外墙基本耗热量的 30% 计算。

1.2.2 冷风渗入的耗热量计算

1. 建筑渗入室内冷空气的耗热量

建筑加热由门窗缝隙渗入室内的冷空气的耗热量，可按下式计算：

$$Q = 0.28C_{P}\rho_{wn}L(t_{n} - t_{wn}) \tag{1.2-2}$$

式中　Q——由门窗缝隙渗入室内的冷空气的耗热量，W；

C_{P}——空气的定压比热容，$c_{p}=1.01$kJ/(kg·K)；

ρ_{wn}——供暖室外计算温度下的空气密度，kg/m³；

L——渗透冷空气量，m³/h，按式(1.2-3)或式(1.2-8)确定；

t_{n}——供暖室内计算温度，℃，按表1.2-2采用；

t_{wn}——供暖室外计算温度，℃，按《民用建筑供暖通风与空气调节设计规范》GB 50736—2012附录A采用。

2. 渗透冷空气量计算

渗透冷空气量可根据不同的朝向，按下列计算公式确定：

$$L = L_{0}l_{1}m^{b} \tag{1.2-3}$$

式中　L_{0}——在单纯风压作用下，不考虑朝向修正和内部隔断情况时，通过每米门窗缝隙进入室内的理论渗透冷空气量，m³/(m·h)，按式(1.2-4)确定；

l_{1}——外门窗缝隙的长度，m，应分别按各朝向可开启的门窗全部缝隙长度计算；

m——风压与热压共同作用下，考虑建筑体形、内部隔断和空气流通等因素后，不同朝向、不同高度的门窗冷风渗透压差综合修正系数，按式(1.2-5)确定；

b——门窗缝隙渗风指数，$b=0.56\sim0.78$，当无实测数据时，可取$b=0.67$。

(1) 通过每米门窗缝隙进入室内的理论渗透冷空气量，按式(1.2-4)计算：

$$L_{0} = a_{1}\left(\frac{\rho_{wn}}{2}v_{0}^{2}\right)^{b} \tag{1.2-4}$$

式中　a_{1}——外门窗缝隙渗风系数，m³/(m·h·Pa^{0.67})，当无实测数据时，按表1.2-3采用；

v_{0}——冬季室外最多风向的平均风速，m/s，按《民用建筑供暖通风与空气调节设计规范》GB 50736—2012的有关规定确定。

外门窗缝隙渗风系数上限值　　　　　　　　表1.2-3

等级	5	4	3	2	1
a_{1} [m³/(m·h)·Pa^{0.67}]	0.1	0.3	0.5	0.8	1.2

(2) 冷风渗透压差综合修正系数，按下式计算：

$$m = C_{r} \cdot \Delta C_{f} \cdot (n^{1/b} + C) \cdot C_{h} \tag{1.2-5}$$

式中　C_{r}——热压系数，当无法精确计算时，按表1.2-4采用；

ΔC_{f}——风压差系数，当无实测数据时，可取$\Delta C_{f}=0.7$；

n——单纯风压作用下，渗透冷空气量的朝向修正系数，按表1.2-5采用；

C——作用于门窗上的有效热压差与有效风压差之比，按式(1.2-7)确定；

C_{h}——高度修正系数，按下式计算：

$$C_{h} = 0.3h^{0.4} \tag{1.2-6}$$

式中　h——计算门窗的中心线标高，m。

热 压 系 数

表 1.2-4

内部隔断情况	开敞空间	有内门或房门		有前室门、楼梯间门或走廊两端设门	
		密闭性差	密闭性好	密闭性差	密闭性好
C_r	1.0	1.0~0.8	0.8~0.6	0.6~0.4	0.4~0.2

渗透空气量的朝向修正系数 n 值

表 1.2-5

城 市	朝 向							
	N	NE	E	SE	S	SW	W	NW
北京	1.00	0.50	0.15	0.10	0.15	0.15	0.40	1.00
天津	1.00	0.40	0.20	0.10	0.15	0.20	0.40	1.00
张家口	1.00	0.40	0.10	0.10	0.10	0.10	0.35	1.00
太原	0.90	0.40	0.15	0.20	0.30	0.40	0.70	1.00
呼和浩特	0.70	0.25	0.10	0.15	0.20	0.15	0.70	1.00
沈阳	1.00	0.70	0.30	0.30	0.40	0.35	0.30	0.70
长春	0.35	0.35	0.15	0.25	0.70	1.00	0.90	0.40
哈尔滨	0.30	0.15	0.20	0.70	1.00	0.85	0.70	0.60
济南	0.45	1.00	1.00	0.40	0.55	0.65	0.25	0.15
郑州	0.65	1.00	1.00	0.40	0.55	0.55	0.25	0.15
成都	1.00	1.00	0.45	0.10	0.10	0.10	0.10	0.40
贵阳	0.70	1.00	0.70	0.15	0.25	0.15	0.10	0.25
西安	0.70	1.00	0.70	0.25	0.40	0.50	0.35	0.25
兰州	1.00	1.00	1.00	0.70	0.50	0.20	0.15	0.50
西宁	0.10	0.10	0.70	1.00	0.70	0.20	0.10	0.10
银川	1.00	1.00	0.40	0.30	0.25	0.20	0.65	0.95
乌鲁木齐	0.35	0.35	0.55	0.75	1.00	0.70	0.25	0.35
上海	0.70	0.50	0.35	0.20	0.20	0.30	0.80	1.00
南京	0.8	1.00	0.70	0.40	0.20	0.25	0.40	0.55
杭州	1.00	0.65	0.20	0.10	0.20	0.20	0.40	1.00
合肥	0.85	0.90	0.85	0.35	0.35	0.25	0.70	1.00
福州	0.75	0.60	0.25	0.25	0.20	0.15	0.70	1.00
南昌	1.00	0.70	0.25	0.10	0.10	0.10	0.10	0.70
武汉	1.00	1.00	0.45	0.10	0.10	0.10	0.10	0.45
长沙	0.85	0.35	0.10	0.10	0.10	0.10	0.10	1.00
广州	1.00	0.70	0.10	0.10	0.10	0.10	0.15	0.70
南宁	0.40	1.00	1.00	0.60	0.30	0.55	0.10	0.30
重庆	1.0	0.60	0.55	0.20	0.15	0.15	0.40	1.00
昆明	0.10	0.10	0.10	0.15	0.70	1.00	0.70	0.20
拉萨	0.15	0.45	1.00	1.00	0.40	0.40	0.40	0.25

（3）有效热压差与有效风压差之比，按下式计算：

$$C = 70 \cdot \frac{h_z - h}{\Delta C_f v_0^2 h^{0.4}} \cdot \frac{t_n' - t_{wn}}{273 + t_n'} \tag{1.2-7}$$

式中 h_z——单纯热压作用下，建筑物中和面的标高，m，可取建筑物总高度的 1/2；

t_n'——建筑物内形成热压作用的竖井计算温度，℃。

3. 工业建筑的渗透冷空气量（无相关数据时）

工业建筑的渗透冷空气量，当无相关数据时，可按以下公式计算：

$$L = kV \tag{1.2-8}$$

式中 V——房间体积，m^3；

k——换气次数，次/h，当无实测数据时，可按表 1.2-6 采用。

换气次数（单位：次/h） 表 1.2-6

房间类型	一面有外窗房间	两面有外窗房间	三面有外窗房间	门　厅
k	0.5	0.5～1.0	1.0～1.5	2.0

4. 工业建筑的渗透冷空气耗热量

生产厂房、仓库、公用辅助建筑物加热由门窗缝隙渗入室内的冷空气的耗热量，可按表 1.2-7 估算。

渗透耗热量占围护结构总耗热量的百分率（单位：%） 表 1.2-7

建筑物高度（m）		<4.5	4.5～10.0	>10.0
玻璃窗层数	单层	25	35	40
	单、双层均有	20	30	35
	双层	15	25	30

5. 冷风渗透量计入原则

计算出的房间冷风渗透量是否全部计入，应考虑下列因素：

（1）当房间仅有一面或相邻两面外围护物时，全部计入其外门、窗缝隙。

（2）当房间有相对两面外围护物时，仅计入较大的一面缝隙。

（3）当房间有三面外围护物时，仅计入风量较大的两面的缝隙。

（4）当房间有四面外围护物时，则计入较多风向的 1/2 外围护物范围内的外门、窗缝隙。

6. 耗热量按楼层的调整

建筑物房间耗热量计算后，考虑到热压作用，避免垂直失调，宜对耗热量按楼层做如下调整，见表 1.2-8 和表 1.2-9。

供暖系统为上供下回式的耗热量调整（单位：%） 表 1.2-8

层数＼层次	1	2	3	4	5	6	7	8
3	+10	0	−5					
4	+15	+5	0	−10				
5	+15	+10	+5	0	−10			
6	+20	+15	+10	0	0	−10		
7	+20	+15	+10	0	0	−10	−10	
8	+20	+15	+10	+10	0	0	−10	−10

供暖系统为下供上回或下供下回式的耗热量调整（单位:%）　　　表1.2-9

层数 \ 层次	1	2	3	4	5	6	7	8
3	+5	0	−5					
4	+10	+5	0	−5				
5	+10	+5	0	0	−5			
6	+15	+10	+5	0	0	−5		
7	+15	+10	+5	+5	0	0	−5	
8	+15	+10	+5	+5	0	0	−5	−5

1.3　热水、蒸汽供暖系统分类及计算

1.3.1　热媒的选择

集中供暖系统的热媒应根据建筑物的用途、供热情况和当地气候特点等条件，经比较确定，以建筑物供暖、通风、空调及生活热水热负荷为主的供热系统应采用热水作为供热介质。

一般情况下，供暖系统热媒的选择，可参考表1.3-1来确定。

供暖系统热媒的选择　　　表1.3-1

建筑种类	适宜采用	允许采用
民用建筑与工业厂区中生活、行政辅助建筑物	散热器连续供暖供/回水温度宜采用75/50℃，供水温度不宜大于85℃，供回水温差不宜小于20℃	不超过95℃的热水
不散发粉尘或散发非燃烧性和非爆炸性粉尘的生产车间	低压蒸汽或高压蒸汽；不超过110℃的热水	不超过130℃的热水
散发非燃烧和非爆炸性有机无毒升华粉尘的生产车间	低压蒸汽；不超过110℃的热水	不超过130℃的热水
散发非燃烧性和非爆炸性的易升华有毒粉尘、气体及蒸汽的生产车间	与卫生部门协商确定	
散发燃烧性或爆炸性有毒气体、蒸汽及粉尘的生产车间	根据各部及主管部门的专门指示确定	

注：低压蒸汽系指压力≤70kPa的蒸汽。

1.3.2　供暖系统分类

供暖系统分热水和蒸汽两个系统，在民用、工业建筑中多用热水系统，而在工业建筑中尚有应用蒸汽系统的工程。

1. 热水供暖系统

以热水作为热媒的供暖系统，称为热水供暖系统。从卫生条件和节能等考虑，民用建筑应采用热水作为热媒。热水供暖系统也用在生产厂房及辅助建筑物中。

严寒 A、B 区的公共建筑宜设热水集中供暖系统，对于设置空气调节系统的建筑，不宜采用热风末端作为唯一的供暖方式；对于严寒 C 区和寒冷地区的公共建筑，供暖方式应根据建筑等级、供暖期天数、能源消耗量和运行费用等因素，经技术经济综合分析比较后确定。

热水供暖系统，可按下述方法分类：

(1) 按系统循环动力的不同，可分为重力（自然）循环系统和机械循环系统。靠水的密度差进行循环的系统，称为重力循环系统；靠机械（水泵）力进行循环的系统，称为机械循环系统。

(2) 按供、回水方式的不同，可分为单管系统和双管系统。热水经立管或水平供水管顺序流过多组散热器，并顺序地在各散热器中冷却的系统，称为单管系统。热水经供水立管或水平供水管平行地分配给多组散热器，冷却后的回水自每个散热器直接沿回水立管或水平回水管流回热源的系统，称为双管系统。

(3) 按系统管道敷设方式的不同，可分为垂直式和水平式系统。

(4) 按热媒温度的不同，可分为低温水供暖系统和高温水供暖系统。

在我国，习惯认为：水温低于或等于 100℃ 的热水，称为低温水；水温超过 100℃ 的热水，称为高温水。室内热水供暖系统大多采用低温水作为热媒。目前，设计供/回水温度多采用 95℃/70℃（而实际应用的热媒多为 85℃/60℃）。《民用建筑供暖通风与空气调节设计规范》GB 50736—2012 规定："散热器集中供暖系统宜按 75℃/50℃ 连续供暖进行设计"；高温水供暖系统一般宜在生产厂房中应用，设计高温水热媒的供/回水温度大多采用 (110~130℃)/(70~90℃)。厂房内热水供暖系统热力入口处供回水温差不宜小于 25℃，总供回水压差不宜大于 50kPa。

2. 蒸汽供暖系统

(1) 按照供汽压力的大小，将蒸汽供暖系统分为三类：供汽的表压力高于 0.07MPa 时，称为高压蒸汽供暖系统；供汽的表压力等于或低于 0.07MPa 时，称为低压蒸汽供暖系统；当系统中的压力低于大气压力时，称为真空蒸汽供暖系统。

高压蒸汽供暖的蒸汽压力一般由管路和设备的耐压强度确定。例如使用铸铁柱型和长翼型散热器时，规定散热器内蒸汽表压力不超过 0.196MPa($2kgf/cm^2$)；铸铁圆翼型散热器，不得超过 0.392MPa($4kgf/cm^2$)。当供汽压力降低时，蒸汽的饱和温度也降低，凝结水的二次汽化量小，运行较可靠而且卫生条件也好些。真空蒸汽供暖在我国很少使用，因它需要使用真空泵装置，系统复杂；但真空蒸汽供暖系统，具有可随室外气温调节供汽压力的优点。在室外温度较高时，蒸汽压力甚至可降低到 0.01MPa，其饱和温度仅为 45℃ 左右，因而卫生条件好。

(2) 按照蒸汽干管布置的不同，蒸汽供暖系统可有上供式、中供式、下供式三种。

(3) 按照立管的布置特点，蒸汽供暖系统可分为单管式和双管式。目前国内绝大多数蒸汽供暖系统采用双管式。

(4) 按照回水动力不同，蒸汽供暖系统可分为重力回水和机械回水两类。高压蒸汽供暖系统都采用机械回水方式。

1.3.3 重力循环热水供暖系统

1. 工作原理

在热水供暖中，以不同温度的水的密度差为动力而进行循环的系统，称为重力循环系统，如图 1.3-1 所示。如果假设系统内水温只在散热器和锅炉内发生变化，并假想图 1.3-1 中 A-A 断面处有一个阀门，该阀门若突然关闭，则在断面 A-A 两侧将受到不同的水柱压力，其水柱压力差就是驱使系统内水流进行循环流动的作用压力。

设 p_1 和 p_2 分别表示 A-A 断面右侧和左侧的水柱压力，则

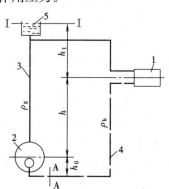

$$p_1 = g(h_0 \rho_h + h \rho_h + h_1 \rho_g) \qquad (1.3\text{-}1)$$

$$p_2 = g(h_0 \rho_h + h \rho_g + h_1 \rho_g) \qquad (1.3\text{-}2)$$

断面 A-A 两侧的压差则为：

$$\Delta p = p_1 - p_2 = gh(\rho_h - \rho_g) \qquad (1.3\text{-}3)$$

式中 Δp——重力循环系统的作用压力，Pa；

g——重力加速度，m/s^2；

h——加热中心至冷却中心的垂直距离，m；

ρ_h——回水密度，kg/m^3；

ρ_g——供水密度，kg/m^3。

图 1.3-1 重力循环系统工作原理
1—散热器；2—锅炉；3—供水总管；
4—回水总管；5—膨胀水箱

例如，系统供水温度 $t_g = 95℃$，回水温度 $t_h = 70℃$，则由加热中心至冷却中心每米垂直距离所产生的作用压力为：

$$\Delta p = gh(\rho_h - \rho_g) = 9.81 \times 1 \times (977.8 - 961.9) = 155.98 \text{Pa}。$$

2. 系统形式

（1）单管上供下回式系统

图 1.3-2 为单管上供下回式系统的示意图。图中左侧为常规单管跨越式，即流向三层和二层散热器的热水水流分成两部分，一部分直接进入该层散热器，而另一部分则通过跨越管与本层散热器回水混合后再流向下层散热器。这样顺序经过各层散热器的热水，逐渐地被冷却，最后流回锅炉被再次加热。有时，也可以在跨越管上增设阀门，形成如图 1.3-2 左侧中部所示的形式。这时，设置在跨越管上的阀门在系统调试前是关闭的，系统调试时用它来调节热水流量，以缓和上热下冷的弊病。该阀门建议采用钥匙阀，以避免调试后用户任意启闭，影响平衡。

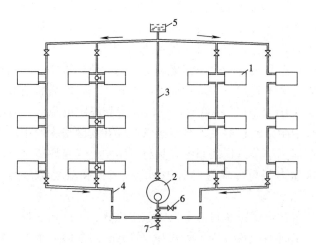

图 1.3-2 单管上供下回式系统
1—散热器；2—锅炉；3—供水管；4—回水管；
5—膨胀水箱；6—上水管；7—排水管

图 1.3-2 的右侧部分为单管串联式，亦称单管顺序式。即流经立管的热水，由上而下顺序通过各层散热器，逐层被冷却，最后经回水总管流回锅炉。由于此系统各层散热器支管上不安装阀门，所以房间温度也就不能任意调节。

在单管系统里，如图 1.3-3 所示。由于热水顺序地沿各层散热器冷却，在循环环路中的压力，由图 1.3-3 分析可知，产生重力循环作用压力的高差应是 $(h_1 + h_2)$，故循环作用压力为：

$$\Delta p = gh_1(\rho_h - \rho_g) + gh_2(\rho_2 - \rho_g) \tag{1.3-4}$$

或

$$\Delta p = g(h_1 + h_2)(\rho_2 - \rho_g) + gh_1(\rho_h - \rho_2)$$

$$= gH_2(\rho_2 - \rho_g) + gH_1(\rho_h - \rho_2) \tag{1.3-5}$$

所以，当循环环路中有许多串联的冷却中心（即散热器）时，其作用压力可由下式表示：

$$\Delta p = \sum_{i=1}^{n} gh_i(\rho_i - \rho_g) = \sum_{i=1}^{n} gH_i(\rho_i - \rho_{i-1}) \tag{1.3-6}$$

式中　　n——循环环路中冷却中心的总数；

　　　　g——重力加速度，$\mathrm{m/s^2}$；

　　　　H_i——加热中心到所计算的冷却中心（散热器）间的垂直距离，m；

　　　　h_i——从计算的冷却中心到下一层冷却中心之间的垂直距离，m；

　　　　ρ_i——与所计算的冷却中心相对应的冷却管段中水的密度，$\mathrm{kg/m^3}$；

　　ρ_{i-1}——所计算的冷却中心（散热器）的入口水的密度，$\mathrm{kg/m^3}$；

ρ_g、ρ_h——供水、回水的密度，$\mathrm{kg/m^3}$。

（2）双管上供下回式系统

图 1.3-4 为双管上供下回式系统。该系统的特点是，各层的散热器都并联在供回水立管间，使热水直接被分配到各层散热器，而冷却后的水，则由回水支管经立管、干管流回锅炉。

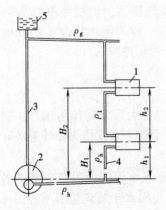

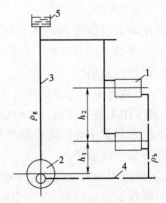

图 1.3-3　单管重力循环原理	图 1.3-4　双管上供下回式系统
1—散热器；2—锅炉；3—供水总 立管；4—回水立管；5—膨胀水箱	1—散热器；2—锅炉；3—供水管； 4—回水管；5—膨胀水箱

在如图 1.3-4 所示的双管系统里，由于热水同时在上下两层散热器内冷却，所以形成

了两个冷却中心和两个并联支路，它们的作用压力分别为：

$$\Delta p_1 = gh_1(\rho_h - \rho_g) \tag{1.3-7}$$

和
$$\Delta p_2 = g(h_1 + h_2)(\rho_h - \rho_g) = \Delta p_1 + gh_2(\rho_h - \rho_g) \tag{1.3-8}$$

故
$$\Delta p_2 - \Delta p_1 = gh_2(\rho_h - \rho_g) \tag{1.3-9}$$

这个差值说明上层散热器环路比下层散热器环路增加了作用压力。所以，计算上层环路时，必须计算该差值。

由此可见，在双管系统中，由于各层散热器与锅炉的相对位置不同，所以相对高度由上向下逐层递减，尽管水温变化相同，但也将会形成上层作用压力大、下层作用压力小的现象。如果选用不同管径后仍不能使各层的压力损失达到平衡，则必然会出现上热下冷的现象，即所谓垂直失调。而且，楼层数越多，上下环路的差值越大，失调现象将越严重。为此，在多层建筑中，采用单管系统要比双管系统可靠得多。

（3）单户式系统

单户式系统乃是热水重力循环系统的一种特殊形式，用来作为单层房屋单户（或若干户）使用的供暖装置，其系统配管方式见图1.3-5。供水干管敷设在顶棚下或阁楼内，回水干管可置于地沟内或地板上。热源一般采用小型锅炉，它一般处于散热器同一层，膨胀水箱则设置在阁楼内。

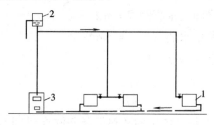

图1.3-5　单户式系统

1—散热器；2—膨胀水箱；3—小型锅炉

为了减少系统的压力损失，应尽量缩短配管长度，散热器可设置在内墙离地坪300～400mm处，由于提高了散热器位置，作用压力将会增加，有利于系统的循环。

3. 系统的优缺点和设计注意事项

（1）系统的优缺点

重力循环热水供暖系统具有热水供暖所固有的优点，如可以随着室外气温的变化而改变，锅炉水温、散热器表面温度比蒸汽为热媒时低和管道使用寿命长等优点，还具有装置简单、操作方便、没有噪声以及不消耗电能等优点。它的主要缺点是升温慢、系统作用压力小、管径大和初投资高。

（2）设计注意事项

1）一般情况下，重力循环系统的作用半径不宜超过50m。

2）宜采用上供下回式，锅炉位置应尽可能降低，以增大系统的作用压力。如果锅炉中心与底层散热器中心的垂直距离较小时，宜采用单管上供下回式重力循环系统，而且最好是单管垂直串联系统。

3）不论采用单管系统还是双管系统，重力循环的膨胀水箱应设置在系统供水总立管顶部（距供水干管顶标高300～500mm处）。供水干管与回水干管均应具有0.005～0.01的坡度，坡向宜与水流方向相同；连接散热器的支管，亦应根据支管的不同长度，具有0.01～0.02的坡度，以便使系统中的空气，能集中到膨胀水箱而排至大气。

1.3.4　机械循环热水供暖系统

1. 系统的特点

机械循环热水供暖系统的特点是系统中设有循环水泵，使系统中的热媒进行强制循环。由于水在管道内的流速大，所以它与重力循环系统相比，具有管径小、升温快的特点。但因系统中增加了循环水泵，因而需要增加维修工作量，而且也增加了运行费用。

2. 系统形式

(1) 双管上供下回式系统

图 1.3-6 是双管上供下回式系统的示意图。其系统形式与重力循环系统基本相同。除了膨胀水箱的连接位置不同外，只是增加了循环水泵和排气装置。

(2) 双管下供下回式系统

图 1.3-7 是双管下供下回式系统的示意图。

该系统与双管上供下回式系统的不同点在于：

1) 供、回水干管均敷设在不供暖的地下室平顶下或地沟内；

2) 系统中的空气通过最上层散热器上部的放气阀排除。

(3) 双管中供式系统

图 1.3-8 为双管中供式系统的示意图，这种系统的优点是：

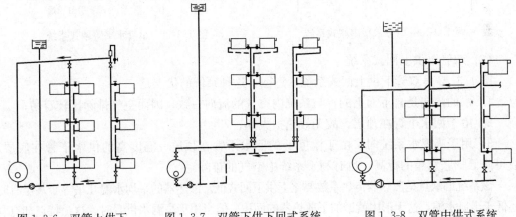

图 1.3-6 双管上供下 　　图 1.3-7 双管下供下回式系统 　　图 1.3-8 双管中供式系统
　　回式系统

1) 避免了上供下回式系统明管敷设供水干管时挡窗上部现象的发生。

2) 缓和了上供下回式系统的垂直失调现象。

(4) 单管上供下回式系统

图 1.3-9 为单管上供下回式系统的示意图。图中总立管的左侧部分为单管跨越式，右侧为单管串联式（单管顺序式）。

(5) 单管水平式系统

单管水平式系统按供水管与散热器连接方式的不同，可分为上串联式和下串联式（见图 1.3-10)和跨越式（也称并联式，见图 1.3-11)。上串联式和上并联式与下串联式和下并联式比较，节约了散热器上的放空气阀，并实现了连续排气；而带空气管的水平串联式系统，不仅增加了管材和安装工程量，还不能单独调节散

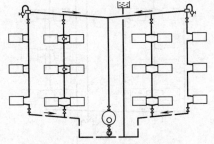

图 1.3-9 单管上供下回式系统

热器需热量，故此种配管方式并不可取。

在上串联式单管水平式系统中，散热器内部水的循环取决于热媒的质量流量和散热器高度等因素。试验证明，只有当系统中的循环水流量 $G \geqslant 350 \mathrm{kg/h}$ 时，才能通过"引射作用"使散热器下部的水形成稳定的循环。

为提高并联式的调节效果，可在每组散热器回水支管与干管的连接处，安装一个"引射式"三通，如图 1.3-11 所示。

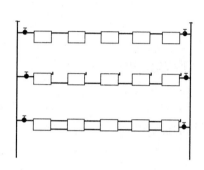

图 1.3-10　单管水平串联式系统

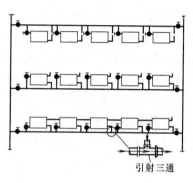

图 1.3-11　单管水平跨越式系统

（6）双管下供上回式系统

图 1.3-12 是双管下供上回式系统示意图，这种系统的优点是：

1）水的流向是自下而上的，与系统内空气的流向一致，因而空气排除比较容易；

2）由于回水干管在顶层，故无效热损失小；

3）用于高温水系统时，由于温度低的回水干管在顶层，温度高的供水干管在底层，故可降低膨胀水箱的标高，也有利于系统中空气的排除。

该系统的缺点是散热器传热系数要比上供下回式低。散热器的平均水温几乎等于甚至有时还低于出口水温，这无形中就增加了散热器的面积。但当用于高温水供暖时，这一特点却有利于满足散热器表面温度不致过高的卫生要求。为此，这种形式适合应用于高温水供暖系统。

（7）混合式系统

图 1.3-13是下供上回式（倒流式）与上供下回式连接的混合式系统的示意图。来自

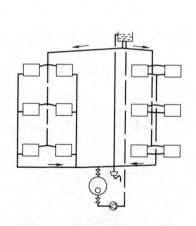

图 1.3-12　双管下供上回式系统

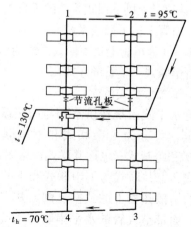

图 1.3-13　混合式系统

外网的高温水自下而上流入 1～2 号立管的散热器，然后再引到系统的后面部分（立管 3～4）。

其中，1～2 立管直接利用高温水为热媒。但为了使这部分散热器的表面温度不致过高，采用了单管跨越式系统。同时，为了解决系统的压力平衡，在立管下部，设置有节流孔板。

3. 设计注意事项

（1）机械循环系统作用半径大，适应面广，配管方式多，系统选择应根据卫生要求和建筑物形式等具体情况进行综合技术经济比较后确定。

（2）系统较大时，宜采用同程式，以便于压力平衡，参见图 1.3-13。

（3）由于机械循环系统水流速度大，易将空气泡带入立管造成局部散热器不热，故水平敷设的供水干管必须保持与水流方向相反的坡度，以便空气能顺利地和水流同方向集中排除。

（4）因管道内水的冷却而产生的作用压力，一般可不予考虑；但散热器内水的冷却而产生的作用压力却不容忽视。一般应按下述情况考虑：

1）双管系统。由于立管本身连接的各层散热器均为并联循环环路，故必须考虑各层不同的重力作用压力，以避免水力的竖向失调。重力循环的作用压力可按设计水温条件下最大压力的 2/3 计算。

2）单管系统。若建筑物各部分层数不同，则各立管所产生的重力循环作用压力亦不相同，故该值也应按最大值的 2/3 计算；当建筑物各部分层数相同，且各立管的热负荷相近似时，重力循环作用压力可不予考虑。

（5）单管水平串联系统中，设计时应考虑水平管道热胀补偿的措施。此外，串联环路的大小一般以串联管管径不大于 $DN32$ 为原则。

（6）考虑供暖节能、调节室温和系统压力平衡，对机械循环热水系统应采取如下措施：

1）集中供暖的新建建筑和既有建筑节能改造必须设置热量计量装置，并具备室温调控功能；

2）应根据水力平衡要求和建筑物内供暖系统的调节方式，选择水力平衡装置。

1.3.5 高层建筑热水供暖系统

1. 常用热水供暖系统

热水供暖系统高度超过 50m 时，宜竖向分区设置。高层建筑供暖系统，目前通常采用分层式和双水箱分层式两种。

（1）分层式供暖系统

分层式供暖系统见图 1.3-14，该系统在垂直方向分成两个或两个以上的系统。其下层系统通常与室外热网直接连接，它的高度主要取决于室外热网的压力和散热器的承压能力；而上层系统则通过热交换器进行供热，从而与室外热网相隔绝。当高层建筑散热器的承压能力较低时，这种连接方式是比较可靠的。

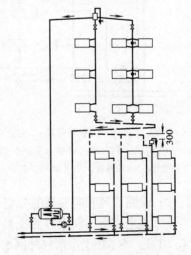

图 1.3-14 分层式供暖系统

（2）双水箱分层式系统

当热水温度不高，使用热交换器显然不经济合理时，则可以采用如图 1.3-15 所示的双水箱分层式系统。该系统具有以下特点：

1）上层系统与外网直接连接。当外网供水压力低于高层建筑静水压力时，在供水管上设加压泵。而且利用进、回水两个水箱的水位差 h 进行上层系统的循环。

2）上层系统利用非满管流动的溢流管 6 与外网回水管的压力隔绝。

3）利用两个水箱与外网压力相隔绝，在投资方面低于热交换器，且简化了入口设备。

4）采用了开式水箱，易使空气进入系统，增加了系统的腐蚀因素。

2. 其他热水供暖系统

（1）设阀前压力调节器的分层系统

当采用低温水供暖时，则可以采用如图 1.3-16 所示的设阀前压力调节器的分层式系统。上层水系统与外网直接连接，上层供水管上设置加压水泵（出口带止回阀），上层回水管上设阀前压力调节器。系统正常工作时，阀前压力调节器的阀孔开启，上层水与外网直接连接，上层正常供暖；系统停止工作时，阀前压力调节器的阀孔自动关闭，与安装在供水管上的止回阀一起将上层水与外网水隔断，避免上层水倒空。上层采用这种直接连接的形式后，上、下层水温相同，在高层建筑的低温水供暖用户中，可以取得较好的供暖效果，且便于运行调节。

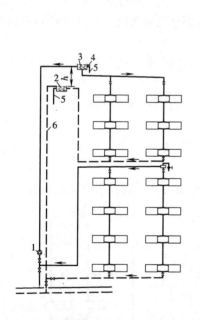

图 1.3-15　双水箱分层式系统

1—加压泵；2—回水箱；3—进水箱；4—进水箱
溢流管；5—信号管；6—回水箱溢流回水管

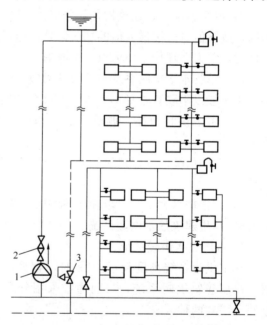

图 1.3-16　设阀前压力调节器的分层系统

1—加压水泵；2—止回阀；3—阀前压力调节器

（2）设断流器和阻旋器的分层系统

该方式适用于不能设置热交换器和双水箱的高层建筑低温水供暖用户（系统简图见图 1.3-17）。该系统上层水与外网水直接连接。在上层供水管上设加压水泵（设有止回阀），以保证上层系统所需压力。上层采用倒流式系统形式，有利于排除系统的空气；供水总立管短，无效热损失小；可减小高层建筑供暖系统上热下冷的垂直失调问题。该系统上层的断流器安装在回水管路的最高点处。阻旋器串联设置在回水管路中，设置高度应为室外管网静水压线的高度。系统运行时，高区回水流入断流器内，使水高速旋转，流速增加，压力降低，此时断流器可起减压作用。回水下落到阻旋器处，水流停止旋转，流速恢复正常，使该点压力维持室外管网的静水压力，以使阻旋器之后的回水压力能够与低区系统压力平衡。阻旋器必须垂直安装。断流器引出连通管与立管一道引至阻旋器，断流器流出的高速旋转水流到阻旋器处时停止旋转，

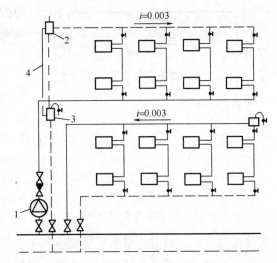

图 1.3-17　设断流器和阻旋器的分层系统
1—加压水泵；2—断流器；3—阻旋器；4—连通管

流速降低会产生大量空气，空气可通过连通管上升至断流器处，通过断流器上部的自动排气阀排空气。上层水泵与外网循环水泵靠计算机自动控制，同时启闭。当外部管网停止运行后，高区压力降低，流入断流器的水流量会逐渐减少，断流器处将断流。同时，上层水泵出口处的止回阀可避免上层水从供水管倒流入外网系统，避免上层出现倒空现象。系统压力调控方便，运行平稳可靠，有利于管网的平衡。该系统中的断流器和阻旋器须设在管道井和辅助房间（电梯间、水箱间、楼梯间、走廊等）内，以防噪声。

1.3.6　低压蒸汽供暖系统

根据回水方式的不同，低压蒸汽供暖系统可分为重力回水和机械回水两类。

1. 重力回水系统

图 1.3-18 为重力回水系统的简图。在系统运行前，锅炉充水至Ⅰ-Ⅰ处，运行后在蒸汽压力的作用下，克服蒸汽流动的阻力，经供汽管道输入散热器内，并将供汽管道和散热器内的空气驱入凝水管，最后从"B"处排入大气。蒸汽在散热器内放热后，凝结成水，经凝水管道返回锅炉。

通常，凝结水只占据凝水管的部分断面，另一部分被空气所占据。由于凝结水干管一般处于锅炉（或凝水箱）的水位线之上，所以，通常称为干式凝结水管，而位于锅炉（或凝水箱）水位线以下的凝结水管统称为湿式凝结水管。

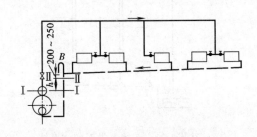

图 1.3-18　重力回水系统简图

在图 1.3-18 中，因凝结水总立管顶部接空气管，在蒸汽压力的作用下，凝结水总立管中的水位将由Ⅰ-Ⅰ断面升高到Ⅱ-Ⅱ断面。由于"B"处通大气，故升高值 h 应按锅炉压力折算静水位高度而定。为了保证干式回水，凝结水管必须敷设在Ⅱ-Ⅱ断面以上，并考虑锅炉的压力波动，应使它高出Ⅱ-Ⅱ断面 200～250mm。这样，才可

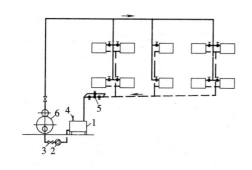

图 1.3-19 机械回水系统简图

1—凝水箱；2—凝水泵；3—止回阀；
4—空气管；5—疏水阀组；6—锅炉

使散热器内部不致被凝结水所淹没，从而保证系统的正常运行。

2. 机械回水系统

当系统作用半径较长时，就应采用较大的蒸汽压力才能将蒸汽输送到最远散热器。此时，若仍用重力回水，凝结水管里的水面 Ⅱ-Ⅱ 的高度就可能会达到甚至超过底层散热器的高度。这样，底层散热器就会充满凝结水，蒸汽就无法进入，从而影响散热。这时必须改用机械回水式系统，如图 1.3-19 所示。

在机械回水系统中，锅炉可以不安装在底层散热器以下，而只需将凝水箱安装在低于底层散热器和凝结水管的位置即可。而系统中的空气，可通过凝水箱顶部的空气管排入大气。

为防止系统停止运转时，锅炉中的水被倒吸流入凝水箱，应在泵的出水口管道上安装止回阀。为了避免凝结水在水泵吸入口汽化，确保水泵的正常工作，凝结水泵的最大吸水高度和最小正水头高度，必须受凝结水温度的制约，见表 1.3-2。

凝水泵的凝结水温度、最大吸入压力、最小正压力　　　　　　表 1.3-2

凝结水温度（℃）	0	20	40	50	60	75	80	90	100
最大吸入压力（kPa）	64	59	47	37	23	0			
最小正压力（kPa）							2	3	6

3. 系统形式

（1）双管下供下回式系统

图 1.3-20 为双管下供下回式系统。由于供汽立管中凝结水与蒸汽逆向流动，故运行中有时会产生汽水撞击声。

（2）双管上供下回式系统

图 1.3-21 为双管上供下回式系统。由于供汽立管中凝结水与蒸汽流向相同，故运行

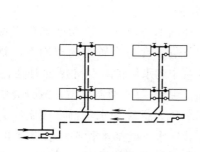

图 1.3-20 双管下供下回式系统

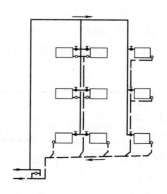

图 1.3-21 双管上供下回式系统

时不致产生汽水撞击声。在总立管底部宜设排除凝结水的疏水装置，同时总立管应保温以减少散热量。

（3）双管中供式系统

图 1.3-22 为双管中供式系统。供汽干管敷设在顶层楼板下面，蒸汽立管从干管中接出后向上、向下供汽，其凝结水则通过凝结水立管经敷设在底层地板上（或地沟内）的凝结水干管返回锅炉房。

（4）单管下供下回式系统

图 1.3-23 为单管下供下回式系统。由于是单立管，管内汽水逆向流动，故必须采用低流速，其立、支管管径相应较双管式系统要大得多。

（5）单管上供下回式系统

图 1.3-24 为单管上供下回式系统的简图。由于立管中汽、水流向相同，故运行时不会产生水击声，且立、支管管径也不必加大。

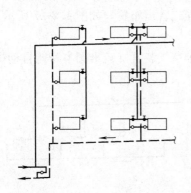 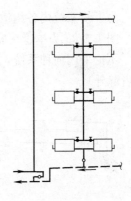

图 1.3-22　双管中供式系统　　图 1.3-23　单管下供下回式系统　　图 1.3-24　单管上供下回式系统

1.3.7　高压蒸汽供暖系统

1. 高压蒸汽供暖系统的技术经济特性

凡压力大于 70kPa 的蒸汽称为高压蒸汽。高压蒸汽供暖系统与低压蒸汽系统相比，有下列特点：

（1）供汽压力高，流速大，系统作用半径大，但沿程管道热损失也大。对于同样的热负荷，所需管径小；但如果沿途凝结水排泄不畅时，会产生严重水击。

（2）散热器内蒸汽压力高，表面温度也高，对于同样的热负荷，所需散热面积少；但易烫伤人和烧焦落在散热器上的有机尘，卫生和安全条件较差。

（3）凝结水温度高。容易产生二次蒸汽。

2. 几种常用的高压蒸汽供暖系统

（1）上供上回式系统

图 1.3-25 为上供上回式系统。其供汽与凝结水

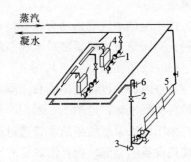

图 1.3-25　上供上回式系统

1—疏水阀组；2—止回阀；3—泄水阀；
4—暖风机；5—散热器；6—放空气阀

干管均敷设在房屋上部，凝结水靠疏水阀后的余压上升到凝结水干管。在每组散热设备的凝结水出口处，除应安装疏水阀外，还应安装止回阀并设置泄水管、放空气管等，以便及时排除每组散热设备和系统中的空气和凝结水。

（2）上供下回式系统

图1.3-26是上供下回式系统。疏水阀集中安装在每个环路凝结水干管的末端。在每组散热器进、出口均安装球阀，以便调节供汽量以及在检修散热器时能与系统隔断。

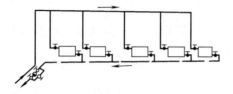

图1.3-26　上供下回式系统　　　　　　图1.3-27　同程式管道布置

为了使系统内各组散热器的供汽均匀，最好采用同程式管道布置，如图1.3-27所示。图1.3-28为单管串联式系统的示意图。

不论采用何种系统，应在每个环路末端疏水阀前设排空气装置（疏水阀本身能自动排气者除外）。

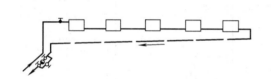

图1.3-28　单管串联式系统

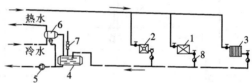

图1.3-29　余压回水简图
1—通风加热设备；2—暖风机组；3—散热器；
4—闭式凝水箱；5—凝结水加压泵；6—利用二
次汽的水加热器；7—安全阀；8—疏水阀

3. 凝结水回收系统

工业建筑或有条件的公共建筑中利用蒸汽时，凝结水应回收，并应采用闭式凝结水回收系统。

按照凝结水流动的动力，凝结水回收系统可分为余压回水、闭式满管回水和加压回水三种。高压蒸汽供暖系统疏水阀前的凝结水管不应向上抬升。

（1）余压回水

从室内加热设备流出的高压凝结水，经疏水阀后，直接接入外网的凝结水管道而流回锅炉房的凝水箱，见图1.3-29。

余压回水系统的凝结水管道对坡度和坡向无严格要求，可以向上或向下甚至可以抬高到加热设备的上部，而且锅炉房的闭式凝水箱的标高不一定要在室外凝结水干管最低点标高之下。

闭式余压回水系统如图1.3-29所示。它用安全阀（或多级水封）使凝水箱与大气隔绝。产生的二次汽可用作低压用户的热媒。为了使压力不同的两股凝结水顺利合流，避免相互干扰,可采取如图 1.3-30 的简易措施。即将压力高的凝水管做成喷嘴或多孔管形式顺流向插入压力低的凝水管中。

（2）闭式满管回水

为了避免余压回水系统汽液两相流动容易产生水击的弊病和克服高低压凝结水合流时的相互干扰,当有条件就地利用二次蒸汽时,可将热用户各种压力的高温凝结水先引入专门设置的二次蒸发箱,通过蒸发箱分离二次蒸汽并就地加以利用,分离后的凝

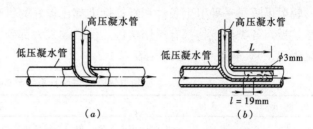

图 1.3-30　高低压凝水合流的简易措施

图（b）中：L＝孔数 n×6.5mm

n（孔数）＝12.4×高压凝水管截面积（cm^2）

结水借位能差（或水泵）将凝结水送回锅炉房,这就形成闭式满管回水,如图 1.3-31 所示。

二次蒸发箱一般架设在距地面约 3m 高处。箱内的蒸汽压力,视二次蒸汽利用与回送凝结水的温度需要而定,一般情况下,可设计为 $0.2×10^5 \sim 0.4×10^5$ Pa。在运行中,当用汽量小于二次蒸汽汽化量时,箱内压力升高,此时安装在箱上的安全阀就排汽降压;反之,当用汽量大于二次蒸汽汽化量时,箱内压力降低,此时应有自动的补汽系统进行补汽。通过排汽和补汽,以维持二次蒸发箱内基本稳定的工作压力。

（3）加压回水

当靠余压不能将凝结水送回锅炉房时,可在用户处（或几个用户联合的凝结水分站）安设凝水箱,收集从各用热设备中流出的不同压力的凝结水,在处理二次蒸汽（或就地利用或排空）后,利用泵或疏水加压器等设施提高凝结水的压力,使之流回锅炉房凝水箱,称为加压回水,如图 1.3-32 所示。

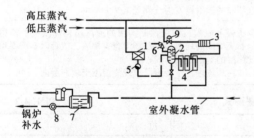

图 1.3-31　闭式满管回水简图

1—高压蒸汽加热器；2—二次蒸发箱；3—低压蒸
汽散热器；4—多级水封；5—疏水阀；6—安全阀；
7—闭式凝水箱；8—凝水泵；9—压力调节器

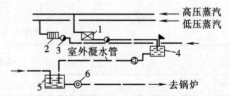

图 1.3-32　加压回水简图

1—高压蒸汽加热器；2—低压蒸汽散热器；
3—疏水阀；4—车间（分站）凝水箱；
5—总凝水箱；6—凝水泵

1.4　辐射供暖（供冷）

辐射供暖（供冷）是指提升围护结构内表面温度,形成热辐射面,通过辐射面以辐射和对流的传热方式向室内供热的供暖方式。辐射面可以是地面、顶棚或墙面；工作媒介可以是热水、蒸汽、热空气、燃气或电热。通常,把在总传热量中辐射传热比例大于50％

的供暖系统称为辐射供暖系统。系统可以单独供暖或供冷,也可以同一系统夏季供冷冬季供暖。

辐射供暖是一种卫生条件和舒适标准都比较好的供暖方式,近二十年国内应用范围已逐步扩展,各类建筑物都有应用实例,使用效果大都令人满意。辐射供暖(供冷)系统分类见表1.4-1,辐射供暖形式见表1.4-2。

辐射供暖(供冷)系统分类表 表 1.4-1

分类根据	名称	特 征
使用功能	供冷辐射 供暖辐射 供暖/冷辐射	应用12~20℃的冷媒水循环流于辐射换热元件(管道)内,向室内供冷; 应用30℃以上的热媒水循环流于辐射换热元件(管道)内,向室内供暖; 同一个辐射换热元件(管道)既供暖又供冷,冬季通以30℃以上的热水,夏季通以12~20℃的冷水
板面温度	常温辐射 低温辐射 中温辐射 高温辐射	板面温度低于29℃; 板面温度低于80℃; 板面温度为80~120℃; 板面温度为300~500℃
辐射板构造	埋管式 毛细管式 风管式 组合式 整体式	以内流热水直径为15~32mm的塑料管或发热电缆直接埋置在地面、墙面构成辐射表面; 利用φ3.35×0.5mm导热塑料管预加工成毛细管席,然后采用砂浆直接粘贴于墙面、地面或平顶表面而组成辐射板; 利用空心楼板的空腔,让热空气循环其间而构成; 利用金属板焊接、镶嵌、粘结、紧固等方式与金属管相固定而组成辐射板; 整块辐射板系通过模压等工艺形成的一个带有水通路的整体,没有接触热阻
辐射板位置	顶面式 墙面式 地面式	以顶棚作为辐射面进行供暖; 以墙面作为辐射面进行供暖; 以地面作为辐射面进行供暖
介质热媒种类	低温热水 高温热水 热风式 电热式 燃气式	热媒温度低于100℃; 热媒温度等于或高于100℃; 热空气; 通过发热电缆或电热膜将电能转化为热能; 通过燃烧可燃气体经特制的辐射器发射红外线
安装方式	组合式(干式) 直埋式(湿式)	加热盘管预先镶嵌金属板上或敷设在带预制沟槽的泡沫塑料保温板的沟槽中,并以铝箔覆盖或金属板构成的均热层,现场组合、拼装、接管,不需要填充混凝土即可直接铺设面层的地面供暖形式; 加热管在现场敷设,并在现场埋置于粉刷层或现浇混凝土填充层内

辐射供暖形式 表 1.4-2

序号	型 式	应 用 范 围
1	低温热水地面辐射供暖	是一种比较成熟的供暖方式,适用于民用建筑,当前在住宅中应用较多
2	发热电缆地面辐射供暖	由于采用电能,故当前应用不多,可用于民用建筑和工业建筑
3	顶棚电热膜辐射供暖	
4	燃气红外线供暖	对室内高大空间和室外局部供暖是一种比较好的供暖方式
5	热水吊顶辐射板供暖	适用于工业建筑
6	蒸汽吊顶辐射板供暖	适用于工业建筑
7	地面辐射供冷	用于民用建筑
8	墙面辐射供冷	用于民用建筑
9	吊顶辐射供冷	用于民用建筑

1. 辐射供暖系统与对流供暖系统相比具有的主要优点

(1) 在热辐射的作用下，围护结构内表面和室内其他物体表面的温度都比对流供暖时高，人体的辐射散热相应减少，人的实际感觉比相同室内温度对流供暖时舒适得多。

(2) 不需要在室内布置散热器，不占用室内建筑面积，便于布置家具，且不会污染（熏黑）墙面。

(3) 室内沿高大方向上的温度分布比较均匀，温差梯度相对小，无效热损失减少。

(4) 在建立同样舒适条件的前提下，辐射供暖房间的设计温度可以比对流供暖时降低 2～3℃，高温辐射时可以降低 5～10℃，从而可以节省供暖能耗。

(5) 供水温度一般为 35～60℃，可有效利用低温水和废热。

2. 辐射供冷系统的优点

(1) 辐射供冷系统与新风系统结合，可以分别处理热、湿负荷，此时新风量一般不超过通风换气与除湿要求的风量。

(2) 辐射供冷系统不需要如风机盘管、诱导器等末端设备，简化运行管理与维修、节省运行能耗和费用。

(3) 避免了冷却盘管在湿工况下运行的弊端，没有潮湿表面，杜绝细菌滋生，改善了卫生条件。

(4) 消除如风机盘管、诱导器等末端设备产生的噪声。

(5) 由于辐射板、外墙、隔墙等构造具有较大的蓄热功能，使峰值负荷减小。

1.4.1 热水辐射供暖

热水地面辐射供暖系统供水温度宜采用 35～45℃，不应超过 60℃；供回水温差不宜大于 10℃，且不宜小于 5℃；辐射体的表面平均温度宜符合表 1.4-3 的规定。

辐射体表面平均温度   表 1.4-3

设 置 位 置	宜采用的温度（℃）	温度上限值（℃）
人员经常停留的地面	25～27	29
人员短期停留的地面	28～30	32
无人停留的地面	35～40	42
房间高度 2.5～3.0m 的顶棚	28～30	—
房间高度 3.1～4.0m 的顶棚	33～36	—
距地面 1m 以下的墙面	35	—
距地面 1m 以上 3.5m 以下的墙面	45	—

低温热水地面辐射供暖可分为埋管式与组合式两大类。

埋管式，也称为湿式。它需要在现场进行铺设绝热层、浇灌混凝土填充层等全部工序，基本构造见图 1.4-1 和图 1.4-2。埋管式低温热水地面辐射供暖系统的地面构造一般自下而上的组成是：基层（构造层——楼板或地面）、找平层（水泥砂浆）、防潮层（与土壤相邻地面）、绝热层（上部敷设加热管）、填充层（水泥砂浆或豆石混凝土）、隔离层（潮湿房间）、面层（装饰面层及其找平层）。其中，绝热层作用是减少通过地（楼）板及墙面的传热损失；埋管填充层用来埋置、保护加热管，增大蓄热与均衡地板表面传热。

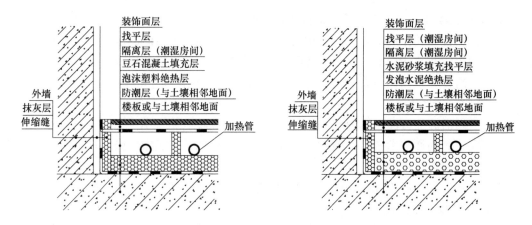

图 1.4-1　混凝土填充式热水供暖地面构造（一）　图 1.4-2　混凝土填充式热水供暖地面构造（二）
（泡沫塑料绝热层）　　　　　　　　　　（发泡水泥绝热层）

　　组合式，也称为干式。它包括敷设在带预制沟槽内的高强度挤塑聚苯板（带有 0.2mm 厚压花铝板的均热层）模块中的供暖系统和加热盘管预先预制在轻薄供暖板上的供暖系统。二者均无混凝土填充层，无湿作业。常见形式如图 1.4-3 和图 1.4-4 所示。

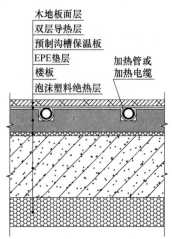

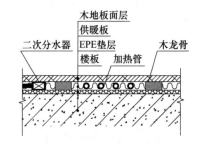

图 1.4-3　预制沟槽保温板供暖地面构造
（与室外空气或不供暖房间相邻、以木地板面层为例）

图 1.4-4　预制轻薄供暖板地面构造示意
（与供暖房间相邻、木地板面层）

　　加热管管材有钢管、铜管和塑料管，目前市场上能提供满足低温辐射供暖要求的塑料管材，且管道按设计要求长度生产，埋设部分可实现无接头，杜绝了埋设管道的渗漏。同时，塑料管道易于弯曲、施工，得到普遍采用。具体材质和壁厚的选择，则应根据工程的耐久年限、管材的性能和累计使用时间，以及系统的运行水温、工作压力（一般不宜大于 0.8MPa）等条件确定。

　　管材选择时，除考虑许用应力指标外，还应考虑管材的抗划痕能力、透氧率、蠕变特性和价格等因素，经综合比较后确定。目前，地面辐射供暖系统常用全塑管材有 PE-X、PE-RT Ⅱ型、PE-RT Ⅰ型、PB、PP-R。以上几种塑料管均具有耐老化、耐腐蚀、不易结垢、承压高、无环保污染、沿程阻力小等优点。

1. 低温热水地面辐射供暖系统形式

(1) 在住宅建筑中，地面辐射供暖的加热管应按户划分成独立的系统，设置分（集）水器，再按室分组配置加热盘管。对于其他性质的建筑，可按具体情况划分系统。系统示例如图 1.4-5～图 1.4-8 所示。

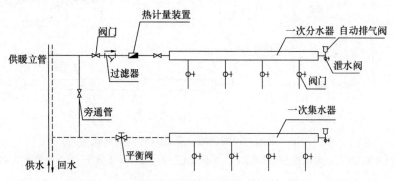

图 1.4-5　直接供暖系统

注：分水器、集水器上下位置，热计量装置设置在供水管或回水管，均可根据工程情况确定。

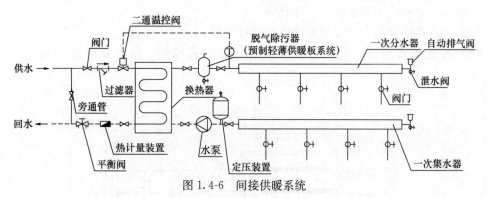

图 1.4-6　间接供暖系统

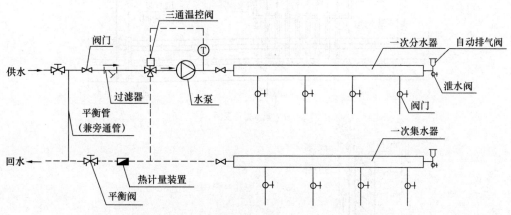

图 1.4-7　采用三通阀的混水系统（外网为定流量时）

注：当外网为变流量时，旁通管上应设置阀门，旁通管的管径不应小于连接分（集）水器进出口总管管径。

(2) 每组加热盘管的供、回水应分别与分、（集）水器相连接。分水器、集水器总进、出水管内径一般不小于 25mm，外带加热环路不宜多于 8 路，管内热媒流速可以保持不超过最大允许流速 0.8m/s。连接在同一个分（集）水器上的各组加热盘管的几何尺寸长度

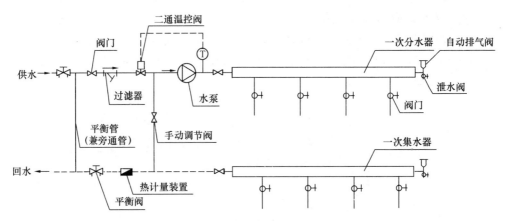

图 1.4-8　采用二通阀的混水系统（外网为定流量时）

注：当外网为变流量时，旁通管上应设置阀门，旁通管的管径不应小于连接分（集）水器进出口总管管径。

应接近相等。每组加热管回路的总长度不宜超过 120m。

（3）在分水器的总进水管上，顺水流方向应安装球阀、过滤器等，在集水器的总出水管上，顺水流方向应安装平衡阀、球阀等。

（4）分水器的顶部，应安装手动或自动排气阀。

（5）各组盘管与分（集）水器相连处，应安装球阀。集、分水器安装示意图如图 1.4-9 所示。

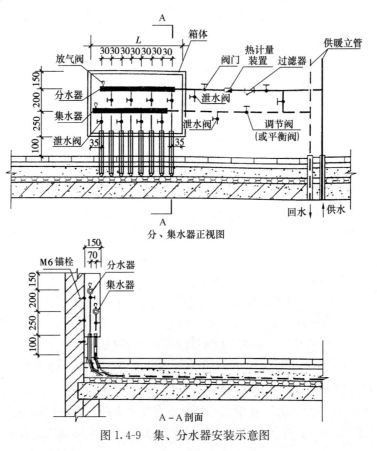

图 1.4-9　集、分水器安装示意图

（6）加热排管的布置，应根据保证地板表面温度均匀的原则而采用。宜将高温管段优先布置于外窗、外墙侧，使室内温度分布尽可能均匀。加热管的布置形式很多，通常有以下几种形式，如图 1.4-10 所示。

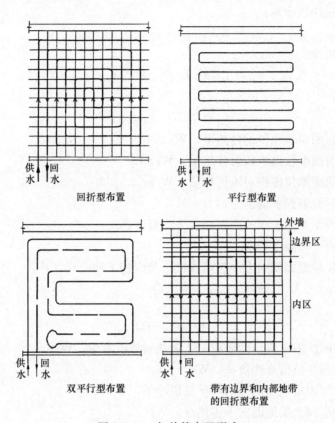

图 1.4-10　加热管布置形式

2. 供暖热负荷确定

全面辐射供暖的热负荷：按正常计算出的热负荷宜按室内设计温度取值降低 2℃ 计算。

局部辐射供暖的热负荷可按整个房间全面辐射供暖的热负荷乘以表 1.4-4 中所规定的计算系数确定。

局部辐射供暖热负荷计算系数 表 1.4-4

供暖区面积与房间总面积比值	≥0.75	0.55	0.40	0.25	≤0.20
计算系数	1	0.72	0.54	0.38	0.30

3. 辐射面传热量计算

（1）传热量计算

辐射面传热量应满足房间所需供热量或供冷量的需求，它由辐射传热和对流传热两部分组成。辐射传热量和对流传热量可根据室内温度和辐射板表面温度以及辐射板安装形式求出。其计算公式如下：

$$q = q_{\mathrm{f}} + q_{\mathrm{d}} \tag{1.4-1}$$

$$q_f = 5 \times 10^{-8} \left[(t_{pj} + 273)^4 - (t_{fj} + 273)^4 \right] \tag{1.4-2}$$

全部顶棚供暖时：

$$q_d = 0.134(t_{pj} - t_n)^{1.25} \tag{1.4-3}$$

地面供暖、顶棚供冷时：

$$q_d = 2.13 \mid t_{pj} - t_n \mid^{0.31} (t_{pj} - t_n) \tag{1.4-4}$$

墙面供暖或供冷时：

$$q_d = 1.78 \mid t_{pj} - t_n \mid^{0.32} (t_{pj} - t_n) \tag{1.4-5}$$

地面供冷时：

$$q_d = 0.87(t_{pj} - t_n)^{1.25} \tag{1.4-6}$$

式中　q——辐射面单位面积的传热量，W/m^2；

q_f——辐射面单位面积辐射传热量，W/m^2；

q_d——辐射面单位面积对流传热量，W/m^2；

t_{pj}——辐射面表面平均温度，℃；

t_{fj}——室内非加热表面的面积加权平均温度，℃；

t_n——室内计算温度，℃。

房间所需单位地面面积向上供热量或供冷量应按下列公式计算：

$$q_1 = \beta \frac{Q_1}{F_r} \tag{1.4-7}$$

$$Q_1 = Q - Q_2 \tag{1.4-8}$$

式中　q_1——房间所需单位地面面积向上供热量或供冷量，W/m^2；

Q——房间热负荷或冷负荷，W；

Q_1——房间所需地面向上供热量或供冷量，W；

Q_2——自房间上层地面向下传热量，W；

β——考虑家具遮挡的安全系数；

F_r——房间内敷设供冷供热部件的地面面积，m^2。

确定供暖地面向上供热量时，应校核地表面平均温度，地表面平均温度宜按下式计算：

$$t_{pj} = t_n + 9.82 \times \left(\frac{q}{100} \right)^{0.969} \tag{1.4-9}$$

式中　t_{pj}——地表面平均温度，℃；

t_n——室内计算温度，℃；

q——单位地面面积向上的供热量，W/m^2。

地面或顶棚辐射供冷时，辐射供冷表面平均温度按现行行业标准《辐射供暖供冷技术规程》JGJ 142 的规定计算。

辐射供暖或辐射供冷时，辐射体的表面平均温度宜分别符合表 1.4-3 或表 1.4-10 的规定。

（2）设计注意事项

1）确定地面所需的散热量时，应将计算的房间热负荷扣除来自上层地板向下的传热损失。

2）加热管为铝塑复合管（PE-X）[导热系数为 0.38W/(m·K)]的单位地面面积散热量和向下传热损失，见表 1.4-5～表 1.4-7。

3）热媒的供热量，应包括地面向上的散热量和向下层或向土壤的传热损失。

4）地面散热量应考虑家具及其他地面覆盖物的影响。

PE-X管单位地面面积的向上供热量和向下传热热量
（水泥、石材式陶瓷面层）（单位：W/m²）　　表 1.4-5

平均水温（℃）	室内空气温度（℃）	加热管间距（mm）									
		500		400		300		200		100	
		向上供热量	向下传热量	向上供热量	向下传热量	向上供热量	向下传热量	向上供热量	向下传热量	向上供热量	向下传热量
35	16	48.6	19.5	59.5	19.5	74.4	19.5	94.1	19.6	115.6	20.1
	18	43.7	17.6	53.4	17.6	66.7	17.6	84.1	17.7	103.2	18.1
	20	38.7	15.7	47.2	15.7	58.9	15.7	74.2	15.8	90.8	16.2
	22	33.7	13.8	41.1	13.8	51.1	13.8	64.3	13.9	78.6	14.2
	24	28.8	11.9	35.0	11.9	43.5	11.9	54.5	12.0	66.4	12.3
40	16	62.1	24.5	76.1	24.5	95.5	24.5	121.2	24.6	149.7	25.3
	18	57.1	22.7	63.9	22.7	87.6	22.7	111.0	22.7	136.9	21.4
	20	52.0	20.8	63.6	20.8	79.7	20.8	100.9	20.8	124.3	20.8
	22	47.0	18.9	57.4	18.9	71.8	18.9	90.8	18.9	111.6	18.5
	24	42.0	17.0	51.2	17.0	63.9	17.0	80.7	17.0	99.1	17.5
45	16	75.8	29.6	93.0	29.5	117.0	29.5	148.9	29.7	184.8	30.5
	18	70.7	27.7	86.7	27.7	108.9	27.6	138.6	27.9	171.8	28.6
	20	65.6	25.8	80.4	25.8	100.9	25.8	128.3	26.0	158.9	26.7
	22	60.5	24.0	74.1	23.9	93.0	23.9	118.0	24.1	146.0	24.7
	24	55.4	22.1	67.8	22.1	85.0	22.0	107.8	22.2	133.1	22.8
50	16	89.7	34.6	110.2	34.6	138.8	34.6	177.2	34.8	220.7	35.8
	18	84.5	32.8	103.9	32.7	130.7	32.7	166.8	32.9	207.6	33.9
	20	79.4	30.9	97.5	30.9	122.6	30.9	156.4	31.1	194.5	32.0
	22	74.3	29.1	91.1	29.0	114.6	29.0	146.0	29.2	181.3	30.0
	24	69.2	27.2	84.8	27.2	106.5	27.1	135.6	27.3	168.3	28.1
55	16	103.7	39.7	127.6	39.7	161.0	39.6	206.1	39.9	257.5	41.2
	18	98.6	37.9	121.2	37.8	152.8	37.8	195.5	38.1	244.2	39.2
	20	93.4	36.0	114.8	36.0	144.7	36.0	185.0	36.2	230.9	37.3
	22	88.3	34.2	108.4	34.1	136.6	34.1	174.5	34.3	217.6	35.4
	24	83.1	32.3	102.0	32.3	128.4	32.3	164.0	32.5	204.4	33.4

注：水泥、石材或陶瓷面层热阻为 0.02m²·K/W。

PE-X管单位地面面积的向上供热量和向下传热热量
（塑料类材料面层）（单位：W/m²）

表 1.4-6

平均水温（℃）	室内空气温度（℃）	加热管间距（mm）									
		500		400		300		200		100	
		向上供热量	向下传热量	向上供热量	向下传热量	向上供热量	向下传热量	向上供热量	向下传热量	向上供热量	向下传热量
35	16	45.1	19.8	53.0	20.0	62.7	20.3	73.9	20.6	84.5	21.3
	18	40.5	17.9	47.5	18.2	56.2	18.3	66.1	18.6	75.6	19.3
	20	35.9	16.0	42.1	16.1	49.7	16.4	58.4	16.6	66.7	17.2
	22	31.3	14.1	36.6	14.2	43.2	14.4	50.7	14.6	57.9	15.1
	24	26.7	12.1	31.2	12.2	36.7	12.4	43.1	12.6	49.1	13.0
40	16	57.5	24.9	67.6	25.3	80.1	25.5	94.6	26.0	108.4	26.9
	18	52.8	23.0	62.1	23.2	73.5	23.3	86.7	24.0	99.4	24.8
	20	48.1	21.1	56.5	21.4	66.9	21.6	78.9	22.0	90.4	22.8
	22	43.5	19.2	51.0	19.4	60.4	19.6	71.1	20.0	81.4	20.7
	24	38.8	17.3	45.5	17.4	53.8	17.6	63.3	18.0	72.4	18.6
45	16	70.0	30.1	82.4	30.3	97.8	30.8	115.7	31.4	132.9	32.5
	18	65.3	28.2	76.9	28.4	91.2	28.9	107.8	29.4	123.8	30.4
	20	60.6	26.3	71.3	26.5	84.5	26.8	99.8	27.4	114.6	28.4
	22	55.9	24.4	65.7	24.6	77.9	24.9	91.9	25.4	105.5	26.3
	24	51.2	22.5	60.1	22.6	71.2	23.0	84.1	23.4	96.4	24.2
50	16	82.7	35.3	97.5	35.5	115.8	36.0	137.1	36.8	157.8	38.1
	18	77.9	33.4	91.8	33.6	109.2	34.1	129.2	34.8	148.6	36.1
	20	73.2	31.5	86.2	31.7	102.4	32.1	121.2	32.8	139.3	34.0
	22	68.5	29.6	80.6	29.8	95.7	30.2	113.2	30.8	130.1	32.0
	24	63.8	27.7	75.0	27.9	89.0	28.2	105.2	28.8	120.9	29.9
55	16	95.5	40.4	112.6	40.7	134.0	41.3	158.9	42.2	183.1	43.8
	18	90.7	38.5	107.0	38.9	127.3	39.4	150.8	40.2	173.8	41.8
	20	86.0	36.7	101.4	37.0	120.5	37.5	142.8	38.3	164.5	39.7
	22	81.2	34.8	95.7	35.1	113.8	35.5	134.8	36.3	155.2	37.7
	24	76.5	32.9	90.1	33.2	107.0	33.6	126.7	34.3	145.9	35.6

注：塑料类材料面层热阻为 0.075m² · K/W。

PE-X 管单位地面面积的向上供热量和向下传热热量
（木地板材料面层）（单位：W/m²）

表 1.4-7

平均水温 (℃)	室内空气温度 (℃)	加 热 管 间 距（mm）									
		500		400		300		200		100	
		向上供热量	向下传热量	向上供热量	向下传热量	向上供热量	向下传热量	向上供热量	向下传热量	向上供热量	向下传热量
35	16	44.1	19.9	50.9	20.1	58.8	20.5	67.5	21.0	75.4	21.7
	18	39.5	18.0	45.6	18.2	52.7	18.5	60.4	18.9	67.5	19.6
	20	35.0	16.1	40.4	16.3	46.6	16.6	53.4	16.9	59.6	17.5
	22	30.5	14.1	35.1	14.3	40.6	14.5	46.4	14.9	51.8	15.4
	24	26.1	12.2	29.9	12.3	34.5	12.6	39.5	12.8	44.0	13.2
40	16	56.1	25.0	64.8	25.3	75.1	25.7	86.3	26.4	96.6	27.3
	18	51.5	23.1	59.5	23.6	68.9	23.9	79.2	24.4	88.6	25.3
	20	47.0	21.2	54.2	21.5	62.7	21.8	72.0	22.4	80.6	23.2
	22	42.4	19.3	48.9	19.5	56.6	19.9	64.9	20.3	72.6	21.0
	24	37.9	17.4	43.6	17.6	50.4	17.9	57.8	18.3	64.6	18.9
45	16	68.3	30.2	79.0	30.6	91.6	31.2	105.4	31.9	118.2	33.0
	18	63.7	28.3	73.6	28.7	85.4	29.1	98.2	29.9	110.1	31.0
	20	59.1	26.4	68.3	26.7	79.1	27.2	91.0	27.8	102.0	28.9
	22	54.5	24.5	62.9	24.8	72.9	25.2	83.8	25.9	93.9	26.8
	24	49.9	22.6	57.6	22.8	66.7	23.2	76.7	23.8	85.8	24.7
50	16	80.6	35.4	93.3	35.8	108.3	36.6	124.8	37.4	140.1	38.8
	18	76.0	33.5	87.9	33.9	102.0	34.5	117.5	35.4	131.9	36.7
	20	71.4	31.6	82.6	32.0	95.8	32.5	110.3	33.4	123.8	34.6
	22	66.8	29.7	77.2	30.1	89.5	30.6	103.0	31.4	115.6	32.5
	24	62.1	27.8	71.8	28.1	83.3	28.6	95.8	29.3	107.5	30.4
55	16	93.1	40.6	107.8	41.1	125.2	41.8	144.4	42.9	162.3	44.6
	18	88.4	38.7	102.4	39.2	118.9	39.9	137.1	40.9	154.1	42.5
	20	83.8	36.8	97.0	37.3	112.6	37.9	129.8	38.9	145.9	40.4
	22	79.2	34.9	91.6	35.4	106.3	36.0	122.5	36.9	137.6	38.3
	24	74.5	33.0	86.2	33.5	100.0	34.0	115.3	34.9	129.4	36.2

注：木地板材料面层热阻为 0.1m² · K/W。

表 1.4-5～表 1.4-7 的计算条件为：加热管公称外径为 20mm，填充层厚度为 40mm，发泡水泥绝热层导热系数为 0.08W/(m·K)、厚度为 40mm，供回水温差 10℃。

4. 低温热水地面辐射供暖系统加热盘管水力计算

盘管管路的阻力包括沿程阻力和局部阻力两部分。由于盘管管路的转弯半径比较大，局部阻力损失很小，可以忽略；因此盘管管路的阻力可以近似认为是管路的沿程阻力。

加热管压力损失可按下述公式计算：

$$\Delta P = \Delta P_\mathrm{m} + \Delta P_\mathrm{j} \tag{1.4-10}$$

$$\Delta P_\mathrm{m} = \lambda \frac{l}{d} \frac{\rho v^2}{2} \tag{1.4-11}$$

$$\Delta P_\mathrm{j} = \zeta \frac{\rho v^2}{2} \tag{1.4-12}$$

式中　ΔP ——加热管的压力损失，Pa；

ΔP_m ——摩擦压力损失，Pa；

ΔP_j ——局部压力损失，Pa；

λ ——摩擦阻力系数；

d ——管道内径，m；

l ——管道长度，m；

ρ ——水的密度，kg/m³；

v ——水的流速，m/s；

ζ ——局部阻力系数。

铝塑复合管及塑料管的摩擦阻力系数，可近似统一按下列公式计算：

$$\lambda = \left\{ \frac{0.5\left[\dfrac{b}{2} + \dfrac{1.312(2-b)\lg 3.7\dfrac{d_\mathrm{n}}{K_\mathrm{d}}}{\lg Re_\mathrm{s} - 1}\right]}{\lg \dfrac{3.7 d_\mathrm{n}}{K_\mathrm{d}}} \right\}^2 \tag{1.4-13}$$

$$b = 1 + \frac{\lg Re_\mathrm{s}}{\lg Re_\mathrm{z}} \tag{1.4-14}$$

$$Re_\mathrm{s} = \frac{d_\mathrm{n} v}{\mu_\mathrm{t}} \tag{1.4-15}$$

$$Re_\mathrm{z} = \frac{500 d_\mathrm{n}}{K_\mathrm{d}} \tag{1.4-16}$$

$$d_\mathrm{n} = 0.5(2d_\mathrm{w} + \Delta d_\mathrm{w} - 4\delta - 2\Delta\delta) \tag{1.4-17}$$

式中　λ ——摩擦阻力系数；

b ——水的流动相似系数；

Re_s ——实际雷诺数；

v ——水的流速，m/s；

μ_t ——与温度有关的运动黏度，m²/s；

Re_z——阻力平方区的临界雷诺数；

K_d——管子的当量粗糙度，m，对铝塑复合管及塑料管，$K_d=1\times10^{-5}$m；

d_n——管子的计算内径，m；

d_w——管外径，m；

Δd_w——管外径允许误差，m；

δ——管壁厚，m；

$\Delta\delta$——管壁厚允许误差，m。

考虑到分、集水器和阀门等的局部阻力，盘管管路的总阻力可在沿程阻力的基础上附加 10%～20%。一般盘管管路的阻力，不宜超过 30kPa。

塑料管及铝塑复合管水力计算表见有关标准的内容，局部阻力系数见表 1.4-8。

局部阻力系数 ζ 值 表 1.4-8

管路附件	曲率半径≥5d_0 (mm/mm) 的 90°弯头	直流三通	旁流三通	合流三通	分流三通	直流四通
ζ 值	0.3～0.5	0.5	1.5	1.5	3.0	2.0
管路附件	分流四通	乙字弯	括弯	突然扩大	突然缩小	压紧螺母连接件
ζ 值	3.0	0.5	1.0	1.0	0.5	1.5

5. 地面辐射供暖系统设计中有关技术措施

(1) 建筑物地面敷设加热管时，供暖热负荷中不计算地面的热损失。

(2) 地面辐射供暖的有效散热量应计算确定，并应计算室内设备、家具及地面覆盖物等对有效散热量的折减。

(3) 地面辐射供暖的加热管及其覆盖层与外墙、楼板结构层间应设绝热层。注：当使用条件允许楼板双向传热时，覆盖层与楼板结构层间可不设绝热层。地面辐射供暖面层材料的热阻不宜大于 $0.05m^2\cdot K/W$。

(4) 低温热水地面辐射供暖系统敷设加热管的覆盖层厚度不宜小于 50mm。覆盖层应设伸缩缝，伸缩缝的位置、距离及宽度，应会同有关专业计算确定。加热管穿过伸缩缝时，宜设长度不小于 100mm 的柔性套管。

(5) 低温热水地面辐射供暖系统的阻力应计算确定。加热管内水的流速不应小于 0.25m/s，同一集配装置的每个环路加热管长度应尽量接近，每个环路的阻力不宜超过 30kPa。系统配件应采用耐腐蚀材料。

(6) 低温热水地面辐射供暖系统的工作压力不应大于 0.8MPa；当超过上述压力时，应采取相应的措施；当建筑物高度超过 50m 时，宜竖向分区设置。

(7) 低温热水地面辐射供暖绝热层敷设在土壤上时，绝热层下应做防潮层。在潮湿房间（如卫生间、厨房等）敷设地板辐射采暖系统时，加热管覆盖层上应做防水层。

(8) 低温热水地面辐射供暖加热管的材质和壁厚的选择，应按工程要求的使用寿命、累计使用时间以及系统的运行水温、工作压力等条件确定。

(9) 其他技术措施应执行《辐射供暖供冷技术规程》JGJ 142 的规定。

6. 住宅建筑内地面辐射供暖系统设计

采用集中热源住宅建筑，楼内供暖系统设计应符合下列要求：

（1）应采用共用立管的分户独立系统形式。

（2）同一对立管宜连接负荷相近的户内系统。

（3）一对共用立管在每层连接的户数不宜超过 3 户，共用立管连接的户内系统总数不宜多于 40 个。

（4）共用立管接向户内系统的供、回水管应分别设置关断阀，关断阀之一应具有调节功能，宜根据户内系统的控制方式采用相对应的平衡控制装置。

（5）共用立管和分户关断调节阀门，应设置在户外公共空间的管道井或小室内。

（6）每户的一次分水器、集水器，以及必要时设置的热交换器或混水装置等入户装置宜设置在户内，并远离卧室等主要功能房间。

7. 地面辐射供暖系统施工安装

（1）加热盘管的敷设，宜在环境温度高于 5℃ 的条件下进行。施工过程中，应防止油漆、沥青或其他化学溶剂接触管道。

（2）加热盘管出地面与分（集）水器相连接的管段，穿过地面构造层部分外部应加装硬质套管。

（3）在混凝土填充层内不得有接头。

（4）盘管应加固定，固定点之间的距离为：直管段≤1000mm，宜为 500～700mm；弯曲段部分不大于 350mm，宜为 200～300mm。

（5）细石混凝土填充层的混凝土强度等级，不宜低于 C15，浇捣时应掺入适量防止混凝土龟裂的添加剂，细石的粒径不应大于 12mm。

（6）细石混凝土填充层应采取膨胀补偿措施：地板面积超过 30m² 或地面长边超过 6m 时，每隔 5～6m 填充层应留 5～10mm 宽的伸缩缝；盘管穿越伸缩缝处，应设长度为 100mm 的柔性套管；填充层与墙、柱等的交接处，应留 5～10mm 宽的伸缩缝；伸缩缝内，应填充弹性膨胀材料。

（7）细石混凝土的浇捣，必须在加热盘管试压合格后进行，浇捣混凝土时，加热盘管内应保持不低于 0.4MPa 的压力，待大于 48h 养护期满后方能卸压。

（8）隔热材料应符合：导热系数不应大于 0.05W/（m·K）；抗压强度不应小于 100kPa；吸水率不应大于 6%；氧指数不应小于 30%。当采用聚苯乙烯泡沫塑料板作为隔热层时，其密度不应小于 20kg/m³。

（9）地面辐射供暖系统的调试与试运行，应在施工完毕且混凝土填充层养护期满后，正式采暖运行前进行。初始加热时，热水升温应平缓，供水温度应控制在比当时环境温度高 10℃ 左右，且不应高于 32℃；并应连续运行 48h；以后每隔 24h 水温升高 3℃，直至达到设计供水温度。在此温度下应对每组分水器、集水器连接的加热管逐路进行调节，直至达到设计要求。

（10）其他施工安装要求应执行《辐射供暖供冷技术规程》JGJ 142 的规定。

8. 热水吊顶辐射板供暖

热水吊顶辐射板供暖可用于层高为 3～30m 的工业建筑的供暖，具体按《工业建筑供暖通风与空调设计规范》GB 50019—2015 和《民用建筑供暖通风与空调设计规范》GB

50736—2012 的第 5.4 节采用。

1.4.2 毛细管型辐射供暖与供冷

毛细管型辐射供暖实质上是埋管型辐射供暖的一种特殊形式，它是根据仿真原理模拟自然界植物利用叶脉和人体依靠皮下血管输送能量的形式设计制作的一种较先进的辐射板形式。它以 $\phi 3.35 \times 0.5mm$ 的导热塑料管作为毛细管，用 $\phi 20 \times 2mm$ 塑料管作为集管，通过热熔焊接组成不同规格尺寸的毛细管席，如图 1.4-11 所示。

毛细管型辐射供暖系统供水温度宜满足表 1.4-9 的规定，供回水温差宜采用3～6℃。辐射体的表面平均温度宜符合表1.4-3 的规定。

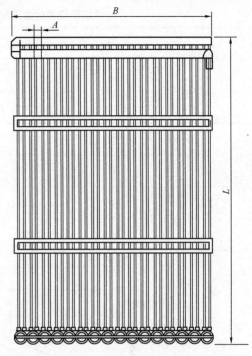

图 1.4-11 毛细管席

毛细管型辐射供暖系统供水温度

表 1.4-9

设置位置	宜采用温度（℃）
顶棚	25～35
墙面	25～35
地面	30～40

辐射供冷系统的供冷表面应高于室内空气露点温度 1～2℃，并宜低于 20℃；供回水温差不宜大于 5℃，且不应低于 2℃。辐射供冷时，辐射体的表面平均温度宜满足表 1.4-10的规定。

辐射供冷表面平均温度　　　　　　　　　　　　　　　表 1.4-10

设　置　位　置	温度下限值（℃）	设　置　位　置	温度下限值（℃）
人员经常停留的地面	19	墙面	17
人员短期停留的地面	19	顶棚	17

毛细管席的敷设与安装形式，一般有以下几种形式：

1. 平顶安装

（1）平顶安装有如下几种方式：

1）直接固定在平顶上，表面喷或抹 5～10mm 水泥砂浆、混合砂浆或石膏粉刷层加以覆盖；

2）直接粘贴在石膏平顶板下，然后喷或抹 5～10mm 水泥砂浆、混合砂浆或石膏粉刷层加以覆盖；

3）敷设在金属吊顶或石膏平顶板的背面（预制成金属吊顶或石膏平顶板的模块，现场进行拼装连接）。

（2）平顶安装的供热与供冷能力

毛细管型辐射板不同安装组合时的代号 Rxx 表示，见表 1.4-11。根据代号和热水（冷水）平均温度与室内温度的温度差，由图 1.4-12 和图 1.4-13 查得毛细管型辐射平顶的供热能力与供冷能力。

毛细管型辐射板不同安装组合时的代号表　　　　　　　　　　　表 1.4-11

抹灰层的厚度 δ (mm)	不同抹灰层及导热系数 λ［W/ (m·K)］时的代号				
	石 膏			水泥砂浆	隔声砂浆
	$\lambda=0.35$	$\lambda=0.45$	$\lambda=0.87$	$\lambda=1.5$	$\lambda=0.12$
5	R24	R21	R12	R10	R39 ($\delta=2$mm)
10	R28	R32	R18	R13	R55 ($\delta=4$mm)
15	R52	R41	R23	R15	R72 ($\delta=6$mm)
20	R90	R70	R38	R24	

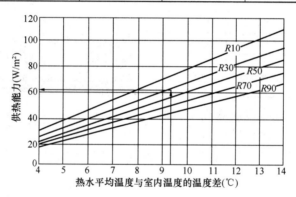

图 1.4-12　抹灰平顶毛细管的供热能力

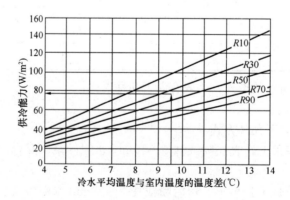

图 1.4-13　抹灰平顶毛细管的供冷能力

2. 墙面埋置式

（1）安装方式：将加工好的毛细管席安装在墙上，然后喷或抹 5～10mm 水泥砂浆、混合砂浆或石膏粉刷层加以覆盖固定，使所在墙面成为辐射供暖与供冷的换热表面。

（2）墙面安装的供热能力

毛细管型辐射墙面供热量，根据安装组合时的代号和热水平均温度与室内温度的温度差，由图 1.4-14 查得其供热能力。

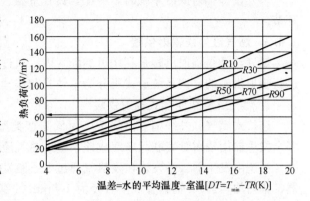

图 1.4-14　墙面的供热能力

3. 地面埋置式

（1）安装方式：将加工好的毛细管席铺设在地面的基层上，然后抹以 10mm 厚水泥砂浆，干燥后上部铺设地面的面层。

毛细管席的基本数据：

毛细管席的长度 L＝600～6000mm；

毛细管席的宽度 B＝150～1250mm；

毛细管席的间距 A＝15mm；

系统允许运行压力 p＝0.4MPa；

最高允许的热媒（热水）温度 t＝60℃。

（2）地面安装的供热能力

地面毛细管型辐射供热量，可根据地面层的材料和热水平均温度与室内温度的温度差，由图 1.4-15 查得其供热能力。

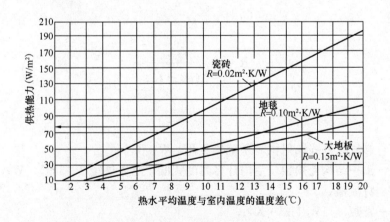

图 1.4-15　地面的供热能力

4. 设计毛细管型辐射供暖与供冷系统注意事项

（1）毛细管席适应于各种安装形式，但安装形式不同，其供暖与供冷的能力是不同的。

（2）单独供冷或冷、暖两用时，宜采用吊顶安装方式；单独供暖时，宜采用地面埋置方式或墙面埋置方式。

（3）采用毛细管型辐射供冷时，一般只负担室内的显热负荷，因此，应配套设置新风系统来处理室内的潜热负荷。

（4）确定冷水温度时，应认真校核室内空气的露点温度，防止冷表面凝露；冷水供水温度一般不应低于 16℃，供回水温差一般为 2～3℃。

（5）设计辐射供冷系统时，应配套设置室温、供水温度、露点温度等自动监测与控制环节。

1.4.3 燃气红外线辐射供暖

燃气红外线辐射供暖是利用可燃的气体，通过发生器进行燃烧产生各种波长的红外线进行辐射供暖的，按系统形式可分为单体式和连续式。

1. 燃气红外线连续式辐射供暖

连续式燃气红外线辐射供暖系统属低强度类型，辐射表面温度为 300～500℃，是将多个发生器用辐射管串联起来组成该系统。热气流使辐射管不断加热，保持一定的辐射强度。系统由发生器（激发棒在发热室通过电子激发气体而产生热量的一种装置，也称燃烧器、辐射加热器）、辐射管（由直径为 100mm 的钢管连接而成的各发生器之间及末端发生器下游辐射热交换强度较高的部分管路）、反射板（覆盖在辐射管上方的部件，定向向下方地面辐射热量，亦称反射罩）、真空泵（使系统形成一定负压，并使热流体在辐射管内流动的装置，亦称负压风机或负压装置）、尾管（末端发生器下游辐射管与真空泵之间辐射热交换器强度较低的部分管路）等主要部件组成。

（1）发生器的选择计算

1）辐射供暖系统总散热量计算

燃气红外线辐射供暖时，热射线首先接触到人的头部，因此，辐射强度应以人体头部所能忍受的辐射强度为上限，推荐辐射强度的上限为 70W/m²。

总散热量按下式计算：

$$Q_f = \frac{Q}{1+R} \tag{1.4-18}$$

$$R = \frac{Q}{\dfrac{CA}{\eta}(t_{sh} - t_w)} \tag{1.4-19}$$

$$\eta = \varepsilon \eta_1 \eta_2 \tag{1.4-20}$$

式中　Q_f——燃气红外线辐射供暖系统热负荷，W；

　　　Q——围护结构耗热量（室内计算温度宜低于对流供暖 2～3℃），W；

　　　R——特征值；

　　　C——常数，11W/(m²·K)；

　　　A——供暖面积，m²；

　　　ε——辐射系数，据 $\dfrac{h^2}{A}$ 查图 1.4-16 确定，h 为辐射管安装高度，m；

　　　η_1——辐射供暖系统的效率，一般为系统的测定值。若无测定值时，产品样本发生器为输入功率时，取 0.9；为输出功率时，取 1.0；

　　　η_2——空气效率，即考虑空气中 CO_2 和水蒸气对辐射热的吸收，按表 1.4-12 选取；

　　　t_{sh}——舒适温度，15～20℃；

t_w——室外供暖计算温度。

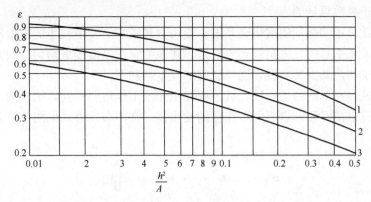

图 1.4-16　辐射系数

1—水平面；2—坐着；3—站着

h—发生器安装高度（m）；A—供暖面积（m²）

注：图中横坐标上的数值 2～9，实际上为 0.02～0.09。

空　气　效　率　　　　　　　　　　表 1.4-12

辐射管与人体头部的距离 （m）	η_2	辐射管与人体头部的距离 （m）	η_2
2.0	0.91	5.0	0.87
2.5	0.90	6.0	0.86
3.0	0.89	8.0	0.85
4.0	0.88	≥10	0.84

此时的室内计算温度：

$$t_n = \frac{Q_f(t_{sh} - t_w)}{Q} + t_w \quad (℃) \tag{1.4-21}$$

人体所需的辐射强度：

$$q_x = C(t_{sh} - t_n) \quad (W/m^2) \tag{1.4-22}$$

人体实际接受到的辐射强度：

$$q_s = \eta \frac{Q_f}{A} \quad (W/m^2) \tag{1.4-23}$$

当 $q_x = q_s$ 时，人体有较好的舒适感。

2）发生器台数的选择计算

$$n = \frac{Q_f}{q} \tag{1.4-24}$$

式中　n——发生器台数；

　　　q——单台发生器输出功率，查样本获取。

表 1.4-13 给出了安装高度与发生器功率间的关系，供参考。

最　低　安　装　高　度　　　　　　　表 1.4-13

发生器功率（kW）	最低安装高度（m）	发生器功率（kW）	最低安装高度（m）
18	3	30	4.2
20	3.0	35	8.0
25	3.6	40～50	14.0

3）辐射供暖系统的布置

布置发生器和辐射管时，应注意建筑物的特点。通常，沿四周外墙、外门处辐射器的散热量不宜少于总散热量的60%。

对于相同散热量的燃气辐射供暖系统，使用数量较多、功率较小的发生器要比使用数量少、功率较大发生器时，人员感到更舒适，建筑物室内温度场更均匀。因此，在确定台数时应结合系统的最低安装高度，选择适宜的发生器功率。

当供暖区域内有不同的工作区，且不同时工作或工作班制不同，则可按不同区布置发生器，这样就可以按需要开启不同工作区的发生器。常用布置方式见图1.4-17。

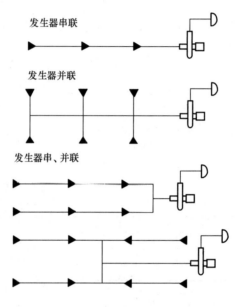

图1.4-17　辐射供暖系统布置简图

（2）距可燃物的距离

辐射供暖应与可燃物之间保持一定的距离，表1.4-14给出了系统与可燃物之间的最小距离。

与可燃物间的最小距离　　　　　　　　　　表 1.4-14

发生器功率 （kW）	与可燃物间的最小距离（m）		
	可燃物在发生器的下方	可燃物在发生器的上方	可燃物在发生器的两侧
≤15	1.5	0.3	0.6
20	1.5	0.3	0.8
25	1.5	0.3	0.9
30	1.5	0.3	1.0
35	1.8	0.3	1.0
45	1.8	0.3	1.0
50	2.2	0.3	1.2

（3）系统设备选择

1）辐射管的长度应与发生器功率相匹配，设计时可查阅有关厂家的产品资料，当无资料可查时，可按表 1.4-15 选择，安装前应予以核算或调整。

辐 射 管 长 度 表 1.4-15

功率（kW）	最短（m）	最长（m）	建议（m）
20	4	12	6～9
25	6	16	9～12
30	6	18	10～14
35	7.5	20	12～16
40	10.5	21	14～18
45	12	22	14～18
50	13.5	23	16～20

2）尾管的长度应根据厂家的有关技术资料进行计算，如无资料时，可按表 1.4-16 进行估算，安装前应予以核算或调整。

尾 管 长 度 表 1.4-16

发生器的数量	单个燃烧器的输出功率 （kW）				每一分支的输出功率 （kW）	每一分支的最小尾管长度 （m）
1	18				18	6
1	23				23	6
1	30				30	6
1	35				35	6
1	45				45	6
1	50				50	6
2	23				41	6
3	23	18	18		59	6
4	23	18	18	18	77	6
5	23	18	18	18	18	95	6
2	30	23			53	9
3	30	23	23		76	9
4	30	23	23	23	99	9
5	30	23	23	23	23	122	9
2	35	30			65	9
3	35	30	30		95	9
4	35	30	30	30	125	9
5	35	30	30	30	30	155	12
2	45	35			80	9
3	45	35	35		115	9
4	45	35	35	35	150	12
2	50	38			88	9
3	50	38	38		126	9

3) 弯头与发生器间的距离。为保证热气流畅通，避免管道过热，弯头的位置与发生器间必须保持一定的距离，一般应根据有关技术资料选择，如无资料时，建议按表 1.4-17 进行选择。

弯头与发生器的距离 表 1.4-17

发生器功率（kW）	距下游弯头	发生器功率（kW）	距下游弯头
18～25	＞3m	45～50	＞6m
30～40	＞4.5m		

4) 调节风阀。使用调节风阀是为了使分支系统压力和流量平衡，满足整个系统合适的真空度。调节风阀设置在以下位置：公共尾管前面的系统分支末端，使不对称的各分支系统的压力和流量平衡；公共尾管与真空泵之间，调节整个系统的真空度。

5) 真空泵。为了保证系统的安全，系统管路必须预先排气，并处于负压状态。因此，真空泵入口处须安装一个与发生器电路联动的真空开关。系统真空度未确认前，发生器不能启动。

选择真空泵应注意如下要求：真空泵应能满足系统对流量和压力的要求，并在额定功率下运行；保证公共尾管满足最小长度的要求。

（4）控制系统的选择

燃气红外线辐射供暖系统根据工程实际需求，可选择以下自动控制形式或其组合：

定温控制：室温设定，按室温上下限设自动开、停；

定时控制：按班制设定开、停时间；

定区域控制：根据工作区域不同、班次不同、工作时间不同设分区独立控制；

燃气红外线辐射供暖系统操作灵活，适当的自动控制可以降低运行成本，且有利于节能。

（5）室外空气供应系统的计算和配置

燃气红外线辐射供暖系统的发生器工作时，需要一定比例的空气与燃气进行混合，并稀释燃烧后的尾气。当这部分空气量小于该房间换气次数 0.5 次/h 时，可由室内供给；超过 0.5 次/h 时，自然补偿已不可能满足需求，应设置室外空气供应系统。

发生器工作所需求的空气量应由产品资料给出。当无资料可查时，可参考以下经验公式进行计算：

$$L = \frac{Q}{293} \cdot K \tag{1.4-25}$$

式中　L——所需的最小空气量，m^3/h；

　　　Q——总辐射热量，W；

　　　K——常数，天然气取 $6.4m^3/h$，液化石油气取 $7.7m^3/h$。

（6）设置燃气红外辐射供暖系统的排风量

当系统燃烧尾气排放在室内时，室内空间上部宜设置机械排风装置，排风量宜为 $20～30m^3/(h \cdot kW)$，当房间净高小于 6m 时，尚应满足换气次数不小于 $0.5h^{-1}$ 的要求。

（7）设计步骤

1) 根据燃气的热值、供暖系统的选择和设计，计算出单个发生器的燃气流量及供暖系统全负荷运行所需的燃气流量。

2）根据供暖系统布置情况和发生器的位置确定燃气管道的布置及供气节点。

3）根据建筑结构图确定燃气管道的具体位置及安装形式。

4）根据供暖系统的额定供气压力，允许压力波动范围及燃气入口压力确定各管段的计算允许压力降。

（8）设计注意事项

1）燃气红外线辐射供暖严禁用于甲、乙类生产厂房和仓库；经技术经济比较合理时，可用于无电气防爆要求的场所，易燃物质可出现的最高浓度不超过爆炸下限的 10% 时，燃烧器宜布置在室外。

2）燃气红外线辐射器的安装高度，应根据人体舒适度确定，但不应低于 3m。

3）有关连续式燃气红外线供暖系统的详细设计技术资料，燃气系统设计及施工安装，请见国家标准图集《燃气红外线辐射供暖系统设计选用及施工安装》03K501-1。

2. 单体式燃气红外线辐射供暖

单体式燃气红外线辐射供暖系统的最大特点是不仅适用于建筑物内供暖，也可以应用于室外露天局部供暖，还广泛应用于各种生产工艺的加热和干燥过程。

（1）燃气红外线辐射器

燃气红外线辐射器的形式很多，如表面燃烧式、催化氧化式、间接辐射式、直接加热耐火材料式等。表面燃烧式又称无焰燃烧式，是一种应用较广和效果较好的形式。

燃气红外线辐射器主要由燃气喷嘴、引射器（包括调节风门）、外壳、混合气分配装置（分配板）、辐射器头部、反射罩及点火装置等组成。有的辐射器的引射器出口端还有一块细密的细铜丝布（网），作为回火时保护引射器和喷嘴的安全措施。

燃气红外线辐射器按其头部结构和所用材料的不同可分为：多孔陶瓷板式、金属网式、多孔陶瓷板—金属网复合式、筛板式等几种。

安装燃气红外线辐射器时，必须注意下列各项要求：

1）辐射器引射器的空气吸入口，务必处于通风良好的地方。

2）辐射器与被加热物体或人体之间，不允许有遮挡射线的障碍物。

3）当辐射器在室外或半开敞的场合下工作时，在引射器与喷嘴之间，应加装挡风设备，使气流不致直接影响引射系统的正常工作，又可自由地吸取新鲜空气。

4）辐射器的头部应尽可能根据不同的安装角度加装反射罩，使热能能较集中地射向需要的地方。

5）无论是采取何种安装形式，务必使燃气进气管由下向上或水平地接入辐射器。

6）在强烈冲击和较大振动的场合，不宜采用多孔陶瓷板辐射器。

7）辐射器的辐射面上，应防止有液体或固体粉末溅落上去，以免堵塞烟道，影响使用。

（2）全面辐射供暖

全面辐射供暖辐射器总散热量计算与连续式辐射供暖系统相同。

全面辐射供暖时，辐射器可安装在屋架下弦、柱子或墙面上，高度一般不应低于 4m。当辐射器的表面积较大时，其热负荷也高、辐射效率和辐射强度也大，此时，安装高度要高一些。当辐射器的安装角度增大时，安装高度相应可低一些。

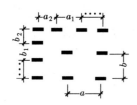

图 1.4-18　边缘和墙角
辐射器的布置

在布置辐射器时，必须要结合建筑物的特点、高度、大小等进行统一考虑。通常，辐射器既可以单排或多排交错排列，也可以平行排列，或者沿外墙周边布置。不论采用何种形式，在外墙面上至少应安装一排辐射器，并应使热量分配均匀，以抵消外墙和外窗的失热，并补偿墙和窗的渗透失热。

辐射器的布置，一般应尽量满足下列两个条件（见图 1.4-18）：$\dfrac{a}{h} \leqslant 1$（正方形布置）或 $\dfrac{ab}{h} = 0.8 \sim 0.10$（长方形布置），且 $\dfrac{a}{b} = 1.5 \pm 0.5$；$\dfrac{h^2}{A} \leqslant 0.1$

式中　a、b——辐射器的中心距，m；

　　　h——辐射器的安装高度，m；

　　　A——辐射器的照射面积，m^2。

靠外墙边缘地区和墙交角处的辐射强度，可按下列公式计算：

$$q_1 = (1 + \varphi)q_t \qquad (1.4\text{-}26)$$

$$q_2 = (1 + 2\varphi)q_t \qquad (1.4\text{-}27)$$

式中　q_1——靠外墙边缘地区的单位辐射强度，W/m^2；

　　　q_2——靠墙角处的单位辐射强度，W/m^2；

　　　q_t——室内其他地区的辐射强度，即设计辐射强度，W/m^2；

　　　φ——边缘附加系数，%，见表 1.4-18。

边缘附加系数 **φ**（单位：%）　　　　　　　　　　表 1.4-18

h^2/A	a/h					
	2/3	3/4	0.9	1.0	1.1	4/3
0.01	125	110	84	70	60	51
0.02	123	105	77	62	54	44
0.03	121	100	71	58	49	38
0.04	119	98	67	53	44	34
0.05	117	95	63	49	40	30
0.06	114	92	60	46	36	26
0.07	111	90	57	43	33	23
0.08	108	87	55	40	30	20
0.09	105	85	53	37	28	17
0.10	102	82	50	35	26	15
0.15	98	73	40	26	15	7
0.20	90	64	33	18	10	—
0.30	78	50	23	10	4	—

边缘地区和墙交角处辐射器的中心距，可按下列各式计算：

$$a_1 = \dfrac{a}{1 + \varphi} \qquad (1.4\text{-}28)$$

$$a_2 = \dfrac{a}{1 + 2\varphi} \qquad (1.4\text{-}29)$$

$$b_1 = \frac{b}{1+\varphi} \tag{1.4-30}$$

$$b_2 = \frac{b}{1+2\varphi} \tag{1.4-31}$$

式中　a_1、b_1——边缘地区辐射器的中心距，m；

　　　a_2、b_2——墙角处辐射器的中心距，m。

（3）局部、单点及室外供暖

1）局部供暖是指在一个有限的大空间内，只对其中的某一部分进行供暖，而其余的部分无供暖要求。局部供暖与全面辐射供暖的主要不同之处在于局部供暖主要依靠辐射热量来保持供暖范围内的热效果，虽然在这个范围内，空气的温度也有一定程度的升高，但并不起主要作用。

由于局部供暖的对象大部分是针对人的，因此，有以下两种情况：

①在供暖范围内，人员比较稀少，工作岗位比较固定。这时，可按单点供暖考虑，即在局部供暖范围内，辐射场和温度场都是不均匀的，在有人的地方，辐射强度和空气温度高一些，其他地方则低一些。

②在局部供暖范围内，人员较多，工作岗位不完全固定。这时，可按全面辐射供暖考虑，即应布置均匀的平面辐射场，并在该范围内保持一定的空气温度。

局部供暖所需的辐射强度和空气温度，至今尚无比较成熟的经验和数据，兹列出一些国外的参考数据如下：

①在无风的条件下，室内局部供暖时辐射强度与空气温度的关系如表 1.4-19 所示。

无风时的辐射强度与空气温度　　　　　　　　　　　表 1.4-19

辐射强度 (W/m²)	空气温度 (℃)	辐射强度 (W/m²)	空气温度 (℃)
861	−23.3	431	−1.11
807	−20.6	377	1.67
754	−17.8	323	4.44
700	−15.0	269	7.22
646	−12.2	216	9.99
592	−9.4	161	12.80
539	−6.7	129	15.50
484	−3.9	129	>15.50

局部供暖所需辐射器的散热量为：

$$Q = 700EA/\eta \tag{1.4-32}$$

式中　Q——局部供暖所需辐射器的散热量，W；

　　　E——辐射强度（指供暖区域内人体腰部的辐射强度），可按表 1.4-19 选用；

　　　A——局部供暖的面积，m²；

　　　η——辐射器的辐射效率，%。

②如果在局部供暖的部位有风的直接作用，这时，除应对供暖部分加以围挡以外，也可以按单点供暖时在有风的情况下按表 1.4-19 中数据的 0.75 倍选用。

此外，应注意以下三点：

①辐射器最好不要安装在人头部的正上方，而应安装在人体两侧的上部，并以一定角度对准人的腰部。

②尽量选用几个散热量小的辐射器，而不要选用单独一个散热量很大的辐射器。

③务必注意挡风。

2）单点供暖和室外供暖

单点供暖是在一个大空间内只对其中的某个工作点进行供暖；而室外供暖则是在一个无限大的空间里对其中某个点或一个小范围进行供暖。在这两种供暖系统中，起主导作用的是辐射热，对流热的作用很小，尤其在室外供暖中，对流热基本上不起作用。

由于人体处在不供暖的大空间或室外情况下，所以，人体散热量与空气温度和流速有密切的关系，见表1.4-20。

人体的对流和辐射热损失 表 1.4-20

空气温度 （℃）	在下列空气流速（m/s）时的对流热损失（W/m²）				辐射热损失（W/m²）
	0.45	2.24	4.47	6.71	
−17.8	189.1	514.3	898.8	1242.1	239.4
−12.2	173.8	453.6	795.5	1101.1	214.2
−6.7	145.1	394.3	686.6	951.8	182.8
−1.1	120.0	333.6	579.2	844.3	126.3

注：人体表面温度为29.4℃。

设计单点和室外供暖时，可根据当地的气温和空气流速，由表1.4-20得出人体的对流和辐射热损失之和，再减去人体新陈代谢产生的热量，这两者之差即为辐射器所需补充的辐射热量。辐射器的对流散热部分可以忽略。

单点供暖时所需的辐射强度，可参见表1.4-21。

单点供暖时所需的辐射强度（单位：W/m²） 表 1.4-21

空气温度 （℃）	舒适温度与空气 温度之差 （℃）	空 气 流 速 （m/s）			
		0.50	0.75	1.00	1.50
18	2	29.10	40.68	52.34	69.78
16	4	58.20	81.36	104.67	139.56
14	6	87.29	122.05	157.01	209.34
12	8	116.38	162.73	209.34	279.12
10	10	145.49	203.41	261.68	348.90
8	12	174.59	244.09	314.01	418.68
6	14	203.69	284.77	366.35	488.46
4	16	232.79	325.45	418.68	558.24
2	18	261.88	366.14	471.02	628.02
0	20	290.98	406.82	523.35	697.80
−2	22	320.08	447.50	575.69	767.58
−4	24	349.17	488.18	628.02	837.36
−6	26	378.28	528.86	680.36	907.14
−8	28	407.03	569.54	732.69	976.92

空气温度 （℃）	舒适温度与空气 温度之差 （℃）	空 气 流 速 （m/s）			
		0.50	0.75	1.00	1.50
−10	30	436.47	610.23	785.03	1046.70
−12	32	465.57	650.91	837.36	1116.48
−14	34	494.67	691.59	889.70	1186.26
−16	36	523.76	732.27	942.03	1256.04
−18	38	552.87	772.95	994.78	1325.82
−20	40	581.97	813.64	1046.70	1395.60
−22	42	611.06	854.32	1099.45	1465.38
−24	44	640.16	894.99	1151.37	1535.16

注：1. 此表的编制条件：人体表面积为 1.8m²，辐射器从人体两侧照射，人员穿衣较少，工作位置基本固定，舒适温度为 20℃。

2. 当舒适温度不是 20℃时，可按表中的舒适温度与空气温度之差值来选取。

3. 对于体力劳动或穿衣较厚者，辐射强度值可适当减少。

单点和室外供暖时，辐射器的安装高度、方式以及布置，与局部辐射供暖时相同。在单点和室外供暖时，尤其是在室外供暖时，必须注意挡风，应该防止风直吹人体。对辐射器，也应采取必要的防风侵袭装置。

此外，也可以设计成落地式的，即用一个低支架放在地面上，使辐射热自下向上射向人体，由于辐射器距人的头部较远，所以，允许采用较高的辐射强度。这种方式的实际效果较好，有条件时应优先采用。

1.5 热 风 供 暖

热风供暖适用于耗热量大的建筑物，间歇使用的房间和有防火、防爆要求的车间。热风供暖具有热惰性小、升温快、设备简单、投资省等优点。

热风供暖有集中送风、管道送风、悬挂式和落地式暖风机等形式。

符合下列条件之一时，应采用热风供暖：

(1) 能与机械送风系统合并时；

(2) 利用循环空气供暖，技术、经济合理时；

(3) 由于防火、防爆和卫生要求，必须采用全新风的热风供暖时。

属于下列情况之一时，不得采用空气再循环的热风供暖：

(1) 空气中含有病原体（如毛类、破烂布等分选车间）、极难闻气味的物质（如熬胶等）及有害物质浓度可能突然增高的车间；

(2) 生产过程中散发的可燃气体、蒸汽、粉尘与供暖管道或加热器表面接触能引起燃烧的车间；

(3) 生产过程中散发的粉尘受到水、水蒸气的作用能引起自燃、爆炸以及受到水、水蒸气的作用能产生爆炸性气体的车间；

(4) 产生粉尘和有害气体的车间，如铸造车间的落砂、浇筑、砂处理工部、喷漆车间及电镀车间等。

位于严寒及寒冷地区的工业厂房，不宜单独采用热风供暖。但热源集中在上部的高大厂房，可将上部热空气送至下部工作区供暖。

当非工作时间不设值班供暖系统时，热风供暖不宜少于两个系统，其供热量的确定，应根据其中一个系统损坏时，其余仍能保持工艺所需的最低室内温度，且不得低于5℃。

1.5.1 集中送风

集中送风的供暖形式一般适用于允许采用空气再循环的车间，或作为有大量局部排风车间的补风和供暖系统。对于内部隔断较多、散发灰尘或大量散发有害气体的车间，一般不宜采用集中送风供暖形式。

设计循环空气热风供暖时，在内部隔墙和设备布置不影响气流组织的大型公共建筑和高大厂房内，宜采用集中送风系统。设计时，应符合下列技术要求：

（1）集中送风供暖时，应尽量避免在车间的下部工作区内形成与周围空气显著不同的流速和温度，应该使回流尽可能处于工作区内，射流的开始扩散区应处于房间的上部。

（2）射流正前方不应有高大的设备或实心的建筑结构，最好将射流正对着通道。

（3）在使用集中送风的车间内，如在车间中间有3m以下的无顶小隔间，则内部不必另行考虑供热装置；这些隔断最好采用铁丝网等镂空材料，而不要用玻璃屏及砖墙等实心砌体。

（4）工作区射流末端最小平均风速，一般取0.15m/s；工作区的最大平均回流风速：坐着工作时≤0.3m/s；轻体力劳动时≤0.5m/s；重体力劳动时≤0.75m/s。民用建筑≤0.2m/s。送风口的出口风速，应通过计算确定，一般采用5～15m/s。

（5）送风口的安装高度，应根据房间高度和回流区的分布位置因素确定，一般以3.5～7m为宜；回风口底边至地面的距离，宜采用0.4～0.5m；房间高度或集中送风温度较高时，送风口处宜设置向下倾斜的导流板。

（6）送风温度，不宜低于35℃，并不得高于70℃。

1. 集中送风的气流组织

一般有平行送风和扇形送风两种，见图1.5-1。选用的原则主要取决于房间的大小和几何形状，因房间的形状和大小与送风的地点、射流的数目、射程和布置、射流的初始流

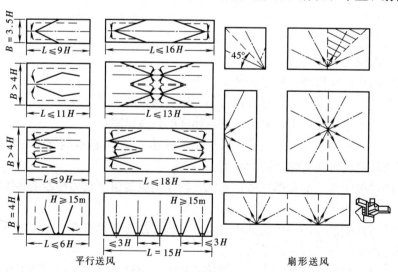

平行送风   扇形送风

图 1.5-1 气流组织布置

速、喷口的构造和尺寸等有关。

每股射流作用的宽度范围：

平行送风时　　　　　　　　$B \leqslant (3 \sim 4)H$；

扇形送风时　　　　　　　　$B = 45°$。

每股射流作用半径：

平行送风时　　　　　　　　$L \leqslant 9H$；

扇形送风时　　　　　　　　$R \leqslant 10H$。

集中送风气流分布情况见表 1.5-1。

2. 集中送风的计算

（1）平行送风射流

1）射流的有效作用长度

①当送风口高度 $h \geqslant 0.7H$ 时，

$$l_x = \frac{X}{a}\sqrt{A_h} \tag{1.5-1}$$

②当送风口高度 $h = 0.5H$ 时，

$$l_x = \frac{0.7X}{a}\sqrt{A_h} \tag{1.5-2}$$

式中　l_x ——一股射流的有效作用长度，m；

　　　a ——送风口的紊流系数，见表 1.5-4；

　　　X ——射流作用距离的无因次数，见表 1.5-2 和表 1.5-3；

　　　A_h ——每股射流作用车间的横截面积，m^2。

集中送风气流分布情况表　　　　　　　　　　　表 1.5-1

H (m)	h (m)	B (m)	气 流 分 布	v_1 (m/s)
4~9	0.7H	≤3.5H	射流在上，回流在下，工作地带全部处于回流区	v_1
		≥4H	射流在中间，回流在两侧，中间工作地带处于射流区，两旁处于回流区	$0.69v_1$
10~13	0.5H	≤3.5H	射流在中间，回流在上下，工作地带全部处于回流区	v_1
		≥4H	射流在中间，回流在两侧，中间工作地带处于射流区，两旁处于回流区	$0.69v_1$
>13	6~7	≤3H	射流在中间，回流在两侧，工作地带大部分处于射流区	$0.69v_1$
	7($\alpha = 10° \sim 20°$)	≤3H	射流在下，回流在上，工作地带全部处于射流区	$0.69v_1$

注：B——每股射流作用宽度，m；

　　H——房间高度，m；

　　h——送风口中心离地面高度，m；

　　v_1——工作地带最大平均回流速度，m/s。

2）换气次数（或循环空气次数）

$$n = \frac{380 v_1^2}{l_x} \tag{1.5-3}$$

或

$$n = \frac{5950 v_1^2}{v_0 l_x} \tag{1.5-4}$$

3）每股射流的空气量

$$L = \frac{nV}{3600 m_p m_c} \tag{1.5-5}$$

4）送风温度

$$t_0 = t_n + \frac{Q}{c_p \rho_p L m} \tag{1.5-6}$$

送风温度 t_0 应控制在 30～50℃，最高不得大于 70℃。

5）送风口直径

$$d_0 = \frac{0.88 L}{v_1 \sqrt{A_h}} \tag{1.5-7}$$

6）送风口出风速度

$$v_0 = 1.27 \frac{L}{d_0^2} \tag{1.5-8}$$

（2）扇形送风射流

1）射流的有效作用半径

$$R_x = \left(\frac{X_1}{\alpha}\right)^2 H \tag{1.5-9}$$

2）换气次数

$$n = \frac{18.8 v_1^2}{X_1^2 R_x} \tag{1.5-10}$$

或

$$n = \frac{294 v_1^2}{X_1^2 v_0 R_x} \tag{1.5-11}$$

3）每股射流的空气量

$$L = \frac{nV}{3600 m} \tag{1.5-12}$$

4）送风温度

$$t_0 = t_n + \frac{Q}{c_p \rho_p L m} \tag{1.5-13}$$

t_0 应控制在 30～50℃。

5）送风口直径

$$d_0 = 6.25 \frac{aL}{v_1 H} \tag{1.5-14}$$

6）送风口出风速度

$$v_0 = 1.27 \frac{L}{d_0^2} \tag{1.5-15}$$

式中　l_x——一股射流的有效作用长度，m；

R_x——扇形送风的射流有效作用半径，m；

X——射流作用距离的无因次数，与工作地带最大平均回流速度 v_1 及射流末端最小平均回流速度 v_2 有关，按表 1.5-2 采用；

X_1——扇形送风射流作用距离的无因次数，按表 1.5-3 采用；

L——每股射流的空气量，m³/s；

α——送风口的紊流系数，按表 1.5-4 采用；

A_h——每股射流作用的车间横截面积，m²；

V——车间体积，m³；

m_p——沿车间宽度平行送风的射流股数；

m_c——沿车间长度串联送风的射流股数；

m——射流股数；

t_n——室内温度，℃；

Q——总热负荷，kW；

ρ_p——室内上部地带空气密度，kg/m³。

平行送风射流作用距离的无因次数　　　　表 1.5-2

v_1 (m/s)	v_2 (m/s)					
	0.07	0.10	0.15	0.20	0.30	0.40
0.30	0.385	0.36	0.33	0.30	0.20	—
0.40	0.40	0.38	0.35	0.33	0.29	0.20
0.50	0.42	0.40	0.37	0.35	0.31	0.28
0.60	0.43	0.41	0.38	0.37	0.33	0.30
0.75	0.44	0.42	0.40	0.38	0.35	0.33
1.00	0.46	0.44	0.42	0.40	0.37	0.35
1.25	0.47	0.46	0.43	0.41	0.39	0.37
1.50	0.48	0.47	0.44	0.43	0.40	0.38

扇形送风射流作用距离的无因次数　　　　表 1.5-3

v_1 (m/s)	v_2 (m/s)					
	0.07	0.10	0.15	0.20	0.30	0.40
0.30	0.31	0.28	0.25	0.22	0.12	—
0.40	0.32	0.30	0.27	0.25	0.21	0.12
0.50	0.33	0.31	0.29	0.26	0.23	0.20
0.60	0.34	0.33	0.30	0.28	0.24	0.22
0.75	0.36	0.34	0.32	0.29	0.26	0.24
1.00	0.37	0.35	0.33	0.32	0.29	0.27
1.25	0.38	0.36	0.35	0.33	0.30	0.28
1.50	0.39	0.37	0.36	0.34	0.32	0.29

3. 工作区风速

（1）工作地带射流末端最小平均回流速度 v_2，一般采取 0.15m/s。

（2）工作地带的最大平均回流速度 v_1 见本书第 1.5.1（4）。

4. 几种常用送风口的紊流系数 α 值

送风口的紊流系数 α 值见表 1.5-4。

几种常用送风口的紊流系数 α 值

表 1.5-4

喷嘴名称	α 值	喷嘴名称	α 值
收缩的圆喷嘴	0.07	带导流板的直角弯管	0.20
普通圆喷嘴	0.08	带金属网的轴流风机	0.24
支管上的圆喷嘴	0.10	带导流板的弧弯管	0.10
带导流板的轴流风机	0.12	NA 型及 NC 型暖风机	0.16

5. A_h 的计算

（1）车间整个长度上都有天窗，且射流沿车间轴线送风时，则天窗的空间应计算在 A_h 内。

（2）如射流方向垂直车间轴线，则天窗空间不计入 A_h 内。

（3）如车间用空心结构的桁架（如钢屋架），则 A_h 应包括桁架内的面积，如用密实的桁架（如薄腹梁屋架），则桁架的空间不应计算在 A_h 内。

1.5.2　空气加热器的选择

在热风供暖系统中，空气加热器主要用于直接加热室外冷空气或室内循环空气，常用的空气加热器型号有 SRZ 型、SRL 型和 GL 型等。

空气加热器的选择计算：

（1）基本计算公式

加热空气所需热量

$$Q = Gc_p(t_2 - t_1) \tag{1.5-16}$$

式中　Q——热量，kW；

　　　c_p——空气比热容，$c_p = 1.01$kJ/（kg・℃）；

　　　G——被加热空气量，kg/s；

　　　t_1——加热前空气温度，℃；

　　　t_2——加热后空气温度，℃。

加热器供给的热量

$$Q' = KF\Delta t_p \tag{1.5-17}$$

式中　Q'——热量，W；

　　　K——加热器的传热系数，W/（m² ・ K）；

　　　F——加热器的传热面积，m²；

　　　Δt_p——热媒与空气之间的平均温差，℃。

当热媒为热水时

$$\Delta t_p = \frac{t_{w1} + t_{w2}}{2} - \frac{t_1 + t_2}{2}$$

当热媒为蒸汽时

$$\Delta t_p = t_g - \frac{t_1 + t_2}{2}$$

式中　t_{w1}、t_{w2}——热水的初、终温度，℃；

　　　　t_g——蒸汽温度，℃。

压力在 30kPa 以下时，$t_g = 100℃$；压力在 30kPa 以上时，t_g 等于该压力下蒸汽的饱和温度。

（2）选择计算方法和步骤

1）初选加热器的型号：初定空气质量流速，一般取 $v_p = 8kg/(m^2 \cdot s)$ 左右。宜采用所谓"经济质量流速"，即采用使运行费和初投资的总和为最小的空气质量流速值。计算出需要的加热器有效截面面积。

2）计算加热器的传热系数：根据加热器的型号和空气质量流速，依据相应的经验公式进行计算，参见表 1.5-5。

3）计算需要的加热面积和加热器台数：计算出需要的加热面积，然后再根据每台加热器的实际加热面积确定加热器的排数和台数。

4）检查加热器的安全系数：由于加热器的质量和运行中内外表面结垢积灰等原因，选用时应考虑一定的安全系数，安全系数为 1.2～1.3（选用暖风机时也相同）。

5）计算加热器阻力。

显然，上述计算存在一个多次试算的确定过程。

各种空气加热器传热系数及空气（水）阻力　　　　表 1.5-5

型　　号		传热系数 K $[W/(m^2 \cdot K)]$	空气侧压力损失 ΔP (Pa)	水侧压力损失 Δh (kPa)
SRZ 5、6、10	D	$13.6(v_p)^{0.49}$（蒸汽）	$1.76(v_p)^{1.998}$	$1.52w^{1.96}$
	Z		$1.47(v_p)^{1.98}$	$19.3w^{1.83}$
	X	$14.5(v_p)^{0.532}$（蒸汽）	$8.82(v_p)^{1.97}$	
SRZ 7	D	$14.3(v_p)^{0.51}$（蒸汽）	$2.06(v_p)^{1.998}$	$15.2w^{1.96}$
	Z		$2.94(v_p)^{1.52}$	$19.3w^{1.83}$
	X	$15.1(v_p)^{0.571}$（蒸汽）	$1.37(v_p)^{1.917}$	
SRL	BXA/2	$15.2(v_p)^{0.24}$（蒸汽）	$1.71(v_p)^{1.67}$	
		$16.5(v_p)^{0.24}$（热水）		
	BXA/3	$15.1(v_p)^{0.43}$（蒸汽）	$3.03(v_p)^{1.62}$	
		$14.5(v_p)^{0.29}$（热水）		

注：v_p——空气质量流速，$kg/(m^2 \cdot s)$，计算时一般 v_p 值取 $8kg/(m^2 \cdot s)$ 左右。

　　　w——热水在加热器内流速，m/s，用 130℃热水，$w = 0.023～0.037m/s$。

1.5.3　暖风机的选择

暖风机是由通风机、电动机及空气加热器组合而成的联合机组。适用于各种类型的车间，当空气中不含灰尘和易燃或易爆性的气体时，可作为循环空气供暖用。暖风机可独立作为供暖用，一般用以补充散热器散热的不足部分或者利用散热器作为值班供暖，其余热负荷由暖风机承担。

1. 暖风机台数的确定

可按下式确定：

$$n = \frac{Q}{Q_d \cdot \eta}$$　　　　　　(1.5-18)

当空气进口温度与暖风机标准参数（15℃）不同时，应按下式换算：

$$\frac{Q_d}{Q_0} = \frac{t_{pj} - t_n}{t_{pj} - 15}$$　　　　　　(1.5-19)

式中　Q——建筑物的热负荷，W；

　　　Q_d——暖风机的实际散热量，W；

　　　Q_0——进口温度 15℃时的散热量，W；

　　　t_n——设计条件下的进风温度，℃；

　　　t_{pj}——热媒平均温度，℃；

　　　η——有效散热系数：

　　　　　热媒为热水时 $\eta = 0.8$；

　　　　　热媒为蒸汽时 $\eta = 0.7 \sim 0.8$。

暖风机的安装台数，一般不宜少于两台。

2. 选用暖风机的注意事项

（1）小型暖风机

1）为使车间温度场均匀，保持一定断面速度，选择暖风机时，应验算车间内的空气循环次数，宜大于或等于 1.5 次/h。

2）布置暖风机时，应按厂房内部几何形状、工艺设备布置情况及气流作用范围等因素，设计暖风机台数及位置。宜使暖风机的射流互相衔接，使供暖空间形成一个总的空气环流。

3）宜将暖风机布置在内墙一侧，垂直吹向外窗方向，以减少冷空气渗透。

4）暖风机底部的安装标高应符合下列要求：当出口风速 $v_0 \leqslant 5 \text{m/s}$ 时，取 2.5～3.5m；当出口风速 $v_0 > 5 \text{m/s}$ 时，取 4～5.5m。

5）暖风机的射程 X，可按下式估算：

$$X = 11.3 v_0 D$$　　　　　　(1.5-20)

式中　X——暖风机的射程，m；

　　　v_0——暖风机的出口风速，m/s；

　　　D——暖风机出口的当量直径，m。

6）送风温度不宜低于 35℃，不应高于 55℃。

7）热媒为蒸汽时，每台暖风机应单独设置阀门和疏水装置。

（2）大型暖风机

1）选用大型暖风机供暖时，由于出口速度和风量都很大，所以，应沿车间长度方向布置，出风口离侧墙的距离不宜小于 4m，气流射程不应小于车间供暖区的长度，在射程区域内不应有构筑物或高大设备。

2) 暖风机出风口离地面的高度应符合下列要求:

当厂房下弦≤8m时,宜取 3.5~6m;

当厂房下弦>8m时,宜取 5~7m。

3) 大型暖风机不应布置在车间大门附近,吸风口底部距地面的高度不宜大于1m,也不应小于 0.3m。

3. 暖风机的种类和性能

(1) Q 型工业暖风机

适用于蒸汽热媒,蒸汽压力为 0.1~0.4MPa,加热空气量为 2140~14000kg/h,放热量为 21.31~139.56kW/台,出风温度为 54.9~68.6℃,电机功率为 250~1100W。

(2) GS 型暖风机

适用于热水热媒,热水温度为 80~130℃,加热空气量为 1500~8500kg/h,放热量为 14.7~110.49kW/台,出风温度为 37.8~64℃,电机功率为 120~1100W。

(3) NGL 型暖风机

落地安装,用于大空间供暖,送风速度为 12m/s 以上,送风距离可达 20m。有热水(供/回水温度为 120/80℃)、蒸汽(0.6MPa)和电三种热媒形式。热水型、蒸汽型暖风机,加热空气量为 7000 ~ 40000kg/h,放热量为 70 ~ 400kW/台,电机功率为 2.2 ~ 2×7.5kW。

1.5.4 热空气幕

执行现行行业标准《空气幕》JB/T 9067 适用于贯流风机、离心风机和轴流风机装配的空气幕。

热空气幕是利用条形空气分布器喷出一定速度和温度的幕状气流,借以封闭建筑物的大门、门厅、通道、门洞、柜台等安装的通风设备和系统。其作用是减少或隔绝外界气流的侵入,以维持室内或工作区域的封闭环境条件,具有隔热、隔冷减少系统冷(热)能耗的作用。

符合下列条件之一时,宜设置热空气幕:

(1) 位于严寒地区、寒冷地区的公共建筑和工业建筑,对经常开启的外门,且不设门斗和前室时;

(2) 公共建筑和工业建筑,当生产或使用要求不允许降低室内温度时,或经技术经济比较设置热空气幕合理时。

1. 热空气幕设计技术要求

(1) 热空气幕的送风方式,对于公共建筑,宜采用由上向下送风;对于工业建筑,当外门宽度小于 3m 时,宜采用单侧送风;当大门宽度为 3~18m 时,应经过技术经济比较,采用单侧送风、双侧送风或由上向下送风;当大门宽度超过 18m 时,宜采用顶部由上向下送风。

(2) 热空气幕的送风温度,应根据计算确定。对于公共建筑和工业建筑的外门,不宜高于 50℃;对高大的外门,不宜高于 70℃。

(3) 热空气幕的出口风速,应通过计算确定。对于公共建筑的外门,不宜大于 6m/s;对于工业建筑的外门,不宜大于 8m/s;对于高大的外门,不宜大于 25m/s。

(4) 热空气幕采用电加热时,使用环境温度为-10~40℃,相对湿度<90%。有下列

情况之一时，不能使用电加热空气幕：有腐蚀性气体；易燃易爆场所；灰尘较大；蒸汽弥漫结露；有可能产生破坏电气绝缘的气体或灰尘。

（5）热空气幕的热源为热水时，供水温度不宜低于 85℃；热源为蒸汽时，供汽压力不宜低于 0.1MPa。

2. 热空气幕的送风形式和基本参数

（1）热空气幕的送风形式

热空气幕的送风形式一般常用的有上送式、侧送式和下送式三种送风形式，其形式和使用特点见表 1.5-6。

热空气幕的送风形式及使用特点　　　　　表 1.5-6

形式名称		简　图	使　用　特　点
上送式空气幕		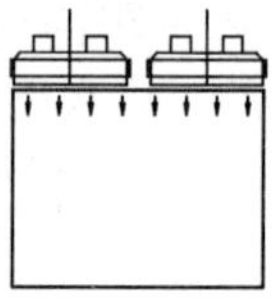	左图为上送式热空气幕。大门上方吊顶内设置热空气幕，吊顶设置送风口和回风口。回风经空气处理设备过滤、加热等处理后，送出。为了人有吹风的舒适感，送风速度控制在 4～6m/s 范围之内。通常工业厂房（或库房）的热空气幕明设，不设回风口。贯流式热空气幕安装高度不宜大于 3m。离心式热空气幕安装高度不宜大于 4.5m
侧送式	单侧空气幕	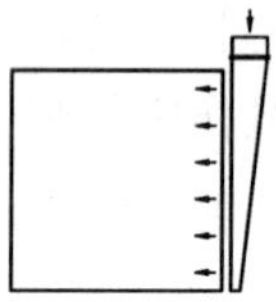	左图的单侧空气幕，适用于宽度小于 3m 的门洞和车辆通过门洞时间较短的工业厂房。工业建筑的门洞高度较高时常常采用此种形式。缺点是：需占用一定的建筑面积；为了不阻挡气流，侧送式空气幕的大门严禁向内开启；挡风效率不及下送式空气幕
	双侧空气幕	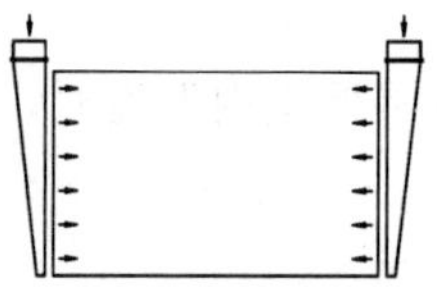	左图的双侧空气幕，适用于门洞宽度为 3～18m 的工业建筑，其卫生条件较下送式好。其缺点与单侧空气幕相同
下送式空气幕		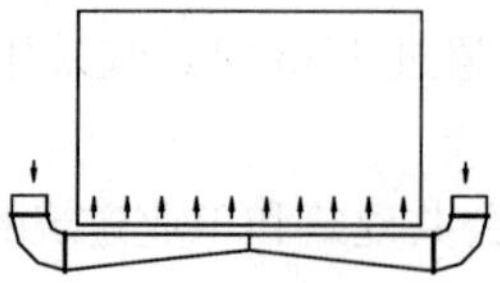	左图的下送式空气幕，安装于地下。其射流最强区贴近地面，冬季抵挡冷风从门洞下部侵入的挡风效率最好，且不受大门开启方向的影响。由于送风口在地面下，易被脏物堵塞；下面送风易扬起衣裙，不受欢迎，故目前仅用于库房、机场行李分拣等机动车出入的大门

（2）常用热空气幕基本参数

常用热空气幕的基本参数如表 1.5-7 所示。

常用热空气幕基本参数表（根据《空气幕》JB/T 9067—1999）　　表 1.5-7

形式	叶轮名义直径 （mm）	出口气流名义宽度 （mm）	名义风量 （m³/h）	相应供热量 （kW）
贯流式	90	600；900；1200	350～900	2.3～12.1
	150	600；900；1200	720～2500	4.8～33.4
	200	1200	1800～5000	12.1～70.9
轴流式	250	1200；1500；1800	1000～1600	冷库用
离心式	250	900；1200；1500；1800；2100	1500～9000	10～120.6
	350	1800；2100；2400；2700；3000 3300；3600；3900；4200；4500	7000～21000	46.9～255.9
	450	3000；3300；3600；3900；4200；4500	17500～52000	117.2～338.0

注：供热量工况：进口空气 21℃、进口水温 90℃（进口蒸汽压力 0.1MPa）、供水量 3.0～5.0m³/h、出口空气静压为 0、风机为额定最高转速。

3. 热空气幕的特点简介

普遍采用的是贯流式空气幕（非加热空气幕和热空气幕）和整体装配式空气幕（热空气幕）的定型系列产品。采用定型系列产品，使设计简化，安装使用便利，同时确保产品质量。采用全金属外壳时，防火性能好。

（1）贯流式热空气幕

1）超薄机身设计，节约空间；

2）叶轮具有风量大，噪声低（$L \leqslant 2000$m³/h 时）；叶轮是一整体结构，出风可形成均匀的空气幕；

3）有玻璃纤维材质的高强度塑料叶轮；还有优质铝合金结构叶轮，适用于油烟浓大的地方；

4）安装高度一般不大于 3m。

（2）离心式热空气幕

1）采用外转子离心空调专用风机，风压大、噪声低（$L > 2000$m³/h 时）、空气射流稳定，使用寿命长；

2）供水温度为 60～80℃时，空气加热器采用高纯度无缝紫铜管波纹铝翅片；热媒为80℃以上的热水或蒸汽时，加热器采用无缝钢管或高频焊管铝翅片；抗蒸汽冲击压力强，散热效果好，坚固耐用；

3）应用场所更为广泛。

1.6　供暖系统的水力计算

流体在沿管道的流动过程中，会产生摩擦压力损失和局部压力损失。通常，把摩擦压力损失简称为摩擦损失；把局部压力损失简称为局部损失。

1.6.1　水力计算方法和要求

1. 基本计算法

$$\Delta p = \Delta p_{\mathrm{m}} + \Delta p_i = \frac{\lambda}{d} l \frac{\rho v^2}{2} + \zeta \frac{\rho v^2}{2} = Rl + \zeta \frac{\rho v^2}{2} \tag{1.6-1}$$

式中　Δp——管段压力损失，Pa；

Δp_{m}——摩擦压力损失，Pa；

Δp_i——局部压力损失，Pa；

R——单位长度摩擦压力损失，Pa/m；

λ——摩擦系数；

d——管道计算内径，m；

l——管道长度，m；

v——热媒在管道内流速，m/s；

ρ——热媒的密度，kg/m³；

ζ——局部阻力系数。

在给定热媒参数和流动状态的条件下，λ 和 ρ 是已知值。若热媒的流速以流量和管径的关系来表示，则式（1.6-1）可表示为 $\Delta p = f(d \cdot G)$ 的函数式。由此可见，只要已知 Δp、G 和 d 中任意两数，就可以确定第三个数值。

单位长度摩擦压力损失分别见有关设计手册列出的不同热媒的水力计算表，局部阻力系数见表 1.6-1。

热水及蒸汽供暖系统局部阻力系数 ζ 值　　　　表 1.6-1

局部阻力名称	ζ	说　明	局部阻力名称	在下列管径 DN（mm）时的 ζ 值					
				15	20	25	32	40	≥50
散热器	2.0	以热媒在导管中的流速计算局部阻力	截止阀	16.0	10.0	9.0	9.0	8.0	7.0
铸铁锅炉	2.5		旋塞	4.0	2.0	2.0	2.0		
钢制锅炉	2.0		斜杆截止阀	3.0	3.0	3.0	2.5	2.5	2.0
突然扩大	1.0	以其中较大的流速计算局部阻力	闸阀	1.5	0.5	0.5	0.5	0.5	0.5
突然缩小	0.5		弯头	2.0	2.0	1.5	1.5	1.0	1.0
直流三通（图①）	1.0		90°弯及乙字管	1.5	1.5	1.0	1.0	0.5	0.5
旁流三通（图②）	1.5		括弯（图⑥）	3.0	2.0	2.0	2.0	2.0	2.0
合流三通（图③）	3.0		急弯双弯头	2.0	2.0	2.0	2.0	2.0	2.0
分流三通（图③）	3.0		缓弯双弯头	1.0	1.0	1.0	1.0	1.0	1.0
直流四通（图④）	2.0								
分流四通（图⑤）	3.0								
方形补偿器	2.0								
套管补偿器	0.5								

注：表中三通局部阻力系数，未考虑流量比，是一种简化形式。对分流、合流三通误差较大，可见有关设计手册。

2. 简化计算法

（1）当量阻力法

将沿管道长度的摩擦损失折合成与之相当的局部阻力系数（称为当量局部阻力系数）的计算方法。

$$\Delta p = A(\zeta_{\mathrm{d}} + \Sigma\zeta)G^2 \tag{1.6-2}$$

式中　A——常数（因管径不同而异）；

G——流量，m^3/h；

ζ_d——当量局部阻力系数，$\zeta_d = \dfrac{\lambda}{d} \cdot l$，不同管径的 $\dfrac{\lambda}{d}$ 值如下：

DN	15	20	25	32	40	50	70	80	100
$\dfrac{\lambda}{d}$	2.6	1.8	1.3	0.9	0.76	0.54	0.4	0.31	0.24

令 $\zeta_{zh} = \dfrac{\lambda}{d} \cdot l + \Sigma\zeta$，按式（1.6-2）制成水力计算表，见表1.6-2。

（2）当量长度法

将管段的局部阻力损失折算成一定长度的摩擦损失的计算方法。

$$\Delta p = Rl + Rl_d = R(l + l_d) = Rl_{zh} \tag{1.6-3}$$

式中　l_d——局部损失的当量长度，m；

l_{zh}——管段的折算长度，m；

R——管段的单位长度摩擦压力损失，Pa/m。

局部损失的当量长度分别见表1.6-3和表1.6-4。

按 $\zeta_{zh}=1$ 确定热水供暖系统管段压力损失的管径计算表　　表 1.6-2

项目	DN（mm）									流速 v (m/s)	Δp (Pa)
	15	20	25	32	40	50	70	80	100		
水流量 G (kg/h)	75	137	220	386	508	849	1398	2033	3023	0.11	5.9
	82	149	240	421	554	926	1525	2218	3298	0.12	7.0
	89	161	260	457	601	1004	1652	2402	3573	0.13	8.2
	95	174	280	492	647	1081	1779	2587	3848	0.14	9.5
	102	186	301	527	693	1158	1906	2772	4122	0.15	10.9
	109	199	321	562	739	1235	2033	2957	4397	0.16	12.5
	116	211	341	597	785	1312	2160	3141	4672	0.17	14.0
	123	223	361	632	832	1390	2287	3326	4947	0.18	15.8
	130	236	381	667	878	1467	2415	3511	5222	0.19	17.6
	136	248	401	702	947	1583	2605	3788	5634	0.20	19.4
	143	261	421	738	970	1621	2669	3881	5771	0.21	21.4
	150	273	441	773	1016	1698	2796	4065	6046	0.22	23.5
	157	285	461	808	1063	1776	2923	4250	6321	0.23	25.7
	164	298	481	843	1109	1853	3050	4435	6596	0.24	27.9
	170	310	501	878	1155	1930	3177	4620	6871	0.25	30.4
	177	323	521	913	1201	2007	3304	4805	7146	0.26	32.9
	184	335	541	948	1247	2084	3431	4989	7420	0.27	35.4
	191	347	561	983	1294	2162	3558	5174	7695	0.28	38.0
	198	360	581	1019	1340	2239	3685	5359	7970	0.29	40.9
	205	372	601	1054	1386	2316	3812	5544	8245	0.30	43.7
	211	385	621	1089	1432	2393	3939	5729	8520	0.31	46.7
	218	397	641	1124	1478	2470	4067	5913	8794	0.32	49.7
	225	410	661	1159	1525	2548	4194	6098	9069	0.33	53.0
	232	422	681	1194	1571	2625	4321	6283	9344	0.34	56.2
	237	434	701	1229	1617	2702	4448	6468	9619	0.35	59.5

续表

项目	DN（mm）									流速 v (m/s)	Δp (Pa)
	15	20	25	32	40	50	70	80	100		
水流量 G (kg/h)	245	447	721	1264	1663	2825	4575	6653	9894	0.36	63.0
	252	459	741	1300	1709	2856	4702	6837	10169	0.37	66.5
	259	472	761	1335	1756	2934	4829	7022	10443	0.38	70.1
	273	496	801	1405	1848	3088	5083	7392	10993	0.40	77.8
	286	521	841	1475	1940	3242	5337	7761	11543	0.42	85.7
	300	546	882	1545	2033	3397	5592	8131	12092	0.44	94.0
	314	571	922	1616	2125	3551	5846	8501	12642	0.46	102.8
	327	596	962	1686	2218	3706	6100	8870	13192	0.48	111.9
	341	621	1002	1756	2310	3860	6354	9240	13741	0.50	121.5
	375	683	1102	1932	2541	4246	6989	10164	15115	0.55	147.0
	409	745	1202	2107	2772	4632	7625	11088	16490	0.60	192.4
	443	807	1302	2283	3003	5018	8260	12012	17864	0.65	205.3
	477	869	1402	2459	3234	5404	8896	12936	19238	0.70	238.1
	511	931	1503	2634	3465	5790	9531	13860	20612	0.75	273.3
			1603	2810	3696	6176	10166	14784	21986	0.80	311.0
				3161	4158	6948	11437	16631	24734	0.90	393.5
				3512	4620	7720	12708	18479	27483	1.00	485.8
						9264	15250	22175	32979	1.20	699.6
						10808	17791	25871	38476	1.40	952.2

高压蒸汽供暖系统局部阻力的当量长度 l_d　　　　表 1.6-3

局部阻力名称	在下列管径 DN（mm）时的 l_d 值（m）							
	20	25	32	40	50	70	80	100
$\zeta=1$	0.597	0.83	1.22	1.39	1.82	2.81	4.05	4.95
柱形散热器	0.7	1.2	1.7	2.4	—	—	—	—
钢制锅炉	—	—	2.4	2.8	3.6	5.6	8.1	9.9
突然扩大	0.6	0.8	1.2	1.4	1.8	2.8	4.1	5.0
突然缩小	0.3	0.4	0.6	0.7	0.9	1.4	2.0	2.5
直流三通	0.6	0.8	1.2	1.4	1.8	2.8	4.1	5.0
旁流三通	0.9	1.2	1.8	2.1	2.7	4.2	6.1	7.4
分（合）流三通	1.8	2.5	3.7	4.2	5.5	8.4	12.2	14.9
直流四通	1.2	1.7	2.4	2.8	3.6	5.6	8.1	9.9
分（合）流四通	1.8	2.5	3.7	4.2	5.5	8.4	12.2	14.9
"Π"形补偿器	1.2	1.7	2.4	2.8	3.6	5.6	8.1	9.9
集气罐	0.9	1.2	1.8	2.1	2.7	4.2	6.1	7.4
除污器	6.0	8.3	12.2	13.9	18.2	28.1	40.5	49.5
截止阀	6.0	7.5	11.0	11.1	12.7	19.7	28.4	34.7
闸阀	0.3	0.4	0.6	0.7	0.9	1.4	2.0	2.5
弯头	1.2	1.2	1.8	1.4	1.9	2.8	—	—
90°弯	0.9	0.8	1.2	0.7	0.9	1.4	2.0	2.5
乙字弯	0.9	0.8	1.2	0.7	0.9	1.4	2.0	2.5
括弯	1.2	1.6	2.4	2.8	3.6	5.6	—	—
急弯双弯头	1.2	1.6	2.4	2.8	3.6	5.6	—	—
缓弯双弯头	0.6	0.8	1.2	1.4	1.8	2.8	4.1	5.0

热水供暖系统局部阻力的当量长度 l_d 表 1.6-4

局部阻力名称	在下列管径 DN（mm）时的 l_d 值（m）						
	15	20	25	32	40	50	70
$\zeta=1$	0.343	0.516	0.652	0.99	1.265	1.76	2.30
柱形散热器	0.7	1.0	1.3	2.0	—	—	—
铸铁锅炉	—	—	—	2.5	3.2	4.4	5.8
钢制锅炉	—	—	—	2.0	2.5	3.5	4.6
突然扩大	0.3	0.5	0.7	1.0	1.3	1.8	2.3
突然缩小	0.2	0.3	0.3	0.5	0.6	0.9	1.2
直流三通	0.3	0.5	0.7	1.0	1.3	1.8	2.3
旁流三通	0.5	0.8	1.0	1.5	1.9	2.6	3.5
分（合）流三通	1.0	1.6	2.0	3.0	3.8	5.3	6.9
裤衩三通	0.5	0.8	1.0	1.5	1.9	2.6	3.5
直流四通	0.7	1.0	1.3	2.0	2.5	3.5	4.6
分（合）流四通	1.0	1.6	2.0	3.0	3.8	5.3	6.9
"П"形补偿器	0.7	1.0	1.3	2.0	2.5	3.5	4.6
集气罐	0.5	0.8	1.0	1.5	1.9	2.6	3.5
除污器	3.4	5.2	6.5	9.9	12.7	17.6	23.0
截止阀	5.5	5.2	5.9	8.9	10.1	12.3	16.1
闸阀	0.5	0.3	0.4	0.5	0.6	0.9	1.2
弯头	0.7	1.0	1.0	1.5	1.3	1.8	2.3
90°弯	0.5	0.8	0.7	1.0	0.6	0.9	1.2
乙字弯	0.5	0.8	0.7	1.0	0.6	0.9	1.2
括弯	1.0	1.0	1.3	2.0	2.5	3.5	4.6
急弯双弯头	0.7	1.0	1.3	2.0	2.5	3.5	4.6
缓弯双弯头	0.3	0.5	0.7	1.0	1.3	1.8	2.3

3. 计算要求

(1) 供暖管道中的热媒流速，应根据热水或蒸汽的资用压力、系统形式、对噪声要求等因素确定，推荐的最大允许流速不应超过表 1.6-5 的规定值。

室内供暖系统管道中热媒流动的最大流速（单位：m/s） 表 1.6-5

管径（mm）	热水				低压蒸汽		高压蒸汽	
	有特殊安静要求的室内管网	一般室内管网	生产厂房	工厂生活、行政辅助建筑物	汽水同向流动	汽水逆向流动	汽水同向流动	汽水逆向流动
15	0.5	0.8	3.0	2.0	30	20	80	60
20	0.65	1.0						
25	0.8	1.2						
32	1.0	1.4						
40	1.0	1.8						
≥50	1.0	2.0						

(2) 供暖系统最不利环路的比摩阻，宜保持下列范围：

高压蒸汽系统（顺流式）	100～350Pa/m；
高压蒸汽系统（逆流式）	50～150Pa/m；
低压蒸汽系统	50～100Pa/m；
余压回水	150Pa/m；
热水系统	80～120Pa/m。

供暖系统水平干管的末端管径和回水干管的始端管径不应小于20mm。

（3）供暖系统的总压力损失可按下列原则确定：

1）热水供暖系统的循环压力，应根据管道内的允许流速及系统各环路的压力平衡来决定，一般宜保持在10～40kPa；当热网入口资用压力较高时，应装设调压装置。

2）高压蒸汽供暖系统的供汽压力高于系统的工作压力时，应在入口的供汽管上装设减压装置。高压蒸汽最不利环路供汽管的压力损失，不应大于起始压力的25％。

3）布置蒸汽供暖系统时，应使其作用半径尽量短，流量分配均匀；环路较长的高压蒸汽系统，宜采用同程式。选择管径时，应尽量减少各并联环路之间的压力损失差额，必要时应在各汇合点之前装调压设备。

4）低压蒸汽系统的单位长度压力损失，宜保持在20～30Pa，室内系统作用半径不宜超过60m。

锅炉工作压力宜按下列原则确定：当锅炉作用半径 $l=200$m 时，工作压力 $P=5$kPa；当 $l=200～300$m 时，$P=15$kPa；当 $l=300～500$m 时，$P=20$kPa。

5）机械循环热水供暖系统中，由于管道内水冷却产生的自然循环压力可忽略不计。但当进行阻力平衡计算时，散热器中水冷却的自然循环压力则必须计算：

①机械循环双管系统，由于立管本身的各层散热器均为并联环路，必须考虑各层不同的自然循环压力，以避免竖向的水力失调。自然循环压力可按设计水温条件下最大循环压力的2/3计算。

②机械循环单管系统，若建筑物各部分层数不同时，则各立管所产生的自然循环压力亦不相同，在计算中也应考虑自然循环压力。自然循环压力可按最大值的2/3计算。

③自然循环的热水供暖系统，由于散热器水冷却和管道内水冷却产生的附加压力应全部考虑，同时应对散热器的散热面积进行相应的修正。

④热水供暖系统的各并联环路（不包括共同段）之间的压力损失相对差值，不应大于15％。建筑物内部系统各环路压力平衡后的总压力损失的附加值宜采用10％，以克服未能预计到的阻力。

⑤单管异程式热水供暖系统中立管的压力损失不宜小于计算环路总压力损失的70％。必要时，可采用热媒温度不等温降法计算。

⑥疏水阀至回水箱（或二次蒸发箱）之间的高压蒸汽凝结水管，应按汽水乳状体进行计算。也可按表1.6-6直接计算：

疏水阀至回水箱不同管径通过的负荷　　　　　　　　　　表1.6-6

管径（mm）	15	20	25	32	40	50	70	80	100	125	150
热量（kW）	9.3	30.2	46.5	98.8	128	246	583	860	1340	2190	4950

⑦在计算蒸汽管道供暖系统时，应考虑沿途凝结水和空气的排出，为此，低压蒸汽系统，始端管径大于 $DN50$ 时，末端不应小于 $DN32$；始端小于或等于 $DN50$ 时，末端不应小于 $DN25$。

1.6.2 热水供暖系统的水力计算

水力计算方法有等温降法、变温降法和等压降法。

1. 等温降法

（1）计算原理

等温降计算法的特点是预先规定每根立管（对双管系统是每个散热器）的水温降，系统中各立管的供、回水温度都取相同的数值，在这个前提下计算流量。该计算法的任务：一种是已知各管段的流量，给定最不利各管段的管径，确定系统所必需的循环压力；另一种是根据给定的压力损失，选择流过给定流量所需要的管径。

（2）计算方法

按表 1.6-7 的步骤进行。

计 算 方 法   表 1.6-7

步骤	计算内容	计 算 方 法

1	流量	根据已知热负荷 Q 和规定的供回水温差 Δt，计算出每根管道的流量 G，即：
		
		$$G = \frac{0.86Q}{\Delta t}$$
		
		式中 G——流量，kg/h；
		   Q——热负荷，W；
		   Δt——供回水温差，℃。
		当热媒为 110～70℃时，$\Delta t=40$℃；95～70℃时，$\Delta t=25$℃

2	管径	（1）根据已算出的流量在允许流速范围内，选择最不利环路中各管段的管径。
		（2）当系统压力损失有限制时（尤其是自然循环时），应先算出平均的单位长度摩擦损失后，再选取管径。
		
		$$\Delta p_m = \frac{a\Delta p}{\Sigma l}$$
		
		式中 Δp_m——平均单位长度摩擦损失，Pa/m；
		   a——摩擦损失占总压力损失的百分数，热水系统为 0.5；
		   Δp——系统允许的总压力损失，Pa；
		   Σl——最不利环路的总长度，m

3	压力损失	根据流量和选择好的管径，可计算出各管段的压力损失 Δp，即： $$\Delta p = \left(\frac{\lambda}{d}l + \Sigma \zeta\right)\frac{\varrho v^2}{2}$$
4	环路压力平衡	按已算出的各管段压力损失，进行各并联环路间的压力平衡计算，如不能满足平衡要求，再调整管径，使之达到平衡为止，即： $$不平衡率 = \frac{\Sigma \Delta p_1 - \Sigma \Delta p_2}{\Sigma \Delta p_1} \times 100\% < 规定值$$ 式中 $\Sigma \Delta p_1$——第一环路总压力损失，Pa； $\Sigma \Delta p_2$——第二环路总压力损失，Pa

2. 变温降法

（1）计算原理

在各立管温降不相等的前提下进行计算。首先选定管径，根据平衡要求的压力损失去计算立管的流量，根据流量来计算立管的实际温降，最后确定散热器的数量，本计算方法适用于异程式垂直单管系统。

（2）计算方法

1）求最不利环路的 Δp_m 值，作查表参考用；

2）假设最远立管的温降，一般按设计温降增加 $2 \sim 5$℃；

3）根据假设温降，在推荐的流速范围内，并参照已求得的 Δp_m 值，查表求得最远立管的计算流量 G_i 和压力损失；

4）根据立管环路之间压力平衡要求，依次由远至近计算出其他立管的计算流量、温降及压力损失；

5）已求得各立管计算流量之和 ΣG_j 与要求温降 Δt 所求得的实际流量 ΣG_t 不一致，需进行调整对各立管乘以调整系数，最后得出立管实际流量、温降和压力损失。各种调整系数为：

温降调整系数
$$a = \frac{\Sigma G_j}{\Sigma G_t}$$

流量调整系数
$$b = \frac{\Sigma G_t}{\Sigma G_j}$$

压降调整系数
$$c = \left(\frac{\Sigma G_t}{\Sigma G_j}\right)^2$$

3. 等压降法

（1）计算原理

按各立管压降相等作为假设前提进行水力计算。假设压降相等，但并不知压降的具体数值，在选定管径后，压降及流量仍为未知数，为此应先给立管一假定压降值，并确定在该压降值下各种类型立管的对应流量（称为计算流量）。将计算流量和对应压降值乘以相应的调整系数，即可求出实际的流量和压降。本计算方法适用于同程式垂直单管系统。

（2）计算方法

1）根据负荷、散热器连接形式选择各支立管的管径。

2）根据已选定的管径按表 1.6-8 查出各立管的计算流量 G'。

垂直单管同程式管压降 2kPa（层高 3m）时的流量（单位：kg/h）　　　表 1.6-8

层数	单侧连接立管管径（mm）				双侧连接立管管径（mm）							
					15	20		25			32	
					散热器支管管径（mm）							
	15	20	25	32	15	15	20	15	20	25	20	25
1	257.5	527.2	954.3	1776	308.6	459.3	642.0	521.4	855.9	1126	1003	1578
2	195.2	397.8	727.5	1365	241.8	341.1	498.4	376.7	641.8	884.3	727.5	1144
3	163.8	332.1	609.0	1150	205.8	283.3	423.6	309.8	535.4	749.6	599.4	954.1
4	143.7	291.1	535.4	1010	181.9	247.4	374.3	269.3	468.8	664.0	521.2	836.1
5	129.6	262.3	482.8	914.6	164.7	222.4	338.6	241.4	422.1	600.3	467.3	752.9

续表

层数	单侧连接立管管径（mm）				双侧连接立管管径（mm）							
					15	20		25			32	
					散热器支管管径（mm）							
	15	20	25	32	15	15	20	15	20	25	20	25
6	118.9	240.0	443.6	841.8	151.8	201.9	312.1	220.7	387.3	554.7	427.4	690.6
7	110.5	223.6	412.4	782.6	141.5	189.2	290.5	204.5	359.7	516.8	397.2	601.6
8	103.7	209.6	387.1	734.8	133.0	177.3	272.9	191.5	337.4	486.0	371.9	641.4
9	98.0	198.2	365.8	694.8	125.8	167.5	258.1	180.6	318.6	459.9	350.9	568.8
10	95.3	188.3	347.8	660.4	119.8	159.1	245.8	171.4	302.6	437.1	332.9	540.0
11	89.0	179.7	332.1	631.4	114.5	151.8	234.9	163.5	389.0	418.5	317.8	515.5
12	85.3	172.4	318.5	605.2	109.8	145.2	225.3	156.6	277.0	401.7	304.4	494.1

3）对得出的计算流量 $\Sigma G'$ 进行调整，并相应调整其压降，求出实际流量和压降，流量调整系数 $b = \dfrac{0.86\Sigma Q}{\Sigma G' \Delta t}$，压降调整系数 $c = b^2$。

4）依据实际流量，计算出实际温降，计算散热器。

5）供、回水干管按一般计算方法选用管径，只要两立管之间的供、回水干管压差不超过 10% 就可满足要求。

1.6.3 蒸汽供暖系统的水力计算

1. 低压蒸汽系统

（1）供汽管道计算一般按单位长度摩擦压力损失方法计算，即根据热负荷和推荐的流速按表 1.6-9 选用管径。当供汽压力有限制时，可按预先计算出的单位长度压力损失 Δp_{m} 值为依据选用管径，计算式为：

$$\Delta p_{\mathrm{m}} = \frac{(p - 2000)a}{l} \tag{1.6-4}$$

式中　Δp_{m}——单位长度摩擦压力损失，Pa/m；

　　　p——起始压力，Pa；

　　　l——供汽管道最大长度，m；

　　2000——管道末端为克服散热器阻力而保留的剩余压力，Pa；

　　　a——摩擦压力损失占压力损失的百分数，$a = 0.6$。

局部阻力计算与热水相同。

低压蒸汽供暖系统管路水力计算表（$p = 5 \sim 20\mathrm{kPa}$，$K = 0.2\mathrm{mm}$）　　**表 1.6-9**

比摩阻 R (Pa/m)	上行：通过热量 Q (W)；下行：蒸汽流速 v (m/s)						
	15	20	25	32	40	50	70
5	790	1510	2380	5260	8010	15760	30050
	2.92	2.92	2.92	3.67	4.23	5.1	5.75
10	918	2066	3541	7727	11457	23015	43200
	3.43	3.89	4.34	5.4	6.05	7.43	8.35
15	1090	2490	4395	10000	14260	28500	53400
	4.07	4.68	5.45	6.65	7.64	9.31	10.35
20	1239	2920	5240	11120	16720	33050	61900
	4.55	5.65	6.41	7.8	8.83	10.85	12.1

比摩阻 R (Pa/m)	上行：通过热量 Q（W）；下行：蒸汽流速 v（m/s）						
	15	20	25	32	40	50	70
30	1500	3615	6340	13700	20750	40800	76600
	5.55	7.61	7.77	9.6	10.95	13.2	14.95
40	1759	4220	7330	16180	24190	47800	89400
	6.51	8.2	8.98	11.30	12.7	15.3	17.35
60	2219	5130	9310	20500	29550	58900	110700
	8.17	9.94	11.4	14	15.6	19.03	21.4
80	2510	5970	10630	23100	34400	67900	127600
	9.55	11.6	13.15	16.3	18.4	22.1	24.8
100	2900	6820	11900	25655	38400	76000	142900
	10.7	13.2	14.6	17.9	20.35	24.6	27.6
150	3520	8323	14678	31707	47358	93495	168200
	13	16.1	18	22.15	25	30.2	33.4
200	4052	9703	16975	36545	55568	108210	202800
	15	18.8	20.9	25.5	29.4	35	38.9
300	5049	11939	20778	45140	68360	132870	250000
	18.7	23.2	25.6	31.6	35.6	42.8	48.2

（2）凝结水管道的确定

低压蒸汽的凝结水为重力回水，分干式和湿式两种回水方式，直接查表1.6-10。

低压蒸汽供暖系统干式和湿式自流凝结水管管径计算表　　　　表 1.6-10

凝结水管径 (mm)	形成凝结水时，由蒸汽放出的热（kW）				
	干式凝结水管		湿式凝结水管（垂直或水平）		
			计算管段的长度（m）		
	水平管段	垂直管段	50 以下	50～100	100 以上
15	4.7	7	33	21	9.3
20	17.5	26	82	53	29
25	33	49	145	93	47
32	79	116	310	200	100
40	120	180	440	290	135
50	250	370	760	550	250
76×3	580	875	1750	1220	580
89×3.5	870	1300	2620	1750	875
102×4	1280	2000	3605	2320	1280
114×4	1630	2420	4540	3000	1600

2. 高压蒸汽系统

（1）蒸汽管道计算一般采用当量长度法计算，蒸汽管道的管径可根据平均单位长度摩擦损失 Δp_m，由有关设计手册，按不同供汽压力查得管径。管内最大流速不得超过表1.6-5的规定。Δp_m 值按下式求出：

$$\Delta p_m = \frac{0.25ap}{l} \tag{1.6-5}$$

式中符号同前。

蒸汽管道总压力损失 Δp 按下式计算：

$$\Delta p = \Sigma[\Delta p_m(l + l_d)] \tag{1.6-6}$$

式中　l_d——局部阻力的当量长度，查表1.6-3。

（2）凝结水管道计算

1）由散热器至疏水阀间的管径按表 1.6-11 选用。

2）疏水阀后的管径分开式和闭式两种，其管径根据凝结水量的平均单位长度压力损失 Δp_{m} 和计算负荷确定。开式回水、闭式回水管径，查有关设计手册。

由散热器至疏水阀间不同管径通过的负荷 表 1.6-11

管径（mm）	15	20	25	32	40	50	70	80	100	125	150
热量（kW）	9.3	30.2	46.5	98.8	128	246	583	860	1340	2190	4950

1.7 供暖系统设计

散热器供暖系统的供水、回水、供汽和凝结水管道，宜在热力入口处与下列供热系统分开设置：

（1）通风、空调系统；

（2）热风供暖系统和热空气幕系统；地面辐射供暖系统；

（3）热水供应系统；

（4）生产供热系统；

（5）其他应分开的系统。

1.7.1 供暖入口装置

热水供暖系统热力入口安装示意图见图 1.7-1。

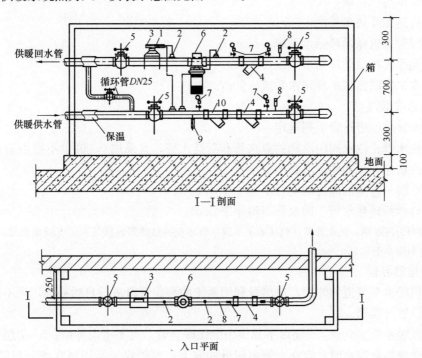

图 1.7-1 热水供暖系统热力入口安装图

1—流量计；2—温度、压力传感器；3—积分仪；4—水过滤器（60 目）；5—截止阀；
6—静态水力平衡阀；7—压力表；8—温度计；9—泄水阀（DN15）；10—水过滤器（孔径 3mm）

（1）热水供暖系统，在热力入口处的总管上应安装静态水力平衡阀、流量计（或热量表）、过滤器、温度计和压力表；供水、回水管之间应设置带关断阀的循环管。

（2）当热网的供水温度高于供暖系统的设计供水温度，且热网的水力工况稳定，入口处的供回水压差足以保证混水器工作时，宜设混水器，否则可采用换热器。

（3）蒸汽系统供暖，当供汽压力高于室内供暖系统压力时，应在供暖系统入口的供汽管上装设减压装置。但当压差为 0.1~0.2MPa 时，可允许串联安装两只截止阀进行减压。

（4）当需从供暖入口分接出 3 个或 3 个以上分支环路，或虽是两个环路，但平衡有困难时，在入口处应设分汽缸或分水器。

分汽缸安装时应保持 0.01 坡度，坡向排水口，在排水管上应设疏水阀。

（5）减压阀、调压板、混水器等入口装置及蒸汽供暖系统的疏水装置，应尽量明装（民用建筑宜安装在楼梯间内），如明装有困难时，可安装在入口地沟内，但地沟盖板应能活动，地沟内检修宽度不应小于 600mm。热量计量装置不应设在地沟内。

（6）室内热水供暖系统的总压力损失，应根据入口处的资用压力通过计算确定，当资用压力过大时，应装设调压装置。

1.7.2 管道系统

1. 管道系统划分

系统的划分不宜过大，其作用半径宜控制在下列范围：

（1）低压蒸汽系统，60m；

（2）高压蒸汽系统，200m；

（3）自然循环热水系统，50m；

（4）同程式机械循环热水系统，100m；

（5）异程式机械循环热水系统，50m；

（6）水平串联机械循环热水系统，50m。

2. 管道安装坡度

管道安装坡度应符合下列规定：

（1）热水管、汽水同向流动的蒸汽管和凝结水管，宜采用 0.003，不得小于 0.002；

（2）汽水逆向流动的蒸汽管不得小于 0.005；

（3）立管与连接散热器的支管不得小于 0.01；

（4）自然循环热水管、回水管不得小于 0.01。

注：如因条件限制，热水管道（包括水平单管串联系统的散热器连接管）可无坡度敷设，但管中流速不得小于 0.25m/s。

3. 管道热补偿

（1）供暖水平管道的伸缩，应尽量利用系统的弯曲管段进行自然补偿，当不能满足要求时，应设置补偿器。

（2）供暖系统的立管：5 层以下建筑中的供暖立管，可不考虑伸缩；5~7 层建筑中的立管，当热媒为低温水时，宜在立管中间设固定卡；当热媒为低压蒸汽或≥110℃高温水时，立管上应设置补偿器。主管上的补偿器宜选用不锈钢波纹管补偿器。

（3）热水中、高温辐射板供暖时，不论是块状还是带状，除干管应作必要的伸缩处理外，接向辐射板的支管也应考虑有伸缩的可能。

（4）由固定点起允许不装设补偿器的直管段最大长度见表 1.7-1。

由固定点起允许不装补偿器的直管段最大长度（单位：m）　　表 1.7-1

建筑物性质	热水温度（℃）												
	60	70	80	90	95	100	110	120	130	140	143	151	158
	蒸汽压力（MPa）												
	—	—	—	—	—	—	0.05	0.1	0.18	0.27	0.3	0.4	0.5
民用建筑	55	45	40	35	33	32	30	26	25	22	22	22	—
工业建筑	65	57	50	45	42	40	37	32	30	27	27	27	25

4. 管道支架间距

钢管及塑料管道安装支架间距见表 1.7-2 和表 1.7-3。

钢管管道支架的最大间距　　表 1.7-2

公称直径（mm）		15	20	25	32	40	50	70	80	100	125	150	200	250	300
支架的最大间距（m）	保温管	2	2.5	2.5	2.5	3	3	4	4	4.5	6	7	7	8	8.5
	不保温管	2.5	3	3.5	4	4.5	5	6	6	6.5	7	8	9.5	11	12

塑料管及复合管管道支架的最大间距　　表 1.7-3

管径（mm）			12	14	15	18	20	25	32	40	50	63	75	90	100
最大间距（m）	立管		0.5	0.6	0.7	0.8	0.9	1.0	1.1	1.3	1.6	1.8	2.0	2.2	2.4
	水平管	冷水管	0.4	0.4	0.5	0.5	0.6	0.7	0.8	0.9	1.0	1.1	1.2	1.35	1.55
		热水管	0.2	0.2	0.25	0.3	0.3	0.35	0.4	0.5	0.6	0.7	0.8		

5. 供暖地沟

室内供暖系统的管道宜明装敷设，如必须敷设在地沟内时，地沟应按下列规定选择：

（1）管数在 4 根及 4 根以上且需要经常检修时，宜采用通行地沟，其净尺寸不宜小于 1.2m×1.8m（h）。

（2）管数为 2～3 根或虽一根管道，但长度大于 20m，宜采用半通行地沟，其净尺寸不宜小于 1.0m×1.2m（h）。

（3）对于无检修要求的管道，当长度小于或等于 20m 时，宜采用不通行地沟，其净尺寸不宜小于 0.6m×0.6m；局部过门地沟，不宜小于 0.4m×0.4m。

注：如立管和支管暗装于墙内时，应做成沟槽以利伸缩和维修。

（4）地沟构造要求：地沟的底面应有 0.003 的坡度，坡向集水坑。通行地沟设置具体要求见本章 1.10.8 节。在同一条供暖管道管沟内，不得敷设输送蒸汽燃点不高于 120℃ 的可燃液体的管道，或输送可燃、腐蚀性气体的管道。

6. 供暖系统中阀门的设置和选用

（1）供暖系统宜按下列规定设置阀门：

1）供水立管的始端和回水立管的末端应设调节阀门或关闭阀门，但楼梯间立管上不宜装设阀门。

2）垂直单管串联 5 层以上时，宜在散热器供水支管上设置三通调节阀。

3）双管系统对室温有要求时，宜在散热器供水支管上设置恒温调节阀。

4）水平单管跨越式，对室温有要求时，可在散热器供水支管上装置阀门。

5）各环干管的始端及系统总进、出口管上，应装设阀门。

6）当系统需要部分运行或关断进行修理时，应在各分支干管上装设关断阀门。

注：当有冻结危险时，立管或支管上的阀门至干管的距离，不应大于 120mm。

（2）供暖系统中的阀门，宜按下列规定选择：

关闭用：高压蒸汽系统用截止阀；

低压蒸汽和热水系统用闸阀或球阀；

调节用：截止阀、对夹式蝶阀或调节阀；

放水用：旋塞或闸阀；

放气用：恒温自动排气阀、自动排气阀、钥匙气阀、旋塞或手动放风等。

7. 管道保温

供暖管道和设备有下列情况之一时，应进行保温：

（1）管道内输送的热媒必须保证一定的参数；

（2）敷设在地沟、技术夹层、闷顶及管道井内或有可能冻结的地方；

（3）管道通过的房间或地点要求保温；

（4）热媒温度高于 80℃ 的管道、设备安装在有人停留的地方；

（5）敷设在非供暖房间内的设备和管道（不包括溢流管和排污管）；

（6）安装的管道、设备散热造成房间温度过高的情况；

（7）管道的无益热损失较大的情况。

注：1. 一般供暖主立管应保温。

2. 高层建筑保温材料应为不燃材料。

3. 不通行地沟内仅供冬季供暖使用的凝结水管，如余热不加以利用，且无冻结危险时，可不保温。

8. 管道刷漆

（1）明装非保温管道：在正常相对湿度，无腐蚀性气体的房间内，管道表面刷一遍防锈漆及两遍银粉或两遍快干瓷漆；在相对湿度较大或有腐蚀性气体的房间（如浴室、厕所等），管道表面刷一遍耐酸漆及两遍快干瓷漆。

（2）暗装非保温管道表面刷两遍红丹防锈漆。

（3）保温管道的表面刷两遍红丹防锈漆。

9. 管道连接

（1）焊接钢管的连接。管道公称管径小于或等于 D32，应采用螺纹连接；管道公称管径大于 D32，采用焊接。

（2）镀锌钢管的连接。公称管径小于或等于 D100 的镀锌钢管应采用螺纹连接，套丝扣时破坏的镀锌层表面及外露螺纹部分应做防腐处理；公称管径大于 D100 的镀锌钢管应采用法兰或卡套式专用管件连接，镀锌钢管与法兰的焊接处应二次镀锌。

10. 供暖系统的空气排除

(1) 机械循环热水供暖系统：上行下给式系统应在系统最高点处设自动排气罐或手动集气罐；下行上给式系统应在顶层每组散热器上装置自动或手动放风门；水平单管式系统应在每组散热器上设自动或手动放风门。

注：住宅建筑不宜在供暖系统上设手动放风门，避免系统失水。

(2) 低压蒸汽系统：干式回水时，可由凝结水箱集中排除，回水管途中向下弯曲呈"Z"字形时，上部应设空气绕行管；湿式回水时，可在各立管上装排气管（空气经由排气管的末端排除），或在每组散热器和蒸汽干管的末端，设自动排气阀。

(3) 高压蒸汽系统：在每环蒸汽干管的末端和集中疏水阀前，应设排气装置（疏水阀本体带有排气阀者除外）。

注：散热器手动放风门在高压蒸汽和热水系统上，应安装在散热器的上部，低压蒸汽系统，应安装在散热器高度的 1/3 处。

11. 系统试压

供暖系统安装完毕，管道保温之前应进行水压试验。试验压力应符合设计要求。当设计未注明时，应符合下列规定：

(1) 蒸汽、热水供暖系统，应以系统顶点工作压力加 0.1MPa 做水压试验，同时在系统顶点的试验压力不小于 0.3MPa。

(2) 高温热水供暖系统，试验压力应为系统顶点工作压力加 0.4MPa。

(3) 使用塑料管及复合管的热水供暖系统，应以系统顶点工作压力加 0.2MPa 做水压试验，同时在系统顶点的试验压力不小于 0.4MPa。

12. 检验方法

(1) 使用钢管及复合管的供暖系统应在试验压力下 10min 内压力降不大于 0.02MPa，降至工作压力后检查，不渗、不漏；

(2) 使用塑料管的供暖系统应在试验压力下 1h 内压力降不大于 0.05MPa，然后降压至工作压力的 1.15 倍，稳压 2h，压力降不大于 0.03MPa，同时各连接处不渗、不漏。

1.8 供暖设备与附件

1.8.1 散热器

1. 散热器选择

选择散热器时，应符合下列规定：

(1) 散热器的工作压力应满足系统的工作压力，并符合国家现行有关产品标准的规定。应采用外表面刷非金属涂料的散热器。

(2) 民用建筑宜采用外形美观、易于清扫的散热器。

(3) 放散粉尘或防尘要求较高的工业建筑，应采用易于清扫的散热器。

(4) 具有腐蚀性气体的工业建筑或相对湿度较大的房间，应采用耐腐蚀的散热器。

(5) 采用钢制散热器时，应采用闭式系统，并满足产品对水质的要求，在非供暖季节应充水保养；一般钢制散热器，当水温为 25℃时，pH＝10～12，$O_2 \leqslant 0.1mg/L$。蒸汽供暖系统不应采用钢制柱型、板型和扁管等散热器。

(6) 采用铝制散热器时，应选用内防腐型，并满足产品对水质的要求，一般铝制散热器pH=5～8.5；在供水温度高于85℃，pH大于10的连续供暖系统中，不应采用铝合金散热器。

(7) 采用铜制散热器时，为降低内腐蚀，系统水的pH=7.5～10为适度值，Cl^-、SO_4^{2-}含量分别不大于100mg/L。

(8) 安装热量表和恒温控制阀的热水供暖系统，不宜采用水流通道内含有粘砂的铸铁散热器。

(9) 高大空间供暖不宜单独采用对流型散热器。

2. 散热器布置

散热器布置应符合下列规定：

(1) 散热器宜安装在外墙窗台下，当安装有困难时（如玻璃幕墙、落地窗等），也可安装在内墙，但应尽可能靠近外窗位置。

(2) 散热器宜明装。暗装时装饰罩应有合理的气流通道、足够的通道面积，并方便维修。

(3) 幼儿园、老年人和有特殊功能要求的建筑的散热器必须暗装或加防护罩。

(4) 铸铁散热器的组装片数，不宜超过下列数值：

粗柱型（包括柱翼型）　　　　　　　　20片；

细柱型　　　　　　　　　　　　　　　25片；

长翼型　　　　　　　　　　　　　　　7片。

(5) 垂直单、双管供暖系统，同一房间的两组散热器可串联连接；贮藏室、盥洗室、厕所和厨房等辅助用室及走廊的散热器，亦可同邻室串联连接。

> 注：热水供暖系统两组散热器串联时，可采用同侧连接，但上、下串联管道直径应与散热器接口直径相同。

(6) 有冻结危险的楼梯间或其他有冻结危险的场所，应由单独的立、支管供暖。散热器前后不应设置阀门。

(7) 安装在装饰罩内的恒温控制阀必须采用外置传感器，传感器应设在能正确反映房间温度的位置。

(8) 在两道外门的外室以及门斗中不应设置散热器，以防冻裂。

(9) 楼梯间或有回马廊的大厅散热器应尽量分配在底层，当散热器数量过多，在底层无法布置时，可参考表1.8-1进行分配，多层住宅楼梯间一般可不设置散热器。

各层楼梯间散热器的分配（单位：%）　　　　　　　　　表1.8-1

建筑物总层数	计 算 层 数							
	1	2	3	4	5	6	7	8
2	65	35	—	—	—	—	—	—
3	50	30	20	—	—	—	—	—
4	50	30	20	—	—	—	—	—
5	50	25	15	10	—	—	—	—
6	50	20	15	15	—	—	—	—
7	45	20	15	10	10	—	—	—
8	40	20	15	10	10	5	—	—

3. 散热器的设计选择计算

散热器计算是确定供暖房间所需散热器的面积和片数。

（1）散热器散热面积的计算

散热器散热面积 F 按下式计算：

$$F = \frac{Q}{K(t_{pj} - t_n)}\beta_1\beta_2\beta_3\beta_4 \quad (m^2) \qquad (1.8\text{-}1)$$

式中　Q——房间的供暖热负荷，W；

t_{pj}——散热器内热媒平均温度，℃；

t_n——供暖室内计算温度，℃；

K——散热器的传热系数，W/(m²·℃)；

β_1——散热器组装片数修正系数；

β_2——散热器支管连接方式修正系数；

β_3——散热器安装形式修正系数；

β_4——进入散热器流量修正系数。

（2）修正系数 β_1、β_2、β_3、β_4

由于实际工程中每组散热器组装片数的不同，与散热器连接方式的不同和安装形式的不同以及进入散热器流量修正系数，应按表1.8-2～表1.8-5修正。

散热器组装片数修正系数 β_1　　　　表1.8-2

散热器形式	各种铸铁及钢制散热器				钢制板型及扁管型散热器		
每组片数或长度	≤5片	6～10片	11～20片	≥21片	≤600mm	600～1000mm	≥1000mm
修正系数	0.95	1.00	1.05	1.10	0.95	0.98	1.00

散热器支管连接方式修正系数 β_2　　　　表1.8-3

连接方式					
铸铁柱型	1.00	1.42	1.00	1.20	1.251
铸铁长翼型	1.00	1.40	—	1.29	—
铜铝复合柱翼型	1.00	1.39	0.96	—	1.10
钢制柱型	1.00	1.19	0.99	1.18	
钢制板型	1.00	1.69	1.00	2.17	
闭式串片型	1.00	1.14	—		
连接方式					
铸铁柱型	—	—			
铸铁长翼型	—	—			
铜铝复合柱翼型	1.01 （带分隔）	1.14 （不带分隔）	1.08	1.38	
钢制柱型	—	—			
钢制板型	—	—			
闭式串片型	—	—			

注：表中未列出的散热器类型，可按近似散热器类型套用。

散热器安装形式修正系数 β_3 表 1.8-4

安　装　形　式	修正系数
装在墙的凹槽内（半暗装）散热器上部距离为 100mm	1.06
明装但在散热器上部有窗台板覆盖，散热器距窗台板高度为 150mm	1.02
装在罩内，上部敞开，下部距地 150mm	0.95
装在罩内、上部下部开口，开口高度均为 150mm	1.04

进入散热器的流量修正系数 β_4 表 1.8-5

散热器类型	流量增加倍数						
	1	2	3	4	5	6	7
柱型、长翼型、多翼型、镶翼型	1.00	0.90	0.86	0.85	0.83	0.83	0.82
扁管型散热器	1.00	0.94	0.93	0.92	0.91	0.90	0.90

注：流量增加倍数为 1 时，对应的是散热器进出口水温差为 25℃时的流量（亦称标准流量）。

（3）散热器内热媒平均温度 t_{pj}

散热器内热媒平均温度 t_{pj} 随供暖热媒（蒸汽或热水）参数和供暖系统形式而定。

1）在热水供暖系统中，t_{pj} 为散热器进出口水温的算术平均值。

$$t_{pj} = \frac{t_{sg} + t_{sh}}{2}(℃)$$ (1.8-2)

式中　t_{sg}——散热器进水温度，℃；

　　　t_{sh}——散热器出水温度，℃。

对双管热水供暖系统，散热器的进、出口温度分别按系统的设计供、回水温度计算。

对单管热水供暖系统，由于每组散热器的进、出口水温沿流动方向下降，所以每组散热器的进、出口水温必须逐一分别计算。

2）在蒸汽供暖系统中，当蒸汽表压力 ≤0.03MPa 时，t_{pj} 取为 100℃；当蒸汽表压力大于 0.03MPa 时，t_{pj} 取与散热器进口蒸汽压力相对应的饱和温度。

（4）散热器传热系数 K

《供暖散热器散热量测定方法》GB/T 13754—2017 规定：散热器传热系数 K 值的实验，应在一个长×宽×高为 $(4\pm0.2)m\times(4\pm0.2)m\times(2.8\sim3.2)m$ 的封闭小室内，按标准规定的要求进行。散热器应无遮挡，敞开设置。实验结果表达为对应散热器类的特征公式。

$$K = a(\Delta t)^b = a(t_{pj} - t_n)^b$$ (1.8-3)

式中　a、b——实验得出的常数。

各种散热器的传热系数参见各生产厂家提供的实验报告，但当前多数厂家样本都直接给出每片散热器的散热量，这样计算散热器片数 n 的计算公式为：

$$n = \frac{Q}{Q_s}\beta_1\beta_2\beta_3\beta_4$$ (1.8-4)

式中　Q——房间的供暖热负荷，W；

　　　Q_s——每片散热器的散热量，W。

为了提高散热器散热量，散热器表面宜刷与房间协调的各种颜色的瓷漆。实测几种散热器与刷银粉漆对比：钢制闭式串片型提高 1.2%；钢制板型提高 23.7%；铸铁柱型提高 12.3%。安装散热器时，宜在散热器背面外墙部位增加保温层或贴铝箔，提高散热器的有效散热量。

4. 散热器安装

散热器组对后，以及整组出厂的散热器在安装之前应做水压试验。试验压力如设计无要求时应为工作压力的 1.5 倍，但不小于 0.6MPa。检验方法：试验时间为 2~3min，压力不降，且不渗不漏。

1.8.2　减压阀、安全阀

1. 减压阀

常用的减压阀有：活塞式减压阀、薄膜式减压阀、波纹管式减压阀和供水减压阀。

（1）减压阀流量计算

临界压力比是确定蒸汽减压阀流量的关键因素，减压阀流量应按下式计算：

当减压阀的减压比大于临界压力比时，有：

饱和蒸汽　　$q = 462\sqrt{\dfrac{10p_1}{V_1}\left[\left(\dfrac{p_2}{p_1}\right)^{1.76} - \left(\dfrac{p_2}{p_1}\right)^{1.88}\right]}$ (1.8-5)

过热蒸汽　　$q = 332\sqrt{\dfrac{10p_1}{V_1}\left[\left(\dfrac{p_2}{p_1}\right)^{1.54} - \left(\dfrac{p_2}{p_1}\right)^{1.77}\right]}$ (1.8-6)

当减压阀的减压比等于或小于临界压力比时，有：

饱和蒸汽　　$q = 71\sqrt{\dfrac{10p_1}{V_1}}$ (1.8-7)

过热蒸汽　　$q = 75\sqrt{\dfrac{10p_1}{V_1}}$ (1.8-8)

式中　q——通过 1cm² 阀孔面积的流体流量，kg/(cm²·h)；

p_1——阀孔前流体压力，MPa(abs)；

p_2——阀孔后流体压力，MPa(abs)；

V_1——阀孔前流体比体积，m³/kg；

注：临界压力比 $\beta_L = \dfrac{p_L}{p_1}$，$p_L$ 为临界压力，p_1 为初态压力。饱和蒸汽 $\beta_L = 0.577$，过热蒸汽 $\beta_L = 0.546$。

减压阀阀孔（座）面积计算见下式：

$$A = \frac{q_m}{\mu q}$$ (1.8-9)

式中　A——减压阀孔（座）流通面积，cm²；

q_m——通过减压阀的蒸汽流量，kg/h；

μ——流量系数，0.45~0.60。

（2）减压阀的选择

减压阀应根据具体工况进行选择：

1）波纹管式减压阀（直接作用式），带有平膜片或波纹管。独立结构，无需在下游安装外部传感线。调节范围大，用于工作温度≤200℃的蒸汽管路上，特别适用于减压为低压蒸汽的供暖系统，是三种蒸汽减压阀中体积最小、使用最经济的一种。

2）活塞式减压阀工作可靠，维修量小，减压范围较大，在相同的管径下，容量和精确度（±5％）更高。与直接作用式减压阀相同的是无需外部安装传感线。适用于温度、压力较高的蒸汽管路上。

3）薄膜式减压阀在相同的管径下，其容量比内导式活塞减压阀大。另外，由于带下游传感线，膜片对压力变化更为敏感，精确度可达±1％。

4）在室内供汽压力要求不严格的情况下，即热负荷小、散热器耐压强度高时可用截止阀及调压板来减压，缺点是不能随阀前压力的波动而改变阀后所需的压力。

5）供水减压阀，结构简单，体积小，性能稳定，调节方便，适用于高层建筑冷、热水供水管网系统中。

（3）设计选用减压阀应注意的问题

1）一般宜选用活塞式减压阀，活塞式减压阀减压后的压力不应小于0.10MPa，如需减至0.07MPa以下，应再设波纹式减压阀或用截止阀进行二次减压。

当减压前后压力比大于5～7时，应串联两个装置，如阀后蒸汽压力 p_2 较小，通常宜采用两级减压，以使减压阀工作时噪声和振动小，而且安全可靠。在热负荷波动频繁而剧烈时，为使第一级减压阀工作稳定，一、二级减压阀之间的距离应尽量加大。

2）设计时除对型号、规格进行选择外，还应说明减压阀前后压差值和安全阀的开启压力，以便生产厂家合理配备弹簧。

3）减压阀前后压差 Δp 的选择范围应为：活塞式减压阀应大于0.15MPa；波纹管式减压阀为 $0.05 < \Delta p < 0.6$MPa。

4）当压力差为0.1～0.2MPa时，可以串联安装两个截止阀进行减压。

5）减压阀有方向性，安装时应注意不应将方向装反，并应使它垂直地安装在水平管道上，对于带有均压管的减压阀，均压管应连接在低压管道一侧。

6）减压阀安装一律采用法兰截止阀，低压部分可采用低压截止阀，旁通管垂直、水平安装均可，视现场情况确定。

7）旁通管是安装减压阀的一个组成部分，当减压阀发生故障需要检修时，可关闭减压阀两侧的截止阀，暂时通过旁通管进行供汽。

8）为便于减压阀的调整工作，减压阀两侧应分别装有高压和低压压力表。为防止减压后的压力超过允许的限度，阀后应装设安全阀。

9）供蒸汽前为防止管路内的污垢和积存的凝结水使主阀产生水击、响动和磨损阀座密封面，可先将旁通管路的截止阀打开，使汽水混合的污垢于旁通管路通过，然后再开启减压阀。

2. 安全阀

蒸汽锅炉、热水锅炉安全阀的设置与整定压力应符合现行国家标准《供热工程项目规范》GB 55010 的规定。

（1）安全阀的选择计算

安全阀一般与减压阀配套使用或单独使用，安全阀的喉部面积应按下式计算：

当介质为饱和蒸汽时：$A = \dfrac{q_{\mathrm{m}}}{490.3P_1}$ （1.8-10）

当介质为过热蒸汽时：$A = \dfrac{q_{\mathrm{m}}}{490.3\phi P_1}$ （1.8-11）

当介质为水时：$A = \dfrac{q_\mathrm{m}}{102.1\sqrt{p_1}}$ （1.8-12）

式中 A——安全阀喉部面积，cm^2；

  q_m——安全阀额定排量，kg/h；

  p_1——安全阀排放压力，MPa，见表 1.8-6；

  ϕ——过热蒸汽校正系数，取 $0.8 \sim 0.88$。

安全阀的排放压力规定 表 1.8-6

工作压力 p	开启压力 p_k	回座压力 p_h	排放压力 p_1	备 注
不限	$1.10p$ $1.05p$（最低）	$0.9p_\mathrm{k}$ $0.85p_\mathrm{k}$	$p_1 \leqslant 1.1p_\mathrm{s}$	p_s 为管道设计压力

（2）安全阀设计选用要点

1）安全阀类型的选用应根据供热系统内介质的压力、温度情况确定，微启式安全阀一般适用于介质为液体条件；弹簧式安全阀最高适用压力 $P \leqslant 4.0MPa$；重锤式（杠杆式）安全阀一般宜用于温度和压力较高的系统。

2）设计中应注明使用压力范围。

3）各种安全阀的进出口公称通径均相同。

4）法兰连接的单弹簧或单杠杆安全阀的内径，一般比公称通径小一级，例如 $DN100$ 的阀座内径为 $\phi 80mm$，双弹簧或双杠杆的则为小二级的两倍，例如 $DN100$ 的为 $2 \times 65mm$。

5）安全阀应直立安装。

6）安全阀入口管道的公称尺寸应等于或大于安全阀进口法兰的公称尺寸，其连接大小头应尽量靠近安全阀入口处。

7）安全阀应设通向室外等安全地点的排气管，排气管直径不应小于安全阀的内径，且不得小于 4cm；排气管不得装设阀门。

1.8.3 疏水阀

1. 疏水阀的选型

疏水阀的选型应根据系统的压力、温度、流量等情况确定：

（1）脉冲式宜用于压力较高的工艺设备上。

（2）钟形浮子式、可调热胀式、可调恒温式等疏水阀宜用于流量较大的装置。

（3）热动力式、可调双金属片式宜用于流量较小的装置。

（4）恒温式仅用低压蒸汽系统上。

2. 疏水阀的选择计算

选择疏水阀时，不能仅考虑最大的凝结水排放量，或简单按管径选用。而是应按实际工况的凝结水排放量与疏水阀前后的压差，并结合疏水阀的技术性能参数进行计算，确定疏水阀的规格和数量。

疏水阀的排出凝结水流量能力，应由生产厂家样本提供。

（1）考虑到实际运行时负荷和压力的变化，启动时低压大负荷、设备要求速热等情况，疏水阀的排水设计能力应大于热力系统的正常凝结水量，疏水阀设计排水量应按下式计算：

$$G_{sh} = KG \tag{1.8-13}$$

式中　G_{sh}——疏水阀设计排水量，kg/h；

　　　G——系统的正常凝结水量，kg/h；

　　　K——选择疏水阀的倍率，按表1.8-7采用。

疏水阀选择倍率 K 值　　　　　　　　　　　　　表 1.8-7

系统	使用情况	K	系统	使用情况	K
供暖	$P \geq 100kPa$	$\geq 2 \sim 3$	淋浴	单独换热器	≥ 2
	$p < 100kPa$	≥ 4		多喷头	≥ 4
热风	$p \geq 200kPa$	≥ 2	生产	一般换热器	≥ 3
	$p < 200kPa$	≥ 3		大容量、常间歇、速加热	≥ 4

（2）疏水阀在供暖系统中安装的部位不同，其设计凝结水排量计算有所不同。

1）疏水阀安装在锅炉分汽缸时（见图1.8-1），疏水阀的设计排出凝结水流量 G_{sh}（kg/h）可按下式计算：

$$G_{sh} = G \cdot C \cdot 10\% \tag{1.8-14}$$

式中　G——连接到分汽缸上的锅炉负荷，kg/h；

　　　C——安全系数，取1.5；

　　10%——为预计夹带量。

2）疏水阀安装在蒸汽主管及主管末端时（见图1.8-2）和疏水阀安装在管提升处、各类阀门之前以及膨胀管或弯管之前（见图1.8-3），疏水阀的设计排出凝结水流量 G_{sh}（kg/h），可按下式计算：

$$G_{sh} = F \cdot K(t_1 - t_2)C \cdot E/H \tag{1.8-15}$$

式中　F——蒸汽管外表面积，m²；

　　　K——管道传热系数，kJ/(m² · ℃ · h)；

　　　t_1——蒸汽温度，℃；

　　　t_2——空气温度，℃；

　　　E——$E = 1 -$保温效率，通常取0.25；

　　　H——蒸汽潜热，kJ/kg；

　　　C——安全系数，取2，管末端取3。

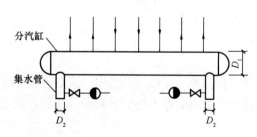

当 $D_1 < 100mm$ 时，$D_2 = D_1$
当 $D_1 > 100mm$ 时，$D_2 = D_1/2$，但 $D_2 \geq 100mm$

图 1.8-1　疏水阀安装在锅炉分汽缸

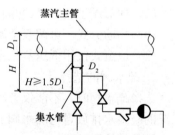

排除冷凝水通常每90m设一疏水点，
但不超过150m

图 1.8-2　疏水阀安装在主管

3）疏水阀安装在蒸汽伴热管线时（见图1.8-4），疏水阀的设计排出凝结水流量 G_{sh}（kg/h），可按下式计算：

$$G_{sh} = \frac{L \cdot K \cdot \Delta t \cdot E \cdot C}{P \cdot H} \qquad (1.8\text{-}16)$$

式中　L——蒸汽伴热管上各疏水阀之间管线的长度，m；

　　　Δt——温差，℃；

　　　E——$E=1-$保温效率，通常取 0.25；

　　　C——安全系数，取 2；

　　　P——管道单位外表面积的线性长度，m/m²；

　　　H——蒸汽潜热，kJ/kg；

　　　K——传热系数，kJ/(m² · ℃ · h)。

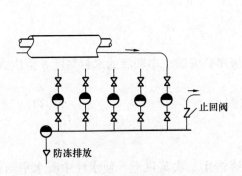

图 1.8-3　疏水阀安装在提升处

4）疏水阀安装在壳管式热交换器时（见图1.8-5），疏水阀的设计排出凝结水流量 G_{sh}（kg/h），可按下式计算：

$$G_{sh} = L \cdot \Delta t \cdot C_g \cdot \rho_g \cdot \alpha / r \qquad (1.8\text{-}17)$$

式中　L——被加热流体流量，m³/h；

　　　Δt——温差，℃；

　　　C_g——液体比热，kJ/(kg · ℃)；

　　　ρ_g——液体密度，kg/m³；

　　　r——蒸汽潜热，kJ/kg；

　　　α——安全系数，取 2。

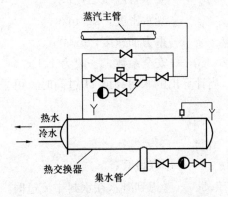

图 1.8-4　疏水阀安装在蒸汽伴热管线　　　　图 1.8-5　疏水阀安装在壳管式热交换器

（3）凝结水流经疏水阀时要损失部分能量，表现为一定的压力降，即 $\Delta p = p_1 - p_2$，除损失一部分能量外，尚有一部分剩余压力（以 p_2 表示），依靠这部分余压，可以使凝结水升至一定的高度 h_z（m）。即：

$$h_z = \frac{p_2 - p_3 - p_z}{0.001\rho g} \qquad (1.8\text{-}18)$$

式中　p_1——疏水阀前压力，kPa；暖风机，$p_1 = 0.95p$；散热器集中回水时，$p_1 = 0.7p$；末端泄水，$p_1 = 0.7p$；分汽缸和蒸汽管道中途泄水，$p_1 = p$；

p ——供暖系统入口压力，kPa；

p_2 ——疏水阀后压力，kPa；吊桶式疏水阀，$p_2 = (0.4 \sim 0.6)p_1$；热动力式疏水阀，$p_2 = 0.4p_1$，最低工作压差为 0.05MPa；

p_3 ——回水箱内的压力，kPa；

p_z ——疏水阀后系统总压力损失，kPa；

ρ ——凝结水的密度，kg/m³；

g ——重力加速度，m/s²。

为保证疏水阀的正常工作，必须保证疏水阀后的压力 p_2 以及疏水阀正常动作所需要的最小压力 $\Delta p_{\min}$。使 $p_{2\max} \leqslant p_1 - \Delta p_{\min}$。

（4）当供热系统内压力 $<$50kPa，且换热器或其他用户设备内的压力较稳定时，可采用水封取代疏水阀排除凝结水，见图 1.8-6。

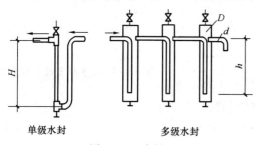

单级水封　　多级水封

图 1.8-6　水封

水封管径可根据流过的最大凝结水量，按流速为 0.2～0.5m/s 条件计算，水封的高度可按下式计算：

$$H = \frac{(p_1 - p_2)\beta}{\rho \cdot g} \qquad (1.8\text{-}19)$$

式中　H——水封高度，m；

p_1 ——水封连接点处的蒸汽压力，Pa；

p_2 ——凝水管内压力，Pa；

ρ ——凝水密度，kg/m³；

g ——重力加速度，m/s²；

β ——安全系数，一般为 1.1。

当计算出的水封高度 H 过高时，可采用多级串联安装。串联后的水封高度 h 值应为：

$$h = 1.5\frac{H}{n} \qquad (1.8\text{-}20)$$

式中　n——串联段数；

1.5——考虑到凝水在水封中流过时，因压降产生二次蒸汽泡，使水柱中凝水平均密度比纯水减小，水封阻汽能力下降而引进的修正系数。

套管直径 $D = 2d$，当压力较高时，应同时考虑二次蒸汽及水流阻力的影响，水封管下部应有放水排污口，同时还应防止冻结。

3. 设计选用要点

（1）应按疏水阀前、后压差和凝结水量选择相应的规格型号。

（2）应验算需提供疏水阀的最大背压和疏水阀正常动作所需的最小压力。

（3）一个疏水阀满足不了排水量要求时，可选用多只疏水阀并联工作。

（4）为提高凝结水回收率，有条件时，可采用疏水加压器取代靠疏水阀背压输送凝结水的方式。疏水加压器是利用一定压力的高压蒸汽把凝结水加压送回凝水箱内，无需水泵，能自动地安全运行。且无二次蒸汽产生，凝结水管径也比汽水混合状态流动的管径小。

（5）疏水阀安装时，视工程具体情况，一般应有旁通管、冲洗管、放气管、检查管、止回阀、过滤器等。

1）旁通管，主要用在初始运行时排放大量凝结水，运行中禁用。小型供暖系统可不设旁通管。

2）冲洗管、检查管用于放气、冲洗管路、检查疏水阀的工作情况，一般均应设置。

3）止回阀，防止回水管路窜汽后压力过高，超过用户供热系统的使用压力而影响系统运行，供汽压力较高的大型供热系统应设置。疏水阀疏水如排至大气中或单独流至凝结水箱无反压作用时，止回阀应取消。

4）过滤器为防止凝结水中的杂质堵塞疏水阀，一般应在疏水阀前端装设过滤器，但疏水阀本身带过滤器时，可不另设。

疏水阀安装示意图，见图1.8-7。

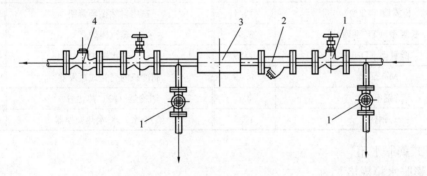

图 1.8-7　疏水阀安装示意图
1—截止阀；2—过滤器；3—疏水阀；4—止回阀

1.8.4　膨胀水箱

在供暖系统中，一般应设置膨胀水箱来收贮受热后膨胀的水量，同时解决系统定压和补水问题。在多个供暖建筑物的同一供热系统中仅能设置一个膨胀水箱。当建筑物内有空调设施时，空调水系统应单独设置膨胀水箱。但当为独立热源仅供一栋建筑物时，可与供暖膨胀水箱合用。

膨胀水箱分两种：开式高位膨胀水箱和闭式低位膨胀水箱气压罐。

1. 膨胀水箱水容积计算

膨胀水箱水容积按下式计算：

95～70℃供暖系统：$V=0.03066V_c$；

85～60℃供暖系统：$V=0.02422V_c$；

110～70℃供暖系统：$V=0.038V_c$；

130～70℃供暖系统：$V=0.043V_c$；

以上停运时环境温度为5℃。

空调冷水系统：　　　　$V=0.0053V_c$。（停运时环境温度为35℃）。

供给1kW热（冷）量所需水容量如表1.8-8所示。

供给 1kW 热（冷）量所需水容量 V_c 表 1.8-8

系统设备和附件	V_c（L）	系统设备和附件	V_c（L）
散热器		散热器	
四柱 815 型	8.8	扁管	4.8
四柱 760 型	8.3	板式	4.1
四柱 640 型	8.37	弯肋型	7.03
四椭柱 460 型	8.88	辐射对流型（TFD₂）	5.24
四细柱 500 型	5.1	机械循环管路	
四细柱 600 型、700 型	5.2	室内供热管路（温差 20～25℃）	7.8
六细柱 700 型	5.2	室外供热管路（温差 20～25℃）	5.8
长翼型（大 60）	17.2	室内供冷（温差 5℃）或冷热两用	31.2
长翼型（小 60）	16.6	室外供冷（温差 5℃）或冷热两用	23.2
长翼型（40 型）	15.1	室内自然循环管路	15.6
长翼型（TF 系列）	3.97	蒸汽锅炉	1.6～4.7
圆翼型（D75）	7.59	热水锅炉	1.4
M-132 型	9.49	制冷机的壳管式蒸发器	
钢串片	3.6	表冷器（冷、热盘管）	1.0
钢柱	14.5	蒸汽-水、水-水热交换器	

2. 开式膨胀水箱

（1）膨胀水箱规格

开式膨胀水箱构造简单，有空气进入供暖系统会腐蚀管道和散热器，它适用于中小型低温热水供暖系统。开式膨胀水箱分圆形和方形两种，按国标图制作规格见表 1.8-9，设计时可根据具体工程情况，在膨胀水箱内设电阻式水位传示装置给出信号，于集中锅炉房内采用手动或自动方式补水。

膨胀水箱规格表   表 1.8-9

型号	方形					圆形			
	公称容积（m³）	有效容积（m³）	外形尺寸（mm）			公称容积（m³）	有效容积（m³）	筒体（mm）	
			长	宽	高			内径	高度
1	0.5	0.6	900	900	900	0.5	0.5	900	1000
2	0.5	0.6	1200	700	900	0.5	0.6	1000	900
3	1.0	1.0	1100	1100	1100	1.0	1.0	1100	1300
4	1.0	1.1	1400	900	1100	1.0	1.1	1200	1200
5	2.0	2.2	1800	1200	1200	2.0	1.9	1500	1300
6	2.0	2.0	1400	1400	1200	2.0	2.0	1400	1500
7	3.0	3.4	2000	1400	1400	3.0	3.2	1600	1800
8	3.0	3.1	1600	1600	1400	3.0	3.3	1800	1500
9	4.0	4.2	2000	1600	1500	4.0	4.1	1800	1800
10	4.0	4.4	1800	1800	1500	4.0	4.4	2000	1600
11	5.0	5.0	2400	1600	1500	5.0	5.1	1800	2200
12	5.0	5.1	2200	1800	1500	5.0	5.0	2000	1800

（2）膨胀水箱设计要点

1）寒冷地区的膨胀水箱应安装在供暖房间内，如供暖有困难时，膨胀水箱应有良好的保温措施。膨胀水箱安装高度，应至少高出系统最高点 0.5m；区域锅炉房应高于热水系统最高点 1m 以上。

2）安装水箱时，下部应作支座，支座长度应超出底板 100～200mm，其高度应大于300mm，支座材料可用方木、钢筋混凝土或砖与水箱间外墙应考虑安装预留孔洞。

3）膨胀水箱各配管应按以下要求安装：

①膨胀管，重力循环宜接在供水主立管的顶端兼作排气用；机械循环系统时接至系统定压点，一般宜接在水泵吸入口前，如安装有困难时，也可接在供暖系统中回水干管上任何部位。膨胀管通过非供暖房间时，应做保温。

②循环管，接至系统定压点前的水平回水管上，该点与定压点之间应保持 1.5～3m 的距离，冬季停止运行时，部分热水可经膨胀管和循环管流过水箱，以防止水箱里水结冰。但当水箱水没有结冻可能时，可不设循环管，通过非供暖房间应保温。

③信号管，一般应接至工人容易观察的地方，有条件时，宜接到锅炉房内，也可接至建筑物底层的卫生间或厕所内。信号管应安装阀门，通过非供暖房间时应保温。

④溢水管，当水膨胀使系统内水的体积超过溢水管口时，水会自动溢出，一般可接至附近下水道。

⑤排水管，清洗水箱及放空用，可与溢水管一起接至附近下水道，该管应装阀门。

⑥膨胀管、循环管和溢水管上严禁安装阀门。当各系统合用定压设施且需要分别检修时，膨胀管应设置带电信号的检修阀，且各空调水系统应设置安全阀。

一般开式膨胀水箱内的水温不应超过 95℃。

3. 闭式低位膨胀水箱气压罐

膨胀水箱宜采用开式高位膨胀水箱，但当建筑物顶部安装高度有困难时，可采用闭式低位膨胀水箱气压罐方式，采用该方式能解决系统中水的膨胀问题，而且可与锅炉自动补水和系统稳压相结合，气压罐宜安装在锅炉房内。

（1）气压罐选用

用气压罐方式代替高位膨胀水箱时，气压罐的选用应以系统补水量为主要参数选取，一般系统的补水量可取总容水量的 4% 计算，与锅炉的容量配套选用。

气压罐的性能规格见表 1.8-10。

气压供水设备性能表　　　　　　　　　　表 1.8-10

序号	补水量（m³/h）	气压罐安装尺寸（mm）			锅炉容量（t/h）
		D	H	H_0	
1	1.0	800	2000	2400	2
2	1.5	1000	2000	2400	3
3	2.0	1200	2000	2400	4
4	3.0	1400	2400	2800	6
5	4.0	1600	2400	2800	8
6	5.0	1600	2800	3200	10
7	6.5	2000	2400	2900	14
8	7.5	2000	2700	3200	18
9	10	2000	3500	4000	20

(2) 气压罐的工作原理

气压罐的工作原理见图1.8-8。

1) 自动补水。按锅炉系统循环稳压要求，在压力控制器内设定气压罐的上限压力 p_2 和下限压力 p_1，一般 $p_1 = p_2 - (0.03 \sim 0.05)$ (MPa)。当需向热水锅炉补水时，气压罐的气枕压力 p 随水位下降，当 p 下降到下限压力 p_1 时接通电机，启动水泵，把贮水箱内的水压入补气罐，使罐内的水位和压力上升，压力上升到上限压力 p_2 时，切断水泵电源，停止补水。此时补气罐内的水位下降吸开吸气阀，使外界空气进入补气罐。在如此循环工作中，不断给锅炉补充所需的水量。

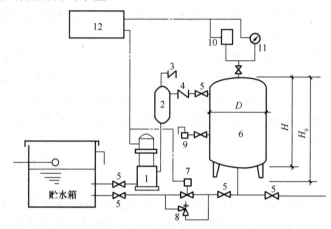

图1.8-8　气压罐工作原理图

1—补给水泵；2—补气罐；3—吸气阀；4—止回阀；5—闸阀；6—气压罐；
7—泄水电磁阀；8—安全阀；9—自动排气阀；10—压力控制器；
11—电接点压力表；12—电控箱

2) 自动排气。由于水泵每工作一次，给气压罐补气一次，罐内的气枕容积逐步扩大，水位亦逐步下降，当下降到自动排气阀限定的水位时，排出多余的气体，恢复正常水位。

3) 自动泄水。当锅炉系统的热水膨胀，使热水倒流到气压罐内，其水位上升时，罐内压力 p 亦上升。当压力超过静压 $0.01 \sim 0.02$MPa，即达到电接点压力表所设定上限压力 p_4 时，接通并打开泄水电磁阀，把气压罐内的水泄回到贮水箱。泄水到电接点压力表所设定下限压力 p_3，一般取 $p_3 = p_4 - (0.02 \sim 0.04)$ (MPa)。

4) 自动过压保护。当气压罐内的压力超过电接点压力表所设定上限压力 p_4 时，自动打开安全阀和电磁阀一同快速泄水，迅速降低气压罐压力，达到保护系统的目的，安全阀的设定压力 p_5，一般 $p_5 = p_4 + (0.01 \sim 0.02)$ (MPa)。

1.8.5　过滤器

常用管道过滤器的类型有：Y形过滤器、篮式过滤器、反冲洗式过滤器和T形导流过滤器，其类型规格见表1.8-11，Y形过滤器、篮式过滤器外形图见图1.8-9、图1.8-10。

T形导流过滤器（又称扩散过滤器）有直通（直流）式和角式（折流）两种（见图1.8-11），角式安装在泵的入口处，同时取代90°弯头、变径管，它起到导流作用，能够为泵提供平衡的水流，形成稳定水流，提高水泵效率，可延长水泵寿命。T形导流过滤器采用过滤面积大的不锈钢过滤网，减小了压力损失（如某工程与采用1弯头+1Y形过滤器的传统方式，减小阻力约 12kPa），导流过滤器适用于各种安装条件，可水平或垂直安装，缩短泵入口管道，减轻泵的负载，节约安装空间。与水泵连接方式见图 1.8-12。

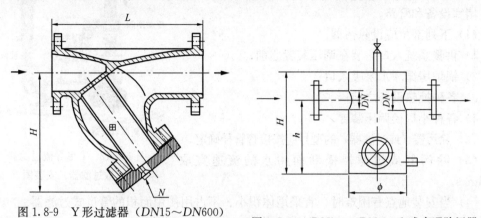

图 1.8-9　Y 形过滤器（DN15～DN600）

图 1.8-10　DN100～DN300 立式直通除污器

几类过滤器规格　　　　　　　　　　　　**表 1.8-11**

类型	规格 DN （mm）	工作压力 （MPa）	安装要求	备注
Y 形过滤器	15～600	1.0～4.0	—	初始局部阻力系数取 2.2
Y 形自清洗过滤器	50～600	0.6～2.5	—	带刷清洗，清洗压差 0.05MPa
ZPG 自动排污过滤器	100～1000	1.6	水平	反冲洗式初始阻力 2～10kPa
直通式篮式过滤器	40～300	0.6～1.6	水平	局部阻力系数取 4～6；适用于大口
高低接管式篮式过滤器	150～500	0.6～1.6	水平	径管道、过滤器压降小
T 形导流过滤器	15～1500	0.6～25.0	—	阻力损失 0.52～1.2kPa

注：国家标准图集《管道过滤器选用与安装》16K205-2 给出了 Y 形过滤器、篮式过滤器、反冲洗式过滤器对应 0.25～2.0m/s 流速下的局部阻力选用表。

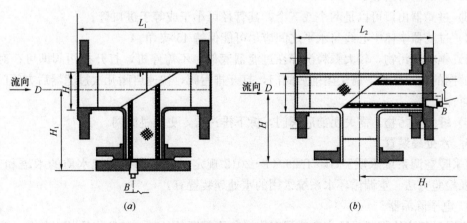

图 1.8-11　T 形导流过滤器结构图示
(a) 直通式；(b) 角式

1. 除污器（或过滤器）设计选用

除污器（或过滤器）是用于清除和过滤管路中的杂质和污垢，以保证系统内水质的洁净，从而减少阻力和防止堵塞设备和管路。

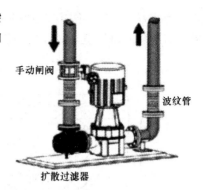

图 1.8-12　T形导流过滤器
（扩散过滤器）安装图

（1）下列部位应设除污器：

1）供暖系统入口，装在调压装置之前；

2）锅炉房循环水泵吸入口；

3）各种换热设备之前；

4）各种小口径调压装置。

（2）除污器（或过滤器）的型号应按接管管径确定。

（3）除污器或过滤器横断面中水的流速宜取 0.05m/s。

（4）当安装地点有困难时，宜采用体积小、不占用使用面积的管道式过滤器。

2. 除污器（或过滤器）的特性与安装

（1）自动排污过滤器特性与安装

1）自动排污过滤器可在不停机的情况下自动实现冲洗过滤和反冲洗过滤器且不需动力。冲洗可分为两个阶段进行：一是清洗排污阶段，打开排污阀大约 30s 的时间，根据管内杂质而定，让杂质从排污口排出；二是反冲洗阶段，排污阀打开，开启水流转向阀约30s，将粘附在过滤网上的残余物反冲洗排出。

2）自动排污过滤器直接安装在管道上，不需专设支撑结构。自动排污过滤器均可水平、垂直安装，垂直安装时，水流方向必须与重力方向一致。

3）排污口可由用户指定方位。

4）过滤器在额定流量下阻力小于 0.008MPa。

（2）变角形过滤器的特性与安装

1）过滤器用于热水供暖系统时，过滤网为 20 目；用于集中空调系统为 40～60 目。

2）局部阻力系数 $\xi = 1.96 \times V^{0.907}$。

3）过滤器出口可以是两个或三个，其管径可小于或等于进口管。

4）过滤器本体中心线与水平之间应尽可能保持 45°夹角。

5）颗粒状污物，较大颗粒沉降在过滤器底部，不需停机，打开排污阀即可；对贴附于过滤网的较小颗粒，需关闭前后阀门，打开排污阀，快速启闭几次过滤器后方阀门，污物即可冲出。

6）纤维状污物，需关闭前后阀门，拆下排污盖，更换过滤网。

1.8.6　水处理装置

《采暖空调系统水质》GB/T 29044—2012 规定了供暖空调系统水质的术语和定义、要求及检验方法。空调循环水系统常用的水处理装置有：

1. 电子除垢器

它通过感应线圈产生的交变磁场对水进行不间断的处理，使其水质相对软化。它集防垢、除垢、杀菌、灭藻、防腐蚀功能为一体。据测算，与使用化学方法相比，可节省投资 60%～70%，节水 80%；并且安装简单，无需专人操作，获得广泛应用。适应水质：总硬度＜700mg/L（以 $CaCO_3$ 计）。

电子除垢器的工作压力：1.0MPa、1.6MPa 和 2.0MPa；工作温度 5～95℃。防垢效率＞98%，除垢效率＞95%，杀菌率＞98%，灭藻率＞97%，控制腐蚀率＜0.092mm/a。在管路上采用法兰连接，主要规格参数见表 1.8-12。

电子除垢器规格参数 表 1.8-12

管径 DN（mm）	50	80	100	125	150	200	250
流量（m³/h）	5～18	18～40	40～70	70～100	100～138	138～260	260～430
功率（W）	40	40	60	80	100	120	140
质量（kg）	40	50	60	60	60	100	150
管径 DN（mm）	300	350	400	450	500	600	—
流量（m³/h）	430～660	660～840	840～1000	1000～1400	1400～2000	2000～3000	—
功率（W）	200	240	300	360	450	500	—
质量（kg）	200	240	260	300	320	340	—

2. 全程综合水处理器

该处理器设置活性铁质滤膜，机械变孔径阻挡及电晕效应场三位一体过滤体，通过吸附、浓缩在实际运行工况下各种硬度物质及复合垢，降低浓度，达到控制水质的目的。并将特定频率能量转换给被处理的介质——水，形成电磁化水，达到防垢的目的。同时，在金属管道内壁形成水膜减缓腐蚀。从而实现系统的防垢、防腐、杀菌、灭藻、超净过滤控制水质的综合功能。

3. 设计选型

随着技术进步，各类水处理装置不断推出，具体选型时，应根据循环水系统的水及补充水的实际水质，合理选用满足水质要求、耗能低、体积紧凑、便于维护的水处理装置。

1.8.7 集气罐和自动排气阀

集气罐用于热水供暖系统中的空气排除。集气罐一般应设于系统的末端最高处，并使干管反坡设置，水流与空气泡浮升方向一致，有利于排气。但当安装位置有困难，干管顺坡设置时，要适当放大干管管径，降低水流速度，使其水流速度不超过 0.2m/s，小于气泡浮升速度，使气泡不会被水流带走。

集气罐分立式和卧式两种，规格尺寸见表 1.8-13。

集气罐规格尺寸 表 1.8-13

规　格	型　号				备　注
	1	2	3	4	
直径 D（mm）	100	150	200	250	国家标准图集
高度 H（长度 L）（mm）	200	250	300	350	94K402-1

按国家标准图集 94K402-1 制作，当安装高度不受限制时，宜选用立式。

1. 集气罐的选用

（1）集气罐的直径口应大于或等于干管直径的 1.5～2 倍，集气罐的有效容积应为膨胀水箱容积的 1%，其中的水流速不超过 0.05m/s。

（2）集气罐接出的排气管管径，一般采用 DN15。在排气管上应设阀门，阀门应设在便于操作的地方，排气管排气口可引向附近水池。

（3）在重力式热水供暖系统中，当膨胀水箱接在供水主立管端部，且干管顺坡布置时可由膨胀水箱排气，不应再设集气罐。

2. 自动排气阀

供暖水系统中已普遍采用自动排气阀取代集气罐。

（1）自动排气阀宜选用黄铜材质，工作压力 1.0～1.6MPa，选用规格：$DN20$ 管道，排气阀 $DN15$；$DN25$～$DN100$ 管道，排气阀 $DN20$；$DN125$ 管道，排气阀 $DN25$；≥$DN150$管道，排气阀 $DN32$。

（2）自动排气阀必须垂直安装，即必须保证其内部的浮筒处于垂直状态，以免影响排气；排气口有顶排和侧排两种；排气阀与管道上宜设置隔断阀，当需要拆下自动排气阀检修时，以保证水系统的密闭。

1.8.8 补偿器

1. 常用补偿方式与补偿器分类（见表 1.8-14）

常用补偿方式与补偿器分类　　　　　　　表 1.8-14

分类	优点	缺点	应用
自然补偿	充分利用管道的自然弯曲吸收管道的温度变形，造价低	自然补偿每段臂长的长度受限	一般臂长不宜大于 20～30m
方形补偿器	制造简单，无需维护，工作可靠，轴向推力较小	增加管路阻力、占空间较大，不易布置	宜设置在管道两个固定支架的中间，两侧直管段上设置导向支架，安装时预拉伸 50% 计算伸长量
波纹管补偿器	配管简单，易安装，维护便利，流动阻力小，占地小，供暖空调系统多应用	造价较高	常用轴向型，两个固定支架间只能安装 1 个，距固定支架距离一为 4DN，另一端设导向支架
套筒补偿器	轴向补偿量大（最大 400mm），流动阻力小，占地小，方便安装，造价较低	仅用于直线管段，对固定支架推力大，施工安装要求高	靠近补偿器的管道处应设导向支架
球形补偿器	补偿能力大，流体阻力和变形应力小，无盲板力且对固定支座的作用力小，安全性能较高	技术核心在密封，由于填料的磨损、氧化、松动会出现泄漏	补偿量可达 1800mm，一般按 200～500m 使用一组球形旋转补偿器为宜

2. 管道补偿设计原则

管道补偿设计的出发点是应能保证管道在使用过程中具有足够的柔性，防止管道因热胀冷缩、端点附加位移、管道支撑设置不当等造成管道泄漏、支架损坏、相连设备破坏和管道破坏等现象的发生。

（1）首先应考虑利用管道的转向等方式进行自然补偿。

（2）应根据不同的使用要求合理选择补偿器的类型，保证使用可靠、安全。

（3）合理的设置固定支架、滑动导向支架等措施。

（4）应对管道的热伸长量进行计算。

3. 管道热膨胀量计算

各种热媒在管道中流动时，管道受热膨胀使其管道增长，其增长量应按下式计算：

$$\Delta X = 0.012(t_1 - t_2)L \tag{1.8-21}$$

式中　ΔX——管道的热伸长量，mm；

　　　t_1——热媒温度，℃；

　　　t_2——管道安装时的温度，℃，一般按 $0\sim5$℃计算，当管道架空敷设于室外时，t_2 应取供暖室外计算温度；

　　　L——计算管道长度，m；

0.012——钢管的线膨胀系数，mm/(m·K)。

4. 设计要点

(1) 在考虑热补偿时，应充分利用管道的自然弯曲来吸收管道的温度变形。

对具有同一直径、同一壁厚、无支管、两端固定、无中间约束并能满足下式要求的非危害介质管道可采用自然补偿：

$$\frac{D_0 Y}{(L-U)^2} \leqslant 208.3 \tag{1.8-22}$$

式中　　　D_0——管道外径，mm；

　　　　　Y——管段总变形，mm；

$$Y = \sqrt{\Delta X^2 + \Delta Y^2 + \Delta Z^2}$$

　　　　　U——管段固定点间的直线距离，m；

　　　　　L——管段在两固定点间的展开长度，m；

ΔX、ΔY、ΔZ——分别为管段在 X、Y、Z 轴方向的位移，mm。

(2) 当地方狭小，方形补偿器无法安装时，可采用套管补偿器和波纹管补偿器。

(3) 应进行固定支架和滑动导向支架的受力计算。固定支架受力一般包括：重力、推力、弹性力和摩擦力；滑动支架主要是承受重力和摩擦力。尤其要注意的是：当应用于垂直管道中时，管道和水的重量应考虑在支架的剪切受力之中。

1.8.9　平衡阀

平衡阀适用于供暖系统和空调水系统的水力工况平衡。平衡阀安装于小区热力入口的外网管路上，可以有效地保证管网静态水力平衡，当外网供回水温度保持不变时，消除小区内个别住宅楼室温过低(如远离热源环路)或过高(如靠近热源环路)的弊病，同时实现节能的目标。

1. 平衡阀的类型

平衡阀的类型有静态平衡阀（数字锁定平衡阀）和动态平衡阀（自力式压差控制阀、自力式流量控制阀）两类。

(1) 静态平衡阀（数字锁定平衡阀）

数字锁定平衡阀具有良好的调节、截止功能，还具有开度显示和开度锁定功能，在供暖和空调系统中使用，可达到节能的效果。但是，当系统中压差发生变化时，不能随系统变化而改变阻力系数，若需适应，则要重新进行手动调节。

对于用户侧变流量系统，当负荷过小时，其阀权度（见本书第3.8.3节）会很小，此时的静态平衡阀的平衡作用会失效，若使其与自力式压差控制器联合使用，将是一种经济且理想的方案。

（2）动态平衡阀

动态平衡阀运行前一次性调节，可使系统流量自动恒定在要求的设定值，其特点是：

①能使系统流量自动平衡在要求的设定值；

②能自动消除水系统中因各种因素引起的水力失调现象，保持用户所需流量，克服"冷热不均"，提高供热、空调的室温合格率；

③能有效地克服"大流量，小温差"的不良运行方式，提高系统能效，实现经济运行。

1）自力式压差控制阀。自力式压差控制阀是自动恒定压差的水力工况平衡用阀。应用于集中供热、中央空调等水系统中，有利于被控系统各用户和末端装置的自主调节，尤其适用于分户计量供暖系统和变流量空调系统。

2）自力式流量控制阀。自力式流量控制阀是自动恒定流量的水力工况平衡用阀。可按需求设定流量，并将通过阀门的流量保持恒定。应用于集中供热、中央空调等水系统中，使管网的流量调节一次完成，把调网变为简单的流量分配。免除了热源切换时的流量重新分配工作，可有效地解决管网的水力失调。

3）带电动自控功能的动态平衡阀。由于对动态平衡阀的误解，往往误认为平衡阀也能平衡空调或供暖负荷，用平衡阀取代电动三通阀或二通阀。实际上动态平衡阀仅起到水力平衡的作用；而常用的电动三通或二通阀节流，又是适应承担负荷变化的需求。若要实现水力平衡与负荷调节合二为一，应选用带电动自动控制功能的动态平衡阀。

该型阀门的阀芯由电动可调部分和水力自动调节部分组成，前者依据负荷变化调节，后者按不同的压差调节阀芯的开度。适用于系统负荷变化较大的变流量系统。

2. 平衡阀调节原理与选型

平衡阀属于调节阀范畴，它的工作原理是通过改变阀芯与阀座的间隙（即开度），来改变流体流经阀门的流通阻力，从而达到调节流量的目的。平衡阀是一个局部阻力可以改变的节流元件。

选择平衡阀有一个重要参数 K_V——平衡阀的阀门系数。它的定义是：当平衡阀全开，阀前后压差为 $1kgf/cm^2$ 时，流经平衡阀的流量值（m^3/h）。平衡阀全开时的阀门系数相当于普通阀门的流通能力。如果平衡阀开度不变，则阀门系数 K_V 不变，也就是说阀门系数 K_V 由开度而定。通过实测获得不同开度下的阀门系数，平衡阀就可作为定量调节流量的节流元件。若已知设计流量和平衡阀前后压力差，可由下式求得 K_V：

$$K_V = \alpha \frac{q}{\sqrt{\Delta p}} \tag{1.8-23}$$

式中　K_V——平衡阀的阀门系数；

　　　　q——平衡阀的设计流量，m^3/h；

　　　　α——系数，由厂家提供；

　　　　Δp——阀前后压差，kPa。

根据得出的阀门系数 K_V，查找厂家提供的平衡阀的阀门系数数值，选择符合要求规格的平衡阀。

应当指出的是，按照管径选择同等公称管径规格的平衡阀是错误的做法。

空调末端设备采用电动二通阀的变流量水系统，应注意以下几点：

（1）末端设备采用电动二通阀，各分支环路设置静态平衡阀，不应设置动态平衡阀。

（2）空气处理机组可设置动态平衡电动调节阀。

（3）末端设备设置动态平衡电动二通阀或调节阀后，不应再设置电动二通阀。

3. 平衡阀安装使用要点

（1）供回水环路建议安装在回水管路上。安装在水泵总管上的平衡阀，宜安装在水泵出口段下游，不宜安装于水泵吸入段，以防止压力过低，可能发生水泵气蚀现象。

（2）尽可能安装在直管段上。

（3）注意新系统与原有系统水流量的平衡。

（4）不应随意变动平衡阀开度。

（5）平衡阀具有手动关闭功能，其旁不必再安装截止阀。

（6）系统增设（或取消）环路时应重新调试整定。

1.8.10　恒温控制阀

用于供暖系统中散热器的流量调节。

1. 设计选用要点

（1）调节温度范围为 8～28℃；最大工作压力为 1MPa，最大压差为 0.1MPa。

（2）通过恒温控制阀的流量和压差选择恒温控制阀规格，一般可按接管公称直径直接选择恒温控制阀口径，然后校核计算通过恒温控制阀的压力降，其计算式为：

$$K_V = \frac{G}{(\Delta P)^{0.5}} \tag{1.8-24}$$

式中　K_V——阀门阻力系数，由生产厂家给出；

　　　G——通过流量，m^3/h；

　　　ΔP——阀前阀后压力差，MPa。

2. 恒温控制阀的安装方式

不同安装方式的恒温控制阀见图 1.8-13 和图 1.8-14。

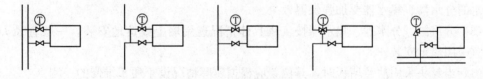

图 1.8-13　恒温阀安装方式

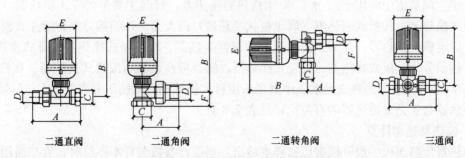

二通直阀　　　二通角阀　　　二通转角阀　　　三通阀

图 1.8-14　不同安装方式的恒温控制阀

1.8.11　分水器、集水器、分汽缸

当需从总管接出 2 个以上分支环路时，考虑各环路之间的压力平衡和使用功能要求，宜用分汽缸、分水器和集水器。分汽缸用于供汽管路，分水器用于热水或空调冷水管路，集水器用于回水管路。

分汽缸当蒸汽工作压力大于或等于 0.1MPa 时，属于压力容器，应按国家标准《压力容器》GB 150.1～GB 150.4 的有关规定进行设计。

1. 分汽缸、分水器、集水器选择计算

(1) 筒体直径。筒体直径一般比汽、水连接总管直径大两档以上，按筒体内流速确定时，蒸汽流速按 10m/s 计；水流速按 0.1m/s、0.3m/s、0.5m/s、0.7m/s、1.0m/s 计算确定。

(2) 分汽缸、分水器、集水器筒体长度 L 按接管数计算确定：

$$L = 130 + L_1 + L_2 + L_3 + \cdots\cdots + L_i + 120 \qquad (1.8\text{-}25)$$

筒体接管中心距 L_1、L_2、L_3 $\cdots\cdots L_i$，根据接管管径和保温厚度确定，一般可按图 1.8-15 中的表选用。

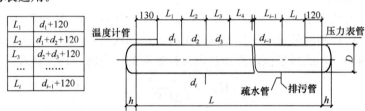

图 1.8-15　筒体长度的外形示意图

2. 设计要点

(1) 分汽缸、分水器、集水器应按国家标准图集《分（集）水器分汽缸》05K232 制作，各配管之间距，应考虑两阀门手轮或扳把之间便于操作。

(2) 分汽缸、分水器、集水器一般应安装压力表和温度计，并应保温，尤其是用于空调冷水的分水器、集水器要加强保温效果。

(3) 分汽缸、分水器、集水器按工程具体情况选用墙上或落地安装，一般直径 D 较大时宜采用落地安装。

(4) 当封头采用法兰堵板时，其位置应根据实际情况设于便于维修的一侧。

1.8.12　换热器

供暖空调系统中应用于汽-水、水-水换热的换热器，目前主要是管壳式换热器（多为固定板式换热器）和板式换热器（属于板状换热器）两大类，按结构分类，管壳式换热器分为：固定板式换热器、浮头式换热器、U 形管换热器、填料函式换热器和釜式重沸器。板状换热器分为：板式换热器、板壳式换热器、螺旋板换热器和板翅式换热器。在汽-水、特别是水-水的供暖空调热交换系统中则多采用板式换热器（水侧阻力多控制在≤50kPa）。板式换热器与管壳式换热器的有关比较见表 1.8-15。

1. 换热器选型计算

换热器传热面积一般可根据厂家样本给出，当设计参数与样本不符时，宜按通用式进行换热器传热面积校核计算：

板式换热器与管壳式换热器的比较（以管壳式换热器为基数） 表 1.8-15

传热系数	传热温差（水-水换热）	换热器占地面积	重量
3～5倍 3000～6000W/（m²·K）	对数平均温差大，末端温差 可低于1℃（壳管式一般5℃）	仅1/8～1/5	一般1/5

结垢系数	热损失	工作压力	介质温度	流道	换热面
1/10～1/3	小，无需保温措施	≤2.5MPa	≤250℃	易堵塞	清洗方便

$$F = \frac{Q}{K \cdot B \cdot \Delta t_{pj}} \qquad (1.8\text{-}26)$$

式中　F——换热器传热面积，m²；

　　　Q——换热量，W；

　　　B——水垢系数；

$$当汽-水换热器时，B=0.9～0.85；$$

$$当水-水换热器时，B=0.8～0.7；$$

　　　K——换热器的传热系数，W/（m²·K）；

　　　Δt_{pj}——对数平均温度差，℃。

$$\Delta t_{pj} = \frac{\Delta t_a - \Delta t_b}{\ln \dfrac{\Delta t_a}{\Delta t_b}} \qquad (1.8\text{-}27)$$

式中　Δt_a，Δt_b——热媒入口及出口处的最大，最小温度差值，℃；

注：当 $\Delta t_a/\Delta t_b \leqslant 2$ 时，加热器内换热流体之间的对数平均温度差，可简化为按算术平均温差计算，即 $\Delta t_{pj}=(\Delta t_a+\Delta t_b)/2$，这时误差<4%。

$$K = \frac{1}{\dfrac{1}{\alpha_1} + \dfrac{\delta}{\lambda} + \dfrac{1}{\alpha_2}} \qquad (1.8\text{-}28)$$

式中　α_1——热媒至管壁的换热系数，W/（m²·K）；

　　　α_2——管壁至被加热水的换热系数，W/（m²·K）；

　　　δ——管壁厚度，m；

　　　λ——管壁的导热系数，W/（m·K）：一般钢管 $\lambda=45～58$W/（m·K）；黄铜管 λ
　　　$=81～116$W/（m·K）；紫铜管 $\lambda=348～465$W/（m·K）。

2. 设计选型要点

（1）换热器的选用应根据工程使用情况，一、二次热媒参数以及水质、腐蚀、结垢，阻塞等诸因素确定类型。

（2）根据已知冷、热流体的流量，初、终温度及流体的比热容确定所需的换热面积。初步估算换热面积，一般先假定传热系数，确定换热器结构，再校核传热系数 K 值。

（3）选用换热面积时，应尽量使换热系数小的一侧得到大的流速，并且尽量使两流体换热面两侧的换热系数相等或相近，以提高传热系数。高温流体宜在内部，低温流体宜在外部，以减少换热器外表面的热损失。经换热器加热的流体温度应比加热器出口压力下的饱和温度低 10℃，且应低于二次水所用水泵的工作温度。

（4）含有泥砂、脏污的流体宜通入容易清洗或不易结垢的空间。

（5）换热器中的流体选择宜遵循以下原则：

1）尽量使流体呈湍流状态；

2）提高流速应考虑动力消耗与换热面积之间的经济比较；

3）换热器的压力降不宜过大，一般控制在 0.01~0.05MPa；

4）流速大小应考虑流体的黏度，黏度大的流速应小于 0.5~1.0m/s；一般流体管内流速宜取 0.4~1.0m/s；易结垢的流体宜取 0.8~1.2m/s；

5）换热器的总台数不应多于 4 台。全年使用的换热系统中，换热器的台数不应少于两台。

6）供暖用换热器，一台停止工作时，运行的换热器的设计换热量应保证基本供热量的需求，寒冷地区不应低于设计供热量的 65%，严寒地区不应低于设计供热量的 70%。

7）换热器选取总热量附加系数：用于供冷时，取 1.05~1.10；用于供暖（热）时，取 1.10~1.15；水源热泵，取 1.15~1.25。

（6）选用换热器时应注意压力等级、使用温度、接口的连接条件等。在压力降、安装条件允许的前提下，管壳式换热器宜选用直径小的加长型，有利于提高换热量。选用板式换热器时，温差较小侧流体的接口处流速不宜过大，应能满足压力降的要求。

3. 换热器结构

板式换热器与壳管式换热器结构见图 1.8-16 和图 1.8-17。

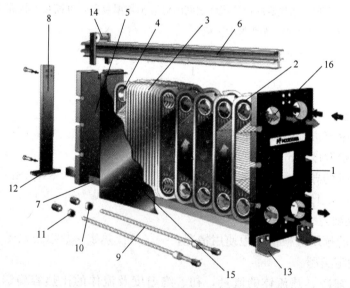

图 1.8-16 板式换热器结构图示

1—固定压紧板；2—前端板；3—换热片组；4—后端板；5—活动压紧板；6—上导杆；
7—下导杆；8—后立柱；9—夹紧螺栓；10—锁紧垫圈；11—紧固螺母；12—支撑地脚；
13—框架地脚；14—滚轮组合件；15—保护板；16—管接口

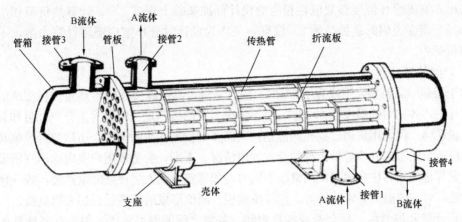

图 1.8-17　壳管式换热器结构图示

1.9　供暖系统热计量

集中供暖系统实行热计量是建筑节能、提高室内供暖质量、加强供暖系统智能化管理的一项重要措施。室温调控等节能控制技术是热计量的重要前提条件，也是体现热计量节能效果的基本手段。供暖热计量技术在发达国家早已实行多年，是一项成熟的技术。《中华人民共和国节约能源法》第三十八条规定：国家采取措施，对实行集中供暖的建筑分步骤实行分户计量，我国目前已开始普遍实施该项技术。

国家行业标准《供热计量技术规程》JGJ 173 做了如下强制性规定："集中供热的新建建筑和既有建筑的节能改造必须安装热量计量装置"，"新建建筑和改扩建的居住或以散热器为主的公共建筑的室内供暖系统应安装自动温度控制阀进行室温调控"。

公共建筑应在热力入口（含热力站）设置热量表，并以此作为热量结算点。

居住建筑应以楼栋为对象设置热量表。对建筑类型的相同、建设年代相近、围护结构做法相同、用户热量分摊计量方式一致的若干栋建筑，也可确定一个共用的位置设置热量表。

用户热量分摊计量方式是在楼栋热力入口处（或换热机房）安装热量表计量总热量，再通过设置在住宅户内的测量记录装置，确定每个独立核算用户的用热量占总热量的比例，进而计算出用户的分摊热量，实现分户热计量。用户热分摊方法有：散热器热分配计量法、流量温度法、通断时间面积法和户用热量表法。

1.9.1　热负荷计算

集中供暖系统中，实施分户热计量的住宅建筑和分区、分级热计量的工业建筑的供暖系统设计热负荷计算与传统集中供暖系统本质上没有区别，应按本书第 1.2 节有关规定执行，以下对不同点加以说明。

1. 室内设计温度参数

实施住宅分户热计量后，热作为一种特殊的商品，应为不同需求的热用户提供在一定幅度内热舒适度的选择余地，而户内系统中恒温控制阀的使用也为这种选择提供了手段，因此提出，室内设计温度参数应在相应的设计标准基础上提高2℃。计算热负荷相应增加7%～8%。需要说明的是提高的2℃温度，仅作为设计时分户室内温度计算参数，不应加到总热负荷中。

2. 户间传热计算

对于相邻房间温差大于或等于5℃时，应计算通过隔墙或楼板的传热量。在传统的供暖系统设计中，各房间的温度基本一致，可不考虑邻室的传热量。但是对于分户计量和分室控温的供暖系统，因为用户通过温控阀能达到所需的较高的房间温度，所以与传统供暖系统不同，应适当地考虑分户计量出现的分室控温情况。否则，会造成用户室内达不到所设定的温度。尤其是当相邻住户房间使用情况不同时，如邻室暂无人居住或间歇供暖，或一楼用作其他功能，对室内温度要求较低等，这样由楼板、隔墙形成的传热量会加大热负荷。

实行计量和控温后，就会造成各户之间、各室之间的温差加大。但是在具体负荷计算中，邻室、邻户之间的温差取多少合适是目前难以解决的问题，但是如不考虑此情况，又会使系统运行时达不到用户所要求的温度。目前处理的办法是：在确定分户热计量供暖系统的户内供暖设备容量和户内管道时，应考虑户间传热对供暖负荷的附加，但附加量不应超过50%，且不应计入供暖系统的总热负荷内。

3. 户间隔墙和楼板保温

由于存在户间传热，因此是否对户间隔墙和楼板进行保温，以及保温的最小经济热阻取值、围护结构保温的经济性如何，需要经过经济分析和工程实践加以验证。

1.9.2　散热器的布置与安装

1. 散热器的安装位置

分户热计量后的供暖系统制式较传统的供暖系统形式有了变化。散热器的布置应避免户内管路穿过阳台门和进户门，应尽量减少管路的安装，散热器也可安装在内墙，不影响散热效果。

为了能达到分室控温的目的，应在每组散热器的连接支管上安装恒温控制阀，并根据具体情况选择恒温控制阀的型号。室内供暖系统为双管系统采用高阻恒温控制阀；单管跨越式系统采用低阻力两通恒温控制阀或三通恒温控制阀。恒温控制阀有内置和外置（远程）两种传感器，后者远程长度可达8m，当散热器有罩时，应选用外置式，实质是使传感器处于测试正确的房间温度的位置。

传统的供暖系统中在供水干管末端最高点设排气阀排气，而由于系统形式不同，在分户热计量的户内供暖系统中排气需在散热器处考虑，如水平串联系统考虑排气问题，一般应在每组散热器设置跑风。

2. 散热器的形式

见本书第1.8.1节第1条第（8）款。

3. 散热器罩的使用问题

室内散热器加装饰罩使用的情况已非常普遍。因为蒸发式热分配表是依靠测量固定在散热器表面上仪表中玻璃管内液体的蒸发量来计算散热量，在使用装饰罩时，为保证正确热计量，不适宜采用蒸发式热分配表。

1.9.3　室内供暖系统

1. 适合热计量的供暖系统制式

不同的热计量方法对供暖系统的制式要求有所不同。

（1）户用热量表法

采用户用热量表法计量直观、投资较高、对水质要求高，可用于共用立管的分户独立室内供暖系统和地面辐射供暖系统。供暖系统常见的共用立管图见图 1.9-1；室内散热器供暖系统见图 1.9-2；水平单管跨越式系统，见图 1.9-2（a）；下供下回式系统，见图 1.9-2（b）；上供下回式系统，见图 1.9-2（c）；上供上回式系统见图 1.9-2（d）；章鱼式系统见图 1.9-2（e）。

（2）散热器热分配计法

由于散热器热分配计法是利用热分配计所测的

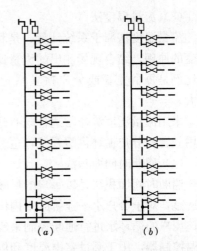

图 1.9-1　分户计量双立管供暖系统

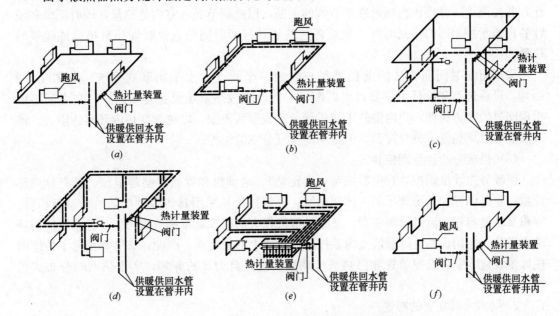

图 1.9-2　分户计量供暖系统户内常用的几种系统形式

每组散热器的散热量比例关系，对总热量表的读数进行分摊计算，得出每个住户的供热量，因此理论上认为采用散热器热分配计法可适用于目前各种散热器热水集中供暖系统形式。该方法的热分配计安装简单、既有散热器供暖系统分户计量改造和新建散热器供暖系统分户计量都能应用，即：

1）居住建筑室内供暖系统的制式可以是垂直双管系统或共用立管的分户独立循环双管系统，也可是垂直单管跨越式系统。

2）公共建筑供暖系统的制式可以是双管系统，也可以是单管跨越式系统。

3）优点是安装灵活；缺点是仪表应与散热器进行匹配试验，由于散热器型号繁多，给检定工作造成不便，且需入户安装、抄表。

（3）流量温度法

流量温度法属于系统计量，是利用每个立管或分户独立系统与热力入口流量之比相对不变的原理，结合现场测出的流量比例和各分支三通前后温差，分摊建筑的总供热量。流量比例是每个立管或分户独立系统占热力入口流量的比例。采用该方法前期的工作量较大。

采用流量温度法非常适合既有建筑垂直单管跨越式供暖系统的热计量改造，还可用于共用立管的分户循环供暖系统，也适用于新建建筑散热器供暖系统。

（4）通断时间面积法

通断时间面积法是以每户的供暖系统通水时间为依据，分摊建筑的总供热量。其具体做法是，对于分户水平连接的室内供暖系统，在各户的分支支路上安装室温通断控制阀，对该用户的循环水进行通断控制来实现该户的室温调节。同时，在各户的代表房间里放置室温控制器，用于测量室内温度和供用户设定温度，并将这两个温度值传输给室温通断控制阀。室温通断控制阀根据实测室温与设定值之差，确定在一个控制周期内通断阀的开停比，并按照这一开停比控制通断调节阀的通断，以此调节送入室内的热量，同时记录和统计各户通断控制阀的接通时间，按照各户的累计接通时间结合供暖面积分摊整栋建筑的热量。

采用通断时间面积法的前提是每户须为一个独立的水平串联式系统［见图 1.9-2 (a)］，设备选型和设计负荷要良好匹配，不能改变散热末端设备容量，户与户之间不能出现明显的水力失调，户内散热末端不能分室或分区控温，以免改变户内环路的阻力。该方法能够分摊热量、分户控温，但是不能实现分室的温控。

（5）供暖分户计量调控装置

供暖分户计量调控装置由容积泵（齿轮泵）、电动机和智能控制器组成，具有分户热计量、室温调控和系统调控的一体化功能。关键技术是采用具备多种功能的微型容积泵。容积泵既是容积法流量检测装置，又是无节流损失的有源流量调节机构，还是系统的循环动力设备。应用该装置可取消室内温控阀、管路上的平衡阀。因此，该装置消除了传统的热计量装置、室内温控装置和供热系统调控装置各自为政的弊端，实现热网的分布式供热，值得推广。

2. 供回水双立管的布置

双立管一般布置在楼梯间，不占用房间使用面积，且检修、读表方便。也可布置在住户厨房、卫生间、进户厅堂等处。对管道井位于楼梯间时，应对井内的供回水管保温。

3. 户内管道布置

户内管道布置与户内采取的系统有关。几年来，各地工程的实践表明，均无唯一的布置方式。能实现分户计量的户内管道布置方式有以下几种：

（1）供、回水干管管道埋地敷设。供、回水干管形成下供下回的双管并联系统；单管水平串联或单管跨越式水平串联系统的散热器连接管在地面垫层的沟槽内，沟槽深度不少于 50mm。该系统的优点是在顶棚处不出现管道，管道埋地敷设，不影响室内美观，见图 1.9-2 (a)、图 1.9-2 (b) 和图 1.9-2 (f)。水平单管跨越式系统的散热器组数不宜超过 6 组。

常用的 4 种埋地敷设方式见表 1.9-1。

（2）供水干管设在本层顶棚下，回水干管设在本层地面上，形成上供下回的系统形式。此系统每组散热器不必设跑风，但其他缺点较多，故工程中较少使用，见图 1.9-2 (c)。

常用的 4 种埋地敷设方式   表 1.9-1

埋地敷设方式	下分单管式系统	下分双管异程式系统	下分双管同程式系统	双管放射式系统（章鱼式系统）
适用场所	面积较小的户型，如两室一厅一卫，建筑面积小于100m² 的住宅	适用于中小面积户型，如两室两厅两卫，建筑面积约 120m²	下分双管同程式系统形式适用于较大面积户型，如三室两厅两卫，建筑面积约 160m²	适用于大面积户型。设置有分水器和集水器，每组散热器各由一路埋地供回水管道连接
散热器连接方式	a. 常用同侧上进下出，安装简单，造价低，出地面只有一处；b. 同侧上进下出（采用价格高的 H 型阀）；c. 异侧上进下出，采用 Y 型阀和 F 型阀，出地面有两处，造价高。d. 异侧下进下出，采用两个 F 型阀与地面上散热器连接，出地面有两处，造价高	（内螺纹接头）	与下分双管异程式系统类似	图 1.9-2 (e)
优点	管材用量少，设计、施工简单，便于施工维护	调节性能优于下分单管式系统	调节性能优于下分单管式系统	散热器温度可调性好，各房间控制方便
缺点	散热器流量较小，散热器升温较慢			系统过于复杂，管材耗用较多

（3）供、回水干管布置在本层的顶棚下，形成上供上回的双管并联系统，每组散热器不必设跑风。其缺点是顶棚下的管路影响了美观，此外干管坡度和排气等对层高有一定的要求，见图 1.9-2 (d)。

（4）户内不设置供回水干管，而在户内的热量表后安放一组供回水分配器，然后用交联聚乙烯管（PE），聚丁烯管（PB）或铝塑复合管，以放射状沿地面与房间的散热器连接（也叫章鱼式系统），并将管路埋在地面垫层内，垫层的厚度不少于 50mm，此形式在设计时还可在软管外加 DN25 的套管，以便系统维修和管路隔热，防止地面垫层因温度应力而开裂。见图 1.9-2 (e)。

1.9.4 水力计算

1. 采用热分配表计量时的水力计算

采用热分配表计量时的水力计算与常规的计算方法是一样的,所不同的是增加了热量表和温控阀的阻力。

对于单管系统采用温控阀时,设计计算应按下列步骤进行:

(1) 初步设定立管,温控阀散热器通路和跨越管管径的匹配求得分流比。

(2) 按全立管供暖负荷所需水量,计算立管的阻力。

(3) 进行环路内各立管的水力平衡计算,如通过调整公共段管径不能达到平衡时,则需要重新改变立管、温控阀—散热器通路和跨越管的管径匹配。

(4) 按水力计算所得各立管的流量和分流比,计算散热器的数量。

2. 采用热量表计量时的水力计算

采用户用热量表计量时,常用的供暖系统形式是双立管与各户并联的系统。其水力计算的方法如同上供下回或下供下回的双管系统。但此时立管所带的并联环路由传统的一组散热器变成了一个单独的户内供暖系统。

3. 双立管的户内独立环路系统的水力工况

分户热计量的供暖系统由于住户活动和生活的情况不同,会对户内系统采取不同程度的调节,甚至关闭。因此系统在运行中是一变流量系统。该供暖系统的水力工况有以下变化规律:

(1) 某一用户的流量变化,对其余用户的流量要产生影响。

(2) 热力入口处流量不变的系统,当任一用户关闭时,其余各用户的流量均增加,而靠关闭环路附近的用户流量增加较大。

(3) 在等流量情况下,某立管有用户关闭时,该立管总流量减少,而立管后的干管流量增加。

(4) 热力入口处压差不变的系统,某立管上用户关闭时,各个用户及管段流量变化规律与入口流量不变时的变化规律相似,只是流量变化幅度小一些。

(5) 多层建筑的分户水平供暖系统,只要采取正确的计算方法,可以不在每户设流量或压差控制装置,并且在每栋楼的热力入口处保持差压不变化、保持入口流量不变,更有利于提高系统的压力稳定性。

1.9.5 对土建的要求

1. 管道井

(1) 居住建筑供暖系统的立管通常都是和给水管道在楼梯间共用一个管道井,分户热计量装置也设置在其中。一般有两种做法:一种是在建筑设计时在楼梯间单独考虑管道井的位置尺寸;另一种是占用靠近楼梯间的户内的一块面积砌筑出管道井。

(2) 管道井的数量:对于一个楼梯间,每层两户或三户时可设置一个管道井,也可靠近住户侧各自设置管道井。

(3) 管道井的尺寸:一般管道井的尺寸多为 500mm × 1000mm,也有 400mm × 1000mm;如果分户热计量装置与管道井分开设置,则管道井尺寸可减小,可做成 500mm× 600mm,500mm×800mm。

2. 热量表小室

新建建筑的热量表应设置在专用表计小室中；既有建筑的热量表宜就近安装在建筑物内。

专用表计小室的设置，应符合下列要求：

（1）有地下室的建筑，宜设置在地下室的专用空间内，空间净高不应低于2.0m，表计前操作净距不应小于0.8m。

（2）无地下室的建筑，宜于楼梯间下部设置表计小室，操作面净高不应低于1.4m，表计前操作面净距不应小于1.0m。

1.9.6　对热网的要求

实施分户计量后，室内的温度由住户按需求自行调节，保证用户室内的空气环境品质，其基础是要保证热网的供热质量。

实行分户计量前，常规热网的做法是在热源设循环水泵以克服管网的损失和向用户提供一定的作用压头。但是由于分户计量和分室控温后的供暖系统处在变流量的状态下运行，对于热网的适应性设计也就提出了要求。

由于用户温控阀的自动调节，会使热网水力工况变化很大，所以，室外热网应根据户内工况采取相应的调节措施，以满足供暖的要求，达到节能的目的。室外供热系统的控制方式、楼栋热力入口的控制方式，应对采用的不同方案进行技术经济论证后确定，以下是传统方案应当遵循的设计原则：

（1）集中供热系统中，建筑物热力入口应安装静态水力平衡阀，并应对系统进行水力平衡调试。

（2）当室内供暖系统为变流量系统时，不应设自力式流量控制阀，是否设置自力式压差控制阀应通过计算热力入口的压差变化幅度确定。

（3）静态水力平衡阀或自力式控制阀的规格应按热媒设计流量、工作压力及阀门允许压降等参数经计算确定；其安装位置应保证阀门前后有足够的直管段，没有特别说明的情况下，阀门前直管段长度不应小于5倍管径，阀门后直管段长度不应小于2倍管径。

（4）供热系统进行热计量改造时，应对系统的水力工况进行校核。当热力入口资用压差不能满足既有供暖系统要求时，应采取提高管网循环泵扬程或增设局部加压泵等补偿措施，以满足室内系统资用压差的需要。

1.9.7　计量系统与计费

供暖系统的分户计量具有多种计量方法，不同的计量方法所选用的计量装置和仪表不同，同时计量模式也决定计量仪表形式。

1. 计量方式

分户热量计量按计量原理一般分为以下三种方法：

（1）用热量表测量热用户从采热系统中取用热量，其相应的计算公式为：

$$Q = C \int G(t_g - t_h) \mathrm{d}t \tag{1.9-1}$$

式中　C——热水比热，$C=4.187\mathrm{kJ/(kg \cdot K)}$；

　　　G——热水的质量流量，kg/s；

　　　t_g——供水温度，℃；

　　　t_h——回水温度，℃。

（2）测量用户散热设备散出的热量，其计算公式为：

$$Q = F\int K(t_p - t_n)dt \tag{1.9-2}$$

式中　F——散热器的散热面积，m^2；

　　　K——散热器的传热系数，$W/(m^2 \cdot K)$；

　　　t_p——散热器内热媒的平均温度，℃，$t_p = (t_g + t_h)/2$；

　　　t_n——室内供暖计算温度，℃。

（3）测量用户热负荷来计量用热量，其计算公式为：

$$Q = A\int (t_n - t_w)dt \tag{1.9-3}$$

式中　A——房间耗热指标，$W/℃$；

　　　t_n——实测的室内温度，℃；

　　　t_w——实测的室外温度，℃。

2. 热量计量仪表

热量的计量仪表按计量原理不同可分为两大类：一类是热量表，另一类是热分配表。

（1）热量表

热量表一般由流量计、温度传感器及二次仪表三部分组成。按照热量表的结构和原理不同，可分为机械式（其中包括：涡轮式、孔板式、涡街式）、电磁式、超声波式等种类的流量计。温度传感器采用热敏电阻或铂电阻，二次仪表均配有微处理器，用户可直接观察到使用的热量和供回水温度。有的智能化热量表除可直接观察到使用的热量和供回水温度外，还具有可直接读取热费和进行锁定等功能。热量表电源有直流电池和直接接交流电源两种。当供水水质条件较差时，宜首选电磁式热量表。

（2）热分配计

热分配计有蒸发式和电子式两种。

蒸发式热分配计：主要包括导热板和蒸发液。蒸发液是一种带颜色的无毒化学液体，装在细玻璃管内密闭的容器中，容器表面是防雾透明胶片，上面标有刻度，与导热板组成一体，紧贴散热器安装，散热器表面将热量传给导热板，导热板将热量传递到液体管中，由于散热器持续散热，管中的液体会逐渐蒸发而减少，可以读出与散热器散热量有关的蒸发量。此种热分配计构造简单，成本低廉，不管室内供暖系统为何种形式，只要在全部的散热器上安装分配计，即能实现按户计量。

电子式热分配计：是在蒸发式分配计的基础上发展起来的计量仪表，它需同时测量室内温度和散热器的表面平均温度，利用两者的温差值相对于供暖时间积分的数值通过LCD显示，为无量纲数值。仪表具有数据存储功能，并可以将多组散热器的温度数据引至户外的存储器。电子式热分配计计量方便准确，但价格高于蒸发式热分配计。

（3）计量装置的安装

分户计量，除了在系统中应有热量计量仪表外，还应增加其他附件。对于单户采用热量表计量时，入户管道上增加的是：截止阀、关闭锁定控制阀、热量计。在采用热分配计进行分户计量时，还应对单栋建筑或单元安装热量表进行热量计量，其计量装置应包括以下设备：热量计、过滤器、旁通管等。

从计量原理上讲，热量计安装在供、回水管上均可以达到计量的目的，有关规范规定流量传感器宜安装在回水管上，原因是流量传感器安装在回水管上，有利于降低仪表所处环境温度，延长电池寿命和改善仪表使用工况。而温度传感器应安装在进出户的供回水管路上。

集中供热系统实施热计量和分室控制温度是供暖技术的进步，是建筑节能的要求，经过若干年的实践，取得了一些有益的经验，仍处于总结经验、逐步推广的阶段。

1.9.8　热计量装置的选择

1. 热量计量装置的设置

热量计量装置的设置应符合下列规定：

（1）热源和换热机房应设热量计量装置；居住建筑应以楼栋为对象设置热量表。对建筑类型相同、建设年代相近、围护结构做法相同、用户热分摊方式一致的若干栋建筑，也可设置一个共用的热量表。

（2）当热量结算点为楼栋或者换热机房设置的热量表时，分户热计量应采取用户热分摊的方法确定。在同一个热量结算点内，用户热分摊方式应统一，仪表的种类和型号应一致。

（3）当热量结算点为每户安装的户用热量表时，可直接进行分户热计量。

2. 热计量装置的选择

楼栋热计量的热量表宜选用超声波或电磁式热量表。

用于热量结算的热量表的选型和安装应符合下列规定：

（1）热量表的选型，不可按照管道直径直接选用，应按照流量和压降选用。热量表应根据公称流量选型，并校核在系统设计流量下的压降。由于热量测量装置在多数工作时间里在低于设计流量的条件下工作，民用建筑公称流量可按照设计流量的 80% 确定，工业建筑可按设计流量确定；热量表选型时，应注意热量表的流量范围、设计压力、设计温度等是否与设计工况相适应，不能仅仅根据仪表的流量范围来选择热量表，更不能根据管径来选择热量表，否则，会导致热量表工作在高误差区。

（2）热源、换热机房热量计量装置的流量、传感器应安装在一次管网的回水管上。因为高温水温差大、流量小、管径较小，可以节省计量设备投资；考虑到回水温度较低，建议热量测量装置安装在回水管路上。如果计量结算有具体要求，应按照需要选择计量位置。

1.9.9　工业建筑的分项、分考核单位热计量

工业建筑能源计量要求是分项计量和分考核单位进行热计量。具体来说，以一个建筑或一个车间进行热计量就是分项热计量；而大的联合厂房中的各个车间或工部，或其中一个空调车间是独立核算时，就要求按独立核算单位来进行热计量，这些独立核算单位的热计量就是分考核单位热计量。

1.10　区　域　供　热

1.10.1　集中供热系统的热负荷概算

集中供热系统的热用户有供暖、通风、热水供应、空气调节、生产工艺等用热系统。用热系统热负荷的大小及其性质是供热规划和设计的重要依据。

上述用热系统的热负荷，按其性质可分为两大类：

（1）季节性热负荷。供暖、通风、空气调节系统的热负荷是季节性热负荷，其特点是：它与室外温度、湿度、风向、风速和太阳辐射热等气候条件密切相关，其中对它的大

小起决定性作用的是室外温度，因而在全年中发生的变化很大。

（2）常年性热负荷。生活用热（主要指热水供应）和生产工艺系统用热属于常年性热负荷。常年性热负荷的特点是：与气候条件关系不大，而且，它的用热状况在全天中变化较大。

对集中供热系统进行规划或初步设计时，往往还未进行各类建筑物的具体设计工作，不可能提供较准确的建筑物热负荷的资料。因此，通常是采用概算指标法来确定各类热用户的热负荷。

1. 供暖热负荷

供暖热负荷是城市集中供热系统中最主要的热负荷，它的设计热负荷占全部设计热负荷的80%～90%甚至更高（不包括生产工艺用热）。供暖设计热负荷的概算，可采用体积热指标或面积热指标法等进行计算。

（1）体积热指标法

建筑物的供暖设计热负荷采用体积热指标法可按下式进行概算：

$$Q'_n = q_v V_w (t_n - t_{wn}) \times 10^{-3} \quad (kW) \tag{1.10-1}$$

式中　Q'_n——建筑物的供暖设计热负荷，kW；

　　　V_w——建筑物的外围体积，m^3；

　　　t_n——供暖室内计算温度，℃；

　　　t_{wn}——供暖室外计算温度，℃；

　　　q_v——建筑物的供暖体积热指标，$W/(m^3 \cdot K)$，它表示各类建筑物在室内外温差1℃时，$1m^3$建筑物外围体积的供暖热负荷。

根据本书第1.2节所阐述的基本原理可知，供暖体积热指标q_v的大小主要与建筑物的围护结构及外形有关。建筑物围护结构传热系数越大、采光率越大、外部建筑体积越小或建筑物的长度比越大，单位体积的热损失，亦即q_v值也越大。因此，从建筑物的围护结构及其外形方面考虑降低q_v值的措施，是建筑节能的主要途径，也是降低集中供热系统的供暖设计热负荷的主要途径。

各类建筑物的供暖体积热指标q_v，可通过对众多建筑物进行理论计算或对众多实测数据进行统计归纳整理得出，可参见有关设计手册或当地设计单位历年积累的资料数据。

（2）面积指标法

建筑物的供暖设计热负荷采用面积指标法可按下式进行概算：

$$Q'_n = q_f \cdot F \times 10^{-3} \quad (kW) \tag{1.10-2}$$

式中　Q'_n——建筑物的供暖设计热负荷，kW；

　　　F——建筑物的建筑面积，m^2；

　　　q_f——建筑物供暖面积热指标，W/m^2；它表示$1m^2$建筑面积的供暖设计热负荷。

应该说明：建筑物的供暖热负荷主要取决于通过垂直围护结构（墙、门、窗等）向外传递热量，它与建筑物平面尺寸和层高有关，因而不是直接取决于建筑平面面积。用供暖体积热指标表征建筑物供暖热负荷的大小，物理概念清楚；但采用供暖面积热指标法，比体积热指标更易于概算。所以近年来在城市集中供热系统规划设计中，国外、国内也多采用供暖面积热指标法进行概算。

在总结我国许多单位进行建筑物供暖热负荷的理论计算和实测数据工作的基础上，《城镇供热管网设计规范》CJJ 34—2010给出的供暖面积热指标的推荐值见表1.10-1。

随着我国对建筑节能的要求不断提高，各地区根据当地情况制定了供暖指标，应按当地规定的指标计算。

供暖热指标推荐值 q_h（单位：W/m²）　　　　　　　表1.10-1

建筑物类型	住宅	居住区综合	学校办公	医院托幼	旅馆	商店	食堂餐厅	影剧院展览馆	大礼堂体育馆
未采取节能措施	58~64	60~67	60~80	65~80	60~70	65~80	115~140	95~115	115~165
采取节能措施	40~45	45~55	50~70	55~70	50~60	55~70	100~130	80~105	100~150

注：1. 表中数值适用于我国东北、华北、西北地区。
　　2. 热指标中已包括约5%的管网热损失。

（3）城市规划指标法

对一个城市新区进行供热规划设计，各种类型的建筑面积尚未具体落实时，可用城市规划指标来估算整个新区的供暖设计热负荷。

根据城市规划指标，首先确定该区的居住人数，然后根据街区规划的人均建筑面积、街区住宅与公共建筑的建筑比例指标，来估算该街区的综合供暖热指标值。

《城镇供热管网设计规范》CJJ 34—2010 推荐的居住区综合供暖面积热指标值（采取节能措施）为 45~55W/m²。该指标是指按《民用建筑节能设计标准（采暖居住建筑部分）》JGJ 26—95 规定设计的建筑物及供暖系统。而根据《严寒和寒冷地区居住建筑节能设计标准》JGJ 26—2018，供暖热指标值应更低。

2. 通风热负荷

为了保证室内空气具有一定的清洁度及达到温湿度等要求，就要求对生产厂房、公共建筑及居住建筑进行通风或空气调节。在供暖季节，加热从室外进入的新鲜空气所耗的热量，称为通风热负荷。通风热负荷也是季节性热负荷，但由于通风系统的使用和各班次工作情况不同，一般公共建筑和工业厂房的通风热负荷，在一昼夜间波动也较大。

建筑物的通风设计热负荷，可采用通风体积热指标或百分数法进行概算。

（1）通风体积指标法

可按下式计算通风设计热负荷：

$$Q'_t = q_t V_w (t_n - t'_{wt}) \times 10^{-3} \quad (kW) \tag{1.10-3}$$

式中　Q'_t——建筑物的通风设计热负荷，kW；

　　　V_w——建筑物的外围体积，m³；

　　　t_n——供暖室内计算温度，℃；

　　　t'_{wt}——通风室外计算温度，℃；

　　　q_t——通风的体积热指标，W/(m³·K)，它表示建筑物在室内外温差1℃时，1m³建筑物外围体积的通风热负荷。

通风体积热指标 q_t 值，取决于建筑物的性质和外围体积。工业厂房的供暖体积热指标 q_v 和通风体积热指标 q_t 值，可参考有关设计手册选用。对于一般的民用建筑，室外空气无组织地从门窗等缝隙进入，预热这些空气到室温所需的渗透和侵入耗热量，已计入供暖设计热负荷中，不必另行计算。

（2）百分数法

对设有机械通风系统的民用建筑，通风设计热负荷可按该建筑物的供暖设计热负荷的百分数进行概算，即：

$$Q'_t = K_t \cdot Q'_n \quad (kW) \tag{1.10-4}$$

式中　K_t——计算建筑物通风、空调新风加热热负荷的系数，一般取 0.3～0.5；

其他符号同前。

3. 空调热负荷

空调热负荷也是季节性热负荷，夏季只有采用吸收式制冷机时，才有空调夏季热负荷，否则只有空调冬季热负荷。

（1）空调冬季热负荷

可按下式计算空调冬季设计热负荷：

$$Q_a = q_a \cdot A_k \cdot 10^{-3} \quad (kW) \tag{1.10-5}$$

式中　Q_a——空调冬季设计热负荷，kW；

q_a——空调热指标，W/m²，可按表 1.10-2 采用；

A_k——空调建筑物的建筑面积，m²。

（2）空调夏季热负荷

可按下式计算空调夏季设计热负荷：

$$Q_c = \frac{q_c \cdot A_k \cdot 10^{-3}}{COP} \quad (kW) \tag{1.10-6}$$

式中　Q_c——空调夏季设计热负荷，kW；

q_c——空调冷指标，W/m²，可按表 1.10-2 采用；

A_k——空调建筑物的建筑面积，m²；

COP——吸收式制冷机的制冷系数，可取 0.7～1.2。

<table>
<tr><td colspan="3">**空调热指标、冷指标推荐值**</td><td>表 1.10-2</td></tr>
<tr><td>建筑物类型</td><td colspan="2">热指标 q_a（W/m²）</td><td>冷指标 q_c（W/m²）</td></tr>
<tr><td>办公</td><td colspan="2">80～100</td><td>80～110</td></tr>
<tr><td>医院</td><td colspan="2">90～120</td><td>70～100</td></tr>
<tr><td>旅馆、宾馆</td><td colspan="2">90～120</td><td>80～110</td></tr>
<tr><td>商店、展览馆</td><td colspan="2">100～120</td><td>125～180</td></tr>
<tr><td>影剧院</td><td colspan="2">115～140</td><td>150～200</td></tr>
<tr><td>体育馆</td><td colspan="2">130～190</td><td>140～200</td></tr>
</table>

注：1. 表中数值适用于我国东北、华北和西北地区。

2. 寒冷地区热指标取较小值，冷指标取较大值；严寒地区热指标取较大值，冷指标取较小值。

4. 生活用热的热负荷

（1）生活热水热负荷

生活热水热负荷量指日常生活中用于洗脸、洗澡、洗衣服以及洗刷器皿等所消耗的热量。生活热水供应的热负荷取决于热水用量。住宅建筑的生活热水用量，取决于住宅内卫生设备的完善程度和人们的生活习惯。公用建筑（如浴池、食堂、医院等）和工厂的生活热水用量，还与其生产性质和工作制度有关。

生活热水平均热负荷可按下式计算：

$$Q_{wa} = q_w \cdot A \cdot 10^{-3} \quad (kW) \quad\quad (1.10\text{-}7)$$

式中　Q_{wa}——生活热水平均热负荷，kW；

q_w——生活热水热指标，W/m^2，应根据建筑物类型，采用实际统计资料，居住区生活热水日平均热指标可按表 1.10-3 采用；

A——总建筑面积，m^2。

居住区供暖期生活热水日平均热指标推荐值 q_w 表 1.10-3

用水设备情况	热指标 q_w（W/m^2）
住宅无生活热水设备，只对公共建筑供热水时	2～3
全部住宅有淋浴设备，并供给生活热水时	5～15

注：1. 冷水温度较高时，采用较小值，冷水温度较低时，采用较大值。

    2. 热指标中已包括约 10% 的管网热损失。

（2）其他生活用热

在工厂、医院、学校等建筑中，除热水供应以外，还可能有开水供应、蒸饭等项用热。上述用热负荷的概算，可根据一些指标，参照上述方法计算。例如计算开水供应用热量，加热温度可取 105℃，用水标准可取 2～3L/（人·d），蒸饭锅的蒸汽消耗量，当蒸煮量为 100kg 时，约需耗蒸汽 100～250kg（蒸煮量越大，单位耗汽量越小）。一般开水和蒸锅要求的加热蒸汽表压力为 0.15～0.25MPa。

5. 生产工艺热负荷

生产工艺热负荷是为了满足生产过程中用于加热、烘干、蒸煮、清洗、溶化等过程的用热，或作为动力用于驱动机械设备（汽锤、汽泵等）。

生产工艺热负荷和生活用热热负荷一样，属于全年性热负荷。生产工艺设计热负荷的大小以及需要的热媒种类和参数，主要取决于生产工艺过程的性质、用热设备的形式以及工厂的工作制度等因素。

集中供热系统中，生产工艺热负荷的用热参数，按照工艺要求热媒温度的不同，大致可分为三种：供热温度在 130～150℃ 以下称为低温供热，一般靠 0.4～0.6MPa（abs）的蒸汽供热；供热温度在 130～150℃ 以上到 250℃ 以下时，称为中温供热，这种供热的热源往往是中、小型蒸汽锅炉或热电厂供热汽轮机的 0.8～1.3MPa（abs）级或 4.0MPa 级的抽汽；当供热温度高于 250～300℃ 时，称为高温供热，这种供热的热源通常为大型锅炉房或热电厂的新汽经过减压减温后的蒸汽。

由于生产工艺的用热设备繁多、工艺过程对热媒要求参数不一、工作制度各有不同，因而生产工艺热负荷很难用同一个公式表述。在确定集中供热系统的生产工艺热负荷时，对新增加的热负荷，应以生产工艺系统提供的设计数据为准，并参考类似企业确定其热负荷；对已有工厂的生产工艺热负荷，由工厂提供。规划或设计部门应对所报的热负荷进行验算。通常可采用按产品单耗验算，或按全年生产燃料耗量验算，最后确定符合实际情况的热负荷。

6. 热力网热负荷计算

（1）热力网承担的最大生产工艺热负荷应按照经核实后的用户最大热负荷之和乘以同时使用系数确定。同时使用系数可按 0.6～0.9 取值。

（2）生活热水设计热负荷按以下规定取用：热力网干线采用生活热水平均热负荷。热力网支线用户有足够容积的储水箱时，应采用生活热水平均热负荷；当用户无足够容积的储水箱时，应采用生活热水最大热负荷，最大热负荷叠加时应考虑同时使用系数。生活热水最大热负荷的计算详见本书第6章的有关内容。

7. 年耗热量

(1) 民用建筑全年耗热量

民用建筑全年耗热量按以下公式计算：

1) 供暖全年耗热量：

$$Q_h^a = 0.0864 N Q_h \frac{t_i - t_a}{t_i - t_{o,h}} \tag{1.10-8}$$

式中 Q_h^a——供暖全年耗热量，GJ；

$\quad\quad Q_h$——供暖设计热负荷，kW；

$\quad\quad N$——供暖期天数，d；

$\quad\quad t_i$——室内计算温度，℃；

$\quad\quad t_a$——供暖期室外平均温度，℃；

$\quad\quad t_{o,h}$——供暖室外计算温度，℃。

2) 供暖期通风耗热量：

$$Q_v^a = 0.0036 T_v N Q_v \frac{t_i - t_a}{t_i - t_{o,v}} \tag{1.10-9}$$

式中 Q_v^a——供暖期通风耗热量，GJ；

$\quad\quad Q_v$——通风设计热负荷，kW；

$\quad\quad T_v$——供暖期内通风装置每日平均运行小时数，h；

$\quad\quad t_{o,v}$——冬季通风室外计算温度，℃；

$\quad\quad N$，t_i，t_a 同式（1.10-8）。

3) 空调供暖耗热量：

$$Q_a^a = 0.0036 T_a N Q_a \frac{t_i - t_a}{t_i - t_{o,a}} \tag{1.10-10}$$

式中 Q_a^a——空调供暖耗热量，GJ；

$\quad\quad Q_a$——空调冬季设计热负荷，kW；

$\quad\quad T_a$——供暖期内空调装置每日平均运行小时数，h；

$\quad\quad t_{o,a}$——冬季空调室外计算温度，℃；

$\quad\quad N$，t_i，t_a 同式（1.10-8）。

4) 供冷期制冷耗热量：

$$Q_c^a = 0.0036 Q_c T_{c,max} \tag{1.10-11}$$

式中 Q_c^a——供冷期制冷耗热量，GJ；

$\quad\quad Q_c$——空调夏季设计热负荷，kW；

$\quad\quad T_{c,max}$——空调夏季最大负荷利用小时数，h。

5) 生活热水全年耗热量：

$$Q_w^a = 30.24Q_{w,a} \qquad (1.10\text{-}12)$$

式中　　Q_w^a——生活热水全年耗热量，GJ；

　　　　$Q_{w,a}$——生活热水平均热负荷，kW。

（2）工业建筑全年耗热量

工业建筑全年耗热量中，生产工艺热负荷全年耗热量应根据年负荷曲线图计算；供暖、通风、空调及生活热水的全年耗热量可按民用建筑的规定计算。

1.10.2 集中供热系统的热源形式与热媒

1. 集中供热系统的热源形式

在集中供热系统中，目前采用的热源形式有：热电厂、区域锅炉房、核能、地热、工业余热和太阳能等，最广泛应用的热源形式是热电厂和区域锅炉房。

（1）热电厂集中供热

热电厂是联合生产电能和热能的发电厂。联合生产电能和热能的方式，取决于采用供热汽轮机的形式。

供热汽轮机主要分三种类型：

1）背压式汽轮机 排汽压力（背压）高于大气压力，全部排气用于供热。机组不需要庞大的凝汽器和冷却水系统，构造简单、投资少、运行可靠。缺点是发电量取决于供热量，不能同时满足热、电负荷变动的要求。背压式汽轮机的热能利用效率最高，达80％左右，适用于热负荷全年稳定的企业自备电厂或有稳定的基本热负荷的区域性热电厂。

2）抽汽背压式汽轮机 从汽轮机中间级抽取局部蒸汽，供必要较高压力品级的热用户，同时保留必需背压的抽汽供热。它仍属于背压式机组的范畴，其经济性与背压式汽轮机相似，热、电负荷相互制约的缺点依旧存在。

3）抽汽凝汽式汽轮机 从汽轮机中间级抽取局部蒸汽供热用户使用的汽轮机。分有单抽汽和双抽汽两种。后者是抽取两种压力的蒸汽供不同用户的蒸汽需求。该类型机组的优点是热、电负荷变化的适应性强，当热用户所需的蒸汽负荷突然降低时，多余蒸汽可以经过汽轮机抽汽点以后的级继续做功发电。它适用于负荷变化幅度较大，变化频繁的区域性热电厂。其缺点是热经济性比背压式机组差，而且辅机较多，投资较大、热效率低下、运行成本高。

综上所述，以热电厂作为热源，实现热电联产，热能利用效率高。它是发展城镇集中供热，节约能源的最有效措施。实施时，应根据外部热负荷的大小和特征，合理选择供热汽轮机的形式和容量，以充分发挥其优点。

（2）区域锅炉房

区域锅炉房供热系统属于热、电分产分供，与以热电厂为热源的热电联产的供热系统相比较，其热能利用率较低。但是，当符合下列条件之一时，应设置区域锅炉房：

1）居住区和公共建筑设施的供暖和生活热负荷不属于热电站供应范围的；

2）用户的生产供暖通风和生活热负荷较小，负荷不稳定，年使用时数较低，或由于场地、资金等原因，不具备热电联产条件的；

3）根据城市供热规划和用户先期用热的要求，需要过渡性供热，以后可作为热电站的调峰或备用热源的。

国内外的实践经验证明，区域锅炉房作为调峰与热电厂相结合的集中供热系统，可使热电厂运行达到最佳经济效益。

区域锅炉房根据其制备热媒的种类不同，分为蒸汽锅炉房和热水锅炉房。

1）蒸汽锅炉房。在工矿企业中，大多需要蒸汽作为热媒，供应生产工艺热负荷。因此，在锅炉房内设置蒸汽锅炉和锅炉房设备作为热源，是一种普遍采用的形式。根据以蒸汽锅炉房作为热源的集中供热系统的热用户使用热媒的方式不同，蒸汽锅炉房可分为两种主要形式，即向集中供热系统的所有热用户供应蒸汽的形式；在蒸汽锅炉房内同时制备蒸汽和热水热媒的形式。通常蒸汽供应生产工艺用热，热水作为热媒，供应供暖、通风等生活用热。

2）热水锅炉房。在区域锅炉房内装设热水锅炉及其附属设备直接制备热水的集中供热系统。

2. 集中供热系统热媒及其参数的选择

集中供热系统的热媒主要是热水或蒸汽。

（1）热水热媒的特点

在集中供热系统中，以水作为热媒与蒸汽相比，有下述优点：

1）热能利用率高。由于在热水供热系统中没有凝结水和蒸汽泄漏，以及二次蒸汽的热损失，因而热能利用率比蒸汽供热系统高，实践证明，一般可节约热能20%～40%。

2）以水作为热媒用于供暖系统时，可以改变供水温度来进行供热调节（质调节），又可以进行量调节，既能减少热网热损失，又能较好地满足变化工况的要求。

3）蓄热能力高，舒适感好。由于系统中水量多，水的比热大，因此，在水力工况和热力工况短时间失调时，也不会引起供暖状况的很大波动。

4）输送距离长，供热半径大，有利于集中管理。

（2）蒸汽热媒的特点

以蒸汽作为热媒，与热水相比，有如下优点：

1）以蒸汽作为热媒的适用面广，能满足多种热用户的要求，特别是生产工艺用热，往往要求蒸汽供热。

2）与热水网路输送网路循环水量所耗的电能相比，汽网中输送凝结水所耗的电能少得多。

3）蒸汽在散热器或热交换器中，因温度和传热系数都比水高，可以减少散热设备面积，降低设备费用。

4）蒸汽的密度很小，在一些地形起伏很大的地区或高层建筑中，不会产生如热水系统那样大的静水压力，用户的连接方式简单，运行也较方便。

（3）热媒供热参数

热水供热系统热媒参数，目前国内城市集中热水供热系统的设计供水温度一般采用110～150℃，回水温度采用70℃或更低一些。蒸汽供热系统的蒸汽参数主要取决于生产用热设备所需要的压力。

（4）热水供热管网补给水水质

以热水作为介质的供热系统补给水水质应符合表1.10-4的规定。

补给水水质　　　　　　　　表 1.10-4

项　目	数　值	项　目	数　值	项　目	数　值
浊度（FTU）	≤5.0	硬度（mmol/L）	≤0.6	pH（25℃）	7.0～11.0

（5）氯离子含量要求

当供热系统有不锈钢设备时，供热介质与绝热层中氯离子含量不宜高于 25mg/L，否则应对不锈钢设备采取防腐措施。

1.10.3　集中供热系统管网设计

集中供热系统的供热管网是将热媒从热源输送和分配到各热用户的管线系统。在大型热网中，有时为保证管网压力工况、集中调节和检测热媒参数，还设置中继泵站或控制分配站。设计工作年限：热水供热管道不应小于 30 年，蒸汽供热管道不应小于 25 年。

1. 供热管网的布置

（1）供热管网布置形式

供热管网布置形式有枝状管网和环状管网两大类型，小区供热管网多采用枝状管网，如图 1.10-1 所示。

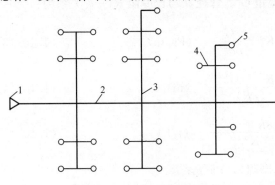

图 1.10-1　枝状管网

1—热源；2—主干线；3—支干线；
4—用户支线；5—热用户的用户引入口

枝状管网布置简单，供热管道的直径随离热源距离的增大而逐渐减小，金属耗量小，基建投资小，运行管理简便。但枝状管网某处发生故障时，故障点以后的热用户都将停止供热。由于建筑物具有一定的蓄热能力，通常可采用迅速消除热网故障的办法，以使建筑物室温不致大幅度地降低。

为了使管网发生故障时缩小事故的影响范围和迅速消除故障，在与干管相连接的管路分枝处及在与分支管路相连接的较长的用户支管处，均应装设阀门。

（2）供热管网布置原则

供热管网的供热管线平面位置的确定，应遵守如下基本原则：

1）经济上合理。主干线力求短直，主干线尽量走热负荷集中区。要注意管线上的阀门、补偿器和某些管道附件（如放气、放水、疏水装置）的合理布置，因为这将涉及检查室（可操作平台）的位置和数量，应尽可能使其数量减少。

2）技术上可靠。供热管线应尽量避开土质松软地区、地震断裂带、滑坡危险地带以及高地下水位区等不利地段。

3）对周围环境影响少，应协调供热管线少穿主要交通线。一般平行于道路中心线并应尽量敷设在车行道以外的地方。通常情况下管线应只沿街道的一侧敷设。地上敷设的管道，不应影响城市环境美观，不妨碍交通。供热管道与各种管道、构筑物应协调安排相互之间的距离，应能保证运行安全、施工及检修方便。

4）供热管道不得与输送易燃、易爆、易挥发及有毒、有害、有腐蚀性和惰性介质的管道敷设在同一管沟内。

供热管道与建筑物、构筑物或其他管线的最小水平净距和最小垂直净距见现行行业标准《城镇供热管网设计规范》CJJ 34 的规定。供热管线确定后，根据室外地形图，制订纵断面图和地形竖向规划设计。在纵断面图上应标注地面的设计标高、原始标高、现状与设计的交通线路和构筑物的标高以及各段热网的坡度等。

5）热水供热系统循环水泵的进出口母管之间，应设置带止回阀的旁通管，有效防止水击等破坏事故发生。

2. 热水供热管网的设计

（1）热水供热管网水力计算的基本公式

热水在供热管道内流动时，其阻力损失为沿程阻力损失和局部阻力损失之和。

1）单位长度的沿程阻力损失（供热管道流体的流动处于阻力平方区）

在计算供热管道的沿程压力损失时，流量 G_t、管径 d 与比摩阻 R 三者关系为：

$$R = 6.88 \times 10^{-3} K^{0.25} \frac{G_t^2}{\rho d^{5.25}} \quad (\text{Pa/m}) \tag{1.10-13}$$

$$d = 0.387 \times \frac{K^{0.0476} G_t^{0.381}}{(\rho R)^{0.19}} \quad (\text{m}) \tag{1.10-14}$$

$$G_t = 12.06 \times \frac{(\rho R)^{0.5} d^{2.625}}{K^{0.125}} \quad (\text{t/h}) \tag{1.10-15}$$

式中　R——每米管长的沿程压力损失（比摩阻），Pa/m；

　　　G_t——管段流量，t/h；

　　　d——管道的内径，m；

　　　K——供热管道的当量绝对粗糙度，m，取 $K=0.5\text{mm}=5\times10^{-4}\text{m}$。

在设计工作中，为了简化水力计算的过程，通常是利用水力计算表来进行计算。

2）热水供热管网的局部阻力损失

在水力计算中，热水供热管网的局部阻力损失通常采用当量长度法进行计算，计算管段的局部阻力当量长度由下式求得：

$$l_d = 9.1 \frac{d^{1.25}}{k^{0.25}} \Sigma\zeta = 9.1 \frac{d^{1.25}}{(0.0005)^{0.25}} \Sigma\zeta = 60.86 d^{1.25} \Sigma\zeta \tag{1.10-16}$$

式中　$\Sigma\zeta$——计算管段的管道构件局部阻力系数之和；

　　　d——计算管道的内径，m；

　　　k——管道内表面的当量绝对粗糙度，m。

有关设计手册中给出了热水供热管网一些管道构件的局部阻力系数及在管道内表面绝对粗糙度 $K=0.0005\text{m}$ 条件下的局部阻力当量长度。

（2）街区热水供热管网管道直径及其阻力损失的确定

街区热水供热管网是指自热力站或用户锅炉房、热泵机房、直燃机房等小型热源至建筑物入口，设计压力≤1.6MPa，设计温度≤95℃，与热用户室内系统连接的室外热水管网。

1）街区热水供热管网主干线各管段直径及其阻力损失的确定

供热管网以平均比压降最小的环路为主干线。对于热水供热管网，由于各用户系统的阻力损失相差不多，通常是将从热源到最远热用户的环路作为热水供热管网的主干线进行水力计算。

街区热水供热管网主干线水力计算步骤如下：

① 根据热水供热管网主干线各管段的计算流量和比摩阻（可采用 $60\sim100\mathrm{Pa/m}$）的范围，利用热水供热管网水力计算表确定各计算管段的商品管径及其实际比摩阻。

② 根据已经选定的各管段的商品管径和该管段中的管道构件形式，查热水供热管网局部阻力当量长度表，确定各管段的局部阻力当量长度的总和 l_d。

③ 各计算管段的长度 l 与其局部阻力当量长度 l_d 之和为各计算管段的计算长度 l_zh。

④ 根据各管段的计算长度和各管段的实际比摩阻，计算确定各管段的阻力损失。

⑤ 各管段阻力损失的和即为热水供热管网主干线的总阻力损失。

2）热水供热管网分支管路各管段直径及其阻力损失的确定

热水供热管网主干线各管段的管道直径及其阻力损失确定之后，即可在此基础上进行热水供热管网分支管路的水力计算。

热水供热管网分支管路的水力计算与其主干线水力计算的不同点在于各管段比摩阻的确定方法不同。主干线各管段比摩阻是根据经济比摩阻范围来确定的，而分支管路的比摩阻则是根据各分支管段起点和终点间的压力降来确定的。为了充分利用供热管网主干线所提供的作用压头，减小分支管段直径，节省投资，往往尽量提高其比摩阻 R 值。对于用于供暖、通风和空调系统的管网，支线管径仍应按允许压力降确定，比摩阻不宜大于 $400\mathrm{Pa/m}$。

街区热水供热管网分支管路水力计算步骤如下：

① 根据街区热水供热管网主线水力计算的结果，确定各分支管路在分支点处的作用压头。分支点的作用压头减去用户系统的阻力损失即为分支管路的作用压头。分支管路的作用压头除以该分支管路（包括供水管和回水管）的计算长度，则为该分支管路最大允许比摩阻，用下式表示：

$$R_\mathrm{max} = \frac{\Delta p_\mathrm{z} - \Delta p_\mathrm{y}}{2l(1+a)} \quad (\mathrm{Pa/m}) \tag{1.10-17}$$

式中　R_max——分支管路的最大允许比摩阻，$\mathrm{Pa/m}$；

　　　Δp_z——分支管路在分支点处，主干线所提供的作用压头，Pa；

　　　Δp_y——用户系统的阻力损失，Pa；

　　　l——分支管路的长度，m；

　　　a——分支管路的局部阻力损失系数，一般可取 $a=0.3$。

② 根据各分支管段的计算流量和最大允许比摩阻，利用热水供热管网水力计算表确定各分支管段的管道直径、比摩阻和流速。注意选定管径时，热媒流速不得超过限定流速。

③ 根据已经确定的分支管段的管径和该管段的局部阻力构件形式，查热水供热管网局部阻力当量长度表，确定局部阻力当量长度及其总和。

④ 各分支管段的长度与其局部阻力当量长度之和，则为该分支管段的计算长度。

⑤ 根据各分支管段的实际比摩阻及其计算长度，计算确定各分支管段的阻力损失。

⑥ 各分支管路在分支点处的作用压头减去分支管路的阻力损失，则为用户引入口处

的作用压头。如用户引入口处的作用压头大于用户系统的阻力损失，其剩余压头应消除掉，以便使供热管网各环路之间的阻力损失相平衡，避免产生距热源近处的用户过热而远处用户较冷的水平失调现象。为消除剩余压头，通常在用户引入口处装设水力平衡调节装置。

（3）热水供应管网应采取减少失水的措施，单位供暖面积补水量一级网不应大于 3kg/（m² · 月）；二级网不应大于 6kg/（m² · 月）。

3. 蒸汽供热系统管网的设计

蒸汽供热系统的管网由蒸汽网路和凝结水网路两部分组成。热水网路水力计算的基本公式，对蒸汽网路同样是适用的。

蒸汽网路水力计算的任务是要求选择蒸汽网路各管段的管径，以保证各热用户蒸汽流量的使用参数的要求。

同样在设计中，为了简化蒸汽管道水力计算过程，通常也是利用计算图或表格进行计算。该表是按 $K=0.2mm$，蒸汽密度 $\rho=1kg/m^3$ 编制的。

在蒸汽网路水力计算中，由于网路长，蒸汽在管道流动过程中的密度变化大，因此必须对密度的变化予以修正计算。

蒸汽在管道内的最大允许流速，按《城镇供热管网设计规范》CJJ 34—2010，不得大于下列规定：

过热蒸汽：公称直径 $DN>200mm$ 时，80m/s；

公称直径 $DN\leqslant200mm$ 时，50m/s。

饱和蒸汽：公称直径 $DN>200mm$ 时，60m/s；

公称直径 $DN\leqslant200mm$ 时，35m/s。

蒸汽热力网凝结水管道设计比摩阻可取 100Pa/m。

1.10.4 供热管网与热用户连接设计

集中供热系统由热源、热网和热用户三部分组成。集中供热系统向许多不同的热用户供给热能，供应范围广，热用户所需的热媒种类和参数不一，锅炉房或热电厂供给的热媒及其参数，往往不能完全满足所有热用户的要求。因此，必须选择与热用户要求相适宜的供热系统形式及其管网与热用户的连接方式。集中供热热水管网宜采用闭式双管制。

1. 热水供热管网与热用户的连接方式

图 1.10-2 所示为双管制的闭式热水供热系统示意图。热水由热网供水管输送到各个热用户，在热用户系统的用热设备内放出热量后，沿热网回水管返回热源。

供暖系统热用户与热水网路的连接方式可分为直接连接和间接连接两种方式。

直接连接是用户系统直接连接于热水网路上。热水网路的水力工况（压力和流量状态）和供热工况与供暖热用户有着密切的联系。间接连接方式是在供暖系统热用户设置表面式水-水换热器（或在热力站处设置担负该区供暖热负荷的表面式水-水换热器），用户系统与热水网路被表面式水-水换热器隔离，形成两个独立的系统。用户与网路之间的水力工况互不影响。

供暖系统热用户与热水网路的连接方式，常见的有以下几种方式：

（1）无混合装置的直接连接

热水由热网供水管道直接进入供暖系统用户，在散热器内放热后，返回热网回水管

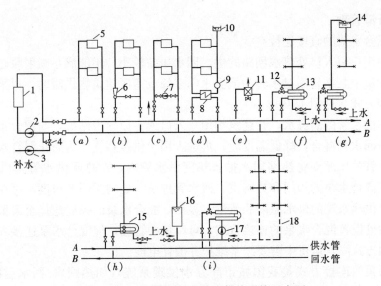

图 1.10-2　双管制闭式热水供热系统示意图

(a) 无混合装置的直接连接；(b) 装喷射泵的直接连接；(c) 装混合水泵的直接
连接；(d) 供暖热用户与热网的间接连接；(e) 通风热用户与热网的连接；
(f) 无储水箱的连接方式；(g) 装设上部储水箱的连接方式；(h) 装置容积式
换热器的连接方式；(i) 装设下部储水箱的连接方式
1—热源的加热装置；2—网路循环泵；3—补给水泵；4—补给水压力调节器；
5—散热器；6—喷射泵；7—混合水泵；8—表面式水-水换热器；9—供暖热用户
系统的循环水泵；10—膨胀水箱；11—空气加热器；12—温度调节器；13—水-水
式换热器；14—储水箱；15—容积式换热器；16—下部储水箱；17—热水供应
系统的循环水泵；18—热水供应系统的循环管路

[见图 1.10-2 (a)]。这种直接连接方式虽简单、造价低，但这种无混合装置的直接连接方式，只能在网路的设计供水温度不超过有关规范规定的散热器供暖系统的最高热媒温度，且用户引入口处热网的供、回水管的资用压差大于供暖系统用户要求的压力损失时才能应用。

绝大多数低温水热水供热系统是采用无混合装置的直接连接方式。

当集中供热系统采用高温水供热，网路设计供水温度超过上述供暖卫生标准时，如采用直接连接方式，就要采用装喷射泵或装混合水泵的形式。

(2) 装喷射泵的直接连接

热网供水管的高温水进入喷射泵，在喷嘴处形成很高的流速，喷嘴出口处动压升高，静压降低到低于回水管的压力，回水管的低温水被抽引进入喷射泵，并与供水混合，使进入用户供暖系统的供水温度低于热网供水温度，符合用户系统的要求 [见图 1.10-2 (b)]。

喷射泵无活动部件、构造简单、运行可靠、网路系统的水力稳定性好。但由于抽引回水需要消耗能量，热网供、回水之间需要足够的资用压差，才能保证喷射泵的正常工作。如当用户供暖系统的压力损失 $\Delta p = 10 \sim 15$kPa，混合系数（单位供水管水量抽引回水管的水量）$u = 1.5 \sim 2.5$ 的情况下，热网供、回水管之间的压差需要达到 $\Delta p_w = 80 \sim 120$kPa 才能满足要求。因而装喷射泵的直接连接方式，通常只用在单幢建筑物的供暖系统上，需要分散管理。

（3）装混合水泵的直接连接

当建筑物用户引入口处热水网路的供、回水压差较小，不能满足喷射泵正常工作所需的压差，或设集中泵站将高温水转为低温水向多幢或街区建筑物供暖时，可采用装混合水泵的直接连接方式［见图 1.10-2（c）］。

来自热网供水管的高温水，在建筑物用户入口或专设热力站处，与混合水泵抽引的用户或街区网路回水相混合，降低温度后，再进入用户供暖系统。为防止混合水泵扬程高于热网供、回水管的压差而将热网回水抽入热网供水管内，在热网供水管入口应装设止回阀，通过调节混合水泵的阀门和热网供、回水管进出口处的阀门开启度，可在较大范围内调节进入用户供热系统的供水温度和流量。显然，混合水泵的扬程选择至关重要。

在热力站处设置混合水泵的连接方式，可以集中管理，但混合水泵连接方式的造价比采用喷射泵的方式高，运行中需要经常维护并消耗电能。

装混合水泵的连接方式是我国城市高温水供暖系统（如热网供/回水温度为 180℃/70℃）中应用较多的一种直接连接方式。

（4）加压水泵连接

当热网资用压力不能满足用户要求时，在用户支管路设置加压水泵，用户压力要求高于干管供水压力，应设置于用户入口供水管道上；干管回水压力高于用户回水压力时，则应设置在用户入口回水管道上。

（5）间接连接

当热网的水温、水压与用户的水温、水压不一致，而且必须采用水力隔离才能解决水压不一致的矛盾时，则采用间接连接系统的工作方式［见图 1.10-2（d）］，其特点是热网水与用户系统完全隔离，用户侧设置循环水泵，在建筑物热力入口或热力站设置水—水换热器，进行热量交换（与干管无水力联系）。

该方式投资较高，但便于热网的调节、控制，如热网回水管在用户入口处的压力超过该用户散热器的承受能力，或高层建筑采用直接连接要导致整个热水网路压力水平升高时，宜采用间接连接方式。

2. 蒸汽供热管网与热用户的连接方式

蒸汽供热系统广泛地应用于工业厂房或工业领域，它主要承担向生产工艺热用户供热；同时也向热水供应、通风和供暖热用户供热。根据热用户的要求，蒸汽供热系统可用单管式（同一蒸汽压力参数）或多根蒸汽管（不同蒸汽压力参数）供热，同时凝结水应全部回收，并应采用闭式凝结水系统。下面分别阐述各种热用户与蒸汽网路的连接方式。

（1）热用户与蒸汽网路的连接方式

图 1.10-3 所示为蒸汽供热系统。

图 1.10-3（a）为生产工艺用户与蒸汽网路连接方式示意图。蒸汽在生产工艺用热设备，通过间接式热交换器放热后，凝结水应回收并返回热源，如蒸汽在生产工艺用热设备应用后，凝结水有被污染可能或回收凝结水在技术经济上不合理时，凝结水可采取不回收方式。对于直接用蒸汽加热的生产工艺，凝结水当然不回收。

图 1.10-3（b）为蒸汽供暖用户系统与网路的连接方式。高压蒸汽通过减压阀减压后进入用户系统，凝结水通过疏水阀进入凝结水箱，再用凝结水泵将凝结水送回热源。

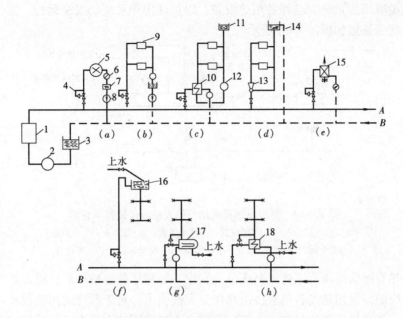

图 1.10-3　蒸汽供热系统示意图

(*a*) 生产工艺热用户与蒸汽网连接图；(*b*) 蒸汽供暖用户系统与蒸汽网直接连接图；(*c*) 采用蒸汽-水换热器的连接图；(*d*) 采用蒸汽喷射器的连接图；(*e*) 通风系统与蒸汽网路的连接图；(*f*) 蒸汽直接加热的热水供应方式；(*g*) 采用容积式加热器的热水供应方式；(*h*) 无储水箱的热水供应方式

1—蒸汽锅炉；2—锅炉给水泵；3—凝结水箱；4—减压阀；5—生产工艺用热设备；6—疏水阀；7—用户凝结水箱；8—用户凝结水泵；9—散热器；10—供暖系统用的蒸汽—水换热器；11—膨胀水箱；12—循环水泵；13—蒸汽喷射器；14—溢流管；15—空气加热装置；16—上部储水箱；17—容积式换热器；18—热水供应系统的蒸汽-水换热器

　　如用户需要采用热水供暖系统，则可采用在用户引入口安装热交换器或蒸汽喷射装置的连接方式。

　　图 1.10-3 (*c*) 中，热水供暖用户系统与蒸汽供热系统采用间接连接，与图 1.10-2 (*d*) 的方式相同。不同点只是在用户引入口处安装蒸汽-水换热器。

　　图 1.10-3 (*d*) 采用蒸汽喷射器的连接方式。蒸汽喷射器与前述的水喷射器的构造和工作原理基本相同。蒸汽在蒸汽喷射器的喷嘴处，产生低于热水供热系统回水的压力，回水被抽引入喷射器并被加热，通过蒸汽喷射器的扩压管段，压力回升，使热水供暖系统的热水不断循环，系统中多余的水量通过水箱的溢流管返回凝结水管。

　　图 1.10-3 (*e*) 为通风系统与蒸汽网路的连接方式。它采用简单的连接方式。如蒸汽压力过高，则在入口处设置减压阀。

　　热水供应系统与蒸汽网路的连接方式，可见图 1.10-3 (*f*) ～图 1.10-3 (*h*)。

　　图 1.10-3 (*g*) 采用容积式加热器的间接连接方式。图 1.10-3 (*h*) 为无储水箱的间接连接方式。如需安装储水箱时，水箱可设在系统的上部或下部。这些系统的适用范围和基本工作原理与前述的连接热水网路上的同类型热水供应系统相同，不再一一赘述。

　　蒸汽供热管网通常是以同一参数的蒸汽向用户供热。当用户系统各用热设备所需蒸汽压力不同时，则在用户引入口处设置分汽缸和减压装置，根据用户系统各种用热设备的需要，直接或经减压后，分别送往各用热设备，以保证用户系统的安全运行。蒸汽供热系统用户引入口减压装置如图 1.10-4 所示。

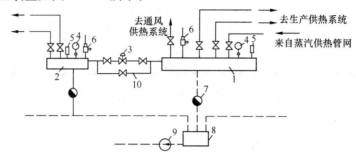

图 1.10-4 蒸汽供热系统用户引入口减压装置示意图
1—高压分汽缸；2—低压分汽缸；3—减压装置；4—压力表；5—温度计；
6—安全阀；7—疏水阀；8—凝结水箱；9—凝结水泵；10—旁通管

蒸汽供热管网的高压蒸汽进入高压分汽缸中，经减压装置减压后，进入低压分汽缸。

用户系统的高压用热设备可直接由高压分汽缸引出。对于低压的用热设备，则由低压分汽缸引出。各用热设备的凝结水，汇集于用户入口的凝结水箱中，由凝结水泵返回锅炉房的总凝结水箱中去。

分汽缸中的各分支管道上都应装设截止阀门，在分汽缸上应装设压力表、温度计和安全阀等，分汽缸的下部装疏水阀，将分汽缸内的凝结水排入凝结水箱中。

（2）凝结水回收系统

蒸汽在用热设备内放热凝结后，凝结水流出用热设备，经疏水阀、凝结水管道返回热源的管路系统及其设备组成的整个系统，称为凝结水回收系统。

蒸汽供热系统，冷凝水温度可达 80℃ 左右，同时又是良好的锅炉补水，应回收利用。凝结水回收系统按其是否与大气相通，可分为开式凝结水回收系统和闭式凝结水回收系统。

如按凝结水的流动方式不同，可分为单向流和两相流两大类；单向流又可分为满管流和非满管流两种流动方式。

如按驱使凝结水流动的动力不同，可分重力回水和机械回水。

1）非满管流的凝结水回收系统，低压自流式系统。低压自流式凝结水回收系统只适用于供热面积小、地形坡向凝结水箱的场合，锅炉房应位于厂区区域的最低处，其应用范围受到很大限制。

2）两相流的凝结水回收系统，余压回水系统。余压回水系统是应用最广的一种凝结水回收方式，适用于厂区耗汽量较少、用汽点分散、用汽参数（压力）比较一致的蒸汽供热系统上。

3）重力式满管流凝结水回收系统。适用于地势平坦坡向热源的蒸汽供热系统。

1.10.5 热力站设计

根据热网输送的热媒不同，可分为热水供热热力站和蒸汽供热热力站；根据服务用户不同可分为工业热力站和民用热力站。

根据热力站的位置和功能的不同可分为以下几种形式：

（1）用户热力站（点）——也称为用户引入口（热力入口）。它设置在用户建筑的地沟入口或该用户的地下室或底层处，通过它向一个或多个建筑分配热能。

（2）小区热力站（常简称热力站）——供热网路通过小区热力站向一个或几个街区的多栋建筑分配热能。这种热力站大多是单独的建筑物。从集中热力站向各热用户输送热能的网路，通常称为二次供热管网。

（3）区域性热力站——它用于特大型的供热网路，设置在供热主干线和分支干线的连接点处。

民用热力站的服务对象是民用建筑用热单位，多属于热水供热热力站。图 1.10-5 所示为居住建筑楼的引入口（远传分户计量）示意图。

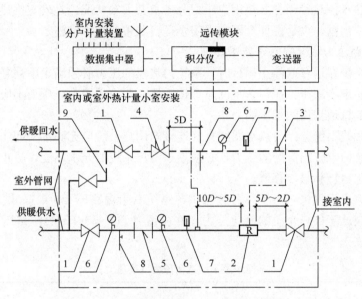

图 1.10-5　居住建筑楼栋引入口（远传分户计量）示意图

1—关断阀；2—超声波流量计；3—温度传感器；4—静态平衡阀；

5—Y 形过滤器；6—压力表；7—温度计；8—泄水阀；9—循环管 $DN25$

热力站应设置必要的检测、自控和计量装置。随着集中供热技术＋5G 技术的发展，在热力站安装流量调节装置以及利用自动控制系统调控热力站流量，实现无人化值守和云平台管理的方法会得到提升与广泛普及。

采用集中热力站，比分散用户热力点方式能减轻运行管理和便于实现检测、计量和遥控，提高管理水平和供热质量。

民用小区热力站的最佳供热规模取决于热力站与网路总建设费用和运行费用，应通过技术经济比较确定。一般来说，对新建居住小区，每个小区设一座热力站，规模在 5 万～15 万 m² 建筑面积为宜。

当用户供暖系统设计供水温度低于热力网设计供水温度时，应采用有混水降温装置的直接连接。采用混合水泵时，台数不应少于 2 台，其中 1 台备用。

混水装置的设计流量应按下列公式计算：

$$G'_\mathrm{h} = uG_\mathrm{h} \tag{1.10-18}$$

$$u = \frac{t_1 - \theta_1}{\theta_1 - t_2} \tag{1.10-19}$$

式中　G_h'——混水装置设计流量，t/h；

　　　G_h——供暖热负荷热力网设计流量，t/h；

　　　u——混水装置设计混合比；

　　　t_1——热力网设计供水温度，℃；

　　　θ_1——用户供暖系统设计供水温度，℃；

　　　t_2——供暖系统设计回水温度，℃。

1.10.6　热水供热管网压力工况分析

全面分析热水供热管网和各热用户压力分布及其波动状况，是确定供热管网与热用户连接方式的重要依据，也是保证管网实现安全运行的重要技术措施。

1. **热水网路压力状况的基本技术要求**

热水供热系统在运行或停止运行时，系统内热媒的压力必须满足下列基本技术要求。

（1）保证系统不超压。在与热水网路直接连接的用户系统内，压力不应超过该用户系统用热设备及其管道构件的承压能力。

（2）保证系统不倒空。与热水网路直接连接的用户系统应充满水。即无论在运行或停止时，用户系统回水管出口处的压力，必须高于用户系统的充水高度，防止系统倒空吸入空气，破坏正常运行和腐蚀管道。

（3）保证热水不汽化。对于高温热水供热系统（水温高于100℃），供水管道任何一点的压力都不应低于供热介质的汽化压力，并应留有30～50kPa的富裕压力。不同水温下汽化压力如表1.10-5所示。

不同水温下的汽化压力（表压力）　　　　　　表 1.10-5

水温（℃）	100	110	120	130	140	150
汽化压力（kPa）	0	42	97	169	260	374

（4）保证热用户有足够的资用压头。在热水网路的热力站或用户引入口处，供、回水管的资用压差，应满足热力站或用户所需的作用压头。

（5）热水网路回水管内任何一点的压力，都应比大气压力至少高出50kPa，以免吸入空气。

（6）循环泵和中继泵吸入侧压力，不应小于吸入口可能达到最高水温下的汽化压力加50kPa。

2. **热水管网的压力工况**

热水网路压力工况分析的基本工具是热水管路的水压图，即供热系统运行和停止运行时热水管路的测压管水头线（运行时忽略动能水头）。

下面以一热水供热系统管网的水压图为例，分析系统压力工况。

某热水供热系统设计供/回水温度为110℃/70℃，其网路水压图如图1.10-6所示。用户1、2为低温热水供暖系统，用户1采用带混合装置的直接连接，用户2采用间接连接。用户3、4为高温热水供暖系统，采用直接连接。供暖系统均采用普通铸铁散热器（承压0.4MPa）。用户1、3、4楼高为17m，用户2楼高为30m。根据该热网水压图，写出下列各项数值，并分析压力工况。

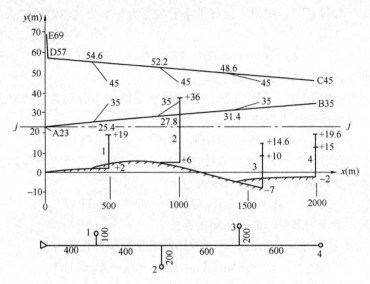

图 1.10-6　热水网路的水压图

(1) 网路循环水泵的扬程：

$$H = 69 - 23 = 46 \text{mH}_2\text{O}$$

(2) 主干线供、回水管压力损失分别为：

$$\Delta H_{\text{g}} = 57 - 45 = 12 \text{mH}_2\text{O}$$

$$\Delta H_{\text{h}} = 35 - 23 = 12 \text{mH}_2\text{O}$$

(3) 网路主干线比压降：

$$\frac{\Delta H_{\text{g}} + \Delta H_{\text{h}}}{2i} = \frac{12 + 12}{2 \times 2000} = 0.006 \text{mH}_2\text{O/m}$$

或

$$\frac{\Delta H_{\text{g}}}{l} = \frac{\Delta H_{\text{h}}}{l} = \frac{12}{2000} = 0.006 \text{mH}_2\text{O/m}$$

(4) 当局部损失与沿程损失的估算比值为 0.3 时，网路主干线比摩阻由以上结果可得：

$$R = \frac{\Delta H_{\text{g}} + \Delta H_{\text{h}}}{2l(1 + a_j)} = \frac{0.006}{(1 + 0.3)} = 0.00462 \text{mH}_2\text{O/m}$$

(5) 循环水泵运行时用户 1 入口供水管压力：

$$45 - 2 = 43 \text{mH}_2\text{O}$$

(6) 循环水泵运行时用户 1 入口回水管压力：

$$35 - 2 = 33 \text{mH}_2\text{O}$$

(7) 用户 1 与主干线分支处资用压力：

$$54.6 - 25.4 = 29.2 \text{mH}_2\text{O}$$

(8) 用户 1 资用压力：

$$45-35=10\text{mH}_2\text{O}$$

（9）系统运行和停止时，用户1顶部供水管的压力分别为（忽略用户入口处到顶层供水管压力损失）：

$$45-19=26\text{mH}_2\text{O}, \ 23-19=4\text{mH}_2\text{O}$$

系统运行和停止时，均不会出现倒空。

（10）系统运行和停止时，用户1底层散热器承受的压力分别为（忽略底层散热设备到用户入口处顶层供水管压力损失）：

$$35-2=33\text{mH}_2\text{O}, \ 23-2=21\text{mH}_2\text{O}$$

（11）用户2若采用有混合装置的直接连接，系统停止和运行时顶层回水管压力分别为（忽略用户入口处到顶层回水管压力损失）：

$$23-36=-13\text{mH}_2\text{O}, \ 35-36=-1\text{mH}_2\text{O}$$

均出现负压，会产生倒空，需采用间接连接。

（12）用户3系统停止和运行时，底部散热器承受的压力分别为：

$$23-(-7)=30\text{mH}_2\text{O}, \ 35-(-7)=42\text{mH}_2\text{O}$$

运行时超过了散热器的承压能力。

（13）系统运行和停止时，用户4顶层供水管压力为（忽略用户入口处到顶层供水管压力损失）：

$$45-15=30\text{mH}_2\text{O}, \ 23-15=8\text{mH}_2\text{O}>4.2+3=7.2\text{mH}_2\text{O}$$

即使系统停止运行，仍不会出现汽化。

1.10.7　热水供热管网水力工况与热力工况

供热系统中流量、压力的分布状况称为系统的水力工况。供热系统供热质量与系统的水力工况密切相关。掌握水力工况变化规律，对热水供热系统的设计和运行管理具有指导作用。

1. 热水管网水力工况的基本概念

（1）水力失调

在热水供热系统运行过程中，往往会由于各种原因，使网路的流量分配与各热用户所要求的流量不相符合，造成各热用户的供热量不符合要求。

热水供热系统中各热用户的实际流量与要求的流量之间的不一致性，称为该热用户的水力失调。

1）水力失调度

水力失调的程度可以用热用户实际流量与设计流量的比值来表示，即

$$x=\frac{V_s}{V_g} \tag{1.10-20}$$

式中　x——水力失调度；

V_s——热用户的实际流量，m^3/h；

V_g——热用户的设计流量，m^3/h。

2）水力失调的分类

① 不一致失调：指网路中各热用户的水力失调度 x 有的大于1，有的小于1。对于不

一致失调，系统热用户流量有的增大、有的减少。

② 一致失调：指网路中各热用户流量或者都增大或者都减少的水力失调，即各热用户水力失调度都大于1或都小于1。其中，当所有热用户的水力失调度都相等，称为等比一致失调；对于热用户的水力失调度不相等的一致失调，称为不等比一致失调。

（2）水力稳定性

1）水力稳定性系数

水力稳定性是指网路中各热用户在其他热用户流量改变时保持本身流量不变的能力。

通常用热用户的设计流量和工况变动后可能达到的最大流量的比值来衡量网路的水力稳定性，即：

$$y = \frac{V_g}{V_{max}} = \frac{1}{x_{max}} \tag{1.10-21}$$

式中　y——热用户的水力稳定性系数；

V_g——热用户的设计流量，m^3/h；

V_{max}——热用户可能出现的最大流量，m^3/h；

x_{max}——工况变动后热用户可能出现的最大水力失调度。

2）提高热水网路水力稳定性的主要方法

由流体力学基本公式可以导出热用户的水力稳定性系数与用户压降及网路干管压降的关系：

$$y = \frac{V_g}{V_{max}} = \sqrt{\frac{\Delta p_y}{\Delta p_w + \Delta p_y}} = \sqrt{\frac{1}{1 + \frac{\Delta p_w}{\Delta p_y}}} \tag{1.10-22}$$

式中　Δp_y——正常工况下热用户的作用压差，Pa；

Δp_w——正常工况下网路干管的压力损失，Pa。

可以看出，水力稳定性的极限值是1和0。

当 $\Delta p_w = 0$ 时（理论上，网路干管直径为无限大），$y=1$，水力稳定性最好。

当 $\Delta p_y = 0$ 时或 $\Delta p_w \to \infty$ 时（理论上，用户系统管径无限大或网路干管管径无限小），$y=0$，水力稳定性最差。

实际上，热水网路的管径不可能为无限大或无限小，但上述关系表明：提高热水网路水力稳定性的主要方法是相对地减小网路干管的压降，或相对增大用户系统的压降。

为了减少网路干管的压降，需要适当增大网路干管的管径，即在进行网路水力计算时，选用较小的比摩阻。适当地增大靠近热源的网路干管的直径，对提高网路的水力稳定性效果更为显著。

为了增大用户系统的压降，在用户系统水力计算时，选用较大的比摩阻，还可以采用喷射泵、调压装置等措施。

2. 水力工况分析计算的基本原理

（1）基本关系式

流体在管道中流动时，必须克服阻力而产生压力损失。流体的压力损失与管道阻力特性系数（简称阻力数）及流量间基本关系式为：

$$\Delta P = R(l + l_{\rm d}) = SV^2 \quad \text{(Pa)} \tag{1.10-23}$$

式中　ΔP——网路计算管段的压力降，Pa；

　　　V——网路计算管段的水流量，m^3/h；

　　　S——网路计算管段的阻力数，$\text{Pa}/(\text{m}^3/\text{h})^2$，它代表管段通过 $1(\text{m}^3/\text{h})$ 水流量时的压降，其单位取决于压力与流量的单位。

将前述的热水管网比摩阻计算公式代入上式得：

$$S = 6.88 \times 10^{-9} \frac{K^{0.25}}{d^{5.25}} (l + l_{\rm d}) \rho \left[\text{Pa}/(\text{m}^3/\text{h})^2 \right] \tag{1.10-24}$$

式中　d——管段内径，m；

　　　l——管段长度，m；

　　　$l_{\rm d}$——局部阻力当量长度，m；

　　　K——管道的当量绝对粗糙度，m。

S 的物理意义是通过单位流量时管道压力损失。当视水的密度为常数时，S 只与管段的管径、长度、管道内壁当量绝对粗糙度以及管段局部形式有关。即 S 仅取决于管道（网）本身构造，而不随流量变化。对于一定的管网（其管径、管材、管长、布置形式、局部构件及阀门开度不变），其阻力特性系数固定不变。

（2）管网阻力数的计算

热水管网由许多管段串联或并联组成，其阻力数、流量、压降的计算类似于电路中电阻、电流、电压的计算。

1）串联管段

串联管段的流量处处相等，压降等于各管段压降之和，总阻力数等于各管段阻力数之和：

$$S = S_1 + S_2 + S_3 \tag{1.10-25}$$

式中，S_1、S_2、S_3 为串联管段的总阻力数和管段 1、2、3 的阻力数。

2）并联管段

各并联管段的压降相等，且等于并联后的总压降；并联管段总流量等于各并联管段流量之和；并联管段总阻力数与各并联管段阻力数存在如下关系：

$$\frac{1}{\sqrt{S}} = \frac{1}{\sqrt{S_1}} + \frac{1}{\sqrt{S_2}} + \frac{1}{\sqrt{S_3}} \tag{1.10-26}$$

式中，S、S_1、S_2、S_3 为并联管段的总阻力数和管段 1、2、3 的阻力数。

在并联管路中，各并联管段的流量分配关系如下：

$$V : V_1 : V_2 : V_3 = \frac{1}{\sqrt{S}} : \frac{1}{\sqrt{S_1}} : \frac{1}{\sqrt{S_2}} : \frac{1}{\sqrt{S_3}} \tag{1.10-27}$$

式中，V、V_1、V_2、V_3 分别为并联管段的总流量和管段 1、2、3 的流量（m^3/h）。

（3）水泵与热水管网特性曲线

根据 $\Delta P = SV^2$，以流量 V 为横坐标（m^3/h），压降 ΔP（Pa）或 H（mH_2O）为纵坐标，可绘出热水管网的阻力特性曲线，如图 1.10-7 中的曲线 1。

根据水泵样本，可绘制出水泵的特性曲线，如图1.10-7中的曲线 2，这两条曲线的交点即为水泵的工作点 A，由此可确定网路的总流量和总压降。

当热水网路的任一管段阻力数在运行期间发生变化时，则热水网路的总阻力数发生变化，工作点位置随之变化，热水网路的水力工况也随之发生变化。如关小网路上某个阀门，管网阻力系数 S 值增大，其阻力特性曲线变陡（见图 1.10-7 中的曲线 3），工作点变到位置 B。此时，总流量减少，水泵扬程增大。当水泵工作特性曲线较平缓时，在计算中也可近似认为扬程保持不变。

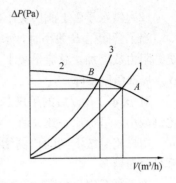

图 1.10-7　水泵与热水网路的特性曲线

3. 水力工况的计算

由于供热系统各用户流量之比仅仅取决于管网阻力数的大小，管网阻力数一定，各用户的流量比值也保持一定。当热网系统的任一区域（用户）管路阻力数发生变化时，则位于该区段之后（以热源为前）的各区段（不含该区段）流量成一致等比失调。因而，水力工况的计算的核心是要正确计算用户流量发生变化前后的管段和管网的阻力系数的变化。

4. 水力工况定性分析

如图 1.10-8 所示某一热水供热系统，图中实线为正常工况下的水压图。下面以几种常见的水力工况变化情况为例，定性分析热水网路水力失调的规律（近似认为循环水泵扬程不变）。

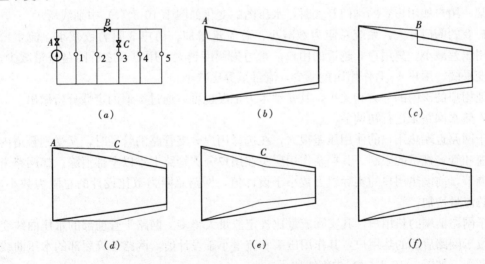

图 1.10-8　热水网路水力工况变化示意图

（1）循环水泵出口阀门关小

当关小循环水泵出口处阀门 A 时，网路的水压图变化如图 1.10-8（b）中细线所示。关小阀门 A 时，网路总阻力数增大，总流量减小（为便于分析，以下均假定网路循环水泵的扬程不变）。由于热用户 1 至 5 的网路干管和用户分支管的阻力数不变，因而各热用户的流量分配比例不变，即均按同一比例减小。网路水力工况呈等比一致失调。由于干管流量相应减小，因而水压曲线比原来变得平缓。各热用户的作用压差也相应减小。

（2）供水干管上阀门关小

当干管阀门 B 关小时，水压图变化如图 1.10-8（c）中细线所示。阀门 B 关小时，系统总阻力数增加，总流量减小。供水和回水干管的水压线变平缓，并且供水管水压线将在 B 点局部急剧下降。

对于阀门 B 以后的用户 3、4、5 本身阻力数未变而总的作用压差减小，流量按同一比例减小，呈等比一致失调。对于阀门 B 以前的用户 1、2，作用压差都有增加但比例不同，用户流量按不同的比例增加，这些用户成不等比一致失调，越靠近阀门 B 的用户，流量增加越多。

对于所有用户而言，流量有增有减，整个网路的水力工况呈不一致失调。

（3）某一用户阀门关闭

当某一用户如用户 3 的阀门关闭时，水压图的变化如图 1.10-8（d）中细线所示。

用户 3 的阀门关闭使系统总阻力数增加，总流量减小，从热源到用户 3 之间的供水和回水管的水压线变平缓，用户 3 处供回水管之间的压差增加。用户 3 处作用压差的增加，相当于所有热用户的作用压差都增加。在整个网路中，除用户 3 以外的所有热用户的流量增加，呈一致失调。

由于用户 3 之后的阻力数未变，用户 4、5 的流量呈等比一致增加，用户 3 以后的供水和回水管水压线变陡。用户 3 前的热用户 1 和 2 流量呈不等比一致增加，用户 2 比用户 1 流量增加的更多。

（4）当某一用户阀门开大

当某一用户如用户 3 的阀门开大时，水压图的变化如图 1.10-8（e）中细线所示。

用户 3 的阀门开大，系统总阻力数减小，总流量增加。用户 3 阻力数减小，流量增加，作用压差减小。离用户 3 越近的用户，水力失调度越大。用户 3 之后网路流量减少，水压线变平缓，用户 4、5 作用压差减少，流量呈等比减小。

其他用户的阀门的开大和关小，其变动水力工况也可以通过类似的定性分析做出。

（5）热水网路未进行初调节

由于网路近端热用户的作用压差很大，在选择用户分支管路的管径时，又受到管道内热媒流速和管径规格的限制，其剩余作用压头在用户分支管路上难以全部消除。如网路未进行初调节，前端热用户的实际阻力数小于设计值，网路总阻力数比设计的总阻力数小，网路的总流量增加。

位于网路前端的热用户，其实际流量比规定流量大得多。网路干管前部的水压曲线变陡。而位于网路后部的热用户，其作用压头和流量小于设计值，网路干管后部的水压曲线变得较平缓，如图 1.10-8（f）中细线所示。

5. 水力工况对热力工况的影响

供热系统中温度、供热量、散热量的分布状况称为供热系统的热力工况。供热系统的热力工况更直观地反映供热系统的供热效果。供热系统的热力工况取决于水力工况和散热设备传热及建筑物的传热状况。

（1）散热器的传热性能

散热器的传热性能与散热器本身制造情况（材料、结构、尺寸、表面涂镀层等）和散热器的使用情况（安装、组合、内外换热状况）有关。

美国 ASHRE 手册系统篇给出了散热器流量与散热器散热量的关系曲线，如图 1.10-9 所示。该图绘制的条件为：横坐标 $\overline{G}$ 是以设计流量为基准的相对流量，纵坐标 $\overline{Q}$ 是以散热器设计流量（在设计供，回水温差下）为基准的相对散热量。供水温度 $t_g = 90℃$，曲线 1、2、3 分别表示设计供，回水温差分别为 10℃、20℃、40℃的曲线。由图看出：

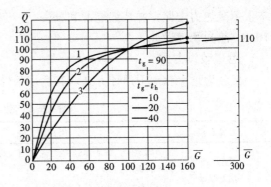

图 1.10-9　散热器散热量与流量的关系

1）当 $0 < \overline{G} < 100\%$ 时（实际流量小于设计流量）

设计供回水温差相同时，流量减少会使散热器散热量减少，流量大幅度减少时，散热量明显下降。

流量减少相同数值时，设计供回水温差越大，流量的变化对散热量影响越大。

2）当 $100\% < \overline{G} < 160\%$ 时（实际流量大于设计流量）

设计供回水温差相同时，流量增加会使散热器散热量增加，但流量的增加不如流量的减少对散热器散热量影响大。且流量增加到一定程度时，散热量增加不明显。这是由于散热器平均温度 t_p 的提高有限度，即不超过供水温度 t_g，$t_p \leqslant t_g$。当流量 G 无穷大时，可视散热器的回水温度 $t_h = t_g = t_p$。因此，随着流量的增加，散热器散热量亦趋于由 t_g 决定的某一最大极限值。这意味着随着流量的增加，散热器的散热能力趋于饱和。

流量增加相同数值时，设计供回水温差越大，流量的变化对散热量影响越大。

（2）水力工况对热力工况水平失调的影响

由以上分析可知，在室外设计温度下，当供暖用户流量为设计值时，室内温度为设计室温；当流量大于设计值时，室温高于设计室温，但随流量的增加，室温增长缓慢；当供暖用户流量小于设计值时，室温低于设计室温，且随流量的减少，室温下降幅度增大。

（3）水力工况对热力工况垂直水平失调的影响

在供暖建筑物内，较为普遍地采用垂直单管系统。在设计工况下，不同楼层房间散热器的表面温度和传热系数不同，上层房间的比下层房间的高；而散热器的传热面积上层房间的比下层房间的小。当网路或用户内产生水力工况的水平失调时，还会产生热力工况的垂直失调。

1）热用户或用户立管超流量运行时，供暖房间温度普遍提高，且下层房间相对上层房间室温更高。

2）热用户或用户立管流量低于设计流量时，供暖房间室温普遍降低，且下层房间相对上层房间室温降得更低。流量减少得越多，不同楼层房间室温偏差越大。

（4）解决热力失调的途径

供热系统中由于各种原因，水力工况的水平失调难以避免，较多见的情况为：近端热用户水流量偏大（失调度可达 $x = 2 \sim 3$），远端热用户流量偏小（失调度可达 $x = 0.2 \sim 0.5$），中端热用户水流量大体接近设计流量。热力工况的失调，既不能满足用户的要求，又造成能源的浪费。因此，采取合理的设计和运行调节控制措施，消除水力失调，才能从根本上解决热力失调，并节约能源和投资。

1.10.8　热力管道设计

1. 管道敷设方式

一般分为地上和地下两种方式，其适用条件见表 1.10-6。

管 道 敷 设 方 式　　　　　　　　　　　　　　　表 1.10-6

序号	敷设方式	适 用 条 件	选用要点
1	地上敷设 （工厂区宜采用）	多雨地区、地下水位高、采用有效防水措施经济上又不合理时； 湿陷性大孔土或具有较强腐蚀性地段； 地形复杂、标高差较大、土石方工程大或地下障碍很多且管道种类较多时； $p>2.2$MPa、$t\geqslant350$℃的蒸汽管道	高支架 $H\geqslant4$m； 中支架 $H=2\sim4$m； 低支架 $H=0.3\sim1$m
2	地下敷设 （城市街道和居住区宜采用）	在寒冷地区且间断运行，因散热损失量大，难以确保介质参数要求时； 敷设于降雨量小的地区、无地下水危害的地区时； 城市对环境美观要求，不允许地上敷设时； 城市规划不允许地上敷设且不经济时	管沟内不得有燃气管道穿过，当管沟与燃气管道交叉的垂直净距小于 300mm 时，应采取防止燃气泄漏进入管沟的措施

（1）地上敷设

1）在不影响交通和行人的地段，可采用低支架敷设。人行交通不频繁的地方，可采用中支架敷设。当管道跨越主要干道、行人或通行车辆频繁的地区或跨越铁路和公路时，可采用高支架敷设。在条件许可时，宜沿建、构筑物敷设。

2）管道跨越水面、低谷地段和道路时，可在永久性的路桥上架设。但不得在铁路桥下敷设供热管道。

3）在架空的输电线下面通过时，管道上方应安装防护网，网的边缘应超出导线最大风偏的范围。

（2）地下敷设

各种管沟敷设的相关尺寸见表 1.10-7。

管沟敷设相关尺寸　　　　　　　　　　　　　　　表 1.10-7

管沟类型	相 关 尺 寸 （m）					
	管沟 净高	人行通道 宽度	管道保温表面 与沟墙净距	管道保温表面 与沟顶净距	管道保温表面 与沟底净距	管道保温表面间的净距
通行管沟	≥1.8	≥0.6*	≥0.2	≥0.2	≥0.2	≥0.2
半通行管沟	≥1.2	≥0.5	≥0.2	≥0.2	≥0.2	≥0.2
不通行管沟	—	—	≥0.1	≥0.05	≥0.15	≥0.2

* 指当必须在沟内更换钢管时，人行通道宽度还不应小于管子外径加 0.1m。

1）通行地沟

① 当供热管道沿不允许开挖的路面或供热管道较多、管径较大、管道垂直排列高度等于或大于 1.5m 时，宜采用通行地沟。

② 地沟内空气温度不得超过 40℃。一般应设计自然通风或机械通风。自然通风塔可

直接设在地沟上或沿建筑物设置。排风塔和进风塔必须沿地沟长度方向交替设置，其截面积可根据换气次数为 2～3 次/h 和风速不大于 2m/s 确定。

③ 通行管沟应设事故人孔。设有蒸汽管道时，事故人孔间距不应大于 100m；设有热水管道时，事故人孔间距不应大于 400m。当地沟为整体捣制时，在转弯处和直线段每隔 200m，宜设一个安装孔，安装孔宽度尺寸不小于 0.6m（应大于安装的最大管道外径 ＋0.1m）、长度应使 6m 长的管子能够进入管沟。

④ 地沟内应设置永久性照明，电压不应大于 36V；灯具安装高度低于 2.2m 时，电压不应大于 24V。

⑤ 地沟沟底应有坡度，坡向宜与主要管道的坡向一致，并坡向集水坑。

2）半通行和不通行地沟

① 当管道根数较多、采用单排水平布置沟宽受限制，且需作一般检修工作时，宜采用半通行地沟敷设。

② 地沟内管道尽量沿沟壁一侧上下单排布置。

③ 不通行地沟宽不宜超过 1.5m，超过时宜用双槽；沟内管道一般应为单排水平布置。

3）无沟直埋

① 热（冷）水管道宜采用直埋敷设，当敷设于地下水位以下时，直埋管道必须有可靠的防水层。覆土深度：车行道下不应小于 0.8m，人行道及田地下不应小于 0.7m。

② 保温层应采用憎水性硬质或半硬质保温材料，并做成连续整体结构。

2. 管道热补偿

热力网管道的热补偿设计原则与补偿器的选用见本书第 1.8 节，此外，还有以下要求：

（1）采用弯管补偿器或轴向波纹管补偿器时，应考虑安装时的冷紧，冷紧系数可取 0.5。

（2）采用套筒补偿器时，应计算各种安装温度下的安装长度，保证管道在可能出现的最高和最低温度下，补偿器留有不小于 20mm 的补偿余量。

（3）采用波纹管轴向补偿器时，管道上应安装防止波纹管失稳的导向支座；当采用其他形式补偿器，补偿管段过长时，亦应设导向支座。

（4）采用球形补偿器、铰链型波纹管补偿器，且补偿管段较长时，宜采取减小管道摩擦力的措施。

（5）当一条管道直接敷设于另一条管道上时，应考虑两管道在最不利运行状态下热位移不同的影响。

（6）直埋敷设管道，宜采用无补偿敷设方式，并按现行行业标准《城镇直埋供热管道工程技术规程》CJJ/T 81 的规定执行。

（7）管道热膨胀长度计算，见本书第 1.8 节。

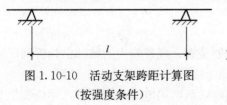

图 1.10-10　活动支架跨距计算图（按强度条件）

3. 管道活动、固定支架跨距的计算

管道的允许跨度应按强度及刚度两个条件确定，取其最小值作为最大允许跨距。

（1）按强度条件确定管道活动支架的跨距 l （cm）

对于连续敷设的水平直管跨距（见图 1.10-10）宜按下式计算：

$$l_{\max} = 2.24\sqrt{\frac{1}{q}W\varphi[\sigma]_{\mathrm{t}}} \quad (\mathrm{m}) \qquad (1.10\text{-}28)$$

式中　$[\sigma]_{\mathrm{t}}$——钢管热态许用应力，MPa；

　　　　W——管子截面系数，cm^3；

　　　　φ——管子横向焊缝系数，见表 1.10-8；

　　　　q——管子单位长度计算载荷，N/m。

管子横向、纵向焊缝系数 φ　　　　　　　　　表 1.10-8

横向焊缝系数		纵向焊缝系数	
焊接情况	φ	焊接情况	φ
手工电弧焊	0.7	手工电弧焊	0.7
有垫环对焊	0.9	直缝焊接钢管	0.8
手工双面加强焊	0.95	螺旋焊接钢管	0.6
自动双面焊	1.0		
自动单面焊	0.8		
无垫环对焊	0.7		

（2）按刚度条件确定管道的活动支架跨距

根据对管道挠度的限制所确定的管道允许跨距，即按刚度条件确定的管道活动支架跨距。

对于连续敷设的水平直管，因管道自重产生的弯曲挠度不应超过支吊架间距的 0.005，管道允许跨距，可用下式计算：

$$l_{\max} = 0.19\sqrt[3]{\frac{100}{q}E_{\mathrm{t}}Ii_0} \quad (\mathrm{m}) \qquad (1.10\text{-}29)$$

式中　q——管子单位长度计算载荷，N/m；

　　　　E_{t}——计算温度下钢材弹性模量，MPa；

　　　　I——管子截面二次矩，cm^4；

　　　　i_0——管道坡度，$i_0 \geqslant 0.002$。

4. 供热管道保温

设计工况下室外及室内安装的供热管道保温结构的外表面计算温度不应高于 50℃，热水供热管网输送干线的计算温度不应大于 0.1℃/km。

1.10.9　热网监测、控制与经济运行

供热工程应设置满足国家信息安全要求的自动化控制和信息管理系统，提高运行水平。

1. 热网热工检测与控制

城镇供热管网应具备必要的热工参数检测与控制装置，规模较大的城镇供热管网厂站应建立完备的计算机监控系统。

厂站应对各种能源消耗量进行计量，且动力用电和照明用电应分别计量，并应满足节能考核的要求。调度中心、厂站应有防止无关人员进入的措施。

　　计算机监控系统运用现代通信技术，将所有热力站现场的视频监控、报警信号和仪表数据上传至监控室的数据库，通过数据及时调整并做出回应，以达到节能降耗、经济和安全运行的目的。系统多具有手机 APP 的信息传输与智能远程控制功能。计算机监控系统一般由三部分组成：监控中心、远程终端站和通信系统。

　　2. 热网监控系统功能与热网经济运行

　　热网监控系统一般具有以下功能：

　　（1）实时在线数据传输，实现远程抄表，传输方式采用主动上传或被动上传。

　　（2）本地参数的设置和报警显示；现场采集终端获取流量及压力、温度等现场生产数据后，通过网络及时将数据发送到中控室监控主机与责任人员的手机 APP，可实现热力站无人值守。

　　（3）远程控制和远程参数的设置。

　　（4）数据的备份和查询。

　　（5）生成历史曲线和报表。

　　（6）远程报警功能。

　　（7）多用户登录和密码管理。

　　显然，采用热网监控系统能够实时监测与管理，通过对数据进行分析与处理，可以及时了解热网的输差情况，及时发现输差异常，减少公司经济损失。

　　热网监控系统可通过仿真系统对热网进行水力、热力计算，热网的控制运行分析，使热网达到最优化运行；利用故障诊断、能损分析了解管网保温、阻力损失情况，设备的使用效率，使热网的管损达到最小值，实现经济运行。通过历史数据和实时数据的比较，分析管网。有效解决热网运行失调现象，实现热网平衡运行，进一步提高供热效果。

　　3. 气候补偿器系统

　　气候补偿器系统的基本原理：根据室外环境温度的变化，通过调节一次侧热（冷）媒流量达到控制出水（送风）温度的目的，自动调整一次侧供水流量，间接控制二次侧供水温度，通过量调节控制，达到质调节的目的，实现节约能源的同时，克服室外环境温度变化造成的室内温度波动，满足人员舒适目的，气候补偿器系统还具有时段控制、昼夜转换、超温报警、远程设定、限位控制等功能。

1.11　区 域 锅 炉 房

1.11.1　概述

　　1. 区域锅炉房设计方案的确定

　　区域炉房设计方案的确定，应考虑以下因素和要求：

　　（1）区域锅炉房设计应根据批准的城市（地区）总体规划和供热规划进行，做到远近结合，以近期为主，并留有扩建余地。对扩建和改建锅炉房，应取得原有工艺设备和管道的原始资料，并应合理利用原有建、构筑物、设备和管道，同时应与原有生产系统、设备和管道的布置、建筑物和构筑物形式相协调。

（2）区域锅炉房设计应取得热负荷、燃料和水质资料，并应取得当地的气象、地质、水文、电力和供水等有关基础资料。

（3）燃料的选用应做到合理利用能源和节约能源，并与安全生产、经济效益和环境保护相协调，选用的燃料应有其产地、元素成分分析等资料和相应的燃料供应协议，并应符合下列规定：

1）设在其他建筑物内的锅炉房使用的燃料，应选用燃气或燃油，但不宜选用重油或渣油。

2）燃气锅炉房的备用燃料应根据供热系统的安全性、重要性、燃气供应的保证程度和备用燃料的可能性等因素确定。

3）要求使用清洁能源的地区，应优先考虑城市燃气；在无燃气供应的地区，可选用轻柴油供锅炉使用或选用瓶装高压天然气或瓶装液化石油气，经减压后供锅炉使用。

4）处于燃气、燃油使用困难地区，并且电力供应充足、能源政策许可、价格合理（尤其是实行峰谷电价时）时，优先使用蓄热式电锅炉。

（4）锅炉房的建设应优先考虑能源的综合利用，提倡燃气冷热电联供分布式能源等梯级利用系统。

（5）对于要求常年供热（含热水、蒸汽）的用户，以城市集中供热为主热源时，则宜建辅助锅炉房。辅助锅炉房的容量应能满足城市热网检修期间本小区用户所需用热量的需求。

（6）锅炉房设计必须采取减轻废气、废水、固体废渣和噪声对环境影响的有效措施，排出的有害物和噪声应符合国家和地方现行有关标准、规范的规定。

（7）锅炉房与供热工程主要建（构）筑物结构设计工作年限不应小于50年，安全等级不应低于二级。

2. 锅炉容量和台数的确定

（1）锅炉容量和台数应按所有运行锅炉在额定蒸发量或热功率时，能满足锅炉房最大设计热负荷；并使锅炉容量和台数能有效适应热负荷变化，且应考虑全年热负荷低峰期锅炉机组的运行工况。

（2）宜选用容量和燃烧设备相同的锅炉，当选用不同容量和不同类型的锅炉时，其容量和类型均不宜超过2种；锅炉房的锅炉台数不宜少于2台，单台锅炉的实际运行负荷率不宜低于50%，但当选用1台锅炉能够满足热负荷和检修要求时，可只设置1台。

（3）锅炉房的锅炉总台数，对新建锅炉房不宜超过5台；扩建和改建时，总台数不宜超过7台；非独立锅炉房，不宜超过4台。

（4）锅炉房有多台锅炉时，当其中1台额定蒸发量或热功率最大的锅炉检修时，其余锅炉应能满足下列要求：

1）连续生产用热所需的最低热负荷；

2）供暖通风、空调和生活用热所需的最低热负荷；

3）民用建筑运行锅炉的设计换热量应保证供热量的需求。

3. 锅炉房的布置

（1）锅炉房位置的选择

根据《锅炉房设计标准》GB 50041—2020 及有关设计防火规范，锅炉房在工业与居民区里的位置选择应根据下列因素综合确定：

1）应靠近热负荷比较集中的地区；并应使引出热力管道和室外管网的布置在技术、经济上合理，其所在位置应与所服务的主体项目相协调；

2）锅炉房宜为独立的建筑物，扩建端宜留有扩建余地；住宅建筑物内不宜设置锅炉房；

3）应便于燃料贮运和灰渣的排送，并宜使人流和燃料、灰渣运输的物流分开；

4）应有利于自然通风和采光；

5）应有利于减少烟尘、有害气体、噪声和灰渣对居民区和主要环境保护区的影响，全年运行的锅炉房应设置于总体最小频率风向的上风侧，季节性运行的锅炉房应设置于该季节最大频率风向的下风侧，并应符合环境影响评价报告提出的各项要求；

6）应有利于凝结水的回收；

7）危险化学品生产企业锅炉房的位置，除应满足上述要求外，还应符合有关技术要求。

（2）锅炉房与民用建筑物的防火间距

单台蒸汽锅炉的蒸发量大于 4t/h 或单台热水锅炉的额定热功率大于 2.8MW 的燃煤锅炉房，燃油或燃气锅炉房其防火间距可按表 1.11-1 执行。

锅炉房与民用建筑物的防火间距（单位：m）　　　　　表 1.11-1

锅炉房 [单台锅炉额定蒸发量 D (t/h) / 单台锅炉额定热功率 Q (MW)]	锅炉房 耐火等级	高层建筑物 耐火等级		高层建筑裙房，单层或多层 民用建筑耐火等级		
		一级	二级	一～二级	三级	四级
$D \geqslant 4t/h$ $Q \geqslant 2.8MW$	单、多层 一～二级	15	13	10	12	14
	高层 一～二级	15	13	13	15	17
$D = 4t/h$ $Q = 2.8MW$	单层 三级	18	15	12	14	16
$D < 4t/h$ $Q < 2.8MW$	一～二级	9		6	7	9
	三级	11		7	8	10

（3）设置于建筑内的锅炉房布置要求

燃油或燃气锅炉受条件限制必须贴邻民用建筑布置时，应设置在耐火等级不低于二级的建筑内，并应采用防火墙与所贴邻的建筑隔开，且不应贴邻人员密集的场所；必须布置在民用建筑内时，不应布置在人员密集的场所重要部门的上一层、下一层或贴邻位置以及主要通道、疏散口两旁，并应符合下列规定：

1）燃油和燃气锅炉房应设置在首层或地下一层靠建筑物外墙部位，但常（负）压燃油、燃气锅炉可设置在地下二层，当常（负）压燃气锅炉距安全出口的距离大于 6m 时，可设置在屋顶上。

采用相对密度（与空气密度的比值）大于或等于 0.75 的可燃气体为燃料的锅炉，不得设置在地下或半地下建筑（室）内。

2）锅炉房的疏散门均应直通室外或直通安全出口；外墙开口部位的上方应设置宽度不小于 1.0m 的不燃烧体防火挑檐或高度不小于 1.2m 的窗槛墙。

3）锅炉房与其他部位之间应采用耐火极限不低于 2.00h 的不燃烧体隔墙和不低于

1.50h 的不燃烧体楼板隔开。在隔墙和楼板上不应开设洞口，当必须在隔墙上开设门窗时，应设置甲级防火门窗。

4) 当锅炉房内设置储油间时，其总储存量不应大于 $1m^3$，且储油间应采用防火墙与锅炉间隔开；当必须在防火墙上开门时，应设置甲级防火门。

5) 燃用液化石油气的锅炉间和有液化石油气管道穿越的室内地面处，严禁设有能通向室外的管沟（井）或地道等设施。

6) 应设置火灾报警装置；应设置与锅炉容量和建筑规模相适应的灭火设施。

7) 燃油燃气锅炉房火灾危险性属于丁类生产厂房。锅炉间和燃烧设备的外墙、楼板或屋面应有相应的防爆措施，锅炉房应有独立的通风系统，具体见本书第 2 章的有关内容。

1.11.2　锅炉的基本特性

通常用下列的锅炉基本特性来区别各类锅炉：构造、燃用燃料、燃烧方式、容量大小、参数高低以及运行经济性等。

1. 蒸发量、热功率

蒸发量是指蒸汽锅炉每小时所产生的额定蒸汽量，锅炉额定蒸发量和额定产热量统称额定出力，它是指锅炉在额定参数，即压力、温度下，保证一定效率的最大连续蒸发量（产热量）。用以表征锅炉容量的大小。蒸发量通常用符号 D 来表示，单位是"t/h"，供热锅炉蒸发量一般为 0.1～65t/h。

供热锅炉可用额定功率来表征容量的大小，常以符号 Q 来表示，单位是"MW"，其额定出力一般为 0.7～174MW。

热功率与蒸发量之间的关系，可由下式表示：

$$Q = 0.000278D(h_q - h_{gs}) \quad (MW) \tag{1.11-1}$$

式中　D——锅炉的蒸发量，t/h；

h_q、h_{gs}——分别为蒸汽和给水的焓，kJ/kg。

对于热水锅炉：

$$Q = 0.000278G(h''_{rs} - h'_{rs}) \quad (MW) \tag{1.11-2}$$

式中　G——热水锅炉每小时送出的水量，t/h；

h''_{rs}、h'_{rs}——锅炉出、进热水的焓，kJ/kg。

2. 蒸汽（或热水）参数

锅炉产生蒸汽的参数是指锅炉出口处蒸汽的额定压力（表压力）和温度。对产生饱和蒸汽的锅炉，一般只标明蒸汽压力；对产生过热蒸汽（或热水）的锅炉，则标明压力和蒸汽（或热水）温度。

对于蒸汽锅炉，额定出口蒸汽压力为 0.1～3.82MPa（表压），额定出口蒸汽温度小于或等于 450℃；对于热水锅炉，额定出口压力为 0.1～2.5MPa（表压），同时不应小于锅炉最高供水温度加 20℃对应的饱和压力。额定出口水温小于或等于 180℃。对于常压、真空热水锅炉，额定出口水温小于或等于 90℃。

表 1.11-2 列出了我国目前所用的热水锅炉系列参数。

国产热水锅炉系列参数　　　　　　　　　　表 1.11-2

额定热功率 (MW)	额定出口/进口水温度 (℃)											
	95/70				115/70			130/70		150/90		180/110
	允许工作压力 (MPa)（表压）											
	0.4	0.7	1.0	1.25	0.7	1.0	1.25	1.0	1.25	1.25	1.6	2.5
0.05	△											
0.1	△											
0.2	△											
0.35	△	△										
0.50	△	△										
0.7	△	△	△	△	△							
1.05	△	△	△	△	△							
1.4	△	△	△	△	△							
2.1	△	△	△	△	△							
2.8	△	△	△	△	△	△		△		△		
4.2		△	△	△		△		△		△		
5.6		△	△	△		△		△		△		
7.0			△	△		△		△		△		
8.4			△	△		△	△	△		△		
10.5				△		△	△	△		△		
14.0			△			△		△	△	△		
17.5						△	△	△	△	△		
29.0						△	△	△	△	△		△
46.0						△	△	△	△	△	△	
58.0							△	△	△	△	△	
116.0									△	△	△	△
174.0											△	△

注：1. 锅炉的出水压力大于 0.1MPa。

2. 带△标记，应优先选用。

3. 受热面蒸发率、受热面发热率

锅炉受热面是指汽锅和附加受热面等与烟气接触的金属表面积，即烟气与水（或蒸汽）进行交换的面积。受热面的大小，工程上一般以烟气侧面积计算，用符号 H 表示，单位为平方米，每平方米受热面每小时所产生的蒸汽量，就叫锅炉受热面的蒸发率，用 D/H [kg/（m² · h）] 表示。

热水锅炉则采用受热面发热率这个指标，即每平方米受热面每小时能产生的热量，用符号 Q/H 表示。

一般供热锅炉 $D/H < 30 \sim 40$kg/（m² · h），热水锅炉的 $Q/H < 83700$kJ/（m² · h）或 $Q/H < 0.02325$MW/m²。

受热面蒸发率或发热率越高，表示传热好，锅炉所耗金属量少，锅炉结构紧凑。这一指标常用来表示锅炉的工作强度，但还不能真实反映锅炉运行的经济性，如果锅炉排出的烟气温度很高，D/H 值虽然大，但未必经济。

4. 锅炉的热效率与能效限定值

锅炉的热效率是指每小时送进锅炉的燃料（全部燃烧时）所能产生的热量中被用来产生蒸汽或加热水百分率，用符号 η_{gl} 表示。它是一个真实说明锅炉运行热经济性的指标。

(1)《生活锅炉热效率及热工试验方法》GB/T 10820—2011

《生活锅炉热效率及热工试验方法》GB/T 10820—2011 对锅炉的热效率提出了最低热效率数值要求，具体见表 1.11-3。

燃油及燃气加热生活锅炉应保证的最低热效率值（单位 %）　　　表 1.11-3

锅炉额定蒸发量 D(t/h)或额定热功率 N(MW)	燃油/燃气
$D<1N<0.7$	86
$0.7 \leqslant N \leqslant 1.4$	88
$N>1.4$	90

注：1. 燃油应符合 GB 252 或 SH/T 0356 的规定。

　　2. 燃气指城市煤气、天然气、液化石油气。

(2)《工业锅炉能效限定值及能效等级》GB 24500—2009

该标准适用于蒸汽压力为（0.04MPa，3.8MPa），额定蒸发量大于 0.1t/h 的蒸汽锅炉和额定出水压力大于 0.1MPa 的热水锅炉。标准中分别列出层状燃烧燃煤锅炉、抛煤机链条炉排燃煤锅炉和流化床燃烧燃煤锅炉的能效等级以及燃油、燃气锅炉的能效等级。燃气锅炉的能效等级见表 1.11-4。

燃气锅炉的能效等级　　　表 1.11-4

能效等级	锅炉容量 $D \leqslant 2$t/h（$D \leqslant 1.4$MW）	锅炉容量 $D > 2$t/h（$D > 1.4$MW）
1	92	94
2	90	92
3	88	90

注：燃气低位热值 18800kJ/m³（标准状态）。

(3)《公共建筑节能设计标准》GB 50189—2015

标准规定的锅炉的热效率不应低于表 1.11-5 的数值。

5. 锅炉的金属耗率及耗电率

锅炉不仅要求效率高，而且也要求金属材料耗量低，运行时耗电量少，由于这三方面常常相互制约，因此，衡量锅炉总的经济性应从这三方面综合考虑。金属耗率是指相应于锅炉每吨蒸发量所耗用的金属材料的重量（t），目前生产的供热锅炉指标为 2～6t/t 蒸汽。耗电率则为产生 1t 蒸汽用电的度数（kWh/t）。耗电率计算时，燃煤锅炉除了锅炉本体配套的辅机外，还涉及破碎机、筛煤机等辅助设备的耗电量，一般为 10kWh/t 左右。

名义工况和规定条件下锅炉的热效率（单位：%）　　　　表 1.11-5

锅炉类型及燃料种类		锅炉额定蒸发量 D（t/h）/额定热功率 Q（MW）				
		$D<1/$ $Q<0.7$	$1\leqslant D\leqslant2/$ $0.7\leqslant Q\leqslant1.4$	$2<D<6/$ $1.4<Q<4.2$	$6\leqslant D\leqslant8/$ $4.2\leqslant Q\leqslant5.6$	$8<D\leqslant20/$ $5.6<Q\leqslant14.0$	$D>20/Q$ >14.0
燃油、燃气锅炉	重油	86			88		
	轻油、燃气	88			90		
层状燃烧锅炉		75	78	80		81	82
抛煤机链条炉排锅炉	Ⅲ类烟煤	—			82		83
流化床燃烧锅炉		—			84		

6. 锅炉大气污染物排放

锅炉大气污染物排放应执行《锅炉大气污染物排放标准》GB 13271—2014。

（1）对于新建燃气锅炉，GB 13271—2014 规定的颗粒物最高允许排放浓度为 $20mg/m^3$；烟气黑度（林格曼黑度）为 $\leqslant$ Ⅰ 级；SO_2 的最高允许排放浓度为 $50mg/m^3$；NO_x 的最高允许排放浓度为 $200mg/m^3$。

GB 13271—2014 规定的燃气锅炉烟囱高度应按批准的环境影响报告书（表）要求确定，但不得低于 8m。

（2）GB 13271—2014 规定燃煤锅炉的大气污染物排放最高允许排放浓度数值与现行国家标准《环境空气质量标准》GB 3095 中规定的环境空气质量功能区有关，环境空气质量功能区一般分为一类区、二类区和三类区，具体内容见本书第 2 章。标准还规定每个新建燃煤锅炉房只能设一根烟囱，烟囱高度要求见表 1.11-6。

燃煤锅炉房烟囱最低高度的确定　　　　表 1.11-6

锅炉房总容量	(t/h)	<1	1～<2	2～<4	4～<10	10～<20	≥20
	MW	<0.7	0.7～<1.4	1.4～<2.8	2.8～<7	7～<14	≥14
烟囱最低高度	(m)	20	25	30	35	40	45

新建锅炉房烟囱周围半径 200m 的距离内有建筑物时，烟囱应高出最高建筑物 3m 以上。

1.11.3　锅炉房设备布置

1. 燃煤锅炉房

在燃煤锅炉房区域内，各种建筑物、构筑物（如烟囱、烟道、排污降温池、凝结水回水池、煤场、运煤廊、灰渣场、贮油罐、油泵房等）的布置应遵循：工艺流程合理，占地面积小，便于管理，运输方便，符合规范及安全规程要求等原则，《锅炉房设计规范》GB 50411 做出了相应的规定。

2. 燃气热水锅炉房

在燃气热水锅炉房区域内，各种建筑物、构筑物（如烟囱、烟道、调压间等）的布置应遵循：工艺流程合理，占地面积小，便于管理，运输方便，符合规范及安全规程要求等原则。

燃气锅炉房的设备布置，显然安全是设计的重要选项。

（1）燃气锅炉的结构特点

燃气锅炉与燃煤锅炉的结构主要区别是由于使用燃料不同所致。燃气锅炉使用气体燃料（天然气或液化石油气），燃气经配风后燃烧，使用燃烧器喷入锅炉炉膛，采用火室燃烧而无需炉排设施，燃气锅炉也无排渣出口及除渣设施。

燃气锅炉与燃煤锅炉相比，具有结构紧凑、体积小、占地面积小，热效率高，自动化程度高，锅炉房建筑面积小和污染物排放少等特点。随着国家加大燃气、页岩气的开采、输送、供应的规模不断扩大，以及城镇大气环境质量日趋严格的要求，燃气锅炉房的建设已经成为小区供热锅炉房中的建设主流。

（2）燃气热水锅炉的类型

燃气热水锅炉的类型见表 1.11-7。

燃气热水锅炉的类型

表 1.11-7

锅炉类型	工作压力 （MPa）	额定热功率范围 （MW/台）	额定出水温度 （℃）	额定回水温度 （℃）
燃气承压热水锅炉	0.7/1.0/1.25	0.7~10.5	95	70
燃气常压热水锅炉	常压	0.35~7	90	70
燃气真空热水锅炉	负压	0.23~2.8	85	60

（3）燃气锅炉的防爆

为减轻炉膛和烟道在混合气体发生爆炸时的破坏程度，应在燃气锅炉的炉膛和烟道上设置泄爆装置。在发生混合气体爆炸时，防爆门将因炉内或烟道内压力突然升高而开启或破裂，泄出高压气体，从而减轻爆炸的破坏程度。

一般设计时，炉膛和烟道的防爆门面积取不小于 $0.025m^2/m^3$。

防爆门的种类分为重力式、破裂式和水封式几种。重力式一般只用在负压运行的锅炉上。

（4）燃气调压装置

燃气调压装置应设置在有围护的露天场地或地上独立的建、构筑物内，不应设置在地下建、构筑物内。燃气调压间平时应有不少于 6 次/h 的换气量和不少于 12 次/h 的事故通风量。

（5）燃烧器

燃烧器是燃气锅炉的重要设备。燃气燃烧器由燃气喷口和调风器组成。

燃气锅炉燃烧工况的好坏，主要取决于燃烧器对燃气的合理配风。

（6）调风器

调风器是燃气燃烧器的组成部分，其作用是向燃料供给足够的空气，并形成有利的空气动力场，使空气能与燃气充分混合。

3. 燃油热水锅炉房

燃油热水锅炉一般都具有全自动控制系统，配有多项安全保护装置，如：缺水保护、超压保护、熄火保护、压力异常保护、烟道超温保护等。它结构紧凑、体积小，安装方便，操作简单，自动调节。

油燃料经加压至雾化，燃油燃烧器的喷油嘴有两类：机械离心式喷油嘴和蒸汽雾化 Y

形喷油嘴。微正压燃烧使其燃料燃烧的更充分，减少燃料的损失和燃气的排放。

同样，燃油锅炉的位置、储油间、油罐、供油管道等的安全要求，应符合相关安全标准、规范的要求。

燃油锅炉应低过量空气运行。当燃料油中含有钒时，会在锅炉的过热器区的管壁上引起高温腐蚀；而油的含硫量高时，又会在省煤器、预热器区引起低温腐蚀。以上两种腐蚀都会导致设备损坏，影响锅炉的可靠性。采用低过量空气的运行方式。过量空气控制在1%～3%，可以有效地抑制腐蚀。

随着燃气供应的普及，小区供热采用的燃油锅炉多被燃气锅炉替代，或被蓄热式电锅炉替代。

4. 蓄热式电锅炉房

蓄热式电锅炉是以水为工质，通过热能转换机理，产生热水或蒸汽的一种特殊设备。

蓄热式电锅炉有两种：一种是在同一台锅炉上分别装有燃烧器和电热元件，结合燃气和电力两种不同性质的能源，白天用电高峰时，锅炉投入高热值的燃料燃烧；低谷时，使用廉价的低谷电力，同时将电能产生的热水或蒸汽储存起来，供白天使用。另一种是仅装设电热元件的蓄热式电锅炉。

蓄热式电锅炉房设计可参照国家标准图集《蓄热式电锅炉房设计施工图集》03R102。

1.11.4 燃气热水锅炉房设备组成与布置

锅炉本体和它的辅助设备，总称为锅炉房设备。燃气热水锅炉房设备组成，简介如下。

1. 锅炉本体

通常锅炉本体包括燃烧器，前、后烟箱，底座，保温等。以卧式三回程火管燃气快装热水锅炉为例，天然气从燃烧器喷出，被电子点火器点燃，在炉胆内燃烧。高压烟气由燃烧室通过回燃室转向180°进入第二回程螺纹烟管，然后在前烟箱处再次转向180°进入第三回程螺纹烟管，最后通过后烟箱并经烟囱排入大气。常选用的真空锅炉（工作压力小于0.1MPa）采用间接式加热，即本体负压，系统承压。

2. 锅炉房的辅助设备

锅炉房的辅助设备，可按它们围绕锅炉所进行的工作过程，由以下几个系统组成：

(1) 燃气系统包括燃气调压系统；锅炉房内燃气配管系统和吹扫放散管系统；锅炉本体的燃烧器。

(2) 鼓风和排烟气系统。

(3) 水系统包括相应的水处理系统。

(4) 全自动控制系统（无须专人值守）。

3. 燃气锅炉房的工艺布置原则

(1) 燃气锅炉房的组成及布置

1) 燃气锅炉房一般由锅炉间（主厂房）、辅助间组成，辅助间主要有水泵及水处理间、鼓风机间（单台10.5MW锅炉以上）、化验间、控制间、热交换间（站）、变配电室、燃气计量间、机修间电气仪表维修间等；还设置有生活间（值班更衣室、休息室、自用浴室、厕所等）；还包括室外的燃气调压箱（站）。

2) 辅助间、生活间都必须围绕锅炉间以一定的规律进行布置。一般将它们贴邻锅炉间固定端一侧布置。单台蒸汽锅炉额定蒸发量为35～75t/h或单台热水锅炉额定热功率为

29～174MW 的锅炉房，其辅助间、生活间视情况，可贴邻锅炉间布置，或单独布置。化验间和仪表控制间应布置在采光良好、监测和取样方便、噪声和振动较小的部位。

（2）锅炉间的工艺布置

锅炉间工艺布置的一般要求：

1）应尽量按工艺流程来布置锅炉设备，使蒸汽（热水）、给水与回水、补水、空气和烟气等介质的流程简短、通畅，阀门附件少，安全性能高，并便于操作和检修。

2）锅炉房的建筑应有良好的通风采光，应尽量避免有积聚气体的死角，如不能避免时，必须采取局部排风措施。

3）设备的选择和布置应考虑扩建和分期建设的合理性和可能性。

4）工艺布置区域应尽量符合建筑模数，使建筑面积和体积紧凑，结构简单，实用、美观。

5）锅炉操作地点和通道的净空高度不应小于 2m，并应符合起吊设备操作高度的要求。

6）烟囱的布置应符合下列要求：

① 钢筋混凝土制烟囱的位置，一般宜布置在锅炉房的后面，在不影响锅炉房建筑基础布置的条件下应尽量靠近锅炉房。

② 独立的钢制烟囱应装有可靠的牵引拉绳，拉绳位置要均布，烟囱高度高于 20m 时，应装设双重牵引拉绳。

③ 烟囱筒身应设置防雷设施，爬梯应设置安全防护围栏，并应根据航空管理的有关规定设置飞行障碍灯和标志。

1.11.5 锅炉房设备、系统选择

1. 锅炉房设计容量的确定

（1）热负荷的确定

确定锅炉房热负荷时应注意下列几点：

1）对各用热户所提供的热负荷资料，应认真核实，掌握工艺生产、生活及供暖通风等对供热的要求（介质参数、负荷大小及使用情况等），绘制热负荷曲线或热平衡系统图，并计入各项热损失、锅炉房自用热量和可供利用的余热量。校验其合理性，以免造成锅炉房设计容量过大。

2）对用热负荷波动较大且较频繁或为周期性变化时的锅炉房，在经济合理的原则下，宜设置蒸汽蓄热器。设有蓄热器的锅炉房，其设计容量应按平衡后的热负荷进行计算确定。

（2）锅炉房设计容量的确定

当缺少热负荷曲线或热平衡系统图时，锅炉房总装机容量 Q 可按下式计算：

$$Q = K_0(K_1Q_1 + K_2Q_2 + K_3Q_3 + K_4Q_4)(\text{t/h 或 MW}) \qquad (1.11\text{-}3)$$

式中 Q_1、Q_2、Q_3、Q_4——分别为供暖，通风和空调，生产，生活的最大热负荷，t/h 或 MW；

K_0——室外管网热损失及锅炉房自用系数，一般取 1.1～1.2；

K_1、K_2、K_3、K_4——分别为供暖，通风和空调，生产，生活热负荷同时使用系数，见表 1.11-8。

同时使用系数 K_1、K_2、K_3、K_4　　　　　　表 1.11-8

项目	K_1	K_2	K_3	K_4
推荐值	1.0	0.7～1.0	0.7～0.9	0.5～0.8

2. 锅炉燃烧方式的选择

燃气锅炉燃气燃烧器按燃烧方式分为扩散式、大气式、无焰式等。

3. 锅炉房烟风系统

（1）锅炉房鼓、引风机配置

1）锅炉鼓、引风机宜单炉配套，系统简单、漏风量少，利于实现自动控制，运行较为安全可靠。对于燃油燃气锅炉房还有利于防爆。小于 2t/h 的小型锅炉可按具体情况单炉或集中配置。当集中配置时，每台锅炉与总风道、总烟道的连接处，应设置密闭性能好的闸门。

2）单炉配置风机时，风量的富余量一般为计算风量的 10%，风压的富余量一般为 20%。如应用于海拔高度超过 300m 的地区，应考虑大气压力降低的影响。

3）应选择高效、节能和低噪声的风机，应尽量使风机在最高效率范围内运行。风机应优先采用变转速调节控制方式。

4）风机风量选择。当缺乏锅炉厂提供的鼓、引风机风量数据或进行估算时，风机鼓风量和排烟量可按表 1.11-9 取值。

锅炉产生 1t/h 蒸汽或 0.7MW 热量的鼓风量与排烟量　　　表 1.11-9

炉 型	过剩空气系数		送风量 (20℃) (m³/h)	对应排烟温度下的排烟量（m³/h）		
	炉膛出口 α_t	排烟 α_{PY}		150℃	200℃	250℃
层燃锅炉	1.3～1.4	1.6	1270	2210	2460	2800
燃油、燃气锅炉	1.05～1.10	1.3	1000	1800	2000	2230

（2）风烟道及烟囱设计

1）风烟道的设计原则

① 燃气锅炉的烟道和烟囱应采用钢制或钢筋混凝土构筑，烟道和烟囱最低点应设置水封式冷凝水排水管道。

② 应使烟道平直、气密性好、附件少及阻力小，水平烟道长度，应根据现场情况和烟囱抽力确定，且应使锅炉能够维持微正压燃烧的要求。水平烟道在敷设时宜有 1% 坡向锅炉或排水点的坡度。

③ 金属烟道的钢板厚度一般采用 4～6mm，设计烟道时，应配置足够的加强肋，保证强度和刚度要求。

④ 烟道的热膨胀应进行补偿，补偿量应进行计算并正确选型。

⑤ 室内钢烟道应有保温措施，保温层外表面的温度不高于 50℃。烟道内表面的温度宜高于烟气露点温度 15℃。

⑥ 燃气锅炉烟囱宜单台炉配置，当多台锅炉共用一座烟囱时，除每台锅炉宜采用单独烟道接入烟囱外，每条烟道尚应安装密封可靠的烟道门。

⑦ 在烟气容易集聚的地方以及当多台锅炉共用一座烟囱或一条总烟道时，每台锅炉

烟道出口处应装设防爆装置，其位置应有利于泄压。当爆炸气体有可能危及操作人员的安全时，防爆装置上应装设泄压导向管。

⑧ 对于一些烟道较长的锅炉房，应对其阻力进行核算，选取相应的鼓、引风机（有引风机时），以确保排烟畅通。

2）烟囱的设计原则

① 自然通风的锅炉，烟囱高度应保证烟囱产生的抽力克服锅炉本体和烟道系统的总阻力。对于负压燃烧的炉膛，还应保证在炉膛出口处有 20～40Pa 的负压。烟囱每米高度产生的烟气抽力参见表 1.11-10。

烟囱每米高度产生的抽力（单位：Pa）　　　　　　　表 1.11-10

烟囱内的烟气平均温度（℃）	在相对湿度 $\varphi=70\%$，大气压力为 0.1MPa 下的空气密度（kg/m³）										
	空气温度（℃）										
	-30	-20	-10	-50	0	$+5$	$+10$	$+15$	$+20$	$+25$	$+30$
	1.420	1.375	1.327	1.300	1.276	1.252	1.228	1.206	1.182	1.160	1.137
140	5.65	5.15	4.70	4.42	4.15	3.91	3.68	3.45	3.20	3.00	2.77
160	5.97	5.50	5.02	4.75	4.51	4.27	4.03	3.81	3.57	3.35	3.12
180	6.31	5.85	5.37	5.10	4.86	4.62	4.38	4.16	3.92	3.70	3.47
200	6.65	6.20	5.72	5.45	5.21	4.97	4.73	4.51	4.27	4.05	3.82

② 钢烟囱宜采用成品不锈钢烟囱。

4. 燃气系统

燃气锅炉房的燃气系统一般由供气管道进口装置、锅炉房内配管系统以及吹扫、放散管等组成。

（1）供气管道入口装置设计要求

1）由调压站至锅炉房的燃气管道（引入管），一般均采用单母管。常年不间断供热时，宜采用从不同燃气调压箱接来的两路供气的双母管。

2）由锅炉房外部引入的燃气总管，在进口处应装设与锅炉房燃气浓度报警装置联动的总切断阀，按燃气流动方向，阀前应装放散管，并在放散管上装设取样口，阀后应装吹扫管接头和气体压力表。

3）引入管与锅炉间供气干管的连接，可采用端部连接或中间连接。当锅炉房内锅炉台数为 4 台以上时，为使各锅炉供气压力相近，最好采用在干管中间接入的方式。

（2）锅炉房内燃气配管系统设计要求。

1）燃气管道宜架空敷设。输送相对密度小于 0.75 的燃气管道，应设在空气流通的高处；输送相对密度大于 0.75 的燃气管道，宜装设在锅炉房的外墙和便于检测的位置。

2）燃气干管应配套性能可靠的阀组，其组成顺序应符合现行国家标准《锅炉房设计标准》GB 50041 的要求。

3）燃气管道应装设放散管、放散口、吹扫口和取样口。

（3）吹扫、放散管系统设计

1）燃气管道在停止运行进行检修时，为检修工作的安全，需要把管道内的燃气吹扫干净；系统在较长时间停止工作后再投入运行前，为防止燃气空气混合物进入炉膛引起爆炸，亦需进行吹扫，并将可燃气混合气体排入大气。因此检修时用压缩空气进行吹扫。

2）放散管可汇合成总管引至室外，其排出口应高出锅炉房屋脊 2m 以上，并应使排放出的气体不致窜入邻近的建筑物或被通风装置吸入。

3）放散管的管径根据吹扫管段的容积和吹扫时间确定，一般按吹扫时间为 15～20min，吹扫量为吹扫段容积的 10～20 倍计算。吹扫气体可采用氮气或其他惰性气体。

4）通常情况下，快速关闭和放散管的关闭阀采用电磁阀，自动控制。

燃气锅炉房的燃气管道敷设和燃气调压系统应符合国家标准《城镇燃气设计规范》GB 50028 的要求，有关内容见本书第 6 章。

1.11.6 燃气锅炉节能与减排措施

1. 降低排烟热损失

燃气锅炉应设置烟气余热回收利用装置，降低排烟热损失实质是降低排烟的烟气量和烟气温度（冬季约为 150℃），方法有两种：

（1）采用比例控制的燃烧器，当负荷变化时，合理调整燃气供应和空气配比，即动态控制燃烧的过量空气系数，降低排烟量。

（2）由于排烟热损失中，水蒸气所携带的热损失占到排烟热损失的 55%～75%。因而，若将烟气温度降低到水蒸气冷凝温度以下，且通过回收利用蒸汽冷凝潜热，可以有效降低排烟热损失，提高锅炉热效率。实现回收蒸汽冷凝潜热的途径有：采用冷凝式锅炉或排烟道中加装热回收装置。

冷凝式燃气锅炉即在锅炉中加设冷凝式热交换受热面，将排烟烟气温度降到 40～50℃，回收冷凝热，锅炉效率至少可以提高 10%～12%。天然气锅炉烟气的露点温度一般在 55℃左右，当供暖设计回水温度小于或等于 50℃时，宜采用冷凝式锅炉。

还应指出，烟气在冷凝之前的总含水量等于空气中的含水量加上燃烧产物的含水量之和。只有在过量空气系数较小的条件下，冷凝式燃气炉才能有很高的热效率，随着过量空气系数的加大，冷凝炉的热效率会降低。

2. 烟气热回收装置

采用间接式热回收装置，又称烟气冷凝热热回收装置，用于常规燃气锅炉的节能改造。应该说，它的使用特性和冷凝式燃气锅炉相同。

3. 提高运行控制水平

提高运行控制水平就是要实现供需平衡、按需供热、精确适应系统的负荷变化。如对供暖系统，应根据室外温度的变化，合理调节供水温度；增加时间控制、节假日控制以及针对不同热用户的性质的控制环节，实现既保证供热质量，又节约用能。

4. 降低锅炉排污热损失

锅炉排污是保证锅炉正常运行的一项措施，采用自动排污，尽量减少锅炉排污量，相应就减少了锅炉排污热损失。

5. 降低锅炉氮氧化物 NO_x 的排放

氮氧化物 NO_x 对人、环境均有危害，燃气锅炉当燃烧温度高于 1500℃时，空气中的氧气和氮气反应生成 NO_x，成为锅炉主要排放 NO_x 的来源。生成 NO_x 的影响因素是燃烧温度和燃烧区域的氧浓度，因此，锅炉低氮燃烧技术正处于开发和应用中。

所采用的技术主要有：烟气再循环技术（烟气回到空气供应系统，降低混合气中的氧浓度）、分级燃烧技术（主燃区供入 70%～90% 的燃气，低过剩空气系数供应空气；再燃区供入 10%～30% 的燃气，不供应空气，将 NO_x 还原为 N_2）、高温空气燃烧技术（空气温度一般加热到 800℃以上）、全预混金属纤维燃烧技术、催化燃烧技术、纯氧燃烧技术和水冷预混超低氮燃烧技术（NO_x 排放低至 $18mg/m^3$）等。

1.12　分　散　供　暖

1.12.1　电热供暖

除了符合下列情况之一外，不得采用电直接加热设备作为供暖和空气加湿的热源：

（1）电力供应充足且电力需求侧管理鼓励用电时；

（2）无城市或区域集中供热，采用燃气、煤、油等燃料受到环保或消防，且无法利用热泵或其他方式提供热源的建筑；

（3）以供冷为主、供暖负荷非常小，且无法利用热泵或其他方式提供热源的建筑；

（4）以供冷为主、供暖负荷小，且无法利用热泵或其他方式提供热源，但可以利用低谷电进行蓄热，且电锅炉不在用电高峰和平段时间启用的系统；

（5）利用可再生能源发电，且其发电量能满足自身电加热或加湿用电量需求的建筑；

（6）冬季无加湿用蒸汽源，且冬季室内相对湿度控制精度要求高的建筑。

1. 发热电缆地面辐射供暖

以电力为能源，利用合金电阻丝制成的发热电缆经通电发热，达到供暖的效果。发热电缆地面辐射供暖通常有单导（电缆由"冷线"进入，串接"热线"，再接"冷线"引出）和双导（电缆由"冷线"进入，串接"热线"，然后再由"冷线"在电缆内返回，其特征是头尾均在一端）之分。

（1）发热电缆地面辐射供暖系统的组成

系统由发热电缆、温度感应器（温控探头）和温度控制器三部分组成，为安装方便，厂家通常把发热电缆事先装配在玻璃纤维网上，俗称"网垫式发热电缆"或称"加热席垫"。发热电缆内芯由冷线、热线组成，外面由绝缘层、接地、屏蔽层和外护套组成。

（2）工作原理

发热电缆通电后，热线发热，并在 40～60℃ 的温度间运行，埋设在填充层内的发热电缆，将热能通过热传导（对流）的方式（占发热电缆发热量的 50%）和发出的 8～13μm 的远红外线辐射方式（占发热电缆发热量的 50%）传给受热体。

（3）发热电缆地面辐射供暖系统的设计

发热电缆地面辐射供暖系统的设计按照现行行业标准《辐射供暖供冷技术规程》JGJ 142 的有关规定进行。

2. 低温电热膜供暖

低温电热膜是一种通电后能发热的半透明聚酯薄膜，它由可导电的特制油墨、金属载流条经加工、热压在绝缘聚酯薄膜间制成。工作时以电热膜为发热体，将热量以辐射的形式送入空间，使人体和物体首先得到温暖。低温辐射电热膜系统由电源、电热膜片、T形电缆、绝缘防水快速插头、温控器及温度传感器等部件组成。电源经导线连通电热膜，将电能转化为热能。由于电热膜为纯电阻电路，故其转换效率高，除一小部分损失（2%），绝大部分（98%）被转化成热能。电热膜宜采用顶棚式，不能直接用于地面辐射供暖，需要外加 PVC 真空封套，才能用于地面辐射供暖。由于电热膜供暖系统的安全性极高，经有关部门检测，它的绝缘等级、耐压能力、泄漏电流、阻燃性都达到了国家相应的标准，用户可放心使用。电热膜的性能与特点如下：

（1）电热膜的击穿电压在 1200V 以上，故在 220V 的电压下运行不存在击穿的危险。

（2）电热膜具有阻燃性，不会导致电热膜的自燃。

（3）电热膜供暖系统属于低温辐射供暖系统，电热膜在运行时它的表面温度只有 40~50℃。

（4）电热膜可使用智能供暖系统，能合理安排各个房间、各个时段的供暖温度，控制无效用电，节约开支。

3. 碳纤维电地暖或墙暖

碳纤维用天然纤维或人造有机化学纤维经过碳化制成，其主要成分由碳原子组成，具有低密度、强度高、耐高温、耐腐蚀、耐磨、抗蠕变、抗疲劳和导电、导热性能优异的特点。碳纤维地（墙）暖是利用电力通过碳纤维分子活动振荡做布朗运动取得热量。该取暖方式充分利用了热量的三种传播方式，即：热传导、热对流和热辐射。

4. 温控装置

电热辐射供暖系统应设置温控装置。

1.12.2　户式燃气炉供暖

1. 户式燃气炉供暖设计要求

随着城镇燃气化的步伐加快，户式燃气炉供暖系统得到普遍应用，在我国已经有多年的成功实践。户式燃气炉供暖主要采用的是壁挂式供暖、热水两用燃气锅炉为热源的户式供暖系统。

户式燃气炉供暖系统的设计要求：

（1）确保用户使用安全，应选用全封闭式燃烧、平衡式强制排烟的系统。

（2）燃气壁挂炉服务于低温热水地板辐射供暖系统时，由于壁挂炉高温差低流量的特性，不适合直接作地暖。也为了避免壁挂炉处于低温热媒运行，一方面，壁挂炉的热效率下降；另一方面，烟气会发生结露现象，造成腐蚀，影响热源设备的使用寿命。为此，宜采取混水罐（去耦罐）的热水供暖系统，即在系统中加入混水罐和循环水泵，把供暖系统分成两次循环，壁挂炉能实现高效率运行，达到节能、长寿命的效果。

（3）户式燃气炉供暖系统应具有防冻功能，系统应设置排气、泄水装置。

（4）宜选用节能环保的壁挂冷凝式燃气锅炉。按照《家用燃气快速热水器和燃气采暖热水炉能效限定值及能效等级》GB 20665—2015 的规定，将热负荷不大于 70kW 的燃气壁挂采暖热水炉的能效等级分为 3 级，当最低热效率 $\eta_1 = 99\%$，且 $\eta_2 = 95\%$ 同时达到时，为 1 级；当最低热效率 $\eta_1 = 89\%$，且 $\eta_2 = 85\%$ 同时达到时，为 2 级；当最低热效率 $\eta_1 = 86\%$，且 $\eta_2 = 82\%$ 同时达到时，为 3 级（其中：η_1 和 η_2 分别为供暖额定热负荷和 30% 的供暖热负荷下的热效率值）。采用壁挂冷凝式燃气锅炉供暖，可提供达到 1 级能效的产品，同时由于热效率提高相应减少 NO_x 与 PM2.5 的排放，又有更好的环保效益。

（5）应通过水力计算，合理选择配套循环水泵。

2. 户式燃气壁挂炉的可靠运行

保证壁挂炉可靠运行的核心问题是维持稳定的高热效率和长使用寿命，而影响这两个方面的最大因素就是水垢的生成，尤其是在使用生活热水时，由于需要不断地充入新水，我国北方绝大部分地区的水质较硬，这样就使换热器的结垢率大大增大。而随着换热器内壁上的水垢不断加厚，换热器的管径便会越来越小，水流不畅，不仅增加了水泵及换热器的阻力，而且壁挂炉的换热效率也会大大降低。为此，对壁挂炉定期进行清洗保养是非常必要的措施。

第2章 通　风

采用通风方法改善室内空气环境，是将建筑室内的不符合卫生标准的污浊空气排至室外，将新鲜空气或经过净化符合卫生要求的空气送入室内。实施通风的目的是通过采用控制空气传播污染物的技术，如净化、排除或稀释等技术，保证环境空间具有良好的空气品质，提供人的生命过程的需氧量，提供适合生活和生产的空气环境。

就通风的范围而言，通风方式可分为全面通风和局部通风。全面通风方式实质是稀释环境空气中的污染物，在条件限制、污染源分散或不确定等原因，采用局部通风方式难以保证卫生标准时可以采用。局部通风方式作为保证工作和生活环境空气品质、防止室内环境污染的技术措施应优先考虑。在产生污染物的源头采用局部排风方式把含有污染物的气体捕集、净化、排放至室外；对特别需要保证局部地点空气条件的区域可以采用局部送风。

按照动力的不同，通风方式可分为自然通风和机械通风。自然通风是依靠风压、热压使空气流动，具有不使用动力的特点。机械通风是进行有组织通风的主要技术手段。

建筑防排烟的目的是在火灾发生时，防止烟气侵入作为疏散途径的走廊、楼梯间前室、楼梯间等人员必经的空间，保护建筑室内人员从有害的烟气环境中安全疏散。为了达到防排烟的目的，在建筑中必须设置周密而可靠的防排烟系统和设施。

2.1　环境标准、卫生标准与排放标准

2.1.1　环境标准

1. 环境空气质量标准

人类在有环境空气的环境空间中生活、生产、工作，作为空气质量保障条件，我国现执行的《环境空气质量标准》GB 3095 中规定了环境空气质量功能区划分、标准分级、污染物项目、取值时间及浓度限值，采样分析方法及数据统计的有效性。标准规定环境空气质量功能区分成两类：一类区为自然保护区、风景名胜区和其他需要特殊保护的地区；二类区为居住区、商业交通居民混合区、文化区、工业区和农村地区。一类区适用一级浓度限值；二类区适用二级浓度限值。各类地区环境空气中污染物的浓度限值给出了明确规定，表 2.1-1 中列出了环境空气污染物基本项目浓度限值。表 2.1-2 列出了环境空气污染物其他项目浓度限值。

环境空气污染物基本项目浓度限值（摘自 GB 3095—2012）　　　　表 2.1-1

污染物项目	平均时间	浓度限制		浓度单位
		一级标准	二级标准	
二氧化硫（SO_2）	年平均	20	60	$\mu g/m^3$
	24h平均	50	150	
	1h平均	150	500	

续表

污染物项目	平均时间	浓度限制		浓度单位
		一级标准	二级标准	
二氧化氮（NO$_2$）	年平均	40	40	$\mu g/m^3$
	24h平均	80	80	
	1h平均	200	200	
一氧化碳（CO）	24h平均	4	4	mg/m^3
	1h平均	10	10	
臭氧（O$_3$）	日最大8h平均	100	160	$\mu g/m^3$
	1h平均	160	200	
颗粒物（粒径小于等于10μm）	年平均	40	70	
	24h平均	50	150	
颗粒物（粒径小于等于2.5μm）	年平均	15	35	
	24h平均	35	75	

环境空气污染物其他项目浓度限值（摘自 GB 3095—2012）   表 2.1-2

污染物项目	平均时间	浓度限制		浓度单位
		一级标准	二级标准	
总悬浮颗粒物（TSP）	年平均	80	200	$\mu g/m^3$
	24h平均	120	300	
氮氧化物（NO$_x$）	年平均	50	50	
	24h平均	100	100	
	1h平均	250	250	
铅（Pb）	年平均	0.5	0.5	
	季平均	1	1	
苯并［a］芘（BaP）	年平均	0.001	0.001	
	24h平均	0.0025	0.0025	

从 1997 年 6 月开始，我国的城市陆续开展空气质量日报、周报工作，量化环境空气污染的程度来评定城市环境空气质量。2012 年我国采用空气质量指数（AQI）替代原有的空气污染指数（API），AQI 的内容见表 2.1-3。

《环境空气质量标准》GB 3095—2012 中空气污染指数 API 的内容   表 2.1-3

评价的污染物	发布频率
SO$_2$、NO$_2$、PM$_{10}$、PM$_{2.5}$、O$_3$、CO 六项	小时均值（1h一次）＋日报

根据《环境空气质量指数（AQI）技术规定（试行）》HJ 633—2012，将空气质量指数（AQI）范围划分为 0～50、51～100、101～150、151～200、201～300 和大于 300 六档，依次对应于空气质量一级～六级的六个指数级别，指数级别越大，说明污染越严重，对人体健康的影响越明显。与大气雾霾形成主要相关的 PM2.5（直径小于等于2.5μm的颗粒物）也列入其中。

表 2.1-4 给出了空气质量指数及对应的污染物项目浓度限值，表 2.1-5 中给出空气质量指数范围及相关信息。

空气质量分指数及对应的污染物项目浓度限值　　　　　表 2.1-4

空气质量指数 AQI	污染物浓度					
	SO_2 (1h平均, $\mu g/m^3$)	NO_2 (1h平均, $\mu g/m^3$)	PM_{10} (24h平均, $\mu g/m^3$)	CO (1h平均, mg/m^3)	O_3 (1h平均, $\mu g/m^3$)	$PM_{2.5}$ (24h平均, $\mu g/m^3$)
0～50	0～150	0～100	0～50	0～5	0～160	0～35
51～100	151～500	101～200	51～150	6～10	101～160	36～75
101～150	501～650	201～700	151～250	11～35	161～215	76～115
151～200	651～800	701～1200	251～350	36～60	216～265	116～150
201～300	—	1201～2340	351～420	61～90	266～800	151～250
>300	—	2341～3090	421～500	91～120	801～1200	251～350

注：1. SO_2、NO_2、CO 的 1h 平均浓度限值仅用于实时报，在日报中需使用相应污染物的 24h 平均浓度值。

2. SO_2 的 1h 平均浓度值高于 $800\mu g/m^3$ 的，不再进行空气质量分指数计算，SO_2 的空气质量分指数按 24h 平均浓度计算的分指数报告。

3. O_3 的 8h 平均浓度值高于 $800\mu g/m^3$ 的，不再进行空气质量分指数计算，O_3 的空气质量分指数按 1h 平均浓度计算的分指数报告。

4. 污染物项目的空气质量分指数计算方法按照《环境空气质量指数（AQI）技术规定（试行）》HJ 633—2012 的规定方法计算。

空气质量指数范围及相关信息　　　　　表 2.1-5

空气质量指数 AQI	空气质量指数级别	空气质量状况	对健康的影响	建议采取的措施
0～50	一级	优	空气质量令人满意，基本无空气污染	各类人群可正常活动
51～100	二级	良	空气质量可接受，但某些污染物可能对极少数异常敏感人群健康有较弱影响	极少数易敏感人群减少户外活动
101～150	三级	轻度污染	易感人群症状有轻度加剧，健康人群出现刺激症状	儿童、老年人及心脏病、呼吸系统疾病患者应减少长时间、高强度的户外锻炼
151～200	四级	中度污染	进一步加剧易感人群症状，可能对健康人群心脏、呼吸系统有影响	儿童、老年人及心脏病、呼吸系统疾病患者避免长时间、高强度的户外锻炼，一般人群适量减少户外活动
201～300	五级	重度污染	心脏病和肺病患者症状显著加剧，运动耐受力降低，健康人群中普遍出现症状	儿童、老年人及心脏病、肺病患者应停留在室内、停止户外运动，一般人群减少户外活动
>300	六级	严重污染	健康人运动耐受力降低，有明显强烈症状，提前出现某些疾病	儿童、老年人和病人应当留在室内，避免体力消耗，一般人群应避免户外活动

2. 声环境标准

为了防治噪声污染，保障城乡居民正常生活、工作和学习的声环境质量，国家制定了《声环境质量标准》GB 3096—2008 用于声环境质量评价与管理。按区域的使用功能特点和环境质量要求，声环境功能区分为以下五种类型：

0 类声环境功能区：指康复疗养区等特别需要安静的区域；

1 类声环境功能区：指以居民住宅、医疗卫生、文化教育、科研设计、行政办公为主要功能，需要保持安静的区域；

2 类声环境功能区：指以商业金融、集市贸易为主要功能，或者居住、商业、工业混杂，需要维护住宅安静的区域；

3 类声环境功能区：指以工业生产、仓储物流为主要功能，需要防止工业噪声对周围环境产生严重影响的区域；

4 类声环境功能区：指交通干线两侧一定距离之内，需要防止交通噪声对周围环境产生严重影响的区域，包括 4a 类和 4b 类两种类型。4a 类为高速公路、一级公路、二级公路、城市快速路、城市主干路、城市次干路、城市轨道交通（地面段）、内河航道两侧区域；4b 类为铁路干线两侧区域。

各类声环境功能区适用表 2.1-6 规定的环境噪声等效声级限值。各类声环境功能区夜间突发噪声，其最大声级超过环境噪声限值的幅度不得高于 15dB（A）。

环境噪声限值　［单位：dB（A）］　　　　　　　表 2.1-6

声环境功能区类别		时　段	
		昼　间	夜　间
0 类		50	40
1 类		55	45
2 类		60	50
3 类		65	55
4 类	4a 类	70	55
	4b 类	70	60

2.1.2　室内环境空气质量

为了衡量房屋是否合乎人居环境健康要求，原卫生部等部门制定了《室内空气质量标准》GB/T 18883—2002，检测要求室内门窗关闭时间为 12h。该标准涉及室内环境物理性、化学性、生物性、放射性共 19 项指标，详见表 2.1-7。

《室内空气质量标准》GB/T 18883—2002 主要指标　　　　　表 2.1-7

序号	参数类别	参数	单位	标准值	备注
1	物理性	温度	℃	22～28	夏季空调
				16～24	冬季供暖
2		相对湿度	%	40～80	夏季空调
				30～60	冬季供暖
3		空气流速	m/s	0.30	夏季空调
				0.20	冬季供暖
4		新风量	m³/（h·人）	30	

序号	参数类别	参数	单位	标准值	备注
5	化学性	二氧化硫 SO_2	mg/m^3	0.50	1h均值
6		二氧化氮 NO_2	mg/m^3	0.24	1h均值
7		一氧化碳 CO	mg/m^3	10	1h均值
8		二氧化碳 CO_2	%	0.10	日平均值
9		氨 NH_3	mg/m^3	0.20	1h均值
10		臭氧 O_3	mg/m^3	0.16	1h均值
11		甲醛 HCHO	mg/m^3	0.10	1h均值
12		苯 C_6H_6	mg/m^3	0.11	1h均值
13		甲苯	mg/m^3	0.20	1h均值
14		二甲苯	mg/m^3	0.20	1h均值
15		苯并〔a〕芘	mg/m^3	1.0	日平均值
16		可吸入颗粒 PM_{10}	mg/m^3	0.15	日平均值
17		总挥发性有机物 TVOC	mg/m^3	0.60	8h均值
18	生物性	菌落总数	cfu/m^3	2500	依据仪器定
19	放射性	氡 222Rn	Bq/m^3	400	年平均值

针对用于民用建筑工程和室内装修工程环境质量验收检测，住房和城乡建设部制定了《民用建筑工程室内环境污染控制标准》GB 50325—2020。该标准规定了民用建筑工程室内环境控制的基本技术要求；规定了材料、工程勘察设计、工程施工和验收的具体技术要求，以使民用建筑工程的室内环境污染得到有效控制。该标准对建筑商、装修商具有强制性，民用建筑工程及室内装修工程的室内环境质量验收，应在工程完工不少于 7d 后，工程交付使用前进行。该标准规定了抽检房间的总数、不同房间面积对应的室内污染物环境浓度的测点数。室内环境质量验收不合格的民用建筑工程，严禁交付投入使用。该标准具体对甲醛、苯、甲苯、二甲苯、氨、TVOC（总挥发性有机物）和氡（R_n）等 7 项指标进行了限定，具体见表 2.1-8；将民用建筑划分成两类：Ⅰ类民用建筑工程：住宅、居住功能公寓、医院病房、老年人照料房屋设施、幼儿园、学校教室、学生宿舍等；Ⅱ类民用建筑工程：办公楼、商店、旅馆、文化娱乐场所、书店、图书馆、展览馆、体育馆、公共交通等候室、餐厅等。

《民用建筑工程室内环境污染控制标准》GB 50325—2020 污染物浓度限量　表 2.1-8

污染物	Ⅰ类民用建筑工程	Ⅱ类民用建筑工程	污染物	Ⅰ类民用建筑工程	Ⅱ类民用建筑工程
氡（Bq/m^3）	≤150	≤150	甲苯（mg/m^3）	≤0.15	≤0.20
甲醛（mg/m^3）	≤0.07	≤0.08	二甲苯（mg/m^3）	≤0.20	≤0.20
氨（mg/m^3）	≤0.15	≤0.20	TVOC（mg/m^3）	≤0.45	≤0.50
苯（mg/m^3）	≤0.06	≤0.09			

注：1. 污染物浓度测量值，除氡外均指室内污染物浓度测量值扣除室外上风向空气中污染物浓度测量值（本底值）后的测量值；
　　2. 污染物浓度测量值的极限值判定，采用全数值比较法。

　　需要指出的是，规范中的工程勘察设计章节，强调了工程勘察、设计的作用，对于建筑通风设计而言，集中空调工程应保证人员新风量的需求；采用直接自然通风的生活、工作的房间的通风开口有效面积不应小于该房间地板面积的 1/20；厨房的通风开口有效面积不应小于该房间地板面积的 1/10，并不得小于 $0.6m^2$。严寒地区居住建筑中的厨房、厕所、卫生间应设自然通风道或通风换气设施。

　　《公共建筑室内空气质量控制设计标准》JGJ/T 461—2019 就室内空气质量设计计算、通风与净化系统设计、装饰装修污染控制设计和监测与控制系统设计做出了技术规定。《公共建筑室内环境分级标准》T/CABEE 002—2020 明确了分级标准。《住宅新风系统技术标准》JGJ/T 440—2018 就新风系统设计、设备材料选用、施工安装、检验、调试及验收做出了技术规定。

　　为了保证室内人员的健康，室内有效引入新风的同时，应有效抵御雾霾、粉尘等外部污染，中国质量检验协会批准团体标准现已发布有《新风净化机》T/CAQI 38522、《商用空气净化器》T/CAQI 38521 有关设备标准。针对中小学发布有《中小学新风净化系统设计导则》T/CAQI 28、《中小学教室空气质量规范》T/CAQI 27 和《中小学新风净化系统技术规程》T/CAQI 30 等标准，而更多的有关新风的标准也正陆续出台。

　　《中小学新风净化系统设计导则》T/CAQI 28 规定，如果教室门窗密闭无法满足夏季空调或冬季供暖时人员对新风量的需求，或者当地近 3 年年均室外空气质量优良天数少于 288 天，或其他不具备自然通风条件的，应设计新风净化系统。

2.1.3 卫生标准

　　作为保护工业企业建筑环境内劳动者和工业企业周边环境居民的安全与健康，使工业企业设计符合卫生标准要求，目前实施的标准为《工业企业设计卫生标准》GBZ 1—2010 和《工作场所有害因素职业接触限值》GBZ 2.1—2007、GBZ 2.2—2007。标准 GBZ 1—2010 适用于国内所有新建、扩建、改建建设项目和技术改造、技术引进项目的职业卫生设计及评价。该标准还规定了工业企业的选址与整体布局、防尘、防暑、防噪声与振动、防非电离辐射、辅助用室等方面的内容，以保证工业企业的设计符合卫生要求。标准 GBZ 2 给出了具体工作场所污染因素的职业接触限值。

　　卫生标准中规定的工作场所污染因素的职业接触限值，是职业性污染因素的接触限值，指劳动者在职业活动过程中长期反复接触对机体不引起急性或慢性有害健康影响的容许接触水平。有害物质的容许浓度按《工业场所有害因素职业接触限值　第 1 部分：化学有害因素》GBZ 2.1—2019 的规定执行。该标准规定化学有害因素的职业接触限值包括时间加权平均允许浓度（PC-TWA）、短时间接触容许浓度（PC-STEL）和最高允许浓度（MAC）三类。时间加权平均允许浓度（PC-TWA）是以时间为权数规定的 8h 工作日、40h 工作周的平均允许接触浓度；短时间接触容许浓度（PC-STEL）是在遵守 PC-TWA 前提下允许短时间（15min）接触的浓度；最高允许浓度（MAC）是工作地点、在一个工作日内、任何时间有毒化学物质均不应超过的浓度。该标准正文表 1～表 3 中的职业接触限值为强制性的，依次为 358 项化学因素 [OELs（mg/m^3）]、49 项粉尘和 3 项生物因素（OELs）。该标准中还给出了苯、二甲苯等 28 项化学因素的生物监测指标和职业接触生物限值及工作场所空气中粉尘（部分）职业接触限值，该标准规定采用时间加权平均允许浓度（PC-TWA），如表 2.1-9 所示（完整的内容详见该标准）。

工作场所空气中粉尘（部分）职业接触限值　　　　表 2.1-9

序号	中 文 名	英 文 名	PC-TWA（mg/m³）		备注
			总尘	呼尘	
1	玻璃钢粉尘	Fiberglass reinforced plastic dust	3	—	—
2	沉淀 SiO₂（白炭黑）	Precipitated silica dust	5	—	—
3	大理石粉尘（碳酸钙）	Marble dust	8	4	—
4	电焊烟尘	Welding fume	4	—	G2B
5	酚醛树脂粉尘	Phenolic aldehyde resin dust	6	—	敏
6	谷物粉尘（游离 SiO₂含量<10%）	Grain dust（free SiO₂<10%）	4	—	敏
7	活性炭粉尘	Active carbon dust	5	—	—
8	聚丙烯粉尘	Polypropylene dust	5	—	—
9	聚丙烯腈纤维粉尘	Polyacrylonitrile fiber dust	2	—	—
10	聚氯乙烯粉尘	Polyvinyl chloride（PVC）dust	5	—	—
11	铝尘 　铝金属、铝合金粉尘 　氧化铝粉尘	Aluminum dust： 　Metal & alloys dust 　Aluminium oxide dust	 3 4	 — —	 — —
12	煤尘（游离 SiO₂含量<10%）	Coal dust（free SiO₂<10%）	4	2.5	—
13	棉尘	Cotton dust	1	—	—
14	木粉尘（硬）	Wood dust	3	—	G1；敏
15	皮毛粉尘	Fur dust	8	—	敏
16	人造矿物纤维绝热棉粉尘 （玻璃棉、矿渣棉、岩棉）	Man-made mineral fiber insulation cotton (Fibrous glas, Slag wool, Rock wool)	5 1 f/mL		—
17	砂轮磨尘	Grinding wheel dust	8	—	—
18	石膏粉尘	Gypsum dust	8	4	—
19	石墨粉尘	Graphite dust	4	2	—
20	水泥粉尘（游离 SiO₂含量<10%）	Cement dust（free SiO₂<10%）	4	1.5	—
21	炭黑粉尘	Carbon black dust	4	—	G2B
22	矽尘 　10%≤游离 SiO₂含量≤50% 　50%<游离 SiO₂含量≤80% 　游离 SiO₂含量>80%	Silica dust 　10%≤free SiO₂≤50% 　50%<free SiO₂≤80% 　free SiO₂>80%	 1 0.7 0.5	 0.7 0.3 0.2	G1 （结晶型）
23	烟草尘	Tobacco dust	2	—	—
24	珍珠岩粉尘	Perlite dust	8	4	—
25	蛭石粉尘	Vermiculite dust	3	—	—
26	其他粉尘ᵃ	Particles not otherwise regulated	8	—	—

注：1. 表中列出的各种粉尘（石棉纤维尘除外），凡游离 SiO₂高于10%者，均按矽尘接触限值对待。
　　2. a：指游离 SiO₂低于10%，不含石棉和有毒物质，而未制定职业接触限值的粉尘。
　　3. G1：对人致癌；G2B：对人可疑致癌。
　　4. "敏"人对该物质可能有致敏作用。

　　生产场所工作人员的隔热要求和有关局部送风措施与计算等规定，具体按《工业建筑供暖通风与空调设计规范》GB 50019—2015 第 6.5 节采用。

2.1.4　排放标准

　　为了防止工业废水、废气、废渣对大气、水源和土壤的污染，保障环境生态条件，我国在实施的《大气污染物综合排放标准》GB 16297—1996 中规定了 33 种大气污染物的排放限值，同时规定了标准执行中的各种要求。该标准适用于现有污染源大气污染物排放管理，以及建设项目的环境影响评价、设计、环境保护设施竣工验收及其投产后的大气污染物排放管理。

在《大气污染物综合排放标准》GB 16297—1996 中规定的最高允许排放速率，现有污染源分一、二、三级，新污染源分为二、三级。按污染源所在的环境空气质量功能区类别，执行相应级别的排放速率标准，即：位于一类区的污染源执行一级标准（一类区禁止新、扩建污染源，一类区现有污染源改建执行现有污染源的一级标准）；位于二类区的污染源执行二级标准；位于三类区的污染源执行三级标准。

近年通过编写或修订面向工业行业的污染物排放标准部分替代《大气污染物综合排放标准》GB 16297，同时各地区也陆续出台更为严格的地方标准。目前国家发布的涉及污染物排放标准主要行业有：煤炭工业、水泥工业、陶瓷工业、铝工业、锌工业、铜钴镍工业、镁工业、钛工业、硝酸工业、硫酸工业、稀土工业、铁矿采选工业、钢铁烧结、球团工业、炼铁工业、锡工业、锑汞工业、铸造工业、火电厂、锅炉等，从烟尘排放浓度的角度来看，普遍由过去的百位级（mg/m³）向十位级或个位级进行要求。随着国家的发展、人们生活水平的提高，可以预期越来越严格的环境质量标准会陆续出台。因此，暖通空调设计师应结合项目的行业和所处地区对于污染物排放浓度限值规定，按照环境影响报告书（表）的要求进行设计。

2.2 全 面 通 风

2.2.1 全面通风设计的一般原则

（1）散发热、湿或有害物质的车间或其他房间，当不能采用局部通风或采用局部通风仍达不到卫生要求时，应辅以全面通风或采用全面通风。

（2）全面通风有自然通风、机械通风或自然与机械的联合通风等各种方式。设计局部排风或全面排风时应尽量采用自然通风方式，以节约能源和投资。当自然通风不能满足室内安全、卫生、环保要求或生产要求时，应设置机械通风或自然与机械的联合通风。

（3）公共建筑的厨房、厕所、盥洗室和浴室等，应采用机械通风。住宅的厨房、卫生间全面通风换气次数不宜小于 3 次/h。

普通民用建筑的居住、办公室等，宜采用自然通风；供暖室外计算温度低于或等于 −15℃时，尚应设置可开启的气窗进行定期换气。

（4）设置集中供暖且有机械排风的建筑物，当采用自然补风不能满足室内卫生条件、生产要求或在技术经济上不合理时，宜设置机械送风系统。设置机械送风系统时应进行热风平衡计算（热平衡计算和风量平衡计算的简称）。

对每班运行不足 2h 的局部排风系统，当排风量可以补偿并不影响室内安全、卫生、环保要求时，可不设机械送风补偿所排出的风量。

（5）在进行冬季全面通风换气的热风平衡计算时，应分析具体情况并充分考虑下列各种因素：

1）在允许范围内适当提高集中送风的送风温度，但一般不超过 40℃；当与供暖结合时，送风温度不宜低于 35℃，不得高于 70℃；

2）利用已计入热负荷的冷风渗透量；

3）利用建筑物内部的非污染空气作为补风；

4）对于允许短时过冷或采用间断排风的室内，可以不考虑"热平衡"和"空气平衡"

的计算原则;

5) 当相邻房间未设有组织进风装置时,可利用部分冷风渗透量作为自然补风;

(6) 用于选择机械送风系统室外计算参数选取见表 2.2-1。

机械送风系统室外计算参数
表 2.2-1

季节	冬季		夏季	
用途	计算通风耗热量	计算消除余热、余湿通风量	计算消除余热,或计算通风系统新风冷却的通风量	计算消除余湿的通风量
计算参数	冬季供暖室外计算温度	冬季通风室外计算温度	宜采用夏季通风室外计算温度①	宜采用夏季通风室外计算干球温度和夏季通风室外计算相对湿度②

① 室内最高温度限值要求较严格,可采用夏季空调室外计算温度;
② 室内最高湿度限值要求较严格,可采用夏季空调室外计算温度和夏季空调室外湿球温度。

(7) 确定热负荷时,应与工艺密切配合,在了解生产过程、收集工艺资料的基础上,根据实际情况统计散热量:

1) 冬季散热量:

①按最小负荷班的工艺设备散热量计入得热;

②不经常散发的散热量,可不计算;

③经常而不稳定的散热量,应采用小时平均值。

2) 夏季散热量:

①按最大负荷班的工艺设备散热量计入得热;

②经常而不稳定的散热量,按最大值考虑得热;

③白班不经常的散热量较大时,应予以考虑。

(8) 室外进风必须满足室内新风量和环境空气质量标准要求。室内含尘气体经净化后其含尘浓度不超过国家规定的容许浓度要求值的 30% 时,允许循环使用。空气中含有极毒物质的场所、含有难闻气味以及含有危险浓度的致病细菌或病毒的房间、含有易燃易爆物质的房间,均不应采用循环空气。

(9) 机械送风系统室外进风口位置的设置应符合下列要求:

1) 设在室外空气比较洁净的地点;

2) 设在排风口的上风侧,且应低于排风口;

3) 进风口的底部距室外地坪不宜低于 2m,当设在绿化地带时,不宜低于 1m;

4) 降温用的进风口,宜设在建筑物的背阴处;

5) 避免进、排风短路。

2.2.2 全面通风的气流组织

全面通风效果不仅取决于通风量的大小,还与通风过程的气流组织优劣有关。所谓气流组织就是合理布置送、排风口和分配风量,选用合适的风口形式,以便用最小的通风量获得最佳的通风效果,并尽量避免通风气流可能发生的气流短路现象。

进行通风气流组织设计时,应符合下述原则:

(1) 全面通风的进、排风应避免使含有大量热、湿或有害物质的空气流入作业地带或人员经常停留的地方。送入通风房间的清洁空气应先经操作地点,再经污染区域排至室外。

在通风时间内，应尽量使送风气流均匀分布，减少涡流，避免有害物在局部地区的积聚。

（2）当要求空气清洁的房间周围环境较差时，应保持室内正压；散发粉尘、有害气体或有爆炸危险物质的房间应保持负压。室内正压、负压可以用调整机械送、排风量实现。

（3）机械送风系统（包括与热风供暖合并的系统）的送风方式，应符合下列要求：

1）散发热或同时散发热、湿和有害气体的工业建筑，当采用上部或上下部同时全面排风时，宜送至作业地带；

2）散发粉尘或密度比空气大的气体和蒸汽，而不同时散发热的生产厂房及辅助建筑物，当从下部地带排风时，宜送至上部区域；

3）当固定工作地点靠近有害物质散发源，且不可能安装有效的局部排风装置时，应直接向工作地点送风。

（4）同时散发热、蒸汽和有害气体，或仅散发密度比空气小的有害气体的生产建筑，除设局部排风外，宜在上部区域进行自然或机械的全面排风，其排风量不宜小于每小时一次换气。当房间高度大于 6m 时，排风量可按每平方米地面面积每小时 $6m^3$ 计算。

（5）当采用全面排风消除余热、余湿或其他有害物质时，应分别从建筑物内温度最高、含湿量最大或有害物浓度最大的区域排风，全面排风量分配应符合下列条件：

1）当有害气体和蒸气密度比空气轻，或虽比室内空气重，但建筑物散发的显热全年均能形成稳定的上升气流时，宜从房间上部区域排出；

2）当有害气体和蒸气密度比空气重，但建筑物散发的显热全年均不能形成稳定的上升气流或挥发的蒸气吸收空气中的热量导致气体或蒸气沉积在房间下部区域时，宜从房间上部区域排出总排风量的 1/3，从下部区域排出总排风量的 2/3，且不应小于每小时一次换气；

3）当人员活动区有害气体与空气混合后的浓度未超过卫生标准，且混合后气体的相对密度与空气接近时，可只设上部或下部区域排风。

注：1. 相对密度小于或等于 0.75 的气体视为比空气轻，相对密度大于 0.75 时，视为比空气重；前者排风的吸气口应位于房间上部区域，后者排风的吸气口应位于房间下部区域；

2. 上、下部区域的排风量中，应包括该区域内的局部排风量；

3. 地面以上 2m 以下的区域，规定为下部区域。

（6）建筑物全面排风系统吸风口的布置一般应符合下列规定：

1）位于房间上部区域的排风口，用于排除余热、余湿和有害气体时（含爆炸危险性物质时除外），吸气口上缘至顶棚平面或屋顶的距离不大于 0.4m；

2）排除空气含爆炸危险性物质时，吸风口上缘至顶棚平面或屋顶的距离不大于 0.1m；

3）位于房间下部区域的排风口，其下缘至地板的间距不大于 0.3m；

4）因建筑构造形式的有害或有爆炸危险气体排出的死角区域应设置导流设施。

2.2.3　全面通风量计算

1. 消除有害物

对于散发有害物的房间，可以采用式（2.2-1）进行通风量与有害物浓度变化之间关系的分析。

$$(Ly_1 - x - Ly_0)/(Ly_2 - x - Ly_0) = \exp(\tau \cdot L/V_f) \qquad (2.2-1)$$

式中　L——全面通风量，m^3/s；

y_0——送风空气中有害物浓度，g/m³；

x——有害物散发量，g/s；

y_1——初始时刻室内空气中有害物浓度，g/m³；

y_2——在经过 τ 时间室内空气中有害物浓度，g/m³；

V_f——房间体积，m³；

τ——通风时间，s。

对式（2.2-1）进行各种简化可以得到以下几种形式：

（1）不稳定状态下的全面通风量计算式：

$$L = \frac{x}{y_2 - y_0} - \frac{V_f}{\tau} \cdot \frac{y_2 - y_1}{y_2 - y_0} (\text{m}^3/\text{s})$$

（2）稳定状态下的全面通风量计算式：

$$L = \frac{Kx}{y_2 - y_0} (\text{m}^3/\text{s})$$

式中，K 为安全系数。安全系数 K 的选取应考虑多方面的因素，如：有害物的毒性、有害物源的分布及其散发的不均匀性、室内气流组织及通风的有效性等；还应考虑有害物的反应特性和沉积特性（如粉尘和烟尘等）。对于一般通风房间，可根据经验在 3~10 范围内选用。

2. 消除余热或余湿

如果室内产生热量或水蒸气，为了消除余热或余湿所需的全面通风可按下式计算：

（1）消除余热：

$$G = \frac{Q}{c(t_p - t_0)} \quad (\text{kg/s}) \tag{2.2-2}$$

式中 G——全面通风换气量，kg/s；

c——空气定压比热容，kJ/(kg·℃)，一般取 1.01kJ/(kg·℃)；

Q——室内余热量，kJ/s；

t_p——排出空气的温度，℃；

t_0——进入空气的温度，℃。

（2）消除余湿

$$G = \frac{W}{d_p - d_0} \quad (\text{kg/s}) \tag{2.2-3}$$

式中 W——余湿量，g/s；

d_p——排出空气的含湿量，g/kg 干空气；

d_0——进入空气的含湿量，g/kg 干空气。

当送、排风温度不相同时，送、排风的体积流量是变化的，故在式（2.2-2）和式（2.2-3)中均采用质量流量。

根据《工业企业设计卫生标准》GBZ 1 的规定，当数种溶剂（苯及其同系物，或醇类或醋酸酯类）的蒸汽，或数种刺激性气体（三氧化二硫及三氧化硫，或氟化氢及其盐类等），同时放散于室内空气中时，由于它们对人体的作用是叠加的，全面通风量应按各种气体分别稀释至规定的接触限值所需空气量的总和计算。除上述有害气体及蒸汽外，同时还有其他有害物质放散于空气中时，全面通风量应分别计算稀释各有害物所需的空气量，然后取最大值。有害物质的容许浓度按《工业场所有害因素职业接触限值　第 1 部分：化学有害因素》GBZ 2.1—2007 的规定执行。该标准规定化学有害因素（358 种）的职业接触限值包括时间加权平均允许浓度（PC-TWA）、短时间接触容许浓度（PC-STEL）和最高允许浓度（MAC）三类。标准对有毒化学物质多给出 PC-TWA 和 PC-STEL 的数值，如氨的容许浓度：PC-TWA 是 20mg/m³、PC-STEL 是 30mg/m³。

当散入室内的有害物量无法具体计算时，全面通风量可按类似房间换气次数的经验数值进行计算。所谓换气次数，就是通风量 L（m³/h）与通风房间体积 V_f 的比值，换气次数 $n=L/V_f$（次/h）。各种房间的换气次数，可从有关的设计规范或标准中查取。

3. 工业建筑通风耗热量计算

人员停留区域和不允许冻结的房间，机械送风系统的空气，冬季宜进行加热，并应满足室内风量和热量的平衡要求。

计算机械送风系统加热新风的空气加热器耗热量按下式计算：

$$Q = GC_p(t_2 - t_1) \quad (\text{W}) \tag{2.2-4}$$

式中　Q——被加热空气所需热量，W；

　　　G——被加热的空气量，kg/s；

　　　C_p——空气定压比热容，取 1.01kJ/(kg·℃)；

　　　t_1——室外新风温度（按表 2.2-1 选取），℃；

　　　t_2——空气加热后温度，℃。

2.2.4　热风平衡计算

1. 风量（即空气质量）平衡

在通风房间中，不论采用何种通风方式，单位时间内进入室内的空气量应和同时间内排出的空气量保持相等，即通风房间的空气量要保持平衡，这就是一般说的空气平衡或风量平衡。风量平衡式为：

$$G_{zj} + G_{jj} = G_{zp} + G_{jp} \tag{2.2-5}$$

式中　G_{zj}——自然进风量，kg/s；

　　　G_{jj}——机械进风量，kg/s；

　　　G_{zp}——自然排风量，kg/s；

　　　G_{jp}——机械排风量，kg/s。

在未设有组织自然通风的房间中，当机械进、排风量相等（$G_{jj}=G_{jp}$）时，室内压力等于室外大气压力，室内外压力差为零。当机械进风量大于机械排风量（$G_{jj}>G_{jp}$）时，室内压力升高，处于正压状态。反之，室内压力降低，处于负压状态。由于通风房间不是非常严密，处于正压状态时，室内的部分空气会通过房间不严密的缝隙或窗户、门洞渗到室外，该部分渗到室外的空气量，称为无组织排风；当室内处于负压状态时，室外空气会渗入室内，该部分空气量则称为无组织进风。在工程设计中，为使相邻房间不受污染，常有意识地利用无组织进风和无组织排风，让清洁度要求高的房间保持正压，产生有害物质的房间保持负压。

2. 热量平衡

要使通风房间温度保持不变，必须使室内的总得热量等于总失热量，保持室内热量平衡，即热平衡。热平衡式为：

$$\Sigma Q_{h} + c \cdot L_{p} \cdot \rho_{n} \cdot t_{n} = \Sigma Q_{f} + c \cdot L_{jj} \cdot \rho_{jj} \cdot t_{jj} + c \cdot L_{zj} \cdot \rho_{w} \cdot t_{w} + c \cdot L_{xh} \cdot \rho_{n}(t_{s} - t_{n})$$

(2.2-6)

式中 ΣQ_{h}——围护结构、材料吸热的总失热量，kW；

ΣQ_{f}——生产设备、产品及供暖散热设备的总放热量，kW；

L_{p}——局部和全面排风风量，m^{3}/s；

L_{jj}——机械进风量，m^{3}/s；

L_{zj}——自然进风量，m^{3}/s；

L_{xh}——循环风风量，m^{3}/s；

ρ_{n}——室内空气密度，kg/m^{3}；

ρ_{w}——室外空气密度，kg/m^{3}；

ρ_{jj}——机械进风空气密度，kg/m^{3}；

t_{n}——室内排出空气温度，℃；

t_{w}——室外空气计算温度，℃；

t_{jj}——机械进风温度，℃；

t_{s}——再循环送风温度，℃。

在保证室内卫生标准要求的前提下，为降低通风系统的运行能耗，提高经济效益，在进行通风设计时，还应尽可能采取热回收等节能措施。

2.2.5 事故通风

（1）在可能突然散发大量有害气体、爆炸或危险性气体或粉尘的建筑物内，应设置事故通风装置及与事故排风系统相连锁的泄漏报警装置。

（2）设置事故通风应符合下列要求：

1）散发有爆炸危险的可燃气体、粉尘或气溶胶等物质时，应设置防爆通风系统或诱导式事故排风系统；

2）具有自然通风的单层建筑物，所散发的可燃气体密度小于室内空气密度时，宜设置事故送风系统；

3）事故通风宜由经常使用的通风系统和事故通风系统共同保证，但在发生事故时，必须提供足够的送排风量。

（3）事故排风量宜根据工艺设计条件，通过计算确定，且换气次数不应小于12次/h。当房间高度小于或等于6m时，应按实际体积计算；当房间高度大于6m时，应按6m的空间体积计算。

（4）事故排风的吸风口，应设在有害气体或爆炸危险性物质散发量可能最大或聚集最多的地点，对建筑死角应采取导流措施。

（5）事故排风的排风口，应符合下列规定：

1）不应布置在人员经常停留或经常通行的地点；

2）排风口与机械送风系统的进风口的水平距离应不小于20m，当水平距离不足20m时，排风口必须高出进风口并不得小于6m；

3）当排风中含有可燃气体时，事故通风系统排风口应距火花可能溅落点20m以外；

4）排风口不得朝向室外空气动力阴影区和正压区。

（6）事故通风的通风机应分别在室内及靠近外门的外墙上设置电器开关。

2.3 自 然 通 风

自然通风是以热压和风压作用不消耗人工能源、经济且绿色的通风方式。由于自然通风易受室外气象条件的影响，特别是风力的作用很不稳定，所以自然通风主要在热车间排除余热的全面通风中采用。某些热设备的局部排风也可以采用自然通风。当工艺要求进风需经过滤和净化处理时，或进风能引起雾或凝结水时，不得采用自然通风。放散极毒物质的生产厂房、仓库，严禁采用自然通风。

随着建筑节能、绿色建筑的要求日益严格，民用建筑合理利用自然通风已经提上设计日程，即优先利用自然通风实现室内污染物浓度控制和消除建筑物余热、余湿。当利用自然通风不能满足要求时，则采用机械通风。

采用自然通风时，应从总图布置、建筑形式、工艺配置、通风设计等几方面综合考虑，才能达到良好的有组织自然通风；改善环境空气的卫生条件。

2.3.1 自然通风的设计与绿色建筑

1. 自然通风设计原则

(1) 根据《工业企业设计卫生标准》GBZ 1—2010 和当地气象条件，按表 2.3-1 确定室内工作场所的 WBGT 限值，体力劳动强度分级参照表 2.3-2 的规定执行。

夏季不同工作场所不同体力劳动强度 WBGT 限值（单位：℃）   表 2.3-1

接触时间率	体力劳动强度			
	Ⅰ	Ⅱ	Ⅲ	Ⅳ
100%	30	28	26	25
75%	31	29	28	26
50%	32	30	29	28
25 %	33	32	31	30

注：1. WBGT 指数，又称湿球黑球温度，是综合评价人体接触作业环境热负荷的一个基本参数，单位为℃；

2. 室外通风设计计算温度≥30℃地区，表规定的指数相应增加 1℃。

常见职业体力劳动强度分级表   表 2.3-2

体力劳动强度分级	职 业 描 述
Ⅰ（轻劳动）	坐姿：手工作业或腿的轻度活动（正常情况下，如：打字、缝纫、脚踏开关等）；立姿：操作仪器，控制、查看设备，上臂用力为主的装配工作
Ⅱ（中等劳动）	手和臂持续动作（如锯木头等）；臂和腿的工作（如卡车、拖拉机，或建筑设备等运输操作）；臂和躯干的工作（如锻造、风动工具操作、粉刷、间断搬运中等重物、除草、锄田、摘水果和蔬菜等）
Ⅲ（重劳动）	臂和躯干负荷工作（如搬重物、铲、锤锻、锯刨或凿硬木、割草、挖掘等）
Ⅳ（极重劳动）	大强度的挖掘、搬运，快到极限节律的极强活动

（2）以自然进风为主的建筑物的主进风面宜布置在夏季主导风向侧。当放散粉尘或有害气体时，在其背风侧的空气动力阴影区内的外墙上，应避免设置进风口。屋顶处于正压区时应避免设排风天窗。

（3）利用穿堂风进行自然通风的建筑物，其迎风面与夏季主导风向宜成 60°～90° 角，且不宜小于 45°。

（4）夏季自然通风用的室外进风口，其下缘距室内地面的高度不宜大于 1.2m，还应避开室内热源和有害气体污染源，以防止进风被污染。当进风口高于 2.0m 时，应考虑对进风效率的影响，进风效率可查有关手册。

（5）在严寒地区或寒冷地区用于冬季自然通风的进风口，其下缘距室内地面不宜低于 4m，如低于 4m 时，应采取防止冷风吹向工作地点的有效措施。

（6）民用建筑的厨房、厕所、盥洗室和浴室等，宜采用自然通风。当利用自然通风不能满足室内卫生要求时，应采用机械通风。大空间建筑（净高大于 5m 且体积大于 10000m³ 的大空间）及住宅、办公室、教室等易于在外墙上开窗并通过室内人员自行调节实现自然通风的房间，宜采用自然通风或自然通风与机械通风相结合的复合通风。

（7）散发热量的工业建筑物的自然通风量应根据热压作用进行计算。当自然通风不能满足人员活动区的温度要求时，宜辅以机械通风。当室内设有机械通风设备时，应考虑它对自然通风的影响。

（8）夏季自然通风应采用流量系数大、易于操作和维修的进排风口或窗扇。

（9）位于夏热冬冷或夏热冬暖地区，工艺散热量小于 23W/m³ 的厂房，当建筑空间高度不大于 8m 时，宜采取屋顶隔热措施。当采用通风屋顶隔热时，其通风层长度不宜大于 10m，空气层高度宜为 20cm。对上述地区，工艺散热量大于 23W/m³ 和其他地区的室内散热量大于 35W/m³ 以及不允许天窗孔口气流倒灌时，均应采用避风天窗。

（10）利用天窗排风的工业建筑，选用的避风天窗应便于开关和清扫。

2. 绿色建筑

建筑物尽量利用自然通风，设置有效的自然通风设施，是绿色建筑中的重要举措。当利用自然通风不能消除余热、余湿或不满足卫生、环保等要求时，宜采用自然通风和机械通风共同作用的复合通风系统。有关论述见本书第 5 章。

2.3.2　自然通风原理

自然通风产生的动力来源于热压和风压。热压主要产生在室内外温度存在差异的建筑环境空间；风压主要是指室外风作用在建筑物外围护结构，造成室内外静压差。如果建筑物外墙上的窗孔两侧存在压力差 Δp，就会有空气流过该窗孔，空气流过窗孔时的阻力就等于 $\Delta p = \zeta \cdot \rho v^2 / 2$，这里 ζ 是窗孔的局部阻力系数；v 是空气流过窗孔时的流速，m/s；ρ 是空气的密度，kg/m³。由此引起的通风换气量为：

$$L = vF = \mu F \sqrt{2\Delta p / \rho} \quad (\text{m}^3/\text{s}) \qquad (2.3\text{-}1a)$$

写为质量流量 G 的形式，则有：

$$G = L \cdot \rho = \mu F \sqrt{2\Delta p \rho} \quad (\text{kg/s}) \qquad (2.3\text{-}1b)$$

式中　μ——窗孔的流量系数，$\mu = \sqrt{1/\zeta}$，μ 值的大小与窗孔的构造有关，一般小于 1；

　　　　Δp——窗孔两侧的压力差，Pa；

F——窗孔的面积，m^2。

由上式可以看出，只要已知窗孔两侧的压力差 Δp 和窗孔的面积，就可以求得通过该窗孔的空气量 G。要实现自然通风，窗孔两侧必须存在压力差。

1. 热压作用下的自然通风

如图 2.3-1 所示，设房间外围结构的不同高度上有两个窗孔 a 和 b，两者的高差为 h。假设窗孔外的静压分别为 p_a、p_b，窗孔内的静压力分别为 p'_a、p'_b，室内外的空气温度和密度分别为 t_n、ρ_n 和 t_w、ρ_w。

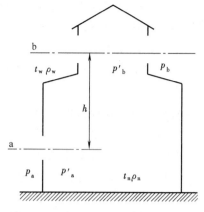

图 2.3-1　自然通风中的热压作用原理

按流体静力学原理的要求，窗孔 b 的内外压差为：

$$\Delta p_b = p'_b - p_b = (p'_a - gh\rho_n) - (p_a - gh\rho_w)$$
$$= (p'_a - p_a) + gh(\rho_w - \rho_n) = \Delta p_a + gh(\rho_w - \rho_n) \quad (2.3\text{-}2)$$

式中　Δp_a、Δp_b——窗孔的内外压差，Pa；

　　　　g——重力加速度，$\mathrm{m/s}^2$。

可见，即便在 $\Delta p_a = 0$ 的情况下，也有 $\Delta p_b > 0$。因此，如果开启窗孔 b，空气将从窗孔 b 流出。随着室内空气的向外流动，室内静压逐渐降低，$(p'_a - p_a)$ 由等于零变为小于零。这时室外空气就由窗孔 a 流入室内，一直到窗孔 a 的进风量等于窗孔 b 的排风量时，室内静压才保持稳定。由于窗孔 a 进风，$\Delta p_a < 0$；窗孔 b 排风，$\Delta p_b > 0$。

根据式 (2.3-2)，有：

$$\Delta p_b + (-\Delta p_a) = \Delta p_b + | \Delta p_a | = gh(\rho_w - \rho_n) \quad (2.3\text{-}3)$$

由上式可以看出，进风窗孔和排风窗孔两侧压差的绝对值之和与两窗孔的高度差 h 和室内外的空气密度差 $\Delta \rho = (\rho_w - \rho_n)$ 有关，将 $gh(\rho_w - \rho_n)$ 称为热压。如果室内外没有空气温度差，或者窗孔之间没有高度差，就不会产生热压作用下的自然通风。实际上，如果只有一个窗孔也仍然会形成自然通风，这时窗孔的上部排风，下部进风，相当于两个窗孔在一起，此时自然通风只在窗口附近有效果。

2. 余压

通常把建筑物同标高处某一窗孔位置的室内外静压差称为该点的余压。余压为正，该窗孔排风；余压为负，则该窗孔进风。

仅有热压作用时，某一窗孔 c 与在其下面的窗孔 a 间的距离为 h'，有：

$$\Delta p_{cx} = p_c - p_x = \Delta p_{ax} + gh'(\rho_w - \rho_n) \quad (2.3\text{-}4)$$

式中　p_x——室外未受扰动的空气压力（即围护结构外表面上的静压），Pa；

　　　　Δp_{cx}——窗孔 c 的余压，Pa；

　　　　Δp_{ax}——窗孔 a 的余压，Pa；

　　　　h'——窗孔 c 至窗孔 a 的高度差，m。

由此可知，窗孔 c 与窗孔 a 的高差 h' 越大，则余压值越大。在热压的作用下，余压沿室内空间高度的变化如图 2.3-2 所示。余压值从进风窗孔 a 的负值逐渐增大到排风窗孔 b 的正值。在 0—0 平面上余压等于零，空气没有流动，通常将这个平面称为中和面（或中

和界)。如果我们把中和面作为基准面，考虑到中和面
上的余压 $p_{0x}=0$，于是窗孔 a 的余压为：

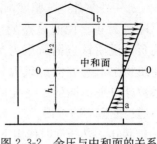

$$p_{ax} = p_{0x} - h_1(\rho_w - \rho_n)g = -h_1(\rho_w - \rho_n)g$$
$$(2.3-5)$$

窗孔 b 的余压为：

$$p_{bx} = p_{0x} + h_2(\rho_w - \rho_n)g = h_2(\rho_w - \rho_n)g$$
$$(2.3-6)$$

图 2.3-2　余压与中和面的关系

式中　h_1、h_2——窗孔 a、b 至中和面的距离，m。

中和面以上窗孔余压为正，为排风窗孔；中和面以下窗孔余压为负，为进风窗孔。

3. 风压作用下的自然通风

室外气流在遇到建筑物时会发生绕流流动，气流离开建筑物一段距离后才恢复平行流动。按照边界层流动的特性，建筑物附近的平均风速是随建筑物高度的增加而增加的。迎风面前方的风速和气流紊流度都会强烈影响气流绕流时的流动状况、建筑物表面及其周围的压力分布。

由于气流的冲击作用，在建筑物的迎风面将形成一个滞流区，这里的静压高于大气压，处于正压状态。一般情况下，当风向与该平面的夹角大于 30°时，便会形成正压区。

室外气流绕流时，在建筑物的顶部和后侧将形成弯曲的循环气流。屋顶上部的涡流区称为回流空腔，建筑物背风面的涡流区称为回旋气流区。这两个区域的静压均低于大气压力，形成负压区，称为空气动力阴影。空气动力阴影区覆盖着建筑物下风向各表面（如屋顶、两侧外墙和背风面外墙），并延伸一定距离，直至气流尾流区。

空气动力阴影区的最大高度为：

$$H_c \approx 0.3\sqrt{A} \quad (m) \qquad (2.3-7)$$

式中　A——建筑物迎风面的面积，m^2。

屋顶上方受建筑影响的气流最大高度（含建筑物高度）为：

$$H_K \approx \sqrt{A} \quad (m) \qquad (2.3-8)$$

建筑物周围气流运动状况，不但对自然通风计算、天窗形式的选择和配置有重要意义，而且对通风、空调系统的进、排风口的配置也有重大影响。例如，排风系统排放气体排入空气动力阴影区内，有害物质会逐渐积聚，如恰好有进风口布置在该区域，则有害物会随进风进入室内。因此，必须加高排气立管或烟囱，使有害气体（或烟气）排至空气动力阴影区域以上，以增强大气的混合与稀释作用。

室外气流吹过建筑物时，建筑物的迎风面为正压区，顶部及背风面均为负压区。与远处未受扰动的气流相比，由于风的作用，在建筑物表面所形成的空气静压变化称为风压。建筑物外围结构上某一点的风压值可表示为：

$$p_f = K\frac{v_w^2}{2}\rho_w \quad (Pa) \qquad (2.3-9)$$

式中　K——空气动力系数；

　　　　v_w——室外空气流速，m/s；

ρ_w——室外空气密度，kg/m^3。

K 值为正，说明该点的风压为正值；K 值为负，说明该点的风压为负值。不同形状的建筑物在不同方向的风力作用下，空气动力系数分布是不同的。空气动力系数要在风洞内通过模型实验求得。

4. 风压、热压同时作用下的自然通风

建筑物受到风压、热压同时作用时，外围护结构各窗孔的内外压差就等于风压、热压单独作用时窗孔内外压差之和。

对于图 2.3-3 所示的建筑，窗孔 a 的内外压差为：

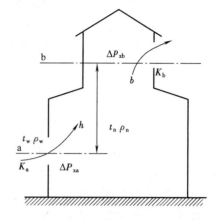

图 2.3-3　热压和风压联合作用下的自然通风

$$\Delta p_a = \Delta p_{xa} - K_a \frac{v_w^2}{2} \rho_w \quad (Pa) \qquad (2.3-10)$$

窗孔 b 的内外压差为：

$$\Delta p_b = \Delta p_{xb} - K_b \frac{v_w^2}{2} \rho_w$$

$$= \Delta p_{xa} + hg(\rho_w - \rho_n) - K_b \frac{v_w^2}{2} \rho_w \quad (Pa) \qquad (2.3-11)$$

式中　Δp_{xa}——窗孔 a 的余压，Pa；

Δp_{xb}——窗孔 b 的余压，Pa；

K_a、K_b——窗孔 a 和 b 的空气动力系数；

h——窗孔 a 和 b 之间的高差，m。

由于室外风的风速和风向经常变化，风压不是一个稳定的因素。为了保证自然通风的设计效果，在实际计算时仅考虑热压的作用，一般不考虑风压。但是需要定性地考虑风压对自然通风总体效果的影响。

2.3.3　自然通风的计算

自然通风计算包括两类问题：一类是设计计算，即根据已确定的工艺条件和要求的工作区温度计算必需的全面换气量，确定进排风窗孔位置和窗孔面积；另一类是校核计算，即在工艺、土建、窗孔位置和面积确定的条件下，计算能达到的最大自然通风量，校核工作区温度是否满足卫生标准的要求。

还应该注意，车间内部的温度分布和气流分布对自然通风有较大影响。热车间内部的温度和气流分布是比较复杂的，例如热源上部的热射流和各种局部气流都会影响热车间的温度分布，其中以热射流的影响最大。具体地说，影响热车间自然通风的主要因素有厂房形式、工艺设备布置、设备散热量等。要对这些因素进行详细的研究，必须进行 CFD 数值模拟或模型试验，或在类似的厂房进行实地测试。目前工程中采用的自然通风计算方法是在一系列的简化条件下进行的，这些简化的条件是：

（1）通风过程是稳定的，影响自然通风的因素不随时间而变化。

（2）整个车间的空气温度都等于车间的平均空气温度 t_{np}，即：

$$t_{np} = \frac{t_n + t_p}{2} \qquad (2.3\text{-}12)$$

式中　t_n——室内工作区温度，℃；

　　　t_p——上部窗孔的排风温度，℃。

（3）同一水平面上各点的静压均保持相等，静压沿高度方向的变化符合流体静力学法则。

（4）车间内空气流动时，不受任何障碍的阻挡。

（5）不考虑局部气流的影响，热射流、通风气流到达排风窗孔前已经消散。

（6）用封闭模型得出的空气动力系数适用于有空气流动的孔口。

1. 自然通风的设计计算步骤

（1）计算车间的全面换气量：

$$G = \frac{Q}{c \cdot (t_p - t_j)} \quad (\text{kg/s}) \qquad (2.3\text{-}13)$$

式中　Q——车间的总余热量，kJ/s；

　　　t_p——车间上部的排风温度，℃；

　　　t_j——车间的进风温度，$t_j = t_w$，℃；

　　　c——空气比热容，$c = 1.01 \text{kJ/(kg} \cdot \text{℃)}$。

（2）确定窗孔的位置，分配各窗孔的进、排风量。

（3）计算各窗孔的内外压差和窗孔面积。

仅有热压作用时，先假定中和面位置或某一窗孔的余压，然后根据式（2.3-5）或式（2.3-6)计算其余各窗孔的余压。在风压、热压同时作用时，同样先假定某一窗孔的余压，然后按式（2.3-10）和式（2.3-11）计算其余各窗孔的内外压差。

应当指出，最初假定的余压值不同，最后计算得出的各窗孔面积分配是不同的。以图 2.3-2 为例，在热压作用下，进、排风窗孔的面积分别为：

进风窗孔

$$F_a = \frac{G_a}{\mu_a \sqrt{2 \mid \Delta p_a \mid \rho_w}} = \frac{G_a}{\mu_a \sqrt{2 h_1 g (\rho_w - \rho_{np}) \rho_w}} \qquad (2.3\text{-}14)$$

排风窗孔

$$F_b = \frac{G_b}{\mu_b \sqrt{2 \mid \Delta p_b \mid \rho_p}} = \frac{G_b}{\mu_b \sqrt{2 h_2 g (\rho_w - \rho_{np}) \rho_p}} \qquad (2.3\text{-}15)$$

式中　Δp_a、Δp_b——窗孔 a、b 的内外压差，Pa；

　　　G_a、G_b——窗孔 a、b 的流量，kg/s；

　　　μ_a、μ_b——窗孔 a、b 的流量系数；

　　　ρ_w——室外空气的密度，kg/m³；

　　　ρ_p——上部排风温度下的空气密度，kg/m³；

　　　ρ_{np}——室内平均温度下的空气密度，kg/m³；

　　　h_1、h_2——中和面至窗孔 a、b 的距离，m。

根据空气量平衡方程式 $G_a = G_b$，如果近似认为 $\mu_a \approx \mu_b$，$\rho_w \approx \rho_p$，上述的公式可简化为：

$$(F_a/F_b)^2 = h_2/h_1 \quad 或 \quad F_a/F_b = \sqrt{h_2/h_1} \tag{2.3-16}$$

从式（2.3-16）可以看出，进排风窗孔面积之比是随中和面位置的变化而变化的。中和面向上移（即增大 h_1 减小 h_2），排风窗孔面积增大，进风窗孔面积减小；中和面向下移，则相反。式（2.3-16）还指出，自然通风设计中，中和面的位置是可以人为设定的，只要改变进、排风窗孔的面积，则中和面的位置就会发生相应的改变。在热车间的通风设计中，一般都选择上部天窗进行排风的方案，由于天窗的造价要比侧窗高，因此，中和面位置不宜选得太高。

如果车间内同时设有机械通风，在风平衡方程式中应同时对机械通风和自然通风加以考虑。

2. 排风温度计算

利用式（2.3-12）计算室内的平均温度，必须知道室内上部的排风温度。按照不同的通风房间的具体情况（建筑结构、设备布置和热湿散发特性），自然通风的排风温度有下述三种计算方法：

（1）根据多年的研究和工程实践，对于某些特定的车间，可按排风温度与夏季通风计算温差的允许值确定。有文献认为，对于大多数车间而言，要保证 $t_n - t_w \leqslant 5℃$，$t_p - t_w$ 应不超过 10～12℃。

（2）当厂房高度不大于 15m，室内散热源比较均匀，而且散热量不大于 $116W/m^3$ 时，可用温度梯度法计算排风温度 t_p，即：

$$t_p = t_n + a(h-2) \quad （℃） \tag{2.3-17}$$

式中　a——温度梯度，℃/m，见表 2.3-3；

　　　　h——排风天窗中心距地面高度，m。

温度梯度 a 值（单位：℃/m）　　　　　　　　表 2.3-3

室内散热量 (W/m³)	厂　房　高　度　（m）										
	5	6	7	8	9	10	11	12	13	14	15
12～23	1.0	0.9	0.8	0.7	0.6	0.5	0.4	0.4	0.3	0.3	0.2
24～47	1.2	1.2	0.9	0.8	0.7	0.6	0.5	0.5	0.5	0.4	0.4
48～70	1.5	1.5	1.2	1.1	0.9	0.8	0.8	0.8	0.8	0.8	0.5
71～93		1.5	1.5	1.3	1.2	1.2	1.2	1.2	1.1	1.0	0.9
94～116			1.5	1.5	1.5	1.5	1.5	1.5	1.5	1.4	1.3

（3）有效热量系数法。在有强热源的车间内，空气温度沿高度方向的分布是比较复杂的。热源上部的热射流在上升过程中，周围空气不断卷入，热射流的温度逐渐下降。热射流上升到屋顶后，一部分由天窗排除，一部分沿四周外墙向下回流，返回工作区或在工作区上部重新卷入热射流。返回工作区的那部分循环气流与从窗孔流入的室外气流混合后，一起进入室内工作区，工作区温度就是这两股气流的混合温度。如果车间内工艺设备的总散热量为 Q（kJ/s），其中直接散入工作区的那部分热量为 mQ，称为有效余热量，m 则称为有效热量系数。

$$m = (t_n - t_w)/(t_p - t_w) \tag{2.3-18}$$

$$t_p = t_w + (t_n - t_w)/m \tag{2.3-19}$$

式中　t_p——室内上部排风温度，℃；

t_n——室内工作区温度,℃；

t_w——夏季通风室外计算温度,℃。

3. 有效热量系数 m 值的确定

在同样的 t_p 下，m 值越大，散入工作区的有效热量越多，t_n 就越高。m 值确定以后，即可求得 t_p。确定 m 值是一个很复杂的问题，m 值的大小主要取决于热源的集中程度和热源布置，同时也取决于建筑物的某些几何因素。例如在模型试验中发现，在其他条件均相同的情况下，热源按图 2.3-4（a）布置，$m=0.44$；热源按图 2.3-4（b）布置，$m=0.81$。在一般情况下，m 值按下式计算：

$$m = m_1 \times m_2 \times m_3 \tag{2.3-20}$$

式中　m_1——根据热源占地面积 f 和地板面积 F 之比值，按图 2.3-5 确定的系数；

　　　m_2——根据热源高度，按表 2.3-4 确定的系数；

　　　m_3——根据热源的辐射散热量 Q_f 和总散热量 Q 之比值，按表 2.3-5 确定的系数。

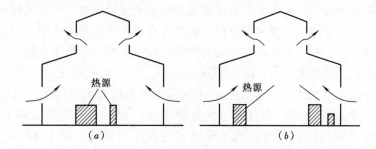

图 2.3-4　热源布置对有效热量系数 m 的影响

有效热量系数 m_2 值　　　　　　　　　　　　　表 2.3-4

热源高度（m）	≤2	4	6	8	10	12	≥14
m_2	1.0	0.85	0.75	0.65	0.60	0.55	0.5

有效热量系数 m_3 值　　　　　　　　　　　　　表 2.3-5

Q_f/Q	≤0.4	0.5	0.55	0.60	0.65	0.7
m_3	1.0	1.07	1.12	1.18	1.30	1.45

2.3.4　自然通风设备选择

1. 进风装置

进风装置主要有对开窗、推拉窗、上悬窗、中悬窗、进风百叶窗等。推拉窗外形美观、密封性好、不易损坏，但开窗面积一般只有 50%。

在夏热冬冷和夏热冬暖地区，采用进风活动百叶窗居多，其窗扇开启方便，开启角度可实现远方控制，不易损坏，外形美观。如使用其他开窗形式需要与建筑专业商定。

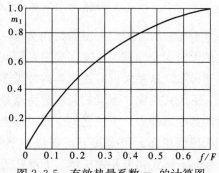

图 2.3-5　有效热量系数 m_1 的计算图

在严寒地区及寒冷地区，因为冬季冷风渗透量大，一般可在外面设定固定百叶，在里面设置保温密闭门。

2. 排风装置

排风装置主要有天窗和屋顶通风器。天窗是一种常见的排风装置。

对不需要调节天窗开启角度的高温工业建筑，宜采用不带窗扇的天窗，但应采取防雨措施。

在实际使用中，天窗因其阻力系数大、流量系数小，开启和关闭很繁琐，玻璃易损坏。因此，往往达不到预期效果。

屋顶通风器是以型钢为骨架，用彩色压型钢板（或玻璃钢）组合而成的全避风型新型自然通风装置。它具有结构简单、重量轻，不用电力也能达到好的通风效果。屋顶通风器局部阻力小，已有工厂批量生产多种形式的产品，尤其适用于高大工业建筑。

3. 避风天窗

天窗分为普通天窗和避风天窗，其主要差别是前者无挡风板。在风的作用下，普通天窗易产生倒灌，故不适用于散发大量余热、粉尘和有害气体的车间使用，仅适用于以采光为主的较清洁的厂房。避风天窗的空气动力性能良好，天窗排风口不受风向的影响，一般均处于负压状态，故能稳定排风、防止倒灌。

用于冶金、化工、加工等工业厂房的天窗通常冬夏没有调节要求，故应选用无窗扇的避风天窗；对于需要防风沙或有调节风量要求的厂房，宜选用带有调节窗扇的避风天窗；位于我国多雨地区的厂房，其天窗结构应有防雨措施。除上述外，还应考虑工艺特点、结构复杂程度、空气动力性能和造价等。常用的避风天窗有以下几种形式，参见图 2.3-6。

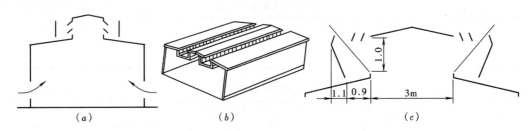

图 2.3-6　常用的避风天窗形式
(a) 矩形天窗；(b) 纵向下沉式天窗；(c) 曲（折）线型天窗

(1) 矩形天窗。矩形天窗的结构如图 2.3-6 (a) 所示，它是过去应用较多的一种天窗。这种天窗采光面积大，窗孔集中在车间中部，当热源集中布置在室内中部时，便于热气流迅速排除。这种天窗的缺点是构件类多、自重大、造价高。

(2) 下沉式天窗。下沉式天窗的特点是把部分屋面下移，放在屋架的下弦上，利用尾架本身的高度（即上、下弦之间空间）形成天窗。它不像矩形天窗那样凸出在屋面之上，而是凹入屋面里面。根据其下沉部位的不同，下沉式天窗分为纵向下沉式 [见图 2.3-6 (b)]、横向下沉式和天井式三种。下沉式天窗比矩形天窗降低厂房高度 2~5m，节省了天窗架和挡风板。它的缺点是天窗高度受屋架高度限制，清灰、排水比较困难。

(3) 曲（折）线型天窗。曲（折）线型天窗是一种新型的轻型天窗，其结构如

图 2.3-6（*c*）所示。它的挡风板是按曲（折）线制作的，因此阻力要比垂直式挡风板的天窗小，排风能力大。它同时还具有构造简单、质量轻、施工方便、造价低等优点。

避风天窗在自然通风计算中是作为一个整体考虑的，计算时只考虑热压的作用。在热压作用下，天窗口的内外压差 Δp_t 可按下式计算：

$$\Delta p_t = \zeta \cdot \rho_p \cdot V_t^2 / 2 \quad \text{(Pa)} \tag{2.3-21}$$

式中 V_t——天窗喉口处的空气流速（对下沉式天窗是指窗孔处的流速），m/s；

ρ_p——天窗排风温度下的空气密度，kg/m^3；

ζ——天窗的局部阻力系数。

仅有热压作用时，ζ 值是一个常数，由试验求得。几种常用天窗的 ζ 值在表 2.3-6 列出。

局部阻力系数 ζ 反映天窗内外压差一定时，单位面积天窗的排风能力。ζ 值小，排风能力大。必须指出，ζ 值不是衡量天窗性能的唯一指标。选择天窗时必须全面考虑天窗的避风性能、单位面积天窗的造价等多种因素。

几种常用天窗的 ζ 值 表 2.3-6

型　　号	尺　　寸	ζ　值	备　　注
矩形天窗	$H=1.82\text{m}$　$B=6\text{m}$　$L=18\text{m}$	5.38	无窗扇有挡雨片
	$H=1.82\text{m}$　$B=9\text{m}$　$L=24\text{m}$	4.64	
	$H=1.82\text{m}$　$B=9\text{m}$　$L=30\text{m}$	5.68	
天井式天窗	$H=1.66\text{m}$　$I=6\text{m}$ $H=1.78\text{m}$　$I=12\text{m}$	$4.25\sim4.13$ $3.83\sim3.57$	无窗扇有挡雨片
横向下沉式天窗	$H=2.5\text{m}$　$L=24\text{m}$ $H=4.0\text{m}$　$L=24\text{m}$	$3.4\sim3.18$ 5.35	无窗扇有挡雨片
折线型天窗	$B=3.0\text{m}$　$H=1.6\text{m}$ $B=4.2\text{m}$　$H=2.1\text{m}$ $B=6.0\text{m}$　$H=3.0\text{m}$	2.74 3.91 4.85	无窗扇有挡雨片

注：B—天窗喉门宽度；L—厂房跨度；H—天窗垂直口高度；I—井长。

4. 避风风帽

避风风帽安装在自然排风系统的出口，它是利用风力造成的负压，加强排风能力的一种装置，其结构如图 2.3-7 所示。它的特点是在普通风帽的外围，增设一圈挡风圈。挡风圈的作用与避风天窗的挡风板是类似的，室外气流吹过风帽时，可以保证排出口基本上处于负压区内。在自然排风的出口装设避风风帽可以增大系统的抽力。有些阻力比较小的自然排风系统则完全依靠风帽的负压克服系统的阻力。图 2.3-8 是避风风帽用于自然排风系统的情况。有时风帽也可以装在屋顶上，进行全面排风，如图 2.3-9 所示。

（1）筒形风帽的布置

筒形风帽是用于自然通风的一种避风风帽，其结构如图 2.3-7 所示。筒形风帽既可装在具有热压作用的室内（如浴室），或装在有热烟气产生的炉口或炉子上（如加热炉、锻炉等），亦可装在没有热压作用的房间（如库房），这时仅借风压作用产生少量换气、进行全面排风。

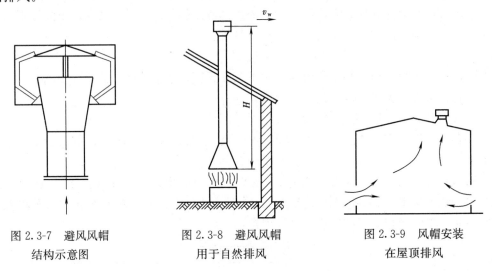

图 2.3-7 避风风帽　　　　图 2.3-8 避风风帽　　　　图 2.3-9 风帽安装
　　结构示意图　　　　　用于自然排风　　　　　在屋顶排风

布置筒形风帽时，要对建筑物周围的情况详细了解，禁止风帽布置在正压区内或窝风地带，以防风帽产生倒灌或影响出力。

(2) 筒形风帽的选择

筒形风帽可先设定 d 计算排风量或根据排风量计算风帽直径，可按下式计算：

$$L = 2827d^2 \cdot A/\sqrt{1.2 + \Sigma\zeta + 0.02l/d} \quad (\mathrm{m}^3/\mathrm{h}) \qquad (2.3\text{-}22)$$

注：式 (2.3-22) 中的 1.2 是室外有风时的风帽局部阻力系数；无风时，则为 0.61。

$$A = \sqrt{0.4v_{\mathrm{w}}^2 + 1.63(\Delta p_{\mathrm{g}} + \Delta p_{\mathrm{ch}})} \qquad (2.3\text{-}23)$$

式中　L——单个风帽排风量，m^3/h；

　　　d——风帽直径，m；

　　　A——压差修正系数；

　　　v_{w}——室外计算风速，m/s；

　　　Δp_{g}——热压，Pa；

　　Δp_{ch}——由于室内排风或送风所形成的正、负压与室外大气压之间的压差，排风取正值，进风取负值，Pa；

　　　l——竖风道或风帽连接管的长度，m；

　　　$\Sigma\zeta$——风帽前的风管局部阻力系数之和，无风管时仅为风帽入口的局部阻力系数可取 $\Sigma\zeta = 0.5$。标准图集《筒形风帽及附件》14K117-1 根据 $\Sigma\zeta = 0.5$ 编制，图集给出了 $\Sigma\zeta > 0.5$ 时的校正系数。

$$\Delta p_{\mathrm{g}} = gh(\rho_{\mathrm{w}} - \rho_{\mathrm{np}}) \quad (\mathrm{Pa}) \qquad (2.3\text{-}24)$$

式中　ρ_{w}——室外空气密度，$\mathrm{kg/m}^3$；

　　ρ_{np}——室内空气的平均密度，$\mathrm{kg/m}^3$。风帽若用管道接到排风罩上，ρ_{np} 为管道内空气密度的平均值。

对大型工业建筑物，对夏季产生大量余热的室内进行自然通风，除采用天窗外，还可以采用数个或数十个风帽进行自然排风。

2.3.5 复合通风

复合通风系统是在满足热舒适和室内空气品质的前提下，自然通风和机械通风交替或联合运行的通风系统。

复合通风中的自然通风量不宜低于联合运行风量的 30%。复合通风系统设计参数及运行控制方案应经技术经济及节能综合分析后确定。

复合通风系统应根据控制目标设置必要的监测传感器和相应的系统工况转换执行机构，并符合以下规定：

（1）应优先使用自然通风；

（2）当控制参数不能满足要求时，启用机械通风；

（3）当复合通风系统不能满足要求时，关闭复合通风系统，启动空调系统；

（4）高度大于 15m 的建筑采用复合通风系统时，需要考虑不同工况的气流组织，避免因温度分层等问题引起建筑内不同区域之间出现明显差异的通风效果。

2.4 局部排风

2.4.1 排风罩种类

局部排风系统是利用局部气流直接在有害物质产生地点对其加以控制或捕集，避免污染物扩散到车间作业地带。与全面通风方法相比，它具有排风量小、控制效果好等优点。因而在散放热、湿、蒸气或有害物质的建筑物内，应首先考虑采用局部排风。只有不能采用局部排风或采用局部排风后仍达不到卫生标准要求时，再采用全面通风。

按照工作原理的不同，局部排风系统采用的排风罩可以分为以下几种类型。

（1）密闭罩——将有害物源密闭在罩内的排风罩

按照密闭罩和工艺设备的配置关系，密闭罩可分为三类。

1）局部密闭罩 只将工艺设备放散有害物的部分加以密闭的排风罩，如图 2.4-1 所示。它的排风量小、经济性好。适用于含尘气流速度低、瞬时增压不大的扬尘点。

2）整体密闭罩 将放散有害物的设备大部分或全部密闭的排风罩，只有传动设备留在罩外，如图 2.4-2 所示。用于有振动或含尘气流速度高的设备。

3）大容积密闭罩（密闭小室）在较大范围内，将放散有害物的设备或有关工艺过程全部密闭起来的排风罩。如图 2.4-3 所示的密闭室，它把振动筛、提升机等设备全部密闭在小室内，工人可直接进入室内检修。这种密闭方式适用于多点产尘、阵发性产尘、尘气流速度大的设备或地点。它的缺点是占地面积大、材料消耗多。

（2）排风柜

排风柜如图 2.4-4 所示，它的结构与密闭罩相似，只是由于工艺或操作的要求，是一种三面围挡一面敞开，或装有操作拉门、工作孔的柜式排风罩。在喷漆作业、粉状物料装袋等场合使用时，操作人员需要直接进入柜内工作，采用大型通风柜。

（3）外部罩

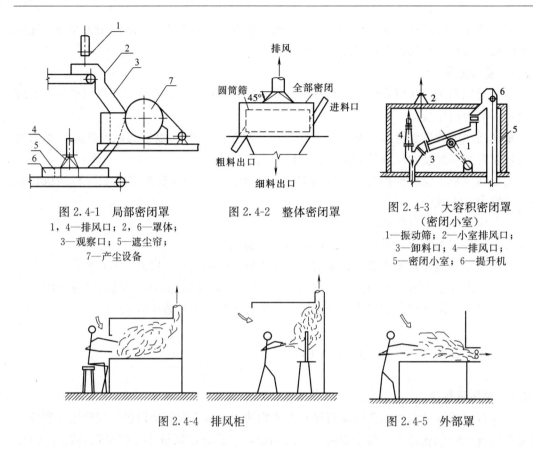

图 2.4-1 局部密闭罩
1，4—排风口；2，6—罩体；
3—观察口；5—遮尘帘；
7—产尘设备

图 2.4-2 整体密闭罩

图 2.4-3 大容积密闭罩
（密闭小室）
1—振动筛；2—小室排风口；
3—卸料口；4—排风口；
5—密闭小室；6—提升机

图 2.4-4 排风柜

图 2.4-5 外部罩

外部罩（见图 2.4-5）是设置在有害物源近旁，依靠罩口的抽吸作用，在控制点处形成一定的风速排除有害物的排风罩。由于工艺条件限制，生产设备不能密封时，可采用外部罩。外部罩分有上吸罩、下吸侧吸罩和槽边罩。

（4）接受罩

接受由生产过程（如加热过程、机械运动过程等）产生或诱导的有害气流的排风罩，如高温热源上部的对流气流的排风罩、砂轮机的吸尘罩（见图 2.4-6），它又分成高悬罩和低悬罩。这类排风罩统称接收罩。

（5）吹吸罩

吹吸式排风罩如图 2.4-7 所示，利用射流能量密集、速度衰减慢，而吸气气流速度衰减快的特点，把两者结合起来，使有害物得到有效控制的一种方法。它具有风量小，控制效果好，抗干扰能力强，不影响工艺操作等特点。

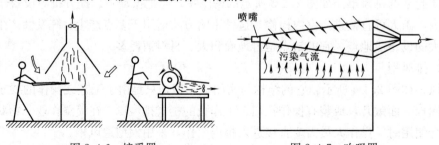

图 2.4-6 接受罩

图 2.4-7 吹吸罩

（6）气幕隔离罩

利用气幕使有害物与空气隔离的排风罩（见图 2.4-8）。

（7）补风罩

利用补风装置将室外空气直接送到排风口处的排风罩，如补风型排风柜等（见图 2.4-9）。

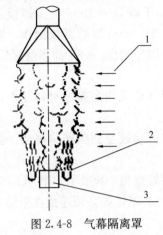

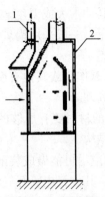

图 2.4-8 气幕隔离罩　　　　　图 2.4-9 补风罩

1—干扰气流；2—空气幕；3—污染源　　　1—补风管道；2—排风罩

2.4.2 排风罩的设计原则

在选用或设计排风罩时，设计人员应遵循以下基本原则：

（1）排风罩应能将有害物源放散的有害物予以捕集，不使其发散到作业环境中，使工作区有害物浓度达到国家卫生标准，以较小的能耗捕集有害物。

（2）对可以密闭的有害物源，应首先采用密闭的措施，尽可能将其密闭起来，用最小的排风量达到最好的控制效果。确定密闭罩的吸气口位置、结构和风速时，应使罩内负压均匀，防止有害物外逸，对于散发粉尘的污染源，应避免过多地抽取粉尘。

（3）当不能将有害物源全部密闭时，可设置外部排风罩，外部罩的罩口应尽可能包围或接近有害物源，使有害物源限于较小的局部空间。还应尽可能减小吸气范围，便于捕集和控制有害物。

（4）当排风罩不能设置在有害物源附近或罩口至有害物源距离较大时，可以设置吹吸罩，吹吸罩对于有害物源上挂有遮挡气流的工件或隔断气流的物体时应慎用。

（5）排风罩的罩口宜顺着有害气流的运动方向，以利于有害气流直接进入罩内，但排气线路不允许通过工人的呼吸带。

（6）外部罩、接受罩、吹吸罩应布置在避免存在干扰气流之处，排风罩的设置应做到方便工人操作和设备维修。

（7）排风罩必须坚固耐用，应力求结构简单、造价低，便于安装和维护管理。

（8）在使用排风罩进行通风换气的地方，要尽可能避免或减弱干扰气流（如穿堂风和送风气流等）对吸气气流的影响。

2.4.3 排风罩的技术要求

（1）性能

排风罩的类型、结构形式应根据有害物源的性质和特点确定，做到罩内负压或罩面风速均匀，其排风量应按防止有害物逸至作业环境的原则通过计算确定，或采用实测数据、经验数据，或通过模型实验、CFD 模拟确定。

（2）材质

1）制作排风罩的材料应根据有害气体的温度、腐蚀性、磨琢性等以及工艺条件选择。

2）对设备振动小、温度不高的场合，可用小于或等于 2mm 的薄钢板制作罩体；对于振动大、物料冲击大或温度较高的场合，可用 3～8mm 厚的钢板制作；对于设置在高温炉旁的排风罩，一般采用锅炉钢板（如 20 锅炉钢）制作。对于捕集磨琢性粉尘的罩子，应采取耐磨措施。

3）在有酸碱作用或其他有腐蚀性的场合，罩体应采用耐腐蚀材料制作，或在所用材料上作耐腐蚀处理。

4）排风罩的材料要有足够的强度，以避免在拆装或受到振动、腐蚀、温度剧烈变化时变形和损坏结构。

5）密闭罩应尽可能做成装配式结构，罩上的观察窗、操作孔和检修门应开关灵活并且具有气密性，其位置应躲开气流正压较高的部位。罩体如必须连接在振动或往复运动的设备机体上，应采用强度好的柔性连接。

6）加工工艺

① 排风罩的罩型应规则、无裂缝、无毛刺。罩壁应平整、光滑，不得有凹凸不平的现象；

② 采用 1mm 以下薄钢板制作的排风罩，宜用咬口、插条连接或铆接。用 1～2mm 薄钢板制作的排风罩，宜采用电焊或气焊连接。用 2mm 以上薄钢板制作的排风罩，宜采用电焊，所有焊缝均采用连续焊缝焊接，焊接头应符合现行国家标准《气焊、焊条电弧焊、气体保护焊和高能束焊的推荐坡口》GB 985 的规定，所有接缝不得漏风。

2.4.4 排风罩的设计计算

1. 密闭罩

（1）排风量计算

密闭罩的排风量可根据进、排风量平衡确定。主要由以下几项构成：

$$L = L_1 + L_2 + L_3 + L_4 \quad (m^3/s) \qquad (2.4-1)$$

式中　L——密闭罩的排风量，m^3/s；

L_1——物料下落时带入罩内的诱导空气量，m^3/s；

L_2——从孔口或不严密缝隙处吸入的空气量，m^3/s；

L_3——因工艺需要鼓入罩内的空气量，m^3/s；

L_4——在生产过程中因受热使空气膨胀或水分蒸发而增加的空气量，m^3/s。

在上述因素中，L_3 取决于工艺设备的配置，只有少量设备如自带鼓风机的混砂机等才需考虑。L_4 在工艺过程发热量大、物料含水率高时才需考虑，如水泥厂的转筒烘干机等。在一般情况下，式（2.4-1）可简化为

$$L = L_1 + L_2 \quad (m^3/s) \qquad (2.4-2)$$

（2）吸风口（点）位置的确定

采用密闭罩后，为防止污染物外逸还需要对罩内进行排风，消除罩内正压，使罩内形成负压。排风口（点）的位置设置可以采用下列原则进行。

1) 排风口应设在罩内压力较高的部位，以利于消除罩内正压。例如，在皮带转运点，当落差大于 1m 时，排风口应设在下部皮带处。斗式提升机输送冷料时，应把吸风口设在下部受料点；当输送物料温度在 150℃ 以上时，因热压作用，只需在上部吸风；物料温度为 50~150℃ 时，需上、下同时吸风。

2) 粉状物料下落时，产生飞溅的污染气流一般无法用排风方法抑制。正确的防止方法是避免在飞溅区内有孔口和缝隙，或者设置宽大的密闭罩，使尘化气流到达罩壁上的孔口前，速度大大减弱。因此，在皮带运输机上吸风口至卸料溜槽的距离至少应保持 300~500mm。

3) 为尽量减少把粉状物料吸入排风系统，吸风口不应设在气流含尘高的部位或飞溅区内。吸风口风速不宜过高，不宜大于下列数值：

物料的粉碎   2m/s；
粗颗粒物料的破碎   3m/s；
细粉料的筛分   0.6m/s。

2. 排风柜

如前所述，排风柜的一面通常全部敞开。图 2.4-10 (*a*) 是小型排风柜，适用于化学实验室、小零件喷漆等。图 2.4-10 (*b*) 是大型排风柜，操作人员在柜内工作，如油漆车间的大件喷漆、面粉和制药车间的粉料装袋等。按照气流运动特点，排风柜分为吸气式和吹吸式两类。吸气式排风柜单纯依靠排风的作用，在工作孔上造成一定的吸入速度，防止有害物外逸。图 2.4-11 是送风式排风柜，排风量的 70% 左右由上部风口供给（采用室外空气），其余 30% 左右则从室内补入罩内。在需要供热（冷）的房间内，设置送风式排风柜可有一定的节能效益。图 2.4-12 是吹吸联合工作的排风柜。主要目的是隔断室内的干扰气流，防止柜内形成局部涡流，以便有效地控制有害物。

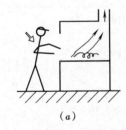
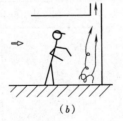

图 2.4-10 排风柜

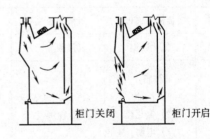

图 2.4-11 送风式排风柜

排风柜的排风量可按下式计算：

$$L = L_1 + v \cdot F \cdot \beta \quad (\text{m}^3/\text{s}) \qquad (2.4\text{-}3)$$

式中 L_1——柜内污染气体发生量，m^3/s；

    v——工作孔上的控制风速，m/s；

    F——工作孔或缝隙的面积，m^2；

    β——安全系数，$\beta = 1.1 \sim 1.2$。

对化学试验室用的排风柜，工作孔上的控制风速

图 2.4-12 吹吸式排风柜

可按表 2.4-1 确定。对某些特定的工艺过程，排风柜控制风速可参照表 2.4-2 确定。

排风柜的控制风速   表 2.4-1

污染物性质	控制风速（m/s）
无毒污染物	0.25～0.375
有毒或有危险的污染物	0.4～0.5
剧毒或少量放射性污染物	0.5～0.6

排风柜的控制风速   表 2.4-2

序号	生产工艺	有害物的名称	速度(m/s)	序号	生产工艺	有害物的名称	速度(m/s)
一、金属热处理				三、涂刷和溶解油漆			
1	油槽淬火、回火	油蒸汽、油分解产物（植物油为丙烯醛）、热	0.3	13	苯、二甲苯、甲苯	溶解蒸气	0.5～0.7
2	硝石槽内淬火 $t=400～700℃$	硝石、悬浮尘、热	0.5	14	煤油、白节油、松节油	溶解蒸气	0.5
3	盐槽淬火 $=800～900℃$	盐、悬浮尘、热	0.5	15	无甲酸戊酯、乙酸戊酯的漆		0.5
4	熔铅 $t=400℃$	铅	1.5	16	无甲酸戊酯、己酸戊酯和甲烷的漆		0.7～1.0
5	氰化 $t=700℃$	氰化合物	1.5	17	喷漆	漆悬浮物和溶解蒸气	1.0～1.5
二、金属电镀				四、使用粉尘材料的生产过程			
6	镀镉、镀银	氢氰酸蒸气	1～1.5	18	装料	粉尘允许浓度 10mg/m³ 以下 4mg/m³ 以下 小于 1mg/m³	0.7 0.7～1.0 1.0～1.5
7	氰化镀铜	氢氰酸蒸气	1～1.5				
8	脱脂：(1) 汽油 (2) 氯化烃 (3) 电解	汽油、氯表碳氢化合物蒸气	0.3～0.5 0.5～0.7 0.3～0.5	19	手工筛分和混合筛分	粉尘允许浓度 10mg/m³ 以下 4mg/m³ 以下 小于 1mg/m³	1.0 1.25 1.5
9	镀铅	铅	1.5				
10	酸洗 (1) 硝酸 (2) 盐酸	酸蒸气和硝酸酸蒸气（氯化氢）	0.7～1.0 0.5～0.7	20	称量和分装	粉尘允许浓度 (1) 10mg/m³ 以下 (2) 小于 1mg/m³	0.7 0.7～1.0
11	镀铬	铬酸雾气和蒸气	1.0～1.5				
12	氰化镀锌	氢氰酸蒸气	1.0～1.5				

续表

序号	生产工艺	有害物的名称	速度(m/s)	序号	生产工艺	有害物的名称	速度(m/s)
21	小铸件喷砂、清理	硅酸盐	1~1.5	26	用汞的工作 (1) 不必加热的 (2) 加热的	汞蒸气	0.7~1.0 1.0~1.25
22	小零件金属喷镀	各种金属粉尘及其氧化物	1~1.5				
23	水溶液蒸发	水蒸气	0.3				
24	柜内化学试验工作	各种蒸气气体允许浓度 >0.01mg/L <0.01mg/L	0.5 0.7~1.0	27	有特殊有害物的工序(如放射性物质)	各种蒸气、气体和粉尘	2~3
25	焊接: (1) 用铅或焊锡 (2) 用锡和其他不含铅的金属合金	允许浓度: 低于0.01mg/L 低于0.01mg/L	0.5~0.7 0.3~0.5	28	小型制品的电焊 (1) 优质焊条 (2) 裸焊条	金属氧化物	0.5~0.7 0.5

当罩内发热量大，采用自然排风时，其最小排风量按中和界高度不低于排风柜上的工作孔上缘确定。

排风柜上工作孔的速度分布对其控制效果有很大影响，若速度分布不均匀，污染气流会从吸入速度较低的部位逸入室内。

冷过程排风柜上部排风时，气流的浮升作用较弱，工作孔上的吸入速度一般为平均流速的 150%，而在下部仅为平均流速的 60%，因此，有害气体可能会从下部逸出。为了改善这种状况，应把排风口设在排风柜的下部。

对于产热量较大的工艺过程，柜内的热气流要向上浮升，如果仍像冷过程一样，在下部吸气，有害气体就会从上部逸出。因此，热过程的排风柜必须在上部排风。

对于发热量不稳定的过程，可在上下均设排风口，随柜内发热量的变化，调节上、下排风量比例，使工作孔上的气流速度尽量均匀。

当排风柜设置于供暖或对温、湿度有控制要求的房间内时，为节约供暖和空调能耗，可采用送风式通风柜。从工作孔上部送入取自室外（或相邻房间）的补给风，送风量约为排风量的 70%~75%。

3. 外部罩

外部罩是利用排风罩的抽吸作用，在有害物发生地点（控制点）造成一定的气流运动，将有害物吸入罩内，加以捕集。控制点上必需的气流速度称为控制风速，参见图 2.4-13。

控制风速的大小与工艺操作、有害物毒性、周围干扰气流运动状况等多种因素有关，设计时可参照表 2.4-3 确定。控制点控制风速选取原则按表 2.4-4 选择。

外部罩的罩口尺寸应按吸入气流流场特性来确定，其罩口与罩子连接管面积之比不应超过 16:1，罩子的扩张角度宜小于 60°，不允许大于 90°。当罩口的平面尺寸较大而又缺少容纳适宜扩张角所需的垂直高度时，可以将它分成几个独立的小罩子；对中等大小的罩子，可在罩口内设置挡板或条缝口、气流分布板等。为提高捕集率和控制效果，外部罩可加法兰边。

控制点的控制风速 v_x | 表 2.4-3

污染物放散情况	最小控制风速 (m/s)	举 例
以轻微的速度放散到相当平静的空气中	0.25～0.5	槽内液体的蒸发；气体或烟从敞口容器中外逸
以较低的速度放散到尚属平静的空气中	0.5～1.0	喷漆室内喷漆；断续地倾倒有尘屑的干物料到容器中；焊接
以相当大的速度放散出来，或放散到空气运动迅速的区域	1～2.5	在小喷漆室内用高压力喷漆；快速装袋或装桶；往运输器上给料
以高速放散出来，或是放散到空气运动很迅速的区域	2.5～10	磨削；重破碎；滚筒清理

控制点的控制风速选取原则 | 表 2.4-4

范围下限	范围上限	范围下限	范围上限
室内空气流动小或有利于捕集	室内有扰动气流	间歇生产产量低	连续生产产量高
有害物毒性低	有毒物毒性高	大罩子大风量	小罩子局部控制

(1) 前面无障碍的排风罩排风量计算

对于四周无法兰边，内径为 d 的圆形吸气口，当控制点在吸气口前方距吸气口的无量纲距离 x/d 等于1时，风速仅为吸气口平均流速的 7.5% 左右，而对同样的有法兰边的吸气罩，相同情况下风速约为吸气口平均流速的 11%。可见，尽量减小吸气口的吸气范围，可以在相同的排风量下更好地控制污染物的逸散。

对于四周无边的圆形吸气口

$$\frac{v_0}{v_x}=\frac{10x^2+F}{F} \tag{2.4-4}$$

对于四周有边的圆形吸气口

$$\frac{v_0}{v_x}=0.75\left[\frac{10x^2+F}{F}\right] \tag{2.4-5}$$

式中　v_0——吸气口的平均流速，m/s；

v_x——控制点处的吸入速度，m/s；

x——控制点距吸气口的距离，m；

F——吸气口的面积，m^2。

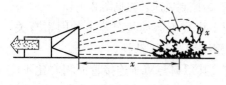

图 2.4-13　控制风速与控制点

式 (2.4-4) 和式 (2.4-5) 是根据吸气口的速度分布图得出的，仅适用于 $x\leqslant1.5d$ 的场合。当 $x>1.5d$ 时，实际的速度衰减要比计算值大。

前面无障碍四周无边或有边的圆形吸气口的排风量可按下列公式计算：

四周无法兰：

$$L=v_0F=(10x^2+F)v_x \quad (m^3/s) \tag{2.4-6}$$

四周有法兰：

$$L = v_0 F = 0.75(10x^2 + F)v_x \quad (\text{m}^3/\text{s}) \tag{2.4-7}$$

图 2.4-14（a）是设在工作台上的矩形侧吸罩，可以把它看成是一个假想的大排风罩的一半，根据式（2.4-6），假想的大排风罩的排风量

$$L' = (10x^2 + 2F)v_x \quad (\text{m}^3/\text{s})$$

实际排风罩的排风量

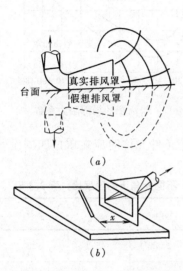

图 2.4-14 工作台上的侧吸罩

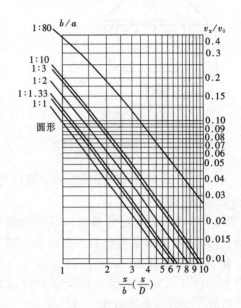

图 2.4-15 吸气口速度分布计算

$$L = \frac{1}{2}L' = (5x^2 + F)v_x \quad (\text{m}^3/\text{s}) \tag{2.4-8}$$

式中 F——实际排风罩的罩口面积，m^2。

式（2.4-8）适用于 $x < 2.4\sqrt{F}$ 的场合。根据国外学者的研究，法兰边总宽度可近似取为罩口宽度，超过上述数据时，对罩口的速度分布没有明显影响。在对长宽比不同的矩形吸气口的速度分布进行综合性的数据处理后，可得出图 2.4-15 所示的吸气口速度分布计算图。

（2）前面有障碍时外部罩排风量计算

排风罩如果设在设备上方，由于设备的限制，气流只能从侧面流入罩内，虽然仍属侧吸罩，但罩口的流线和水平放置的侧吸罩是不同的。上吸式排风罩的尺寸和安装位置按图 2.4-16 确定。为了避免横向气流的影响，要求 H 尽可能小于或等于 $0.3a$（a 为罩口长边尺寸），其排风量按下式计算

$$L = KPHv_x \quad (\text{m}^3/\text{s}) \tag{2.4-9}$$

式中 P——排风罩口敞开面的周长，m；

H——罩口至污染源的距离，m；

v_x——边缘控制点的控制风速，m/s；

K——考虑沿高度速度分布均匀的安全系数，通常取 $K = 1.4$。

设计外部罩时在结构上应注意以下问题。

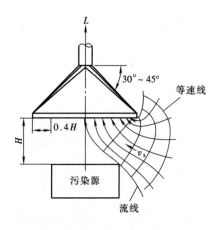

图 2.4-16 冷过程顶吸式排风罩

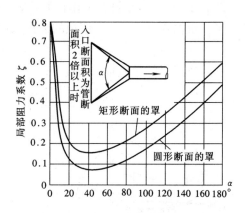

图 2.4-17 排风罩的局部阻力系数

1）为了减少横向气流的影响和罩口的吸气范围，工艺条件允许时应在罩口四周设固定或活动挡板。

2）罩口上的速度分布对排风罩性能有较大影响。扩张角 α 变化时，罩口轴心速度 v_c 和罩口平均速度 v_0 的比值见表 2.4-5。图 2.4-17 是不同扩张角下排风罩的局部阻力系数（以管口动压为准）。当 $\alpha=30°\sim60°$ 时阻力最小。

不同 α 角下的速度比   表 2.4-5

α	v_c/v_0	α	v_c/v_0
30°	1.07	45°	1.33
40°	1.13	60°	2.0

4. 槽边排风罩

槽边排风罩是外部吸气罩（侧吸罩）的一种特殊形式，专门用于各种工业槽，它是为了不影响人员操作而在槽边上设置的条缝形吸气口。槽边排风罩分为单侧和双侧两种，单侧用于槽宽 $B<700\text{mm}$ 时的局部排风，$B>700\text{mm}$ 时用双侧，$B>1200\text{mm}$ 时宜采用吹吸式排风罩。圆形罩直径为 $500\sim1000\text{mm}$ 时，宜采用环形排风罩。

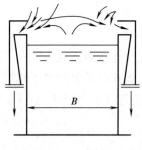

图 2.4-18 平口式
双侧槽边排风罩

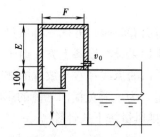

图 2.4-19 条缝式
槽边排风罩（单侧）

槽边罩目前有两种常用的形式，图 2.4-18 所示的平口式和图 2.4-19 所示条缝式。平口式槽边罩因吸气口上不设法兰边，所以吸气范围较大。当槽靠墙布置时，则如同设置了法兰边一样，吸气范围由 $3\pi/2$ 减小为 $\pi/2$。减小吸气范围将相应地减少排风量。条缝式槽边排风罩的特点是占用空间大，吸风口高度为 $E\geqslant250$mm 的称为高截面，$E<250$mm 的称为低截面。增大截面高度如同设置了法兰边一样，可以减小吸气范围。

条缝式槽边排风罩的布置除单侧和双侧外，还可以沿槽池周边合围式布置，称为周边式槽边缝。条缝式槽边排风罩上的条缝口高度沿长度方向不变的，称为等高条缝。条缝口高度 h 按下式确定：

$$h=L/3600v_0l \quad (\text{m}) \tag{2.4-10}$$

式中　L——排风罩排风量，m^3/h；

　　　l——条缝口长度，m；

　　　v_0——条缝口上的吸入速度，m/s。

v_0 通常取 $7\sim10$m/s，排风量大时允许适当提高。一般取 $h\leqslant50$mm。

条缝口上的速度分布是否均匀，对槽边排风罩的控制效果有重大影响，可采取以下措施：

（1）减小条缝口面积（f）和罩横断面积（F_1）之比，即通过增大条缝口阻力，促使速度分布均匀。$f/F_1\leqslant0.3$ 时可近似认为是均匀的。

（2）槽长大于 1500mm 时可沿槽长度方向分设两个或三个排风罩，参见图 2.4-20。

（3）采用楔形条缝口时，楔形条缝的高度可近似按表 2.4-6 确定。参见图 2.4-21。

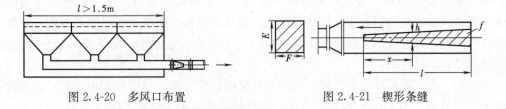

图 2.4-20　多风口布置　　　　　图 2.4-21　楔形条缝

楔形条缝口高度的确定　　　　　　　　表 2.4-6

f/F_1	$\leqslant0.5$	$\leqslant1.0$
条缝末端高度 h_1	$1.3h_0$	$1.4h_0$
条缝始端高度 h_2	$0.7h_0$	$0.6h_0$

注：h_0 为条缝口的平均高度。

条缝式槽边排风罩的排风量按下列公式计算：

（1）高截面单侧排风

$$L=2v_xAB\left(\frac{B}{A}\right)^{0.2} \quad (\text{m}^3/\text{s}) \tag{2.4-11}$$

（2）低截面单侧排风

$$L=3v_xAB\left(\frac{B}{A}\right)^{0.2} \quad (\text{m}^3/\text{s}) \tag{2.4-12}$$

（3）高截面双侧排风（总风量）

$$L=2v_xAB\left(\frac{B}{2A}\right)^{0.2} \quad (\text{m}^3/\text{s}) \tag{2.4-13}$$

（4）低截面双侧排风（总风量）

$$L = 3v_x AB \left(\frac{B}{2A}\right)^{0.2} \quad (\text{m}^3/\text{s}) \tag{2.4-14}$$

（5）高截面周边型排风

$$L = 1.57 v_x D^2 \quad (\text{m}^3/\text{s}) \tag{2.4-15}$$

（6）低截面周边型排风

$$L = 2.36 v_x D^2 \quad (\text{m}^3/\text{s}) \tag{2.4-16}$$

式中 A——槽长，m；

B——槽宽，m；

D——圆槽直径，m；

v_x——边缘控制点的控制风速，m/s。

条缝式槽边排风罩的阻力：

$$\Delta p = \zeta \frac{v_0^2}{2} \rho \quad (\text{Pa}) \tag{2.4-17}$$

式中 ζ——局部阻力系数，$\zeta = 2.34$；

v_0——条缝口上空气流速，m/s；

ρ——周围空气密度，kg/m³。

5. 吹吸式排风罩

图 2.4-22 是二维吹、吸风口的速度分布图。从图中可以看出，排风口外气流速度衰减快，而吹风口吹出的射流能量密集程度高，速度衰减慢。吹吸式排风罩是把吹、吸气流相结合的一种通风方法，它具有抗干扰能力强、不影响工艺操作、所需排风量小等优点，在国内外得到广泛应用。

由于吹、吸气流运动的复杂性，尚缺乏精确的计算方法。目前较常用的有：美国联邦工业卫生委员会（ACGIH）推荐的方法、巴杜林计算方法和流量比法。

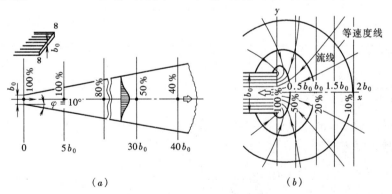

图 2.4-22 二维吹、吸风口的速度分布图

(a) 二维吹风口的速度分布；(b) 二维吸风口的速度分布

（1）美国联邦工业卫生委员会（ACGIH）推荐的方法

工业槽上的吹吸式排风罩如图 2.4-23 所示。假设吹出气流的扩展角 $\alpha = 10°$，条缝式排风口的高度 H 按下式计算

$$H = B \cdot \text{tg}\alpha = 0.18B \quad (\text{m}) \tag{2.4-18}$$

式中 H——排风口高度，m；

$\quad\quad B$——吹、吸风口间距（槽宽），m。

排风量 L_2，取决于槽液面面积、液温、干扰气流等因素。

$$L_2 = (1800 \sim 2750) A \ (\text{m}^3/\text{h}) \quad (2.4\text{-}19)$$

式中 A——液面面积，m^2。$1800 \sim 2750$ 为每平方米液面所需的排风量，$\text{m}^3/(\text{h} \cdot \text{m}^2)$。

吹风量按下式计算

$$L_1 = \frac{1}{BE}L_2 \ (\text{m}^3/\text{h}) \quad (2.4\text{-}20)$$

式中 L_1——吹风量，m^3/h；

$\quad\quad E$——修正系数，见表 2.4-7。

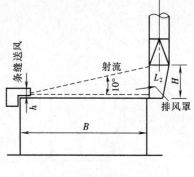

图 2.4-23　吹吸式排风罩

	修 正 系 数 E			表 2.4-7
B	$0 \sim 2.4$	$2.4 \sim 4.9$	$4.9 \sim 7.3$	$7.3 \sim$
E	6.6	4.6	3.3	2.3

吹风口尺寸按出口流速 $5 \sim 10\text{m/s}$ 确定。

（2）巴杜林［苏联］的计算方法（速度控制法）

对工业槽，其设计要点如下：

1）对于有一定温度的工业槽，吸风口前必需的射流平均速度 v'_1 按下列经验数值确定：

槽温 $\quad t=70 \sim 95℃ \quad v'_1 = B$（m/s）

$\quad\quad\quad\quad t=60℃ \quad v'_1 = 0.85B$（m/s）

$\quad\quad\quad\quad t=40℃ \quad v'_1 = 0.75B$（m/s）

$\quad\quad\quad\quad t=20℃ \quad v'_1 = 0.50B$（m/s）

2）为了避免吹出气流溢出排风口外，排风口的排风量应大于排风口前射流的流量，一般为射流末端流量的 $(1.1 \sim 1.25)$ 倍。

3）吹风口高度 h 一般为 $(0.01 \sim 0.015) B$，为了防止吹风口发生堵塞，h 应大于 $5 \sim 7\text{mm}$。吹风口出口流速不宜超过 $10 \sim 12\text{m/s}$，以免液面波动。

4）要求排风口上的气流速度 $v_1 \leqslant (2 \sim 3) v'_1$，$v_1$ 过大，排风口高度 H 过小，污染容易溢入室内。但是 H 也不能过大，以免影响操作。

5）各种方法计算所得的吹风量，在设计和运行中不得任意加大，排风量可考虑增加安全系数，一般在 20％ 以内。

6. 接受罩

有些生产过程或设备本身会产生或诱导一定的气流运动，带动有害物一起运动，如高温热源上部的对流气流及砂轮磨削时抛出的磨屑及大颗粒粉尘所诱导的气流等。对这种情况，应尽可能把排风罩设在污染气流前方，让它直接进入罩内。这类排风罩称为接受罩，见图 2.4-24。

接受罩在外形上和外部吸气罩完全相同，但作用原理不同。对接受罩而言，罩口外的

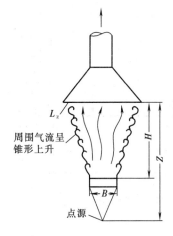

L_z

周围气流呈
锥形上升

B

点源

图 2.4-24　热源上部接受罩

气流运动是生产过程本身造成的，接受罩只起接受作用。它的排风量取决于接受的污染空气量的大小。接受罩的断面尺寸应不小于罩口处污染气流的尺寸，否则污染物不能全部进入罩内，影响排风效果。粒状物料高速运动时所诱导的空气量，由于影响因素较为复杂，通常按经验公式确定。

（1）热源上部的热射流

热源上部的热射流主要有两种形式，一种是生产设备本身散发的热射流如炼钢电炉炉顶散发的热烟气；另一种是高温设备表面对流散热时形成的热射流。当热物体和周围空间有较大温差时，通过对流散热把热量传给周围空气，空气受热上升，形成热射流。对热射流观察发现，在离热源表面 $(1\sim2)B$（B——热源直径或长边尺寸）处（通常在 $1.5B$ 以下）射流发生收缩，在收缩断面上流速最大，随后上升气流逐渐缓慢扩大。可把它近似看作是从一个假想点源以一定角度扩散上升的气流。

在 $H/B=0.9\sim7.4$ 的范围内，在不同高度上热射流的流量

$$L_z=0.04Q^{\frac{1}{3}}Z^{\frac{3}{2}}\quad (\mathrm{m^3/s}) \tag{2.4-21}$$

式中　Q——热源的对流散热量，kJ/s。

$$Z=H+1.26B\quad (\mathrm{m}) \tag{2.4-22}$$

式中　H——热源至计算断面距离，m。

　　　B——热源上水平投影的直径或长边尺寸，m。

在某一高度上热射流的断面直径为

$$D_z=0.36H+B\quad (\mathrm{m}) \tag{2.4-23}$$

通常近似认为热射流收缩断面至热源的距离 $H_0\leqslant1.5\sqrt{A_p}$（$A_p$ 为热源的水平投影面积）。当热源的水平投影面积为圆形时 $H_0=1.5\left[\dfrac{\pi}{4}B^2\right]^{\frac{1}{2}}=1.33B$。因此收缩断面上的流量按下式计算：

$$L_0=0.04Q^{\frac{1}{3}}\left[(1.33+1.26)B\right]^{\frac{3}{2}}=0.167Q^{\frac{1}{3}}B^{\frac{3}{2}}\quad (\mathrm{m^3/s}) \tag{2.4-24}$$

热源的对流散热量

$$Q=\alpha F\Delta t\quad (\mathrm{J/s}) \tag{2.4-25}$$

式中　F——热源的对流放热面积，$\mathrm{m^2}$；

　　　Δt——热源表面与周围空气温度差，℃；

　　　α——对流放热系数，$\mathrm{J/(m^2\cdot s\cdot ℃)}$。

$$\alpha=A\Delta t^{1/3} \tag{2.4-26}$$

式中　A——系数，水平散热面 $A=1.7$；垂直散热面 $A=1.13$。

（2）热源上部接受罩排风量计算

从理论上说，只要接受罩的排风量等于罩口断面上热射流的流量，接受罩的断面尺寸等于罩口断面上热射流的尺寸，污染气流就能全部排除。但实际中由于横向气流的影响，

热射流会发生偏转，可能溢入室内。且接受罩的安装高度 H 越大，横向气流的影响越严重。因此，应用中采用的接受罩，罩口尺寸和排风量都必须适当加大。

根据悬挂高度（罩口至热源上沿的距离）H 的不同，热源上部的接受罩可分为两类，$H \leqslant 1.5\sqrt{A_p}$ 或 $H \leqslant 1\text{m}$ 的称为低悬罩，$H > 1.5\sqrt{A_p}$ 或 $H > 1\text{m}$ 的称为高悬罩。

由于低悬罩位于收缩断面附近，罩口断面上的热射流横断面积一般小于（或等于）热源的平面尺寸。因此，在横向气流影响小的场合，排风罩口尺寸应比热源尺寸扩大 $150 \sim 200\text{mm}$，而在横向气流影响较大的场合，罩口尺寸可按下式确定：

圆形
$$D_1 = B + 0.5H \text{ (m)} \tag{2.4-27}$$
矩形
$$A_1 = a + 0.5H \text{ (m)} \tag{2.4-28}$$
$$B_1 = b + 0.5H \text{ (m)} \tag{2.4-29}$$

式中　D_1——罩口直径，m；

　A_1、B_1——罩口尺寸，m；

　a、b——热源水平投影尺寸，m。

高悬罩的罩口尺寸按下式确定：
$$D = D_z + 0.8H \text{ (m)} \tag{2.4-30}$$

接受罩的排风量按下式计算：
$$L = L_z + v'F' \text{ (m}^3\text{/s)} \tag{2.4-31}$$

式中　L_z——罩口断面上热射流流量，m^3/s；

　F'——罩口的扩大面积，即罩口面积减去热射流的断面积，m^2；

　v'——扩大面积上空气的吸入速度，$v' = 0.5 \sim 0.75\text{m/s}$。

对于低悬罩，式（2.4-31）中的 L_z 即为收缩断面上的热射流流量。

高悬罩排风量大，易受横向气流影响，工作不稳定，设计时应尽可能降低安装高度。在工艺条件允许时，可在接受罩上设活动卷帘。罩上的柔性卷帘设在钢管上，通过传动机构转动钢管，带动卷帘上下移动，升降高度视工艺条件而定。

2.5　过　滤　与　除　尘

2.5.1　粉尘特性

影响除尘装置性能的粉尘特性，主要有粉尘的密度、粒径分布、比电阻、吸湿性、爆炸性等。

（1）密度

单位体积粉尘所具有的质量称为粉尘的密度，分为真密度和容积密度。

1）真密度。粉尘的真密度是指除掉粉尘中所含气体和液体后单位体积粉尘所具有的质量，与粉尘的沉降、输送、净化等特性直接相关。

2）容积密度（堆积密度）。自然状态下单位体积粉尘的质量数称为容积密度，是设计粉尘储存、运输设备的重要参数。两种密度的关系可用式（2.5-1）表示

$$\rho_v = (1 - \varepsilon) \rho_p \tag{2.5-1}$$

式中　ρ_v——粉尘的容积密度，kg/m^3；

ρ_p——粉尘的真密度，kg/m³，其值见表 2.5-1；

ε——粉尘的空隙率。

对于球形尘粒 $\varepsilon=0.30\sim0.40$，非球形尘粒的 ε 值则大于球形尘粒的 ε 值。粉尘越细，ρ_v 越小，ρ_p/ρ_v 比值越大，粉尘越难捕集，$\rho_p/\rho_v>10$ 时，粉尘捕集困难。

几种工业粉尘的真密度 表 2.5-1

粉尘名称	真密度(kg/m³)	容积密度(kg/m³)	粉尘名称	真密度(kg/m³)	容积密度(kg/m³)
滑石粉	2750	590~710	烟尘	2150	1200
石灰粉	2700	1100	锅炉炭末	2100	600
白云石粉	2800	900	炭黑	1850	40
硅砂粉（105μm）	2630	1550	硅砂粉（30μm）	2630	1450

（2）粒径分布

粉尘的粒径分布是指粉尘中各种粒径尘粒所占的百分数，亦称颗粒的分散度。有按质量计的质量粒径分布、按粒数计的颗粒粒径分布、用表面积表示的表面积粒径分布等多种表示方式。除尘技术中一般使用质量粒径分布。表 2.5-2 为铸造工厂工艺设备的粉尘质量分布，表 2.5-3 列出了不同燃烧方式燃煤锅炉排出烟尘的粉尘特性。

铸造工厂车间工艺设备粉尘质量粒径分布 表 2.5-2

工艺设备	粉尘类型	真密度(kg/m³)	粉尘质量粒径分布（%）						中位径(μm)
			<5μm	5μm~10μm	10μm~20μm	20μm~40μm	40μm~60μm	>60μm	
混砂机（S114）	干型砂	2141.4	44.8	6.7	7.0	6.8	3.7	31.0	8.6
落砂机（2×10t）	干型砂	2640.4	46.2	17.4	20.9	11.5	2.5	1.5	6.1
B=600mm 皮带导头	干型旧砂	2644.4	35.3	6.6	6.2	6.5	3.4	42.0	24.0

不同燃烧方式燃煤锅炉排出烟尘质量粒径分布 表 2.5-3

工艺设备	粉尘质量粒径分布（%）									备注
	>75μm	60μm~75μm	47μm~60μm	30μm~47μm	20μm~30μm	15μm~20μm	10μm~15μm	5.0μm~10μm	<5.0μm	
链条炉排	50.74	4.53	6.30	12.05	7.39	8.00	6.25	5.45	1.81	
振动炉排	60.14	3.04	4.06	6.94	6.36	5.48	5.08	9.55	2.64	
抛煤机	61.02	7.69	6.03	9.93	5.85	2.15	2.97	2.33	0.97	
煤粉炉	13.19	13.23	10.20	14.94	11.6	3.21	15.36	11.65	4.08	

（3）比表面积

粉尘的比表面积为单位质量（或体积）粉尘具有的表面积，一般用 cm²/g 或 cm²/cm³ 表示。其大小表示颗粒群总体的细度，它和粉尘的润湿性和粘附性相关。

（4）爆炸性

当物质的比表面积大为增加时，其化学活性迅速加强，某些在堆积状态下不易燃烧的可燃物粉尘，当它以粉末状悬浮于空气中时，与空气中的氧有了充分的接触机会，在一定的温度和浓度下可能发生爆炸。这个能够引起爆炸的可燃物浓度称为爆炸浓度，能够引起爆炸的最低浓度称为爆炸下限。在设计除尘系统时必须高度注意，以防造成严重的灾害。

粉尘的爆炸浓度下限可以参看有关设计手册。

（5）含水率

粉尘的含水率为粉尘中所含水分质量与粉尘的总质量的比值，可以通过测定烘干前后的粉尘质量之差求得粉尘中所含水分的质量，而得到含水率。

（6）润湿性

尘粒与液体相互附着的性质称为粉尘的润湿性。易于被水润湿的粉尘称为亲水性粉尘；难于被润湿的粉尘称为疏水性粉尘；吸水后能形成不溶于水的硬垢的粉尘称为水硬性粉尘。一般粒径 $d_c<5.0\mu m$ 时，即使是亲水性的，也只有在尘粒与水滴具有较高相对速度的情况才能被润湿；水泥、熟石灰与白云石砂等均属于水硬性粉尘。

（7）粘附性

尘粒粘附于固体表面或颗粒之间互相凝聚的现象称为粘附。前者易使除尘设备和管道堵塞，后者则有利于除尘效率的提高。对于粒径 $d_c<1.0\mu m$ 的尘粒，主要靠分子间的作用而产生粘附；吸湿性、溶水性、含水率高的粉尘主要靠表面水分产生粘附；纤维粉尘的粘附则主要与壁面状态有关。一般粉尘中含有 $60\%\sim70\%$ 小于 $10\mu m$ 的尘粒，会显著增加粘附现象。

（8）比电阻

比电阻是某种物质粉尘，当自然堆积断面为 $1cm^2$、高为 $1cm$ 的粉尘圆柱，沿其高度方向测得的电阻值，是除尘工程中表示粉尘导电性的参数，它对电除尘器的除尘效率有着重要影响，一般通过实测求得。

（9）堆积角、滑动角

粉尘通过小孔连续地下落到某一水平面上、自然堆积成的尘堆的锥体母线与水平面上的夹角称为堆积角，它与物料的种类、粒径、形状和含水率等因素有关。对于同一粉尘，粒径越小、堆积角越大，一般平均值为 $35°\sim40°$。设计除尘装置时，应使贮灰斗、下料管、风管等倾斜角大于粉尘的堆积角，以防淤积堵塞。

滑动角是指光滑平面倾斜到一定角度时，粉尘开始滑动的角度，一般为 $40°\sim55°$，因此除尘设备灰斗的倾斜角一般不宜小于 $55°$。

（10）磨损性

粉尘的磨损性主要取决于颗粒的运动速度、硬度、密度、粒径等因素。当气流运动速度大、含尘浓度高、粒径大而硬、并且有棱角时，磨损性大。因此，在进行粉尘净化系统设计时，应适当地控制气流速度，或加厚某些部位的壁厚，或采用耐磨材料作为内衬。

2.5.2　过滤器的选择

1. 空气过滤器的用途及分类

空气过滤器是主要用于进入空气净化尘粒，也用于净化排气中含有细小的污染物质（如放射性物质、油雾等）的空气过滤装置。进气净化的特点是处理空气中含尘浓度低、尘粒细，要求的净化效率高。根据净化效率的不同，空气过滤器额定风量下的分类（按效率和阻力）应符合表 3.4-6 和表 3.6-2 的规定。

2. 典型空气过滤器的结构

(1) 泡沫塑料过滤器

泡沫塑料过滤器采用聚乙烯或聚酯泡沫塑料作过滤层。泡沫塑料要预先进行化学处理，把内部气孔薄膜穿透，使其具有一系列连通的孔隙。含尘气流通过时，由于惯性、扩散等作用颗粒物粘附于孔壁上，使空气得到净化。泡沫塑料的内部结构类似于丝瓜筋，孔径为 $200\sim300\mu m$。

泡沫塑料不能和丙酮、丁酮、醋酸乙酯、四氯化碳、乙醚等有机溶剂接触，否则容易膨胀损坏。可以耐弱酸弱碱。汽油、机器油、润滑油等对其没有影响。

根据结构可以分为箱式泡沫塑料过滤器和卷绕式泡沫塑料过滤器。图 2.5-1 为箱式泡沫塑料过滤器，它由金属框架和泡沫塑料滤料组成。泡沫塑料滤料在箱体内做成折叠式（用铅丝作支架），以扩大过滤面积，增大每一单体的过滤风量。每一单体的过滤风量为 $200\sim400m^3/h$。泡沫塑料层的厚度为 $10\sim15mm$。含尘空气通过滤料后，颗粒物积聚于滤料层内，虽然净化效率有所提高，但阻力也升高。当阻力达到额定值时（一般为 200Pa），将泡沫塑料滤料取下，用水清洗，晾干后再用。清洗后滤料性能有所降低。

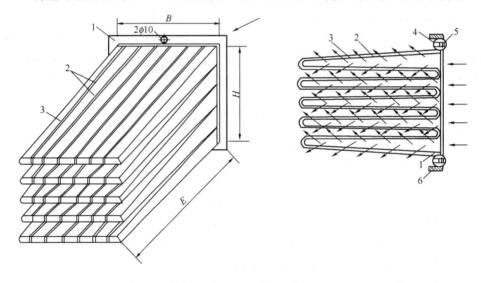

图 2.5-1　泡沫塑料过滤器

1—边框；2—铁丝支撑；3—泡沫塑料过滤层；4—螺栓；5—螺母；6—现场安装框架

(2) 纤维填充式过滤器

纤维填充式过滤器由框架和滤料组成。根据对净化效率和阻力的要求不同，可采用不同粗细的各种纤维作为填料，如玻璃纤维（直径约 $10\mu m$）、合成纤维（聚苯乙烯）等。填充密度对效率和阻力有很大影响。过滤厚度及填充密度需根据具体要求确定。

图 2.5-2 是玻璃纤维过滤器。纤维填料层两侧用铁丝网夹持，每个单元由两块过滤块组成，含尘气流由中间进入到单元内，穿过两侧的过滤层使气流得到净化。

(3) 纤维毡过滤器

纤维毡过滤器用各种纤维（如涤纶、维纶等）做成的无纺布（毡）作滤料，通常做成袋式或卷绕式两种。

1) 袋式纤维毡过滤器。它用无纺布滤料做成折叠式或 V 形滤袋，以扩大过滤面积，

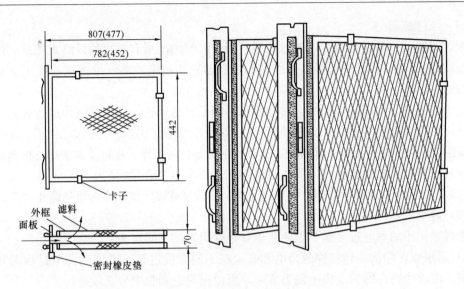

图 2.5-2 玻璃纤维过滤器

降低过滤风速。它的净化效率较高，常用作中效过滤器，这种过滤器的形式很多，每个单体的过滤风量为 $200m^3/h$ 左右，过滤风速约 20cm/s，人工尘的计重效率为 80％。

2）自动卷绕式过滤器。它可以用泡沫塑料或无纺布作为滤料，每卷滤料长约 20m。过滤器由上、下箱、立框、挡料栏、传动机构及滤料卷组成，如图 2.5-3 所示。滤料积尘后，可自动卷动更新，一直到整卷滤料全部积尘后，取下来更换。每卷滤料通常可使用 8 个月至 1 年。

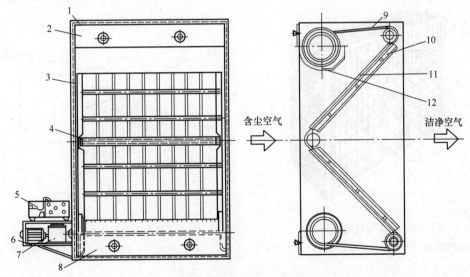

图 2.5-3 自动卷绕式空气过滤器

1—连接法兰；2—上箱；3—滤料滑槽；4—改向棍；5—自动控制箱；6—支架；7—双级蜗轮减速器；
8—下箱；9—滤料；10—挡料栏；11—压料栏；12—限位器

过滤风速通常取 0.80～2.50m/s，终阻力为 90～100Pa。常用作粗效过滤器。卷绕滤料的控制方法有定压控制和定时控制两种。

（4）纸过滤器

纸过滤器是一种亚高效和高效过滤器，用作滤料的滤纸有：植物纤维素滤纸（用于亚高效过滤器）、蓝石棉纤维滤纸（用作高效过滤器）和超细玻璃纤维滤纸（可用于亚高效和高效过滤器）。

由于滤纸的阻力较高，为增大过滤面积，降低过滤风速，可将滤纸作成折叠式（见图 2.5-4），在其中间用波纹状的分隔板隔开。分隔板可用优质牛皮纸经热滚压做成，也可采用塑料或铝板。外框可用木板、塑料板、铝板、钢板等材料制作。在过滤器端部外框与滤料间需用密封胶密封。纸过滤器每一单元过滤面积为 $12m^2$，额定风量为 $1000m^3/h$，初阻力为 $200\sim250Pa$。由于在前面设有粗、中效过滤器，高效过滤器的使用寿命可达两年左右。

（5）静电过滤器

进气净化用的静电过滤器与工业除尘静电除尘器的不同点为：

1）采用双区结构，颗粒物的荷电和收尘在不同区段进行。考虑到荷电过程需要不均匀电场，而收尘则在均匀电场中最为有效，所以把荷电和收尘分两段进行。

2）为避免过多的臭氧进入室内，采用正电晕。由于正电晕容易从电晕放电向火花放电转移，所以电压较低，电极间距较小。

图 2.5-5 是静电过滤器的结构示意图。荷电区是一系列等距离平行安装的流线型管柱状接地电极（也有平板状的），管柱之间安装电晕线，电晕线接正极。放电极上施加电压为 $10\sim20kV$。尘粒在荷电区获得正离子，随后进入收尘区。收尘区的集尘极板用铝板制作，极板间距约 $10mm$，极间电压为 $5.0\sim7.0kV$，在极板之间形成均匀电场。荷正电或负电的颗粒物分别沉降在与其极性相反的极板上，尘粒需定期用水或油清洗掉。

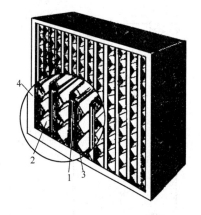

图 2.5-4 高效过滤器外形

1—滤纸；2—分隔片；3—密封胶；4—木外框

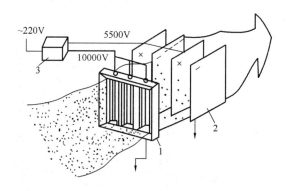

图 2.5-5 静电过滤示意图

1—荷电区；2—收尘区；3—高压整流器

2.5.3 除尘器的选择

除尘器的选择要在调查研究的基础上，根据处理粉尘的不同，主要从除尘效率、处理能力、动力消耗与经济性等几个方面综合考虑。

除尘器的种类很多，一般根据主要除尘机理的不同可分为重力、惯性、离心（机械力）、过滤、洗涤和静电等六大类；根据气体净化程度的不同则可分为粗净化、中净化、细净化与超净化等四类；而根据除尘器的除尘效率和阻力又可分为高效、中效、初效和高阻、中阻、低阻等几类。

1. 除尘器的主要性能指标

除尘器的技术性能指标主要包括除尘效率、压力损失、处理气体量与负荷适应性等几个方面。

(1) 除尘效率

在除尘工程设计中一般采用全效率和分级效率两种表达方式。

1) 全效率（或称总效率） 全效率为单位时间内除尘器除下的粉尘量与进入除尘器的粉尘量之百分比，用式（2.5-2）表示

$$\eta = G_2/G_1 \times 100\% \tag{2.5-2}$$

式中 η——除尘器的全效率，%；

G_1——进入除尘器的粉尘量，g/s；

G_2——除尘器除下的粉尘量，g/s。

由于在现场无法直接测出进入除尘器的粉尘量，应先测出除尘器进出口气流中的含尘浓度和相应的风量，再用式（2.5-3）计算。

$$\eta = (L_1 y_1 - L_2 y_2)/L_1 y_1 \times 100\% \tag{2.5-3}$$

式中 L_1——除尘器入口风量，m³/s；

y_1——除尘器入口浓度，g/m³；

L_2——除尘器出口风量，m³/s；

y_2——除尘器出口浓度，g/m³。

若在除尘系统中有除尘效率分别为 η_1，η_2，……，η_n 的几个除尘器串联运行时，总效率用 η_T 表示，按式（2.5-4）计算。

$$\eta_T = 1 - (1-\eta_1)(1-\eta_2) \cdots (1-\eta_i) \cdots (1-\eta_n) \tag{2.5-4}$$

2) 穿透率 穿透率 P 为单位时间内除尘器排放的粉尘量与进入除尘器的粉尘量之百分比，如公式（2.5-5）所示。

$$P = L_2 y_2/L_1 y_1 \times 100\% \tag{2.5-5}$$

3) 分级效率

分级效率为除尘器对某一代表粒径 d_c 或粒径在 $d_c \pm \Delta d_c/2$ 范围内粉尘的除尘效率，如式（2.5-6）所示。

$$\eta_c = \Delta S_c/\Delta S_j \times 100\% \tag{2.5-6}$$

式中 ΔS_c——Δd_c 粒径范围内，除尘器捕集的粉尘量，g/s；

ΔS_j——Δd_c 粒径范围内，进入除尘器的粉尘量，g/s。

(2) 压力损失

除尘器的压力损失为除尘器进、出口处气流的全压绝对值之差，表示流体流经除尘器所耗的机械能。当知道该除尘器的局部阻力系数 ζ 值后，可用式（2.5-7）计算。

$$\Delta p = \zeta \rho_g V^2/2 \ (\text{Pa}) \tag{2.5-7}$$

式中 Δp——除尘器的压力损失，Pa；

ρ_g——处理气体的密度，kg/m³；

V——除尘器入口处的气流速度，m/s。

(3) 处理气体量

表示除尘器处理气体能力的大小，一般用体积流量 m^3/h、m^3/s 表示。

（4）负荷适应性

负荷适应性是除尘器性能可靠性的技术指标。负荷适应性良好的除尘器，当处理气体量或污染物浓度在较大范围内波动时，仍能保持稳定的除尘效率。

2. 选择除尘器时应考虑的主要因素

除尘器的选择应按下列因素通过技术经济比较确定：

（1）含尘气体的化学成分、腐蚀性、爆炸性、温度、湿度、露点、气体量和含尘浓度；

（2）粉尘的化学成分、密度、粒径分布、腐蚀性、亲水性、磨琢度、比电阻、粘结性、纤维性和可燃性、爆炸性等；

（3）净化后气体或粉尘的容许排放浓度；

（4）除尘器的压力损失、除尘效率；

（5）粉尘的回收价值和回收利用形式（粉尘无利用价值时，应按国家或地方有关标准进行贮存、处置或填埋，且储运中应防止二次扬尘）；

（6）除尘器的设备费、运行费、使用寿命、场地布置及外部水电源条件等；

（7）维护管理的简繁程度。

2.5.4 典型除尘器

1. 重力沉降室

重力沉降室是使粉尘和空气的混合物进入较大的空间，尘粒由于重力作用缓慢落至沉降室底部，在空气中分离，实现尘粒捕集的一种除尘装置。

如果水平气流平均速度为 v（m/s），则气流通过长度为 L（m）的沉降室的时间为：

$$t = L/v \quad (s) \tag{2.5-8}$$

而沉降速度为 v_s（m/s）的尘粒（粒径为 d_p），从顶部 H 处落至底部所需时间为：

$$t_s = H/v_s \quad (s) \tag{2.5-9}$$

为使粒径为 d_p 的尘粒在沉降室中全部沉降下来，显然必须保证 $t \geqslant t_s$，即：

$$\frac{L}{v} \geqslant \frac{H}{v_s} \tag{2.5-10}$$

沉降速度

$$v_s = \sqrt{\frac{4(\rho_p - \rho_g)gd_p}{3C_D\rho_g}} \quad (m/s) \tag{2.5-11}$$

式中 ρ_p——尘粒密度，kg/m^3；

ρ_g——气体密度，kg/m^3；

g——重力加速度，m/s^2；

d_p——尘粒直径，m；

C_D——气体阻力系数，无量纲，其值与尘粒运动的雷诺数 Re_p 数有关

$$Re_p \leqslant 1 \text{ 时，} C_D = 24/Re_p$$

$$Re_p = 1 \sim 10^3 \text{ 时，} C_D = 13/\sqrt{Re_p}$$

$$Re_p > 1 \times 10^3 \text{ 时,} \quad C_D \approx 0.44$$

该沉降室对粒径为 d_p 的尘粒的分级效率为

$$\eta_i = \frac{y}{H} = \frac{Lv_s}{Hv} = \frac{LWv_s}{Q} \tag{2.5-12}$$

在沉降室结构尺寸和气流速度 v（或流量 Q）确定后，可求出该沉降室所能100%捕集的极限粒径

$$d_{min} = \sqrt{\frac{18\mu v H}{g\rho_p L}} = \sqrt{\frac{18\mu Q}{g\rho_p LW}} \quad \text{(m)} \tag{2.5-13}$$

根据上述各式，改善重力沉降室的捕集效率的设计途径：（1）降低室内气流速度 v；（2）降低沉降室高度 H；（3）增长沉降长度 L。

沉降室用于净化密度大、颗粒粗的粉尘，特别是磨损性很强的粉尘。经过精心设计，重力沉降室能有效地捕集 $50\mu m$ 以上的尘粒。占地面积大、除尘效率低是沉降室的主要缺点。但其具有结构简单、投资少、维护管理容易及压力损失小（一般为 $50\sim150Pa$）等优点。

2. 旋风除尘器

旋风除尘器（简称旋风器）是使含尘气流做旋转运动，借助离心力作用将尘粒从气流中分离捕集下来的装置。旋风器与其他除尘器相比，具有结构简单、造价便宜、维护管理方便以及适用面宽的特点。旋风器适用于工业炉窑烟气除尘和工厂通风除尘；工业气力输送系统气固两相分离与物料气力烘干回收。

旋风器亦可以作为高浓度除尘系统的预除尘器，与其他类型的高效除尘器合用。旋风器筒体断面风速宜为 $3\sim5m/s$；允许操作温度低于 $450℃$；允许含尘浓度 $1000g/m^3$。

旋风器的类型有切流反转式、轴流反转式、直流式等。工厂通风除尘使用的主要是切流反转式旋风器。

（1）旋风器结构

1）单体基本结构。单体基本结构参见图 2.5-6，含尘气体通过进口起旋器产生旋转气流，粉尘在离心力作用下脱离气流向筒锥体边壁运动，到达壁附近的粉尘在气流的作用下进入收尘灰斗，去除了粉尘的气体汇向轴心区域由排气芯管排出。

2）结构改进措施。旋风器在长期使用中，为了达到低阻高效性能，其结构不断进行改进，改进措施主要有：

① 进气通道由切向进气改为回转通道进气，通过改变含尘气体的浓度分布、减少短路流排尘量；

② 把传统的单进口改为多进口，有效地改进旋转流气流偏心，使旋风器阻力显著下降；

③ 在筒锥体上加排尘通道，防止到达壁面的粉尘二次返混；

④ 采用锥体下部装有二次分离装置（反射屏或中间小灰斗）防止收尘二次返混；

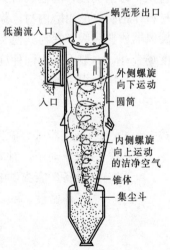

图 2.5-6　旋风器示意图

⑤ 排气芯管上部加装二次分离器，利用排气强旋转流进行微细粉尘的二次分离；

⑥ 在筒锥体分离空间加装减阻件降阻等。

3）组合技术。处理气体量较大时，可以采用多个旋风器单体进行并联组合。

① 多筒组合：多筒组合可以采用分支并联和环状并联方式。组合技术的关键在于含尘气流到各旋风子的均匀配气和防止气流串流。分支并联一般采用双旋风器、四旋风器组合方式。对于处理气体量较大时，也可以采用母管分支并联方式。分支旋风器一般采用蜗壳排气方式。

② 多管组合：多管组合可以采用数十个旋风子（小尺寸旋风器）在箱体内进行并联安装。旋风子在箱体中可以顺排并联或错排并联，含尘气流分配的均匀性可以通过调整旋风子进气口角度、排气管长度、进气空间高度、旋风子间距等措施实现。

（2）旋风器的使用

旋风器单体直径一般控制在 200～1000mm，特殊情况下可以超过 1000mm。旋风器单体安装角度应不小于 45°，宜大于粉尘的流动角，对于气体量负荷变化较大的系统尤其要注意。

旋风器单体组合应注意含尘气流的均匀性分配和增加防止气流串流的技术措施。旋风器组合空间的进气区、灰斗区、排气区应严格分开，连接处不得漏风。

对旋风器性能影响较大的因素是运行管理不善造成的灰斗漏风和排灰不及时造成的锥体下部堵管。它不仅影响除尘效率，还会加剧旋风器筒磨损。

根据使用条件可以选用不同材料制作旋风器，如钢板、有机塑料板、玻璃钢等加工；铸铁、铸钢浇注；陶土、石英砂、白刚玉烧制。也可以采用矾土水泥骨料、灰绿岩铸石等材料作钢制件的耐磨内衬。除尘器串联使用时，在与低性能除尘器串联使用时，应将高效旋风器放在后级。在与其他类型高性能除尘器串联使用时，应将旋风器放在前级。除高浓度场合外，一般不采用同种旋风器串联使用。

（3）压力损失计算

$$\Delta p = \zeta P_{d0} ; \quad P_{d0} = \rho v_0^2 / 2 \tag{2.5-14}$$

式中　Δp——旋风器压力损失，Pa；

P_{d0}——气流动压，对应于进口截面的气流动压，Pa；

ζ——设备厂家提供的对应于进口截面的旋风器阻力系数；

ρ——气体密度，kg/m³。

$$\rho = 353 K_B / (273 + t) \text{（空气）；}$$

$$\rho = 366 K_B / (273 + t) \text{（一般烟气）} \tag{2.5-15}$$

式中　K_B——环境压力 B 的修正系数，$K_B = B/B_a$，B_a 为标准大气压力（101.3kPa）；

t——气体温度，℃。

旋风器安装方式不同会造成旋风器压力损失变化，如旋风器出口方式采用出口蜗壳比采用圆管弯头时的压力损失下降 10% 左右；采用多筒、多管组合方式时，由于接管数目增加，与单个使用也有差别，可以通过工程经验进行修正。一般来讲，同类型直径大小不同的旋风器压力损失相同。旋风除尘器的计算阻力一般为 800～1000Pa。

根据实验研究，除尘器的结构形式相同（相对尺寸相同）时，其绝对尺寸大小对压力损失影响很小，即同一形式旋风除尘器的几何相似放大或缩小时，压力损失基本不变。

随入口含尘浓度的增高，除尘器的压力损失明显下降。比通过清洁气体时的压损降低5%～20%。减低的原因是旋转气流与粉尘摩擦造成旋转速度降低的缘故。

（4）除尘效率计算

1）分级效率

$$\eta_i\ (d_c) =1.0-\exp\ (-\alpha d_c^\beta)\ \text{或者}\ \eta_i\ (d_c) =1.0-\exp\ [-0.6931\ (d_c/d_{c50})^\beta]$$

$$(2.5-16)$$

式中　α、β分别为分布系数；分割粒径d_{c50}指除尘器分级效率为50%时对应的粉尘粒径，μm。

2）总效率

旋风器的除尘效率计算式为：

$$\eta = \sum_{i=1}^{n} \eta_i(d_{c,i},d_{c,i+1})Q(d_{c,i},d_{c,i+1})$$ 　　(2.5-17)

式中　$Q\ (d_{c,i},\ d_{c,i+1})$——粉尘某一粒级的分布累计质量；

　　　$\eta_i\ (d_{c,i},\ d_{c,i+1})$——粒级除尘效率，可以取$\eta_i[kd_{c,i},(1-k)\ d_{c,i+1}]$，$0<k<1.0$，通常取$k$为0.5。

对于某些场合采用理论计算除尘效率往往误差比较大，通常可以采用计算与实际应用相结合的办法修正，亦可参照类似工程进行判定。

3）影响旋风器除尘效率的主要因素

旋风器的结构形式（即相对尺寸）对除尘效率影响很大。例如出口管径变小时，除尘效率提高（即分割粒径减小）；锥体适当加长对提高除尘效率有利。除尘器的绝对尺寸增大，即进行几何相似放大后，除尘效率降低。

在一定范围内提高入口流速，即增加处理气体量，除尘效率将随之提高。若v_0过高，可能增强返混，影响了粉尘沉降，反而导致沉降效率下降。因此，考虑到除尘器压损也随入口气流速度增大而迅速增大的情况，从技术、经济两方面考虑，入口速度有一合适的选取范围，一般为12～25m/s，但不应低于10m/s，以防入口管道积尘。

在入口含尘浓度增高时，多数情况是除尘效率略有提高，这与除尘器的结构形式及粉尘粘附性等有关。粉尘真密度和粒径增大（大于$10\mu m$），会使除尘效率明显提高。

气体温度的提高和黏性系数的增大，会使除尘效率下降。

灰斗的气密性对除尘效率影响较大，在运行时保证灰斗严密不漏气，否则除尘效率显著下降。

4）含尘浓度计算

旋风器中实际运行的是工况含尘浓度C_0（mg/m³），作为评价、监督使用标况浓度C_{N0}（mg/m³）；C_P为标况排放浓度（mg/m³）。它们之间的关系为

$$C_{N0} =1.293C_0/\rho;\ C_P= (1-\eta)\ C_{N0}$$ 　　(2.5-18)

式中　ρ——排气密度 kg/m³。

（5）旋风器选用

已知条件：气体量、气体温度；旋风器阻力；含尘气体浓度；粉尘真密度和粒径的质量分布；供选用的旋风器技术参数（阻力系数，分级效率，主要结构尺寸）等。

计算要求：确定旋风器的直径和个数；校核压力损失；估算除尘效率。

旋风器选型一般采用计算法或经验法。

1）计算法：

① 由入口浓度 C_0，出口浓度 C_P（或排放标准）计算除尘效率 η；

② 选结构形式；

③ 根据选用的除尘器的分级效率 η_i 和净化粉尘的粒径频度分布 f_0，计算 η_T，若 $\eta_T >$ η，即满足要求，否则按要求重新计算；

④ 确定型号规格；

⑤ 计算压力损失。

2）经验法：

① 计算所要求的除尘效率 η；

② 选定除尘器的结构形式；

③ 根据选用的除尘器的 η-v 实验曲线，确定入口风速 v；

④ 根据入口风量 L_1，入口风速 v，计算入口面积 A；

⑤ 由旋风器的类型系数 $k = \dfrac{A}{D^2}$（k 值一般取 $0.07\sim0.3$，蜗壳型入口的 k 值较大）除尘器筒体直径 D，在产品手册中查到所需的型号规格。

3）根据处理气体和粉尘的性质确定制作旋风器的设备材料，如耐磨措施可以采用耐磨材料加工或加耐磨内衬材料。

4）确定旋风器的排灰方式，选定卸灰阀、灰斗、输灰装置。对粉尘负荷少于一个班次工作量的可以采用人工清灰。

5）旋风器支架、检查平台、连接配管、检测孔设计。

6）旋风器的运行工况分析，如工艺周期性负荷变化引起除尘系统处理气体量变化时旋风器单体堵灰、磨损的可能性；排灰输灰装置的工作状况等。

3．袋式除尘器

（1）袋式除尘器的工作原理

袋式除尘器是利用纤维滤料制作的袋状过滤元件来捕集含尘气体中固体颗粒物的设备。主要由过滤装置和清灰装置两部分组成。前者的作用是捕集粉尘，后者则用以定期清除滤袋上的积尘，保持除尘器的处理能力。通常还设有清灰控制装置，使除尘器按一定的时间间隔和程序清灰。

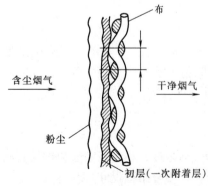

图 2.5-7　滤料的过滤作用

含尘粒径在 $0.1\mu m$ 以上、温度在 $250℃$ 以下，且含尘浓度低于 $50g/m^3$ 的废气净化宜选用袋式除尘器。

当含尘气体通过滤料时，主要依靠纤维的筛滤、拦截、碰撞、扩散和静电吸引等效应将粉尘阻留在滤料上，形成粉尘初层，参见图 2.5-7。在稳定的初层形成之前，滤料的除尘效率不高，通常只有 $50\%\sim 80\%$。同滤料相比，多孔的粉尘初层具有更高的除尘效率，因而对尘粒的捕集起着主要作用。

作为控制微细颗粒的有效措施，表面过滤材料使包括微细尘粒在内的粉尘几乎全部被阻留在其表面而不能透入其内部。目前使用的有：覆膜滤料；复合纤维滤料。它们都是复合滤料，在滤料底布表面复合一层具有微细孔隙的滤层（纤维膜或超细纤维层），即相当是一次粉尘层，过滤作用完全依赖于这一薄层，使微米细粉尘被阻留在滤料表面。

当滤袋表面积附的粉尘层厚到一定程度时，需要对滤袋进行清灰，以保证滤袋持续工作所需的透气性。袋式除尘器正是在这种不断滤尘而又不断清灰的交替过程中进行工作的。

（2）袋式除尘器的主要类型

按清灰方式袋式除尘器的主要类型有：机械振打类；反吹风类；脉冲喷吹类。清灰方式在很大程度上影响着袋式除尘器的性能，是袋式除尘器分类的主要依据。

1）机械振打类

利用机械装置（电动、电磁或气动装置）使滤袋振动实现清灰，如图2.5-8所示。振动可以是垂直、水平、扭转或组合等方式；振动频率有高、中、低之分。有适合间歇工作的停风振打和适合连续工作的非停风振打两种构造形式。

机械振动清灰方式适用于以表面过滤为主的滤袋，对深度过滤的粉尘（进入滤料内部的粉尘）清灰几乎没效果。实际使用时宜采用较低的过滤风速。

2）反吹风类

利用与过滤气流反向的气流，使滤袋形状变化，粉尘层受挠曲力和屈曲力的作用而脱落，图2.5-9是一种典型的逆气流反吹清灰方式。反吹风类分有分室反吹风类和喷嘴反吹风类。反向气流可由除尘器前后的压差产生，或由专设的反吹风机供给。潮湿多雨地区不宜直接采用大气作为反吹风气源。

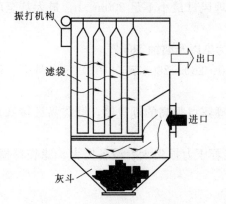

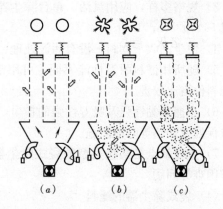

图 2.5-8　机械振打袋式除尘器　　　　图 2.5-9　逆气流反吹清灰方式

反吹气流在整个滤袋上的分布较为均匀，振动也不剧烈，对滤袋的损伤较小。其清灰能力属各种方式中最弱者。因而允许的过滤风速较低，设备压力损失较大。

3）脉冲喷吹类

将压缩空气在短暂的时间（不超过0.2s）内高速吹入滤袋，同时诱导数倍于喷射气流的空气，造成袋内较高的压力峰值和较高的压力上升速度，使袋壁获得很高的向外加速度，从而清落粉尘（见图2.5-10）。喷吹时，虽然被清灰的滤袋不起过滤作用，但因喷吹时间很短，而且只有少部分滤袋清灰，因此可不采取分室结构。也有采用停风喷吹方式，

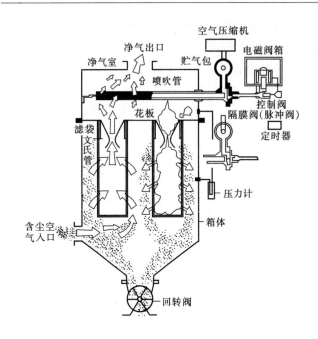

图 2.5-10 脉冲喷吹清灰

对滤袋逐箱进行清灰，箱体便于分隔，但通常只将净气室做成分室结构。

根据喷吹气源压强的不同可分为低压喷吹（低于 0.25MPa）、中压喷吹（0.25~0.5MPa）、高压喷吹（高于 0.5MPa）。根据喷吹间歇与连续的不同，可分为离线脉冲（过滤与清灰不同时进行）、在线脉冲、气箱式脉冲、行喷式脉冲和回转式脉冲几种形式。

脉冲喷吹方式的清灰能力最强，效果最好，可允许高的过滤风速，并保持低的压力损失，近年来发展迅速。

（3）袋式除尘器的主要特点

1）除尘效果好，对粉尘粒径超过 $0.2\mu m$ 的，其除尘效率可达 99% 以上；粒径在 $1\mu m$ 以上的，除尘效率几乎达 100%。

2）适应性强。对各类性质的粉尘都有很高的除尘效率，不受比电阻等性质的影响。在含尘浓度很高或很低的条件下，都能获得令人满意的工作效果。

3）规格多样，应用灵活。单台除尘器的处理风量最小不足 $200m^3/h$，最大甚至可以超过 5×10^6（m^3/h）。

4）便于回收干物料，没有污泥处理、废水污染以及腐蚀等问题。

5）随所用滤料耐温性能不同，可用于≤130、200、280、550（℃）等条件下。但高温滤料价格比较贵。

6）在捕集黏性强及吸湿性强的粉尘，或处理露点很高的烟气时，滤袋易被堵塞，需采取保温或加热等防范措施。

7）主要缺点是某些类型的袋式除尘器存在着压力损失大、设备庞大、滤袋易损坏、换袋困难等问题。

（4）袋式除尘器的滤料

绝大多数袋式除尘器是以纤维织物滤料制作滤袋过滤单元。近年还出现了以塑料、金属、陶瓷制成的微孔过滤元件，或以硅酸盐纤维制作的袋状过滤元件。但目前滤料应具备以下性能：

对微细粉尘有很高的效率；清灰容易，以保持低的压力损失；机械强度高；抗拉、耐磨、抗皱褶；耐温性好，抗化学腐蚀，抗水解；尺寸稳定性好，使用过程中变形小；成本低，使用寿命长。

这些性能主要取决于所用材质的理化性质，也取决于滤料结构。

1）滤料纤维特性

① 聚酯（涤纶）PET。目前用作滤料的最主要材质，应用最为广泛。它能连续在

130℃下工作，耐酸和弱碱。

② 聚酰胺（尼龙）PA。强度高、弹性好、耐碱、不耐浓酸。极限使用温度90～95℃。

③ 芳香族聚酰胺（美塔斯）。可在200℃干燥条件下连续运行，稳定性好，耐氟化物。属水解性纤维，当气体中水分含量大于20％、遇高温或化学成分（尤其是 SO_x）时，会快速水解。

④ 聚丙烯（丙纶）PP。软化温度150℃，90℃下潮湿环境里连续运行性能不变，耐氧化性能弱，耐热性能稍差。

⑤ 聚丙烯腈均聚体（亚克力）PAC。不会水解，在温度低于125℃时，对有机溶剂、氧化剂、无机及有机酸具有良好的抵抗力。在低温、潮湿及有化学腐蚀的场合取代聚酯。

⑥ 聚苯硫醚（Ryon）PPS。一种耐高温合成纤维，熔点285℃，常用温度190℃，瞬间耐温可达230℃。具有优良的阻燃性；其化学性能与尺寸的稳定性等也相当优异，能抵御酸、碱和氧化剂的腐蚀（仅次于聚四氟乙烯纤维），可在恶劣的工况下保持良好的过滤性能，且使用寿命长；PPS 纤维最突出的优点是不会水解，可在潮湿、腐蚀性环境下运行；但 PPS 的抗氧化性能差，当 O_2 含量达到12％时，操作温度应小于140℃，否则 PPS 会因氧化而迅速降解。

⑦ 聚亚酰胺 P84。纤维具有优良的耐高温性能，可在260℃下连续运行，瞬间工作温度可达280℃。P84 纤维具有较强的阻尘与捕尘能力，并能捕获微小粉尘，从而提高过滤效率；与玻璃纤维相比，P84 纤维的化学性能、强度、耐磨折性、使用寿命等显著提高；但 P84 纤维不耐水解。

⑧ 聚四氟乙烯（Teflon）PTFE。当今化学性能最好、抗水性、抗氧化能力最强的纤维。它具有优良的高温及低温性能，熔点327℃，瞬间耐温可达300℃；该纤维还具有良好的过滤效率及清灰性能，阻燃性好、阻力低、使用寿命长，但价格昂贵。

⑨ 玻璃纤维 GLS。玻璃纤维是无机纤维中应用较广的一种，它高温性能突出，且价格低廉。玻璃纤维耐酸腐蚀（除氟氢酸外），但不耐强碱及高温下的中碱；抗拉强度很高，但不耐磨，性脆，耐曲挠性能差。工业上使用的玻璃纤维滤料一般经改性处理，它的表面光滑，其流体阻力小，容易清灰，因此得到广泛应用。

⑩ 金属纤维。耐温可达500℃，其导电性最好，又可洗刷，使用寿命长。

有关纤维的特性可查阅有关手册和产品说明。

2）滤料结构和特点

按照结构的不同可将滤料分成机织布、针刺毡和表面过滤材料和非织物滤料等。

① 织布。织布是将经纱和纬纱按一定的规则呈直角连续交错制成的织物。其基本结构有平纹、斜纹、缎纹三种。机织滤料多用于反吹风袋式除尘器。

② 针刺滤料。针刺毡滤料生产流程简单，便于监控和保证产品质量的稳定性。它具有以下特点：

针刺毡滤料中的纤维三维结构有利于形成粉尘层，捕尘效果稳定，捕尘效率高于一般织物滤料。

针刺滤料，孔隙率高达70％～80％，为一般织造滤料的1.6～2.0倍，因而自透气性好、阻力低。

脉冲除尘器多用针刺滤料。

③ 覆膜滤料。覆膜滤料是表面过滤材料的主要品种，它是在滤料底布表面覆上一层具有微细孔隙的聚四氯乙烯薄膜层，其平均孔径小于 $0.50\mu m$，过滤作用完全依赖于这层薄膜，而与底布无关。图 2.5-11 是用扫描电镜得到的聚四氟乙烯薄膜层表面孔隙分布。覆膜滤料可以去除微细尘粒，获得很高的除尘效率。由于不让尘粒进入滤料深层，使清灰变得容易，从而保持较低的压力损失。

聚四氟乙烯薄膜表面光滑，憎水性，因而清灰容易。薄膜滤料的透气率较一般滤料低，在滤尘的初期，压力损失增加较快。进入正常使用期后，薄膜滤料的压力损失则趋于恒定，而不像一般滤料那样以缓慢的速度增加（见图 2.5-12）。

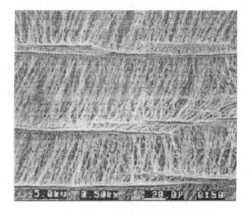

图 2.5-11　聚四氟乙烯薄膜层
表面孔隙分布（扫描电镜）

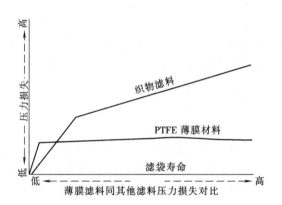

图 2.5-12　薄膜滤料同其他
滤料的压力损失对比

薄膜滤料的底布有多种，其材质可以是聚酯、聚丙烯、玻璃纤维、聚四氟乙烯等，结构可以是织布、针刺滤料或滤纸。可以针对不同的含尘气体进行选用。

应当特别指出：对琢磨性特别强的粉尘不适宜用覆膜滤料，如炭粉、氧化铝粉、铁矿烧结粉等。因为琢磨性强的粉尘会在短时间内把膜磨破，使其失去原有滤尘性能。

④ 复合纤维滤料。复合纤维滤料是把一层超亚微米级的超薄纤维粘附在一般滤料上，在该粘附层上纤维间排列非常紧密，其间隙仅为底层纤维的 $1/100$（即 $0.12\sim0.60\mu m$）。图 2.5-13 是复合纤维滤料与传统滤料进行工作状况对比。

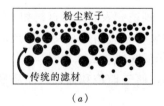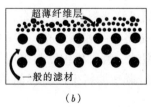

（a）　　　　　　　　（b）

图 2.5-13　滤料工作状况对比

图 2.5-13（a）是传统滤料工作状况，表面过滤与深层过滤共同作用，滤料层中的微细颗粒在压差作用下容易发生穿透，造成除尘效率下降。同时滤层中的粉尘给清灰带来难

度，机械振动清灰一般不能适用。

图 2.5-13 (*b*) 是复合纤维滤料工作状况，可以用于表示表面过滤方式的滤料工作状况。极小的筛孔可把大部分亚微米级的尘粒阻挡在滤料表面，使其不能深入底层纤维内部。由于在除尘初期即可在滤料表面迅速形成透气性好的粉尘层，使其保持低阻、高效。由于尘粒不能深入滤料内部，因此具有低阻、便于清灰的特点。

⑤ 非织物滤料。非织物滤料是将颗粒状的塑料、陶瓷、金属等材料经烧结成一定几何形状，具有细小孔隙的过滤材料，或将硅酸盐纤维通过粘结等非纺织、非针刺的方法制成的过滤材料。这些过滤材料的耐温性能取决于其材质的性质，除尘效果同于一般的织物滤料。

3）滤料主要产品

常温织布滤料有 208 涤纶绒布、729 聚酯布。

耐温织布滤料主要是玻璃纤维滤料、各种耐高温纤维滤料。

针刺滤料有常温滤料和耐温滤料。

（5）主要技术指标

1）除尘效率

袋式除尘器的除尘效率主要受粉尘特性、滤料特性、滤袋上的堆积粉尘负荷、过滤风速等因素的影响，具体宜根据实际处理粉尘的粒径分布及质量分布、除尘器分级效率经计算确定。

① 粉尘。粉尘粒径直接影响袋式除尘器除尘效率。小于 $1\mu m$ 的尘粒中，以 $0.2\sim0.4\mu m$ 尘粒的除尘效率最低（见图 2.5-14），对清洁滤料或积尘滤料都有类似情况。这是因为对这一粒径范围内的尘粒而言，两种主要的粒子捕集效应（即惯性碰撞和扩散效应）的作用都处于低值区域造成的。

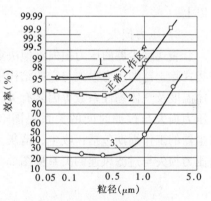

图 2.5-14 滤料在不同粒径下的分级效率
1—积尘的滤料；2—振打
后的滤料；3—洁净滤料

尘粒携带静电荷也影响除尘效率。利用这一特性，可以预先使粉尘荷电，从而对微细粉尘也能获得很高的除尘效率。

② 滤料。滤料的结构类型、表面处理的状况对袋式除尘器的除尘效率有显著影响。一般情况下，机织滤料的除尘效率较低，特别当滤料上粉尘层未曾建立或遭到破坏的条件下；针刺滤料有较高的除尘效率；对于覆膜过滤材料，对一般粉尘可以获得接近"零排放"的效果。

③ 滤料上堆积粉尘负荷。滤料上堆积粉尘负荷的影响只在使用机织布滤料的条件下才较为显著。此时，滤料更多的是起着支撑结构的作用，而起主要滤尘作用的则是滤料上的堆积粉尘层，在使用新滤料和清灰之后的某段时间内，除尘效率都较低。但对于针刺毡滤料，这一影响则较小。对表面过滤材料则几乎完全没有影响。

④ 过滤风速。袋式除尘器允许的过滤速度是衡量其性能的重要指标之一。袋式除尘器的过滤速度 v_f 指气体通过滤料面的平均速度（m/min）。若以 Q 表示通过滤料的气体流量（m^3/h），以 A 表示滤料总面积（m^2），则过滤速度定义为：

$$v_f = \frac{Q}{60A} \quad (\text{m/min}) \qquad (2.5\text{-}19)$$

工程上也用比负荷（气布比）q_f 的概念，它系指每平方米滤料每小时所过滤的气体量（m^3），其单位是 m^3 气体/（m^2 滤料·h），因此有：

$$q_f = \frac{Q}{A} \quad [m^3/(m^2 \cdot h)] \qquad (2.5\text{-}20)$$

过滤风速对除尘效率的影响更多表现在机织布条件下，较小的过滤风速有助于建立孔径小而孔隙率高的粉尘层，从而提高除尘效率。即使如此，当使用表面起绒的机织布滤料时，也可使这种影响变得不显著。当使用针刺毡滤料或覆膜过滤材料时，过滤风速的影响主要表现在除尘器的压力损失而非除尘效率方面。

过滤风速应根据气体和粉尘的类型、清灰方式、滤料性能等因素确定。采用脉冲清灰方式时，过滤风速不宜大于 0.2m/min；采用其他清灰方式时，过滤风速不宜大于 0.6m/min。

过滤速度 v_f（或比负荷 q_f）是代表袋式除尘器处理气体能力的重要技术经济指标。过滤速度的选择要考虑经济性和对滤尘效率的要求等各方面因素。过滤速度高时，处理相同流量的含尘气体所需的滤料面积小，则除尘器的体积、占地面积、耗钢量亦小，因而投资小，但除尘器的压力损失、耗电量、滤料损伤增加，因而运行费用增大。从滤尘效率方面看，过滤速度的影响比较显著。实验表明，过滤速度增大 1 倍，粉尘通过率可能增大 2 倍以上。

2）压力损失

袋式除尘器的压力损失不但决定着它的能耗，还决定着除尘效率和清灰的时间间隔。袋式除尘器的压力损失与它的结构形式、滤料特性、过滤速度、粉尘浓度、清灰方式、气体温度及气体黏性系数等因素有关。袋式除尘器的压力损失与过滤时间的关系见图 2.5-15，袋式除尘器的工作周期包括：收尘、清灰。袋式除尘器的压力损失与过滤风速的关系见图 2.5-16。

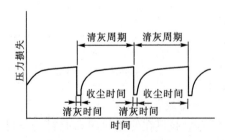

图 2.5-15　压力损失与过滤时间的关系

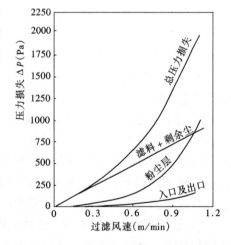

图 2.5-16　压力损失与过滤风速的关系

袋式除尘器的压力损失目前主要通过实验确定。亦可按下式推算：

$$\Delta p = \Delta p_c + \Delta p_0 + \Delta p_d \quad (\text{Pa}) \qquad (2.5\text{-}21)$$

式中　Δp_c——除尘器外壳结构的压力损失，一般为 200～500Pa；

Δp_0——清洁滤料的压力损失，Pa；

Δp_d——粉尘层的压力损失，一般为 $500\sim1000$Pa。

后两部分压力损失一般可按下式推算：

$$\Delta p_f = \Delta p_0 + \Delta p_d = \zeta\mu v_f = (\zeta_0 + \alpha m)\mu v_f \quad (\text{Pa}) \qquad (2.5\text{-}22)$$

式中　ζ——过滤层的总阻力系数，m^{-1}；

ζ_0——清洁滤料的阻力系数，m^{-1}；

μ——气体黏性系数，Pa·s 换算到 Pa·min；

v_f——过滤速度，m/min；

m——粉尘负荷，kg/m^2；

α——粉尘层的平均比阻力，m/kg。

由上式可见，过滤层的压力损失与过滤速度和气体黏度成正比，与气体密度无关。这是由于滤速较低时，通过滤层的气流呈层流状态，气流动压小到可以忽略的缘故。这一特性与其他类型除尘器是完全不同的。清洁滤布阻力系数 ζ_0 的数量级为 $10^7\sim10^8\text{m}^{-1}$，如玻璃丝布为 $1.5\times10^7\text{m}^{-1}$，涤纶为 $7.2\times10^7\text{m}^{-1}$，呢料为 $3.6\times10^7\text{m}^{-1}$。因此，清洁滤布的压力损失很小，一般可以忽略不计。

在实用范围内，粉尘负荷 $m=0.1\sim0.3\text{kg/m}^2$，粉尘层平均比阻力 $\alpha\approx10^9\sim10^{12}\text{m/kg}$。

比阻力 α 可用公式推算：

$$\alpha = \frac{180(1-\varepsilon)}{\rho_p \overline{d}_3^2 \varepsilon^3} \quad (\text{m/kg}) \qquad (2.5\text{-}23)$$

式中　ε——粉尘层的空隙率，一般长纤维滤布约为 $0.6\sim0.8$，短纤维滤布约为 $0.7\sim0.9$；

ρ_p——粉尘的真密度，kg/m^3；

$\overline{d}_3$——球形粉尘粒子的体积平均直径，m。

由上式可知，粉尘层比阻力 α 与粉尘平均粒径的平方成反比，即粉尘越细，粉尘层压力损失 Δp_d 越大。空隙率 ε 对 Δp_d 的影响也很大，例如 $\varepsilon=0.80$ 时的 Δp_d 值是 $\varepsilon=0.85$ 时的 1.6 倍。这就是说，空隙率只减少了 5%，粉尘层压力损失却增加了 60%。

若设除尘器入口含尘浓度为 $C_i(\text{kg/m}^3)$，过滤时间为 t（min），若近似取平均滤尘效率为 100%，则 t 分钟后滤料上的粉尘负荷为

$$m = C_i v_i t \qquad (2.5\text{-}24)$$

考虑到式 (2.5-22)，则 t 分钟后粉尘层的压损为

$$\Delta p_d = \alpha\mu C_i v_i^2 t \qquad (2.5\text{-}25)$$

通常滤料的粉尘沉积负荷为 $0.1\sim0.3\text{kg/m}^2$，袋式除尘器运行阻力宜为 $1200\sim2000$Pa。若除尘器的结构压力损失 $\Delta p_c\approx300$Pa，则过滤层压力损失的控制范围在 $700\sim1700$Pa。当除尘器压力损失达到预定值时，必须进行清灰，否则造成系统处理风量下降。

各类袋式除尘器的设计过滤风速、压力损失见表 2.5-4。

各类布袋除尘器过滤风速的压力损失　　　　　　　　　　　表 2.5-4

布袋除尘器类型	压力损失（Pa）	过滤风速（m/min）
滤筒类 合成纤维非织造	≤1500	0.3～0.8 入口含尘浓度≥15g/m³ 0.6～1.2　　　　　　<15g/m³
合成纤维非织造覆膜	≤1300	0.3～1.0　　　　　　≥15g/m³ 0.8～1.5　　　　　　<15g/m³
纸质	≤1500	0.3～0.6　　　　　　≤15g/m³
纸质覆膜	≤1300	0.3～0.8　　　　　　≤15g/m³
脉冲喷吹类 逆喷	<1200	1.0～2.0
环隙	<1200	1.5～3.0
频喷	<1400	1.0～2.0
对喷，气箱，长袋	<1500	1.0～2.0
内滤分室反吹类	<2000	<1.5　过滤面积<2000m² <0.5　　　　　≥2000m²
旋转喷吹类	≤1500	0.7～1.2
机械振打类 低频振打<60/min 中频振打 60～700/min 高频振打>700/min	<1500	<1.5
袋式除尘机组	≥200（资用压力）	<2.0

注：上表根据我国除尘器产品标准的规定。《工业建筑供暖通风与空气调节设计规范》GB 50019—2015 规定：采用脉冲喷吹清灰方式时，过滤风速不宜大于 1.2m/min；其他方式时，不宜大于 0.60m/min。

针对处理气体的温度不同，应选择不同的滤布或滤料。由于高温滤料价格较高，在处理高温烟气时存在着烟气的冷却降温问题。常采用的冷却方式有三种：①喷雾塔（直接蒸发冷却）；②表面换热器（用水或空气间接冷却）；③混入室外冷空气。

（6）袋式除尘器的选用步骤

袋式除尘器宜选用压差自动控制技术进行清灰，运行终阻力不宜超过 2000Pa。

选用袋式除尘器时必须考虑下列因素：处理风量、运行温度、粉尘理化性质、入口含尘浓度、工作制度、工作压力、工作环境等。

1）确定处理风量：此处系指工况风量。

2）确定运行温度：其上限应在所选用滤料允许的长期使用温度之内。而其下限应高于露点温度 15～20℃，当烟气中含有 SO_2 等酸性气体时，因其露点较高，应特别注意。

3）选择清灰方式及适宜的滤料。

4）确定过滤速度：主要依据清灰方式及粉尘特性确定。

5）计算过滤面积。

6）确定清灰制度：对于脉冲袋式除尘器主要确定喷吹周期和脉冲间隔，是否停风喷吹；对于分室反吹袋式除尘器主要确定反吹、过滤、沉降三状态的持续时间和次数。

7）依据上述结果查找样本，确定所需的除尘器型号规格。对于脉冲袋式除尘器而言，还应计算（或查询）清灰气源的用量。

4. 滤筒式除尘技术

滤筒式除尘器结构和袋式除尘器类似，内部装配滤筒，有横装和竖装两种方式，其结构如图 2.5-17 所示。

滤筒式除尘器运行方式如图 2.5-18 所示，一般采用外滤方式。清灰过程采用压缩空气脉冲清灰，可以采用差压控制清灰或定时清灰。差压清灰是指根据设定的除尘器滤袋前后压差进行清灰，定时清灰是根据除尘器运行经验设定的除尘器清灰时间周期进行清灰。由 PLC 控制器脉冲控制多路电磁阀启闭，脉冲阀打开后，压缩空气直接喷入滤筒内侧的清洁侧，对滤筒外侧的集尘侧进行清灰。因粉尘积聚在滤筒外表面，清灰易于进行。

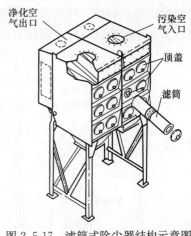

图 2.5-17　滤筒式除尘器结构示意图

滤筒式除尘器的过滤风速为 $0.30 \sim 1.2 \mathrm{m/min}$，PM2.5 的过滤效率检验时，试验过滤风速为 $1.0 \pm 0.05 \mathrm{m/min}$，用户可根据工况特点选定。除尘器的运行阻力为 $1300 \sim 1500 \mathrm{Pa}$，初始阻力应不大于设备阻力的下限值，清灰后的阻力应小于上限值。

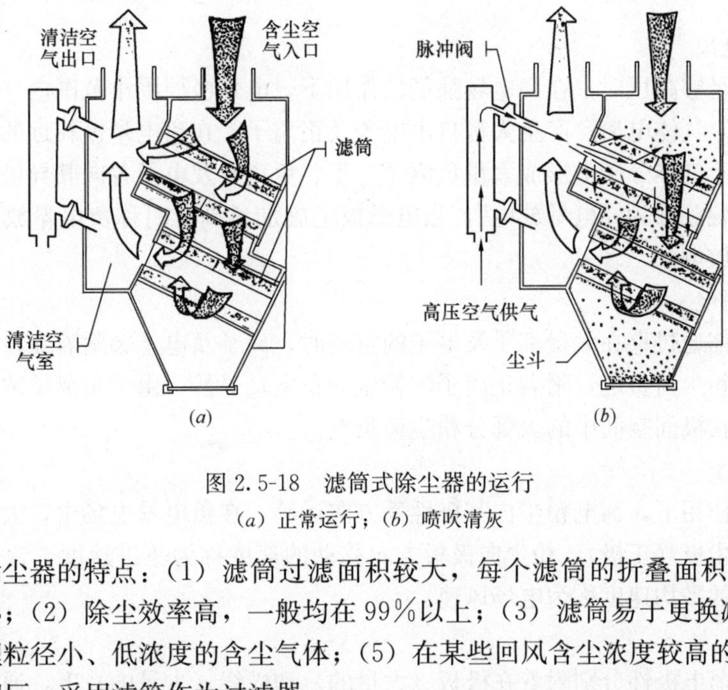

图 2.5-18　滤筒式除尘器的运行
(a) 正常运行；(b) 喷吹清灰

滤筒式除尘器的特点：(1) 滤筒过滤面积较大，每个滤筒的折叠面积为 $22 \mathrm{m}^2$ 左右，除尘器体积小；(2) 除尘效率高，一般均在 99% 以上；(3) 滤筒易于更换减轻工人劳动；(4) 适宜处理粒径小、低浓度的含尘气体；(5) 在某些回风含尘浓度较高的工业空调系统应用，如卷烟厂，采用滤筒作为过滤器。

对于滤筒式除尘器过滤面积与滤筒的折叠面积不宜等同看待，要注意与设备气流组织匹配。由于滤筒式除尘器内部滤料折叠层较多，当含尘气体中颗粒物浓度较高时，容易造成滤料折叠区堵塞，使有效过滤面积减少。在净化粘结性颗粒物时，滤筒式除尘器要谨慎使用。

5. 静电除尘器

(1) 静电除尘器的工作原理

静电除尘器是利用静电力将气体中粉尘分离的一种除尘设备，简称电除尘器。除尘器由本体及直流高压电源两部分构成。本体中排列有数量众多的、保持一定间距的金属集尘极（又称极板）与电晕极（又称极线），用以产生电晕、捕集粉尘。设有清除电极上沉积的粉尘的清灰装置、气流均布装置、存输灰装置等。图 2.5-19 是工作原理图，图 2.5-20 是目前常用的板式电除尘器示意图。向除尘器送入含尘气体并供电后实现下列除尘过程。

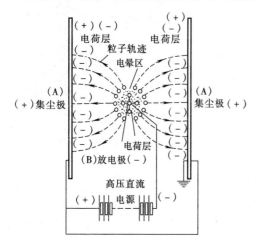

图 2.5-19　静电除尘器的工作原理

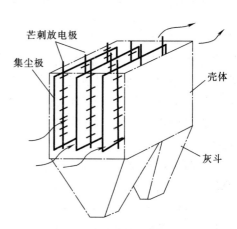

图 2.5-20　板式静电除尘器结构示意图

1）气体电离

供电达到足够高压时，在高电场强度的作用下，电晕极周围小范围内（半径仅为数毫米的电晕区内）气体电离，产生大量自由电子及正离子。在离电晕极较远的区域（电晕外区）电子附着于气体分子上形成大量负离子。正、负离子及电子各向其异极性方向运动形成了电流。该现象称为"电晕放电"，当电晕极上施加负高压时称负电晕放电，施加正高压时称正电晕放电。

2）粉尘荷电

当含尘气体通过存在大量离子及电子的空间时，离子及电子会附着在粉尘上，附着负离子和电子的粉尘荷负电，附着正离子的粉尘荷正电。显然，由于负离子浓度远大于正离子浓度，所以在极间空间中的大部分粉尘荷负电。

3）收尘

在电场力作用下，荷电粉尘向其极性反方向运动，在负电晕电场中，大量荷负电粉尘移向接地的集尘极（正极）。粉尘向极板方向移动的速度称为驱进速度。含尘气体在电除尘器中运动时的平均速度称为电场风速。

4）清灰

粉尘按其荷电极性分别附着在极板（大量的）和极线（少量的）上，通过清灰使其落入灰斗，通过输灰系统使粉尘排出除尘器。

（2）静电除尘器的主要类型

1）按电极清灰方式分类

① 干式电除尘器。干式电除尘器借助机械力槌打、刷扫的方法清除电极上的积尘，优点是粉尘后处理简单，便于综合利用，机械和电磁振打是常用的清灰方式。但清灰时会扬起积尘，或短时间内产生返流，影响除尘效率。

② 湿式电除尘器。湿式电除尘器用淋洗、喷雾、溢流等方式清洗电极表面积尘，清灰时不扬尘，但产生大量泥浆，泥浆需后处理。

③ 半干半湿电除尘器。多个电场组合的电除尘器的前面的一、二电场干法清灰，后面的电场湿式清灰，使除尘器获得较好的清灰效果，又减少泥浆处理量。但设备较复杂。

2）按电除尘器内气流运动方向分类

① 立式电除尘器。立式电除尘器中气体在除尘器内自下而上垂直运动，由于气流与粉尘沉降方向相反，且难形成多电场，检修不方便。这种电除尘器只适用于气流量较小，除尘效率要求不很高，安装场地狭窄的地点。

② 卧式电除尘器。卧式电除尘器内含尘气体沿水平方向运动。由于可分为若干电场，实现分电场供电，以提高除尘效率。除尘器本体呈水平布置，安装、维修方便，是目前电除尘器应用中的主要结构形式。

3）按集尘极的形式分类

① 管式电除尘器。集尘极由圆形或六角形管组成，施加高压电后管内场强均匀，有利于集尘，但只能立式安装，只适用于湿式清灰及小气体量净化。

② 板式电除尘器。在多列平行的金属板通道中设置电晕极，通道数可以由几十个至上百个，电极可加工成多种形状及不同尺寸，是目前应用最主要的机型。

4）按集尘极和电晕极配置方法分类

① 单区电除尘器。集尘极和电晕极都安装在同一区域，粉尘荷电和捕集在同一区域完成，是工业烟气除尘目前应用最主要的机型。

② 双区电除尘器。除尘器有前后两个区域，前区是电晕发生区，粉尘在该区荷电。后区仍设置电场（不产生电晕放电），称收尘区，荷电粉尘主要在该区被捕集。这种除尘器集尘区的外加电压可以较低，且常采用正电晕放电，臭氧产生量少。一般常在空气调节系统中用作进气净化，或用于油雾的净化等，工业除尘中亦有少量应用。

5）按电除尘原理的应用场合分类

电除尘原理除应用于前列各种单一设备外，还可以与其他类型的除尘器结合，应用于复合型除尘装置和多功能净化系统中。

① 静电复合式电除尘器。在其他除尘器中引入静电除尘机理，提高对细微粉尘的捕集性能，目前已有电强化旋风除尘器，电强化袋式除尘器，电强化湿式除尘器和电强化颗粒层除尘器等。一般电强化措施配置适当，均可以提高对微细尘粒捕集的效率。

② 静电尘源抑制技术。使尘源点处于高压电场中，抑制粉尘飞扬。这一技术简单、占地少、能耗低，可省去管道、风机等装备。由于这项技术多用于敞开的尘源点，如皮带通廊、敞口料仓、振动筛、局部操作工序，故又称为敞开式电除尘器。

（3）静电除尘器的主要特点

1）适用于微粒控制，对粒径 $1\sim2\mu m$ 的尘粒，效率可达 $98\%\sim99\%$；对于亚微米范围的颗粒物也有很高的分离效率；可根据需要设计达到各种要求的除尘效率。

2）在电除尘器内，尘粒从气流中分离的能量，不是供给气流，而是直接供给尘粒的。因此，和其他的高效除尘器相比，电除尘器的本体阻力较低，仅为 $100\sim200Pa$。

3）可以处理温度相对较高（在 350℃ 以下）的气体。

4）适用于大型烟气或含尘气体净化系统。由于整个系统的阻力低，除尘效率高，所以处理的气体量越大，其经济效果越明显。

5）电除尘器的缺点是：一次投资高，钢材消耗多，管理维护相对复杂，并要求较高的制造安装精度。对净化的粉尘比电阻有一定要求，通常最适宜的范围是 $10^4 \sim 10^{11} \Omega \cdot cm$。

（4）主要技术指标

1）粉尘比电阻

《粉尘比电阻实验室测试方法》JB/T 8537—2010 规定了用圆盘法测试工业粉尘比电阻。几种工业粉尘的比电阻见表 2.5-5。

几种工业粉尘的比电阻　　　　　　　　　　表 2.5-5

粉尘种类	温度（℃）	相对湿度（%）	比电阻（$\Omega \cdot cm$）
水泥窑尘	$120 \sim 180$	—	$5 \times 10^9 \sim 5 \times 10^{10}$
水泥磨和烘干机尘	60 95	10	10^{12} 10^{13}
高炉粉尘	未烘干	—	$2. \times 10^8 \sim 3.4 \times 10^8$
烧结机粉尘	烘干	—	1.3×10^{10}

粉尘比电阻对除尘器的有效运行具有显著影响，粉尘比电阻与除尘效率的关系如图 2.5-21 所示。

粉尘比电阻低于 $10^4 \Omega \cdot cm$ 称为低阻型。这类粉尘有较好的导电能力，荷电尘粉到达集尘极后，会很快放出所带的负电荷，同时由于静电感应获得与集尘极同性的正电荷。如果正电荷形成的斥力大于粉尘的粘附力，沉积的尘粒将离开集尘极重返气流，成为二次扬尘，造成除尘效率下降。

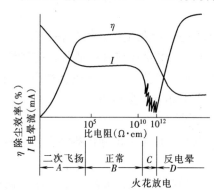

图 2.5-21　粉尘比电阻对电晕
电流和除尘效率的影响

粉尘比电阻位于 $10^4 \sim 10^{11} \Omega \cdot cm$ 的称为正常型。这类粉尘到达集尘极后，会以正常速度放出电荷。电除尘器最适宜捕集这类比电阻的粉尘。如锅炉飞灰、水泥尘、高炉粉尘、石灰石粉尘等，电除尘器一般都能获得较好的除尘效率。

粉尘比电阻超过 $10^{11} \sim 10^{12} \Omega \cdot cm$ 的称为高阻型。高比电阻粉尘到达集尘极后，附着在收尘极表面，不易放出电荷。随着粉尘在收尘极上积聚，粉尘层表面上负电性增强，它将排斥带负电的粉尘附着在其上，导致除尘效率降低。另外，在堆集的粉尘层内部会形成局部电场（粉尘层表面为负极性，极板为正极性）。当这一电场强度随积尘而不断增加，会使粉尘层内部空隙的空气产生电离。因这一过程与电晕极放电方向相反，称之为"反电晕"（或"反电离"）。反电晕产生大量正离子进入异极间的空间，破坏了正常电除尘器的工作，会使除尘效率急剧恶化。

2）粉尘浓度与粒径

粉尘浓度和粒径影响粉尘的荷电。入口含尘浓度高，极间存在着大量的空间电荷（荷电粉尘），严重影响电晕放电，甚至会形成"电晕闭塞"。在这方面起决定性作用的是粉尘的计数浓度（单位体积中尘粒的个数）。因此，越细的尘粒，即使质量浓度不高也可能造成电晕闭塞；相反，对于粗颗粒粉尘可以允许的入口浓度相对较高。

电晕闭塞的结果是使粉尘未能足够的荷电，从而降低除尘效率。例如，对于锅炉飞灰，为了防止电晕闭塞，入口含尘浓度通常不应超过 $30\sim40g/m^3$。即使对一些粒径大、密度大的粉尘，若无特殊措施，除尘器进口粉尘浓度也不宜超过 $60g/m^3$。

尘粒的荷电机制有两种，一种是在电场力的作用下离子碰撞荷电，称为电场荷电（或场荷电）；另一种是依靠离子扩散使尘粒荷电，称为扩散荷电。大于 $0.5\mu m$ 的尘粒以电场荷电为主，小于 $0.2\mu m$ 的尘粒以扩散荷电为主，在 $0.2\sim0.5\mu m$ 之间的尘粒两者均起作用。在电除尘器中，电场荷电起主要作用。随着尘粒荷电条件不同，粒径为 $1\sim20\mu m$ 时，驱进速度随粉尘粒径增加成正比地增高，并使大颗粒在集尘极上的反弹增加，驱进速度增加渐缓慢。

直径在 $0.1\sim1\mu m$ 之间的粉尘是电除尘器最难捕集的范围，捕集效率最低的是 $0.2\sim0.4\mu m$ 的粉尘，原因是电场荷电到扩散荷电在这个粒径区间的作用都较弱，从而使粒子不能充分有效地获得电荷。

3）粉尘的粘附力

粉尘颗粒之间、粉尘与附着的载体之间存在粘附力。附着力使沉积于电极上的粉尘形成紧缩的粉尘层并粘附于电极上。粉尘的粘附力过大难以清除时，需要较强的振打才能使粉尘层剥离下来。粉尘的粘附力过小则沉积在电极上的粉尘层易于受气流冲刷重新回到气流中。清灰时，受振打的作用尘粒易被气流带走。

4）烟气温度与压力

粉尘导电有两种方式，一种是电流通过粉尘内部（体积导电），这与粉尘的化学成分有关，其电阻值与温度成反比。另一种导电是沿粒子表面（表面导电），它与烟气成分及表面存在的水分有关，尘粒表面水分随温度变化有较大变化，特别是在 200℃ 以内，表面电阻与烟气温度成正比。

气体密度与烟气的温度成反比，而气体密度又影响着电除尘器内的电离状况。气体密度小，分子平均自由程增大，电子容易获得较高的速度与动能，增强电离效应，因而降低了电除尘器的操作电压。而温度降低时，气体密度增加，可以适当提高击穿电压，除尘效率也可以相应提高。

5）烟气湿度

烟气湿度高，其露点温度亦高，当烟气温度接近或低于露点温度，水分将凝结在粉尘表面，粉尘比电阻值迅速降低，使除尘性能在一定程度上得到改善。

在气体电离过程中，采用适当的含湿量能使电除尘器运行稳定，收尘状况改善。改变烟气成分，实施烟气调质措施，可以使电除尘器性能得到改善和提高。

（5）选用的主要步骤

电除尘器的除尘效率计算公式为：

$$\eta = 1.0 - \exp\left(-\frac{A}{L}w_e\right) \tag{2.5-26}$$

式中　A——集尘极板总面积，m^2；

　　　L——除尘器处理风量，m^3/s；

　　　w_e——电除尘器有效驱进速度，m/s。

1）电除尘器有效驱进速度

由于在电除尘器中影响粉尘荷电及运动的因素很多，理论计算值与实际相差较大，目前仍沿用经验性或半经验性的方法来确定该值。可以按实际运行中的电除尘器的除尘效率值，根据式（2.5-27）推算出驱进速度，该值称为有效驱进速度，记为 w_e。锅炉烟气除尘（锅炉飞灰）的 $w_e = 0.08 \sim 0.122 \text{m/s}$。

2）集尘极面积的确定

电除尘器所需的集尘极面积可按式（2.5-26）计算确定。

3）电场风速

穿过电除尘器横截面的含尘气体的速度称为电场风速，按下式计算：

$$v = \frac{L}{F} \quad (\text{m/s}) \tag{2.5-27}$$

式中　F——电除尘器横断面积，m^2。

电场风速的大小对除尘效率有较大的影响，风速过大，容易产生二次扬尘，除尘效率下降。但是风速过低，电除尘器体积大，投资增加。根据经验，电场风速最高不宜超过 $1.5 \sim 2.0 \text{m/s}$，除尘效率要求高的除尘器不宜超过 $1.0 \sim 1.5 \text{m/s}$。

4）长高比的确定

电除尘器的长高比是指集尘极板的有效长度与高度之比。它直接影响振打清灰时二次扬尘的严重程度。与集尘极板的高度相比，如果集尘极板的长度不够长，部分下落粉尘在到达灰斗前可能会被气流带出除尘器，从而降低了除尘效率。因此，当要求除尘效率大于 99% 时，除尘器的长高比应不小于 $1.0 \sim 1.5$。

6. 电袋复合除尘技术

电袋复合式除尘器是一种将电除尘机理与袋式除尘过滤机理结合的除尘设备。当烟气通过电场时，烟气中 80%～90% 的粉尘被电场收集，剩下 10%～20% 的粉尘随烟气进入滤袋。这样，袋式除尘器的清灰周期显著加长，可以降低滤袋机械损伤。粉尘在电场中荷电后除去粗尘，剩下的细尘可在电场中被极化后进入滤袋。电袋复合除尘器充分利用了电除尘器电场捕集粉尘绝对量大和荷电粉尘的过滤除尘机制优势，使得袋式除尘区的滤袋粉尘负荷大大降低、阻力减少、清灰频次显著下降，从而使袋式除尘效率高、粉尘特性适应性强的特点得到进一步发挥，最终使系统性能达到优化。

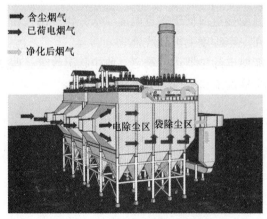

图 2.5-22　电袋分离串联一体式除尘器
结构示意图

目前常采用的形式有以下几种：

（1）电袋分离串联式

该类方式的电袋除尘器，采用静电除尘除去烟气中的粗颗粒烟尘，起到预除尘作用。袋式除尘除去剩余颗粒物，起到除尘达标作用。它主要用于现有未达标排放的静电除尘器改造。

图 2.5-22 表示的是电袋分离串联一体式示意图，它的前区设置电场，后区设置滤袋。由于静电除尘常采用负电高压电晕空气，要产生 O_3 和 NO_x，后区设置的袋式除尘滤料要注意 O_3 和 NO_x 作用。

作为防止产生 O_3 作用，不宜采用多电场预除尘。或者根据 O_3 易快速还原为 O_2 的特点，采用电袋除尘器组合的方式，避免 O_3 直接作用。图 2.5-23 表示的是电袋分离串联组合式除尘器示意图，它采用前设单电场静电除尘器，后面串联袋式除尘器，二者用管道连接。

（2）电袋一体式

该种形式又称嵌入式电袋复合除尘器，即对每个除尘单元，在电除尘中嵌入滤袋结构，电除尘电极与滤袋交错排列，结构形式如图 2.5-24 所示。

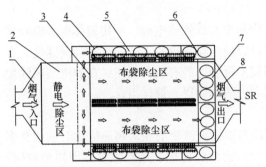 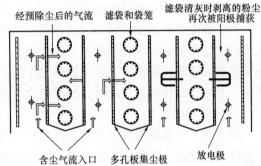

图 2.5-23　电袋分离串联除尘器结构示意图
1—喇叭进气口；2—第一静电场；3—电—袋隔板；
4—提升阀阀孔；5—进气通道；6—旁通通道；7—净
气烟道；8—喇叭出气口

图 2.5-24　电袋一体式除尘器结构示意图

7. 静电强化的除尘器

静电除尘机理的应用逐渐受到重视，已经研制出多种新型的复合机理除尘器，如静电袋式除尘器、静电湿式除尘器、静电旋风除尘器、静电颗粒层除尘器等，其中有的已经在生产中应用。

（1）静电强化的袋式除尘器

利用静电强化袋式除尘器，可降低除尘器阻力、增大处理风量、提高除尘效率。

目前采用的形式有以下几种：

1）预荷电袋式除尘器。在颗粒物进入袋式除尘器之前用预荷电器使颗粒物荷电。预荷电器可以采用不同的形式，例如在入口管道中心设高压放电极。

2）预荷电脉冲除尘器（Apitron 除尘器）。在脉冲袋式除尘器每条滤袋的下部串接一短管荷电器，其中心为放电极，气流通过短管时尘粒荷电，再进入到滤袋内。滤袋清灰时，压缩空气喷入袋内，以清除滤袋上的积灰，并吹扫短管荷电器的放电极和收尘表面。

3）表面电场的袋式除尘器。它是利用每条滤袋中的骨架竖条间隔作正、负极，这样沿滤袋表面形成电场。气流通过滤袋时，在电场力和过滤双重机理作用下，使细小颗粒物被捕集。

（2）静电强化的湿式除尘器

用静电强化湿式除尘器，主要有三种方式：

1）尘粒与水滴均荷电，但极性不同。在两者之间产生静电力，加强水滴与尘粒的接触，使颗粒物加湿，凝聚成更大的颗粒，便于捕集。

2）尘粒荷电，水滴为中性。当荷电尘粒接近水滴时，使后者产生镜像感应电荷。在两者间产生吸引力（镜像力），使尘粒与水滴接触。

3）水滴荷电，尘粒为中性。当两者接近时同样会产生镜像感应电荷，在镜像力作用下，使尘粒加湿、凝聚。

静电强化的湿式除尘器的结构形式很多，主要是在传统的除尘器中加以应用，例如在通常的喷淋塔中，可以在入口加电晕荷电器，使尘粒荷电，有的则在喷嘴上通过感应效应，使水滴荷电。

（3）静电强化的旋风除尘器

利用静电强化的旋风除尘器通常在旋风除尘器中心设置放电极，利用筒体的外壁和排出管的管壁作为集尘极。在静电力的作用下，可以使尘粒获得较大的向外的径向速度，有利于尘粒的捕集。静电旋风除尘器的除尘效率较不设静电的有较大提高。在静电旋风除尘器中，有一个最佳的进口速度，使静电力和离心力的作用得到最佳组合。

8. 湿式除尘器

湿式除尘主要利用含尘（亲水性尘粒）气流与液滴或液膜的相对高速运动时的相互作用实现气尘分离。其中粗大尘粒与液滴（或雾滴）的惯性碰撞、接触阻留（即拦截效应）得以捕集，而细微尘粒则在扩散、凝聚等机理的共同作用下，使尘粒从气流中分离出来达到净化含尘气流的目的。这类设备称为湿式除尘器（或洗涤器）。

一般说来，湿式除尘器结构简单，投资低，占地面积小，除尘效率较高，并能同时进行有害气体的净化。其缺点主要是不能干法回收物料，且应对污水直接回用或经处理后回用，所产生的污泥应重复利用或二次开发利用，无利用价值时，应按国家或地方有关标准进行贮存、处置或填埋。

（1）湿式除尘器除尘机理

湿式除尘器是利用液滴或液膜与气流中的尘粒接触实现气尘分离的除尘设备。主要除尘机理有：惯性碰撞与拦截效应、扩散效应、团聚和凝聚效应、凝结核效应。

（2）湿式除尘器的结构形式

按照气液接触方式，可分为两大类。

1）含尘气体与液膜作用

含尘气体进入除尘器后直接冲入除尘器液体内部，尘粒增湿后被捕集到液体中，净化后气体经脱水后排出除尘。这类除尘器典型的有水浴除尘器、冲激式除尘器、旋风水膜除尘器和泡沫塔等种类。

① 水浴除尘器

水浴除尘器的结构如图 2.5-25 所示，在除尘器内贮存一定数量的水，利用含尘气流以 8～12m/s 的速度从喷头高速喷出，冲入液体中，激起大量泡沫和水滴。粗大的尘粒直接在液池内沉降，细微的尘粒在上部空间与形成水花的泡沫和水滴碰撞后，由于凝聚、增重而捕集。水浴除尘器的效率一般为 80%～95%。喷头的埋水深度 $h=20～30mm$，除尘器的阻力为 400～700Pa。

水浴除尘器可在现场用砖或钢筋混凝土构筑，但其泥浆收集、清理困难。

② 冲激式除尘器

冲激式除尘器如图 2.5-26 所示，含尘气体进入除尘器后转弯向下，冲激在液面上，部分粗大的尘粒直接沉降在泥浆斗内。随后含尘气体高速通过 S 形通道，激起大量水滴，使水滴与粉尘充分接触，收集细微尘粒。净化后的气流经净气分雾室与挡水板后，由通风机排走。收集在液体中的尘粒由刮板运输机自动刮出或人工定期排放，其余废水在除尘器内部自动循环使用。除尘器的压力损失约为 1500Pa，对 $5\mu m$ 的尘粒，除尘效率可达 93% 左右。除尘器的处理风量在 20% 范围内变化时，对除尘器的除尘效率几乎没有影响，而且该除尘器一般与风机组合在一起成为除尘机组，具有结构紧凑，占地面积小，维护管理简单等优点，所以在实际中多有应用。

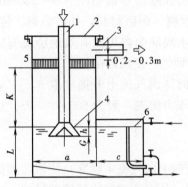

图 2.5-25 水浴除尘器
1—含尘气流入口；2—顶板；3—净化气流出口；4—喷口；5—挡水板；6—溢流管

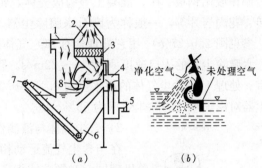

图 2.5-26 冲激式除尘器
1—含尘气流入口；2—净化气流出口；3—挡水；4—溢流箱；5—溢流口；6—泥浆斗；7—刮板运输；8—S形通道

③ 旋风水膜除尘器

旋风水膜除尘器分为立式和卧式，图 2.5-27(a) 为立式旋风水膜除尘器。含尘气体在除尘器下部沿切线进入内腔，水在上部由喷嘴沿切线方向均匀喷出，沿筒壁均流而下供水，

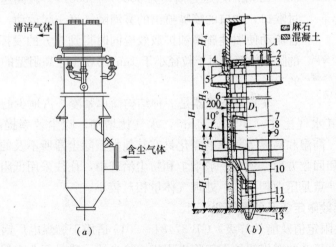

图 2.5-27 水膜除尘器结构
(a) 立式旋风水膜除尘器；(b) 麻石水膜除尘器结构图
1—环形集水管；2—扩散管；3—挡水檐；4—水越入区；5—溢水槽；6—筒体内壁；7—烟道进口；8—挡水槽；9—通灰孔；10—锥形灰斗；11—水封池；12—插板门；13—灰沟

在除尘器内形成一层液膜。尘粒和水雾在自下而上旋转气流的离心力作用下甩向筒壁，与液体接触而被润湿和粘附，然后随水流流入锥形斗内，经水封池和排水沟冲至沉淀池。净化后的干净气体从上部出口排出。它可以有效地防止粉尘在器壁上的反弹、冲刷等引起的二次扬尘，从而提高了除尘效率。

为了保证除尘器壁形成稳定、均匀的水膜，要求喷嘴布置均匀，且间距不宜超过400mm，水压保持在30～50kPa，气流入口速度为15～22m/s，筒壁表面要求平整、光滑，不允许凹凸不平。

用于含有腐蚀性气体和粉尘的气体净化时，旋风水膜除尘器常用厚200～250mm花岗岩制作或用钢板、砖、混凝土等构成壳体，再内衬耐腐、耐磨材料，如玻璃钢、铸石、瓷砖、花岗岩片等，一般称为麻石水膜除尘器。麻石水膜除尘器可以有效地解决腐蚀问题，参见图2.5-27(b)。用它处理含有SO_2气体的锅炉烟气，使用寿命长。

水膜除尘器的入口速度宜为15～22m/s，除尘器筒体内气流上升速度取3.5～5m/s为宜。处理1m³含尘气体的耗水量为0.15～0.20kg。压力损失一般为600～900Pa。这种除尘器对锅炉烟气的除尘效率为85%～95%。

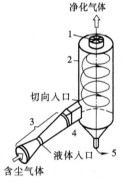

净化气体

切向入口

液体入口

含尘气体

图2.5-28　文丘里
除尘器

1—消旋器；2—离心分离
器；3—文氏管；4—气旋
调节器；5—排液口

2）含尘气体与液滴作用

在与含尘气流运动相反的方向上向气流中喷雾，使惯性和扩散等机理同时对颗粒捕集产生作用，从而达到净化气体的目的。这类除尘器典型的有文丘里洗涤器、喷雾塔和喷淋塔等。

文丘里除尘器是湿式除尘器中效率较高的一种，图2.5-28是它的一种典型结构示意图。文丘里除尘器由文丘里管和离心式除尘器两部分组成。低阻的文丘里除尘器（含尘气流通过喉管流速40～60m/s）压力损失为600～5000Pa；高阻文丘里除尘器（喉管流速60～120m/s）压力损失为5000～10000Pa。较高速度的含尘气流通过喉口，喉口的喷嘴喷出的雾滴随气流一起运动，喉口处的气雾混合流动使惯性碰撞和扩散效应同时得到充分的发挥，从而获得很高的除尘效率，对于粒径小于1μm的粉尘，高阻型的效率可达99%～99.9%。

文丘里洗涤器是一种结构简单紧凑、占地少的除尘器。根据设计要求的效率，其水气比在0.3～1.5L/m³，水气比增加，除尘效率提高，相应阻力增大。它对于高温、高湿和易燃等气体的净化具有其他类型除尘器所不及的优点，如高炉和转炉煤气的净化和回收方面。但在一般烟尘和粉尘治理中，往往采用低阻或中阻除尘器的形式。它的主要缺点是压力损失高，处理气体量相对较小。

2.5.5　除尘器能效限定值及能效等级

《除尘器能效限定值及能效等级》GB 37484—2019适用于燃煤电厂锅炉烟气除尘用干式电除尘器；电力行业的燃煤锅炉烟气除尘用袋式除尘器、建材行业水泥新型干法回转窑烟气除尘用袋式除尘器、钢铁行业烧结烟气半干法脱硫除尘用袋式除尘器；以及燃煤电厂锅炉、水泥新型干法回转窑烟气除尘用的电袋复合除尘器，除尘器能效等级分成3级，判据是除尘器比电耗（除尘器处理单位工况含尘烟气量所消耗的电量）。

2.6 有害气体净化

2.6.1 有害气体分类

生产过程和生活活动中常见的有害气体很多，按照它们的化学特性，基本上可以分为无机和有机两大类。

1. 无机类

（1）硫化物（如 SO_2、SO_3、H_2S 等）。

（2）氮化物（如 NO、NO_2、NH_3 等）。

（3）卤素及卤化物（Cl_2、HCl、HF、SiF_4 等）。

（4）碳氧化物（如 CO、臭氧及过氧化物）。

（5）氰化物（如氰化氢）。

2. 有机类

（1）碳氢化合物（链烷、链烯、芳烃、炔等）。

（2）含氧有机物（醛、酮、酚等）。

（3）含氮有机物（芳香胺类化合物等）。

（4）含硫有机物（硫醇、二硫化碳等）。

（5）含卤素有机物（卤代烃、氯醇等）。

上述分类各有害气体分列于表 2.6-1。有一些无机和有机类有害气体常常具有刺激性臭味，称之为恶臭气体。

2.6.2 起始浓度或散发量

把握住各种发生源的有害气体起始浓度或散发量对净化处理设备选型是十分重要的。因此，在对现有的有害气体发生源进行污染控制和净化处理时，应尽可能取得实测资料。

有害气体体积浓度 C（ppm＝mL/m^3）与质量浓度 Y（mg/m^3）换算公式（标准状态下）为：

$$Y = C \cdot M / 22.4 \quad (mg/m^3)$$
$$(2.6-1)$$

式中 M——气体的分子量，如 SO_2 为 64。

常见主要有害气体分类　　　　表 2.6-1

类　型			名　称
无机类		硫化物	二氧化硫、三氧化硫、硫化氢
		碳氧化合物	一氧化碳、二氧化碳
		氮氧化合物	一氧化氮、二氧化氮等
		卤素及卤化物	氟、氯、氟化氢、氯化氢、四氟化硅
		光化学生成物	臭氧
		氰化物	氰化氢
		成氮化合物	氨
有机类	碳氢化合物	烷烃	甲烷、乙烷、丙烷、丁烷、辛烷、环己烷等
		烯烃	乙烯、丁二烯等
		炔烃	乙炔
		芳烃	苯、甲苯、二甲苯、苯并芘等
	脂族氧化物	醛	甲醛、乙醛、丙醛、丙烯醛
		酮	丙酮、环己酮等
		醇	甲醇、乙醇、异丙醇等
		有机酸	甲酸、乙酸等
		有机卤化物	氟氯烃、三氟乙烯、氟烷等
		有机硫化物	二甲硫等
		有机过氧化物	过氧硝基酰、过氧硝基丙酰

2.6.3 有害气体的净化处理方法

有害气体的处理方法汇总如下。其中燃烧法、吸附法和吸收法（水洗、药液洗涤）较为常用。从削减大气中污染物总量、避免造成酸雨和引起光化学反应观点出发，高空稀释排放应尽可能少用。

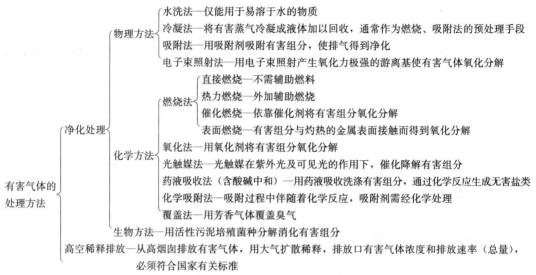

有害气体的处理方法汇总

2.6.4　吸附法

1. 吸附法的净化机理和适用性

吸附现象是发生在两个不同相界面的现象，吸附过程就是在界面上的扩散过程。吸附分为物理吸附和化学吸附，物理吸附和化学吸附比较列于表 2.6-2。

物理吸附和化学吸附比较　　　　　　　　　　　　　表 2.6-2

比较项目	物　理　吸　附	化　学　吸　附
吸附热	小（21～63kJ/mol），相当于凝聚热的 1.5～3.0 倍	大（42～125kJ/mol），相当于化学反应热
吸附力	范德华力（分子间力），较小	未饱和化学键力，较大
可逆性	可逆、易脱附	不可逆，不能或不易脱附
吸附速度	快	慢（因需要活化能）
被吸附物质	非选择性	选择性
发生条件	如适当选择物理条件（温度、压力、浓度），任何固体——流体之间都可发生	发生在有化学亲和力的固体——流体之间
作用范围	与表面覆盖程度无关，可多层吸附	随覆盖程度的增加而减弱，只能单层吸附
等温线特点	吸附量随平衡压力（浓度）正比上升	关系较复杂
等压线特点	吸附量随温度升高而下降（低温吸附、高温脱附）	在一定温度下才能吸附（低温不吸附、高温下有一个吸附极大点）

在吸附过程中固相是吸附剂，被吸附的有害气体成为吸附质。用吸附法可以去除的有害气体见表 2.6-3。作为工业用吸附剂的物理性质见表 2.6-4。

吸附法可以去除的有害气体物　　　　　　　　　　表 2.6-3

吸　附　剂	可去除的有害气体
活性炭	苯、甲苯、二甲苯、丙酮、乙醇、乙醚、甲醛、苯乙烯、氯乙烯、恶臭物质、硫化氢、氯气、硫氧化物、氮氧化物、氯仿、一氧化碳
浸渍活性炭	烯烃、胺、酸雾、碱雾、硫醇、二氧化硫、氟化氢、氯化氢、氨气、汞、甲醛
活性氧化铝	硫化氢、二氧化硫、氟化氢、烃类
浸渍活性氧化铝	甲醛、氯化氢、酸雾、汞
硅胶	氮氧化物、二氧化硫、乙炔
分子筛	氮氧化物、二氧化硫、硫化氢、氯仿、烃类
泥煤、褐煤、风化煤	恶臭物质、氨气、氮氧化物
焦炭粉粒、白云石粉	沥青烟

可见，活性炭适宜于对有机溶剂蒸气的吸附，且具有如下一些特点：

（1）对芳香族化合物的吸附优于对非芳香族化合物的吸附。如对苯的吸附优于对环己烷的吸附。

作为工业用吸附剂的物理性质　　　　　　　　　　表 2.6-4

物　　性 \ 吸附剂	活　性　炭		硅　胶	活性氧化铝	活　性　白　土		分子筛（沸石）
	粒　状	粉　状			粒　状	粉　状	
真密度（g/cm³）	2.0～2.20	1.90～2.20	2.20～2.30	3.0～3.3	2.4～2.6	2.4～2.6	2.0～2.5
颗粒密度（g/cm³）	0.6～1.0	—	0.80～1.30	0.90～1.90	0.80～1.20	—	0.9～1.3
填充密度（g/cm³）	0.35～0.60	0.15～0.60	0.50～0.85	0.50～1.00	0.45～0.55	0.30～0.50	0.60～0.75
空隙率（%）	0.33～0.45	0.45～0.75	0.40～0.45	0.40～0.45	0.40～0.45	0.40～0.70	0.32～0.40
细孔容积（cm³/g）	0.50～1.1	0.50～1.40	0.30～0.80	0.30～0.80	0.60～0.80	0.60～0.80	0.40～0.60
比表面积（m²/g）	700～1500	700～1600	200～600	150～350	100～250	100～250	400～750
平均孔径（Å）	12～40	15～40	20～120	40～150	80～180	80～180	3～9

（2）对带有支链的烃类物质的吸附，优于对直链烃类物质的吸附。

（3）对有机物中含有无机基团物质的吸附总是低于不含无机基团物质的吸附。如对氮苯的吸附低于对苯的吸附。

（4）对分子量大和沸点高的化合物的吸附总是高于分子量小和沸点低的化合物的吸附。

（5）空气湿度增大，则可以使吸附的负荷降低。

（6）被吸附物质浓度越高，吸附量也越高。

（7）吸附量随温度上升而下降。

（8）吸附剂内表面积越大、吸附量越高。如细孔活性炭特别适用于吸附低浓度挥发性蒸气。

活性炭有可燃性，使用温度不能高于 200℃（有惰性气体保护时，可达 400℃），同时，必须避免高湿和高含尘量。漆雾、尘、焦油状以及树脂、热分解物会阻塞吸附剂细孔使吸附剂性能劣化、吸附层阻力增大。当有害气体中含尘浓度大于 10mg/m³ 时，必须采取过滤等预处理措施。

活性是表征吸附剂性能的重要标志。静活性是指气体混合物中吸附质在一定温度和浓度下，达到吸附平衡时，单位体积或重量的吸附剂所能吸附的最大量。动活性是指在同样条件下，气体混合物通过吸附剂层，离开的气体混合物中开始出现吸附质时，吸附剂的吸附量。

动活性小于静活性，计算吸附剂用量时按动活性设计。工业吸附装置（或系统）中用活性炭作吸附剂时，通常动活性取静活性的 80%～90%。使用硅胶时，取静活性的 30%～40% 作为动活性指标。

活性炭处理装置的吸附能力取决于吸附剂的有效吸附量和填充量。有效吸附量等于平衡吸附量减去残留吸附量。

吸附剂的选择与有害气体的性质有很大关系。一般活性炭的吸附性随摩尔容积下降而减小。当其摩尔容积在 80～190mL/mol 范围时，可用活性炭装置回收上述物质，且活性炭的再生可在 100～150℃ 较低温度下进行。当摩尔容积大于 190mL/mol 时，低温再生已无效果。当摩尔容积小于 80mL/mol 时，这些物质在活性炭上的吸附性就较差，应选用别的吸附剂。当然也有例外，如丙酮和乙醇仍可用活性炭吸附。

2. 活性炭吸附装置

处理小风量低温低浓度有机废气（宜低于 40℃，浓度应低于爆炸下限的 25%）可使用一般的活性炭吸附法。活性炭吸附装置可分为固定床、移动床、流化（沸腾）床和流动床等多种形式。目前有害气体的净化处理采用固定床形式较为普遍，流化床多用作化工分离装置。此外，作为大风量、低浓度排气的浓缩装置——蜂窝轮，则采取了回转的形式。

吸附装置按再生方法来区分，有非再生型、取出再生型和器内再生型。前两种方法的吸附有效期应超过 3 个月才较为合理。

(1) 固定床吸附装置

固定床吸附装置可分为垂直型、圆筒型、多层型和水平型等多种形式，其结构如图 2.6-1 所示。其特点和适用风量列于表 2.6-5。

固定床吸附装置特点和适用风量　　　　　　　　　　表 2.6-5

形　式	特　　　　点	处理风量（m³/h）
垂直型	构造简单，从小型到大型，适用于高浓度和中小风量	600～42000
圆筒型	气体通过面积大，适用于低浓度、中小风量	600～42000
多层型	构造稍复杂，适用于低浓度、大风量	3600～90000
水平型	占地面积大，适用于中高浓度、大风量	16000～120000

固定床吸附装置中吸附剂和气体的接触时间宜为 0.5～2.0s，吸附层压力损失应控制在 1～1.5kPa，采用纤维状吸附剂的吸附单元压力损失宜低于 4kPa，其他形状吸附剂的吸附单元压力损失宜低于 2.5kPa。气体流速与压力损失的关系，见图 2.6-2。在有害气体浓度较高时，为了适应工艺连续生产的需要，多采取双罐式，一罐吸附，另一罐脱附，交替切换使用。双罐式活性炭吸附装置流程，示于图 2.6-3。

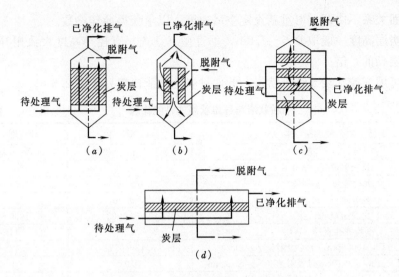

图 2.6-1　固定床活性炭吸附装置

(*a*) 垂直型；(*b*) 圆筒型；(*c*) 多层型；(*d*) 水平型

在给定了处理风量、浓度和湿度的条件下，固定床活性炭吸附装置可按下列计算顺序来确定参数：

1) 设定吸附层的风速（空塔速度）：采用颗粒状活性炭时，宜低于 0.6m/s；采用活性炭纤维毡时，宜低于 0.15m/s；采用蜂窝状吸附剂时，宜低于 1.2m/s；

2) 确定吸附罐断面积：处理风量（取最大处理废气量的 120%）/空塔速度；

3) 确定装炭量：断面积×层高×密度；

4) 计算操作吸附量：装炭量×操作吸附率（取等温吸附曲线上平衡吸附量的一半）；

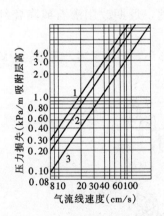

图 2.6-2　气流速度与压力损失

1—活性炭 4～8 目；2—活性炭 4～6 目；

3—活性炭（球状）3～7mm

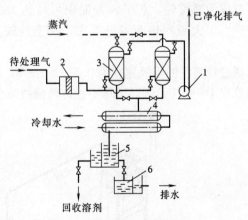

图 2.6-3　活性炭吸附装置流程图

1—风机；2—过滤器；3—活性炭罐；4—冷凝器；

5—分离器；6—排水处理槽

5) 计算吸附时间：吸附量/（风量×浓度）；

6) 平均吸附效率：（吸附量/起始浓度）×100%。

如吸附时间过短不能满足生产操作要求，则应重新设定层高，重新按上述顺序计算。

如层高和断面关系不协调，可重新设定空塔速度，以求获得最佳参数。

固定床炭层高度一般取 0.5～1.0m，垂直型（立式）直径与高度大致相等；（卧式）长度大约为层高的 4 倍。

吸附罐可填充粒状炭或纤维状炭，此两种炭的性能比较列于表 2.6-6。

粒状炭与纤维状炭的性能比较 　　　　　　　　表 2.6-6

活 性 炭 名 称	粒 状 炭	纤 维 状 炭
形　态	$\phi 4 \sim \phi 6nm$ 圆柱状	$10 \sim 20 \mu m$ 纤维
目测单重（g/m²）	—	100～300
填充密度（g/m³）	0.40～0.50	0.01～0.10
外表面积（m²/g）	～0.01	1.5～2.0
比表面积（m²/g）	900～1000	1000～1500
平均细孔直径（Å）	～26	14～20
甲苯（20℃，1000ppm）平衡吸附量（g/g）	0.12～0.37	0.43～0.61
在空塔速度 10cm/s，Z=10cm 时吸附速度（g/g）7min	0.03	0.47
在空塔速度 5cm/s，Z=10cm 时的脱附速度（%）7min	28.5	97.5

（2）蜂窝轮浓缩净化装置

对于大风量低浓度低温有机废气，可用蜂窝轮吸附，然后再用少量热空气进行脱附，脱附出来的浓缩气被送入后处理装置（催化燃烧或活性炭吸附）氧化分解成无害的 CO_2 和水蒸气或作为溶剂加以回收。

蜂窝轮浓缩净化装置原理图，如图 2.6-4 所示。待处理的有机废气先进入过滤器（卷绕式或固定式）预处理使废气中的含尘浓度低于 $0.1mg/m^3$，然后进入蜂窝轮。蜂窝轮材料最早是采用纤维状活性炭作成厚度为 0.2mm 左右的纸，将其折叠成 1.8mm 等边三角形的瓦楞，裁成一定尺寸，两层瓦楞纸之间衬以隔片以形成气流通道。将其卷粘装配成鼠笼形就成为蜂窝轮，芯子内表面积可高达 $1330m^2/m^3$。此种材料如用于吸附酮类溶剂，由于产生很大吸附热而容易着火，安全性较差。因此，近期改用沸石或陶瓷纤维等为基材。

通过蜂窝轮的面风速宜为 0.7～1.2m/s，因此体形小，结构紧凑，重量轻。蜂窝轮回转速度仅 1～4r/h，所以运转平稳，机械故障少。

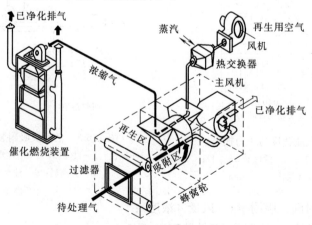

图 2.6-4 蜂窝轮浓缩净化装置原理图

通过蜂窝轮的压力损失，如图 2.6-5 所示。由于压力损失不大，可用低转速风机，噪声也低。在处理高沸点有害气体时，会使蜂窝轮材料劣化，因此宜用活性炭作预处理。蜂窝轮回转速度与有害气体去除率的关系，如图 2.6-6 所示。

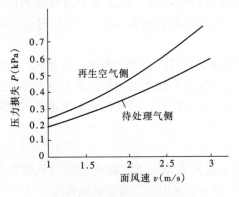

图 2.6-5　蜂窝轮的压力损失　　　　　图 2.6-6　蜂窝轮的去除率

有害气体经蜂窝轮吸附区净化后，由主风机排入大气。蜂窝轮吸附区慢速回转到再生区，用少量热风进行脱附，将有害物从蜂窝轮基材中脱出，同时达到了浓缩的目的。

浓缩倍数极限值按浓缩气浓度控制在爆炸下限的 1/5 即 2000ppm 来考虑，有害气体入口浓度与浓缩倍数关系如下：

入口浓度（ppm）	30～80	100～150	200	300
浓缩比（倍）	20	15	10	7

脱附用热空气的温度宜控制在 120℃ 以下。

浓缩气的后处理装置可按具体情况分别采用活性炭装置回收溶剂；催化燃烧装置回收余热用作加热再生空气；利用现有焚烧炉加以净化处理后排入大气。

3. 吸附剂的再生方法

吸附剂在吸附达到饱和后，需采用脱附才能恢复其吸附性能。此种方法称为再生。吸附剂的再生方法有：水蒸气再生法、惰性气体再生法、热空气再生法、热力再生法、烟道气再生法、化学再生法、减压再生法、微生物再生法和微波再生法等，其中前四种方法为常用方法。

（1）水蒸气再生法

吸附力是摩尔量的函数。摩尔容积越小，即摩尔量越小，沸点越低，吸附力就越小，越容易脱附再生。

当溶剂蒸气的摩尔容积在 80～190mL/mol 时，可用活性炭吸附并回收溶剂。使用相当于吸附质量 1～5 倍的蒸汽量进行再生。低沸点溶剂用 100～150℃ 水蒸气脱附；高沸点溶剂用 200～400℃ 的过热蒸汽进行脱附。

对于亲水性（水溶性）溶剂的活性炭吸附装置，不宜采用水蒸气脱附的再生方法。

水蒸气再生法所需的蒸汽量，固定床为 3～5kg/kg 回收溶剂；移动床为 1.0～1.4kg/kg 回收溶剂；流动床为 1.0～2.0kg/kg 回收溶剂。

（2）惰性气体再生法

对于吸附剂中吸附气体分压极低的气体，可用惰性气体（通常用氮气）加热到 300～

400℃进行脱附再生。此法无冷凝水，不需要排水处理设备，用于回收醇类、酮类及水溶性溶剂时，可以获得较高的品质，也比较安全。

（3）热空气再生法

此法用空气为脱附载体气，因而不宜用于回收可燃性溶剂，但适用于卤族溶剂的脱附、回收。脱附再生温度宜控制在 125℃ 以下，因为卤族溶剂在 130～140℃ 时会急速分解。

在用热空气再生法脱附回收卤族溶剂时，无需排水处理，也不会着火，因此运行费用低而且安全。但是为了防止由于微量分解而产生盐酸或氢氟酸腐蚀，脱附塔和冷凝器应采取防腐蚀措施。其中只有三氯乙烯例外，它对空气的稳定性差，因此仍宜采用水蒸气脱附再生法。

（4）热力（高温焙烧）再生法

当吸附质摩尔容积大于 190ml/mol 或采用化学吸附的情况下，需将吸附剂从装置中取出放入回转窑或焙烧炉中，在惰性气体保护下，以 600～1000℃ 高温焙烧再生。

热力再生是利用高温使吸附质分子振动能增加到足以克服吸附引力从而离开吸附剂表面而进入气相。在高温作用下，各种有机吸附质被氧化，最后生成各种气体，如二氧化碳、一氧化碳、氢气、水蒸气和氮氧化物等并从炉中排出。

热力再生法设备投资和运行费用均较高，且在每一次再生循环中会有 5%～20% 的吸附剂被损耗。

4. 活性炭吸附装置选用时的浓度界限

活性炭吸附装置选型的技术经济合理性和待处理的有害气体浓度有关。一般对于固定床，当浓度＞100ppm 时，设计再生回收装置；浓度≤100ppm 则可不设计再生回收装置。30ppm 为取出再生型的经济界限，浓度低于此界限时，更经济。

当浓度≤500ppm，温度为常温时，采用蒸气再生型较为合理，浓度越低越经济；对于浓度＞500ppm 的高温（100～150℃）气体，燃烧法的经济性优于蒸气再生型活性炭吸附法。

当浓度≤300ppm 时，宜采用浓缩吸附蜂窝轮净化机。当浓度＞300ppm 时，则采用流动床吸附装置较为合理。

2.6.5 液体吸收法

1. 吸收法的净化机理和适用性

液体吸收法是以液体为吸收剂，通过洗涤吸收设备使排气中的有害气体成分被液体吸收，从而达到净化目的的一种处理方法。

液体吸收法可分为物理吸收和化学吸收两大类。物理吸收是使有害成分物理地溶解于吸收剂的一种吸收过程。此时，为使吸收剂能循环使用，可用各种物理分离方法如减压、加热、惰性气体解吸、分馏、萃取、结晶等使吸收剂得到再生。化学吸收则是靠有害成分与吸收剂之间发生化学反应而生成新的物质。此时，为使吸收剂再生，就必须采取逆反应、电解等化学分离方法。化学吸收的效率高于物理吸收，特别是处理低浓度气体时，常采用化学吸收法。

这种净化有害气体的方法可以单独使用，也可以按有害成分的特性、不同的吸收剂以两级串联使用。其用于处理涂装排气，也可作为一种前处理措施与活性炭吸附法组合使用。

提高液体吸收法吸收率的要点是要使气、液充分接触。因而，吸收剂、吸收装置空塔速度和液气比的合理选择十分关键。

各种吸收装置的示意图如图 2.6-7 所示。

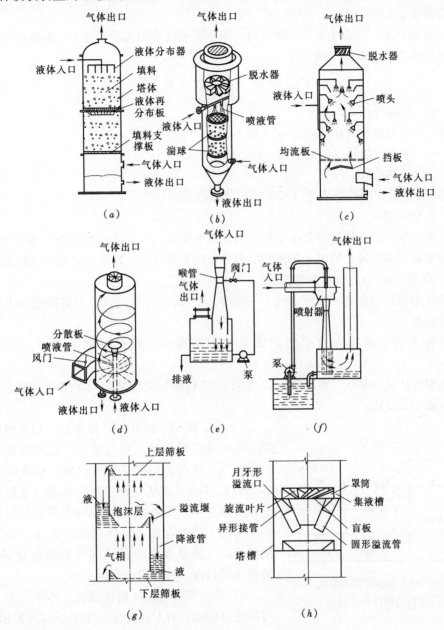

图 2.6-7　各种吸收装置的示意图

（a）填料塔；（b）湍球塔；（c）喷淋塔；（d）旋风洗涤器；（e）文氏洗涤器；
（f）喷射洗涤器；（g）穿流筛板塔；（h）旋流板塔

2. 物理吸收的基本原理

（1）平衡关系

气液两相接触，气体溶解在液体中，造成一定的溶解度，溶解于液体中的气体作为溶质，会产生一定的分压，其大小表示该溶质返回到气相的能力。当溶质产生的分压和气相中该气体的分压相等时，气液传质达到平衡，溶解过程终止，溶解度达到了一个极限值，即平衡溶解度。

在一定温度下，压力小于 0.5MPa 时，对于溶解度小的稀溶液体系，溶解度与气相中的气体分压成正比，此即亨利定律。

$$P = C/H \quad 或 \quad P = E \cdot x \tag{2.6-2}$$

式中　P——气体分压，Pa；

　　　H——溶解度系数，$kmol/(m^3 \cdot Pa)$；

　　　C——液相中溶解气体的浓度，$kmol/m^3$；

　　　E——亨利系数，Pa；

　　　x——溶液中吸收值浓度（气体摩尔分数表示）。

（2）扩散和吸收

气体的吸收，即传质过程是由于物质的扩散而引起的。扩散的起因由于体系中的浓度差，其速率在很大程度上取决于扩散物质和介质的扩散特性。物质在介质中的扩散能力以扩散系数 D 值（m^2/h）的大小来表示。

一般气态污染物在气相介质中的 D 值在 $0.03 \sim 0.1 m^2/h$ 之间，且随温度的上升和压力的下降而增大。

气态污染物在液相介质中的扩散系数则小得多，只有气相中 $10^{-4} \sim 10^{-5}$，单位cm^2/s。

液体吸收法机理基于"双膜理论"，实际的吸收操作比较复杂，应用这一理论可以对吸收过程做如下描述：

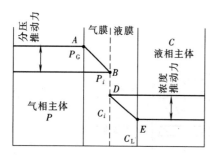

图 2.6-8　双膜理论对吸收
过程的解释示意图

1）气、液两相间有一个相界面，相界面两侧分别存在极薄且稳定的气膜与液膜。这两层薄膜被认为是由气、液两相的滞流层所组成。被吸收的组分必须以扩散的方式从气相主体连续通过这两层膜而进入液相主体，见图 2.6-8。这两层膜在任何情况下均呈滞流。膜的厚度随流体的流速而变，如气流速度越大，气膜厚度就越薄；同样如液体流速越大，液膜也就越薄，传质阻力也就变小。

2）在两膜以外的气相和液相主体中，由于流体可以充分湍动，有对流发生，主要以对流扩散为主，组分的浓度基本上是均匀的，与滞流层相比，其阻力很小，可以忽略。因此可以认为，组分从气相主体扩散到液相主体的过程中，全部阻力仅存在于两层滞流膜中。通过滞流气膜的浓度降，就等于气相平均浓度（分压）与界面气相平衡浓度（分压）之差，即 $P_G - P_i$；通过滞流液膜的浓度降，就等于界面液相平衡浓度与液相平均浓度之差，即 $C_i - C_L$。因此，这两个浓度梯度就成为物质传质的推动力。

3）无论气液两相主体中的浓度是否达到相际平衡，在气液两相界面上，两相的浓度总是互相平衡，在界面上不存在扩散的阻力。

（3）吸收速率方程式

从整个吸收过程中，单位时间、单位相界面上通过气膜所传递的物质量必与通过液膜传递出去的量相等。所以，可以写成下式：

$$N_A = k_G(p - p_i) = k_L(C_i - C) \tag{2.6-3}$$

式中　N_A——组分 A 单位时间通过气膜转移到单位面积界面的吸收质量，kmol/ $(m^2 \cdot h)$；

　　　　k_G——组分 A 分压差下的气膜吸收系数，kmol/$(m^2 \cdot h \cdot Pa)$；

　　$p - p_i$——气相主体与界面间组分 A 的分压差，Pa；

　　　　k_L——液膜吸收系数，kmol/$(m^2 \cdot h)$；

　　$C_i - C$——界面浓度与液相主体间组分 A 的浓度差，kmol/m^3。

由式（2.6-3）进一步推导可得到：

$$\frac{1}{K_G} = \frac{1}{k_G} + \frac{1}{Hk_L} \tag{2.6-4}$$

$$\frac{1}{K_L} = \frac{H}{k_G} + \frac{1}{k_L} \tag{2.6-5}$$

式中　K_G——气相主体中吸收质浓度与相界面气相的平衡浓度差下的气相总吸收系数，kmol/$(m^2 \cdot h)$；

　　　　K_L——相界面液相的平衡浓度与液相主体吸收质浓度差下的总吸收系数，kmol/$(m^2 \cdot h)$。

从上两式知，溶解度系数 H 值对传质有如下主要影响：

1）当气体的溶解度大，即 H 值大时，式（2.6-4）中的 $1/(Hk_L) \rightarrow 0$，可得到 $K_G = k_G$，即吸收过程中的总阻力 $1/K_G$ 主要由气膜阻力 $1/k_G$ 所构成，即过程中组分 A 的吸收速率主要受气相一侧的阻力所控制，这一过程称为气膜控制过程。

2）当气体的溶解度较小，即 H 值较小，则式（2.6-5）中的 $H/k_G \rightarrow 0$，可得到 $K_L = k_L$，即吸收过程中的总阻力 $1/K_L$ 主要由液膜阻力 $1/k_L$ 所构成，即过程中组分 A 的吸收速率主要受液相一侧的阻力所控制，这一过程称为液膜控制过程。

3）当气体的溶解度适中，则气、液两膜的吸收阻力均较显著，都不能略去。必须按公式求取吸收质量。

3. 吸收剂

（1）选用原则

1）为了提高吸收速度，增大对有害组分的吸收率，减少吸收剂用量和设备尺寸，要求对被吸收组分的溶解度尽量高，吸收速率尽量快。

2）为了减少吸收剂的耗损，其蒸气压应尽量低。

3）尽量不采用腐蚀性介质，以减少设备防腐蚀费用。

4）尽可能无臭、无毒、难燃，且化学稳定性好，冰点要低。

5）黏度要低，比热不大，不起泡。

6）使用中有利于被吸收组分的回收利用或处理。

7）来源充足，价格低廉，最好能就地取材，易再生重复使用。

（2）吸收剂种类

1) 水

比较易溶于水的气体通常都用水作吸收剂，吸收效率与温度有关，一般随着温度的增高吸收效率下降。当气体中有害组分含量很低时，水吸收效率很低，此时需采用其他高效吸收剂。但水具有便宜易得，比较经济的特点。

2) 碱性吸收剂

通常用于吸收能与碱起化学反应的有害组分，如二氧化硫、氮氧化物、硫化氢、氯化氢、氯气等，常用的碱性吸收剂有氢氧化钠、碳酸钠、氢氧化钙、氨水等。

3) 酸性吸收剂

通常可以增加有害组分在稀酸中的溶解度或是发生化学反应。如在一定浓度的稀硝酸中，一氧化氮和二氧化氮的溶解度比在水中高得多。浓硫酸也可吸收氧化氮。

4) 有机吸收剂

有机气体一般可以用有机吸收剂，如汽油吸收苯类气体，聚乙醇醚、冷甲醇、二乙醇胺可以作为有机吸收剂去除一部分有害酸性气体，如硫化氢、二氧化碳等。

5) 氧化剂吸收剂：用次氯酸钠、臭氧、过氧化氢等氧化剂可以氧化分解更有效地吸收某些有机气体。

表 2.6-7 中列出了对某些恶臭物质的有效吸收剂。图 2.6-9 为吸收剂和待处理有害组分的搭配关系。

恶臭物质与有效吸收剂　　　　　　　　　　　　　表 2.6-7

分　类	名　称	化学式	名　称	原　理
硫化物	硫化氢	H_2S	苛性钠 ($NaOH$)	与 $NaOH$ 中和反应可被容易地去除 $H_2S+2NaOH \longrightarrow Na_2S+2H_2O$ $H_2S+Na_2S \longrightarrow 2NaHS$
	甲硫醇	RSH (CH_3SH)	苛性钠 ($NaOH$)	R 为 CH_3、C_2H_5、C_3H_7……用 $NaOH$ 容易被去除 $CH_3SH+NaOH \longrightarrow CH_3SNa+H_2O$
			次氯酸钠 ($NaClO$)	存在氧化剂时，由二硫化甲基氧化成为磺酸 $RSH \xrightarrow{反应快} RSSR \longrightarrow RSO_2Cl \xrightarrow[反应慢]{水解} RSO_3H$
	二硫化甲基	R_2S_2 $[(CH_2)_2S_2]$	次氯酸钠 ($NaClO$)	不溶于水，在氧化剂中被氧化成为磺酸、反应极慢 $RSSR \longrightarrow RSO_2Cl \longrightarrow RSO_3H$
	硫化甲基	R_2S $[(CH_2)_2S]$	次氯酸钠 ($NaClO$)	不溶于水，用氧化剂可被氧化吸收，反应慢
氮氧化物	氨	NH_3	硫　酸 (H_2SO_4) 乙二醛 $\left(\begin{array}{c}CHO\\ \| \\ CHO\end{array}\right)$	易溶于水，仅在水中利用气液平衡吸收一定限度，与硫酸中和反应，即可几乎被完全去除 与作为消臭剂的乙二醛起化学反应成为无臭物质
	胺 （三甲胺）	RNH_2、R_2NH、 R_3N、$(CH_3)_3N$	硫　酸 (H_2SO_4)	与酸反应成为可溶于水的物质
	氮环化合物 吡啶 吲哚	C_6H_5N C_8H_7N	硫　酸 (H_2SO_4)	与酸反应成为盐而被吸收

续表

分 类	名 称	化学式	名 称	原 理
醛	甲醛 丙烯醛	HCHO CH_2CHCHO	次氯酸钠＋苛性钠（NaClO＋NaOH）亚硫酸钠（Na_2SO_3）次氯酸钠＋苛性钠（NaClO＋NaOH）	稍溶于水，在氧化剂中被分解，与碱中和吸收 与硫酸钠反应成为可溶性物质，吸收效果好，但在空气中被氧化成为芒硝，实用性较差 几乎不溶于水，在氧化剂中成为丙烯酸，在碱液中被中和吸收
有机酸	乙 酸	CH_3COOH	苛性钠（NaOH）	一般易溶于水，与碱中和以增加吸收速率
酚	苯酚 乙二醇	C_6H_5OH $CH_3 \cdot C_6H_4OH$	苛性钠（NaOH）	稍溶于水，与碱反应以增加吸收速率

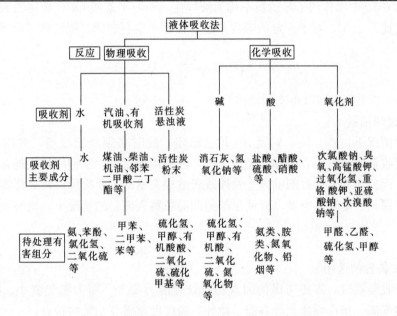

图 2.6-9　吸收剂和待处理有害组分的搭配关系

（3）吸收剂用量

1）物料平衡计算

在吸收操作中，全塔的物料平衡计算可用下式表达：

$$V(Y_1 - Y_2) = L(X_1 - X_2) \tag{2.6-6}$$

式中　V、L——处理气量和吸收剂流量，kmol/h；

　　　Y_1、Y_2——塔底及塔顶的气相组成，kmol/(kmol 惰气)；

　　　X_1、X_2——塔底及塔顶的液相组成，kmol/(kmol 惰气)。

此时，操作线如图 2.6-10 中的 DE 线。D 点是由处理要求所确定的，E 点位置将随操作线的斜率（L/V）而变化，减少 L 则 L/V 变小，塔底排出液的组成浓度就增高，传质所需平均推动力 ΔY_m 相应降低，吸收困难，两相接触时间要长，从而要增加塔高。当

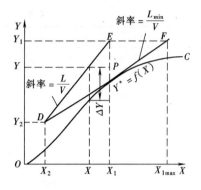

图 2.6-10 液气比的计算

L 小到某值时，操作线与平衡线 OC 相切，此时的 ΔY $=0$，操作已不可能进行。

降低吸收剂温度、选择对组分气体溶解度较大的吸收剂，或者改为化学吸收等，都是使平衡线下移的有效措施。此外，如提高吸收操作总压强，使操作状态点位置上移，也可增加吸收推动力。但如果操作线 DE 位于平衡线下方，此时气相的实际浓度小于对应的平衡浓度 $Y < Y^*$（与液相实际浓度 X_1 相平衡的气相浓度），或液相实际浓度大于对应的平衡浓度 $X > X^*$（与气相实际浓度 Y_1 相平衡的液相浓度），操作就不再是吸收而是解吸过程了。

2）最小液气比

在图 2.6-10 中操作线 DE 的斜率称为液气比，而与平衡线 OPC 相切的 DF 线斜率则为最小液气比 L_{min}/V，对于一定的吸收系统，如遵守亨利定律，则该值可由下式计算：

$$\frac{L_{min}}{V} = \frac{Y_1 - Y_2}{Y_1/m - X_2} \qquad (2.6\text{-}7)$$

式中 m——相平衡常数（由实验求得）。

3）吸收剂用量

在通常情况下，Y_1、Y_2、V 及 X_2 均已给定，此时必须全面权衡，选用适当的液气比。如果吸收剂用量过小，则操作无法进行，但如用量过大，不但增加能耗，操作时带液现象严重，而且增加了吸收剂的再生费用或者造成大量的工业废液，污染环境。

通常在保证一定喷淋密度（以便足够地润湿填料表面）的情况下，则吸收剂的用量 L 约为：

$$L = (1.2 \sim 2.0) L_{min} \qquad (2.6\text{-}8)$$

4. 吸收装置的选用

选用吸收装置时，需要考虑的因素是：处理能力要大、压力损失要小、结构力求简单、吸收效率高、操作弹性大等方面。此外，尚应考虑吸收系统的特点。

对气膜控制的吸收过程，一般应采用填料塔之类的液相分散型装置。因为在这类装置中可以使气相湍动，液相分散，有利于传质。对液膜控制的吸收过程，宜采用各类板式塔。因为在这类装置中可以使液相湍动，气相分散，有利于传质。

在满足了必需的液气比前提下，如果吸收是由气膜控制时，则应选择气相传质系数大的装置；如果吸收是由液膜控制时，则应选择液相传质系数大的装置。对于一般化学吸收过程，则宜按气膜控制来考虑。

如按照物质性质特点来考虑，对吸收过程中产生大量热，需要移去的过程，或需有其他辅助物料加入或引出的过程，宜用板式塔。对于易起泡、黏度大、腐蚀性严重、热敏性物料宜用填料塔；对有悬浮固体颗粒或有淤渣的宜用筛板等板式塔。

按照气液分散方式和传质系数，吸收装置分类列于表 2.6-8。各种吸收装置的技术经济比较列于表 2.6-9。各种吸收装置的基本性能比较列于表 2.6-10。

吸 收 装 置 分 类　　　　　　表 2.6-8

装置名称	气液分散方式	气相传质系数	液相传质系数	装置名称	气液分散方式	气相传质系数	液相传质系数
填料塔	液相分散型	中	中	泡钟罩塔	气相分散型	小	中
喷淋塔		小	小	喷射洗涤器		中	中
旋风洗涤塔		中	小	气泡塔		小	大
文氏管洗涤塔		大	中	气泡搅拌槽		中	大
水力过滤器		中	中				

吸收装置的技术经济比较　　　　　　表 2.6-9

装 置 名 称	气 体 有害物 溶解度大	气 体 有害物 溶解度小	气 体 吸收时伴有化学反应	粉 尘 >5μm 低浓度	粉 尘 >5μm 高浓度	粉 尘 ≤5μm	液滴 >19μm	雾粒 ≤10μm	烟 <1μm
填料塔（逆流）	○	○	○	○	×	×	○	△	×
填料塔（顺流）	▲	△	○	○	×	×	○	△	×
填料塔（交叉流）	○	△	○	○	×	×	○	△	×
旋风洗涤器	△	×	△	▲	▲	○	○	○	×
文氏管洗涤塔	△	×	△	○	○	○	○	○	○
喷淋塔	△	×	△	○	○	×	▲	×	×
喷射洗涤器	△	×	△	○	○	○	○	○	▲

注：×—不合适；○—$\eta=95\%\sim99\%$；▲—$\eta=85\%\sim95\%$；△—$\eta=75\%\sim85\%$。

吸收装置的基本性能比较　　　　　　表 2.6-10

装置名称	液气比 (L/m³)	空塔速度 (m/s)	压力损失 (Pa)	图 形	每 100m³/min 电力 (kW)	每 100m³/min 耗水量 (t/h)	设备费比较 (以填料塔为1.0)	备 注
填料塔	1.0～10	0.30～1.0	(1～4m) 500～2000	图 2.5-7(a)	1.4～5.4	6.0～60	1.0	拉西环、鲍尔环、波纹、丝网等填料
湍球塔	2.7～3.8	0.50～6.0	每 段 400～1200	图 2.5-7(b)	1.15～3.45	16～23	1.0	此为填料塔的一种特型
喷淋塔	0.10～1.0	0.60～1.2	200～900	图 2.5-7(c)	0.54～2.4	0.6～6.0	0.80	
旋风洗涤器	0.50～5.0	1.0～3.0	500～3000	图 2.5-7(d)	1.3～8.0	3.0～30	1.1	
文氏管洗涤器	0.30～1.2	喉口 30～100	3000～9000	图 2.5-7(e)	8.0～24	1.8～7.2	2.5	
喷射洗涤器	10～100	喷口 20～50	0～200	图 2.5-7(f)	0～5.4	60～600	2.5	
穿流筛板塔	3.0～5.0	>3.0	每层 200～600	图 2.5-7(g)	0.54～1.62	18～30	1.5	为板式塔的一种形式
旋流板塔	5.0	3.0～4.0	每块板 200	图 2.5-7(h)	0.54	～30	1.2	为板式塔的一种形式

注：表中电力并非整个装置的电耗，而是每层（段、块）塔板的数值，仅作互相比较用。

有关燃烧法、生物方法、电子束照法等处理有害气体的内容可参见专门的设计手册。

2.6.6 其他净化方法

1. 紫外线照射

（1）紫外线简介

紫外线根据波长可分为近紫外线 UVA、远紫外线 UVB 和超短紫外线 UVC，如图 2.6-11所示。其中超短紫外线 UVC 紫外线为杀菌紫外线，波长范围是 $200 \sim 280nm$，一般认为，杀菌作用最强的波段是 $254 \sim 264nm$。

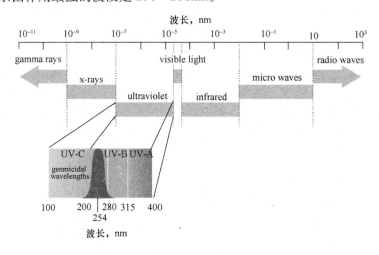

图 2.6-11 紫外线波长范围

gamma rays—伽马射线；x-rays—x 射线；ultraviolet—紫外线；visible light—可见光；infrared—红外线；micro waves—微波；radio waves—无线电波

（2）紫外线照射技术措施机理

细菌中的脱氧核糖核酸（DNA）、核糖核酸（RNA）和核蛋白的吸收紫外线的最强峰为 $254 \sim 257nm$。另外，细菌吸收紫外线后，引起 DNA 链断裂，造成核酸和蛋白的交联破裂，杀灭核酸的生物活性，致细菌死亡。

（3）紫外线照射的装置

在建筑环境中（利用紫外线）常采用的技术措施主要包括流动空气消毒法和表面消毒法，其中流动空气消毒法又包括风管内照法、房间上照法和独立紫外消毒法。对于采用中央空调系统的建筑内，较常见的为室内悬吊式紫外线消毒和管道式紫外线消毒，设备为紫外线灯，其紫外线波长约为 365nm（2537Å），其检测标定方法见卫生部颁布的《消毒技术规范（2002 版）》。常用上照式紫外照射设备的安装方式为吊顶安装和侧墙安装，如图 2.6-12 所示，一般仅在医院建筑内使用。

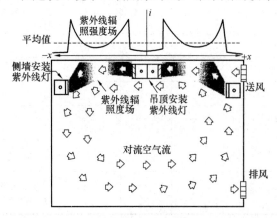

图 2.6-12 上照式紫外照射设备的安装方式

2. 光触媒

（1）光触媒技术

光触媒是在光的照射下，会产生类似光合作用的光催化反应，产生出氧化能力极强的自由氢氧基和活性氧，具有很强的光氧化还原功能，可氧化分解各种有机化合物和部分无机物，能破坏细菌的细胞膜和固化病毒的蛋白质，可杀灭细菌和分解有机污染物，把有机污染物分解成无污染的水（H_2O）和二氧化碳（CO_2），因而具有极强的杀菌、除臭、防霉、防污自洁、净化空气功能。同时，在对各种空气污染物的净化上，对甲醛、苯、苯系物、硫化物、氨化物有明显的分解作用。

（2）基本原理

光触媒在特定波长（388nm）的光照射下，会产生类似植物中叶绿素光合作用的一系列能量转化过程，把光能转化为化学能而赋予光触媒表面很强的氧化能力，可氧化分解各种有机化合物和矿化部分无机物，并具有抗菌的作用。在光照射下，光触媒能吸收相当于带隙能量以下的光能，使其表面发生激励而产生电子（e^-）和空穴（h^+）。这些电子和空穴具有很强的还原和氧化能力，能与水或容存的氧反应，产生氢氧根自由基（−OH）和超级阴氧离子（−O）。

（3）光触媒的应用

光触媒主要有以下几个方面的功能：

1）空气净化功能：对甲醛、苯、氨气、二氧化硫、一氧化碳、氮氧化物等影响人类身体健康的有害有机物起到净化作用。

2）杀菌功能：对大肠杆菌、黄色葡萄球菌等具有杀菌功效。在杀菌的同时还能分解由细菌死体上释放出的有害复合物。

3）除臭功能：对香烟臭、厕所臭、垃圾臭、动物臭等具有除臭功效。

4）防污功能：防止油污、灰尘等产生。对浴室中的霉菌、水锈、便器的黄碱及铁锈和涂染面褪色等现象同样具有防止其产生的功效。

5）净化功能：具有水污染的净化及水中有机有害物质的净化功能，且表面具有超亲水性，有防雾、易洗、易干的效能。

3. 采用臭氧对空气中的病毒净化消毒

（1）臭氧化学分子式为 O_3，是一种广谱、高效杀菌剂，较常规的消毒剂具有更强的氧化杀菌能力。一是，消毒无死角，杀菌效率高，除异味；进行消毒时，臭氧发生装置产生一定量的臭氧，相对密闭的环境下，扩散均匀，通透性好，克服了紫外线杀菌存在的消毒死角的问题。由于臭氧的杀菌谱广，既可以杀灭细菌繁殖体、芽孢、病毒、真菌和原虫孢体等多种微生物，还可以破坏肉毒杆菌和毒素及立克次氏体等，同时还具有很强的除霉、腥、臭等异味的功能。二是，无残留、无污染。消毒氧化过程中，多余的氧原子在30min 后又结合成为分子氧，不存在任何残留物质，解决了消毒剂消毒时残留的二次污染问题，同时省去了消毒结束后的再次清洁。

（2）大量试验数据表明，与氯气、二氧化氯等常用消毒剂比较，杀灭 99.99％的大肠杆菌，氯气的 CT 值（消毒剂浓度-制定杀灭某种细菌必须的时间的乘积常数）为 3～4，二氧化氯为 1.2，而臭氧仅为 0.012～0.4，其效率之高显而易见。

（3）有关资料表明，臭氧灭活大多数病菌、病毒的时间是：臭氧浓度 10ppm，灭活时间 2～8min；臭氧浓度 20ppm，灭活时间 1～4min；臭氧浓度 30ppm，灭活时间 0.5～2min。臭氧可有效灭活甲型流感病毒、脊髓灰质炎病毒和艾滋病毒。

（4）人在 1h 内可接受臭氧的极限浓度是 $260\mu g/m^3$，因而，臭氧杀灭病菌、病毒的装置是作为医院或防病毒场所的专门装置使用，臭氧浓度为 30ppm 时，人员停留时间为 0.5～2min。

4. 公共厨房通风净化

加工间为自然通风时，通风开口面积不应小于地面面积的 1/10。产生油烟的设备应设有机械排风和油烟过滤器的排风罩，烟排放浓度不得超过 $2.0mg/m^3$，采用静电油烟净化器可满足排放标准。

产生大量蒸汽的设备应安置在隔开的小间内，并在其上部设机械排风的排风罩，防止结露，做好凝结水的引泄。

排风的补风采用负压补风，补风可以是相邻室排风或室外风，作为降温补风可以采用蒸发冷却空气处理。

厨房排风罩有两种基本类型：伞形罩和侧吸罩。

排风罩的设计应符合下列要求：

（1）排风罩的平面尺寸应比炉灶边尺寸大 100mm，排风罩的下沿距炉灶面的距离不宜大于 $1.0m$，排风罩的高度不宜小于 600mm。

（2）排风罩的最小排风量应按以下计算的大值选取：

按公式计算

$$L = 1000 \times P \times H \tag{2.6-9}$$

式中　L——排风量，m^3/h；

　　　　P——罩子的周边长（靠墙侧的边不计），m；

　　　　H——罩口距灶面的距离，m。

按罩口断面的吸风速度不小于 0.5m/s 计算风量。

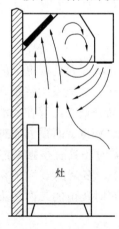

图 2.6-13　带补风的
排风罩

厨房常用排风罩有简单伞形排风罩、带补风的伞形排风罩、洗涤式排烟罩。

简单排风罩主要是吸走灶面上的上升气流。罩内装有过滤器，过滤器常用的金属网油雾过滤器面风速一般控制在 0.7～2.4m/s 之间。

带补风的伞形排风罩一般送风口风速在 0.50～1.0m/s 之间。风口形式多为可调式百叶送风口。带补风的排风罩效果较好的是向下送式，如图 2.6-13 所示。

洗涤式排烟罩是对排气中除去热、油烟、灰尘及气味等，从灶具上抽出的带油雾的空气迅速地流经风机吸入口，而进入排风洗涤室，除油后将相当干净的空气进入排风管道中。这种罩子在水压为 0.32MPa，水温为 19℃时，其除油效率为 93%；除烟及除气味效率为 55%。罩内装有过滤器，过滤器应便于清洗和更换，常用的金属网油雾过滤器过滤风速一般控制在 0.70～2.4m/s 之间。

2.7 通 风 管 道 系 统

通风管道是通风和空调系统的重要组成部分。通风管道系统设计的目的，是要合理组织空气流动，在保证使用效果（即按要求分配风量）的前提下，合理确定风管结构、尺寸和布置方式，使系统占用的建筑空间、初投资和运行费用综合最优。因此，通风管道系统的设计，将直接影响到通风系统的正常运行效果和技术经济性能。

2.7.1 通风管道的材料与形式

1. 常用材料

用作通风管道的材料很多，但常用的主要有以下两大类：

（1）金属薄板

金属薄板是制作风管及部件的主要材料。通常使用的有普通薄钢板、镀锌薄钢板、不锈钢钢板、铝板和塑料复合钢板。它们的优点是易于工业化加工制作、安装方便、能承受较高温度。须防静电的风管应采用金属材料制作。

1）普通薄钢板

具有良好的加工性能和结构强度，但其表面容易生锈，所以制作时应刷油漆进行防腐处理。

2）镀锌薄钢板

由普通薄钢板镀锌而成，由于表面镀锌，可起防锈作用，一般用来制作无酸雾作用的潮湿环境中的风管。

3）铝及铝合金板

加工性能好、耐腐蚀。摩擦时不易产生火花，常用于有防爆要求的通风系统中。

4）不锈钢板

具有耐锈耐酸能力，常用于制作含湿、含酸的排风管道及化工环境中需耐腐蚀的通风系统。不锈钢板按其成分可分为：铬不锈钢、铬镍不锈钢和铬锰不锈钢等，应根据具体使用环境选用。

5）塑料复合钢板。在普通薄钢板表面喷上一层 0.2～0.4mm 厚的塑料层。常用于防尘要求较高的空调系统和 −10～70℃ 温度下耐腐蚀系统的风管。

通风工程常用的钢板厚度是 0.5～4mm。

（2）非金属材料

1）硬聚氯乙烯塑料板。它适用于有酸性腐蚀作用的通风系统，具有表面光滑、制作方便等优点。但不耐高温、不耐寒，只适用于 0～60℃ 的空气环境，在太阳辐射作用下，易脆裂。

2）玻璃钢。无机玻璃钢风管以中碱玻璃纤维作为增强材料，用十余种无机材料科学地配成粘结剂作为基体，通过一定的成型工艺制作而成。具有质轻、高强、不燃、耐腐蚀、耐高温、抗冷融等特性。在选用时，玻璃钢符合防火要求的氧指数应大于或等于 70%。

保温玻璃钢风管可将管壁制成夹层，夹层厚度根据设计而定。夹心材料可以采用聚苯乙烯、聚氨酯泡沫塑料、蜂窝纸等。

3）酚醛铝箔复合风管。采用酚醛铝箔复合夹心板制作，内外表面均为铝箔。酚醛铝箔复合风管刚度和气密性好，具有保温性能，质量轻，使用寿命长。其温度适应性强，适用范围广。

4）聚氨酯铝箔复合风管。采用聚氨酯铝箔复合夹心板制作，内外表面均为铝箔。聚氨酯铝箔复合风管刚度和气密性好，具有保温性能，质量轻，使用寿命长。适用范围广。

5）玻璃纤维复合板风管。采用离心玻璃纤维板材，外壁贴敷铝箔，内壁贴阻燃的无碱或中碱玻璃纤维布。具有保温、消声、防火、防潮、防腐的功能。质量轻，使用寿命长。

6）聚酯纤维织物风管。断面形状为圆形或半圆形。可在风管表面上开设纵向条缝口或圆形孔口送风。质量轻、阻力小、表面不结露、安装、拆卸方便，易清洗维护。适用某些生产车间及允许风管明装的公共建筑空调系统。

7）玻镁风管。风管根据结构分为：整体普通型风管、整体保温型风管、组合保温型风管。结构层由玻璃纤维布和氯氧镁水泥构成，保温材料是聚苯乙烯发泡塑料或轻质保温夹芯板，属于一种替代无机玻璃风管和玻璃纤维风管的新一代环保节能型风管。管板材表面光滑、平整，漏风率低。具有良好的隔音、吸音性能，不燃、抗折、耐压、吸水率小、无吸潮变形现象，使用寿命长。

复合材料的覆面材料必须采用不燃材料，内衬的绝热材料应采用不燃或难燃且对人体无害的材料。

2. 风管形状和规格

（1）风管断面形状的选择

通风管道的断面形状有圆形和矩形两种。在同样断面积下，圆形风管周长最短，最为经济。由于矩形风管四角存在局部涡流，所以在同样风量下，矩形风管的压力损失要比圆形风管大。因此，在一般情况下（特别是除尘风管）都采用圆形风管，只是有时为了便于和建筑配合才采用矩形断面。

对于断面积相同的矩形风管，风管表面积随 a/b 的增大而增大，在相同流量条件下，压力损失也随 a/b 的增大而增大。因此，设计时应尽量使 a/b 等于 1 或接近于 1。

（2）通风管道统一规格

通风、空调风管应选用通风管道统一规格，优先采用圆形风管或选用长、短边之比不大于 4 的矩形截面，最大长短边之比不应超过 10。风管的规格按现行国家标准《通风与空调工程施工规范》GB 50738 的规定执行。

金属风管的标注尺寸为外径或外边长为，非金属风管的标注尺寸为内径或内边长。

3. 风管的保温

当风管在输送空气过程中冷、热量损耗大，又要求空气温度保持恒定，或者要防止风管穿越房间时对室内空气参数产生影响及低温风管表面结露，都需要对风管进行保温。

保温材料主要有软木、聚苯乙烯泡沫塑料、超细玻璃棉、玻璃纤维保温板、聚氨酯泡沫塑料和蛭石板等。它们的导热系数大都在 0.12W/(m·℃)以内。通过管壁保温层的传热系数一般控制在 1.84W/(m²·℃)以内。

保温层厚度要根据保温目的计算出经济厚度，再按其他要求来校核。

保温层结构可参阅有关的国家标准图。通常保温结构有四层：

1）防腐层。涂防腐油漆或沥青；

2）保温层。填贴保温材料；

3）防潮层。包油毛毡、塑料布或刷沥青。用以防止潮湿空气或水分侵入保温层内，从而破坏保温层或在内部结露；

4）保护层。室内管道可用玻璃布、塑料布或木板、胶合板制作，室外管道宜选用金属材料，边长大于 800mm 的金属保护壳应采用相应的加固措施。

2.7.2 风管内的压力损失

空气在风管内流动时的压力损失有两种形式：摩擦压力损失和局部压力损失。

1. 摩擦压力损失

空气在管道内流动时，单位长度管道的摩擦压力损失按下式计算：

$$R_{\mathrm{m}} = \frac{\lambda}{4R_{\mathrm{s}}} \frac{\rho v^2}{2} \quad (\mathrm{Pa/m}) \tag{2.7-1}$$

式中 R_{m}——单位长度摩擦压力损失，Pa/m；

     v——风管内空气的平均流速，m/s；

     ρ——空气的密度，$\mathrm{kg/m^3}$；

     λ——摩擦阻力系数；

     R_{s}——风管的水力半径，m。圆形风管：$R_{\mathrm{s}} = D/4$，D 为风管直径，m。矩形风管：$R_{\mathrm{s}} = ab/2(a+b)$，$a$，$b$ 为矩形风管的边长，m。

圆形风管的单位长度摩擦压力损失

$$R_{\mathrm{m}} = \frac{\lambda}{D} \frac{\rho v^2}{2} \quad (\mathrm{Pa/m}) \tag{2.7-2}$$

摩擦阻力系数 λ 与空气的流动状态和管壁的粗糙度有关。在通风管道内空气的流动状态大多处于水力过渡区。

通风系统设计时，可以使用通风管道单位长度摩擦阻力线算图，如图 2.7-1 所示。

该图是在大气压力 $B_0 = 101.3\mathrm{kPa}$、空气温度 $t_0 = 20\,^{\circ}\mathrm{C}$、空气密度 $\rho = 1.204\mathrm{kg/m^3}$、运动黏性系数 $\nu_0 = 15.06 \times 10^{-6}\,\mathrm{m^2/s}$、管壁粗糙度 $K = 0.15\mathrm{mm}$ 的圆形风管等条件下得出的。当实际使用条件与上述条件不符时，应进行修正。一般修正主要有：密度和黏性系数的修正；空气温度和大气压力的修正；管道管壁粗糙度的修正。

（1）密度和黏性系数的修正

$$R_{\mathrm{m}} = R_{\mathrm{m0}} (\rho/\rho_0)^{0.91} (\nu/\nu_0)^{0.1} \quad (\mathrm{Pa/m}) \tag{2.7-3}$$

式中 R_{m}——实际的单位长度摩擦阻力，Pa/m；

     R_{m0}——图上查出的单位长度摩擦阻力，Pa/m；

     ρ——实际的空气密度，$\mathrm{kg/m^3}$；

     ν——实际的空气运动黏性系数，$\mathrm{m^2/s}$。

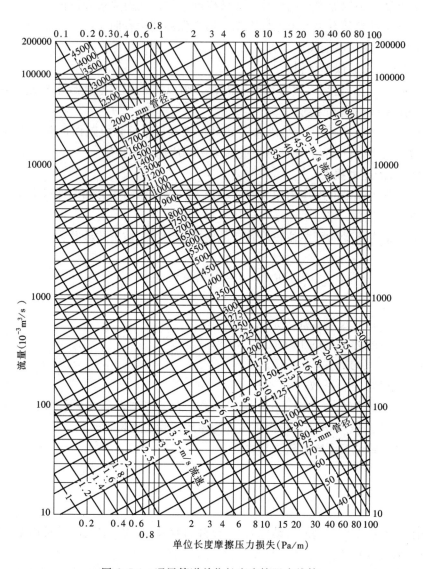

图 2.7-1　通风管道单位长度摩擦阻力线算

（2）空气温度和大气压力的修正

$$R_m = K_t K_B R_{m0} \quad (Pa/m) \tag{2.7-4}$$

这里

$$K_t = [(273 + 20)/(273 + t)]^{0.825}; \ K_B = (B/101.3)^{0.9} \tag{2.7-5}$$

式中　K_t——温度修正系数；

　　K_B——大气压力修正系数；

　　t——实际的空气温度，℃；

　　B——实际的大气压力，kPa。

K_t 和 K_B 可直接由图 2.7-2 查得。从图 2.7-2 可以看出，在 $t = 0 \sim 100℃$ 的范围内，

可近似把温度和压力的影响看作是直线关系。

各种材料的粗糙度 K   表 2.7-1

风管材料	粗糙度 K（mm）
薄钢板或镀锌薄钢板	0.15～0.18
塑料板	0.01～0.05
矿渣石膏板	1.0
矿渣混凝土板	1.5
胶合板	1.0
砖砌体	3～6
混凝土	1～3
木 板	0.2～1.0

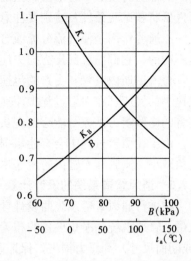

图 2.7-2　温度和大气压力的修正曲线

（3）管壁粗糙度的修正

在通风空调工程中，常采用不同材料制作风管，各种材料的粗糙度 K 见表 2.7-1。当风管管壁的粗糙度 $K \neq 0.15$mm 时，可先查出 R_{m0}，再近似按下式修正。

$$R_m = K_r \cdot R_{m0}; \quad K_r = (Kv)^{0.25} \quad (\text{Pa/m}) \qquad (2.7\text{-}6)$$

式中　K_r——管壁粗糙度修正系数；

$\quad\quad K$——管壁粗糙度，mm；

$\quad\quad v$——管内空气流速，m/s。

2. 矩形风管的摩擦压力损失计算

（1）流速当量直径

设某一圆形风管中的空气流速与矩形风管内的空气速度相同，并且两者有相同的单位长度摩擦压力损失，把该圆形风管的直径称为矩形风管的流速当量直径，以 D_v 表示。

$$D_v = \frac{2ab}{a+b} \quad (\text{m}) \qquad (2.7\text{-}7)$$

（2）流量当量直径

设某一圆形风管中的空气流量与矩形风管中的空气流量相等，并且两者有相同的单位长度摩擦压力损失，则该圆形风管直径称为矩形风管的流量当量直径，以 D_L 表示。

$$D_L = 1.3 \frac{(ab)0.625}{(a+b)0.25} \quad (\text{m}) \qquad (2.7\text{-}8)$$

利用 D_v 或 D_L 计算矩形风管的摩擦压力损失时，应注意其对应关系。采用 D_v 时必须按 D_v 和 v 由图 2.7-1 查出 R_{m0}；采用 D_L 时必须按 D_L 及 L 由图 2.7-1 查出 R_{m0}。

3. 局部压力损失

管件（如三通、弯头等）的局部压力损失 Z 按下式计算

$$Z = \zeta \frac{\rho v^2}{2} \quad (\text{Pa}) \qquad (2.7\text{-}9)$$

局部阻力系数 ζ 通常由试验确定，亦可以查阅有关专业手册。选用时要注意试验用的管件形状和试验条件，特别要注意 ζ 值对应的是何处的动压值。

三通的作用是使气流分流或合流。对合流三通，两股气流在汇合过程中它的能量损失是不同的，它们的局部压力损失应分别计算，即直管和支管的局部压力损失要分别计算。

合流三通内直管和支管的流速相差较大时，会发生引射现象，即流速大的气流要引射流速小的气流。在引射过程中流速大的气流失去能量，流速小的气流获得能量。所以某些支管的局部阻力系数可能会出现负值，但不会两者都出现负值。

由于在引射过程中会有能量损失，为减少三通的压力损失，在设计时应使支管和直管夹角减小，支管和直管内的流速尽量接近。

2.7.3 通风管道系统的设计计算

在进行通风管道系统的设计计算前，必须首先确定各送（排）风点的位置和送（排）风量、管道系统和净化设备的布置、风管材料等。设计计算的目的是，确定各管段的管径（或断面尺寸）和压力损失，保证系统内达到要求的风量分配，并为风机选择和绘制施工图提供依据。

进行通风系统水力计算的方法有很多，如压损平均法、假定流速法和静压复得法等。在一般的通风系统中常用的是假定流速法。

压损平均法是将已知总作用压头按干管长度平均分配给每一管段，再根据每一管段的风量确定风管断面尺寸。如果风管系统所用的风机压头已定，或对分支管路进行阻力平衡计算，则此法较为方便。

静压复得法是利用风管分支处复得的静压来克服该管段的阻力，根据该原则确定风管的断面尺寸。

假定流速法是先按技术经济要求选定风管的流速，再根据风管的风量确定风管的断面尺寸和阻力。

通风管道系统的设计计算步骤如下：

1. 系统管段编号

在绘制通风系统轴侧图的基础上对各管段进行编号，标注出各管道各段的长度和通过的风量。以风量和风速不变的风管为同管段。一般从距风机最远的一段开始，由远而近顺序编号。管段长度按两个管件中心线的长度计算，不扣除管件（如弯头、三通）本身的长度。

2. 选择合理的空气流速

风管内的风速对通风（或空调）系统的经济性有较大影响。设定流速高，则风管断面小，材料消耗少，建造费用相应也低；但风速过高将使系统的压力损失增大，动力消耗增加，有时还可能加速管道的磨损。若设定流速低，则压力损失小，动力消耗少；但会使风管断面大，材料、建造费用和占用空间增加。对除尘系统，流速过低会造成粉尘在管道中的沉积，甚至堵塞管道。因此，必须进行全面的技术经济比较，以确定适当的经济流速。

风管内风速（单位：m/s）　表 2.7-2

风管类别	钢板及非金属风管	砖及混凝土风道
干 管	6～14	4～12
支 管	2～8	2～6

工业建筑的非除尘通风系统，其风速可按表 2.7-2 来确定。民用建筑通风与空调系统内的风速见《民用建筑供暖通风与空调设计规范》第 6.6 节的规定。对于除尘系统，

防止粉尘在管道内沉积所需的最低风速可参考表 2.7-3 来确定。对于除尘器后的风管，因气体已经过净化处理，故管内风速可按表 2.7-2 选取。

除尘风管的最小风速（单位：m/s）　　　　　　表 2.7-3

粉尘类别	粉尘名称	垂直风管	水平风管	粉尘类别	粉尘名称	垂直风管	水平风管
纤维粉尘	干锯末、小刨屑、纺织尘	10	12	矿物粉尘	轻矿物粉尘	12	14
	木屑、刨花	12	14		灰土、砂尘	16	18
	干燥粗刨花、大块干木屑	14	16		干细型砂	17	20
	潮湿粗刨花、大块湿木屑	18	20		金刚砂、刚玉粉	15	19
	棉絮	8	10	金属粉尘	钢铁粉尘	13	15
	麻	11	13		钢铁屑	19	23
矿物粉尘	耐火材料粉尘	14	17		铅尘	20	25
	黏土	13	16	其他粉尘	轻质干粉尘（木工磨床粉尘、烟草灰）	8	10
	石灰石	14	16		煤尘	11	13
	水泥	12	18		焦炭粉尘	14	18
	湿土（含水 2% 以下）	15	18		谷物粉尘	10	12
	重矿物粉尘	14	16				

3. 管道压力损失计算

压力损失计算应从最不利的环路（即距风机最远的点）开始。

根据各管段的风量和选定的流速确定各管段的管径（或断面尺寸），计算各管段的摩擦和局部压力损失。确定管径时，应尽可能采用通风管道统一规格，以便于工业化加工制作。

对于袋式除尘器和电除尘器后的风管，应把除尘器的漏风量及反吹风量计入。除尘器的漏风率见有关的产品说明书，反吹类袋式除尘器的漏风率应不大于 2%，脉冲喷吹类应不大于 4%。

4. 管路压力损失平衡计算

对并联管路进行压力损失平衡计算。一般的通风系统要求两支管的压损差不超过15%，除尘系统要求两支管的压损差不超过 10%，以保证实际运行中各支管的风量达到设计要求。

当并联支管的压力损失差超过上述规定时，可用下述方法进行压力平衡：

（1）调整支管管径

这种方法是通过改变管径，即改变支管的压力损失，达到压力平衡。

（2）增大风量

当两支管的压力损失相差不大时（例如在 20% 以内），可以不改变管径，将压力损失小的那段支管的流量适当增大，以达到压力平衡。

（3）增加支管压力损失

阀门调节是最常用的一种增加局部压力损失的方法，它是通过改变阀门的开度，来调节管道压力损失的。应当指出，这种方法虽然简单易行，不需严格计算，但是改变某一支管上的阀门位置，会影响整个系统的压力分布。要经过反复调节，才能使各支管的风量分配达到设计要求。对于除尘系统，还要防止在阀门附近积尘，引起管道堵塞。

2.7.4 通风除尘系统风管压力损失的估算

在绘制通风除尘系统的施工图前，必须按上述方法进行计算，确定各管段的管径和压力损失。在进行系统的方案比较或申报通风除尘系统的技术改造计划时，只需对系统的总压力损失作粗略的估算。根据经验的积累，某些通风除尘系统的压力损失如表 2.7-4 所示。表中所列的风管压力损失只包括排风罩，不包括净化设备。

通风除尘系统风管压力损失的估算　　　　　表 2.7-4

系 统 性 质	管内风速 （m/s）	风管长度 （m）	排风点个数	估算压力损失 （Pa）
一般通风系统	<14	30	2 个以上	300～350
一般通风系统	<14	50	4 个以上	350～400
镀槽排风	8～12	50		500～600
炼钢电炉（1～5t）炉盖罩除尘系统	18～20	50～60	2	1200～1500（标准状态）
木工机床除尘系统	16～18	50	>6	1200～1400
砂轮机除尘系统	16～18	<40	>2	1100～1400
破碎、筛分设备除尘系统	18～20	50	>3	1200～1500
破碎、筛分设备除尘系统	18～20	30	≤3	1000～1200
混砂机除尘系统	18～20	30～40	2～4	1000～1400
落砂机除尘系统	16～18	15	1	500～600

2.7.5 通风管道的布置和部件

1. 系统的划分

当建筑物内在不同地点有不同的送、排风要求或建筑面积较大，送、排风点较多时，为便于运行管理，常分设多个送、排风系统。系统划分的原则是：

（1）空气处理要求相同、室内参数要求相同的，可划为同一系统。

（2）同一生产流程、运行班次和运行时间相同的，可划为同一系统。

（3）对下列情况应单独设置排风系统：

1）两种或两种以上有害物质混合后能引起燃烧或爆炸；

2）混合后能形成毒害更大或腐蚀性的混合物或化合物；

3）混合后易使蒸汽凝结并积聚粉尘时；

4）散放剧毒物质的房间和设备；

5）建筑物内设有储存易燃或易爆物质的单独房间或有防火、防爆要求的单独房间。

（4）除尘系统的划分应符合下列要求：

1）同一生产流程、同时工作的扬尘点相距不远时，宜合设为一个系统；

2）同时工作但粉尘种类不同的扬尘点，当工艺允许不同粉尘混合回收或粉尘无回收价值时，也可合设为一个系统；

3）温、湿度不同的含尘气体，当混合后可能导致风管内结露时，应分设系统；

4）在同一工序中如有多台并列设备，则不宜划为同一系统，因它们不一定同时工作，如需把并列设备的排风点划为同一系统，则系统的总排风量应按各排风点同时工作计算。非同时工作的排风点的排风量较大时，系统的总排风量可按各同时工作的排风点的排风量计算，同时应附加各非同时工作排风点排风量的 15%～20%。在各排风支管上必须装设阀门，且宜与工艺设备联锁启闭。

（5）当排风量大的排风点位于风机附近时，不宜和远处排风量小的排风点合为同一系统。原因是增设该排风点后，会增大系统总的压力损失。

2. 风管布置

风管布置直接关系到通风、空调系统的总体布置，它与工艺、土建、电气、给水排水等专业密切相关，应相互配合、协调一致。

（1）除尘系统的排风点不宜过多，以保证各支管间的压力平衡。如排风点多，可用大断面集合管连接各支管。集合管内流速不宜超过 3m/s，集合管下部应设卸灰装置。

（2）除尘风管宜垂直或倾斜敷设，倾斜敷设与水平面的夹角宜大于 45°。如果由于某种原因，风管必须水平敷设或与水平面的夹角小于 30°时，管道不宜过长，同时应采取防止积尘的措施，如加大管内风速、在易积尘位置附近设置密闭清扫孔等。

（3）排除有爆炸危险物质和含有剧毒物质的排风系统，其正压管段不得穿过其他房间。排除有爆炸危险粉尘的风管宜采用圆风管，宜垂直或倾斜敷设。水平敷设管道时不宜过长，需用水清灰时，沿气体流动方向应有不小于 0.01 的坡度。

（4）除尘器宜布置在除尘系统的风机吸入段，如布置在风机的压出段，则应选用排尘风机。

（5）为了防止风管堵塞，除尘风管的直径不应小于下列数值：

排送细小粉尘（如矿物粉尘）	80mm
排送较粗粉尘（如木屑）	100mm
排送粗粉尘（如刨花）	130mm

（6）输送潮湿空气时，需防止水蒸气在管道或袋式除尘器内凝结，管道应进行保温。管壁温度应高于气体露点温度 10～20℃。管道应设置不小于 0.005 的坡度和最低点排水（包括风机底部）。

（7）进、排风口的布置

1）进风口

进风口是通风、空调系统采集室外新风的入口，其位置应满足下列要求：

① 应设在室外空气较清洁的地点。进风口处室外空气中有害物浓度不应大于室内工作地点最高容许浓度的 30%。

② 应尽量设在排风口的上风侧，并且应低于排风口。

③ 进风口的底部距室外地坪不宜低于 2m，当布置在绿化地带时，不宜低于 1m。

④ 降温用的进风口宜设在建筑物的背阴处。

2）排风口

① 在一般情况下通风排气主管至少应高出屋面 0.5m。

② 通风排气中的有害物必须经大气扩散稀释时，排风口应位于建筑物空气动力阴影和正压区以上，具体要求见图 2.7-3。

③ 要求在大气中扩散稀释的通风排气，其排风口上不应设风帽，为防止雨水进入风

机，按图 2.7-4 的方式制作。

④ 排放大气污染物时，排气筒高度除应遵守有关国家、行业和地方标准外，还应高出周围 200m 半径范围内的建筑 5.0m 以上，不能达到该要求的排气筒，应按其高度对应的有关排放速率标准值的 50% 执行。排气筒应设置监测用采样孔、采样平台以及排放标志牌。

（8）其他

1）排除含有剧毒物质的排风系统，其正压管段不宜过长。

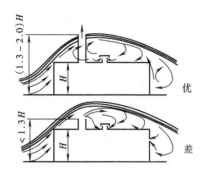

图 2.7-3   建筑物上进、排风口布置

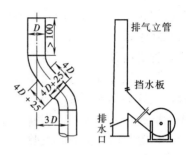

图 2.7-4   排风主管的排水装置

2）当排除含有氢气或其他比空气密度小的可燃气体混合物时，局部排风系统的风管，应沿气体流动方向具有上倾的坡度，其值不应小于 0.005。

3）离心通风机宜设置风机入口阀。受启动电流限制时，如功率大于 75kW 时，宜设置启动用风机电动入口阀，且应与风机电机联锁。

4）对于排除有害气体或含有粉尘的通风系统，其风管的排风口宜采用锥形风帽或防雨风帽。

5）风管支吊架的最大跨距宜按挠度确定；室外管道不宜超过跨距的 1/600；室内管道不宜超过跨距的 1/300。

6）室外风管系统的拉索等金属固定件严禁与避雷针或避雷网连接。

3. 除尘器的布置

根据生产工艺、设备布置、排风量大小和生产厂房条件，除尘系统分为就地除尘、分散除尘和集中除尘三种形式。

（1）就地除尘

把除尘器直接安放在生产设备附近，就地捕集和回收粉尘，基本上不需敷设或只设较短的除尘管道。如铸造车间混砂机的插入式袋式除尘器、直接坐落在风送料仓上的除尘机组和目前应用较多的各种小型除尘机组。这种系统布置紧凑、简单、维护管理方便。

（2）分散除尘系统

当车间内排风点比较分散时，可对各排风点进行适当的组合，根据输送气体的性质及工作班次，把几个排风点合成一个系统。分散式除尘系统的除尘器和风机应尽量靠近产尘设备。这种系统风管较短，布置简单，系统压力容易平衡。这种系统目前应用较多。

（3）集中除尘系统

集中除尘系统适用于扬尘点比较集中，有条件采用大型除尘设施的车间。它可以把排风点全部集中于一个除尘系统，或者把几个除尘系统的除尘设备集中布置在一起。由于除尘设备集中维护管理，回收除尘容易实现机械化处理。但是，这种系统管道长、复杂，压力平衡困难，初投资大，因此，这种系统仅适用于少数大型工厂。

（4）在布置除尘器时还应注意以下问题：

1）当除尘器捕集的粉尘需返回工艺流程时，应注意不要回到破碎设备的进料端或斗式提升机的底部，以免粉尘在除尘系统内循环。最好直接回到所在设备的终料仓或者回到向终料仓送料的皮带运输机（或螺旋运输机）上。为了合理处理回料问题，有时宁可加长管道，把除尘器布置在符合要求的位置。

2）干法除尘系统回收的粉料只能返回不会再次造成悬浮飞扬的工艺设备，如严格密闭的料仓和运输设备（螺旋运输机或埋刮板运输机等）。

4. 防腐与保温

通风系统的防火与防爆设计要点，见本书第 2.10.8 节。

（1）防腐

钢板风管的推荐涂料见表 2.7-5。涂料使用应注意如下事项：

1）涂料涂刷前必须做好金属表面处理工作，并保持彻底干燥。

2）为了使处理合格的金属表面不再生锈或沾染油污，必须在 3h 内涂刷第一层底漆。对于返修的设备和风管等，在涂刷前必须将旧涂层彻底清除，并重新除锈或表面清理后，才能重涂各种涂料。旧涂层的清除有喷砂法、喷灯烤烧法和化学脱漆法等。

3）在涂漆工作区应有消防设备，禁止点火，易燃、易爆的危险品应放在安全区内。

4）涂料一般都具有一定毒性，涂刷时操作区内要求空气流通，防止中毒事故发生。

5）使用前，应了解各种涂料的物理性质，并按规定的技术安全条件进行操作。

钢板风管的推荐涂料　　　　　　　　表 2.7-5

序号	风管部位及所输送的气体介质		油 漆 类 别	油漆道数
1	不含有灰尘且输送空气温度不高于 70℃时		内表面涂防锈底漆	2
			外表面涂防锈底漆	1
			外表面涂面漆（调和漆等）	2
2	不含有灰尘且输送空气温度高于 70℃时		内外表面各涂耐热漆	2
3	含有粉尘或粉屑的空气		内表面涂防锈底漆	1
			外表面涂防锈底漆	1
			外表面涂面漆	2
4	含有腐蚀性介质的空气		内外表面涂耐酸底漆	≥2
			内外表面涂耐酸面漆	≥2
5	空气洁净系统 中效过滤器前的送风管及回风管（薄铁板）	内表面	醇酸类底漆	2
			醇酸类磁漆	2
		外表面	保温管　　铁红底漆	2
			非保温管　铁红底漆	1
			调和漆	2

（2）保温

符合下列条件之一时，通风设备和风管应采取保温或防冻等措施：

1）所输送空气的温度，不允许有较显著提高或降低时；

2）所输送空气的温度相对环境温度较高或较低时；

3）除尘风管或干式除尘器内可能有结露时；

4）排出的气体在排入大气前，可能被冷却而形成凝结物堵塞或腐蚀风管时；

5）湿法除尘设施或湿式除尘器等可能冻结时。

2.7.6 均匀送风管道设计计算

根据使用要求，通风和空调系统的风管有时需要把等量的空气，沿风管侧壁的成排孔口或短管均匀送出。这种均匀送风方式可使送风房间得到均匀的空气分布，而且风管的制作简单、节约材料。

1. 均匀送风管道的设计原理

空气在风管内流动时，其静压垂直作用于管壁。如果在风管的侧壁开孔，由于孔口内外存在静压差，空气会按垂直于管壁的方向从孔口流出。由于静压差产生的流速为：

$$v_j = \sqrt{\frac{2p_j}{\rho}} \qquad (2.7\text{-}10)$$

空气在风管中的流速为：

$$v_d = \sqrt{\frac{2p_d}{\rho}} \qquad (2.7\text{-}11)$$

式中　p_j——风管内空气的静压，Pa；

　　　p_d——风管内空气的动压，Pa。

空气从孔口流出时，它的实际流速和出流方向不只取决于静压产生的流速和方向，还受管内流速的影响，如图 2.7-5 所示。在管内流速的影响下，孔口出流方向要发生偏斜，实际流速为合成速度，可用下列各式计算有关数值。

孔口出流方向：

孔口出流与风管轴线间的夹角 α（出流角）为

$$\tan\alpha = \frac{v_j}{v_d} = \sqrt{\frac{p_j}{p_d}} \qquad (2.7\text{-}12)$$

孔口实际流速：

$$v = \frac{v_j}{\sin\alpha} \qquad (2.7\text{-}13)$$

孔口流出风量：

$$L_0 = 3600\mu \cdot f \cdot v = 3600\mu \cdot f_0 \cdot \sqrt{2p_j/\rho} \qquad (2.7\text{-}14)$$

孔口平均速度：

$$v_0 = \frac{L_0}{3600 \times f_0} = \mu \cdot v_j \tag{2.7-15}$$

式中　μ——孔口的流量系数；

　　　f——孔口在气流垂直方向上的投影面积，m^2；由图 2.7-5 可知：

$$f = f_0 \sin\alpha = f_0 \cdot v_j / v \tag{2.7-16}$$

　　　f_0——孔口面积，m^2；

　　　v_0——空气在孔口面积 f_0 上的平均流速，m/s。

对于断面不变的矩形送（排）风管，采用条缝形风口送（排）风时，风口上的速度分布如图 2.7-6 所示。在送风管上，从始端到末端管内流量不断减小，动压相应下降，静压增大，使条缝口出口流速不断增大；在排风管上，则是相反，因管内静压不断下降，管内外压差增大。条缝口入口流速不断增大。

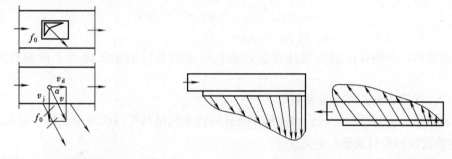

图 2.7-5　侧孔出流状态图　　　　图 2.7-6　从条缝口吹出和吸入的速度分布

要实现均匀送风，可采取以下措施：

（1）送风管断面积 F 和孔口面积 f_0 不变时，管内静压会不断增大，可根据静压变化，在孔口上设置不同的阻体，使不同的孔口具有不同的压力损失（即改变流量系数），见图 2.7-7 （a）、（b）。

（2）孔口面积 f_0 和 μ 值不变时，可采用锥形风管改变送风管断面积，使管内静压基本保持不变，见图 2.7-7 （c）。

（3）送风管断面积 F 及孔口 μ 值不变时，可根据管内静压变化，改变孔口面积 f_0，见图 2.7-7 （d）、（e）。

（4）增大送风管断面积 F，减小孔口面积 f_0。对于图 2.7-7 （f）所示的条缝形风口，试验表明，当 $f_0/F < 0.4$ 时，始端和末端出口流速的相对误差在 10% 以内，可近似认为是均匀分布的。

2. 实现均匀送风的基本条件

从式（2.7-14）可以看出，对侧孔面积 f_0 保持不变的均匀送风管，要使各侧孔的送风量保持相等，必须保证各侧孔的静压 p_j 和流量系数 μ 相等；要使出口气流尽量保持垂直，要求出流角 α 接近 90°。

（1）保持各侧孔静压相等

如图 2.7-8 所示管道上断面 1、2 的能量方程式：

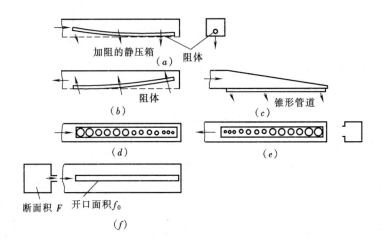

图 2.7-7　实现均匀送（排）风的方式

$$p_{j1} + p_{d1} = p_{j2} + p_{d2} + (Rl + Z)_{1-2} \qquad (2.7-17)$$

若 $p_{d1} - p_{d2} = (Rl + Z)_{1-2}$，则 $p_{j1} = p_{j2}$

这表明，两侧孔间静压保持相等的条件是两侧孔间的动压降等于两侧孔间的压力损失。

（2）保持各侧孔流量系数相等

流量系数 μ 与孔口形状、出流角 α 及孔口流出风量与孔口前风量之比（即 $L_0/L = \overline{L}_0$，$\overline{L}_0$ 称为孔口的相对流量）有关。

如图 2.7-9 所示，在 $\alpha \geqslant 60°$、$L_0/L = 0.1 \sim 0.5$ 范围内，对于锐边的孔口可近似认为 $\mu \approx 0.6 \approx$ 常数。

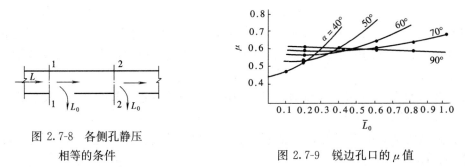

图 2.7-8　各侧孔静压
相等的条件

图 2.7-9　锐边孔口的 μ 值

（3）增大出流角

风管中的静压与动压之比值越大，气流在孔口的出流角 α 也就越大，出流方向接近垂直；比值减小，气流会向一个方向偏斜，这时即使各侧孔风量相等，也达不到均匀送风的目的。要保持 $\alpha \geqslant 60°$，必须使 $p_j/p_d \geqslant 3.0$（$v_j/v_d \geqslant 1.73$）。在要求高的工程，为了使空气出流方向垂直管道侧壁，可在孔口处安装垂直于侧壁的挡板，或把孔口改成短管。

3. 侧孔送风时的通路（直通部分）局部阻力系数和侧孔局部阻力系数（或流量系数）

通常把侧孔送风的均匀送风管看作是支管长度为零的三通，当空气从侧孔送出时，产生两部分局部压力损失，即直通部分的局部压力损失和侧孔出流时的局部压力损失。

直通部分的局部阻力系数可由表 2.7-6 查出，表中数据由实验求得，表中 ζ 值对应侧孔前的管内动压。从侧孔或条缝口出流时，孔口的流量系数可近似取 0.60～0.65。

空气流过侧孔直通部分的局部阻力系数　　　　　　　表 2.7-6

L_0/L	0	0.1	0.2	0.3	0.4	0.5	0.6	0.7	0.8	0.9	～1
ζ	0.15	0.05	0.02	0.01	0.03	0.07	0.12	0.17	0.23	0.29	0.35

4. 均匀送风管道的计算

先确定侧孔个数、侧孔间距及每个侧孔的送风量，然后计算出侧孔面积、送风管道直径（或断面尺寸）及管道的压力损失。

2.8 通 风 机

2.8.1 通风机的分类、性能参数与命名

1. 通风机的分类

（1）按通风机作用原理分类

1）离心式通风机

离心式通风机由旋转的叶轮和蜗壳式外壳所组成，叶轮上装有一定数量的叶片。气流由轴向吸入，经 90°转弯，由于叶片的作用而获得能量，并由蜗壳出口甩出。根据风机提供的全压不同分为高、中、低压三类：

高压 $p>3000Pa$；中压 $3000Pa\geqslant p>1000Pa$；低压 $p\leqslant1000Pa$。根据出口角度不同，离心式通风机的叶轮可分为前向、后向和径向三种，如图 2.8-1 所示。

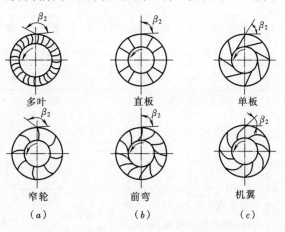

图 2.8-1 离心式通风机叶轮的结构形式
（a）前向式；（b）径向式；（c）后向式

前向式叶片朝叶轮旋转方向弯曲，叶片的出口安装角 $\beta_2>90°$，如图 2.8-1（a）所示。在同样风量下，它的风压最高。对于窄多叶前向式叶片，低转速时用于空调系统风机；对于窄轮前向式叶片，主要用于要求体积小型化的小型机组及高压风机。

径向式叶片是朝径向伸出的，$\beta_2=90°$，如图 2.8-1（b）所示。径向式叶片的离心式

通风机的性能介于前向式和后向式叶片的通风机之间。这种叶片强度高、结构简单，粉尘不易粘附在叶片上，叶片的更换和修理都较容易，常用于输送含尘气体。

后向式叶片的弯曲方向与叶轮的旋转方向相反，$\beta_2 < 90°$，如图 2.8-1（c）所示。与前两种叶片的通风机相比，在同样流量下它的风压最低，尺寸较大，这一叶片形式的通风机效率高、噪声小。采用中空机翼型叶片时，效率可达 90% 左右。但这种叶片的通风机不能输送含尘气体，因叶片磨损后，尘粒进入叶片内部，会使叶轮失去平衡而产生振动。

不同叶轮形式的离心式通风机，其性能比较如表 2.8-1 所示。

叶轮上的主要零件是叶片，离心式通风机叶轮的叶片一般为 6~64 片。根据叶片形状不同，离心式通风机的叶片分有平板形、圆弧形、圆弧窄形和空腹机翼形。前向叶轮一般都采用圆弧形叶片；后向叶轮中、大型通风机多采用机翼形叶片。中小型通风机，则以采用圆弧形和平板形叶片为宜。4-72 型、4-73 型离心通风机均采用中空机翼形叶片。

叶片形式不同的离心式通风机其性能比较   表 2.8-1

形 式	前 向		径 向		后 向	
出口安装角 β_2	$>90°$		$=90°$		$<90°$	
理论压力	大		中		小	
动 压	$>$静压		$=$静压		$<$静压	
特性曲线						
	多 叶	窄 轮	直 板	前 弯	单 板	机 翼
流量系数 L	0.3~0.6	0.05~0.3	0.1~0.3	0.05~0.2	0.05~0.35	0.1~0.35
压力系数 $\overline{P}$	0.9~1.2	0.7~0.9	0.55~0.75	0.55~0.75	0.3~0.6	0.3~0.6
效率 η_i	0.6~0.78	0.7~0.88	0.7~0.88	0.7~0.88	0.75~0.9	0.75~0.92
$\dfrac{b_2}{D_2}$ [①]	0.3~0.6	0.05~0.3	0.1~0.3	0.05~0.2	0.05~0.35	0.1~0.35
比转数 n_s	50~100	10~50	30~60	25~50	40~80	50~80
特性及适用范围	体积小，转速低，噪声低，适用于空调	转速高，压力高，噪声高，适用于阻力大的系统	叶片简单，转速低，适用于农机和排尘系统	转速高，适用于冶金、排尘和烧结	效率较高，噪声较低，适用于锅炉、空调、矿井、建筑通风等	

① b_2——叶轮出口宽度；D_2——叶轮外径。

2）轴流式通风机

轴流式通风机的叶片安装于旋转轴的轮毂上，叶片旋转时，将气流吸入并向前方送出。根据风机提供的全压不同分为高、低压两类：高压 $p \geqslant 500\text{Pa}$；低压 $p < 500\text{Pa}$。

轴流式通风机的叶片有板型、机翼型多种，叶片根部到梢常是扭曲的，有些叶片的安装角是可以调整的，调整安装角度能改变通风机的性能。

3）贯流式通风机

贯流式通风机是将机壳部分敞开，使气流直接径向进入通风机，气流横穿叶片两次后排出。它的叶轮一般是多叶式前向叶型，两个端面封闭。它的流量随叶轮宽度的增大而增加。贯流式通风机的全压系数较大，效率较低，其进、出口均是矩形的，易与建筑配合。它目前大量应用于大门空气幕等设备产品中。

（2）按通风机的用途分类

1）一般用途通风机

该类通风机只适宜输送温度低于80℃，含尘浓度小于150mg/m³的清洁空气，如4-68型通风机等。

2）排尘通风机

它适用于输送含尘气体。为了防止磨损，可在叶片表面渗碳、喷镀三氧化二铝、硬质合金钢等，或焊上一层耐磨焊层如碳化钨等。C4-73型排尘通风机的叶轮采用16锰钢制作。

3）防爆通风机

该类型通风机选用与砂粒、铁屑等物料碰撞时不发生火花的材料制作。对于防爆等级低的通风机，叶轮用铝板制作，机壳用钢板制作；对于防爆等级高的通风机，叶轮、机壳则均用铝板制作，并在机壳和轴之间增设密封装置。风机配套一般采用隔爆型电动机，其型号则应根据电机所处使用场所、允许的最高表面温度分组等因素确定。

4）防腐通风机

防腐通风机输送的气体介质较为复杂，所用材质因气体介质而异。F4-72型防腐通风机采用不锈钢制作。有些工厂在通风机叶轮、机壳或其他与腐蚀性气体接触的零部件表面喷镀一层塑料，或涂一层橡胶，或刷多遍防腐漆，以达到防腐目的，效果很好，应用广泛。

另外，用过氯乙烯、酚醛树脂、聚氯乙烯和聚乙烯等有机材料制作的通风机（即塑料通风机、玻璃钢通风机），质量轻，强度大，防腐性能好，已有广泛应用。但这类通风机刚度差，易开裂。在室外安装时，容易老化。

5）消防排烟通风机

该类型通风机设置于建筑物的机械排烟系统内，当建筑物发生火灾时，用以排除烟气（平时可用于通风换气），输送介质温度为280℃时，通风机应保证连续运转30min。在介质温度不高于85℃的条件下，通风机的设计寿命至少为10年（易损件除外），第一次大修前的安全运转时间应不少于18000h。《消防排烟通风机》JB/T 10281—2014对通风机的技术要求、试验方法、检验规则及标志和包装等做出了规定。

6）屋顶通风机

这类通风机直接安装于建筑物的屋顶上，其材料可用钢制或玻璃钢制。有离心式和轴流式两种。这类通风机常用于各类建筑物的室内换气，施工安装极为方便。

屋顶通风机执行的标准为《屋顶通风机》JB/T 9069和《防爆屋顶通风机》JB/T 11956。适用的风机其输送介质温度不超过60℃，含尘量（含固体杂质）的含量不大于

$100mg/m^3$，对于防爆屋顶风机的使用条件，增加有固体杂质直径不大于 1mm。

7）高温通风机

锅炉引风机输送的烟气温度一般为 $200\sim250℃$，在该温度下碳素钢材的物理性能与常温下相差不大。所以一般锅炉引风机的材料与一般用途通风机相同。若输送气体温度在 $300℃$ 以上时，则应用耐热材料制作，滚动轴承采用空心轴水冷结构。

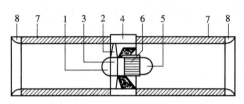

图 2.8-2 射流通风机结构示意图

1—整流罩；2—叶片；3—叶轮毂；4—机壳；
5—整流尾罩；6—电动机；7—消声器；8—喷嘴

8）射流通风机

射流通风机的结构如图 2.8-2 所示。它与普通轴流通风机相比，在相同通风机重量或相同功率下，能提供较大的通风量和较高的风压。一般通风量可增加 $30\%\sim35\%$，风压增高约 2 倍。它还具有可逆转的特性，反转后风机特性只降低 5%。可用于铁路、公路隧道的通风换气，如 SDS 系列射流通风机等。

9）诱导风机

诱导风机采用射流诱导通风系统的理念，由送风机→数台诱导风机→排风风机组成。风机的诱导喷嘴射出高速定向气流，诱导周围的空气，在无风管的条件下，以接力的方式送到室内要求的区域或经排风机排出室外，实现良好的室内气流组织，达到经济、高效与节能的通风效果。

诱导风机多应用于地下车库、仓库、仓储式超市、大型体育场馆和车间等场所的通风工程中。诱导通风系统应根据生产厂家提供的相关技术资料进行选型和布置设计。诱导风机的射程一般为 $8\sim14m$（按末端控制风速 0.5m/s），接力段段长一般为 $8\sim9m$。

地下车库采用诱导通风系统代替常规通风系统，减少了风机的电机容量和平时运行的电耗。据部分工程实例统计，按服务车库面积计算，诱导风机的电机容量为 $0.61\sim0.8W/m^2$。

智能型诱导风机（如 CO 传感器控制和温感器控制）已经获得工程应用。

不同用途通风机常以用途代号表示（见表 2.8-2）。

常用通风机用途代号   表 2.8-2

用途	代号		用途	代号	
	汉字	简写		汉字	简写
工业冷却通风	冷却	L	排尘通风	排尘	C
一般用途通风换气	通用	T（省略）	热风吹吸	热风	R
防爆气体通风换气	防爆	B	高温气体输送	高温	W
隧道通风换气	隧道	SD	降温凉风用	凉风	LF
锅炉通风	锅通	G	冷冻用	冷冻	LD
锅炉引风	锅引	Y	空气调节用	空调	KT

（3）按通风机的转速分类

1）单速通风机。

2）双速通风机。变换通风机的转速可改变通风机的性能。双速通风机是利用双速电动机，通过接触器转换改变极数得到两档转速。

3）变频风机。变频风机是风机实际运行中，带来节能、经济运行的重要措施。

① 风机变频调速原理：

（a）由电机学知识，异步电动机的转速 n，电源频率 f，转差率 s，电机磁极对数 p 之间关系如下：

$$n = 60f(1-s)/p$$

对于成品电机，磁极对数 p 已经确定，转差率 s 变化不大，则转速与电源频率成正比，改变 f 即可改变 n，通过变频器改变 f，可实现电动机的转速 n 的无级调节。

（b）无刷直流电动机调速系统中，采用电子开关换向装置。随着转子的转动，转子位置检测装置不断输出信号，控制与电机定子绕组连接的功率开关元件的通断，使定子绕组依次馈电，产生跳跃式的定子旋转磁场，改变定子绕组的通电状态，使得在某磁极下导体中的电流方向始终保持不变。通过改变定子绕组导通的时间和加在定子绕组两端的电压，即可以实现无刷直流电动机的调速。

② 变频原理：变频器是利用电力半导体器件的通断作用，将工频变换为电压、频率都可调的交流电源的电能控制装置。现在使用的变频器主要采用"交—直—交"方式（VVVF变频或矢量控制变频），先把工频交流电源通过整流器转换成脉动直流电源，经过滤波作用再把直流电源转换成频率、电压均可控制的交流电源供给电机。

③ 变频器选型原则：风机电动机的变频器选型时需符合如下要求：

（a）变频器的额定容量对应所适用的电动机功率大于电动机的额定功率；

（b）变频器的额定电流大于或等于电动机的额定电流；

（c）变频器的额定电压大于或等于电动机的额定电压。

变频器本身运行时也要消耗电能，对于几十千瓦以下的变频器，一般满负荷时的消耗占额定容量的 3%～4%。

2. 通风机的性能参数

（1）性能参数

在通风机样本和产品铭牌上标出的性能参数通常是标准状态下的实验测试数值。即：大气压力 $B=101.3\text{kPa}$，空气温度 $t=20℃$，此时空气密度为 $\rho=1.20\text{kg/m}^3$。对于锅炉引风机的实验测试条件为：大气压力 $B=101.3\text{kPa}$，温度为 200℃。当使用条件与实验测试条件不同时，应对各性能参数进行修正。

1）风量

通风机在单位时间内所输送的气体体积流量称之为风量或流量 L，m^3/s 或 m^3/h。它通常指的是在工作状态下输送的气体量。

2）风压

通风机的风压系指全压 p，它为动压和静压两部分之和。通风机全压等于出口气流全压与进口气流全压之差。

3）电机功率

$$N_y = \frac{Lp}{3600} \quad \text{(W)} \tag{2.8-1}$$

$$\eta = \frac{N_y}{N_z} \tag{2.8-2}$$

式中 N_y——通风机的有效功率，W；

    L——通风机的风量，m^3/h；

    p——通风机的风压，Pa；

    η——全压效率，由于通风机在运行过程中有能量损失，故消耗在通风机轴上的轴功率（通风机的输入功率）N_z 要大于有效功率 N_y。

考虑到通风机的机械效率及电机安全容量系数，所需配用的电机功率 N 为：

$$N = \frac{Lp}{\eta \cdot 3600 \cdot \eta_m} \cdot K \quad (W) \tag{2.8-3}$$

式中 η_m——通风机机械效率，见表 2.8-3；

    K——电机容量安全系数，见表 2.8-4。

（2）性能参数的变化关系

通风机性能参数表（或特性曲线）是按国家标准规定的实验条件得出的，当使用条件（空气密度、风机转速、叶轮直径等）发生变化后，通风机的性能发生变化的关系式见表 2.8-5。

通风机机械效率   表 2.8-3

传动方式	机械效率 η_m（%）
电动机直联	100
联轴器直联	98
三角皮带传动（滚动轴承）	95

电机容量安全系数   表 2.8-4

电机功率（kW）	安全系数 K
<0.5	1.5
0.5~1	1.4
1~2	1.3
2~5	1.2
>5	1.15

通风机的性能发生变化的关系式   表 2.8-5

	计 算 公 式		计 算 公 式
空气密度 ρ 发生变化	$L_2 = L_1$ $P_2 = P_1 \frac{\rho_2}{\rho_1}$ $N_2 = N_1 \frac{\rho_2}{\rho_1}$ $\eta_2 = \eta_1$	叶轮直径 D 发生变化	$L_2 = L_1 \left(\frac{D_2}{D_1}\right)^3$ $P_2 = P_1 \left(\frac{D_2}{D_1}\right)^2$ $N_2 = N_1 \left(\frac{D_2}{D_1}\right)^5$ $\eta_2 = \eta_1$
风机转速 n 发生变化	$L_2 = L_1 \frac{n_2}{n_1}$ $P_2 = P_1 \left(\frac{n_2}{n_1}\right)^2$ $N_2 = N_1 \left(\frac{n_2}{n_1}\right)^3$ $\eta_2 = \eta_1$	ρ, n, D 同时发生变化	$L_2 = L_1 \left(\frac{n_2}{n_1}\right)\left(\frac{D_2}{D_1}\right)^3$ $P_2 = P_1 \left(\frac{n_2}{n_1}\right)^2 \frac{\rho_2}{\rho_1}\left(\frac{D_2}{D_1}\right)^2$ $N_2 = N_1 \frac{\rho_2}{\rho_1}\left(\frac{n_2}{n_1}\right)^3\left(\frac{D_2}{D_1}\right)^5$ $\eta_2 = \eta_1$

注：角注"1""2"表示变化前、后的相应参数。

3. 通风机的命名

通风机的全称包括名称、型号、机号、传动方式、旋转方向和风口位置六个部分。

（1）名称

通风机的名称组成及页序关系如下：

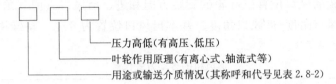

- 压力高低(有高压、低压)
- 叶轮作用原理(有离心式、轴流式等)
- 用途或输送介质情况(其称呼和代号见表 2.8-2)

（2）型号

离心通风机的型号组成及书写顺序如下：

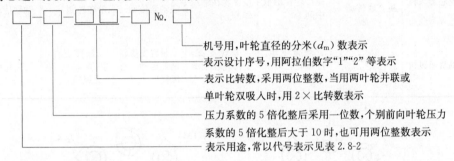

- 机号用,叶轮直径的分米(d_{m})数表示
- 表示设计序号,用阿拉伯数字"1""2"等表示
- 表示比转数,采用两位整数,当用两叶轮并联或
- 单叶轮双吸入时,用 $2\times$ 比转数表示
- 压力系数的 5 倍化整后采用一位数,个别前向叶轮压力
- 系数的 5 倍化整后大于 10 时,也可用两位整数表示
- 表示用途,常以代号表示见表 2.8-2

轴流通风机的型号组成及书写顺序如下：

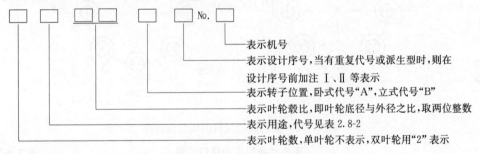

- 表示机号
- 表示设计序号,当有重复代号或派生型时,则在
- 设计序号前加注 Ⅰ、Ⅱ 等表示
- 表示转子位置,卧式代号"A",立式代号"B"
- 表示叶轮毂比,即叶轮底径与外径之比,取两位整数
- 表示用途,代号见表 2.8-2
- 表示叶轮数,单叶轮不表示,双叶轮用"2"表示

（3）传动方式

通风机的传动方式见表 2.8-6 及图 2.8-3。

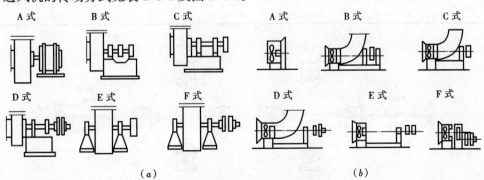

图 2.8-3　通风机的传动方式

(a) 离心式通风机；(b) 轴流式通风机

（4）旋转方向

通风机的旋转方向是指叶轮的旋转方向，以"左""右"表示。从主轴槽轮或电机位置看叶轮，顺时针转者为"右"，逆时针者为"左"。

（5）风口位置

离心式通风机的风口位置以叶轮的旋转方向和进、出风口方向（角度）表示。写法是：右（左）出风口角度/进风口角度。基本出风口位置为8个，特殊用途可补充增加，见图2.8-4和表2.8-7。

通风机的传动方式代号 表 2.8-6

	代　号	A	B	C	D	E	F
传动方式	离心通风机	无轴承，电机直联传动	悬臂支承，皮带轮在轴承中间	悬臂支撑，皮带轮在轴承外侧	悬臂支撑，联轴器传动	双支撑，皮带在外侧	双支撑，联轴器传动
	轴流通风机	无轴承，电机直联传动	悬臂支承，皮带轮在轴承中间	悬臂支撑，皮带轮在轴承外侧	悬臂支撑联轴器传动（有风筒）	悬臂支撑，联轴器传动（无风筒）	齿轮传动

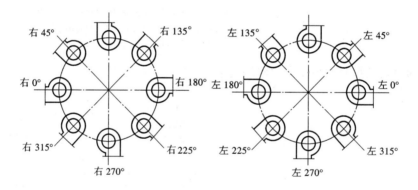

图 2.8-4　离心式通风机的风口位置图

离心式通风机的风口位置 表 2.8-7

基本位置	0°	45°	90°	135°	180°	225°	270°	(315°)
补充位置	15° 30°	60° 75°	105° 120°	150° 165°	195° 210°	(240°) (255°)	(285°) (300°)	(330°) (345°)

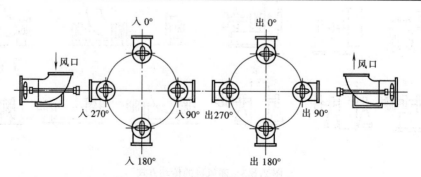

图 2.8-5　轴流式通风机的风口位置图

基本位置	$0°$	$90°$	$180°$	$270°$
补充位置	$45°$	$135°$	$225°$	$315°$

轴流式通风机的风口位置，用入（出）若干角度表示。基本出风口位置有 4 个，特殊用途可补充增加，见图 2.8-5 和表 2.8-8。

离心式通风机的完全称呼书写举例如下：

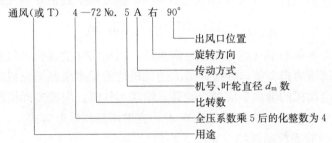

轴流式通风机的完全称呼书写举例如下：

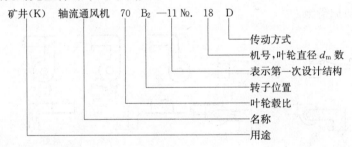

2.8.2 通风机的选择及其与风管系统的连接

1. 选择通风机的注意事项

（1）根据管道内输送气体的性质、系统的风量和压力损失（即阻力）确定风机的类型。输送清洁空气可以选用一般的风机；而输送有爆炸危险的气体或粉尘，则需要考虑选用防爆风机。排烟用风机必须用不燃材料制作，应在烟气温度 280℃时能连续工作 30min。

（2）考虑到风管、设备的漏风及压力损失计算的不精确，选择风机时应考虑附加量。对于一般的送排风系统，采用定转速通风机时，风量附加为 5%～10%、风压附加为 10%～15%，防烟、排烟用风机风量不应小于计算风量的 1.2 倍。工业建筑中的风管漏风率，除尘系统不宜超过 3%，其他系统不宜超过 5%，风机风压附加 10%～15%。

（3）采用变频通风机时，应以系统计算的总压力损失作为额定风压，但风机电动机的功率应在 100%转速计算值上附加 15%～20%。

（4）风机的选用设计工况效率，不应低于风机最高效率的 90%。

（5）当风机使用工况与风机样本工况不一致时，应对风机性能进行修正，修正方法参见表 2.8-5。修正时风量不变，风压随使用工况的空气密度与标定工况气体密度不同而变化，即：

$$p = p_{\mathrm{N}}(\rho/1.2) \quad \text{（Pa）} \tag{2.8-4}$$

式中 p——使用工况的风压，Pa；

p_N——标定工况的风压，Pa；

ρ——使用工况的空气密度，kg/m³。

在标准大气压力下不同空气温度时的空气密度计算式为：

$$\rho = 1.293[273/(273+t)](B/101.3) \quad (\text{kg/m}^3) \tag{2.8-5}$$

式中 t——实际的空气温度，℃；

B——实际的大气压力，kPa。

对环境大气压力与标准大气压力相差不大时，亦可用下式估算空气密度的近似值。

$$\rho = 353/(273+t) \quad (\text{kg/m}^3) \tag{2.8-6}$$

（6）输送非标准状态空气的通风、空调系统，当从实际的容积风量和用标准状态下的图表计算出的系统压力损失值，并按一般的通风机性能样本选择通风机时，其风量和风压均不应修正，但电动机的轴功率应进行验算。输送烟气时，应按实际情况修正。

（7）离心通风机电机功率大于300kW者，宜采用高压供电方式。

2. 通风机与风管系统的联结（见图 2.8-6）

通风机传动装置的外露部位以及直通大气的进、出风口、必须装设防护罩、防护网或采取其他安全防护措施。

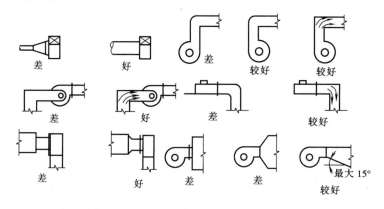

图 2.8-6 通风机进、出口联结方式的比较

2.8.3 通风机在通风系统中的工作

1. 特性曲线

在通风系统中工作的通风机，即使转速相同，它所输送的风量也可能不同。系统中的压力损失小时，要求的通风机的风压小，输送的气体量就大。反之，系统的压力损失大时，要求的风压大，输送的气体量就小。

因此，提供各种工况下通风机的全压与风量，以及功率、转速、效率与风量的关系就形成了通风机的性能曲线。

每种通风机的性能曲线都不相同，通常用试验测出在不同转速下不同风量的静压和功率，然后计算全压，效率等，并做出有关曲线。图 2.8-7 为 4-72-11№5 型通风机的特性曲线。

通风机特性曲线通常包括（转速一定）：全压随风量的变化；静压随风量的变化；功率随风量的变化；全效率随风量的变化；静效率随风量的变化。一定的风量对应于一定的全压、静压、功率和效率。对于一定的风机类型有一个经济合理的风量范围。

由于同类型通风机具有几何相似，运动相似和动力相似的特性，因此用通风机各参数的无因次量来表示其特性比较方便，可以用来推算该类风机任意型号的风机性能。

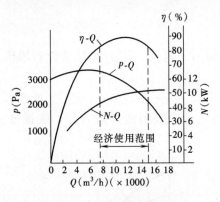

图 2.8-7　通风机的特性曲线
（注：图中风量记为 Q）

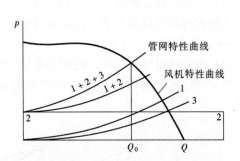

图 2.8-8　风机的工作特性

2. 通风系统与风机特性曲线

根据风机的特性曲线可以看出，风机可以在各种不同的风量下工作。在通风系统中风机将在其特性曲线上的某一点工作，在此点上风机风压与系统中要求提供的压力平衡，由此确定风机风量。

由于风机的这种自动平衡的性能，使实际使用中的风机的风量和风压有时满足不了设计要求。例如低压风机在压力损失大的管网中，由于不能克服系统中的压力损失，流量将急剧降低；这时，如果改用高压风机，当风压足以克服系统的压力损失时，就可以供给必需的风量。

在任何给定的风量下，风机的全压由以下三部分组成：

（1）系统管网中各种压力损失的总和（见图 2.8-8 曲线 1）；

（2）吸入气体所受压力和压入气体所受压力的压力差；

当由大气中吸入气体又压入大气时，这一压力差为零。但在某些情况下由受压容器吸入气体，或压入某受压容器时，这一压力差一般为常数（见图 2.8-8 曲线 2）；有时也可以随风量而变化；

（3）由管网排出时的动压（见图 2.8-8 曲线 3）。

以上三条曲线都与系统的管网特性有关，三条曲线叠加后的总曲线就称为"管网全压特性曲线"（见图 2.8-8 曲线 1+2+3）。管网特性曲线与风机特性曲线的交点，即为该风机在给定管网中的工作点。这时风机的特性（风量，风压）也就固定了。

实际上，很多情况下管网的特性曲线只取决于管网的总阻力和管网排出时的动压，两者均与流量的平方成正比，即：

$$P = SQ^2 \tag{2.8-7}$$

式中　S——管网综合阻力数；

　　　Q——风量，m^3/h。

显然，曲线 $p = f(Q) = SQ^2$ 即为管网的特性曲线（抛物线形）。因此在给定某一工况 (Q, p) 的情况下，便可以作出整个曲线，从而可以确定其他工况。

当风机供给的风量不能符合要求时，可以采取以下三种方法进行调整：

（1）减少管网系统的压力损失，见图 2.8-9（a）

压力的改变使管网特性改变，例如曲线 1-1，由于压力降低而改变为 2-2，风量因而由 Q_1 增加到 Q_2。

（2）更换风机，见图 2.8-9（b）

这时管网特性没有变化，用适合于所需风量的另一风机（2-2）来代替原有风机（1-1）以满足风量 Q_2。

（3）改变风机叶轮转速，见图 2.8-9（c）

改变转速的方法很多，例如改变皮带轮的转速比，采用液力耦合器，改换变速电机等。

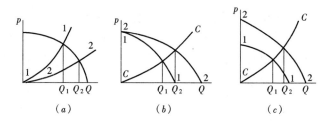

图 2.8-9　风机工作的调整

2.8.4　通风机的联合工作

1. 风机并联工作

当系统中要求的风量很大，一台风机的风量又不够时，可以在系统中并联设置两台或多台风机。并联风机的总特性曲线，是由各种压力下的风量叠加而得。然而，在实际管网系统中，两台风机并联工作时的总风量，往往不等于单台风机工作时风量的两倍；风量增加的数量，一般与管网的特性以及风机型号是否相同等因素有关。

（1）两台型号相同风机的并联工作（见图 2.8-10）

A、B 两台相同风机并联的总特性曲线为 $A+B$。若系统的压力损失不大，则并联后的工作点位于管网特性曲线 1 与曲线 $A+B$ 的交点处，由图可以看出，这时，风机的风量由单台时的 Q_1 增加到 Q_2。增加量虽然不等于两倍 Q_1，但增加得还是较多。如果管网系统的压力损失很大，管网特性曲线为 2，则与 $A+B$ 的交点所得到的风量为 Q_2'，比单台风机工作时的风量 Q_1 增加并不多。

（2）两台型号不同风机的并联（见图 2.8-11、图 2.8-12）

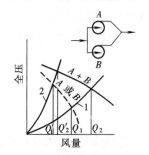

图 2.8-10　两台型号相同风机的并联

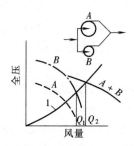

图 2.8-11　两台型号不同风机的并联（一）

两台型号不同风机并联的总特性曲线为 $A+B$，此时有两种情况：

1）管网特性曲线 1 与曲线 $A+B$ 相交（见图 2.8-11），并联风机的风量 Q_2 大于单台风机的风量 Q_1。

2）管网特性曲线 1 不与曲线 $A+B$ 相交（见图 2.8-12）或者是与单台风机 B 相交，然后才与并联风机 $A+B$ 相交。这时，并联后的风量，可能并不增加，或者还有所减少。

由此可以看出，风机并联所得的效果只有在压力损失低的系统中才明显；所以，在一般情况下应尽量避免采用两台风机并联。确实需要并联时，应采用相同的型号。

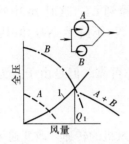

图 2.8-12　两台型号不同风机的并联（二）　　　图 2.8-13　两台型号相同风机的串联

2. 风机串联工作

在同一管网系统中，风机也可以串联工作，风机与自然抽力也可以同时工作。工作的原则是在给定流量下，全压进行叠加。

自然抽力通常是指热压，在给定条件下，风量越大，空气加热的程度越低，抽力也越小。

下面分析在不同管网特性曲线的条件下，串联风机的工作情况：

（1）两台型号相同风机的串联（见图 2.8-13）

全压由 P_1（管路曲线 1 与虚线 A 或 B 交点）增加到 P_2（管路曲线 1 与实线 $A+B$ 交点），风量越小，增加的压力越多。

（2）两台型号不同风机的串联

当管网特性曲线 1 可能与 $A+B$ 相交（见图 2.8-14）时，风压有所提高，但增加得并不多。当管网特性曲线 1 不与 $A+B$ 相交时（见图 2.8-15），串联后的全压，或者与单台相同，或者还小于单台风机；同时风量也有所减少，功率消耗却增加。

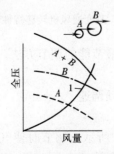　　　　　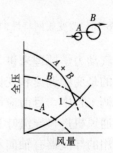

图 2.8-14　两台型号不同风机的串联（一）　　　图 2.8-15　两台型号不同风机的串联（二）

由此可见，只有在系统中风量小，而阻力大的情况下，多台风机串联才是合理的；同时，要尽可能采用型号相同的风机进行串联。

2.8.5 通风机的运行调节

1. 改变管网特性曲线的调节方法

改变管网特性曲线的调节方法是在通风机转速不变的情况下，通过改变系统中的阀门等节流装置的开度大小，来增减管网压力损失而使流量发生改变的。由于通风机的性能曲线并未改变，仅改变工作点的位置，往往起不到节能作用。

如图 2.8-16 所示，p、N 和 η 分别为系统中通风机的工作压力、功率和效率。当关小管道上的阀门时，压力由 p_1 增至 p_2，而流量由 L_1 减到 L_2。这时 p_2 中的一部分作为克服阀门阻力而损失了。因此，虽然通风机的功率由 N_1 下降至 N_2，但其效率也由 η_1 降到 η_2。

这一调节方法的优点是结构简单，操作方便，工作可靠。但是由于人为增加管网阻力，多损耗了部分能量。

2. 改变通风机特性曲线的调节方法

改变通风机特性曲线的调节方法，可以通过改变通风机的转速，改变通风机进口导流叶片角度以及改变通风机叶片宽度和角度等途径来实现。

（1）改变通风机转速的调节方法

改变转速后，通风机的效率保持不变，而功率则由于风量与压力的降低而下降。

如图 2.8-17 所示，通风机以转速 n_1 在管网特性曲线 $p = SL^2$（注：L 风量，m^3/h）的管网中工作时，其风量为 L_1，压力为 p_1，功率为 N_1，效率为 η_1，即工况点 1。当通风机转速减至 n_2 时，风量为 L_2，压力为 p_2，功率为 N_2，效率为 η_2，即工况点 2。通风机转速由 n_1 变为 n_2 后，通风机效率基本不变，即 $\eta_1 \approx \eta_2$。

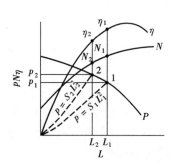

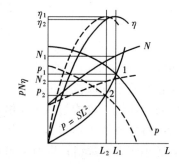

图 2.8-16 改变管网特性曲线图　　　　　图 2.8-17 改变通风机转速特性曲线图

从通风机气动力学原理来讲，改变转速的调节方法是最节能的调节方法。目前，风机调速普遍采用的是变频调速和变极调速。

在通风空调工程中，目前应用较多的是变极调速和变频调速。

（2）改变通风机进口导流叶片角度的调节方法

通风机采用的导流器有轴向和径向两种，如图 2.8-18 所示，调节时使气流进入叶轮前旋速度发生改变，从而改变通风机的风量、风压、功率和效率。

由于导流器的结构简单，使用可靠，其节能效果虽比改变转速差，但比改变管网特性曲线好,这是通风机常用的调节方法。图 2.8-19 是某通风机采用导流器调节方法给出的特性曲线图,导流片的角度分别为 0°、30°,60°时,在管网特性曲线上的工作点分别为1-2-3。

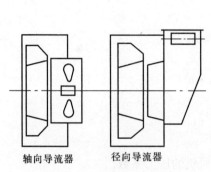

图 2.8-18　通风机的导流器

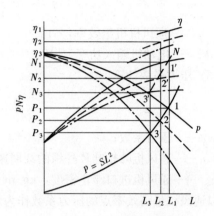

图 2.8-19　导流器调节特性曲线图

调节导流片角度而减少风量时,通风机的功率沿着 1'-2'-3' 下降,如在管网中用节流装置来减少风量时,通风机的功率是沿着导流器叶片角度 $\alpha = 0°$ 时的功率曲线由 1' 向左而下降,所以用导流器调节比用节流装置调节所消耗的功率小,是一种比较经济的调节方法。

2.8.6　风机的能效限定值及节能评价值

1. 通风机的能效限定值

通风机的能效限定值即在标准规定测试条件下,容许通风机的效率最低的保证值。通风机的能效限定值不应低于现行国家标准《通风机能效限定值及能效等级》GB 19761 中3 级的数值。

通风机的能效等级分为 3 级,其中 1 级能效等级最高,3 级能效等级最低。离心通风机的能效等级(效率)与风机的压力系数、比转速和通风机机号有关,《通风机能效限定值及能效等级》GB 19761—2020 给出了普通电动机直联型式(A 式传动)的离心通风机在稳定工作区内最高通风机效率限定值,对暖通空调用离心通风机在稳定工作区内的效率,按标准有关能效等级表规定的1 级、2 级下降1 个百分点,3 级下降3 个百分点限定值。

轴流通风机的能效等级(效率)与风机的轮毂比和机号有关。可逆转轴流通风机,暖通空调用轴流通风机的效率值按标准有关能效等级表的规定下降8 个百分点。

2. 通风机的效率、压力系数及比转速

(1) 通风机效率计算

$$\eta_r = \frac{Q_{VSg1} \cdot P_F \cdot k_p}{1000 P_r} \times 100 \qquad (2.8-8)$$

式中　η_r——通风机效率,%;

Q_{VSg1}——通风机进口滞止容积流量,m^3/s;

P_F——通风机压力,Pa;

k_p——压缩性修正系数;

P_r——叶轮功率，kW，即供给通风机叶轮的机械功率。

（2）通风机机组效率计算

$$\eta_e = \frac{Q_{VSg1} \cdot P_F \cdot k_p}{1000 P_e} \times 100 \qquad (2.8\text{-}9)$$

式中　η_e——通风机机组效率，%；

　　　P_e——电动机输入功率，kW。

（3）压力系数计算

$$\psi = \frac{P_F \cdot k_p}{\rho_{Sg1} \cdot u^2} \qquad (2.8\text{-}10)$$

式中　ψ——压力系数；

　　　u——通风机叶轮叶片外缘的圆周速度，m/s；

　　　ρ_{Sg1}——通风机进口滞止密度，kg/m³。

以通风机最高效率点的压力系数作为该通风机的压力系数。

（4）比转速计算

1）单级单吸入式离心通风机比转速

$$n_s = 5.54 n \frac{Q_{VSg1}^{1/2}}{\left(\dfrac{1.2 P_F \cdot k_p}{p_{Sg1}}\right)^{3/4}} \qquad (2.8\text{-}11)$$

式中　n——通风机主轴的转速，r/min；

　　　p_{Sg1}——通风机进口滞止压力，Pa。

2）单级双吸入式离心通风机比转速

$$n_s = 5.54 n \frac{(Q_{VSg1}/2)^{1/2}}{\left(\dfrac{1.2 P_F \cdot k_p}{p_{Sg1}}\right)^{3/4}} \qquad (2.8\text{-}12)$$

以通风机最高效率点比转速作为该通风机的比转数。

3. 通风机的节能运行

通风机的节能运行除选择能效等级高并配置调速装置的风机以外，对已有风机进行变频改造成为风机运行节能的措施。由于风机流量通常以最大风量需求选型，电动机的功率按最大负荷选择。而在实际运行过程中，对于大多数风机应用场合，所需风量会发生改变，因而，依据实际工况需求，通过控制变频风机的运转频率，自动调整风机转速，使风机的风量适应用户侧的变化，始终处于节能、经济运行状态，将能够实现风机高效节能的目的，提高设备运行效率。对于大型风机，采用变频措施，节电效果更加明显，还会降低风机维修费用和工人劳动强度。

2.9　通风管道风压、风速、风量测定

2.9.1　测定位置和测定点

1. 测定位置的选择

通风系统风管中风压、风速和风量的测定，可以通过毕托管、U 形压力计、倾斜式微压计、热风速仪等仪器来完成。毕托管、U 形压力计可以测试风管中的全压、动压和静压，由

测出的全压可以知道风机工作状况，通风系统的阻力等。由测出的风管中动压可以换算出风管中的风量。也可以用热风速仪直接测量风管中的风速，由风速换算出风管中的风量。

除了正确使用测量仪器外，合理选择测量截面、减少气流扰动对测量结果的影响很大。

（1）通风机风量和风压的测量

1）通风机风量和风压的测量截面位置应选择在靠近通风机出口且气流均匀的直管段上，按气流方向，宜在局部阻力之后大于或等于 4 倍矩形风管长边尺寸（圆形风管直径）及局部阻力之前大于或等于 1.5 倍矩形风管长边尺寸（圆形风管直径）直管段上。当测量截面的气流不均匀时，应增加测量截面上的测点数量。

2）测定风机的全压时，应分别测出出风口端和吸风口端测定截面的全压平均值。

3）通风机的风量为风机出风口端风量和吸风口端风量的平均值，且风机前后的风量之差不应大于 5%，否则应重测或更换测量截面。

（2）通风系统风量测定

风管的风量宜用热球风速仪测量。测量断面应选择在气流均匀的直管段上。按气流方向，应选择在局部阻力之后大于或等于 5 倍矩形风管长边尺寸（圆形风管直径）及局部阻力之前大于或等于 2 倍矩形风管长边尺寸（圆形风管直径）直管段上。如图 2.9-1 所示。当测量断面的气流不均匀时，应增加测量断面上的测点数量。

测定动压时如发现任何一个测点出现零值或负值，表明气流不稳定，该断面不宜作为测定断面。如果气流方向偏出风管

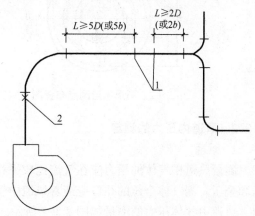

图 2.9-1 测量截面位置示意
1—测定断面；2—静压测点；D—圆形风管直径；
b—矩形风管长边尺寸

中心线 15°以上，该断面也不宜作测量断面（检查方法：毕托管端部正对气流方向，慢慢摆动毕托管，使动压值最大，这时毕托管与风管外壁垂线的夹角即为气流方向与风管中心线的偏离角）。

选择测量断面，还应考虑测定操作的方便和安全。

2. 测试孔和测定点

由于速度分布的不均匀性，压力分布也是不均匀的。因此，必须在同一断面上多点测量，然后求出该断面的平均值。

（1）圆形风道

在同一断面相互垂直的两直径上布置两个或四个测孔，并将管道断面分成一定数量的等面积同心环，同心环的划分环数按表 2.9-1 确定。

圆形风管的划分环数　　　　　　表 2.9-1

风管直径 D（mm）	D<200	200≤D<400	400≤D<700	D≥700
划分环数 n	3	4	5	6

图 2.9-2 是划分为三个同心环的风管的测点布置图，其他同心环的测点可参照布置。

对于同心环上各测点距风道内壁距离按《通风与空调工程施工质量验收规范》GB 50243—2016 的规定执行。

（2）矩形风道

可将风道断面划分为若干接近正方形的面积相等的小断面（边长不应大于 220mm、面积不应大于 0.05m²），测点应位于每个小断面的中心，如图 2.9-3 所示。

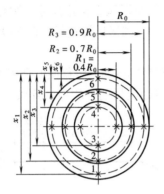

图 2.9-2 圆形风道测点布置图

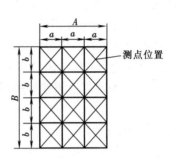

图 2.9-3 矩形风道测点布置图

2.9.2 风道内压力的测定

1. 原理

测量风道中气体的压力应在气流比较平稳的管段进行。测试中需测定气体的静压、动压和全压。测气体全压的孔口应迎着风道中气流的方向，测静压的孔口应垂直于气流的方向。风道中气体压力的测量如图 2.9-4 所示。

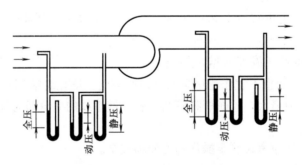

图 2.9-4 风道中气体压力的测量

如图 2.9-4 所示，用 U 形压力计测全压和静压时，另一端应与大气相通（用倾斜微压计在正压管段测压时，管的一端应与大气相通，在负压管段测压时，容器开口端应与大气相通）。因此压力计上读出的压力，实际上是风道内气体压力与大气压力之间的压差（即气体相对压力）。大气压力一般用大气压力表测定。

由于全压等于动压与静压的代数和，可只测其中两个值，另一值通过计算求得。

2. 测定仪器

气体压力（静压、动压和全压）的测量通常是用插入风道中的测压管将压力信号取出，在与之连接的压力计上读出，常用的仪器有毕托管和压力计。

（1）毕托管

1）标准毕托管

结构见图 2.9-5，它是一个弯成 90°的双层同心圆管，其开口端同内管相通，用来测定全压；在靠近管头的外壁上开有一圈小孔，用来测定静压，按标准尺寸加工的毕托管校正系数近似等于 1。标准毕托管测孔很小，易被风道内粉尘堵塞，因此这种毕托管只适用于比较清洁的管道中测定。

2）S 形毕托管

结构见图 2.9-6。它是由两根相同的金属管并联组成，测量时有方向相反的两个开口，测定时，面向气流的开口测得的相当于全压，背向气流的开口测得的相当于静压。由于测头对气流的影响，测得的压力与实际值有较大误差，特别是静压。因此，S 形毕托管在使用前须用标准毕托管进行校正，S 形毕托管的动压校正系数一般在 0.82～0.85 之间。S 形毕托管测孔较大，不易被风道内粉尘堵塞，这种毕托管在含尘污染源监测中得到广泛应用。

（2）压力计

1）U 形压力计

由 U 形玻璃管制成，其中测压液体视被测压力范围选用水、酒精或汞，U 形压力计不适于测量微小压力。压力值由液柱高差读得换算，p 值按下式计算：

$$p = \rho g h \quad (\text{Pa}) \tag{2.9-1}$$

式中　p——压力，Pa；

　　　h——液柱差，mm；

　　　ρ——液体密度，g/cm^3；

　　　g——重力加速度，m/s^2。

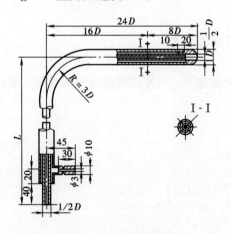

图 2.9-5　标准毕托管

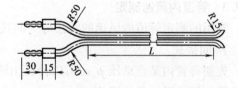

图 2.9-6　S 形毕托管

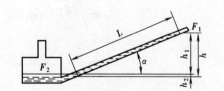

图 2.9-7　倾斜式微压计

2）倾斜式微压计

构造见图 2.9-7。测压时，将微压计容器开口与测定系统中压力较高的一端相连，斜管与系统中压力较低的一端相连，作用于两个液面上的压力差，使液柱沿斜管上升，压力 p 按下式计算：

$$p=K \cdot L \quad (\text{Pa}) \tag{2.9-2}$$

式中 L——斜管内液柱长度，mm；

$\quad\quad K$——斜管系数，由仪器斜角刻度读得。

测压液体密度，常用密度为 $0.81\text{g}/\text{cm}^3$ 的乙醇。当采用其他密度的液体时，需进行密度修正。

3. 测定方法

（1）测试前，将仪器调整水平，检查液柱有无气泡，并将液面调至零点，然后根据测定内容用橡皮管将测压管与压力计连接。图 2.9-8 是毕托管与 U 形压力计测量烟气全压、静压、动压的连接方法。图 2.9-9 是毕托管与倾斜式微压计的连接方法。

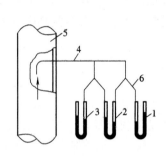

图 2.9-8　毕托管与 U 形压力计的连接

1—测全压；2—测动压；3—测静压；
4—毕托管；5—风道；6—橡皮管

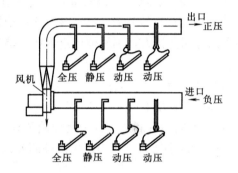

图 2.9-9　毕托管与倾斜式微压计连接方法

（2）测压时，毕托管的管嘴要对准气流流动方向，其偏差不大于 5°，每次测定反复三次，取平均值。

2.9.3　管道内风速测定

常用的测定管道内风速的方法分为间接式和直读式两类。

1. 间接式

先测得管内某点动压 p_d，可以计算出该点的流速 v。用各点测得的动压取均方根，可以计算出该截面的平均流速 v_p。

$$v=\sqrt{\frac{2p_\text{d}}{\rho}} \quad (\text{m}/\text{s}) \tag{2.9-3}$$

$$v_\text{p}=\sqrt{\frac{2}{\rho}\left(\frac{\sqrt{p_\text{d1}}+\sqrt{p_\text{d2}}+\cdots+\sqrt{p_\text{dn}}}{n}\right)} \quad (\text{m}/\text{s}) \tag{2.9-4}$$

式中 p_d——动压值，p_di 断面上各测点动压值，Pa；

$\quad\quad v_\text{p}$——平均流速是断面上各测点流速的平均值。

此法虽较繁琐，由于精度高，在通风系统测试中得到广泛应用。

2. 直读式

常用的直读式测速仪是热球风速仪，这种仪器的传感器是一球形测头，其中为镍铬丝弹簧圈，用低熔点的玻璃将其包成球状。弹簧圈内有一对镍铬—康铜热电偶，用以测量球体的温升程度。测头用电加热。由于测头的加热量集中在球部，只需较小的加热电流（约30mA）就能达到要求的温升。测头的温升会受到周围空气流速的影响，根据温升的大小，即可测出气流的速度。测速时，风速探头应正对气流吹来的方向；测杆应与风管管壁垂直。

仪器的测量部分采用电子放大线路和运算放大器，并用数字显示测量结果。测量的范围为 0.05～19.0m/s（必要时可扩大至 40m/s）。

仪器中还设有 P-N 结温度测头，可以在测量风速的同时，测定气流的温度。这种仪器适用于气流稳定输送清洁空气，流速小于 4m/s 的场合。

2.9.4 风道内流量的计算

平均风速确定以后，可按下式计算管道内的风量

$$L = v_{p} \cdot F \quad (m^3/s) \tag{2.9-5}$$

式中　F——管道断面积，m^2。

气体在管道内的流速、流量与大气压力、气流温度有关。当管道内输送气体不是常温时，应同时给出气流温度和大气压力。

2.9.5 局部排风罩口风速风量的测定

1. 罩口风速测定

罩口风速测定一般用匀速移动法、定点测定法。

（1）匀速移动法

1）测定仪器：叶轮式风速仪。

2）测定方法：对于罩口面积小于 0.3m² 的排风罩口，可将风速仪沿整个罩口断面按图 2.9-10 所示的路线慢慢地匀速移动，移动时风速仪不得离开测定平面，此时测得的结果是罩口平均风速。此法进行三次，取其平均值。

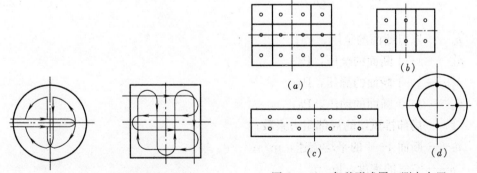

图 2.9-10　罩口平均风速测定路线　　　图 2.9-11　各种形式罩口测点布置

（2）定点测定法

1）测定仪器：标定有效期内的热风速仪。

2）测定方法：对于矩形排风罩，按罩口断面的大小，把它分成若干个面积相等的小块，在每个小块的中心处测量其气流速度。断面积大于 0.3m² 的罩口，可分成 9～12 个小块测量，每个小块的面积＜0.06m²，见图 2.9-11（a）；断面积≤0.3m² 的罩口，可取 6个测点测量，见图 2.9-11（b）；对于条缝形排风罩，在其高度方向至少应有两个测点，沿

条缝长度方向根据其长度可以分别取若干个测点，测点间距≤200mm，见图 2.9-11 （*c*）。对圆形罩至少取 4 个测点，测点间距≤200mm，见图 2.9-11 （*d*）。

排风罩罩口平均风速按算术平均值计算。

2. 风量测定

（1）动压法测量排风罩的风量

如图 2.9-12 所示，测出断面 1—1 上各测点的动压 p_d，按式 （2.9-4）、式 （2.9-5）计算排风罩的排风量。

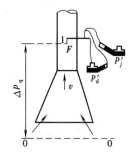

图 2.9-12 排风罩排风量

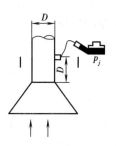

图 2.9-13 静压法测定排风量

（2）静压法测量排风罩的风量

在现场测定时，各管件之间的距离很短，不易找到比较稳定的测定断面，用动压法测量流量有一定困难。在这种情况下，按图 2.9-13 所示，通过测量静压求得排风罩的风量。

局部排风罩压力损失

$$\Delta p_d = p_q^0 - p_q' = 0 - (p_j' + p_d') = -(p_j' + p_d')$$

$$= \zeta \frac{v_1^2}{2} \rho = \zeta p_d' \tag{2.9-6}$$

式中　p_q^0——罩口断面的全压，Pa；

　　　p_q'——1—1 断面的全压，Pa；

　　　p_j'——1—1 断面的静压，Pa；

　　　p_d'——1—1 断面的动压，Pa；

　　　ζ——局部排风罩的局部阻力系数；

　　　v_1——断面 1—1 的平均流速，m/s；

　　　ρ——空气的密度，kg/m³。

通过式 （2.9-6）可以看出，只要已知排风罩的流量系数及管口处的静压，即可测出排风罩的流量。

$$\sqrt{p_d'} = \frac{1}{\sqrt{1+\zeta}} \sqrt{|p_j'|} = \mu \sqrt{|p_j'|} \tag{2.9-7}$$

$$L = v_1 F = \sqrt{\frac{2p_d'}{\rho}} \cdot F = \mu F \sqrt{\frac{2}{\rho}} \sqrt{|p_j'|} \quad (\text{m}^3/\text{s}) \tag{2.9-8}$$

各种排风罩的流量系数可用实验方法求得，从式（2.9-8）可以看出：

$$\mu = \sqrt{\frac{p'_\mathrm{d}}{|p'_\mathrm{j}|}} \tag{2.9-9}$$

μ 值可以从有关资料查得。由于实际的排风罩和资料上给出的不可能完全相同，按资料上的 μ 值计算排风量会有一定的误差。

在一个有多个排风点的排风系统中，可先测出排风罩的 μ 值，然后按式（2.9-9）算出各排风罩要求的静压，通过调整静压调整各排风罩的排风量，工作量可以大大减小。上述原理也适用于送风系统风量的调节。如均匀送风管上要保持各孔口的送风量相等，只需调整出口处的静压，使其保持相等。

2.10 建 筑 防 排 烟

建筑防排烟分为防烟和排烟两种形式。防烟的目的是将烟气封闭在一定区域内，以确保疏散线路畅通，无烟气侵入。排烟的目的是将火灾时产生的烟气及时排除，防止烟气向防烟分区以外扩散，以确保人员的疏散通路和疏散所需时间。为达到防排烟的目的，必须在建筑物中设置周密、可靠的防排烟系统和设施。建筑防排烟设计必须严格遵照现行国家有关设计防火规范的规定。

2.10.1 基本知识

1. 火灾定义及分类

在时间和空间上失去控制的燃烧所造成的灾害称为火灾。国家标准《火灾分类》GB/T 4968—2008 根据可燃物的类型和燃烧特性，将火灾定义为六个不同的类别：

A 类火灾指固体物质火灾，这种物质通常具有有机物性质，一般在燃烧时能产生灼热的余烬，固体物质如木材、棉、毛、麻、纸张等。

B 类火灾指液体火灾和或可熔化的固体火灾，液体或可熔化的固体如汽油、煤油、原油、甲醇、乙醇、沥青、石蜡等。

C 类火灾指气体火灾，如煤气、天然气、甲烷、乙烷、丙烷、氢等引起的火灾等。

D 类火灾指金属火灾，如钾、钠、镁、钛、锆、锂、铝镁合金等引起的火灾。

E 类火灾指带电火灾，物体带电燃烧的火灾。

F 类火灾指烹饪器具内的烹饪物（如动植物油脂）火灾。

2. 防排烟设计依据

我国现行国家标准《建筑设计防火规范》GB 50016、《人民防空工程设计防火规范》GB 50098、《汽车库、修车库、停车场设计防火规范》GB 50067 等是进行防排烟设计的依据，在设计、审核和检查时，必须结合工程实际，严格执行。

（1）《建筑设计防火规范》GB 50016 适用于下列新建、扩建和改建的建筑：

1) 厂房；

2) 仓库；

3) 民用建筑；

4) 甲、乙、丙类液体储罐（区）；

5）可燃、助燃气体储罐（区）；

6）可燃材料堆场；

7）城市交通隧道。

（2）《人民防空工程设计防火规范》GB 50098 适用于下列新建、扩建和改建供平时使用的人防工程：

1）商场、医院、旅馆、餐厅、展览厅、公共娱乐场所、健身体育场所和其他适用的民用场所等；

2）按火灾危险性分类属于丙、丁、戊类的生产车间和物品库房等。

（3）《汽车库、修车库、停车场设计防火规范》GB 50067 适用于新建、扩建和改建的汽车库、修车库、停车场的防火设计，不适用于消防站的车库防火设计。

建筑高度大于 250m 的建筑，除应符合规范的要求外，尚应结合实际情况采取更加严格的防火措施，其防火设计应提交国家消防主管部门组织专题研究、论证。

3. 建筑物火灾危险性分类

建筑物火灾危险性按生产（厂房）的火灾危险性和储藏物品（库房）的火灾危险性进行分类。

（1）生产的火灾危险性分类

生产的火灾危险性应根据生产过程中使用或产生的物质性质及其数量等因素，分为甲、乙、丙、丁、戊类，并应符合表 2.10-1 的规定。

生产的火灾危险性分类表　　　　　　　　　　　　　　表 2.10-1

生产类别	使用或产生下列物质生产的火灾危险性特征
甲	闪点小于 28℃ 的液体； 爆炸下限小于 10% 的气体； 常温下能自行分解或在空气中氧化能导致迅速自燃或爆炸的物质； 常温下受到水或空气中水蒸气的作用，能产生可燃气体并引起燃烧或爆炸的物质； 遇酸、受热、撞击、摩擦、催化以及遇有机物或硫磺等易燃的无机物，极易引起燃烧或爆炸的强氧化剂； 受撞击、摩擦或与氧化剂、有机物接触时能引起燃烧或爆炸的物质； 在密闭设备内操作温度不小于物质本身自燃点的生产
乙	闪点不小于 28℃，但小于 60℃ 的液体； 爆炸下限不小于 10% 的气体； 不属于甲类的氧化剂； 不属于甲类的化学易燃危险固体； 助燃气体； 能与空气形成爆炸性混合物的浮游状态的粉尘、纤维、闪点不低于 60℃ 的液体雾滴
丙	闪点不小于 60℃ 的液体； 可燃固体

生产类别	使用或产生下列物质生产的火灾危险性特征
丁	对不燃烧物质进行加工,并在高温或熔化状态下经常产生强辐射热、火花或火焰的生产; 利用气体、液体、固体作为燃料或将气体、液体进行燃烧作其他用的各种生产; 常温下使用或加工难燃烧物质的生产
戊	常温下使用或加工不燃烧物质的生产

注:同一座厂房或厂房的任一防火分区内有不同火灾危险性生产时,该厂房或防火分区内的生产火灾危险性分类
应按火灾危险性较大的部分确定,当生产过程中使用或产生易燃、可燃物的量较少,不足以构成爆炸或火灾
危险时,可按实际情况确定其生产的火灾危险性类别。当符合下述条件之一时,可按火灾危险性较小的部分
确定:

1. 火灾危险性较大的生产部分占本层或本防火分区面积的比例小于5%或丁、戊类厂房内的油漆工段小于
   10%,且发生火灾事故时不足以蔓延到其他部位或火灾危险性较大的生产部分采取了有效的防火措施;
2. 丁、戊类厂房内的油漆工段,当采用封闭喷漆工艺,封闭喷漆空间内保持负压、油漆工段设置可燃气体自
   动报警系统或自动抑爆系统,且油漆工段占其所在防火分区面积的比例不大于20%。

(2) 储存物品的火灾危险性分类

储存物品(仓库或库房)的火灾危险性应根据储存物品的性质和储存物品中的可燃物
数量等因素,分为甲、乙、丙、丁、戊类,并应符合表2.10-2的规定。

储存物品的火灾危险性分类表   表 2.10-2

仓库类别	储存物品的火灾危险性特征
甲	闪点小于28℃的液体; 爆炸下限小于10%的气体,以及受到水或空气中水蒸气的作用,能产生爆炸下限小于10%气体的固体物质; 常温下能自行分解或在空气中氧化能导致迅速自燃或爆炸的物质; 常温下受到水或空气中水蒸气的作用,能产生可燃气体并引起燃烧或爆炸的物质; 遇酸、受热、撞击、摩擦以及遇有机物或硫磺等易燃的无机物,极易引起燃烧或爆炸的强氧化剂; 受撞击、摩擦或与氧化剂、有机物接触时能引起燃烧或爆炸的物质
乙	闪点不小于28℃,但小于60℃的液体; 爆炸下限不小于10%的气体; 不属于甲类的氧化剂; 不属于甲类的化学易燃危险固体; 助燃气体; 常温下与空气接触能缓慢氧化,积热不散引起自燃的物品
丙	闪点不小于60℃的液体; 可燃固体
丁	难燃烧物品
戊	不燃烧物品

注:1. 同一座仓库或仓库的任一防火分区内储存不同火灾危险性物品时,该仓库或防火分区的火灾危险性应按其
中火灾危险性最大的类别确定;

2. 丁、戊类储存物品的可燃包装重量大于物品本身重量1/4或可燃包装体积大于物品本身体积的1/2的仓
库,其火灾危险性应按丙类确定。

4. 建筑防火分类及耐火等级

（1）建筑分类

建筑按其使用功能可分为民用建筑和工业建筑；按其高度可分为地下建筑、单层建筑、多层建筑及高层建筑。

1）民用建筑分类

民用建筑按其建筑高度应分为高层民用建筑和单、多层民用建筑，高层民用建筑应根据其使用性质、火灾危险性、疏散和扑救难度等划分为一类和二类，并应符合表 2.10-3 的规定。

建 筑 分 类   表 2.10-3

名称	高层民用建筑		单、多层 民用建筑
	一类	二类	
住宅 建筑	建筑高度大于 54m 的住宅建筑（包括设置商业服务网点的住宅建筑）	建筑高度大于 27m，但不大于 54m 的住宅建筑（包括设置商业服务网点的住宅建筑）	建筑高度不大于 27m 的住宅建筑（包括设置商业服务网点的住宅建筑）
公共 建筑	建筑高度大于 50m 的公共建筑； 建筑高度 24m 以上任一楼层建筑面积大于 1000m² 的商店、展览、电信、邮政、财贸金融建筑和其他多种功能组合的建筑； 医疗建筑、重要公共建筑； 省级及以上的广播电视和防灾指挥调度建筑、网局级和省级电力调度建筑； 藏书超过 100 万册的图书馆、书库	除一类高层公共建筑外的其他高层建筑	建筑高度大于 24m 的单层公共建筑； 建筑高度不大于 24m 的其他公共建筑

注：1. 表中未列入的建筑，其类别应根据本表类比确定。宿舍、公寓等非住宅类居住建筑的防火设计，除 GB 50016 另有规定外，还应符合规范中有关公共建筑的要求；

2. 除规范另有规定外，裙房的防火要求应符合规范中有关高层民用建筑的规定。

2）车库分类

车库的防火分类分为四类，依据停车数量和建筑面积分为Ⅰ、Ⅱ、Ⅲ、Ⅳ类，Ⅰ类最高，Ⅳ类最低。

3）隧道分类

单孔和双孔隧道按其封闭段长度及交通情况分为一、二、三、四类，分类应符合表 2.10-4 的规定。

隧 道 分 类   表 2.10-4

用 途	隧道封闭段长度 L（m）			
	一类	二类	三类	四类
可通行危险化学品等机动车	$L>1500$	$500<L\leqslant1500$	$L\leqslant500$	—
仅限通行非危险化学品等机动车	$L>3000$	$1500<L\leqslant3000$	$500<L\leqslant1500$	$L\leqslant500$
仅限人行或通行非机动车	—	—	$L>1500$	$L\leqslant1500$

(2) 耐火等级

民用建筑的耐火等级分为一、二、三、四级，一级最高，四级最低。民用建筑的耐火等级应根据建筑的火灾危险性和重要性等确定，并应符合下列规定：

1) 地下、半地下建筑（室），一类高层建筑的耐火等级不应低于一级；

2) 单层、多层重要公共建筑，裙房和二类高层建筑的耐火等级不应低于二级。

厂房、仓库等的建筑物耐火等级分为四级，一级最高，四级最低。

汽车库、修车库的耐火等级分为三级：地下、半地下和高层汽车库、甲、乙类物品运输车的汽车库、修车库和Ⅰ类汽车库、修车库，应为一级；Ⅱ、Ⅲ类汽车库、修车库不应低于二级；Ⅳ类汽车库、修车库不应低于三级。

城市交通隧道内的地下设备用房、风井应为一级。

2.10.2　防火分区

1. 防火分区的概念

防火分区是指采用防火墙、具有一定耐火极限的楼板及其他防火分隔设施分隔而成，能在一定时间内防止火灾向同一建筑的其余部分蔓延的局部空间。划分防火分区的目的在于有效控制和防止火灾沿垂直方向或水平方向向同一建筑物的其他空间蔓延；减少火灾损失，同时能够为人员安全疏散、灭火扑救提供有利条件。防火分区是控制耐火建筑火灾的基本空间单元。

防火分区按照限制火势向本防火分区以外扩大蔓延的方向可分为两类：一类为竖向防火分区，用耐火性能较好的楼板及窗间墙（含窗下墙），在建筑物的垂直方向对每个楼层进行的防火分隔。竖向防火分区用以防止多层或高层建筑物楼层与楼层之间竖向发生火灾蔓延；另一类为水平防火分区，用防火墙或防火门、防火卷帘等防火分隔设施将各楼层在水平方向分隔出的防火区域。水平防火分区用以防止火灾在水平方向扩大蔓延。

2. 防火分区划分原则

(1) 防火分区的面积规定

建筑设计划分防火分区时，每个防火分区之间可用建筑构件或防火分隔物隔断。防火分隔物可以是防火墙、耐火楼板、防火门、防火窗、防火卷帘、防火阀、排烟防火阀等。防火分区划分得越小，越有利于保证建筑物的防火安全。但是如果划分得过小，则势必会影响建筑物的使用功能，显然在实际工程中难以做到。防火分区面积大小的确定应考虑建筑物的使用功能及性质、重要性、火灾危险性、建筑物高度、消防扑救能力以及火灾蔓延的速度等因素。

我国现行国家标准《建筑设计防火规范》GB 50016，《人民防空工程设计防火规范》GB 50098、《汽车库、修车库、停车场设计防火规范》GB 50067 等均对建筑的防火分区面积作了具体规定，必须结合工程实际，严格执行。

1) 工业建筑每个防火分区的最大允许建筑面积及民用建筑防火分区允许最大建筑面积按《建筑设计防火规范》GB 50016 严格执行。厂房的耐火等级、层数和防火分区，每个防火分区的最大允许建筑面积应符合表 2.10-5 的规定，仓库的耐火等级、层数和面积应符合表 2.10-6 的规定。

厂房的层数和每个防火分区的最大允许建筑面积　　　　　表 2.10-5

生产类别	厂房的耐火等级	最多允许层数	每个防火分区的最大允许建筑面积（m²）			
			单层厂房	多层厂房	高层厂房	地下、半地下厂房，厂房的地下室、半地下室
甲	一级	宜采用单层	4000	3000	—	—
	二级		3000	2000	—	—
乙	一级	不限	5000	4000	2000	—
	二级	6	4000	3000	1500	—
丙	一级	不限	不限	6000	3000	500
	二级	不限	8000	4000	2000	500
	三级	2	3000	2000	—	—
丁	一、二级	不限	不限	不限	4000	1000
	三级	3	4000	2000	—	—
	四级	1	1000	—	—	—
戊	一、二级	不限	不限	不限	6000	1000
	三级	3	5000	3000	—	—
	四级	1	1500	—	—	—

注：1. 防火分区之间应采用防火墙分隔。除甲类厂房外的一、二级耐火等级厂房，当其防火分区的建筑面积大于本表规定，且设置防火墙确有困难时，可采用防火卷帘或防火分隔水幕分隔。采用防火卷帘时应符合 GB 50016 第 6.5.3 条的规定；采用防火分隔水幕时，应符合现行国家标准《自动喷水灭火系统设计规范》GB 50084 的有关规定。

2. 除麻纺厂房外，一级耐火等级的多层纺织厂房和二级耐火等级的单层或多层纺织厂房，其每个防火分区的最大允许建筑面积可按本表的规定增加 0.5 倍，但厂房内的原棉开包、清花车间与厂房内其他部位均应采用耐火极限不低于 2.50h 的不燃烧体隔墙隔开，需要开设门、窗洞口时，应设置甲级防火门、窗。

3. 一、二级耐火等级的单层或多层造纸生产联合厂房，其每个防火分区的最大允许建筑面积可按本表的规定增加 1.5 倍。一、二级耐火等级的湿式造纸联合厂房，当纸机烘缸罩内设置自动灭火系统，完成工段设置有效灭火设施保护时，其每个防火分区的最大允许建筑面积可按工艺要求确定。

4. 一、二级耐火等级的谷物筒仓工作塔，当每层工作人数不超过 2 人时，其层数不限。

5. 一、二级耐火等级卷烟生产联合厂房内的原料、备料及成组配方、制丝、储丝和卷接包、辅料周转、成品暂存、二氧化碳膨胀烟丝等生产用房应划分独立的防火分隔单元，当工艺条件许可时，应采用防火墙进行分隔。其中制丝、储丝和卷接包车间可划分为一个防火分区，且每个防火分区的最大允许建筑面积可按工艺要求确定。但制丝、储丝及卷接包车间之间应采用耐火极限不低于 2.00h 的墙体和 1.00h 的楼板进行分隔。厂房内各水平和竖向分隔间的开口应采取防止火灾蔓延的措施。

6. 地下污水处理厂设备用房每个防火分区最大允许建筑面积不应大于 1000m²，操作区生物池、二沉池等水工构筑物的检修平台的防火分区面积可按工艺要求确定。

7. 厂房内的操作平台、检修平台，当使用人员少于 10 人时，该平台的面积可不计入所在防火分区的建筑面积内。

8. "—"表示不允许。

仓库的层数和面积　　　　　　　　　　　表 2.10-6

储存物品类别		仓库的耐火等级	最多允许层数	每座仓库的最大允许占地面积和每个防火分区的最大允许建筑面积（m²）						
				单层仓库		多层仓库		高层仓库		地下、半地下仓库或仓库的地下室、半地下室
				每座仓库	防火分区	每座仓库	防火分区	每座仓库	防火分区	防火分区
甲	3、4项	一级	1	180	60	—	—	—	—	—
	1、2、5、6项	一、二级	1	750	250	—	—	—	—	—
乙	1、3、4项	一、二级	3	2000	500	900	300	—	—	—
		三级	1	500	250	—	—	—	—	—
	2、5、6项	一、二级	5	2800	700	1500	500	—	—	—
		三级	1	900	300	—	—	—	—	—
丙	1项	一、二级	5	4000	1000	2800	700	—	—	150
		三级	1	1200	400	—	—	—	—	—
	2项	一、二级	不限	6000	1500	4800	1200	4000	1000	300
		三级	3	2100	700	1200	400	—	—	—
丁		一、二级	不限	不限	3000	不限	1500	4800	1200	500
		三级	3	3000	1000	1500	500	—	—	—
		四级	1	2100	700	—	—	—	—	—
戊		一、二级	不限	不限	不限	不限	2000	6000	1500	1000
		三级	3	3000	1000	2100	700	—	—	—
		四级	1	2100	700	—	—	—	—	—

注：1. 仓库中的防火分区之间必须采用防火墙分隔，甲、乙类仓库中防火分区之间的防火墙不应开设门窗洞口；地下、半地下仓库或仓库的地下室、半地下室的最大允许占地面积，不应大于对应类别地上仓库的最大允许占地面积。

2. 石油库内桶装油品仓库应符合现行国家标准《石油库设计规范》GB 50074 的有关规定。

3. 一、二级耐火等级的煤库，尿素散装仓库，每个防火分区的最大允许建筑面积不应大于12000m²；尿素袋装仓库，每个防火分区的最大允许建筑面积不应大于 6000m²。

4. 独立建造的硝酸铵仓库、电石仓库、聚乙烯等高分子制品仓库、尿素仓库、配煤仓库、造纸厂的独立成品仓库，当建筑的耐火等级不低于二级时，每座仓库的最大允许占地面积和每个防火分区的最大允许建筑面积可按本表的规定增加 1.0 倍。

5. 一、二级耐火等级粮食平房仓的最大允许占地面积不应大于 12000m²，每个防火分区的最大允许建筑面积不应大于 3000m²；三级耐火等级粮食平房仓的最大允许占地面积不应大于 3000m²，每个防火分区的最大允许建筑面积不应大于 1000m²。

6. 一、二级耐火等级且占地面积大于 2000m² 的单层棉花库房，其防火分区的最大允许建筑面积不应大于 2000m²。

7. 一、二级耐火等级冷库的最大允许占地面积和防火分区的最大允许建筑面积，应符合现行国家标准《冷库设计规范》GB 50072 的有关规定。

8. "—" 表示不允许。

　　2) 不同耐火等级的民用建筑的允许层数和防火分区最大允许建筑面积应符合表2.10-7的规定。

民用建筑的耐火等级、允许层数和防火分区最大允许建筑面积 表 2.10-7

名称	耐火等级	建筑高度或允许层数	防火分区的最大允许建筑面积（m²）	备 注
高层民用建筑	一、二级	符合表 2.10-3 的规定	1500	体育馆、剧场的观众厅，其防火分区最大允许建筑面积可适当放宽
单层或多层民用建筑	一、二级	符合表 2.10-3 的规定	2500	
	三级	5层	1200	—
	四级	2层	600	—
地下、半地下建筑（室）	一级	—	500	设备用房的防火分区最大允许建筑面积不应大于 1000m²

注：1. 表中规定的防火分区最大允许建筑面积，当建筑内设置自动灭火系统时，可按本表的规定增加 1.0 倍；局部设置时，增加面积可按该局部面积的 1.0 倍计算。

2. 裙房与高层建筑主体之间设置防火墙时，裙房的防火分区可按单、多层建筑的要求确定。

3）汽车库应设防火墙划分防火分区。每个防火分区的最大允许建筑面积应符合表 2.10-8 的规定。

汽车库防火分区最大允许建筑面积（单位：m²） 表 2.10-8

耐火等级	单层汽车库	多层汽车库	地下汽车库或高层汽车库
一、二级	3000（1500）	2500（1250）	2000（1000）
三级	1000		

注：括号内数字出自国家标准《电动汽车分散充电设施工程技术标准》GB/T 51313—2018 对防火单元的规定。

4）人防工程内应采用防火墙划分防火分区，每个防火分区的允许最大建筑面积，不应大于 500m²。人防工程内的商业营业厅、展览厅等，当设有火灾自动报警和自动灭火系统，且采用 A 级不燃材料装修时，其允许最大建筑面积不应大于 2000m²。人防工程内的电影院、礼堂的观众厅，防火分区允许最大建筑面积不应大于 1000m²；人防工程内的丙、丁、戊类物品库房的防火分区允许最大建筑面积应符合表 2.10-9 的规定。

丙、丁、戊类物品库房的防火分区允许最大建筑面积 表 2.10-9

储存物品类别		防火分区最大允许建筑面积（m²）
丙	闪点≥60℃的可燃液体	150
	可燃固体	300
丁		500
戊		1000

（2）民用建筑内防火分区划分原则

1）设有自动灭火系统的防火分区，其最大允许建筑面积可按表 2.10-7 确定；人防工程内的电影院、礼堂的观众厅，防火分区允许最大建筑面积不得大于 1000m²。

2) 高层建筑内的营业厅、展览厅等，当设有火灾自动报警系统和自动灭火系统且采用不燃烧或难燃烧材料装修时，地上部分分区的最大建筑面积为 4000m²，地下部分或半地下部分为 2000m²。

3) 当高层建筑与其裙房之间设有防火墙等防火分隔设施时，其裙房的防火分区不应大于 2500m²，当设有自动喷水灭火系统时，防火分区允许最大建筑面积可增加 1.0 倍。

4) 多层建筑内的营业厅、展览厅等，当设有火灾自动报警系统和自动灭火系统且采用不燃烧或难燃烧材料装修时，地上部分分区的最大建筑面积为 10000m²，地下部分或半地下部分为 2000m²。

5) 建筑内设有上、下层相连的部分如开敞楼梯、自动扶梯等，应按上下连通层作为一个防火分区。其允许最大防火分区面积之和不应超过表 2.10-7 的规定（高层建筑上下部位设有耐火极限大于 3.00h 的防火卷帘或水幕等分隔物时，其面积可不叠加计算）。

6) 汽车库防火分区的设置要求（按 GB 50067—2014）：

① 敞开式、错层式、斜楼板式的汽车库的上下连通层面积应叠加计算，其防火分区最大允许建筑面积可按表 2.10-8 规定值增加 1.0 倍。

② 室内地坪低于室外地坪面高度超过该层汽车库净高 1/3 且不超过净高 1/2 的汽车库，或设在建筑物首层的汽车库的防火分区最大允许建筑面积不应超过 2500m²。

③ 复式汽车库的防火分区最大允许建筑面积应按表 2.10-8 的规定减少 35%。

④ 机械式立体汽车车库的停车数超过 50 辆时，应设防火墙或防火隔墙进行分隔。

⑤ 甲、乙类物品运输车的汽车库、修车库，其防火分区最大允许建筑面积不应超过 500m²。

⑥ 修车库防火分区最大允许建筑面积不应超过 2000m²，当修车部位与相邻的使用有机溶剂的清洗和喷漆工段采用防火墙分隔时，其防火分区最大允许建筑面积不应超过 4000m²。设有自动灭火系统的修车库，其防火分区最大允许建筑面积可增加 1.0 倍。

2.10.3　防烟分区

1. 防烟分区的概念

防烟分区是指在建筑室内采用挡烟设施分隔而成，能在一定时间内防止火灾烟气向同一建筑的其余部分蔓延的局部空间。采用挡烟垂壁、隔墙或从顶板下突出不小于 50cm 的结构梁等具有一定耐火性能的不燃烧体来划分的防烟、蓄烟空间。

防烟分区是为有利于建筑物内人员安全疏散和有组织排烟而采取的技术措施。大量火灾事故表明，当建筑物内发生火灾时，烟气是阻碍人们逃生和灭火扑救行动，导致人员死亡的主要原因之一。因此，将高温烟气有效的控制在设定的区域，并通过排烟设施迅速排至室外，才能够有效地减少人员伤亡和财产损失，才能够防止火灾的蔓延发展。

屋顶挡烟隔板是指设在屋顶内，能对烟和热气的横向流动造成障碍的垂直分隔体。挡烟垂壁是指用不燃烧材料制成，从顶棚下垂不小于 50cm 的固定或活动的挡烟设施。活动挡烟垂壁是指火灾时因感温、感烟或其他控制设备的作用，自动下垂的挡烟垂壁。挡烟垂壁起阻挡烟气的作用，同时可以增强防烟分区排烟口的吸烟效果。挡烟垂壁应采用非燃材料制作，如钢板、夹胶玻璃、钢化玻璃等。挡烟垂壁可采用固定或活动式的，当建筑物净空较高时，可采用固定式的，将挡烟垂壁长期固定在顶棚上，如图 2.10-1 (*a*) 所示；当建筑物净空较低时，宜采用活动式的挡烟垂壁，如图 2.10-1 (*b*) 所示。

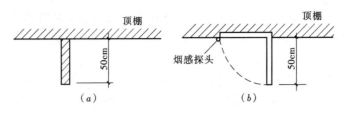

图 2.10-1 挡烟垂壁示意图

活动挡烟垂壁应由感烟探测器控制，或与排烟口联动，或受消防控制中心控制，但同时应能就地手动控制。活动挡烟垂壁落下时，其下端距地面的高度应大于 1.8m。从挡烟效果来看，挡烟隔墙比挡烟垂壁的效果要好些。因此，要求在成为安全区域的场所，宜采用挡烟隔墙，如图 2.10-2 所示。有条件的建筑物，可利用钢筋混凝土梁或钢梁作挡烟梁进行挡烟，如图 2.10-3 所示。

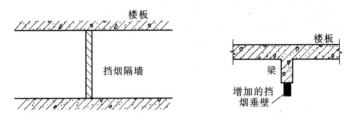

图 2.10-2 挡烟隔墙示意图　　　　图 2.10-3 挡烟梁示意图

室内空间无吊顶或有吊顶设置情况，挡烟垂壁（垂帘）所需高度按图 2.10-4 和图 2.10-5所示确定。

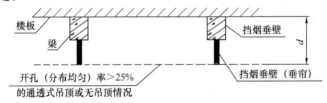

图 2.10-4 无吊顶或设置开孔（均匀分布）率大于 25% 的通透式吊顶

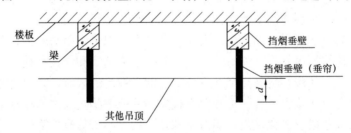

图 2.10-5 开孔率≤25% 或开孔不均匀的通透式吊顶及一般吊顶

2. 防烟分区划分原则

设置防烟分区主要是保证在一定时间内，使火场上产生的高温烟气不致随意扩散，并能迅速排除，达到控制烟气再蔓延和减少火灾损失的目的。

设置防烟分区时，面积划分必须合适，如果面积过大，会使烟气波及面积扩大，增加受灾面，不利于安全疏散和扑救；如果面积过小，不仅影响使用，还会提高工程造价。防烟分区应根据建筑物的种类和要求，可按其功能、用途、面积、楼层等划分。防烟分区一般应遵守以下原则设置：

（1）不设排烟设施的房间（包括地下室）和走道，不划分防烟分区；走道和房间（包括地下室）按规定设置排烟设施时，可根据具体情况分设或合设排烟设施，并按分设或合设的情况划分防烟分区；一座建筑物的某几层需设排烟设施，且采用垂直排烟道(竖井)进行排烟时，其余按规定不需设排烟设施的各层，如增加投资不多，可考虑扩大设置排烟范围，各层也亦划分防烟分区和设置排烟设施。

（2）防烟分区不应跨越防火分区设置。

（3）对有特殊用途的场所，如地下室、防烟楼梯间、消防电梯间、避难层间等应单独划分防烟分区。

（4）当采用自然排烟方式时，储烟仓的厚度按现行国家标准《建筑防排烟系统技术标准》GB 51251 的规定计算，不应小于空间净高的20％，且不应小于500mm；当采用机械排烟方式时，不应小于空间净高的10％，且不应小于500mm。同时，储烟仓底部距地面的高度应按现行国家标准《建筑防排烟系统技术标准》GB 51251 的规定计算确定安全疏散所需的最小清晰高度。

（5）公共建筑、工业建筑防烟分区的最大允许面积及其长边最大允许长度应符合表 2.10-10的规定，当工业建筑采用自然排烟系统时，其防烟分区的长边长度尚不应大于建筑内空间净高的8倍。

公共建筑、工业建筑防烟分区的最大允许面积及其长边最大允许长度　表 2.10-10

空间净高 H（m）	最大允许面积（m²）	长边最大允许长度（m）
H≤3.0	500	24
3.0<H≤6.0	1000	36
H>6.0	2000	60m，具有自然对流条件时，不应大于75m

注：1. 公共建筑、工业建筑中的走道宽度不大于 2.5m 时，其防烟分区的长边长度不应大于 60m。

2. 当空间净高大于 9m 时，防烟分区之间可不设置挡烟设施。

（6）表 2.10-10 中具有自然对流条件的场所，应具备图 2.10-6 中所列出的条件。

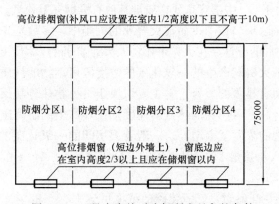

图 2.10-6　具有自然对流场所应具备的条件

（7）设有机械排烟系统的汽车库，其每个防烟分区的建筑面积不宜超过 2000m²，且防烟分区不应跨越防火分区。

（8）人防工程从室内地面至顶棚或顶板的高度≤6m，每个防烟分区的建筑面积不应大于 500m²。

（9）当建筑面积较大时，可将每个防烟分区划分成几个排烟系统，并将竖风道分散布置在相应防烟分区之内，以便尽量缩短水平风道，这样不仅经济，而且排烟效果好。

2.10.4　防烟、排烟设施

1. 设置防烟、排烟系统的必要性

现代化的高层民用建筑，装修、家具、陈设等采用可燃物较多，有关可燃物在燃烧过程中，由于热分解释放出大量的热量、光、燃烧气体和可见烟，同样要消耗大量的氧气。火灾时各种可燃物质燃烧产生的有毒气体种类如表 2.10-11 所列。

各种可燃物质燃烧产生的有毒气体　　　　　　　　　　表 2.10-11

物质名称	燃烧时产生的有毒气体
木材，纸张	二氧化碳（CO_2）、一氧化碳（CO）
棉花，人造纤维	二氧化碳（CO_2）、一氧化碳（CO）
羊 毛	二氧化碳（CO_2）、一氧化碳（CO）、硫化氢（H_2S）、氨（NH_3）、氰化氢（HCN）
聚四氟乙烯	二氧化碳（CO_2）、一氧化碳（CO）
聚苯乙烯	苯（C_6H_6）、甲苯（$C_6H_6\text{-}CH_3$）、二氧化碳（CO_2）、一氧化碳（CO）、乙醛（$CII_3\text{-}CHO$）
聚氯乙烯	二氧化碳（CO_2）、一氧化碳（CO）、氯化氢（HCl）、光气（$COCl_2$）、氯气（Cl_2）
尼 龙	二氧化碳（CO_2）、一氧化碳（CO）、氨（NH_3）、氰化物（XCN）、乙醛（$CH_3\text{-}CHO$）
酚树脂	一氧化碳（CO）、氨（NH_3）、氰化物（XCN）
三聚氰胺-醛树脂	一氧化碳（CO）、氨（NH_3）、氰化物（XCN）
环氧树脂	二氧化碳（CO_2）、一氧化碳（CO）、丙醛（$CH_3\text{-}CH_2\text{-}CH_3$）、丙酮（$CH_3\text{-}CO\text{-}CH_3$）

火灾烟气会造成严重危害，主要有毒害性、减光性和恐怖性。对人体的危害可以概括为生理危害和心理危害。烟气的毒害性和减光性是生理危害，恐怖则是心理危害。

火灾烟气的毒害主要是因燃烧产生的有毒气体所引起的窒息和对人体器官的刺激，以及高温作用。

统计资料表明，由于 CO 中毒窒息死亡或被其他有毒烟气熏死者，一般占火灾总死亡人数的 40%～50%，最高达 65% 以上；而被火烧死的人当中，多数是先中毒窒息晕倒后再被火烧死。根据美国消防局的统计，在火灾中死亡人数的 80% 的人均系吸入毒气而致死。

（1）窒息作用。着火房间产生的一氧化碳的浓度因可燃物的性质、数量、堆放情况和房间开口条件的不同而有显著的差异，它主要取决于可燃物热分解反应和氧化反应的速度比。当室内温度持续升高，可燃物的热分解速度加快，产生的游离碳增多；此时，如果氧气供应不足，一氧化碳的浓度就会增高。一般着火房间的一氧化碳的浓度可达 4%～5%，最高可达 10% 左右。人员接触 1h 一氧化碳的安全浓度为 0.04%～0.05%，对人员疏散而言，该浓度不应超过 0.2%。

建筑物内当火灾燃烧旺盛时，二氧化碳的浓度可达 15%～23%。一般人员接触 10% 左右浓度的二氧化碳，会引起头晕；严重者，会发生昏迷、呼吸困难，甚至处于大脑停顿状态，失去知觉。接触 20% 左右浓度的二氧化碳，人体的神经中枢系统出现麻痹，导致死亡。

火灾时，由于燃烧要消耗大量的氧气，使空气中的氧浓度显著下降，在燃烧旺盛时可降至3%～4%。一般空气中的氧含量降低到15%时，人的肌肉活动能力下降；低于11%时，人就会四肢无力、失去理智、痉挛、脸色发青；氧浓度低于6%时，短时间内人就会死亡。

（2）刺激作用。火灾时可燃物热分解的产物中有一些气体对人体会产生较强的刺激作用，如氯化氢、氨气、氟化氢、二氧化硫、烟气和二氧化碳等。

（3）高温作用。建筑物内发生火灾，温度达到轰燃点后室内温度可达500℃以上，甚至高达800℃。高温也是导致火灾迅速蔓延、火灾损失增大的主要原因。烟气还会影响人的视觉、降低视距，给人造成恐怖感，延误人员的疏散和灭火行动。

烟气的毒性和人体生理正常所允许的浓度和火灾疏散条件浓度，如表2.10-12所示。

各种有害气体的毒性及其许可浓度 表 2.10-12

毒性分类	气体名称	长期允许浓度	火灾疏散条件浓度
单纯窒息性	缺 O_2	—	<14%
	CO_2	5000	3%
化学窒息性	CO	50	2000
	HCN	10	200
	H_2S	10	
黏膜刺激性	HCl	5	1000
	NH_3	50	3000
	Cl_2	1	
	$COCl_2$	0.1	25

未注明的浓度单位为 ppm

由此可见，在建筑中必要的位置设置防烟、排烟系统是一项十分重要而又必要的举措，从而既保证建筑物内人员的安全疏散，又有利于消防救援的顺利开展。

2. 建筑设置防烟、排烟方式的分类

建筑中的防烟应根据建筑高度、使用性质等因素，采用自然通风系统或机械加压送风系统。建筑中的排烟系统设计应根据建筑的使用性质、平面布局等因素，优先采用自然排烟系统，其次为采用机械排烟系统。

3. 防排烟设计的基本原则

防烟与排烟设计是在建筑平面设计中研究可能起火房间的烟气流动方向和人员疏散路线，通过不同的假设，找出最经济有效的防烟与排烟的设计方案和控制烟气的流动路线，选用适当的防排烟设施，合理安排进风口、排烟口的位置，计算管道截面积并确定管道的位置。

4. 建筑防排烟的任务

（1）就地排烟通风降低烟气浓度：将火灾产生的烟气在着火房间就地及时排除，在需要部位适当补充人员逃生所需空气。

（2）防止烟气扩散：控制烟气流动方向，防止烟气扩散到疏散通道和减少向其他区域蔓延。

（3）保证人员安全疏散：保证疏散扑救用的防烟楼梯间、前室及消防电梯间或合用前室内无烟，使着火层人员迅速疏散，为消防队员的灭火扑救创造有利条件。

5. 需要设置防排烟设施的部位

(1) 建筑的下列场所或部位应设置防烟设施：

1) 防烟楼梯间及其前室；

2) 消防电梯间前室或合用前室；

3) 避难走道的前室、避难层 (间)。

建筑高度不大于50m的公共建筑、厂房、仓库和建筑高度不大于100m的住宅建筑，当其防烟楼梯间的前室或合用前室符合下列条件之一时，楼梯间可不设置防烟系统：

1) 前室或合用前室采用敞开的阳台、凹廊；

2) 前室或合用前室具有不同朝向的可开启外窗，且可开启外窗的面积满足自然排烟口的面积要求。

(2) 工业建筑的下列场所或部位应设置排烟设施：

1) 人员或可燃物较多的丙类生产场所，丙类厂房内建筑面积大于300m² 且经常有人停留或可燃物较多的地上房间；

2) 建筑面积大于5000m² 的丁类生产车间；

3) 占地面积大于1000m² 的丙类仓库；

4) 高度大于32m的高层厂 (库) 房中长度大于20m的疏散走道，其他厂 (库) 房中长度大于40m的疏散走道。

(3) 民用建筑的下列场所或部位应设置排烟设施：

1) 设置在一、二、三层且房间建筑面积大于100m² 和设置在四层及以上或地下、半地下的歌舞娱乐放映游艺场所；

2) 中庭；

3) 公共建筑内建筑面积大于100m² 且经常有人停留的地上房间和建筑面积大于300m² 可燃物较多的地上房间；

4) 建筑内长度大于20m的疏散走道。

5) 冷库中建筑面积大于300m² 的穿堂和封闭站台应设置排烟设施，楼梯间应设防烟设施。

(4) 各房间总建筑面积大于200m² 或一个房间建筑面积大于50m²，且经常有人停留或可燃物较多的地下、半地下建筑 (包括地下、半地下室) 应设置排烟设施。

(5) 除敞开式汽车库、建筑面积小于1000m² 的地下一层汽车库和修车库外，汽车库和修车库应设排烟系统。

(6) 人防工程需要设置防排烟的部位：

1) 防烟楼梯间及其前室或合用前室；

2) 避难走道的前室；

3) 面积超过50m²，且经常有人停留或可燃物较多的地下房间、大厅和丙、丁类生产车间；

4) 总长度大于20m的疏散走道；

5) 电影放映间、舞台等；

6) 丙、丁、戊类物品库宜采用密闭防烟措施。

(7) 通行机动车的一、二、三类隧道应设置排烟设施。当隧道设置机械排烟系统时，应符合下列规定：

1）长度大于 3000m 的隧道，宜采用纵向分段排烟方式或重点排烟方式；

2）长度不大于 3000m 的单洞单向交通隧道，宜采用纵向排烟方式；

3）单洞双向交通隧道，宜采用重点排烟方式。

6. 建筑防烟、排烟方式的选择（见表 2.10-13）

建筑防烟、排烟方式　　　　　　　　　　表 2.10-13

序号	防烟、排烟方式	适用建筑	设置部位
1	自然通风设施	建筑高度≤50m 的公共建筑、工业建筑和建筑高度≤100m 的住宅建筑优先采用	封闭楼梯间、防烟楼梯间、独立前室、消防电梯前室、共用前室、合用前室（除共用前室与消防电梯前室合用外）、避难层（间）
2	机械加压送风（设置竖井正压送风）	建筑高度＞50m 的公共建筑、工业建筑和建筑高度＞100m 的住宅建筑	防烟楼梯间、独立前室、消防电梯前室、共用前室、合用前室、避难层（间）；本表序号 1 中不具备自然通风设施设置条件的上述部位
3	自然排烟	多层建筑、＜1000m² 的地下车库	有外窗或天窗的走道、房间
4	机械排烟	高层建筑、地下室及密闭场所、≥1000m² 的地下车库	本书第 2.10.4 节中第 5 条规定的机械排烟房间、走道

7. 建筑防烟、排烟的设计方法

设计建筑物内一个完整的防烟、排烟系统的基本内容有：

（1）严格执行现行国家标准《建筑设计防火规范》GB 50016 和《建筑防排烟系统技术标准》GB 51251 等。对于有特殊用途或特殊要求的工业与民用建筑，当专业标准有特别规定的，可从其规定，但 GB 51251 的通用性条文仍可参照执行；设计时应结合国标图集《〈建筑防烟排烟系统技术标准〉图示》15K606 和《防排烟及暖通防火设计审查与安装》20K607 理解并执行有关条文。

（2）正确选择防烟、排烟方式及控制方式。

（3）合理划分防烟分区，计算储烟仓的厚度和最小清晰高度，确定挡烟垂壁的深度。

（4）采用机械防烟、排烟系统时，与建筑专业协调，在规定部位设置固定窗。

（5）计算加压送风量、排烟风量、排烟补风量。

（6）机械排烟系统中，按照单个排烟口的最大允许排烟量，确定排烟口数量。

（7）自然排烟系统需计算自然排烟窗（口）截面积，并应会同建筑专业或要求二次装饰设计专业，根据实际实施的可开启外窗的形式（上悬窗、中悬窗、下悬窗、平推窗、平开窗和推拉窗等）保证满足计算截面积的要求。

（8）合理布置排烟风口、送风口、补风口的位置及风管位置。

（9）计算风口及风管尺寸和排烟系统、加压送风系统、排烟补风系统的阻力。

（10）选择加压送风系统、排烟系统、排烟补风系统的风机及布置相关附件。

（11）正确设计防排烟系统的系统控制。

（12）防烟、排烟系统分部、分项工程的系统施工、系统调试和系统验收，应全面执行 GB 51251 的规定。

2.10.5　建筑防烟的自然通风系统和机械加压送风系统

1. 建筑防烟的自然通风系统

在符合表 2.10-14 的规定采用自然通风设施和自然排烟的建筑中，通过可开启外窗或通向室外的洞口，在自然力作用下，利用室内外空气对流进行防烟的自然通风系统和自然排烟系统经济、简单、易操作，可靠性高。

（1）建筑防烟自然通风系统的设置

建筑防烟在前室设置自然通风系统，楼梯间可不设置防烟系统；建筑防烟在前室设置机械加压送风系统，楼梯间也可不设置防烟系统，具体见表 2.10-14。

建筑防烟系统的设置   表 2.10-14

序号	前室	具体要求	楼梯间
1	独立前室或合用前室采用自然通风系统	采用全敞开的阳台或凹廊或者设有两个及以上不同朝向的可开启外窗，且独立前室两个外窗面积分别不小于 2.0 m²，合用前室两个外窗面积分别不小于 3.0 m²（后者见图 2.10-7）	建筑高度不大于 50m 的公共建筑、工业建筑和建筑高度不大于 100m 的住宅建筑应采用自然通风系统
2	独立前室、共用前室①或合用前室采用机械加压系统	送风口设置在前室的顶部或正对前室入口的墙面	
3	不具备自然通风条件的裙房的前室采用机械加压系统	防烟楼梯间在裙房高度以上部分采用自然通风时，且独立前室、共用前室及合用前室送风口的设置方式应符合本表序号 2 的具体要求	
4	避难走道前室采用机械加压送风系统	避难走道不设置防烟系统，条件是避难走道一端设置安全出口，且总长度小于 30m；或者两侧设置安全出口，且总长度小于 60m	
5	地下、半地下建筑（室）的封闭楼梯间不与地上楼梯间共用且地下仅为一层时（其地面与室外地坪高差小于 10m），首层应设置有效面积不小于 1.2 m² 的可开启外窗或直通室外的疏散门		
6	建筑地下部分的防烟楼梯间前室及消防电梯前室，当无自然通风条件或自然通风不符合要求时，应采用机械加压送风系统		

① 共用前室——居住建筑中剪刀楼梯间的两个楼梯间共用同一前室的前室。

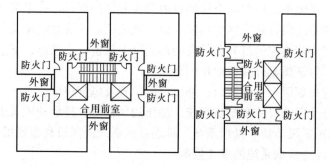

图 2.10-7 有不同朝向的可开启外窗防烟楼梯间合用前室

（2）建筑防烟自然通风设施

有关建筑防烟自然通风设施的设置要求，见表 2.10-15。

建筑自然通风设施的设置 表 2.10-15

设置部位	设置要求
封闭楼梯间、防烟楼梯间	应在最高部位设置面积≥1.0m² 的可开启外窗或开口；当建筑高度>10m 时，还应在外墙上每5层设置总面积≥2.0m² 的可开启外窗或开口，且布置间隔不大于3层
独立前室、消防电梯前室	可开启外窗或开口应≥2.0m²
共用前室、合用前室	可开启外窗或开口应≥3.0m²
避难层（间）	应设有不同朝向的可开启外窗，其有效面积应≥该避难层（间）地面面积的2%，且每个朝向的面积应≥2.0 m²
外窗 开启装置	应设置手动开启装置，不便开启时，应设置距地面1.3～1.5m 的手动开启装置

2. 建筑机械加压送风设施

设置机械加压送风防烟系统的目的是在建筑物发生火灾时，提供不受烟气干扰的疏散路线和避难场所。因此，加压部位必须使关闭的门对着火楼层保持一定的压力差，同时应保证在打开加压部位的门时，在门洞断面处有足够大的气流速度，能有效地阻止烟气的入侵，保证人员安全疏散与避难。机械加压送风设施的设置应满足以下规定：

（1）建筑高度大于100m 的建筑，其机械加压送风系统应竖向分段独立设置，且每段高度（指加压送风区段的服务高度）不应超过100m。

（2）直灌式加压送风系统主要是用于建筑高度≤50m 的既有建筑的扩建和改建工程，具体按《建筑防烟排烟系统技术标准》GB 51251—2017 第3.3.3 条的规定实施。

（3）有关建筑机械加压送风设施的设置见表 2.10-16。

建筑机械加压送风设施的设置 表 2.10-16

设置场景	设置要求	
楼梯间	地上、地下部分加压送风系统应分别独立设置； 楼梯间顶部设置≥1.0m² 的固定窗①，靠外墙的防烟楼梯间，尚应在其外墙上每5层内设置总面积≥2.0m² 的固定窗	受建筑条件限制，且地下部分为汽车库或设备用房时，可共用机械加压送风系统，并应符合：1）系统加压送风量为分别计算的地上、地下部分（通常开启门数取1）风量之和；2）应采取有效措施实现地上、地下的风量要求
采用独立前室的楼梯间	建筑高度≤50m 的公共建筑、工业建筑和建筑高度≤100m 的住宅建筑，独立前室仅有一个门与走道或房间相通时，可仅在楼梯间设置机械加压送风系统。当独立前室有多个门时，楼梯间、独立前室应分别独立设置机械加压送风系统	
楼梯间采用合用前室	楼梯间、合用前室应分别独立设置机械加压送风系统	
剪刀楼梯间	楼梯间及其前室（独立前室、共用前室、合用前室）应分别独立设置机械加压送风系统	
避难层（间）	设置有机械加压送风系统，外墙尚应设置可开启外窗，其有效面积应大于或等于该避难层（间）地面面积的1%	

① 固定窗——设置在机械防烟排烟系统的场所中，窗扇固定，平时不可开启，仅在火灾时便于人工破拆以排出火场中的烟和热的外窗，且消防救援窗面积不能计入固定窗面积。

（4）机械加压送风的场所楼梯间应设置常开风口，前室应设置常闭风口。

（5）机械加压送风的场所不应设置百叶窗，且不宜设置可开启外窗。

3. 机械加压送风系统风量计算

（1）机械加压送风系统的设计风量不应小于计算风量的1.2倍。

（2）机械加压送风系统的计算风量：

1）系统负担建筑高度≤24m时，防烟楼梯间、独立前室、合用前室和消防电梯间前室的机械加压送风量应按式（2.10-1）～式（2.10-3）计算确定；系统负担建筑高度大于24m时，上述楼梯间及前室的计算风量则应按计算值与表2.10-17～表2.10-20中的较大值确定。

消防电梯间前室的加压送风的计算风量　　　　　　　　　表2.10-17

系统负担高度 h（m）	加压送风量（m³/h）
24<h≤50	35400～36900
50<h≤100	37100～40200

楼梯间自然通风，独立前室、合用前室加压送风的计算风量　　　　表2.10-18

系统负担高度 h（m）	加压送风量（m³/h）
24<h≤50	42400～44700
50<h≤100	45000～48600

前室不送风，封闭楼梯间、防烟楼梯间加压送风的计算风量　　　　表2.10-19

系统负担高度 h（m）	加压送风量（m³/h）
24<h≤50	36100～39200
50<h≤100	39600～45800

防烟楼梯间及独立前室、合用前室的分别加压送风的计算风量　　　　表2.10-20

系统负担高度 h（m）	送风部位	加压送风量（m³/h）
24<h≤50	楼梯间	25300～27500
	独立前室、合用前室	24800～25800
50<h≤100	楼梯间	27800～32200
	独立前室、合用前室	26000～28100

注：1. 表2.10-17～表2.10-20的风量按开启1个2.0m×1.6m的双扇门确定，当采用单扇门时，其风量可乘以系数0.75计算。

　　2. 表中风量按开启着火层及上下层，共开启3层的风量计算。

　　3. 表中的风量选取应按建筑高度或层数、风道材料、防火门漏风量等因素综合确定。

2）剪刀楼梯间和共用前室，其疏散门的配置数量与面积往往会比较复杂，应该通过计算确定。

3）封闭避难层（间）、避难走道的机械加压送风量应按避难层（间）、避难走道的净面积每平方米≥30m³/h计算；避难走道的前室的送风量应按直接开向前室疏散门总面积×门洞断面风速1.0m/s计算。

4）机械加压送风量应满足走廊至前室至楼梯间的压力呈递增分布，余压值应满足前室、封闭避难层（间）与走道之间的压差为25～30Pa；楼梯间与走道之间的压差为40～

50Pa；当系统余压值超过疏散门最大允许压力差（按《建筑防烟排烟系统技术标准》GB 51251—2017 的规定计算）应采取泄压措施。

（3）楼梯间或前室的机械加压送风量应按下列公式计算：

$$L_J = L_1 + L_2 \tag{2.10-1}$$

$$L_S = L_1 + L_3 \tag{2.10-2}$$

式中　L_J——楼梯间的机械加压送风量，m^3/s；

　　　L_S——前室的机械加压送风量，m^3/s；

　　　L_1——门开启时，达到规定风速值所需的送风量，m^3/s；

　　　L_2——门开启时，规定风速值下，其他门缝漏风总量，m^3/s；

　　　L_3——未开启的常闭送风阀的漏风总量，m^3/s。

（4）门开启时，达到规定风速值所需的送风量应按下式计算：

$$L_1 = A_K \nu N_1 \tag{2.10-3}$$

式中　A_K——一层内开启门的截面面积（m^2），对于住宅楼梯前室，可按一个门的面积取值；

　　　ν——门洞断面风速，m/s，按下表取值；

ν（m/s）	门洞断面风速 ν 对应的楼梯间和独立前室、共用前室、合用前室条件
不应小于 0.7	当机械加压送风时，为通向楼梯间和独立前室、共用前室、合用前室疏散门的门洞采用的断面风速
不应小于 1.0	当楼梯间机械加压送风、只有一个开启门的独立前室不送风时，为通向楼梯间疏散门的门洞采用的断面风速
	当消防电梯前室机械加压送风时，为通向消防电梯前室门的门洞采用的断面风速
不应小于 0.6（A_1/A_g+1）	当楼梯间采用自然通风，前室采用机械加压送风，通向独立前室、共用前室或合用前室疏散门的门洞采用的断面风速，式中 A_1 为楼梯间疏散门的总面积（m^2）；A_g 为前室疏散门的总面积（m^2）

　　　N_1——设计疏散门开启的楼层数量，按下表取值；

疏散门开启的部位	设计疏散门开启的楼层数量
楼梯间（采用常开风口）地上楼梯间<24m	2层
地上楼梯间（采用常开风口）≥24m	3层
地下楼梯间（采用常开风口）	1层
前室（采用常闭风口）	3层

（5）门开启时，规定风速值下的其他门漏风总量应按下式计算：

$$L = 0.827 \times A \times \Delta P^{1/n} \times 1.25 \times N_2 \tag{2.10-4}$$

式中　A——每个疏散门的有效漏风面积，m^2；疏散门的门缝宽度取 $0.002 \sim 0.004m$；

　　　ΔP——计算漏风量的平均压力差，Pa，按下表取值；

开启门洞处风速（m/s）	ΔP 取值（Pa）	n 指数		漏风疏散门的数量 N_2
0.7	6.0	一般取 $n=2$	1.25 为不严密处附加系数	楼梯间采用常开风口，$N_2=$加压楼梯间的总门数—N_1 楼层数上的总门数
1.0	12.0			
1.2	17.0			

（6）未开启的常闭送风阀的漏风总量应按下式计算：

$$L = 0.083 \times A_f N_3 \tag{2.10-5}$$

式中   0.083——阀门单位面积的漏风量，$m^3/(s \cdot m^2)$；

        A_f——单个送风阀门的面积，m^2；

        N_3——漏风阀门的数量：前室采用常闭风口，取 $N_3 =$ 楼层数-3。

（7）疏散门的最大允许压力差应按下列公式计算：

$$P = 2(F' - F_{de})(W_m - d_m)/(W_m \times A_m) \tag{2.10-6}$$

$$F_{de} = M/(W_m - d_m) \tag{2.10-7}$$

式中 P——疏散门的最大允许压力差，Pa；

    F'——门的总推力，N，一般取 110N；

  F_{de}——门把手处克服闭门器所需的力，N；

  W_m——单扇门的宽度，m；

  A_m——门的面积，m^2；

  d_m——门的把手到门闩的距离，m；

    M——闭门器的开启力矩，$N \cdot m$。

4. 机械加压送风防烟系统的基本要求

（1）机械加压送风风机宜采用轴流式风机或中、低压离心式风机，应设置在专用机房（包括补风风机）内，风机房采用耐火极限不低于 2.0h 的防火隔墙和 1.5h 的楼板及甲级防火门与其他部位隔开。机房的风机两侧应有 600mm 以上的空间。风机进风口应直通室外，且应采取防止烟气被吸入的措施；其安装位置宜设在机械加压送风系统的下部，且应采取保证各层送风量均匀的措施。

（2）机械加压送风系统和排烟补风系统的室外进风口不应与排烟风机的排烟口设置在同一面上，当确有困难时，两者应分开布置，竖向布置时，进风口应设置在排烟口的下方，两者边缘最小垂直距离不应小于 6.0m；水平布置时，两者边缘最小水平距离不应小于 20.0m。

（3）除直灌式加压送风方式外，楼梯间宜每隔 2～3 层设一个常开式百叶风口；前室应每层应设一个带手动开启装置的常闭式风口；送风口的风速不宜大于 7m/s；送风口不宜设置在被门挡住的部位。

2.10.6 建筑的自然排烟系统

1. 设置自然排烟系统的建筑

多层建筑一般比较简单，受外部条件影响较少，优先采用自然排烟方式。

自然排烟是靠烟气的浮力作用完成，若由于某种原因使烟气冷却而失掉浮力，则烟气就失去排出的能力。此外，当排烟窗处在迎风面时，且室外风压大于烟气水平流动的动压时，会导致排烟困难，甚至发生烟气倒灌，反而使烟气蔓延到其他区域。而对于高层建筑，由于室内外温差引起的热压作用，经常使其存在着上、下层之间的压力差，从理论上讲，一般中和面大致在建筑高度的 1/2 附近，如果在中和面以下的外墙上开口，当冬季发生火灾时，不仅不能从开口部向外排烟，相反还会从开口处吸入室外空气，在这种情况下，如果防烟分区没有妥善安排，则会通过楼梯井、电梯井助长烟气的传播。同样，在夏季时建筑物内产生的下降气流，将会导致烟气向下层传播。

综上所述，在自然排烟方式中，排烟效果存在许多不稳定因素，因此仅规定多层建筑采用自然排烟方式。

2. 自然排烟设施

采用自然排烟的场所应设置自然排烟窗（口）。有关自然排烟系统排烟口的设置要求，见表 2.10-21。

建筑自然排烟系统排烟口的设置　　　　　　　　表 2.10-21

设置要求	一般要求	公共建筑或工业建筑（含仓库）		
排烟窗（口）与防烟分区内任一点的水平距离（m）	不应大于 30	公共建筑：空间净高≥6m，具有自然对流条件时，不应大于 37.5m；工业建筑净高大于 10m 时，尚不应大于空间净高的 2.8 倍		
排烟窗（口）设置位置	外墙上，应在储烟仓内，走道、室内净高不大于 3m 的区域可设置在室内净高度 1/2 以上	工业建筑（含仓库）：外墙上，应沿建筑物两条对边均匀设置；屋顶上，应均匀设置，且：		
		屋面斜度	≤12°	>12°
		应设置排烟窗的建筑面积（m²）	200	400
排烟窗（口）布置	宜分散布置，且每组长度不宜大于 3m；防火墙两侧的排烟窗（口）之间的距离应大于 2m			
排烟窗（口）开启形式	房间面积≤200m² 时，开启方向不限，余应为外开窗			
排烟窗（口）开启装置	应设置手动开启装置，不便开启时，应设置距地面 1.3～1.5m 的手动开启装置	净高大于 9m 的中庭、建筑面积大于 2000m² 的营业厅、展览厅、多功能厅等场所尚应设置集中手动开启装置和自动开启设施；工业建筑（含仓库）：屋面的排烟窗（口）宜采用自动控制方式开启		
屋面宜增设可熔性采光带（窗）	任一层建筑面积大于 2500m² 的制鞋、制衣、玩具、塑料、木器加工储存等丙类工业建筑（除洁净厂房外）：未设置自动喷水灭火系统的，或采用钢结构屋顶，或采用预应力钢筋混凝土屋面板的建筑需增设，其面积应大于或等于 10% 楼地面面积；其他建筑则应大于或等于 5%			

3. 自然排烟系统的排烟口面积法

自然排烟窗（口）开启的有效面积与窗（口）的类别有关，其计算方法应按现行国家标准《建筑防烟排烟系统技术标准》GB 51251—2017 第 4.3.5 条的规定执行。由于工程建设的时序和深度，往往存在建筑二次装修的情况。因此，暖通设计文件应明确：在建筑专业及二次装修设计时，根据开窗形式，保证开窗有效面积。

（1）当建筑空间（除中庭外）净高≤6m，自然排烟系统排烟口有效开启面积应按≥（2%×房间建筑面积）确定；采用自然排烟的汽车库其外墙上排烟窗（口）宜沿外墙周长方向均布，排烟窗（口）下沿不应低于室内净高的 1/2，并应沿气流方向开启；商业步行街顶棚设置的自然排烟口有效开启面积按≥（25%×地面面积）确定。

（2）公共建筑仅走道或回廊采用自然排烟，走道两端（侧）均应设置不应小于 2.0m² 的自然排烟窗（口）且两侧自然排烟窗（口）的距离不应小于走道长度的 2/3。

（3）公共建筑仅房间内与走道或回廊均设置排烟时，走道或回廊应设置不应小于走道或回廊建筑面积 2% 的自然排烟窗（口）。

（4）根据现行国家标准《人民防空工程设计防火规范》GB 50098 的规定，自然排烟口的总面积不应小于该防烟分区面积的 2%；中庭自然排烟口的总面积不应小于中庭地面面积的 5%；自然排烟口底部距室内地面不应小于 2m，并应常开或发生火灾时能自动开启。

4. 自然排烟系统的排烟量计算法

采用自然排烟的中庭，自然排烟窗（口）根据本书第 2.10.7 节第 3 条第（3）款的规定计算。

除中庭以外，当建筑空间净高大于 6m，自然排烟系统排烟口有效开启面积应经计算确定，有关计算按式（2.10-14）进行。

2.10.7 建筑的机械排烟系统

采用排风机进行强制排烟为机械排烟，它由挡烟垂壁、排烟口、排烟防火阀、排烟管道、排烟风机和排烟出口组成。

据有关资料介绍，一个设计优良的机械排烟系统在火灾时能排出 80% 的热量，使火灾温度和有害烟气大大降低，并提高了火场的能见距离，从而对人员安全疏散和扑救起着重要的作用。为了确保机械排烟系统在火灾时能有效地发挥作用，应对机械排烟部位的确定、防烟分区的划分、排烟口的位置、风道等的设计，进行认真考虑与分析。

建筑空间当存在采用自然排烟及机械排烟的选项时，同一个防烟分区应采用同一种排烟方式。

排烟系统的设计风量不应小于该系统计算风量的 1.2 倍。

1. 机械排烟方式

机械排烟可分为局部排烟和集中排烟两种方式。局部排烟方式是在每个需要排烟的部位设置独立的排烟风机，直接进行排烟；集中排烟方式是将建筑物划分为若干防烟分区，集中设置排烟风机，通过排烟风道排烟。

2. 机械排烟设施

有关建筑机械排烟系统的设置要求，见表 2.10-22。

建筑机械排烟系统的设置要求   表 2.10-22

设置内容	设计做法规定
排烟系统与通风、空气调节系统应分开设置	当确有困难时可合用，但应符合排烟系统的要求，且当排烟口打开时，每个排烟合用系统的管道上需联动关闭的通风和空气调节系统的控制阀门不应超过 10 个
排烟风机位置	宜设置在排烟系统的最高处，烟气出口宜朝上；排烟口应高于加压送风机和补风机的进风口，两者垂直距离或水平距离应符合本书第 2.10.5 节第 4 条第（2）款的规定
排烟风机应设置在专用机房内	机房应符合本书第 2.10.5 节第 4 条第（1）款的规定。排烟系统与通风空气调节系统共用的系统，其排烟风机与排风风机的合用机房应符合下列规定：（1）机房内应设置自动喷水灭火系统；（2）机房内不得设置用于机械加压送风的风机与管道；（3）排烟风机与排烟管道的连接部件应能在 280℃时连续 30min 保证其结构完整性
排烟风机与排烟防火阀	排烟风机应满足 280℃时连续工作 30min 的要求，排烟风机应与风机入口处的排烟防火阀联锁，当该阀关闭时，排烟风机应能停止运转

设置内容	设计做法规定			
排烟口数量与排烟口面积、风速	经计算确定（每个排烟口的排烟量不应大于最大允许排烟量）；且防烟分区内任一点与最近的排烟口之间的水平距离不应大于 30m；排烟口的风速不宜大于 10m/s			
吊顶内排烟口（通过吊顶上部空间进行排烟）	吊顶应采用不燃材料，且吊顶内不应有可燃物； 封闭式吊顶上设置的烟气流入口的颈部烟气速度不宜大于 1.5 m/s； 非封闭式吊顶的开孔率应符合图 2.10-4 的要求			
其他部位的排烟口	排烟口宜设置在顶棚或靠近顶棚的墙面上； 排烟口应设在储烟仓内，但走道、室内空间净高不大于 3m 的区域，其排烟口可设置在其净空高度的 1/2 以上；当设置在侧墙时，吊顶与其最近边缘的距离不应大于 0.5m； 建筑面积小于 50m² 需设机械排烟系统的房间，可通过走道排烟，排烟口可设置在疏散走道，排烟量应按表 2.10-23 计算； 排烟口的设置宜使烟流方向与人员疏散方向相反，排烟口与附近安全出口相邻边缘之间的水平距离不应小于 1.5m			
外墙或屋顶设置固定窗的地上建筑或部位	建筑名称	丙类厂房（仓库）	商店、展览建筑及类似功能的公共建筑	舞、娱乐、放映、游艺场所	靠外墙或贯通至建筑屋顶的中庭
	建筑面积	任一层 >2500m²	任一层 >3000m²	长度>60m 的走道	建筑总面积>1000m²	
屋面采用可熔性采光带（窗）替代固定窗	任一层建筑面积大于 2000m² 的制鞋、制衣、玩具、塑料、木器加工储存等丙类工业建筑（除洁净厂房外）：未设置自动喷水灭火系统的，或采用钢结构屋顶，或采用预应力钢筋混凝土屋面板的建筑，其面积应≥10%楼地面面积；其他建筑则应≥5%			

注：固定窗的布置和有效面积等要求，应根据《建筑防烟排烟系统技术标准》GB 51251—2017 第 4.4.14～4.4.15 条的规定执行。

3. 排烟系统排烟量计算

（1）除中庭以外，建筑中一个防烟分区的计算排烟量应根据场所内热释放率以及本条第（5）款的规定计算确定，且不应小于表 2.10-23 中的数值。

排烟系统的计算排烟量（无喷淋/有喷淋）、自然排烟侧窗（口）部风速与公共建筑走道或回廊的计算排烟量（×10⁴m³/h）　　表 2.10-23

空间净高（m）	办公室、学校	商店、展览厅	厂房、其他公共建筑	仓库
≤6.0	应按≮60m³/（h·m²）计算，且取值不应小于 1.5			
6.0	12.2/5.2	17.6/7.8	15.0/7.0	30.1/9.3
7.0	13.9/6.3	19.6/9.1	16.8/8.2	32.8/10.8
8.0	15.8/7.4	21.8/10.6	18.9/9.6	35.4/12.4
≥9.0	17.8/8.7	24.2/12.2	21.1/11.1	38.5/14.2

续表

空间净高（m）	办公室、学校	商店、展览厅	厂房、其他公共建筑	仓库
自然排烟侧窗（口）风速（m/s）	0.94/0.64	1.06/0.78	1.01/0.74	1.26/0.84
公共建筑走道或回廊	仅该处设置排烟		相连房间与该处均设置排烟	
	不应小于 1.3		按 60（m³/h·m²）计算，且取值不应小于 1.3	

注：1. 空间净高位于表中两个高度之间的，按线性插值法取值，6.0m 处排烟量值为计算基准值。

2. 空间净高大于 8m 场所，采用符合现行国家标准《自动喷水灭火系统设计规范》GB 50084 的高大空间湿式灭火系统时，可按有喷淋取值。

3. 自然排烟侧窗（口）面积＝计算排烟量/自然排烟侧窗（口）风速；采用顶开窗时，其风速按侧窗（口）风速 1.4 倍计。

（2）汽车库、修车库的设计排烟量按表 2.10-24 的规定取值。

汽车库、修车库每个防烟分区排烟风机的排烟量　　表 2.10-24

汽车库、修车库的净高（m）	排烟量（m³/h）	汽车库、修车库的净高（m）	排烟量（m³/h）
3.0 及以下	30000	9.0 以上	40500
4.0～9.0	31500～39000	—	—

注：建筑空间净高位于表中两个高度之间的，按相对于 4m 的净高增加值×1500m³/（h·m）取值。

（3）中庭排烟量的设计计算

中庭应设置排烟设施。

中庭排烟量的设计计算应符合表 2.10-25 的规定。

中庭的设计计算排烟量　　表 2.10-25

中庭、与中庭相连通的回廊	中庭机械排烟量（m³/h）	中庭自然排烟有效开窗面积
中庭周围场所设有排烟系统时，商店建筑的回廊应设置排烟设施，其余可不设	应按周围场所防烟分区中最大排烟量的 2 倍计算，且不应小于 107000	按左列排烟量和自然排烟窗（口）的风速不大于 0.5m/s 计算
中庭周围场所不需设置排烟系统（或任一房间未设置排烟设施时），仅在回廊设置排烟系统时	回廊的排烟量不应小于 13000，中庭的排烟量不应小于 40000	按左列排烟量和自然排烟窗（口）的风速不大于 0.4m/s 计算

注：1. 对于无回廊的中庭，与中庭相连的使用房间应优先采用机械排烟方式。

2. 当中庭与周围场所未采用防火（防火玻璃）隔墙、防火卷帘时，中庭与周围场所之间应设置挡烟垂壁。

（4）当一个排烟系统担负多个防烟分区排烟时，其系统排烟量的计算应符合下列规定：

1）当系统负担具有相同净高场所时，对于建筑空间净高大于 6m 的场所，应按排烟量最大的一个防烟分区的排烟量计算；对于建筑空间净高为 6m 及以下的场所，应按同一防火分区中任意两个相邻防烟分区的排烟量之和的最大值计算。

2）当系统负担具有不同净高场所时，应采用上述方法对系统中每个场所所需的排烟量进行计算，并取其中的最大值作为系统排烟量。

（5）除上述（1）～（3）规定的场所外，其他场所的排烟量或自然排烟窗（口）面积应按照烟羽流类型，根据火灾热释放速率、清晰高度、烟羽流质量流量及烟羽流温度等参数计算确定。

1）各类场所火灾热释放率按下式计算，同时不应小于表 2.10-26 规定的值，一般可直接采用表 2.10-26 规定的值。

$$Q = \alpha \cdot t^2 \tag{2.10-8}$$

式中　Q——火灾热释放量，kW；

t——自动灭火系统启动时间，s；

α——火灾增长系数，按表 2.10-27 取值，kW/s^2。

火灾达到稳态时热释放速率 Q（单位：MW）　　　　表 2.10-26

建筑类别	热释放速率（建筑设置喷淋）	热释放速率（建筑未设置喷淋）
办公室、教室、客房、走道	1.5	6.0
商店、展览厅	3.0	10.0
其他公共场所	2.5	8.0
汽车库	1.5	3.0
厂房	2.5	8.0
仓库	4.0	20.0

注：设置喷淋的室内净高大于 8m 时，应按无喷淋场所对待。

火灾增长系数表　　　　　　　　　　　　　表 2.10-27

火灾类别	典型的可燃材料	火灾增长系数（kW/s^2）
慢速火	硬木家具	0.00278
中速火	棉质、聚酯垫子	0.011
快速火	装满的邮件袋、木制货架托盘、泡沫塑料	0.044
超快速火	池火、快速燃烧的装饰家具、轻质窗帘	0.178

2）最小清晰高度

走道、室内空间净高不大于 3m 的区域，其最小清晰高度不宜小于其净高的 1/2，其他区域最小清晰高度应按下式计算：

$$H_q = 1.6 + 0.1H' \tag{2.10-9}$$

式中　H_q——最小清晰高度，m；

H'——单层空间取排烟空间的建筑净高度；多层空间取最高疏散楼层的净高，m（有关计算规则见 GB 51251—2017 的第 4.6.9 条条文说明）。

3）烟羽流质量流量计算

火灾情况下，烟羽流通常有轴对称型烟羽流、阳台溢出型烟羽流、窗口型烟羽流三种，有关计算见表 2.10-28。

烟羽流质量流量 M_ρ 计算　　　　　　　　　表 2.10-28

烟羽流类型		M_ρ（kg/s）
轴对称型烟羽流	$Z > Z_1$	$0.071Q_c^{1/3}Z^{5/3} + 0.0018Q_c$
	$Z \leqslant Z_1$	$0.032Q_c^{3/5}Z$，$Z_1 = 0.166Q_c^{2/5}$
阳台溢出型烟羽流		$0.36\,(QW^2)^{1/3}\,(Z_b + 0.25H_1)$，$W = w + b$

续表

烟羽流类型	M_ρ（kg/s）
窗口型烟羽流 （仅适用于只有一个窗口的空间）	$0.68（A_\mathrm{w} H_\mathrm{w}^{\frac{1}{2}}）^{1/3}(Z_\mathrm{w}+\alpha_\mathrm{w})^{5/3}+1.59 A_\mathrm{w} H_\mathrm{w}^{1/2}$ $\alpha_\mathrm{w}=2.4 A_\mathrm{w}^{2/5} H_\mathrm{w}^{1/5}-2.1 H_\mathrm{w}$

注：Q_c—热释放速率的对流部分，一般取值为 $Q=0.7Q$（kW）；Z—燃料面到烟层底部的高度，m（取值应大于或等于最小清晰高度与燃料面高度之差）；Z_1—火焰极限高度，m；H_1—燃料面至阳台的高度，m；Z_b—从阳台下缘至烟层底部的高度，m；W—烟羽流扩散宽度，m；w—火源区域的开口宽度，m；b—从开口至阳台边沿的距离，m，$b\neq0$；A_w—窗口开口的面积，m²；H_w—窗口开口的高度，m；Z_w—窗口开口的顶部到烟层底部的高度，m；α_w—窗口型烟羽流的修正系数，m。

表中三种烟羽流如图 2.10-8～图 2.10-10 所示。

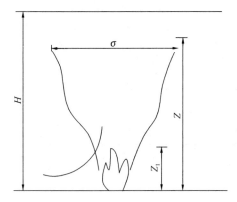

图 2.10-8　轴对称型烟羽流

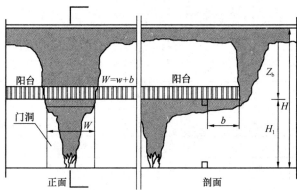

图 2.10-9　阳台溢出型烟羽流

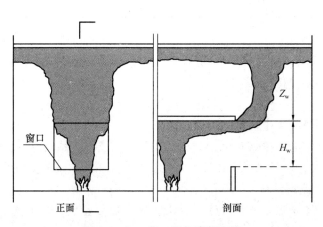

图 2.10-10　窗口溢出型烟羽流

4）烟层平均温度与环境温度的差 ΔT（K）应按下式计算或按《建筑防排烟系统技术标准》GB 51251—2017 的附录 A 查表选取：

$$\Delta T = K Q_c / M_\rho C_\rho \qquad (2.10-10)$$

式中　C_ρ——空气的定压比热容，一般取 1.01kJ/(kg·K)；

　　　K——烟气中对流放热量因子。当采用机械排烟时，取 $K=1.0$；当采用自然排烟时，取 $K=0.5$。

5）每个防烟分区排烟量 V（m^3/s）应按下式计算或按《建筑防排烟系统技术标准》GB 51251—2017 的附录 A 查表选取：

$$V = \frac{M_\rho T}{\rho_0 T_0} \tag{2.10-11}$$

$$T = T_0 + \Delta T \tag{2.10-12}$$

式中　ρ_0、T_0——环境温度下气体密度、环境的绝对温度，通常为 $1.2kg/m^3$ 和 293.15K。

6）机械排烟系统中，单个排烟口的最大允许排烟量 V_{max}（m^3/s）宜按下式计算或按 GB 51251—2017 的附录 B 选取：

$$V_{max} = 4.16 \cdot \gamma \cdot d_b^{2.5} \left(\frac{T - T_0}{T_0}\right)^{0.5} \tag{2.10-13}$$

式中　γ——排烟位置系数，取值见下表；

风口中心点到最近墙体距离/排烟口当量直径（矩形风口水力直径 $D = 4ab/[2(a+b)]$）	$\geqslant 2$	< 2	风口于墙体上
γ	1	0.5	

　　　d_b——排烟系统吸入口最低点之下的烟气层厚度（见 GB 51245—2017 的第 4.6.14 条条文说明），m。

7）采用自然排烟方式所需自然排烟窗（口）截面积宜按下式计算：

$$A_V C_V = \frac{M_\rho}{\rho_0} \left[\frac{T^2 + \left(\frac{A_V C_V}{A_0 C_0}\right)^2 T T_0}{2g d_b \Delta T T_0}\right]^{1/2} \tag{2.10-14}$$

式中　A_Y——自然排烟窗（口）截面积，m^2；

　　　A_0——所有进气口总面积，m^2；

　　　C_V——自然排烟窗（口）流量系数（通常选定在 0.5～0.7 之间）；

　　　C_0——进气口流量系数（通常约为 0.6）；

　　　g——重力加速度，$9.81m/s^2$。

注：公式中的 $A_V C_V$ 在计算时应采用试算法。

8）当储烟仓的烟层温度与周围空气温差小于 15℃时，应通过降低排烟口位置（即保证清晰高度的前提下，加大挡烟垂壁的深度）等措施重新调整排烟设计。

4. 排烟系统的补风设置及补风量的确定

（1）排烟系统的补风设置原则

除地上建筑的走道或建筑面积小于 $500m^2$ 的房间外，设置排烟系统的场所应设补风系统。且补风系统应直接从室外引入空气。

（2）补风量

补风量不应小于排烟量的 50%。同一防火分区内，可采用疏散外门、手动或自动可开启外窗（不得采用防火门、窗）自然进风方式以及机械送风方式。

1）《人民防空工程设计防火规范》GB 50098—2009 中的规定：

① 当补风通路的空气阻力不大于 50Pa 时，可自然补风；

② 当补风通路的空气阻力大于 50Pa 时，应设置火灾时可转换成补风的机械送风系统

或单独的机械补风系统。

2)《汽车库、修车库、停车场设计防火规范》GB 50067—2014 中规定：汽车库内无直接通向室外的汽车疏散出口的防火分区，当设置机械排烟系统时，应同时设置进风系统。

（3）补风口位置与风口风速

1) 补风口与排烟口设置在同一空间内相邻的防烟分区时，补风口位置不限；当补风口与排烟口设置在同一防烟分区时，补风口应设在储烟仓下沿以下；补风口与排烟口水平距离不应少于 5m。

2) 机械补风口的风速不宜大于 10m/s，人员密集场所补风口的风速不宜大于 5m/s；自然补风口的风速不宜大于 3m/s。

5. 排烟系统的基本要求

（1）机械防烟、排烟系统的设置要求

1) 建筑机械排烟系统沿水平方向布置时，每个防火分区的机械排烟系统应独立设置；

2) 机械加压送风系统应采用管道送风；机械排烟系统应采用管道排烟；且均不应采用土建风道。排烟管道及其连接部件应能在 280℃时连续 30min 保持其结构完整性，机械加送风管道、机械排烟管道均应采用内壁光滑的不燃材料制作，管道的厚度应按现行国家标准《通风与空调工程施工质量验收规范》GB 50243 的有关规定执行。有关机械防烟、排烟管道、补风管道设置的耐火极限要求见表 2.10-29。

机械防烟、排烟管道、补风管道设置的耐火极限要求　　　　表 2.10-29

加压送风管道	竖向设置		水平设置	
设置做法	独立管道井①内	合用管道井①内或明设	吊顶内②	未在吊顶内
耐火极限（h）	—	不应低于 1.0	不应低于 0.5	不应低于 1.0
排烟管道	竖向设置	水平设置		走道部位	设备用房和汽车库
设置做法	独立管道井①内	吊顶内②	未在吊顶内	吊顶内②	
耐火极限（h）	不应低于 0.5	不应低于 1.0		不应低于 0.5	
补风管道	耐火极限（h）不应低于 0.5；跨越防火分区时，不应小于 1.5				

① 管道井应采用耐火极限不小于 1.0h 的隔墙与相邻区域分隔，墙上必须设检修门时，应采用乙级防火门；

② 当吊顶内有可燃物时，吊顶内的排烟管道应采用不燃材料进行隔热，并应与可燃物保持不小于 150mm 的距离。

3) 防烟系统或排烟系统管道当内壁为金属时，设计风速不应大于 20m/s；当内壁为非金属时，设计风速不应大于 15m/s。

（2）阀门的设置

阀门主要起两种作用：一是启闭作用，二是调节作用。在防排烟系统中，主要由带有防火功能的防火阀、排烟防火阀根据防排烟系统的需求打开（或切断）火灾区域的防排烟系统通路；关闭火灾区域的空调、通风系统空气流动通路。起调节作用的阀门适用于送风或排烟需要平衡风量的情况。但无论是防火、防烟或排烟类的阀门都应具备耐火的稳定性和火灾完整性的基本要求，应符合现行国家标准《建筑通风和排烟系统用防火阀门》GB 15930 的有关规定。

排烟管道下列部位应设置排烟防火阀：

1) 垂直风管与每层水平风管交接处的水平管段上；

2) 一个排烟系统负担多个防烟分区的排烟支管上；

3）排烟风机入口处；

4）穿越防火分区处。

2.10.8 通风、空气调节系统防火防爆设计要点

（1）甲、乙类厂房或仓库内（含甲、乙类火灾危险性的房间）的空气均不得循环使用。含有燃烧或爆炸危险粉尘、纤维的丙类厂房或仓库内的空气，在循环使用前应经净化处理，并应使空气中的含尘浓度低于其爆炸下限的25%。其他厂房或仓库中的空气含有易燃易爆气体，且气体浓度大于或等于其爆炸下限值的10%时，亦不得使用循环空气。

（2）甲、乙类厂房和仓库中不同的防火分区；不同的有害物质混合后能引起燃烧或爆炸时；建筑物内的甲、乙类火灾危险性的单独房间或其他有防火防爆要求的单独房间，通风系统均应单独设置，其他建筑中，横向宜按防火分区设置、竖向不宜超过5层。当管道设置防止回流措施或防火阀时，该管道布置可不受此限制。竖向风管应设置在管井内。

（3）甲、乙类厂房、仓库及其他厂房中有爆炸危险区域的排风设备不应布置在建筑物的地下室、半地下室内，宜设置在建筑物外。送、排风设备不应布置在同一通风机房内，且排风设备不应和其他房间的送、排风设备布置在同一通风机房内（当送风设备出口处设有止回阀时，可与其他房间的送风机布置在同一送风机房内）。

（4）民用建筑内空气中含有容易起火或爆炸危险物质的房间，应有良好的自然通风或独立的机通风设施，且其空气不应循环使用。用于甲、乙类厂房、仓库的爆炸危险区域的送风机房应采取通风措施，排风机房的换气次数不应小于1次/h。

（5）空气中含有易燃、易爆危险物质的房间，应保持负压，其送、排风系统应采用相应的防爆型通风设备：当送风机布置在单独隔开的通风机房内且送风干管上设置防止回流设施时，可采用普通型通风设备，其空气不应循环使用。

（6）通风、空气调节系统的风管在下列部位应设置公称动作温度为70℃的防火阀：

1）穿越防火分区处；

2）穿越通风、空气调节机房的房间隔墙和楼板处；

3）穿越重要的或火灾危险性大的场所的房间隔墙和楼板处；

4）穿越防火分隔处的变形缝两侧；

5）竖向风管与每层水平风管交接处的水平管段上，但当建筑内每个防火分区的通风、气调节系统均独立设置时，该防火分区内的水平风管与垂向总管的交接处可不设置防火阀。

（7）有爆炸危险的建筑内的通风管道设计：

1）排除或输送有燃烧或爆炸危险物质的风管及厂房内有爆炸危险场所的排风管道，严禁穿过防火墙和有爆炸危险的房间隔墙，且不应穿过人员密集或可燃物较多的房间。风管系统通过生活区或其他辅助生产房间时不得设置接口。

2）甲、乙、丙类厂房中的送、排风管道宜分层设置，当水平或竖向送风管进入生产车间处设置防火阀时，各层的水平或竖向送风管可合用一个送风系统。

3）排除或输送有爆炸或燃烧危险气体、蒸汽和粉尘的排风管应采用金属管道，并应直接通到室外的安全处，不应暗设。

4）排除和输送温度大于80℃的空气或其他气体以及易燃碎屑的管道，与可燃或难燃物体之间应保持不小于150mm的间隙，或采用厚度不小于50mm的不燃材料隔热。当管道互为上下布置时，表面温度较高者应布置在上面。

5）可燃气体管道、可燃液体管道、热媒温度高于110℃的供热管道和电缆线等不得穿过风管的内腔，并不得沿风管的外壁敷设。可燃气体管道、可燃液体管道不得穿过与其无关的通风机房。

6）排除或输送有燃烧或爆炸危险物质的排风系统，除工艺确需要设置外，其各支管节点处不应设置调节阀，但应对两个管段结合点及各支管之间进行静压平衡计算。

7）排除有爆炸危险物质的局部排风系统，其风量应按在正常运行情况下，风管内有爆炸危险物质的浓度不大于爆炸下限值的50%计算。

（8）有爆炸危险的除尘系统设计：

1）含有燃烧和爆炸危险粉尘的空气，在进入排风机前应采用不产生火花的除尘器进行处理，对于遇水可能形成爆炸的粉尘，严禁采用湿式除尘器。

2）净化有爆炸危险粉尘的除尘器、排风机的设置应符合下列规定：

① 应与其他普通型的风机、除尘器分开设置，并宜按单一粉尘分组布置；

② 净化有爆炸危险粉尘的干式除尘器和过滤器宜布置在厂房外的独立建筑内，该建筑外墙与所属厂房的防火间距不应小于10m。

3）符合下列规定之一的干式除尘器和过滤器，可布置在厂房内的单独房间内（不得布置在车间休息室、会议室等房间的下一层），但应采用耐火极限分别不低于3.00h的隔墙和1.50h的楼板与其他部位分隔，并应至少有一侧外围护结构：

① 有连续清灰设备；

② 定期清灰的除尘器和过滤器，且其风量不大于15000m³/h、集尘斗的储尘量小于60kg。

4）净化或输送有爆炸危险粉尘和碎屑的除尘器、过滤器或管道，均应设置泄压装置。

净化有爆炸危险粉尘的干式除尘器和过滤器应布置在系统的负压段上，净化有爆炸危险粉尘的湿式除尘器，可布置在所属生产厂房或排风机房内。

采用袋式除尘器时，滤袋需加编金属丝，并设置排除静电的接地措施。

（9）有燃烧或爆炸危险的通风系统设计：

1）排除或输送有燃烧或爆炸危险物质的排风系统的通风设备和风管，经过有爆炸危险和变电、配电场所的管网，以及布设在以上场所的金属箱体等，均应设置导除静电的接地装置，当风管法兰密封垫料或螺栓垫圈采用非金属材料时，还应采取法兰跨接的措施，且排风设备不应布置在地下、半地下建筑（室）内。

2）用于甲、乙类厂房、仓库及其他厂房中有爆炸危险区域的通风设备和空气中含有易燃、易爆危险物质的房间内的送、排风系统，均应采用防爆型的通风设备。通风设备的选型应符合下列规定：

① 设在专用机房中的排风机应采用防爆型，电动机可采用密闭型；

② 直接设置在有爆炸危险区域的送、排风机和电动机均应采用防爆型，风机和电动机之间不得采用皮带传动；

③送风机布置在单独分隔的通风机房内且送风干管上设置防回流设施时，可采用普通型的通风设备。

3）直接布置在空气中含有爆炸危险物质场所内的通风系统上的防火阀、调节阀等部件应符合防爆场合应用的要求。

（10）公共建筑的浴室、卫生间和厨房的垂直排风管，应采取防回流措施并宜在支管上设置公称动作为 70℃的防火阀（见图 2.10-11～图 2.10-13）。公共建筑的厨房的排油烟管道宜按防火分区设置，且在与垂直排风管连接的支管处应设置动作温度为 150℃的防火阀或 150℃排油烟气防火止回阀。

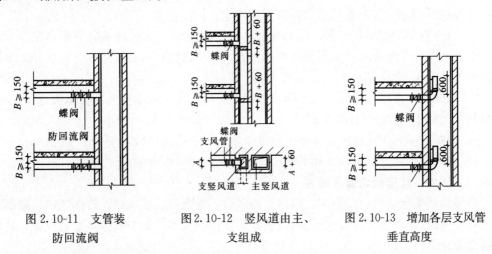

图 2.10-11　支管装　　　　　图 2.10-12　竖风道由主、　　　　图 2.10-13　增加各层支风管
防回流阀　　　　　　　　　支组成　　　　　　　　　　垂直高度

(11) 通风、空气调节系统的风管

1) 当风管穿过需要封闭防火、防爆的墙体、楼板及防火分区处时，必须设置厚度不小于 1.6mm 的钢制防护套管，风管与防护套管之间应采用不燃柔性材料封堵严密。

2) 当风管穿过防火隔墙、楼板及防火分区处时，风管上的防火阀、排烟防火阀两侧各 2.0m 范围内的风管外壁应采取防火保护措施，且耐火极限不应低于该防火分隔体的耐火极限。

3) 通风、空气调节系统的风管应采用不燃材料，但下列情况除外：

① 接触腐蚀性介质的风管和柔性接头可采用难燃材料；

② 体育馆、展览馆、候机（车、船）建筑（厅）等大空间建筑，单、多层办公建筑和丙、丁、戊类厂房内的通风、空气调节系统，当风管不跨越防火分区且设置了防烟防火阀时，可采用难燃材料。

4) 设备和风管的绝热材料、用于加湿器的加湿材料、消声材料及其胶粘剂，宜采用不燃材料，当确有困难时，可采用难燃材料。

风管内设置电加热器时，电加热器与钢构架间的绝热层必须采用不燃材料，外露的接线柱应加设安全防护罩；电加热器的外露可导电部分必须与 PE 线可靠连接；连接电加热器的风管法兰垫片，应采用耐热不燃材料。

电加热器的开关应与风机的启停联锁控制。

电加热器前后各 0.8m 范围内的风管和穿过有高温、火源等容易起火房间的风管及其保温材料，均应采用不燃材料。

(12) 管道井

1) 电缆井、管道井、排烟道、排风道等竖向管道井，应分别独立设置；井壁的耐火极限不应低于 1h，井壁上的检查门应采用丙级防火门。

2) 建筑内的电缆井、管道井应在每层楼板处采用不低于楼板耐火极限的不燃材料或防火封堵材料封堵。

建筑内的电缆井、管道井与房间、走道等相连通的孔洞应采用防火封堵材料封堵。

（13）燃油、燃气锅炉房、燃油、燃气直燃机房

燃油、燃气锅炉房、燃油、燃气直燃机房应有良好的自然通风或机械通风。燃气锅炉房、燃气直燃机房应选用防爆型的事故排风机。当采取机械通风时，该机械通风设施应设置导除静电的接地装置，通风量应符合下列规定：

1）位于首层的燃油锅炉房、燃油直燃机房，其正常换气次数不应少于3次/h，事故换气次数不应少于6次/h；采用燃气作燃料的，其正常换气次数不应少于6次/h，事故换气次数不应少于12次/h；

2）锅炉房、直燃机房设置在半地下或半地下室时，其正常换气次数不应少于6次/h，事故换气次数不应少于12次/h；

3）锅炉房、直燃机房设置在地下或地下室时，其换气次数不应少于12次/h；

4）送入锅炉间、燃烧设备间的新风总量必须大于3次/h的换气量。

2.10.9 防火、防排烟设备及部件

防排烟系统包括风机、管道、阀门、进风口、排烟口、送风口、排烟风口、隔烟装置以及联动风机、阀门、风口、活动挡烟垂壁的控制装置等，其中风机是主要设备，其余为附属设备或附件。

1. 风机

在防排烟工程中，风机是有组织的送入空气或有组织的排出烟气的输送设备。对于排烟风机可采用普通钢制离心通风机，如4-72型、T4-72型、4-68型等，也可采用SP4-79型双速节能排烟离心通风机、消防排烟专用轴流风机HTF系列、GYF系列、XGPF系列等。风机的性能、作用原理、选用要求等详见第2.8节，但用于防排烟系统的风机更要注意以下问题：

（1）排烟风机由于要承担火灾时排出高温烟气的工作，因此对于排烟风机应能够保证在介质温度不高于85℃的条件下，风机应按至少使用10年进行设计，在烟气温度280℃的环境条件下连续工作不小于30min。

（2）排烟风机可采用离心风机或专用排烟轴流风机，为不燃材料制作。

（3）排烟风机的全压应满足排烟系统最不利环路的要求，其排烟量应考虑10%～20%的漏风量。

（4）在排烟风机入口总管应设置当烟气温度超过280℃时能自行关闭的排烟防火阀，该阀应与排烟风机联锁，当该阀关闭时，排烟风机应能停止运转；

（5）加压风机和排烟风机应满足系统风量和风压的要求，并尽可能使工作点处在风机的高效区。

（6）高原地区由于海拔高，大气压力低，气体密度小。对于排烟系统在质量流量和阻力相同时，风机所需要的风量和风压都比平原地区的大，不能忽视当地大气压力的影响。

（7）消防排烟风机应符合现行标准《消防排烟通风机》JB/T 10281。

2. 管道

防排烟系统防火风管本体、框架与固定材料、密封垫料、柔性短管等必须采用不燃材料，防火风管的耐火极限时间应符合系统防火设计的规定。排烟管道的敷设应采取如下措施：

（1）设在吊顶内的排烟管道，应采用不燃材料隔热；排烟管道应与可燃物保持不小于150mm的距离。

（2）排烟管道不宜穿越防火墙和非燃烧体的楼板等防火隔断物。

（3）防排烟管道如必须穿越时，应采取防火措施，例如：设置防火阀，穿越段两侧2m内采用不燃材料隔热，竖向管道独立设置，在穿越隔墙、楼板及防火分区处的缝隙应采用防火封堵材料封堵。

3. 阀门

各种防火、排烟阀及风口如图 2.10-14～图 2.10-23 所示。

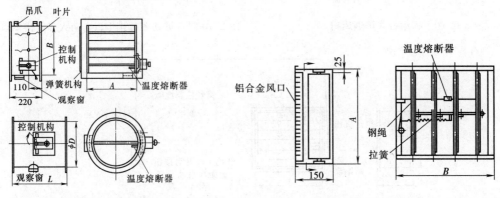

图 2.10-14　矩形、圆形防火阀　　　　　　图 2.10-15　防火风口

（1）防火阀、排烟阀的分类及功能

1）防火阀：安装在通风、空气调节系统的送、回风管道上，平时呈开启状态，火灾时当管道内烟气温度达到 70℃ 时关闭，并在一定时间内能满足漏烟量和耐火完整性要求，起隔烟阻火作用的阀门。

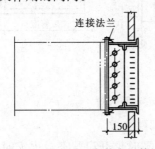
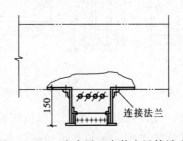

图 2.10-16　防火风口安装在风管端头　　　图 2.10-17　防火风口安装在风管端头

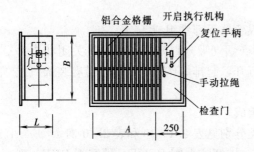
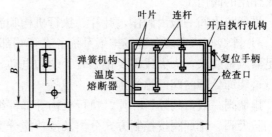

图 2.10-18　多叶排烟口、防火多叶排烟口　　图 2.10-19　排烟阀、排烟防火阀

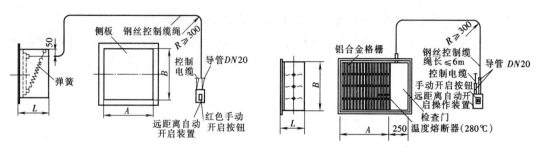

图 2.10-20　远动板式排烟风口　　　　　图 2.10-21　远动多叶排烟口、防火多叶排烟口

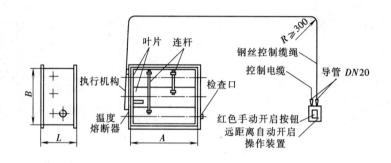

图 2.10-22　远动排烟阀、远动排烟防火阀

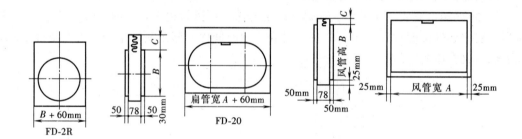

图 2.10-23　圆形、扁圆形、矩形卷帘防火阀

防火阀一般由阀体、叶片、执行机构和温感器等部件组成。

2）排烟防火阀：安装在机械排烟系统的管道上，平时呈开启状态，火灾时当排烟管道内烟气温度达到 280℃时关闭，并在一定时间内满足漏烟量和耐火完整性要求，起隔烟阻火作用的阀门。

排烟防火阀一般由阀体、叶片、执行机构和温感器等部件组成。

3）排烟阀：安装在机械排烟系统各支管端部（烟气吸入口）处，平时呈关闭状态并满足漏风量要求，火灾或需要排烟时手动和电动打开，起排烟作用的阀门。带有装饰口或进行过装饰处理的阀门称为排烟口。

排烟阀一般由阀体、叶片、执行机构等部件组成。

防火阀、排烟阀按控制方式分类及按功能分类分别见表 2.10-30 和表 2.10-31。

防火阀及排烟阀的名称符号是：防火阀 FHF、排烟防火阀 PFHF、排烟阀 PYF。列于名称符号第二位的是控制方式分类、第三位的是功能分类。如：FHF WSD$_j$-F-630×500 是具有温感器自动关闭、手动关闭、电控电机关闭方式和风量调节功能，公称尺寸为

630×500 的防火阀；PFHF WSD$_C$-Y-Φ1000 是具有温感器自动关闭、手动关闭、电控电磁铁关闭方式和远距离复位功能，公称直径为 1000mm 的排烟防火阀；PYF SD$_C$-K-500×500 是具有手动开启、电控电磁铁开启方式和阀门开启后位置信号反馈功能的排烟阀。

按阀门控制方式分类　　　　　　　　　　　　　表 2.10-30

GB 15930 规定的代号		控 制 方 式	
W		温感器控制自动关闭	
S		手动控制关闭或开启	
D	D$_C$	电动控制关闭或开启	电控电磁铁关闭或开启
	D$_j$		电控电机关闭或开启
	D$_q$		电控气动机构关闭或开启

注：排烟阀没有温感器控制方式。

按阀门功能分类　　　　　　　　　　　　　表 2.10-31

GB 15930 规定的代号	功 能
F	具有风量调节功能
Y	具有远距离复位功能
K	具有阀门关闭或开启后阀门位置信号反馈功能

注：防火阀和排烟阀不要求风量调节功能。

　　阀门执行机构的电控电路的工作电压宜采用 DC 24V 的额定工作电压。有关阀门的材料及配件、试验方法、检验规则和标志、包装、储运和贮存应执行现行国家标准《建筑通风和排烟系统用防火阀门》GB 15930 的相关规定。

　　（2）防排烟系统阀门的设置原则

　　结合防排烟系统，以阀门控制简单为好。一个防排烟系统的控制阀门越少，在火灾发生时系统投入运行越快，控制越安全，但这并不意味着一个没有控制阀门的防排烟系统就是安全可靠的。防火阀、排烟风口的设置和安装应符合下列规定和要求：

　　1）普通防火阀动作温度应为 70℃，用于厨房排油烟系统的防火阀动作温度应为150℃，排烟防火阀动作温度应为 280℃，易熔部件应符合相关产品标准。

　　2）阀门的阀体、叶片、挡板、执行机构底板及外壳宜采用冷轧钢板、镀锌钢板、不锈钢板等材料制作，板材厚度应不小于 1.5mm，转动部件应采用耐腐蚀的金属材料，并转动灵活。

　　3）防火阀宜靠近防火分隔处设置，距防火隔断物不宜大于 200mm。

　　4）在防火阀两侧各 2.0m 范围内的风管及其绝热材料应采用不燃材料制作。

　　5）当防火阀、排烟风口采用暗装式时，应在安装部位设置方便检修的检修口，操作机构一侧应有不小于 200mm 的净空以利于检修。

　　6）防火阀应设置单独吊架，减少阀体、管道变形而影响阀门性能；根据《建筑机电工程抗震设计规范》GB 50981—2014 的规定，抗震烈度 6 度及 6 度以上地区的防排烟风道、事故通风及相关设备应采用抗震支吊架。

　　7）对远距离控制的自动开启装置，控制缆绳的总长度一般不超过 6m；弯曲不超过 3处，缆绳套管弯曲半径不宜小于 250mm；缆绳用 DN20 的保护套管保护，套管不应出现急转弯、环形弯头、U 形弯头和连续弯头等。

　　8）阀门动作应灵活、可靠，关闭时应严密，其允许漏风量应符合表 2.10-32 的要求。

手动开启装置应固定安装在距楼地面1.3～1.5m之间，并应明显可见。

9）防火阀、排烟阀和排烟风口应符合现行国家标准《建筑通风和排烟系统用防火阀门》GB 15930的规定。

防火排烟阀门允许漏风量表　　　　　　　表2.10-32

阀门类型	环境温度下两端试验压差（Pa）	允许漏风量（标准状态）［m³/（h·m²）］
防火阀	300±15	≤500
排烟阀	1000±15	≤700

（3）余压阀

余压阀通过阀体上的重锤平衡来限制加压送风系统的余压不超过规范规定的余压值，其外形尺寸及规格如图2.10-24所示。

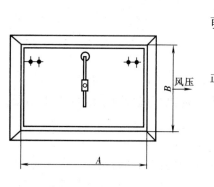
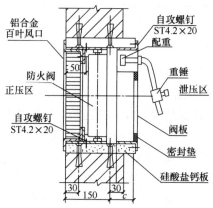

序号	规格 A×B
1	300×150
2	400×150
3	450×150
4	500×200
5	600×200
6	600×250
7	800×300

注：L尺寸由用户来定

图2.10-24　余压阀

2.10.10　防排烟系统控制

机械加压送风系统和机械排烟系统均应与火灾自动报警系统联动，其联动控制设计应符合现行国家标准《火灾自动报警系统设计规范》GB 50116的有关规定。

1．防烟系统

（1）加压送风机的启动应符合下列规定：

1）现场手动启动；

2）通过火灾自动报警系统自动启动；

3）消防控制室手动启动；

4）系统中任一常闭加压送风口开启时，加压风机应能自动启动。

（2）加压送风系统的联动，当防火分区内火灾确认后，应能在15s内联动开启常闭加压送风口和加压送风机，并应符合下列规定：

1）应开启该防火分区楼梯间的全部加压送风机；

2）应开启该防火分区内着火层及其相邻上下层前室及合用前室的常闭送风口，同时开启加压送风机。

（3）机械加压送风系统宜设有测压装置及风压调节措施。

由火灾探测器检出和现场人员发现的机械加压送风系统的控制程序如图 2.10-25 所示。

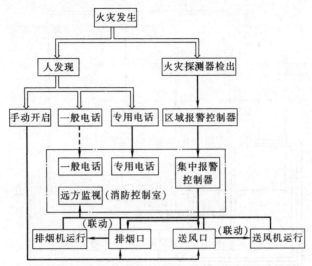

图 2.10-25　防烟楼梯间前室、消防电梯间前室和合用前室加压送风控制程序

2. 排烟系统

（1）排烟风机、补风机的控制方式应符合下列规定：

1）现场手动启动；

2）通过火灾自动报警系统自动启动；

3）消防控制室手动启动；

4）火灾时由火灾自动报警系统联动开启排烟区域的排烟阀或排烟口（且应设置现场手动开启装置），系统中任一排烟阀或排烟口开启时，排烟风机、补风机自动启动；

5）排烟防火阀在 280℃时应自行关闭，并应连锁关闭排烟风机和补风机。

（2）排烟、补风系统的联动，当防火分区内火灾确认后，应能在 15s 内联动开启相应防烟分区的全部排烟阀、排烟口、排烟风机和补风设施，且应在 30s 内自动关闭与排烟无关的通风、空调系统。

（3）当火灾确认后，担负两个及以上防烟分区的排烟系统，应仅打开着火防烟分区的排烟阀或排烟口，其他防烟分区的排烟阀或排烟口应呈关闭状态。

（4）活动挡烟垂壁应具有火灾自动报警系统自动启动和现场手动启动功能，当火灾确认后，火灾自动报警系统应在 15s 内联动相应防烟分区的全部活动挡烟垂壁，60s 以内挡烟垂壁应开启到位。

（5）自动排烟窗可采用与火灾自动报警系统联动和温度释放装置联动的控制方式。当采用与火灾自动报警系统自动启动时，自动排烟窗应在 60s 内或小于烟气充满储烟仓时间内开启完毕。带有温控功能的自动排烟窗，其温控释放温度应大于环境温度 30℃且小于 100℃。

（6）消防控制设备应显示排烟系统的排烟风机、补风机、阀门等设施启闭状态。

由火灾报警器、烟感报警器检出和现场人员发现的机械排烟系统的控制程序如图 2.10-26 所示。

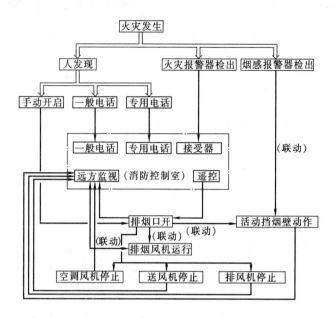

图 2.10-26　设有消防控制室的房间机械排烟控制程序

2.11　人民防空地下室通风

人防工程是战时掩蔽人员、物资以及保护人民生命财产安全的重要场所。由于人防工程处于地下，与地面建筑相比其密闭性强，出入口少，对空气流通不利，较潮湿，热量不易排出，发生火灾不易扑救；其次，围护结构的热稳定性远大于地面建筑，因此人防地下室室内温度波动小。所以，通风系统是保障人防工程空气环境的重要设施。通风系统设计应遵守《人民防空地下室设计规范》GB 50038 和《人民防空工程设计防火规范》GB 50098 的规定。

2.11.1　设计参数

人防工程地下室与地面建筑所处的环境不同，空气计算参数的选取也有所差别。

1. 室外空气计算参数

（1）人防工程地下室通风与空气调节室外空气计算参数

人防工程地下室的通风与空气调节室外空气计算参数应按照现行国家规范《民用建筑供暖通风与空气调节设计规范》GB 50736 中的有关规定执行。

（2）人防工程地下室升温通风降湿和吸湿剂除湿夏季室外空气计算温湿度

两种降湿方法的室外空气计算参数，一般夏季采用通风温度（即历年最热月 14 时的月平均温度的平均值）为干球温度；室外空气计算含湿量，采用历年平均不保证 400h 含湿量值。

（3）人防工程地下室排除余热夏季通风室外空气计算温度、湿度

夏季通风排除余热室外空气计算温度，采用历年最热月 14 时的月平均温度的平均值；室外空气计算相对湿度，采用历年最热月 14 时的月平均相对湿度的平均值。

（4）室外冬、夏季大气压力、风速

冬、夏季室外大气压力、主导风向及频率，分别采用历年最冷、最热三个月的平均值。

2. 室内空气计算参数

人防工程地下室室内空气计算参数的确定一般综合考虑以下因素：

（1）保证人防工程地下室内工作人员身体健康并有一定的舒适感，以满足人员长期在人防工程地下室进行正常工作的环境要求。

（2）满足人防工程地下室的防潮要求，确保产品质量和生产设备、仪表的正常运行并延长其使用寿命。

（3）既要考虑人防工程的特殊性，又要使一次投资和运行成本最小化，室内空气参数的标准（一般指温湿度及新风量），应根据平时和战时使用功能要求确定。

室内空气计算参数一般包括空气的温度、相对湿度、风速及新风量等。关于人防工程地下室室内空气计算参数的推荐数值见表 2.11-1。战时清洁通风时的室内空气温度和相对湿度宜按表 2.11-2 采用。平时使用的人防工程地下室，其室内空气温度和相对湿度宜按表 2.11-3 采用。平时使用时人员新风量标准宜符合表 2.11-4 的规定。战时掩蔽人员新风量标准应符合表 2.11-5 的规定。

室内空气计算参数的推荐数值 表 2.11-1

项　目	夏　季	冬　季
温度（℃）	26～28（≯30）	14～18
相对湿度（%）	50～70（≯75）	≮30
风速（m/s）	0.2～0.5	0.1～0.2

战时清洁通风时室内空气温度和相对湿度 表 2.11-2

人防地下室用途		夏　季		冬　季	
		温度（℃）	相对湿度（%）	温度（℃）	相对湿度（%）
医疗工程	手术室、急救室	22～28	50～60	20～28	30～60
	病房	23～28	≤70	≥16	≥30
柴油发电站	机房 人员直接操作	≤35			
	机房 人员间接操作	≤40			
	控制室	≤30		≤75	
专业队队员掩蔽部 人员掩蔽工程		自然温度及相对湿度（专业人员掩蔽所，平时维护时的相对湿度应不大于80%）			
配套工程		按工艺要求确定			

平时使用时室内空气温度和相对湿度 表 2.11-3

工程及房间类别	夏　季		冬　季	
	温度（℃）	相对湿度（%）	温度（℃）	相对湿度（%）
旅馆客房、会议室、办公室、多功能厅、图书阅览室、文娱室、商场、影剧院	≤28	≤75	≥16	≥30
舞厅、KTV间	≤26	≤70	≥18	≥30

续表

工程及房间类别	夏季		冬季	
	温度（℃）	相对湿度（%）	温度（℃）	相对湿度（%）
餐厅	≤28	≤80	≥16	≥30
手术室、急救室	20～24	50～60	20～24	30～60

注：冬季温度适用于集中供暖地区。

平时使用时人员空调新风量标准　　　　　　表 2.11-4

房间功能	空调新风量 [m³/（p·h）]
旅馆客房、会议室、医院病房、美容美发室、游艺厅、舞厅	≥30
一般办公室、餐厅、阅览室、图书馆、影剧院、商场（店）	≥20
酒吧、茶座、咖啡厅	≥10

注：过渡季采用全新风时，人员新风量不宜小于 30m³/（p·h）。

战时掩蔽人员新风量标准 [m³/（p·h）]　　　　表 2.11-5

人防地下室功能	清洁通风	滤毒通风
医疗救护工程	≥12	≥5
防空专业队队员掩蔽部、生产车间	≥10	≥5
一等人员掩蔽所、食品站、区域供水站、电站控制室	≥10	≥3
二等人员掩蔽所	≥5	≥2
其他配套工程	≥3	—

注：1. 物资库清洁式通风量可按清洁区的换气次数 1～2 次/h 计算；

　　2. 设计中通常不应取最小值作为设计计算标准。

平时使用的人防地下室，部分房间的最小换气次数，宜符合表 2.11-6 的规定。

平时使用时部分房间的换气次数　　　　　　表 2.11-6

房间名称	换气次数（次/h）	房间名称	换气次数（次/h）
污水池、水泵房	≥2	汽车库、冷饮、咖啡厅	≥4
污水泵间	≥8	吸烟室	≥10
水冲厕所	≥10	发电机房贮油间	≥5
餐厅	≥6	物资库	≥1
盥洗室、浴室	≥3	封闭蓄电池室	≥2

注：贮水池、污水池按充满后的空间计。

2.11.2　人防工程地下室通风方式

人防工程地下室通风方式分为平时通风和防护通风（战时通风）两类。

1. 平时通风

目前人防工程多为平战结合的工程，平时多为汽车库或各种设备用房、库房等用途。由于平时和战时功能不同，在通风系统上的战时防护设备处于预留状态，临战时要采取平战转换措施。平时通风系统是为保证平时室内正常使用的空气品质及防火安全要求的通风系统。根据平时功能需要也可设置空气调节系统，一般设计原则如下：

（1）人防工程地下室通风，除必须确保战时所需的防护密闭要求外，还应满足战时及平时的使用功能及战时转换措施。

（2）平时通风和空气调节系统宜按防火分区设置；设备和材料的选择除满足防护和使

用要求外，还应满足防火、防潮及卫生要求。

（3）平时有消声要求的通风和空气调节系统，应按平时使用要求采取必要的消声减振措施。

（4）与人防工程地下室无关的管道不宜穿过人防围护结构。

2. 防护通风

（1）设计原则

人防工程地下室的防护通风设计必须根据其相应的防护要求，采取对应的技术措施保证工程内部的安全，主要设计原则包括：

1）战时使用及平战两用的进风口、排风口宜在室外单独设置。风口位置宜隐蔽，并应采取防倒塌和防堵塞措施。

2）能有效防止冲击波通过进、排风口进入工程内部。

3）通风系统必须具有良好的密闭性，防止外界污染空气沿通风管道进入室内。

4）用于人员隐蔽的地下室，必须设置专用的除尘滤毒装置，将一定量的室外染毒空气处理至安全浓度后送入地下室。

5）具有一定的隔绝防护能力，在规定的隔绝防护时间内，保持室内二氧化碳浓度不超过允许值。

6）在滤毒通风时，保证地下室内有一定的超压和防毒通道的通风换气次数。

7）能够随时了解地下室内外染毒和超压情况。

（2）防护通风方式

防护通风又称为战时通风，防护通风分为三种方式：清洁通风、隔绝通风和滤毒通风。有人员掩蔽和工作的地下室，以上三种通风方式均应设置。三种通风方式通常情况下的转换顺序是：清洁通风→隔绝通风→滤毒通风（或清洁通风或隔绝通风）。无人员掩蔽和工作的地下室（如物资库、汽车库等），战时一般只设置清洁通风和隔绝通风。

1）清洁通风：在人防地下室室外的空气未受毒剂等污染时，但出入口的门已关闭，通风系统通过门式防爆波活门进风时的通风方式。

2）隔绝通风：指把人防地下室内部空间与外界连通口上的门和通风系统上的阀门全部关闭或封堵，室内外停止空气交换，在人防地下室由通风机使室内空气实施内循环的通风方式。

3）滤毒通风：当人防地下室室外的空气受毒剂等污染，进入地下室内部的空气应经过特殊处理，并将在地下室内部换气后的废气靠超压排气系统排出室内的通风方式。

（3）防护通风系统的组成

对于有人员掩蔽和工作的人防工程地下室，可将内部的房间分为送风房间和排风房间两类。送风房间是人员生活和工作的中心，对空气卫生标准要求较高，需要不断地送入新鲜空气或者经过空调设备处理后具有一定温、湿度的空气，如人员掩蔽房间、休息室、办公室、会议室、车间、通信室等；排风房间是指不断产生异味或有害物的房间，如厕所、厨房、盥洗间、污水泵间、蓄电池间、柴油发电机房等。为了防止排风房间产生的有害气体向其他房间扩散，必须将送风房间用过的空气，有序地通过这些排风房间排到工程外。对于无人员掩蔽和工作的防空地下室，需要将室外的清洁新风送入室内，同时将室内的污浊空气排出室外，达到通风换气的目的。

1）防护进风系统的组成

进风系统是战时室内新风供给的唯一途径，为了保障室内掩蔽人员或物资等对新风的需求，必须保证战时进风系统安全可靠。人防工程地下室的进风系统，根据不同的通风方式应由消波设施、粗效过滤器、过滤吸收器（滤毒器）、密闭阀门、进风机以及连接这些设备的管道组成。消波设施是阻挡冲击波进入并削弱冲击波压力的设施，一般由防爆波活门和扩散室（或扩散箱）组成。进风系统应区别不同情况采取相应的设置方式，以下为常用的三种方式。

①清洁通风与滤毒通风合用通风机的进风系统，如图 2.11-1 所示。

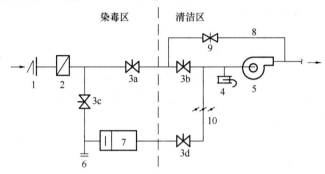

图 2.11-1　清洁通风与滤毒通风合用通风机的进风系统原理图
1—消波设施；2—油网滤尘器；3—密闭阀门；4—插板阀；5—通风机；6—换气堵头；
7—过滤吸收器；8—增压管（DN25 热镀锌钢管）；9—球阀；10—风量调节阀

采用该进风系统时应注意：

（a）进风机应设在清洁区，油网滤尘器和过滤吸收器应设在染毒区。清洁进风管路和滤毒进风管路上应分别至少设两个密闭阀门，且一个设在清洁区，另一个设在染毒区。

（b）清洁进风时的风量大、管路阻力小；滤毒进风时的风量小、管路阻力大。当清洁进风和滤毒进风合用风机时，应选择在风机高效率区能同时满足清洁进风和滤毒进风时风量和风压要求的风机。如不能选到适合的风机，宜采用清洁进风和滤毒进风分设风机的进风系统。

（c）由于滤毒进风管路的阻力远大于清洁进风管路的阻力，在滤毒进风时，如果密闭阀门 3a 和 3b 的密闭性能下降，则室外染毒空气很容易通过清洁进风管路进入到工程内，所以必须设置增压管，在密闭阀门 3a 和 3b 之间的管段形成一个正压气塞区，防止毒气通过该管进入工程内。

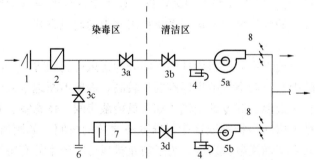

图 2.11-2　清洁通风与滤毒通风分设通风机的进风系统原理图
1—消波设施；2—油网滤尘器；3—密闭阀门；4—插板阀；
5—通风机；6—换气堵头；7—过滤吸收器；8—风量调节阀

（d）滤毒通风时，应调节风量调节阀门的开度，确保滤毒进风量等于或小于过滤吸收器的额定风量。

（e）该进风系统的操作方式为：清洁通风时，密闭阀门 3a、3b 开启，3c、3d 关闭，插板阀关闭，球阀关闭；滤毒通风时，密闭阀门 3c、3d 开启，3a、3b 关闭，插板阀关闭，球阀开启；隔绝通风时，密闭阀门 3a、3b、3c、3d 全部关闭，插板阀开启，球阀开启，实施工程内部循环通风。

②清洁通风与滤毒通风分设通风机的进风系统，如图 2.11-2 所示。

采用该进风系统时应注意：

(a) 进风机应设在清洁区，油网滤尘器和过滤吸收器应设在染毒区。清洁进风管路和滤毒进风管路上应分别至少设两个密闭阀门，且一个设在清洁区，另一个设在染毒区。

(b) 当清洁进风和滤毒进风分设风机时，滤毒进风的安全度大于清洁和滤毒合用进风机的系统且易选取风量和风压适合的风机，系统运行较为经济，宜优先采用该种进风系统。

(c) 当清洁进风和滤毒进风分设风机时，滤毒通风时清洁进风管上密闭阀门 3b 的右端处于正压，密闭阀门 3a 的左端处于负压区，即使密闭阀门 3a 和 3b 的密闭性能下降，室外毒气也不可能通过清洁进风管路进入到工程内，所以可以不设增压管。

(d) 滤毒通风时，应调节风量调节阀门的开度，确保滤毒进风量等于或小于过滤吸收器的额定风量。

(e) 该进风系统的操作方式为：清洁通风时，密闭阀门 3a、3b 开启，3c、3d 关闭，插板阀关闭；滤毒通风时，密闭阀门 3c、3d 开启，3a、3b 关闭，插板阀关闭；隔绝通风时，密闭阀门 3a、3b、3c、3d 全部关闭，插板阀开启，实施工程内部循环通风。

③仅设有清洁通风与隔绝通风的进风系统，如图 2.11-3 所示。

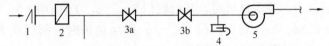

图 2.11-3 设清洁通风与隔绝通风的进风系统原理图

1—消波设施；2—油网滤尘器；3—密闭阀门；4—插板阀；5—通风机

采用该进风系统时应注意：

(a) 设清洁、隔绝两种防护通风方式的工程一般都有防毒要求，为保证进风系统的密闭性，必须设置两个密闭阀门 3a 和 3b。

(b) 该进风系统的操作方式为：清洁通风时，密闭阀门 3a、3b 开启，插板阀关闭；隔绝通风时，密闭阀门 3a、3b 关闭，插板阀开启，实施工程内部循环通风。

(c) 物资库是防空地下室工程中仅设清洁、隔绝两种防护通风方式的最典型工程，由于物资库工程战时具有防毒要求，且必要时可暂停通风，因此进风可采用设一道密闭防护门和一道密闭门的方式，同时起到了消波设施和密闭阀门 3a、3b 的作用，如图 2.11-4 所示。

2) 防护排风系统的组成

人防工程地下室的排风系统，根据不同的通风方式，其组成亦不相同。排风系统一般

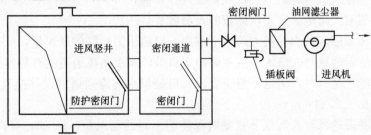

图 2.11-4 物资库进风系统示意图

由设在排风房间的排风口、排风机、密闭阀门、洗消间的排风设施（仅适用于有滤毒通风方式的工程）、消波设施、排风竖井以及连接这些设备的管道组成。

清洁通风时，进风系统不断地向室内送入大量新风，为了维持室内风量平衡，必须将室内的污浊空气及时经过需要排风的房间（如厕所、盥洗室等）排出室外，保证排风房间的换气要求，此时应采用机械排风系统。

滤毒通风时，进风系统向室内送入的新风量比清洁通风时小得多，滤毒通风的目的是满足室内人员的基本呼吸需求、形成室内超压以及保证洗消间和防毒通道的换气。此时，必须关闭排风机及相应的密闭阀门，采用超压排风。

隔绝通风时，应关闭所有阀门及排风机，靠进风机实现室内空气的循环。

排风系统的设置方式，可依据战时人员主要出入口洗消间的设置方式确定。

① 设有清洁、滤毒、隔绝三种防护通风方式，同时简易洗消间设置于防毒通道内时，排风系统可按图2.11-5（a）所示的方式设置。清洁排风时，开启阀门3a、3c，关闭阀门3b；滤毒排风时，开启阀门3b、3c，关闭阀门3a；隔绝通风时，阀门全关闭。

② 设有清洁、滤毒、隔绝三种防护通风方式，同时设置简易洗消间时，风系统可按图2.11-5(b)的方式设置。清洁排风时，开启阀门3a、3c，关闭阀门3b；滤毒排风时，开启阀门3b、3c，关闭阀门3a；隔绝通风时，阀门全关闭。短管4应设置在墙的下部。

③ 设有清洁、滤毒、隔绝三种防护通风方式，同时设置洗消间时，排风系统可按图2.11-5（c）的方式设置。清洁排风时，开启阀门3a、3b，关闭阀门3c、3d、3e；滤毒排风时，开启阀门3c、3d、3e，关闭阀门3a、3b；隔绝通风时，阀门全关闭。图中的4a、4b、4c通风短管也可以是预留通风换气孔。

（4）防护通风系统的风量计算

1）清洁通风和滤毒通风的新风量计算

人防工程地下室清洁通风时新风量按下式计算：

$$L_Q = L_1 n \tag{2.11-1}$$

式中　L_Q——清洁通风时的新风量，m^3/h；

　　　L_1——清洁通风时掩蔽人员新风量设计计算值，$m^3/(P \cdot h)$，见表2.11-5；

　　　n——战时人防地下室内掩蔽的人员数量，P。

人防工程地下室滤毒通风时新风量分别按式(2.11-2)和式(2.11-3)计算，取其中较大值。

$$L_R = L_2 n \tag{2.11-2}$$

$$L_H = V_F K_H + L_F \tag{2.11-3}$$

式中　L_R——滤毒通风时按掩蔽人员数量计算所得的新风量，m^3/h；

　　　L_2——滤毒通风时掩蔽人员新风量设计计算值，$m^3/(P \cdot h)$，见表2.11-5；

　　　n——战时人防地下室室内掩蔽的人员数量，P；

　　　L_H——滤毒通风时为保持人防地下室内一定超压值所需的新风量，m^3/h；

　　　V_F——滤毒通风时人防地下室主要出入口处的最小防毒通道的有效容积，m^3；

　　　K_H——滤毒通风时人防地下室主要出入口处最小防毒通道的设计换气次数，次/h，见表2.11-7；

　　　L_F——滤毒通风时人防地下室室内保持超压时的漏风量，m^3/h，可按室内清洁区有效容积的4%（每小时）计算。

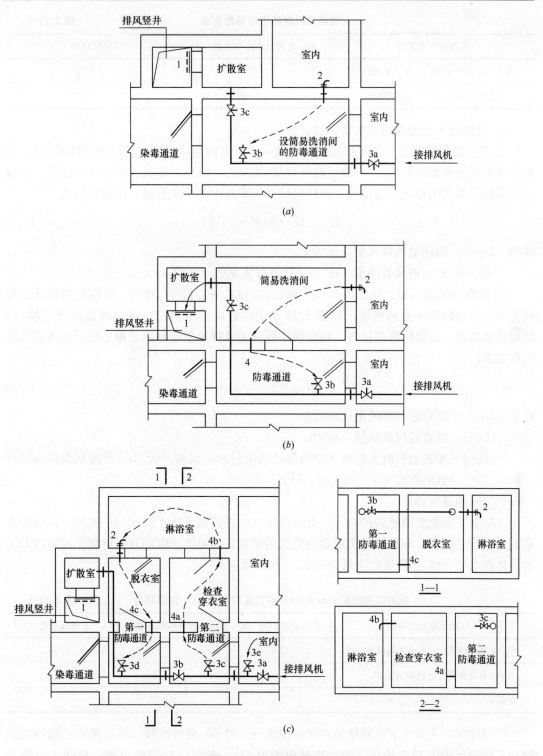

图 2.11-5 排风系统平面示意

(a) 简易洗消设施置于防毒通道内的排风系统；(b) 简易洗消间排风系统；(c) 洗消间排风系统

1—防爆波活门；2—自动排气活门；3—密闭阀门；4—通风短管

滤毒通风时的主体防毒要求 表 2.11-7

人防地下室类别	最小防毒通道换气次数（次/h）	清洁区超压（Pa）
专业队队员掩蔽部、一等人员掩蔽所	≥50	≥50
二等人员掩蔽所、电站控制室	≥40	≥30

2）清洁通风和滤毒通风的排风量计算

① 清洁通风排风量。为了保持清洁通风时地下室内为微正压，清洁通风排风量 L_{QP} 应略小于清洁通风新风量 L_Q，一般可取新风量的 90%～95%，按式（2.11-4）计算。根据此排风量的值选用排风消波设施、设计机械排风系统中的排风管道、选择排风机。

$$L_{QP}=L_Q（90\%～95\%）\qquad (2.11-4)$$

式中 L_{QP}——清洁通风排风量，m^3/h；

L_Q——清洁通风新风量，m^3/h，计算方法见式（2.11-1）。

② 滤毒通风排风量。滤毒通风排风量 L_{DP} 应按式（2.11-5）计算。根据此值设计设置在主要出入口的超压排风系统，如图 2.11-5 中的自动排气活门（或防爆超压排气活门）的规格及数量、通风短管直径等，尚应保证滤毒通风排风量能够满足最小防毒通道换气次数的要求。

$$L_{DP}=L_D-L_F\qquad (2.11-5)$$

式中 L_{DP}——滤毒通风排风量，m^3/h；

L_D——滤毒通风新风量，m^3/h；

L_F——滤毒通风时人防地下室内保持超压时的漏风量，m^3/h，可按室内清洁区有效容积的 4%（每小时）计算。

（5）隔绝通风设计

人防地下室处于隔绝防护时，人员不得出入，进排风系统上的阀门全关闭，以保持人防地下室的密闭性，靠进风机实现室内空气的循环。隔绝防护时间及隔绝防护时室内 CO_2 容许体积浓度、O_2 体积浓度应符合表 2.11-8 的规定。

战时隔绝防护时间及 CO_2 容许体积浓度、O_2 体积浓度 表 2.11-8

人防地下室战时用途	隔绝防护时间（h）	CO_2 容许体积浓度（%）	O_2 体积浓度（%）
专业队队员掩蔽、一等人员掩蔽所	≥6	≤2.0	≥18.5
二等人员掩蔽所、电站控制室	≥3	≤2.5	≥18.0
物资库	≥2	≤3.0	

在设计时对人防地下室隔绝防护时间按式（2.11-6）进行校核，当计算出的隔绝防护时间不能满足表 2.11-8 的规定时，应采取增加 O_2、减少 CO_2 或减少战时掩蔽人员数等措施。

$$t=1000V_0（C-C_0）/nC_1\qquad (2.11-6)$$

式中 t——隔绝防护时间，h；

V_0——人防地下室清洁区内的容积，m^3；

C——人防地下室室内 CO_2 容许体积浓度，%，应按表 2.11-8 确定；

C_0——隔绝防护前人防地下室室内 CO_2 初始浓度，%，宜按表 2.11-9 确定；

C_1——清洁区内每人每小时呼出的 CO_2 量，L/（P·h）。掩蔽人员宜取 20，工作人员宜取 20～25；

n——隔绝防护时清洁区内实际的掩蔽人数，P。

C_0 值选用表　　　　　　　　　　表 2.11-9

隔绝防护前的人员新风量标准 [m^3/（P·h）]	C_0（%）	隔绝防护前的人员新风量标准 [m^3/（P·h）]	C_0（%）
25～30	0.13～0.11	7～10	0.34～0.25
20～25	0.15～0.13	5～7	0.45～0.34
15～20	0.18～0.15	3～5	0.72～0.45
10～15	0.25～0.18	2～3	1.05～0.72

（6）汽车库和人防物资库通风系统防护设计

为了确保汽车库和人防物资库战时通风的效果，尤其是大型库房，一般均应设置机械进排风系统。战时汽车库和物资库一般无人员长期滞留，且必要时可暂停通风，因此汽车库和物资库只设置清洁通风和隔绝通风，进排风系统原理如图 2.11-6 所示。

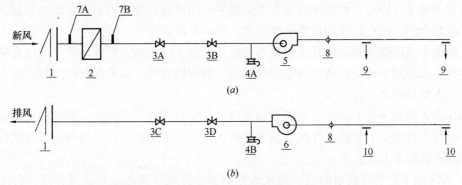

图 2.11-6　战时汽车库和物资库通风防护系统原理图
（a）进风系统原理图；（b）排风系统原理图

1—消波设施；2—油网过滤器；3—密闭阀门；4—风管插板阀；5—进风机；6—排风机；
7—油网滤尘器压差测量管；8—防火阀；9—室内送风口；10—室内排风口

战时汽车库进排风系统除设置必要的消波设施等防护措施外，进排风系统的设计方法同平时车库，应遵守《汽车库建筑设计规范》JGJ 100 和《汽车库、修车库、停车场设计防火规范》GB 50067 的有关规定；汽车库战时不要求防尘，进风系统可不设置油网滤尘器；战时汽车库的通风换气量可比平时适当降低。

物资库通风换气量按库内清洁区的换气次数为 1～2 次/h 计算。当库内储存的物资对新风质量要求严格时，进风系统上一般应设置油网滤尘器；当库内储存的物资对空气温湿度有一定的要求时，应设置空调除湿设备，保证库内温湿度符合要求。

战时的风管、风口尽量利用平时的风管、风口；有防护和密闭要求的风管（密闭阀门与消波设施之间的风管），应采用 2～3mm 厚的钢板焊制；进排风口部所选用的防爆波活门的额定风量应大于或等于战时清洁通风量。

对于库存物资防毒要求不高、允许轻微染毒的物资库和汽车库，进排风防护系统上的消波设施（防爆波活门＋扩散室）可采用"防护密闭门＋防毒通道＋密闭门"的系统，如图 2.11-7 所示。对于小型物资库和汽车库，可只设置机械进风系统，排风则通过打开防护密闭门来实现，或只设置机械排风系统，进风则通过打开防护密闭门来实现，进排风系统的设置方法如图 2.11-7 所示。

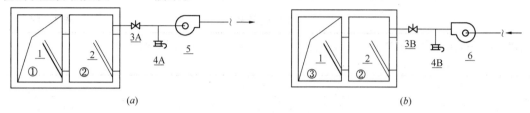

图 2.11-7   战时允许轻微染毒的库房通风防护系统示意图

(a) 机械进风系统示意图；(b) 机械排风系统示意图

①进风竖井；②防毒通道；③排风竖井；1—防护密闭门；2—密闭门；3—密闭阀门；

4—风管插板阀；5—进风机；6—排风机

3. 平战结合通风方式

为了更好地发挥人防地下室平时的社会效益和经济效益，供暖通风与空调设计必须充分考虑平战结合的需要，使新建的人防地下室不仅能确保其战时的防护功能，而且能满足平时的使用要求。因此，设计中应优先考虑将平时通风方式和战时通风系统结合起来，当无法平战结合时，也可以单独设置平时的进、排风系统。

人防地下室的战时通风方式是根据其战时功能要求确定的，目前用于平战结合的人防地下室有：战时用于人员掩蔽类或医疗类工程、物资储备类工程和汽车库工程。

（1）人员掩蔽类工程

为保障人防地下室室内空气的流通和室内空气质量符合卫生标准，战时的人员掩蔽类工程平时可用作办公、旅馆、社区活动室等有人员活动的场所，此时进行的平战结合的通风方式应注意以下几点：

1）人防地下室平时使用的进、排风竖井和进、排风口应尽量与战时合用。合用的消波装置宜选用门式防爆波活门。应在接口处设置转换阀门。平时通过该活门的最大通风量，宜按防爆波活门门扇完全开启时的风速不大于 10m/s 确定。

2）平时和战时的进、排风口分设时，可将二者布置在不同方向上，合用部分通风管道，此时的防爆波活门按战时清洁通风量要求选型。

3）人防地下室平时和战时合用一个通风系统时，应按规定选用通风和防护设备。

4）人防地下室内的厕所、盥洗室、污水泵房等排风房间，宜按防护单元单独设置平战两用的排风系统。

5）视需要，可增设平时使用需要的进、排风机，室内的通风管道尽量平时与战时合用。

6）满足平时使用功能的设计，还应符合相应的防火设计规范的要求。

（2）医疗类工程

平战结合的人防医疗工程，平时使用的系统设计，应根据其平时功能执行国家现行相关设计标准和规范，方便平时使用和维护，且应同时确保战时工程防护功能。平时和战时通风时，应根据工程内各类用房的使用要求设置机械送排风系统。清洁通风时，排风房间应采用负压排风，房间排风换气次数宜按表 2.11-10 确定。当工程清洁通风计算的总排风量大于按人员新风量计算的总进风量时，工程设计总进风量宜按总排风量的 1.05～1.10 倍确定。

清洁通风时房间排风换气次数　　　　　　　表 2.11-10

序号	房间名称	换气次数（次/h）	序号	房间名称	换气次数（次/h）
1	麻醉药械室	3～5	8	制剂室	3～5
2	手术室	8～12	9	污物室	3～4
3	检验室	4～5	10	手术部浴厕室	2
4	X光机室	3～4	11	厕所、盥洗室	5～10
5	石膏室	2	12	水库水泵间	2～3
6	洗涤、消毒室	8～10	13	污水池、污水泵间	8～10
7	饮水室	1～2			

（3）物资储备类工程

战时用途为物资库、汽车库工程，平时可作库房、商场超市、文体娱乐场所等，设计时可采用以下两种平战结合的通风方式。

1）平时与战时合用进、排风竖井

平时进、排风口利用战时进、排风竖井，室内合用通风管道，通风管道按最大进、排风量要求计算管径大小，防爆波活门应按活门开启后风速不大于 10m/s 的进、排风量选型。根据平时使用要求可增加除湿机。战时排风打开手动密闭阀门或靠超压排风。

2）平时与战时分设通风竖井

当平时进风量远远大于战时进风量，防爆波活门开启后的进风量仍不能满足平时所需风量要求时，平时与战时进、排风应分别设置通风系统。平时进、排风口可利用采光窗井或单独设置进、排风竖井，在防护上可采用外加防护挡窗板或在进、排风口处加设防护密闭门和密闭门的做法。

（4）汽车库工程

战时用途汽车库，平时使用功能要与其用途相对应，宜作为汽车库或大型仓库。平时汽车库要求的换气次数是 6 次/h，同时汽车库通风系统设计要符合《汽车库设计规范》JGJ 100 和《汽车库、修车库、停车场设计防火规范》GB 50067 的要求。需要设置排风、排烟系统。平时通风量远远大于战时所需风量要求，因此平时兼顾战时通风，在进排风口处应设有防护措施。

2.11.3 防护通风设备选择

1. 防护通风设备风量的确定

（1）人防地下室平时和战时合用一个通风系统时，应按平时工况和战时工况分别计算系统的新风量，并按下列规定选用通风和防护设备：

1）按最大的计算新风量选用清洁通风管管径、粗效过滤器、密闭阀门和通风机等设备；

2）按战时清洁通风的计算新风量选用门式防爆波活门，并按门扇开启时的平时通风量进行校核；

3）按战时滤毒通风的计算新风量选用滤毒进（排）风管路上的过滤吸收器、滤毒风机、滤毒通风管及密闭阀门。

（2）人防地下室平时和战时分设通风系统时，应按平时和战时工况分别计算系统新风量，并按下列规定选用通风和防护设备：

1）平时使用的通风管、通风机及其他设备，按平时工况的计算新风量选用；

2）防爆波活门、战时通风管、密闭阀门、通风机及其他设备，按战时清洁通风的计算新风量选用。滤毒通风管路上的设备，则按滤毒通风量选用；

3）过滤吸收器、滤毒风机、滤毒通风管及密闭阀门，按战时滤毒通风的计算新风量选用。

2. 主要防护通风设备

（1）防爆波活门：是设置在通风口外侧、在冲击波来到时能迅速关闭的防冲击波设备，常用的有悬板式防爆波活门。

（2）扩散室或扩散箱（仅适用于 5 级和 6 级人防地下室）：是利用一个突然扩大的空间的扩散作用来削弱冲击波压力的防护措施。

（3）进风过滤器：消除进风中放射性污染尘埃是通风系统滤尘的主要目的，其次是空气进入防空地下室时也要进行一般过滤处理，以满足室内最基本的空气品质要求。目前常用的是 LWP 型滤尘器，也称油网过滤器。一般装在清洁式通风与滤毒式通风合用的管道上。

（4）进风滤毒器：又称过滤吸收器，它由精滤器和吸收器两部分组成。因为在空气中的毒剂呈现蒸汽态和气溶胶两种状态，在过滤吸收器中，能够过滤有害气溶胶的称为精滤器（也称滤烟层）；能够吸附有毒蒸汽的称为滤毒器（也称吸收器）。尽管过滤吸收器的种类较多，但工作原理是相同的——均是通过滤烟层和滤毒层来实现防毒的目的。

（5）密闭阀门：是保障通风系统密闭防毒的专用阀门，是转换通风方式不可缺少的控制设备，分手动和手动、电动两用式密闭阀门。

（6）自动排气活门：超压自动排气活门的简称，是靠活门两侧空气的压差作用自动启闭的具有自动抗冲击波余压功能的排风活门，主要用于防护工程的排风口部。平时处于关闭状态，具有借内外空气压力差自动启闭活门的功能以及爆炸冲击波到来时，活门瞬间自动关闭，起到防爆波作用（可承受 0.3MPa 的冲击波压力）。

（7）通风机：分手摇电动两用风机和电动脚踏两用风机两种。

（8）其他防护设备：密闭测量管、超压测量管、管道穿密闭墙的密闭翼环、空气取样管与压力测量设备等。

2.11.4　人防地下室柴油电站通风

1. 通风防护标准

（1）人防地下室柴油发电站分为固定电站和移动电站。固定电站的控制室和发电机房通常分别设置，移动电站则不设置控制室，人员直接在发电机房内操作。固定电站宜独立设置或与专业人员掩蔽所结合设置；移动电站宜设置在其他防空地下室内。防空地下室柴油发电机房战时允许染毒，固定电站的控制室为清洁区。控制室与发电机房间应设防毒通道，并应满足换气次数不小于 40 次/h 的要求，控制室应满足不小于 30Pa 的超压要求。

（2）柴油发电机房内的空气温度要求：人员直接操作时，温度不应超过35℃，人员隔室操作时，温度不应超过40℃。电站控制室内的空气温度不大于30℃，相对湿度不大于75%。

（3）柴油发电机房和柴油机排烟应独立设置排风和排烟系统；当合用一个排风、排烟竖井时，应分别设置消波系统，且应采取防倒灌措施。

2. 发电机房风量计算的规定

柴油发电机房采用清洁式通风时，应按下列规定计算进、排风量：

（1）柴油发电机房采用空气冷却时，按消除柴油发电机房内余热计算进风量。

（2）柴油发电机房采用水冷却时，按排除柴油发电机房内有害气体（主要是一氧化碳和丙烯醛，由柴油机组不严密处泄漏产生）所需的通风量计算确定。有害气体的允许含量取：一氧化碳为30mg/m³，丙烯醛为0.3mg/m³，或按经验数据大于或等于20m³/kWh计算通风量；

（3）排风量取进风量减去燃烧空气量。柴油机燃烧空气量应根据机组实际参数经计算确定，当缺少机组相关的计算参数时，可按柴油机额定功率取经验数值7m³/kW·h计算。

（4）清洁通风时，柴油机所需的燃烧空气量直接取用发电机房室内的空气；隔绝通风时，应从机房的进风或排风管引入室外空气燃烧，但吸气系统的阻力不宜超过1kPa。

3. 柴油发电机房余热量的计算

柴油发电机房内的余热量包括柴油机、发电机和排烟管道的散热量。

（1）柴油机的散热量可按式（2.11-7）计算：

$$Q_1 = \eta_1 q N_e B / 3600 \tag{2.11-7}$$

式中 Q_1——柴油机的散热量，kW；

η_1——柴油机工作时向周围空气散热的热量系数，%；见表2.11-11；

q——柴油机燃料热值，可取 $q = 41870$kJ/kg；

N_e——柴油机额定功率，kW；

B——柴油机的耗油率，kg/kWh，可按0.2～0.24选取，建议取0.23。

（2）发电机的散热量可按式（2.11-8）计算：

$$Q_2 = P(1 - \eta_2) / \eta_2 \tag{2.11-8}$$

式中 Q_2——发电机工作时的散热量，kW；

η_2——发电效率，%，通常为80%～94%，具体由发电机型号确定；

P——发电机额定输出功率，kW。

柴油机工作时的散热量系数 η_1 表2.11-11

柴油机额定功率 N_e		散热系数 η_1（%）
额定功率（kW）	额定马力（Hp）	
<37	<50	6
37～74	50～100	5～5.5
74～220	100～300	4～4.5
>220	>300	3.5～4

（3）柴油发电机排烟管的散热量

柴油机排烟温度高，机房内的排烟管必须保温隔热。排烟管向机房内的散热量，与烟气温度、机房内空气温度、排烟管在机房内的长度、排烟管用的保温材料热物理参数、保温层厚度等因素有关，可用式（2.11-9）作近似计算：

$$Q_3 = q_c \cdot L/1000 \ (\text{kW}) \tag{2.11-9}$$

$$q_c = \frac{\pi(t_y - t_n)}{1/(2\lambda) \cdot \ln(D/d) + 1/(\alpha D)} \tag{2.11-10}$$

式中 Q_3——排烟管散热量，kW；

L——保温排烟管在机房内架空敷设的长度，m；

q_c——保温排烟管单位长度散热量，W/m；

t_y——排烟管内的烟气计算温度，一般取 300～400℃；

t_n——排烟管周围的空气温度，即机房内温度，可取 35℃；

λ——排烟管保温材料导热系数，W/（m·℃）；

D——排烟管保温层外径，m；

d——排烟管外径，m；

α——排烟管保温层外表面向周围空气的放热系数，W/（m²·℃），架空敷设于机房内的排烟管，可取 $\alpha = 8.141$ W/（m²·℃）。

（4）柴油发电机房的总余热量（kW）

$$Q_y = Q_1 + Q_2 + Q_3 \tag{2.11-11}$$

（5）柴油发电机房冷却排热量

柴油发电机房的冷却包括两部分：柴油机的冷却和机房内空气的降温。柴油机的冷却系统包括水冷系统和风冷系统。

1）柴油机的冷却

① 柴油机的水冷系统。柴油机的水冷系统又称为柴油机的冷却水开式循环系统。贮水池的冷却水通过混合水池进入柴油机，吸收柴油机的热量后温度升高，一部分水被排掉，一部分重新回到水池和冷水混合，或者经过冷却塔降温后再进入柴油机。柴油机的冷却水量按下式计算：

$$S = \frac{\varepsilon N_e B q}{1000 C_s (t_{1s} - t_{2s})} \tag{2.11-12}$$

式中 S——单台柴油机的冷却水量，m³/h；

N_e——柴油机的额定功率，kW；

B——柴油机的耗油率，kg/kWh，可按 0.2～0.24 选取，建议取 0.23；

C_s——水的热容量，一般 $C_s = 4.187$ kJ/（kg·℃）；

t_{1s}——柴油机冷却水进水温度，℃；

t_{2s}——柴油机冷却水出水温度，℃；

ε——冷却水带走的热量占燃料燃烧放出热量的比例，一般取 30%；

q——柴油机燃料热值，可取 $q = 41870$ kJ/kg。

② 柴油机的风冷系统。柴油机的风冷系统又称为柴油机的冷却水闭式循环系统。柴油机的热量由机头自带风冷散热器散发到空气中。柴油机机头散热器的散热量可用式

（2.11-13）计算：

$$Q_4 = \frac{\varepsilon q N_e B}{3600} \tag{2.11-13}$$

式中　Q_4——柴油机风冷散热器的散热量，kW；

　　　ε——风冷散热器的散热量占燃料发热量的百分比，柴油机满负荷时为 25%～30%，一般可取 30%；

　　　q——柴油机燃料热值，可取 $q = 41870$kJ/kg；

　　　N_e——柴油机额定功率，kW；

　　　B——柴油机的耗油率，kg/kWh，可按 0.2～0.24 选取，建议取 0.23。

柴油机机头风冷散热器的散热量很大，一般应通过管道把这部分热量直接排到室外，如果直接排到机房内，则机房的余热量也应计入这部分散热量，但是，将大大增加机房的冷却风量。

2）柴油发电机房内空气的冷却

① 风冷式柴油发电机房。风冷式柴油发电机房是通过引入室外空气，一是为柴油机提供燃烧空气，二可以对机房空气进行降温。一般情况下，机头散热器的排风是通过管道直接排出工程外的，但要考虑机头风扇的压头是否满足要求。也可采用通过接入机房排风管的方法，把机头散热直接排出工程外。

② 水冷式柴油发电机房。水冷式柴油发电机房是通过水表冷器与室内空气进行热交换来实现机房内空气的降温的。其进风系统除为柴油机提供燃烧空气外，还为排除机房内有害气体的排风系统补风。

③ 排除机房内余热的通风量可按式（2.11-14）计算：

$$L_{yu} = \frac{3600 Q_{yu}}{c\rho \, (t_n - t_w)} \tag{2.11-14}$$

式中　L_{yu}——排除机房内余热所需通风量，m³/h；

　　　Q_{yu}——机房内余热量，kW；

　　　t_n——机房排风或罩内排气温度，℃；

　　　t_w——夏季通风室外计算温度，℃；

　　　c——空气比热容，1.01kJ/（kg·℃）；

　　　ρ——空气密度，kg/m³。

柴油发电机房内的贮油间、贮水池间、工具间等附属房间应通风换气，其排风可与电站机房排风合并为一个系统，此时排风机宜选用防爆型风机，贮油间的通风量应按 ≥5 次/h 换气选取，接至储油间的排风管道上应设置 70℃关闭的防火阀。

2.12　汽车库、电气和设备用房通风

2.12.1　汽车库通风

建筑地下汽车库的通风设计应遵守现行《民用建筑供暖通风与空气调节设计规范》GB 50736 的规定。

1. 设计原则

地下汽车库应设置独立的送、排风系统。排风量应按稀释废气量计算，如无计算资料

时，可参考换气次数计算。但大多数情况下，进风首先考虑自然补偿（严寒地区除外）。对于大型车库及地下二、三层车库应考虑机械送风。为了节约能源，夜间使用备用电源时，地下汽车库的排风量，允许降低为 3 次/h。

地下汽车库若停放大型客车、层高较高时，其排风可以分成上、下两部分。

一般民用地下停车库，层高多为 4.2m 左右，由于汽车技术的进步，汽车启停时间缩短，汽车排放随着排放法规的日趋严格以及车辆运行时高温烟气的排出，烟气密度较小，易于向车库上部扩散。因此，大量工程实例是仅采用上部排风方式。

如果进、排风系统采用诱导通风方式时，车库内的气流扰动及混合就更加充分，有利于实现车库有效的全面通风。

当设置送风系统时，送风口宜设在主要通道上，其送风方式为：车库宜用集中送风口，修理间为工作区送风，如车库与修理间合在一起时，宜采用顶部均匀送风。在寒冷及严寒地区，送风应加热。宜在坡道出入口处设热空气幕。

2. 排风量计算

（1）按换气次数法计算

地下汽车库的排风量按换气次数计算时，排风量不少于 6 次/h，送风量不少于 5 次/h。当层高小于 3m 时，按实际高度计算换气体积；当层高大于或等于 3m 时，按 3m 高度计算换气体积。按换气次数法计算存在一定弊端。

（2）按稀释浓度法计算

对于全部或部分为双层或多层停车库，应按稀释浓度法计算；对于单层停车库，宜按稀释浓度法计算。

当民用建筑的地下汽车库中只停放小型车辆时，其排风量按下式确定：

$$L = G/(y_1 - y_0) \quad (\text{m}^3/\text{h}) \tag{2.12-1}$$

式中　L——车库所需的排风量，m^3/h；

　　　G——车库内排放 CO 的量，mg/h；

　　　y_1——车库内 CO 的允许浓度，为 $30\text{mg}/\text{m}^3$；

　　　y_0——室外大气中 CO 的浓度，各地不尽相同，一般城市里可按 $2.0\sim3.0\text{mg}/\text{m}^3$ 采用。

地下汽车库内排放 CO 量的多少与所停车的类型、产地、型号、排气温度及停车发动时间有关。一般公共建筑的地下汽车库大多数按停放轿车设计。但各类轿车的排气量也不一样，简化计算可采用一个平均值。

车库内 CO 的总排放量计算公式如下：

$$G = M \cdot y \quad (\text{mg}/\text{h}) \tag{2.12-2}$$

式中　M——车库内汽车排出气体的总量，m^3/h；

　　　y——典型汽车排放 CO 的平均浓度，mg/m^3，通常情况下取 $55000\text{mg}/\text{m}^3$。

$$M = (T_1/T_0) \cdot m \cdot t \cdot k \cdot n \quad (\text{m}^3/\text{h}) \tag{2.12-3}$$

式中　n——车库中的设计车位数；

　　　k——1h 出入车数与设计车位的比值，也称车位利用系数，此值与车库所服务的建筑业态密切相关，一般取 $0.5\sim1.2$；

　　　t——车库内汽车的运行时间，一般取 $2\sim6$min；

m——单台车辆单位时间的排气量，m^3/min［一般可取 $1.2\sim1.5m^3/$（h·台）求得］；

T_1——车库内车的排气温度，一般取 $500+273=773K$；

T_0——车库内以 $20℃$ 计的标准温度，$273+20=293K$。

3. 排风口与风机选型

地下车库的排风口应设于场地的下风向，且应远离人员活动区。排风口底边离地坪高度应大于 $2.5m$，并做消声处理。

地下车库的排风机宜选用离心风机，宜为变速风机，以利于节能，又可兼作排烟风机。因轴流风机噪声较大，如必须采用轴流风机时（条件限制），应采用低噪声的轴流排烟风机。

4. 地下车库采用无风管诱导通风系统

该方式于本书第 2.8 节已有叙述。对于需要设置机械排烟的地下车库，地下车库采用无风管诱导通风系统，同时应设计合理的排烟系统，地下车库采用无风道诱导通风系统时，并提出消防电气控制中，排烟风机、送风风机、诱导风机和有关阀门的启停或切换要求。

5. 地下车库通风系统节能运行

地下车库的通风系统，宜根据使用情况对通风机设置定时启停（台数）控制或根据车库内的 CO 浓度进行自动运行控制。

2.12.2 电气和设备用房通风

1. 电气用房通风

变、配电室（所）通风设计的基本原则是：

（1）地面上变配电室宜采用自然通风，当不能满足要求时应采用机械通风；地下变配电室应设置机械通风。

（2）当设置机械通风时，气流宜由高低压配电区流向变压器区，再由变压器区排至室外。

（3）变配电室宜独立设置机械通风系统。

（4）变配电室的通风量 L（m^3/h）应按下式计算：

$$L=\frac{1000Q}{0.337(t_p-t_s)}\qquad(2.12\text{-}4)$$

其中变压器发热量 Q（kW）可由设备厂商提供或按以下计算：

$$Q=(1-\eta_1)\eta_2\Phi W=(0.0126\sim0.0152)W\qquad(2.12\text{-}5)$$

式中 η_1——变压器效率，一般取 0.98；

η_2——变压器负荷率，一般取 $0.70\sim0.80$；

Φ——变压器功率因数，一般取 $0.90\sim0.95$；

W——变压器功率，$kV·A$；

t_p——室内排风温度，一般不宜高于 $40℃$；

t_s——送风温度，一般不宜高于 $28℃$。

当资料不全时，可采用换气次数法确定风量，一般按：变电室 $5\sim8$ 次/h；配电室 $3\sim4$ 次/h。

（5）下列情况变配电室可采用降温装置，但最小新风量应大于或等于 3 次/h 换气次数，或≥5％的送风量：机械通风无法满足变配电室的温度、湿度要求时，变配电室夏季需采用降温装置。

（6）设置在变配电室内的通风管道，应采用不燃材料制作。

2. 气体灭火防护区及储瓶间的通风

建筑物中采用气体灭火系统保护的防护区，应设置灭火后的通风换气设施，并应符合《气体灭火系统设计规范》GB 50370 中的以下要求：

（1）地下防护区和无窗或设固定窗的地上防护区应设置机械排风装置，排风口宜设在防护区的下部并应直通室外，排风机手动开启装置应设置在防护区外。

（2）通信机房、电子计算机房等场所的通风换气次数应不少于 5 次/h。

（3）喷放灭火剂之前，防护区内所有通风空调系统及开口应能通过控制系统自行关闭。

（4）灭火剂储存装置的储瓶间应有良好的通风条件，地下储瓶间应设机械排风装置，排风口应设在下部，可通过排风管排至室外。

3. 各类设备用房的通风

（1）制冷机房的通风

1）制冷机房的机器设备间应保持良好的通风。有条件时可采用自然通风或机械排风、自然补风，但应注意防止噪声对周围建筑环境的影响；无条件时应设置机械通风系统。

2）制冷机房宜独立设置机械通风系统，排风应直接排至室外。无论制冷机采用何种组分的制冷剂，制冷机房内还必须设置事故通风系统。

3）制冷机房的通风量应按以下确定：

① 当采用封闭或半封闭式制冷机，或采用大型水冷却电机的制冷机时，按事故通风量确定；

② 当采用开式制冷机时，应按消除设备发热的热平衡公式计算的风量与事故通风量中的大值选取；其中设备发热量应包括制冷机、水泵等电机的发热量，以及其他管道、设备的散热量；

③ 事故通风量应根据制冷机冷媒特性和生产厂商的技术要求确定，当资料不全时，事故通风量按下式确定，且不应小于 $12h^{-1}$：

$$L=247.8\times G^{0.5} \quad (m^3/h) \tag{2.12-6}$$

式中 G——机房最大制冷系统灌注的制冷工质量，kg。

④ 当制冷机设备发热量的数据不全时，可采用换气次数法确定风量，一般取 4～6 次/h。

4）制冷机房设备间的室内温度，冬季宜≥10℃、夏季宜≤35℃；冬季设备停运时值班温度应≥5℃。

5）制冷剂的比重几乎都大于空气，机械通风应根据制冷剂的种类设置事故排风口高度，地下制冷机房的排风口宜上、下分设。

6）制冷机房应根据制冷剂的种类特性，设置必要的制冷剂泄漏检测及报警装置，并与机房内的事故通风系统联锁，测头应安装在易泄漏制冷剂的部位。设置事故通风系统的机房，应在机房门的内、外侧便于操作的地方均设置紧急启动事故通风系统的按钮。

7) 氨制冷机房应设置事故排风装置，排风机为防爆型。

8) 制冷机房的通风应采取消声、隔声措施。

（2）锅炉房、直燃机房的通风

1) 锅炉间、直燃机房、水泵间、油泵间等有散发热量的房间，宜采用自然通风或机械排风与自然补风相结合的通风方式；当设置在地下或其他原因无法满足要求时，应设置机械通风。

2) 锅炉间、直燃机房以及与之配套的油库、日用油箱间、油泵间、燃气调压和计量间，宜设置各自独立的通风系统，事故排风机应采用防爆型并应由消防电源供电，通风设施应安装导除静电的接地装置。

3) 锅炉房、直燃机房及配套用房的通风量应按以下确定：

① 锅炉房、直燃机房的通风量规定见本书第 2.10.8 节第（13）条；

② 锅炉房、直燃机房的送风量应不小于排风量与燃烧所需空气量之和；

③ 油库的通风量应≥6 次/h 换气；油泵间的通风量应≥12 次/h 换气；计算两者换气量时，房间高度一般可取 4m；

④ 地下日用油箱间的通风量应≥3 次/h 换气；

⑤ 燃气调压和计量间应设置连续排风系统，通风量应≥3 次/h 换气；事故通风量应≥12 次/h 换气。

4) 事故通风系统应与可燃气体浓度报警器联锁，当浓度达到爆炸下限的 20% 时，系统启动运行。事故通风系统应有排风和通畅的进（补）风装置且通风设备应防爆。

5) 锅炉房、直燃机房的通风应考虑消声、隔声措施，特别是自然进（补）风口的消声、隔声。

6) 燃煤锅炉房的运煤系统和干式机械排灰渣系统，应设置密闭防尘罩和局部的通风除尘装置。

（3）厨房通风

1) 厨房通风系统应按全面排风（房间换气）、局部排风（油烟罩）以及补风三部分进行考虑和设计，系统设置可按以下确定：

① 当自然通风不能满足室内环境要求时，应设置全面通风的机械排风；

② 厨房炉灶间应设置局部机械排风；

③ 当自然补风无法满足厨房室内温度或通风要求时，应设置机械补风。

2) 对于可产生油烟的厨房设备间和可能产生大量蒸汽的厨房设备宜单独布置在房间内，其上部应设置机械式排风罩。

3) 洗碗间的排风量按排风罩断面速度不宜小于 0.2m/s 进行计算；一般洗碗间的排风量可按每间 500m³/h 选取；洗碗间的补风量宜按排风量的 80% 选取，可设定补风与排风联动。

4) 厨房机械通风系统排风量宜根据热平衡按式（2.12-4）计算确定。

室内显热发热量 Q（W），按以下计算：

$$Q=Q_1+Q_2+Q_3+Q_4 \tag{2.12-7}$$

式中　Q_1——厨房设备发热量，W，宜按工艺提供数据；

　　　Q_2——操作人员散热量，W；

Q_3——照明灯具散热量，W；

Q_4——外围护结构冷负荷，W。

5）厨房通风系统应独立设置，局部排风应依据厨房规模、使用特点等分设系统，机械补风系统的设置宜与排风系统相对应。局部排风罩见第 2.6.6 节。

6）厨房通风应采用直流式系统，补风宜符合下列要求：

① 补风量宜为排风量的 80%～90%；

② 当厨房与餐厅相邻时，送入餐厅的新风量可作为厨房补风的一部分，但气流进入厨房开口处的风速不宜大于 1m/s；

③ 当夏季厨房有一定的室温（不宜低于夏季室外通风计算温度）要求或有条件时，补风宜做冷却处理，可设置局部或全面冷却装置；对于严寒和寒冷地区，应对冬季补风做加热处理，送风温度可按 12～14℃选取。

④ 当厨房通风不具备准确计算条件时，排风量可按下列换气次数进行估算：

中餐厨房 40～60 次/h；

西餐厨房 30～40 次/h；

职工餐厅厨房 25～35 次/h。

注：1. 上述换气次数对于大、中型旅馆、饭店、酒店的厨房较合适；

2. 当按吊顶下的房间体积计算风量时，换气次数可取上限值；当按楼板下的房间体积计算风量时，换气次数可取下限值；

3. 以上所指厨房为有炉灶的房间。

7）厨房送风口、排风口的布置应按下列要求确定：

① 送风口应沿排风罩方向布置，距其不宜小于 0.7m；

② 全面排风口应远离排风罩；

③ 设在操作间内的送风口，应采用带有可调节出风方向的风口（如旋转风口、双层百叶风口等）。

8）厨房排风系统的设计，还应符合下列要求：

① 风管宜采用 1.5mm 厚的钢板焊接制作，其水平管段应尽可能短；风管应设不小于 2%的坡度坡向排水点或排风罩；

② 风管风速不应小于 8m/s，且不宜大于 10m/s；排风罩接风管的喉部风速应取 4～5m/s；

③ 排风管室外设置部分宜采取防产生冷凝水的保温措施；

④ 排风机设置应考虑方便维护，且宜选用外置式电机。

9）采用燃气灶具的地下室、半地下室（液化石油气除外）或地上密闭厨房，通风应符合下列要求：

① 室内应设烟气的一氧化碳浓度检测报警器；

② 房间应设置独立的机械送、排风系统；通风量应满足下列要求：

（a）正常工作时，换气次数不应小于 6 次/h；事故通风时，换气次数不应小于 12 次/h；不工作时换气次数不应小于 3 次/h；

（b）当燃烧所需的空气由室内吸取时，应满足燃烧所需的空气量；

（c）应满足排除房间热力设备散失的多余热量所需的空气量。

（4）其他设备机房的通风

1）电梯机房可根据设备要求，夏季采用机械通风和自带冷源的空调器进行降温，采用通风降温的风量应根据设备发热量和电梯机房允许温度按式（2.12-4）计算确定，当设备发热量数据不全时，可采用换气次数法确定风量，一般取 5～15 次/h。

2）水泵房、换热站、中水处理机房、通风空调机房等应有良好的通风，地上建筑可利用外窗自然通风或采用机械排风自然补风，地下建筑应设机械通风。采用机械通风时，换气次数可参考表 2.12-1 确定。

各类机房每小时换气次数　　　　　　　　　　　表 2.12-1

机房名称	清水泵房	软化水间	污水泵房	中水处理机房	蓄电池室	通风空调机房	换热站（间）
每小时换气次数（次/h）	2～4	2～4	8～12	6～10	10～12	2～4	6～10

注：蓄电池室采用全封闭蓄电池时换气次数为 3～5 次/h。

2.13　完善重大疫情防控机制中的建筑通风与空调系统

我国 2003 年春季暴发非典（SARS）疫情，2020 年伊始全球暴发新冠肺炎疫情，出现了国家层面的重大疫情公共卫生事件。国家要求完善重大疫情防控机制，健全国家公共卫生应急管理体系，暖通设计工作者责无旁贷。

1. 服务于医疗设施的暖通设计

发生疫情的途径主要是经空气传播时，做好合格的医治病毒感染病人的医疗设施，应执行现行国家标准《传染病医院建筑设计规范》GB 50849、《综合医院建筑设计规范》GB 51039、《医院负压隔离病房环境控制设计要求》GB/T 35428 和《新型冠状病毒感染的肺炎传染病应急医疗设施设计标准》等的规定。

暖通设计主要的设计原则是：

（1）病人环境全部为负压、医护人员环境全部为正压，采用机械通风系统，实现空气静压应从半清洁区、半污染区、污染区依次降低（压差值不小于 5Pa），从而消除任何可能出现的空气交叉污染。

（2）送风排风系统根据需要设置相应级别的空气过滤装置。

（3）隔离区可安装房间空调器，严寒、寒冷地区可设辅助电加热装置。隔离区空调的冷凝水应集中排入医院的污水处理系统统一处理。

（4）负压隔离病房应采用全新风直流式空调系统。

2. 处于疫情区域的其他公共建筑运行

其他公共建筑当处于发生经空气途径传播病毒疫情的疫区内，需要使用时，应对暖通空调系统进行全面分析、排查和合理运行，本着如下原则进行：

（1）强化通风，在建筑使用时段，必须而且优先运行自然通风和机械通风系统，包括运行必要的消防防排烟系统，形成合理的室外新风流经人员所在场所后排出的气流组织。

（2）当空调通风系统为全空气系统时，应当关闭回风阀，采用全新风方式运行。宜关闭空调通风系统的加湿功能。

（3）当空调通风系统为风机盘管加新风系统时，应当满足下列条件：

1）应当确保新风直接取自室外，禁止从机房、楼道和吊顶内取风；

2）保证排风系统正常运行；

3）对于大进深房间，应当采取措施保证内部区域的通风换气；

4）新风系统宜全天运行；

5）当空调通风系统为无新风的风机盘管系统（类似于家庭分体式空调）时，应当开门或开窗，加强空气流通。

（4）空调通风系统投入运行前，应全面消毒；投入运行后，应定期消毒。空调通风系统的常规清洗消毒应当符合《公共场所集中空调通风系统清洗消毒规范》WS/T 396—2012 的要求。可使用 250～500mg/L 含氯（溴）或二氧化氯消毒液，进行喷洒、浸泡或擦拭，作用 10～30min。对需要消毒的金属部件首选季铵盐类消毒剂。

（5）当场所内出现相关患者时，应停止使用空调通风系统。

2.14 暖通空调系统、燃气系统的抗震设计

根据《建筑机电工程抗震设计规范》GB 50981—2014 的规定，抗震设防烈度为 6 度及 6 度以上地区的建筑机电工程必须进行抗震设计。对位于抗震设防烈度为 6 度地区且除甲类建筑以外的建筑机电工程，按 GB 50981 采取抗震措施，但可不进行地震作用计算（甲类建筑应属于重大建筑工程和地震时可能发生严重次生灾害的建筑）。抗震设计根据《建筑抗震设计规范》GB 50011—2010（2016 年版）的有关规定，经综合分析后确定。对于重力不大于 1.8kN 的设备或吊杆计算长度不大于 300mm 的吊杆悬挂管道，可不进行设防。抗震支、吊架与钢筋混凝土结构应采用锚栓连接，与钢结构应采用焊接或螺栓连接。穿过隔震层的管道应采用柔性连接或其他方式，并应在隔震层两侧设置抗震支架。

2.14.1 供暖、通风与空气调节系统

（1）制冷机房、锅炉房、热交换站等不应设置在抗震性能薄弱的部位；在建筑物内的制冷机房、热交换站宜设置在地下室；燃油或燃气锅炉房宜布置在独立建筑内，当布置在非独立建筑物内时，除满足国家现行有关标准的规定外，还应采取防止燃料、高温热媒泄漏外溢的安全措施；装置的设备，当发生强烈振动时不应破坏连接件，并应防止设备和建筑结构发生谐振现象。

（2）管道材质与敷设应符合 GB 50981 的规定，高层建筑及 9 度地区的供暖、空气调节水管道应采用金属管道；排烟、排烟用补风、加压送风和事故通风的风道 8 度及 8 度以下地区的多层建筑宜采用钢板或镀锌钢板制作，高层建筑及 9 度地区应采用钢板或热镀锌钢板制作。

（3）矩形截面面积大于或等于 $0.38m^2$ 和圆形直径大于或等于 0.7m 的风道可采用抗震支吊架。

（4）防排烟风道、事故通风风道及相关设备应采用抗震支吊架。

（5）重力大于 1.8kN 的空调机组、风机等设备不宜采用吊装安装。当必须采用吊装时，应避免设在人员活动和疏散通道位置的上方，但应设置抗震支吊架。

（6）室外热力系统管道系统的抗震设计应按现行国家标准《室外给水排水和燃气热力工程抗震设计规范》GB 50032 的有关规定执行。

2.14.2　燃气系统

（1）内径大于或等于 25mm 的燃气管道应进行抗震设计，管道抗震支吊架的设置符合 GB 50981 第 8 章的规定。

（2）室外燃气设施的抗震设计应符合现行国家标准《室外给水排水和燃气热力工程抗震设计规范》GB 50032 的有关规定。

（3）燃气管道：

1）燃气管道宜采用焊接钢管或无缝钢管，应做防腐处理，并可采取保温措施；

2）高层建筑物沿外墙敷设的燃气管道应采用焊接钢管或无缝钢管，壁厚不得小于 4mm；

3）立管的焊口及管件距建筑物门窗水平净距不应小于 0.5m；

4）燃气管道不应穿过抗震缝，水平干管不宜跨越建筑物的沉降缝；

5）燃气管道需设置补偿器时，宜采用门形或波纹管形，不得采用填料型补偿器；

6）在建筑高度大于 50m 的建筑物内，燃气管道应根据建筑抗震要求，在适当的间隔设置抗震支撑，并应符合 GB 50981 的相关规定。

第3章 空 气 调 节

3.1 空气调节的基础知识

3.1.1 湿空气性质及焓湿图

1. 湿空气的性质

（1）湿空气的组成

湿空气由两部分组成：干空气和水蒸气。干空气是多种气体的混合气体，其中主要成分是氮（N_2）和氧（O_2），此外还有氩（Ar）、二氧化碳（CO_2）、氖（Ne）、氦（He）等10多种微量甚至痕量气体存在。干空气中各组成成分是比较稳定的。如以体积百分比含量表示，氮占78%，氧占21%，其他气体占1%。湿空气中水蒸气的含量是不多的，通常占千分之几到千分之二十几（质量比）。

（2）湿空气的状态

在进行空气处理过程分析时，常用的湿空气参数有四个：温度（t）、比焓（h）、含湿量（d）和相对湿度（ϕ）。湿空气还具有一定的压力 p（大气压）。正如湿空气由干空气和水蒸气两部分组成一样，压力 p 也由两部分组成：干空气的分压力 p_g 和水蒸气的分压力 p_q，它们之间的关系是：

$$p = p_g + p_q \tag{3.1-1}$$

压力的单位用 Pa 表示。

空气温度用摄氏度（℃）表示。

1）含湿量 d 的定义：每千克干空气中所含的水蒸气量，单位是 kg/kg$_{干空气}$，也可表示为 g/kg$_{干空气}$。

d 的计算式是：

$$d = 0.622 \frac{p_q}{p - p_q} \quad (\text{kg/kg}_{干空气}) \tag{3.1-2}$$

2）比焓是用来表示物质系统能量状态的一个参数，热力过程比焓的变化 Δh 等于定压比热容 C_p 乘以温度差 Δt，即

$$\Delta h = C_p \cdot \Delta t \tag{3.1-3}$$

干空气的定压比热容 $C_{p,g} = 1.01\text{kJ/(kg·℃)}$，水蒸气的定压比热容 $C_{p,q} = 1.84\text{kJ/(kg·℃)}$。湿空气的比焓一般是以 1kg 干空气作为基数进行计算的，伴随着 1kg 干空气的还有 $d$kg 水蒸气，如果取 0℃ 的干空气和 0℃ 的水的比焓为零，则包含 1kg 干空气的湿空气的焓应是：

$$h = 1.01t + d(2500 + 1.84t) \quad (\text{kJ/kg}_{干空气}) \tag{3.1-4}$$

式中，2500kJ/kg 是每千克 0℃ 的水变成 0℃ 的水蒸气所需要的汽化潜热。

3）相对湿度的含义：水蒸气分压力 p_q 有一个最大值，称为水蒸气饱和分压力，以

$p_{q,b}$表示之。它是一个与温度有关的数值，随温度的升高而增加。p_q 与 $p_{q,b}$ 之间的关系反映了湿空气的饱和程度（即潮湿程度），p_q 与 $p_{q,b}$ 的比值称为相对湿度 φ。

$$\varphi = \frac{p_q}{p_{q,b}} \tag{3.1-5}$$

2. 焓湿图及应用

湿空气的四个状态参数 t、d、h 和 φ 中，只有两个是独立的，只要已知任意两个参数（在某一大气压 p 下），其他两个参数的数值即可被确定。湿空气参数的计算虽然不复杂，但是在实际工程中，如果进行频繁的计算，终究还是不方便。如果将湿空气四个参数按公式绘制成图——湿空气焓湿图（h-d 图），就可使计算工作大为简化，而获得的数据的准确度也可以满足一般工程的需要。

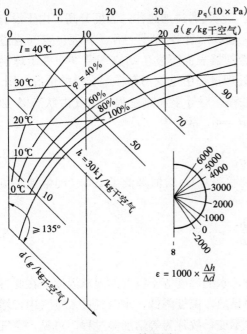

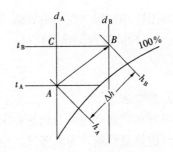

图 3.1-1　焓湿图　　　　　　　　　图 3.1-2　空气状态变化

图 3.1-1 是焓湿图的示意图，图中有四种基本线条：等比焓线、等含湿量线、等温线和等相对湿度线。图上一系列与水平线接近平行的是等温线，每条线代表一个温度值。等温线之间并不平行，$t=0℃$ 的等温线则是水平的。图中一系列垂直线条是等含湿量线，每条线代表一个含湿量值，等含湿量线之间都是平行的。此外，还有一系列与垂直线成 $45°$ 的、相互平行的斜线，这是等比焓线，每条线代表一比焓值。最后，还有一组曲率在变化的曲线，称为等相对湿度线，每条线代表一个相对湿度值，最低的一根曲线表示 $\varphi=100\%$，通常称为饱和线。图中任一点代表一空气状态。饱和线以下的空气状态是不存在的，饱和线以上的区域内任一点都是可能存在的，每一点都有四个参数：t、d、h 和 φ。为确定任一点的位置，只要知道两个参数，其他两个即可从图上查得。另外，每张焓湿图都是根据某大气压绘制的，因此在使用时应当选用压力相符的焓湿图。焓湿图不仅能用来确定空气的状态参数，还可广泛应用于空调过程的分析和计算，具有直观性强的优点。

(1) 热湿比

由于各种原因，空气状态会发生变化。比如说，空气的状态原来是 A，当它流经一空气处理设备后，状态变成 B，将这两个状态表示在焓湿图中，如图 3.1-2 所示。确定空气的状态必须要有两个参数，所以反映空气状态变化的特征也必须要有两个参数的变化值。从 A 变到 B，如果知道了比焓的变化 Δh 和含湿量的变化 Δd，那么 B 点的位置就确定了。故 Δh 与 Δd 的比值描绘了空气状态变化的方向，这一比值称为热湿比（用 ε 表示），即

$$\varepsilon = \frac{\Delta h}{\Delta d} \ (kJ/kg) \tag{3.1-6}$$

Δh 与 Δd 有正值或负值之分，故 ε 也有正负之分。一定的热湿比值体现了一定的空气状态变化方向。

(2) 等湿加热或等湿冷却

这是在空调中常见的空气状态变化过程。空气通过加热器，温度升高，由于没有额外的水分加入，其含湿量不变，空气状态变化过程沿着等 d 线上升。同理，空气通过冷却器时，空气温度沿着等 d 线下降，如果在冷却器表面不发生结露现象（空气干球温度没有冷却降至该空气的露点温度及以下时），处理过程中也就不存在湿交换的情况。图 3.1-3 是在焓湿图上表示的等湿加热和等湿冷却过程。对等湿加热过程，空气由状态 A 加热到状态 B，焓值升高了 Δh_1，但是含湿量差 $\Delta d_1 = 0$，故

$$\varepsilon_1 = \frac{\Delta h_1}{\Delta d_1} \rightarrow +\infty \tag{3.1-7}$$

对等湿冷却过程（空气由状态 A 冷却到状态 C），焓值降低了 Δh_2（即焓差是负值），而 $\Delta d_2 = 0$，则此过程的热湿比是：

$$\varepsilon_2 = \frac{\Delta h_2}{\Delta d_2} \rightarrow -\infty \tag{3.1-8}$$

(3) 等焓加湿

用循环水喷淋空气，当到达稳定状态时，水的温度等于空气的湿球温度。在此过程水吸收空气的热量而蒸发为水蒸气，空气失掉显热，温度降低，水蒸气进入空气中，增加了空气的含湿量和潜热。因此，空气比焓基本不变，故称为等焓加湿过程。可见，空气由初状态 A 向终状态 B 变化是沿着等比焓线下降的（见图 3.1-4）。这一过程的热湿比值为：

$$\varepsilon = \frac{\Delta h}{\Delta d} = 0 \tag{3.1-9}$$

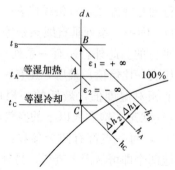

图 3.1-3 等湿过程

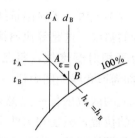

图 3.1-4 喷循环水加湿空气

（4）等温加湿

将低温干蒸汽喷入空气，只要控制住蒸汽量，不使空气含湿量超出饱和状态，那么空气状态的变化接近于等温过程。在此过程中，空气含湿量的增值是 Δd，空气的比焓增值为：

$$\Delta h = \Delta d\ (2500 + 1.84t) \qquad (\text{kJ/kg}_{干空气}) \tag{3.1-10}$$

表示空气状态变化过程特征的热湿比值为：

$$\varepsilon = \frac{\Delta h}{\Delta d} = 2500 + 1.84t_{\mathrm{q}} \tag{3.1-11}$$

这里，t_{q} 是水蒸气的温度。在焓湿图上，这样的热湿比线大致与等温线平行，图 3.1-5 表示了这一过程。

（5）减焓减湿

用低温水（低于被处理空气露点温度的水）通入空气冷却器，并将空气的干球温度降低至露点温度以下时，冷却器表面将发生结露现象，这一过程既有热交换也有湿交换，因此称为减焓减湿过程，即空气的比焓和含湿量都下降了。图 3.1-6 定性地表达了这一过程。

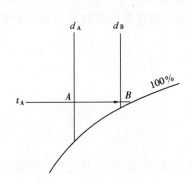

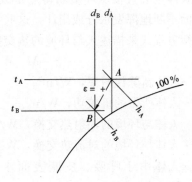

图 3.1-5　喷蒸汽加湿空气　　　　图 3.1-6　空气的减焓减湿过程

（6）两种不同状态空气的混合

现有状态 A 和状态 B 两种空气混合，它们的流量、比焓、温度和含湿量分别是：G_{A}、h_{A}、t_{A}、d_{A} 和 G_{B}、h_{B}、t_{B}、d_{B}。混合后空气状态的比焓、温度和含湿量为 h_{C}、t_{C} 和 d_{C}。如果在混合过程中与外界没有热、湿交换，则根据热平衡的原理可得：

$$\frac{h_{\mathrm{B}} - h_{\mathrm{C}}}{h_{\mathrm{C}} - h_{\mathrm{A}}} = \frac{d_{\mathrm{B}} - d_{\mathrm{C}}}{d_{\mathrm{C}} - d_{\mathrm{A}}} = \frac{t_{\mathrm{B}} - t_{\mathrm{C}}}{t_{\mathrm{C}} - t_{\mathrm{A}}} \tag{3.1-12}$$

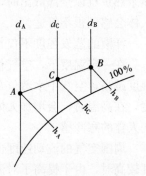

上式表示的是一直线方程。换句话说，在焓湿图上通过 A 和 B 绘一条直线，混合空气 C 的状态一定是这直线上的某一点（见图 3.1-7）。C 点在直线上的具体位置则取决于 $G_{\mathrm{A}}/G_{\mathrm{B}}$ 的比值。

（7）湿球温度和露点温度

利用焓湿图可以确定空气的湿球温度和露点温度。根据热湿交换的原理，湿球表面层的空气属饱和空气（温度等于

图 3.1-7　两种空气的混合

湿球温度），湿球表面与周围空气间的总热交换量近似为零。如果在焓湿图上表示的话，湿球表面的空气状态与周围空气的状态近似处于等比焓线上。湿球温度可以这样求得：在焓湿图上确定某空气状态点，通过该点的等比焓线与饱和线的交点所代表的温度值，即该空气状态点的湿球温度。

从焓湿图上可以看出，将任一状态的空气 A 作等湿冷却，冷却后的空气相对湿度增高。冷却后的温度越低，其相对湿度越高。如果将空气一直冷却到饱和线上的 L 点，这将是一个极限点。如果再进一步冷却，空气中的水蒸气将会有一部分凝结成水。L 点的温度 t_L 就称为露点温度。

3.1.2 室内外空气参数的确定

1. 人体热平衡与热舒适

（1）人体热平衡方程式

人体靠摄取食物获得能量，食物在人体新陈代谢过程中被分解氧化，同时释放出能量。这些能量一部分用于人体各器官的运动和对外做功，另一部分转化为维持一定体温所需的热量。如果有多余的热量，则要释放到周围环境中去。如果人体温度与周围环境温度不同，那么人体也会直接从环境获得热量或向环境散发热量。此外，人体不断地进行呼吸，皮肤表面不断地挥发水分或出汗，这些复杂的生理过程也伴随着与环境的能量交换。可以用热平衡方程式来描述人与环境的热交换：

$$S = M - W - R - C - E \tag{3.1-13}$$

式中　M——人体新陈代谢率，W/m^2；

　　　W——人体所做的机械功，W/m^2；

　　　R——人体与环境的辐射热交换，W/m^2；

　　　C——人体与环境的对流热交换，W/m^2；

　　　E——人体由于呼吸、皮肤表面水分蒸发及出汗所造成的与环境的热交换，W/m^2；

　　　S——人体的蓄热率，W/m^2。

在稳定的环境条件下，S 应为零。这时，人体保持了能量平衡。如果周围环境温度（空气温度、围护结构及周围物体的表面温度）升高，则人体的对流和辐射散热量将减少。为了保持热平衡，人体会运用自身的自动调节机能来加强汗腺分泌。这样，由于排汗量和消耗在汗液蒸发上的热量增加，在一定程度上会补偿人体对流和辐射散热的减少量。当人体余热量难以全部散出时，余热量就会在体内蓄存起来，S 将变为正值，导致体温上升，人体会感到很不舒适。

汗液的蒸发强度不仅与周围空气温度有关，而且和相对湿度、空气流动速度有关。

在一定温度下，空气相对湿度的大小，表示空气中水蒸气含量接近饱和的程度。相对湿度越高，空气中水蒸气分压力越大，人体汗液蒸发量则越少。所以，增加室内空气湿度，在高温时，会增加人体的闷热感。在低温下，由于空气潮湿增强了导热和辐射，会加剧人体的寒冷感。

周围空气的流动速度也是影响人体对流散热和水分蒸发散热的主要因素之一。气流速度较高时，由于提高了对流换热系数及湿交换系数，使对流散热和水分蒸发散热增强，加剧了人体的冷感。

周围物体表面的温度决定了人体辐射散热的强度。在同样的室内空气参数条件下，围护结构内表面温度提高，人体会增加热感；表面温度降低，则会增加冷感。

综上所述，人体冷热感与组成热环境的下述因素有关：

1) 室内空气温度；

2) 室内空气相对湿度；

3) 人体附近的空气流速；

4) 围护结构内表面及其他物体表面温度。

人的冷热感除与上述四项因素有关外，还和人体活动量、衣着情况（衣服热阻）以及性别、年龄有关。

（2）人体热舒适方程和PMV-PPD指标

研究人与环境热交换的目的并不仅仅在于获得一个热平衡方程式，更重要的是如何创造一个使人舒适的工作与生活环境。因此，有必要进一步研究当人体与环境达到热平衡时，环境热变量及人体生理变量等众多参数如何组合才能使人感到热舒适。

20世纪60年代，丹麦学者P.O.Fanger在大量实验的基础上，提出了包括上述所有主要变量在内的热舒适方程式，这一方程式又经过与其他学者的实验结果相比较，证明它在研究人体热舒适并确定环境的最佳热舒适条件中，有非常重要的实用价值和指导意义。

人在某一热环境中要感到热舒适，必须满足三个最基本的条件。第一个最基本、最主要的条件是人与环境达到热平衡，人体对环境的散热量等于人体内产生的热量，即人体蓄热率 $S=0$，即

$$M-W-R-C-E=0$$

或 $$f(M, I_{cl}, t_a, t_{mrt}, P_q, v, t_{msk}, E_{rsw})=0 \qquad (3.1\text{-}14)$$

式中 M——人体新陈代谢率，W/m^2；

I_{cl}——服装热阻，clo（$1clo=0.155m^2 \cdot K/W$）；

t_a——空气温度，℃；

t_{mrt}——环境的平均辐射温度，℃；

P_q——空气水蒸气分压力，kPa；

v——空气流速，m/s；

t_{msk}——人体表面的平均温度，℃；

E_{rsw}——人体实际的出汗蒸发热损失，W/m^2。

P.O.Fanger进一步认为，如果人处于热舒适状态下，人体皮肤平均温度 t_{msk} 应具有与舒适相适应的水平及人体实际的出汗蒸发热损失 E_{rsw} 应保持在一个较小的范围内，并且两者都是新陈代谢率 M 的函数。它们是热舒适必须满足的第二、第三个基本条件。式（3.1-14）可以简化为：

$$f(M, I_{cl}, t_a, t_{mrt}, P_q, v)=0 \qquad (3.1\text{-}15)$$

上式表明，对于任何确定的人的活动量 M 及着装情况 I_{cl}，可以找到一种 t_a, t_{mrt}, P_q, v 的最佳组合，给出一个热舒适环境。

P.O.Fanger提出了表征人体热反应（冷热感）的评价指标（PMV-预计平均热感觉指数）。PMV的分度如表3.1-1所示。

PMV 指标　　　　　　　　　　　　　　　　　　表 3.1-1

热感觉	热	暖	微暖	适中	微凉	凉	冷
PMV 值	+3	+2	+1	0	−1	−2	−3

PMV 指标代表了对同一环境中绝大多数人的冷热感觉，因此可用 PMV 指标预测热环境下人体的热反应。由于人与人之间生理的差别，故用预期不满意百分率（PPD）指标来表示人群对热环境不满意的百分数。

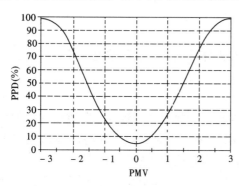

图 3.1-8　PMV 与 PPD 的关系曲线

PMV 与 PPD 之间的关系可用图 3.1-8 表示。在 PMV＝0 处，PPD 为 5%。这意味着，即使室内环境为最佳热舒适状态，由于人们的生理差别，还有 5% 的人感到不满意。《热环境人类工效学——基于 PMV-PPD 计算确定的热舒适及局部热舒适判据的分析测定和解析》ISO 7730 等效对应的是国家标准《热环境的人类工效学 通过计算 PMV 和 PPD 指数与局部热舒适准则对热舒适进行分析测定与解释》GB/T 18049—2017 对期望的热环境分为 A、B、C 三类，PPD 依次为：＜6%、＜10%、＜15%，对应的 PMV 值依次为：−0.2～0.2，−0.5～+0.5，−0.7～0.7。

2. 室内空气设计参数

空调的作用是维持室内空气一定的状态参数，人们为达到这一状态参数对空调设备进行运行管理。在空调系统设计时，也要按规定的室内空气状态进行计算，这一规定状态下的参数称为室内空气设计参数。

根据空调的目的，可分为两种类型：舒适性空调和工艺性空调。

舒适性空调的作用是维持室内空气具有合适的状态，使室内人员处于舒适状态，以保证良好的工作条件和生活条件。

工艺性空调的作用是满足生产工艺过程对空气状态的要求，以保证生产过程得以顺利进行。

（1）舒适性空调的室内空气设计参数

根据国家标准《民用建筑供暖通风与空气调节设计规范》GB 50736 的规定，人员长期逗留的舒适性空调的室内设计参数可按表 3.1-2 规定的数值选用。

人员长期逗留区域空气调节室内设计参数　　　　　　　表 3.1-2

类别	热舒适度等级	温度（℃）	相对湿度（%）	风速（m/s）	PMV	PPD
供热工况	Ⅰ级	22～24	≥30	≤0.2	−0.5≤PMV≤0.5	≤10%
	Ⅱ级	18～22	—	≤0.2	−1≤PMV＜−0.5，0.5＜PMV≤1	≤27%
供冷工况	Ⅰ级	24～26	40～60	≤0.25	−0.5≤PMV≤0.5	≤10%
	Ⅱ级	26～28	≤70	≤0.3	−1≤PMV＜−0.5，0.5＜PMV≤1	≤27%

注：1. Ⅰ级热舒适度较高，Ⅱ级热舒适度一般；

　　2. 工业建筑夏季空气调节室内节能设计温度 28℃，相对湿度≤70%。

人员短期逗留区域空气调节供冷工况室内设计参数宜比长期逗留区域提高 $1\sim2\,℃$，供热工况宜降低 $1\sim2\,℃$。短期逗留区域室内供冷工况风速不宜大于 $0.5\mathrm{m/s}$，供热工况风速不宜大于 $0.3\mathrm{m/s}$。

室内空气应无毒、无害、无异味，并应符合国家现行的有关室内空气质量卫生标准的要求。对于民用建筑的舒适性空调，室内空气中的污染物浓度要求，见第 2.1 节。

公共建筑人员所需的最小新风量见表 3.1-3，高密人群建筑每人所需最小新风量应按照人员密度确定（见表 3.1-4）。由于新风负荷在空调设备的负荷中所占比重一般高达 $20\%\sim40\%$，空调设计中应当采用保证人员所需的合理的新风量数值，且不应盲目加大。

公共建筑主要房间人员所需的最小新风量 表 3.1-3

建筑房间类型	新 风 量 $[\mathrm{m^3/(h\cdot 人)}]$
办公室、客房	30
大堂、四季厅	10

高密人群建筑每人所需最小新风量 ［单位：$\mathrm{m^3/(h\cdot 人)}$］ 表 3.1-4

建 筑 类 型	人员密度 P_F（人/$\mathrm{m^2}$）		
	$P_F\leqslant0.4$	$0.4<P_F\leqslant1.0$	$P_F>1.0$
影剧院、音乐厅、大会厅、多功能厅、会议室	14	12	11
商场、超市、博物馆、展览厅、公共交通等候室、体育馆	19	16	15
图书馆	20	17	16
歌厅	23	20	19
教室	28	24	22
酒吧、咖啡厅、宴会厅、餐厅、游艺厅、保龄球房	30	25	23
幼儿园	30	25	23
健身房	40	38	37

（2）工艺性空调的室内空气设计参数

工艺性空调室内温湿度基数及其允许波动范围，应根据工艺需要并考虑必要的卫生条件确定。工艺性空调可分为一般降温性空调、恒温恒湿空调和净化空调等。降温性空调对温、湿度的要求是夏季工人操作时手不出汗，不使产品受潮。因此，一般只规定温度或湿度的上限，不注明空调精度。

恒温恒湿空调室内空气的温、湿度基数和精度都有严格要求，如某些计量室，室温要求全年保持 $20\pm0.1\,℃$，相对湿度保持 $50\%\pm5\%$。

净化空调不仅对空气温、湿度提出一定要求，而且对空气中所含尘粒的大小和数量也有严格要求。确定工艺性空调室内计算参数时，一定要了解实际工艺生产过程对温湿度的要求。

人员活动区的风速，冬季不宜大于 $0.3\mathrm{m/s}$，夏季宜采用 $0.2\sim0.5\mathrm{m/s}$；当室内温度高于 $30\,℃$ 时，可大于 $0.5\mathrm{m/s}$。

3. 室外空气计算参数

计算通过围护结构传入室内或传出室外的热量，都要以室外空气计算温度为计算依据。另外，空调房间一般送入部分新鲜空气供人体需要，加热或冷却这部分新鲜空气所需热量或冷量也都与室外空气计算干、湿球温度有关。

室外空气的干、湿球温度不仅随季节变化，而且在同一季节的同一个昼夜里，室外空气温湿度每时每刻都在变化。

室外空气计算参数的取值，直接影响室内空气状态、设备投资和运行。若夏季取多年罕见而且持续时间较短的当地室外最高干、湿球温度作为计算干、湿球温度，则会因设备庞大而形成投资浪费、运行耗能高。因此，设计规范中规定的设计参数是按照全年大多数时间里能满足室内设计参数要求来确定的。以下是《民用建筑供暖通风与空气调节设计规范》GB 50736 中规定的室外计算参数。

（1）夏季空调室外计算干、湿球温度

夏季空调室外计算干球温度，应采用历年平均不保证 50h 的干球温度；夏季空调室外计算湿球温度应采用历年平均不保证 50h 的湿球温度。

（2）夏季空调室外计算日平均温度和逐时温度

夏季计算经围护结构传入室内的热量时，应按不稳定传热过程计算，因此必须已知计算日的室外计算日平均温度和逐时温度。

夏季空调室外计算日平均温度应采用历年平均不保证 5 天的日平均温度。

夏季空调室外计算日逐时温度可按下式确定：

$$t_{sh} = t_{wp} + \beta \Delta t_r \tag{3.1-16}$$

式中　　t_{sh}——室外计算逐时温度，℃；

　　　　t_{wp}——夏季空气调节室外计算日平均温度，℃；

　　　　β——室外温度逐时变化系数，见表 3.1-5；

　　　　Δt_r——夏季室外计算平均日较差，

$$\Delta t_r = \frac{t_{wg} - t_{wp}}{0.52} \tag{3.1-17}$$

式中　　t_{wg}——夏季空气调节室外计算干球温度，℃。

室外温度逐时变化系数　　　　　　　　　　　　　　表 3.1-5

时刻	1	2	3	4	5	6
β	−0.35	−0.38	−0.42	−0.45	−0.47	−0.41
时刻	7	8	9	10	11	12
β	−0.28	−0.12	0.03	0.16	0.29	0.40
时刻	13	14	15	16	17	18
β	0.48	0.52	0.51	0.43	0.39	0.28
时刻	19	20	21	22	23	24
β	0.14	0.00	−0.10	−0.17	−0.23	−0.26

（3）冬季空调室外计算温度、湿度的确定

冬季围护结构的传热量可按稳定传热方法计算，不考虑室外气温的波动。因而可以只给定一个冬季空调室外计算温度作为计算新风负荷和计算围护结构传热之用。

冬季空调室外计算温度应采用历年平均不保证 1 天的日平均温度。当冬季不使用空调设备送热风而仅使用采暖装置供暖时，则应采用供暖室外计算温度，供暖室外计算温度应采用历年平均不保证 5 天的日平均温度。

冬季室外空气含湿量远较夏季小，为了简化参数的统计方法、并能保证冬季热湿负荷计算比较安全，只给出室外计算相对湿度值。冬季空气调节室外计算相对湿度采用累年最冷月平均相对湿度。

（4）其他空调通风室外计算参数可详见现行国家标准《民用建筑供暖通风与空气调节设计规范》GB 50736。

3.1.3 空调房间围护结构建筑热工要求

1. 窗玻璃的太阳光学特性

太阳辐射对建筑物的热作用有两种过程：

（1）对非透光的围护结构，太阳辐射影响了外表面温度，然后再通过围护结构影响到室内。在传热计算时以综合温度的方式考虑该影响。

（2）对透光材料，太阳辐射作用到外表面时，一部分能量被反射回大气环境；一部分能量透过透光材料直接进入室内，成为室内得热量；另有一部分能量则在透过过程中被材料吸收，从而提高了材料自身的温度，然后再向室内和室外散热。其中向室内的散热也成为室内得热量。玻璃是最常见的一种透光材料。

以 I 表示照射到玻璃外表面的太阳辐射强度，以 I_ρ 表示被玻璃外表面反射出去的那一部分太阳辐射强度，使 $\rho = I_\rho / I$，并称为反射率。

以 I_τ 表示透过玻璃直接进入室内的那一部分太阳辐射强度，使 $\tau = I_\tau / I$，并称为透过率。

以 I_α 表示被玻璃吸收的太阳辐射强度，使 $\alpha = I_\alpha / I$，并称为吸收率。

根据能量守恒定律，可得 $I = I_\rho + I_\tau + I_\alpha$，故：

$$\rho + \tau + \alpha = \frac{I_\rho + I_\tau + I_\alpha}{I} = 1 \tag{3.1-18}$$

所谓的玻璃太阳光学性能就是指玻璃的反射率、透过率和吸收率。该性能既是对可见光又是对太阳辐射能中不可见的辐射能部分的总体反映。

对非透光材料，$\tau = 0$，故 $\rho + \alpha = 1$。

玻璃对太阳辐射具有反射、透过和吸收三种现象。

（1）反射

一般来说反射有两种：

1）镜面反射：反射光线、入射光线和法线在同一平面上，反射光线和入射光线分居在法线的两侧，反射角等于入射角。通常只有玻璃表面、静止水面和抛光金属平面能作镜面反射。

2）漫反射：入射角虽有确定的数值，但是反射光线没有特定的方向，而是向所有方向均匀散射。通常认为由建筑材料（除了玻璃）构成的表面的反射都是漫反射。例如阳光

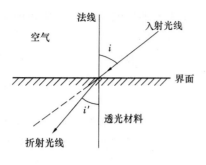

图 3.1-9 光的折射与透射

透过玻璃照射到地板表面后的反射就是漫反射。

（2）透过

光线透过透光材料时有一重要现象，即光线通过界面时发生折射现象。如图 3.1-9 所示，入射光线与界面法线间的夹角 i 称为入射角；折射光线与法线的夹角 i' 称为折射角。入射角与折射角通常不相等，这是由于界面两侧物质（例如一侧为空气，另一侧为玻璃）中的光速不同而产生的现象。

Snell 定律建立了入射角与折射角之间的关系：

$$n = \frac{\sin i}{\sin i'} \qquad (3.1\text{-}19)$$

式中 n 为折射率。当光线从空气进入透光材料时，折射率总是大于 1。表 3.1-6 是一组参考数据。

几种材料的折射率　　　　　　　　　　　　表 3.1-6

透光材料	n	透光材料	n
水	1.3336	石英	1.5442～1.5534
玻璃	1.526 左右	钻石	2.41733

（3）吸收

太阳辐射由可见光及近红外的短波辐射组成。普通玻璃对这种短波辐射的吸收率较小（最多为百分之十几到二十几），而对长波热辐射，普通玻璃的吸收率可高达 90%～95%。

玻璃的成分对短波辐射的吸收率有很大的影响。有颜色的吸热玻璃的吸收率比普通玻璃的吸收率要高得多。

吸收率高的玻璃，其透过率就要降低。吸热玻璃的透过率比普通玻璃要小。普通透明玻璃对长波辐射的吸收率很高，故其长波透过率很小。

玻璃的太阳光学性能与玻璃的成分有关。普通的窗玻璃含有以下几种成分：SiO_2，Na_2O，CaO，MgO，Al_2O_3 和 Fe_2O_3。其中 Fe_2O_3 的含量很少，只有 0.1% 左右，但是它对玻璃的太阳光学性能的影响却是很大的。普通玻璃吸收太阳辐射能的能力主要取决于 Fe_2O_3 的含量，这一含量越高，玻璃对太阳辐射能的吸收率也越高。

玻璃有一个重要特性，就是波长较长的热辐射几乎不能透过玻璃。据研究，波长大于 $4.5\mu m$ 的热辐射几乎不能透过玻璃。也有资料提出，温度低于 120℃ 的物体产生的热辐射是不能透过玻璃的。玻璃所具有的这种性能就是所谓的"温室效应"。它的意思是以玻璃为围护结构的房屋（如温室），太阳辐射能透过玻璃进入室内，而室内发出的热辐射却不能透过玻璃传至室外。

表 3.1-7 给出几种主要类型玻璃窗的传热系数。

2. 墙体的建筑热工特性

常用围护结构的热工特性有：总传热阻 R_0 或总传热系数 K_0 和热惰性指标 D。

（1）总传热阻 R_0（$m^2 \cdot ℃/W$）

几种主要类型玻璃整窗的传热系数（隔热金属型材、框面积 20%）   表 3.1-7

窗户构造	玻璃中部传热系数 [W/ (m² · ℃)]	窗户构造	传热系数 [W/ (m² · ℃)]
3mm 透明玻璃	5.8	单玻窗	5.8
中空玻璃	2.8	6 透明＋12 空气＋6 透明	3.4
	2.4	6 中等透光热反射＋12 空气＋6 透明	3.1
	2.3	6 低透光热反射＋12 空气＋6 透明	2.4
	1.9	6 高透光 LowE＋12 空气＋6 透明	2.1
	1.8	6 中透光 LowE＋12 空气＋6 透明	2.0
	1.5	6 高透光 LowE＋12 氩气＋6 透明	1.8
	1.4	6 中透光 LowE＋12 氩气＋6 透明	1.7

$$R_0 = R_n + R + R_w \qquad (3.1\text{-}20)$$

式中 R_n——内表面换热阻，$m^2 \cdot ℃/W$；

R_w——外表面换热阻，$m^2 \cdot ℃/W$；

R——围护结构热阻，$m^2 \cdot ℃/W$。

总传热阻 R_0 的倒数被称为总传热系数 K_0 [W/ (m² · ℃)]，即

$$K_0 = 1/R_0 \qquad (3.1\text{-}21)$$

（2）热惰性指标 D

热惰性指标是表征围护结构对温度波衰减快慢程度的无量纲指标，D 值越大，温度波在其中的衰减越快，围护结构的热稳定性越好。

对多层围护结构而言，有：

$$D = D_1 + D_2 + \cdots\cdots + D_N = R_1 \cdot S_1 + R_2 \cdot S_2 + \cdots\cdots + R_N \cdot S_N \qquad (3.1\text{-}22)$$

式中 R_1，R_2，……，R_N——分别为各层材料的热阻，$m^2 \cdot ℃/W$；

S_1，S_2，……，S_N——分别为各层材料的蓄热系数，W/ (m² · ℃)。

3. 空调房间围护结构建筑热工要求

空调房间围护结构的经济传热系数 K，应根据建筑物的用途和空气调节的类别，通过技术经济比较确定。比较时应考虑室内外温差、恒温精度、保温材料价格与导热系数、空调制冷系统投资与运行维护费用等因素，采用工艺性空调系统的建筑，围护结构最大传热系数不应大于表 3.1-8 所规定的数值。

围护结构最大传热系数 [单位：W/ (m² · ℃)]   表 3.1-8

围护结构名称	工艺性空调		
	室温允许波动范围（℃）		
	±0.1~0.2	±0.5	≥±1.0
屋顶	—	—	0.8
顶棚	0.5	0.8	0.9
外墙	—	0.8	1.0
内墙和楼板	0.7	0.9	1.2

注：1. 表中内墙和楼板的有关数值，仅适用于相邻空调区的温差大于 3℃时；

2. 确定围护结构的传热系数时，尚应符合围护结构最小传热阻的规定。

采用舒适性空气调节系统的民用建筑，围护结构传热系数应满足《公共建筑节能设计标准》GB 50189 及不同气候区居住建筑节能设计标准的相关规定。

工艺性空调房间，其围护结构的热惰性指标不应小于表 3.1-9 的规定。工艺性空调区的外墙、外墙朝向及其所在楼层，应符合表 3.1-10 的要求。

表 3.1-9

围护结构最小热惰性指标 D 值

围护结构名称	室温允许波动范围（℃）	
	±0.1~0.2	±0.5
外墙	—	4
屋顶	—	3
顶棚	4	3

表 3.1-10

外墙、外墙朝向及所在楼层

室温允许波动范围（℃）	外墙	外墙朝向	楼层
≥±1.0	宜减少外墙	宜北向	宜避免在顶层
±0.5	不宜有外墙	如有外墙时，宜北向	宜底层
±0.1~0.2	不应有外墙	—	宜底层

注：1. 室温允许波动范围小于或等于±0.5℃的空调区，宜布置在室温允许波动范围较大的空调区之中，当布置在单层建筑物内时，宜设通风屋顶；
    2. 此处"北向"适用于北纬 23.5°以北的地区；北纬 23.5°以南的地区，可相应地采用南向。

工艺性空调区，当室温允许波动范围大于±1.0℃时，外窗朝向布置同表 3.1-10；±1.0℃时，不应有东、西向外窗；±0.5℃时，不宜有外窗，如有外窗时，应朝北向。空调建筑的外窗面积不宜过大。不同窗墙面积比的外窗，其传热系数及太阳得热系数应符合不同气候区的建筑节能设计标准的规定。室温允许波动范围大于或等于±1.0℃的空调区，部分窗扇应能开启。

3.2 空调冷热负荷和湿负荷计算

空调系统的作用是排除室内的热负荷和湿负荷，维持室内要求的温度和湿度。热湿负荷的大小对空调系统的规模有决定性影响。所以设计空调系统时，首先要计算房间的热湿负荷。此外，确定空调系统的送风量或送风参数，依据的也是空调房间的热湿负荷。

3.2.1 空调冷（热）、湿负荷的性质与形成机理

1. 太阳辐射热对建筑物的热作用

（1）太阳的基本知识

太阳是太阳系的中心，直径 1.39×10^6 km。太阳是一个温度极高的气体球，其表面温度达 6000K 左右。太阳不断地向地球辐射热量，在地球大气层上部，这一辐射强度的平均值为 $1368W/m^2$（也称太阳常数）。太阳辐射透过大气层时，其强度会被减弱，减弱程度与大气层厚度、空气湿度、空气的污染程度、大气中的云量等因素有关，由于大部分紫外线和长波红外线被吸收，因此，达到地面的太阳辐射能主要是可见光和近红外线部分，

波长为0.32～2.5μm。

在地表面，太阳辐射有两种形式：直射辐射和散射辐射。透过大气层直接射向地面的太阳辐射称为直射辐射，直射辐射的方向取决于太阳的位置。大气层对太阳辐射的散射作用使整个天空变成一个辐射源，它也向地球发出辐射热，这一辐射热没有方向性，称为散射辐射。太阳的直射和散射辐射强度与地理位置有关，具体数据由气象部门提供。

地球既有自转，又围绕太阳公转。为分析问题方便，可相对地认为地球不动，太阳围绕地球旋转。这时太阳在天空中的位置可用高度角和方位角来表示。

太阳高度角 α：太阳直射光线与它在水平面上的投影线间的夹角。

太阳方位角 Z：太阳光线的水平投影线与正南向间的夹角。

（2）围护结构的传热

有两个因素会造成室内外的传热：一是太阳辐射，二是室外和室内空气的温度差。太阳辐射对建筑物有两种类型的作用：一种是太阳辐射通过玻璃窗直接进入室内，无论冬季或夏季，室内总是可以得到太阳辐射造成的热量；另一种是外墙或屋顶在太阳的照射下提高了外表面的温度。夏季，由于室外空气温度高于室内，热量从室外通过外墙或屋顶传向室内，当外表面受到太阳照射时，温度更高，使室外向室内的传热量增加；而冬季，由于室内空气温度高于室外，空气温差形成的热量是从室内传向室外；但当外墙或屋顶受到太阳照射时，外表面温度升高，使向室外的传热量减少。

2. 得热量与冷负荷

得热量与冷负荷是两个不同的概念。

得热量是指在某一时刻进入室内的热量或在室内产生的热量，这些热量中有显热或潜热，或两者兼有之。通过围护结构的传热、灯具和设备散热等都属显热得热。室内人体或带水设备的散热既有显热得热又有潜热得热（由散发水蒸气带入空气的热量）。

显热得热有两种不同的传递方式：对流和辐射。例如，由通风、渗透等作用带来的显热，属于对流得热。而直接通过玻璃进入室内的太阳辐射热，则纯属辐射得热。通过围护结构的传热、灯光散热等得热则是以对流和辐射两种方式将热量传入室内。表 3.2-1 是一组关于对流和辐射得热成分的参考数据。

各种瞬时得热量中所含各种热量成分　　　　表 3.2-1

得热种类	辐射热（%）	对流热（%）	潜热（%）
太阳辐射热（无内遮阳）	100	0	0
太阳辐射热（有内遮阳）	58	42	0
荧光灯	50	50	0
白炽灯	80	20	0
人体	40	20	40
机械或设备	20～80	80～20	0
渗透和通风	0	100	0

冷负荷是指在维持室温恒定条件下，室内空气在单位时间内得到的总热量，也就是采用通风（或其他冷却）方式的空调设备在单位时间内自室内空气中取走的热量。

显然，得热量与空调系统本身无关，而冷负荷与空调系统具有直接的联系。换句话说，得热量是一个自然存在的参变量，而冷负荷是一个人工干预后的参变量。

3. 冷负荷形成机理

得热量不一定等于冷负荷。因为只有得热量中的对流成分才能被室内空气立即吸收，而得热量中的辐射成分却不能直接被空气吸收。进入室内的辐射热（长波的或短波的）透过空气被室内各种物体所吸收和贮存，这些物体的温度会提高，一旦其表面温度高于室内空气温度，它们又以对流的方式将贮存的热量散发给空气，这些放出的对流热才成为冷负荷。由此可见，辐射得热要通过室内物体的吸收、再放热的过程间接转化为冷负荷。这一间接转化过程的快慢程度与室内物体的蓄热能力、室内空气流动情况等因素有关。同时还可以看出，既然室内物体的蓄热能力对转化过程的快慢程度有影响，转化过程中一定存在衰减和延滞现象，使得冷负荷的峰值小于得热量的峰值，冷负荷峰值的出现时间晚于得热量峰值的出现时间。房间的热容量（蓄热能力）越小，上述的衰减和延滞现象越弱，冷负荷的峰值（不论其大小还是出现时间）就越接近于得热的峰值。

空调系统在间歇运行的条件下，室温有一定程度的波动，引起室内物体（包括围护结构）的蓄热与放热，空调设备也会自室内多取走一些热量。在这种非稳定工况下，空调设备自室内带走的热量称为"除热量"。

得热量转化为冷负荷的计算是比较复杂的，目前主要采用经验的或实验的近似方法。

4. 冷负荷计算内容

空调区的夏季计算得热量，应根据下列各项确定：

（1）通过围护结构传入的热量；

（2）通过透明围护结构进入的太阳辐射热量；

（3）人体散热量；

（4）照明散热量；

（5）设备、器具、管道及其他内部热源的散热量；

（6）食品或物料的散热量；

（7）渗透空气带入的热量；

（8）伴随各种散湿过程产生的潜热量。

空调区的夏季室内冷负荷，应根据各项得热量的种类和性质以及空调区的蓄热特性，分别进行计算。

通过围护结构进入的不稳定传热量、透过透明围护结构进入的太阳辐射热量、民用建筑与工业建筑非连续生产空调区中人体散热量以及照明灯具的散热量，非连续生产设备的散热量等形成的冷负荷，应按不稳定传热方法计算；不应把这些得热量的逐时值直接作为相应时刻冷负荷的即时值。

按照稳定传热方法计算其形成的夏季冷负荷的内容：室温允许波动范围 $\geq \pm 1℃$ 的空调区，通过非轻型外墙进入的传热得热量；空调区与邻室的夏季温差 $>3℃$ 时，通过隔墙、楼板等内围护结构进入的传热得热量；人员密集场所、间歇供冷场所的人体散热量；全天使用的照明散热量，间歇供冷空调区的照明和设备散热量等。

24h 连续生产场所，工艺设备散热量、人体散热量、照明灯具散热量可按稳态传热方法计算。

空调负荷还可以分为房间（或空调区）负荷和空调系统负荷两种。发生在空调房间内的负荷称为房间（或空调区）负荷。而一些发生在空调房间以外的负荷，如因室内外空气状态不同所引起的新风负荷、再热负荷、风道传热产生的负荷等，它们不直接作用于室内，但仍需空调系统承担。上述两种负荷之和称为系统负荷。

5. 湿负荷

室内人体或水体、渗透等产生的散湿量称为房间的湿负荷。

空气调节房间夏季的计算散湿量，主要包括以下各项：

（1）人体散湿量；

（2）渗透空气带入室内的湿量；

（3）化学反应过程的散湿量；

（4）非围护结构各种潮湿表面、液面或液流的散湿量；

（5）食品或其他物料的散湿量；

（6）设备（包括工艺过程）散湿量；

（7）围护结构的散湿量。

确定散湿量时，应根据散湿源的种类，分别选用适宜的人员群集系数、同时使用系数以及通风系数，有条件时，应采用实测数值。在民用建筑中一般不计算上述第（3）项和第（7）项。

3.2.2 空调负荷计算

1. 计算方法概述

20 世纪 50 年代，空气调节技术逐渐成熟，空调房间围护结构传热也由稳定传热计算发展到利用周期性不稳定传热法计算，如 1952 年苏联的 A. M. шкловер 的谐波反应法，我国也曾以此法进行计算。但是，该计算方法只考虑围护结构本身的不稳定传热，并未涉及整体房间的热作用过程，具体说就是没有区别房间得热、冷负荷和除热量三个不同的概念，而把进入房间的瞬时得热当作瞬时负荷，致使空调系统设备容量选择过大。

自 20 世纪 60 年代末，美国、加拿大等国先后开始研究新的计算方法，例如，美国 Carrier 公司的蓄热系数法（1965 年）、加拿大的 D. G. Stephenson 和 G. P. Mitalas 提出的房间反应系数法（1967 年）和传递函数法（1971 年）等。虽然各种方法在数学处理手法上有所区别，但对于在内外扰量作用下房间热传递过程的物理分析是一致的，全面考虑了房间围护结构和物体的蓄热和放热。我国在 20 世纪 70～80 年代开展了负荷计算方法的研究，提出两种冷负荷计算方法：谐波反应法和冷负荷系数法；也仅在数学处理手法上有所区别而已。

2. 谐波反应法简介

采用谐波反应法是将房间内外扰量分解为一组以 $2\pi/T$ 为基频的正弦函数，T 是求解问题的周期，冬夏季房间的设计扰量均取 $T=24\mathrm{h}$。例如，谐波反应法求解板壁围护结构对扰量的响应，就是求得板壁对不同频率的热力响应。

采用两个参数表达板壁对不同频率的响应：一个参数是衰减倍数 v，另一个参数是总延迟时间 ξ（h）。为了计算房间冷负荷，则需考虑两种情况：第一种情况是室内侧空气温度稳定条件下，对外扰的频率响应，也可称为传热响应；第二种情况是室外侧空气温度稳定条件下，对室内空气温度波的频率响应，也称为内表面吸热响应。

（1）对于第一种情况

1) 传热衰减倍数 v_0

衰减倍数 v_0 的定义：围护结构内侧空气温度稳定，外侧受室外综合温度或室外空气温度谐波作用，室外综合温度或室外空气温度谐波波幅与围护结构内表面温度谐波波幅的比值。多层围护结构的总衰减倍数 v_0 可用下式计算：

$$v_0 = 0.9 e^{\frac{\Sigma D}{\sqrt{2}}} \frac{(S_1 + \alpha_n)(S_2 + y_1)\cdots\cdots y_{K-1}\cdots\cdots(S_n + y_{N-1})(y_N + \alpha_w)}{(S_1 + y_1)(S_2 + y_2)\cdots\cdots y_K\cdots\cdots(S_N + y_N)\cdot\alpha_w} \quad (3.2\text{-}1)$$

式中 ΣD——围护结构总热惰性指标，$\Sigma D = D_1 + D_2 + \cdots + D_N$；

S_1，S_2，$\cdots\cdots$，S_N——由内到外各层材料的蓄热系数，W/（m²·℃），空气层 $S=0$；

y_1，y_2，$\cdots\cdots$，y_N——由内到外各层材料的外表面蓄热系数，W/（m²·℃）；

     y_K，y_{K-1}——分别为空气间层外表面和空气间层前一层材料外表面蓄热系数，W/（m²·℃）；

     α_n，α_w——围护结构内、外表面换热系数，W/（m²·℃）。

2) 传热延迟时间 ξ_0（h）

传热延迟时间 ξ_0 的定义：围护结构内侧空气温度稳定，外侧受室外综合温度或室外空气温度谐波作用，围护结构内表面温度谐波最高值（或最低值）出现时间与室外综合温度或室外空气温度谐波最高值（或最低值）出现时间的差值。对于多层围护结构的总延迟时间 ξ（h）可用以下式计算：

$$\xi_0 = \frac{1}{15}\left(40.5\Sigma D - \tan^{-1}\frac{\alpha_n}{\alpha_n + y_n\sqrt{2}} + \tan^{-1}\frac{R_K\cdot y_{Kn}}{R_K y_{Kn} + \sqrt{2}} + \tan^{-1}\frac{y_w}{y_w + \alpha_w\sqrt{2}}\right) \quad (3.2\text{-}2)$$

式中 y_w——围护结构外表面（亦即最后一层外表面）蓄热系数，W/（m²·℃）；

     y_n——围护结构内表面蓄热系数，W/（m²·℃）；

     R_K——空气间层热阻，m²·℃/W；

     y_{Kn}——空气间层内表面蓄热系数，W/（m²·℃）。

（2）对于第二种情况

1) 对流衰减倍数 v_n

此时的衰减是指室内空气到内表面的衰减倍数 v_n。

$$v_n = 0.95\frac{\alpha_n + y_n}{\alpha_n} \quad (3.2\text{-}3)$$

2) 对流延迟时间 ξ_n（h）

此时的延迟则是指室内空气与内表面间的延迟时间 ξ_n（h）。

$$\xi_n = \frac{1}{15}\text{tg}^{-1}\frac{y_n}{y_n + \alpha_n\sqrt{2}} \quad (3.2\text{-}4)$$

谐波法计算空调负荷的具体内容及工程简化计算方法可参见有关资料。

3. 冷负荷系数法

冷负荷系数法是在传递函数法的基础上为便于在工程中进行手算而建立起来的一种简化计算法。通过冷负荷温度或冷负荷系数直接从各种扰量值求得各分项逐时冷负荷。当计算某建筑物空调冷负荷时，则可按条件查出相应的冷负荷温度与冷负荷系数，用稳定传热公式形式即可算出经围护结构传入热量所形成的冷负荷和日射得热形成的冷负荷。实际扰量（温度和太阳辐射）都以逐时的离散值给出，输出亦都用逐时值表示，并用冷负荷温度（或冷负荷温差）直接从外扰来计算负荷。冷负荷温度可以根据某地的标准气象、室内设计参数、不同的建筑结构等典型条件，事先计算成表格以备查用。对日射得热等采用与负荷强度意义类似的冷负荷系数来简化计算。

（1）用冷负荷温度计算围护结构传热形成的冷负荷

1）通过围护结构进入的非稳定传热形成的逐时冷负荷，可用下列冷负荷温度简化公式计算：

$$CL_{Wq} = KF(t_{wlq} - t_n) \tag{3.2-5a}$$

$$CL_{Wm} = KF(t_{wlm} - t_n) \tag{3.2-5b}$$

$$CL_{Wc} = KF(t_{wlc} - t_n) \tag{3.2-5c}$$

式中　　CL_{Wq}——外墙传热形成的逐时冷负荷，W；

　　　　CL_{Wm}——屋面传热形成的逐时冷负荷，W；

　　　　CL_{Wc}——外窗传热形成的逐时冷负荷，W；

　　　　K——外墙、屋面或外窗传热系数，W/（m²·℃）；

　　　　F——外墙、屋面或外窗传热面积，m²；

　　　　t_{wlq}——外墙的逐时冷负荷计算温度，℃；

　　　　t_{wlm}——屋面的逐时冷负荷计算温度，℃；

　　　　t_{wlc}——外窗的逐时冷负荷计算温度，℃；

　　　　t_n——夏季空调区设计温度，℃。

其中 t_{wlq}、t_{wlm}、t_{wlc} 可按《民用建筑供暖通风与空气调节设计规范》GB 50736 中的附录 H 选用和《工业建筑供暖通风与空调设计规范》GB 50019 中第 8.2.5 条的规定计算。

2）可按稳定传热方法计算的空调区夏季冷负荷

室温允许波动范围大于或等于±1.0℃的空调区，其非轻型外墙的室外计算温度可采用近似室外计算日平均综合温度，按式（3.2-6）计算：

$$t_{zp} = t_{wp} + \frac{\rho J_p}{\alpha_w} \tag{3.2-6}$$

式中　　t_{zp}——夏季空调室外计算日平均综合温度，℃；

　　　　t_{wp}——夏季空调室外计算日平均温度（采用历年平均不保证 5 天的日平均温度），℃；

　　　　J_p——围护结构所在朝向太阳总辐射照度的日平均值，W/m²；

　　　　ρ——围护结构外表面对于太阳辐射热的吸收系数；

　　　　α_w——围护结构外表面换热系数，W/（m²·K）。

室温允许波动范围大于或等于±1.0℃的空调区，其非轻型外墙传热形成的冷负荷，可近似按式（3.2-7）计算：

$$CL_{Wq} = KF(t_{zp} - t_n) \tag{3.2-7}$$

式中，CL_{Wq}、K、F、t_n 同式（3.2-5）；t_{zp} 同式（3.2-6）。

注：当屋顶处于空调区之外时，只计算屋顶传热进入空调区的辐射部分形成的冷负荷。

3）空调区与邻室的夏季温差大于 3℃时，其通过隔墙、楼板等内围护结构传热形成的冷负荷可按式（3.2-8）计算：

$$CL_{Wn} = KF(t_{wp} + \Delta t_{ls} - t_n) \tag{3.2-8}$$

式中　　CL_{Wn}——内围护结构传热形成的冷负荷，W；

Δt_{ls} ——邻室计算平均温度与夏季空调室外计算日平均温度的差值,℃,邻室计算平均温度可按工程实际取值。工业建筑空调区计算,直接采用邻室计算平均温度,即 $t_{wp} + \Delta t_{ls} = t_{ls}$。

舒适性空调区,夏季可不计算通过地面传热形成的冷负荷;工艺性空调区有外墙且室温波动允许范围≤±1.0℃时,宜计算距外墙 2m 范围内地面传热形成的冷负荷。

(2) 用冷负荷系数计算外窗日射得热形成的冷负荷

透过玻璃窗进入空调区的太阳辐射热形成的冷负荷,应根据当地的太阳辐射强度、外窗的构造、遮阳设施的类型、附近高大建筑或遮挡物的影响、室内空气分布特点以及空调区的蓄热特性等因素,通过计算确定。

透过玻璃窗进入室内的日射得热分为两部分:透过玻璃窗直接进入室内的太阳辐射热和玻璃窗吸收太阳辐射后传入室内的热量。

由于窗的类型、遮阳设施、太阳入射角及太阳辐射强度等因素的各种组合太多,无法建立太阳辐射得热与太阳辐射强度之间的函数关系,于是采用一种对比的计算方法。采用 3mm 厚的普通平板玻璃作为“标准玻璃”,在室内表面放热系数 $\alpha_n = 8.7$W/ $(m^2 \cdot K)$ 和室外表面放热系数 $\alpha_w = 18.6$W/ $(m^2 \cdot K)$ 的条件下,得出夏季(以七月份为代表)通过这一“标准玻璃”的两部分日射得热量之和,称为日射得热因数 D_J。并经过大量统计计算,得出适用于各地区的 $D_{J,max}$。

考虑到在非标准玻璃情况下,以及不同窗类型和遮阳设施对得热的影响,可对日射得热因数加以修正。透过玻璃窗进入的太阳辐射得热形成的逐时冷负荷可按式(3.2-9)计算:

$$CL_C = C_{clC} C_z D_{J,max} F_C \tag{3.2-9}$$

式中 C_z ——外窗综合遮挡系数,取值按式(3.2-10)计算:

$$C_z = C_w C_n C_s \tag{3.2-10}$$

CL_C ——透过玻璃窗进入的太阳辐射得热形成的逐时冷负荷,W;

C_{clC} ——透过无遮阳标准玻璃太阳辐射冷负荷系数;

C_w ——外遮阳修正系数;

C_n ——内遮阳修正系数;

C_s ——玻璃修正系数;

$D_{J,max}$ ——夏季透过标准玻璃窗的最大日射得热因数;

F_C ——窗玻璃净面积,m^2。

其中 C_{clC}、$D_{J,max}$ 可按《民用建筑供暖通风与空气调节设计规范》GB 50736—2012 中的附录 H 选用。

(3) 室内热源散热形成的冷负荷

室内的人体、照明和设备散发的热量中,其对流部分直接形成冷负荷;而辐射部分要先与围护结构、家具等换热,经围护结构和家具等的蓄热后再以对流形式释放到室内,形成负荷。因此,室内热源散发的热量,也要乘以相应的冷负荷系数才变为负荷。人体、照明和设备等散热形成的逐时冷负荷,分别按式(3.2-11a)~式(3.2-11c)计算:

$$CL_{rt} = C_{cl_{rt}} \phi Q_{rt} \tag{3.2-11a}$$

$$CL_{zm} = C_{cl_{zm}} C_{zm} Q_{zm} \tag{3.2-11b}$$

$$CL_{sb} = C_{cl_{sb}} C_{sb} Q_{sb} \qquad (3.2\text{-}11c)$$

式中　　CL_{rt}——人体散热形成的逐时冷负荷，W；

　　　　$C_{cl_{rt}}$——人体冷负荷系数（取决于人员在室内停留时间以及由进入室内时算起至计算时刻的时间），对于人员密集以及夜间停止供冷的场合，可取 $C_{cl_{rt}} = 1$；

　　　　ϕ——群集系数，指因人员性别、年龄构成以及密集程度等情况的不同而考虑的折减系数；年龄、性别不同，人员的小时散热量就不同，例如成年女子的散热量均为成年男子的 85%，儿童的散热量相当于成年男子散热量的 75%；

　　　　Q_{rt}——人体散热量，W；

　　　　CL_{zm}——照明散热形成的逐时冷负荷，W；

　　　　$C_{cl_{zm}}$——照明冷负荷系数；

　　　　C_{zm}——照明修正系数；

　　　　Q_{zm}——照明散热量，W；

　　　　CL_{sb}——设备散热形成的逐时冷负荷，W；

　　　　$C_{cl_{sb}}$——设备冷负荷系数；

　　　　C_{sb}——设备修正系数；

　　　　Q_{sb}——设备散热量，W。

其中 $C_{cl_{rt}}$、$C_{cl_{zm}}$、$C_{cl_{sb}}$ 可按《民用建筑供暖通风与空气调节设计规范》GB 50736—2012 中的附录 H 选用。

在办公楼中，电脑对室内空调冷负荷的影响很大，有时甚至超过了室内人员和照明设备形成的冷负荷，通常台式计算机的冷负荷值可按 $150 \sim 200$W/台考虑，笔记本电脑的冷负荷值可按 $70 \sim 100$W/台考虑。应注意计算机技术的进步，低能耗"零终端电脑主机"研发，会带来巨大的节能效益。

餐厅、宴会厅等还应考虑到食物的散热量，其数据可为：

食物全热量：17.4W/人，食物显热量和潜热量均为：8.7W/人。

工业建筑中计算设备、人体和照明形成的冷负荷时，应根据空调区蓄热特性、使用功能和设备开启时间分别选用适宜的设备功率系数，同时使用系数、人员群集系数、设备的通风保温系数。当设备、人体和照明所占冷负荷比例较小时，可不计其影响。

4. 空调湿负荷计算

室内各种散湿量形成了空调室内湿负荷。

（1）人体散湿量

计算时刻的人体散湿量 D_τ 可按下式计算：

$$D_\tau = 0.001 \phi n_\tau g \qquad (3.2\text{-}12)$$

式中　　D_τ——人体散湿量，kg/h；

　　　　ϕ——群集系数；

　　　　n_τ——计算时刻空调区内的总人数；

　　　　g——成年男子小时散湿量，g/（h·人）。

其中 ϕ 和 g 可按《实用供热空调设计手册》（第二版）表 20.7-2 和表 20.7-3 选用。

（2）水体散湿量

常压下，暴露水面或潮湿表面蒸发的水蒸气量按下式计算：

$$G = (\alpha + 0.00013v) \cdot (p_{q,b} - p_q) \cdot A \cdot \frac{B}{B'} \qquad (3.2\text{-}13)$$

式中 G——散湿量，kg/h；

A——敞露水面的面积，m^2；

$p_{q,b}$——水表面温度下的饱和空气水蒸气分压力，Pa；

p_q——室内空气的水蒸气分压力，Pa；

B——标准大气压，101325Pa；

B'——当地实际大气压，Pa；

v——蒸发表面的空气流速，m/s；

α——周围空气温度为 15～30℃时，在不同水温下的扩散系数，$kg/(m^2 \cdot h \cdot Pa)$。

有水流动的地面，其表面蒸发水量可按下式计算：

$$G = \frac{G_1 \cdot c \cdot (t_1 - t_2)}{r} \qquad (3.2\text{-}14)$$

式中 G——水分蒸发量，kg/h；

G_1——流动水量，kg/h；

c——水的比热，4.1868kJ/（kg·K）；

t_1——水的初温，℃；

t_2——水的终温，即排入下水管的水温，℃；

r——水的汽化潜热，平均取 2450kJ/kg。

(3) 食物散湿量

餐厅、宴会厅等还应考虑到食物散湿量，其数据为：11.5g/（h·人）。

空调区的夏季冷负荷，应按各项逐时冷负荷的综合最大值确定。空调系统的夏季冷负荷，应按各空调区逐时冷负荷的综合最大值（末端设备未设温度自控装置时）或各空调区冷负荷（末端设备未设温度自控装置时）的累计值确定，并应计入新风负荷、再热负荷及各项附加的冷负荷。

各空调区逐时冷负荷的综合最大值，是从同时使用的各空调区逐时冷负荷相加之后得出的数列中找出最大值；各空调区夏季冷负荷的累计值，即找出各空调区逐时冷负荷的最大值并将它们相加在一起，而不考虑它们是否同时发生。后一种方法的计算结果显然比前一种方法的计算结果要大。冷负荷设计值的选取，与系统形式、控制方式等因素是密切相关的。例如对于多个房间（或空调区），当采用变风量集中式空调系统时，由于系统本身具有适应各空调区冷负荷变化的调节能力，此时应采用各空调区逐时冷负荷的综合最大值作为冷负荷设计值；当采用定风量集中式空调系统或末端设备没有室温控制装置的风机盘管系统时，由于系统本身不能适应各空调区冷负荷的变化，为了保证最不利情况下达到空调区的温湿度要求，即应采用各空调区夏季冷负荷最大值的累计值来作为冷负荷设计值。

5. 空调热负荷计算

空调区的冬季热负荷可按本书第 1.2 节计算，室外计算参数应采用冬季空调计算参数，计算时应扣除室内工艺设备等稳定散热量。空调系统的冬季热负荷应按所服务各空调区热负荷累计值确定。

3.2.3 空气的热湿平衡及送风量计算

1. 空调房间热湿平衡

以 ΣQ 表示一空调房间的冷负荷，ΣW 表示其湿负荷，G 表示向该房间的送风量，h_0 和 d_0 为送风空气的比焓和含湿量。通常采用的空调方法是在向室内送风的同时，自室内排除相应量的空气，后者称为排风。当排风重复利用，成为送风的一部分时，该部分排风称为回风。排风或回风具有的参数即为室内参数，比焓为 h_n，含湿量为 d_n。根据热湿平衡原理，如果室内空气状态维持不变，送排风所带走的热量和湿量必等于室内的热负荷和湿负荷，可用下式表示：

$$G(h_n-h_0)=\Sigma Q \text{ 或 } G(d_n-d_0)=\Sigma W \tag{3.2-15}$$

$$\frac{h_n-h_0}{d_n-d_0}=\frac{\Sigma Q}{\Sigma W}=\varepsilon \tag{3.2-16}$$

在焓湿图上定出室内空气状态点 N，通过 N 点作一条数值为 $\varepsilon=\Sigma Q/\Sigma W$ 的热湿比线，在这一热湿比线上的任一点都能作为送风状态点。在设计状态下（ΣQ 和 ΣW 一定），如果选择的送风状态点 O 离 N 越远，h_n-h_0（或 d_n-d_0）将越大，其结果是送风量越小。对空调系统来说，风量越小越经济，但是 O 点与 N 点的距离是有限度的，O 点温度 t_0 在一定程度上受到冷却空气所采用的冷却介质的温度的制约；且如果 t_0 过低，使送风量太小，有可能使室内温湿度分布不均匀。此外，送风温度过低，有时会使室内人员感到吹冷风而觉得不舒服。同时，室温允许波动值也限制了合理的送风温差 Δt_0（见表 3.2-2）。

因此，合理的送风温差确定，应遵循以下两个基本原则：

（1）按照空气处理过程与 ε 线的要求确定送风点

有可能情况下，尽量采用"露点送风"——ε 线与机器露点交点即为送风点。这样将使得送风量最小，有利于节省能源

（2）校核送风温差

按照露点送风时，如果送风温差超过了表 3.2-2 的规定，则应按照表 3.2-2 的要求，人为选定送风温差，并根据选定的送风温差确定送风温度 t_0。在焓湿图上 t_0 线与 ε 线的交点就是送风状态点 O。

按室温允许波动值确定送风温差			表 3.2-2
室温允许波动值（℃）	送风温差 Δt_0（℃）	室温允许波动值（℃）	送风温差 Δt_0（℃）
$\pm0.1\sim\pm0.2$	$2\sim3$	±1.0	$6\sim9$
±0.5	$3\sim6$	$\pm\Delta t,\ \Delta t>1.0$	≤15

2. 空调送风状态和送风量的确定

在确定了空调房间冷（热）、湿负荷后，即可确定为消除室内的余热和余湿、维持空调房间所要求的空气参数所必需的送风量和送风状态。

（1）空调房间的换气次数

空调房间的换气次数，是空调工程中用以确定送风量的一个重要指标，表示为：

$$n=L/V \text{（次/h）} \tag{3.2-17}$$

式中　L——房间送风量，m^3/h；

V——房间体积，m^3；

n——房间的换气次数，次/h。

换气次数 n 不仅与空调房间的功能有关，也与房间的体积、高度、位置、送风方式以及室内空气质量等因素有关，表3.2-3是部分房间换气次数的推荐值。

（2）空调房间内每人所需新风量

在通风和空调工程中，每人所需新风量是一个重要的数据，民用建筑中每人所需的最小新风量见表3.1-3和表3.1-4。

空调房间换气次数的推荐值　　　　　　　表3.2-3

空调房间类型	换气次数（次/h）	空调房间类型	换气次数（次/h）	空调房间类型	换气次数（次/h）
浴室	4～6	商店	6～8	洗衣坊	10～15
淋浴室	20～30	大型购物中心	4～6	染坊	5～15
办公室	3～6	会议室	5～10	酸洗车间	5～15
图书馆	3～5	允许抽烟的影剧院	4～6	油漆间	20～50
病房	20～30	不允许抽烟的影剧院	5～8	实验室	8～15
食堂	6～8	手术室	15～20	库房	3～6
厕所	4～8	游泳馆	3～4	旅馆客房	5～10
衣帽间	3～6	游泳馆的更衣室	6～8	蓄电池室	4～6
教室	8～10	学校阶梯教室	8～10		

根据前面已经确定的送风点 O，按式（3.2-18）即可计算出送风量：

$$L=\frac{Q}{h_n-h_o}=\frac{W}{d_n-d_0} \quad (\text{kg/s}) \tag{3.2-18}$$

将送风量 G 折合成空调房间的换气次数 n，校核否满足该类型空调房间的换气要求。当低于表3.2-3中各房间的最低限值时，应按照最低的换气次数要求确定送风量，并由此重新计算和确定送风点，对一般的舒适性空调系统来说，在 h-d 图上作 ε 线与 $L=90\%\sim95\%$ 线相交于 L 点（即机器露点温度），可得出最大送风温差下（送风口高度不大于5m时，送风温差为5～10℃；送风口高度大于5m时，送风温差为10～15℃）的送风量。但是仍应对换气次数进行校核计算。

3.2.4　空调系统全年耗能量计算

评价建筑物耗能和空调系统节能效果的好坏时，单从设计工况考虑是不够的。因此，在对空调系统设计方案进行对比分析和优化时，或对空调系统节能措施进行评估时，需要计算空调全年或季节（期间）总耗能量。该耗能量的计算方法有：满负荷当量运行时间（τ_E）法、负荷频率表法和电子计算机模拟计算法等。

1. 当量满负荷运行时间（τ_E）法

（1）当量满负荷运行时间 τ_E 的定义：全年空调冷负荷（或热负荷）的总和与制冷机（或锅炉）最大出力的比值，即：

$$\tau_{ER}=\frac{q_C}{q_R} \quad \tau_{EB}=\frac{q_h}{q_B} \tag{3.2-19}$$

式中 τ_{ER}、τ_{EB}——夏、冬季当量满负荷运行时间，h；

      q_C，q_h——全年空调冷负荷或热负荷，kJ/a；

      q_R，q_B——冷冻机或锅炉的最大出力，kJ/h。

负荷率 ε 是全年空调冷负荷（或热负荷）与冷冻机（或锅炉）在累计运行时间内总的最大出力之和的比值，即：

$$\varepsilon_R = \frac{q_C}{q_R T_R} \qquad \varepsilon_B = \frac{q_h}{q_B T_B} \tag{3.2-20}$$

式中 T_R，T_B——夏、冬季设备累计运行时间，h。

当量满负荷运行时间与建筑物的功能、空调系统采用的节能方式等有关。尾岛俊雄就日本的建筑物经实测统计后，整理出如表 3.2-4 所示的资料。鉴于国家机关办公建筑和大型公共建筑能耗监测平台正在建设，应该说可以为项目（公共建筑）的空调设计的当量满负荷运行时间提供较符合实际的相关数据。

当量满负荷运行时间   表 3.2-4

序号	建筑类型	最大负荷（W/m²）		当量满负荷运行时间（h）	
		供冷	供热	供冷	供热
1	独立住宅	93	151	860	950
2	共同住宅	69.8	81.4	860	950
3	办公楼	93	105	560	480
4	百货楼	140	81.4	800	340
5	饮食店	128	168.8	1000	1300
6	剧场	128	168.8	950	850
7	旅馆	93	151	1300	1050
8	学校	0	105	0	700
9	医院	93	174	860	1260

（2）用当量满负荷运行时间计算空调全年耗能

1）耗电量

冷冻机耗电量：

$$P_R = (\Sigma P_{R,N}) T_R \varepsilon_R = (\Sigma P_{R,N}) \tau_{ER} \tag{3.2-21}$$

冷冻水泵和冷却水泵耗电量：

定水量时 $P_P = (\Sigma P_{P,N}) T_P \tag{3.2-22a}$

变水量时 $P_P = (\Sigma P_{P,N}) T_P (\varepsilon_R + \alpha_R) \tag{3.2-22b}$

                  $\alpha_R = (1 - \varepsilon_R)/n \tag{3.2-22c}$

冷却塔耗电量：

全部运行 $P_{CT} = (\Sigma P_{CT,N}) T_{CT} \tag{3.2-23a}$

台数控制 $P_{CT} = (\Sigma P_{CT,N}) T_{CT} (\varepsilon_R + \alpha_R) \tag{3.2-23b}$

风机耗电量：

定风量 $P_F = (\Sigma P_{F,N}) T_F \tag{3.2-24a}$

变风量 $P_F = (\Sigma P_{F,N}) T_F (\varepsilon' + \alpha_R) \tag{3.2-24b}$

$$\varepsilon' = (\varepsilon_R T_R + \varepsilon_B T_B)/(T_R + T_B) \tag{3.2-24c}$$

锅炉附属设备的耗电量：

各种锅炉（两台以上）
$$P_{OB} = (\Sigma P_{OB,N}) T_B (\varepsilon_B + \alpha_B) \tag{3.2-25a}$$

$$\alpha_B = (1 - \varepsilon_B)/n \tag{3.2-25b}$$

各种锅炉（一台）
$$P_{OB} = P_{OB,N} T_B \varepsilon_B \tag{3.2-25c}$$

锅炉给水泵耗电量
$$P_{BP} = P_{BP,N} V_{B,a}/q_{WB,PN} \tag{3.2-26}$$

锅炉全年蒸发量
$$V_{B,a} = V_{B,N} T_B (\varepsilon_B + \alpha_B) \tag{3.2-27}$$

2）燃料耗量

一台锅炉
$$Q_{fB} = q_{fB,N} T_B \varepsilon_B \tag{3.2-28a}$$

两台以上锅炉
$$Q_{fB} = \Sigma q_{fB,N} T_B (\varepsilon_B + \alpha_B) \tag{3.2-28b}$$

3）用水量（补给水量）

冷却塔全年总循环水量
$$W_{CT,a} = W_{CT,N} T_{CT} n (\varepsilon_R + \alpha_R) \tag{3.2-29a}$$

冷却塔补给水量
$$Q_{w,CT} = W_{CT,a} \times 2\% \tag{3.2-29b}$$

锅炉补给水量
$$Q_{WB} = V_{B,a} \times 1\% \tag{3.2-29c}$$

上述公式中的符号：

$P_{R,N}$——冷冻机额定功率，kW；

$P_{P,N}$——冷冻水泵或冷却水泵额定功率，kW；

$P_{CT,N}$——冷却塔额定功率，kW；

$P_{F,N}$——风机额定功率，kW；

$P_{OB,N}$——锅炉附属设备额定功率，kW；

$P_{BP,N}$——锅炉给水泵额定功率，kW；

T_R，T_P，T_{CT}，T_F，T_B——冷冻机、冷冻水泵（或冷却水泵）、冷却塔、风机、锅炉设备累计运行时间，h；

n——设备台数；

$q_{WB,PN}$——锅炉给水泵的额定流量，m^3/h；

$V_{B,N}$——锅炉额定蒸发量，t/h；

$q_{fB,N}$——锅炉额定出力时的燃料耗量，m^3/h 或 t/h；

$W_{CT,a}$——冷却塔全年总耗循环水量，m^3/a；

$W_{CT,N}$——冷却塔额定循环水量，m^3/a；

$V_{B,a}$——锅炉全年蒸发量，t/a。

2. 负荷频率表法

该方法首先要知道计算地点的室外空气比焓、含湿量、干球温度和湿球温度，在不同室外空气比焓、含湿量、干球温度和湿球温度下出现的年频率数（用于全年运行的空调系统）或期间频率数（用于季节运行和间歇运行的空调系统）。根据空调系统的全年运行工况和上述频率数，计算出不同室外空气状态参数下的加热量、冷却量、加湿量，然后，累计计算出全年耗能量和期间耗能量。

频率数一般根据当地 10~15 年气象站台观测记录值的统计而得出。由于气象参数的随机性，为了统计出更符合当地实际值的计算频率数，故以标准年（平均年）的实测气象资料统计频率数。

全年（或期间）空调耗能量（耗冷或耗热）、耗湿量计算公式如下（以 1kg/h 风量为准）：

全热量

$$q_{\mathrm{T}} = \sum_x \left[(h_{\mathrm{w,x}} - h_{\mathrm{N}}) \cdot f_{\mathrm{x}}\% \cdot N \right] \tag{3.2-30}$$

显热量

$$q_{\mathrm{S}} = \sum_x \left[(t_{\mathrm{w,x}} - t_{\mathrm{N}}) \cdot f_{\mathrm{x}}\% \cdot N \right] \tag{3.2-31}$$

加湿量

$$\omega_{\mathrm{T}} = \sum_x \left[(d_{\mathrm{w,x}} - d_{\mathrm{N}}) \cdot f_{\mathrm{x}}\% \cdot N \right] \tag{3.2-32}$$

式中 $h_{\mathrm{w,x}}$、$t_{\mathrm{w,x}}$、$d_{\mathrm{w,x}}$——某一时刻室外空气的比焓、干球温度和含湿量，kJ/kg，K，g/kg；

h_{N}、t_{N}、d_{N}——室内设计状态时的比焓、温度和含湿量，kJ/kg，K，g/kg；

$f_{\mathrm{x}}\%$——某一室外空气比焓值、干球温度、含湿量值时的年（或期间）小时频率值；

N——全年（或期间）运行小时数，h/a。

如果室外空气先经与室内空气混合以后再经加热器、冷却器或加湿器处理，则上述公式中的 $h_{\mathrm{w,x}}$、$t_{\mathrm{w,x}}$、$d_{\mathrm{w,x}}$ 值用混合以后的状态点代入。例如夏季当室外空气焓值高于室内空气比焓值时，则混合空气比焓值为：

$$h_{\mathrm{C}} = h_{\mathrm{N}} + m\% \ (h_{\mathrm{w,x}} - h_{\mathrm{N}}) \tag{3.2-33}$$

式中 $m\%$——新风比。

上述计算出的处理 1kg/h 的风量所需的全年（或期间）空调耗能量乘以相应的系统处理设备风量，即为系统全年（或期间）耗能量 Q_{T}(kJ/a)，Q_{s}(kJ/a) 和耗湿量 W_{T}(g/a)。

空调系统处理设备的额定负荷：

$$Q_{\mathrm{T,N}} = q_{\mathrm{T,N}} N \tag{3.2-34}$$

式中 $q_{\mathrm{T,N}}$——空调处理设备的额定小时负荷，kJ/h；

N——全年（或期间）运行小时数，h。

则设备能量利用系数：

$$y = \frac{Q_{\mathrm{T,N}}}{Q_{\mathrm{T}}} \times 100\% \tag{3.2-35}$$

该系数是衡量空调设备全年（或期间）的利用程度，亦是一个技术经济指标。

3. 计算机模拟计算法

以 20 世纪 60 年代后期电子计算机飞速发展为背景，在 1967 年加拿大斯蒂芬逊和密特朗斯所发表的反应系数法（Response Factor Method）的基础上出现了"动态负荷计算法"。所谓动态负荷计算，是建立精确的数学模型进行建筑热过程的计算机模拟，对任意变动的气象条件，计算其逐时的负荷值。该逐时负荷值的计算需提供平均年中 8760h 的逐时标准气象数据，经逐时计算后进行全年叠加，得到全年负荷值，从而预测空调全年耗能量。

以反应系数法为基础的动态负荷计算在许多国家有标准电算程序。如日本空气调节和卫生工学会提出的利用三角波反应系数法进行动态负荷计算的程序 HASP、美国国家能源局的 DOE.2 标准程序等。我国有建筑环境设计模拟软件平台 DeST，气象数据采用了我国 194 个地面基本站和基准站近 50 年的气象实测逐日数据资料，提出了 6 种典型年的挑选方法，以满足不同模拟目的的需要。随着我国建筑节能减排的要求日趋严格、绿色建筑的广泛建设，热过程的动态模拟计算将得到进一步的研究和发展。

3.3　空调方式与分类

空气调节系统一般由空气处理设备和空气输送管道以及空气分配装置组成。根据需要，它能组成许多不同形式的系统。

3.3.1　空调系统分类

1. 按空气处理设备的位置分类

(1) 集中系统：所有的空气处理设备都集中在空调机房内，集中进行空气的处理、输送和分配。此类系统的主要形式有：单风管系统，双风管系统和变风量系统等。

(2) 半集中系统：除了有集中的中央空调器外，半集中空调系统还设有分散在各空调房间内的二次设备（又称末端装置）。其主要功能是对送入室内的空气进行进一步处理，或者除了一部分空气集中处理外，还对室内空气进行就地处理。半集中系统主要的形式有：末端再热式系统、风机盘管系统、诱导式系统以及各种冷热辐射式空调系统。

(3) 分散系统：每个房间的空气处理分别由各自的整体式局部空调机组承担，根据需要分散于空调房间内，不设集中的空调机房。此类系统的主要形式有：单元式空调器系统、窗式空调器系统和分体式空调器系统等。

下列情况之一，宜采用分散系统：1）全年所需供冷、供热时间短或空调面积较小采用集中式系统不经济；2）需设空调的房间分散；3）设有集中系统的建筑中，使用时间和要求不同的房间；4）需增设空调系统的既有建筑，因机房或其他因素难以布置的。

2. 按负担室内负荷所用的介质种类来分类

(1) 全空气系统：空调房间的室内负荷全部由经过集中处理的空气来负担，由于空气比热小，系统风量大，所以需要较大的风管空间。此类系统的主要形式有：一次回风系统、二次回风系统等。

(2) 全水系统：空调房间的热、湿负荷全靠水作为冷、热介质来负担。由于水的比热大，所以管道空间较小。当然，仅靠水来消除余热、余湿并不能解决室内通风换气问题，所以这种系统一般不单独使用。另外，室内空气过滤也较差。此类系统的主要形式有：风机盘管机组系统、冷热辐射系统等。

(3) 空气—水系统：空调房间的热、湿负荷同时由经过处理的空气和水来负担。此类系统的主要形式有：新风加冷辐射吊顶空调系统、风机盘管机组加新风空调系统等。

(4) 制冷剂系统：将制冷系统的蒸发器直接设置在室内来承担空调房间热、湿负荷。由于冷剂不能长距离输送，系统规模有所限制，制冷剂系统也可与空气系统结合为空气—制冷剂系统。此类系统的主要形式有：单元式空调器系统、窗式空调器系统、分体式空调器系统和多联机空调系统等。

3. 按集中系统处理的空气来源分类

(1) 封闭式系统：所处理的空气全部来自空调房间本身，没有室外空气补充。系统形式为再循环空气系统。

（2）直流式系统：处理的空气全部来自室外，室外空气经处理后送入室内，然后全部排出室外。系统形式为全新风系统。

（3）混合式系统：运行时混合一部分回风，这种系统既能满足卫生要求，又经济合理。系统形式为一次回风系统和二次回风系统。

3.3.2　集中冷热源系统

所谓集中冷热源系统，是针对整个建筑本身而言的。也就是说，当整个建筑内集中设置一处（规模较大时，也可能有几个集中冷热源站房），并将空调用冷、热介质（通常为冷、热水）通过管道输送到分散设置的空气处理设备之中。集中冷热源系统（俗称"中央空调系统"）具有以下特点：

（1）具有较高的冷热源能效。在集中冷热源系统中，冷热源设备的容量通常都比较大，因此设备本身的能效比较高。以冷水机组为例，大型冷水机组的 COP 通常比小容量机组的 COP 高出 $20\%\sim30\%$。水泵效率一般在 $65\%\sim90\%$，而大型泵可达 90% 以上。

（2）便于集中管理和能源系统的优化运行。集中冷热源系统的设置，可以使得制冷与供热的能源形式多样化，可通过多种组合方式，使各类能源充分发挥其自身的特点与功效。集中式冷热源还适合于采用移峰填谷的蓄能空调技术、能源梯级利用的冷热电三联供技术和利用可再生能源的各种水源热泵技术。

由于冷热源装置的集中设置，对于运行管理也非常有益，可以做到方便快捷，及时处理各种突发的问题。

（3）能够较好地与建筑设计相配合。相对于分散设置冷热源的系统，集中设置冷热源后，与建筑外观配合更为方便，制冷时需要与建筑设计协调的主要是少数冷却设备（如冷却塔等）。如果采用锅炉供热，则与建筑外观相联系的只有烟囱（当然还需要考虑消防问题）；如果采用城市热网和热交换器方式，则对建筑外观没有影响。这也是许多建筑采用集中冷热源系统的原因之一。

（4）采用冷热水输送，安全可靠。

（5）由于冷热水输送的距离较长，输送系统的能耗所占的比例比较大（与短距离输送的分散冷热源系统相比）。因此，需要对冷热源装置的效率和输送能效进行综合评估。只有当冷热源装置由于能效提升的节能量大于输送能耗增加的能耗量（全年评估）时，它才具有较好的节能效果。

（6）部分负荷运行效率和满足性相对较差。以供冷为例，当建筑的冷负荷较低时，冷水机组由于受到最小制冷量的限制，有可能无法满足低负荷的运行要求，或者即使能够运行，其制冷 COP 也是处于较低的运行状态。

同时，在采用定流量运行的系统中，低负荷状态下，输送能耗在系统能耗中所占的比例将进一步增大。

因此，集中冷热源系统适用于规模较大的建筑。同时，为了限制输送能耗的比例，对输送半径也有一定的限制（见第 3.7 节）。

3.3.3　直接膨胀式系统

与集中冷热源系统相对应的是分散冷热源系统。其主要特点是制冷与供热装置都是在建筑中各处分散设置的。从原理上看，它们大多数都是属于直接膨胀式制冷（热泵）系统。这些系统的特点与集中冷热源系统正好相反。其优点是：由于分散设置，输配系统能耗比例很小（或者没有），适合于个性化运行，对就地用户的满足性提高。不足的是：制冷与供热装置的能效低于集中系统，分散设置对于运行管理的难度增加，可用的能源种类相对较少（通常以电能为主），需要与建筑进行更多的设计配合。直接膨胀式系统有以下几种类型：

1. 直接膨胀式空调机组

常见的直接膨胀式空调机组有：窗式空调机、分体式空调机和柜式空调机，当制冷量大于 7kW 时亦可称为单元式空调机。局部空调机组使用灵活，控制方便，能满足不同场合的要求。

直接膨胀式空调机组除满足民用外，在商业和工业方面也应用广泛，按其功能需要可做成诸多专用机组，如：全新风机组、低温机组、通用型恒温恒湿机组、计算机房专用机组和净化空调机组等。此外，还有与冰蓄冷结合，具有蓄热和热水供应功能的机组。

2. 水环式热泵空调系统

水环式热泵空调系统由水源热泵单元机组、辅助加热装置、冷却塔、水泵和水系统组成，是水—空气热泵机组通过水侧管路网络化的应用。系统通过同时制冷或供热机组相互间的热量利用，可实现建筑物内部的热回收。当同时供冷、供热的热回收过程中冷热量不能完全匹配时，启动冷却塔或辅助加热器给予补充。

水环式热泵空调系统具有节能的热回收功能；各房间可以同时供冷供热，灵活性大；无需专用冷冻机房和锅炉房；系统可按需要分期实施等优点。但应注意机组小型换热器易受冷却水水垢影响，造成堵塞，故宜采用闭式冷却塔，或用板式换热器将冷却水与水环水隔断为间接换热。

水环式热泵适用于建筑规模大，各房间或区域负荷特性相差较大，尤其是内部发热量较大，冬季需同时分别供热和供冷的场合。特别是用户需独立计费的办公楼或既有建筑增设空调。冬季不需供热或供热量很小的地区，不宜采用水环式热泵空调系统。

3. 多联机空调系统

有关该系统的论述见本书第 3.4.5 节和第 4.3.4 节。

3.3.4 温湿度独立控制系统

常规的空调系统，夏季普遍采用热、湿耦合的处理方法，对空气进行降温的同时作除湿处理；以除去建筑物内的显热负荷与潜热负荷。但由于全年的运行工况并非设计工况，在大部分运行时间中，系统的送风过程线（ε 线）都是不同的。因此，常规系统在全年相当多运行时间里必然存在实际送风点不在 ε 线上的情况，从而导致其温度或湿度中的某个参数可能失控。在大部分常见的舒适性空调系统中，由于采用室温作为控制目标，实际上只是对显热进行了控制而放弃了对潜热的控制，因此室内的相对湿度并不能得以实时保证。在对湿度要求严格的工艺空调系统中，为了保证经过冷凝除湿处理后的空气湿度（含湿量）满足要求，则需要二次回风或再热才能满足送风温度的要求。

温湿度独立控制空调系统本身是作为一种对空气处理方式的新思路（概念）提出来的。系统中采用的具体技术与传统的制冷与除湿技术并没有过多的差别，其实质是采用了温度与湿度两套独立的空调控制系统分别控制、调节室内的温度与湿度。

1. 湿度控制系统

在温湿度独立控制空调系统中，采用新风处理系统来控制室内湿度。夏季新风处理机组提供干燥的室外新风，以满足除湿、除味、稀释二氧化碳和提供新鲜空气的需求。

转轮除湿方式是一种可能的解决途径。通过在转轮转芯中添加具有吸湿性能的固体材料（如硅胶等），被处理空气与固体吸湿材料直接接触，从而完成对空气的除湿过程。吸湿材料需要进行再生，再生温度一般在120℃左右，近年来也有研究采用60～90℃中低温的再生方法。转轮除湿方式中空气的除湿过程接近于等焓过程，减湿升温后的空气需进一步通过高温冷源冷却降温。

溶液除湿方式是另一种可行的途径。将空气直接与具有吸湿能力的盐溶液（如溴化锂、氯化钙等）接触，空气中的水蒸气被盐溶液吸收，从而实现空气的除湿过程。溶液除湿与转轮除湿的机理相同，但由于溶液可以改变浓度、温度和气液比，因此可以实现空气的加热、加湿、降温、除湿等各种处理过程。与转轮相同，吸湿后的溶液需要浓缩再生后才能重新使用，但溶液的浓缩再生可采用70～80℃的热水、冷凝器的排热等低品位热能。

传统的冷凝除湿是第三种途径。如采用双冷源温湿分控空调系统，高温冷源承担空调系统总负荷的85%～90%，低温冷源承担空调系统总负荷的15%～10%。

对于一些特定的场所，如：经过分析，全年任何时候都不需要采用冷却——再热的方式时，对新风冷却和除湿同时进行就成为可能。关键是要对室内参数和室外气候的全年工况进行认真分析。从目前全国各地的气象特点并结合建筑围护结构的热工性能要求和供热方式等因素综合来看，若全年运行过程中允许室内最低温度较低（16℃左右）或者允许室内最大相对湿度较高（70%左右），该方式应该予以考虑。

基于湿度控制系统的主要目的是除湿，从"按需送风就近除湿（污）"的原则出发，风口应接近人员主要活动区。末端风量的调节方法可与传统的变风量系统类似，即采用相对湿度传感器或者二氧化碳传感器检测，调节变风量末端开度实现。

2. 温度控制系统

在温湿度独立控制空调系统中，仅为消除室内显热的温度控制系统通常采用冷热辐射装置或干式风机盘管等干工况末端装置。

冷热辐射装置有吊顶式和垂直式之分，当室内温度为25℃，平均水温为20℃时，每平方米辐射表面可排除显热40W。由于水温一直高于室内露点温度，因此不存在结露的危险和排除凝结水的要求。

干式风机盘管接入高温冷水处理显热同样无需排除冷凝水。相对同风量的通用机组风机盘管，干式风机盘管的制冷量约为前者的38%，相应带来末端设备的初投资增加。由于不设置凝水盘和凝水管带来更加灵活的安装布置方式。例如：吊扇形式，安装于墙面或工位转角等处。由于潜热由湿度控制系统承担，无需再用传统的7～12℃低温冷冻水进行冷冻去湿，因而在温度控制系统中，仅需采用16～18℃的冷水即可满足降温要求。

3. 系统特点

温湿度独立控制将降温处理从常规的热湿联合处理中独立出来，大幅度提高了冷水的温度，为很多天然冷源的直接使用提供了条件；使水源热泵、太阳能制冷等可再生能源利用方式更加有效；即使采用常规机械制冷方式，由于冷冻水温度提高，也明显提高了冷水机组的 COP。

由于温湿度独立控制可以满足不同房间热湿比变化的要求，克服了常规空调系统温湿度难以同时满足、室内湿度偏高或偏低的现象。室内温度控制系统采用显热处理方式，消除了冷凝水盘提高了室内空气品质。

由于室内显热处理方式处理能力有限，送风温差较小，所以不适合于室内显热负荷很大、需要高换气次数和空气过滤要求较高的全空气系统的场合。对于温湿度独立控制空调系统无法全部覆盖的大型多功能综合建筑，可能仍需再有一套适合常规空调系统的低温冷冻水系统相配合。

3.4 空气处理与空调风系统

3.4.1 空气的处理过程

1. 空气热、湿处理设备

在空调工程中，为了实现不同的空气处理过程，需要使用不同的空气热、湿处理设备。根据不同的工作特点，可将各种热、湿处理设备分成直接接触式和表面式两大类。喷水室、蒸汽加湿器、局部补充加湿装置以及使用液体吸湿剂的设备属于第一类；表面式空气换热器属于第二类。

直接接触式热、湿交换设备的特点是：与空气进行热、湿交换的介质直接和被处理的空气接触，通常是喷淋到被处理的空气中去。表面式热、湿交换设备的特点是：与空气进行热、湿交换的介质不和被处理空气直接接触，热、湿交换通过处理设备的表面进行。在工程实际应用中，有时也将这两类设备组合起来使用，喷水式表面冷却器就是这样一种设备。

在空调工程中，喷水室的主要优点是能够实现多种空气处理过程，具有一定的净化空气能力，容易加工和制作；缺点是对水的卫生要求高，占地面积大，水系统复杂并且耗电多。喷水室可以根据水温的不同，实现升温加湿、等温加湿、降温升焓、绝热加湿、减焓加湿、等湿冷却和减湿冷却等七种典型的空气状态变化过程。

除了用喷水室对空气进行热、湿处理外，空调工程还广泛使用表面式空气换热器处理空气。常用的空气换热器包括空气加热器和表面冷却器两类。空气加热器用热水或蒸汽作为热媒，而表面冷却器则以冷水或制冷剂为冷媒，后者通常被称作水冷式或直接膨胀式表面冷却器。表面式空气换热器处理空气时，只能实现等湿加热、等湿冷却和减湿冷却等三种空气状态变化过程。

2. 空气的冷却处理

所谓空气的冷却处理，即经过冷却处理后，空气终状态的温度和比焓值都比初状态有明显的降低。空气通过表面式冷却器时，状态变化有两种可能：等湿冷却和减湿冷却。

当冷媒（冷水）的温度足够高，使得空气冷却器空气侧传热面的温度值高于空气的露点温度但低于空气温度时，空气在冷却过程中含湿量不变，即为等湿冷却过程。

当冷媒（冷水或制冷剂）的温度相当低，以致空气冷却器空气侧传热面的温度值低于空气的露点温度，这时空气中的部分水蒸气会凝结、析出，并附着在空气冷却器传热表面上。此空气冷却过程中，空气的温度、含湿量和比焓值都要下降，即为减湿冷却过程。在减湿冷却过程中，空气是先进行一定量的等湿冷却达到入口空气的露点温度后，再进行减湿冷却的。由于表冷器翅片间距的原因，不是所有的空气都能被冷却到露点（这一特点可用"旁通系数"表示），一般来说，空气终状态的相对湿度通常应在 90%～95%范围内。

3. 空气的加热处理过程

空气的加热过程，即热媒（空气、热水、蒸汽或电）通过表面式空气加热器的换热面传热给空气，使空气的温度升高。在此过程中，由于没有向空气加入水分，或自空气中取出水分，空气的含湿量保持不变，空气经过加热器后状态变化是等湿升温过程。在空调工程中，风机发热和送风管道热损耗（夏季送冷风时），使空气产生温升，其过程线等同于空气加热过程。

4. 空气的加湿处理

空气的加湿方法很多，除利用喷水室加湿外，还有喷蒸汽加湿、电加湿、直接喷水加湿和水表面自然蒸发加湿等。这些加湿方法可以分成两大类：一类是用外界热源产生蒸汽，然后再将蒸汽混到空气中进行加湿，这类方法表现在焓湿图上为等温加湿；另一类是由水吸收空气中的显热而蒸发加湿，这类方法在焓湿图上表现为等焓加湿。

（1）等温加湿

将低压饱和干蒸汽直接与湿空气混合是较为简便的等温加湿方法。在等温加湿过程中，空气温度基本保持不变，而含湿量和比焓值将增加。

当将空气加湿到饱和状态后，再继续加入蒸汽，则多余的蒸汽将凝结成水，放出来的汽化潜热又将饱和空气的温度继续提高。在空调工程中，比较普遍使用的是干式蒸汽加湿器和电加湿器。

干式蒸汽加湿器（其构造见图 3.4-1）采用不锈钢材质，设有网状不锈钢汽水分离器，进行二次蒸发汽化。经过滤和减压后的饱和蒸汽从蒸汽入口进入加湿器的喷管外套管中轴向流动，流入弯管过程中，利用蒸汽的高温将内管加热，确保了蒸汽在内管不会产生冷凝，喷出纯的干蒸汽。饱和蒸汽进入套管后，进入汽水分离室。分离室内设折流板，使

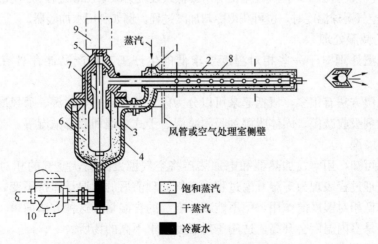

图 3.4-1 干式蒸汽加湿器构造图

1—接管；2—外套；3—挡板；4—分离室；5—阀孔；6—干燥室；

7—消声腔；8—喷管；9—电动或气动执行机构；10—疏水器

蒸汽进入分离室后产生旋转，且垂直上升流动，从而高效地将蒸汽和冷凝水分离；分离出的冷凝水从分离室底部通过疏水器排出。

电加湿器是直接用电能产生蒸汽，蒸汽不经过管道输送直接混合到空气中去的设备。电加湿器有电热式加湿器、电极式加湿器和红外线加湿器。电热式加湿器是用管状电热元件置于水槽中组成的，元件通电后将水加热而产生蒸汽；电极式加湿器是利用铜棒或不锈钢棒插入盛水的容器中作电极，电极通电后，电流从水中流过，水被加热蒸发成蒸汽。电极式加湿器产生蒸汽量的多少可以用水位来控制，电极式加湿器结构紧凑，加湿量容易控制，但耗电量较大，电极上易结垢和腐蚀；红外线加湿器由石英红外线加热器、反射罩、进水管、贮水槽、泄垢管、隔板、溢水槽、排水管、探针和控制电路等组成，可在水不沸腾的状况下快速蒸发，产生洁净蒸汽用于加湿。

电热式、电极式和红外线加湿器单位加湿量的电耗限值为 $0.75kWh/kg$。

（2）等焓加湿

用循环水喷淋空气，使之加湿，是空调工程中常用的处理方法。在等焓加湿过程中，空气的干球温度下降，但湿球温度保持不变。加湿过程中虽然有显热和潜热交换，由于显热和潜热交换量相等，空气的比焓值在处理前后是相同的。

空调工程中等焓加湿的主要设备有喷水室（循环水）、高压喷雾加湿器、高压微雾加湿器（水压＞3.0MPa）、离心加湿器、湿膜加湿器、超声波加湿器、表面蒸发式加湿器等。

（3）加热加湿和冷却加湿

另外，在喷水室中，利用对空气喷不同温度的水，可以对空气进行加热加湿过程和冷却加湿过程。加热加湿过程和冷却加湿过程在空调工程中很少采用。在喷水室中，当喷水温度高于空气的干球温度时，加湿过程中显热交换量大于潜热交换量，处理后的空气状态点的空气温度高于处理前的空气温度，表现为加热加湿过程。

在喷水室中，如喷水温度低于空气的湿球温度，但又高于空气的露点温度，当空气与水接触时，空气便失去部分显热，其干球温度下降；同时，由于部分水蒸发，使处理后空气的含湿量大于处理前空气的含湿量，但其比焓值有所降低故表现为减焓加湿过程。当水温低于空气干球温度、高于空气湿球温度时，也可获得冷却加湿过程，例如利用水加湿器。

5. 空气的减湿处理

空气的减湿处理对于一些相对湿度要求低的生产工艺和产品储存具有非常重要的意义。

空气的减湿方法有很多，概括起来可以分为以下几种：加热减湿、通风减湿、冷却减湿、液体吸湿剂吸收减湿、固体吸湿剂吸附减湿、干式减湿和混合减湿等。

（1）加热减湿

由焓湿图可知，用空气加热器和电加热器将空气温度升高，空气的相对湿度便能降低，此空气处理过程表现为等湿升温过程，空气处理前后的含湿量保持不变。虽然单纯加热可以起到降低相对湿度的作用，但不能减少空气的含湿量。这种方法简单、经济、运行费用低；缺点是室内温度会升高，适用于对温度要求不高的场所。

（2）冷却减湿

冷却减湿可以利用制冷系统制备冷水供应喷水室或表面冷却器来冷却、干燥空气，也可利用冷冻减湿设备——冷冻去湿机（除湿机或降湿机）来减湿。冷却减湿的机理是让湿空气流经低温表面，使空气温度降低至露点温度以下，湿空气中的水汽冷凝而析出。

去湿机由制冷系统和风机组成。在去湿机中需要减湿的湿空气先经过蒸发器，由于蒸发器的表面温度降到空气露点温度以下，因而空气被降温、除湿。离开蒸发器的空气又进入冷凝器，由于冷凝器里是来自压缩机的高温气态制冷剂，它被低温空气冷却成液态，而低温空气本身则温度升高。虽然这样经过去湿机的空气温度较高，但含湿量较低，达到了减湿的目的。有的去湿机再加上一个水冷式冷凝器，组成调温型去湿机，可调节出风温度。

冷却减湿过程的优点是性能稳定、使用可靠，能连续工作；缺点是投资和运行费用较高。冷却减湿机适合使用在既需减湿，又需再热的场合，如地下建筑等。

（3）液体吸湿剂吸收减湿

在空调工程中，使用的液体吸湿剂有氯化钙、氯化锂等。氯化钙溶液对金属有较强的腐蚀作用，其价格便宜；氯化锂溶液虽然对金属也有一定的腐蚀作用，但由于其吸湿性能好，在国内外使用较多。

液体吸湿剂减湿方法的主要优点是：空气减湿幅度大，能达到很低的含湿量；可以用单一的减湿处理过程得到需要的送风状态。缺点是：需要有一套盐水溶液的再生设备，系统比较复杂，初投资高，其使用场合主要是含湿量要求很低的生产车间。

（4）固体吸湿剂吸附减湿

某些固体材料具有很强的吸水性能，可以用作空气减湿用的固体吸湿剂。

在空调工程中，最常用的固体吸湿剂是硅胶和氯化钙。使用固体吸湿剂的空气处理过程是等焓升温过程，当潮湿的空气通过固体吸湿材料时，空气中的水蒸气被吸附，同时放出汽化潜热又加热了空气，空气减湿前后的焓值保持不变，而温度上升。

固体吸湿剂的减湿方法分静态和动态两种。静态吸湿是让潮湿的空气呈自然状态与吸湿剂接触。动态吸湿是让潮湿的空气在风机的强制作用下通过吸湿材料层，达到减湿的目的。固体吸湿设备比较简单，投资和运行费用较低。缺点是减湿性能不稳定，并随时间的延长而下降，吸湿材料需要再生。适用于除湿量较小的场所。

（5）干式减湿

干式减湿的原理为：潮湿的空气通过含有吸湿剂的蜂窝状纤维纸制成品，在水蒸气分压力差的作用下，水分被吸湿剂吸收或吸附。氯化锂转轮式除湿机就是这类设备中的一种。

干式减湿系统在减湿过程中湿度可调，且能连续减湿，单位除湿量大，并可以自动工作。缺点是设备复杂，且需要加热再生。

6. 空气的过滤

空气调节系统中所处理的空气，一般是新风或回风或两者的混合风。新风因室外环境有尘埃而被污染，回风则由于室内人员的活动、工作和工艺过程而被污染。空气中的灰尘除对人体的健康不利、影响室内壁面和设备的清洁外，还对加热器、冷却器等设备的换热性能有很大的影响，因此空气的处理过程还应包括空气的过滤。

在舒适性空调中（净化空调除外），过滤器按作用原理的不同，大致可以分成三种类型：金属网格浸油过滤器、干式纤维过滤器和静电过滤器。

空气过滤器的主要特性参数有：过滤效率、过滤器的穿透率、过滤器阻力以及容尘量等参数。对于不同级别的过滤器，其效率检验的方法也不一样，对于粗效过滤器、中效过滤器和高效过滤器一般分别采用记重法、比色法和特殊的发尘测尘方法。

空调工程中常用的空气过滤器见第 3.6 节中关于过滤器的叙述。

粗、中效过滤器一般设置在空调器中，新风和回风经混合段混合后，流经过滤器后再经冷热处理，从而将经过处理的清洁空气送入空调房间内。

3.4.2　空调系统的设计与选择原则

在选择空调系统时，应遵循下列基本原则：

（1）温湿度基数不同、空气洁净度要求不同或使用时间不同的空调区；负荷特性相差较大或分别需要同时供热和供冷的空调区；空气中含有易燃易爆物质的空调区应分别设置空调系统。

（2）空间较大、人员较多的房间，以及房间温湿度允许波动范围小、噪声或洁净度标准高的工艺空调区、过渡季可采用新风作冷源的空调区，宜采用全空气定风量空调系统。在一般情况下，全空气空调系统应采用单风管式。

（3）当各房间热湿负荷变化情况相似、各房间温湿度波动允许范围宽泛时，可集中设置共用的全空气定风量空调系统，并采用集中的室内温度控制。若某些房间不能达到室温参数要求，而采用变风量方式或风机盘管等空调系统能满足要求时，不宜采用末端再热的全空气定风量空调系统。

（4）当室内散湿量较大，房间允许采用较大的送风温差时，应采用具有一次回风的全空气定风量空调系统。当室内散湿量较小，要求采用较小的送风温差，或相对湿度允许波动范围较大、换气次数要求较大时，可采用二次回风系统。

（5）多个空调区合用一个空调系统，尤其是全年需要送冷的内区空调系统，各房间负荷变化不一致，需要分别调节室内温度且室内空气品质要求较高时；或仅负担单个空调区，低负荷运行时间长，相对湿度不宜过大时，技术经济合理，宜采用全空气变风量空调系统。当房间允许温湿度波动范围小或噪声要求严格时，不宜采用变风量空调系统。采用变风量空调系统，风机宜采用变速调速，并应有保证最小新风量要求的措施；当采用变风量末端装置时，应采用扩散性能好的风口。

（6）空调房间较多、各房间要求单独调节，且建筑层高较低的建筑物，宜采用风机盘管加新风系统，经处理的新风宜直接送入室内。当房间空气质量和温湿度波动范围要求严格或空气中含有较多的油烟时，不宜采用风机盘管。

（7）当采用冰蓄冷空调冷源或有低温冷媒可利用时，宜采用低温送风空调系统；对要求保持较高空气湿度或需要较大换气量的房间，不应采用低温送风系统。

（8）室外空气计算球温度小于 23℃ 的干燥地区；散湿量小或无，全年需要降温的高温车间；要求高湿度或对温度无限制的生产车间，均宜采用蒸发冷却空调系统。

3.4.3　全空气空调系统

1. 一次回风系统

（1）工作原理

一次回风系统是最常用的一种空调系统，其系统流程如图 3.4-2 所示，回风与新风混合后，经过滤和热湿处理后由风机送入空调房间。

（2）新风量

空气处理过程中，大多数场合需要利用一部分回风。混入的回风量越多，使用的新风量则越少，系统运行越经济。但实际上，不能无限制地减少新风量。除了需要全年供冷的系统外,通常在冬夏季系统都采用最小新风量。

系统最小新风量的确定需考虑下列三个因素:

1)卫生要求。在人长期停留的空调房间内,新鲜空气的多少对于健康有直接影响。在实际工程设计时,可根据有关设计手册、技术措施以及当地卫生防疫部门所规定的数据确定空调房间内人均新风量标准。

2)补充局部排风。当空调房间内根据需要设置排风系统时,为了不使空调房间产生负压,必须有相应的新风量来补充排风量。

3)保持空调房间正压要求。为了防止外界空气渗入空调房间,干扰空调房间内温、湿度,空调房间正压值应保持在 $5\sim10$Pa 范围内,需向室内补充新风。

设计时,应将上述三项进行房间的风量平衡计算,从中得到设计的系统最小新风量。

(3)一次回风系统夏季处理过程

1)夏季空气处理过程的确定

夏季空气处理过程在焓湿图上如图 3.4-3 所示。室内状态点 N,室外状态点 W,室内外混合状态点 C,机器露点 L(它一般位于 $\varphi = 90\% \sim 95\%$ 线上),送风状态点 O。过 N 点作室内热湿比线(ε 线),根据选定的送风温差 Δt_0,确定送风状态点 O,空调机组把状态点 C 的空气冷却减湿处理到 L 点,再从 L 点加热到 O 点,然后送入房间,吸收房间的余热余湿后变为室内状态 N 点。一部分室内空气直接排到室外,另一部分再回到空调机组与新风混合。

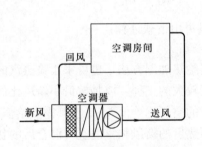
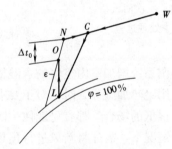

图 3.4-2　一次回风空调系统流程图　　图 3.4-3　一次回风系统夏季处理过程

从节能出发,对于送风温差无需求的空调系统或舒适性空调一般采用最大送风温差。除了少量风机温升和管道温升外,不再进行加热处理。风机和送风管的温升在实际工程设计中,可取 $0.5\sim1.0℃$。

2)夏季空调工况的计算

系统总送风量的计算:系统总送风量 G(kg/s)可以根据室内冷负荷 Q_0 及室内状态点空气比焓值 h_N 与送风状态点的空气比焓值 h_0 计算而得:

$$G = \frac{Q_0}{h_N - h_0} \tag{3.4-1}$$

系统或空调机组总冷负荷计算:空调机组总冷负荷 Q_s(kW)可以根据系统总送风量 G 及混合状态点的空气比焓值 h_C 与机器露点的空气比焓值 h_L 计算而得:

$$Q_s = G(h_C - h_L) \tag{3.4-2}$$

从图 3.4-3 可见,空调机组总冷负荷由以下三部分组成:

① 室内冷负荷 Q_0。

② 新风冷负荷：新风量为 G_W 的空气进入系统时的比焓为 h_W，排出时为 h_N，其数值为 $Q_W = G_W(h_W - h_N)$。

③ 再热冷负荷：风机温升和风管温升造成的负荷，以及为了减少"送风温差"或调节送风参数，需要对已处理的空气进行再加热，这部分负荷称为再热冷负荷，由冷源抵消这部分热量，其数值为 $Q_Z = G(h_o - h_L)(kW)$。

空气通过风机后的温升可按下式计算：

$$\Delta t = 0.0008H \times \eta / (\eta_1 \times \eta_2)(℃) \tag{3.4-3}$$

式中　H——风机的全压，Pa；

　　η_1，η_2——分别为风机的全压效率、电机效率；

　　η——电机安装位置的修正系数；在气流内为 1；在气流外 $= \eta_2$。

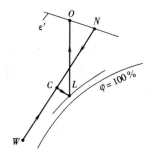

图 3.4-4　一次回风系统
冬季处理过程

（4）冬季处理过程

在冬季，湿空气焓湿图上的室外空气参数的状态点移到了左下角，室内的热湿比线由于冷负荷的下降而减小，甚至出现负值。典型的一次回风系统的冬季处理过程见图 3.4-4，图中采用绝热加湿方式。

在工程应用中，冬季空调送风量往往采用与夏季相同的送风量。冬季送风状态点含湿量 d_0 的确定如下：

$$d_0 = d_N - \frac{W}{G} \tag{3.4-4}$$

系统总加热量可由下式计算：

$$Q_d = G(h_0 - h_L) \tag{3.4-5}$$

冬季空调系统增加室内空气的含湿量可采用绝热加湿方法，也可采用喷蒸汽的等温加湿方法。采用绝热加湿方案时，对于要求新风比较大的工程，或是按最小新风比而室外空气设计参数很低的场合，都有可能使一次混合点的空气比焓值 h_C 低于其露点焓值 h_L 而结露，在这种情况下，需先将新风进行预热，使预热后的新风和室内空气混合后的状态点落在 h_L 线上。

（5）直流式和封闭式空调系统

1）工艺直流式系统：某些工艺性空调或如厨房之类的特殊场合的空调系统，由于无法利用回风，送风进入室内后全部排走，称为直流式空调系统。冬夏季，直流式系统新风能耗很大，应尽可能地限制使用。

2）新风直流式系统：实际工程中，还有很多专用的直流式（全新风）系统作为新风系统，常与风机盘管、多联机空调系统、水环式热泵系统、辐射空调系统配合使用。温湿度独立控制系统中的湿度控制系统也是这种直流式系统。新风直流式系统能耗较大，冬夏季工况时应尽可能从室内排风系统中回收热量。新排风热回收装置还应设有旁通措施，以适用不可进行热回收的过渡季工况。

3）全/变新风运行工况：一次回风系统如果关闭或调小回风量，调大新风量，系统就在全新风或变新风工况下运行。这种工况广泛应用于过渡季和冬季的新风冷却节能运行中。在春秋季，当室外新风比焓小于回风比焓时，一次回风系统就应该从变新风工况转变为全新风工况。对于冬季需要供冷的系统，当室外新风温度低于送风温度时，就应该从全新风工况转变为变新风工况，通过调节新风比混合达到一定的送风温度。全/变新风工况运行时必须充分考虑到送排风量平衡。冬季，室外新风含湿量低，宜有适当的加湿措施。

　　4) 封闭式系统：某些如电梯机房之类的设备用降温空调系统，由于无人值守，所以不需要送新风，仅有送回风循环称为封闭式系统。当然，封闭式系统节约了大量的新风能耗。

　　一次回风系统综合了直流式系统和封闭式系统的优点，它既能满足室内人员所需的卫生要求，向室内提供一定量的新鲜空气，又尽可能多地采用回风以节省能量。很显然，直流式和封闭式空调系统只是一次回风系统的两种极端情况。

　　2. 二次回风系统

　　(1) 工作原理

　　二次回风系统将回风分成两个部分：第一部分称为一次回风，与新风直接混合后经盘管进行冷、热处理；第二部分称为二次回风，与经过热、湿处理后的空气进行二次混合。

　　(2) 夏季处理过程

　　典型的二次回风系统夏季空气处理过程在焓湿图上如图 3.4-5 所示。室内状态点 N，室外状态点 W，一次混合状态点为 C，一次混合后空气处理到状态点 L，二次回风与状态点 L 的空气混合到送风状态点 O。

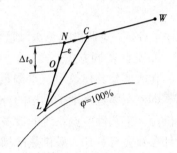

图 3.4-5　二次回风系统
夏季处理过程

　　从图 3.4-5 中可以看出，O 点是 N 与 L 状态空气的混合点，三点在一条直线上，因此，第二次混合的风量比例亦已确定。而一次混合状态点 C 的位置需先算出空调机组冷、热盘管处理的风量后才能确定。

　　空调机组冷、热盘管处理的风量可由下式计算：

$$G_L = \frac{Q_0}{h_N - h_L} \tag{3.4-6}$$

　　一次回风量可以通过空调机组冷、热盘管处理的风量 G_L 与室外新风量 G_W 计算而得：

$$G_1 = G_L - G_W \tag{3.4-7}$$

　　二次回风空调系统空调机组处理过程消耗的冷量为：

$$Q = G_L(h_C - h_L) \tag{3.4-8}$$

　　二次回风系统的总送风量 G 的计算方法与一次回风系统相同，二次回风量 $G_2 = G - G_L$。

　　二次回风空调系统的冷量，同样是由室内冷负荷和新风冷负荷构成的。一次回风系统利用再热来解决送风温差受限制的问题，即为了保证必需的送风温差，一次回风系统在夏季有时需要再热，从而产生冷热抵消的现象。二次回风系统则采用二次回风来减小送风温差，达到节约能量的目的。但二次回风空调系统所需的机器露点比一次回风空调系统的低。

　　(3) 冬季处理过程

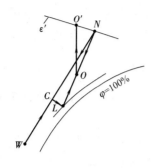

图 3.4-6 二次回风系统
冬季处理过程

二次回风系统冬季空气处理过程在焓湿图上如图 3.4-6 所示。冬季热湿比线 $\varepsilon' < 0$。室内空气状态点为 N，室外状态点为 W，第一次混合后的状态点为 C 点，然后绝热加湿到状态点 L，二次混合后空气状态点为 O 点，最后加热到送风状态点 O'。

空调工程中二次回风系统冬季风量与夏季一样。对于送风温差较小和新风比大的系统，往往需要对空气进行预热。

空调机组加湿量 W 为：

$$W = G_1(d_L - d_C) \tag{3.4-9}$$

式中 G_1——一次混合后的风量，kg/h。

空调机组再热器加热量 Q 为：

$$Q = G(h'_0 - h_0) \tag{3.4-10}$$

式中 G——空调机组总送风量，kg/h。

3. 分区空调方式

在大型公共建筑中，空调负荷显现出内外分区的特点，冬季内区要供冷，外区要供热。即使在邻近外围护结构的外区，受朝向影响，冬季也可能有些区域要供热，有些区域要供冷。工艺性空调系统的设备区域，当设备冷负荷很大时，冬季也需要供冷，而且室内设计参数会与其他一般供热区域有很大的不同。因此，这里引出了分区空调的需求，不同的空调分区不仅室内设计参数可能不同，而且送风参数也不同。为满足分区空调的要求，通常有几种做法：

（1）分区设置不同的全空气系统

根据各分区的温湿度和送风参数的要求，设置不同的全空气系统是最简单的办法。供冷和供热系统之间也没有冷热混合损失。对于定风量方式，通过调节空调冷/热水量和加湿量，集中控制系统所辖区域的温湿度。对于变风量方式，在同一送风参数下，还可以通过调节各末端的送风量，控制系统内各分区域的温度。

（2）设置全空气再热系统

在全空气系统通往各区域的送风支管上加装再热装置，形成全空气再热系统（见图 3.4-7）。对于定风量方式，系统全年供冷，需要供热的区域通过再热调节送风参数，

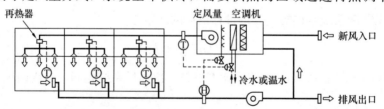

图 3.4-7 全空气再热空调系统流程图

控制系统内各分区域的温度。办公楼常用的内外区合一的变风量系统，内区常年供冷，外区再热供热也属于这种方式。

全空气再热系统减少了系统数量，也比较适合小面积区域，但存在一定的冷热混合损失。

（3）全空气分区空调系统

如图 3.4-8 所示，全空气分区空调系统的空调箱为冷、热通道形式，分别设有冷、热盘管。在空调箱的出风口，冷热风混合后通过专用风管送到各分区。各分区可以单独供冷或供热，也可以调节冷热风的比例控制送风参数，用以满足室内负荷的需求。如果把冷热风道接到各分区，再通过双风道变风量末端调节冷热风的比例和风量，就构成了双风道变风量空调系统。

常见的全空气分区空调系统可以随意调节送风温度，控制室内温湿度参数，控制精度高，比较适合温湿度精度要求较高的工艺性空调系统。

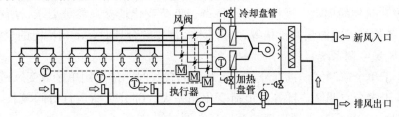

图 3.4-8　全空气分区空调系统流程图

（4）纺织车间实用案例

喷气织机工作区域要求较高的相对湿度（75%～78%），工作区外的人员操作区则最好维持相对较低的相对湿度（≤65%），而两者之间不可能有围护结构隔断。为此可采用分区空调的方式：把湿度大、温度低的空气直接送到织机的送经部位，保持一个相对湿度较高的小环境，而在人员操作区则保持相对湿度较低的大环境。这样，既保证了工艺需要，又保持了人员舒适，并且降低了能耗。

图 3.4-9 和图 3.4-10 分别表示了喷气织机车间大、小环境分区空调夏季和冬季的空气处理过程。大、小环境分区统一的回风和新风混合，经喷水室处理后分为大、小环境两路风道，并混入不同比例的二次回风后，分别送到车间吊顶风口和织机上方。

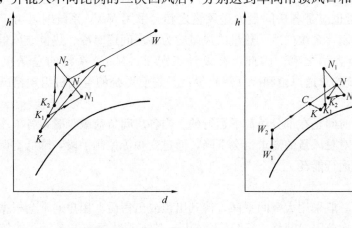

图 3.4-9　夏季空气处理过程　　　　　图 3.4-10　冬季空气处理过程

4. 变风量空调系统

常见的一次回风系统和二次回风系统，因其送风量恒定，故称为定风量系统。与定风量空调系统一样，变风量空调系统也是全空气空调系统的一种形式。变风量空调系统，亦称 VAV 系统（Variable Air Volume System），其工作原理是当空调房间负荷发生变化时，系统末端装置自动调节送入房间的风量，确保房间温度保持在设计要求范围内。同时，空调机组将根据各末端装置风量的变化，通过自动控制调节送风机的风量，达到节能的目的。

（1）VAV 系统应用

1）根据建筑物的用途、规模、使用特点、负荷变化情况、参数要求、所在地区气象条件以及设备价格、能源预期价格等，经技术经济比较合理时，下列情况的全空气空调系统应采用变风量空调系统：

① 服务于单个空调区，且部分负荷运行时间较长时，应采用单区域变风量空调系统；

② 服务于多个空调区，且各区负荷变化相差大、部分负荷运行时间较长，并要求温度独立控制时，应采用带末端装置的变风量空调系统。

2）温湿度允许波动范围要求严格的空调区，不宜采用变风量空调系统；噪声标准要求较高的空调区，不宜采用风机动力型末端装置的变风量空调系统。

（2）VAV 系统的特点

1）分区温度控制

全空气定风量系统只能控制系统所辖区域的平均温度，对于一个需服务多房间的定风量系统，如无特殊措施，便难以满足每个房间的温度要求。若采用 VAV 系统，由于每个房间内的变风量末端装置可随该房间温度的变化自动控制送风量，使空调房间过冷或过热现象得以消除，能量得以合理利用。

2）设备容量减小、运行能耗节省

采用一个定风量系统担负多个房间的空调时，系统的总冷（热）量是各房间最大冷（热）量之和，总送风量也应是各房间最大送风量之和。采用 VAV 系统时，由于各房间变风量末端装置独立控制，系统的冷、热量或风量应为各房间逐时冷、热量或风量之和的最大值，而非各房间最大值之和。因此，在设计工况下，VAV 系统的总送风量及冷（热）量少于定风量系统的总送风量和冷（热）量，于是使系统的空调机组规格减小，占用机房面积也因此减小。

空调系统绝大多数时间是在部分负荷下运行的。当各房间负荷减少时，各末端装置的风量将自动减少，系统对总风量的需求也会下降，通过变频等控制手段，降低空调器送风机的转速，可节省系统运行能耗。

3）房间分隔灵活

较大规模的写字楼一般采用大空间平面，待其出租或出售后，用户通常会根据各自的使用要求对房间进行二次分隔及装修。VAV 系统由于其末端装置布置灵活，能较方便地满足用户的要求。

4）维护工作量少

VAV 系统只有风管，而没有冷水管、空气冷凝水管进入空调房间，消除了由于冷水管保温未做好、空气冷凝水管坡度未按要求设置，以及排水堵塞而使凝结水滴下损坏吊顶的现象，减少了日常维修工作量。

（3）VAV末端装置

VAV末端装置是变风量空调系统的关键设备之一，是一个依靠调节一次风量，补偿空调区域内冷热负荷变化，维持室温的装置。

VAV末端装置具有以下特点：

1）接受末端控制器的指令，根据室温高低，调节一次风送风量。

2）当室内负荷发生较大变化时，能自动维持末端风量不超过设计最大风量，也不小于最小送风量，以满足最小新风量和气流组织的要求。

3）必要时（房间不使用时）可以完全关闭一次风风阀。

VAV末端装置品种繁多，可以分为单风道型VAV装置（简称VAV Box）；风机动力型VAV装置（Fan Powered Box）（简称FPB）和旁通型三种类型。目前，在我国民用建筑中最常用的是单风道型和风机动力型末端装置。

单风道型末端装置是VAV末端装置的基本形式，它主要由室温传感器、风速传感器、末端控制器、一次风风阀以及金属箱体等组成。风机动力型VAV末端装置是在单风道型VAV末端装置中内置一台增压风机。

几种常用的变风量末端装置：

1）单风道型VAV末端装置（VAV）

常用的单风道型VAV末端装置的基本组成：

① 箱体：由0.7～1.0mm的镀锌薄钢板制成，内贴经特殊化学材料处理过的离心玻璃棉或其他保温吸声材料。

② 装置入口处设风速传感器：用于检测流经变风量末端的风量。风速传感器有多种形式，如毕托管式、超声波涡旋式、风车式等。

③ 控制器：一般由电源、变送器、逻辑控制电路等组成，配有和楼宇控制系统相连的接口，便于与楼宇控制系统进行数据通信或现场设置、修改装置的运行参数。

④ 电动风阀：是VAV变风量箱对送风进行节流的唯一部件，风阀流量特性的优劣直接影响到变风量装置的控制效果。

对于节流型VAV末端装置，各生产厂家都提供了装置的名义风量、最大风量与最小风量设定范围等参数。实际使用时，变风量装置的最小风量必须大于装置的最小风量设定界限；最大风量必须小于装置的最大风量设定界限。

单风道型VAV装置也可作为定风量装置使用，只要把变风量装置的最大风量与最小风量设定为相同值即可。因此，它可以使用在定风量空调系统中的新风或排风系统，以确保系统的新风量和排风量恒定。

2）风机动力型VAV末端装置（FPB）

风机动力型VAV末端装置是在其箱体中内置了一台离心式增压风机。根据增压风机与一次风风阀排列位置的不同，可以分为并联型（Parallel Fan Terminal）和串联型（Series Fan Terminal）两种形式。

并联型FPB是指增压风机与一次风风阀并排设置，经中央空调器处理后的一次风只通过一次风风阀而不通过增压风机。

并联型FPB增压风机仅在保持最小循环风量或加热时运行。因此，风机能耗小于串联型 FPB。增压风机的风量根据空调房间所需最小循环空气量或按末端装置设计风量的 50％～80％选择。

并联型 FPB 一般用于常温变风量空调系统，增压风机仅用于低风量下改善气流组织和冬季加热时增加风量。

串联型 FPB 是指在该变风量箱内一次风既通过一次风风阀，又通过增压风机。

串联型 FPB 一般用于一次风温度较低的系统或冰蓄冷空调系统中，它将较低温度的一次风同温暖的顶棚内空气混合成所需温度的空气送到空调房间内。一次风的温度低、风量小，可使集中空调机组的规格和送回风管及其配件的尺寸减小，节省设备初投资费用和减少吊顶空间。

串联型 FPB 始终以恒定风量运行，因此可用于需要一定换气次数的场所。

（4）VAV 系统设计

VAV 系统设计、施工与安装、综合效能调适和运行管理应执行现行行业标准《变风量空调系统工程技术规程》JGJ 343。

1）内、外分区

在进行 VAV 系统设计时，需先对空调房间进行平面分区，最常见的是对空调房间进行内、外分区。

无论是夏季还是冬季，房间的空调负荷一般由两部分组成，即围护结构负荷和室内人员、灯光、设备等构成的负荷。夏季整个室内总是需要供冷的，冬季则不同。由外围护结构传热引起的热负荷以及围护结构壁面的冷辐射仅对靠近外围护结构一定范围内的外区产生影响。也就是说，这一区域冬季通常需供热。除外区之外的室内其他区域则称为内区。内区很少受外围护结构负荷的影响，室内的余热量使内区常年都需要供冷。如要保持舒适的房间温度，则应对内、外区分别进行供冷与供热。内区冬季冷负荷计算中的室内照明功率、人员数、设备功率的取值宜小于夏季的取值；外区供暖时，其室内温度不宜高出内区室内温度 2℃。空调房间是否需划分内、外区及如何划分，应依舒适标准及建筑平面、负荷等情况来确定。对办公建筑而言，较为认可的分区范围是：靠近外围护结构 3～5m 的区域为外区，其余区域为内区。

2）空气处理装置

变风量系统一般采用组合式空调机组，可实现各个功能段的优化组合。对于办公楼，可每层设一台空调机组，也可以根据建筑朝向和内、外分区等因素，分别设置多台空调机组。

变风量空调机组采用变频送风机风压应根据风管系统的布置、末端装置的类型、风口形式等确定。大多数空调机组风机的全压为 1000～1500Pa，机外静压一般为 450～700Pa。采用压力无关型末端装置，其风量控制器精度不应低于 5％，风量调节范围宜在 20％～100％之间。

对于进深较小、不设内、外区的空调系统，变风量空调机组宜分别设置冷盘管和热盘管。对于进深较大，设置内、外区且外区采用再热盘管或独立冷热装置外区的空气处理机组宜按朝向分别设置。新风已经过预处理的空调系统，其变风量空调器可只设冷盘管。空调区新风量要求恒定时，宜采用独立新风系统。对于采用送风温度在 11℃ 以下的低温送风及冷水大温差的系统，冷盘管的排数可能会在 6 排以上，这将增加盘管的风阻力。

3）系统风量的确定

变风量空调系统的夏季系统送风量计算应符合下列规定：

① 最大送风量应根据系统逐时冷负荷的综合最大值确定，且送风温差不宜小于 8℃（冬季送风温差不宜大于 8℃）；

② 最小送风量应根据冷负荷变化范围、空调区气流组织要求、末端装置风量调节范围及风机调速范围等确定，且不应小于系统最小新风量。

（5）几种常见的变风量空调系统的应用

1）不分内、外区的单风道变风量空调系统

不分内、外区的单风道系统是最简单的一种变风量空调系统。当房间的进深不大（一般小于 7m）时，可采用这种系统。系统中每个变风量末端装置只能同时送冷风或者同时送热风，即该变风量系统所服务的各个房间只能同时供冷或供热，在各房间或区域同时进行冷、热切换的前提下，通过变风量末端装置调节一次送风量来控制区域温度。因此，该系统适用于房间进深不大，各房间温度要求独立控制、冷热负荷变化趋势较为接近的场所。

2）外区再热型风机动力变风量空调系统

外区再热型风机动力系统适用于进深较大、需要设置内、外区的空调房间。系统中各变风量末端装置按内、外区分别设置，外区变风量末端装置带有热水再热盘管。

系统运行时，空调机组为了满足内区的要求，常年送冷风（即送风温度低于空调房间的设计温度）。在冬季，外区需要供热时，由外区变风量末端装置再热盘管进行加热，保证外区的温度要求。

3）内、外区独立的单风道变风量系统

当房间进深过大而存在明显的内、外分区时，内区和外区分别设置独立的单风道变风量系统，是一种较好的方式。它可以改进 1）方式的调节与适应性，又可以比 2）方式节约用能（减少再热）。

4）外区风机盘管、内区单风道变风量空调系统

对于进深较大、设置内、外区的空调房间，可在外区设置独立的卧式暗装风机盘管机组或明装立式风机盘管机组，也可设置窗边电热器，而内区采用单风道变风量空调系统。外区风机盘管机组根据需要可以采用冷、热四管制，或二管制，在夏季与风系统一起承担室内冷负荷，冬季则仅负担围护结构热负荷。

当变风量系统与冰蓄冷系统相结合时，冷水常采用低温、大温差，空调机组送风温度大多采用 11℃以下的低温送风，变风量末端装置宜采用串联风机动力型，当采用单风道型末端装置时，应采用低温送风口。

5. 地板送风空调系统

地板送风空调系统（Underfloor Air Distribution System）是下送风空调系统的一种形式，主要应用在现代办公楼中。这些建筑随着商务和信息化的发展，常要求设置架空地板，以满足电力、语音与数据通信等电缆布线的需要。地板送风是利用地板下的这一空间作为空调送风的输配手段，使室内气流自下而上，达到改善个人热环境和室内空气品质的目的。

（1）地板送风空调系统的特点

1）具有较高的灵活性：适应房间用途和分隔的变化，办公自动化设备的增加和变位。

2）改善环境舒适性：新风直接送到人员工作区，室内的发热量、尘粒可有效地排出房间；由于地板温度受送风温度的影响，其表面温度夏季低、冬季高，能利用辐射作用提

高人员的舒适性；送风口设在地面上，人手可及，可随个人要求调节出风方向和风量。

3）施工安装方便：由于地板与风口结合成一体，地板下成为一个静压箱，省去大量风管制作及安装工作量，减少了与其他管线空间上的矛盾，安装速度快。

4）系统运行经济：静压箱压力不大，送风口风速较低，阻力较小，空气输送动力节省；夏季送风温度高，冷水机组蒸发温度高，制冷效率高；过渡季节可利用自然冷源的时间比常规空调系统长，冷水机组运行时间短。

5）降低建筑层高：地板送风静压箱可与其他专业的管线合用，吊顶高度可降低。

（2）地板送风空调系统设置

地板送风空调系统一般为内区提供全年供冷，外区空调可采用在地板静压箱内设变速风机箱加再热盘管方案，也可采用常规系统中用于外区的方案。

地板送风空调系统的几种形式：

1）地板下设置风管的地板送风空调系统：空调机组的送风管布置在地板下面，直接连接到各送风口，系统控制可靠，运行启动时间短，风口位置固定，灵活性差，地板架空高度大，实际应用较少。

2）有压静压箱的地板送风空调系统：地板的热惰性大，系统启动时间长，地板下送风静压箱内为正压，地板密封要求高。

3）地板下设风机混合箱的地板送风空调系统：部分室内空气回到风机混合箱内与一次空气混合，送风温度可调节。经空调机组处理的一次风量可减少，送风温差可加大，但地板下装置复杂，地板架空高度稍大。

（3）空调机组及设计温度的确定

空调机组应占地面积小、功能和控制性能强、设粗中效过滤器、可利用新风供冷。合理划分系统，单个系统的风量不宜太大，空调器宜分散设置。

（4）地板送风静压箱

地板送风静压箱高度与建筑造价关系很大，一般取 0.3～0.45m。有压静压箱内的压力随风口结构而定，一般在 12.5～25Pa 范围内。地板的漏风率应在设计风量的 5％ 以内。静压箱的进风口离最远出风口的距离控制在 15m 左右，送风口应具有能形成旋流向上送风的性能，工作区风速小于 0.2m/s。进入地板送风静压箱的空调送风温度宜为 16～18℃，在静压箱内送风温升为 0.1～0.3℃/m，地板风口的出风温度为 17～18℃。

3.4.4 风机盘管加新风空调系统

风机盘管加新风空调系统是空气—水空调系统中的一种主要形式，也是目前我国民用建筑中最为普遍的一种空调形式。它以投资少、使用灵活等优点广泛应用于各类建筑中。

1. 风机盘管机组形式

（1）从空气流程形式可分为吸入式和压出式两类。

1）吸入式的特点为风机位于盘管的下风侧，空气先经盘管处理后，由风机送入空调房间。这种形式的优点是盘管进风均匀，冷、热效率相对较高；缺点是盘管供热水的水温不能太高。

2）压出式的风机处于盘管的上风侧，风机把室内空气抽入，压送至盘管进行冷、热交换，然后送入空调房间。这种形式是目前使用最为广泛的一种结构形式。

（2）风机盘管机组按其安装形式可分为立式明装、卧式明装、立式暗装、卧式暗装和吸顶式等形式。

1) 立式明装机组表面经过处理，美观大方，安装方便，可直接拆下面板进行检修。通常设置在楼板上、靠外窗台下。

2) 卧式明装机组结构美观大方，一般安装于靠近管道竖井隔墙的楼板或吊顶下。

3) 立式暗装机组与立式明装机组相似，机组被装饰材料所遮掩，美观要求低，维护工作量较前两种形式大。装修设计时，应注意使气流通畅，减小阻力。

4) 卧式暗装机组是应用最多的一种形式，它安装在吊顶内，通过送风管及风口把处理后的空气送入室内，但其检修困难，当机组风管接管不合理时，会产生风量不足，冷、热量下降的问题。

5) 吸顶式（又称嵌入式）机组的特点是其送、回风口均布置在面板上。吸顶式机组就其面板送、回风形式可分为单侧送风单侧回风型、两侧送风中间回风型和四边送风中间回风型几种形式。

在空调工程中，风机盘管机组（后简称 FCU）大多是与已处理过的新风相结合应用的。风机盘管由盘管（一般为 2～3 排）和风机（前向多翼离心风机或贯流风机）组成，其风量范围为 340～3400m³/h，有 13 种基本规格。国家标准《风机盘管机组》GB/T 19232—2019 规定了风机盘管机组（通用机组、干式机组和单供暖机组）高档转速下机组基本规格的风量、供冷量和供热量的额定值。该标准分别规定了高档转速下交流电机机组基本规格和高档转速下永磁同步电机机组基本规格的风量、输入功率、噪声和水阻力额定值。供冷额定值采用的试验工况：进口空气状态与水温：通用机组为干球温度/湿球温度 27.0℃/19.5℃；供水温度 7℃、水温差 5℃。供暖工况干球温度/湿球温度 21.0℃/≤15℃，供水温差仅通用机组四管制和单供暖机组有规定。

标准中规定了机组配套交流电机和永磁同步电机的机组能效限值：供冷能效系数 [FCEER（W/W）——机组额定供冷量与相应试验工况下机组风侧实测电功率和实测水阻折算电功率之和的比值] 和供水温度分别为 60℃、45℃ 的供暖能效系数 [FCCOP（W/W）——机组额定供热量与相应试验工况下机组风侧实测电功率和实测水阻折算电功率之和的比值]。通用机组和干式机组能效系数的限值对应低静压机组（带风口和过滤器等附件者，出口静压默认为 0Pa、不带风口和过滤器等附件者，出口静压默认为 12Pa）和高静压机组（30Pa、50Pa、120Pa）分别给出。风机盘管的类型、特点和适用范围如表 3.4-1 所示。

风机盘管的类型、特点和适用范围　　　　　　表 3.4-1

分　类	形　式	特　　点	适　用　范　围
结构形式	立式	暗装可安装在窗台下，出风口向上或向前；明装可设在地面上，出风口向上、向前或向斜上方，可省去吊顶	要求地面安装、全玻璃结构的建筑物、一些公共场所及工业建筑。条件许可时，冬季可停开风机作散热器用
	卧式	节省建筑面积，可与室内建筑装饰布置相协调，须用于吊顶与管道间	宾馆客房、办公楼、商业建筑等
	立柱式	占地面积小；安装、维修、管理方便；冬季可靠机组自然对流散热；造价较贵	宾馆客房、医院等。冬季停开风机时可作散热器用
	顶棚式	节省建筑面积，可与室内建筑装饰相协调；维护欠方便	办公室、商业建筑等

续表

分 类	形 式	特 点	适 用 范 围
安装形式	明装	维护方便；卧式明装机组吊在顶棚下，可作为建筑装饰品；立式明装安装简便，不美观，可加装饰面板，成为立式半明装	卧式明装用于客房、酒吧、商业建筑等要求美观的场合；立式明装用于旧建筑改造或要求省投资、施工快的场合
	暗装	维护麻烦，卧式机组暗装在顶棚内，送风口在前部，回风口在下部或后部；立式机组暗装在窗台下，较美观，占地少	要求整齐美观的房间

2. 风机盘管系统特点

风机盘管加新风空调系统，从其名称可见它由两部分组成：一是按房间分别设置的风机盘管机组，其作用是担负空调房间内的冷、热负荷；二是新风系统，新风通常经过冷、热处理，以满足室内卫生要求。冬季供热时，供水温度宜为 45～60℃，供回水温差宜为 5～10℃。风机盘管加新风空调系统具有以下特点：

（1）使用灵活，能进行局部区域的温度控制，且操作简单。

（2）根据房间负荷调节运行方便，如果房间不用时，可停止风机盘管运行，有利于全年节能管理。

（3）风机盘管机组体积较小，结构紧凑，布置灵活，适用于改、扩建工程。

（4）由于机组分散，日常维修工作量大。

（5）水管进入室内，施工要求严格。

3. 风机盘管加新风空调系统的空气处理过程

在风机盘管加新风空调系统中，新风在大多数情况下经过冷、热处理。为了分析方便，可让风机盘管承担室内冷、热负荷，新风只承担新风本身的负荷。

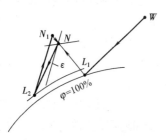

图 3.4-11　夏季新风与风机盘管
送风分别送入房间

（1）新风与风机盘管送风各自分别送入房间

夏季空气处理过程如图 3.4-11 所示，新风由新风机组从室外状态点 W 处理到沿室内状态点 N 等焓线的露点 L_1，送入空调房间；而风机盘管机组把室内状态点 N 处理到机组出风状态点 L_2，状态点 L_2 的空气进入空调房间后根据室内热湿比线变到状态点 N_1；在空调房间中，状态点 L_1 的新风与状态点 N_1 的空气混合到室内设计状态点 N。

冬季空气处理过程如图 3.4-12 所示。新风预热至状态点 W_1 后，经加湿到 O_1 点，风机盘管将室内空气加热到 O_2 点，沿着室内热湿比线的平行线送入室内，与新风混合后达到室内设计状态点 N。

以上方式使得新风与风机盘管分别运行，即使风机盘管停止运行，新风仍将保持不变。

（2）新风与风机盘管送风混合后送入房间

夏季空气处理过程如图 3.4-13 所示，新风由新风机组从室外状态点 W 处理到沿室内状态点 N 等焓线的露点 L_1，室内空气由风机盘管处理到 L_2 点，将状态点 L_1 的新风与状态点 L_2 的风机盘管送风混合到房间送风状态点 O，最终使得房间空气参数保持在设计状态点 N。

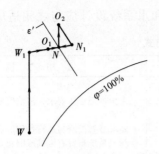

图 3.4-12 冬季新风与风机盘管
送风分别送入房间

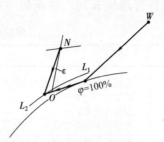

图 3.4-13 夏季新风与风机盘管
送风混合后送入房间

冬季空气处理过程如图 3.4-14 所示。新风预热至状态点 W_1 后，经加湿到 O_1 点，室内空气被风机盘管加热到 O_2 点，然后将状态点 O_1 的新风与状态点 O_2 的空气混合到房间送风状态点 O。

这种方式无须设置专门新风送风口，对吊顶布置较有利；夏季风机盘管处理的空气状态点 L_2 温度低些；当风机盘管停止运行时，送入室内的新风量会大于设计值。

（3）新风与风机盘管回风混合后送入房间

夏季空气处理过程如图 3.4-15 所示，新风由新风机组从室外状态点 W 处理到室内状态点 N 等焓线的新风机组的机器露点 L_1，再与室内空气混合到状态点 O，经风机盘管处理到送风状态点 L_2，使室内空气保持在设计状态 N。

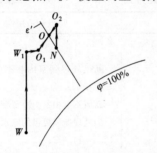

图 3.4-14 冬季新风与风机盘管送
风混合后送入房间

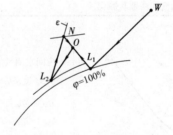

图 3.4-15 夏季新风与风机盘管
回风混合后送入房间

冬季空气处理过程如图 3.4-16 所示。新风预热至状态点 W_1 后，经加湿到 O_1 点，与室内空气混合到状态点 C，再经风机盘管处理到送风状态点 O。这种方式与上列两种方式相比，房间换气次数略有减少；当风机盘管停止运行时，新风量有所减少。

（4）风机盘管系统的新风供给方式和新风终状态的选定

表 3.4-2 介绍了新风供给的几种方式及适用范围。确定新风处理系统终状态对于"风机盘管＋新风系统"的空调方式的运行关系较大，表 3.4-3 给出了多种处理方式的焓湿图分析。从原则上讲，新风应负担较大的湿负荷，使室内风机盘管尽可能在析湿量小的工况下运行，

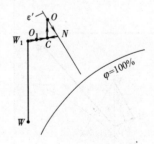

图 3.4-16 冬季新风与风机
盘管回风混合后送入房间

对卫生和运行管理较有利。故新风空调箱的制造和水系统设计应与之相适应。

风机盘管新风供给方式　　　　　　　　　　表 3.4-2

新风供给方式	特　　点	适　用　范　围
房间缝隙 自然渗入	无组织渗透风、室温不均匀; 简单; 卫生条件差; 初投资与运行费用低; 机组承担新风负荷,长时间在湿工况下工作	人少,无正压要求,清洁度要求不高的空调房间; 要求节省投资与运行费用的房间; 新风系统布置有困难或旧建筑改造
机组背面墙洞 引入新风	新风口可调节,冬、夏季最小新风量,过渡季加大新风量; 随新风负荷的变化,室内直接受到影响; 初投资与运行费节省; 须作好防尘、防噪声、防雨、防冻措施; 机组长时间在湿工况下工作	人少,要求低的空调房间; 要求节省投资与运行费用的房间; 新风系统布置有困难或旧建筑改造,这种方式引入新风现已极少应用
单设新风系统, 独立供给室内	单设新风机组,可随室外气象变化进行调节,保证室内湿度与新风量要求、有利节能; 投资大; 占空间多; 新风口可紧靠风机盘管	要求卫生条件严格和舒适的房间,目前最常用

风机盘管＋新风系统的不同处理方式　　　　　　　　　　表 3.4-3

新风处理终态方案	基本关系式	特点和适用性
新风处理到 h_L 线($\varphi_L = 90\%$)	房间空调风量 $q_M = Q/(h_N - h_O)$; FCU 风量 $q_{M,F} = q_M - q_{M,w}$; $q_{M,w}/q_{M,F} = (h_O - h_M)/(h_L - h_O)$; $h_M = h_O - (q_{M,w}/q_{M,F})(h_L - h_O)$; $h_M = h_N - Q_F/q_{M,F}$; $Q_F = q_{M,F}(h_N - h_M)$; $Q_{F,S} = q_{M,F}C(t_N - t_M)$	新风处理到室内状态的等焓线($h_L = h_N$); 新风不承担室内冷负荷; 为处理新风提供的冷水温度约为 12.5～14.5℃; 该方式易于实现,但 FCU 为湿工况; 可用 FCU 的出水作为新风 AHU 的进水
新风处理到 d_N 线,控制新风 AHU 的出风露点温度等于室内空气设计时的露点温度	房间空调风量 $q_M = Q/(h_N - h_O)$; FCU 风量 $q_{M,F} = q_M - q_{M,w}$; $q_{M,w}/q_{M,F} = (h_O - h_M)/(h_L - h_O)$; $h_M = h_O - (q_{M,w}/q_{M,F})(h_L - h_O)$; FCU 承担的冷量 $Q_F = Q - q_{M,w}(h_N - h_L)$; 新风 AHU 承担的冷量 $Q_w = q_{M,w}(h_W - h_L)$	新风处理到室内状态的等湿线($d_L = d_N$); FCU 仅负担一部分室内冷负荷,新风除了负担新风冷负荷外,还负担部分室内冷负荷,其量为 $q_{M,w}(h_N - h_L)$; 为处理新风提供的冷水温度 7～9℃; 新风控制出风露点温度

续表

新风处理终态方案	基本关系式	特点和适用性
 新风处理到 $d_L < d_N$	房间空调风量 $q_M = Q/(h_N - h_O)$; FCU 风量 $q_{M,F} = q_M - q_{M,w}$; $q_{M,w}/q_{M,F} = (h_M - h_O)/(h_O - h_L)$; $h_M = h_O + (q_{M,w}/q_{M,F})(h_O - h_L)$; $h_M = h_N - Q/q_{M,F}$; $h_L = h_O - q_{M,F}/q_{M,w}(h_M - h_O)$; $d_L = d_N - W/q_{M,w}$	新风处理到 $d_L < d_N$; 新风不仅负担新风冷负荷，还负担部分室内显热冷负荷和全部潜热冷负荷; FCU 仅负担一部分室内显热冷负荷（人、照明、日射），可实现等湿冷却，有利于改善室内空气品质和防止水患; 新风处理焓差大，水温要求 5℃以下
 新风处理到 t_N 线（$\varphi_L = 90\% \sim 95\%$）控制新风 AHU 出风干球温度等于室内设计空气干球温度	房间空调风量 $q_M = Q/(h_N - h_O)$; FCU 风量 $q_{M,F} = q_M - q_{M,w}$; $q_{M,w}/q_{M,F} = (h_O - h_M)/(h_L - h_O)$; $Q_F = Q_N + q_{M,w}(h_L - h_O)$; $h_M = h_O - (q_{M,w}/q_{M,F})(h_L - h_O)$, $h_M = h_N - Q/q_{M,F}$; FCU 负担的湿负荷 $D = W + q_{M,w}(d_L - d_N)$; 新风负担的负荷 $Q_w = q_{M,w}(h_w - h_L)$	新风处理到 t_N 线（$t_L = t_N$）; FCU 负担的负荷很大，特别是湿负荷很大，不利于提高室内空气品质，不建议采用此方式
 新风处理到 h_N 线	房间空调风量 $q_M = Q/(h_N - h_O)$; FCU 风量 $q_{M,F} = q_M - q_{M,w}$; $q_{M,w}/q_{M,F} = (d_C - d_N)/(d_L - d_C)$	新风处理到 h_N 线，并与 N 直接混合进入 FCU 处理; FCU 处理的风量比其他方式大（包括了新风），产品选型不易; 当 FCU 不工作时，新风从回风口送出，造成对过滤器反吹，对卫生不利; 不必在室内为新风设置单独的送风口

注：q_M—总空调风量；$q_{M,w}$—新风风量；$q_{M,F}$—FCU 风量；Q_F—FCU 的冷量；$Q_{F,S}$—FCU 的显热冷量；Q_w—新风 AHU 的冷量；Q—房间的总冷负荷。

（5）风机盘管的调节方式

为了适应房间的负荷变化，风机盘管的调节主要可采用风量调节和水量调节这两种方法，其特点和适用范围见表 3.4-4。

风机盘管调节方法 表 3.4-4

调节方法	特　　点	适用范围
就地风量、水量调节	通过三速开关调节风量和风机盘管的冷热量，三挡风量一般按 1：0.75：0.5 设置。调节方法简便、初投资省；设计选型时，宜按中档转速的风量与冷量选用。随着风量的减小，室内气流分布不理想。风机盘管回水管路上设置常闭快开式电动两通阀，风机盘管关闭时水路切断，形成用户侧变流量运行，有利于水泵节能	已普遍得到使用
联网调节	风机盘管电子控制器综合进行运行模式、水量和风量调节，并可以联网与BA系统通信，形成网络化管理，避免设备空开、无人管理的现象。此方式初投资较高	需要集中管理和控制的建筑(或区域)

3.4.5　多联机空调系统

多联机空调系统是一台（组）空气（水）源制冷或热泵机组配置多台室内机，通过改变制冷剂流量适应各房间负荷变化的直接膨胀式空气调节系统，主要由室外主机、制冷剂管路、室内机以及相关控制装置组成。

多联机空调系统按其室外机功能可分为：热泵型、单冷型和热回收型。

系统的室内机有多种形式：顶棚卡式嵌入型（双向气流、多向气流）、顶棚嵌入风管连接型、顶棚嵌入导管内藏型、顶棚悬吊型、挂壁型及落地型等。根据不同的功能形式及室内机形式的组合，适合公寓、办公、住宅等各类中、高档建筑。

系统的冬季供热能力随着室外空气温度的降低而下降，当室外气温降至 -15℃时，机组的制热量只相当于标准工况时制热量的 50% 左右。在较寒冷的地区，必须对机组冬季工况时的制热量进行修正，以确保机组供热能力达到需求。如不能满足，则需设置辅助热源进行辅助供热。就全国气候条件来看，在夏季室外空气计算温度为 35℃ 以下、冬季室外空气计算温度为 -5℃ 以上的地区，变制冷剂流量系统基本上能满足冬、夏季冷热负荷的要求。冬季运行性能系数低于 1.8 时，不宜采用多联机空调系统。

1. 多联机空调系统的特点

（1）使用灵活。系统可以根据系统负荷变化自动调节压缩机转速，改变制冷剂流量，保证机组以较高的效率运行。部分负荷运行时能耗下降，可以降低全年运行费用。机组都带有末端耗能的统计系统，有利于节能运行管理。

（2）节省建筑空间。系统采用的风冷式室外机一般设置在屋面或室外，不需占用建筑面积。系统的接管只有制冷剂管和凝结水管，且制冷剂管路布置灵活、施工方便，与中央空调水系统相比，在满足相同室内吊顶高度的情况下，采用该系统可以减小建筑层高，降低建筑造价。

（3）施工安装方便、运行可靠。与集中式空调系统相比，变制冷剂流量系统施工工作量小得多，施工周期短，尤其适用于改造工程。系统环节少，所有设备及控制装置均由设备供应商提供，系统运行管理安全可靠。

（4）满足不同工况的房间使用要求。变制冷剂流量系统组合方便、灵活，可以根据不同的使用要求组织系统，满足不同工况房间的使用要求。对于热回收型系统来说，一个系统内，部分室内机在制冷的同时，另一部分室内机可以供热运行。在冬季，该系统可以实现内区供冷、外区供热，把内区的热量转移到外区，充分利用能源，降低能耗，满足不同区域空调要求。

2. 多联机空调系统设计

多联机空调系统设计、施工应遵循《多联机空调系统工程技术规程》JGJ 174 的有关规定。

（1）系统的确定。对于只需供冷而不需要供热的建筑，可采用单冷型系统；对于既需要供冷又需要供热且冷热使用要求相同的建筑可采用热泵型系统；而对于分内、外区且各房间空调工况不同的建筑可采用热回收型系统。

（2）选择室内机。室内机形式是依据空调房间的功能、使用和管理来确定的。室内机的容量须根据房间冷、热负荷来选择，当采用热回收装置或新风直接接入室内机时，室内机选型时应考虑新风负荷；当新风经过新风机组处理时，则新风负荷不计入总负荷。空调房间的换气次数不宜小于 5 次/h。

室内机组初选后应进行下列修正：

1）根据连接率修正室内机容量。当连接率超过 100％时，室内机的实际制冷、制热能力会有所下降，应对室内机的制冷、制热容量进行校核。

2）根据给定室内外空气计算温度进行修正。由给定的室内外空气计算温度，查找室外机的容量和功率输出，计算出独立的室内机实际容量及功率输入。

3）对配管长度进行修正。根据室内外机之间的制冷剂配管等效长度、室内外机高度差，查找相应的室内机容量修正系数，计算出室内机实际制冷、制热量。

4）依据校核结果与计算冷、热负荷相比较，如果修正值小于计算值，则增大室内机规格，再重新按相同步骤计算，直至所有室内机的实际容量大于室内负荷。

（3）选择室外机。室外机的选择应按照下列要求进行：

1）室外机应根据室内机安装的位置、区域和房间的用途考虑；室外机应按照设计工况，对室外机的制冷（热）能力进行室内外温度、室内外机负荷比、制冷剂管路管长和高差、融霜等修正。

2）室内机和室外机组合时，室内机总容量值应接近或略小于室外机的容量值。

3）如果在一个系统中，因各房间朝向、功能不同而需考虑不同时使用因素，则可以适当增加连接率。系统的连接率从 50％到 130％。

（4）系统设置。应根据具体产品的性能、规格，合理布置。室外机与室内机的高差，同一管路负担的室内机与室内机的高差，不能超出产品的技术规定。制冷剂管路分支管的长度应在允许长度之内。对于承担不同楼层的室外机集中布置时，应注意将所供楼层垂直距离最大的室外机靠近制冷剂管路竖井布置，以减少制冷剂管路长度。

（5）系统新风。多联机空调系统的新风供给方式一般有以下三种：

1）采用热回收装置。热回收装置的全热回收效率约为 60％左右，因室外空气含尘污染，随使用时间的延长，热回收装置换热面上的积灰会降低热回收效率。经热回收装置处理后的新风，可直接通过风口送到空调房间内，也可送到室内机的回风处。

2）采用多联机空调系统的新风机组、带排风热回收型的新风机组或使用其他冷热源的新风机组。室外新风被处理到室内空气状态点等焓线上的机器露点，室内机不承担新风负荷。经过新风机组处理后的新风，可直接送到空调房间内。

带排风热回收型的新风机组集热泵机组与新风机组为一体，蒸发器与冷凝器均采用高效椭圆管换热器，阻力小。名义工况条件下，冬季制热 *COP* 高达 6.0 及以上，因蒸发侧采用室内排风，基本无结霜；夏季，因冷凝侧采用室内排风，能效比明显高于传统风冷。机组的新、排风量之比可为 1 : 1～1 : 0.75。送风量可在 350～5000m³/h 范围选择，4000～5000m³/h 的机组噪声为 55dB(A)。机组安装位置灵活，新、排风接管位置灵活，值得推广。

3) 室外新风直接接入室内机的回风处。该方式的新风负荷全部由室内机承担，在工程中较少采用。

（6）室内机和室外机安装

1) 室内机安装。室内机安装时要考虑室内的气流分布、温度分布等要求，确保最佳的气流分配，不致发生气流短路；确保有足够的维修空间以及有足够的高度安装有坡度要求的冷凝水排放管；确保室内机和室外机之间的配管长度及机组之间的高度在允许的范围内。要注意满足不同形式室内机各自独有的布置要求。

2) 室外机安装。系统的室外机既可以设置在屋顶上，必要时也可以设置在技术层中，还可以设置在楼层靠外墙的机房内。设置方式可以是集中放置、分段放置，还可以分层放置。室外机组安装位置须保证机组周围有足够的进风和维修空间，防止气流短路，保证使用效果。

如室外机在屋顶集中放置，当室外机周围设置防视线壁或减噪声壁时，为了避免气流短路，则侧壁下段需做成百叶，把室外机组抬高，在机组出口安装出风管，将进风和出风隔离。

当室外机在屋顶分段放置时，要求各段室外机组保证一定的距离，避免下段机组的出风被上段机组吸入，影响上段机组的工作。

当室外机设置在技术层时，室外机应设置在独立的机房内，且确保进风侧、操作检修侧有足够的距离。室外机的风机应有足够的压力，通过风道将排风排至室外。

当室外机需要分层放置时，避免下层机组排风被上层机组吸入，影响上层机组的运行。室外机设置时须做到：隔墙百叶开口率一般应大于 80%；百叶角度下倾 0°～20°；机组出风管面积缩小以提高风速，使出风口风速大于 5m/s；吸风口处面积放大，使吸入口处风速小于 2.0m/s；机组风机余压须提高到 50Pa 及以上（或进行 CFD 模拟分析确定），且出风口紧靠百叶。

3.4.6 温湿度独立控制系统与设备

本部分着重介绍溶液除湿方式。

1. 除湿溶液处理空气的基本原理

除湿溶液除湿性能的优劣取决于其表面蒸汽压的大小。由于被处理空气的水蒸气分压力与除湿溶液的表面蒸汽压之间的压差是水分由空气向除湿溶液传递的驱动力，因而除湿溶液表面蒸汽压越低，在相同的处理条件下，溶液的除湿能力越强，与所接触的湿空气达到平衡时，湿空气的相对湿度越低。溶液的表面蒸汽压是溶液温度 t 与浓度 ξ 的函数，随着溶液温度的降低、溶液浓度的升高而降低。当被处理空气与除湿溶液接触达到平衡时，二者的温度与水蒸气分压力分别对应相等。

图 3.4-17 给出了不同温度与浓度的溴化锂溶液在湿空气焓湿图上的对应状态，溶液

的等浓度线与湿空气的等相对湿度线基本重合。对于相同的空气状态 O 与相同浓度、温度不同的溶液（A，B，C）接触，最后达到平衡的空气终状态，溶液的温度越低，其等效含湿量也越低。

除湿溶液的性质直接关系到除湿效率和运行情况，除湿溶液应具有下列特性：

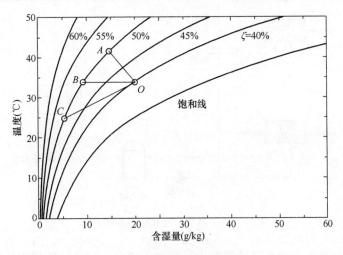

图 3.4-17　空气除湿过程

（1）相同的温度、浓度下，表面蒸汽压较低，使得与被处理空气中水蒸气分压力之间有较大的压差，即除湿溶液有较强的吸湿能力。

（2）对空气中的水分有较大的溶解度，这样可提高吸收率并减少除湿溶液的用量。

（3）对空气中水分有较强吸收能力的同时，对混合气体中的其他组分基本不吸收或吸收甚微，否则不能有效实现分离。

（4）低黏度，以降低泵的输送功耗，减小传热阻力。

（5）高沸点，高冷凝热和稀释热，低凝固点。

（6）性质稳定，低挥发性、低腐蚀性，无毒性。

（7）价格低廉，容易获得。

常用的除湿液体有溴化锂溶液、氯化锂溶液、氯化钙溶液、乙二醇等。

溴化锂、氯化锂等盐溶液虽有一定的腐蚀性，但塑料材料的使用，可以防止盐溶液对管道等设备的腐蚀，而且成本较低。另外，由于盐溶液的沸点（超过 1200℃）非常高，盐溶液不会挥发到空气中影响、污染室内空气，相反还具有除尘杀菌功能，有益于提高室内空气品质，所以盐溶液成为优选的除湿溶液。

在除湿过程中，除湿溶液吸收空气中的水分，自身浓度降低，需要浓缩再生才能重新使用。溶液的浓缩再生可以采用低品位的热能。在溶液系统中，投入的能量主要是用于除湿溶液的浓缩再生。

图 3.4-18 是一个典型的溶液除湿空调系统的工作原理图，由除湿器（新风机）、再生器、储液罐、输配系统和管路组成。溶液除湿系统中，一般采用分散除湿、集中再生的方式，将再生浓缩后的浓溶液分别输送到各个新风机中。利用溶液的吸湿性能实现新风的处理过程，使之承担建筑的全部潜热负荷。

在除湿器（新风机）中，一般设有冷却装置（采用室内排风、冷却水等），用于降低

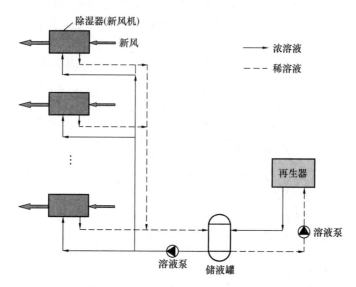

图 3.4-18 典型的溶液除湿空调系统

除湿过程中溶液的温度，增强其除湿能力。在再生器中，加热装置利用外界提供的热能实现溶液的浓缩再生。在除湿器与再生器之间，通常设有储液罐，用以存储溶液与缓解再生器中对于持续热源的需求，同时，也可降低整个溶液除湿空调系统的容量。

2. 除湿溶液处理空气的基本单元与装置

（1）可调温的单元喷淋模块

可调温单元喷淋模块的工作原理参见图 3.4-19，溶液从底部溶液槽内被溶液泵抽出，经过显热换热器与冷水（或热水）换热，吸收（或放出）热量后送入布液管。通过布液管将溶液均匀地喷洒在填料表面，与空气进行热质交换，然后在重力作用下流回溶液槽。

该装置有三股流体参与传热传质过程，分别为空气、溶液和提供冷量或热量的冷水或热水。通过在除湿/再生过程中，由外界冷热源排除/加入热量，从而调节喷淋溶液的温度，提高其除湿/加湿性能。

（2）溶液为媒介的全热回收装置

在新风处理过程中，应用热回收技术是降低处理能耗的重要途径。全热回收相对于显热回收具有更高的热回收效率。目前普遍应用的转轮式及翅板式全热回收器都无法完全避免新风和排风之间的交叉污染。利用具有吸湿性能的盐溶液作为媒介的溶液全热回收装置不仅能够避免新风和室内排风的交叉污染，而且盐溶液还具有杀菌和除尘功能。

图 3.4-20 是一个典型的单级溶液全热回收装置，上层为排风（r）通道，下层为新风（n）通道，z 表示溶液状态。

夏季运行时：

1）溶液泵将下层单元喷淋模块底部溶液槽中的溶液输送至上层单元喷淋模块的顶部，通过布液装置将溶液均匀地喷淋至填料上。

2）室内排风在上层填料中与溶液接触，溶液被降温浓缩，排风被加热、加湿后排到室外。

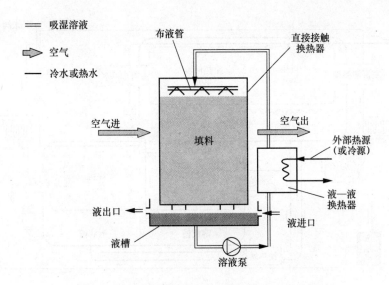

图 3.4-19 气液直接接触式全热换热装置结构示意图

3）降温浓缩后的溶液从上层单元喷淋模块底部溶液槽中溢流进入下层单元喷淋模块顶部，经布液装置均匀地分布到下层填料上。

4）室外新风在下层填料中与溶液接触，由于溶液的温度和表面蒸汽压均低于空气的温度和水蒸气分压力，溶液被加热稀释，空气被降温除湿。溶液重新回到底部溶液槽中，完成循环。

冬季运行时：情况与夏季类似，仅是传热传质的方向不同，新风被加热、加湿；排风被降温、除湿。

多个单级全热回收装置可以串联起来，组成多级全热回收装置，以达到更好的全热回收效果。

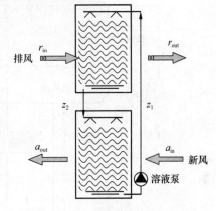

图 3.4-20 单级全热回收装置

（3）溶液热回收型新风机组

1）机组的分类

采用溶液为媒介的新风机组，可分为电驱动（热泵驱动）型新风机组与热驱动型新风机组两种类型，每种类型又有多种形式：

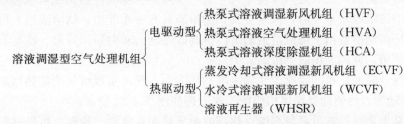

① 电驱动型（热泵驱动）。电驱动型（热泵驱动）新风机组的工作原理如图 3.4-21 所示。

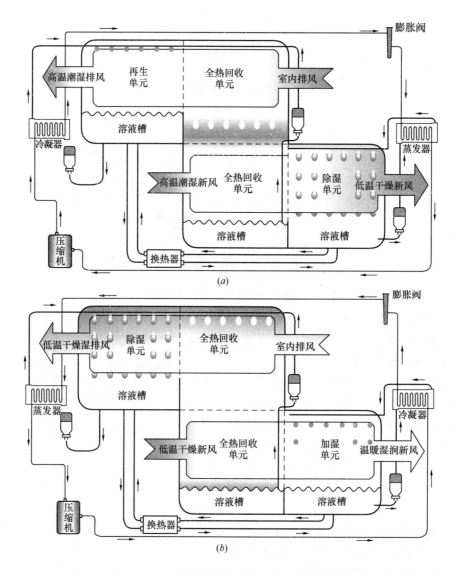

图 3.4-21 电驱动溶液热回收型新风机组原理图

(a) 夏季运行模式；(b) 冬季运行模式

夏季工况：高温潮湿的新风在全热回收单元中以溶液为媒介和回风进行了全热交换，新风被初步降温除湿，然后进入除湿单元中进一步降温、除湿，达到送风状态点。除湿单元中，除湿溶液吸收水蒸气后，浓度变稀，为重新具有吸水能力，稀溶液进入再生单元浓缩。热泵循环的制冷量用于降低溶液温度以提高除湿能力和对新风降温，冷凝器排热量用于浓缩再生溶液，能源利用效率极高。

冬季工况：只需切换四通阀改变制冷剂循环方向，便可实现空气的加热加湿功能。

② 热驱动型。热驱动型新风机组的工作原理如图 3.4-22 所示。

夏季：高温潮湿的新风通过多级全热回收单元被初步降温、除湿，再经过除湿单元被处理到送风状态点，除湿单元所需的 16～22℃ 的冷水由另外的冷水机组提供，也可使用地下水等自然冷源。除湿后变稀的溶液需要进入再生器浓缩，重新具有吸湿能力，再生器的工作原理参见图 3.4-23。溶液浓缩过程所需的热量由余热源（≥70℃）提供，该新风处理机为夏季利用低品位热源驱动空调提供了新途径，节省大量电能。

冬季：原除湿单元变为加湿单元，经过全热回收的新风被进一步加热加湿再送入室内。此外加湿单元需要供给 32～40℃ 的热水。

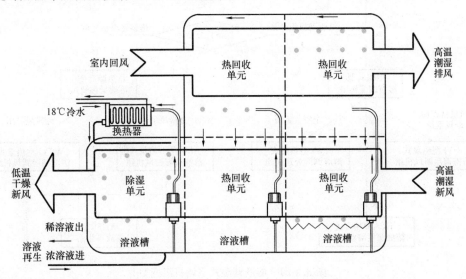

图 3.4-22　热驱动溶液热回收型新风机组原理图

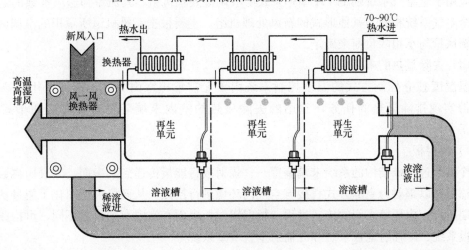

图 3.4-23　再生器原理图

2）溶液热回收型新风机组的选型

选型设计的方法和步骤，如图 3.4-24 所示。电驱动型机组和热驱动型机组均有不同形式的新风机组相适应。对于电驱动型机组，当空调风系统为风机盘管加新风系统时，选用 HVF 型热泵式溶液调湿新风机组；当空调风系统为全空气系统时，选用 HVA 型热泵式溶液调湿新风机组。对于热驱动型机组，当系统中可以有排风利用时，选用 ECVF 型蒸发冷却式溶液调湿新风机组；当系统中无排风可以利用时，选用 WCVF 型水冷式溶液调湿新风机组。对于要求具有低湿环境的特殊场合，可以选用电驱动型 HCA 型热泵式溶液深度除湿机组。

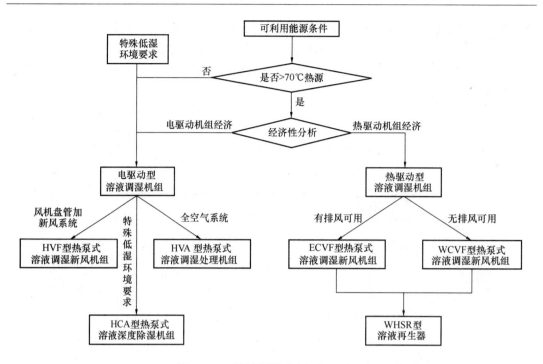

图 3.4-24　溶液调湿式空调机组选型

应用于全空气系统的 HVA 型热泵式溶液调湿处理机组，其风量与送风参数的选择与常规全空气系统相同。其他形式的新风处理机组，主要根据新风机组所承担的空调区域需要的新风量与承担的负荷来确定。

（4）去除显热的末端装置

温湿度独立控制方式的温度控制系统由于无需承担室内除湿，因而可用较高温度的冷源实现排除显热的任务，常用的去除显热的室内末端装置有辐射板和干式风机盘管等。

1）辐射板

冷媒通过特殊结构的系统末端装置——辐射板将能量传递到其表面。其表面再通过对流和辐射并以辐射为主的方式直接与空气内环境进行换热，从而极大地简化了能量从冷源到终端用户室内环境之间的传递过程。根据辐射板表面在室内布置位置不同，可构成冷辐射顶板系统、冷辐射地板系统和冷辐射垂直墙壁系统等。

辐射末端装置的结构形式可以大致划分为两大类：一类是沿袭辐射供暖楼板的做法，将特制的塑料管直接埋在水泥楼板中形成地板或顶板；另一类是以金属或塑料为材料，制成模块化的辐射板产品，安装在室内形成冷辐射吊顶或墙壁，该类辐射板的结构形式多种多样。供冷水温度应以辐射板表面不结露为原则确定，供水回温差不应小于 2℃。

末端装置采用辐射板时，供冷、供热量可按本书式（1.4-1）～式（1.4-6）计算。

2）干式风机盘管

在温湿度独立控制空调系统中，风机盘管仅用于排除室内显热，因而冷水的供水温度提高到 16～18℃，冷水的供回水温差不宜小于 5℃。正常运行时，风机盘管内并无冷凝水

产生。因此,干式风机盘管有如下设计思路:

① 可选取较大的设计风量;

② 选取较大的盘管换热面积、较小的盘管排数以降低空气侧流动阻力;

③ 选用大流量、小压力、低电耗的贯流风机或轴流式风机或以自然对流的方式实现空气侧的流动;

④ 选取灵活的安装布置方式。

干式风机盘管机组有关规格如表 3.4-5 所示,能效限值等具体见国家标准《风机盘管》GB/T 19232—2019。

高档转速下干式机组基本规格的风量、供冷量和供热量额定值 表 3.4-5

规格	额定风量 (m³/h)	额定供冷量 (W)	额定供热量(W)	
			供水温度 60℃	供水温度 45℃
FPG-34/FPG-51	340/510	680/1020	2110/3160	1290/1930
FPG-68/FPG-85	680/850	1360/1700	4210/5270	2570/3210
FPG-102/FPG119	1020/1190	2040/2380	6320/7370	3860/4500
FPG-136/FPG-170	1360/1700	2720/3400	8420/10530	5140/6420
FPG-204/FPG-238	2040/2380	4080/4760	12640/14740	7710/8990
FPG-272/FPG-306	2720/3060	5440/6120	16860/16970	10280/11570
FPG-340	3400	6800	21080	12850

注:额定值采用的试验工况:干球温度/湿球温度 26.0℃/18.7℃;供水温度 16℃、水温差 5℃;供暖工况干球温度/湿球温度 21.0℃/≤15℃。

3)高温冷源

在温湿度独立控制空调系统中,由于潜热由单独的新风处理系统承担,因而在温度控制系统中,采用 16~18℃的冷水即可满足降温要求,该温度要求的冷水为很多天然冷源的使用提供了条件。如地下水、土壤源换热器、地源热泵,间接蒸发冷却制备冷水等。当天然冷源的利用受到地理环境、气象条件以及使用季节的限制时,可采用高温冷水机组,或采用天然冷源+人工冷源方式。

3.4.7 组合式空调机组的性能与选择

1. 一般技术要求

组合式空调机组以冷、热水或蒸汽为媒介,通过各种组合功能段实现空气的混合、冷却、加热、加湿、除湿、过滤以及热回收、消声等处理过程,适用于阻力大于或等于 100Pa 的空调系统。

(1)箱体

组合式空调机组可分为金属空调箱和非金属空调箱两类。箱体的作用是支持和固定各种功能部件(如加热器、表面冷却器、过滤器等),并使之构成机组整体。箱体除了通常的强度、刚度要求以及在运行中不应产生变形(在风量为 30000m³/h,机内静压保持 1000Pa 条件下,机组箱体变形率不超过 4mm/m)外,还有以下要求:

1）材料：考虑机组的防腐性能，箱体板材可选用镀锌钢板、玻璃钢或其他合适的材料。对于黑色金属制作的构件表面应作防腐处理。玻璃钢箱体应采用氧指数不小于 30 的阻燃树脂制作。

2）密封性：箱体要求壁板结合牢固，整体密封性严密，以免因过量漏风造成冷（热）量损耗。按规定，机内静压保持正压段 700Pa、负压段−400Pa 时，漏风率不允许超过循环风量的 2％。净化机组机内静压 1000Pa 时，漏风率不大于 1％。箱体的检查门锁紧性要好，防止因内、外压差而自行开启。

3）绝热、隔声性：箱体的绝热、隔声材料应无毒、无异味、具有自熄性和不吸水。壁板绝热热阻不小于 0.74m² · K/W，并有防冷（热）桥措施，以减少冷热量损失，夏季供冷时箱体外表面不产生结露。

4）防水性：采用表面冷却器的机组应有凝结水处理装置，喷水室应设水池。箱体应排水通畅不积水、不渗水。

5）美观性：箱体外形整体要美观。

（2）表面式空气冷却器和加热器

集中式空调系统中的表面式空气加热器大多采用翅片管式的结构形式。空调工程中的空气冷却装置，主要有表面式空气冷却器和喷水室，前者更为常用。

集中式空调系统的组合式空调器中，以热水为热媒的表面式空气加热器与以冷水为冷媒的表面式空气冷却器可兼用（四管制除外），并称为表面式空气换热器，以完成夏季供冷、冬季供热的功能。表面式空气冷却器可分为水冷式和直接蒸发式两大类。绝大多数组合式空调器中采用水冷式表面冷却器；直接蒸发式表面冷却器大多用于带制冷机的空调机组，且不得采用氨作制冷剂。

表面式空气换热器中管内冷水与管外空气之间的温差，比管内热水与管外空气之间的温差要小得多。表面式冷却器的冷水出口温度与空气出口温度之差值一般仅为 6℃左右。因此，为提高传热效果，冷却器中冷水的流速通常高于加热器中热水的流速。在结构上也采用冷水多流程，空气与水交叉逆流换热。

表面式冷却器对空气的冷却过程视表面温度高于或低于露点温度，可分为等湿冷却或减湿冷却，后者表面温度低于露点温度，表面式冷却器外表面有水析出，又称为湿式冷却。此外，冷却器下部必需设有滴水盘和带水封的排水装置。对空气而言，表面式冷却器可以并联，也可以串联或串、并联。

在减湿冷却过程中，由于表面上有水分析出，既有显热交换，又有质交换所引起的潜热交换，此时，热交换的强度显然高于干式冷却。将湿式冷却时的总热交换量（显热与潜热之和）与显热交换量之比，称为析湿系数或换热扩大系数，以符号 ξ 表示，即

$$\xi = \frac{h_1 - h_2}{C_p \cdot (t_1 - t_2)} \tag{3.4-11}$$

式中 h_1、t_1——分别为空气在初状态 1 时的比焓和温度；

　　　　h_2、t_2——分别为空气在终状态 2 时的比焓和温度；

　　　　C_p——空气的定压比热容。

ξ 越大，析出的水分越多，传热量增大得也越多。对干式冷却，$\xi=1$。

机组额定供冷量的空气比焓降应不小于 17kJ/kg；新风机组的空气比焓降应不小于 34kJ/kg。

（3）电加热器

电加热器的特点是加热均匀、热量稳定、效率高、体积小、调节方便，但电耗较大，在整体式空调机组中仍有广泛应用。在集中式空调系统中，有时也在各送风支管中安装电加热器，以补偿热量或实现温度分区控制。电加热器与通风机之间要有启闭联锁装置，只有在通风机运转时，电加热器电路才能延时接通。有时电加热器出口处还装有过温器，在空气温度超过某一规定值时切断电加热器电源。

电是高品位能源，直接用于加热不符合节能原则，而且防火安全性差。因此，除了恒温恒湿工艺需要，用于整体机组外，电加热器在组合式空调机组中很少采用。

（4）加湿段

为增加空气的含湿量，达到相对湿度要求，就需要各种形式的加湿装置对空气进行加湿处理，构成组合式空气调节机组的加湿段。空气加湿的方法，一般有等温加湿和等焓加湿。

干式蒸汽加湿器的加湿速度和响应快、均匀性好、易获得高湿度、安装方便、节能，广泛应用于医院手术室，电子生物实验室及精密仪器、元件制造车间等。

对进入空调房间的空气加湿，可以在空气处理室或送风管道内进行，后者有利于对干空气进行局部补充加湿。

（5）喷水段

喷水室与表面式空气加热器和冷却器不同，它是一种直接接触式的热湿处理设备。喷水室不仅能实现对空气的加热、冷却、加湿和减湿等多种处理，而且还具有空气净化能力。

喷水室的用途范围：仅在某些工业部门，如纺织厂、玻璃纤维厂中仍有较广泛应用。

（6）风机段

风机段采用高效双进风离心式风机，风机段内设有内置式轻型可调节的减振装置，工作平稳可靠，减振效果明显。

除技术文件或订货要求中有特殊注明外，风机一般均采用标准状态下的性能。

在空调系统设计时，应注意厂商提供的风机性能是否满足要求，如高原地区的空气密度的不同，风机选型时应修正其参数。

组合式空调机组的噪声源主要来自风机。风机的噪声包括空气动力噪声、机械振动噪声以及两者相互作用所产生的混合噪声。此外，还有由于电动机的空气隙中交变力相互作用而产生的电磁噪声。

（7）新、回风混合段

组合式空调机组中的新风、回风混合段用来连接新风进口和回风管道，使新风、回风在该段中均匀混合。在新风口和回风口上装有调节阀，供调节新风量、回风量的比例之用。调节阀由手动、电动或气动执行机构进行控制。调节阀多采用流量调节特性好的对开式多叶调节阀，它由框架、导风叶片和传动机构等组成。叶片的边缘宜镶橡皮条，阀门能全关或全开，关阀时应严密。橡皮条有利于消除开启时叶尖空气噪声。

（8）过滤段

在初始状态下，表面式冷却器、加热器前，必须设置过滤器（段），以保持换热器表面清洁。在组合式空调机组中，空气过滤器的过滤效率和阻力应符合表 3.4-6 的规定。空气过滤段并应设置用于维保的中间段。

空气过滤器额定风量下的阻力和效率　　　　　　表 3.4-6

效率级别	代号	迎面风速 (m/s)	额定风量下的效率（E）（%）		额定风量下的初阻力（ΔP_i）（Pa）	额定风量下的终阻力（ΔP_1）（Pa）
			指标			
粗效 1	C1	2.5	标准试验尘计重效率	$50>E\geqslant20$	≤50	200
粗效 2	C2			$E\geqslant50$		
粗效 3	C3		计数效率（粒径≥2.0μm）	$50>E\geqslant10$		
粗效 4	C4			$E\geqslant50$		
中效 1	Z1	2.0	计数效率（粒径≥0.5μm）	$40>E\geqslant20$	≤80	300
中效 2	Z2			$60>E\geqslant40$		
中效 3	Z3			$70>E\geqslant60$		
高中效	GZ	1.5		$95>E\geqslant70$	≤100	
亚高效	YG	1.0		$99.9>E\geqslant95$	≤120	

注：摘自国家标准《空气过滤器》GB/T 14295—2019。

2. 选择计算原理

组合式空调机组均由设备厂商根据设计要求集成后整体供货，无需设计单位再作选型计算，因此本节仅作计算原理和选择概念介绍。

（1）传热盘管的选择

1）表面式换热器的传热性能。表面式冷却器迎风面风速为 2.0～3.0m/s（采用低温送风变风量空调机组时，迎风面风速宜为 1.5～2.3m/s。），如迎风面风速大于 2.5m/s 时，宜在表面冷却器后增设挡水板。冷水式表面冷却器排数一般采用 4～8 排，当超过 8 排时，宜降低进水温度，比较经济，但如果系统的进水温度不能降低时，根据需要也可采用 10 排甚至 12 排。表面式冷却器的冷水流速一般取 0.6～1.8m/s，冷水的进水温度比空气出口的干球温度至少应低 3.5℃，冷水的温升通常为 2.5～6.5℃。

2）等湿冷却和加热过程。在等湿冷却过程中，类型相同的换热器的传热系数只与内表面换热系数 α_n[W/(m²·℃)]和外表面换热系数 α_W[W/(m²·℃)]有关。如果已知肋片管的结构特性，又确定了 α_W、α_n 的经验公式，就可以计算换热器的传热系数。

此外，由于外表面的换热系数 α_W 与空气的迎面风速 v_y 或质量流速 v_ρ 有关，当以水为传热介质时，内表面换热系数 α_n 与管内水的流速 ω 有关。所以，对于传热介质为水的表面式换热器，当其结构特性一定时，传热系数 K[W/(m²·℃)]主要取决于空气流速 v_y（或 v_ρ）和水的流速 ω。事实上，工程中常常是通过测定得到传热系数的数值。

对于以蒸汽为热媒的空气加热器，基本上可以不考虑蒸汽流速的影响。采用热水时，供水温度宜为 50~60℃（工艺空调宜为 70~130℃），供回水温差不宜小于 10℃（工艺空调不宜小于 25℃）。

各类型换热器传热系数的比较如表 3.4-7 所示。

换热器传热系数的比较（单位:%）　　　　表 3.4-7

管型 片型	光管	内螺纹管	管型 片型	光管	内螺纹管
平片	100	110	条缝片	120	140
波形片	107	120	波形冲缝片	140	170

3）减湿冷却过程。在减湿冷却过程中，既有显热交换，又有质（潜热）交换，而且在一定条件下，热湿交换之间还存在着一定的联系。通常用析湿系数 ξ 来反映冷凝水析出多少。所以，当表面冷却器的结构特性一定时，湿工况下的传热系数除与迎面风速、管内水流速有关外，还与析湿系数有关，而且可以利用干工况的数据计算湿工况的传热系数。

在实际应用中，也是通过测定得到湿工况的传热系数。

（2）传热盘管的热工计算

1）空气加热器的计算。空气加热器的计算原则就是让被加热空气需要的热量等于空气加热器供给的热量。因为在空气加热器中只有显热交换，所以它的热工计算方法比较简单，只涉及空气温度一个参数。

如果已知被加热的空气量为 $G(\mathrm{kg/s})$，加热前后空气的温度为 t_1 和 $t_2(℃)$，则被加热空气所需热量 Q 可按下式计算：

$$Q = Gc_\mathrm{p}(t_2 - t_1) \tag{3.4-12}$$

加热器供给的热量 Q' 可按下式计算：

$$Q' = KF\Delta t_\mathrm{m} \tag{3.4-13}$$

式中　K——加热器的传热系数，$\mathrm{W/(m^2 \cdot ℃)}$；

F——加热器的传热面积，$\mathrm{m^2}$；

Δt_m——热媒与空气之间的对数平均温差，℃。

空气加热器的设计选型计算可按下述方法和步骤进行：

① 初选加热器的型号：一般是先假定通过加热器有效面积 f 的空气质量流速 v_ρ，在假定 v_ρ 后，根据 $f = G/v_\rho$ 的关系得到需要的加热器有效截面面积。加热器的传热系数，随着 v_ρ 的提高而增加。这样，在保证同样加热量的条件下，可减少加热器的传热面积，降低设备初投资。但是随着 v_ρ 的提高，空气阻力也将增加，使运行费提高。因此，应考虑这两方面的因素，采用所谓"经济质量流速"，即采用使运行费和初投资总和为最小的 v_ρ 值。它的范围通常在 $8\mathrm{kg/(m^2 \cdot s)}$ 左右。

在加热器的型号初步选定之后，就可以根据加热器的实际有效截面，算出实际的 v_ρ 值。

② 计算加热器的传热系数。有了加热器的型号和空气质量流速后，依据相关的经验公式便可计算传热系数。当有的产品提供的传热系数经验公式采用的不是质量流速 v_ρ 而是迎面风速 v_y 时，则应根据加热器有效截面与迎风面积之比 α 值，（此处 α 又称为有效截面系数），使用关系式 $v_y = \alpha(v_\rho)/\rho$ 由 v_ρ 求出 v_y 后，再计算传热系数。

③ 计算需要的加热面积和加热器台数。由式（3.4-13）可知，$F = Q'/(K \cdot \Delta t_m)$，便可计算出需要的加热面积，然后再根据每台加热器的实际加热面积确定加热器的排数和台数。

④ 检查加热器的安全系数。由于加热器的质量差别和运行中内外表面积灰结垢等原因，选用时应考虑一定的安全系数。传热面积的安全系数一般为 1.1～1.2。

2）表面式空气冷却器的计算

① 表面冷却器的热交换效率系数和接触系数。表面冷却器的热交换效率系数同时考虑了空气和水的状态变化，而接触系数只考虑空气的状态变化（见图 3.4-25）。两个系数的定义式见式（3.4-14）和式（3.4-15）。

热交换效率系数 ε_1：

$$\varepsilon_1 = \frac{t_1 - t_2}{t_1 - t_{w1}} \tag{3.4-14}$$

接触系数 ε_2：

$$\varepsilon_2 = \frac{t_1 - t_2}{t_1 - t_3} \tag{3.4-15}$$

式中　t_1、t_2——处理前、后空气的干球温度，℃；

　　　　t_{w1}——冷水初温，℃；

　　　　t_3——表面冷却器在理想工作条件下（接触时间非常充分）空气终状态的干球温度，℃。

由图 3.4-25 可见，状态点 3 位于 $h - d$ 图上状态点 1、2 连线的延长线和饱和曲线的交点上。t_3 可以代表冷却器表面的平均温度。

② 表面式冷却器热工计算的主要原则和方法：

对型号一定的表面冷却器来说，热工计算应满足下列三个条件：

空气处理过程需要的 ε_1 应等于冷却器能达到的 ε_1；

空气处理过程需要的 ε_2 应等于冷却器能达到的 ε_2；

空气放出的热量应等于冷却器能吸收的热量。

在进行计算时，一般是先根据给定的空气初、终参数计算需要的 ε_2，然后根据 ε_2 再确定冷却器的型号、台数与排数，最后就可以求出该冷却器能够达到的 ε_1。有了 ε_1 之后就能确定冷水初温 t_{w1}。

如果在已知条件中给定了冷水初温 t_{w1}，则说明空气处理过程需要的 ε_1 已定，热工计算的目的就在于通过调整水量（改变水流速 ω）或者调整迎面风速和排数等方法，使所选择表面冷却器能够达到空气处理过程所需要的 ε_1。

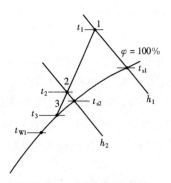

图 3.4-25　表冷器处理空气时的各个参数

③ 热工计算中安全系数的考虑。表面式冷却器经长时间使用后，因外表面积灰、内表面结垢等因素影响，其传热系数会降低，因此在选择计算时应考虑一定的安全系数，即适当增加传热面积。若由于冷却器的产品规格所限，也可以考虑在保持传热面积不变的情况下，采用运行时降低水初温 t_{w_1} 的办法来满足要求。比较起来，不用增加传热面积的办法而用降低水初温的办法来考虑安全系数更简单。目前国内的制造厂商是运用计算软件对表面冷却器进行选型计算的。

3）表面式换热器的阻力计算

① 空气加热器的阻力。加热器的空气阻力与加热器形式、构造以及空气流速有关。对于一定结构特性的空气加热器而言，空气阻力可由以下实验公式求出：

$$\Delta H = B(v\rho)^p \quad (Pa) \tag{3.4-16}$$

式中 v——空气流速，m/s；

ρ——空气密度，kg/m³；

B、p——实验的系数和指数。

如果热媒是蒸汽，则依靠加热器前保持一定的剩余压力[不小于 0.03MPa（工作压力）]来克服蒸汽流经加热器的阻力，不必另行计算。如果热媒是热水，则其阻力可按下面形式的实验公式计算：

$$\Delta h = C\omega^q \quad (kPa) \tag{3.4-17}$$

式中 ω——水流速，m/s；

C、q——实验的系数和指数。

部分型号的空气加热器的阻力计算公式可参见有关产品的设计资料。

② 表面式冷却器的阻力。表面式冷却器的阻力计算方法与空气加热器基本相同，也是利用类似形式的实验公式。但是由于表面式冷却器有干、湿工况之分，而且湿工况的空气阻力比干工况的空气阻力大，并与析湿系数有关，所以应区分干工况与湿工况的空气阻力计算公式。

部分型号的表面式冷却器的阻力计算公式也可参见有关资料。

3. 喷水室的配置

（1）喷水室的热工计算

空气与水直接接触时，在理想的条件下，可能实现七种空气处理过程。理想条件一是指用以处理空气的水量无限大，因此水温始终不变；二是指空气与水的接触时间非常充分，以致所有空气都能达到饱和，而且空气温度最终与水温相等。但实际情况是喷水量是有限的，空气与水的接触时间也不可能很长，空气状态和水温都是不断变化的，空气的终状态也很难达到饱和。此外，在焓湿图上，实际的空气状态变化过程并不是一条直线，而是曲线。同时该曲线的弯曲形状又和空气与水滴的相对运动方向有关系。

1）喷水室的热交换效率系数和接触系数

在喷水室的热工计算中，把实际过程与理想过程进行比较，而将比较结果用热交换效率系数和接触系数来表示，并且用它们来评价喷水室的热工性能。

① 热交换效率系数 η_1。在冷却减湿过程中，空气的状态变化和水温变化如图 3.4-26

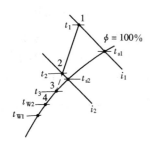

图 3.4-26　冷却干燥过程
空气与水的状态变化

所示。空气与水接触时，如果热、湿交换充分，则具有状态 1 的空气最终可变到状态 3。但是由于实际过程中热、湿交换不够充分，空气的终状态只能达到点 2，点 2 又称为"机器露点"（相对湿度取值：一级喷水室 90%～95%，二级喷水室 95%～98%；表冷器在 90% 左右）。进入喷水室的水初温为 t_{w1}，因为水量有限，与空气接触之后水温将上升，在理想条件下，水终温也能达到点 3，实际上水终温只能达到点 4。人工冷源的冷水温升宜为 3～5℃。

喷水室的热交换效率系数 η_1 也称第一热交换效率或全热交换效率，是同时考虑空气和水的状态变化的。

② 接触系数 η_2。喷水室的接触系数 η_2 也称第二热交换效率或通用热交换效率，它仅反映空气状态变化。

η_1 和 η_2 的具体表达式可参考有关资料。

2) 影响喷水室热交换效果的因素

影响喷水室热交换效果的因素很多，诸如空气的质量流速、喷嘴类型与布置密度、喷嘴孔径与喷嘴前水压、空气与水的接触时间、空气与水滴的运动方向以及空气与水的初、终参数等。但是，对一定的空气处理过程而言，可将主要的影响因素归纳为以下三个方面：

① 空气质量流速的影响。喷水室内的热、湿交换首先取决于与水接触的空气流动状况。然而，在空气的流动过程中，随着温度变化其流速也将发生变化。为了能反映空气流动状况的稳定因素，常采用空气质量流速 v_ρ（v 为空气流速 m/s；ρ 为空气密度 kg/m³）比较方便。v_ρ 的计算式为：

$$v_\rho = G/3600f \quad [\text{kg}/(\text{m}^2 \cdot \text{s})] \qquad (3.4\text{-}18)$$

式中　G——通过喷水室的空气量，kg/h；

f——喷水室的横断面积，m²。

由此可见，空气质量流速就是单位时间内通过每平方米喷水室断面的空气质量，它不因温度的变化而变化。实验证明，增大 v_ρ 可使喷水室的热交换效率系数和接触系数增大，并且在风量一定的情况下可缩小喷水室的断面尺寸，从而减少其占地面积。但 v_ρ 过大也会引起挡水板过水量及喷水室阻力增加。所以常用的 v_ρ 范围是 2.5～3.5kg/(m² · s)。

② 喷水系数的影响。喷水量的大小常以处理每千克空气所用的水量，即喷水系数来表示。如果通过淋水室的风量为 G(kg/h)，总喷水量为 W(kg/h)，则喷水系数为：

$$\mu = W/G \qquad (3.4\text{-}19)$$

实践证明，在一定的范围内加大喷水系数可增大热交换效率系数和接触系数。此外，对不同的空气处理过程采用的喷水系数也应不同。μ 的具体数值应由喷水室的热工计算决定。

③ 喷水室结构特性的影响。喷水室的结构特性主要是指喷嘴排数、喷嘴密度、排管间距、喷嘴形式、喷嘴孔径和喷水方向等，它们对喷水室的热交换效果均有影响。空气通过结构特性不同的喷水室时，即使 v_ρ 与 μ 值完全相同，也会得到不同的处理效果。

对于结构参数一定的喷水室来说，如果空气处理过程一定，它的热工计算应满足下列三个条件：

空气处理过程需要的 η_1 应等于喷水室能达到的 η_1；

空气处理过程需要的 η_2 应等于喷水室能达到的 η_2；

空气失去（或得到）的热量应等于喷水室中水吸收（或放出）的热量。

喷水室的热工计算内容见表 3.4-8。

喷水室的计算内容　　　　　　　　　　　　表 3.4-8

计算类型	已 知 条 件	求 解 内 容
设计计算	空气量 G 空气的初、终状态 t_1、t_{s1}、(h_1)、t_2、t_{s2}、(h_2)	喷水室结构、喷水量 W（或 μ） 水的初、终温度 t_{w1}、t_{w2}

通过计算可以得到喷水初温，然后根据喷水初温的要求再决定用什么冷源。如果天然冷源满足不了要求，则应采用人工冷源。

（2）喷水室的阻力计算

喷水室的阻力由前、后挡水板的阻力、喷嘴排管阻力和水苗阻力三部分组成，可按下述方法计算。

1）前后挡水板的阻力

这部分阻力的计算公式是：

$$\Delta H_d = \Sigma\zeta_d(v_d)^2 \cdot \rho/2 \quad (\text{Pa}) \tag{3.4-20}$$

式中　$\Sigma\zeta_d$——前、后挡水板局部阻力系数之和，取决于挡水板的结构，一般可取 $\Sigma\zeta_d=20$；

v_d——空气在挡水板断面上的迎面风速。因为挡水板的迎风面积等于喷水室断面积减去挡水板边框后的面积，所以一般 $v_d = (1.1 \sim 1.3)v$（其中 v 为喷水室断面风速）。

2）喷嘴排管阻力

这部分阻力的计算公式为：

$$\Delta H_p = 0.1Zv^2\rho/2 \quad (\text{Pa}) \tag{3.4-21}$$

式中　Z——排管数；

v——喷水室断面风速，m/s。

3）水苗阻力

这部分阻力的计算公式为：

$$\Delta H_w = 1180b\mu P \quad (\text{Pa}) \tag{3.4-22}$$

式中　μ——喷水系数；

P——喷嘴前水压，MPa（工作压力，表压）；

b——由喷水和空气运动方向所决定的系数，一般情况下，单排顺喷时，$b=-0.22$；单排逆喷时，$b=0.13$；双排对喷时，$b=0.075$。

对于定型喷水室，其总阻力已由实测后的数据制成表格或曲线，根据具体条件便可查得。

4. 风机的选择

　　组合式空调机组的风机一般采用效率较高的双进风离心风机，离心风机有前倾式与后倾式之分，前者体积小、噪声低、价格便宜，但风机效率较低，且风机曲线呈马鞍形，适合于小风量、低扬程的机组；后者体积大、噪声较前倾式高、价格略高，但风机效率较高，且风机曲线平顺，适合于大风量、高扬程的机组，特别适合于需要进行风量调节的场合。

　　近年来有采用无蜗壳风机，出风的静压箱上任何方向开口都可出风，方便了风管接出。

　　风机的风压选择至关重要，风机实际使用时能达到要求的风量与其风机选择密切相关。由于风机的构造出风口尺寸及风速不同，相同全压不同型号风机的出口静压并不相同，大口径风机出口风速低、动压小、静压大。而小口径风机出口风速高、动压大、静压小，理论上动压可以转换为静压，但静压获得是要有一定的折减。

　　5. 加湿器的选择

　　加湿效率：加湿效率是表示向空气中喷雾或雾化水分的总量内有多少能够加入流通的空气中。

$$加湿效率＝有效加湿量/喷雾水量×100\%$$

　　饱和效率：实际最大加湿量与空气从初状态加湿到饱和线时的加湿量之比。

$$饱和效率＝\frac{加湿前空气干球温度－加湿后空气干球温度}{加湿前空气干球温度－饱和空气湿球温度}×100\%$$

　　控制特性：因加湿方式不同，控制方式亦有所不同。

　　（1）工业空调中湿度精度控制要求较高的加湿方式

　　1）蒸汽扩散器、干蒸汽加湿器的蒸汽由锅炉房供给，由电动阀或电磁阀准确地启动和停止。

　　2）超声波式加湿器用 ON/OFF 运行方式，也可用比例调节。

　　3）红外线式加湿器是使热水槽中的表面水蒸发，它与其他蒸汽式加湿器相比，产生蒸汽速度快，可以比例控制。

　　4）间接蒸汽式加湿器，可以比例控制。

　　（2）空调系统常用的几种加湿方式

　　1）湿膜加湿

　　工作原理：清洁自来水通过供水管路送到湿膜顶部布水器，水在重力作用下沿湿膜表面往下流，从而将湿膜表面润湿，流到接水盘中的水通过排出弯管排到下水管道中。当热空气穿过潮湿的湿膜时，其湿度增加温度降低，这一过程为等焓加湿过程。

　　工作特点：饱和效率可达 90% 以上。膜体材料防霉防菌、寿命较长。整机无喷水室的"漏水现象"，空调器四周无腐蚀现象，且占用空间小。

　　选型注意事项：选用厚度为 D 的湿膜加湿器，其换热器后安装加湿器的预留空段应大于 $(D+150)$（mm）。加湿器的底部一定要有接水盘，接水盘的高度应大于 100mm，且随着风机风压的加大而增高，可以与空调水盘管的凝结水盘连成一体。加湿器的湿膜应竖直放置，倾角不能大于 15°。通过加湿器的面风速不得大于 4m/s，否则应加挡水板，防止加湿器产生过水现象。湿膜加湿器必须配有供水电磁阀，电磁阀在停电时水路处于关闭状态，且应配有金属过滤器。加湿器必须配有电控箱，留有湿度控制端口以接收 ON/OFF 湿度控制信号。电控箱的电源为 220V，50Hz。

2）干蒸汽加湿器

工作原理：高压干蒸汽加湿器是由锅炉或蒸汽管网供给的蒸汽经减压、再经加湿器的汽水分离后，从喷雾管的小孔中喷雾，它是一个等温加湿过程。

工作特点：采用汽水分离及双层蒸汽夹管保温，从而避免出现喷水现象。不锈钢材料耐腐蚀防生锈，可延长使用寿命。

选型注意事项：若选用电磁阀型电动干蒸汽加湿器，则电源电压为 AC 220V 或 24V，电磁阀的公称压力 0.8MPa；若选用电动调节阀型干蒸汽加湿器，则电源电压为 AC 24V，输入信号为 0~10V；公称压力为 1.6MPa，动作时间为 120s。表 3.4-9 和表 3.4-10 列举了一种形式的干蒸汽加湿器的选型表。

干蒸汽加湿器选型表（单位：kg/h）　　　　　　　表 3.4-9

蒸汽压力 (MPa)	型号	SQM/SQE-15		SQM/SQE-15			SQM/SQE-15			SQM/SQE-15	
	喷孔孔径 Φ (mm)	2	4	6	8	9	10	10	12	14	16	18
0.02		1.5	4	9	22.5	27	34	40	55	75	145	187
0.1		2.3	9.4	21.3	49.5	62	75.5	78	102	141	194	246
0.2		3.6	14	35	68.5	106	131	142	160	216	311	397
0.3		4.5	18.3	40	97.5	152	187	205	217	296	448	569
0.4		6.1	24.5	58.5	124	196	227	250	275	375	590	760

注：干蒸汽加湿器的加湿量仅与加湿器型号、蒸汽压力及喷孔孔径有关，而与喷管长度、喷孔数目无关。

干蒸汽加湿器喷管长度选型表　　　　　　　表 3.4-10

喷管型号		L1	L2	L3	L4	L5	L6	L7	L8	L9	L10	L11	L12	L13
喷管长度 E (mm)		310	460	610	910	1220	1500	1820	2100	2450	2740	3050	3350	3650
空调箱宽 (mm)	最小	290	440	590	890	1200	1480	1800	2080	2430	2720	3030	3330	3630
	最大	360	510	760	1060	1310	1610	1910	2210	2510	2810	3110	3410	3710

3）高压喷雾加湿器

工作原理：高压喷雾加湿器是将水喷成雾状，水雾粒子与空气充分接触，从而实现热湿交换。水雾粒子吸收空气中的热量蒸发为水蒸气而使空气中的含湿量增加，即空气中的潜热增加而温度降低即显热减少，它是一个等焓加湿过程。

工作特点：高压喷雾加湿器安装于空调新风机组或组合式空调机组内，由加湿主机、湿度控制器和喷头组成。加湿器主机则是由高压泵、电磁阀、压力表、控制电路、进出水管等组成。加湿主机置于一个金属箱内，安装于空调箱外。湿度感应器安装于可监控湿度的回风口、管路或典型环境内。高压喷雾加湿器只需洁净的自来水与 220V 电源即可。喷雾量为 30~1000kg/h。

选型注意事项：一般采用空气加热后进行喷雾加湿。卧式机组中，喷雾加湿后必须设置挡水板，面风速不大于 3m/s，防止未气化的水雾漂浮进入风道。立式机组中，若无设置挡水板的空间，应将喷头设置为逆气流方向喷射。高压喷雾加湿器进水管上应安装水过滤器。

6. 空气过滤器配置

空调区一般都有一定的清洁要求，因此，送入室内的空气都应通过必要的过滤处理，同时，为防止空气冷却器的表面积尘后，严重影响热湿交换性能，进入的空气也需进行过滤处理。

7. 试验工况与设计工况

（1）试验工况

组合式空调机组通常在规定的试验工况下定型测定。测定机组在额定风量、机组的机外静压和输入功率下，机组进口空气温度为 5～35℃（不供水）。测定机组的风量、机外静压、输入功率、供冷（热）量、凝结水排除能力、凝露试验和漏风量等指标的要求具体见国家标准《组合式空调机组》GB/T 14294—2008。

标准规定试验工况下，风量实测值不低于额定值的 90%，机外静压实测值不低于额定值的 90%，输入功率实测值不应超过额定值的 10%；供冷（热）量不低于额定值的95%。机组噪声按机组风量和全静压测定，给出机组声压级噪声限值，并应满足对箱体变形率和水量水阻的要求。

（2）设计工况

实际工程中，由于风侧、水侧设计参数的变化，组合式空调机组不可能完全在额定工况下运行，因此所谓选择组合式空调机组就是要校核是否其满足空调系统的设计工况。表 3.4-11 列出了舒适性空调系统的组合式空调机组在设计工况下的性能参数选择举例。

组合式空调机组在设计工况下的性能参数（例）　　　表 3.4-11

设备编号	服务区域	计算风量	选型风量	新风量		机外静压	风 机				
				最小	最大		电源	功率	W_s	应急电源	变频
		m³/h	m³/h	m³/h	m³/h	Pa	V-Φ-Hz	kW	W/(m³/h)	Y/N	Y/N
AHU-1	大型餐饮	27440	30190	7690	23070	495	380-3-50	7.5	0.23	N	Y
PAU-1	西餐	6140	6760	6140	6140	530	380-3-50	4	0.47	N	N
PAU-2	特色餐饮	7058	7770	7058	7058	635	380-3-50	4	0.47	N	N

盘管冷工况									盘管热工况				
冷量	进出水温	进风参数		出风参数		面风速	工作压力	最大水压降	水量	热量	进出水温	进风温度	出风温度	水量
kW	℃	DB/℃	WB/℃	DB/℃	WB/℃	m/s	MPa	kPa	m³/h	kW	℃	℃	℃	m³/h
266.4	6/12	27.7	21.0	13.0	12.1	2.5	1.0	40	38.1	101	45/40	12.9	23.1	17.4
78.8	6/12	34.6	28.2	20.6	19.4	2.5	1.0	40	11.3	59.6	45/40	−1.2	25.0	10.2
90.6	6/12	34.6	28.2	20.3	19.4	2.5	1.0	40	1.0	68.5	45/40	−1.2	25.0	11.7

过 滤 器				噪声	减振	数量	备 注
形式		效率			方式		
粗效	中效	粗效	中效	dB（A）		台	
板式	静电	G4	F7	60	R	2	配纳米光子空气净化装置
板式	静电	G4	F7	60	R	1	
板式	静电	G4	F7	60	R	1	

1) 盘管进、出风参数。盘管进、出风参数是选择组合式空调机组最重要的参数。通过负荷计算、风量计算，在焓湿图上可定出盘管冷却或加热过程中进出风参数。盘管的面风速控制在 2.5m/s 左右。

2) 风机形式、风量与风压。首先要确定风机形式，在系统风量和系统阻力计算的基础上，选择风机风压时应考虑到机组的内部阻力，一般是注明机组余静压。风机风量与风压应考虑 10% 左右的安全系数。此外，还应列出系统的最小新风量，以及是否需要全/变新风运行；是否需要变风量运行。

3) 冷量与热量。由盘管进出风参数和风机风量可以计算出机

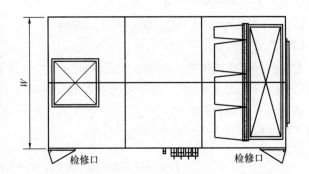
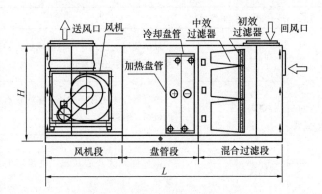

图 3.4-27 箱体功能段组合示意图

组的冷量与热量，受风量安全系数的影响计算得出冷量与热量也含有安全系数。

4) 盘管进出水温、工作压力和水压降。盘管进、出水温度为水系统设计参数，机组选型时切忌无端降低水温差，将降低水系统输送效率。

高层建筑对盘管工作压力影响很大，一般不宜大于 1600kPa。盘管水压降影响到系统阻力和水泵扬程，通常为 30~40kPa。

5) 空气过滤器。要根据需要规定粗、中效空气过滤器的过滤效率与设计阻力，空气过滤器面风速在 2.0m/s 左右。

6) 加湿器。列出加湿器的形式和经计算确定的加湿量。

7) 箱体功能段组合示意图。箱体功能段组合示意图（见图 3.4-27）应规定以下内容：

① 机组型号、外形尺寸，各功能段排列与尺寸及操作面；

② 进出风口,进出水口的定位尺寸和大小;

③ 机组操作面位置规定为:

送回风机有传动皮带一侧;

袋式过滤器能装卸过滤袋一侧;

冷热媒进出口一侧,有排水管一侧;

当人面对机组操作面时,气流向右吹为右式,反之则为左式。

3.4.8 整体式空调机组

整体式空调机组实际上是一个小型的直接蒸发式空调系统,它使用灵活,安装方便,初投资低,是一种使用广泛的空调设备。

1. 房间空调器和风管式空调(热泵)机组

(1) 形式与用途

常见的局部空调机组,如窗式空调器和分体式空调器亦称为房间空调器、柜式和吊顶式风管机组(见图 3.4-28)。由于房间空调器和风管式机组使用灵活、控制方便、机型丰富,能满足不同场合的要求,广泛应用于住宅、商业低标准的旅馆、办公室。表 3.4-12列出了各类机型的形式、特点和使用场合。

各类局部空调机组的形式、特点和使用场合   表 3.4-12

分类	形式	单冷/热泵	特 点	容量	使用场合与现状
房间空调器	窗式	○/○	最早使用的形式,冷凝器风机为轴流型,冷凝器突出于室外	小	对室内噪声要求不高的房间,现国内使用较少
	挂壁式	○/○	冷凝器分体式置于室外,室内仅有室内机组,噪声低	小	用于对室内噪声有一定要求的房间,室内外冷剂管道要防泄漏
	嵌墙式	/○	内外侧均为离心风机,机组不突出墙外	小	可带新排风,附有热交换器,适合于办公楼外区,国内使用较少
风管机组	水冷柜式	○/	一般为整体型,要配冷却塔	中	制冷效率高于风冷,多用于工艺性降温和单供冷场合
	风冷柜式	○/○	分体型,风机可带余压,能接短风管	中	常用于要求不高的中小商场、餐厅使用较广泛
	吊顶式	/○		小	不占室内空间,适合装修美观的小房间

风管式机组除满足一般民用之外,在大型商业和工业方面也广泛应用。按其功能需要可生产成诸多专用机组。如全新风机组、低温机组、恒温恒湿机组、数据机房专用机组,净化空调机组等。表 3.4-13 列出了若干具有专用功能的空调机组的特点和应用场合。

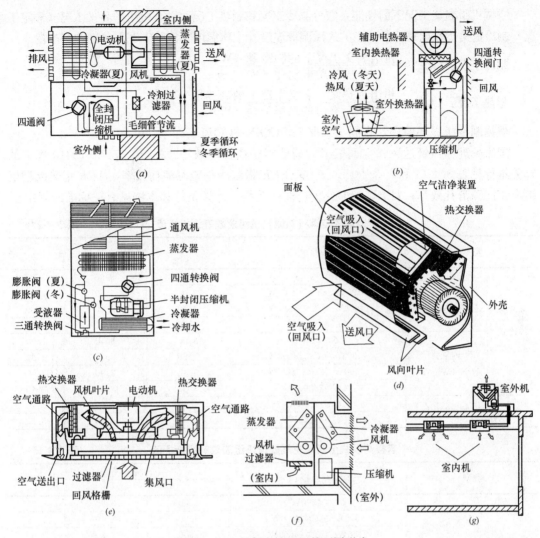

图 3.4-28 局部空调机组的不同形式

若干专用空调机组的特点和使用场合 表 3.4-13

机组类型	单冷/热泵	特点	容量	使用场合与现状
恒温恒湿机组	○/○	风冷、水冷均可，设微调电加热器、加湿器，以保证室内恒温恒湿精度	中	精密加工工艺、数据机房、文物保管库房等
低温机组	○/	机器露点低、新风少、处理焓差小	中	低温冷藏仓库（无人）
全新风机组	○/○	全新风，处理焓差大，有些还设有排风系统，进行排风全热回收或排风冷凝热回收	中、小	不允许使用回风的系统，配用变冷媒多联系统、局部机组的新风系统
净化空调机组	○/○	具有三级空气过滤，末端可设高效过滤器，风机扬程高	中、小	中小型洁净生产环境，如医院手术室等

（2）名义工况下的性能指标

整体式空调机组实际上是一个制冷装置和空气处理装置的结合体，因此可以直接被建筑物使用。空调机组通过其制冷（热）容量（出力）和配置的动力（制冷压缩机与风机等）之比来体现其能效的大小。

空调机组名义工况下的性能系数分制冷工况和制热工况两种，机组的名义工况（额定工况）制冷量是指在国家标准制定的进风湿球温度及干球温度等检验工况下测得的制冷量。

制冷工况：$COP_c = \dfrac{\text{机组名义工况下的制冷量（W）}}{\text{整机的功率消耗（W）}}$

制热工况：$COP_h = \dfrac{\text{机组（热泵）名义工况下的制热量（W）}}{\text{整机的功率消耗（W）}}$

根据制冷机循环原理，在同一工况下，$COP_h = COP_c + 1$。

国家标准《风管送风式空调机组的能效限定值及能效等级》GB 37479—2010 规定的有关指标见表 3.4-14 和表 3.4-15。表中 *SEER* 指制冷季能源消耗效率，*APF* 指热泵型机组全年能源消耗效率；*IPLV* 指部分负荷性能系数，计算条件和方法见有关标准的规定。

风管送风式空调（热泵）机组能效等级指标值　　　　　　　　　　　表 3.4-14

类型		名义制冷量 CC	能效等级		
			1	2	3
风冷式	单冷型 *SEER*（Wh/Wh）	CC≤7100W	4.20	3.80	3.00
		7100W<CC≤14000W	4.00	3.60	2.90
		14000W<CC≤28000W	3.80	3.40	2.80
		CC>28000W	3.20	3.00	2.60
	热泵型 *APF*（Wh/Wh）	CC≤7100W	3.80	3.40	2.90
		7100W<CC≤14000W	3.60	3.20	2.80
		14000W<CC≤28000W	3.40	3.00	2.70
		CC>28000W	3.00	2.80	2.40
水冷式 *EPLV*（W/W）		CC≤14000W	4.20	4.00	3.40
		CC>14000W	4.00	3.80	3.30

直接蒸发式全新风空气处理机组能效等级指标值　　　　　　　　　　表 3.4-15

类型		名义制冷量 CC	能效等级		
			1	2	3
风冷式 *EER*（W/W）	小焓差	CC≤4500W	3.40	3.20	3.00
		4500W<CC≤7100W	3.20	3.00	2.80
		7100W<CC≤14000W	3.00	2.80	2.60
		CC>14000W	2.80	2.60	2.40
	大焓差	CC≤4500W	3.20	3.00	2.80
		4500W<CC≤7100W	3.00	2.80	2.60
		7100W<CC≤14000W	2.80	2.60	2.40
		CC>14000W	2.60	2.40	2.20
水冷式（水环式）*EER*（W/W）	小焓差	CC≤14000W	4.70	4.50	4.30
		CC>14000W	4.50	4.30	4.10
	大焓差	CC≤14000W	4.40	4.20	4.00
		CC>14000W	4.20	4.00	3.80

（3）变工况性能

实际工程中空调机组不可能一直在额定工况下运行，设计工况也不一定就是额定工况。因此，在空调机组选用时要考虑它的变工况性能，即根据空调房间的总冷负荷（包括新风负荷）和焓湿图上处理过程的实际要求，查空调机组的特性曲线和性能表（不同进风湿球温度和不同冷凝器进水或进风温度下的制冷量）使冷量和出风温度能符合工程设计的要求。某一形式、规格、容量已定的空调机组的基本特性曲线如图 3.4-29 所示，蒸发器特性线和压缩冷凝机组特性线的交点称为空调机组的工作点，工作点已定则可查出此时的制冷量。

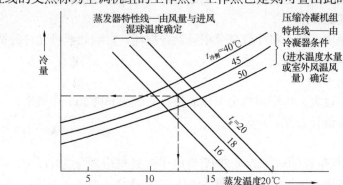

图 3.4-29 空调机组的工作点

2. 屋顶式风冷空调（热泵）机组

屋顶式风冷空调（热泵）机组多用于工业厂房或民用建筑，有单冷、热泵及电加热、热泵并用或切换使用等多种机型，是制冷量为 28～420kW、热泵制热量为 33～460kW 的集中送风的机组。机组名义工况时的制冷性能系数 COP 应符合表 3.4-16 的规定，兼有热泵制热的机组，不应低于表中规定值的 95％。制冷和热泵制热消耗总电功率不应大于机组名义消耗电功率的 110％（热泵制热消耗总电功率不包括辅助电加热消耗功率）；带有辅助电加热的热泵制热机组的辅助电加热功率消耗不应大于名义消耗电功率的 105％；电热制热机组电功率消耗不应大于名义消耗电功率的 105％。

屋顶机组名义工况时的制冷性能系数 *COP*　　　　　　　　表 3.4-16

名义制冷量（kW）	≥28～120	>120～320	>320
制冷性能系数 COP	2.5	2.55	2.65

《屋顶式空气调节机组》GB/T 20738—2006 规定了机组的相关要求。

3.4.9　数据中心空调设计

数据中心空调包括机房环境空调和机器空调两部分。两者可以合二为一，也可以各自独立。在实际工程上，应根据具体条件而定。

1. 计算机房的环境设计条件

（1）温、湿度的影响

计算机系统的主机在运行过程大量散热，如不能及时排除，将导致机柜或机房内温度迅速提高。过高的温度将使电子元器件性能劣化，降低使用寿命；会加速绝缘材料老化、变形、脱裂，从而降低绝缘性能；促使热塑性绝缘材料和润滑油脂软化而引起故障。最终导致设备系统出现故障，严重时整体瘫痪。

过低的温度将使电子元件的参数改变，直接影响到计算机的稳定工作。如果室内空气温度变化较激烈，会使元件系统产生内应力，引起电气参数的变化，加快这些元器件的机械损伤。

大多数情况下，机房环境的最佳相对湿度范围是 45％～50％。若空气湿度过高，就容易造成开关线路腐蚀，进而导致设备功能失效和故障。在数据处理设备中，吸湿后的电路板随着湿度水平的波动而膨胀和收缩。这些电路板膨胀和收缩会破坏微电子电路和印刷板插头。反之，低湿度会产生静电，将干扰设备的正常运行和损坏电子元件。

（2）机房内尘埃的影响

机房内空气洁净度不良，将导致部分记录设备损坏，影响计算机允许的精度，以及造成短路或元器件接触不良等问题发生。

（3）噪声的影响

机房内环境噪声过大，将影响机房工作人员身心健康和降低工作效率。

（4）主机房环境设计条件

1）机房温湿度

《数据中心设计规范》GB 50174—2017 将电子信息机房划分为 A、B、C 三级，按等级规定了电子计算机房空调设计参数，见表 3.4-17 和表 3.4-18。

环境温湿度要求   表 3.4-17

	A、B 级	C 级	备 注
主机房温度（开机时）	23±1℃	18～28℃	
主机房相对湿度（开机时）	40%～50%	35%～75%	
主机房温度（停机时）	5～35℃		
主机房相对湿度（停机时）	40%～70%	20%～80%	
主机房和辅助区温度变化率（开、停机时）	<5℃/h	<10℃/h	不得结露
辅助区温度、相对湿度（开机时）	18～28℃ 35%～75%		
辅助区温度、相对湿度（停机时）	5～35℃ 20%～80%		
不间断电源系统电池室温度	15～25℃		

空气调节系统要求   表 3.4-18

	A 级	B 级	C 级	备 注
主机房和辅助区设空调系统	应设置		可设置	
不间断电源系统电池室设空调降温系统	宜设置		可设置	
主机房保持正压	应设置		可设置	
冷冻机组、冷冻和冷却水泵	$N+X$ 冗余（$X=1\sim N$）	$N+X$ 冗余	N	
机房专用空调	$N+X$ 冗余（$X=1\sim N$）主机房中每个区域冗余 X 台	$N+X$ 冗余，主机房中每个区域冗余 1 台	N	
主机房采用采暖散热器	不应设置	不宜设置	允许设置但不建议设置	

注：表中 N 表示系统满足基本要求，无冗余；$N+X$ 表示系统满足基本要求外，增加了 X 个单元、X 个模块、X 个路径或 X 个系统。

2）机房空气洁净度

《数据中心设计规范》GB 50174—2017 规定，A 级和 B 级主机房的含尘浓度，在静态条件下测试，每升空气中大于或等于 $0.5\mu m$ 的尘埃数应少于 18000 粒。

2. 计算机房空调系统的特点

计算机房空调不同于舒适性空调和常规恒温恒湿空调，主要有以下特点：

（1）热负荷强度高，设备散热量大，散湿量小。计算机机柜的散热量大且集中。热负荷强度：中小型计算机房一般为 $250\sim400W/m^2$；大型计算机房超过 $400W/m^2$（有的已达到了 $2000W/m^2$ 以上）。

机房的散湿量较小，主要来自工作人员和渗入的室外空气。总散湿量为 $8\sim16g/m^2$。

（2）显热比高。机房得热量中，主要来自设备运行所产生的热量，显热约占总热量的95%左右，故显热比（SHR）通常高达 $0.85\sim0.95$，甚至更高（舒适性空调系统的显热比约在 $0.6\sim0.7$ 之间），空气处理过程接近于等湿冷却的干式降温过程。

（3）空调送风的焓差小、风量大。由于显热量大，热湿比近似无穷大，国产水冷式机房专用空调机的处理焓差为 $8.5\sim9.7kJ/kg$；冷风比为 $2.8\sim3.2W/(m^3\cdot h)$，国产风冷式机房专用空调机处理空气的焓差为 $8\sim9kJ/kg$。冷风比在 $2.5\sim3.0W/(m^3\cdot h)$ 之间。

数据机房空调的换气次数一般为 $20\sim70$ 次/h。

（4）温度要求稳定。计算机房不仅要求温度的波动幅度不得超过规定的范围，而且对温度变化的幅度有明确的要求，一般小于 $5℃/h$。

（5）气流组织特殊。大中型电子计算机和程控交换机散热量大而集中，故不仅要对机房进行空调，还需对机柜进行送风冷却。

（6）空气洁净度高。计算机房专用空调机标准配置的空气过滤器，为中效过滤器。在空调机结构上预留亚高效或高效过滤器的安装位置或预留了安装附件。一般情况下，A级洁净要求使用高效或亚高效过滤器；B级洁净要求使用亚高效或高中效过滤器；C级洁净要求也应使用中效过滤器。

（7）全年供冷运行。由于计算机房的热负荷强度高，往往机房在冬季仍然需要空调系统供冷运行，该现象在大型计算机系统中比较多见。在冬季进行供冷运行，需要解决好稳定冷凝压力及相关问题。多数的机房专用空调机，可在室外气温降至 $-15℃$ 时仍然能可靠运行。

（8）可靠性高。许多计算机系统，尤其是大型计算机系统和程控交换机，每天连续运行 24h，每年连续运行 365d，因此要求计算机系统具有很高的可靠性，而且也要求其他辅助设备如空调系统等的可靠性具有相应的水平。例如：设置后备机组或后备控制单元，根据采用 $N+1$、$N+2$ 和 $2N$ 来设置机组的冗余度，其中 N 代表满负荷需要的机组台数。控制器自动对机组的运行状态进行诊断，及时对已经出现或将要出现的故障发现警报，自动用后备机组或后备控制单元切换故障机组或故障单元。

（9）控制精密。国外制造厂家对专用机组的控制系统，都采用了装备微型电子计算机的控制器。控制器的功能相当完善，不仅能够对室内、外的环境进行监视，自动调节室内的温湿度，而且具有自诊断功能，对机房中漏水、出现烟雾及发生火灾等情况进行监视和报警，同时，控制器还具有通信功能以便进行联机和实现多机协调运行，以及远程监控等。

3. 数据机房的空调负荷

数据机房的设备散热量是空调负荷的主要来源。

设备散热量通常由生产厂家提供安装功率进行计算或直接提供有关设备的各种散热量；当有些设备资料不全时，也可以根据该设备实际工作时的指示电流、电压进行计算。

（1）由设备安装功率计算散热量

1) 数据机房散热量 Q（W）

$$Q = 1000 P n_1 n_2 n_3 n_4 = 1000 PK \qquad (3.4\text{-}23)$$

式中　P——设备安装功率，W；

　　　n_1——安装系数，是设备最大实耗功率与安装功率之比，$n_1 = 0.7 \sim 0.9$；

　　　n_2——同时使用系数，是室内同时使用的设备安装功率与总安装功率之比，$n_2 = 0.4 \sim 0.8$；

　　　n_3——负荷系数，平均实耗功率与设计最大实耗功率之比，$n_3 = 0.15 \sim 0.5$；

　　　n_4——蓄热系数；

　　　K——系数，$K = n_1 n_2 n_3 n_4$。

通常系数 K 可取值如下：

① 计算机主机：国内设备，$K = 0.4 \sim 0.5$；国外设备 $K = 0.6 \sim 0.8$；

② 计算机外部设备：国内设备，$K = 0.2 \sim 0.3$；国外设备，$K = 0.5$；

2) 根据指示电流电压计算散热量 Q（W）

$$Q = IVK \cos\phi \qquad (3.4\text{-}24)$$

式中　I——电网指示电流，A；

　　　V——电网指示电压，V；

　　$\cos\phi$——功率因数，电子计算机的 $\cos\phi = 0.82 \sim 0.85$，程控交换机可取 $\cos\phi = 1$；

　　　K——系数，电子计算机见前述，程控交换机可取 $K = 1$。

（2）小型计算机房空调耗冷量的概算指标

在规划计算机房空调方案时，一般可以利用概算指标对机房空调耗冷量进行估算。机房空调耗冷量指标可在下列范围内取用：

1) 机房在单层建筑物内时，空调耗冷量为 $290 \sim 350 \mathrm{W/m^2}$；

2) 机房在多层建筑物内时，空调耗冷量为 $175 \sim 290 \mathrm{W/m^2}$。

具体数值可根据机房的建筑布置（单层或多层），以及机房内计算机设备数量的多少采用上限或下限。

4. 机房专用空调机的基本类型

（1）双回路柜式机组

大型机房专用空调机中多采用双回路柜式机组，两个回路可以独立运行，标准机组的制冷系统采用双回路设置。两个回路可以独立运行，互不干扰，可靠性高。机组的蒸发器盘管采用人字形结构，可减小蒸发器所占的空间高度，以及适应机房专用空调机大风量、小焓差的高显热比的负荷特点。直接蒸发盘管的两个制冷回路的制冷剂管路在蒸发器中交叉布置，既互不干扰，又使机组处于部分负荷运行状态时，每个回路都可尽量利用蒸发器的换热面积，从而有利于提高机组运行的热效率和部分负荷时的制冷量。

机组的冷凝方式有空气、水、乙二醇溶液作为冷却介质。标准机组还有风机盘管型，利用相连接的冷冻水系统运行，冷量由冷水机组提供。

国外有些产品（例如美国 LIEBERT 公司）在风冷式机组上加置一个余热回收系统，可利用机组冷凝过程中释放的热量，提供热水给一些需要低温热源的场合使用，例如，在冬季运行时，机组可向需要供暖的房间供热。

（2）单回路柜式机组

单回路柜式机组适用于大、中型机房系统，其特点是结构紧凑、占地面积小，可以靠墙角安装。机组额定制冷量为 5.5～16kW。冷凝方式有整体风冷式、分体室内风冷式、分体室外风冷式、整体水冷式、分体水或乙二醇溶液冷却式、整体自然冷却式，利用冷凝水供冷的风机盘管式等。

（3）模块式机组

系列的整机可以由 1～10 个模块并联组成，模块数量可以任意增加或减少，所以用户可以根据机房内制冷量的增加或减少来改变空调系统的总容量。当用户机房设备需要扩容或升级变化时，可以很方便地在现场对空调机组制冷能力进行重新调整。

因为模块的体积和重量均比整机小得多，所以运输和安装就位比较容易。

（4）顶置式机组

它不占用地面空间，尤其适用于空间较小的办公室使用。机组有整体式和分体式结构，冷凝方式有风冷、水冷或乙二醇溶液冷却和直接使用冷冻水的风机盘管式。其中风冷式有三种冷却方式：无风道整体风冷式是利用顶棚和楼板之间的空间作为冷凝用空气的通道；接风道整体冷凝式是利用专用风道输送冷凝用空气；分体式是把压缩机和冷凝器组成的室外机组安装在室外。

（5）控制系统

机房专用空调机生产厂家都专门开发系列的控制器作为空调系统的组成部分，普遍采用微机控制器，也有把模糊控制技术应用于机房专用空调系统中。

机组控制器可以独立控制机组运行，也可以和网络控制器连接，机组的运行可以利用网络控制器进行集中控制。

5. 机房空调的气流组织

机房空调采用的送回风方式有上送下回和下送上回方式。

（1）上送下回

如图 3.4-30 所示，该方式在计算机房特别是大中型计算机房用得不多。这是因为计算机或程控交换机柜，通常采用机柜下进风，机柜上出风的方式。如果风口布置不当，顶棚风口下送的冷空气与机柜顶上排出的热空气，在房间上部混合，

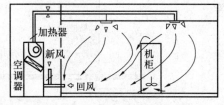

图 3.4-30　上送下回

从而导致进入机柜的空气温度较高，影响了机柜内部的冷却效果。要改变这种情况，势必要降低送风温度（<16℃），将增加空调能耗和影响室内舒适程度。

侧送气流送风，机柜布置不当会产生气流阻挡，使工作区不能处在回流区，从而会影响机柜冷却效果和室内温湿度的均匀。

上送下回的气流组织方式，一般仅适用在小型计算机房或微型计算机机房。

（2）下送上回

下送上回方式常用在中大型的计算机房和程控交换机房。如图 3.4-31 所示，空调冷风送入机房架空地板，以此作为送风静压箱，后经架空地板上的风口，分别送入室内和机柜，被加热后的热空气从机柜上部流出，再经顶棚回风口排出。该方式的优点是：

1）空调送风气流流程与机柜冷风吸热后的气流流型一致，从而避免了冷热气流的室

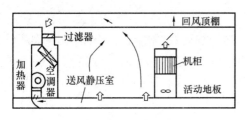

图 3.4-31　下送上回

内混合，影响工作区的环境温度。

2）机柜冷却效果好，可以用较少的风量达到机柜冷却的日的。

3）进入室内工作区和机柜内的气流洁净度好。

4）活动地板送风口可以采用带有调节阀门的风口，或者采用旋流风口，可加大气流速度的衰减，从而减少对人员的吹冷风感觉。地板送风口开孔率宜大于30%。

（3）冷通道/热通道

冷/热通道方案是在计算机房内于机架前部形成稳定的冷气流，从机架后部抽出热空气，最好是将机架布置成面对面、后部对后部，使送风仅送到冷通道内。热通道、冷通道方案可以用地板送风，头部以上送风、水平的置换送风或将送风送到冷通道的其他任何地方。

不能让空气从前面吸入，从后面排出的设备（或机架）不适用冷热通道方案。一般应将该类设备置于设备房间内一个单独的区域，采用其他特定的冷却方法。

（4）液体冷却

随着计算机房热负荷密度在继续增大，将会超出风冷能达到的极限，通常制造商提供专门的冷却系统作为计算机设备的一部分，冷却回路在设备内，通过液体—空气换热器（见图 3.4-32）、液体—液体换热器（见图 3.4-33）将热量从计算机系统置换出来。

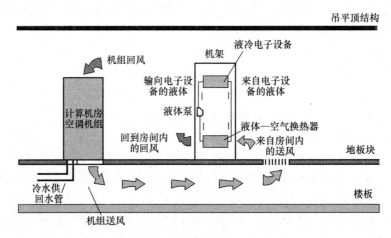

图 3.4-32　液体—空气换热器

6. 机房空调的节能

机房全年不间断运行，耗能巨大，设计并合理运行机房空调系统成为机房空调节能的重要任务，主要做法是：

（1）充分应用自然冷却技术

机房空调系统应根据当地气象条件，充分利用自然冷源（如蒸发冷却技术）。过渡季和冬季，采用水冷冷水机组的空调系统，可利用室外冷却塔作为冷源；采用风冷冷水机组的空调系统，空调室外机应具备自然冷却功能；冷水系统采用 18～28℃ 高温水大温差设

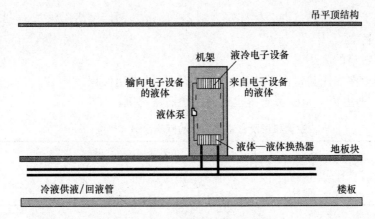

图 3.4-33　液体—液体换热器

计；利用引入新风和焓值控制技术，可引入室外低温空气或与之热交换，在保证温度、湿度和机房洁净度的前提下，达到节能的目的。

（2）采用机房专用空调群控系统

由于机房机柜存在冗余度，系统依据 CPU 占有率计算每一机柜服务器的功耗，根据负载分布和精密空调配置，合理分配空调系统的运行，减少冗余空调设备的运行时间，来降低整个机房的能耗。

（3）利用 CFD 技术建立机房的散热与气流组织模型

针对机房空调气流组织特性的数值分析与模型实验，深入分析机房内部的气流速度场、温度场分布，并在此基础上得出合理的冷量调配设计方案，获得最佳的送回风状态，满足设备的散热需要，达到最优冷量配置的效果。

（4）运行中采用合理措施

1）机房一般均留有备用机柜，冷风流经所有机柜时，流经备用机柜导致了空调的送风短路，使空调的制冷效率降低，可在未使用机柜添加活动盲板封堵。

2）针对机柜采用冷热通道分隔措施，防止气流短路及冷热风相混合。

3.4.10　空调机房设计

空调机房设计是暖通专业设计的主要内容，事关建筑平面设计、新排风进出、噪声振动处理。空调机房设计是否合理，既关系空调系统的初投资，还影响到运行能耗和管理。

空调机房设计是一项技巧性、实践性较强的工作。

1. 机房位置与大小

（1）空调机房位置

空调机房位置应体现综合的合理性。机房应邻近于所服务的空调区，高层办公楼标准层空调机房多设于核心筒内，比较窄小，集中的新排风系统只能满足最小新排风量，若要考虑过渡季全新风供冷，需要有较大的新排风管井，或者把空调机房设在靠外墙。商业建筑或高层建筑的裙房部分，空调机房一般设于建筑外侧。集中的新排风机房通常设于设备层和屋顶层。

空调机房对外的新排风口设置应充分兼顾到建筑美观和空调通风系统的合理性。空调机房层高受限于建筑层高（办公标准层为 4.2～4.5m，酒店客房层为 3.3～3.6m，商业裙房在 5.5m 以上）。

（2）空调机房的大小

空调机房大多占用建筑面积，应精心布置，节约占用面积。

表 3.4-19 列出了空调机房所占建筑面积的概略比例。

表 3.4-19

空调机房所占建筑面积的概略比例（单位：％）

空调建筑面积 （m²）	空 调 方 式				
	分楼层单风道 （全空气系统）	风机盘管 加新风	双风道 （全空气系统）	柜式机组	平均值
1000	7.5	4.5	7.0	5.0	7.0
3000	6.5	4.0	6.7	4.5	6.5
5000	6.0	4.0	6.0	4.2	5.5
10000	5.5	3.7	5.0	—	4.5
15000	5.0	3.6	4.0	—	4.0
20000	4.8	3.5	3.5	—	3.8
25000	4.7	3.4	3.2	—	3.7
30000	4.6	3.0	3.0	—	3.6

2. 设备与管道布置

组合式空调机组、风机等设备布置是机房设计的关键，应该关注下列事项：

（1）空调机组、风机布置应使送、回风管和新、排风管接管简洁合理，避免反复转弯、绕行、重叠。设备布置合理性需要和风管系统整体平面设计一并考虑，切忌平面设计时置机房布置于不顾，造成后期机房详图设计时处于被动。

（2）设备布置既要留足安装维修空间，又要尽量节省空间。空调机组、风机操作维修侧宜留有与设备等宽的走廊兼维修空间。设备靠墙侧应留 200mm 以上的空间。设备上空应至少留有 2m 的管道空间，机房内应留有电气配电控制柜的空间。

（3）机房管道布置要简洁合理，矩形风管弯头内侧不小于风管宽度的 0.5 倍，如受到限制，也应采用带导流叶片的弯头。渐缩、渐扩管斜度不可太大。应避免紧邻风机出口处滥用静压箱，接管流速大于 8m/s 的送风管上不宜采用。必须采用时，静压箱内流速宜为 2～3m/s，以利获取静压复得。主风管上不可采用风管对接代替弯头连接。机房的新、排风防雨百叶口局部阻力系数较大，应保持面风速小于 3m/s。

空调水管布置要高于设备顶标高，下行支管应避免过多遮挡维修作业面。

（4）手动或电动控制的水阀、风阀、水过滤器、压力表、温度计等配件，应安装在便于观察、维修和操作的部位。空调机房应设置排水地漏、多个大型空调机组合用的机房，宜在每个机组附近设置排水地漏，以免机房地面上大量敷设冷凝水管。

机组冷凝水出口处，应设置存水弯等防止抽空的措施，保证排水顺畅。

3. 其他设计

（1）空调机房的外门应向外开启，设备构件过大不能由门出入时，应预留安装孔洞。

(2) 空调机房根据设备重量,结构设计上一般应考虑 $500\sim700\mathrm{kg/m^2}$ 的活动荷载,特别重的设备应定位考虑荷载。组合式空调机组应设置 200mm 厚的混凝土基础,以利排出冷凝水,风机下应考虑 100mm 厚的混凝土基础。

(3) 空调机房的墙、门、楼板应有足够的隔声性能。当机房作为回风静压箱时,或者为了降低机房内噪声,应在机房内侧墙顶部贴消声材料兼作保温。空调机组连接的风管消声器布置在机房内,应尽量贴近机房的隔墙,以避免机组噪声又经消声器后的风管进入系统内,当消声器布置在机房外的使用空间,则应对未经消声的风道进行隔声处理。机房进出管道与墙体楼板间的空隙应密封,隔声、防火。

(4) 空调机组、风机箱内置的风机一般都自带减振器,仅需在箱体下适当设置减振垫,对没有配置减振器的风机、水泵,应配置减振台座。

(5) 大型无窗的空调机房应有通风措施。

(6) 空调机房设计应符合国家和地方现行的消防规范。

(7) 空调机房内的管道保温层外应设置金属板或钢丝网保护层,以防安装维修过程中损坏保温层。

3.5 空调房间的气流组织

在空调房间中,处理过的空气经送风口进入空调房间,与室内空气进行热质交换后由回风口排出。空气的进入和排出,必然会引起室内空气的流动,形成某种形式的气流流型和速度场。

气流组织设计的任务是合理地组织室内空气的流动,使室内工作区空气的温度、相对湿度、速度和洁净度能更好地满足工艺要求及人们的舒适性要求。

空调房间的气流组织不仅直接影响房间的空调效果,也影响空调系统的能耗量。气流组织应根据建筑物的用途对空调房间内温湿度参数、允许风速、噪声标准、空气质量、室内温度梯度及空气分布特性指标(ADPI)的要求,结合内部装修、工艺或家具布置等进行设计计算。

影响气流组织的因素很多,如送风口位置及形式、回风口位置,房间几何形状及室内的各种扰动等,其中以送风口的空气射流及其送风参数对气流组织的影响最为重要。

3.5.1 送、回风口空气流动规律

1. 送风口空气流动规律

空气经喷嘴向周围气体的外射流动称为射流。射流按流态不同,可分为层流射流和紊流射流;按其进入空间的大小,可分为自由射流和受限射流;按送风温度与室温的差异,可分为等温射流和非等温射流;按喷嘴形式不同,还可分为圆射流和扁射流。空调中遇到的射流,均属于紊流非等温受限(或自由)射流。

(1) 等温自由紊流射流

当射流温度与房间温度相同,房间体积比射流体积大得多时,射流称为等温自由射流。当射流进入房间后,射流边界与周围气体不断进行动量、质量交换,周围空气不断被卷入,射流流量不断增加,断面不断扩大。从极点到轴心速度一直保持不变的段长称为起

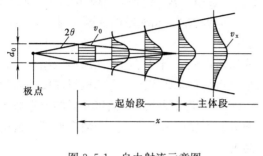

图 3.5-1　自由射流示意图

始段，此后部分均为主体段。在主体段内，随着射程的继续增大，速度继续减小，最后直至消失。等温自由射流的发展过程如图 3.5-1 所示。

射流轴心速度的计算公式为：

$$\frac{v_x}{v_0} = \frac{0.48}{\frac{\alpha x}{d_0} + 0.145} \quad (3.5\text{-}1)$$

射流横断面直径计算公式为：

$$\frac{d_x}{d_0} = 6.8\left(\frac{\alpha x}{d_0} + 0.145\right) \quad (3.5\text{-}2)$$

式中　v_x——射程 x(m)处射流轴心速度，m/s；

　　　v_0——射流出口速度，m/s；

　　　d_0——送风口直径或当量直径，m；

　　　d_x——射程 x 处射流直径，m；

　　　α——送风口的紊流系数。

紊流系数 α 值的大小与射流出口截面上的速度分布情况有关，分布越不均匀，α 值越大。此外，α 值大小还与射流出口截面上的初始紊动强度有关。紊流系数直接影响射流发展的快慢，α 值大，横向脉动大，射流扩散角就大，射程就短。紊流系数 α 的部分实验数据示于表 3.5-1。

由上面讨论可以看出，要想增大射程，可以提高出口速度 v_0 或者减小紊流系数 α；要想增大射流扩散角，可以选用 α 值较大的送风口。

喷嘴紊流系数 α 值　　　　　　　　　表 3.5-1

喷嘴形式		紊流系数 α	喷嘴形式	紊流系数 α
圆断面射流	收缩极好的喷嘴	0.066	收缩极好的平面喷嘴	0.108
	圆管	0.076	平面壁上的锐缘斜缝	0.115
	扩散角 8°~12°的扩散管	0.09	具有导叶加工磨圆边口的通风管纵向缝	0.155
	短形短管	0.1	平面射流	
	带有可动导向叶片的喷嘴	0.2		
	活动百叶风格	0.16		

（2）非等温自由射流

当射流出口温度与房间温度不相同时，称为非等温射流。在空气调节工程中，采用的正是非等温射流。送风温度低于室内空气温度时为冷射流，高于室内空气温度时为热射流。

1）轴心温差计算

非等温射流进入房间后，射流边界与周围空气之间不仅要进行动量交换，而且要进行热量交换。因此，随着射流离出口的距离增大，其轴心温度也在变化。

轴心温度计算公式为：

$$\frac{\Delta T_{\mathrm{x}}}{\Delta T_0} = \frac{0.35}{\dfrac{\alpha x}{d_0} + 0.145}$$　　　　　(3.5-3)

式中　ΔT_{x}——主体段内射程 x(m) 处轴心点温度与周围空气温度之差，℃；

　　　　ΔT_0——射流出口温度与周围空气温度之差，℃。

2）轴心温差变化与轴心速度变化之比较

在射程中，射流与室内空气的混掺不仅引起动量的交换（决定了流速的分布及其变化），还带来热量的交换（决定了温度的分布及其变化）。而热量的交换比动量交换快，即射流温度的扩散角大于速度扩散角，因而温度的衰

减速度较快，近似地可以认为 $\dfrac{\Delta T_{\mathrm{x}}}{\Delta T_0} = 0.73 \times \dfrac{U_{\mathrm{x}}}{U_0}$。

当送风温差不大时（空调属于此种情况），等温射流的速度变化规律仍可沿用。

（3）阿基米德数 Ar

非等温射流在其射程中，由于与周围空气密度不同，所受浮力与重力不相平衡而发生弯曲，见图 3.5-2，冷射流向下弯，热射流向上弯，但仍可视作以中心线为轴的对称射流。因此，研究轴心轨迹可知射流的弯曲程度，根据流体力学，轴心轨迹理论计算式经实验修正后为：

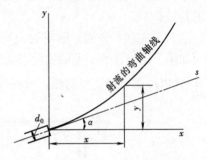

图 3.5-2　弯曲射流的轴线轨迹图

$$\frac{y}{d_0} = \frac{x}{d_0}\tan\alpha + Ar\left(\frac{x}{d_0\cos\alpha}\right)^2\left(0.51\frac{\alpha x}{d_0\cos\alpha} + 0.35\right)$$　　　　　(3.5-4)

式中　y——射流轴心偏离水平轴之距离，m；

　　　α——射流出口轴线与水平轴之夹角；

　　Ar——阿基米德数。

Ar 是决定射流弯曲程度的主要因数。Ar 值大，则随射程 x 变化的 y 值变化也大，即射流弯曲大。当 $Ar = 0$ 时，显然是等温射流；当 $|Ar| < 0.001$ 时，可忽略射流的弯曲，仍可按等温射流计算。阿基米德数是表征浮力和惯性力的无因次比值，计算公式为：

$$Ar = \frac{gd_0(t_0 - t_{\mathrm{n}})}{v_0^2 T_{\mathrm{n}}}$$　　　　　(3.5-5)

式中　g——重力加速度，m/s²；

　　d_0——送风口直径或水力直径 $d_0 = \dfrac{4AB}{[2(A+B)]}$（$A$、$B$ 分别为矩形风口的长与宽），m；

　　t_0——射流出口温度，℃；

v_0——射流出口速度，m/s；

t_n——房间空气温度，℃；

T_n——射流周围空气温度，K。

计算公式说明，阿基米德数随着送风温差的提高而加大，随着出口流速的增加而减小。

（4）受限射流

在空气调节中，经常出现送风气流流动受到壁面限制的情况，如送风口贴近顶棚时，射流在顶棚处不能卷吸空气，因而流速大、静压小，而射流下部流速小、静压大，使得气流贴附于板面流动，这样的射流称为"贴附射流"。不管是受限射流还是自由射流，都是对周围空气的扰动，它所具有的能量是有限的，它能引起的扰动范围也是有限的，不可能扩展到无限远去。而受限射流还要受到房间边壁的影响，因此形成了受限射流的特征。

图 3.5-3（a）说明，贴附射流可视为完整射流的一半，其规律不变，因此可按风口断面加倍、出口流速不变的完整射流进行计算。即计算中只需将自由射流公式的送风口直径 d_0 代以 $\sqrt{2}d_0$；对于扁射流，可将风口宽度 b 代以 $2b$。

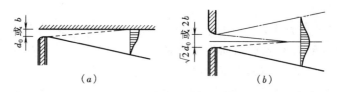

图 3.5-3 贴附射流和计算图的对比

（a）贴附射流；（b）相应的计算图

由于贴附射流仅一面卷吸室内空气，故衰减较慢，射程比同样喷口的自由射流长。此外，当射流为冷射流时，气流下弯，贴附长度将受影响。贴附长度与阿基米德数 Ar 有关，Ar 越小则贴附长度越长。

通常，空调房间对于送风射流大多不是无限空间，气流扩散不仅受着顶棚的限制，而且受着四周壁面的限制，出现与自由射流完全不同的特点，这种射流称为"受限射流"或"有限空间射流"（一般认为，送风射流的断面积与房间横断面积之比大于 1：5 者为"受限射流"）。

受限射流分为贴附和非贴附两种情况，图 3.5-4 说明，当送风口位于房间中部时（$h = 0.5H$），射流为非贴附情况，射流区呈橄榄形，在其上下形成与射流流动方向相反的回流区。

当送风口位于房间上部时（$h \geqslant 0.7H$），射流贴附于顶棚，房间上部为射流区，下部为回流区。

（5）平行射流

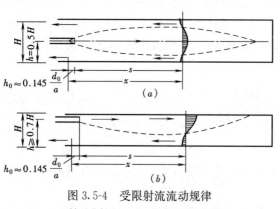

图 3.5-4 受限射流流动规律

（a）轴对称射流；（b）贴附于顶棚的射流

在空调送风中常常会遇到多个送风口自同一平面沿平行轴线向同一方向送出的平行射流。当两股平行射流距离比较近时,射流的发展互相影响。在汇合之前,每股射流独立发展。汇合之后,射流边界相交,互相干扰并重叠,逐渐形成一股总射流,见图3.5-5。总射流的轴心速度逐渐增大,直至最大,然后再逐渐衰减,直至趋近于零。由于平行射流间的相互作用,其流动规律不同于单独送出时的流动规律。

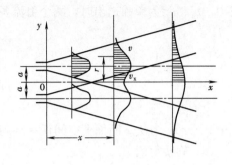

图 3.5-5 平行射流

由单独一个边长相差不大的矩形或多边形送风口送出的射流,在距出口 x 距离的断面上的速度分布符合下式所示的正态分布规律:

$$v = v_x e^{-\frac{1}{2}\left(\frac{r}{cx}\right)^2} \tag{3.5-6}$$

式中 v——距出口 x 断面上,距轴心为 r 点的速度,m/s;

  v_x——距出口 x 断面上的轴心速度,m/s;

  c——实验常数,取 $c=0.082$。

x 断面轴心流速:

$$v_x = \frac{\theta\varphi}{\sqrt{\pi}\,c}\frac{v_0\sqrt{F_0}}{x} = \frac{mv_0\sqrt{F_0}}{x} \tag{3.5-7}$$

式中 θ——考虑到气流密度 ρ(或温度 T)与周围空气密度 ρ_0(或温度 T_0)差别的系数:

$$\theta = \sqrt{\frac{\rho}{\rho_0}} = \sqrt{\frac{T_0}{T}}$$

对于等温射流 $\theta=1$;

  φ——考虑到气流速度 v 在送风口断面上分布不均匀的系数:

$$\varphi = \left[\int_0^1 \left(\frac{v}{v_0}\right)^2 d\left(\frac{F}{F_0}\right)\right]^{\frac{1}{2}}$$

分布均匀时 $\varphi=1$;

  v_0——送风口断面平均流速,m/s;

  $m = \dfrac{\theta\varphi}{\sqrt{\pi}c}$——送风射流气体动力特征值,出口断面流速均匀分布的等温射流 $m=6.88$。

两个相同、同向流动的平行射流,气流出口后开始按自由射流规律发展,到两射流边界相交后,互相干扰并重叠,便形成一个双重射流,见图3.5-5。

设两送风口中心距离为 $2a$,坐标原点选在两送风口中心连线上,距两风口各为 a。x 轴平行于两射流轴线,y 轴通过两风口中心,z 轴与 x、y 轴垂直。这样在任意空间点上,由两个射流相互作用形成的气流速度 v 用下式确定:

$$v^2 = v_1^2 + v_2^2 \tag{3.5-8}$$

式中，v_1、v_2 为单独送出时，两个射流各自的流速。

$$v_1 = \frac{m v_0 \sqrt{F_0}}{x} e^{-\frac{1}{2}\left(\frac{r_1}{cx}\right)^2} \tag{3.5-9}$$

$$v_2 = \frac{m v_0 \sqrt{F_0}}{x} e^{-\frac{1}{2}\left(\frac{r_2}{cx}\right)^2} \tag{3.5-10}$$

式中，r_1，r_2 为从 x 断面上空间任一点到两个射流轴心的距离。

（6）旋转射流

气流通过具有旋流作用的喷嘴向外射出，气流本身一面旋转，一面又向静止介质中扩散前进，这种射流称为旋转射流，如图 3.5-6 所示。

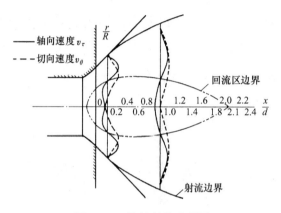

图 3.5-6　旋转射流速度图

由于射流的旋转，使得射流介质获得向四周扩散的离心力。与一般的射流相比，旋转射流的扩散角要大得多，射程短得多，并且在射流内部形成了一个回流区。正因为旋转射流有如此特点，所以，对于要求快速混合的通风场合，用它作为送风口是很合适的。

2. 回风口空气流动规律

回风口与送风口的空气流动规律完全不同。送风射流以一定的角度向外扩散，而回风气流则从四面八方流向回风口，流线向回风点集中形成点汇，等速面以此点汇为中心近似于球面见图 3.5-7。

由于通过点汇作用范围内各球面的流量都相等，故有：

$$\frac{v_1}{v_2} = \frac{\dfrac{L}{4\pi r_1^2}}{\dfrac{L}{4\pi r_2^2}} = \frac{r_2^2}{r_1^2} \tag{3.5-11}$$

式中　L——流向点汇的流量，$\mathrm{m^3/s}$；

v_1、v_2——任意两个球面上的流速，$\mathrm{m/s}$；

r_1、r_2——这两球面距点汇的距离，m。

实验结果表明，在吸风气流作用区内，任意两点间的流速变化与距点汇的距离的平方成反比。这就使点汇速度场的气流速度迅速下降，使吸风所影响的区域范围变得很小。

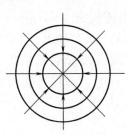

图 3.5-7 回风点汇图

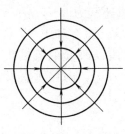

图 3.5-8 回风口速度分布图

点汇处的空气流动规律可近似应用于实际的回风口，图 3.5-8 是回风不受限时的速度实测图。图中当 $\frac{v_1}{v_0}=50\%$ 时，从曲线查出 $\frac{x}{d_0}=0.22$，即回流速度为回风口速度的一半时，此点至回风口距离仅为 $0.22d_0$。和射流相比较，根据射流公式（3.5-1）得知，当 $\frac{v_x}{v_0}=0.5$ 时，$x\approx11d_0$（d_0 指圆喷嘴直径），即射流速度衰减为出口速度的一半时，此点至送风口距离可以达到 $11d_0$。由此可见，送风射流较之回风气流的作用范围大得多，因而在空调房间中，气流流型主要取决于送风射流。

3.5.2 送、回风口的形式及气流组织形式

1. 送风口的形式

空调房间气流流型主要取决于送风射流。而送风口形式将直接影响气流的混合程度、出口方向及气流断面形状，对送风射流具有重要作用。根据空调精度、气流形式、送风口安装位置以及建筑装修的艺术配合等方面的要求，可以选用不同形式的送风口。送风口的种类繁多，按送出气流形式可分为四种类型：

（1）辐射形送风口：送出气流呈辐射状向四周扩散，如盘式散流器、片式散流器等。

（2）轴向送风口：气流沿送风口轴线方向送出，这类风口有格栅送风口、百叶送风口、喷口、条缝送风口等。

（3）线形送风口：气流从狭长的线状风口送出，如长宽比很大的条缝形送风口。

（4）面形送风口：气流从大面积的平面上均匀送出，如孔板送风口。

送风口的选型，需符合下列要求：

（1）采用百叶风口或条缝型风口侧送时，侧送气流宜贴附。

（2）当有吊顶可利用时，应根据空调房间高度与使用场所对气流的要求，分别采用圆形、方形、条缝形散流器或孔板送风。当单位面积送风量较大，且人员活动区内要求风速较小或区域温差要求严格时，应采用孔板送风。

（3）空间较大的公共建筑和室温允许波动范围大于或等于 ±1.0℃ 的高大厂房，宜采用喷口送风、旋流风口送风或地板式送风。

（4）变风量空调系统的送风末端装置，在风量改变时，应保证室内气流分布不受影响，并满足空调区的温度、风速的基本要求。

（5）选择低温送风口时，应使送风口表面温度高于室内露点温度 1~2℃。

下面介绍几种常见的送风口。

(1) 侧送风口

此类风口常向房间横向送出气流，侧送风口出口风速宜为 2～5m/s（风口位置高时取大值），宜贴顶布置，用于一般空调、室温波动允许±1℃和±0.5℃的工艺性空调。一般宜采用双层可调百叶送风口，外层水平叶片用以改变射流的出口倾角，风口上缘离顶棚的距离较大时，向上倾斜角度应为 10°～20°。内层垂直叶片能调节气流的扩散角。

(2) 散流器

散流器是安装在顶棚上的送风口，表 3.5-2 列出了一些常见的散流器形式、性能与适用范围。

(3) 孔板送风口

空气经过开有若干圆形或条缝形小孔的孔板进入室内，此风口称为孔板送风口。该风口和前述所有风口比较，其特点是送风均匀，速度衰减较快。图 3.5-9 所示为具有稳压作用的送风顶棚的孔板送风口，空气由风管进入稳压层后，再靠稳压层内的静压作用经孔口均匀地送入空调房间。孔板可用胶合板、硬性塑料板或铝板等材料制作。

(4) 喷射式送风口

对于大型的生产车间、体育馆、电影院等建筑常采用喷射式送风口。图 3.5-10(a) 所示为圆形喷口，该喷口有较小的收缩角度，并且无叶片遮挡物，因此喷口的噪声低、紊流系数小（$a=0.07$）、射程长。

为了提高喷射送风口的使用灵活性，可做成图 3.5-10(b) 所示既能调方向又能调风量的喷口形式。

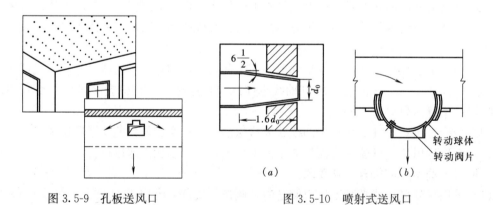

图 3.5-9 孔板送风口　　　　图 3.5-10 喷射式送风口
　　　　　　　　　　　　　　(a) 圆形喷口；(b) 球形转动风口

(5) 旋流送风口

旋流送风口诱导比大、送风速度衰减快、送风流型可调，适应不同射程需求。旋流送风口分成无芯管旋流送风口、内部诱导型旋流送风口等类型，适用于层高较高的空调建筑（其高度仍有限制，应根据具体产品性能决定）。其中内部诱导型旋流送风口还适用于地板送风，它由出口格栅、集尘箱和旋流叶片组成，见图 3.5-11。地板面上的格栅上可以走人和行车。来自双层地板间的空调送风经旋流叶片切向进入集尘箱，形成旋转气流由格栅送出。送风气流与室内空气混合好，速度衰减快。格栅和集尘箱可以随时取出清扫。

(6) 座椅下送风口

该送风口设置在影剧院、会场的座椅下，经处理后的空气以约低于 0.2m/s 的风速从风口送出，以避免吹风感，见图 3.5-12。根据工程经验，供冷时的送风温度约为 19℃，每个座位的送风量约为 45m³/h。

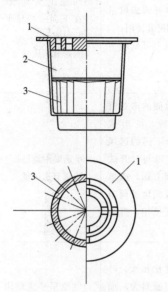

图 3.5-11　旋流送风口　　　　　图 3.5-12　座椅下送风口
1—出风格栅；2—集尘箱；3—旋流叶片

(7) 地板送风口

地板送风口可以是内部诱导型旋流送风口、散流器、格栅式送风口或条缝型送风口，风口的风速与风口与人体距离、送风温度相关。采用地板送风口，一般应设置送风静压箱。

(8) 低温送风口

低温送风口用于低温送风系统，风口采用诱导或气流保护等方式使风口不产生结露。

常用散流器形式　　　　　　　　　　　　　　　　　　　　　表 3.5-2

送风口图示	形　式	气流类型及调节性能	适用范围
圆锥形送风口	扩散圈为三层锥形面，拆装方便。可与单开阀板式或双开阀板式风量调节阀配套使用。带或不带排气孔	扩散圈挂在上面一档呈下送流型，挂在下面一档呈平送贴附流型；能调节送风量	用于公共建筑的舒适性空调和工艺性空调

送风口图示	形　式	气流类型及调节性能	适用范围
圆盘形散流器 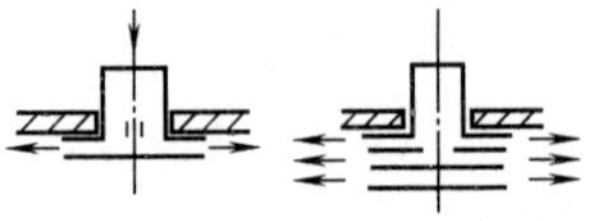	圆盘呈倒蘑菇形，拆装方便。可与单开或双开阀板风量调节阀配套使用；挡板上可贴吸声材料	圆盘挂在上面一档时呈上下送流型，挂在下面一档呈平送贴附流型；能调节送风量	用于公共建筑的舒适性空调和工艺性空调（用于层高较低的房间）
方（矩）形散流器 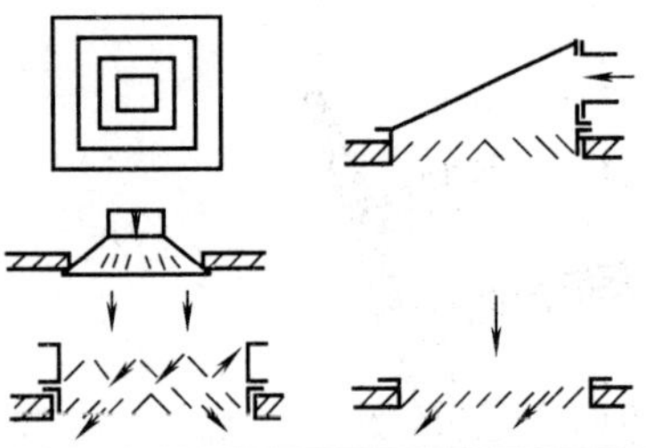	扩散圈的形式有10多种，可形成1~4个不同的送风方向，可与对开式多叶调节阀，或单开阀板式风量调节阀配套使用，拆装方便	平送贴附流型；能调节送风量	用于公共建筑舒适性空调
条缝形（线形）散流器 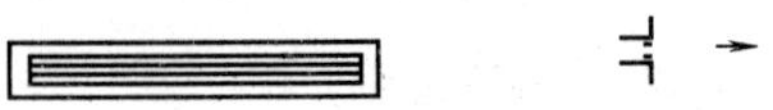	长度比很大，叶片单向倾斜为一面送风；叶片双向倾斜为两面送风	气流呈平送贴附流型	用于公共建筑舒适性空调
活叶条形散流器 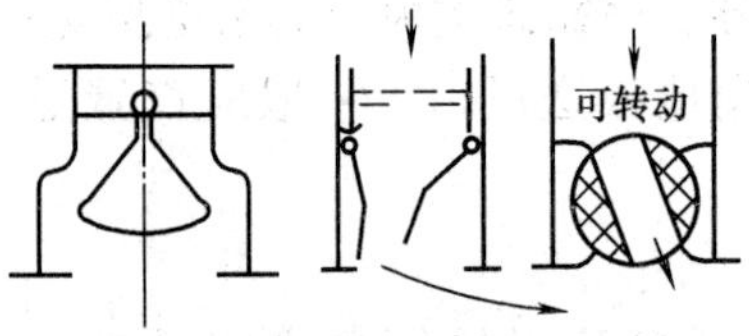	长宽比大，在槽内采用两个可调节叶片来控制气流方向，有单一段、中间段、尾段和角形段等形式，有单组型和多组型	可调成平送贴附流型，也可调成垂直下送流型；使气流一侧或两侧送出；能关闭送风口	用于公共建筑舒适性空调

回风口的吸风速度   表 3.5-3

回风口的位置		最大吸风速度（m/s）
房间上部		≤4.0
房间下部	不靠近人经常停留的地点时	≤3.0
	靠近人经常停留的地点时	≤1.5

2. 回风口

如前所述，吸风口附近气流速度急剧下降，对室内气流组织的影响不大，因而回风口构造比较简单，类型也不多。

回风口的形状和位置根据气流组织要求而定。若设在房间下部时，为避免灰尘和杂物被吸入，风口下缘离地面至少为 0.15m。回风口的吸风速度宜按表 3.5-3 选用。在空调工程中，风口均应能进行风量调节，若风口上无调节装置时，则应在支风管上加以考虑。

3. 气流组织形式

空调房间除对工作区内的温度、相对湿度有一定的精度要求以外，还要求有均匀、稳定的温度场和速度场，同时还应控制噪声水平和含尘浓度，这些都直接受气流流动和分布状况的影响。又取决于送风口的构造形式、尺寸、送风的温度、速度和气流方向、送回风口的位置等。因此，气流组织形式应该根据空调要求，结合建筑结构特点及工艺设备布置等条件合理地确定。气流组织的基本要求和形式见表 3.5-4 和表 3.5-5。按照送回风口位置的相互关系和气流方向，一般分为如下几种形式。

气流组织的基本要求 表 3.5-4

空调类型	室内温湿度参数	送风温差（℃）	每小时换气次数	风速（m/s）		可能采取的送风方式	备注
				送风出口	工作区		
舒适性空调	冬季：18～24℃；$\varphi \geqslant 30\%$；夏季：24～28℃；$\varphi = 40\% \sim \leqslant 70\%$	送风高度 $h \leqslant 5m$ 时，不宜大于 10℃；$h > 5m$ 时，不宜大于 15℃	不宜小于 5 次，高大房间按其冷负荷通过计算确定	与送风方式、送风口类型、安装高度、室内允许风速、噪声标准等因素有关。消声要求较高时，采用 2～5	冬季不应大于 0.2，夏季不大于 0.3	侧面送风；散流器平送；孔板下送；条缝下送；喷口或旋流风口送风	
工艺性空调	温湿度基数要根据工艺需要和卫生条件确定。室温允许波动范围：大于或等于 ±1℃	在 ±1.0℃ 以外，≤15；±1.0℃ 时，6～9	±1.0℃，不小于 5 次（高大房间除外）	与送风方式、送风口类型、安装高度、室内允许风速、噪声标准等因素有关。消声要求较高时，采用 2～5	0.2～0.5	侧送宜贴附；散流器平送	
	小于或等于 ±0.5℃	3～6	不小于 8 次				
	小于或等于 ±0.1～0.2℃	2～3	不小于 12 次（工作时间内不送风的除外）			侧送宜贴附；孔板下送不稳定流型	

气流组织的基本形式 表 3.5-5

送风方式	常见气流组织形式	建议出口风速（m/s）	工作区气流流型	技术要求及适用范围	备 注
侧面送风	单侧上送下回或走廊回风；单侧上送上回；双侧上送下回	2～5（送风口位置高时取较大值）	回流	温度场、速度场均匀，混合层高度 0.3～0.5m；贴附侧送风口宜贴顶布置，宜采用可调双层百叶风口。回风口宜设在送风口同侧；用于一般空调，室温允许波动范围为 ±1℃，和小于或等于 ±0.5℃ 的工艺空调	可调双层百叶风口，配对开多叶调节阀

送风方式	常见气流组织形式	建议出口风速（m/s）	工作区气流流型	技术要求及适用范围	备注
散流器送风	散流器平送，下部回风；散流器下送，下部回风；送吸式散流器，上送上回	2~5	回流直流	温度场、速度场均匀，混合层高度0.5~1.0m；需设置吊顶或技术夹层。散流器平送时应对称布置，其轴线与侧墙距离不小于1m；散流器平送用于一般空调，室温允许波动范围为±1℃和小于或等于±0.5℃的工艺性空调；散流器下送密集布置用于净化空调	
孔板送风	全面孔板下送，下部回风；局部孔板下送，下部回风	2~5	直流或不稳定流	温度场、速度场均匀，混合层高度为0.2~0.3m；需设置吊顶或技术夹层，静压箱高度不小于0.3m；用于层高较低或净空较小建筑的一般空调，室温允许波动范围为±1℃或小于或等于±0.5℃的工艺空调。当单位面积送风量较大，工作区要求风速较小，或区域温差要求严格时，采用孔板下送不稳定流型	孔板宜选用镀锌钢板、不锈钢板、铝板和硬质塑料板
喷口送风	上送下回，送回风口布置在同侧	4~10	回流	送风速度高，射程长，工作区新鲜空气、温度场和速度场分布均匀；若顶层房间屋面有一定倾斜度时，喷口与水平面保持一个向下倾角β。对冷射流β=0°~12°；对热射流β>15°；用于空间较大的公共建筑和室温允许波动范围大于或等于1℃的高大厂房的一般空调	送风口直径宜取0.2~0.8m，送风温度宜取8~12℃，对高大公共建筑送风高度为6~10m
条缝送风	条缝型风口下送，下部回风	2~4	回流	送风温差、速度衰减较快，工作区温度速度分布均匀。混合层高度0.3~0.5m；用于民用建筑和工业厂房的一般空调（纺织厂），在高级公共建筑中还可与灯具配合布置	
旋流风口送风	上送下回	3~8	回流	送风速度、温差衰减快，工作区风速、温度分布均匀；可用大风口作大风量送风，也可用大温差送风，简化送风系统，节省投资可直接向工作区或工作地点送风；用于空间较大的公共建筑和室温允许波动范围大于或等于1℃的高大厂房	

（1）上送风下回风

上送风下回风送风方式是最基本的气流组织形式。空调送风从位于房间上部的送风口送入室内，而回风口设在房间的下部。图 3.5-13（*a*）和图 3.5-13（*b*）分别为单侧和双侧上侧送风、下侧回风；图 3.5-13（*c*）为散流器上送风、下侧回风；图 3.5-13（*d*）为孔板顶棚送风、下侧回风。上送风下回风方式的送风在进入工作区前就已经与室内空气充分混合，易于形成均匀的温度场和速度场，故能采用较大的送风温差来减少送风量。

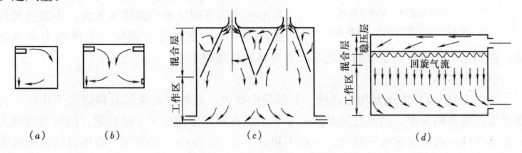

图 3.5-13　上送风下回风

（*a*）单侧上送风、单侧下回风；（*b*）双侧上送风、双侧下回风；
（*c*）顶部散流器送风、双侧下回风；（*d*）顶棚孔板送风、单侧下回风

（2）上送风上回风

图 3.5-14 是上送上回的几种常见布置方式。图 3.5-14（*a*）为单侧上送上回形式，送回风管叠置在一起，明装在室内，气流从上部送下，经过工作区后回流向上进入回风管。如果房间进深较大，可采用双侧外送式或双侧内送式，如图 3.5-14（*b*）和图（*c*）所示。这三种方式施工都较方便，但影响房间净空的使用。如果房间净高许可，还可设置吊顶，将管道暗装，如图 3.5-14（*d*）所示。或者采用如图 3.5-14（*e*）所示的送吸式散流器，这种布置较适用于有一定美观要求的民用建筑和工业建筑。

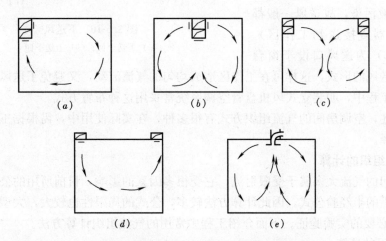

图 3.5-14　上送风上回风

（*a*）单侧上送上回；（*b*）双侧上送上回；（*c*）双侧内上送上回；
（*d*）风口装于吊顶，一侧送一侧回；（*e*）暗装的吸送式散流器

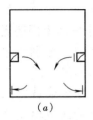 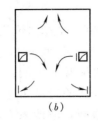

图 3.5-15　中部送风

(a) 双侧中部送风、双侧下回风；

(b) 中部送风、下部回风、顶部排风

（3）中部送风

某些高大空间（高度 ≥ 10m 且体积 > 10000m³）的空调房间，采用前述方式需要很大的风量，空调耗冷量、耗热量也大。因而采用分层空调（或辐射供暖、供冷），即在房间高度的中部位置上，用侧送风口或喷口送风的方式。图 3.5-15（a）是中部送风下回风，图 3.5-15（b）是中部送风下回风加顶部排风方式。中部送风形式是将房间下部作为空调区，上部作为非空调区。在满足工作区空调要求的前提下，有显著的节能效果。

（4）下送风

图 3.5-16（a）为地面均匀送风、上部集中排风。此种方式送风直接进入工作区，为满足生产或人的要求，送风温差必然远小于上送方式，因而加大了送风量。同时考虑到人的舒适条件，送风速度也不能大，一般不超过 0.5～0.7m/s，必须增大送风口的面积或数量，给风口布置带来困难。此外，地面容易积聚脏物，将会影响送风的清洁度，但下送方式能使新鲜空气首先通过工作区。同时，由于是顶部排风，因而房间上部余热（照明散热、上部围护结构传热等）可以不进入工作区而被直接排走，排风温度与工作区温度允许有较大的温差。因此在夏季，从人的感觉来看，虽然要求送风温差较小，却能起到温差较大的上送下回方式的效果，并为提高送风温度、利用温度不太低的天然冷源如深井水、地道风等创造了条件。

下面均匀送风上面排风方式常用于空调精度要求不高，人员暂时停留的场所，如会堂及影剧院等。在工厂中可用于室内照度高和产生有害物的车间（由于产生有害物的车间空气易被污染，故送风一般都用空气分布器直接送到工作区）。图 3.5-16（b）为送风口设于窗台

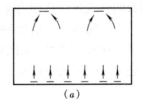 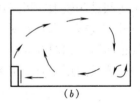

图 3.5-16　下送风

(a) 下送上回；(b) 上送下回

下面垂直上送风的形式，这样可在工作区造成均匀的气流流动，又避免了送风口过于分散的缺点。在工程中，明装立式风机盘管空调系统常采用这种布置方式。

综上所述，空调房间的气流组织方式有很多种，在实际使用中，需根据工程对象的需要，合理选择。

3.5.3　气流组织的计算

空调房间的气流大多属于受限射流，它受很多因素的影响，目前所用的公式主要是基于实验条件下的半经验公式，因此计算方法较多，公式的局限性也较大，大型工程应采用 CFD 模拟和必要的实验验证。下面介绍工程中常用的气流组织计算方法。

1. 侧送风的计算

侧送风有单侧或双侧的上送风或中部送风，上回风或下回风形式。一般由于侧向送风射流的作用，在室内形成大回旋涡流，如图 3.5-17（a）所示，只在房间角落有小的滞流区。

小滞流区气流与送风射流的热质交换很小，成为气流死角，是空调房间中的不利区域。大回旋涡流与射流有着不同程度的热、质交换（随接触面积和流动速度不同而异）。大回旋涡流流速较射流流速小，温度也较均匀。整个工作地带处于回流状态，因此有着比较均匀、稳定的温度场和速度场。如果回风口设在对面墙的下部，如图 3.5-17 (*b*) 所示，气流流型变化不大，只是大回旋涡流减小，送风口一侧下部工作区为气流死角，效果较前一种差。

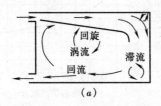 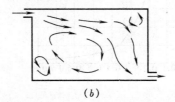

(a) (b)

图 3.5-17　侧送风流型

工程中常采用侧送贴附方式，使射流在充分衰减后进入工作区，以利于送风温差的衰减和提高空调精度。为了加强贴附，避免射流中途下落，送风口应尽量接近平顶或设置向上侧斜 $10°\sim20°$ 角的导流片，顶棚表面也不应有凸出的横梁阻挡。

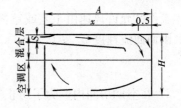

图 3.5-18　侧上送的贴附射流

下面介绍如图 3.5-18 所示贴附侧送的计算方法。

合理的气流组织应使气流到达工作区时，其流速符合工艺条件及人体的卫生要求，同时轴心温差小于空调的精度范围。本计算则是将以上两点作为已知条件，从而求得所需之送风温差、风口面积、出口流速、风口数量及其他有关参数。计算所依据的主要实验图表及公式如下：

受限射流的最大无因次回流平均速度 $v_{p,h}$ 按下式计算：

$$\frac{v_{p,h}}{v_0} = \frac{0.69}{\dfrac{\sqrt{F_n}}{d_0}} \qquad (3.5\text{-}12)$$

式中 $\dfrac{\sqrt{F_n}}{d_0}$ 称为射流自由度，表示房间尺寸和射流尺寸的相对大小对射流的影响，其值见式 (3.5-14)。

射流轴心温度的衰减与无因次射程 $\bar{x}$、射流自由度 $\dfrac{\sqrt{F_n}}{d_0}$ 等因素有关，其轴心温度衰减曲线见图 3.5-19。

射流的相对贴附长度取决于阿基米德数 Ar。因此，为满足贴附长度要求，就需控制 Ar 小于一定的值，两者关系见图 3.5-20。

计算步骤可按以下顺序进行：

(1) 布置风口位置，选定风口形式并查得风口紊流系数 a 值。

(2) 选取送风温差，计算送风量及换气次数。

(3) 确定送风速度，应由两个方面考虑：

1) 送风速度的大小直接影响着回流平均速度，两者关系见式 (3.5-12)。在确定送风速度时，首先应使回流平均速度小于工作区的允许风速。

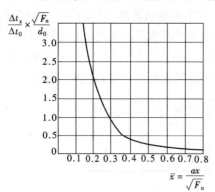

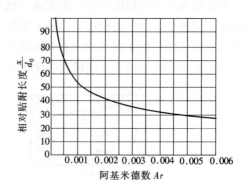

图 3.5-19 非等温受限射流轴心　　　图 3.5-20 相对贴附长度 x/d_0 和

温度衰减曲线　　　　　　　阿基米德数 Ar 的关系曲线

工作区允许风速由工艺或室内温湿度要求而定。但在一般情况下，可按 0.25m/s 考虑，因而回流速度 $v_{\mathrm{p,h}} \leqslant 0.25$m/s。代入式（3.5-12）求得最大允许送风速度 v_0。

$$v_0 \leqslant 0.36 \frac{\sqrt{F_{\mathrm{n}}}}{d_0} \quad (\mathrm{m/s}) \tag{3.5-13}$$

2）在空调房间内，为了防止气流通过风口产生噪声，送风速度宜取 2～5m/s。将以上两方面之 v_0 值列于表 3.5-6。

推荐的风口风速   表 3.5-6

射流自由度 $\sqrt{F_{\mathrm{n}}}/d_0$	最大允许出口风速 (m/s)	采用的出口风速 (m/s)	射流自由度 $\sqrt{F_{\mathrm{n}}}/d_0$	最大允许出口风速 (m/s)	采用的出口风速 (m/s)
5	2.0	2.0	11	4.2	3.5
6	2.3		12	4.6	
7	2.7		13	5.0	
8	3.1	3.5	15	5.7	5.0
9	3.5		20	7.3	
10	3.9		25	9.6	

由表 3.5-6 可见，欲求 v_0，必须先知射流自由度 $\dfrac{\sqrt{F_{\mathrm{n}}}}{d_0}$。自由度中 F_{n} 为垂直于射流的房间断面积（宽 $B \times$ 高 H）与风口个数 N 之比；d_0 可从 $L = \dfrac{\pi d_0^2}{4} v_0 N \cdot 3600$ 的关系式中求得，于是：

$$\frac{\sqrt{F_{\mathrm{n}}}}{d_0} = 53.2 \sqrt{\frac{BHv_0}{L}} \tag{3.5-14}$$

上式中仍然包含有未知数 v_0，故需用试算法求解。首先假设 v_0，由式（3.5-14）算出 $\dfrac{\sqrt{F_{\mathrm{n}}}}{d_0}$，然后查表 3.5-6 得出为满足速度衰减和防止噪声的送风速度。若假设的 v_0 小于或等于表中的送风速度，则符合要求，否则重新假设，直至两者接近为止。

（4）确定满足轴心温度衰减的风口个数 N

射程 x 处之轴心温差 Δt_x 一般应等于或小于空调精度，而对于高精度恒温工程，则宜为空调精度的 $0.4 \sim 0.8$ 倍，Δt_x 与 Δt_0 之比即是所需之温度衰减值。

从图 3.5-19 可查出满足轴心温度衰减的无因次射程 $\bar{x}$，由 $\bar{x}$ 值可求得风口个数 N。

$$N = \frac{BH}{\left(\dfrac{\alpha x}{\bar{x}}\right)^2} \qquad (3.5\text{-}15)$$

式中，贴附射程 x 为送风口至距对面墙 0.5m 处之距离（考虑到距墙 0.5m 范围内为非恒温区，贴附射流轴心允许在此下落），因而在图 3.5-18 中，$x = A - 0.5\text{m}$。

（5）确定风口尺寸

由式（3.5-16）求得风口面积 f，根据面积即可确定圆形风口直径或矩形风口的长宽比。

$$f = \frac{L}{v_0 \cdot N \cdot 3600} \quad (\text{m}^2) \qquad (3.5\text{-}16)$$

（6）校核射流的贴附长度

贴附长度取决于阿基米德数 Ar。Ar 值可由式（3.5-5）求得，根据 Ar 值查图 3-5-20，便可算出贴附长度值。若此值超过要求的射程 x，则符合要求，否则须重新假设 v_0 另行计算。

（7）校核房间的高度

为使送风射流不致波及工作区，需要一定的射流混合层高度，因而空调房间的最小高度 H 为：

$$H = h + s + 0.07x + 0.3 \quad (\text{m}) \qquad (3.5\text{-}17)$$

式中　h——空调区高度，一般为 2m；

　　　　s——风口底边至顶棚的距离；

　　0.3——安全系数。

如果房间高度不满足要求，则应适当调整计算（如风口高度、风口布置形式等）。

2. 散流器送风的计算

用散流器送风可能形成两种不同的气流流型。

（1）散流器平送流型

散流器将空气呈辐射状送出，贴附平顶扩散。由于其作用范围大，扩散快，因而能与室内空气充分混合（但射程比侧送短），工作区处于回流状态，温度场和速度场都很均匀。它可用于一般空调工程，也可用于精度≥±0.5℃的空调工程。通常用盘形散流器或者用扩散角 $\theta > 40°$ 的圆形直片式散流器均能形成平送流型。

（2）散流器下送流型

送风射流自散流器向下送出，扩散角 $\theta = 20° \sim 30°$ 时，在离送风口一段距离后汇合，这之前称为混合层。混合后速度进一步均匀化，形成稳定下送直流流型，如图 3.5-21 所示。

散流器下送主要用于有较高净化要求的车间。为保证下送直流，散流器常密集布置，又为防止混合层的回旋气流影响净化效果，混合层应尽量位于工作区之上，因此，房间净空相对要求较高，一般以大于 $3.5 \sim 4.0\text{m}$ 为宜。

散流器送风一般均需设置顶棚，因管道的暗装量大，投资较侧送风高。

（3）平送风散流器设计、计算

根据房间面积的大小，散流器可设置一个或多个，并布置为对称形或梅花形。为使室内空气分布良好，送风的水平射程 l 与射流器到工作区垂直射程 h_x 之比宜保持在 $0.5\sim 1.5$ 之间，送风面积的长宽比也需在 $1:1.5$ 以内，并注意散流器中心离墙距离一般应大于 1m，以利射流充分扩散。

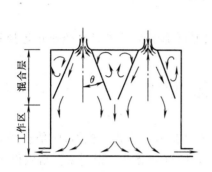

图 3.5-21　散流器下送气流流型

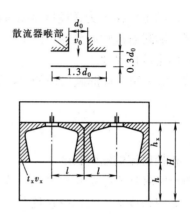

图 3.5-22　散流器平送图

风口形式需根据工程要求而定，但应尽可能选择构造简单、投资较省的盘式散流器。从建筑美观的角度，要求圆盘直径小但又不至于在室内看见风管的洞口。

下面介绍图 3.5-22 所示的散流器的计算。

设计应使气流进入工作区上边界时，其轴心速度 v_x 衰减至工作区允许风速以下，其轴心温差 Δt_x 应小于空调精度。工作区允许风速及轴心温差值参见侧送风的计算。

当 $0.5<l/h_x<1.5$ 时，轴心速度及轴心温差衰减式为：

$$\frac{v_x}{v_0} = 1.2K\frac{\sqrt{F_0}}{h_x+l} \tag{3.5-18}$$

$$\frac{\Delta t_x}{\Delta t_0} = 1.1\frac{\sqrt{F_0}}{K(h_x+l)} \tag{3.5-19}$$

式中　v_0、v_x——散流器喉部风速及气流到达工作区上边界时的轴心速度，m/s；

　　1.2、1.1——实验得出的速度及温度衰减系数；

　　　F_0——散流器喉部面积，m^2；

　　　K——考虑气流受限的修正系数，其值可由图 3.5-23 查得。

水平射程 l 值，当两个方向不同时，应取平均数。

对于散流器平送，需校核气流贴附长度。当阿基米德数 $Ar_x \geq 0.18$ 和射程 $l_x<l$ 时，气流失去贴附性能。Ar_x 和 l_x 按式（3.5-20）和式（3.5-21）计算：

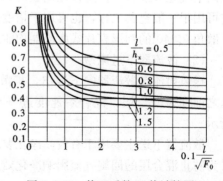

图 3.5-23　修正系数 K 值计算图

$$Ar_x = 0.06Ar\left(\frac{h_x + l}{\sqrt{F_0}}\right)^2 \qquad (3.5\text{-}20)$$

$$l_x = 0.54\frac{\sqrt{F_n}}{d_0} \qquad (3.5\text{-}21)$$

式中　Ar——阿基米德数，$Ar = \dfrac{gd_0(t_0 - t_n)}{v_0^2 T_n} = 11.1\dfrac{\Delta t_0 \sqrt{F_0}}{v_0^2 T_n}$；

0.06——实验系数，考虑该型散流器平送时，气流温度、速度衰减而引起沿程 Ar 改变的修正值。

计算可按以下步骤进行：

1）根据房间建筑尺寸，考虑 $0.5 < l/h_x < 1.5$ 的要求，布置散流器并决定其个数，垂直射程 $h_x = H - h$。

2）选取送风温差，计算送风量，校核换气次数。

3）选定喉部风速（一般宜为 $2 \sim 5\text{m/s}$），根据单个散流器风量计算喉部面积。

4）根据图 3.5-23 确定修正系数 K 值。

5）按式（3.5-19）计算 Δt_x，其值应小于空调精度。

6）校核工作区流速。用式（3.5-18）计算出气流轴心速度 v_x，该值若小于工作区允许风速即符合要求。

7）校核气流贴附长度。

3. 孔板送风的计算

当空调房间的高度小于 5m，而又要求有较大的送风量时，宜采用孔板送风方式，在工作区能够形成比较均匀的速度场和温度场。当合理选择孔板出口风速 v_0 和孔板形式时，还能防止室内灰尘的飞扬而满足较高的洁净要求。

孔板送风分为全面孔板和局部孔板两种方式。在整个顶棚上均匀地穿孔即为全面孔板。当全面孔板的孔口速度 v_0 在 3m/s 以上，送风（冷风）温差 $\Delta t \geqslant 3℃$，单位面积送风量超过 $60\text{m}^3/(\text{m}^2 \cdot \text{h})$，并且是均匀送风时，一般会在孔板下方形成下送直流流型，见图 3.5-24（a），主要用于有较高净化要求的空调房间。当孔口出风速度 v_0 和送风温差 Δt_0 均较小时，孔板下方将形成不稳定流型，见图 3.5-24（b）。不稳定流由于送风气流与室内气流充分混合，区域温差很小，适用于高精度和低流速要求的空调工程。

在整个顶棚上的部分面积上布置呈方形、圆形或矩形间隔布置穿孔板者称为局部孔板。局部孔板的下方一般为不稳定流，而在两旁则形成回旋气流，见图 3.5-24（c）。这种流型适用于工艺布置分布在部分区域内或有局部热源的空调房间，以及仅在局部区域要求较高的空调精度和较小气流速度的空调工程。

关于孔板送风的计算方法多采用工程上的近似计算方法。孔板送风计算的主要内容和步骤可归纳为：

（1）确定孔板送风的形式：如选用全面孔板还是局部孔板（如用局部孔板则需确定其在顶棚上的布置）；

（2）确定孔板送风速度 v_0；

（3）确定送风温差 Δt_0，根据房间负荷计算送风量 L；

（4）根据送风速度 v_0 及送风量 L，计算所需要的孔板开孔面积 F_k 及净孔面积比 k；

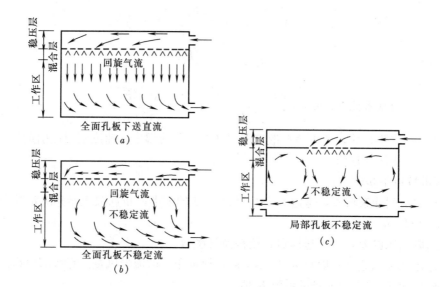

图 3.5-24　孔板送风气流流型

(*a*) 全面孔板下送直流；(*b*) 全面孔板不稳定流；(*c*) 局部孔板不稳定流

(5) 确定孔口直径 d_0、孔口中心距 l、孔口数目及其布置；

(6) 计算工作区最大风速 v_x；

(7) 计算工作区温度差 Δt_x；

(8) 计算稳压层净高 h。

下面对计算所涉及的有关参数分别加以介绍。

(1) 孔板送风的送风速度 v_0

孔板送风由孔口送出的气流速度 v_0，不仅直接影响工作区气流速度的大小，也影响到送风气流分布的均匀程度。如采用较大的送风速度 v_0，就需要稳压层中有较高的静压。这样，稳压层中静压的变化对送风速度的影响较小，使孔板送出的气流得以保持均匀。而且由于孔口送风速度比稳压层中气流速度大，在孔口处送风射流的轴线就接近于垂直向下。在送风温度高于室温时，由于热空气受浮力作用而减弱了气流向下的流动，所以应采用较大的送风速度。但是，如果送风温度低于 30℃，这种影响并不显著，可以不予考虑。然而，由于稳压层中静压提高，会增加通过稳压层结构不严密处向外的漏风量，而且，当送风速度超过 7～8m/s 时，孔口会产生噪声。因此，一般采用 $v_0 = 3 \sim 5 \mathrm{m/s}$。

送风速度 v_0 亦可由假定孔口雷诺数 Re 为 1500 而由下式决定：

$$v_0 = 1500 \gamma / d_0 \tag{3.5-22}$$

式中　d_0——孔口直径，m；

　　　γ——运动黏度，$\mathrm{m^2/s}$。

(2) 孔板送风的送风温差 Δt_0

孔板送风由于射流扩散较好，射流中心温差能够迅速衰减，在没有局部热源时，区域温差不大。因此，一般精度的空调工程采用孔板下送时，采用 6～9℃ 的送风温差。而对于区域温差要求较严格的空调工程，一般可采用 3～5℃ 的送风温差。

(3) 孔板的开孔面积及孔口尺寸

已知孔板送风的送风量 L（m^3/h）后，可根据送风速度 v_0 由下式计算出所需要的孔口总面积 F_k：

$$F_k = L/(3600v_0\alpha) \quad (m^2) \tag{3.5-23}$$

式中　α——孔口流量系数，$\alpha = 0.74 \sim 0.82$。

孔板的孔口净面积 F_k 与孔板面积 F 之比称为"净孔面积比"，以 k 表示。

$$k = F_k/F \tag{3.5-24}$$

此处，孔板面积 F，对于全面孔板来说，即为顶棚面积。对于局部孔板来说，为开孔的孔板总面积。局部孔板的孔板面积只占顶棚面积的一部分。孔口则均匀地排列在每一块孔板上，见图 3.5-25。

如果孔口直径为 d_0，孔口与孔口中心间距为 l，对于边长为 $a \times b$ 的孔板，其纵向和横向的孔口数分别为 $n_a = a/l$ 及 $n_b = b/l$，则孔板上孔口总数为 $n = n_a n_b$，因而，净孔面积比 k 又可用下式表示。

$$k = \frac{\pi}{4}\left(\frac{d_0}{l}\right)^2 = 0.785\left(\frac{d_0}{l}\right)^2 \tag{3.5-25}$$

由式（3.5-25）看出，如果净孔面积比 k 已按需要的开孔面积 F_k 及孔板面积 F 算得，就能够很方便地在假定 d_0（或 l）以后，确定 l（或 d_0）。一般常采用孔口直径 $d_0 = 4 \sim 10mm$。

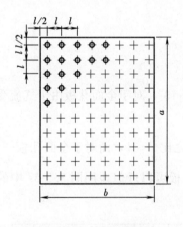
图 3.5-25　孔口排列图

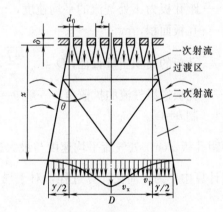
图 3.5-26　孔板送风气流示意图

（4）孔板送风气流中心最大速度 v_x

孔板送风时，孔板下方的气流形式及参数如图 3.5-26 所示。根据实验研究，气流自孔板送出后，在其整个流程上大致可以划分为三个区域，即核心区、过渡区和紊流区。核心区靠近孔板，自每个小孔口送出的单股射流（又称为一次射流）与自由射流一样，存在一个等速核心，仅在气流的周围发生诱导和混合。在过渡区各单股射流汇合。而各单股射流充分混合后形成了总的射流（称为二次射流），此即为紊流区。随着距离的增大，周围空气不断地混入，在射流断面上速度的分布逐渐趋于均匀，射流中心的最大风速迅速衰减。

在距离孔板为 x 处的气流中心最大速度 v_x 的计算是根据射流沿程动量守恒原理而得出的，且经试验验证。

如认为在气流中空气密度 ρ 不变，则根据气流出口处与 x 处的动量守恒可以写成下式：

$$L_0 v_0 = L_x v_p \tag{3.5-26}$$

将 $L_0 = akfv_0$ 及 $L_x = \pi(D+y)^2 v_p/4$ 代入式（3.5-26）得：

$$akfv_0^2 = \frac{\pi(D+y)^2}{4}v_p^2 \tag{3.5-27}$$

式（3.5-27）开方并将 D、y 值代入，得：

$$v_0\sqrt{akf} = v_p\sqrt{\frac{\pi}{4}}\left(\sqrt{\frac{4f}{\pi}} + 2x\tan\theta\right)$$

则得出 v_x 的计算式如下：

$$\frac{v_x}{v_0} = \frac{\sqrt{ak}}{\dfrac{v_p}{v_x}\left(1 + \sqrt{\pi}\tan\theta\dfrac{x}{\sqrt{f}}\right)} \tag{3.5-28}$$

式中 x——距孔板的距离，一般取孔板到工作区上边界的距离，m；

L_0——通过孔板的送风量，m^3/s；

L_x——距孔板为 x 处的气流流量，m^3/s；

v_x——距孔板为 x 处气流中心的最大速度，m/s；

v_p——距孔板为 x 处气流的平均速度，m/s；

f——孔板面积，m^2；

D——孔板的面积当量直径，$D = \sqrt{\dfrac{4f}{\pi}}$，m；

θ——孔板送风气流的扩散角，一般 $\theta = 10°\sim13°$，对于全面孔板由于气流受壁面限制 $\theta = 0°$。

式中距孔板 x(m) 处气流平均速度与最大速度之比 $\dfrac{v_p}{v_x} \leqslant 1$，而对于全面孔板 $\dfrac{v_p}{v_x} \approx 1$。在实际工程计算中，为了简化计算过程，对于局部孔板可以近似地用图 3.5-27 中的实验曲线计算。

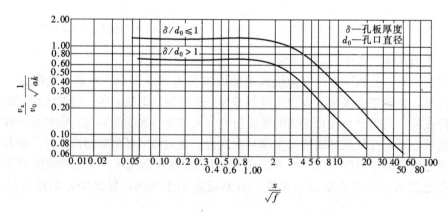

图 3.5-27 $\dfrac{v_x}{v_0}\dfrac{1}{\sqrt{ak}}$ 与 $\dfrac{x}{d_0}$ 关系曲线

（5）孔板送风的轴心温度差 Δt_x

距孔板 x(m)处气流轴心温度与房间空气温度之差称为孔板送风的轴心温度差 Δt_x。图 3.5-28 是由某精密加工室实测得出的 $\dfrac{\Delta t_x}{\Delta t_0}$ 与 $\dfrac{x}{d_0}$ 的关系曲线。由曲线可以看出，气流由孔板到 $x=50d_0$ 的距离内，Δt_x 的衰减很快，到 $x=50d_0$ 时，Δt_x 已减小到 $0.05\Delta t_0$。

在近似计算时，可以认为：

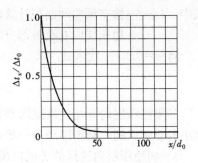

图 3.5-28 $\dfrac{\Delta t_x}{\Delta t_0}$ 与 $\dfrac{x}{d_0}$ 关系曲线

$$\frac{\Delta t_x}{\Delta t_0} \approx \frac{v_x}{v_0} \qquad (3.5\text{-}29)$$

对于恒温房间，应使 Δt_x 小于或等于所要求的恒温精度。

（6）稳压层设计

孔板送风需要保持稳压层内各处的静压相同，才能使各孔口有相同的风速，以保证均匀送风，进而形成房间工作区所要求的均匀速度场与温度场。为此，合理设计稳压层十分重要。在稳压层内引起静压变化的原因主要有：

1）压力损失：由送风管道风口送出的气流流经顶棚时，因顶棚粗糙表面的摩擦而造成的摩擦压力损失，及气流绕过顶棚内的障碍物（如梁、照明灯具等）形成的涡流压力损失。

2）静压增长：气流在稳压层内由于速度降低，动压逐渐减小和静压逐渐增大。

以上两个因素的综合影响，应使稳压层内的静压变化不超过 10%。为此，设计稳压层时应注意下述各点：

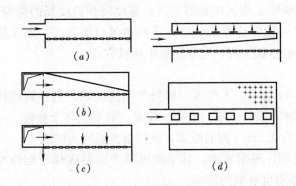

图 3.5-29　稳压层内的空气分布

1）尽量使稳压层内气流流动路程最短。在房间面积不大时，送风管道可以只连接在稳压层的侧壁，如图 3.5-29 （a）所示，在稳压层内不必另设空气分布管道。在沿气流流动方向降低稳压层的高度，如图 3.5-29 （b）所示，和在孔板上垂直于气流方向设置隔板，如图 3.5-29 （c）所示，都能在一定程度上减小静压的增长，进而达到均匀出风的目的。当房间面积较大、空调精度较高时，则应在稳压层内设置空气分布管道，如图 3.5-29 （d）所示。

2）稳压层内水平气流的速度要低。为了使从孔口送出的气流不造成过大的偏斜，应使稳压层中水平气流速度 v 与孔口送风速度 v_0 的比值 $\leqslant 0.25$，以利于减小气流方向的偏斜。

为满足这个要求，稳压层的净高 h 应为：

$$h = \frac{sL_d}{3600v}(\text{m}) \qquad (3.5\text{-}30)$$

式中 L_d——按空调房间面积计算的单位面积送风量，$m^3/(m^2 \cdot h)$；

$\quad\quad s$——稳压层内有孔板部分的气流最大流程，m。

将 $v = 0.25v_0$ 代入式（3.5-30）得：

$$h = 0.0011 \frac{sL_d}{v_0}(\text{m}) \quad\quad\quad (3.5\text{-}31)$$

如果稳压层内有与气流流向垂直的梁时，h 应为梁下的净高。为了安装方便，即使是很小的空调房间，稳压层净高一般也不应小于 0.2m。

3）向稳压层内送风的送风口风速不宜过大（宜采用 3～5m/s），且不要太接近孔板，以防局部形成负压诱引房间的空气，并使顶棚下表面孔口周围被灰尘污染。为避免气流直接吹向孔板，送风口可设置简易的导流片或挡板。或者如图 3.5-29（d）所示的那样，将送风口装设在空气分布管道的顶面。

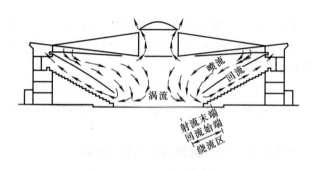

图 3.5-30　集中送风流型

4. 集中送风的计算

集中送风又称喷口送风，它一般是将送、回风口布置在同侧，空气以较高的速度、较大的风量集中在少数的风口射出，射流行至一定路程后折回，工作区通常为回流，如图3.5-30所示。

集中送风的送风速度高、射程长，沿途诱引大量室内空气，致使射流流量增至送风量的 3～5 倍，并带动室内空气进行强烈的混合，保证了大面积工作区中新鲜空气、温度场和速度场的均匀。同时，由于工作区为回流，因而能满足一般舒适要求。该方式的送风口数量少、系统简单、投资较省，因此对于高大空间的一般空调工程，宜采用集中送风方式。

（1）设计要点

集中送风常见的气流流型如图 3.5-30 所示，工作区一般处于回流区域。其计算的目的是根据所需的射程、落差及工作区流速，设计出喷口直径、速度、数量及其余参数。

射程是指喷口至射流断面平均速度为 0.2m/s 间的距离，此后射流返回为回流。

考虑到集中送风主要用于舒适性空调，根据实测，其空间纵横方向温度梯度均很小（可低到 0.04℃/m），因而计算时可忽略温度衰减的验算。

在考虑计算参数时，根据经验应注意以下问题：

1）为满足长射程的要求，送风速度和风口直径必然较大，送风速度以 4～10m/s 为宜，超过 10m/s 将产生较大的噪声；送风口直径一般在 0.2～0.8m 之间，过大则轴心速度衰减慢，导致室内速度场、温度场的均匀性差。

2）集中送风因射程长，与周围空气有较多混合的可能性，因此射流流量的出口流量大得多，所以设计时可适当加大送风温差，减小出口风量。送风温差宜取为 8～12℃。

3）考虑到体育馆等建筑的空调区地面有一倾斜度，因而送风亦可有一向下倾角。对冷射流，$\alpha = 0°\sim12°$；热射流易于浮升，故 $\alpha > 15°$。

4）喷口高度一般较高，喷口太低则射流易直接进入工作区，太高则使回流区厚度增加，回流速度过小。两者均影响舒适感。

（2）计算公式

大空间内集中送风射流规律与紊流自由射流规律基本相符。因此，可采用紊流自由射流计算式进行集中送风设计。射流轴心速度和轴心轨迹的计算见前述式（3.5-1）和式（3.5-4）。

空调区平均速度即射流末端平均速度 v_p，近似等于轴心速度 v_x 的一半：

$$v_p = \frac{1}{2}v_x \tag{3.5-32}$$

式（3.5-4）中，$\frac{y}{d_0}$ 的符号与 α 角、Ar 的正负（送风温差）有关。习惯上，当 α 角向下且送冷风时，$\frac{y}{d_0}$ 为正值；若 α 角向下但送热风时，式（3.5-4）右边第二项为负，则 $\frac{y}{d_0}$ 的符号应根据两项之差来决定。

（3）计算步骤

由于喷口直径和送风速度等参数均为未知数，因此需采用试算法求解，可按以下步骤计算：

1）确定射流落差；

2）确定射程长度，射程长度一般为送风口到最远距离的 0.7～0.8 倍；

3）选择送风温差，计算总风量 L；

4）假设喷口直径 d_0、喷口角度 α、喷口高度 h；

5）计算出射流末端平均速度 v_p。

v_p、v_0 值都应满足前述对集中送风参数的要求：v_p 一般为 0.2～0.5m/s，v_0 也不宜超过 10m/s。否则应重新假设 d_0 或 α 值另行计算（增大 d_0 或减小 α 可相应降低 v_0、v_p 值）。

计算风口数 N。$N = L/l_0$，l_0 为单个风口送风量，可由 v_0、d_0 计算得到。

3.5.4 CFD 模拟技术

CFD 是英文 Computational Fluid Dynamics（计算流体动力学）的简称。它是伴随着计算机技术、数值计算技术的发展而逐步发展起来的。简单地说，CFD 相当于"虚拟"地在计算机上做实验，用以模拟仿真实际的流体流动与传热情况。而其基本原理则是数值求解控制流体流动和传热的微分方程，得出流体的流场在连续区域上的离散分布，从而近似模拟流体流动情况。可以认为 CFD 是现代模拟仿真技术的一种。

1. 为什么用 CFD

CFD 是一种模拟仿真技术，在暖通空调工程中的应用主要在于模拟预测室内外或设备内的空气或其他工质流体的流动情况。以预测室内空气分布为例，目前在暖通空调工程中采用的方法主要有四种：射流公式、区域模型（Zonal model）、CFD 以及模型实验。

由于建筑空间越来越向复杂化、多样化和大型化发展，实际空调通风房间的气流组织形式变化多样，而传统的射流理论分析方法是基于某些标准或理想条件通过理论分析或试验得到的射流公式，对空调送风口射流的轴心速度、温度、射流轨迹等进行预测，与实际工程相比势必会带来较大的误差。并且，射流分析方法只能给出室内的一些参数的信息，不能给出设计人员所需的详细资料，无法满足设计者详细了解室内空气分布情况的要求。

区域模型是将房间划分为一些有限的宏观区域，认为区域内的相关参数如温度、浓度相等，而区域间存在热质交换，通过建立质量和能量守恒方程并充分考虑了区域间压差和流动的关系来研究房间内的温度分布以及流动情况，因此模拟得到的实际上还只是一种相对"精确"的集总结果，且在机械通风中的应用还存在较多问题。

模型实验虽然能够得到设计人员所需要的各种数据，但需要较长的实验周期和昂贵的实验费用，搭建实验模型耗资很大，而对于不同的条件，可能还需要多个实验，耗资更多，周期也长达数月以上，难于在工程设计中广泛采用。

CFD 方法具有成本低、速度快、资料完备且可模拟各种不同的工况等独特的优点，故其逐渐受到人们的青睐。由表 3.5-7 给出的四种室内空气分布预测方法的对比可见，CFD 方法确实具有不可比拟的优点。因此，CFD 方法可应用于对室内空气分布情况进行模拟和预测，从而得到房间内速度、温度、湿度以及有害物浓度等物理量的详细分布情况。

四种暖通空调房间空气分布的预测方法比较　　　　　　　　表 3.5-7

比较项目 ＼ 预测方法	射流公式	ZONAL MODEL	CFD	模型实验
房间形状复杂程度	简单	较复杂	基本不限	基本不限
对经验参数的依赖性	几乎完全	很依赖	一些	不依赖
预测成本	最低	较低	较高	最高
预测周期	最短	较短	较长	最长
结果的完备性	简略	简略	最详细	较详细
结果的可靠性	差	差	较好	最好
适用性	机械通风，且与实际射流条件有关	机械和自然通风，一定条件	机械和自然通风	机械和自然通风

2. CFD 研究过程

CFD 研究通常包含如下几个主要环节：建立数学物理模型、数值算法求解、结果可视化，它可表述为图 3.5-31 所示的过程。

（1）建立数学物理模型

建立数学物理模型是对所研究的流动问题进行数学描述，对于暖通空调工程领域的流动问题而言，通常是不可压流体的黏性流体流动的控制微分方程。另外，由于暖通空调领域的流体流动基本为湍流流动，所以要结合湍流模型才能构成对所关心问题的完整描述，便于数值求解。如式（3.5-33）为黏性流体流动的通用控制微分方程，随着其中的变量 Φ 的不同，如 Φ 代表速度、焓以及湍流参数等物理量时，式（3.5-33）则代表流体流动的动量守恒方程、能量守恒方程以及湍流动能和湍流动能耗散率方程。基于该方程，即可求解工程中关心的流场速度、温度、浓度等物理量分布。

$$\frac{\partial (\rho\phi)}{\partial x} + \mathrm{div}(\overrightarrow{\rho u}\phi - \Gamma_\varphi \mathrm{grad}\phi) = s_\phi \qquad (3.5\text{-}33)$$

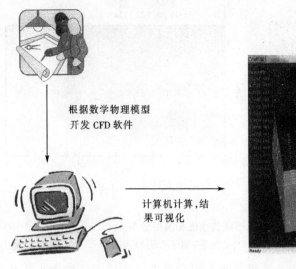

根据数学物理模型
开发 CFD 软件

计算机计算,结
果可视化

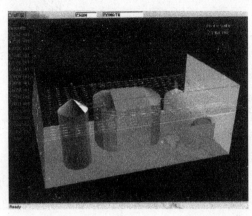

图 3.5-31 CFD 的过程示意

（2）数值算法求解

上述的各微分方程相互耦合,具有很强的非线性特征,目前只能利用数值方法进行求解。这就需要对实际问题的求解区域进行离散。数值方法中常用的离散形式有:有限容积、有限差分、有限元。目前这三种方法在暖通空调工程领域的 CFD 技术中均有应用。总体而言,对于暖通空调领域中的低速,不可压缩流动和传热问题,采用有限容积法进行离散的情形较多。它具有的物理意义清楚,能满足物理量守恒规律的特点。离散后的微分方程组就变成了代数方程组,表现为如下形式:

$$a_p\phi_p = a_E\phi_E + a_W\phi_W + a_N\phi_N + a_S\phi_S + a_T\phi_T + a_B\phi_B + b \tag{3.5-34}$$

或者:

$$a_p\phi_p = \Sigma a_{nb}\phi_{nb} + b \tag{3.5-35}$$

其中,a 为离散方程的系数,为各网格节点的变量值,b 为离散方程的源项。下标 P、E、W、N、S、T 和 B 分别表示本网格、东边网格、西边网格、北边网格、南边网格、上面网格和下面网格处的值,或者以 nb 表示 P 的相邻 6 个节点。

可见,通过离散之后使得难以求解的微分方程变成了容易求解的代数方程,采用一定的数值计算方法求解式（3.5-35）表示的代数方程,即可获得流场的离散分布,从而模拟出求解的流动情况。

（3）结果可视化

上述代数方程求解后的结果是离散后的各网格节点上的数值,这样的结果不直观,难以被一般工程人员或其他相关人员理解。因此,将求解结果的速度场、温度场或浓度场等表示出来,就成了 CFD 技术应用的必要组成部分。通过计算机图形学等技术,就可以将所求解的速度场和温度场等形象、直观地表示出来。图 3.5-32 所示即为某会议

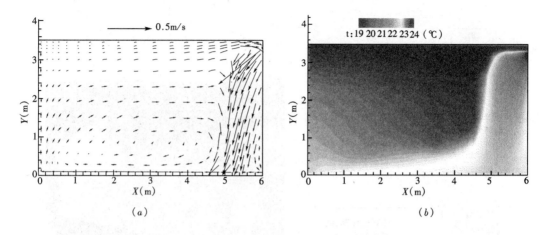

图 3.5-32　某会议室侧送风形成的速度和温度分布

(a) 某会议室侧送风形成的速度分布；(b) 某会议室侧送风形成的温度分布

室侧送风时的速度场和温度场。其中颜色的暖冷表示温度高低，矢量箭头的大小表示速度大小。

可见，通过可视化的后处理，可以将单调繁杂的数值求解结果形象直观地表示出来，甚至便于非专业人士理解。如今，CFD 的后处理不仅能显示静态的速度、温度场图片，而且能显示流场的流线或迹线动画，非常形象生动。

3. CFD 在暖通空调工程中的应用

了解了为什么用 CFD 与 CFD 的研究环节之后，我们关心的问题就是 CFD 如何应用于暖通空调工程。CFD 主要可用于解决以下几类暖通空调工程的问题。

（1）通风空调空间气流组织设计

借助 CFD 可以预测房间内空气分布的详细情况，可对室内空气流动的速度场、温度场、湿度场、空气龄以及污染物浓度场等进行模拟和预测，有助于指导设计人员确定良好的房间空调系统气流组织设计方案，以满足室内空气品质要求以及减少建筑物能耗，具体内容为：

1）通风空调设计方案的预测及优化；

2）空气品质及建筑热环境的 CFD 方法评价、预测；

3）建筑火灾烟气流动及防排烟系统的 CFD 分析；

4）人体舒适性环境。

（2）建筑外环境分析设计

建筑外环境对建筑内部居住者或工作者的生活有着重要影响，建筑所处区域二次风、区域热环境等问题日益受到人们的关注。利用 CFD 技术模拟建筑外部风绕流作用下的风环境，全面考虑建筑物周围的微气候，从而设计出合理的建筑风环境，进一步指导建筑内合理的自然通风设计等，具体内容为：

1）建筑外部风绕流作用下的风环境；

2）区域风与建筑物及室内空气品质的相互影响过程的 CFD 分析。

（3）建筑设备性能的研究与改进

暖通空调工程的许多设备，如风机、蓄冰槽、空调器等，都是通过流体工质的流动而工作的，流动情况对设备性能有着重要影响。通过 CFD 模拟计算设备内部的流体流动情况，可以研究、改进设备性能，使其高效工作，降低建筑能耗，节省运行费用，具体内容为：

1）传热传质设备的 CFD 分析，如各种换热器、冷却塔的 CFD 分析；

2）射流技术的 CFD 分析，如空调送风的各种末端设备等；

3）流体机械及流体元件，如泵、风机等旋转机械内流动的 CFD 分析，各种阀门的 CFD 分析等。

（4）其他

除解决上述三类问题，CFD 还可解决下述问题：

1）冷库库房及制冷设备的 CFD 分析；

2）锅炉燃烧（油、气、煤）规律的 CFD 分析；

3）通风除尘领域，如工业通风系统，各种送排风罩的 CFD 分析，各种除尘设备内气粒分离过程的 CFD 分析；

4）管网水力计算的数值方法。

用 CFD 技术进行暖通空调系统设计，改变了传统设计过程，形成了更加科学的设计流程，同时不断提高设计的效率和质量。而涉及具体 CFD 技术的应用本身，还需进一步的研究、发展和提升。

3.6 空 气 洁 净 技 术

3.6.1 空气洁净等级

1. 空气洁净度标准

《洁净厂房设计规范》GB 50073—2013 第 3 章定义了空气洁净度等级，等效采用国际标准 ISO 14644-1 "洁净室及相关被控环境—第一部分 空气洁净度的分级"。

洁净室及洁净区内空气中悬浮粒子洁净度等级应按表 3.6-1 确定。

洁净室及洁净区空气中悬浮粒子洁净度等级　　　　　　　　　表 3.6-1

空气洁净度等级 N	大于或等于表中粒径的最大浓度限值(pc/m³)					
	0.1μm	0.2μm	0.3μm	0.5μm	1μm	5μm
1	10	2				
2	100	24	10	4		
3	1000	237	102	35	8	
4	10000	2370	1020	352	83	
5	100000	23700	10200	3520	832	29
6	1000000	237000	102000	35200	8320	293
7				352000	83200	2930
8				3520000	832000	29300
9				35200000	8320000	293000

空气中悬浮粒子洁净度以等级序数 N 命名。每一被考虑的粒径 D 的最大允许浓度按下式确定：

$$C_n = 10^N \times (0.1/D)^{2.08} \tag{3.6-1}$$

式中　C_n——被考虑粒径的空气悬浮粒子最大允许浓度（pc/m³），C_n 是以四舍五入至相近的整数，有效位数不超过三位数；

　　　N——洁净度等级，数字不超出 9，洁净度等级整数之间的中间数可以按 0.1 为最小允许递增量；

　　　D——要求的粒径，μm。

2. 空气洁净度等级的表示方法

洁净室或洁净区空气悬浮粒子洁净度等级应按照《洁净厂房设计规范》GB 50073—2013 规定的方法来表示，其中应包括以下三项内容：

（1）等级级别 N；

（2）被考虑的粒径 D；

（3）分级时占用状态。

3. 室内环境状态

洁净室或洁净区室内状态分为：空态（as-built）、静态（as-rest）和动态（operational）三种状态。

空态（as-built）：设施已经建成，所有动力接通并运行，但无生产设备、材料及人员。

静态（as-rest）：设施已经建成，生产设备已经安装，并按业主及供应商同意的状态运行，但无生产人员、生产设备未投入运行。

动态（operational）：设施以规定的状态运行，有规定的人员在场，并在商定的状态下进行工作。

设计时设计人员应与业主协商，明确测试洁净室或洁净区空气洁净度测试状态，并注明在设计文件中。

通常，在洁净室施工完毕进行洁净室或洁净区空气洁净度测试时室内环境大多数处于空态或者静态。而动态测试必须在工艺设备安装和调试完成并投入正常运行后，才可以进行，一般生产设备安装和调试时间较长且受多种因素影响，而国家相关法规规定建筑工程在验收合格后，才可以移交业主使用，所以，大多数项目移交前，空气洁净度测试是在空态或静态下进行的。

3.6.2　空气过滤器

1. 空气过滤器标准、分类

（1）中国标准

1)《空气过滤器》GB/T 14295—2019；

2)《高效空气过滤器》GB/T 13554—2008。

粗效、中效、高中效和亚高效空气过滤器的分类（按效率和阻力）见表 3.4-6；高效空气过滤器的分类（按效率和阻力）见表 3.6-2。

空气过滤器的分类　　　　　　　　　表 3.6-2

性能指标 类别	额定风量下的效率 （%）	20%额定风量 下的效率（%）	额定风量下 的初阻力 （Pa）	备　注
高效 A	$99.99 > E \geqslant 99.9$	NR	≤190	
高效 B	$99.999 > E \geqslant 99.99$	99.99	≤220	
高效 C	$E \geqslant 99.999$	99.999	≤250	
高效 D	99.999		≤250	扫描检漏
高效 E	99.9999		≤250	扫描检漏
高效 F	99.99999		≤250	扫描检漏

注：1. 高效过滤器用于进行空气过滤且使用 GB/T 6165 规定的钠焰法检测；超高效过滤器用于进行空气过滤且使用 GB/T 6165 规定的计数法检测。

2. 对 C 类、D 类、E 类、F 类过滤器及用于生物工程的 A 类、B 类过滤器应在额定风量下检查过滤器的泄漏。

（2）美国标准

空气过滤器的分类见表 3.6-3 和表 3.6-4。

空气过滤器的分类（ASHRAE 52.2—2007）　　　　表 3.6-3

规　格	平均粒径范围的综合计数效率（%）			计重效率	最小终阻力
	范围 1 $0.30 \sim 1.0 \mu m$	范围 2 $1.0 \sim 3.0 \mu m$	范围 3 $3.0 \sim 10.0 \mu m$	%	Pa
MERV 1	N/A	N/A	$E_3 < 20$	$E < 65$	75
MERV 2	N/A	N/A	$E_3 < 20$	$65 \leqslant E < 70$	75
MERV 3	N/A	N/A	$E_3 < 20$	$70 \leqslant E < 75$	75
MERV 4	N/A	N/A	$E_3 < 20$	$75 \leqslant E$	75
MERV 5	N/A	N/A	$20 \leqslant E_3 < 35$		150
MERV 6	N/A	N/A	$35 \leqslant E_3 < 50$		150
MERV 7	N/A	N/A	$50 \leqslant E_3 < 70$		150
MERV 8	N/A	N/A	$70 \leqslant E_3 < 80$		150
MERV 9	N/A	$E_2 < 50$	$85 \leqslant E_3$		250
MERV 10	N/A	$50 \leqslant E_2 < 65$	$85 \leqslant E_3$		250
MERV 11	N/A	$65 \leqslant E_2 < 80$	$85 \leqslant E_3$		250
MERV 12	N/A	$80 \leqslant E_2 < 90$	$90 \leqslant E_3$		250
MERV 13	$E_1 < 75$	$90 \leqslant E_2$	$90 \leqslant E_3$		350
MERV 14	$75 \leqslant E_1 < 85$	$90 \leqslant E_2$	$90 \leqslant E_3$		350
MERV 15	$85 \leqslant E_1 < 95$	$90 \leqslant E_2$	$90 \leqslant E_3$		350
MERV 16	$95 \leqslant E_1$	$95 \leqslant E_2$	$95 \leqslant E_3$		350

高效空气过滤器的分类（IEST-RP-CC001）　　　　表 3.6-4

类 别	计 数 效 率	备 注
HEPA（A 型）	≥99.97%	
HEPA（B 型）	≥99.97%	两种流量检漏试验
HEPA（C 型）	≥99.99%	光度计检漏
HEPA（D 型）	≥99.999%（0.3μm）	光度计检漏
HEPA（E 型）	≥99.97%	两种流量检漏试验
ULPA（F 型）	≥99.999% （0.1~0.2μm 或者 0.2~0.3μm）	粒子计数器或光度计检漏
Supper ULPA（G 型）	≥99.9999% （0.1~0.2μm 或者 0.2~0.3μm）	粒子计数器检漏
HEPA（H 型）	≥99.97% （0.1~0.2μm 或者 0.2~0.3μm）	光度计检漏
HEPA（I 型）	≥99.97% （0.1~0.2μm 或者 0.2~0.3μm）	两种流量检漏试验
HEPA（J 型）	≥99.99% （0.1~0.2μm 或者 0.2~0.3μm）	粒子计数器或光度计检漏
ULPA（K 型）	≥99.995% （0.1~0.2μm 或者 0.2~0.3μm）	粒子计数器或光度计检漏

（3）欧洲标准

空气过滤器的分类见表 3.6-5 和表 3.6-6。

空气过滤器的分类（EN779-2011）　　　　表 3.6-5

类 别	分 类	终阻力 （测试值） （Pa）	人工尘平均 计重效率 （A_m） （%）	0.4μm 粒子平 均计数效率 （E_m） （%）	0.4μm 粒子最 小计数效率 （E_a） （%）
粗	G1	250	$A_m < 65$		
	G2	250	$65 \leqslant A_m < 80$		
	G3	250	$80 \leqslant A_m < 90$		
	G4	250	$90 \leqslant A_m$		
中	M5	450		$40 \leqslant E_m < 60$	
	M6	450		$60 \leqslant E_m < 80$	
细	F7	450		$80 \leqslant E_m < 90$	35
	F8	450		$90 \leqslant E_m < 95$	55
	F9	450		$95 \leqslant E_m$	70

高效空气过滤器的分类（EN1822-2009）　　表 3.6-6

类　别	总　体　值		局　部　值	
	最易穿透粒径计数效率 MPPS（%）	最易穿透粒径穿透率（%）	最易穿透粒径计数效率 MPPS（%）	最易穿透粒径穿透率（%）
E10	≥85	≤15	—	—
E11	≥95	≤5	—	—
E12	≥99.5	≤0.5	—	—
H13	≥99.95	≤0.05	≥99.75	≤0.25
H14	≥99.995	≤0.005	≥99.975	≤0.025
U15	≥99.9995	≤0.0005	≥99.9975	≤0.0025
U16	≥99.99995	≤0.00005	≥99.99975	≤0.00025
U17	≥99.999995	≤0.000005	≥99.9999	≤0.0001

2. 空气过滤器防火分级

（1）中国标准

《高效空气过滤器》GB/T 13554—2008 按照过滤器所使用材料的耐火级别将过滤器分为 1、2、3 三个级别。各耐火级别过滤器所对应的滤料、分隔板及边框等材料的最低耐火级别见表 3.6-7。用于制作过滤器耐火级别为 1 级的滤料、分隔板、边框，以及用于制作耐火级别为 2 级的滤料等材料的耐火级别应至少为《建筑材料及制品燃烧性能分级》GB 8624—2012 中所规定的 A2 级。用于制作耐火级别为 2 的分隔板及边框等材料的耐火级别应至少为 GB 8624—2012 中所规定的 E 级。

过滤器的耐火级别　　表 3.6-7

级　别	滤料的最低耐火级别	框架、分隔板的最低耐火级别
1	A2	A2
2	A2	E
3	F	F

（2）美国标准

美国环境科学技术研究院的《过滤器结构与防火分类》IEST-RP-CC001.3—1993 规定：

一类（Grade 1）：不燃结构，能承受恶劣的环境，结构坚固。主要用于军事、原子能、重要工业。满足美国军用标准 MIL-F-51058。

二类（Grade 2）：阻燃结构，经耐水试验、耐低温试验以及军用标准 MIL-F-51058 中的部分试验。满足美国 UL-586 标准的试验（火焰试验）。

三类（Grade 3）：遇明火不燃烧，仅散发微量烟雾。符合 UL-900 标准中的 Class1。

四类（Grade 4）：遇明火轻微燃烧，或散发有限烟雾。符合 UL-900 标准中的 Class2。

五类（Grade 5）：阻燃材料结构，无助燃物质，遇火仅产生少量烟雾或不产生烟雾。用于洁净室顶送风或侧送风处的空气过滤。

六类（Grade 6）：用于无特殊防火要求和不十分重要的场所。

3. 空气过滤器性能

空气过滤器的主要性能指标包括：额定风量、效率、阻力、容尘量。

（1）额定风量

额定风量是指过滤器在单位时间内所处理的最大空气体积流量（m³/h），是过滤器的重要技术指标，通常由过滤器制造商提供。全空气空气调节系统的过滤器应能满足全新风运行的需要。

面风速是指空气过滤器断面上通过气流的速度（m/s）。

$$u = \frac{L}{3600F} \tag{3.6-2}$$

式中　L——风量，m³/h；

　　　F——过滤器迎风面积，m²，一般是指面迎风面积而不是净迎风面积。

通常，空气过滤器制造商提供的技术资料中标明了额定风量。《高效空气过滤器》GB/T 13554—2008 中列出了高效过滤器常用规格型号。有隔板高效空气过滤器常用规格见表 3.6-8，无隔板高效空气过滤器常用规格见表 3.6-9。

有隔板高效空气过滤器常用规格表　　　　表 3.6-8

序号	常用规格 （mm）	额定风量 （m³/h）	序号	常用规格 （mm）	额定风量 （m³/h）
1	484×484×220	1000	11	320×320×150	300
2	484×726×220	1500	12	484×484×150	700
3	484×968×220	2000	13	484×726×150	1050
4	630×630×220	1500	14	484×968×150	1400
5	630×945×220	2250	15	630×630×150	1000
6	630×1260×220	3000	16	630×945×150	1500
7	610×610×292	2000	17	630×1260×150	2000
8	610×915×292	3000	18	610×610×150	1000
9	610×1220×292	4000	19	610×915×150	1500
10	320×320×220	400	20	610×1220×150	2000

无隔板高效空气过滤器常用规格表　　　　表 3.6-9

序号	常用规格 （mm）	额定风量 （m³/h）	序号	常用规格 （mm）	额定风量 （m³/h）
1	305×305×69	250	9	610×915×90	1500
2	305×305×80	250	10	570×1170×69	1500
3	305×305×90	250	11	570×1170×80	1500
4	610×610×69	1000	12	570×1170×90	1500
5	610×610×80	1000	13	610×1220×69	2000
6	610×610×90	1000	14	610×1220×80	2000
7	610×915×69	1500	15	610×1220×90	2000
8	610×915×80	1500			

（2）效率 E、穿透率 P

过滤器效率反映了过滤器对气溶胶微粒的捕集能力。依据不同测试方法，常用的过滤器效率表示方法有：计重效率、比色效率、计数效率。

计重法或比色法仅用于粗效过滤器效率测试。计数法通常用于粗效、中效过滤器效率测试。过滤器效率用被过滤器过滤掉的气溶胶浓度与原始气溶胶浓度之比，以百分数表示。

过滤器的计重效率计算：

$$E = (1 - W_2/W_1) \times 100\% \tag{3.6-3}$$

式中　　W_2——空气过滤器下流侧气溶胶计重浓度，g/m^3；

　　　　W_1——空气过滤器上流侧气溶胶计重浓度，g/m^3。

过滤器的计数效率计算：

$$E = (1 - N_2/N_1) \times 100\% \tag{3.6-4}$$

式中　　N_2——空气过滤器下流侧气溶胶计数浓度，pc/m^3；

　　　　N_1——空气过滤器上流侧气溶胶计数浓度，pc/m^3。

采用不同的测试方法测得的过滤器效率不同，因此，不同方法测得过滤器效率也无法直接换算。

在很多情况下，不仅关心过滤器捕集到多少粒子，而且关注经过过滤器后仍然穿透过多少粒子。通常采用穿透率来反映过滤器这一特性。穿透率定义为：过滤器后的气溶胶浓度与原始气溶胶浓度之比，以百分数表示。效率 E 与穿透率 P 的关系为：

$$E = 1 - P \tag{3.6-5}$$

串联过滤器效率计算：假设单体过滤器的效率分别是 E_1、E_2、$E_3 \cdots E_n$，则串联过滤器的总效率为

$$E_T = 1 - (1 - E_1)(1 - E_2)(1 - E_3) \cdots (1 - E_n) \tag{3.6-6}$$

（3）阻力

空气过滤器的阻力是指空气过滤器通过额定风量时，过滤器前和过滤器后的静压差（Pa）。

空气过滤器处于清洁状态时，测得的阻力为空气过滤器的初阻力。随着过滤器工作时间的增加，其阻力也不断增大，当过滤器容尘量达到其额定容尘量时，测得的阻力为终阻力。空气过滤器制造商提供的资料中标明过滤器的初阻力，并提供风量与阻力的关系曲线。设计人员可以根据空气过滤器的设计运行风量，确定空气过滤器设计工况下的初阻力。

《洁净厂房设计规范》GB 50073—2013 附录 C 规定，高效空气过滤器的阻力达到初阻力的 1.5～2 倍时，应更换高效空气过滤器。

空气过滤器设计的实际运行工况通常低于额定风量，因而，空气过滤器实际运行的初阻力低于其额定初阻力。

（4）容尘量

容尘量是额定风量下，受试过滤器达到终阻力时所捕集的人工尘总重量（g）。《空气

过滤器》GB/T 14295—2008 附录 F 规定了试验用人工尘的组分和物理化学特性，试验尘是由道路尘、炭黑、短棉绒三种粉尘按一定比例混合而成的模拟大气尘，见表 3.6-10。

人工尘性能特征（GB/T 14295—2008）

表 3.6-10

成分	质量比（%）	原料规格	粒径分布		原料特征化学组成
			粒径范围（μm）	比例（%）	
粗粒	72	道路尘	0~5 5~10 10~20 20~40 40~80	(36±5)% (20±5)% (17±5)% (18±3)% (9±3)%	SiO_2 Al_2O_3 Fe_2O_3 CaO MgO TiO_2 C
细粒	23	炭黑	0.08~0.13μm		吸碘量 10~25mg/g 吸油值 0.4~0.7mg/g
纤维	5	短棉绒	—		经过处理的棉质纤维落尘

由于容尘量试验采用人工尘，与实际大气尘存在较大差异，过滤器的实际容尘量也会不同。

4. 空气过滤器组合方式

净化空调系统过滤器组合方式一般是由粗效过滤器、中效过滤器、高效过滤器三种功能不同的过滤器组合而成的。

（1）粗效过滤器

粗效过滤器主要用于过滤大颗粒粒子及各种异物。中国过滤器分类为粗效 1~粗效 4，欧洲过滤器分类为 G1~G4，美国过滤器分类为 MERV1~MERV8，均属于初效过滤器范畴，可以根据不同使用目的选用。为防止空气中带油，不应选用浸油式过滤器。

（2）中效过滤器

中效过滤器主要用于保护末级过滤器。中国过滤器分类为中效 1~中效 3 及高中效，欧洲过滤器分类为 M5、M6、F7~F9，美国过滤器分类为 MERV9~MERV16，均为中效过滤器范畴，可以根据不同使用目的选用。对于净化空调系统，中效过滤器宜采用过滤效率较高的产品，以有效保护末级高效过滤器。在一些洁净度等级要求高的工程中，设置了粗效、中效、高效三级过滤器对新风集中处理，以保证末级高效过滤器的使用寿命。

（3）高效过滤器

净化系统末级过滤器采用高效空气过滤器（HEPA）或超高效空气过滤器（ULPA）。高效空气过滤器选型应与洁净度等级和控制粒子相适应。ISO7 级、ISO8 级洁净室末级过滤器可采用中国标准高效 A、高效 B、高效 C 类高效空气过滤器，对于控制粒子小、洁净度等级高的洁净室可采用更高类别的高效空气过滤器，如高效 D、高效 E、高效 F。

5. 空气过滤器的安装位置

（1）中效（高中效）空气过滤器宜集中设置在空调箱的正压段。

(2) 亚高效和高效过滤器作为末级过滤器时宜设置在净化空调系统的末端。

(3) 超高效过滤器必须设置在净化空调系统的末端。

(4) 生物安全实验室的排风高效过滤器应设在室内排风口处。三级生物安全实验室有特殊要求时可设两道高效过滤器。四级生物安全实验室除在室内排风口处设第一道高效过滤器外，还必须在其后串联第二道高效过滤器，两道高效过滤器的距离不宜小于500mm。

6. 订货时须明确的事项

(1) 过滤器生产标准。

(2) 过滤器效率及测试方法。

(3) 过滤器外形尺寸。

(4) 过滤器额定风量和初阻力。

(5) 容尘量。

(6) 检漏试验要求。

(7) 过滤器防火性能。

(8) 过滤器材料（框架、隔板、滤材、防护网、垫片等）。

(9) 安装方式。

(10) 其他：如耐高温、耐潮湿、耐腐蚀要求。

3.6.3 气流流型和送风量、回风量

1. 大气含尘浓度

(1) 大气含尘浓度表示方法

大气含尘浓度一般有三种表示方法：

1) 计数浓度：以单位体积空气中含有的粒子个数表示（pc/m³）。

2) 计重浓度：以单位体积空气中含有的粒子质量表示（mg/m³）。

3) 沉降浓度：以单位时间单位面积上沉降下来的粒子数表示[pc/(cm²·h)]。

大气含尘浓度和大气环境密切相关，它是随地域、时间而变化的。严重污染地区可达到200×10^7pc/m³，一般工业区为30×10^7pc/m³，环境清洁地区在$10^7\sim10\times10^7$pc/m³范围内。

(2) 大气含尘浓度计算值

在工程设计准备阶段，应收集项目所在地大气尘浓度资料，并结合工程特点确定合适的大气尘含尘浓度设计值。

一般工程可按表3.6-11选用。

大气含尘浓度计算值（单位：pc/m³）　　表3.6-11

粒径　地区	≥0.5μm	≥0.3μm	≥0.1μm
严重污染区	200×10⁷		
工业区	30×10⁷	30×10⁸	30×10⁹
城市郊区	20×10⁷		
清洁地区	10×10⁷		

2. 室内发尘

(1) 室内发尘源

1) 人员；

2) 装饰材料；

3) 设备。

洁净室内发尘源主要是人员，占室内产尘量的 80%～90%。装饰材料是指地面、墙壁、顶棚、架空地板等，占室内产尘量的 10%～15%。设备产尘量与设备种类、结构、数量、运行情况密切相关，如果设备供货商未能提供设备发尘量，则确定设备发尘量非常困难，在设计过程中可在安全系数上适当考虑。

(2) 室内单位容积发尘量

1) 人员

人员发尘量取决于洁净服材料与结构形式和衣着状况以及人员活动情况。

人员静止发尘量取 10×10^4 pc/(人·min)；人员活动发尘量取 100×10^4 pc/(人·min)。

人员工作时根据人体活动综合强度分为四种情况：

第一类　人员全部静止状态，人员发尘量取 10×10^4 pc/(人·min)。

第二类　大部分人员处于静止状态，少部分人员处于活动状态，人员发尘量取 30×10^4 pc/(人·min)。

第三类　静止和活动人员约各占一半，人员发尘量取 50×10^4 pc/(人·min)。

第四类　大部分人员处于活动状态，少部分人员处于静止状态，人员发尘量取 70×10^4 pc/(人·min)。

2) 室内单位容积发尘量

室内单位容积发尘量可按下式计算：

$$G = \left(q + \frac{q'P}{F}\right)/H \tag{3.6-7}$$

式中　G——室内单位容积发尘量，pc/(min·m^3)；

　　　q——单位面积洁净室的装饰材料发尘量，pc/(min·m^2)；

　　　H——洁净室高度，m；

　　　q'——人员发尘量，pc/(人·min)；

　　　P——洁净室内人数，p；

　　　F——洁净室面积，m^2。

按单位面积洁净室的装饰材料发尘量取 1.25×10^4 pc/(min·m^2)。

假定洁净室高度为 2.5m，单位容积发尘量见表 3.6-12。

单位容积发尘量 [单位：pc/(min·m^3)]　　　　　　　表 3.6-12

人员密度(p/m^2)	第一类	第二类	第三类	第四类
0.05	7000	11000	15000	19000
0.10	9000	17000	25000	33000
0.15	11000	23000	35000	47000

人员密度(p/m²)	第一类	第二类	第三类	第四类
0.20	13000	29000	45000	
0.25	15000	35000	55000	
0.30	17000	40000		
计算公式	5000+40000P/F	5000+120000P/F	5000+200000P/F	5000+280000P/F

3. 非单向流计算方法

非单向流计算包括均匀分布计算方法和不均匀分布计算方法。

（1）均匀分布计算方法

均匀分布计算方法的假定前提是洁净室内空气含尘浓度分布是均匀一致的，为了简化计算假定如下：

1）室内空气含尘浓度分布均匀一致；

2）室内发尘源分布均匀，发尘量稳定；

3）大气含尘浓度稳定不变；

4）过滤器效率保持不变；

5）房间通风量维持不变；

6）新风量维持不变；

7）忽略渗入的灰尘量；

8）忽略室内尘埃沉降、集聚和分裂。

洁净室换气次数可按下式计算：

$$n = 60 \times \frac{G}{a \times N - N_s} \tag{3.6-8}$$

式中　n——按均匀分布方法计算的洁净室换气次数，次/h；

　　　G——室内单位容积发尘量，pc/(min·m³)；

　　　N——洁净室洁净度等级所对应的含尘浓度限值，pc/m³；

　　　N_s——送风含尘浓度，pc/m³；

　　　a——安全系数，取 0.4～0.8，见表 3.6-13。

安全系数 *a* 值　　　　　　　　　　　　　　　　　表 3.6-13

a	设备发尘量数据	工程重要性	a	设备发尘量数据	工程重要性
0.4	无	重要	0.6	无	一般
0.6	有	重要	0.8	有	一般

（2）不均匀分布计算方法

不均匀分布计算方法的假定前提是洁净室内空气含尘浓度分布是不均匀的。

不均匀分布计算方法将洁净室气流分布划分为主流区、涡流区和回风区。主流区靠近送风口，有一定的送风速度，尘源不可能逆着气流均匀分布到整个主流区内，尘源散发的微粒随着气流稍有扩展地沿气流方向运动，进入回风区，在回风区得到一定程度的混合，一部分由回风口排出，一部分折回涡流区，在涡流区内分布开来并随着主流区引带的气流较均匀地贯穿到主流区内。

影响洁净室内空气含尘浓度分布均匀性的主要因素有：气流组织形式、送风口数量、送风口形式、换气次数。

1）气流组织形式的影响。不同的气流组织在洁净室内形成的流场和浓度场分布是不同的。洁净室内涡流区越大，含尘浓度越高。侧送风方式，洁净室内含尘浓度实测值一般高于按均匀分布方法计算值。顶送下回方式，洁净室内含尘浓度实测值接近于按均匀分布方法计算值。顶回方式，洁净室含尘浓度实测值一般高于按均匀分布方法计算值。

2）送风口数量的影响。送风口数量多、布置均匀，洁净室内涡流区小，洁净室内含尘浓度实测值相对较低。送风口数量少、分布不均匀，洁净室内含尘浓度相对较高。

3）送风口形式的影响。送风口形式会影响涡流区的大小，也会影响洁净室的含尘浓度。

4）换气次数的影响。换气次数大，洁净室内含尘浓度实测值一般低于按均匀分布方法计算值。换气次数小，洁净室内含尘浓度实测值一般高于按均匀分布方法计算值。当换气次数在70~80次/h时，洁净室内含尘浓度与按均匀分布方法计算值相近。

为了简化计算假定如下：

①室内发尘源分布均匀，发尘量稳定；

②大气含尘浓度稳定不变；

③过滤器效率保持不变；

④房间通风量维持不变；

⑤新风量维持不变；

⑥忽略渗入的灰尘量；

⑦忽略室内尘埃沉降、集聚和分裂。

洁净室换气次数可按下式计算：

$$n = 60 \times \frac{G}{N - N_s} \qquad (3.6\text{-}9)$$

$$n_v = \psi n \qquad (3.6\text{-}10)$$

式中　n——按照洁净室洁净度等级所对应的含尘浓度限值计算的洁净室换气次数，次/h；

G——室内单位容积发尘量，pc/（min·m³）；

N——洁净室洁净度等级所对应的含尘浓度限值，pc/m³；

N_s——送风含尘浓度，pc/m³；

n_v——按不均匀分布方法计算的洁净室换气次数，次/h；

ψ——不均匀系数，对于顶送下回气流组织方式的ψ值见表3.6-14。

不均匀系数 ψ 值 　　　　　　　　　　　　　　　　　　　表 3.6-14

n(次/h)	10	20	40	60	80	100	120	140	160
ψ	1.55	1.22	1.16	1.06	0.99	0.90	0.86	0.81	0.77

4. 单向流洁净室计算

单向流洁净室呈沿单一方向平行线并且横断面上风速一致的气流。ISO 1~ISO 5 级洁净室通常采用单向流气流流型。垂直单向流洁净室广泛应用于大型高级别工业洁净室，高效过滤器 HEPA 或超高效过滤器 UPLA 安装在顶棚上，回风采用架空地板下部回风，当洁净室宽度小于 6m 时，也可以采用顶送下侧回风。

垂直单向流洁净室平均断面风速可参考表 3.6-15。

单向流洁净室断面风速　　　　　　　　　　　　　　表 3.6-15

空气洁净度等级 N	平均断面风速 (m/s)	气流流型
1～3	0.3～0.5	单向流
4, 5	0.2～0.4	单向流

送风量为横断面积乘以断面风速。

5. 非单向流洁净室计算

非单向流洁净室气流流线方向不平行、气流速度不一致。ISO 6～ISO 9 级洁净室通常采用非单向流气流流型。在工程实际中，也有 ISO 5 级洁净室采用非单向流气流流型。

非单向流洁净室的气流组织形式有顶送下回、顶送下侧回、侧送下回、顶送顶回方式等，以顶送下回方式为最佳。

非单向流洁净室送风量应按式（3.6-8）或式（3.6-9）和式（3.6-10）计算确定。送风量与室内发尘量、室外大气尘含尘浓度、新风比、室内允许含尘浓度限值、过滤器总效率、洁净室容积有关。由于室外大气浓度是变化的且不稳定，尤其是沙尘暴多发地区，应该考虑沙尘暴时，最恶劣情况下，室内空气含尘浓度仍然应该满足工艺要求。

对于层高小于 4.0m 的洁净室，ISO 6 级洁净室的换气次数应为 50～60 次/h；ISO 7 级洁净室的换气次数应为 15～25 次/h，ISO 9 级洁净室的换气次数应为 10～15 次/h。

对于 ISO 8 级全室净化的高大洁净厂房，采用顶送、双下侧回风时，净化换气次数可降低到 8 次/h。

6. 辐射流洁净室

辐射流洁净室的形式主要采用扇形或半球形高效过滤器送风口，从洁净室的一侧上部采用扇形送风口侧送，在对侧下部回风，或者从洁净室顶部中间位置采用半球形送风口向室内送风，在两侧下部回风。

根据实验结果，辐射流洁净室的参考设计参数是：

（房间高度/房间宽度）＝0.5～1；

扇形送风口面积≈1/3 风口所在侧墙面积；

回风口面积≈(1/5～1/6)送风口面积。

辐射流洁净室气流分布不如单向流洁净室均匀，送风口构造较为复杂，造价高于单向流洁净室，空气洁净度等级可近似地达到 ISO 5 级。

7. 洁净室的送风量、回风量

（1）洁净室的送风量应取下列三项送风量中的最大值：

1）为保证空气洁净度等级的送风量；

2）根据热、湿负荷确定的送风量；

3）向洁净室内供给的新鲜空气量。

（2）洁净室的回风量等于送风量减去排风量和渗出风量之和。

3.6.4 室压控制

1. 正压洁净室、负压洁净室

为了防止外部污染物进入洁净室而使室内压力保持高于外部压力，则该洁净室称为正压洁净室。

为了防止洁净室内污染物溢出而使室内压力保持低于外部压力，则该洁净室称之为负压洁净室。

正压、负压是相对而言的。一个洁净室对大气而言是正压洁净室，但对另外一个房间而言可能是负压洁净室。

2. 压差值

不同等级的洁净室以及洁净室与非洁净室之间的空气静压差应不小于 5Pa（不同等级的医药洁净室之间以及医药洁净室与非医药洁净室的空气静压差不应小于 10Pa），洁净区与室外大气的静压差应不小于 10Pa。

对于沿海、荒漠等室外风速较大的地区，应根据室外风速复核计算迎风面压力，压差值应高于迎风面压力 5Pa。

$$P = C \frac{v^2 \rho}{2} \tag{3.6-11}$$

式中　P——迎风面压力，Pa；

　　　v——迎风面风速，m/s；

　　　ρ——空气密度，kg/m³；

　　　C——风压系数，0.9。

迎风面压力可根据迎风速度查阅表 3.6-16。

迎风面压力 P　　　　　　　　　　　　　　　　　表 3.6-16

迎风面风速 v (m/s)	迎风面压力 P (Pa)	迎风面风速 v (m/s)	迎风面压力 P (Pa)
4.3	10	6	20
5	14	7	27

3. 渗漏风量计算

渗漏风量按下式计算：

$$Q = a\Sigma(q \times l) \tag{3.6-12}$$

式中　Q——渗漏风量，m³/h；

　　　a——安全系数，可取 1.1～1.2；

　　　l——缝隙长度，m；

　　　q——当洁净室为某一压差值时，单位长度缝隙的渗漏风量，m³/(h·m)。

按照式 (3.6-12) 计算比较准确、合理。当缺乏详细资料时可按换气次数法进行估算。

当压差为 5Pa 时，渗漏换气次数为 1～2 次/h；

当压差为 10Pa 时，渗漏换气次数为 2～4 次/h。

对于混凝土外墙无窗厂房，渗漏换气次数可取 0.5 次/h。

对于气密性好的大型洁净厂房，换气次数可取下限值。

4. 压差控制

压差控制的基本原理：

当送风量大于回风量、排风量之和时，洁净室为相对正压，渗漏空气由洁净室渗入相邻的空间。

当送风量小于回风量、排风量之和时，洁净室为相对负压，渗漏空气由相邻的空间渗入洁净室。

(1) 维持洁净室正压的措施：

1) 调节新风量；

2) 调节回风量和排风量；

3) 安装余压阀。采用该方法必须保持洁净室有足够的过剩送风量。

(2) 维持洁净室负压的措施：

1) 调节洁净室送风量和回风量；

2) 调节洁净室排风量。

3.6.5 与相关专业的关系

1. 工艺专业

设计时工艺专业须提供下列资料：

(1) 工艺设备平面图；

(2) 房间名称、面积、人员数、工作状态、温度、相对湿度、洁净度等级和所处状态；

(3) 洁净室压差值；

(4) 运行班次；

(5) 设备用电负荷（电热、电动)、负荷系数、同时使用系数；

(6) 设备冷却水情况；

(7) 排风种类和排风量；

(8) 房间特殊要求（易燃、易爆、剧毒)；

(9) 对于过滤器材质的特殊要求；

(10) 对于过滤器效率测试方法的特殊要求；

(11) 特殊散热设备情况；

(12) 对于洁净室内空气中化学污染物控制要求；

(13) 对于洁净室内速度场要求。

2. 建筑、结构专业

(1) 洁净厂房建筑平面布置图；

(2) 洁净厂房防火分区；

(3) 空调机房位置和面积；

(4) 排风机房位置和面积；

(5) 建筑结构形式、层高；

(6) 建筑围护结构的热工性能、气密性；

(7) 洁净室装修材料；

(8) 微振控制；

(9) 人员疏散。

3. 电气专业

(1) 空调排风设备供电要求；

(2) 空调排风设备控制要求；

（3）电磁干扰控制；

（4）防静电和设备接地。

4. 给水排水专业

与空调设计要求相同。

3.7　空调冷热源与集中空调水系统

3.7.1　空调系统的冷热源

1. 冷热源分类

建筑物的空调系统，最基本的组成总是要有冷热源。人们提到"空调系统的冷热源"时，有时候在建筑空调设计中将冷热源的"驱动能源形式"和冷热源"设备形式"混为一谈，这是因为后者与前者有着非常密切的联系。对于一幢建筑而言，通常来说，建筑所在地的驱动能源形式决定了建筑空调冷热源设备装置的形式。

按照驱动能源的形式，一般分为电能、矿物能（煤、油、气等）。而按照设备形式来分，在制冷方面可以分为电制冷（一般为蒸汽压缩式）和热力制冷（一般为吸收式）两种；在供热方面，除了传统的矿物能源外，还有可再生能源（例如太阳能等）。同时，通过各种能源形式而间接提供建筑供热热源的还包括以热泵为主要代表的设备装置。热泵本身按照建筑所需求的供热热源的品质可分为高温、中温和低温几种类型。

各类冷热源的"驱动能源形式"和冷热源"设备形式"的关系如表 3.7-1 所示。

冷热源应用形式对应表　　　　　　　　　表 3.7-1

设备装置形式＼驱动能源形式	电能	燃气（或燃油）	燃煤	实现功能	备　注
冷源装置　活塞式冷水机组	✓	—	—	空调冷水	蒸汽压缩式
螺杆式冷水机组	✓	—	—		
离心式冷水机组	✓	—	—		
涡旋式冷水机组	✓	—	—		
吸收式冷水机组	—	✓	✓		燃料燃烧热间接利用（通过高温热水、蒸汽）
直燃式冷热水机组	—	✓	—		燃料燃烧热直接利用
热泵式冷热水机组	✓	✓	—		蒸汽压缩式
直接膨胀式冷风机组	✓	—	—	冷风	蒸汽压缩式
热源装置　电热锅炉	✓	—	—	空调热水	电能直接转换为热能
燃油(燃气)锅炉	—	✓	—		燃料燃烧热直接利用
燃煤锅炉	—	—	✓		燃料燃烧热直接利用
直燃式冷热水机组	—	✓	—		燃料燃烧热间接利用
热泵式冷热水机组	✓	✓	—		蒸汽压缩式
热交换器	—	—	—		利用区域热网
直接膨胀式热泵机组	✓	—	—	热风	蒸汽压缩式

表 3.7-1 列出了目前空调系统常用冷热源的常规能源形式和相应的冷热源装置。除此之外，可再生能源的应用应该在设计中得到充分重视。在空调系统设计中，冷热源的选择和确定是一个十分重要的问题，因为冷热源自身所消耗的能源，据统计一般占到空调系统总耗能量的 40% 以上。因此，从方案设计开始直至施工图设计完成的全过程中，应始终将合理确定和选择冷热源的事项放在首位。设计人员除了考虑建筑的性质、规模的应用要求和本专业的相关技术要求之外，还要重点考虑建筑所在地的能源结构、能源价格、能源政策（包括能源的季节性供应和使用情况）、节能减排与环境保护要求以及采用的冷热源装置的投资与运行维护费用等因素。对于具体的工程，应该以可持续发展的思路通过技术—经济综合比较后，合理确定冷热源。

2. 冷热源的选择原则

就一般情况而言，空调系统的冷热源应按下列要求，并通过综合论证后确定。

(1) 在满足应用要求的前提下，优先采用低位能源形式。例如，热源采用废热或工厂余热，体现了"能源梯级利用"的精神，符合节约用能的原则。当废热或工厂余热的温度较高、经技术经济论证合理时，建筑夏季空调系统的冷源装置，宜采用吸收式冷水机组。

(2) 可再生能源在空调系统中的应用也是低位能源应用的一种主要方式。在技术、经济合理的情况下，冷、热源宜利用浅层地能、太阳能、风能等可再生能源。但由于可再生能源的利用与建筑的需求以及室外环境密切相关，对于全年运行来说，除了利用浅层地热能的水源热泵机组有可能做到外，太阳能、风能等并不是全年任何时候都可以满足需求的。从另一方面来看，如果要求建筑全年 100% 地采用这些可再生能源，也可能导致经济上不合理。因此目前做法是：在保证一定的可再生能源全年贡献率的基础上，设置其他（如表 3.7-1 所列出）的辅助冷、热源，来满足建筑全年的需求，这也是对技术、经济和节能减排要求的一种协调发展的思路。

(3) 无余热或废热可用、也无法利用可再生能源（例如：在日照率较低的地区，太阳能的利用价值就受到了制约），如果建筑所在地有城市或区域热网，充分发挥热网集中供热的能效高、便于管理、有利环保等特点，空调系统的热源宜优先采用城市或区域热网。由于电动压缩式制冷机组具有能效高、技术成熟、系统简单灵活、占地面积小等特点，如果项目所在城市电网夏季供电充足，空调系统的冷源装置宜采用电动压缩式机组。

(4) 对于既无城市热网，也没有较充足的城市供电的地区，采用电能制冷受到限制时，如果其城市燃气供应充足的话，热源装置可采用燃气锅炉、燃气热水机组等。如果同时要求夏季制冷，采用直燃吸收式冷（温）水机组作为空调系统全年的冷热源装置，可以起到"一机多用"的功能，有一定的经济性。

(5) 既无城市热网，也无燃气供应且夏季用电受限制的地区，集中空调系统只能采用燃煤或者燃油来提供空调热源和冷源。采用燃油时，可以采用直燃式冷（温）水机组，但需要综合考虑燃油的价格。采用燃煤时，则只能通过设置吸收式冷水机组来提供空调冷源，但应将当地环保要求放在重要的位置来考虑。

(6) 在高温干燥地区（夏季室外空气设计露点温度低、温度日较差大的地区），宜优先采用蒸发冷却、间接蒸发冷却或二者相结合的二级或三级蒸发冷却的空气处理方式，减少了人工制冷的能耗。符合条件的地区，应优先推广采用。通常来说，当室外空气的露点温度低于 14~15℃时，采用间接蒸发冷却方式，可以得到接近 16℃的空调冷水（此温度较符合温湿度独立控制空调系统的要求）。直接水冷式系统包括水冷式蒸发冷却、冷却塔冷却、蒸发冷凝等。

（7）从节能角度来说，能源应充分考虑梯级利用，而采用冷热电联产是能源梯级利用的一种较好方式。大型冷热电联产是利用热电系统发展供热、供电和供冷为一体的能源综合利用系统，冬季用热电厂的热源供热，夏季采用溴化锂吸收式制冷机供冷，使热电厂冬夏负荷平衡，高效、经济运行，其一次能源的利用率可达到 80%左右，这也是国家《能源法》中明确推广的节能技术。因此，对于天然气供应充足的地区，当建筑的电力负荷、热负荷和冷负荷能较好匹配、能充分发挥冷热电联产系统的能源综合利用效率并经济技术比较合理时，宜采用分布式冷热电联供技术。

（8）对于夏热冬冷地区的建筑，采用热泵系统作为可再生能源应用的一种主要形式，应给予高度的重视。就目前而言，热泵机组大约有以下形式：

1）空气源热泵机组。空气源热泵冷（热）水机组的优点是：一机多用、采用空气冷却不耗费冷却水、减少了主机房的使用面积（甚至完全不需要机房）、安装方便、便于维护管理。但其制冷与供热的特点是：制冷能效比随室外温度的升高而减少，供热能效比随室外温度的升高而增大。当一机两用时，为了防止单独满足制冷或供热要求时过大的安装容量，设计选择时应充分考虑建筑冷、热负荷的比例，最合理的选择是：同一机组的制冷能力和供热能力刚好满足建筑的夏季设计冷负荷和冬季设计热负荷的需求。从我国的气候特点来看，夏热冬冷地区的建筑，空气源热泵的全年能效比较好且冷热负荷的比例较为匹配，因此夏热冬冷地区以及干旱缺水地区，一般具有较好的实用性。同时，由于其额定工况下的制冷系数远低于大型水冷式机组，如果装机容量过大，将导致对城市电网的电力负荷需求过大，因此适合于中、小型建筑的空调系统。

2）水（地）源热泵机组。水（地）源热泵机组具体在本书第 4.3 节中有详细介绍。

地埋管式热泵系统在应用时，若埋管区域无地下水的径流，则应高度重视土壤全年的热平衡。从目前来看，夏热冬冷地区的建筑，全年空调冷、热量的相对容易协调，因此比较适合采用。由于系统基本不耗费水资源，对于干旱缺水地区也是比较合适。需要注意的是，由于地埋管的换热能力有限，当冷、热负荷较大时，如果全部由该系统来负担，地埋管占用的面积过大会导致经济性不好（甚至无法实现），因此相对来说它适合于中、小型建筑的空调系统。

水环式热泵系统是用水环路将小型的水—空气热泵机组并联在一起，构成一个以回收建筑物内部余热为主要特点的热泵供暖、供冷的空调系统。需要长时间向建筑物同时供热和供冷时，可节省供暖季节外界向建筑物供应的能源。由于水环式热泵系统分散设置后用户压缩机的安装容量较小，使得 COP 值相对较低，从而导致整个空调系统的电气安装容量相对较大，因此，在设计选用时，需要进行较细的分析。从能耗上看，只有当冬季建筑物内存在明显可观的冷负荷时，才具有较好的节能效果。

除水环式热泵外，上述其他热泵机组，其供冷与供热功能通常是交替转换实现的。因此，对于需要同时供热和供冷的建筑物（例如建筑物存在大量的冬季需要供冷的内区）来说，单独热泵系统的采用是很难满足使用要求的。

（9）在执行分时电价、峰谷电价差较大的地区，经技术经济比较，采用低谷电价能够明显起到对电网"削峰填谷"和节省运行费用时，宜采用蓄冷系统供冷（热）。

（10）由于可供空气调节的冷热源形式越来越多，节能减排的形势要求出现了多种能源形式向一个空调系统供能的状况，实现能源的梯级利用、综合利用、集成利用。当具有电、城市供热、城市燃气等多种人工能源以及多种可能利用的天然能源形式时，可采用几种能源合理搭配作为空调冷热源。如"电＋气""电＋蒸汽""水冷＋风冷"等，实际上很多工程都通过技术经济比较后采用了复合能源方式，降低了投资和运行费用，取得了较好的经济效益。城市的能源结构若是几种共存，空调也可适应城市的多元化能源结构，用能源的峰谷季节差价进行设备选型，提高能源的一次能效，使用户得到实惠。因此，具有多种能源的地区，宜采用复合式能源供冷、供热。

3.7.2 集中空调冷（热）水系统

集中空调冷（热）水系统，指的是将空调冷（热）水集中制备后，送至房间或区域空调末端设备并承担相应的空调负荷的冷（热）水系统。对于集中空调采用冰蓄冷方式的乙二醇溶液系统，将在第 4 章中叙述。

集中空调水系统的特点是：冷（热）源装置集中设置，其产生的空调冷（热）水通过水泵和相应的水管道，输送至空调区域的末端设备之中，对空调区域进行制冷（或供热）。

为了分析的方便，根据水系统的不同特点，人们常常按照一定规律和特点对空调冷（热）水系统所形成的基本形式和构成进行分类：

（1）按照空调末端设备的水流程，可分为同程系统和异程系统；

（2）按系统水压特征，可分为开式系统和闭式系统；

（3）按照冷、热管道的设置方式，可分为两管制系统和四管制系统；

（4）按照末端用户侧水流量的特征，可分为定流量系统和变流量系统。

以下分别叙述上述系统的特点。

1. 同程系统和异程系统

空调冷冻水管由供回水总管、干管及支管组成。各供回水支管与空调末端装置相连接，构成一个个并联回路（这样可使得各末端设备的供水温度相同）。为了保证各末端装置应有的水量，除了需要选择合适的管径外，合理布置各回路的走向是非常重要的。各并联支路只有在设计水阻力接近相等时，才能按照设计的要求获得各自的基本设计水量，从而能够保证为末端装置提供出设计所需的冷、热量。

（1）同程系统

同程系统是指系统内水流经各用户回路的管路物理长度相等（或接近）。图 3.7-1 中的三种图式是常见的同程系统。

图 3.7-1 (*a*) 中，水流经同一层每个末端的水平支路供水与回水管路长度之和相等（简称"水平同程"）；图 3.7-1 (*b*) 中，水流经每层用户的垂直供水与回水管路长度之和相等（简称"立管同程"）；图 3.7-1 (*c*) 中，水流经每一末端的水平和垂直的供、回水管路长度之和均相等（也称为"全同程系统"）。

（2）异程系统

异程系统是指系统水流经每一用户回路的管路长度之和不相等。通常是由于用户位置分布无规律，或如图 3.7-2 所示、用户位置分布虽然有规律但有的用户供、回水支管路较短，有的用户供、回水支管路较长，造成各并联回路的管路物理长度相差较大。

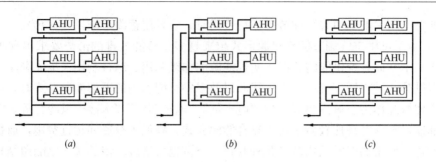

图 3.7-1   同程系统的几种形式

(a) 水平管路同程；(b) 垂直管路同程；(c) 水平与垂直管路均同程

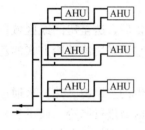

图 3.7-2   典型异程系统

（3）设计原则

同程式系统的特点是：各并联回路的物理长度相等。在同程系统中，如果末端设备水阻力基本相同，那么由于水在管道中的流程相同，设计时通常也对管路的比摩阻进行了适当的控制，可认为各末端环路管道水阻力相差不大，且水管路阻力与末端相比，所占的比例是相对较小的，因此这时同程系统容易实现各并联回路之间的"水力平衡"。但为了使得回路长度相近，有时需要多耗费管材。此外也往往需要增加竖向管井以及管井面积。

在异程系统中，平衡各回路水阻力的基础条件比同程系统要差，通常需要更为合理的选择管径和配置相关的阀门。

值得特别注意的是，图 3.7-1 和图 3.7-2 中都只是系统原理图而不是实际的管道布置详图，原理图中的管道长度相等并不能代表实际的物理长度相等。而设计人员追求的主要目标也并不是管道的物理长度相等，而是各并联回路的水阻力平衡。因此，同程或者异程系统的选择，在工程设计中，应根据具体的情况来考虑。设计中通常有以下原则：

1）末端阻力相同（或相差不大）的回路宜采用水平同程系统。在大多数标准层以风机盘管为主要空调设备的办公建筑中，通常采用水平同程式系统。如果各风机盘管的型号相差不大，其管道的水流阻力差距较小，且平面布置规律性较强时，采用水平式同程系统，有利于环路中各风机盘管小回路的自然水力平衡。

酒店标准层客房空调也具有类似的特点。根据层高和管道井面积的大小，目前水平同程式和垂直同程式系统都是常见的。采用垂直式同程系统时，由于各标准客房的空调负荷基本没有差距，各层水阻力也基本相同，有利于系统的水力平衡。图 3.7-1（c）所示的系统还有利于系统在回水管顶部的排除空气。

2）当末端空调设备设计水阻力相差较大，或末端设备及其支路水阻力超过用户侧水阻力的 60%，或设备布置较为分散时，可采用异程系统。

末端阻力相差较大时，已经不符合前面提到的基本思路，采用同程系统的意义并不明显。同时，从设计计算中可以看出，如果末端设备及其支路水阻力超过用户侧水阻力的60%，主干管水阻力对各末端回路的水力影响将变弱，同程和异程对于水力自然平衡的差距变小。

设备布置分散后，如果一定要强调同程，可能需要特别长的管道布置，对经济性产生不利影响。同时，会导致末端支管的长度变化较大，将导致支路管道的水阻力所占比例加大，实际上也很难解决平衡问题。

3）详细的水力平衡设计计算。不论采用同程系统还是异程系统，设计人员都应进行详细的水力计算和各环路的平衡计算。通常的要求是：阻力最大的回路与阻力最小的回路之间的水阻力的相对差额不应大于15%。

4）合理设置阀门。详细的水力计算的目的是通过计算结果来调整管道的配置（通常是对一些管径进行适当的调整），但是实际工程设计时常存在以下问题：①不同末端可能存在的阻力相差较大；②不同末端实际布置的位置复杂；③所采用的管道直径有一定的规格而并非连续变化；④管径的确定除了要考虑水力平衡外还受到管内水流速限制等。基于以上因素，即使进行了详细的水力计算和调整，完全通过管径的选择来达到"15%不平衡率"的目标有时也难以实现。同时，考虑到管道计算、施工过程的变更、误差以及运行管理的需要，因此，在一定程度上仍需要利用阀门进行调节，一般建议各主要环路和末端处设置相应的具有较好调节特性的手动或电动阀门。需要指出的是，由于阀门本身是阻力元件，存在一定的能量损失，也是初投资增加、维护工作量增加的组成部分。因而，不能任意到处增加，而只应在系统设计合理的基础上选择与设置。

2. 开式系统和闭式系统

图 3.7-3 是空调水系统的两种最基本形式。

图 3.7-3（a）是开式系统。水泵从开式水箱（或其他开式水容器）中吸入系统回水，经过冷水机组后供应到用户末端（或冷却塔），然后再回到水箱之中。

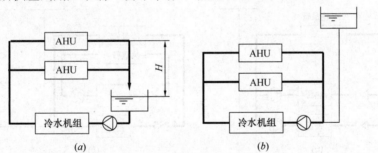

图 3.7-3　开式与闭式系统
(a) 开式系统；(b) 闭式系统

在开式系统中，水泵的吸入侧应有水箱水面高度给予的足够的静水压头，尤其是热水系统，应确保水泵吸入口（这通常是管道系统中的压力最低点）不发生汽化现象。应掌握的一般原则是：水泵的扬程需要克服供水管和末端设备的水流阻力以及将水从水箱水位提升到管路最高点的高度差 H，同时，如果 H 值不能克服末端之后的回水管阻力（ΔP_h），还需要增加一定的水泵扬程（$\Delta P_h - H$）。

显然，H 较大时，水泵的扬程要求也是较大的，导致常年运行的水泵能耗也会比较大。因此，目前开式系统在空调冷（热）水系统中的应用相对较少。比较常见的情况是采用开式冷却塔的空调冷却水系统和水蓄冷的一次系统，它们的共同特点是 H 值较小（后者通常通过换热器使二次水系统成为闭式系统）。

由于开式系统中，不同高度上设置的空调末端回路的水压差（资用压头）都是变化的,这种情况下通常只能通过末端阀门的初调节来使得末端两端的压差相同,因此这时采用同程系统的意义不大。

图 3.7-3 (b) 所示的闭式水系统是一个封闭环路,其特点是:系统不运行时,环路中同一高度上的任一断面的水压力都是相等的;系统运行时,水泵的扬程只需要克服系统的整个水流阻力,而与系统高度无关。因此,对于有一定高度的系统来说,闭式系统通常比开式系统的水泵扬程低,电力装机容量减少,具有运行节能的优势。同时,由于水与空气的接触面很少(设置膨胀水箱时,水面与空气有接触)甚至完全与空气隔绝,使得系统内的水质能够长时间得到较好的保证,有利于系统可靠运行。正因为上述优点,闭式水系统是目前在空调冷(热)水系统中应用最广泛的一种形式。

由于水具有一定的热胀冷缩特点,为了确保系统安全,闭式水系统应考虑水受热膨胀后的系统泄压问题,通常采用的是闭式膨胀罐或者开式膨胀水箱。应当指出的是,开式与闭式的区分,是以系统中的水压特性为判定标准的,因此不能将设置开式膨胀水箱的系统称为开式系统。

3. 两管制与四管制系统

如图 3.7-4 所示,冷、热源利用同一组供、回水管为末端装置的盘管提供空调冷水或热水的系统称为两管制系统(一供一回两条管路);冷、热源分别通过各自的供、回水管路,为末端装置的冷盘管和热盘管分别提供空调冷水和热水的系统称为四管制系统(冷、热水分别设置供回水管,供四条管路)。

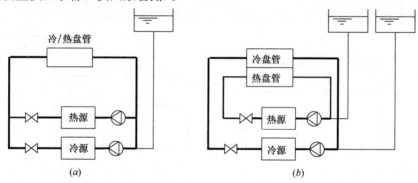

图 3.7-4 两管制与四管制系统
(a) 两管制系统;(b) 四管制系统

(1) 两管制系统的特点

两管制系统的特点是冷、热源交替使用(季节切换),不能在同一时刻向末端装置供冷水和热水,适用于建筑物功能相对单一、空调(尤其是精度)要求相对较低的场所。由于管路较少,其投资相对较低,所占用的建筑内管道空间也比较少。

(2) 四管制系统的特点

冷、热源可同时使用,末端装置内可以配置冷、热两组盘管,以实现同一时刻向末端装置同时供应空调冷水和热水,可以对空气进行冷却→再热处理,满足相对湿度的要求。此外,在分内、外区的房间内或供冷、供热需求不同的房间,通过配置冷、热盘管或单冷盘管等措施,可以实现"各取所需"的愿望。因此,四管制系统适用于对室内空气参数要求较高的场合,有时甚至是一种必要的手段。但投资较高,占用管道空间相对较大。

以上提到的两管制与四管制系统，都是针对末端空调回路来说的。对于夏季供冷、冬季供热的集中空调水系统而言，其冷、热源部分一般都是"四管制"的，除非冷热源设备具有"一机多能"的特点，例如热泵式冷（热）水机组、直燃式冷（热）水机组等。具体到冷（热）水机组应用时，通常都是采用两管制方式。

4. 定流量与变流量水系统

通常将空调水系统从位置构成上分为两部分：冷、热源侧（冷、热源机房内）水系统和用户侧（机房外）水系统。对于"定流量系统"与"变流量系统"的区分是针对用户侧而言的：在系统运行的全过程中，如果用户侧的系统总水量处于实时的变化过程中，则将此水系统定义为变流量水系统；反之，则称为定流量水系统。

（1）定流量系统

定流量系统是指空调水系统中用户侧的实时系统总水量保持恒定不变（或者总流量只是按照水泵启停的台数呈现"阶梯式"的变化）。对于房间的温度等参数控制而言，只能依靠改变末端装置的风量或者通过三通阀改变进入末端装置的水量（而不能实时改变输配管路水流量）等手段来进行控制，或者不进行室内参数控制。

图 3.7-5 是一个房间空调末端装置（AHU）配置了电动三通阀的定流量空调水系统，它可以根据空调房间的控制参数，通过调节三通阀支流支路和旁流支路的流量，改变进入末端装置的水流量。从理论上看，在此过程中用户侧的系统总流量没有发生变化，因此这是一个定流量系统。如果末端装置不设任何流量控制阀门，则更是一个典型的定流量系统。

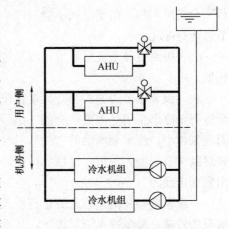

值得注意的是，实际应用的三通阀总是存在一定的总流量（合流或分流口的流量）波动，其波动的情况与三通阀直流支路和旁流支路的工作特性以及三通阀的阀权度有关，总流量的波动范围在 0.9~1.015 之间。

图 3.7-5　定流量水系统

（2）变流量系统

变流量系统中，用户侧的系统总水量随着末端装置流量的自动调节而实时变化。

1）一级泵变流量水系统

所谓"一级泵系统"（也称为"一次泵系统"），是针对二级泵（或者多级泵）系统而言的，其特点是：系统中只设置了一级水泵来承担全部水系统的循环阻力。图 3.7-5 和图 3.7-6 都属于一级泵系统。

在图 3.7-6 中，末端装置的流量随着二通电动阀的调节（对室内温度进行控制）而改变，于是供给这些用户的系统总管路的流量也在实时变化过程中。如果考虑冷（热）源设备的流量变化情况，则一级泵变流量系统又可分为："一级泵压差旁通控制变流量系统"和"一级泵变频变流量系统"两种形式。

①一级泵压差旁通控制变流量系统，也是目前采用的空调水系统形式之一。

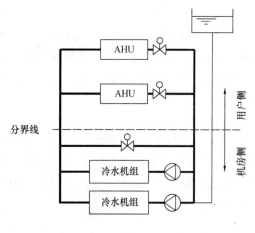

图 3.7-6　一级泵变流量水系统
（压差旁通阀控制）

在系统中设置压差控制旁通电动阀，正是为了解决冷水机组对定流量及最小流量运行的安全要求和用户侧变流量运行的实际使用要求的矛盾。当用户需求的水量减少时，旁通阀逐渐开启，让一部分供水直接进入系统回水管。在这一过程中，冷水泵的转速不发生变化，其流量也基本保持稳定，从而保证系统的安全正常运行。

与一级泵定流量系统相同的是：水系统运行过程中，除了设置多台水泵的系统依靠水泵运行台数变化来改变能耗外，不能做到实时的降低能耗。虽然如此，它克服了前面提到的定流量系统的两个固有缺点，在末端负荷率变化不同步时，它可以较好地实现各用户的"按需供应"。若仍然以两台冷水机组组成的系统为例，当用户的总冷负荷降至一台机组的容量（及以下）时，该系统可以只运行一台机组和相应的水泵而不会对用户需求产生影响。显然，它可以比一级泵定水量系统节省运行能耗。

②一级泵变频变流量系统，在系统形式上，它与一级泵压差旁通控制变流量系统基本相似。

在一级泵压差旁通控制变流量系统中，即使冷负荷需求很少，为了保证冷水机组的安全运行，冷水泵仍然需要"全速"运行，冷水机组的供回水温差将随着空调冷负荷的变小而越来越小，冷水泵所做的"功"，被冷水机组自身消耗的比例也越来越大。从原理上看，显然其"节能潜力"可以挖掘。因此，一级泵变频变流量系统则是从这一特点和节能需求出发而出现的。

一级泵变频变流量系统的运行原理：当用户侧冷负荷需求降低时，通过变频器改变冷水泵的转速，减少冷水流量供应，从而使得冷水泵的运行能耗得以降低。

尽管由于蒸发器流量的减少，冷水机组的制冷效率会有所下降（蒸发器的传热系数降低），使得这一过程中冷水机组的能耗可能有些增加，但近年来国内和国际很多学者对此的研究成果表明，系统全年运行的总体能耗依然会下降。也就是说，在一定范围内，冷水泵降低的能耗比冷水机组增加的能耗更多。这也正是该系统在近些年不断受到重视且不断用于实际工程的一个重要原因。

值得注意的是，就目前的产品而言，冷水机组内部允许的流量变化仍有一定范围（并且对流量变化的速率也有要求），因此冷水泵的最低运行转速（和变频器的输出最小频率）应被限制。达到最小限制时，如果用户需求进一步下降，则为了保证冷水机组的安全运行，整个系统只能按照前述的"一级泵压差旁通控制变流量系统"来运行。因此，受到最小流量限制，压差旁通阀控制仍然是必须要设置的自控环节。

2）二级泵变流量水系统

图 3.7-7 是由一级泵和二级泵组成的变流量空调水系统。很显然，系统的循环水阻力是由两级串联的水泵来克服的。其工作原理是：用户根据室温控制器发出的信号来调节两

通阀的流量（对于比例式调节，如空调机组控制）或末端电动阀的开/闭（对于双位式控制，如常规的风机盘管控制），同时要求输配系统的流量也作变化。于是利用控制二次泵的运行流量（台数控制或变速控制），这使得输配管路的流量实时处于变化之中，并达到"供需平衡"。当用户侧的总流量（即二级泵组的总流量）低于一级泵组的总流量时，冷源侧的流量又利用盈亏（平衡）管保持恒定。在这样的系统中，配置末端装置二通电动阀是二级泵变流量的前提，二级泵组能够相应地实时改变供水流量是实现节能的保证。

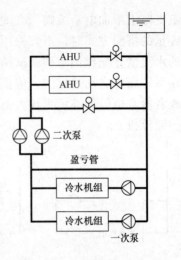

图 3.7-7 二级泵变流量系统

从上述的工作原理可以看出，二级泵系统的基础立足点仍然是冷水机组保持定水量运行。但由于水泵分为两级并且各自独立控制（二级泵根据末端的要求来控制总供水量，一级泵依据对应的冷水机组的运行状态进行联锁启停），因此，该系统在整个运行过程中有可能会比一级泵压差旁通控制系统节约一部分二级泵的运行能耗。

若要实现节能，二级泵系统应能进行自动变速控制，宜根据管道压差的变化控制转速，且压差能优化调节。如果系统中只是在末端配置了二通电动阀，但无图 3.7-7 中的压差旁通管（阀），或者图 3.7-7 中的二级泵组不能实时改变流量的话，那么，末端电动二通阀就有可能无法正常工作。因为随着系统负荷的减少，二通阀的开度减少，如系统不能对供、回水压差进行控制，必然使得二通阀工作压差增加。当压差值上升超过二通阀的额定关闭压差值（Close-off rating，可由厂商提供）时，会导致阀门关闭不严，达不到合理控制流量和节省二级泵组能耗的目的。

除了二级泵水系统外，对于一些供冷半径较大的建筑群的集中区域供冷空调水系统，也可能采用多级泵系统（例如在供冷区域的每个建筑中设置三级泵），其原理与上述二级泵水系统也是基本类似，多级泵亦应采用变速泵。

（3）集中空调冷水系统的设计原则与注意事项

1）定水量系统的适应性

如前所述，无论是设置了末端三通阀，还是末端未设置任何控制措施的定流量系统，其系统都存在难以满足用户使用要求、水泵超流量运行的可能性，且能耗也较大。因此，该系统只适用于小型的集中空调系统。规范规定：除设置一台冷水机组的小型工程外，不应采用定流量一级泵系统。

2）水泵与冷水机组的设置与连接方式

一般来说，冷水机组与水泵在数量上应采用——对应的设置方式，保证在运行时机组与水泵能够——对应的运行。通常有两种连接方法，如图 3.7-8 所示。

在设计中应优先考虑图 3.7-8（a）所示的冷水泵与冷水机组——对应的连接方式（通常称为"先串后并"），其优点是各机组相互影响较小、运行管理方便、合理。当然，该方式的机房内实际管路布置相对复杂，需要合理的设计、布置机房内的管路。

图 3.7-8（b）为冷水机组与冷水泵各自并联后通过母管连接的方式（通常称为"先并后串"），优点是机房内管道布置整洁、有序。采用该方式时，必须于每台冷水机

组支路上增加电动蝶阀，方能保证冷水机组与水泵的一一对应运行。当主机采用大小容量的搭配方式时，不宜采用图 3.7-8 (b) 所示的系统，因为部分负荷运行时，机组的水流量分配比例与初调试结果会产生较大的差距。同时，图 3.7-8 (b) 所示的系统在系统联锁启动过程中，应该采用"水泵闭阀启动"（先启泵、后打开电动蝶阀）方式或者冷水机组能够承受较大范围内的水流量降低的要求，否则可能导致机组的断水保护而停机。

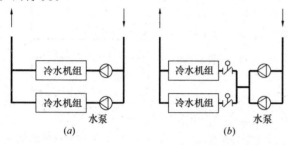

图 3.7-8　冷水机组与水泵的连接方式
(a)——一对应连接；(b) 通过母管连接

3）一级泵水系统的压差旁通控制

一级泵变流量水系统必须设置压差控制的旁通电动阀，以保证冷水机组安全运行的最低水流量要求。系统中旁通阀的最大设计流量应为一台冷水机组的最小允许流量，据此可以确定旁通阀的口径。

4）二级泵系统的盈亏管及各级泵的扬程设计计算

盈亏管上不能设置任何阀门，理论上说，在系统设计状态时，盈亏管中的水应为静止状态（无水流动）。

由于二级泵水系统是一个两级泵串联的系统，为了保证设计状态时盈亏管中水的静止状态，其一级泵和二级泵的扬程必须通过精确的计算确定，使得盈亏管两端接管处的压差为零。同时，从系统特点上看，当调节过程中盈亏管内有水流动时，也希望其水阻力越小越好，因此该管道的管径不宜小于总供回水管的管径。

从实际情况来分析，在设计状态下，盈亏管在供水管接口处的压力略大于其回水管接口处的压力（即：有极少量的供水通过盈亏管流至回水管）也是允许的。但无论是设计状态还是运行的任何调节过程中，都应该绝对避免出现系统用户侧的回水通过盈亏管进入供水管的情况（即：防止盈亏管"倒流"，有的工程出现盈亏管"倒流"，通常是因为二级泵的扬程选择过大所致）。因为这将导致夏季用户侧系统的供水温度升高，用户末端会进一步要求供水量加大，从而形成一种恶性循环的局面：供水量越大—回水混入供水越多—末端供水温度越高—供水量越大。不但有可能严重不满足用户的要求，还导致该系统的节能优点完全不能体现，甚至比常规的一级泵变流量系统的耗能增加。

防止盈亏管倒流的途径主要有：

① 合理配置一级泵和二级泵台数，保证系统在负荷变化情况下，一级泵水流量不小于二级泵水流量；

② 二级泵水系统采用压差旁通控制；

③ 根据负荷正确选择空调末端设备的型号和容量，避免末端设备小温差、大流量下运行；

④ 在平衡管上设置水流指示传感装置和在二级泵供回水主管上设置温度传感器，监测平衡管水流方向和系统供回水温度，及时采取措施纠正倒流现象的发生。

5）二级泵水系统的压差旁通控制

与一级泵变流量水系统相类似，当二级泵采用定速台数控制方式时，应设置压差旁通阀，其功能与一级泵变流量系统的功能相同（平衡用户侧需水量与二次泵组供水量），旁通阀的最大设计流量为一台定速二级泵的设计流量。当二级泵采用变速控制时，为了保证二级泵的工作扬程稳定以及某些时段的实际运行流量不至于过低（过低易导致水泵散热加大等问题），也宜设置压差旁通阀——在水泵到达最低转速限制值时开始工作，这时旁通阀的最大设计流量为一台变速泵的最小允许运行流量。

6）一级泵与多级泵的适应性

当集中空调水系统过大时，如果采用一级泵压差旁通控制水系统，有可能使水泵的装机容量很大，常年运行的能耗增加（一级泵变频变流量水系统对此问题会有所改善）。

另外，大型集中空调水系统多为区域集中供冷的模式。系统中会有多个供回水环路，分别负担该区域内不同的建筑。由于各环路的作用半径不一样或者水阻力特性不同，相互之间有可能存在水阻力相差较大的情况。若采用一级泵水系统，必然要求冷水泵的设计扬程按照阻力最大的水环路来选择，显然对于阻力较小的水环路是一种浪费（甚至必须增加阀门等手段来进行初调试和平衡）。而如果各水环路按照自身的阻力情况设置独立的二级泵（或者多级泵），对于整个水泵的合计装机容量将有可能减少。从实际水泵的特点来看，对于目前常用的冷水泵，当其扬程变化超过 50kPa 时，其配套电机的安装容量通常会改变一个配套功率级别。

综上所述，一级泵系统适用于中、小型工程或负荷性质比较单一和稳定的较大型工程；如果系统较大、各环路负荷特性或水流阻力相差悬殊时，宜采用二级泵系统。

符合相关设计规范的要求，且比较合理时，各种集中空调水系统形式的主要特点如表 3.7-2所示。

7）一级泵变频变流量水系统的设计原则

①适应冷水机组的流量变化范围的要求

从目前的产品来看，当以 5℃作为冷水机组的额定供回水设计温差时，离心式机组宜为额定流量的 30%～130%，螺杆式机组宜为额定流量的 40%～120%。在实际应用中，超过额定流量的情况并不多见，也不符合节能运行的要求。因此，设计重点要关注的是冷水机组对最小允许的冷水流量的限制。在水泵变频调速的过程中，必须保证其供水量不低于冷水机组的最低允许值，通常采用的措施是：对水泵的转速（或者折算为变频器的输出频率）的最低值进行限制。

②最大允许的水流量变化速率

水流量变化速率对于冷水机组是一个比允许最小冷水流量限制更为重要的参数，因为大多数冷水机组对于冷水流量变化的速率更为敏感。水流量变化速率过快，冷水机组自身的适应能力有可能跟不上，相应会出现运行安全和温度控制方面的问题。从安全角度看，目前的冷水机组能承受每分钟 30%～50%的流量变化率；从对供水温度的影响角度看，机组允许的每分钟流量变化率约为 10%。因此，以 10%作为流量变化率的限制值比较合适，既满足了安全运行的需要，也满足了稳定供水温度控制的要求。

③水泵变频控制的策略

当前述的②措施应用合理时，可以认为流量变化对机组的供水温度影响不大。但是根据热力系统流量、温差和冷（热）量的关系，冷（热）量取决于用户侧的需求，而流量的变化则是对应需求的人工干预措施，因此流量的变化对于机组供回水温差会产生影响。采用何种参数作为水泵变频调速的控制目标，需要针对水系统的规模及特点来详细论证。既有采用定温差的调控方式，也有采用系统供回水压差或者系统的总流量需求作为控制参数进行调控。

综上所述，目前常见的三种集中空调冷水系统，依据控制策略的不同又分为了六种系统形式或模式，它们的主要特点如表 3.7-2 所示。

常见的集中空调冷水系统的主要特点　　　　　　　　　　　　表 3.7-2

系统形式或模式　比较特点	一级泵定流量		一级泵变流量		二级泵变流量	
	末端设电动三通阀	末端不设自动控制	压差旁通阀控制	水泵变频调速控制	二级泵台数控制	二级泵变频调速控制
空调设计复杂性	★	—	★★	★★	★★★	★★★
控制系统复杂性	★	—	★★	★★★★	★★★	★★★
运行管理方便性	★	—	★	★★	★★	★★
满足用户需求能力	★	—	★★	★★★	★★★	★★★
系统节能效果	★	—	★★	★★★★★	★★★	★★★★
系统投资估算	★	—	★	★★★	★★★	★★★

注：按照"—、★、★★、★★★、★★★★、★★★★★"的顺序，由低至高排列。

（4）集中空调热水系统

集中空调热水系统，只是将冷源设备（冷水机组）换成热源设备（锅炉、热交换器或热泵式热水机组等），系统构成与冷水系统相似。

但是，由于设备不同，在热水系统设计中，与冷水系统考虑的问题也有不同。

1）热源方式

当采用锅炉直接供应空调热水时，锅炉运行的安全性与冷水机组有相似之处，一般来说都需要保持一个稳定的热水流量。因此，热源侧（锅炉房）宜采用定流量设计，末端系统则可以按照热水系统的不同方式设计为定流量或者变流量系统——整个系统与一级泵压差旁通阀控制的变流量冷水系统具有相同的特点。

当采用热交换器作为空调热水的供热热源装置时，由于热交换器并不存在低流量运行的安全问题，因此从运行节能的角度来看，完全可以采用与一级泵变频调速控制的变流量冷水系统相同的设计方法。

2）水温及水流量参数

在通常情况下，空调末端装置供热水时，其热水供水温度与送风温度之差会远远大于供冷水时的同样温差。例如：常见的空调热水供水温度为 $55 \sim 60℃$，末端送风温度在 $25 \sim 30℃$，两者的温差约为 $30℃$；空调冷水供水温度为 $7℃$ 时，末端送风温度在 $14 \sim 16℃$，两者的温差约为 $7 \sim 9℃$。从这种现象看，显然供热水工况下的末端传热温差远大于供冷水工况的末端传热温差。因此设计中空调热水的供/回水温差可以选择比冷水系统（通常为 $5℃$ 温差）大，以减少热水循环流量，节约输送能耗。一般情况下热水的供/回水温差可选择为 $10 \sim 15℃$。

3.7.3　空调水系统的分区与分环路

在不至于引起"歧义"的情况下,有时设计人员也把水系统的环路划分说成是水系统的分区。实际上,水系统分区与分环路是两个不同的概念。

分区是以压力(或水是否连通)为基准,水压力不相关的系统构成了不同的水系统分区。典型的情况如:超高层建筑的高、低系统分区,多功能建筑群中按照不同使用功能分设的各自独立的系统等。也有观点提出按照供水温度来进行系统分区,即:将供水温度不同的系统视为不同的系统分区,对于大部分目前的系统来说可以认为是成立的。但是对于系统中某些支路采用混水方式(混水后该支路的供水温度与系统供水温度不同),则显然又是不合理的。因此,以压力分区更为准确合理——当水系统停止运行时,同一高度截面上的水压力相同。

分环路主要是针对管道设置而言的。它的一个重要特征是,所有的环路均处于一个水系统之中(各末端的空调水来自同一个冷、热源设备),通常只是根据不同的使用功能,在管道设置上进行一定区域的划分以方便运行管理或者实现运行节能。典型的情况如:按照建筑内的不同朝向的系统分环,按照不同用途的区域分支路设置二级泵的方式等,甚至每层的水平系统也可以称为不同的水环路。

(1) 水系统分环路设计原则

大到区域供冷(或供热),小到一幢建筑中的不同使用功能的房间,设计并采用分环路是实际存在,甚至每个末端设备的系统都可以视为一个水环路。显然,同一水系统中所有的环路都具备并联系统的特点。

对于大型综合公共建筑,可能有办公区、客房区、商场等;在大型医院中,有病房区、门诊、急诊区以及手术部等功能区域,这些空调区的使用功能、使用时间以及管路水力特性并不完全相同;在区域集中直供水系统中,区域负担的不同性质的建筑的空调需求也不完全一致。因此,不能简单地从冷、热源机房内引出唯一的一路管道向末端装置直接提供空调冷、热水。

根据不同的功能区域(或建筑),合理划分水环路,需要考虑以下设计原则:

1) 系统的运行管理与维护要求

合理的系统运行管理方式,与空调区域的末端需求是密切相关的。即使是在空调系统的自动控制程度很高的前提下,充分发挥管理人员的作用,仍是空调系统运行的一个基本要求。例如,同一系统中,两个空调区域的运行时段(或者对供冷、供热的需求)完全不一致时,通过运行管理进行阀门的切换、设备运行的调整,通常能够取得更好的运行效果。

考虑到系统及水管道维护与检修的需要,也是分环路设置的理由之一。

2) 节能运行要求

目前多数工程自控程度不高或管理欠佳,若不能有效地切断未运行的末端装置的水路,防止水白白地流过,将造成能量浪费,还可能造成正在运行的末端装置流量不足而影响使用区域或房间的供冷和供热。

由于空调区(或建筑)在同一系统中所处的位置不同、末端形式不同等原因,有可能导致不同空调区域的水阻力有较大的差距(即水力特性不同),这时如果合理地分环路,并在各环路分别采用二级泵甚至多级泵系统(如前所述),将使得水泵的电气安装容量和实际运行的耗电量都得以下降。当单个系统的各个水环路的压力损失相对差额超过15%时，应采取水力平衡措施。

（2）水系统分区设计原则

本处重点叙述采用集中冷（热）源的系统情况。对于采用多个不同区域的冷（热）源而构成的多个不同系统，其原则也相同。

1）按照水压力进行分区

这是目前最常用的分区方式。空调水系统由冷、热源机组、末端装置、管道及其附件组成。系统内设备与部件有各自的承压值。例如，冷水机组的蒸发器和冷凝器的公称压力有1.0MPa、1.7MPa、2.0MPa、2.5MPa；热水锅炉公称压力有0.7MPa、1.0MPa、1.25MPa、1.6MPa；表冷器和风机盘管运行压力为1.6MPa；水泵公称压力：填料密封1.0MPa、机械密封1.6MPa、2.5MPa；管道与附件可根据承压要求选择材质。因此，在高层建筑中，当空调水系统超过一定高度时，就必须进行高、低分区，是保证系统安全的必要措施。

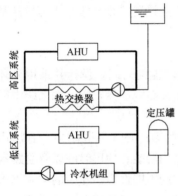

图 3.7-9　水系统高、低分区示意图

图3.7-9是常见的高层（或超高层）建筑水系统分区方式，其主要特点如下：

①可以将每个分区的最大工作压力控制在所要求的范围之内。

②为了保证高区空调水的除湿能力，高区供水温度不宜过高，一般在7～9℃。因此，作为高、低区的分区设备，通常采用板式换热器，换热效率高，高区与低区的供水温度差值可以做到1～2℃，换热器通常设置于设备层。

③低区供水温度宜取5～7℃。

④系统在进行分区时，应尽量用足低区所能达到的高度，即建筑物的冷负荷尽量由冷水机组供水直接承担。这是因为：由于高区水温相对较高，对空气的处理能力稍逊，通常需要适当加大其循环水量，不如低区在负担同样冷量下节能；由于传热温差减少，高区末端设备的换热面积要求增加，高区过大不利于减少投资。

⑤由于低区水系统高度一般较高，冷水机组等冷、热源设备又多位于地下室等部位，为了减少对冷水机组的承压要求，将冷水机组设于水泵的吸入端也是一个可以考虑的方式。对于高区来说，则需要视其对工作压力的要求（高区系统的高度是主要考虑的因素之一）而定。

2）按照不同建筑或使用功能分区

在绝大部分区域供冷（热）系统中，同一区域不同位置的建筑，如果均采用冷（热）源直供方式（或分环路方式），有可能造成系统过大，水力平衡与运行管理的难度增加，设备运行能耗的加大等情况，因此，绝大部分区域供冷（热）系统采用的都是分区设置的间接式系统。同时，为了提高区域水温差，空调冷水大多数也通过蓄冰装置来提供低温冷水，这样的冷水直供至末端会给管道的防结露设计等带来一定的困难，因此也大量采用了系统分区的概念——通过每幢建筑内设置的换热器，使整个区域内的空调系统成为"集中外网水系统"和多个"独立建筑水系统"的组合模式。

3.7.4 冷却水系统

制冷系统都需要对冷凝器进行冷却，一般分为风冷冷凝器和水冷冷凝器两种基本形式。集中空调水系统的冷水机组采用风冷冷凝器的冷水机组时，通常是以一个整体机组的形式出现，设计人员的重点是如何合理选择整体设备（具体见本节相关叙述）。采用水冷式冷凝器的冷却水设计要求，其重点是应设计合理的冷却水系统，为冷水机组的正常运行提供保证。显然，由于冷却水系统是为空调系统服务的，因此冷却水系统设计也是空调工程设计中不可分割的一部分。

目前水冷式冷凝器在空调系统中主要有两种形式：一种是为集中空调系统提供冷水的冷水机组的冷凝器；另一种是分散设置的直接膨胀式空调机组中的水冷冷凝器（例如：水环式热泵空调机组、机房专用水冷式空调机组等）。通常可以把前者称为"集中空调冷却水系统"，后者称为"用户冷却水系统"（系统中通常有多个位于不同地点的用户）。

与空调冷水系统一样，冷却水系统也可以分为开式系统和闭式系统。开式系统由于水与空气存在一定的接触，水中有可能慢慢地积存溶解氧，同时水中也更容易进入杂质，当它用于"用户冷却水系统"时，对于多个用户及管网的维护清洁与正常运行不利，因此开式系统一般多用于"集中空调冷却水系统"。闭式冷却水系统的冷却水与空气处于隔绝状态，在应用上对于"用户冷却水系统"和"集中空调冷却水系统"都是适用的。但在保证冷却效率的情况下，闭式系统的投资通常都高于开式系统（主要是闭式冷却塔的投资较大）。

按使用的冷却水分类，空调系统的冷却水系统又可分为两种基本类型：直流式系统和循环式系统。

直流式系统的特点是：冷却水经过冷凝器之后直接排到系统之外，不再重复利用。适合于这种系统的冷却水一般为天然水，包括：城镇自来水、地表水（江河、湖泊或水库水）以及地下水。采用自来水或者地下水时，都涉及水资源的充分利用、有效保护和防止浪费的问题，目前只适合于小型或局部空调系统。采用地表水时，则是利用了地表水的天然冷却能力，作为热汇使用，需要解决的主要问题是地表水水质以及利用地表水的环境影响评价。

应当说直流式系统是有条件使用，并存在限制的。因而目前的空调系统中，绝大部分采用了循环式冷却水系统。循环式冷却水系统实际上是由两个换热环节组成的：第一个环节是对冷凝器的冷却，这也就是前面提到的冷却水系统；第二个环节是对循环水的冷却环节，它本身也成了另一个"冷却水换热系统"——对空调的冷却水进行冷却，以确保冷凝热能够被全部带走。

除了上述直流式系统和循环式系统外，在一些项目中，也采用了"混合式"系统。系统采用的思路是：在完全采用循环式系统可能无法满足冷凝器要求、完全采用直流式系统又存在若干限制的情况下，对两者的一种综合协调方式。其做法是：在保证冷凝器必需的进口温度和冷却水总流量的前提下，将部分天然水与通过冷凝器的冷却出水混合后再送回冷凝器，系统直接排出的水量为天然水流量（直流部分水量）。与直流式系统相比，天然水的用量得以减少，水资源使用受限的情况得以缓解。系统设计的关键是合理地设计天然水与循环水的混合比。与直流系统一样，在当前我国大部分地区水资源紧张的情况下，该系统的适用范围也同样受到了限制。

以下主要针对循环式冷却水系统进行介绍。

1. 冷却水散热系统

循环式冷却水系统的冷却水在带走冷凝器的热量之后，必须要将冷却水本身进行冷却，重新成为较低温的冷却水时，再送回冷凝器。对冷却水的冷却，通常有间接换热和直接蒸发冷却换热两种方式。

（1）间接式换热

通过在冷却水系统中设置热交换器，将冷却水热量用其他的介质带走，就构成了冷却水间接冷却换热系统。比较典型的有：地表水间接换热系统（包括海水冷却）、土壤源间接（地埋管）换热系统以及闭式冷却塔等。很显然，在间接式冷却换热系统中，冷却水通常为闭式系统。

为了防止地表水中的杂质（这些杂质既包括物理杂质，也包括一些微生物甚至水生物）进入冷凝器中，采用地表水间接换热的主要优点是确保了机组冷却水的水质。

濒海地区的建筑，从温度上评价，海水属于较好的冷却介质。但由于海水本身的腐蚀性以及所带的杂质及海洋微生物等，一般也都是利用板式换热器换热。为了确保板式换热器具有较长的使用寿命，其材质通常采用防腐性能较好的材料，如：钛钢板。当然，相应导致造价的增加。

上述两者对于冷却介质一侧来说，原理上与开式冷却水系统是相同的，因此需要解决的关键问题（水处理、环境影响评价等）也是同样的。系统示意如图 3.7-10 所示。

由于对节能环保的日益重视，空调系统中可再生能源利用的新技术也不断得到应用。以土壤为热源和热汇介质的水源热泵系统，制冷工况下也是间接式冷却换热系统的典型应用方式，冷却水带走冷凝器的热量后，通过与土壤中设置的塑料管向土壤放热冷却后，重新送回冷凝器。系统如图 3.7-11 所示，该系统设计的关键是：需要结合模拟计算和地勘热响应试验来确定地埋管的换热能力，其全年的土壤热平衡是一个重要的设计内容。

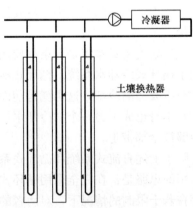

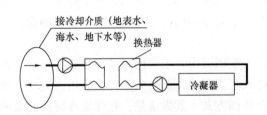

图 3.7-10　间接换热冷却系统示意图　　　　图 3.7-11　土壤源热泵系统示意图

也有一些工程采用地下水作为间接冷却的介质（与图 3.7-10 的原理相同），构成水源热泵系统。其优点是防止了地下水可能受到的污染，缺点是冷却水的温度品质有所下降。由于要利用地下水，通常适用于地下水资源丰富、流动性好且地下水保护政策允许使用的地区。

闭式冷却塔（有的产品也称为"蒸发式冷却塔"）的结构如图 3.7-12 所示。

从图 3.7-12 可以看出，来自冷凝器的冷却水，通过冷却塔内设置的冷却盘管与塔内循环水喷淋形成的蒸发式热交换（热交换原理与蒸发式冷凝器相同），使得出塔水温满足冷水机组冷凝器的进水温度要求。

（2）直接蒸发冷却换热

采用直接蒸发方式对冷却水进行冷却，是目前大部分空调冷却水系统采用的主要方法。其主要特点是：使冷却水与空气直接接触，利用空气湿球温度比较低的特点，对冷却水进行冷却。总体来看分为自然通风循环冷却系统和机械通风循环冷却系统，后者被广泛采用。

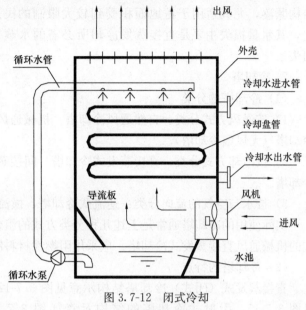

图 3.7-12　闭式冷却塔结构原理图

图 3.7-13 是自然通风循环冷却系统的原理示意图。采用水泵将冷凝器的冷却水从喷水池上的喷嘴喷出，增加水与空气的接触面积，以促进水的蒸发冷却效果。这种喷水冷却池结构简单，但是占地面积大，当喷水压力为 50kPa（表压）时，每平方米冷却池可冷却的水量只有 $0.3\sim1.2\text{m}^3/\text{h}$。它只适用于空气温度与相对湿度都比较低的地区的小型制冷系统。由于装置占地面积大、体积大、冷却效率不高等原因，除个别项目与绿化水景景观结合采用外，绝大部分空调系统已不采用自然通风循环冷却系统。

机械通风循环冷却系统，采用机械通风式冷却塔作为冷却水冷却的换热设备。系统原理如图 3.7-14 所示。从冷却塔存水盘取出的低温冷却水，经冷却水泵送入机组冷凝器，带走冷凝器热量后，进入到冷却塔中，经上部布水器（布水管）的喷淋孔流出后，均匀地布洒在冷却塔内的填料上，由冷却塔下部进入的室外空气对其冷却后，下落至冷却塔的存水盘。只要室外空气的湿球温度在规定的范围内，这个过程就能一直以稳定的效果运行下去。

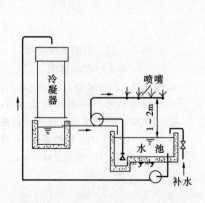

图 3.7-13　自然通风冷却循环系统

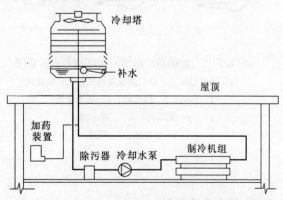

图 3.7-14　机械通风冷却循环系统

　　显然，与自然通风循环冷却系统相比，由于采用强制机械通风，因此冷却效率高、结构紧凑，尤其适用于占地面积受到较大限制的民用建筑空调系统。与直流式系统相比，其水量损失主要是直接蒸发冷却所必需的水蒸发量以及一定的出塔空气的飘水量损失。

　　2. 冷却塔

　　(1) 冷却塔的分类

　　1) 按通风方式分类：自然通风冷却塔、机械通风冷却塔、混合通风冷却塔和引射式冷却塔（无风扇冷却塔）。

　　2) 按冷却方式分类：直接蒸发式冷却塔、间接蒸发式（闭式）冷却塔和混合冷却式冷却塔。

　　3) 按水与空气的流向分类：逆流式冷却塔、横流式冷却塔和混流式冷却塔。

　　实际使用的冷却塔通常是上述几种分类方式的组合。目前使用最多的是逆流或横流形式的机械通风直接蒸发式冷却塔。应采用阻燃性材料制作的冷却塔，并符合防火要求。

　　(2) 冷却塔的特点

　　直接蒸发式（闭式）冷却塔结构示意见图 3.7-12，逆流式和横流式冷却塔结构示意见图 3.7 15，引射式冷却塔的结构示意如图 3.7-16 所示。这几种冷却塔的特点见表 3.7-3。

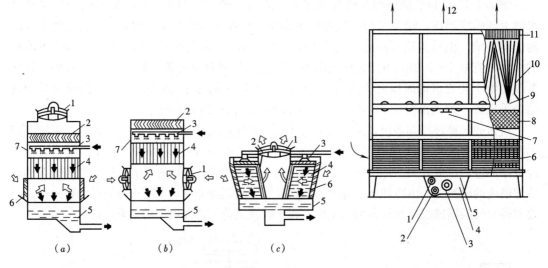

图 3.7-15　玻璃钢冷却塔不同结构形式示意图
(a) 逆流引风式；(b) 逆流鼓风式；(c) 横流式
1—风机；2—挡水板；3—洒水装置；
4—充填层；5—下部水槽；
6—百叶格；7—塔体

图 3.7-16　引射式冷却塔
基本原理示意图
1—溢水口；2—排水口；3—冷水出口；
4—手动补给水；5—自动补给水口；
6—进风口；7—热水出口管；8—散热
材料；9—喷管；10—扩散器；11—挡
水器；12—空气出口

　　3. 冷却水系统设计

　　冷却水系统设计的目的是给机组创造一个连续、可靠的运行条件，因此保证冷却水系统的合理配置十分必要。保证每台机组的冷却水流量和进水温度要求，是设计中两个最主要的关注点。后者通过冷却水换热系统来实现，前者则主要依靠设计人员构建合理的冷却水系统实现。本部分重点介绍采用直接蒸发式冷却塔的循环冷却水系统。

（1）集中空调系统的冷却水系统形式

冷却塔的特点比较

表 3.7-3

形式		主要特点比较					
		换热流程	换热段气流分布	防止气流短路	电气安装容量	进塔水压要求	平面尺寸
逆流塔	引风式	好	好	好	低	低	小
		说明：空气与水逆向流动，换热得到优化；换热段为负压，气流的分布较均匀；进出风口的高差较大，不容易形成出风气流的短路；塔体本身对空气形成了一定的自然对流作用，可以使得同样冷却风量下的风机容量有所减少；进塔水压要求较低，有利于减少冷却泵的扬程；平面尺寸较小有利于布置					
	鼓风式	较好	较差	较好	较高	低	小
		说明：空气与水逆向流动换热；换热段处于正压，气流的分布存在不均匀情况，且塔体内部略有热风再循环的情况出现；同样冷却风量下的电气安装容量比引风式高，进塔水压要求较低，有利于减少冷却泵的扬程；平面尺寸较小有利于布置；风机风压可加大适合于安装地点自然通风不良的场所					
横流塔		较好	好	差	较低	低	较小
		说明：空气与水交叉流动，换热效率低于逆流塔；换热段为负压，气流的分布较均匀；进出风口的高差较小，容易形成出风气流的短路；同样冷却风量下的风机容量略大于逆流塔；进塔水压要求较低，有利于减少冷却泵的扬程；平面尺寸相对较小有利于布置；出风口顶部不应有遮挡物以减少短路现象					
闭式塔		较好	较差	好	高	较高	较大
		说明：闭式系统有利于保持冷却水的水质；空气与水逆向流动，换热流程较好；换热段处于正压，气流的分布存在不均匀情况；进出风口的高差较大，不容易形成出风气流的短路；由于含有风机和蒸发水循环泵，电气安装容量大；冷却盘管阻力较大因而对进塔水压要求较高，导致冷却泵的扬程需求增加；平面尺寸相对较大，设备多、重量大。应用场所：对冷却水水质要求较严格的系统（例如水环式热泵系统等）以及冷却塔安装位置低于冷水机组的场所					
引射塔		较差	较差	较差	无	高	大
		说明：利用水喷雾形成的引射作用，诱导空气进入塔内与水进行热交换，因此不需要安装风机，运行噪声较低、稳定性好；出风口风速较低，上方稍有遮挡就容易形成出风气流的短路；由于要求的喷水流速较高，因此进塔水压要求高，冷却泵的扬程应加大；平面尺寸相对较大，设备多、重量大。应用场所：适用于小型空调系统					

所谓冷却水系统形式，主要指的是冷却水系统中设备及管道的布置与连接方式。系统形式是对于冷却水量分配的保证，尤其是由多台冷水机组所组成的空调水系统。

当冷却塔位置与冷水机组位置相距很近时（例如单独建设的制冷机房，冷却塔设置于制冷机房的屋面时），采用冷却塔与冷水机组一一对应的管道连接方式（见图 3.7-14），从保证冷水机组的水量稳定和可靠性来说，是一个较好的选择，因为每台机组的冷却水系统运行条件都能够独立满足。但是，大多数建筑中冷却塔的设置位置受到整个建筑和环境平面布置的限制和影响，出现冷却塔与机组相距较远的情况，如果一一对应连接，冷却水管道数量和需要占用的管道空间较多，在实际布置时存在困难。因此，通常采用冷却塔并联后通过冷却水供回水总管来向制冷机房提供冷却水的方式。冷却泵与冷水机组的连接，与冷水泵的连接方式相同（见图 3.7-8），其设计原则也是基本相同的。图 3.7-17 是一个由多台设备组成的典型集中空调冷却水系统原理图。

（2）冷却水系统的水温

集中空调系统的冷却水水温宜符合表 3.7-4 的规定。

冷水机组的冷却水进口水温及温差   表 3.7-4

冷水机组类型	冷却水进口最低温度 (℃)	冷却水进口最高温度 (℃)	名义工况冷却水进出口温差(℃)
电动压缩式	15.5	33	5
直燃型吸收式	—	—	5～5.5
蒸汽单效型吸收式	24	34	5～7

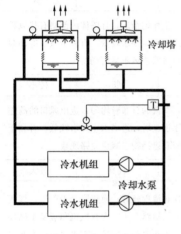

图 3.7-17　冷却水系统原理图

实际冷却水最高的进水温度，主要取决于冷却塔的性能。表 3.7-4 中对此的要求，目前的冷却塔都能满足，因此只要合理地选择冷却塔即可。但在全年运行过程中，按照设计工况点选择的冷却塔，随着室外气温（主要是湿球温度）的降低，出塔水温会下降。冷水机组的冷却水水温过低时，会造成电动压缩式制冷系统压缩比下降、运行不稳定、润滑系统不良运行，并出现停机保护；吸收式冷（温）水机组则出现结晶事故，也会引起停机保护，因此有必要采取一定的措施避免上述问题出现。通常有两种方法：旁通控制法和风机控制法。

1）旁通控制法。如图 3.7-17 所示，通过设定的冷却塔出水温度，控制供回水管之间的旁通阀，可实现上述要求。此方法与冷水系统的压差旁通控制法有类似之处，但水力工况不完全相同（详见下节）。

2）风机控制法。由设定的冷却塔出水温度直接控制风机的转速，能起到既保证需求又节省风机能耗的目的，是值得采用的较好的方法，且对于单台冷却塔和多台冷却塔并联的系统都是适宜的。对于后者，还可以采取控制风机运行台数的方法——适用于组合式冷却塔（一台塔配有多个风机）。

图 3.7-17 在每台冷却塔的进水管上设置了电动蝶阀，其目的是让冷却塔的运行与冷水机组的运行进行联锁——冷水机组运行时，对应的冷却塔进水管上电动蝶阀开启，同时风机运行进行冷却，保证每台冷却塔的冷却效果。这是一种比较常见的、较为可靠的运行方式。由于建筑部分冷负荷的出现都是与室外气候相关的，在只需要运行一台冷水机组时，由于冷却效率的提高，风机可降低转速运行。

（3）冷却塔的设置

1）对环境的要求

冷却塔作为换热设备，设计中必须考虑提供其优良的换热条件。冷却塔依靠室外空气进行冷却，其进风温度参数和风量需求是两个重要的参数。最合理的布置是：将冷却塔设置于较为空旷的室外场所或者屋面上。但在一些工程中，由于建筑外立面、环境景观等原因，将冷却塔进行了一些遮挡，对此需要进行详细的考虑和计算。以图3.7-18为例说明。

①进风风量保证措施。如图3.7-18所示，当遮挡物为实体墙时，为了保证风量，遮挡物与冷却塔边缘的间距应满足 $S \geqslant h_1$ 的要求，使得从上部进风的空气流通面积不小于冷却塔本身的进风面积。如果 $S < h_1$，则应在实体墙下部开设进风百叶，进风百叶的净面积不应小于冷却塔本身的进风面积。

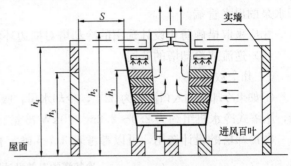

图3.7-18 冷却塔布置示意图

②进风温度保证措施。首先，冷却塔不应设置于有高温气体排放的环境之中。其次，防止冷却塔出风和进风之间的"短路"，以确保进风为100%的室外空气。因此，冷却塔出风口的上方一定的高度范围内，不应有影响排风的障碍物。除此之外，在图3.7-18中，如果冷却塔周边的围挡物为实体墙，则要求出风口与墙顶端的高差 $(h_2 - h_4) \geqslant h_1$；如果 $(h_2 - h_4) < h_1$，则同样应在实体墙下部开设进风百叶，进风百叶的净面积同样不应小于冷却塔本身的进风面积，且应保证 $(h_2 - h_3) \geqslant h_1$；上述两点都无法满足时，则建议在设置墙体进风百叶的同时，在冷却塔顶部设置气流隔离板（类似屋顶），如图3.7-18中虚线所示。

③供暖室外计算温度在0℃以下的地区，冬季运行的冷却塔应采取防冻措施，冬季不运行的冷却塔及其室外管道应能泄空。

2）防止抽空

多台冷却塔通过共用供回水总管与制冷机房相连接时，如果只需要运行部分冷却塔，因停止运行的塔无进水补充（进水管上的电动蝶阀关闭），该塔存水盘中的水位将有所下降，严重时会出现无水——"抽空"现象，导致空气进入冷却水系统之中。在冷却塔下方采用大容量的蓄水池可以解决问题，但会带来投资或者运行能耗较高的代价。可以采用以下任一措施：

①提高安装高度或者加深存水盘。由于冷却塔通过总管并联，如果存水盘的设计水位与总管顶部的高差大于最不利环路冷却塔回水至最有利冷却塔回水支管与总管接口处的设计水流阻力，则可杜绝抽空情况的发生。

②设置连通管。在每个冷却塔底部设置专门的连通管，将各冷却塔存水盘连通，利用水自然平衡特点解决上述问题。

3）设置位置及相关要求

除了远离高温气体排放的场所外，从水力工况上也应注意冷却塔的设置位置以及冷却水泵在系统中的连接方式。

①原则上，闭式塔可以在系统的任何位置设置。但由于系统封闭，必须考虑冷却水热膨胀的相关措施（与空调冷水系统类似，需要设置补水与膨胀装置）。

②开式冷却塔首先要求的是冷却塔存水盘的水面高度必须大于冷却水系统内最高点的

高度，否则当系统停止运行时，将有大量冷却水通过冷却塔存水盘溢水口溢出，不但导致水的浪费，更会使系统进入空气，而无法再次运行。当冷却塔存水盘与冷却水泵之间的高差较小时，为了防止水泵吸入口出现负压而进入空气的情况发生，应把冷水机组连接在冷却水泵的出水管端。

③应采取措施防止设计选用的冷却塔对周边环境的噪声污染。

（4）逆流式冷却塔的选用

1）几个数据

①如果冷却水的入口温度为32℃，冷却水量：吸收式冷水机组约为3.0～3.3m³/10kW冷量，压缩式冷水机组约为2.0～2.2m³/10kW冷量。

②冷却塔的设计选用，可以参考表3.7-5确定有关参数。

冷却塔的有关设计数据   表3.7-5

进出水温差	填料高度	淋水密度[m³/(m²·h)]
$\Delta t = 5℃$	$H = 0.8 \sim 1.0\text{m}$	$q = 15$
$\Delta t = 10℃$	$H = 1.25\text{m}$	$q = 12 \sim 13$

冷却塔的断面风速常采用1.5～3m/s，单位断面积淋水密度一般采用7～13m³/(m²·h)。

2）冷却塔的冷却能力

冷却塔的冷却能力可近似用下式计算：

$$Q_c = K_a \cdot A \cdot H (MED) \, (\text{kJ/h}) \qquad (3.7\text{-}1)$$

式中 K_a——冷却塔填料部分的总焓移动系数；

      H——填料层高度，m；

   MED——对数平均焓差，kJ/kg；

$$MED = \frac{(\Delta 1 - \Delta 2)}{\ln(\Delta 1 / \Delta 2)} \qquad (3.7\text{-}2)$$

$$\Delta 1 = h_{w1} - h_{s2} \quad \Delta 2 = h_{w2} - h_{s1}$$

式中 h_{w1}、h_{w2}——对应于t_{w1}、t_{w2}饱和空气的焓值，kJ/kg；

     h_{s1}、h_{s2}——对应于t_{s1}、t_{s2}饱和空气的焓值，kJ/kg；

     t_{w1}、t_{w2}——冷却水进出口的水温，℃；

     t_{s1}、t_{s2}——室外空气进出口的湿球温度，℃。

K_a可用下式计算：

$$K_a = C_1 \left(\frac{W}{A}\right)^{\alpha} \left(\frac{G}{A}\right)^{\beta} \qquad (3.7\text{-}3)$$

式中 W——冷却塔水量，kg/h；

     G——冷却塔风量，kg/h；

   α、β——系数，分别为0.45和0.60；

     A——冷却塔断面积，m²。

C_1的取值见表3.7-6。

C_1 系数值　　　　　　　　　　　　　　　　　表 3.7-6

填　料						试验结果
形　状	材　质	波间距 (mm)	波高 (mm)	水平间距 (mm)	总高 (m)	C_1
蜂窝板	树脂加工成的纸	—	—	20	0.15×4	1.22
				20	0.15×2	1.40
				20	0.15	2.24
波形板	塑料	16	15	—	0.3	1.67
		16	15		0.6	1.10
		16	15		0.15×4	1.60
		16	15		0.3	1.65
		22	15		0.3	1.45
		28	26		0.3	1.41

3）冷库用冷却塔

计算冷库用冷却塔的最高冷却水温的气象条件，宜采用按湿球温度频率统计方法计算的频率 10% 的日平均气象条件。气象资料应采用近期连续不少于 5 年，每年最热时期 3 个月的日平均值。

冷却塔供货商提供的设备样本均有相应的选型热力曲线图或机型选择表。

冷却塔的冷却能力与所处地区的气象条件密切关联，当冷却塔的实际使用气象条件与设备样本数据不同，而样本缺乏相应的选型资料时，则应进行修正。一般当大气压力在 101324～80000Pa 的范围内，选用冷却水流量处于所选型号的范围时，则采用的修正计算方法是进行实际 MED_s 值与样本 MED_y 值的比值计算，再得出冷却塔的实际冷却能力。即：

$$冷却塔的实际冷却能力 = \frac{MED_s}{MED_y}（冷却塔的样本冷却能力）\qquad(3.7\text{-}4)$$

最终计算结果要通过多次试算确定。

4）开式冷却水系统的补水量

开式冷却水系统的补水量包括：蒸发损失、飘逸损失、排污损失和泄漏损失。当选用逆流式冷却塔或横流式冷却塔时，空调冷却水的补水量应为：电制冷 1.2%～1.6%，溴化锂吸收式制冷 1.4%～1.8%。闭式冷却水系统补水量不宜大于循环水量的 1.0‰。

补水位置：不设集水箱的系统，应在冷却塔底盘处补水；设置集水箱的系统，应在集水箱处补水。

3.7.5　空调水系统的水力计算和水力工况分析

1. 空调水系统的水力计算和水力平衡

（1）流速与管径选择

在空调水系统设计中，厂家样本一般给出设备的水流阻力，也可以由设计者根据工程设计的实际要求提出要求，但管道和附件的阻力则主要取决于管道中的水流速（除需要自动控制的阀门外，其他附件通常采用与管道同口径连接）。合理控制设计水流速应符合两个原则：

1）控制系统的水流阻力——控制水泵的扬程和安装容量；

2）投资的合理性——管径过大，会导致占用空间较多、管道用材及相应的保温材料投资增加。

空调冷水管道的比摩阻宜控制在 $100\sim300Pa/m$ 之间，同时，还必须考虑到管道内最大流速超过 3m/s 时，会明显加快对管道和阀件的冲刷腐蚀的情况。当管道的绝对粗糙度采用 $K=0.0005m$ 时，管道水流速可按表 3.7-7 选用。

冷水管道流速表　　　　　　　　表 3.7-7

管径 DN	25	32	40	50	70	80	100
流速(m/s)	<0.5	0.5~0.6	0.5~0.7	0.5~0.9	0.6~1.0	0.7~1.2	0.8~1.4
管径 DN	125	150	200	250	300	350	>400
流速(m/s)	0.9~1.6	1.0~1.8	1.2~2.1	1.4~2.3	1.6~2.4	1.8~2.6	1.9~2.8

注：空调热水系统可以参照本表流速范围的低限值选择。

（2）水力计算基本公式

水力计算基本公式见式（1.6-1）。

局部压力损失是由于流体流向改变产生涡流及由于流通断面的变化等原因而造成的能量损失。从式（1.6-1）知，它与局部阻力系数 ζ 成正比，ζ 值是用实验方法确定的。同样，这种损失也与流体流速的平方成正比。因此，在设计空调水系统时，当管材确定后，合理地选择管径与流速以及良好地布置管路是非常重要的，这不仅涉及系统的经济性，有时会成为系统运行成败的关键。此外，管道内流体的密度 ρ 也影响着压力损失。当然，对一般空调系统而言，流动的介质总是水，但严格地说，因空调冷水与热水的密度不一样，冷水管道的单位长度阻力比热水管道大，只是常忽略不计而已。

根据基本计算公式，可以计算出系统内管道、设备和附件的水流阻力。对于闭式空调水系统来说，只要将按照上述计算的最不利环路阻力累加，就可以得到整个系统的水阻力，从而确定对应的水泵扬程。但在开式空调水系统中，水泵的扬程除了需要克服水流阻力外，还需要满足水的相对提升高度。

（3）空调冷（热）水系统的水力平衡

水力计算的目的有两个：一是为了确定合理的循环水泵扬程，需要对水系统最不利环路进行水力计算；二是通过调整管径，使得各末端环路在设计状态下实现水力平衡。

（4）空调冷（热）水系统的压力分布

了解空调水系统在停运与运行时系统各点的压力分布，对保证设备与管路安全，系统正常使用是非常重要的。对于高层建筑，它也是确定水系统方案的重要因素之一。表 3.7-8 说明了图 3.7-19 中水系统简图中各典型压力点的静压力值（以米计）。

由表 3.7-8 与图 3.7-19，可以得到如下认识：

水系统压力分析表　　表 3.7-8

水泵不运行时	水泵运行时
$p_A=h_1$	$p_A=h_1$
$p_B=h_1+h_2$	$p_B=h_1+h_2-AB$ 段阻力
$p_C=h_1+h_2$	p_C（泵出口）$=p_B-BC$ 段阻力+水泵扬程
$p_D=h_1+h_2$	$p_D=p_C-CD$ 段阻力
$p_E=h_1$	$p_E=p_D-h_2-DE$ 段阻力

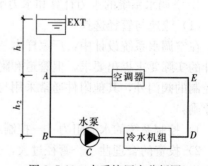

图 3.7-19　水系统压力分析图

1）膨胀水箱（EXT）接入点 A 处（定压点）的静压值，不管水泵是否在运行，总是等于膨胀水箱水面与 A 点之间的高度 h_1（m）。

2）水泵不运行时，系统中任一点的静压力等于该点与膨胀水箱水面之间的高度差。

3）水泵运行时，定压点 A 处与水泵吸入口之间管路（A-B-C）上任一点的静压值，等于该点的静水高度值减去从 A 点到该点管路的压力损失值；水泵出口处与 A 点之间管路（C-D-E-A）上任一点的静压值，等于水泵扬程与该点静水高度值之和减去从 A 点到该点管路的压力损失值。

4）影响系统中任一点压力的因素有三个，即静水高度值、水泵扬程以及从定压点到该点之间的管路压力损失。

5）如果将冷水机组置于水泵的吸入管路中，机组的承压值就与水泵的扬程无关。正因为如此，在高层建筑的水系统中，常将机组置于泵的吸入管路中，以减小机组的承压值。

（5）空调冷却水系统的水力计算与水泵扬程

1）闭式冷却塔系统

闭式冷却塔系统的水力计算与闭式空调冷热水系统完全相同。

2）开式冷却塔系统

需要特别注意的是：开式冷却塔系统在计算水的提升高度时，应从系统的最低静水水位为基准来计算：当设置有集中冷却水池时，应以水池的水位为计算基准；当冷却塔出水管直接与水泵相连接时，应以冷却塔存水盘的水位为计算基准点。

设计者要完全了解冷却塔的构造、尺寸，存在一定困难，大部分冷却塔样本中也没有标明水盘与冷却塔布水口之间的高差；同时，布水口的压力要求通常也不容易查到。但是，大部分冷却塔对进塔水压 H_t 都有明确的要求，H_t 值显然是对提升高度、布水管（口）水流阻力以及出口动压的一个综合反映，由此得出冷却塔存水盘与冷却水泵吸入口直接连接的冷却水系统阻力计算如下：

$$H = \Delta P + H_t (\mathrm{mH_2O}) \tag{3.7-5}$$

式中　H——冷却水系统阻力，m；

　　　ΔP——冷却水系统管路、设备及附件的总水流阻力，m；

　　　H_t——进塔水压，m。

2. 集中空调水系统的水力工况分析

进行空调水系统水力工况分析的目的是：1）研究水系统在不同工况下的运行特点和相关的运行参数；2）为空调水系统的自动控制系统设计提供基础依据；3）为空调水系统的运行管理提供指导性意见。因此，在进行水力工况分析之前，应该首先进行水系统在设计工况下的水力计算；同时，对水系统在不同工况下的运行特点和可能的状态有较为充分的了解和给出符合实际的设定条件。

（1）定流量冷水系统

如前所述，空调冷水系统分有"定流量"和"变流量"两种形式。在定流量水系统运行过程中，用户侧的总水量不能依照空调负荷的变化进行实时的主动控制，而是处于一种完全的自身被动适应状态。以图 3.7-3（b）所示的冷水系统为例（末端设置三通自控阀或

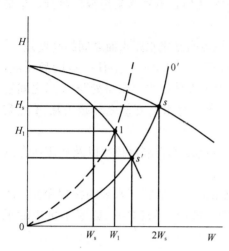

图 3.7-20　定流量冷水系统工况分析

者不设置任何控制阀），在系统运行过程中，管道系统的水力特性曲线除了随着冷源设备的运行台数变化外，不会发生实时的连续性变化。以设置两组设备（冷水机组、水泵和冷却塔均为两台）组成的系统为例，在水系统运行过程中，系统工作点的变化如图 3.7-20 所示。

系统设计工况下，两组设备均运行，系统的设计工作点为 s 点，单台水泵的流量为 W_s，扬程为 H_s（设计参数），系统性能曲线为 0-0′ 曲线。随着负荷的减少，当停止一台水泵时，对应的机组冷水管上的电动蝶阀关闭，使得冷水系统的阻力系数发生变化（系统曲线上升为 0-1 曲线，如虚线所示），因此系统的工作点为 0-1 曲线与单台水泵性能曲线的交点（1 点）。这时运行的水泵流量为 W_1，扬程为 H_1。

以下进行 0-1 曲线与 0-0′ 曲线的差别分析。

设机房侧单泵支路冷水的水阻力为 13m（冷水机组 7m、过滤器 3m、机房局部阻力 3m），用户侧冷水的水流阻力为 23m。假定：机房侧冷水的总流量阻力系数为 S_0，用户侧冷水的总流量阻力系数为 S_1，则有：

$$S_0 = \frac{13}{W_s^2} \tag{3.7-6}$$

$$S_1 = \frac{23}{4W_s^2} \tag{3.7-7}$$

由此计算出：

$$S_0 \approx 2.26 S_1 \tag{3.7-8}$$

对于 0-0′ 曲线上的任何点，有：

$$H_{0\text{-}0'} = \left(S_1 + \frac{S_0}{4} \right) \times W^2 \tag{3.7-9}$$

对于 0-1 曲线上的任何点，有：

$$H_{0\text{-}1} = (S_1 + S_0) \times W^2 \tag{3.7-10}$$

将式（3.7-8）代入式（3.7-9）和式（3.7-10），并计算得出：

$$\frac{H_{0\text{-}1}}{H_{0\text{-}0'}} \approx 2.08$$

根据上述关系式和水泵的性能曲线，可通过作图得到单台泵运行时的系统工作点（1 点）。

显然，单台水泵的运行流量超过了原设计流量，带来的结果是可能导致水泵电机过载。因此，采用该系统时，设计中应进行水力分析后，调整水泵所配电机的容量。

（2）冷却水系统

在图 3.7-17 所示的冷却水系统中，如果不采用冷却塔出水温度旁通控制方式，则其水力工况与定流量冷水系统的原理基本相同，只是由于停止一台冷水机组的同时，一台冷却塔进水电动蝶阀的关闭，使得系统的阻力系数进一步加大，因此单台运行时的曲线更高一些（单台泵的流量更接近 W_s）。

但是，如果设置了图 3.7-17 中的出水温度旁通阀控制，则随着旁通阀开度的增加，系统阻力系数逐渐减少，水泵超流量的情况将变得更为突出。

（3）压差旁通阀控制变流量冷水系统

以设置三台定速冷水泵的系统为例。当系统总供回水管的阻力系数相对于用户和机房侧的阻力系数可以忽略不计时，其工作点的变化如图 3.7-21 所示。

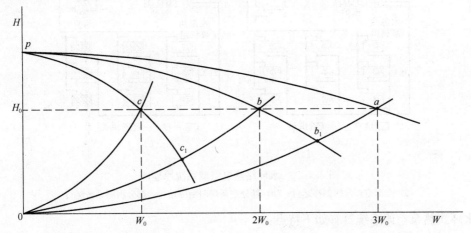

图 3.7-21 变流量水系统（压差旁通阀控制）工况分析

系统设计状态下，水泵同时工作，系统工作点为 a 点，单台水泵的流量为 W_0，扬程为 H_0（设计参数）。随着用户侧负荷的减少，末端温控阀关小，供/回水压差提高，但由于压差控制旁通电动阀的开启，此压差重新得到控制。换言之，只要水泵运行台数不变，系统的工作特性曲线就不会发生改变。当停止一台水泵（和对应的机组）时，水系统工作点将沿着系统特性曲线迅速"下滑"至与两台水泵工作曲线的交点（b_1 点），供/回水压差减少，旁通阀开始关闭。当旁通阀全关后，系统的稳定工作点达到 b 点，这时单台泵的工作参数恢复到设计参数。两台泵向一台泵转换时的情况相同。

由此可见，在设计合理的压差旁通阀控制的变水量冷水系统中，水泵的工作点（除转换刚开始后的短期不稳定点 b_1、c_1 之外）基本不发生变化，有利于水泵的长期高效、可靠工作。

对于一级泵变速控制方式，其水力工况与采取的控制方式有关，读者可自行分析。

3.7.6 水（地）源热泵系统

除了应用风冷式冷热水机组外，以水为冷、热介质的水（地）源热泵空调系统按冷（热）源类型分为水环式、地下水式、地埋管式和地表水式四类。

1. 水环式水源热泵系统

水环路热泵空调系统是小型的水-空气热泵机组的一种应用方式。利用水环路将小型的水-空气热泵机组（即水源热泵空调机组）并联在一起，构成一个以回收建筑物内余热为主要特点的热泵供暖、供冷的空调系统。

图 3.7-22 是典型的水环路热泵空调系统原理图，由图可见，该系统主要由室内水源热泵（水-空气热泵）；水循环环路；辅助设备［冷却塔、水—水换热器、加热设备（如锅炉）、水泵等］三部分组成。图 3.7-22（a）为全部空调房间制冷运行；图 3.7-22（b）为部分房间制冷运行，部分房间供暖运行。

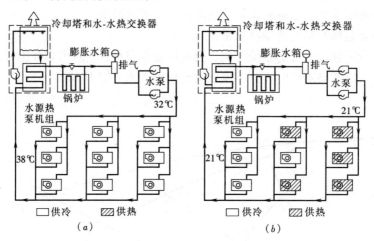

图 3.7-22 水环路热泵空调系统原理图
(a) 全部空调房间制冷运行；(b) 部分空调房间制冷运行、部分房间采暖运行

水环式热泵空调系统具有如下特点：

（1）调节方便。用户根据室外气候的变化和各自的要求，在一年内的任何时候可随意进行房间的供暖或供冷的调节。

（2）虽然水环路是双管系统，但与四管制风机盘管一样可达到同时供冷供暖的效果。

（3）建筑物热回收效果好。因此这种系统适用于有内区与外区的大中型建筑物，即适用于大部分时间内有同时供冷供暖要求的场合。

（4）系统分布紧凑、简洁灵活。由于没有体积庞大的风管、冷水机组等，故可不设空调机房（或机房面积小），从而增大了使用面积及有效空间；环路水管可不设保温，减少了材料费用。

（5）便于分户计量和计费。

（6）便于安装与管理。水源热泵机组可在工厂里组装，减少现场安装工作量；系统设备简单，启动与调节容易。

（7）小型的水源热泵机组的性能系数不如大型冷水机组。

（8）制冷设备直接放在空调房间内，噪声大。

（9）设备费用高，维修工作量大。

在设计水环路热泵空调系统时，应尽可能地符合下列规定：

（1）循环水水温，宜控制在 15～35℃。

（2）循环水系统应通过技术经济比较，确定采用闭式冷却塔或开式冷却塔；使用开式冷却塔时，应设置中间水-水换热器。

（3）辅助热源的供热量，应根据冬季白天高峰和夜间低谷负荷时的建筑物的供暖负荷、系统可回收的内区余热等，经热平衡计算确定。

（4）从保护热泵机组的角度来说，机组的水环管路的循环水流量不应实时改变。当建筑规模较小（设计冷负荷不超过527kW）时，循环水系统可直接采用定流量系统。对于建筑规模较大时，为了节省水泵的能耗，循环水系统宜采用变流量系统。为了保证变流量系统中机组定流量的要求，机组的循环水管道上应设置与机组启停联锁控制的开关式电动阀；电动阀应先于机组打开，后于机组关闭。

（5）水环热泵机组目前有两种方式：整体式和分体式。在整体式中，由于压缩机随机组设置在室内，因此需要关注室内或使用地点的噪声问题。

值得注意的是，水环热泵的循环水系统是构成整个系统的基础。由于热泵机组换热器对循环水的水质要求较高，适合采用闭式系统。如果采用开式冷却塔，也应设置中间换热器使循环水系统构成闭式系统。设置换热器之后会导致夏季冷却水水温偏高，因此对冷却水系统（包括冷却塔）的能力、热泵的适应性以及实际运行工况，都应进行校核计算。当然，如经开式冷却塔后的冷却水水质能够得到保证，也可以直接使用，这样可提高整个系统的运行效率。但如果开式冷却塔的安装高度低于系统内的任何一点水环热泵机组的安装高度，则应设置中间换热器，否则高处的热泵机组会"倒空"。

2. 地表水式与地下水式热泵系统

（1）地表水系统

江河湖水源地源热泵系统设计时，应符合以下要求：

1）应对地表水体资源和水体环境进行评价。地表水是一种资源，应取得当地水务主管部门的批准同意；当江河湖为航运通道时，取水口和排水口的设置位置应取得航道、水利、海事等主管部门的批准。水源热泵机组采用地表水作为热源时，应对地表水体资源进行环境影响评估，以防止水体的温度变化过大而破坏生态平衡。一般情况下，水体的温度变化应限制在周平均最大温升≤1℃，周平均最大温降≤2℃的范围内。

2）由于江河的丰水、枯水季节水位变化较大，过大的水位差除了造成取水困难外，输送动力的变化与增加也是不可小视的，所以要进行技术经济比较后确定采用与否。

3）热泵机组与地表水水体的换热方式应根据机组的设置、水体水温、水质、水深、换热量等条件确定。热泵机组与地表水水体的换热方式有闭式与开式两种：

当地表水体环境保护要求高，或水质复杂且水体面积较大、水位较深，热泵机组分散布置且数量众多（例如采用单元式空调机组）时，宜通过沉于地表水下的换热器与地表水进行热交换，采用闭式地表水换热系统。当换热量较大，换热器的布置影响到水体的正常使用时不宜采用闭式地表水换热系统。

当地表水体水质较好，或水体深度、温度等条件不适宜采用闭式地表水换热系统时，宜采用开式地表水换热系统，直接从水体抽水和排水。开式系统应注意过滤、清洗、灭藻等问题。

4）为了避免取水与排水短路，开式地表水换热系统的取水口应选择水位较深、水质较好的位置且远离排水口，同时根据具体情况确定取水口与排水口的距离，当采用较好流动性的江、河水时，取水口应位于排水口的上游；如果采用平时流动性较差甚至不流动的水库、湖水时，取水口与排水口的距离应加大。为了保证热泵机组和系统的高效运行，地表水进入热泵机组前，应采取过滤、清洗、灭藻等水处理措施。但需要注意的是，为了防止对地表水的污染，水处理措施应采用"非化学"方式，并符合环境的要求。

5) 在冬季有冻结可能的地区，闭式地表水换热系统应有防冻措施。

海水源地源热泵系统设计时，应符合以下要求：

①海水换热系统应根据海水水文状况、温度变化规律等进行设计。由于海水有一定的腐蚀性，沿海区域一般不宜采用地下水地源热泵，以防止海水侵蚀陆地、地层沉降及建筑物地基下沉等。开式系统还应控制使用后的海水温度指标和含氯浓度，对海水进行过滤、杀菌等水处理措施时，应采用物理方法，以免影响海洋的生态环境。

②海水设计温度宜根据近30年取水点区域的海水温度确定。

③开式系统中的取水口深度应根据海水水深温度特性进行优化后确定，距离海底高度宜大于2.5m；取水口应能抵抗大风和海水的潮汐引起的水流应力；取水口处应设置过滤器、杀菌及防生物附着装置；排水口应与取水口保持一定的距离。

④与海水接触的设备及管道，应具有耐海水腐蚀性能，应采取防止海洋生物附着的措施；中间换热器应具备可拆卸、易清洗的功能。

⑤闭式海水换热系统在冬季有冻结可能的地区，应采取防冻措施。

近年来，污水作为热源和热汇，也在空调系统中得到应用。一般来说，有条件时宜采用再生式污水源热泵系统。设计时，应考虑污水水温、水质及流量的变化规律和对后续污水处理工艺的影响等因素。

（2）地下水系统

地下水地源热泵系统设计时，应符合以下要求：

1) 地下水使用应征得当地水资源管理部门的同意。必须通过工程现场的水文地质勘察、试验资料，获取地下水资源详细数据，包括连续供水量、水温、地下水径流方向、分层水质、渗透系数等参数，以判定地下水的可用性。地下水的持续出水量应满足地源热泵系统最大吸热量或释热量的要求；地下水的水温应满足机组运行要求，并根据不同的水质采取相应的水处理技术措施。

为满足水质要求可采用具有针对性的处理方法，如采用除砂器、除垢器、除铁处理等。

2) 地下水系统宜采用变流量设计以尽量减少地下水的用量和减少输送动力消耗。并根据空调负荷动态变化调节地下水用量。但要注意的是，当地下水采用直接进入机组的方式时，应满足机组对最小水量的限制要求和最小水量变化速率的要求。

3) 地下水直接进入机组还是通过换热器后间接进入机组，需要根据多种因素确定：水质、水温和维护的方便性。水质好的地下水宜直接进入机组，反之采用间接方法；维护工作量不大时采用直接方法；地下水直接进入机组有利于提高机组效率。因此设计人员可通过技术经济分析后确定。

4) 应对地下水采取可靠的回灌措施（见图 3.7-23），确保全部回灌到同一含水

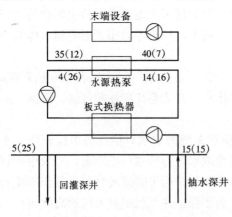

图 3.7-23 深井回灌水源热泵系统

层，且不得对地下水资源造成污染。为了保证不污染地下水，应采用封闭式地下水采集、回灌系统。在整个地下水的使用过程中，不得设置敞开式的水池、水箱等作为地下水的蓄存装置。

（3）地埋管式热泵系统（也称土壤源热泵系统）

土壤源热泵系统是指以土壤作为热源/热汇的水—水或水—空气热泵系统。由埋入地下的盘管换热器构成闭式系统，冬季从土壤取热，夏季将冷凝热散入土壤；当冬季土壤温度可能低于 0℃时，需要采用防冻液作为载冷剂，传输热量。

根据埋管方式的不同，地埋管换热器可分为水平式地埋管和垂直式地埋管两种。水平式地埋管换热器通常埋深为 1～2m，其寿命较长，初投资较低，但需要较大的场地，而且其性能受地面上空气温度的影响较大。垂直式地埋管换热器分为单 U 形管和双 U 形管两种。埋深约为 30～150m，由于此种深度的土壤温度比较恒定，故热泵机组的性能系数较高，而且占地面积较小，目前应用最广。

地埋管式热泵系统设计时，应符合以下要求：

1）应通过工程场地状况调查和对浅层地能资源的勘察，确定地埋管换热系统实施的可行性与经济性。

2）利用岩土热响应试验进行地埋管换热器设计，将岩土综合热物性参数、岩土初始平均温度和空调冷热负荷输入专业软件，在夏季工况和冬季工况运行条件下进行动态耦合计算，通过控制地埋管换热器夏季运行期间出口最高温度和冬季运行期间进口最低温度，进行地埋管换热器设计。由于岩土热响应试验需要较多的投入和较长的时间，因此适合于地埋管系统应用建筑面积为 $5000m^2$ 以上的空调系统。

3）采用地埋管地源热泵系统，埋管换热系统是成败的关键。埋管系统的计算与设计较为复杂，地埋管的埋管形式、数量、规格等必须根据系统的换热量、埋管土地面积、土壤的热物理特性、地下岩土分布情况、机组性能等多种因素确定。

4）地埋管换热系统设计应进行全年供暖空调动态负荷计算，最小计算周期不得小于1 年。在计算周期内，地源热泵地埋管系统的全年总释热量和总吸热量（单位：kWh）应基本平衡，两者的比值宜在 0.8～1.25 之间。对于地下水径流流速较大的地埋管区域，地源热泵系统总释热量和总吸热量可以通过地下水流动（带走或获取热量）取得平衡，因此对土壤热平衡的计算要求可以适当放宽一些。地下水的径流流速的大小区分原则：1 个月内，地下水的流动距离超过沿流动方向的地埋管布置区域的长度为较大流速；反之为较小流速。

5）应分别按供冷与供热工况进行地埋管换热器的长度计算。当地埋管系统最大释热量和最大吸热量相差不大时，取其计算长度的较大者作为地埋管换热器的长度；当地埋管系统最大释热量和最大吸热量相差较大时，应取其计算长度的较小者作为地埋管换热器的长度，并应增设辅助冷、热源，或与其他冷热源系统耦合运行。地源热泵系统与其他常规能源系统联合运行，也可以减少系统造价和占地面积，其他系统主要用于调峰。

地埋管系统全年总释热量和总吸热量的平衡，是确保土壤全年热平衡的关键环保要求。地源热泵地埋管系统的设计，决定系统实时供冷量（或供热量）的关键技术之一在于地埋管与土壤的换热能力。

3.7.7 空调冷热源设备的性能与设备选择

1. 冷（热）水机组

空调工程中常用的冷（热）水机组主要有以下类型：

1）螺杆式冷水机组；

2）离心式冷水机组；

3）蒸汽型溴化锂双效吸收式冷水机组；

4）直燃型溴化锂双效吸收式冷（热）水机组；

5）水源热泵式冷热水机组（既有离心式，也有螺杆式）；

6）风冷热泵冷（热）水机组。

活塞式冷水机组在目前的建筑空调工程中已经很少使用。

各种主要机组的性能与性能特点等具体有关内容详见本书第4章。

2. 冷却塔性能

国家标准《机械通风冷却塔 第1部分：中小型开式冷却塔》GB/T 7190.1—2018
适用于单塔冷却水量小于1000m³/h、装有淋水填料的逆流、横流机械通风开式冷却塔。
显然，该标准适用于绝大多数空调工程所采用的冷却塔，否则应采用符合《机械通风冷却
塔 第2部分：大型开式冷却塔》GB/T 7190.2—2018规定的冷却塔。

（1）冷却塔标准设计工况按使用条件分为标准工况Ⅰ和标准工况Ⅱ两类，见表3.7-9。按
其他工况进行设计时，必须换算到标准工况，设备表中按标准工况标记冷却水流量。

冷却塔标准工况　　　　　　　　　　　　　表3.7-9

标准设计	标准工况Ⅰ	标准工况Ⅱ
进水温度（℃）	37.0	43.0
出水温度（℃）	32.0	33.0
设计温差（℃）	5.0	10.0
湿球温度（℃）	28.0	28.0
干球温度（℃）	31.5	31.5
大气压力（kPa）	99.4	

（2）冷却塔的噪声

标准规定了标准工况Ⅰ冷却塔的噪声分为Ⅱ级、Ⅲ级、Ⅳ级，标准工况Ⅱ噪声为Ⅴ级
（最高）。名义冷却水流量为1000m³/h的冷却塔，最高噪声为78dB（A）、最低噪声为
65dB（A）；400m³/h的冷却塔，最高噪声为75dB（A）、最低噪声为59dB（A）；100m³/
h的冷却塔，最高噪声为75dB（A）、最低噪声为55dB（A）。因此，当建筑相邻有住宅楼
或环境要求高时，应选用噪声Ⅰ级的冷却塔。

（3）能效和飘水率

GB/T 7190.1—2018规定冷却塔的能效，一共分为5级，具体见表3.7-10。

冷却塔能效等级表（单位：kWh/m³）　　　　表3.7-10

能效等级	能效				
	1级	2级	3级	4级	5级
标准工况Ⅰ	≤0.028	≤0.030	≤0.032	≤0.034	≤0.035
标准工况Ⅱ	≤0.030	≤0.035	≤0.040	≤0.045	≤0.050

冷却塔的飘水率，应不大于名义冷却水流量的 0.010%。

(4) 阻燃性能

有阻燃要求的冷却塔，玻璃钢的氧指数应不小于 28%。

3. 冷（热）源设备的选择与配置

在工程设计中，设计人员既要了解选用设备的性能，更重要的是应针对实际工程的需求，并结合不同设备的特点，合理选择不同的冷（热）源设备形式、数量，在满足用户使用的前提下，一是要节约机房用地、节约系统初投资；二是要符合有关环境和消防规范、标准要求；三是要运行调节灵活，尤其是系统的部分负荷能效比要高，实现节能、节约运行费用。

(1) 使用工况

无论空调系统是全年使用，还是夏季制冷季节使用，由于室外气候的变化以及使用状况的变化，设备运行工况的性能必将随之产生相应的变化。同时，由于使用地点、环境等的变化也会导致设计条件与产品标准所规定的条件有所区别。因此，在提到空调冷热源设备性能时，对于设计人员来说最重要的一点是明确名义工况与实际工况的联系和区别。

无论是冷（热）水机组、冷却塔，还是热交换设备，它们的名义工况都是在一定条件下实现的。此外，设备一般都有一个允许的工作范围。换言之，在规定的工作范围内，设备能够运行并发挥较佳的功能。应当指出，设备在允许工作范围内工作时，其性能并不总是与名义工况相一致。

任何一个工况条件的改变都意味着机组的性能会出现变化，这是由换热设备（所有的空调设备都可以视为有不同环节所组成的换热设备）本身的特点所决定的。

例如：当冷水机组其他工况条件与名义工况相同，仅要求冷水出水温度为 5℃ 时，如果机组的蒸发温度不变，必然导致蒸发器的传热温差降低，使得换热量减少，机组此时的制冷量会小于名义制冷量；如果为了保证换热温差而降低机组的蒸发温度，则机组压缩机的压差加大，压缩机的效率将下降，在满足制冷量时，机组的整体制冷性能系数会降低。

如果要求的冷水温度大于 7℃，则上述结论正好相反。对于冷凝器也是同理：当冷却水进水温度高于 30℃ 时，机组性能低于名义工况；反之则高于名义工况。

当冷水和冷却水的应用条件同时变化时，问题就变得更为复杂。冷水温度的降低带来机组能效比下降，冷却水温度的降低则有利机组能效比的提高，当两者同时发生时，判断机组整体性能的变化，要依靠机组生产厂家的相关资料得到。

除了全年运行过程中设备的运行条件变化外，即使是在设计工况下，目前的大多数空调系统设计，其设备的运行条件也并不完全符合设备的名义工况。例如：当考虑到冷却塔的热交换能力时，一般设计将冷却塔的出水温度确定为 32℃（冷却塔的名义设计工况），显然高于冷水机组名义工况下的冷却水进水温度，如果直接按照名义工况来选择，实际工况下的机组能力无法满足要求。同样，在对于空调室外计算干球温度低于 35℃ 的地区，采用风冷式机组，其性能将优于规定的风冷式机组名义工况的性能。

因此，设计人员应该特别注意使用工况与产品名义工况的区别，根据实际应用条件，对所选择的产品进行合理的修正。修正应按照产品制造商提供的图表或其他资料进行。由于设计不能直接指定厂家，当设计人员无法确认修正方法或者修正系数时，最好的设计做

504 第 3 章 空 气 调 节

法是：在设备表中将与设计工况相关的条件全部列出，由设备投标的厂商根据设备表所列出的工况条件来承担对所投标设备的性能修正和提供相应的技术保证。

（2）系统空调负荷的特点

民用建筑的冷、热源设备一般在全年内的夏、冬季节运行，因此最好的设计方式是通过全年的负荷计算与模拟来得到建筑空调系统的分布规律与特点，同时提出相应的措施。至少应该进行典型设计日的空调负荷特点分析，并尽可能考虑到其全年可能出现的使用工况，根据各设备的特点，进行有针对性地选择。

以旅馆为主要功能的建筑，通常全天 24h 运行，客房的内部空调负荷所占比例有限，空调负荷受室外气候的变化影响较大，其典型设计日的空调冷负荷特点是：负荷曲线变化缓慢，波动平缓，全天各部分负荷率的时间频数（每一部分负荷率所对应的时间段）相差相对较小。因此对冷水机组的主要要求是：在满足尽量低的负荷率条件下，采用部分负荷性能较好的设备。

办公建筑全天使用的时间相对固定，内部负荷占有的比例较大，其空调冷负荷呈现出比酒店建筑波动较大的情况，特别是在上班与下班的时间分界点上，空调负荷变化剧烈——上班时间，负荷相对平稳（与酒店建筑相比）；下班时间，少用（或不用）空调。因此，既要保证上班时间的空调效果，还要保证夜间加班工作的空调运行节能。因此，设备数量的组合，以及高负荷率情况下的性能优异，成为办公建筑的重要选项。

对于一些发热量很大、热工性能很好以及空调精度要求较高的工艺性建筑，其全年供冷过程中的设备负荷率都比较高，因此对设备在设计工况点和高负荷区的性能要求，显然需要比办公建筑更为重视。相对来说其对于部分负荷较低时的设备效率的要求可以降低。

对于全年间歇性时段使用的建筑，例如展览馆、体育场馆等，其特点是使用时间相对短暂，空调冷负荷的变化比办公建筑更为剧烈，空调运行后很快达到（或接近）设计工况。因此，对设备在设计工况下的性能要求宜放在优先的地位。

（3）台数与容量的搭配

大部分空调系统的冷热源设备通常都是多台并联设置，因此在设计中就有设备台数与容量的搭配问题。从空调供冷的角度来看（供热的问题相对不突出），其中最重要的原则是：冷水（热泵）机组应能适应负荷全年变化规律，满足季节及部分负荷要求。机组不宜少于两台，且同类型机组不宜超过 4 台；当小型工程仅设一台时，应选调节性能优良的机型，并能满足最低负荷的要求。

理论上说，设备的台数越多，越能满足需求（单台容量越小），设备性能也能较充分发挥。但是，由于不同设备的特性不一样，在考虑了不同设备的性能系数之后，实际上并非如此。比如，离心机在大冷量情况下具有较高的 COP 值，而螺杆机在部分负荷情况下具有更好的性能。因此对于大型工程，这两者的结合是一个较好的组合。同时，设置机组的台数过多还会造成系统投资增加、占用机房面积较大、管理复杂等缺点。

假定建筑设计冷负荷为 Q_{max}，最小冷负荷为 Q_{min}，小机组的允许最低负荷率为 r，大机组的允许最低负荷率为 R。则从满足最低负荷要求和减少设置机组的数量上看，多台冷水机组的组合，可按照以下方式来进行：

1）小机组的设计制冷容量为 $Q_x = Q_{min}/r$；

2）单台大机组的设计容量为 $Q_d = Q_x/R$；

3）大机组的安装台数为 $n=(Q_{max}-Q_x)/Q_d$。

（4）电制冷机组的电压等级

随着建筑的规模越来越大，单台冷水机组的装机容量也越来越大。对于电制冷机组来说，目前比较常用的电机电压为 380V。当电机容量过大时，低压电机尺寸较大，且电流过大会导致电机线圈的损耗较大而影响电机效率。

因此，制冷量较大的压缩式冷水机组中，应用高压电机成为一种合理的选择。目前市场上有 6kV 和 10kV 两种高压电机产品。我国供电电网的电压一般有 22kV、10kV 等级，因此建议采用 10kV 的高压电机，可以减少建筑内变压器的安装总容量（采用 6kV 电机时，一般还需要设置 10kV/6kV 的变压器）。

当单台电动机的额定输入功率：大于 1200kW（工业建筑大于 900kW）时，应采用高压供电方式；大于 900kW 而小于或等于 1200kW（工业建筑大于 650kW，而小于或等于 900kW）时，宜采用高压供电方式；大于 650kW 而小于或等于 900kW（工业建筑大于 300kW，而小于或等于 650kW）时，可采用高压供电方式。

（5）多种复合能源

根据实际条件进行冷热源多样化的合理组合（例如上面提到了离心机与螺杆机的组合），对于运行节能将具有较大优势。例如，在热电厂附近或者有一定余热和废热的区域，采用吸收式冷水机组或者吸收式与压缩式联合工作，或者在各部分负荷条件都比较稳定时，采用冷热电联供技术，都有较好的应用实例。

在一些空调冷负荷大而热负荷较小的南方地区，采用大型水冷机组与风冷热泵式机组组合也是在工程中得到广泛应用的方式。夏季由水冷机组提供主要的空调冷源，并辅以风冷机组来满足建筑部分冷负荷的需求；冬季则利用其室外温度相对较高（与北方地区相比）、风冷热泵机组供热 COP 较大的优点，由风冷热泵提供全部供热热源。

应用土壤源热泵系统，也常常存在多种冷热源的组合方式。由于地埋管的换热能力有限，以及考虑土壤全年热平衡的原因，当空调系统夏季向土壤的排热量远大于冬季从土壤中的取热量时，常设置辅助冷却塔；反之，则采用辅助热源（如锅炉、城市或区域热网等）来满足冬季取热量的不足。

（6）热泵蓄能耦合供冷供热系统

利用热泵蓄能耦合系统实现建筑的供冷供热，可提高建筑的可再生能源利用率、降低建筑能耗，同时通过电力移峰填谷，有利于降低系统的运行费用，有利于实现电网的平衡调度，在我国建筑空调系统中具有较好的应用前景。

空气能和地热能是热泵蓄能系统常用的两种可再生能源形式，有关内容见本书第 4.7.4 节。

3.7.8 空调水系统附件

1. 补偿器

此部分见第 1 章的有关内容。

2. 水质指标与水处理设备

对于目前常用的开式冷却水系统，由于水与空气的接触、水的蒸发等原因，导致水中溶解氧含量达到饱和、钙离子析出结垢以及灰尘、杂质的增加乃至微生物的滋生等，将分别产生对金属管道的电化学腐蚀、影响换热器传热等问题。对于闭式冷、热水系统中，由于水温的变化，以及系统的补水，也容易产生溶解氧较高和结垢的情况。因此，不论开式还是闭式水系统，都应该考虑适当的水处理措施。

（1）水质标准

1）冷却水的水质

冷却水水质执行的是《采暖空调系统水质》GB/T 29044—2012 的要求，集中空调开式循环冷却水系统水质要求见表 3.7-11。该标准还规定了闭式循环冷却水系统、蒸发式循环冷却水系统的水质。

集中空调开式循环冷却水供水系统水质要求 表 3.7-11

检测项	补充水	循环水	检测项	补充水	循环水
pH（25℃）	6.5～8.5	7.5～9.5	总铁	≤0.3	≤1.0
浊度（NTU）	≤10	≤20 / ≤10（当换热设备为板式、翅片管式、螺旋板式）	NH₃-N（mg/L）	≤5	≤10
电导率（25℃）（μs/cm）	≤600	≤2300	游离氯（mg/L）	0.05～0.2（管网末梢）	0.05～1.0（循环回水总管处）
钙硬度（以 CaCO₃ 计）（mg/L）	≤120	—	COD_{Cr}（mg/L）	≤30	≤100
总碱度（以 CaCO₃ 计）（mg/L）	≤200	≤600	异氧菌总数（个/mL）	—	≤1×10⁵
钙硬度＋总碱度（以 CaCO₃ 计）（mg/L）	—	≤1100	有机磷（以 P 计）（mg/L）	—	≤0.5
Cl⁻（mg/L）	≤100	≤500			

注：当补充水为地表水、地下水或再生水时，应对本指标进行检测与控制。

2）空调循环水的水质标准

国家标准《采暖空调系统水质》GB/T 29044—2012，有关集中空调冷水系统水质指标要求具体见表 3.7-12。该标准还规定了蒸发循环冷却水系统水质要求和采用散热器的集中供暖系统水质要求。

集中空调循环冷水系统水质要求 表 3.7-12

检测项	单位	补充水	循环水
pH（25℃）	—	7.5～9.5	7.5～10
浊度	NTU	≤5	≤10
电导率（25℃）	μS/cm	≤600	≤2000
Cl⁻	mg/L	≤250	≤250
总 Fe	mg/L	≤0.3	≤1.0
钙硬度（以 CaCO₃ 计）	mg/L	≤300	≤300
总碱度（以 CaCO₃ 计）	mg/L	≤200	≤500
溶解氧	mg/L	—	≤0.1
有机磷（以 P 计）	mg/L	—	≤0.5

（2）水处理方法

空调冷水与空调冷却水的处理方法有两大类，即物理水处理法与化学水处理法。

1）物理水处理法

目前，市场上水处理装置很多，主要有内磁型水处理器、电子型水处理器，它们的工作原理是装置产生的磁场或电场改变了水分子的物理结构，使水中的钙镁离子无法与碳酸根结合成碳酸钙和碳酸镁，从而达到防垢效果。同时，它们又能破坏垢分子之间的结合力，改变其晶体结构，使垢物疏松、剥落达到除垢目的。

物理处理装置使用简单，无需保养、管理，也不占机房面积，在中小工程中应用广泛。

2）化学水处理法

化学水处理法是利用在水系统中添加化学药物，进行管道初次化学清洗、镀膜，达到缓蚀、阻垢、灭菌灭藻的目的。

水处理的投放药物应根据当地的水质情况，按照国家有关标准的规定实施，并应定期进行水质分析，随时调整药物成分与剂量。加药的方法有以下几种：

①膨胀水箱内投药

在水系统设计时未考虑化学水处理，在经过实际运行后认为需要时，采用这种投药方法。这种方法虽似简单，但其缺点也是明显的。由于膨胀管内的水是不流动的，溶解在膨胀水箱、膨胀管内的药物不易融入整个水系统中，因此，加药过程系统需要放水、充水，有时需要放空气，所以也比较麻烦。

②加药罐旁通加药

图 3.7-24 是在系统中利用加药罐旁通的一种加药方法。每次投入加药罐内的药物通过旁通流量，可很快融入整个水系统中。加药罐的大小可与水处理公司商定。

③自动加药装置

自动加药装置是由水处理公司提供的一种较先进的加药设备，它包括溶液箱、自动加药泵、控制器、单向阀等。自动加药泵为隔膜式泵，它以脉冲方式向水系统注入药溶液，泵的压头可以根据接入点的系统压力选择。控制器用于实行 24h 内任意时段的自动计量加药。当溶液箱中的液面过低时，会发出报警。止回阀可控制药液只能进入系统而不能反向流出。

这种自动加药装置与空调水系统的连接见图 3.7-25，并应注意以下几点：

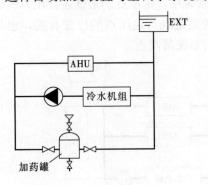

图 3.7-24 加药罐旁通加药

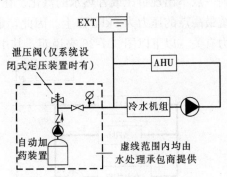

图 3.7-25 自动加药装置

（a）加药装置应安装在操作、管理方便之处；

（b）加药装置宜接在系统压力较低的管路上，这样可使所选配的加药泵的出口压力小些；

（c）对于设置开式膨胀水箱的水系统，如加药泵的出口压力选得过大，是不会影响水系统的承压能力的，因过量的水会通过膨胀水箱的溢流管排出，定压水面变化不大。对于设置闭式定压装置的水系统，虽定压装置上会有泄压措施，但为系统安全，自动加压装置的出口管路上应加泄压阀，可避免因加压泵出口压力选得过大，定压装置的泄压措施失灵，而使系统有超压的危险。

自动加药的优点是能连续不断、均匀地将药物注入水系统中，使系统中的药剂浓度始终比较均匀，水质更加稳定。

对于采用管壳式冷凝器的冷水机组，宜设置自动在线清洗装置。自动在线清洗装置可以实时有效降低冷凝器的污垢热阻，防止机组冷凝温度因冷凝器的结垢而提高，对于保持冷水机组较高的制冷系数是有利的。目前的在线清洗装置主要有清洁球和清洁毛刷两大类产品，在应用中各有特点，设计人员宜根据冷水机组产品的特点合理选用。

3. 定压设备

常用的定压设备主要有开式膨胀水箱和闭式气体定压罐。

（1）设备特点

1）膨胀水箱

膨胀水箱的优点是：结构简单、造价低、对系统的水压稳定性极好（静水位定压）、补水控制方便，是设计时优选的定压设备。缺点是：设置位置必须高于系统的最高点（在寒冷和严寒地区，要注意水箱间的防冻问题），且由于与大气有直接接触，对系统水质略有影响。

2）气体定压罐

气体定压罐通常采用隔膜式，因此空气与水完全分开，系统水质能得到较好的保持；同时，其闭式定压的原理也使得它的设置位置可以不受系统高度的限制，通常可设置在冷、热源机房内。但其缺点是压力的波动较大，造价相对较高，因此适用于无法正常设置膨胀水箱的系统之中。

定压设备的有效水容积计算与供暖系统相同。

（2）定压点及压力

所谓定压点，即定压设备与水系统的连接点。定压点确定的最主要原则是：保证系统内任何一点不出现负压或者热水的汽化。在空调水系统中，定压点的最低运行压力应保证水系统最高点的压力为 5kPa 以上。因此，定压点的确定既与定压点的位置有关，也与定压压力有关。以下以图 3.7-26 来说明，其中 A 点为系统最高点。

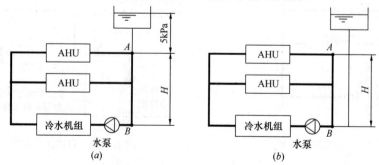

图 3.7-26 闭式水系统的定压
（a）定压点设于系统顶部；（b）定压点设于水泵入口

采用图 3.7-26（a）的方式是最常见的，其特点是稳定可靠。该方式对最低定压压力的要求为：$P_{Amin}=5kPa$。

图 3.7-26（b）的方式也是常用方式之一，其对最低定压压力的要求为：

$$P_{Bmin} = H + 5 - \Delta H_{AB}(kPa) \tag{3.7-11}$$

式中　ΔH_{AB}——设计状态下，从 A 点到水泵吸入口 B 点的水流阻力，kPa；

　　　　H——系统最大高差（折算为压力单位 kPa）。

在配置有风冷型冷（热）水机组的系统中，定压点的位置尤应引起重视，系统的典型简图如图 3.7-27 所示。由于机组与水泵一般位于屋面，膨胀水箱与回水总管的高差 h_1 往往只有 2~3m。如果定压点接在 A，则 A 处的静水压力为 h_1 米水柱，若 Y 形过滤器未得到及时清洗，当其阻力大于 A 点处的静压值时，过滤器后至水泵入口之间管段就出现负压，这种情况在工程中已有发生。为了防止出现负压，应将定压点接到水泵入口，则在水泵入口处可

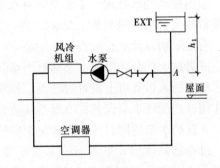

图 3.7-27　热泵机组典型水系统图

保持 h_1 高水柱的静压，也是系统运行时管路中的最小静压值。

4. 阀件及水过滤器

（1）手动阀（闸阀、截止阀、蝶阀、调节阀、平衡阀）和止回阀

设置手动阀的目的有两个：一是系统初调时用，二是为了维护管理的关闭用。

由于阀门结构方面的原因，闸阀、截止阀基本上不具备调节能力，因此它们大多用于只需要开/闭的场所。在系统中它们基本上处于常开状态，只是系统检修需要时关闭。从结构上看，截止阀的密闭性优于闸阀，但截止阀尺寸也大于闸阀，因此通常在大管径上采用闸阀，小管径采用截止阀。

蝶阀具有一定的调节能力，其调节性能接近于线性，且尺寸很小，但关闭的严密程度不如闸阀与截止阀（尤其是小管径）。因此，在一些大管径场所，蝶阀有替代闸阀的趋势；在一些需要一定调节能力要求的小管径场所，它也可以替代调节阀。

调节阀的阀芯通常近似锥形结构，具有较好的调节能力，对于需要流量调节（如初调试）的场所，采用它是比较合理的。其外形尺寸与同口径的截止阀相当，价格略贵。

手动平衡阀一般具有良好的调节特性（锥形或柱形阀芯结构）。同时，它通常与显示仪表配套，能够比较精确地读出当前开度下的阀门流量，一些阀还具有调整完成后的开度锁闭功能。因此手动平衡阀目前的应用较多。

止回阀防止水流反向，且有效防止水击现象发生，并联泵系统水泵出口均需设置止回阀。止回阀有旋启式止回阀、升降式止回阀（立式和卧式两种）、静音止回阀（流体阻力小）和对夹蝶式止回阀。空调工程中宜采用体积小、流体阻力小的对夹蝶式止回阀，当管道公称直径≥DN300 时，宜采用对夹蝶式缓冲止回阀。近年新推出的还有三合一止回阀（集止回阀、闸阀、平衡阀于一体）。

由于任何阀门的设置都是以增加水流阻力为代价的，特别是调节阀、平衡阀等全开阻力较大的阀门，应该按照合理的需求进行设置。合理需求的条件是：首先应该进行详细的系统水力计算，通过调整管径、管道长度以及设备的阻力力求实现系统自身的水力平衡。只有当计算调整无法实现 15％ 的不平衡率要求时，才考虑设置相应的调节与平衡阀门。一般来说，在最不利环路上，应尽可能减少调节用阀门的设置，否则会导致水泵的扬程增加，不利于节约运行能耗。

（2）水过滤器

前面提到的水处理，主要是针对水中所含有的各种化学离子、对水本身进行处理以保持其特性为目标来进行的。除此之外，为了避免安装过程的焊渣、焊条、金属碎屑、砂石、有机织物以及运行过程中冷却塔填料脱落等异物进入水系统，防止管路和系统设备受堵，或者过大的杂质导致水泵运行损坏，确保系统正常运行。因此，设计中还应在水泵或冷水机组的入口管道上设置过滤器。特别在系统初运行阶段，它对保护设备起着十分重要的作用。当循环水泵设置在冷凝器或蒸发器入口处时，该过滤器可以设置在循环水泵进水口，在保护水泵的同时保护冷水机组的换热器。

过滤器具体形式见本书第 1.8.5 节，广泛应用的是 Y 形过滤器，T 形导流过滤器因阻力小、节约空间而具有扩大应用的态势，二者都适合安装在水平与垂直管路上。应注意过滤器的滤网孔径选择。孔径过大，过滤效果欠佳；孔径过小，极易受堵。工程中常发现因孔径不合适，导致换热设备或滤网需频繁清洗的情况。

根据过滤器安装位置，过滤器滤网推荐的网孔尺寸如下：

水泵前 3～4mm；空调机组、新风机组进口 1.5～2.5mm；风机盘管进口 1.0～1.5mm；仪表阀门进口 0.6～1.25mm；管路粗（精）过滤器 2.0～3.15（1.0～1.5)mm。

5. 软接头

软接头通常用于水泵、冷水机组和其他振动设备的接口处，防止设备通过水路系统传振。目前常用的主要是橡胶制品和金属制品两种，前者的隔振性能优于后者。但应注意的是：采用橡胶软接头时，由于软接头具有一定的变形，会形成类似波纹管补偿器的推力（由于两个不同流通截面积引起）。当系统的工作压力较大时，推力值可达到数吨的数量级，此时应采取一定的补偿措施。

3.7.9 冷热源机房设计

1. 机房尺寸

机房尺寸与设备总容量、设备台数、设备布置方式以及设备形式都密切相关。同时，还应考虑到设备的日常操作、检修和维护的需要，一般来说，检修、操作和维护面的净尺寸不宜小于 1m；对于如冷水机组等要求抽管检修的设备，其检修空间长度应大于抽管长度。

（1）制冷机房

采用离心式冷水机组时，机房面积为 0.08～0.12m²/kW（制冷量）。

采用螺杆式冷水机组时，机房面积为 0.09～0.13m²/kW（制冷量）。

采用吸收式冷水机组时，机房面积为 0.15～0.2m²/kW（制冷量）。

机房的净高度要求主要与机房总制冷量和管道的布置方式有关。通常较大型的制冷机房的管道占用空间在 1～1.5m，同时还要考虑其他机电系统的管道和设施（如给排水管道、电缆桥架等）。管道下至少还要留出 2m 以上的人员通行和检修空间。

（2）换热站

采用板式换热器时，换热站面积为 0.05～0.1m²/kW（供热量）。

采用壳管式换热器时，换热站面积为 0.1～0.2m²/kW（供热量）。

换热站的净高度确定原则与制冷机房相同。从平面位置上看，换热站宜靠近制冷机房，有利于管道布置、运行管理和工况的切换。

2. 机房的技术要求

（1）运输、安装与就位

由于主机和有的附属设备的尺寸与重量较大，因此必须考虑它们初次和以后更换时出入设备房需要的孔口与通道。尤其是位于地下的设备机房，除了与土建工种协商设备初次进入地下室的合适时间外，还应考虑大部件或整体设备更换时的一些问题，包括预留孔口位置、运输通道对涉及房间功能的影响程度；起吊设备要求的配合内容，如楼板承载能力，必要的预埋件等。

当设备需要在楼板上水平运输时，运输通道的楼板的结构设计承载力应满足设备运输荷载的需求。

（2）机房通风

机房通风参见本书第 2 章的有关内容。

（3）机房隔声和减振

冷、热源机房必须考虑隔声和减振措施，尤其是当机房设于建筑的中间楼层或屋面层时，对此问题应高度重视。

在隔声方面，主要是要求建筑专业做好机房围护结构的隔声处理，如墙面贴吸声材料等措施。特殊情况下，机房内还要求作吸声体进行吸声。

有较大振动的运行设备（如水泵、冷水机组），除前述的采用软接头进行管道连接外，还应仔细考虑设备的减振措施，如采用减振台座、减振器等。

具体做法见本章第 3.9 节的内容。

（4）给水排水设施

设备机房应有排水措施。设备机房中的许多设备在运行、维修过程中可能会出现漏水（如水泵）或需要放水。为使房间内保持干燥与清洁，应设计有组织排水。通常的做法是在水泵、冷水机组等四周做排水沟，集中后排出。在地下室常设集水坑，再用潜水泵自动排出。

除了排水设施外，空调系统一般还需要补水，因此需要设置相应的给水管道、水表和装置。

3. 机房安全要求

应按照相关规范和技术措施的要求设置。尤其是对于有可燃气体或液体的机房（如直燃机房、燃油燃气锅炉房等），在泄爆面积、围护结构耐火等级、通风系统的防爆、燃气报警等安全设施方面应符合相关的法规要求。

4. 运行管理要求

运行管理要求是设计的出发点之一，它既与机房设计也和整个建筑的空调系统的设计和运行密不可分。应考虑的主要因素包括：建筑空调的使用方式和不同房间的空调使用时间、季节性运行方式、系统运行管理人员的配置、维修保养工作的安排、机电系统和楼宇系统自动化要求的程度以及日常的值班、维修等房间的设置情况。

运行管理应符合现行国家标准《空气调节系统经济运行》GB/T 17981 和《空调通风系统运行管理规范》GB 50365 的要求。

高效机房建设的要求将促使物联网＋AI 技术在机房管理、运维中的应用增多。

（1）机房值班室的位置应方便值班人员进出检视设备运行情况。它的观察窗大小应能使值班人员有很大的视角进行机房观察，观察窗要有良好的隔声性能，必要时可设双层窗。若考虑到人员在内逗留时间较长，可为值班室送新风，但应做好消声、隔声处理，以减小机房内的设备噪声通过值班室围护结构上的孔口或其他途径传入室内。

（2）机房的工作环境一般较差，尤其是地下室内配置溴化锂吸收式冷水机组的机房，由于机体的部分表面温度很高，当绝热层出现问题时，会加大散热量；开式离心型冷水机组的电动机散热量不像封闭式那样由制冷剂冷却，最终被冷却水带走，而是散在机房内。如果对这些热量估计不足，或因通风量加大有困难，或室外空气温度高于通风温度的持续时间较长，造成机房室温过高，常超过 40℃。在这种情况下，在机房设空调送冷，使室温降到可接受值，应该是一种切实的方案。应注意的是，此热量是显热量，在配置空调设备时，也应以其显热冷量而不是全热冷量来消除这部分余热。

3.8　空调系统的监测与控制

3.8.1　基本知识

1. 概述

制冷空调系统由空气加热、冷却、加湿、去湿、空气净化、风量调节和空调用冷、热源等设备组成。在日常运行中，需要对这些设备进行监测与控制，使得其运行参数与实际需求一致或基本一致。

制冷空调系统中需要监测与控制的参数主要有空气的温度、湿度、压力（压差）等。在冷、热源方面主要是冷、热水温度和蒸汽压力，以及冷、热水的流量和供、回水干管的压力差等。自动控制系统要能够对这些参数进行自动调节，使之保持在设定值附近。在对这些参数进行控制的同时，还要对主要参数进行集中显示、记录、打印，并能监测各设备的运行状态。对于系统中具有代表性的参数，除了要进行集中显示以外，还应当在现场便于观察的地点就地显示，随时向工作人员提供系统运行情况的数据。

在制冷空调系统中，一些设备的启动、停止具有特定的次序。自动控制系统要能够根据这些设备的特性和相互关系，以正确的次序启动及停止这些设备，并提供必要的电气联锁，防止误操作造成设备事故。

在季节转换时，自动控制系统要能够自动适应，相应转换运行状态。

在设备发生故障时，自动控制系统要能够显示并记录故障设备及其状态，及时隔离故障设备，停止其运行，做好设备的安全保护工作；同时启动备用设备，将故障的影响降至最低程度。在有条件的时候，在自动控制系统中可以考虑设置系统或系统中主要设备的故障诊断功能。

制冷空调系统的能耗在建筑能耗中占有相当的比例。自动控制系统要能够显示各主要设备的能耗情况并进行记录、累积和打印，并提供多种查询方式，以供日后分析。

制冷空调自动控制系统有两种不同的形式，即集中监控系统和就地控制系统。如果系统的规模很大，系统中设备的数量和种类都很多，系统的各个组成部分在空间上分布较远，但是在功能上互相关联，为了便于系统工况的转换和运行，合理利用能量，减少日常的维护工作量等，一般应当考虑采用集中监控系统；反之，如果工艺或使用条件对室内参数波动范围有一定的要求，但是又不具备采用集中监控系统的场合，可以考虑采用就地控制系统。

集中监控系统中的设备运行联动、电气联锁等功能应当集成在集中监控系统中来实现。当采用就地控制系统时，这些功能既可以作为控制系统的一部分，也可以单独设置。

2. 自动控制系统

制冷空调自动控制系统一般都是反馈控制系统。所谓反馈，就是将系统的输出量引回来作用于系统的控制部分，形成闭合回路，这样的系统称为闭环控制系统，也称为反馈控制系统。

在反馈控制系统中，被控对象的有关信息被获取以后，通过一些中间环节，最后又作用于被控对象本身，使之发生变化。这样，信息的传递途径是一个闭合的环路。在这个闭合的环路中，除了被控对象以外，还有实现控制的设备，称为控制器，以及获取被控对象有关信息的设备，称为传感器。图 3.8-1 是反馈控制系统的方框图。

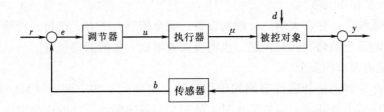

图中：

r：设定值；μ：执行器输出；d：干扰；e：偏差；y：受控变量；

u：调节器输出；b：受控变量测量值。

图 3.8-1 反馈控制系统

根据输入量变化的规律分类，反馈控制系统可以分为恒值控制系统和随动控制系统两大类。

（1）恒值控制系统

恒值控制系统的特点是：系统的输入量（设定值）是恒量，并且要求系统的输出量（受控变量）相应地保持不变。这类系统所需要解决的主要问题，是克服各种能够使受控变量偏离设定值的扰动的影响。控制的任务是尽快地使受控变量恢复到设定值。如果不得已而残留一些误差，则误差应当尽可能小。

恒值控制系统是制冷空调自动控制系统中最常见的一类，如恒温控制系统，差压控制系统等。

（2）随动控制系统

随动控制系统的特点是：输入量是变化的（可能是有规律的变化，也可能是随机变化），并且要求系统的输出量能够跟随输入量的变化而作出相应的变化。

在制冷空调自动控制系统中，应用随动控制系统的场合不多。

3.8.2 空调自动控制系统的应用

1. 设置空调自动控制系统的目的

(1) 满足人员舒适性和生产工艺的实时要求

设置空调系统的主要目标：一是室内人员的舒适性，二是满足工艺需求的室内环境。因此，空调自动控制系统必须紧紧围绕上述两个主要目标来运行。由于空调工程是立足于系统的能力进行设计（按照最大的需求来设计和实施空调系统），但随着使用方式、室外气候等多方面的变化，建筑空调系统的实时"输出"能力，需要与建筑空调时间的实时需求相匹配，才能确保室内环境和空调参数能够实时的处于需求的范围。

(2) 节省能源

应在满足需求的条件下，充分提高能源的利用效率，节省整个空调系统的运行能耗。因此，要结合各种空调系统以及建筑本身的特点，采取最合理的控制措施。

(3) 改进运行管理

一般来说，运行管理的以下目标应是空调自动控制系统设置的基本出发点。

1) 设备的安全运行

任何设备的运行工况条件都是有限的，超过规定的限制范围时，会导致设备运行工况恶化，减少设备使用寿命甚至对设备带来严重的损坏。

2) 降低人员操作强度

建筑空调系统中，存在大量、分散的设备，完全依靠人工方式进行运行管理，显然无法实现最优化的运行策略和实时控制，也将极大地增加人员的劳动强度。

3) 保证室内人员的安全

无论是工艺空调还是舒适性空调的民用建筑，内部的一些空调通风系统具有联动特性，一旦某个环节出现问题，需要防止对人员安全与身体健康不利的现象发生。

4) 提高空调系统的可靠性与可调性

按照最大能力设计安装的空调系统，如何实现最大的可调能力且使得空调系统能够最可靠的运行，始终是空调自动控制系统优化的目标。

新风机组、空调机组、冰蓄冷系统冷冻水侧换热器和冷却塔等设备或管路为防止冬季冻结现象发生没有防冻设施时，应设防冻保护控制。

2. 空调自动控制系统的主要内容

(1) 参数的自动检测与控制

空调系统（包括通风系统）中，需要检测及控制的参数通常包括：温度、湿度、风量、水量、压力或压差等。不同的控制参数与控制环节和控制元器件及设备的选择也是不同的。

(2) 设备运行控制

通过对各种空调设备的运行状态监测和设置相应的控制策略（例如：时间控制、变速控制等），使单台设备的运行满足需求、多台设备进行启停状态的有机组合（设备群控），充分发挥设备的能力，提高设备运行效率。设备运行控制还包括：对设备进行远距离的启停控制，以减少人工就地启停的工作量，提高工作效率。

(3) 运行工况的自动转换

在全年空调过程中，通常既有供冷也有供热，对系统运行的需求呈现出季节性变化。由于气候、使用特点等的变化，依靠人工进行季节性工况转换的难度非常大（甚至无法实现）。因此，需要自控系统通过对各种监测数据的分析，实现工况的自动转换。

（4）设备及系统联锁与报警

空调系统出现事故和问题时，需要联锁相关的设备及采取一定的措施，这是一个空调自动控制系统应该具备的基本能力。

3. 暖通空调设计人员的工作范围

因为空调系统可以处于全年运行状态，作为暖通空调设计人员，不应仅仅关注于冬夏两个典型工况点的设计，而应该对系统的全年运行特点给予高度的重视。因此，空调自动控制系统也是暖通空调设计人员设计工作的一部分内容。尽管作为"非自控专业"人员，对自控环节的了解和掌握的程度都有限，但至少应该对系统和相关设备的全年运行策略有一个清楚的认识，并通过与控制专业人员一起，将空调系统的自动控制设计完善和做好。一般来说，暖通空调设计人员对于自动控制系统宜做以下工作：

（1）提出控制原理图

控制原理图是自控设计的基础，也是建立在空调系统特点与全年运行要求的基础之上的，只有本专业设计人员才清楚其相关的使用要求。

（2）对主要控制环节的要求

例如：控制精度、工作特性、控制阀门特性等，其中阀门特性及相关技术指标的提出，是本专业的一项重要工作内容。

（3）提出控制参数的设定值及工况分析与转换的边界条件

不同的空调系统与不同的工况，控制参数的设定值即是空调系统的要求。又因全年运行的不同工况各不相同，因此，在工况转换时的条件，应由空调设计人员具体提出。

3.8.3 空调自动控制系统的相关环节与控制设备

图 3.8-1 表示的是一个通用的恒值控制系统。在空调自动控制系统中，最常见的是温度自动控制系统，以室温自动控制系统为例，各环节的详细构成如图 3.8-2 所示。

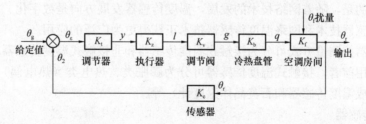

图 3.8-2 室温自动控制系统原理图

1. 控制系统各环节及其特性

（1）传感器

在自动控制系统中，为了对各种变量（物理量）进行检测和控制，首先要把这些物理量经相应的转换电路转换成电量，组成传感器。

从传感器送往控制器的电气信号，当前通用的有两种，分别为 0~10V 的直流电压信号，习惯上称为 I 类信号；以及 4~20mA 的直流电流信号，习惯上称为 II 类信号。有时候，Ⅱ类信号也可以是 1～5V 的直流电压信号，用于与计算机系统的接口。

各种传感器的主要应用目的是对被测量进行连续测量和输出。如果仅仅是出于安全保护的目的和对设备运行状态进行监视时，则一般不宜采用如温度传感器、湿度传感器、压力传感器和流量传感器等以连续量输出的传感器，而应尽量采用如温度开关、压力开关、风流开关、水流开关、压差开关、水位开关等以开关量输出的传感器。

除了传送标准电信号之外，也有的温度传感器采用电阻信号输出的形式，通过调节器中设置的变送器转换后变成标准电信号来参与控制。湿度传感器通常采用标准电信号输出。对传感器的性能要求，包括线性度、时间常数等技术指标和测量范围、测量精度等工程应用指标。

1）温度传感器

温度传感器发展路径是：从最初的分立式温度传感器（含敏感元件）到模拟集成温度传感器/控制器和现在的智能温度传感器。

① 分立式温度传感器（含敏感元件）

传统的热电耦、热电阻、热敏电阻和半导体温度传感器，均属于分立式温度传感器。它们外围电路复杂，使用时还需配上二次仪表，测量精度较低、分辨率不高，使用过程需进行温度校准，正逐渐被淘汰。

② 模拟集成温度传感器/控制器

模拟集成温度传感器是一个集成的芯片，主要包括温控开关、可编程温度控制器。其特点是测温误差小、响应速度快、体积小、微功耗，适合远距离测温、控温，不需要进行线性校准，是当前广泛应用的一种集成传感器。

③ 智能温度传感器（数字温度传感器）

智能温度传感器一般包括温度传感器、A/D 转换器、存储器和接口电路。其特点是能适配各种微控制器；易构成多功能的智能化温度测控系统；基于硬件经软件实现测试功能，智能化水平取决于软件开发。它是集成温度传感器最具活力和发展前途的一个集成电路产品。

应当关注的是，随着网络技术的发展，温度传感器发展方向是数字化、智能化和网络化，而虚拟传感器技术和网络温度传感器技术正获得更为广泛的应用。

温度传感器按测量方式可分为接触式温度传感器和非接触式温度传感器两大类。暖通空调领域多采用前者，接触式温度传感器可分为膨胀类、热电类（热电偶）、电阻类、其他电学类（集成温度传感器和石英晶体温度计）等。

2）湿度传感器

在暖通空调自动控制系统中，经常需要测量空气的相对湿度，因此所用到的湿度传感器都是相对湿度传感器。

湿度传感器品种繁多，就常用感湿材料而言，主要有电解质和高分子化合物感湿材料、半导体陶瓷材料、多孔金属氧化物材料和光纤等。

按结构分类，湿度传感器可分为电阻式和电容式和其他方式三类。

可以用作电阻式湿敏传感元件工作物质的材料很多，一般都是多孔性材料，如氯化锂湿敏电阻、硅湿敏电阻、金属氧化物湿敏电阻和多孔陶瓷湿敏元件等。

电阻式湿敏元件是利用基片上覆盖的多孔性材料吸收水分时，其电阻率和电阻值都随之发生变化的特点。优点是灵敏度高，主要缺点是线性度和产品的互换性差。

电容式湿敏元件一般采用高分子薄膜电容制成，常用的高分子材料有聚苯乙烯、聚酰亚胺等，当环境湿度变化时，湿敏电容量发生变化，其电容变化量与相对湿度成正比。其优点是灵敏度高、产品互换性好、响应速度快、易实现小型化和集成化，但其精度一般低于湿敏电阻。

采用多孔性材料的湿敏元件都有一个共同的特点，那就是吸湿快而脱湿慢。为了克服这一缺点，首先在选择湿度传感器的安装位置时，应当尽量将传感器安装在气流速度较大的地方。安装湿度传感器时，还应当避免附近的热源和水滴对传感器的影响。

暖通空调工程多选用高分子湿度传感器和电容式相对湿度传感器。

除了以上要求之外，如果被测空气中含有易燃易爆物质，同样应当采用本安型湿度传感器。

近年来，湿敏传感器正从简单的湿敏元件向集成化、智能化、多参数检测的方向迅速发展，为开发新一代湿度/温度测控系统创造了有利条件，也将湿度测量技术提高到新的水平。

3）压力（压差）传感器

压力传感器按制作原理可分为压电效应—压电式传感器（用作动态测量）、压阻效应—压阻式传感器（用作高精度领域）和应变效应—应变式传感器（广泛用于力、力矩、压力和加速度测量），还有电感式、电容式、谐振式等压力传感器。

暖通空调工程主要选用应变式压力传感器。

应变式压差传感器的工作原理是：被测压力直接作用于传感器的膜片上，使膜片产生与水压成正比的微位移，传感器的电容值随之发生变化，采用电子线路检测这一变化，并转换输出一个相对应压力的标准测量信号。

4）流量传感器

流量传感器有电磁式、涡轮（涡街）式和超声波式，随着集成电路技术的发展，因超声波流量计为非接触式仪表，故在流量控制、热（冷）量计量中获得广泛应用。

超声波流量计采用超声波脉冲穿过管道，从一侧传感器到达另一侧传感器，按照信号检测的原理有传播速度差法（包括：直接时差法、时差法、相位差法、频差法）、波束偏移法和多普勒法等类型，由于时差法、频差法克服了声速随流体温度变化带来的误差，准确度较高，获得广泛采用。超声波流量计由超声波换能器、电子线路及流量显示和累积系统三部分组成。测量管内的流速范围一般是 0.01~5.0m/s。

风管流量计（用于圆形风管）多采用卡门涡街流量计，它由风管中的漩涡发生体、检测探头及相应电子线路组成。传感器输出为脉冲频率，其频率与实际流量呈线性，零点无漂移。有插入式和管道式，气体或蒸汽测量精度为±1.5%（液体测量精度为±1.0%），气体测量范围 5~11000m³/h。

矩形风管采用文丘里管传感器，同样有插入式和整体式。多点多重文丘里管流量计输出差压高、信号稳定无脉动、压损小、精度高（可达±1%）、防堵性能好。

5）有关传感器的类型与要求

有关传感器的类型与要求见表 3.8-1。

传感器的类型与要求 表 3.8-1

传感器名称	量程选择	类型	要求
数字温度传感器 （含温度传感器、 A/D 转换器、存储 器和接口电路等）	测点可出现温度 范围的 1.2～1.5 倍	风管型、水管型、 室外型及室内型	室内型：距离冷热源、外窗应≥2m； 室外型：防雨、遮阳，远离风口； 水（风）管型：感温段>1/2DN，应安装 于管道顶部，远离阻力
湿度传感器		风管型、室外型 及室内型	置于气流速度较大处，如风管内；其他要求 类似于温度传感器
温湿度传感器	温度传感器和湿度传感器组合		
压差开关		风管型、水管型	风管型注意高压、低压接口位置，应安装在 直管段； 水管型宜安置在直管段，加缓冲弯管和截 止阀
压力传感器			只有 1 支导压管，要求同压差开关
流量传感器	系统最大工作流 量的 1.2～1.3 倍	电磁式、涡轮 （涡街）式、超声波 式、文丘里管式	直管段：前 10DN，后 5DN；离泵 30DN。 多点多重文丘里管流量计直管段：前 1DN， 后 0.5DN
水流开关			安装在水平管段上
空气质量传感器			安装位置注意探测气体的相对密度

注：传感器的精度应根据具体工程的测量和控制要求确定。

6）传感器的集成化、微型化和智能化的发展

暖通空调从业者应高度关注传感器的集成化、微型化和智能化的发展。

传感器的集成化一般包含三方面的含义：

① 将传感器与其后级的放大电路、运算电路、温度补偿电路等集成在一起，实现一体化。其内部除了敏感器件外，还同时集成了信号转换、信号放大、滤波、线性化、电压/电流信号转换等电路，最终输出均为抗干扰能力强、适合远距离传输的 4～20mA 标准电流信号。

② 将同一类的传感器集成于同一芯片上，构成二维阵列式传感器。

③ 将几个传感器集成在一起，构成一种能检测两个以上参量的传感器，此类传感器特别适合于需要大量应用的场合和空间狭小的特殊场合，例如将热敏元件和湿敏元件及信号调理电路集成在一起的温、湿度传感器；集合流量计、温度计、压力表和电表一体的冷水机房能效监测装置，其输出通信接口为 RS 485（具有联网通信能力）和 WiFi。

新的材料与微细加工技术带来微型化，同时制造出新型传感器。

智能化传感器则是微电子技术、微型电子计算机技术与检测技术结合的产物，它兼有检测判断和信号处理功能。近年来，已推出各种基于模糊推理、人工神经网络、专家系统等人工智能技术的高度智能传感器。

（2）调节器

调节器有时也称为控制器。对调节器功能的评价，主要是以输出特性来评价的。暖通

空调自动控制系统中，常用的调节器按照输出特性主要分为四种类型：位式调节器、比例（P）调节器、比例积分（PI）调节器、比例积分微分（PID）调节器。

1) ON—OFF 开关调节器

以双位式调节器为例，其输出特性如图 3.8-3 所示。

当调节器输入的偏差增量 $\Delta\theta_\varepsilon$ 大于其不灵敏区上限 ε（$\Delta\theta_\varepsilon > \varepsilon$）时，调节器输出为最大值 Δy_m；当调节器输入的偏差增量 $\Delta\theta_\varepsilon$ 小于其不灵敏区下限 $-\varepsilon$（$\Delta\theta_\varepsilon < -\varepsilon$）时，调节器输出为最小值 $-\Delta y_m$。

当采用固态继电器（SSR）为 ON-OFF 开关调节器时，SSR 是由微电子电路、分立电子器件、电力电子功率器件组成的具有继电特性无触点电子开关，开关时间最短可为 10ms。应用脉冲宽度调制技术（PWM）可将 ON-OFF 开关控制时，设定通断时间比，等同变成为连续调节。例如，电加热器以交流电压为 0 时通/断电源，鉴于电加热器的热惰性和 50Hz 电流电压每秒有 100 个数值过 0 点，如以 1s 为 PWM 计数调节周期，则调节输出的分辨率为 1%；若以 2s 为 PWM 计数调节周期，则调节输出的分辨率为 0.5%，可实现电加热器等良好的控制。

2) 比例（P）调节器

比例调节器施加的调节作用是和偏差大小成比例的，见输出特性（图 3.8-4）。比例调节器属于有差调节，反应快，没有滞后，具有较快克服干扰影响被调参数的波动的能力，稳定性好，而且能根据偏差的大小增强其能力。其缺点是：在调节过程结束后产生余差，影响被调参数最终调节质量。

自力式调节器、平衡阀通常采用比例调节。

3) 比例积分（PI）调节器

在阶跃输入的情况下，比例积分调节器的输出特性如图 3.8-5 所示。其构造特点是在比例调节环节的基础上增加了积分环节，因此，其输出量将随着时间的增加而加大，有利于克服调节过程终了时的静差，适于供冷（热）过程控制采用。

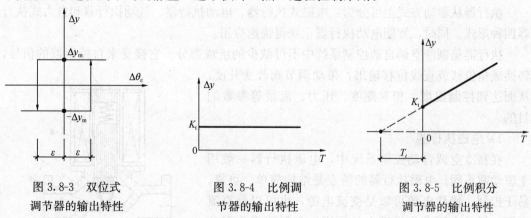

图 3.8-3　双位式
调节器的输出特性

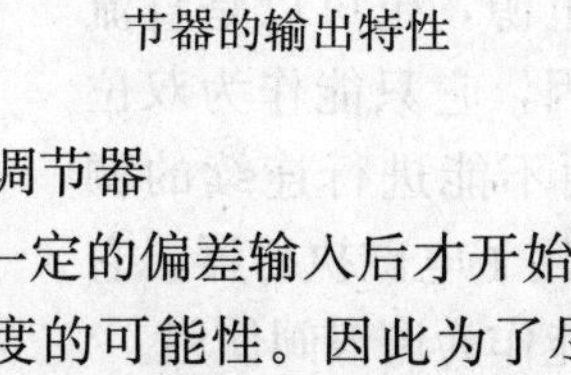

图 3.8-4　比例调
节器的输出特性

图 3.8-5　比例积分
调节器的输出特性

4) 比例积分微分（PID）调节器

前三种调节器都是当存在一定的偏差输入后才开始输出，对于一些调节精度要求较高的环节，存在偏差超过控制精度的可能性。因此为了尽快克服偏差（实际上就是控制精度），就需要引入微分调节功能。微分功能的特点是：对于阶跃干扰，在其输入的瞬间，

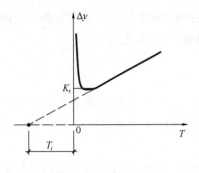

图 3.8-6 比例积分微分
调节器的输出特性

其输出接近∞。因为单独的微分环节无法解决系统的静差和稳定性等问题，因此微分环节通常是与其他功能组合起来使用，比例积分微分调节器就是其应用的典型例子。在阶跃输入的情况下，比例积分微分调节器的输出特性如图3.8-6所示。

在空调系统中，调节器的选择需要针对不同的对象特点确定，以求得经济性与功能性的协调。舒适性空调系统中，由于房间的热容量较大且精度要求不高，因此温度控制时对调节器的功能要求可以适当降低，一般采用 ON-OFF 开关调节器可以满足要求。舒适性空调的相对湿度控制也是因为其精度要求并不高（人体对相对湿度的敏感性不如温度），大部分情况下可采用 ON-OFF 开关调节器。而在工艺性空调系统中，当温湿度的精度要求较高时，宜采用 PID 调节器，甚至加入其他补偿调节环节。

调节器在系统投入运行之前，无论是常规控制还是智能控制，都可按表 3.8-2 的经验值设定调节器参数的初始值，以保证通电后系统可以正常运行，而后，再结合运行，进一步优化设定的参数。

调节器参数的设定初始值的经验值   表 3.8-2

调节对象	比例系数 K	积分时间 T_i	微分时间 T_d	备注
温度	20%～60%	180～600s	30～180s	调节对象滞后时间较小，时间常数较大，可不用微分
压力	30%～70%	24～180s		
液位	20%～80%	60～300s		如允许有静差，可不用积分
流量	40%～100%	6～60s		

（3）执行器

执行器从驱动方式上可分为：电磁式执行器、电动执行器、气动执行器和自力式执行器四种形式。同时，智能电动执行器正获得快速应用。

执行器是制冷空调自动控制系统中不可缺少的组成部分。它接受来自控制器的信号，转换成角位移或直线位移输出，带动调节阀改变开度，从而达到控制温度、相对湿度、压力、流量等参数的目的。

1）电磁执行器

在制冷空调自动控制系统中，电磁执行器一般用于驱动截止阀。电磁执行器的特点是结构简单、可靠，易于控制，操作电源可以是交流电源，也可以是直流电源。但是由于动作机理上的原因，它只能作为双位式控制即开/关控制的执行器，而不能进行连续的调节。图 3.8-7 中所示的电磁阀就采用了电磁执行器，它只能作为截止阀（通断阀），而不能作为调节阀使用。

2）电动执行器

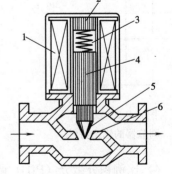

图 3.8-7 电磁阀
1—线圈；2—定铁心；3—弹簧；
4—动铁心；5—阀芯；6—阀座

电动执行器一般可分为部分回转（Part-Turn）、多回转（Multi-Turn）、直行程三种驱动方式，产生直线运动或旋转运动，可进行连续调节。

电动执行器是在制冷空调自动控制系统中应用最多的一种执行器，一般用于驱动调节阀。它与电磁执行器之间的最大差别在于电动执行器可以进行连续调节，这也是它的主要优点。电动执行器的主要缺点是结构复杂。

3）气动执行器

气动执行器也是常用的执行器之一。它通过压缩空气推动波纹薄膜及推杆，带动调节阀运动。气动执行器可以作两位式调节，也可以作简单的、不精确的连续调节。再加上阀门定位器以后，可以作精确的连续调节。图 3.8-8 中的气动调节阀只有气动执行器，而没有安装阀门定位器，所以一般只能作为截止阀使用。

在空气中含有易燃易爆物质的环境中，以及在多粉尘的环境中，应当采用气动执行器来驱动调节水阀和调节风阀，而不能采用电磁/电动执行器，以保证安全。

无论哪种执行器，都必须同时具备手动机构。这一方面是为了在紧急情况下能够进行人工操作，以维持系统最低水平的运行，同时也是为了系统调试的需要。手动机构一般需要设置远动/手动转换开关，实现功能的转换，并且将远动/手动转换开关的状态在集中监控系统中进行显示。

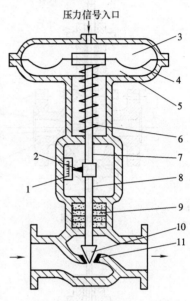

图 3.8-8 气动调节阀
1—行程刻度；2—行程指针；3—膜室上腔；4—膜片；5—膜室下腔；6—弹簧；7—推杆；8—阀杆；9—密封填料；10—阀芯；11—阀座

4）自力式执行器

自力式执行器的工作原理是依靠被控介质本身的参数变化作为执行器的输入而参与控制环节，不需要其他的驱动能源，因此具有较好的可靠性和稳定性（比较典型的如散热器恒温阀、自力式定流量阀等），但其控制的精度等相对较低，适用于被控对象的容量较大的场所。

5）智能电动执行器

智能电动执行器利用微机和现场总线通信技术将伺服放大器与执行机构合为一体，不仅可以实现双向通信、PID 调节、在线自动标定、自校正与自诊断多种控制功能，还具有行程保护、过力矩保护、电动机过热保护、断电信号保护、输出现场阀位指示和故障报警等功能。它可实现现场操作或远距离操作，完成手动操作及手动/自动之间的无扰动切换。因而，它不仅具有执行器功能，还具有控制、运算和通信等功能。

目前实际应用过程中，执行器与调节阀大都采用了组合一体的方式。因此有的资料在介绍控制环节时，也没有单独将执行器作为一个环节提出来。

2. 调节阀

调节阀是制冷空调系统中广泛应用的流量调节器件。作为一种阻力可变器件，它与各种执行器一起，根据控制器的指令调节冷、热水和蒸汽的流量，完成各种参数的控制任务。

（1）调节阀的主要类型

在制冷空调系统中应用的调节阀类型很多，主要有直通单座阀、直通双座阀、角形阀、套筒阀、三通阀和蝶阀等。图 3.8-9 为各种调节阀的结构示意图。

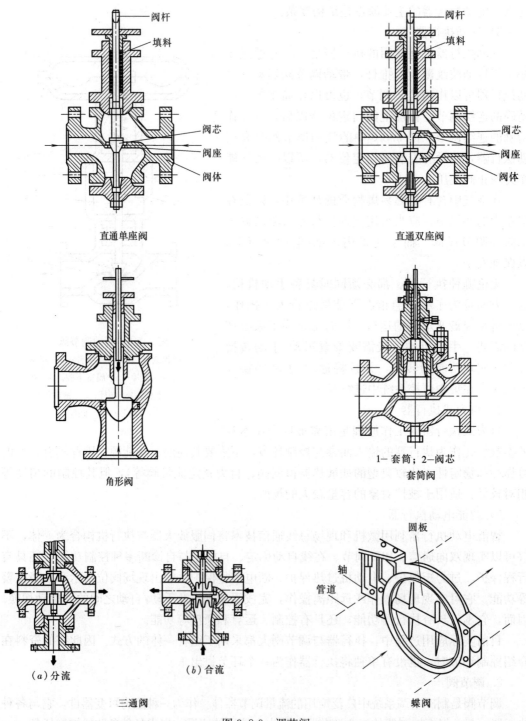

图 3.8-9　调节阀

通常，两通阀适合于变水量系统，其中以直通单座阀最为常见；而三通阀适合于定水量系统。在选择三通阀时，还应当注意分流三通阀与合流三通阀的区别。一般说来，三通分流阀不得用作三通混合阀，三通混合阀不宜用作三通分流阀。

单座阀与双座阀的选择则应根据可能受到的压差和对关闭的严密性要求来确定。通常双座阀具有较大的允许开阀（或关阀）压差，但双座阀关闭不够严密。在要求阀门紧密关闭的场合，以及在蒸汽管路上，应当选用单座阀。

(2) 调节阀的流通能力

调节阀的流量系数 C 用来表示调节阀在某种特定条件下，在单位时间内通过的流体的体积或重量。为了使各种调节阀有一个进行比较的基础，我国规定的流量系数 C 的定义为：在给定行程下，阀门两端压差为 0.1MPa，水的密度为 $1g/cm^3$ 时，流经调节阀的水的流量，以 m^3/h 表示。阀门全开时的流量系数称为额定流量系数，以 C_{100} 表示。C_{100} 是表示阀门流通能力的参数。

阀门的流通能力与管路系统无关，只与调节阀的结构和开度有关。

如果采用国际单位制，流量系数用 K_v 表示。它的定义是：温度为 278~313K 的水在 10^5Pa 压降下，1h 内通过阀门的立方米数。

另外，在采用英制的国家里用 C_v 表示流量系数。C_v 的定义是用 40~60℉ 的水，保持阀门两端压差为 1 磅/平方英寸（psi），阀门全开状态下每分钟流过水的美制加仑数。

这三种单位制的换算公式为：

$$K_v \approx C$$
$$C_v \approx 1.167C$$

调节阀的流通能力可根据式 (3.8-1) 计算得到。

$$C = \frac{316 \times G}{\sqrt{\Delta P}} \tag{3.8-1}$$

式中 G——流体流量，m^3/h；

     ΔP——调节阀两端压差，Pa。

(3) 调节阀的流量特性

调节阀的流量特性指的是调节阀在调节过程中，通过阀门的相对流量 g 与阀门相对开度 l 之间的关系。

1) 可调比

阀门可调比的定义是：阀门在调节过程中所能控制的最大流量 G_{max} 与最小流量 G_{min} 之比，通常用 R 表示，按式 (3.8-2) 计算。

$$R = \frac{G_{max}}{G_{min}} \tag{3.8-2}$$

由于阀门制造精度的原因，最小可控流量并不是零流量，也不是阀门全关闭时的泄漏量。用于空调冷、热水及蒸汽流量控制的阀门，其可调比 R 通常为 30，因此实际可控的最小流量应为全开流量的 1/30（$\approx 3.3\%$）。

2) 调节阀的理想特性

理想特性的定义是：在阀门调节过程中，阀门两端的压差始终维持不变时的流量特性。从目前的实际应用来看，常用阀门的理想特性有：直线特性、等百分比特性、快开特性和抛物线特性,其中前三种应用较为广泛。

①直线特性

定义:阀门相对流量 g 的变化,与阀门相对开度 l 的变化成正比,见式(3.8-3)。

$$g = \frac{1}{R}[1 + (R-1)l] \tag{3.8-3}$$

②等百分比特性

定义:阀门相对开度 l 的变化所引起的阀门相对流量 g 的变化,与该开度时的相对流量 g 成正比,如式(3.8-4)所示。

$$g = R^{(l-1)} \tag{3.8-4}$$

③快开特性

定义:阀门相对开度 l 的变化所引起的阀门相对流量 g 的变化,与该开度时的相对流量 g 成反比。显然,这是与等百分比阀呈现一定对称关系的阀门,如式(3.8-5)所示。

$$g = \frac{1}{R}[1 + (R^2-1)l]^{\frac{1}{2}} \tag{3.8-5}$$

④抛物线特性

定义:阀门相对开度 l 的变化所引起的阀门相对流量 g 的变化,与该开度时的相对流量 g 的平方根成正比,如式(3.8-6)所示。

$$g = \frac{1}{R}[1 + (\sqrt{R}-1)l]^2 \tag{3.8-6}$$

以上四种阀门的理想流量特性,汇总如图 3.8-10 所示。

⑤水路蝶阀的特性

由于调节方式的不同,水路蝶阀与上述四种阀门特性有较大的区别;同时,由于构造不同等原因,也很难用准确的数学表达式来定义蝶阀的流量特性,因此蝶阀的流量特性通常是通过实测得到的。从定性来看,当阀板较厚时,特性向等百分比特性偏移;反之则向直线特性偏移。图 3.8-11 为一个常见的水路蝶阀的特性曲线。可以看出:在开度为 0～60％的范围内,它趋向于等百分比特性;在 60％开度以上时,则趋向于快开特性。

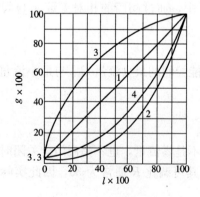

图 3.8-10 调节阀的特性
1—直线特性;2—等百分特性;
3—快开特性;4—抛物线特性

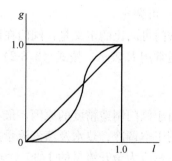

图 3.8-11 典型蝶阀
的流量特性

⑥风阀特性

在空调系统的风系统中，控制风阀所起的作用与水系统中的调节阀所起的作用类似。控制风阀也是一个阻力可变的元件，空气的流动受到控制风阀的调节。这种调节可以是两位式调节，如隔离风阀；也可以是连续调节，如控制风阀。由于风系统是低压头、大流量、大管径的空气系统，在其中应用的控制风阀，最常见的形式为旋转多叶片风阀。

旋转多叶片风阀中的叶片有两种不同的布置方案：平行叶片和对开叶片。当风阀两端的压降为常数时，这两种风阀叶片的旋转角度与通过风阀的空气流量之间的关系称为风阀的工作特性，见图 3.8-12，其中 N 为压力损失比。

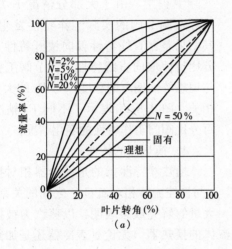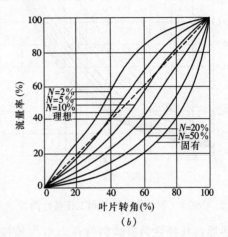

图 3.8-12 控制风阀的工作特性

（a）平行叶片；（b）对开叶片

由图中可知，在同样获得接近直线特性的前提下，对开叶片的控制风阀比平行叶片的控制风阀压力损失小。因此，除了需要风阀提供额外阻力的场合外，应尽量采用对开叶片的控制风阀，以减少风阀带来的压力损失。

3）调节阀的工作特性

理想特性是以阀门调节过程中保持阀门两端压差不变为条件的。在空调系统中，对阀门两端压差进行控制的应用环节（如系统供回水干管压差控制方式）很少，大多数情况下，阀门两端的压差总是随着阀门开度的变化而变化。如图 3.8-13 所示，当阀门控制通过表冷器的流量时，阀门两端的压差也发生了相应的变化。因此实际情况下阀门所表现出来的特性，是空调自动控制系统中的实际反映，这也就是阀门的工作特性。

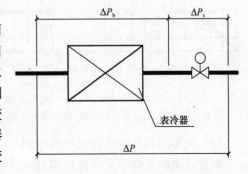

图 3.8-13 表冷器水流量控制原理

①阀权度 P_v

阀权度也称"压力损失比",其定义为:阀门全开时的压降占系统总压降的比例。阀权度一般直取 0.3~0.7。以图 3.8-20 为例,阀门全开时,系统总压差为 ΔP、表冷器压降为 ΔP_b、阀门压降为 ΔP_v,则有:

$$P_v = \frac{\Delta P_v}{\Delta P} = \frac{\Delta P_v}{\Delta P_b + \Delta P_v} \tag{3.8-7}$$

②调节阀工作特性的畸变

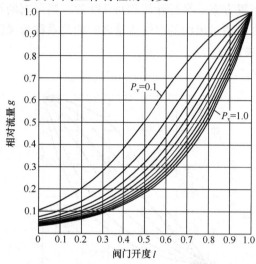

图 3.8-14 等百分比调节阀工作特性曲线

根据调节阀理想特性的定义并结合式(3.8-7),可以看出:当 $P_v=1$ 时,调节阀的工作特性与理想特性是完全相同的。但实际工程中,由于大部分情况下 $P_v<1$,将导致调节阀的实际工作特性发生畸变,其结果是:直线特性偏向快开特性、等百分比特性偏向直线特性。调节阀工作特性与理想特性偏离的程度,与 P_v 的大小密切相关。图 3.8-14 表示了不同 P_v 情况下等百分比阀门工作特性的变化情况。

4) 换热器的特性

换热器特性指的是换热器相对换热量 q 与被控流体相对流量 g 之间的关系特性。大量的研究成果表明:以蒸汽为被控流体的换热器,其特性为直线特性;以水为被控流体的换热器(无论是表冷器还是加热器),其特性为非线性特性,如图 3.8-15 所示。

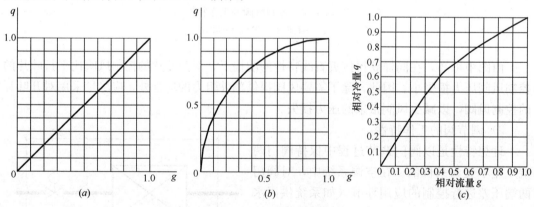

图 3.8-15 换热器特性图

(a) 蒸汽换热器;(b) 水换热器;(c) 某新风空调机组表冷器的实际特性

(4) 调节阀特性的选择与计算原则

本处讨论的是需要采用比例控制(或 PI、PID 控制),且具有一定控制精度要求的系统。对于双位式控制,其控制阀基本上采用的是快开特性阀门,按照接管的管径来选择阀门即可。

对一个优良的调节系统的要求是:整个系统的输出与输入尽可能成为一个线性系统。

在图 3.8-2 所示的各控制环节中，传感器、调节器、执行器以及房间的特性都是比较确定的，并且都具有接近线性的特点。因此，设计师需要采用合理的调节阀，使得"调节阀＋换热器"的组合尽可能接近线性调节。

1) 蒸汽换热器控制阀

由于蒸汽换热器本身具有线性特点，因此只要调节阀也具有线性特点，其组合也具有较好的线性特征。通过对阀门特性与阀权度的分析，当阀权度小于 0.6 时，其控制阀宜采用等百分比型阀门；当阀权度较大时，宜采用直线型阀门。

2) 水换热器控制阀

如前所述，水换热器（包括水—水换热器和水—空气换热器）的特性为非线性，因此所选择的阀门工作特性应具有补偿水换热器特性的能力，使得其组合接近线性。从四种主要特性的阀门来看，宜采用等百分比特性。三通阀宜采用抛物线特性或线性特性。

考虑到工作特性的畸变，即使是等百分比阀门，其补偿能力也是有限的。如果 P_v 过小，有可能对于调节能力和调节精度产生不利的影响。但如果 P_v 过大，使得控制阀的全开阻力过大，将由此增加对水泵扬程的要求，对于节能来说是不利的。因此，在实际工作中需要根据实际情况和被控对象对 P_v 进行合理的优化，其目标是：在保证达到调节控制的相关指标要求的前提下，尽可能降低 P_v 以利于水泵的节能运行。

根据对目前常用的表冷器和加热器的特性分析，以及结合实际工程经验，水换热器用流量控制阀的 P_v 值宜按下式确定：

$$\Delta P_v = (0.43 \sim 0.67)\Delta P_b \tag{3.8-8}$$

3) 压差旁通控制阀

由于压差旁通控制阀的工作特性与理想特性非常接近（P_v 接近于 1）或者完全相同（$P_v = 1$），因此，压差旁通阀宜采用直线特性的阀门。

4) 蒸汽加湿控制阀

采用双位控制时，蒸汽加湿控制阀宜采用双位阀；采用比例控制时，应采用直线特性阀。

(5) 调节阀的其他性能要求

1) 功能特点

对于变流量水系统，通常应采用二通阀；对于定流量水系统，则应采用三通阀。为了协调空调水系统运行节能的要求，二通阀一般宜采用常闭阀。当严寒地区为了防冻的需要，或者特定工艺要求不允许水路断流时，才采用常开型阀门，或者设定设备停止运行时的阀门最小运行开度，以保证防冻所要求的最小水流量。

2) 阀门的工作压差

阀门是在一定的水压差下工作的。同时阀门执行器的工作力矩都有一定的限值，因此要保证阀门正常的开启与关闭，应注意阀门允许的工作压差。一般来说，用于末端的调节阀的压差相对较低（与 P_v 值的大小有关），通常可采用单座阀。对于供回水总管压差旁通控制阀这样的较高工作压差的应用场所，宜采用双座阀。

3) 阀门工作压力与工作温度

对于水阀，只要按照应用地点的工作压力和介质温度来选择相应的阀门即可。对于蒸汽阀，还应同时考虑压力与温度的相关性，因为阀门额定工作压力时的高压蒸汽饱和温度有可能超过阀门允许的工作温度，因此通常以温度为限制条件来选择更为合理。例如：额定工作压力为 1.6MPa、额定工作温度为 180℃ 的蒸汽阀门，只适用于工作压力为 1.0MPa 的饱和蒸汽系统而不能用于 1.6MPa 的饱和蒸汽系统之中（后者的饱和温度为 204℃）。

3.8.4 空气处理系统的控制与监测要求

1. 风机盘管的控制

风机盘管控制已经普遍采用风机的风量控制（风机分档或变速）＋风机盘管的水量控

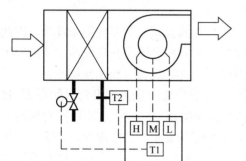

图 3.8-16 风机盘管控制原理图

制相结合的方式，在实现房间温度目标的前提下，宜采用风机的低风量运行，节能且具有低噪声的效果。公共建筑风机盘管采用的水阀宜为通断式（或调节式）常闭水阀。公共区域风机盘管的控制应能对室内温度值设定进行限制，应能按使用时间进行定时启停优化的控制。

常见的控制方式依然是按照图 3.8-16 的原理来进行的。即：设置电动水阀，通过室温传感器对盘管的水侧进行水量控制。通过室温传感器对风机分档或变速进行风量控制。除了要求室温控制高精度的场合外，电动水阀执行控制器宜采用通断控制模式。

宜从建筑的监控机房设定风机盘管控制的室温温度值设置，符合相关的舒适和节能运行要求。即：设置电动水阀，通过室温传感器对盘管的水侧进行控制。除了特别高精度要求外，电动水阀执行控制器宜采用双位控制模式。

2. 空调风系统的控制与监测

（1）监测内容及参数

对于实际工程来说，设计应根据具体情况，提出可能需要监测的内容与参数。

1）设备及附件的状态监测

需要监测设备及附件的状态包括：风机启停状态（对于变速控制，还包括风机的转速或者变频器频率），各种控制阀门（水阀、加湿器阀、风阀等）的状态（开/闭，或者阀门开度），过滤器状态（阻力监测、报警装置）。在某些工程中，也可能还包括与空调系统相关的防火阀的状态（开、关）。

2）运行参数监测

需要监测的运行参数包括：被空调房间的温、湿度（CO_2 浓度监测在一些工程中也有所应用），送风、新风及回风的温、湿度，盘管防冻保护温度（冬季室外气温有可能低于 0℃ 以下的地区），设备运行时间记录等。

（2）联锁与控制

联锁主要指的是监测参数与设备（包括附件）之间的"与/非"联动关系，当然也包括运行管理的模式。控制则是监测参数与设备（包括附件）之间的"联动调节"关系，其最终目标是实现合理调节某些运行参数。联锁与控制是既有联系又有区别的两件事。通常，联锁发生在调节的"边界"，而控制发生在调节的"过程"之中。

1）联锁内容

主要包括：设备启停方式（自动、集中手动或现场手动等），设备及附件的启停顺序（风机、水阀、风阀等的先后顺序），设备安全运行模式（防冻联锁、防火阀与风机联锁等），空气处理系统的冬、夏自控模式的转换等内容。对于安全联锁，同时应设置报警模式。

2）温、湿度控制

温、湿度参数控制是最基本的控制内容，一般通过对盘管水阀和加湿器的控制来实现。对于工艺需求的高精度空调系统，也有可能需要通过对再热量的调节来实现湿度控制的要求。

在新风空调系统中，通常采用送风温、湿度作为被控参数；全新风系统送风末端宜采用设置人离延时关闭控制方式。在全空气空调系统（例如一次回风系统）中，通常是直接以被空调空间的温、湿度作为被控参数。

3）CO_2浓度控制

由于对室内空气品质的要求越来越高，CO_2浓度控制近年来在一些工程中得到了应用。比较常见的做法是：以室内CO_2浓度为被控参数，调节房间的新风送风量（通过风机变频、风阀调节等手段）。

4）室内外参数的比较控制

通常采用两种控制模式：焓值比较控制和温度比较控制。

定风量全空气空调系统宜采用焓值比较控制（又简称焓值控制），其主要思路是：在集中空调系统的供冷水工况下，根据新风、回风的焓值比较，最大限度地引入新风，可以降低系统的冷负荷，从而有利于节能。

温度比较控制（有时也简称温差控制）常用于允许室内的湿度波动范围较大的场所（如普通的舒适性空调），其控制参数是室内外的空气温差。与焓值控制相比，由于减少了湿度监测和焓值运算的环节，其控制的可靠性有所提高（从目前的实际情况来看，湿度测量的精度和可靠性远低于温度测量）。但温差控制有可能导致室内的相对湿度偏大。

无论是焓值控制还是温差控制，它们都与工况的转换是不可分的，并非一个恒值调节系统。通常的做法是：通过调节新风、回风和排风的比例来实现的。因此，新风阀、回风阀和排风阀一般情况下应能够连续调节（非开/关控制）。同时，为了防止新风量调节（加大）过程中室内正压过大而无法实现控制需求的新风量，房间空调系统设计时，室内应设计必要的排风通路。

（3）变风量系统的控制

变风量系统属于全空气系统的一种形式，因此前述的监测与控制内容基本上都适用于变风量系统。但变风量系统也有自身独特之处。

1）末端装置的控制

末端装置控制的基本思路都是：选择室内空气温度为被控参数，通过调节末端装置的电动风阀，改变送入室内的风量，来实现控制的目标。某些末端装置还带有再热盘管，冬季需要对再热盘管的再热量进行控制。

图3.8-17是压力无关型变风量末端装置示意图，温度控制器（温度显示分辨率不宜低于0.5℃）发出的控制指令送往风量控制器作为它的设定信号，风量控制器将温度控制器送来的信号与风量传感器检测到的信号进行比较、运算，然后得到控制信号送往控制风

阀，改变其开度。显然，这是一个典型的串级控制系统，其中风量控制是副环，温度控制是主环。

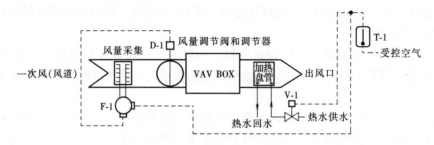

图 3.8-17 压力无关型变风量末端控制

由于系统中增加了一个风量控制回路，因此当一次风送风管的静压发生变化时，变风量末端送风量的变化将立即被风量传感器感知，并在尚未影响室内温度前被风量控制回路纠正，这样送风管静压的变化将不会影响送风量。

由于压力无关型变风量末端的送风量与一次风送风管道的静压无关，因此它既可以用于定静压系统中，也可以在增加一个控制风阀开度传感器后用于变静压系统中。

2）风机转速控制

变风量系统的风机转速控制是该系统节能的核心措施。实际上，对风机转速的控制就是使送风量与需求的风量能够实时一致，反映系统整体需求的可靠方式是测量送风管道中的空气压力，即被控参数选择为送风压力。

目前常见的风机转速控制方式有：定静压控制、变静压控制和总风量控制三种基本方法。在一些工程实践中，也有的采用了不同方法的组合。

定静压控制法简单可靠，是一个典型的恒值控制系统，通过对风机转速的调节，维持所设定的送风静压值不变。显然，由于末端风阀的开度不同，低风量时，有一部分风机的风压消耗在了末端风阀上面。

变静压控制法是为解决定静压控制存在的风阀能耗的问题、实现进一步提高节能效果而提出的。其理想的控制思路是：整个风系统中，在保证至少有一个风阀保持全开状态（即所谓的最不利环路的风阀）的基础上，对静压控制点的压力设定值不断进行修正和再设定，减少甚至消除风阀多余的能耗。因此，变静压控制需要不断测量系统内所有末端装置的风阀开度，并通过合理的运算得出最合理的静压再设定值。在实际工程应用中，绝大多数采用的是"投票法"——在保证10%以上的末端风阀处于90%开度（这两个比例都可以根据实际工程的需求来确定和调整）以上的基础上，进行静压再设定。

总风量控制法的基本核心是以直接的风量需求来进行的（不考虑送风静压）。但直接测量并以当前的风量作为控制目标在逻辑上存在问题，因为当各末端风阀调节时，系统的阻力特性已经发生变化，只靠当前的风量并不能准确地确定风机的转速。因此，总风量控制法常常引入调试过程中的修正系数来模拟系统的阻力特性，并由此设定相关的控制参数。

3.8.5 集中空调冷热源系统的控制与监测要求

1. 监测内容及参数

（1）设备及附件的状态监测

需要监测设备及附件的状态包括：冷热源设备、水泵、冷却塔、补水泵、水处理器等的启停状态（对于变速控制，还包括上述设备的转速或者变频器频率），各种被控阀门（切换用水阀、压差旁通控制阀等）的状态（开/闭，或者阀门开度），水过滤器状态（正常，或者阻力过大）。

（2）运行参数监测

需要监测的运行参数包括：空调冷、热水供回水温度和冷却水供回水温度，供回水压差，空调冷、热水流量（并根据水温差和流量来计算相应系统的实时冷、热量消耗和累积消耗值），水系统或蒸汽的压力，水箱水位（高、中、低），设备运行时间记录等。

2. 联锁与控制

（1）联锁内容

主要包括：设备启停方式（自动、集中手动或现场手动等），设备及附件的启停顺序（冷热源设备、水泵、切换阀等的启停先后顺序），设备安全运行模式（低水流量、低水压差或者温度限制）等内容。同样，对于安全联锁，同时应设置报警模式。

（2）冷热源设备的群控

根据设备的安装台数、容量和设备本身的性能特点等情况，结合实际的冷、热量需求，可采取合理的设备组合运行方式，使得实时运行的效率最优化。相关做法是：宜能按累计运行时间实施设备轮换运行；冷热源主机设备 3 台以上的，宜采用机组群控方式；同时，控制系统与设备自带控制单元应具备通信连接。

（3）水泵台数控制和供回水压差控制

水泵台数控制应保证系统水流量和供回水压差的要求，实现泵的运行处于高效区域。冷机定流量一级泵系统和二级泵系统中的一级泵系统水泵的台数控制，根据联锁控制实现。同时设置供回水压差控制。当一级泵系统冷机变流量时和二级泵系统中的二级泵台数控制则宜采用流量优化控制进行水泵台数控制。

（4）冷却水系统控制

冷却水系统的控制有两个主要环节：冷却塔控制和冷却水水温低限控制。后者注重的是冷水机组的安全运行，而前者的主要目的是节能，但不能超出冷却水低限温度控制的范围。

冷却水泵变频控制近年也有一些工程实例，但需要结合冷水机组的性能来综合确定控制方式与被控参数。

3.8.6 集中监控与建筑设备自动化系统

1. 空调集中监控系统的分类

空调集中监控系统根据不同的管理方式和等级，目前有集中启停控制系统、模拟仪表监控系统、集散式监控系统和直接数字控制系统四大类。

集中启停控制系统是最简单的一种系统控制方式。通过远距离启停设备，实现对空调设备运行的集中管理，可以在一定程度上节约管理人力。但系统通常不对空调系统的相关参数进行控制和调节。

模拟仪表监控系统通过常规模拟仪表（P、PI、PID 等功能的仪表）设置，对系统的有关参数进行实时控制，该系统已经应用多年，技术上比较成熟（目前常用的风机盘管控制仍然是这一系统）。同时，它与集中启停控制系统相结合，也能实现集中管理的功能。

在规模较小的建筑中应用，能够取得经济性和技术性的良好协调。

集散式监控系统由两个子系统组成：其一是控制系统，采用模拟仪表为基本的控制元件，对参数进行就地的控制；其二是数字式监测系统，将各种被控参数和设备状态通过数据采集仪转换为数字信号后，集中对设备和被控参数进行监测。

直接数字控制系统（Direct Digit Control），简称为 DDC，属于闭环控制型结构，是用计算机对被控参数进行检测，再根据设定值和控制算法进行运算，然后输出到执行机构对过程进行控制，使被控参数稳定在给定值上。利用计算机的分时处理功能可实现直接对多个控制回路实现多种形式控制的多功能数字控制系统。

2. 集中监控系统的几个术语

（1）DDC 控制器：DDC 控制器也就是直接数字控制系统的现场控制器，是一个具有参数输入、输出、通信接口等功能的微型可编程计算机，能通过内部编写的软件来模拟 P、PI、PID 等控制方式。

（2）数字量 D（或 B）：在控制系统中，数字量（有时也称为开关量）表示的是一个位式参变量。对于双位式参变量，常以 0、1 两个信号来代表。

（3）模拟量 A：指的是一个连续变化的参数。

（4）输入量 I：指的是由外界向控制器发送的信号。

（5）输出量 O：指的是由控制器对外发出的指令信号。

（6）数字量输入 DI：以数字量形式送到控制器的信号，一般用于对设备状态的监测。例如：监测设备启停状态、双位阀的状态等。

（7）数字量输出 DO：以数字量形式从控制器发出的指令信号，一般用于设备的联锁、启停等。

（8）模拟量输入 AI：以模拟量形式送到控制器的信号，一般用于对连续变化的参数的监测。例如监测温湿度、流量、压差、转速（或频率）等。

（9）模拟量输出 AO：以模拟量形式从控制器发出的指令信号，一般用于调节与控制相应的设备和器件。例如对调节式水阀、电机转速等的控制。

3. 分项计量与冷量计量

（1）分项计量

根据节能要求，公共建筑应对供热的燃料消耗量；供热量和供冷系统的耗电量进行能量计量。空调电能的计量系统要求设置电能的分项计量回路，即采用分项计量系统。一般包含了数据采集、数据传输、数据存储和数据处理等若干子系统。要求计量表的精度等级在 1.0 级及以上，同时具备通信接口（如 RS485 接口），并支持相应的通信协议。

（2）冷量计量

冷量计量是集中式空调系统运行节能、合理收费的基础。传统的空调收费方式，如面积分摊法、时间计量法已经不能满足用户维权、空调系统节能的要求。

冷量计量目前较为合理的方式是温差加流量的计量方式，为现行热量表的检定规程所规定。应当指出的是，采用冷量计量是采用一个能量计量系统。该系统在符合一定设置条件下通过间接计量，并按间接计量值的计算能量在总计算能量中所占的比例分摊集中空调的总耗能量的装置。根据间接计量方式的不同，可分为有效果计时型、定流量温差型和定风量温差型三大类。

1）热量表（冷量计量表）

热量表是指基于能量守恒原理设计制造，具有配对温度传感器、流量计和能量积算仪（或能量计算器）三部分组成的能量计量装置。根据流量计类型主要有三大类：机械式、电磁式和超声波式。

2）能源计量管理系统

能源计量管理系统集计算机技术、通信技术、网络技术和自控技术于一体，采用集散式结构，模块化设计，智能终端控制等独特灵活的组网方式，适用于各种安装、使用环境，可将用户的水、电、气、暖（中央空调）等能源计量集成为一个完整的系统，也能独立自成体系，互相兼容，实现预付费功能。

3）能源计量管理系统的架构

能源计量管理系统的架构一般由以下三层组成：

第一层：管理中心，包括管理中心计算机（含软件）和计费主机，计费主机定时抄读数据并实时监控每个表计的工作状态。

第二层：区域管理单元，包括区域管理器和 AC 220V-DC 12V 电源。

安装于各表计区域内，具有强大的数据管理和通讯功能，其主要任务是采集并回传区域内各下位机的数据信息，实时检测区域内各下位机的运行状态，并将主机的指令下达到区域内各下位机，以实现计量管理的自动化。每个区域管理器及其下位机自成一个独立运行的单元模块。

第三层：现场能量计量装置，包括各类热量表，实现计量并上传相关数据。

4. 智能建筑设备自动化系统

欧洲智能建筑集团（The European Intelligent Building Group）把智能化大楼定义为："使其用户发挥最高效率，同时又以最低的保养成本，最有效地管理其本身资源的建筑。"智能化大楼应提供"反应快、效率高和有支持力的环境，使机构能达到其业务目标"。

美国智能建筑学会（America Intelligent Building Institute）则把智能化大楼定义为："通过对建筑物的四个要素，即结构、系统、服务、管理，及其相互关系的最优考虑，为用户提供一个高效率的和有经济效益的环境。"

智能化建筑是具有"3A"的建筑。所谓"3A"是指建筑物具有楼宇自动化（BA）、通讯自动化（CA）和办公自动化（OA）系统。国内近年来也出现了所谓"5A 大厦"的说法，所谓"5A 大厦"则是指除具有上述 3A 功能外，一些部门或地区出于对建筑管理的不同要求，将消防自动化（FA）和安保自动化（SA）独立出来。

建筑内部有大量分散的电力、照明、空调、给排水、电梯和自动扶梯、消防等设备，需要对各子系统实施测量、监视和自动控制，各子系统间可互通信息，也可独立工作。再由中央控制机实施最优化控制与管理，目的是提高整个建筑系统运行的安全可靠、提高效率、节能、降低系统运行费用、随时掌握设备状态及运行时间，以及能量的消耗及变化等。在智能建筑中，这些功能是由建筑自动化系统（BA）来完成的。

BA 系统的核心是一个分布式控制系统（Distributed Control Systems，简称 DCS）。分布式控制系统是随着现代大型工业生产自动化的不断兴起和过程控制要求的日益复杂应运而生的综合控制系统，它是计算机技术、系统控制技术、网络通信技术和多媒体技术相结合的产物，是完成过程控制、过程管理的现代化设备。

BA 的分布式控制系统一般具有三个层次：最下层是现场控制机。每一台现场控制机监控一台或数台设备，对设备或对象参数实行自动检测、自动保护、自动故障报警和自动调节控制。它通过传感器检测得到的信号，就地进行直接数字控制（DDC）。中间层为系统监督控制器。它负责 BA 中某一子系统的监督控制，管理这一子系统内的所有现场控制机。它接受系统内各现场控制机传送的信息，按照事先设定的程序或管理人员的指令实现对各设备的控制管理，并将子系统的信息上传到中央管理级计算机。最上层为中央管理系统（MIS），是整个 BA 系统的核心，对整个 BA 系统实施组织、协调、监督、管理、控制的任务。应具有以下功能：

（1）数据采集：收集各子系统的全网运行数据和运行状态信息，以数据文件形式存储在外存储器里。

（2）运行参数和状态显示：可以显示各子系统的流程图形，可以用数字、曲线、直方图、饼图乃至颜色等各种形式显示系统运行参数和运行状态。

（3）历史数据管理：将一定时期内的运行数据和运行状态存储起来。

（4）运行记录报表：按照用户要求的各种格式打印各项参数的日报表或月报表。

（5）远动控制功能：中央管理工作站操作人员可以利用中心计算机实时远动操作系统控制每台设备。但 MIS 系统设置了分级密码和使用权限，以防止误操作和人为破坏。

（6）控制指导：中央管理工作站可以根据系统实时运行数据和历史数据，给出统一调度控制命令，对子系统进行控制指导。

空调系统配备什么样的自动控制系统、配备到哪一层次，应根据建筑物的功能、需求以及经济水平决定。应符合以下原则：

（1）满足空调系统的环境要求，保证室内温度、湿度、空气品质和人体舒适性指标达到设计标准；

（2）提高系统的能源效率、节能，达到合理的经济技术性能；

（3）保证设备和系统的正常安全运行，保证运行人员安全和减少运行人员劳动强度，操作简单、维护方便；

（4）手动与自动相结合，就地控制与远程控制相结合（实施就地控制时，远程控制不能同时实施），以及控制的人性化。

暖通空调工程师应参与 BA 系统中空调控制与监测的设计，其设计范围是：

（1）设置合理的监测控制点及联锁环节，统计控制点数；

（2）提供典型设备及典型系统的控制逻辑、控制要求和控制原理，包括工况转换条件、控制点设计参数等；

（3）提供典型系统的传感器、调节器和执行器的选择（例如调节阀的选型）和设置位置；

（4）提出系统能量管理控制方案和要求。

3.9　空调、通风系统的消声与隔振

暖通空调系统在对建筑内热湿环境、空气品质进行控制的同时，也对建筑的声环境产生不同程度的影响。当系统运行产生的噪声超过一定允许值后，将影响人员的正常工作、

学习、休息或影响房间功能（如电视和广播的演播室、录音室），甚至影响人体健康。因此，在进行暖通空调系统设计的同时，应当进行噪声控制设计。噪声控制有两个方面，一是暖通空调系统服务对象（房间）的噪声控制；二是暖通空调系统的设备房（机房）的噪声控制。

3.9.1　噪声的物理量度及室内噪声标准

1. 噪声及其物理量度

噪声是声波的一种，它具有声波的一切物理特性。

（1）声强与声压

声强是衡量声波在传播过程中声音强弱的物理量。声场中某一点的声强，即在单位时间内，垂直于声波传播方向的单位面积上所通过的声能，记为 I，单位是 W/m^2。引起人耳产生听觉的声强的最低限叫"可闻阈"，该声强约为 $10^{-12} W/m^2$，而人耳能够忍受的最大声强约为 $1W/m^2$，这一极限也称为"痛阈"。

在无反射声波的自由场中，点声源发出的球面波，均匀地向四周辐射声能 W（W）。因此，距声源中心为 r 的球面上的声强为：

$$I = \frac{W}{4\pi r^2} \quad (W/m^2) \tag{3.9-1}$$

声压是指某瞬时，介质中的压强相对于无声波时压强的改变量，单位为帕（Pa）。任一点的声压都是随时间不断变化的，每一瞬间的声压称瞬时声压，某段时间内瞬时声压的均方根值称为有效声压。声压与声强有密切的关系。在自由声场中，某处的声强与该处声压的平方成正比，与介质密度与声速的乘积成反比。

（2）声强级与声压级

声强级是以 $10^{-12} W/m^2$ 为参考值，任一声强与其比值的对数乘以 10，即：

$$L_I = 10\lg \frac{I}{I_0} \quad (dB) \tag{3.9-2}$$

测量声强较困难，实际上均测出声压。利用声强与声压的平方成正比的关系，可以改用声压表示声音强弱的级别，即

声压级　　　　　　　　　$$L_P = 20\lg \frac{P}{P_0} \quad (dB) \tag{3.9-3}$$

式中，P_0 为参考声压，以 $2 \times 10^{-5} N/m^2$ 为参考值。

（3）声功率和声功率级

声源辐射声波时对外作功。声功率是指声源在单位时间内向外辐射的声能，记为 W，单位为瓦（W）或微瓦（μW）。声源声功率是指在某个有限频率范围所辐射的声功率，是声源的输出功率。

与声压一样，声功率也可以用"级"来表示，即：

$$L_W = 10\lg \frac{W}{W_0} \quad (dB) \tag{3.9-4}$$

式中，W_0 为声功率的参考标准，其值为 $10^{-12} W$。

当风机转速 n 不同时，其声功率级可按下式换算：

$$L_{W_2} = L_{W_1} + 50 \lg \frac{n_2}{n_1} \tag{3.9-5}$$

式中，下角标 1，2 分别表示风机不同的转速 n（r/min）。

（4）声波的叠加

当几个不同的声源同时作用于某一点时，该点的总声强是各个声强的代数和，而它们的总声压（有效声压）是各声压的均方根值的代数和。声压级、声强级叠加时，不能进行简单的算术相加，而要求按对数运算规律进行。

（5）噪声的频谱特性

表征声音物理量的除声压级与频率外，还有各个频率的声压级的综合量，即声音的频谱。在日常生活中经常遇到的声音很少是单频率的纯音，绝大部分是复合音。作为人耳可闻的声音，频率从 20～20000Hz（赫），有 1000 倍的变化范围。在通常的声学测量中将声音的频率范围分成若干个频带，即所谓频程或频带。

通风消声计算中用的是倍频程。

倍频程是两个频率之比为 2∶1 的频程，目前通用的倍频程中心频率为 31.5、63、125、250、500、1000、2000、4000、8000、16000（Hz）。

这 10 个倍频程把可闻声音全部包括进来，大大简化了测量。实际上，在一般噪声控制的现场测试中，往往只要用 63～8000Hz 8 个倍频程也就够了，它所包括的频程如表 3.9-1 所示。

声音的中心频率和频带划分   表 3.9-1

中心频率（Hz）	63	125	250	500	1000	2000	4000	8000
频率范围（Hz）	45～90	90～180	180～355	355～710	710～1400	1400～2800	2800～5600	5600～11200

（6）噪声的主观评价

声压是噪声的基本物理参数，但人耳对声音的感受不仅和声压有关，而且也和频率有关，声压级相同而频率不同的声音听起来往往是不一样的。根据人耳这个特性，可仿照声压级的概念，引出一个与频率有关的响度级，其单位为 phon（方）。就是取 1000Hz 的纯音作为基准声音，若某噪声听起来与某纯音一样响，则该噪声的响度级（Phon 值）就等于这个纯音的声压级（dB 值）。响度级是声音响度的主观感觉量，它把声压级和频率用一个单位统一起来了。

利用与基准声音比较的方法，就可以得到各个可听范围的纯音的响度级，这个结果就是等响曲线，它是由大量试验得到的。在声学测量中，为模拟人耳对声音响度的感觉特性，在声级计中设有 A、B、C 三个计权网络，每种网络在电路中加上对不同频率有一定衰减的滤波装置。这三个计权网络大致是参考几条等响曲线而设计的。A 计权网络是参考 40 方等响曲线，对 500Hz 以下的声音有较大的衰减，以模拟人耳对低频不敏感的特性。C 计权网络具有接近线性的较平坦的特性，在整个可听范围内几乎不衰减，以模拟人耳对 85 方以上的听觉响应，它可以代表总声压级。B 计权网络介于两者之间，对低频有一定的衰减，它模拟人耳对 70 方纯音的响应。

用声级计的不同网络测得的声级，分别记作 dB（A）、dB（B）、dB（C）。通常人耳对不太强的声音的感觉特性与 40 方的等响曲线很接近，因此，在音频范围内进行测量时，多使用 A 计权网络。

综合以上噪声物理量的表述，其间关系见表 3.9-2。

常用噪声物理量关系 表 3.9-2

噪声物理量	物理量解释	有关换算关系
声功率级（dB）	表示噪声源发射声波的能量大小	房间送风口的声功率级与室内人耳接受的声压级的关系，与人耳位置、室内吸声面积等有关，见式（3.9-13）
声压级（dB）	表示人耳感受到声音能量的大小	
NR 噪声评价曲线（dB）	反映声音倍频带的声压级	$NR=L_A-5$
噪声级 L_A [dB（A）]	声级计 A 计权网络测得的声级	$L_A=NR+5$

2. 室内噪声标准

房间内允许的噪声级称为室内噪声标准。噪声标准的制定应满足生产或工作条件的需要，并能消除噪声对人体的有害影响，同时也与技术经济条件有密切的关系。

基于人耳对各种频率的响度感觉不同，以及各种类型的消声器对不同频率噪声的降低效果不同（一般对低频声的消声效果均较差），因此应该给出不同频带允许噪声值。对于民用建筑的噪声允许标准可按我国现行标准《民用建筑隔声设计规范》GB 50118 和各类建筑的设计规范的规定取值（部分举例见表 3.9-3）；工业建筑可按《工业企业噪声控制设计规范》GB 50087 和其他相关的规范取值。规范中的允许噪声标准一般给出了 A 声级（L_A）或 NR 噪声评价曲线。两者之间没有恒定的换算关系。就暖通空调领域常有的噪声而言，两者相差 4～8dB，通常取如下换算关系：

$$L_A=NR+5 \tag{3.9-6}$$

有关 NR 评价曲线在 8 个倍频程的声压级值可参阅《声学手册》或空调设计手册等资料。

民用建筑内的允许噪声级 [单位：dB（A）] 表 3.9-3

房间名称	高要求标准	低限标准	房间名称	高要求标准	低限标准
住宅建筑			医院建筑		
卧室	≤40（昼）/ ≤30（夜间）	≤45（昼）/ ≤37（夜间）	病房、休息室、重症监护室	≤40（昼）/ ≤35（夜间）	≤45（昼）/ ≤40（夜间）
起居室（厅）	≤40	≤45	诊室、手术室	≤40	≤45
办公建筑			商业建筑		
单人办公室	≤35	≤40	购物、会展场所	≤50	≤55
多人办公室	≤40	≤45	餐厅	≤40	≤45

注：1. 办公建筑中高要求标准为 A、B 类办公建筑；低限标准为 C 类办公建筑；

2. 允许噪声级：办公建筑中普通会议室同多人办公室、电视电话会议室同单人办公室。

3.9.2 空调系统的噪声

1. 通风空调系统的噪声源

通风空调系统中的噪声源主要有风机、空调机等机械设备产生的噪声，气流产生的噪声，入射到风管内而传入室内的噪声等。

（1）通风机的噪声及其估算公式

通风机噪声的产生和许多因素有关，尤其与叶片形式、片数、风量、风压等参数有关。风机噪声是由叶片上紊流而引起的宽频带的气流噪声以及相应的旋转噪声，后者可由转数和叶片数确定其噪声的频率。在通风空调所用的风机中，按照风机大小和构造不同，噪声频率在 200～800Hz，也就是说主要噪声处于低频范围内。为了比较各种风机的噪声大小，通常用声功率级来表示。

风机制造厂应该提供其产品的声学特性资料，当缺少这项资料时，在工程设计中最好能对选用通风机的声功率级和频带声功率级进行实测。不具备这些条件时，也可按下述比较简单的方法来估算其声功率级。离心式风机的声功率级可按下式估算（与实测的误差在 ±4dB 内）：

$$L_W = 5 + 10\lg L + 20\lg H \qquad (dB) \qquad (3.9\text{-}7)$$

式中　L——通风机的风量，m^3/h；

　　　H——通风机的风压（全压），Pa。

如果已知风机功率 N（kW）和风压 H（Pa），则可用下式估算：

$$L_W = 67 + 10\lg N + 10\lg H \quad (dB) \qquad (3.9\text{-}8)$$

在求出通风机的声功率级后，可按下式计算通风机各倍频程声功率级 $L_{W,Hz}$：

$$L_{W,Hz} = L_W + \Delta b \qquad (3.9\text{-}9)$$

式中　L_W——通风机的（总）声功率级，dB；

　　　Δb——通风机各倍频程声功率级修正值，dB，见表 3.9-4。

通风机各倍频程声功率修正值 Δb（单位：dB）　　　　表 3.9-4

通风机类型	中 心 频 率（Hz）						
	63	125	250	500	1000	2000	4000
离心风机叶片前向	−2	−7	−12	−17	−22	−27	−32
离心风机叶片后向	−7	−8	−9	−12	−17	−22	−27
轴流风机	−5	−5	−6	−7	−8	−10	−13

上述风机声功率的计算都是指风机在额定效率范围内工作时的情况。如果风机在低效率下工作，则产生的噪声远比计算的大。

（2）空调设备噪声

风机盘管、房间空调器、诱导器、柜式空调机组、VRV 系统中的室内机组、水环热泵系统中的水源热泵机组等设备都直接放在空调房间内。除了诱导器外，这些设备内都有风机，有的还有制冷压缩机，因此都有噪声产生。而诱导器内的高速气流也产生噪声。根据国家的有关标准，这些产品都有最大允许噪声的规定。

（3）风管系统的气流噪声

空气在流过直管段和局部构件（如弯头、三通、变径管、风口、风门等）时都会产生噪声。噪声与气流速度有密切关系，当气流速度增加一倍，声功率级就增加 15dB。对于一般要求的建筑，通常限制空气在风管内的流速，就不必计算气流噪声的影响。根据噪声标准要求的允许流速见表 3.9-5。对于某些噪声要求高的建筑（如录音、播音室等）应对气流噪声进行核算。

不同噪声标准的风管内允许流速　　　　表 3.9-5

噪声标准		允许流速（m/s）			噪声标准		允许流速（m/s）		
NR	L_A (dB)	主风管	支风管	出风口	NR	L_A (dB)	主风管	支风管	出风口
15	20	4	2.5	1.5	30	35	6.5	5.5	3.3
20	25	4.5	3.5	2.0	35	40	7.5	6.0	4.0
25	30	5	4.5	2.5	40	45	9	7.0	5.0

（4）入射到风管内的其他噪声

全空气系统新风系统通常服务多个房间，而其中某一个房间的噪声会通过风管传到其他房间中去。房间内的噪声源有人声、音乐声等。人群大声说话的声功率级 90dB，一般会话为 70dB，音乐声级为 90~115dB。这些噪声通过风口入射到风管内再传到其他房间。入射到风管内的噪声与风口的开口面积、噪声源与风口距离、风口个数、声源室的总表面积和材料的吸声系数等有关。

（5）噪声叠加

对于人耳的感受，噪声的叠加也是通过对某点声压级的叠加来评价的。需要说明的是有关声功率级和声压级的计算公式相同。

1）n 个相同噪声源声压级的叠加

n 个噪声源对某点同时作用下，该点的声压级应按下式进行叠加计算：

$$\Sigma L_p = 10\lg(10^{0.1L_{p_1}} + 10^{0.1L_{p_2}} + \cdots + 10^{0.1L_{p_n}}) \qquad (3.9\text{-}10)$$

式中　　ΣL_p——该点叠加后的总声压级，dB；

L_{p_1}、L_{p_2}、L_{p_n}——分别为噪声源 1、2、…、n 对该点的声压级，dB。

根据式（3.9-10），n 个相同声压级的噪声源对某点同时作用下，该点的声压级应按下式进行叠加计算：

$$\Sigma L_p = L_p + 10\lg n \qquad (3.9\text{-}11)$$

式中　L_p——单个噪声源对该点的声压级，dB。

2）n 个不同噪声源声功率级的叠加

当几个不同声功率级叠加时，则按照由大到小依次排序，逐个进行叠加，叠加时根据两个声功率级的差值在其中较高的声功率级上增加附加值，附加值列于表 3.9-6 中。

声功率叠加的附加值　　　　表 3.9-6

两个声功率差值（dB）	0	1	2	3	4	5	6	7	8	9	10	11~12	13~14	15
附加值（dB）	3.0	2.5	2.1	1.8	1.5	1.2	1.0	0.8	0.6	0.5	0.4	0.3	0.2	0.1

注：当两个声功率差值大于 15dB 时，可以不再附加。

2. 通风空调系统的噪声衰减

（1）直管段的噪声衰减

金属板风管的噪声衰减量可按表 3.9-7 给出的每米衰减量进行估算。

每米风管噪声衰减量　　　　　　　　　　表 3.9-7

断面形状	风管平均尺寸或圆管直径（mm）	各倍频带噪声衰减量（dB/m）			
		63	125	250	＞500
矩形	＜200	0.6	0.6	0.45	0.3
	200～400	0.6	0.6	0.45	0.3
	400～800	0.6	0.6	0.3	0.15
	≥800	0.45	0.3	0.15	0.1
圆形	＜800	0.06	0.1	0.1	0.1
	≥800	0.03	0.03	0.03	0.06

（2）弯头的噪声衰减

按一定曲率半径制作的弯头，噪声衰减量很小，一般可以忽略不计。弯头背部是直角时，由于声能反射的作用可以减少噪声源传递的噪声。矩形弯头的噪声衰减量见表3.9-8。

矩形弯头的噪声衰减量　　　　　　　　　表 3.9-8

风管侧面尺寸（mm）	各频带（Hz）的噪声衰减量（dB）					
	125	250	500	1000	2000	≥4000
125	—	—	—	5	8	4
250	—	—	5	8	4	3
400	—	2	8	5	3	3
630	1	7	7	4	3	3
800	2	8	5	3	3	3

（3）三通的噪声衰减

根据声能按分支管的面积进行分配的原则，由分支管 1 和 2 构成的三通中经过分支管 1 的噪声衰减量为

$$\Delta L = 10\lg \frac{a_1 + a_2}{a_1} \qquad (3.9\text{-}12)$$

式中，a_1、a_2 分别是三通两个分支管的面积，m^2。当两支管的速度接近相等时，式（3.9-12）中面积比也可用总风量与分支管风量之比取代。

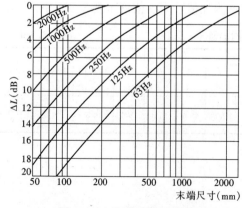
图 3.9-1　末端反射衰减量

（4）末端（风口）反射噪声衰减

风管内传播的噪声在风口处突然扩散到空间去，其中比管道尺寸大的波长的噪声被反射回去，并不进入房间。末端反射的噪声衰减量可按图 3.9-1 进行估算，当是矩形格栅式风口时，末端尺寸取 $1.13\sqrt{A}$，A 为出风口面积。对于长宽比很大的风口，图上值有较大误差。对于圆形风口末端尺寸就取直径；散流器取 $1.25\times$喉部直径。如果风口紧接着是弯头，末端反射的噪声衰减取图 3.9-1 值的 1/2。

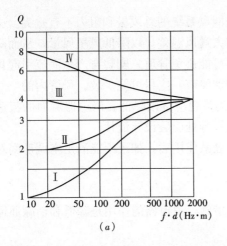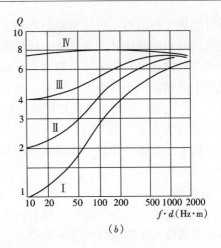

$$(a)\qquad\qquad\qquad\qquad(b)$$

图 3.9-2 指向性因素

$(a)\ \alpha=45°；(b)\ \alpha=0°$

Ⅰ—突出于房间顶棚中部的风口；Ⅱ—墙中部位置的风口；

Ⅲ—位于墙上靠天棚的风口；Ⅳ—靠近天棚在墙角的风口

（5）房间内某点的声压级

噪声由风口传入室内后，人耳感觉到的噪声是由风口直达的声压级与进入房间后进入人耳前衰减的叠加。房间内某点人耳感觉到的声压级的计算公式为

$$L_{P}=L_{W}+10\lg\left(\frac{Q}{4\pi r^{2}}+\frac{4(1-a_{m})}{Sa_{m}}\right)\qquad(3.9\text{-}13)$$

式中 L_{W}——由风口进入室内的声功率级，dB；

L_{P}——距风口 r 处的声压级，dB；

r——风口与某处人身（测量点）间的距离，m；

Q——指向性因素，取决于风口尺寸、位置和风口与人身（测量点）连线与水平线的夹角 α 的无因次量，由图 3.9-2 查得：图中 f 为噪声的倍频带中心频率；d 为风口尺寸，对圆风口 d 即为直径，对矩形风口，$d=\sqrt{A}$；A 为风口面积；

S——房间内总表面积，m^{2}；

a_{m}——室内平均吸声系数，一般建筑取 $0.1\sim0.2$。

3.9.3 空调系统的噪声控制

1. 降低系统噪声的措施

降低噪声一般应注意到声源、传声途径和工作场所的吸声处理三个方面，但以在声源处将噪声降低最为有效。为了降低通风机的噪声，首先，要选用高效率低噪声的风机。尽可能采用叶片后向的离心式风机，应使其工作点位于或接近于风机的最高效率点，此时风机产生的噪声功率最小。其次，当系统风量一定时，选用风机压头安全系数不宜过大，必要时选用送风机和回风机共同负担系统的总阻力。再次，通风机进出口处的管道不得急剧转弯，通风机尽量采用直联或联轴器传动。最后，通风机进出口处的管道应装设柔性接管，其长度一般为 $100\sim150$mm。

设计空调工程的送、回风管路时，每个送回风系统的总风量和阻力不宜过大。必要时可以把大风量系统分成几个小系统。尽可能加大送风温差，以降低风机风量，从而降低风机叶轮外周的线速度，降低风机的噪声。应尽可能避免管道急剧转弯产生涡流引起再生噪声。风管上的调节阀不仅会增加阻力，也会增加噪声，应尽可能少装。风管内的空气流速应按表 3.9-5 选用，从通风机到使用房间的管内流速应逐渐降低。消声器后面的流速不能大于消声器前的流速。必要时，弯头和三通支管等处应装设导流片。

当采取上述措施并考虑了管道系统的自然衰减作用后，如还不能满足空调房间对噪声的要求，应考虑采用消声器。

2. 消声器

管道系统的消声器是系统噪声控制的重要措施，消声器的作用是降低和消除通风机噪声沿通风管道传入室内或传向周围环境。

空调系统所用的消声器有多种形式，根据消声的原理不同大致可分为阻性和抗性两大类。阻性消声器的消声原理是借助装置在通风管道内壁上或在管道中按一定方式排列的吸声材料或吸声结构的吸声作用，使沿管道传播的声能部分地转化为热能而消耗掉，达到消声的目的，它对中、高频有较好的消声性能。抗性消声器并不直接吸收声能，它的消声原理是借助管道截面的突然扩张或收缩或旁接共振腔，使沿管道传播的某些特定频率或频段的噪声，在突变处向声源反射回去而不再向前传播，从而达到消声的目的。抗性消声器对低频和低中频有较好消声性能。共振型消声器属抗性消声器范畴，它适用于低频或中频窄带噪声或峰值噪声，但消声频率范围窄。复合型消声器（阻抗复合，阻性和共振复合）可发扬各自的优点。有关消声器的原理与类型可参阅消声器国家建筑标准设计图集或有关设计手册。

评价一个消声器性能的好坏，必须从它的声学性能、空气动力性能、几何形状、结构性能以及经济等方面综合考虑。

消声器的声学性能主要是指声压级差（噪声降低），即在消声器的进口管段测得的声压级 L_{P1} 与在消声器出口管段测得的声压级 L_{P2} 的差，$L_{P1}-L_{P2}$（dB）。

消声器的空气动力性能主要是指阻力，即给定温度和空气流量时，通过消声器的空气压力降。有的产品给出消声器的阻力系数。

在几何形状方面，要求消声器形状尽量简单，便于施工。同时要求消声器结构可靠，以减少维修。同时，应采用不燃材料制作。

消声弯头与几种常用消声器的有关情况参见表 3.9-9。

消声弯头与几种常用消声器　　　　　　　　　　　表 3.9-9

消声弯头与消声器	结构	规格范围（mm）	规格数	阻力（Pa）（风速 3～7m/s）	消声量〔dB(A)〕
XZW50 型消声弯头（图集 18K116-4）	穿孔镀锌钢板（穿孔率＞20％）＋离心玻璃棉厚度 50mm，绕长边转弯半径 400mm（长度大于 400mm 为长边 1/2）	400×200～1600×630	32	4.6～25	8～25

续表

消声弯头与消声器	结构	规格范围 (mm)	规格数	阻力 (Pa)（风速3～7m/s)	消声量 [dB(A)]
XZP100 型 （图集 14K116-1)	穿孔镀锌钢板（穿孔率 20%～30%）＋矩形离心玻璃棉板片式（厚度 100mm)	400×200～1600×630 （有效长度 1m)	32	3.3～39.7	19～30
XZP200 型 （图集 14K116-2)	穿孔镀锌钢板（穿孔率 20%～30%）＋矩形离心玻璃棉板片式（组合厚度 50、100、200mm)	320×320～1600×1000 （有效长度 1m)	24	6.3～54.9	21～25
XZX 阻抗复合 （图集 19K116-5)	穿孔镀锌钢板（穿孔率＞25%）＋矩形离心玻璃棉板片式结构	500×200～1600×630 （有效长度 1.6m)	28	8.6～45.6	25～34
微缝板 （图集 14SK116-5)	金属微缝板吸声体	$D320～D1400$；250×160～2000×800 （有效长度 0.9m)	圆形 14、矩形 34	1.0～46	圆形 6.5～14.6 矩形 9.1～18.9

3. 空调通风系统消声设计程序

空调通风系统的消声设计在系统的设备、管路、风口等构件基本设计完成后进行。对于噪声无严格要求的一般性建筑，风管系统的空气流速限定在表 3.9-5 范围时，消声设计的程序为：

（1）根据房间用途确定房间的允许噪声值的 NR 评价曲线。

（2）计算通风机的声功率级。

（3）计算气流通过直风管、弯头、三通、变径管、阀门和送回风口等部件产生的再生噪声声功率级与管路系统各部件的噪声自然衰减量，并计算风机噪声经管路衰减后的剩余噪声。应分别按各倍频带中心频率通过计算确定。通常，对于直风管，当风速小于 5m/s 时，可以不计算气流的再生噪声，风速大于 8m/s 时，可不计算管道中噪声的自然衰减量。

（4）求房间内某点的声压级。

（5）根据 NR 评价曲线的各频带的允许噪声值和房间内某点各频率的声压级，确定各频带必需的消声量。

（6）根据必需的消声量、噪声源频率特性和消声器的声学性能及空气动力性能等因素，经技术经济比较选择消声器。

（7）根据给定的管道空气流量，选择适当的流速从而确定消声器的有效流通截面积。选择流速时应注意兼顾消声器的消声性能，空气动力性能以及气流再生噪声。一般地说，通过室式消声器的风速不宜大于 5m/s，通过其他类型的消声器和消声弯头的风速不宜大于 8m/s。

对于噪声有严格要求的房间，或风管系统中风速过大时，则应对气流噪声进行校核计算。

4. 消声器使用中应注意的问题

消声器宜设置在靠近通风机房气流稳定的管道上，当消声器直接布置在机房内时，消声器检修门及消声器后的风管应具有良好的隔声能力。若主风管内风速太大，消声器靠近通风机设置，势必增加消声器的气流再生噪声，这时以分别在气流速度较低的分支管上设置消声器为宜。

在消声设计时，一般可尽量选用消声弯头这类阻性消声器。

微缝板消声器具有良好的吸声性能，比微穿孔板消声器的消声量高约 30%、阻力低 10%，与其他带穿孔板结构消声器比较，可省掉板后的多孔吸声材料，并可改变共振腔厚度（如由 100mm 增至 200mm），以满足极低频段消声要求。同时，由于该类消声器的流动阻力小、没有填料、不起尘，因此适合在高温、高速风管和洁净车间的通风与空调管道中使用。

3.9.4 设备噪声控制

1. 机房降噪与隔声

机房内噪声通常在 80dB（A）以上。除了采用隔振措施减少对外传播噪声外，还必须采取其他措施降低机房内噪声和隔断向外传播的途径。当然最积极的措施是选用噪声小的设备。此外，选择机房位置时应尽量不靠近空调房间。对机房本身应采取吸声和隔声处理。

（1）吸声降噪

机房内的噪声经各界面多次反射形成混响声，使得室内人员所感受到的声压级（直达声与混响声叠加）远比设备本身的噪声大得多，理论上可大 20dB。为确保操作人员的健康，在室内采取吸声措施，降低噪声。一般使机房内人耳感受到的噪声（直达声和混响声的叠加）控制在 85dB（A）以下。吸声的方法是在机房的墙、顶棚贴吸声材料。如果对墙面和顶棚做局部吸声处理，使得室内平均吸声系数 $a_m = 0.2 \sim 0.3$，则因混响增加的噪声为 5~7dB，即比不做吸声处理的机房降低了 13~15dB；如果在墙和顶棚作较强的吸声处理，使 $a_m > 0.5$，则因混响增加的噪声小于 3dB，即比不做吸声处理的机房降低了 17dB 以上。更强的吸声处理，需在顶棚处增挂若干块吸声板。

对于毗邻房间需安静的机房，则不论机房大小、设备多少，都应做较强的吸声处理，这对系统消声和机房的隔声都是有利的。对于远离空调房间（如地下室）的机房，若机房容积很大，室内可不做较强的吸声处理，甚至不做处理，但这时应设有隔声很好的控制室或无人值守。

墙、顶棚所用的吸声材料应根据噪声源的频谱来选择。风机房的噪声以低频为主，因此宜选用低频吸声性能强的材料，如石膏穿孔板、珍珠岩吸声板等。制冷机房、水泵房等的噪声频谱较宽，应选用以中、高频吸声性能好的材料，如超细玻璃棉毡、玻璃棉板、矿渣棉板、聚氨酯泡沫塑料等。

(2) 机房隔声

机房的墙体、楼板应具有隔声作用。它的隔声效果（隔声量）与墙或楼板的面密度（kg/m^2，即材料密度×构件厚度）有关，面密度越大，隔声效果越好。但增加厚度来提高隔声量不是好办法，一般说厚度增加一倍，也就能增加 5dB 左右的隔声量。增加隔声量的好办法是在墙体、楼板中增加空气层，即两层墙体或楼板。例如一砖墙（240mm 厚）的平均隔声量（隔声量还与频率有关）为 52.8dB，一砖半墙（370mm 厚）的平均隔声量为 55.3dB，仅增加了 2.5dB 隔声量，但如果一砖半墙中夹 80mm 的空气层，其平均隔声量为 58.3dB，比一砖墙增加了 5.5dB。在空气层内配置吸声材料，隔声效果更好。例如把一砖墙（240mm）与 80mm 岩棉和 6mm 塑料板做成复合墙体，则平均隔声量为 62.8dB。对于楼板，通常可以在楼板下用弹性吊钩吊挂轻质板，必要时再在空气层内配置吸声材料。

机房门隔声效果与门身的隔声能力和门缝的严密程度有关。通常采用内夹吸声材料（如矿棉毡、玻璃棉毡等）的复合门，门缝采用企口挤压式（在企口上加橡胶圈、条式充气带）的密缝措施。最有效的隔声是采用双道门，并在门洞内贴吸声材料；或设门斗（"声闸"），内外门错开，门斗内贴吸声材料。

房间的窗户是隔声最薄弱的环节。3mm 厚的单层玻璃窗平均隔声量为 24dB；双层 3mm 厚玻璃的单扇窗（玻璃间距 8mm）的平均隔声量为 27dB。如果采用双层窗（距离 200mm，玻璃厚 3mm），并且在窗四周做吸声处理，则平均隔声量可提高到 42dB。另外，窗缝是否严密也影响隔声效果。一般说单层窗加密封条后，单层窗的隔声量可提高约 5dB 左右，双层窗都加密封条后可提高约 11dB 左右。

2. 机房外设备的噪声控制

冷却塔、风冷式冷水机组或热泵机组的室外机等都置在室外，它们的噪声影响周围环境。因此，必须对置在室外的设备的噪声进行控制。

室外设备噪声控制的原则有：

(1) 尽量选用低噪声的设备。例如冷却塔选用符合Ⅰ级噪声级别的产品。同一规格不同生产厂的产品相差也甚大。因此选用设备时应多作比较。

(2) 选择合理的设备位置。尽量远离需要安静的建筑和房间。设备噪声较强的一侧避免直接对着要求安静的建筑和房间。

(3) 采用隔声屏障以减少设备噪声对需要安静的建筑或房间的影响。屏障离声源越近，或屏障越高，隔声越有利。当然屏障的设置还应考虑不影响设备的性能。

3.9.5 隔振

空调通风系统中的设备房有制冷机房、小型锅炉房、风机房、空调机房等。在建筑内或邻近的机房，除了沿风管传播的空气噪声外，还有通过结构、水管、风管等传递的固体噪声，以及通过机房围护结构传播的噪声，这都会对毗邻房间产生噪声干扰。

1. 设备隔振

机房内各种有运动部件的设备（风机、水泵、制冷压缩机等）都会产生振动，它直接传给基础和连接的管件，并以弹性波传到其他房间中去，又以噪声的形式出现。另外，振动还会引起构件（如楼板）、管道振动，有时会危害安全。因此对振源必须采取隔振措施。在设备与基础间配置弹性的材料或器件，可有效地控制振动，减少固体噪声的传递；在设备与管路间采用软连接实行隔振。常用的基础隔振材料或隔振器有以下几种：

（1）压缩型隔振材料和隔振器，主要有：橡胶垫——平板型、肋型等多种，自振频率高，适用于转速为 1450～2900r/min 的水泵隔振；软木——自振频率较高，允许荷载较小，可用于水泵和小型制冷机，不过目前市场上软木板很少；还有玻璃纤维板、毛毡、岩棉等隔振材料，但在通风空调工程中很少应用。

（2）剪切型隔振器，主要有：设备转速小于 1500r/min 时，宜选用金属弹簧隔振器，以 ZT 型为例，承受荷载范围大，固有频率为 1.5～4.9Hz、阻尼比为 0.065，对固体传声隔离效果明显，适用于风机、冷水机组等隔振。设备转速大于 1500r/min 时，宜选用橡胶剪切减振器（或橡胶隔振垫）。以 JS 型为例，承受荷载范围大，固有频率为 5～11Hz、阻尼比大于 0.05，不会引起自振。缺点是易受温度、油质等气体的侵蚀，易老化等，常用于冷冻机、风机、水泵等隔振。设备的运转频率与隔振器垂直方向固有频率之比应大于或等于 2.5，宜为 4～5。两种隔振器与基础之间，后者应设置弹性隔振垫，前者则宜设置。

设备隔振设计需要有力学和声学知识，为方便暖通空调工作者对隔振基础的设计，国内已有一些常用的风机、水泵、冷水机组、空调机组等产品关于隔振的标准化设计图和相应的隔振器系列产品供采用。隔振器生产厂和暖通空调设备厂的产品说明书、样本中有时也提供了隔振设计要求。

2. 管路隔振

水泵、冷水机组、风机盘管、空调机组等设备与水管用一小段软管连接，以不使设备的振动传递给管路。尤其是设备基础采取隔振措施后，设备本身的振动增加了，这时更应采用这种软管连接。软接管有两类：橡胶软接管和不锈钢波纹管。橡胶软接管隔振减噪的效果很好，缺点是不能耐高温和高压，耐腐蚀也差。在空调供暖等水系统中大多采用橡胶接管。不锈钢波纹管有较好的隔振减噪效果，且能耐高温、高压和耐腐蚀，但价格较贵，适宜用在制冷剂管路的隔振。

风机软连接材质应根据风机用途和所处环境确定，其材质有：帆布、硅钛防火布（A1 级）、橡胶（耐高压、耐腐蚀、耐老化）、耐高温织物（高达 1300℃）等。6 号以下规格的风机，软管的合理长度为 200mm；8 号以上规格的风机，软管合理长度为 400mm。

水管、风管敷设时，在管道支架、吊卡、穿墙处也应作隔振处理。通常的办法有：管道与支架、吊卡间垫软材料，采用隔振吊架（有弹簧型、橡胶型）。实测表明管道吊架采用隔振处理后，比刚性搭接 A 声级可降低 6～7dB。

3. 设备隔振设计

（1）隔振设计标准

表示隔振效果的物理量是传递比（或称传递系数）T，它表示作用于设备的各种力经隔振装置后传递到设备基础的比例。T 值越小，表明隔振效果越好。因而隔振设计就应满

足振动传递比 T 的要求。表 3.9-10 列出了各类建筑和设备所需的振动传递比 T 的建议值。

各类建筑和设备所需的振动传递比 T 的建议值　　　　　　表 3.9-10

A. 按建筑用途区分

隔离固体声的要求	建筑类别	T
很高	音乐厅、歌剧院	0.01~0.05
较高	办公室、会议室、医院、住宅、学校、图书馆	0.05~0.20
一般	多功能体育馆、餐厅	0.20~0.40
要求不高或不考虑	工厂、地下室、车库、仓库	0.80~1.50

B. 按设备种类区分

设备种类		T	
		地下室、工厂	楼层建筑（两层以上）
泵	≤3kW	0.30	0.10
	>3kW	0.20	0.05
往复式冷水机组	<10kW	0.30	0.15
	10~40kW	0.25	0.10
	40~110kW	0.20	0.05
密闭式冷冻设备		0.30	0.10
离心式冷水机组		0.15	0.05
空气调节设备		0.30	0.20
通风孔		0.30	0.10
管路系统		0.30	0.05~0.10
发电机		0.20	0.10
冷却塔		0.30	0.15~0.20
冷凝器		0.30	0.20
换气装置		0.30	0.20

C. 按设备功率区分

设备功率（kW）	T		
	地下层、一层	两层以上（重型结构）	两层以上（轻型结构）
≤3	—	0.50	0.10
4~10	0.50	0.25	0.07
10~30	0.20	0.10	0.05
30~75	0.10	0.05	0.025
75~225	0.05	0.03	0.015

(2) 隔振设计

设备隔振设计的过程如下：

1) 按照表 3.9-10 确定传递比 T。

2) 计算振动设备的扰动频率 f：

$$f = \frac{n}{60} \quad (Hz) \tag{3.9-14}$$

式中　n——设备转速，r/min。

3) 计算所需要的隔振器的自振频率 f_0：

$$f_0 = f \times \sqrt{\frac{T}{1-T}} \quad (Hz) \tag{3.9-15}$$

4) 确定隔振台座的总量与形式

隔振台座一般由两种材料制造：型钢台座和混凝土隔振板。混凝土隔振板有 T 型和平板型两种。通常，自振频率不高（$f_0 < 12Hz$）的小型风机或者允许传递率 T 较大（$T > 0.3$）的场所，一般可采用型钢隔振台座。反之，宜采用混凝土隔振板。混凝土隔振板的重量不宜小于振动设备（包括所配置的电机）总重量的 3 倍。

5) 选择合理的隔振器

每个隔振台座的隔振器设置数量以 4 个为宜，最多不宜超过 6 个。选择隔振器形式时，除了要考虑隔振器的承载能力外，还需要重点考虑其对自振频率的要求。一般来说，当要求 $f_0 < 5Hz$ 时，应采用预应力阻尼型金属弹簧隔振器；当 $5Hz \leqslant f_0 < 12Hz$ 时，可采用金属弹簧隔振器或橡胶剪切型隔振器；当 $f_0 \geqslant 12Hz$ 时，宜采用橡胶剪切型隔振器或橡胶隔振垫。

6) 设备隔振带来与机层毗邻房间的噪声降低量 NR 按经验公式计算：

$$NR = 12.5\lg(1/T) \tag{3.9-16}$$

3.10 绝 热 设 计

3.10.1　一般原则

1. 绝热设计的目标

通常来说，供热、空调系统的绝热设计，是为了达到以下要求：

(1) 安全与劳动保护的要求

对于高温热水和蒸汽管道，表面温度非常高，人直接接触后，容易造成烫伤等危害人员安全的严重后果。即使人员不直接接触，长期处在一种高温表面辐射情况下，对人体的健康也会造成一定的影响，或者导致工作效率的低下。因此，从安全（表面温度不应高于 50℃）和工作环境（人体等效体感温度的要求）的要求来看，对于高温管道，必须通过保温和绝热措施，将其表面温度控制在一定的限值之下。

(2) 防结露要求

防结露通常是针对冷介质输送管路（当然也包括建筑围护结构本身，不在此讨论）而言。当管道外表面的温度低于所接触空气的露点温度时，外表面将产生空气凝结水，这对于建筑的使用会产生很大的不利影响（甚至对于工艺要求产生严重的破坏作用）。通过合理的管道保冷设计，使得绝热层外表面温度高于空气的露点温度，也是最基本的要求之一。

(3) 供热、空调系统的节能与经济性要求

无论是热水（蒸汽）管道，还是冷水（制冷剂）管道，虽然采取了保温（冷）措施，但是依旧有一定的热（冷）量损失，其数量与保温（冷）措施的材质、厚度、构造和施工等密切相关。为使系统的冷热量损失尽可能减少，与经济性结合，提出了经济绝热厚度。

绝热管道的绝热设计应执行现行国家标准《设备及管道绝热设计通则》GB/T 4272和《设备及管道绝热设计导则》GB/T 8175 的规定。

2. 传热量计算

(1) 矩形保温风管（道）的传热量。由于风管内的空气具有一定的流速，且绝大部分采用钢板制风管，而钢板的导热系数大，且风管内壁面的对流放热热阻相对于保温材料的热阻和保温材料外表面放热热阻来说是非常小的，因此计算时可以忽略不计。当保温层外表面放热系数为 11.63W/(m² · K)时，单位面积的矩形保温风管的传热量（W/m²）可按式(3.10-1)来计算。

$$q_a = \frac{t_2 - t_1}{\frac{\delta}{\lambda} + \frac{1}{11.63}} \quad (W/m^2) \tag{3.10-1}$$

式中 t_1——风管内的空气温度,℃；

t_2——保温层外的空气温度,℃；

δ——保温材料厚度，m；

λ——保温材料的导热系数，W/(m · K)。

(2) 圆形保温风管（道）（公称直径≤1000mm）和保温水管的传热量与矩形风管一样，在忽略钢管热阻和内表面换热热阻的情况下，单位管道长度圆形管道的传热量（W/m）可按式（3.10-2）来计算。

$$q_1 = \frac{2\pi(t_2 - t_1)}{\frac{1}{\lambda}\ln\left(\frac{d+2\delta}{d}\right) + \frac{2}{11.63(d+2\delta)}} \quad (W/m) \tag{3.10-2}$$

式中 d——管道内径，m；

其余符号同式（3.10-1）。

保温计算时，管道设置在室内与设置在地沟内时（介质温度≤80℃），取 $t_2=20$℃；设置在地沟内时，介质温度为 81～110℃，取 $t_2=30$℃；介质温度>110℃，取 $t_2=40$℃。

保冷计算时，若常年运行，t_2 取历年平均温度的平均值；季节运行则取累年运行期日平均温度的平均值。

埋地保温管道可参照现行行业标准《城镇供热直埋蒸汽管道技术规程》CJJ 104 的规定进行。

3. 防结露

进行防结露计算是为了防止保温层外表产生结露，保冷材料应具有的最小厚度 δ_m。

矩形风管的防结露厚度按式（3.10-3）计算。

$$\delta_m = \frac{\lambda}{11.63} \times \frac{t_b - t_1}{t_2 - t_b} \quad (m) \tag{3.10-3}$$

圆形风管和水管的防结露厚度按式（3.10-4）计算。

$$(d + 2\delta_{\mathrm{m}}) \ln\left(\frac{d + 2\delta_{\mathrm{m}}}{d}\right) = \frac{2\lambda(t_{\mathrm{b}} - t_1)}{11.63(t_2 - t_{\mathrm{b}})} \qquad (3.10\text{-}4)$$

式中　t_1——管道内冷介质（空气或水）的温度，℃；

　　　t_2——保冷材料外表面接触的空气的干球温度，℃；

　　　t_{b}——保冷材料外表面接触的空气的露点温度（当地气象条件下最热月的露点温度），℃。

显然，圆形风管和水管的计算公式比较复杂，一般需要多次试算求解。

3.10.2　绝热材料的性能要求

设计中选择绝热材料时，一般应考虑以下性能参数或指标。

1. 热工性能

评价绝热材料热工性能的一个主要指标就是导热系数。要特别注意的是：材料的导热系数往往会随着材料的温度增加而有所加大。因此用于绝热时，其导热系数应有所区别。目前供暖、空调工程常用的两种材料的导热系数随温度的变化，如式（3.10-5）和式（3.10-6）所示。

柔性泡沫橡塑：$\lambda = 0.0341 + 0.00013 t_{\mathrm{m}}$，W/（m·K）　　　　　　（3.10-5）

离心玻璃棉：$\lambda = 0.031 + 0.00017 t_{\mathrm{m}}$，W/（m·K）　　　　　　（3.10-6）

式中　t_{m}——绝热层平均温度。

2. 吸水率

由于水的导热系数[0.55W/（m·K）]比常用的绝热材料的导热系数大得多，因此材料含水量的增加将意味着其绝热能力的下降。同时，水蒸气分子会由材料的高温侧向低温侧自动迁移，当材料中含水量达到一定程度时，其导热系数甚至会超过水本身的导热系数，严重影响材料的保温与保冷性能。

目前常用的材料导热系数指的都是其干燥后所测出的"标准值"，设计人应根据吸水情况进行必要的修正。闭孔型材料具有较好的抗水蒸气渗透与迁移性能，宜优先采用。

3. 对温度的使用范围要求

温度除了影响材料的导热系数之外，一些材料本身不能承受较高的温度，否则使用寿命将大大缩短。例如：聚氨酯、聚苯乙烯以及柔性发泡橡塑，大都不适用于表面温度超过80℃的管道保温。因此，保温材料的允许使用温度应高于正常操作时的介质最高温度；保冷材料的最低安全使用温度应低于正常操作时介质的最低温度。

4. 抗老化性能与机械强度

管道绝热材料所处的环境比较恶劣，大多数采用化工材料制成的绝热材料，使用寿命应与其所在工作环境的恶劣程度结合考虑。而在保管、运输、施工等过程中，都有可能造成材料的机械损伤，因此对其机械强度（尤其是施工后的表面强度）应重视。

5. 绝热材料导热系数的修正

绝热材料使用中受到温度、湿度、各种作用力下的应变以及材料随时间的变化，设计中应考虑必要的修正系数，有关修正系数（按室内外对应4个气候分区分别给出）见《民用建筑热工设计规范》GB 50176 的附录。

6. 防火性能

由于保温材料引起的火灾，在建筑中多有发生，同时材料燃烧后形成的浓烟，成为火灾中人员伤亡的主要因素。因此，采用保温材料燃烧性能的级别应严格执行现行国家和地方标准的规定。阻燃性保冷材料的氧指数不应小于30%。

7. 对与之接触金属表面的防腐

外设绝热层的设备或管道，接触表面应涂底漆。埋地管道应进行涂料防腐，防腐等级应根据土壤腐蚀性等级确定。埋地钢质管道防腐应执行现行国家标准《埋地钢质管道防腐保温层技术标准》GB/T 50538。

3.10.3 节能设计与经济绝热厚度

在保温（冷）设计中，节能是一个重要的判据。对于某种选定的绝热材料来说，绝热厚度越大，冷（热）损失越小，即节能效果越好。但是，材料绝热厚度的增加会造成初投资等方面的加大，经济性必然受到影响。

因此，节能与经济性相结合的考虑原则是：设计绝热材料的合理厚度，使得减少的热损失在设定的投资年限内得到回收，这里所确定的绝热厚度即称为经济厚度。计算时，保冷结构和保温结构的回收年限一般为6年。因此在考虑各种价格因素——冷（热）价格、电价、材料价、施工安装费用、贷款利率（复利率）、折旧与维护费用等，以及材料热工特性的基础上，对于不同的应用对象，都可以计算出一个合理的经济厚度。

所确定的经济厚度一般都大于安全与热环境保护要求的厚度，因此结果可以直接采用。而对于保冷厚度，则存在一定的不确切性，经济厚度在某些情况下不一定大于按照防结露要求计算的保冷厚度。因此，对于保冷而言，应在计算（或通过规定表格选择）经济厚度的同时，校核防结露厚度，并取大值。因而，在相关标准中，保冷计算规定的是最小绝热层厚度。

由于经济厚度与管道内的介质温度有关，对于空调风系统，管内空气温度的变化对经济厚度影响较小，因此在实际应用过程中，采用材料的经济导热热阻 R 来替代经济厚度，或直接规定相应条件下的最小热阻值。

《公共建筑节能设计标准》GB 50189—2015规定的管道与设备经济绝热层厚度及风管绝热层最小热阻见表3.10-1～表3.10-4。热设备的绝热层厚度可按介质温度条件对应的最大管径的绝热层厚度增加5mm选用；蓄冷设备的保冷厚度可按介质温度条件对应的最大管径的保冷厚度增加5～10mm选用。以上规定同样适用于工业建筑的热水、冷水及空调风管管网和设备。

室内热管道柔性泡沫橡塑经济绝热层厚度（热价85元/GJ）　　　　表3.10-1

最高介质温度（℃）	绝热层厚度（mm）						
	25	28	32	36	40	45	50
60	≤DN20	DN25～DN40	DN50～DN125	DN150～DN400	≥DN450		
80			≤DN 32	DN40～DN70	DN80～DN125	DN125～DN400	≥DN500

注：1. 计算年利息10%，使用期120d（2880h）。

2. 柔性泡沫橡塑导热系数与离心玻璃棉导热系数计算分别见式（3.10-5）和式（3.10-6）。

3. 室内环境温度20℃，室外环境温度0℃，当室外温度非0℃时，按标准规定修正。

热管道离心玻璃棉经济绝热层厚度（热价 85 元/GJ）   表 3.10-2

最高介质温度（℃）		绝热层厚度（mm）							
		40	50	60	70	80	90	100	120
室内	60	≤DN50	DN70~DN300	≥DN350					
	80	≤DN20	DN20~DN70	DN80~DN200	≥DN250				
	95		≤DN40	DN50~DN100	DN125~DN300	DN350~DN2500	≥DN3000		
室外	60		≤DN80	DN100~DN250	≥DN300				
	80		≤DN40	DN50~DN100	DN125~DN250	DN300~DN1500	≥DN2000		
	95		≤DN25	DN32~DN70	DN80~DN150	DN200~DN400	DN500~DN2000	≥DN2500	
	140			≤DN25	DN32~DN50	DN70~DN100	DN125~DN200	DN250~DN450	≥DN500

注：有关条件同表 3.10-1。

室内空调冷水管道最小绝热层厚度   表 3.10-3

地　区	柔性泡沫橡塑		玻璃棉管壳	
	管径	厚度（mm）	管径	厚度（mm）
较干燥地区（机房环境 t ≤31℃、相对湿度≤75%）	≤DN40	19	≤DN32	25
	DN50~DN150	22	DN40~DN100	30
	≥DN200	25	DN125~DN900	35
较潮湿地区（机房环境 t ≤33℃、相对湿度≤80%）	≤DN25	25	≤DN25	25
	DN32~DN50	28	DN32~DN80	30
	DN70~DN150	32	DN100~DN400	35
	≥DN200	36	≥DN450	40

注：介质温度≥5℃，冷价 75 元/GJ，年利息 10%，使用期 120d（2880h）。材料导热系数计算公式同表 3.10-1。

室内空调风管绝热层最小热阻 R   表 3.10-4

风管类型	适用介质温度（℃）		最小热阻 R（m² · K/W）
	冷介质最低温度	热介质最高温度	
一般空调风管	15（室内 26）	30（室内 20）	0.81
低温风管	6（室内 26）	39（室内 20）	1.14

注：冷价 75 元/kJ，热价 85 元/kJ。

3.10.4　绝热材料结构的施工要求

绝热层的施工对于发挥保温与保冷的作用是非常重要的，实际工程经验表明，出现的大多数问题是由于施工不良或者系统运行维护不好造成的,尤其是保冷构造,一旦受到破损,不但其节能效果受到影响,还会因冷凝水的产生而导致一系列问题的出现。

为了防止偶然性外力对绝热层的破坏,在绝热层外通常应设置保护层,或者要求绝热材料的外表面设置带有具有一定机械强度的面层。对于无需日常检修的管道、附件等,采用固定式绝热结构是最可靠的;对于需要日常维护检修设备(如阀门、水泵等)进行绝热设计时,宜采用可拆卸式结构。同时,管道在穿过墙、楼板时,其绝热层应保持连续不断。如果采用硬质聚氨酯类材料对水管道进行绝热时,应结合管道热补偿的设计,一定的长度间隔预留出伸缩缝(缝内为软质绝热材料)。

保冷设计时,除了对保冷材料本身的要求外,还需要注意以下问题:

(1)采用非闭孔类材料时,外表面必须设计隔汽层和保护层;

(2)管道滑动支架应采用绝热型支架——在冷水管道与支架接触处设置绝热材料;

(3)如果需要设置固定支架,为了防止冷凝水通过固定支架传热而产生,宜将固定支架与管道施工完成后整体进行保温(可采用达到防火性能要求的聚氨酯等材料现场喷涂的方式)。

3.11 空调系统的节能、调试与运行

3.11.1 建筑节能概述

1. 能源的基本概念

提到节能,首先要明确的是节能应该成为空调设计人员工作中的一种自觉行为和理念;其次,对于工程设计项目来说,需要相应的标准或规范作为支持。在空调设计中,对于节能,还需要明确两个既有联系也有区别的基本概念,以图 3.11-1 来说明。

(1)能源负荷 E_i

能源负荷是一个实时概念,其单位为 kW(物理意义为功率),它反映了建筑在某时刻的瞬时能源消耗。例如,常常提到的空调设备的电气装机容量,在实际工程中都是以 kW 为单位来表现的。与建筑能源有关的类似情况还有燃气的小时用量等指标。

在空调设计中,对于能源负荷的评价通常以设计装机容量或者设计负荷(或负荷指

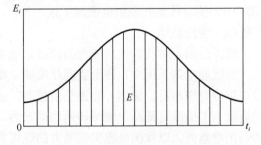

图 3.11-1 能源负荷与能源消耗量

标)为基准来进行。当评价一幢建筑的空调冷热源的装机容量是否合理时,通常人们可以将该建筑的冷热负荷指标等参数与规范、标准或目前通行的指标参数进行对比分析、判断。

建筑能源负荷装机容量的大小是一个非常重要的参数,这也是目前我国在制定能源政策上的一个重要参考因素。其最大特点是随着时间、地点的不同,不同能源形式的能源供应能力明显不同,甚至呈现出周期性的变化。近些年来,我国大部分大、中城市都面临夏季供电紧张的问题。就实质而言,它是一个电力的峰值负荷问题。由于空调建筑的不断增加,夏季城市用电峰值往往超过了电力供应的最大能力,因此,空调用电的峰值负荷对于

城市电力供应的影响非常大。对于燃气（或者燃煤等）供应来说，同样的情况出现在了一些我国北方需要供暖的城市——燃气需求的峰值与城市燃气最大供应能力的平衡是冬季能源政策制定的主要依据之一。

（2）能源消耗量 E

能源消耗量主要是针对某个特定时段（通常是一年）而言的，其单位为 kWh（物理意义为功）。对应于建筑空调系统，它指的是全年空调电耗（或者其他能源如燃气消耗量）的累计值。因此，它反映的是全年的能源消耗总量值。所谓"能源紧张"，在一定程度上是指能源消耗总量的紧张状况。

能源负荷与能源消耗量也存在相互的联系。首先，这两个概念都是一个量的概念，只是计量时采用的时间间隔不同而已（前者采用的是秒，后者采用的通常是年）。其次，根据建筑空调能耗的特点，一般来说可以定性地认为，对于同一地区的使用要求相同的建筑，这一指标如果相同，原则上也可以认为其全年运行所消耗的能量是基本相同的。以图 3.11-1 为例，两者的关系为：

$$E = \Sigma E_i \quad (\text{kWh}) \tag{3.11-1}$$

因此，上述两者都是国家建筑能源政策制定的重要依据。建筑能源负荷作为设计值，基本被设计者所共知，但是全年能耗量由于与国家的总体能源供应量相关，理所当然也应该受到同样的关注。关于建筑空调系统的全年能耗计算（全年耗冷量、耗热量、耗电量、耗燃气量等），请参见本书第 3.2 节。

综上所述，评价建筑节能的情况，不同区域、不同能源供应条件的建筑，可能各有侧重点，但是对于全国来说，上述两个重要概念的综合评价在任何时候都是同等重要的。当前我国已经成为世界上的能源消耗大国，由于总的能源供应量趋于紧张，以全年能源消耗量作为评价标准的方式得到了越来越多的同行的重视。《公共建筑节能设计标准》GB 50189 的总体编制原则也强调了这一观点。

（3）能源品质

能源品质是对能源做功能力的评价，通常以热物理学名词㶲来表示。

在暖通空调系统中，评价能源品质的主要参数为温度。供热时高温热源具有较高的品质，供冷时则相反。显然，能源品质越高，适用范围也就越广。但是，高品质能源通常也是通过人工措施将低品质能源转换而得来的。在转换过程中，品质提升越高，则一次能源的利用率越低。以我国电能比例最大的燃煤发电为例，矿物燃料的燃烧热转换为蒸汽后，通过汽轮机进行发电并依靠电网输送到各电力用户。据整个行业的统计，采用燃煤发电方式，至最终用户的用电的一次能源利用率在 30%～36% 之间。

因此，为了提升一次能源的利用率，空调系统设计时应考虑"高质高用、低质低用"的原则，这也正是对冬季使用电热直接供暖和空调直接使用电热进行严格限制的主要原因。

目前，暖通空调系统常见能源（或载能介质）的品质，由高至低的排列顺序大致如下：

供热时：电能——矿物能（通过燃烧产生蒸汽、热水等）——可再生能源（例如太阳能光热系统、地源热泵、空气源热泵等）。

供冷时：制冷剂——载冷剂（如蓄冰系统中的乙二醇）——空调冷冻水——天然冷水。

在空调系统中，提高低位（低品质）能源的利用效率，是空调系统节能的一个十分重要的研究和发展方向。

2. 围护结构的节能设计

（1）围护结构的热工参数与能耗

空调建筑的全年能耗主要由空调供冷与供热能耗（以下简称空调能耗）、照明能耗、其他生活能耗等几大部分组成，其中空调能耗占有相当大的比例。例如，对全国公共建筑的能耗调查表明，空调能耗占整个建筑能耗的 $50\%\sim60\%$。在空调能耗中，$20\%\sim50\%$ 的能耗是为了满足由于围护结构传热所带来的消耗，$30\%\sim40\%$ 是由于空调新风处理所需要的能耗，其他如输送方面的能耗为 $10\%\sim20\%$。由此可以看出，公共建筑围护结构传热所消耗的能耗占建筑总能耗的 $10\%\sim30\%$，改善和提高围护结构的热工性能，是建筑节能的一项重要措施。

围护结构的能耗情况与全国的建筑气候条件是密切相关的。由于不同区域在供冷、供热的重点上有所不同，其对围护结构的热工要求也相应存在一定的区别。

空调冷、热负荷的计算在本章第 3.2 节已经详细介绍。总体来看，包括围护结构温差传热和透明材料的辐射传热两部分。与温差传热相关的主要是传热系数，减少传热系数必定降低空调负荷，这一点对于任何气候区域都是成立的。但是，在考虑全年能耗的条件下，通过计算发现，一些南方地区过低的传热系数要求并不一定使得全年空调能耗明显下降（个别地区在一定条件下甚至出现上升趋势），主要原因是：对于室外气温低于室内的某些时间段内，由于建筑内部得热量较大，过低的传热系数反而不利于房间直接向室外传热，导致必须运行空调制冷系统才能满足要求。因此，并不是传热系数越低，空调全年能耗就一定越小。

辐射传热主要与外窗的太阳得热系数有关。原则上看，太阳得热系数越小，辐射传热也就越小，相应夏季形成的空调冷负荷也就越小。但是，过低的太阳得热系数对于一些北方以供热为主的地区并非完全是有利于节能的。其重要原因是：过小的太阳得热系数在供热运行期间将使得房间接收到的太阳辐射热减少，从而不得不增加供热量或者增加全年供热运行的时间。

由此可知，对于北方地区以供热为主的空调建筑，相对来说，考虑的主要因素是围护结构的保温问题。代表性的地区主要是严寒地区，对其传热系数的要求比较严格，对其外窗的太阳得热系数通常不做规定。而对于以供冷为主的夏热冬暖地区的空调建筑，围护结构的隔热是主要考虑的因素，因此对传热系数的限值要求相对较"宽松"，但对于外窗的太阳得热系数应该有较为严格的要求。对于寒冷地区和夏热冬冷地区，由于既有夏季供冷、又有冬季供热，因此，保温和隔热都需要考虑。

显然，一般情况下，窗的热工性能不如墙体，减少围护结构传热量的一个最有效手段就是减少窗户面积，因此不论何种建筑，都应该对窗墙比进行适当的限制。

由于水平面的太阳辐射强度比所有其他朝向都大得多，天窗和屋面对于空调冷负荷的影响比较大。因此，应对屋面和天窗的热工性能以及天窗面积的限制通常更为"严格"。

（2）围护结构热工性能的权衡判断

对于围护结构热工参数的具体数值要求，在设计中比较好操作，即按规定的窗墙比、传热系数、太阳得热系数等指标进行设计，就可以达到相应的节能效果。但是，由于建筑设计的多样性，相当数量的建筑在某些参数上并不一定完全能够满足相应的标准（尤其是关于公共建筑的窗墙比和体形系数的要求）。解决这一问题的基本出发点是公平原则——同类建筑对于全年能耗的要求相同。

"权衡判断法"就是公平原则的基础，它是一种性能化设计方法。同时，针对不同气候区，现行公共建筑、一类工业建筑节能设计标准对屋面、外墙（包括非透光幕墙）规定了传热系数基本要求；对于外窗（包括透光幕墙）的窗墙面积比大于 0.40 时，规定了传热系数和太阳得热系数的基本要求，即规定了建筑热工性能的最低门槛，在符合上述基本要求的前提下，当建筑的一些热工参数不能满足标准规定的强制性要求时，按照达到同样的节能效果，对实际建筑的全年能耗进行模拟计算之后，才能进行评价。步骤如下：

1）建立"参照建筑"模型

①"参照建筑"的形状、大小、朝向、窗墙面积比、内部的空间划分和使用功能应与设计建筑完全一致。

②显然，由于二者外形相同，体形系数不可能发生变化（要将体形系数调整到规定的数据，则必须改变外形）。因此，这里需要对外立面进行适当的处理，方法是：如果实际建筑的体形系数小于规定值，则不进行体形系数的调整；反之，则应人为减少外立面的面积以使得"计算体形系数"达到规定的要求。这一方法的意义是：使得"参照建筑"通过外立面的传热与实际建筑相同（将减少的外立面面积部分视为"绝热面"）。

③在上述基础上，将屋顶透光部分的比例、各立面的窗墙比按照规定的数值进行调整——如果大于规定值，则人为减少屋顶透光部分面积、调整外窗面积（或提高外窗的保温隔热性能）。

2）对"参照建筑"进行全年能耗计算

采用合理的计算程序和分析软件，计算"参照建筑"模型的全年能耗，其结果作为对该建筑实际全年能耗的控制目标。

3）围护结构节能设计的评价

对实际建筑采用同样的计算程序和分析软件再进行全年能耗计算，如果此计算结果不大于 2）的控制目标，则可以直接判定为符合相关节能要求；反之，必须调整实际建筑的某些参数（比如实际的体形系数、实际窗墙比、外围护结构的热工性能等）后再进行同样的计算，直到结果不大于 2）的控制目标方为合格。

从上述内容可以看出：按照"权衡判断法"来进行评价需要全年能耗计算和分析软件来支持，设计人员的工作量也随之增加。因此，一方面，作为暖通空调设计人员，需要了解与熟悉该方法；另一方面，对于非特殊意义或特定要求的建筑，也要提醒建筑师，尽量按照规定的指标进行建筑设计。

（3）被动节能

建筑节能主要分为主动节能和被动节能两种方式。"被动优先，主动优化"也是建筑节能设计的基本原则，因此被动节能技术应得到高度的重视。

前面提到的建筑热工与围护结构节能设计，主要是从满足目前的节能标准的规定出发，本身也属于被动节能设计的范畴。但是，为了实现"节能减排"的目标，设计人员除了应遵守相关标准、规范的规定外，还应更主动采取一些被动式的节能技术，来实现建筑能效的最优化。被动节能措施的实现在很大程度上是以建筑本身为载体的，建筑师对其应具有更多的思考。暖通空调设计人员在此方面的主要工作是：通过与建筑师的密切配合，在充分利用太阳能（例如太阳能房设计）、自然通风、夏季遮阳等方面，从技术上进行论证并向建筑师提供合理可行的建议。

3.11.2 空气调节系统的节能设计

暖通空调设计，做好节能设计，应遵照以下原则。

1. 设计、计算的合理性

目前暖通空调设计是基于典型设计工况下进行的，按照设计状态下的参数条件，得到所有与能源有关的参数（最终反映的是设备安装容量）。若以电能进行评价，得到的参数尤其对于城市供电负荷的影响产生较大的作用，夏季许多城市电力紧张在一定程度上也是源于空调需求所做的"贡献"。因此，合理而有目的地控制空调系统安装容量，对于缓解能源紧张有非常积极的意义。

（1）合理选择室内设计参数

室内设计参数的选择，首先必须符合规范、标准的有关规定。从能耗角度来说，核心思想是：设计参数应根据实际使用的需要，不应随意提高标准。这是因为在冬季，空气温度每降低1℃，将节约10%～15%的供热能耗；在夏季，空气温度每升高1℃，将减少约10%的空调供冷能耗。

对于舒适性空调系统，由于人体的舒适性本身处于一个比较大的范围，并且除了与空气参数有关外，还与诸如周围物体表面辐射温度、人员活动区风速等参数有关。在某些特定的区域，其设计参数与整个建筑的主要功能房间参数要求并不一定完全相同，适当降低标准既是可能的，也是合理的。

建筑内一些人员短暂停留的区域（如大堂、过厅等），冬季（夏季）降低（提高）设计温度，将它们设计成为一个参数过渡性区域，对于人体舒适性反而有好的调节作用，既可以避免人员进出建筑时由于参数差值（尤其是温差）较大带来的不舒适感，又有利于节能。

对于采用地板或顶板（吊顶）辐射供热（甚至供冷）的房间，人体"体感温度"与空气温度必然存在一定的差值（随着辐射面积的增加，差值加大）。因此，在冬季设计空气温度可以比规定值宜降低2℃，在夏季室内设计温度比规定值宜提高0.5～1.5℃。

（2）合理的系统设计

空调系统形式、空调方式、系统服务范围及划分原则的不同，会带来不同的建筑空调系统的能源消耗。例如，一个风系统负担范围较大，就很难满足输送能耗的限制要求；如果不同参数要求的空调区域由一个全空气系统承担，对于定风量系统将存在区域参数失控或者采用末端再热方式，造成了能源的浪费。

（3）精心设计计算

计算数据本身并不是节能的措施，但是对计算的评价是节能设计中需要关注的一个重要环节。从目前的情况来看，实际的大部分工程大都存在"四大"（主机装机容量偏大、管道直径偏大、水泵配置与末端设备偏大）现象，造成系统初投资增加、机房面积增大、系统的运行能效比低和空调系统运行调节困难等问题。可以明确，在空调设计时，主要有三部分与节能评价有关：空调负荷计算、系统水力计算和设备选型计算。

空调负荷计算是空调设计基础数据的来源。负荷计算的要求已经成为规范或标准的强制性条文，尤其是对于夏季空调的冷负荷，在施工图设计时应该逐时、逐项进行详细计算。

系统水力计算的结果主要用于对输送能耗的评价，包括水系统和空调风系统两大部分，根据水力计算的结果选择风机风压或水泵扬程，并且当最终确定的设备输送能耗超过规定的要求时，需要重新调整系统的设计并重新计算，直到满足相关要求为准。若设计进一步优化，则应进行系统水阻力带来的能耗与投资之间的经济分析和比较。

2. 设备配置

设备总容量的选择计算的要求与设计参数的确定有相同之处，即设备参数的确定，应该以符合系统设计的要求为基本原则，不应该无原则增加所谓"安全系数"和富余量。

设备本身的运行效率是选择设备应该关注的主要参数之一。相关产品的国家标准对不同空调设备的能效等级做出了规定，在《公共建筑节能设计标准》GB 50189 中，对于设计选用的设备，也按照国家标准的相关设备分级，提出了不同条件下应该使用的设备能效等级。设计应符合相应的规定。

设备选择还有一个容量和台数的搭配问题。在总容量的确定合理的前提下，不同的冷、热源设备台数和不同的容量搭配，对于实际运行的能耗效果会存在一定的区别。以冷水机组的选择为例，大容量机组通常设计状态下的 COP 值较高，但在部分负荷运行时，COP 值通常会有所下降。同时，冷水机组还存在最小负荷的限制问题。当需求小于最小的限值时，机组不能正常工作，空调效果必定受到严重影响。反之，如果台数选择过多，在控制上的复杂性增加，单台机组设计状态下的 COP 值降低将使能源的装机容量上升。因此，这是一个权衡问题。在进行这种权衡过程中，首先需要考虑的是满足使用要求。当建筑可能需要的最小冷量比例较低时，采用大、小机组搭配的方式，在许多建筑中得到了较为广泛的应用，也收到了很好的运行节能效果。

对于其他空调设备，同样也应考虑部分负荷时的运行问题。

3. 实时控制与全年运行的节能

（1）实时控制

由于全年室外气候呈周期性变化，而目前的空调设计任务首先是以满足设计状态下的正常运行来确定设备装机容量和进行系统设计，因此对于全年来说，在绝大部分时间段，建筑的冷、热量需求都处于部分负荷状态，或者说这些时间段空调设备的装机容量和系统能力都超过了实际需求。如果设备还按照满负荷运行，必然造成大量不必要的能耗增加，室内所需要的空气参数也得不到保证（过冷或过热）。因此，必须有目的、有针对性地对相关系统和设备采取必要的控制措施。

实时控制的目的是在满足房间参数达到正常使用要求的基础上，让设备的供冷、供热能力尽可能与建筑空调的需求相一致，减少过多的能源消耗。

实时控制的方法是：通过设置各种有效的控制设备或调控手段，对空调系统的主要环节采取合理、可行的量调节和质调节措施。

由于需要实时的跟踪各种参数的变化并及时采取相应的调控措施，因此，实时控制需要以完善的自动控制系统为基础才能实现。很显然，完全依靠人工管理的方式无法做好。国内外的统计表明，在空调系统设计合理的基础上，若采取完善的实时自动控制措施，与无自动控制措施的空调系统相比，一般来说全年可以节约 20%～30% 的空调能耗。

（2）全年运行节能

空调系统全年运行节能设计，与典型设计日的空调设计是不一样的。通常采用的典型设计日设计方法，得到的是设备的最大安装容量，它影响的是能源负荷。设计时考虑空调系统全年运行的节能，实际上是关注空调系统的全年能源消耗量的问题。它既是对上述节能设计的最终运行效果的评价，也与空调系统的运行管理密切相关。

因此，空调设计不但要关注典型设计日的负荷，更要关注全年能耗量的情况。其中一个关键的思想是：在设计中，一定要时刻想到如何使得系统的全年运行更为经济与节能的问题——既包含建筑使用情况不断变化的应对问题，也包含气候变化在全年呈周期性变化的应对问题。这些问题有些是有规律的（比如全年气候的周期性变化），可以采取有规律的调控措施；有些是无特定规律的（比如建筑内诸如会议室等特定用途的房间），所采取的调控措施也就需要更有针对性。

3.11.3 空调系统中常用的节能技术和措施

1. 新风量及新风比的确定

(1) 人员数量及设计新风量的确定

人均新风量的确定应该按照相关规范的要求和规定来确定，以保证必须达到的室内卫生条件。

随着建筑围护结构热工性能的不断改善，围护结构空调负荷在建筑耗冷量中所占的比例越来越小，而室内照明负荷、新风负荷、人员负荷以及随着人员工作带来的诸如电脑等设备的负荷所占的比例越来越大。因此，在强调人均新风量需要符合有关设计标准的前提下，设计人员首先应该注意的是不能盲目选取室内人员的数量。

对于室内人员数量比较稳定的房间，人数应根据实际的需求来选择。

对于人员使用数量随机性较大的房间（例如会议室、餐饮、商场等），需要有重点的分析其使用情况。如果出现最多使用人数的持续时间不超过 3h，那么，设计新风量可以按照全天室内的小时平均使用人数来计算（人均新风量标准不变）。通常来说，计算时此平均使用人数不应少于最多人数的 50%。例如，某会议室最大使用人数为 100 人，人均新风量为 $30m^3/(P \cdot h)$，如果全天小时平均使用人数为 60 人，则设计新风量为：$60 \times 30 = 1800m^3/h$；如果全天小时平均使用人数低于 50 人，则设计新风量为：$50 \times 30 = 1500m^3/h$。因此，合理确定设计新风量的关键是通过调研等手段，确定合理的全天小时平均使用人数。

(2) CO_2 浓度控制

CO_2 浓度控制强调的是新风量的实时控制。由于设计状态并不是每个使用时刻的实际状态，尤其对于人员密度相对较大且变化较大的房间，在使用过程中，如果仍然维持设计的新风量送入房间，显然是一种浪费。根据实时的 CO_2 浓度控制实时送入室内的新风量，同时为保持室内正压，排风量也应相应变化，可保证在满足卫生要求的条件下尽可能减少新风的送入，有利于节省新风的运行处理能耗。

(3) 全空气系统的新风比设计计算

当一个全空气空调系统负担有多个空调房间时，系统新风比 Y 应如下确定：

$$Y = \frac{X}{1+X-Z} = \frac{V_{ot}}{V_{st}} \tag{3.11-2}$$

$$X = V_{on}/V_{st} \tag{3.11-3}$$

$$Z = V_{oc}/V_{sc} \tag{3.11-4}$$

式中　V_{on}——系统中所有房间的设计新风量之和，m^3/h；

　　　V_{st}——总送风量，m^3/h；

　　　V_{oc}——新风比需求最大的房间的新风量，m^3/h；

　　　V_{sc}——新风比需求最大的房间的送风量，m^3/h；

　　　V_{ot}——修正后的总新风量，m^3/h。

2. 空调系统分区

（1）按照房间功能和房间朝向的分区

按照房间使用功能的分区（或者集中水系统的分环路），能够为日后的运行管理创造一个好的基础。不同功能的房间在负荷性质、使用时间、使用方式、参数控制等都存在比较大的区别，在可能的情况下，空调系统宜进行分区或分环路设置。即使同样功能的房间，在不同朝向情况下，负荷的性质也不相同，尤其是最大设计负荷出现的时刻不同，需要进行详细的综合分析。

当采用变流量（如变风量或变水量系统）技术时，将不同朝向的房间划分在同一空调系统，在某些情况下会得到能源综合利用的优点，使得设备的装机容量减少。这一做法的基本条件是末端必须采用可靠的控制手段。但是任何控制手段都是有一定的局限性，如果经过详细分析，可以通过末端控制的手段实现功能或朝向房间的不同参数和供冷（热）量控制，那么系统合为一个可行。反之，如果上述房间的负荷变化或要求调控的参数超过了系统控制的适应能力，系统不分开必然导致或者某些房间不能满足使用要求，或者需要更多的消耗能源（如再热）来满足。

（2）高大空间的分区空调

高大空间（高度大于10m且体积＞10000m^3）当主要满足人员或距地面有限高度的工艺空调要求时，缩小空调区的高度范围，必将有利于整个建筑的节能。

由于高大空间的高度上在中间部位并没有分隔，上、下部的空气"串通一气"，因此高大空间的分区空调技术（或者分层空调技术）需要根据不同的情况进行认真的设计研究。

1）分层空调技术

分层空调技术的核心是：通过技术手段形成上下两个参数存在相对明显区别的空气层，底部为空调区。空调区宜采用双侧送风（空调区跨度小于18m，可单侧送风），喷口出口风速可采用4～10m/s，射程可按相对喷口中点距离的90%计算，回风同侧下部布置，必要时，应在非空调区设置送、排风设施，如图3.11-2所示。

2）分区空调技术

分区空调技术包括：地板送风技术、底层送风技术和置换通风技术。这一技术的主要使用范围是：房间空间高度相对较低、无法采用前述的分层空调技术来进行明确空间

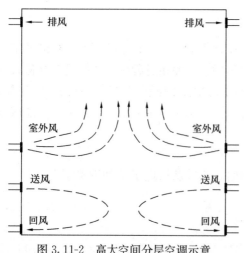

图3.11-2　高大空间分层空调示意

参数控制的空间。因此，它对空调的分区并不会特别明显，在空间沿高度的变化过程中，参数存在一个渐进式的变化，更适合于民用建筑中的高大空间的舒适性空调。

在冬季空调中，采用"地板辐射＋底部区域送风"的方式具有良好的节能效果。

（3）内、外分区

在进深较大的民用建筑中，由于室内各种热源（人员、灯光、设备等）的存在，有可能存在冬季室内得热大于围护结构热损失的情况（在一些大型商场中可以明显看到这一点）。同时，民用建筑特别是一些大开间、大进深办公建筑在设计施工完成后，由于个性化需求，如果沿着平行于外立面方向设置分隔墙，也必然造成无外围护结构的房间在冬季因为只有得热但没有热损失，因而需要冬季对该房间进行供冷的情况。上述两种情况，都导致建筑客观上形成了空调的内区（常年需要对房间进行供冷的区域）和外区（夏季对房间冷却、冬季对房间供热）。如果内、外区采用同一个风系统，在冬季必然存在内、外区温度的失控情况。空调内、外区分区通常有以下两种方法：

1）负荷平衡法

此方法适用于进深和室内冷负荷都比较大且通常不再进行二次分隔的房间，典型情况如商场等，其计算和分区方法如下：

在冬季设计状态下，假定室内空调冷负荷 C_L(W)已经大于通过围护结构散向室外的热量 Q_r（即通常计算的冬季热负荷，单位：W），根据热平衡原理，在设计状态下，该房间需要在冬季进行供冷，供冷量为：$Q_l = C_L - Q_r$(W)。当房间面积为 A(m^2)时，室内空调冷负荷指标为 $C_l = C_L/A$(W/m^2)，外区面积为：$A_w = Q_r/C_l$(m^2)，由此可以确定内、外区的分界线。

2）房间分隔法

房间分隔法多适用于办公室。因为对于办公建筑来说，房间分隔是一个重要的因素，设计中需要灵活处理。如果在垂直于进深方向有明确的分隔，并且这种分隔后有外窗部分的房间进深已经不大，那么分隔墙一般为内、外区的分界线。对于出租、出售的办公室，从目前的情况以及根据国外有关资料介绍，比较多的办公建筑在分隔时，隔墙与外围护结构的距离为 3~5m 的范围，此范围可以认为是空调外区。

在空调风系统考虑内、外分区的同时，空调水系统和冷、热源也应适应分区的要求。

3. 变风量空调技术

变风量空调系统，可以根据使用的需求"按需供应"每个房间或末端的空调冷量或热量，防止各区域参数的失控（过冷或过热），是本专业节能技术之一，详细介绍见本书第3.4.3节。

4. 焓值控制技术与温差控制技术

焓值控制和温差控制技术的基本原理是：在空调的过渡季充分利用较低参数的室外新风，以减少全年冷源设备的运行时间，达到节能的目的。为此必须要以下两个基本条件来保证。

（1）空调系统必须适合于新风量的变化

由于设计状态下采用的通常是最小新风量，一是，新风机组及其风管系统或组合式空调机组能够实现最大新风工况运行；二是，房间的正压必须得到有效控制。对于某个特定的房间而言，要求的正压风量基本上是不变的，由于风机的风压有限，如果不改变排风量，房间正压过大，必然导致实际送入的新风量无法达到设计要求，新风利用程度下降，节能要求无法满足。简而言之，房间的风平衡设计必须保证需求的房间正压在规定的范围内，即：新风量＝机械排风量＋正压风量。

通常的做法是：在改变新风量的同时，机械排风量也要作相应的变化。

（2）完善的自动控制系统

由于室外参数总是在不断地变化过程中，所提到的"过渡季"指的是与室内外空气参数相关的一个空调工况分区范围，其确定的依据是通过室内外空气参数的比较而定的。因此，新风量的调节难以完全由人工进行，需要对室内外参数进行实时的检测和比较，才能确定实时新风量的大小。

5. 热回收与冷却塔供冷

（1）热回收

热回收包括空气热回收和冷却水的热回收，从目前情况来看，空气热回收设备具有较好的回收效率，冷却水由于水温较低，回收利用受到一定的限制。

空气热回收设备从构造形式上主要有板翅式、转轮式和热管式等类型，从热回收性质上可以分为全热回收和显热回收两种。它们的共同原理是：利用建筑物或其他系统的排风与新风进行的热交换，在夏季回收空调冷量、冬季回收空调热量，如图3.11-3所示。排风热回收设备的额定全热热回收效率应为：制冷大于50%、制热大于55%；额定显热回收效率应为：制冷大于60%、制热大于65%。

上述三种热回收设备的体积较大，并且需要将排风和新风管道引到建筑内的同一区域才能实现，在具体设计中，需要解决机房面积相对较大、管路系统复杂等实际技术问题。受条件限制，也可采用间接式热回收（溶液循环式）方式，如图3.11-4所示，其热回收效率相对较低，但应用灵活方便、较易适应建筑的特点。

严寒地区采用时，应对回收装置的排风侧是否出现结霜或结露现象进行核算，当出现结霜或结露时，应采取预热等保温防冻措施。

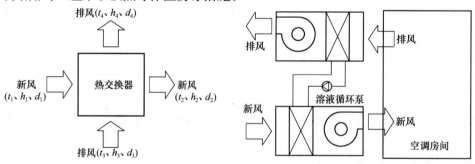

图3.11-3 空气热回收设备原理　　　　图3.11-4 间接式空气热回收原理

空气热回收设备的热回收效率（热、湿交换效率）通常是在排风、新风风量相同的条件下来定义和实测的，以图3.11-3为例，其定义式为：

显热交换效率：$\eta_t = \dfrac{t_1 - t_2}{t_1 - t_3} \times 100\%$ （3.11-5）

湿交换效率：$\eta_w = \dfrac{d_1 - d_2}{d_1 - d_3} \times 100\%$ （3.11-6）

全热交换效率：$\eta_h = \dfrac{h_1 - h_2}{h_1 - h_3} \times 100\%$ (3.11-7)

在实际应用过程中，由于新风量与排风量不一定相同，会导致其实际热交换效率并不是额定的效率值。在一些产品样本中，给出了不同排风量和新风量比值下的效率计算修正图表，供设计人员采用。当缺乏有关资料时，如果排风量为 L_P（m^3/h），新风量为 L_x（m^3/h），且当 $L_P \geqslant 0.7 L_x$ 时，按下式计算，在工程上也是可行的（略有一定的安全系数）。

显热回收：
$$Q_t = C_p \cdot \rho \cdot L_p \cdot (t_1 - t_3) \cdot \eta_t$$
$$= C_p \cdot \rho \cdot L_x \cdot (t_1 - t_2) \qquad (3.11\text{-}8)$$

全热回收：
$$Q_h = \rho \cdot L_p \cdot (h_1 - h_3) \cdot \eta_h$$
$$= \rho \cdot L_x \cdot (h_1 - h_2) \qquad (3.11\text{-}9)$$

（2）冷却塔供冷（也称为免费供冷）技术

对于一些在冬季也需要提供空调冷水的建筑，可以考虑利用冷却塔直接提供空调冷水，一是避免冷水机组因冷却水水温过低而不能运行的工况出现；二是减少冷水机组的运行时间，取得好的节能效果。

在具体应用中，应该注意以下问题：

1）冷却塔的防冻要求。在寒冷地区，冬季存在水结冻的问题，因此，对于冷却塔以及室外的冷却水管，必须考虑防冻结的措施，尤其是在夜间水系统停止运行后更应注意这一问题。冷却塔冬季不运行，冷却塔与室外管道的水应能泄空。

2）合理确定供水参数和选择冷却塔。开式冷却塔是依靠空气湿球温度来进行冷却的设备，因此冷却后的出水温度必定高于空气的湿球温度。从目前的设备情况来看，一般认为在低温状态下，出水温度比湿球温度高 2～3℃。对于室内末端设备而言，如果按照夏季空调冷水温度（通常为 7/12℃）选择的末端设备，那么在利用冷却塔冬季供冷时，如果要求末端的供冷能力相同，则必须在室外空气的湿球温度低于 4～5℃时才能做到。如果冬季末端要求的供冷能力小于夏季，则应对末端设备在冬季供冷量要求条件下反过来复核对其冷水供水温度的要求，这样做可以尽可能地提高水温，使得对室外空气湿球温度的要求放宽，有利于更多地利用冷却塔供冷。同时，对于开式冷却塔而言，为了防止过多的杂质进入制冷机组冷却水系统之中，通常还要求设置热交换器，因此水系统还存在 1～2℃的换热温差损失也是应该考虑的。

冷却塔供冷系统如图 3.11-5 所示。

因为冷却塔、冷却水泵和冷水泵通常是按照夏季工况来选择的，因此必须对冬季供冷工况进行复核计算。

6. 冷、热源系统和设备选择

冷、热源系统和设备的合理选择，是暖通空调系统能否节能的一个基础条件，从节能角度看，主要应遵循以下原则：

（1）冷、热源方式及系统应首先符

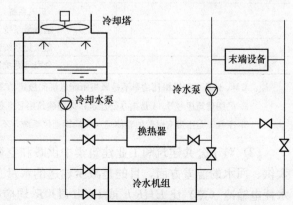

图 3.11-5 冷却塔供冷系统原理图

合工程的特点，尤其是要注意到工程的使用特点，如全年、每天等的运行时间、运行方式、负荷性质等基本因素。

（2）考虑到系统的最大负荷、最小负荷要求，做好冷、热源设备的容量与台数的搭配。

（3）通过对全年的能耗分析、装机容量的大小，结合当地的能源情况合理的采用系统能源形式和系统方式（集中、分散等）。

（4）在可能的情况下，应尽量采用同种类型中的高能效比设备。

（5）对于能源负荷有限制（或者呈现季节性能源负荷紧张）的区域，采用蓄能空调技术通常会得到较好的经济效益和社会效益。有关论述见本书第4章的相关内容。

7. 降低输送能耗

空调系统的输送能耗占整个空调系统实际能耗中较大的比例，尽管输送设备装机容量不会是该比例，但由于其运行时间往往比主机要长，因此，降低输送能耗是空调节能的又一重要措施。选择较高的风机、水泵的运行效率（对于定速设备，主要关注的是设计工况点的效率；对于变速设备，还应关注在整个工作范围内的效率）是节能的一个重要因素。此外，还应考虑以下两点：

（1）对于风系统，控制输送能耗的主要措施是控制合理的作用半径和合理的管道系统风速，以尽可能降低需求的风压。从实际设计中看出，要做到这一点，空调、通风设备宜尽量靠近所服务的对象。风道系统单位风量耗功率 W_s 应如下计算：

$$W_s = \frac{P}{3600\eta_{CD} \cdot \eta_F} \quad [W/(m^3/h)] \tag{3.11-10}$$

式中　P——空调机组的余压或通风系统风机的风压，Pa；

η_{CD}——电机及传动效率，取 0.855；

η_F——风机效率，%，按设计图中标注的效率选择。

民用建筑和工业建筑中，当风道系统风量大于 $10000m^3/h$ 时，W_s 不应大于表 3.11-1 的规定值。

风道系统单位风量耗功率 W_s 　　　　　表 3.11-1

序号	系统形式	W_s 限值[W/(m³·h)]
1	通风系统	0.27
2	新风系统	0.24
3	定风量系统	0.27
4	变风量系统	0.29
5	全空气系统	0.30

注：1. W_s 计算中的风机耗功率不是风机所配电机的额定功率，应是实际耗功率。

2. 民用建筑序号3、4是指办公建筑；民用建筑序号5是指商业、酒店建筑。

3. 序号1是指带有风管的整体通风和局部通风系统，不包括系统中的设备，如过滤器、净化装置。

（2）对于公共建筑和工业建筑集中供暖和空调的水系统，重点的控制应该放在如何加大供、回水的温差方面，目的是减少输送的水量。集中供暖与空调系统循环水泵的冷、热水耗电输冷（热）比 $EHR\text{-}h$ 或 $EC（H）R$ 均应按下式计算（计算数值应标注在施工图的设计说明中）：

$$EHR\text{-}h \text{ 或 } EC(H)R = \frac{0.003096\Sigma\left(G \cdot \frac{H}{\eta_b}\right)}{Q} \leqslant \frac{A(B+\alpha\Sigma L)}{\Delta T} \quad (3.11\text{-}11)$$

式中 G——每台运行水泵的设计流量，m^3/h；

H——每台运行水泵对应的水泵设计扬程，m；

ΔT——供、回水温差，℃，供暖系统取设计供回水温差；冷水系统取5℃，空调热水系统：严寒、寒冷地区取15℃；夏热冬冷地区取10℃；夏热冬暖地区取5℃；空气源热泵机组、溴化锂机组、水源热泵等机组的热水供回水温差以及提供高温冷水的机组冷水供回水温差均应按机组实际参数确定；

η_b——每台运行水泵对应的设计工作点的效率，%；

Q——设计冷（热）负荷，kW；

A——按水泵流量确定的系数，当$G\leqslant 60m^3/h$时，$A=0.004225$；当$60m^3/h<G\leqslant 200m^3/h$时，$A=0.003858$；当$G>200m^3/h$时，$A=0.003749$；多台水泵并联时，流量按较大流量选取；

B——与机房及用户水阻力有关的计算系数，见表3.11-2；

α——与水系统管路ΣL有关的系数，见表3.11-3和表3.11-4；

ΣL——热力站至散热器或辐射供暖分集水器供回水管道的总长度或从冷热机房出口至该系统最远用户供回水管道的总长度，m；当最远用户为风机盘管时，则其计算总长度可减去100m。

B 值 表 3.11-2

系统组成		四管制单冷、单热管道	二管制热水管道	集中供暖系统
一级泵	冷水系统	28	—	—
	热水系统	22	21	17
二级泵	冷水系统	33	—	—
	热水系统	27	25	21

注：1. 多级泵冷水系统，每增加一级泵，B值可增加5。

2. 多级泵热水系统，每增加一级泵，B值可增加4。

四管制冷、热水管道系统的 α 值 表 3.11-3

系 统	管道长度ΣL范围（m）		
	$\leqslant 400$	$400<\Sigma L<1000$	$\Sigma L\geqslant 1000$
冷水	$\alpha=0.02$	$\alpha=0.016+1.6/\Sigma L$	$\alpha=0.013+4.6/\Sigma L$
热水	$\alpha=0.014$	$\alpha=0.0125+0.6/\Sigma L$	$\alpha=0.009+4.1/\Sigma L$

两管制热水管道系统的 α 值 表 3.11-4

系 统	地 区	管道长度ΣL范围（m）		
		$\Sigma L\leqslant 400$	$400<\Sigma L<1000$	$\Sigma L\geqslant 1000$
热水	严寒	$\alpha=0.009$	$\alpha=0.0072+0.72/\Sigma L$	$\alpha=0.0059+2.02/\Sigma L$
	寒冷	$\alpha=0.0024$	$\alpha=0.002+0.16/\Sigma L$	$\alpha=0.0016+0.56\Sigma L$
	夏热冬冷			
	夏热冬暖	$\alpha=0.0032$	$\alpha=0.0026+0.24/\Sigma L$	$\alpha=0.0021+0.74\Sigma L$

注：两管制冷水系统α的计算式与表3.11-3四管制冷水系统相同。

（3）对于蓄冰系统的载冷剂循环泵耗电输冷比 ECR 应按下式计算（计算数值应标注在施工图的设计说明中）：

$$ECR = \frac{N}{Q} = 11.136 \times \Sigma[m \times H/(\eta_\mathrm{b} \times Q)] \leqslant A \times B/(C_\mathrm{p} \times \Delta T) \quad (3.11\text{-}12)$$

式中　N——载冷剂循环泵耗电功率，kW；

　　　Q——设计冷负荷，kW；

　　　m——载冷剂循环泵设计流量，kg/s；

　　　H——载冷剂循环泵设计扬程，m；

　　　η_b——载冷剂循环泵在设计工作点的效率，%；

　　　C_p——载冷剂比热（按 JGJ 158 附录 B 确定），J/(kg·K)；

　　　ΔT——计算供回液温差，℃；按蓄冷工况选型，取 3.4；按释冷工况选型，且系统为串联（并联），取 8.0（5.0）；

　　　A——按泵流量确定的系数，$G \leqslant 60\mathrm{m}^3/\mathrm{h}$，$A = 18.037$；$60\mathrm{m}^3/\mathrm{h} < G \leqslant 200\mathrm{m}^3/\mathrm{h}$，$A = 16.469$；$G > 200\mathrm{m}^3/\mathrm{h}$，$A = 16.005$；

　　　B——与机房及板式换热器阻力限值有关的计算系数，$\mathrm{mH}_2\mathrm{O}$：机房内阻力取 20（冰晶式系统为 17）；板式换热器取 10（冰晶式系统为 8）；蓄冷装置：冰片滑落式、封装冰和冰晶式系统为 5；内（外）融冰系统塑料盘管为 7（8）、复合盘管为 8（9）、钢盘管为 10（12）。

8. 公共建筑集中空调系统的节能要求

由于集中空调系统的实际节能运行是与冷（热）源、输送系统和末端设备密切相关，现行国家标准《公共建筑节能设计标准》GB 50189—2015 除已经对冷水泵提出输送系数指标要求外，还提出空调系统的电冷源综合制冷系数 [$SCOP$＝机组名义制冷量/（机组名义工况下的耗功率＋冷却水泵耗电量＋冷却塔耗电量）] 不应低于表 3.11-5 的数值。

空调系统的电冷源综合制冷性能系数（SCOP）　　　　表 3.11-5

类　型		名义制冷量 CC（kW）	性能系数 SCOP（W/W）					
			严寒A、B区	严寒C区	温和地区	寒冷地区	夏热冬冷地区	夏热冬暖地区
水冷	活塞式/涡旋式	$CC \leqslant 528$	3.3				3.4	3.6
		$CC \leqslant 528$	3.6					3.7
	螺杆式	$528 < CC \leqslant 1163$	4.0				4.1	
		$CC > 1163$	4.0	4.1	4.2	4.4		
	离心式	$CC \leqslant 1163$	4.0			4.1		4.2
		$1163 < CC < 2110$	4.1	4.2		4.4		4.5
		$CC \geqslant 2110$	4.5			4.6		

注：1. 对多台冷水机组、冷却水泵和冷却塔组成的冷水系统，应将实际参与运行的所有设备的名义制冷量和耗电功率综合统计计算，当机组类型不同时，其限值应按冷量加权的方式确定。

　　2. 冷却水泵耗功率　按设计流量、设备表上选取水泵的扬程和效率计算。

　　3. 冷却塔耗功率　按设计冷却水量，名义工况下根据样本查对风机配置功率，最终按实际参与运行冷却塔的电机配置功率计算。

　　4. 风冷机组名义工况下的制冷性能系数（COP）即为其综合制冷性能系数（SCOP）值。

9. 溶液除湿技术

在温、湿度独立控制的空调系统中，通常夏季室内余湿由新风来承担。当采用冷却减湿的方法来处理新风时，由于表冷器的特点，使得除湿要求的冷水（或冷媒）温度必须非常低，才能保证处理后的空气承担室内余湿的能力；同时，冷却后温度很低，如果直接送入室内，将承担室内显热负荷（与温、湿度独立控制的设计思路不一致）并且过低的温度将造成人员的舒适感降低。通常的做法是：冷却后采用再热技术，提高送风温度。显然，"冷却＋再热"的过程存在较大的冷、热抵消。

溶液除湿技术较好地解决了这一问题。其技术关键点是：将除湿处理空气的过程由等焓过程变为等温过程（当然，也可以通过对溶液温度的控制变为降温除湿过程），其构成原理如图 3.11-6（a）所示，左侧为除湿过程，右侧为再生过程。在除湿过程中，盐溶液由溶液泵循环送至填料板表面，与待处理的空气（新风）进行热湿交换；同时，通过控制溶液回路中串联的换热器的冷水侧参数，可以为溶液与空气接触的过程提供必要的冷量，以增强溶液的除湿能力。经过除湿后的溶液浓度降低，需要浓缩再生才能循环使用。再生装置与除湿装置的基本原理相同，仅是在溶液回路的换热器送入热水（或其他热源）用以提供溶液再生的热量。其空气处理过程线如图 3.11-6（b）所示。

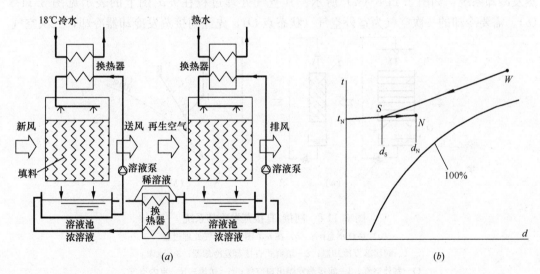

图 3.11-6 溶液除湿系统原理
（a）溶液除湿装置原理图；（b）溶液除湿系统空气处理过程

10. 蒸发冷却技术

目前国内常见到的蒸发冷却应用是：冷却塔的冷却水，水依靠自身一小部分在空气中蒸发而被冷却；纺织厂中要求空气湿度大，常用喷淋循环水来冷却空气（温度降低、含湿量增加）。蒸发冷却需要消耗水，但耗量很小，蒸发 1kg 水大约有 2500kJ 的冷量。蒸发冷却存在的问题是，用喷淋循环水来冷却空气，导致空气湿度增大，从而限制了它的应用范围。但是近代蒸发冷却技术的发展已经扩展了它的应用范围。

用于冷却空气的蒸发冷却有两种基本形式——直接蒸发冷却和间接蒸发冷却。直接蒸发冷却是空气与水直接接触的等焓冷却过程。用作直接蒸发冷却器的设备有喷水室和淋水

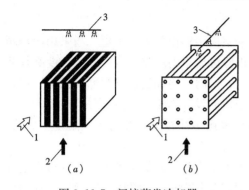

图 3.11-7　间接蒸发冷却器

(a) 板式；(b) 管式

1——次空气；2—二次空气；3—喷淋水

填料层。间接蒸发冷却是水蒸发的冷量通过传热壁面传给被冷却的空气。间接蒸发冷却器主要有两类：板式和管式。图 3.11-7 给出这两类间接蒸发冷却器的示意图。图 3.11-7 (a) 为板式间接蒸发器。它由若干块板平行放置组成，相邻的两个通道，一个通道通过被冷却空气（称一次空气），另一个通道通过辅助空气（或称二次空气）及喷淋水，在通道中水蒸发吸收，从而把另一侧的一次空气冷却。图中黑色表示该通道迎空气方向是封闭的，白色表示该通道是敞开的。图 3.11-7 (b) 是管式间接蒸发冷却器。管内是被冷却的一次空气通道，管外是二次空气及喷淋水通道。间接蒸发冷却器中的一次空气和二次空气可以都是室外空气；当室内排风的比焓小于室外空气的比焓时，宜采用排风作二次空气。

如果将间接和直接蒸发冷却组合起来应用，即成为两级蒸发冷却系统，称间接/直接蒸发冷却系统，如图 3.11-8 (a) 所示。其空气处理过程在 h-d 图上的表示见图 3.11-8 (b)。需要冷却的一次空气为室外空气（状态点 O），先经间接蒸发冷却器冷却，二次空气

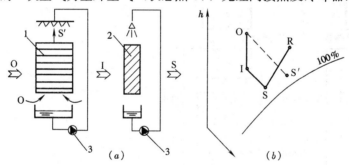

图 3.11-8　间接/直接蒸发冷却系统

(a) 系统示意图；(b) 在 h-d 图上的空气处理过程

1—间接蒸发冷却器；2—填料式直接蒸发冷却器；3—水泵；

O—室外空气；I—间接蒸发器出口空气；S—送风；R—室内空气

也采用室外空气；一次空气的冷却过程为等湿冷却过程 $O—I$，而后经填料式的直接蒸发冷却器进行等焓冷却，过程 $I—S$。处理后的空气送到室内，$S—R$ 为送风在室内的变化过程。从 h-d 图上可以看到，对室外空气进行两级冷却后，所得到的状态点 S 比只对空气进行直接蒸发冷却处理后状态点 S' 具有温度和含湿量都比较低的特点。因此具有一定的冷却去湿能力。它的冷却去湿能力的大小制约于室外空气状态，或者说制约于当地的气候条件。室外气候越干燥（相对湿度低）的地区，这种系统处理空气具有较大的冷却、去湿能力，可取代人工制冷的空调系统。这种系统仅泵与风机消耗电能，其能量消耗约为人工制冷空调系统的 21%；如果是全新风的直流空调系统，两级蒸发冷却的能耗只有人工制冷能耗的 7%。系统设计冷水供水温度宜在夏季空调室外计算湿球温度和露点温度之间。

间接/直接蒸发冷却是否适宜应用，主要决定于当地室外空气含湿量 d_0。当 $d_0 < d_R$（室内状态点的含湿量）时，有可能使这种系统达到空调要求。我国甘肃、新疆、内蒙古、西藏等地区都有可能使用这种系统。有些地区，如新疆等地区，甚至只用直接蒸发冷却都可达到空调要求。但使用这些设备或系统时，一次空气一定要用新风。如果用回风，或把蒸发冷却设备直接放在室内作空调机用，则室内空气湿度将越来越大，蒸发冷却设备最终将失去冷却作用。有些地区，采用两级蒸发冷却系统达不到空调要求，这时可以只用间接蒸发冷却对新风进行预冷却（等湿冷却），除了过于潮湿的地区外，一般都有 3～5℃降温幅度，从而可以节省部分新风负荷。

夏季空调室外计算湿球温度较低的地区宜采用直接蒸发冷却，设计冷水供水温度宜高于室外计算湿球温度 3～3.5℃；露点温度较低的地区宜采用间接蒸发冷却，设计冷水供水温度高于室外计算湿球温度 5℃。

蒸发冷却冷水机组冷水的设计供回水温差，分成大温差型（≤10℃）和小温差型（≤5℃）两种，具体温差数值应结合当地室外气象条件、室内冷负荷特性和末端设备的工作特性合理确定。

适宜的蒸发冷却冷水机组形式应根据室外空气计算参数选用，判定条件应符合表 3.11-6 的规定。

适宜的蒸发冷却冷水机组形式及其判定条件　　　　　　表 3.11-6

适宜的蒸发冷却冷水机组形式	直接蒸发冷却冷水机组或间接蒸发冷却冷水机组	间接/直接蒸发冷却冷水机组
判定条件	$\dfrac{t_W - 18}{t_W - t_S} \leqslant 80\%$	$80\% \leqslant \dfrac{t_W - 21}{t_W - t_S} \leqslant 120\%$

注：1. t_W 为夏季空气调节室外计算干球温度，t_S 为夏季空气调节室外计算湿球温度；

2. 18℃、21℃ 为蒸发冷却冷水机组的设计出水温度值。

11. 温湿度独立控制空调系统

温湿度独立控制系统就是对空气处理过程进行"解耦"——将传统的冷却除湿过程中的降温与除湿用两个独立的过程分开（即温度和湿度独立调控），如图 3.11-9 所示。

当温度和湿度控制相互不"干扰"后，可以较为容易地独立控制房间的温度和湿度。同时，采用高温冷源（低品质能源）可以实现对房间的温度控制。

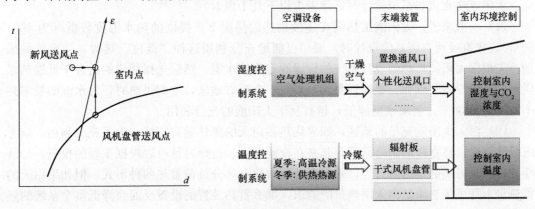

图 3.11-9　温湿度处理过程的"解耦"

3.11.4 可再生能源的利用

在建筑空调系统中应用可再生能源一般可分为两大类型：循环再生式和天然能源。

1. 热泵

热泵能够通过制冷循环，在夏季提供空调用冷源、在冬季提供空调（或采暖）用热源。其消耗的能源主要在制冷循环过程，一般的设备都采用了电能形式，也有的采用燃气或其他热源作为能源。

（1）空气源热泵

空气源热泵属于对天然能源的利用方式，其特点是：在夏季提取较高温的室外空气的冷量对建筑供冷，在冬季则从较低温的室外空气中吸取热量供热。

空气源热泵在标准条件下（室外气温为7℃）的供热 COP 值大约为3。考虑到火力发电站的综合供电效率在30%～35%的条件下，与采用矿物能的供热系统相比，在冬季设计状态下，主要节省的是系统的输送能耗；对于整个冬季的供热而言，由于随室外气温的提高，其 COP 值会不断加大，因此在我国某些室外冬季平均温度较高的地区，其冬季的总体 COP 值会较高。近年来，随着雾霾天气频现，为减轻雾霾灾害，推动节能减排，在北方地区，如北京等城市都开展"煤改电"供暖改造，通过补贴，采用空气源热泵供暖代替传统的燃煤小锅炉。

选用时应注意的是：随着室外气温的下降，其 COP 值将发生大幅度的下降（甚至无法正常运行），因此对于我国的一些寒冷地区，有可能并不是一个全年节能的设备。对于公共建筑，如果在冬季设计状态下的 COP 值小于1.8时，则不应采用冷热风机组，而冷热水机组性能系数 COP 不应小于2.0。

（2）水源热泵系统

水源热泵机组详细介绍见本书第4章。

2. 太阳能热水供热系统

太阳能属于"取之不尽，用之不竭"的天然能源，这里提到的太阳能利用实际上是对太阳辐射能的直接（或通过某些技术转化方式）利用，并不包括如"地热"这种也可以从广义上认为来自太阳的能源。

在建筑中，除了被动式太阳房等方式外，也可以通过对太阳辐射热的收集，转变为暖通空调系统所需要的热媒。

太阳能热水供热系统设计时必须考虑以下几个因素：

（1）一般来说，太阳能集热器在连续集热的情况下，提供的热水温度较低（为40～50℃），建筑暖通空调系统设计时，要尽可能地充分利用这种"低位"热源。通常的做法是：先根据太阳能集热器及其系统的设置确定集热水温，然后选择相应的适合于低温热水供水温度的设备。例如：地板辐射供暖系统；在南方地区，空调供热时，对水温的要求并不一定需要60℃。要求水温越低，越有利于太阳能的充分利用。

（2）白天太阳能充足的地区，如果集热器白天的集热量有富裕，为了充分利用，应考虑蓄热装置，将富裕的集热量蓄存起来在夜间使用。蓄热容量可以根据工程的投资、经济性分析以及可能的集热能力等，采用全负荷蓄热和部分负荷蓄热两种形式。但如果白天的集热量本身还无法满足白天供热量的需求，那么蓄热装置的设置反而会降低整个系统的热利用效率。

（3）由于受到大气透明度的影响，并非全年的每天都能够完全利用太阳能。因此，对于冬季必须保证供热的建筑，还应设置人工辅助热源。人工辅助热源的容量应根据必须保证的供热要求容量来确定。

（4）在运行管理中，应优先使用太阳能，对于冬季日照率比较高的地区能够得到较好的节能效果。

（5）设计太阳能热水供热系统时，应对冬季典型设计日全天的逐时供热负荷进行计算。

3.11.5　空调系统的调试与运行管理

空调系统的调试，应按照现行国家标准《通风与空调工程施工质量验收规范》GB 50243的要求来进行。空调系统的运行管理，应按照现行国家标准《空调通风系统运行管理标准》GB 50365 的要求进行。

1. 系统调试

系统调试的目的是系统安装完成后，通过调试使得系统达到设计所要求的相应的参数或功能。具体又可以分为设计参数性调试和功能性调试两大类。

（1）过程性参数调试

过程性参数调试追求的结果是：使得各系统的启停、联锁程序正常，系统运行的过程性参数达到设计的要求，而不对最终的功能是否符合建筑的使用要求负责。这些具体参数包括：系统设计的各管路（环路）以及各个末端设备（包括风口）水量、风量、压力或压差等参数。

（2）功能性参数调试

功能性参数调试所追求的结果是：整个建筑的空调系统（包括各空调区域），满足设计室内参数的使用要求。因此，除了要求过程性参数符合要求外，还需要房间的温度、相对湿度等满足使用要求（在设计工况下）。

从工程的角度来说，功能性参数调试结果才是最终的应用结果，这也应该是设计人员追求的最终目标。因此，积极推行该方式，有利于完整的实现设计意图。同时，在进行功能性参数调试过程中，也可以发现更多的问题。例如：如果存在设计错误或缺陷，即使调试的过程性数据满足要求（风量、水量等），也可能使得房间不能达到需要的温、湿度，届时要从设计、施工等方面去分析问题并找出解决办法。

显然，功能性参数调试更为困难。其中一个较大的难题是如何在"设计工况"下进行调试。因为调试往往在系统正常运行和使用之前进行。因此，目前大部分工程项目仍然以过程性参数调试的结果，作为验收的主要依据。

2. 运行管理

运行管理一般包括以下内容：

（1）运行管理要求：运行管理的规章制度、人员培训与上岗资质、运行记录（包括设备的运行状态、事故分析及处理、运行时间、设备维护与检修、各种参数的实时记录等）。

（2）实现经济运行应遵循国家标准《空调通风系统运行管理标准》GB 50365 和《空气调节系统经济运行》GB/T 17981 的有关规定，同时应满足卫生与安全要求、环境保护等要求。

（3）应急管理：针对突发事件的紧急处理措施。

（4）运行管理的综合评价。

第 4 章　制冷与热泵技术

4.1　蒸气压缩式制冷循环

4.1.1　蒸气压缩式制冷的工作循环

众所周知，液体在气化过程中会吸收潜热而使其周围温度降低，其气化（沸腾）温度（也称沸点或饱和温度）的高低，随液体压力的不同而不同，只要创造一定的压力条件，就可以利用该原理获取所要求的低温。如 1kg 的 R134a，在绝对压力 0.293MPa 下，其饱和温度为 0℃，比潜热为 198.68kJ/kg；在 0.0844MPa 下，饱和温度为 −30℃，比潜热为 219.35kJ/kg。蒸气压缩式制冷就是利用这种液体气化吸热的原理实现的，由于气化后的低压蒸气是利用压缩机使其升压，故称为蒸气压缩式制冷。这种制冷方式是当前最广泛应用的一种制冷方法。

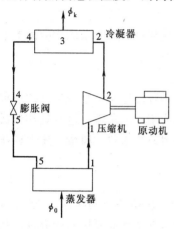

图 4.1-1　蒸气压缩式
制冷系统流程图

蒸气压缩式制冷系统（也称压缩式制冷机）流程如图 4.1-1 所示，主要是由压缩机（包括原动机，如电机等）、冷凝器、膨胀（节流）阀（或其他节流膨胀装置）和蒸发器四大部件及其连接管路组成，其系统内充注制冷剂（即在制冷系统中，完成制冷循环的工作物质）。其工作原理是压缩机将从蒸发器来的低压制冷剂蒸气进行压缩，变成高温、高压蒸气后进入冷凝器，受到冷却剂空气或水的冷却放出热量 Φ_k 并凝结成高压液体，再经膨胀阀节流后变成低压、低温的气液两相，进入蒸发器进行气化吸热制冷，得到所要求的低温和所需要的冷量 Φ_0。吸热气化后的低压制冷剂再进入压缩机，继续进行下一个制冷循环。

4.1.2　制冷剂的热力参数图表

在制冷循环中，制冷剂经历了气化、压缩、冷凝、节流膨胀等状态变化过程。为了分析、比较和计算制冷循环的性能，必须知道制冷剂的状态参数变化规律。对目前常用的制冷剂，这些状态参数间的关系已经通过实验建立了数学模型，但在实际计算中采用这些数学方程很不方便。因此，为了计算简便，人们已制成了各种表和图来表示制冷剂各状态参数之间的关系。

1. 制冷剂热力性质表

目前常用的制冷剂热力性质表有制冷剂饱和液体和蒸气热力性质表、过热蒸气热力性质表，具体可参见蒋能照等编著，上海交通大学出版社出版的《新制冷工质热力性质图和表》一书。

制冷剂饱和状态下的热力性质表中的项目有：饱和温度 t(℃)，饱和（绝对）压力 p

（MPa），饱和液体的比容 v'（l/kg）、比焓 h'（kJ/kg）、比熵 s'[kJ/(kg·K)]，饱和蒸气的比容 v''（l/kg）、比焓 h''（kJ/kg）、比熵 s''[kJ/(kg·K)]，比潜热 r（kJ/kg）等。饱和状态下，只要知道一个参数即可从表中查出其他参数。

使用过热蒸气热力性质表，需知道两个参数才能查出其他状态参数。

2. 制冷剂的热力性质图

常用的制冷剂热力性质图有温熵（T-s）图和压焓（lg$p$-h）图。前者对分析问题很直观，而后者用于实际计算很方便。

（1）温熵图（T-s 图）

其形式如图 4.1-2 所示。图中 $x=0$ 为饱和液体线，$x=1$ 为饱和蒸气线。两线中间的区域为湿蒸气区，其中有等干度线（$x=0.1$、0.2……）。

由工程热力学可知，T-s 图上过程线下的面积代表了该过程放出或吸入的热量，很直观，便于分析比较。如图 4.1-3 中，过程 1-2 的热量为面积 12ab1，因 $\Delta s > 0$，过程为吸热；等压过程 3-4 的热量为面积 34cd3，因 $\Delta s < 0$，过程为放热。如设焓值的基准点为 $0'$ 点，并设该点的比焓为零，则从 $0'$ 点等压加热到某一点，其下的面积等于其比焓的绝对值，如 3 点的比焓等于面积 $0'143d00'$。

（2）压焓图（lg$p$-h 图）（见图 4.1-4）

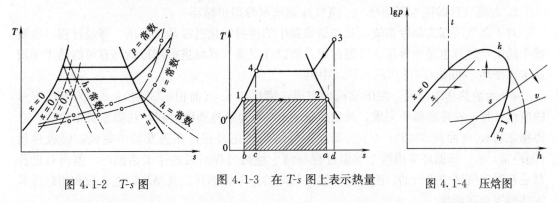

图 4.1-2　T-s 图　　　　图 4.1-3　在 T-s 图上表示热量　　　　图 4.1-4　压焓图

由于定压过程的吸热量、放热量以及绝热压缩过程压缩机的耗功量都可在 lg$p$-h 图上表示，利用过程初、终状态的比焓差计算，因此 lg$p$-h 图在制冷循环的热力计算上得到了广泛的应用。

由于制冷剂的热力参数 h、s 等都是相对值，因此，在使用上述热力性质表及图时，必须注意它们之间的 h、s 的基准点是否一致，对于基准点取值不同或单位制不一致的图或表，最好不要混用，否则必须进行换算和修正。例如，R22、R134a 的国际单位制的图或表，一般规定 0℃时饱和液体的 $h'=200$kJ/kg，$s'=1.00$kJ/(kg·K)。

4.1.3　理想制冷循环——逆卡诺循环

1. 逆卡诺循环

卡诺循环分为正卡诺循环和逆卡诺循环，均是由两个定温和两个绝热（等熵）过程组成，它们是一个理想循环。图 4.1-5 所示的 12341 是逆卡诺循环，也是理想制冷循环。逆卡诺循环中，制冷剂（工质）沿绝热线 3-4 膨胀，温度由热源温度 T'_k 降低至冷源温度

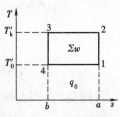

图 4.1-5　逆卡诺循环

T'_0；然后沿等压、等温线 4-1 蒸发，在该过程中，1kg 制冷剂在 T_0 温度下从被冷却物体吸收热量 q_0（kJ/kg）；制冷剂再从状态 1 被绝热压缩至状态 2，温度从 T'_0 升高至 T'_k；最后沿等温线 2-3 冷凝压缩，在冷凝过程中，制冷剂在 T'_k 温度下向冷却剂放出热量 q_k（kJ/kg）。在 3-4-1 的膨胀过程中，对外做膨胀功 w_e（kJ/kg）；1-2-3 压缩过程中消耗功 w_c（kJ/kg），循环中 1kg 的工质消耗功 $\sum w = w_c - w_e$。根据热平衡原理，$q_k = q_0 + \sum w$。

制冷循环的性能指标用制冷系数 ε 表示，制冷系数为单位耗功量所能获取的冷量，即：

$$\varepsilon = q_0 / \sum w \tag{4.1-1}$$

对于逆卡诺循环，有：

$$q_0 = T'_0(s_1 - s_4) \tag{4.1-2}$$

$$q_k = T'_k(s_1 - s_4) \tag{4.1-3}$$

$$\sum w = q_k - q_0 = (T'_k - T'_0)(s_1 - s_4) \tag{4.1-4}$$

$$\varepsilon_c = T'_0(s_1 - s_4)/(T'_k - T'_0)(s_1 - s_4) = T'_0/(T'_k - T'_0) \tag{4.1-5}$$

式中 s_1、s_4——分别为状态点 1（或 2）和 4（或 3）的比熵，kJ/（kg·K）。

由式（4.1-5）可知，逆卡诺循环的制冷系数 ε_c 与制冷剂性质无关，仅取决于冷热源温度 T'_0 和 T'_k，T'_0 越高、T'_k 越低，ε_c 越高。同时，T'_0 的影响大于 T'_k。

2. 湿蒸气区的逆卡诺循环——蒸气压缩式制冷理想循环

对于蒸气压缩式制冷系统，其中蒸发器中的沸腾气化过程是个等压、等温过程，冷凝器中的凝结过程也是个等压、等温过程，所以在湿蒸气区域进行制冷循环有可能易于实现逆卡诺循环，如图 4.1-6 所示。T-s 图中：

1-2 为绝热压缩过程，在压缩机中完成，消耗功 w_c（面积 123041）；2-3 为等压等温的凝结过程，在冷凝器中完成，放出热量 q_k；3-4 为绝热膨胀过程，在膨胀机中完成，获得膨胀功 w_e（面积 3043）；4-1 为等压、等温的气化过程，在蒸发器中完成，吸收热量（制冷量）q_0。该循环是由两个等温过程和两个绝热过程组成的逆卡诺循环，但所有过程都是在湿蒸气区中进行的，因此称为湿蒸气区的逆卡诺循环。其循环性能参数和指标计算方法同逆卡诺循环。

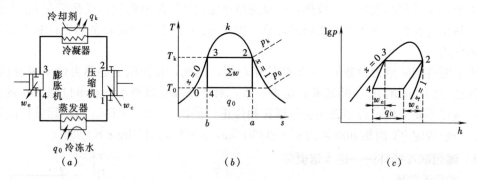

图 4.1-6 蒸气压缩式制冷的理想循环

（a）工作流程；（b）理想循环在 T-s 图上的表示；（c）理想循环在 $\lg p$-h 图上的表示

若用 $\lg p$-h 图上的焓差表示，则有：$q_0 = h_1 - h_4$，$q_k = h_2 - h_3$，$\sum w = w_c - w_e = (h_2 - h_1) - (h_3 - h_4)$，$\varepsilon_c = (h_1 - h_4)/[(h_2 - h_1) - (h_3 - h_4)]$。

3. 有传热温差的制冷循环

理想制冷循环——逆卡诺循环的一个重要条件是制冷剂与被冷却物（低温热源）和冷却剂（高温热源）之间必须在无温差情况下相互传热，但实际的热交换过程总是在有温差的情况下进行。下面分析有温差制冷循环制冷系数的影响因素。

图 4.1-7 所示为有传热温差的制冷循环，其中 T'_0、T'_k 分别为蒸发器中被冷却物和冷凝器中冷却剂的平均温度，无传热温差时的逆卡诺循环可用图中的 $1'2'3'4'1'$ 表示。由于有传热温差，蒸发器中制冷剂的蒸发温度 T_0 应低于 T'_0，即 $T_0 = T'_0 - \Delta T_0$；冷凝器中制冷剂的冷凝温度 T_k 应高于 T'_k，即 $T_k = T'_k + \Delta T_k$。为了使 q_0 相等，图中的 $b4'1'a'b$ 应等于面积 $b41ab$。此时有传热温差的制冷循环 12341 的耗功量为面积 12341，比逆卡诺循环 $1'2'3'4'1'$ 多消耗的耗功量为斜线标出的面积。这种在有传热温差条件下由两个定温过程和两个绝热过程所组成的制冷循环有的文献称为"有传热温差的逆卡诺循环"，其制冷系数 ε'_c 为：

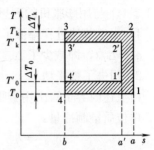

图 4.1-7　有传热温差的制冷循环

$$\varepsilon'_c = T_0/(T_k - T_0) = (T'_0 - \Delta T_0)/[(T'_k + \Delta T_k) - (T'_0 - \Delta T_0)]$$
$$= (T'_0 - \Delta T_0)/[(T'_k - T'_0) + (\Delta T_k + \Delta T_0)]$$
$$< \varepsilon_c = T'_0/(T'_k - T'_0) \tag{4.1-6}$$

显而易见，有传热温差时，制冷系数总要小于逆卡诺循环的制冷系数，其减小的程度一般称为温差损失。ΔT_0 和 ΔT_k 越大，则温差损失越大。

4.1.4　蒸气压缩式制冷的理论循环及其热力计算

1. 蒸气压缩式制冷的理论循环

蒸气压缩式制冷的理论循环由两个定压过程、一个绝热过程和一个节流过程组成，如图 4.1-8 所示。它与前述的理想循环相比，有以下三个特点：两个传热过程为定压过程并具有传热温差；用膨胀阀代替膨胀机；蒸气的压缩用干压缩代替湿压缩。关于采用有温差传热问题，前面已有论述，以下仅就后两个特点加以分析。

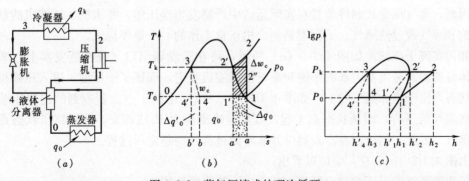

图 4.1-8　蒸气压缩式的理论循环

(a) 工作流程；(b) 理论循环在 T-s 上的表示；(c) 理论循环在 lgp-h 图上的表示

(1) 膨胀阀代替膨胀机

膨胀阀的节流过程是不可逆过程，节流前后的比焓相等，在节流过程中有摩擦损失和涡流损失。同时，这部分机械损失又转变为热量，加热制冷剂，减少了制冷量。从图 4.1-8 (b)、(c) 中可以看出，在相同的蒸发温度 T_0 和冷凝温度 T_k 下，用节流阀的循环 $1'2'341'$ 与用膨胀机的理想循环 $1'2'34'1'$ 相比，有两部分损失：

1) 由于节流过程降低了有效制冷量，由理想循环的 q_0 变为

$q_0 - \Delta q_0'$，即减少了 $\Delta q_0'$。可用图中的面积 $44'b'b4$ 表示。

2) 损失了膨胀功 w_e。w_e 可用图中的三角形面积 $034'0$ 表示。

由上述内容可写出用膨胀阀的制冷循环的主要性能：

单位质量制冷量：
$$q_{0节} = q_0 - \Delta q_0' = (h_1' - h_4') - (h_4 - h_4') = h_1' - h_4 \tag{4.1-7}$$

单位质量消耗功：
$$w_节 = w_e + \Sigma w = w_c = 面积\ 04'41'2'30 = h_2' - h_1' \tag{4.1-8}$$

制冷系数：
$$\varepsilon_节 = (q_0 - \Delta q_0')/w_c = (h_1' - h_4)/(h_2' - h_1') \tag{4.1-9}$$

由式 (4.1-9) 可以看出，膨胀阀代替膨胀机后，制冷量减少，消耗功上升，制冷系数下降，其降低的程度称为节流损失。节流损失的大小与如下因素有关：1) 与 $(T_k - T_0)$ 有关，节流损失随其增加而增大；2) 与制冷剂的物性有关，从 $T\text{-}s$ 图中可见，制冷剂的饱和液线与饱和蒸气线之间距离越窄（即比潜热 r 越小），饱和液线越平滑（即液态制冷剂的比热 C_x' 越大），节流损失越大。也可用 r/C_x' 表示，即 r/C_x' 小，节流损失大；r/C_x' 大，节流损失小；3) 与 P_k 有关，P_k 越接近临界压力 P_{kr}，节流损失越大。

(2) 干压缩代替湿压缩

蒸气压缩式制冷理论循环，为了实现两个定温过程，压缩机吸入的是湿蒸气，这种压缩称为湿压缩。湿压缩有如下缺点：

1) 压缩机吸入的低温湿蒸气与热的气缸壁之间发生强烈热交换，特别是落在缸壁上的液珠，更是迅速蒸发而占据气缸的有效空间，使压缩机吸入的制冷剂质量减少，从而使制冷量显著降低。

2) 过多的液体进入压缩机气缸后，很难全部气化，这时，既破坏了压缩机的润滑，又会造成液击，使压缩机遭到破坏。

因此，蒸气压缩式制冷装置在实际运行中严禁发生湿压缩，要求进入压缩机的制冷剂为干饱和蒸气或过热蒸气，干压缩是制冷机正常工作的一个重要标志。

如何实现干压缩？如图 4.1-8 (a) 所示，可在蒸发器出口（或在蒸发器上）增设一个液体分离器。分离器上部的干饱和蒸气被压缩机吸走，保证了干压缩，进入压缩机的制冷剂状态点位于饱和蒸气线上，如图 4.1-8 (b)、(c) 中的 1 点。制冷剂的绝热压缩过程在过热蒸气区进行，即从状态点 1 起，直至与冷凝压力 P_k 线相交，压缩终了状态点 2 是过热蒸气。因此，制冷剂在冷凝器中并非定温过程，而是定压过程。

由图 4.1-8 (b)、(c) 中可以看出：

采用膨胀阀的干压缩制冷循环 12341 中，其主要性能为：
$$q_{0干} = q_{0湿} + \Delta q_0\ (面积\ a11'a'a) = h_1 - h_4 \tag{4.1-10}$$

$$w_{c干} = w_{c湿} + \Delta w_c（面积 122'1'1） = h_2 - h_1 \tag{4.1-11}$$

制冷系数

$$\varepsilon_干 = (q_{0湿} + \Delta q_0)/(w_{c湿} + \Delta w_c) = (h_1 - h_4)/(h_2 - h_1) \tag{4.1-12}$$

与湿压缩相比，分子和分母均有所增加，难以直接判断两个循环的优劣。但从图 4.1-8 (b) 中可以看出，绝大多数制冷剂压缩时均有一个三角形面积 $2''22'2''$，故对于大多数制冷剂，采用干压缩后，制冷系数有所降低，即 $\varepsilon_干 < \varepsilon_湿$，减少的程度称为过热损失。其损失的大小与节流损失一样，即与 $(T_k - T_0)$、P_k/P_{kr} 和制冷剂物性有关。一般来讲，节流损失大的制冷剂，过热损失就小，而且，P_k/P_{kr} 越大，过热损失越大。

2. 蒸气压缩式制冷理论循环的热力计算

蒸气压缩式制冷理论循环热力计算内容，主要是涉及循环系统内所输入和输出的能量值，它主要包括制冷量、耗功率、制冷系数及冷凝器负荷等，其计算步骤为：

(1) 循环温度工况点的确定。包括蒸发温度 t_0、冷凝温度 t_K、液体再冷温度 $t_{r.c}$（或再冷度 $\Delta t_{r.c}$）和压缩机的吸气温度 t_1（或过热度 Δt_{sh}）。t_0、t_K 的确定方法，应根据当地环境条件、冷却剂和被冷却物的温度，按有关规范确定。对于再冷度，一般采用 3～5℃。氨压缩机的过热度一般为 5℃ 左右，对于使用热力膨胀阀的制冷系统一般为 4～7℃，采用回热循环时吸气温度一般为 15℃。

(2) 应用制冷剂的 $\lg p\text{-}h$ 图，画出制冷循环，并由图或热力性质表上查出各状态点 h 值及吸气比容 v_1，如图 4.1-9 所示。

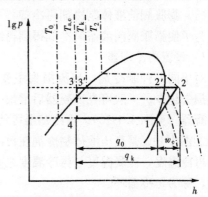

图 4.1-9 蒸气压缩式制冷循环在 $\lg p\text{-}h$ 图上的表示

(3) 热力计算：

1) 单位质量制冷量 q_0：

$$q_0 = h_1 - h_4 \quad (kJ/kg) \tag{4.1-13}$$

2) 单位容积制冷量 q_v，即压缩机每吸入 $1m^3$ 制冷剂气体所产生的冷量

$$q_v = q_0/v_1 = (h_1 - h_4)/v_1 \quad (kJ/m^3) \tag{4.1-14}$$

式中　v_1——压缩机吸气比容，即压缩机入口气态制冷剂的比容，m^3/kg。

3) 制冷剂质量流量 M_R 和体积流量 V_R（即压缩机单位时间吸入的气态制冷剂体积量）：

$$M_R = \Phi_0/q_0 \quad (kg/s) \tag{4.1-15}$$

$$V_R = M_R v_1 = \Phi_0/q_v \quad (m^3/s) \tag{4.1-16}$$

式中　Φ_0——制冷量，kJ/s 或 kW。

4) 冷凝器单位质量换热量 q_k 和热负荷 Φ_k：

$$q_k = h_2 - h_3 \quad (kJ/kg) \tag{4.1-17}$$

$$\Phi_k = M_R q_k = M_R(h_2 - h_3) \quad (kJ/s \text{ 或 } kW) \tag{4.1-18}$$

5) 压缩机单位质量耗功量 w_{th} 和理论耗功量 P_{th}：

$$w_{th} = h_2 - h_1 \quad (kJ/kg) \tag{4.1-19}$$

$$P_{\text{th}} = M_R w_{\text{th}} = M_R(h_2 - h_1) \quad (\text{kJ/s 或 kW}) \tag{4.1-20}$$

6）理论制冷系数 ε_{th}：

$$\varepsilon_{\text{th}} = \Phi_0/P_{\text{th}} = q_0/w_{\text{th}} = (h_1 - h_4)/(h_2 - h_1) \tag{4.1-21}$$

7）制冷效率 η_R：

理论循环制冷系数 ε_{th} 与考虑了传热温差的理想制冷循环制冷系数 ε_c' 之比，即

$$\eta_R = \varepsilon_{\text{th}}/\varepsilon_c' \tag{4.1-22}$$

最后，计算结果应符合热平衡检验，即 $\Phi_k = \Phi_0 + P_{\text{th}}$ 或 $q_k = q_0 + w_{\text{th}}$。

3. 蒸气压缩式制冷循环的改善

通过上述分析可知，蒸气压缩式制冷理论循环存在着温差损失、节流损失和过热损失，使其制冷系数远小于理想制冷循环。因此，减少上述损失，提高制冷系数，对节能有着非常重要的意义。减少上述损失的措施有：

（1）膨胀阀前液体制冷剂再冷却

为了使膨胀阀前液态制冷剂得到再冷却，可以采用再冷却器或回热循环。

1）设置再冷却器

对于同一种制冷剂，节流损失主要与节流前后的温差（$T_k - T_0$）有关，温差越小，节流损失越少。一般可在冷凝器后增加一个再冷却器，使冷却水先通过再冷却器，然后进入冷凝器（见图 4.1-10）。再冷却器可使冷凝后的液体制冷剂在冷凝压力下被再冷至状态点 $3'$。图中 3-$3'$ 是高压液体制冷剂在再冷却器中的再冷过程，再冷却所能达到的温度 $T_{\text{r.c}}$ 称为再冷温度，冷凝温度与再冷温度之差 $\Delta t_{\text{r.c}}$ 称为再冷度（或过冷度）。这种带有再冷的循环，称为再冷循环。

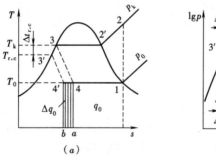 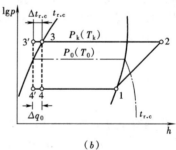

图 4.1-10 有再冷却的蒸气压缩式制冷循环

（a）循环在 T-s 图上的表示；（b）循环在 $\lg p$-h 图上的表示

由图 4.1-10（a）可以看出，无再冷的饱和循环 12341 和有再冷的循环 $1233'4'41$ 相比，节流过程由 3-4 变为 $3'$-$4'$，单位质量制冷量增加 Δq_0（即面积 $a44'ba$），而压缩功 w_c 不变。因此，再冷循环的制冷系数为：

$$\varepsilon_{\text{再冷}} = (q_0 + \Delta q_0)/w_c = [(h_1 - h_4) + (h_4 - h_4')]/(h_2 - h_1)$$

$$= \varepsilon_0 + (C_x' \cdot \Delta t_{\text{r.c}})/(h_2 - h_1) \tag{4.1-23}$$

式中 ε_0——无再冷的饱和循环制冷系数；

C_x'——制冷剂液体在 T_k 和 $T_{\text{r.c}}$ 之间[即 $1/2(T_k + T_{\text{r.c}})$]的平均比热，$\text{kJ/(kg·K)}$。

由式（4.1-23）可知，采用再冷循环，可以提高制冷系数，提高的大小与制冷剂的种类及再冷度的大小有关。根据计算，当 $T_k=30℃$，$T_0=-15℃$ 时，每再冷 1℃，制冷系数可提高：氨为 0.46%；R22 为 0.85%。需要说明的是：①不是 $\Delta t_{r.c}$ 越大越好，$T_{r.c}$ 越低越好，受技术条件和经济性限制，$T_{r.c}$ 不可能很低；②使用热力膨胀阀的制冷系统，膨胀阀前也需要有 3~4℃ 的再冷度，如再冷不足，制冷剂液体易产生闪发气体，影响制冷效率。

通常使用的再冷方法有：①单独设置再冷却器。由于增加了设备费，而空调用制冷装置的蒸发温度 T_0 较高，所以，一般很少单独设置再冷却器；②把再冷器设在水冷冷凝器内，在冷凝器下部专门有一空间设置再冷器，冷却水先通过再冷器中的再冷管再进入冷凝管；③增大冷凝器面积（一般增大 5%~10%），使冷凝器中有一定的液体，并使冷却水和制冷剂呈逆流。不管哪种方法，再冷温度不可能低于或等于冷却水进口温度，一般需有 1~3℃ 的端部温差。

2）回热循环

为了使膨胀阀前液体的再冷度增加，进一步减少节流损失，同时又保证压缩机吸气有一定过热度，可在制冷系统中增设一个回热器，其理论循环如图 4.1-11 所示。回热器的作用是使膨胀阀前的制冷剂液体与压缩机吸入前的制冷剂蒸气进行热交换，将液体由 3 再冷到 3′，吸入蒸气由 1 过热到 1′，该过程称为回热。有回热器的循环称为回热循环，即图中的 1′2′233′4′411′ 循环。回热循环与无回热的饱和循环 12341 相比，由于再冷增加了制冷量 $\Delta q_0=(h_4-h'_4)$，即面积 $44'b'b4$；由于过热（过热量为 Δq）增加了压缩机耗功量 Δw_c（面积 $1'2'211'$），即 $(h'_2-h'_1)-(h_2-h_1)$。因此，回热循环的制冷系数是否提高，视 $\Delta q_0/\Delta w_c$ 的比值定。

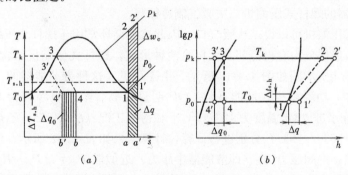

图 4.1-11　回热式蒸气压缩制冷

(a) 循环在 T-s 图上的表示；(b) 循环在 $\lg p$-h 图上的表示

表 4.1-1 是几种常用制冷剂采用回热循环后，制冷系数及排气温度的变化情况。计算采用 $T_0=-15℃$，$T_k=30℃$，吸气温度为 15℃（即过热度为 30℃）的制冷循环。表中 ε 表示的是过热循环与饱和循环的增减百分数。

吸气过热后对 ε 和排气温度的影响　　　　　　　　　　　表 4.1-1

制冷剂	R717	R22	R502
制冷系数 ε 的增减率（%）	−4.18	−1.88	+3.02
排气温度 t'_2/t_2（℃）	140.3/102	84.7/53.5	66.5/37.3

从表 4.1-1 中可以看出，制冷剂 R502 的制冷循环，吸气过热可以增加 ε，排气温度有增加，但并不很高，显然有利。但对于制冷剂 R22，实用上有时也采用回热循环，其出发点是其 ε 降低不多，排气温度不太高，而且保证了干压缩，有利于安全运行和有较大的再冷度，使节流前液体不气化，保证热力膨胀阀的稳定工作。对于 R717，绝不能采用回热循环，不仅因为其 ε 降低多，而且排气温度高，还会带来其他一些不利影响。

需要说明的是，在制冷循环热力计算时，一般将回热器内的换热过程看作绝热过程，故可认为图中的 $\Delta q_0 = \Delta q$，即 $h_4 - h'_4 = h'_1 - h_1$。

(2) 带膨胀机的制冷循环

前面已述，用膨胀阀代替膨胀机造成了节流损失，过去认为采用液体膨胀机得不偿失。但随着科技发展，液体（实际上应是两相流动）膨胀机已在实际产品上得到了采用。从图 4.1-8 可知，带两相流动膨胀机的过程近似为等熵膨胀过程 3-4′，取代膨胀阀的等焓过程 3-4 后，不但提高了循环的制冷系数，而且膨胀机还能对外做功，可以发电，也可以驱动辅助设备，如水泵等。从 20 世纪 90 年代开始，市场上已有相关产品出售，如带膨胀机的高能效离心式冷水机组，其名义工况性能系数 COP 达到了 7.04kW/kW，较常规机组提高 25%～40%（即节能率）。

(3) 带闪发蒸气分离器的多级压缩制冷循环

从冷凝器带来的高压液态制冷剂节流降压至某中间压力时，在闪发蒸气分离器中气液分离，分离后的闪发蒸气通入压缩机进行压缩、液体部分再经节流降压至蒸发器吸热制冷。由于有闪发蒸气分离器，达到了节约压缩机耗功的目的，故一般也将闪发蒸气分离器称为经济器或节能器。目前采用节能器的循环主要有：

1) 带节能器的螺杆式压缩机二次吸气制冷循环

由于螺杆式压缩机可以设二次吸气口，因此这种循环常用于螺杆式压缩机的冷水机组或热泵机组。节能器分为有再冷却及无再冷两种形式，螺杆式压缩机组常用有再冷却型，其流程和制冷的 $\lg p\text{-}h$ 图如图 4.1-12 所示。由图可见，这种带节能器的二次吸气制冷循环，其冷量增加，功耗减少，性能系数 COP 明显提高。经对制冷剂为 R22，空调工况（$t_k = 40℃$，冷冻水进/出水温度为 12℃/7℃）和蓄冰工况（$t_k = 40℃$，乙烯乙二醇水溶液进/出口温度为 -6℃/-2℃）分别进行计算，计算结果如表 4.1-2 所示。计算时未考虑制冷剂的吸气过热；中间压力 P_m（即节能器中压力）近似取 $P_m = (P_k \cdot P_0)^{1/2}$；旁通制冷剂流量比 $M_{R2}/M_{R1} = 0.15$。从表 4.1-2 中可以看出，空调工况带节能器后制冷系数 ε_{th} 提高了 0.3（4.9%）；蓄冰工况提高了 0.5（12.8%），表明 t_0 越低，加节能器后节能率越大。

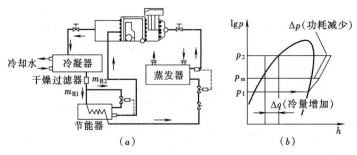

图 4.1-12 带节能器的二次吸气制冷（螺杆式压缩机）

(a) 带节能器二次吸气制冷系统流程；(b) 制冷循环在 $\lg p\text{-}h$ 图上的表示

带节能器与不带节能器制冷循环计算结果 表 4.1-2

计算项目 \ 工况	空调工况		蓄冰工况	
	不带节能器	带节能器	不带节能器	带节能器
单位质量制冷量 q_0 (kJ/kg)	157.1	186.1	154.9	183.4
单位容积制冷量 q_v (kJ/m³)	3771.0	4605.6	2449.5	2901.0
单位质量压缩机耗功量 w_c (kJ/kg)	25.7	28.9	39.7	41.7
理论循环制冷系数 ε_{th}	6.10	6.40	3.90	4.40

2）带节能器的多级压缩制冷循环

由于离心式压缩机可以采用两个、三个或多个叶轮，对制冷剂气体进行压缩，因此可以在叶轮之间设吸气口和节能器。吸气口数目一般比压缩级数（即叶轮数）少一个，节能器数目和吸气口数目相等。这种带节能器的多级压缩制冷循环的优点主要有：①可减少压缩过程的过热损失和节流过程的节流损失，能耗少，性能系数高。据有关文献报道，带节能器的三级离心式制冷机组名义工况 COP 比单级机组高 5％～20％，部分负荷下的性能系数提高 20％。②可以制取较低的蒸发温度，适用范围大；③压缩机的转速低，噪声小，振动低，使用寿命长。国内外均有这种离心式冷水机组及热泵机组产品。

4. 蒸气压缩式制冷实际循环的简介

前面讨论的制冷循环均不考虑任何损失，因此计算所得的制冷量、消耗功率、制冷系数等都是理论值。实际循环与理论循环有一定差异，实际制冷量、消耗功率和制冷系数均不同于理论值。实际计算中，经常是撇开一些其他次要因素的影响，先进行理论循环计算，然后再进行修正。理论循环与实际循环的差别主要是以下三方面：制冷剂在压缩过程中忽略了气体内部及气体与缸壁之间的摩擦和与外界的热交换；忽略了制冷剂流经压缩机进、排气阀的节流损失；制冷剂通过管路、冷凝器及蒸发器等设备时，未考虑其与管壁或内壁之间的摩擦和与外界的热交换。

由于蒸气压缩制冷的实际循环比较复杂，难以细致计算，所以一般均以理论循环作为计算基准。但是在选择压缩机及其配用的电动机，确定制冷剂管道直径，计算蒸发器和冷凝器的传热面积以及进行机房设计时，都应考虑这些影响因素，以保证实际需要，并尽量减少制冷量的损失和耗功率的增加，提高系统的实际制冷系数。

4.1.5 双级蒸气压缩式制冷循环

对于活塞式制冷压缩机单级制冷循环，在通常的环境温度下，一般只能制取—25～—35℃以上的蒸发温度。如果采用单级制冷循环制取更低的蒸发温度，将会产生很多有害因素，如：

（1）压缩机排气温度很高，不但加大了过热损失，使制冷系数下降，而且会恶化润滑效果，影响压缩机的使用寿命和正常运行。

（2）压缩比（P_k/P_0）增大，在正常环境温度下，当蒸发温度 t_0 下降时，P_k/P_0 增加，压缩机容积效率降低，实际吸气量减少，制冷量下降，当压缩比达到某一定值时，活塞式压缩机此时已不能进行制冷。

（3）节流损失增加，制冷剂单位质量制冷量 q_0 减少，消耗功加大，制冷系数下降。

（4）过低的 t_0 可能会使制冷系统的运行工况超过压缩机标准规定的设计和使用条件，

造成不允许的危险情况发生。如活塞式压缩机（制冷剂 R22）的压缩比，不能大于 6（高温机）和 16（低温机），压力差（$P_k - P_0$）不能大于 1.6MPa；螺杆式压缩机（制冷剂 R22）排气温度不能高于 105℃等。

因此，对于活塞式压缩机，当 t_0 低于 $-25 \sim -35$℃时，采用双级制冷循环能使上述不利影响得到改善。对于螺杆式压缩机，由于其具有良好的油冷却装置，排气温度比活塞式压缩机低，允许的压缩比和压力差均较大。因此，一般螺杆式压缩机单级制冷循环可制取 -40℃左右的低温（t_K 在 $40 \sim 45$℃时）。

双级压缩制冷循环通常采用闪发蒸气分离器（节能器）和中间冷却器两种形式。有关闪发蒸气分离器的制冷循环前面已述，此处仅介绍带有中间冷却器的双级压缩制冷循环。该循环是把来自蒸发器的制冷剂蒸气，以串联的两台压缩机（有中间冷却器）或者同一台压缩机的两组气缸作"接力"式的压缩。每一级的压缩比、排气温度等都能符合压缩机的使用条件，又可获得较低的 t_0，制冷系数比相同制冷能力的单级制冷循环大，因而比较经济。下面介绍两种常用的双级压缩制冷循环。

1. 一次节流、完全中间冷却的双级压缩制冷循环

所谓完全中间冷却是指来自低压级压缩机的过热蒸气在中间冷却器内完全冷却至饱和状态，如图 4.1-13 所示。由于氨制冷系统排气温度高，吸气过热不能大，因此这种循环形式广泛应用于氨双级制冷系统。这种系统的特点是由于采用完全中间冷却，可以减少过热损失，因此，耗功量较单级少，制冷系数较单级大。

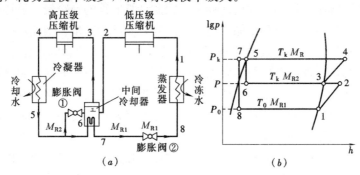

图 4.1-13 一次节流、完全中间冷却的双级压缩制冷
(a) 工作流程；(b) 双级制冷循环在 $\lg p$-h 图上的表示

其主要热力性能计算式为：

当已知制冷量 Φ_0 后，通过蒸发器的制冷剂质量流量 M_{R1} 为：

$$M_{R1} = \Phi_0 / (h_1 - h_8) \qquad (4.1\text{-}24)$$

根据进出中间冷却器的热量，可以列出中间冷却器的热平衡方程为：

$$M_{R1}(h_2 - h_3) + M_{R1}(h_5 - h_7) = M_{R2}(h_3 - h_6)$$

可得到 $\quad M_{R2} = M_{R1} \times [(h_2 - h_3) + (h_5 - h_7)] / (h_3 - h_6) \qquad (4.1\text{-}25)$

低压级、高压级压缩机的理论耗功率 P_{th1}、P_{th2}（kW）为：

$$P_{th1} = M_{R1}(h_2 - h_1) \qquad (4.1\text{-}26)$$

$$P_{th2} = M_R(h_4 - h_3) \qquad (4.1\text{-}27)$$

则该制冷循环压缩机的理论总耗功率 P_{th} 为：

$$P_{th} = P_{th1} + P_{th2} \tag{4.1-28}$$

理论制冷系数 ε_{th} 为：

$$\varepsilon_{th} = \Phi_0/P_{th} = \Phi_0/(P_{th1} + P_{th2}) \tag{4.1-29}$$

2. 一次节流、不完全中间冷却的双级压缩制冷循环

对于 R22、R134a 等制冷剂的制冷系统，排气温度不很高，并希望吸气有一定的过热度，这样可以改善压缩机的运行性能和制冷循环的热力指标。因此，一般采用一次节流、不完全中间冷却的双级压缩制冷循环，其工作流程及理论循环如图 4.1-14 所示。其特点是低压压缩机排气的状态 2 气体，不进入中间冷却器冷却，而是直接与来自中间冷却器的状态 $3'$ 的干饱和蒸气混合成为状态 3，然后再由高压级压缩机绝热压缩到状态 4。此外，这种系统一般增设回热器，使流出蒸发器的制冷剂蒸气由 t_0 升到 t_1，而流出中间冷却器的再冷液体 7 进一步再冷到状态 8。通常低级压缩机的吸气过热度取 20~50℃，循环中 t_7 比 t_6 高 5~8℃。

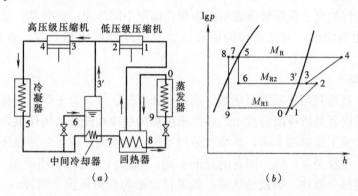

图 4.1-14　一次节流、不完全中间冷却的双级压缩制冷
(a) 工作流程；(b) 理论循环在 $\lg p\text{-}h$ 图上的表示

与前述循环相同，状态点 3 是由低压级压缩机排气状态 2 和中间冷却器来的干饱和蒸气状态 $3'$ 混合而得，根据热平衡可列出：

$$M_{R1}h_2 + M_{R2}h'_3 = (M_{R1} + M_{R2})h_3 = M_R h_3 \tag{4.1-30}$$

可得

$$h_3 = (M_{R1}h_2 + M_{R2}h'_3)/M_R \tag{4.1-31}$$

如已知制冷量 Φ_0，则其循环主要性能指标为：

$$M_{R1} = \Phi_0/(h_0 - h_9)$$

由于

$$M_{R2}(h'_3 - h_6) = M_{R1}(h_5 - h_7)$$

则

$$M_{R2} = M_{R1} \times (h_5 - h_7)/(h'_3 - h_6) \tag{4.1-32}$$

该循环低、高压级压缩机理论耗功率为：

$$P_{th} = P_{th1} + P_{th2} = M_{R1}(h_2 - h_1) + M_R(h_4 - h_3) \tag{4.1-33}$$

循环的理论制冷系数为：

$$\varepsilon_{th} = \Phi_0/P_{th} = \Phi_0/(P_{th1} + P_{th2}) \tag{4.1-34}$$

3. 双级压缩制冷中间压力的确定

双级蒸气压缩制冷循环的热力计算，与单级制冷循环相似，其最大的不同点是双级压缩需要确定中间压力 P（对于带中温蒸发器的双级压缩制冷系统，其中间压力 P 是由中温蒸发器所需的蒸发温度来决定的）。中间压力 P 一般是指中间冷却器内的压力，对应中间压力的饱和温度称为中间温度 t。

中间压力对双级压缩制冷循环的经济性,如压缩机的容量、结构、功率和安全运行等都有直接影响,因此合理地确定中间压力,是双级压缩制冷循环中的一个重要问题。根据不同情况,通常有以下几种方法。

(1) 按制冷系数最大为原则确定中间压力,这样得到的中间压力称为最佳中间压力 $P_{佳}$,由于制冷循环形式不同,制冷系数的表达式也不一样,所以很难用一个统一的表达式进行 $P_{佳}$ 计算,设计中一般采用试算法。但在 $-40 \sim +40℃$ 的温度范围内,氨和 R22 双级压缩的最佳中间温度 $t_{佳}$ 可按下述经验公式计算:

$$t_{佳} = 0.4t_k + 0.6t_0 + 3℃ \tag{4.1-35}$$

(2) 按高、低压级压缩机的压缩比相等为原则,求中间压力 P,即 $P = (P_k \cdot P_0)^{1/2}$,此时的 P 虽然与上面的 $P_{佳}$ 不一定非常一致,但对压缩机工作容积的利用程度较高,具有实用价值。

(3) 按选配好的高、低压级压缩机的容积比确定中间压力,此时高、低压级压缩机的理论输气量之比为定值,因此选择的中间压力要与此容积比相适应,通常采用试算法确定。

4.1.6 热泵循环

所谓热泵,就是利用外部能源从低位热源(如空气、水、岩土等)向高位热源转移的制热装置,通常讲就是以冷凝器放出的热量来供热的制冷系统或是用作供热的制冷机称为热泵。从热力学或工作原理上讲,热泵就是制冷机,热泵循环就是制冷循环,如果要说两者有区别的话,主要两点:(1) 两者的目的不同,如果目的是为获得高温(制热),也就是着眼于向高温部分放热,那就是热泵;如果目的是为获得低温(制冷),也就是着眼于低温热源吸热,那就是制冷机;(2) 两者的工作温度区间不同,上述的所谓高温热源或低温热源都是相对环境温度而言的,由于上述两者的目的不同,热泵是把环境温度作为低温热源,而制冷机则是将环境温度作为高温热源,那么对同一环境温度来说,热泵的工作温度区明显高于制冷机。

对于能同时实现制热与制冷功能的装置,即该装置运行时,冷凝器放出的热量用来制热,而蒸发器的吸热用来制冷,这种装置既可称热泵,也可称制冷机。

制冷系数用来衡量制冷循环的优劣,而热泵循环则用制热性能系数(简称制热系数或供热系数)来衡量热泵循环性能的优劣。对于蒸气压缩式热泵循环,制热系数 ε_h 的定义为热泵的制热量 Φ_h(即冷凝器热负荷 Φ_k)与耗功量 P 之比,即

$$\varepsilon_h = \Phi_h/P = (\Phi_0 + P)/P = \varepsilon + 1 \tag{4.1-36}$$

由式 (4.1-36) 可以看出,制热系数 ε_h 等于热泵的制冷系数 ε 加 1,由此可得,热泵的制热系数 ε_h 永远大于 1。但必须指出,$\varepsilon_h = \varepsilon + 1$ 的成立条件必须是工况(冷凝温度、蒸发温度、再冷度、过热度)条件完全相同的情况。

逆卡诺循环是理想制冷循环,在一定的高低温热源之间工作的制冷循环中,逆卡诺循环的制冷系数 ε_c 最大。同理可得,逆卡诺循环也是热泵理想循环,它的制热系数最大。逆卡诺循环制热系数 $\varepsilon_{h.c}$ 应为

$$\varepsilon_{h.c} = \varepsilon_c + 1 = T'_0/(T'_k - T'_0) + 1 = T'_k/(T'_k - T'_0) \tag{4.1-37}$$

前面论及的有关逆卡诺循环,蒸气压缩式制冷理论循环及实际循环的特征同样适用于

蒸气压缩式热泵循环。例如：t_k 降低或 t_0 升高，都会使制热系数升高；节流前液体再冷可以提高热泵循环制热系数；有些制冷剂吸气过热对制冷循环有不利影响，同样对热泵循环也有不利影响等。

以电能驱动的热泵供热比直接用电能供热要节能得多（因为 ε_h 永远大于 1）。但与直接燃烧煤、燃气、油等一次能源的供热方式比较，则应考虑生产、输配电能的效率。一般来讲，ε_h 大于 2.8～3.0 时，热泵供热的一次能源效率要高一些，即有节能意义。

4.1.7 绿色高效制冷行动方案

2019 年 6 月国家发展改革委等七部委联合印发的《绿色高效制冷行动方案》提出，在 2017 年的基础上，到 2022 年，我国家用空调、多联机等制冷产品的市场能效水平提升 30% 以上，绿色高效制冷产品市场占有率将提高 20%，实现年节电约 1000 亿 kWh。到 2030 年，大型公共建筑制冷能效提升 30%，制冷总体能效水平提升 25% 以上，绿色高效制冷产品市场占有率提高 40% 以上，实现年节电 4000 亿 kWh。

4.2 制冷剂及载冷剂

制冷剂是在制冷系统中完成制冷循环的工作物质（也称制冷工质），对于热泵系统，其制冷剂也可称作热泵工质。只有在工作温度范围内能够汽化和凝结的物质，才能称为制冷剂或热泵工质。本章第 4.1 节分析了制冷剂对蒸气压缩制冷循环及其制冷系统的影响。因此，要获得性能良好、运转正常且符合环境友好要求的制冷或热泵装置，应熟悉制冷剂的有关知识。

载冷剂是间接制冷系统中用以传递制冷、蓄冷装置冷量的中间介质。载冷剂在蒸发器中被制冷剂冷却后送到冷却设备或蓄冷装置中，吸收被冷却物体或空间的热量，再返回蒸发器，重新被冷却，如此循环不止，以实现冷量的传递。

4.2.1 制冷剂的种类及其编号方法

根据制冷剂的分子结构，可将制冷剂分为无机化合物和有机化合物两大类；根据制冷剂的组成，可分为单一（纯质）制冷剂和混合制冷剂；根据制冷剂的常规冷凝压力 P_k 和标准沸点，可分为高温（低压）、中温（中压）和低温（高压）制冷剂。一般高温是指标准沸点为 0～10℃（压力≤0.3MPa）；中温为 0～−20℃（压力 0.3～2.0MPa）；低温为 −20～−60℃（压力≥2.0MPa）。

我国国家标准《制冷剂编号方法和安全性分类》GB/T 7778−2017 中规定了制冷剂的编号表示方法、根据毒性和可燃性数据对制冷剂安全分类的方法，以及确定制冷剂浓度限值的方法。

相关标准规定用字母 R（英文 Refrigerant 的首位字母）和它后面的一组数字及字母作为制冷剂的简写编号。字母 R 作为制冷剂的代号，后面数字或字母则根据制冷剂的种类及分子组成按一定规则编写。

1. 无机化合物制冷剂

属于无机化合物的制冷剂有水、空气、氨、二氧化碳、二氧化硫等，其编号用序号 700（化合物的相对分子质量小于 100）和 7000（化合物的相对分子质量≥100）系列序号表示，化合物的相对分子质量（用克每摩尔表示的分子量）加上 700 就得到制冷剂的识别编号。如氨的编号为 R717，空气、水和二氧化碳的编号分别为 R729、R718 和 R744。

2. 有机化合物制冷剂

常用的有机化合物制冷剂有卤代烃、碳氢化合物及混合制冷剂等。

（1）甲烷、乙烷、丙烷和环丁烷系的卤代烃以及碳氢化合物的编号方法

卤代烃是一种烃的衍生物，含有一个或多个卤族元素：溴、氯或氟，氢也可能存在。目前用作制冷剂的主要是甲烷、乙烷、丙烷和环丁烷系的衍生物。

制冷剂的编号 R 后面自右向左的第一位数字是化合物中的氟（F）原子数；自右向左的第二位数字是化合物中的氢（H）原子数加 1 的数；自右向左的第三位数字是化合物中的碳原子数减 1 的数，当该数值为零时，则不写；自右向左的第四位数字是化合物中碳键的个数，当该数值为零时，则不写。

标准对卤代烃分子式中有溴（Br）或碘（I）部分和全部代替氯等情况，均给出了编号规定，系列序号是 100（如 R134a、乙烷 R170）、200（如丙烷 R290）和 300，有机化合物的烃类系列序号是 600（如丁烷 R600）。编号要使化合物的结构可以从制冷剂的编号推导出来。

（2）混合制冷剂编号方法

这类制冷剂包括共沸混合制冷剂和非共沸混合制冷剂，由制冷剂编号和组成的质量分数来表示。在 400（如 R410A）和 500（如 R507A）序列中进行编号。

非共沸混合制冷剂是由两种或两种以上不同的制冷剂按一定比例混合而成的制冷剂，在饱和状态下，气液两相组成成分不同，在一定压力和一定的混合比下，沸腾温度（泡点）和冷凝温度（露点）不同，两者之差称为滑移温度，当滑移温度 ≤1℃ 时，一般称为近（亚）共沸混合制冷剂。非共沸混合制冷剂具有如下两个特性：

1）非共沸混合制冷剂在一定压力下冷凝或蒸发时为非等温过程，故可实现非等温制冷，对降低功耗，提高制冷系数有利；

2）由于非共沸混合制冷剂气液相组分不同，当系统有泄漏时，会改变制冷剂的混合比例，影响制冷剂的性能。

4.2.2 对制冷剂的要求

1. 热力学性质方面

（1）制冷剂的制冷效率 η_R。本章第一节已经叙述，η_R 是理论循环制冷系数 ε_{th} 与两个传热过程有温差的逆卡诺循环制冷系数 ε'_c 之比，即 $\eta_R = \varepsilon_{th}/\varepsilon'_c$，它标志着不同制冷剂节流损失和过热损失的大小。

（2）临界温度要高。制冷剂的临界温度高，便于用一般冷却水或空气进行冷凝液化。此外，制冷循环的工作区域越远离临界点、制冷循环越接近逆卡诺循环，节流损失越小，制冷系数较高。

（3）适宜的饱和蒸气压力。蒸发压力不宜低于大气压力，以避免空气渗入制冷系统。冷凝压力 P_k 也不宜过高，P_k 太高，对制冷设备的强度要求高，而且会引起压缩机的耗功增加。此外，希望压缩比（P_k/P_0）和压力差（$P_k - P_0$）比较小，这点对减小压缩机的功耗、降低排气温度和提高压缩机的实际吸气量十分有益。

（4）凝固温度低。可以制取较低的蒸发温度。

（5）汽化潜热要大。相同制冷量时，可以减少制冷剂的充注量，有利于环境友好。

（6）对制冷剂单位容积制冷量 q_v 的要求应按压缩机的形式不同分别对待。如大、中型制冷压缩机，q_v 希望尽可能大，它可以减小压缩机的尺寸；但对于小型压缩机或离心式压缩机，有时压缩机尺寸过小反而引起制造上的困难，此时要求 q_v 小些反而合理。

表 4.2-1 是目前几种常用制冷剂在 $t_0=-15℃$，$t_k=30℃$，膨胀阀前制冷剂再冷温度为 5℃（吸气为饱和状态）时的单位容积制冷量。将该表与表 4.2-2 对照后可看出，一般的规律是标准沸点低的制冷剂，其 q_v 就大。

常用制冷剂单位容积制冷量　　　　　　　　表 4.2-1

制冷剂	R22	R717	R744	R134a	R410A	R32	R290
单位容积制冷量（kJ/m³）	2098.3	2167.6	7905.2	1225.7	3134.9	1093.7	1807.9
比率（以 R22 为 1）	1.0	1.033	3.767	0.584	1.494	0.521	0.861

（7）绝热指数（比热比）应低。绝热指数越小，压缩机排气温度越低，而且还可以降低其耗功量。

常见的一些制冷剂的热力学性质如表 4.2-2 所示。

制冷剂的热力学性质　　　　　　　　表 4.2-2

制冷剂	化学名称和分子式或混合物组成（%）（质量分数）	相对分子量	标准沸点（℃）	凝固温度（℃）	临界温度（℃）	临界压力（MPa）	安全分类
R22	一氯二氟甲烷 $CHClF_2$	86.47	-40.8	-160.0	96.2	4.99	A1
R23	三氟甲烷 CHF_3	70.0	-82.1	-155.2	25.9	4.83	A1
R32	二氟甲烷 CH_2F_2	52.02	-51.2	-136.0	78.3	5.78	A2L
R1233zd(E)	$CHCl=CH-CF3$	108.45	18.32		165.6	3.57	A1
R1234ze	$C_3H_2F_4$	114.04	9.75		150.1	3.533	A2L
R1234$_{yf}$	四氟丙烯 CF_3CFCH_2	114	-29.0				A2L
R134a	四氟乙烷 CH_2FCF_3	102.03	-26.1	-101.1	101.1	4.06	A1
R143a	三氟乙烷 CH_3CF_3	84.04	-47.2	-111.3	72.9	3.78	A2L
R152a	二氟乙烷 CH_3CHF_2	66.05	-25.0	-117.0	113.3	4.52	A2
R290	丙烷 $CH_3CH_2CH_3$	44.10	-42.1	-187.0	96.7	4.25	A3
R404A	R125/143a/134a(44/52/4)	97.60	-46.6		72.1	3.74	A1/A1
R407C	R32/125/134a(23/25/52)	86.20	-43.8		87.3	4.63	A1/A1
R410A	R32/125/(50/50)	72.58	-51.6		72.5	4.95	A1/A1
R507A	R125/143a(50/50)	98.86	-47.1		70.9	3.79	A1/A1
R513A	R-1234yf/R134a(44/56)	130.5	-28.3		97.7	3.70	A1/A1
R600a	异丁烷 $CH(CH_3)_3$	58.12	-11.6	-160	134.7	3.64	A3
R717	氨 NH_3	17.03	-33.3	-77.7	132.3	11.34	B2L
R744	二氧化碳 CO_2	44.01	-78.4	-56.6	31.1	7.38	A1

2. 物理化学性质方面

（1）制冷剂的导热系数、放热系数要高，这样可提高热交换效率，减少蒸发器、冷凝器等换热设备的传热面积。

（2）制冷剂的密度、黏度要小，可减少制冷剂在系统中的流动阻力，降低压缩机的功耗或减小管路直径。

（3）制冷剂对金属和其他材料（如橡胶等）应无腐蚀和侵蚀作用。

（4）制冷剂的热化学稳定性要好，在高温下应不分解。

（5）有良好的电绝缘性，在封闭式压缩机中，由于制冷剂与电机的线圈直接接触，因此要求制冷剂应具有良好的电绝缘性能，电击穿强度是绝缘性能的一个重要指标，故要求制冷剂的电击穿强度要高。

（6）制冷剂有一定的吸水性，当制冷系统中储存或者渗进极少量的水分时，虽会导致蒸发温度稍有提高，但不会在低温下产生"冰塞"，系统运行安全性好。

（7）制冷剂与润滑油的溶解性，一般分为无限溶解和有限溶解，各有优缺点。有限溶解的制冷剂优点是蒸发温度比较稳定，在制冷设备中制冷剂与润滑油分层存在，因此易于分离；但会在蒸发器及冷凝器等设备的热交换面上形成一层很难清除的油膜，影响传热。与油无限溶解的制冷剂的优点是压缩机部件润滑较好，在蒸发器和冷凝器等设备的热交换面上，不会形成油膜阻碍传热；其缺点是使蒸发温度 t_0 有所提高，制冷剂溶于油会降低油的黏度，制冷剂沸腾时泡沫多，蒸发器中液面不稳定。综合比较，一般认为对油有限溶解的制冷剂要好些。

使用的润滑油必须与压缩机的类型及制冷剂的种类相匹配。如封闭式压缩机比开启式的对润滑油的要求质量高，螺杆式压缩机一般推荐用合成类润滑油，部分 HFC 类制冷剂与矿物润滑油不相溶，与醇类（PAG）润滑油有限溶解，与脂类（POE）润滑油完全互溶。因此，大多数 CFC、HCFC 和 HC 制冷剂可使用矿物油；多数 HFC 类制冷剂使用 PAG 或 POE 合成油，一般推荐 PAG 油用于 R134a 的汽车空调系统，其他场合的 HFC 制冷剂使用 POE 油。

3. 制冷剂的安全性和环境友好性

（1）制冷剂应具有可接受的安全性。安全性包括毒性、可燃性和爆炸性。《制冷剂编号方法和安全性分类》GB/T 7778—2017 分别按毒性定量和可燃性定量方法，将制冷剂分为 8 个安全分类（A1、A2L、A2、A3 和 B1、B2L、B2、B3），1（无火焰传播）、2L（弱可燃）、2（可燃）和 3（可燃易爆）依次为可燃性增强，L 表示低燃烧速度；B（制冷剂的职业接触限定值 $OEL<400ppm$）较 A 毒性强。

非共沸混合物制冷剂在温度滑移时，其组分的浓度也发生变化，其燃烧性和毒性也可能变化。因此，它应该有两个安全性分组类型表示，这两个类型使用一个斜杠（/）分开，如 A1/A2。第 1 个类型是在规定的组分浓度下的安全分类；第 2 个类型是混合制冷剂在最大温度滑移的组分浓度下的安全分类。

冷库制冷系统所采用的卤代烃及其混合物制冷剂应为现行国家标准《制冷剂编号方法和安全性分类》GB/T 7778 规定的 A1 类制冷剂。

制冷剂在工作范围内，应不燃烧、不爆炸；无毒或低毒，同时具有易检漏的特点。

（2）制冷剂环境友好性。制冷剂对大气环境的影响可以通过制冷剂的消耗臭氧层潜值 ODP（Ozone Depletion Potential）、全球变暖潜值 GWP（Global Waring Potential）、大气寿命（Atmospheric Life）等现有数据，按标准规定的计算方法进行评估，以确定其排放到大气层后对环境的综合影响。该评估结论，应符合国际认可的条件，在一定意义上讲，评估结论也会随着日益从严排放要求的国际环境，发生变化。

消耗臭氧层潜值 ODP 的大小表示消耗臭氧层物质 ODS（Ozone Depletion Substanceo）排放大气，对大气臭氧层的消耗程度，即反映对大气臭氧层破坏的大小，其数值是相对于 CFC-11 排放所产生的臭氧层消耗的比较指标。

（3）全球变暖潜值 GWP。GWP 是衡量制冷剂对全球气候变暖影响程度大小的指标值。它是一种温室气体排放相对于等量二氧化碳排放所产生的气候影响的比较指标。GWP 被定义在固定时间范围内 1kg 物质与 1kg CO_2 脉冲排放引起的时间累积（如：100 年）辐射力的比例。

此外，国际上近年来还采用一个整体温室效应值 TEWI（Total Equivalent Warming Impact），它是综合反映 1 台机器对全球变暖所造成影响的指标值。TEWI 计算比较复杂，它包括了直接使用制冷剂产生的温室效应和制冷剂使用期内电厂发电产生的间接温室效应两部分。

（4）大气寿命。指任何物质排放到大气层被分解到一半（数量）时，所需要的时间（年），也就是制冷剂在大气中存留的时间。制冷剂在大气中寿命长，说明其潜在的破坏作用大。

常见的一些制冷剂的安全分类如表 4.2-2 所示。

4. 制冷剂的经济性与充注量减少

制冷剂应易于制备或获得，生产工艺简单、价格低廉。在制冷设备中减少制冷剂充注量是既具经济性，又环境友好的措施。因此，降低制冷设备制冷剂充注量的研发日渐深入，如机组采用降膜式蒸发器，有的机型可使制冷剂充注量减少 30%～50%，同时，还强化了换热效果。

4.2.3 CFCs 及 HCFCs 的淘汰与替代

臭氧层的破坏和全球气候变暖是当前全球面临的主要环境问题。由于制冷、热泵行业广泛采用 CFCs 及 HCFCs 类物质，它们对臭氧层有破坏作用以及产生温室效应，CFCs 及 HCFCs 类物质的淘汰与替代已经不仅仅是制冷、热泵行业的责任，也成了国家的职责和中国面对世界的庄严承诺。

1. 臭氧层的破坏、《蒙特利尔议定书》及其修正案

近代的科技研究表明，CFCs 类物质进入大气层后，几乎全部升浮到臭氧层，在紫外线的作用下，CFCs 产生出 Cl 自由基，参与了对臭氧层的消耗，进而破坏了大气臭氧层的臭氧含量，使臭氧层厚度减薄或出现臭氧层空洞。HCFCs 物质中由于有氢，使 Cl 自由基对臭氧层的破坏有一定的抑制作用，加之 HCFCs 物质大气寿命均较短，所以对臭氧层的破坏较 CFCs 物质有一定的抑制作用。臭氧层的破坏，增加了太阳对地球表面的紫外线辐射强度，根据测算，若 O_3 每减少 1%，紫外线的辐射量将增加 2%。紫外线辐射量的增加将使人的免疫系统受到破坏，人的抵抗力大为下降，皮肤癌、白内障等病患增多。臭氧层的耗减，将使全世界农作物、鱼类等水产品减产；导致森林或树木坏死；加速塑料制品老化；城市光化学烟雾的发生概率提高等。

为了保护臭氧层，国际社会于 1985 年起开始了全球合作，缔结了相关公约、议定书和修正案，对文件中所列消耗臭氧层物质的种类、消耗量基准和禁用时间等做了明确的调

整和限制。

2. 温室效应及《京都议定书》

以上讨论的 CFCs 和 HCFCs 都是从大气臭氧层破坏角度的 ODP 值出发提出来的。实际上 CFC 的排放也会加剧地球的温室效应，CFC 是产生温室效应的气体，使地球的平均气温升高，海平面上升，土地沙漠化加速，危害地球上多种生物，破坏生态平衡。在目前估计的气温变暖的因素中，20%～25% 是 CFCs 类物质作用的结果。CFCs 的淘汰及替代物的使用，不仅要考虑 ODP 值，还应考虑到 GWP 值，即对温室效应的影响。

继 1997 年 12 月的《京都议定书》后，2015 年 12 月 12 日全球 195 个国家签署了第二份有法律约束力的气候协议《巴黎协定》，承诺将未来全球平均气温升高的幅度控制在 2℃ 以内。这就要求全球进一步强化减缓气候变化的行动，通过能源革命等方式尽早实现碳排放的快速下降，重视减缓温室气体的排放，加强对 CO_2 移除技术等技术手段的研究、部署和落实。其中，大规模地改革能源系统是实现 2℃ 温控目标的核心，它要求到 2050 年零碳或者低碳能源的供给占到一次能源供给的 51% 以上。

CFC 是产生温室效应的气体。地球平均气温升高，会导致海平面上升，土地沙漠化加速，危害地球上多种生物，破坏生态平衡。在目前估计的气温变暖的因素中，20%～25% 是 CFCs 类物质作用的结果。CFCs 类物质的淘汰及替代物的使用，不仅要考虑 ODP 值，还应考虑 GWP 值，即对温室效应的影响。

2007 年 9 月召开的《蒙特利尔议定书》第 19 次缔约方大会达成加速淘汰 HCFCs 调整案。根据调整案提出的 HCFCs 加速淘汰时间表，我国需要在 2025 年淘汰消费基线水平的 67.5%，在 2030～2040 年仅允许保留基线水平的 2.5% 供维修设备使用。同时，按照《蒙特利尔议定书》基加利修正案的规定，中国等发展中国家需要在 2024 年冻结 HFCs 的生产和消费，2029 年实现 HFCs 消减基线水平的 10%，2045 年消减基线水平的 80%（中国工商制冷行业目前消费的 HCFCs 制冷剂包括 R22，R123，R142b；HFCs 制冷剂包括 R32，R134a，R245fa，R410A，R407C，R404A）。

3.《中国逐步淘汰消耗臭氧层物质的国家方案》与进展

我国在 2007 年 7 月 1 日已经实现了 CFCs 类物质消费的全面淘汰。

4. HCFCs 和 HFCs 类物质的淘汰与替代

制冷空调行业面临 HCFCs 加速淘汰和 HFCs 削减的双重任务和压力。为了完成《蒙特利尔议定书》及其基加利修正案规定的任务目标，全行业在未来的制冷剂替代进程中应优先选择环境友好型制冷剂和替代技术，实现非环境友好型制冷剂的淘汰任务。

现阶段大力发展的替代制冷剂有 CO_2、NH_3（用于工业制冷）；推进新一代环境友好型制冷剂——新型不饱和氟化学物氢氟烯烃（HFOs）的应用，如 R1234yf（四氟丙烯，安全等级为 A2L）、R1233zd（E）（安全等级为 A1）、R1234ze（1，3，3，3—四氟丙烯 分子式）（30℃ 以上才可燃，安全等级 A2L），它们 GWP 值低（依次为 4、4.7～7 和 6），安全等级 A2 者非燃或仅轻度易燃，属低密度制冷剂。为降低高密度 HFC 的 GWP，可以将 HFO 与 HFC 混合应用。如 R513A（GWP＝573，安全性 A1），R513A 的物性参数与 R134a 非常接近。

R1234yf 正成为全球汽车空调制冷剂的首选。

R1234ze 与各类润滑油的相溶性较好，被视为 R134a 的替代制冷剂之一，现多与

R134a 混合使用（共沸混合物制冷剂）。

R1233zd（E）已应用于离心式冷水机组、高温热泵机组。

房间空调器制冷剂采用 R290 替代。

轻工业行业标准《使用可燃性制冷剂房间空调器安装、维修和运输技术要求》QB/T 4835—2015 规定有以下内容：人员资质、安全操作要求、安装环境检查、安装高度要求（分体挂壁式不低于 2.0m，吊顶式和嵌入式不低于 2.2m）、接地要求、开箱检查、安装支撑架、室内机和室外机安装、连接管连接、系统抽真空、试运行、电气检测、加长连接管；再次安装、维修安全要求；报废操作要求；运输要求；维护和制冷剂回收等。该标准的附录 A 给出房间空调器使用可燃性制冷剂充注量限值的计算方法。

4.2.4 常用制冷剂的性能

1. 卤代烃及其混合物

（1）R22（HCFC-22）

R22 的 ODP 和 GWP 比 R12 都小得多，属过渡性制冷剂。由于其分子组成中仍有氯的存在，所以对臭氧层仍有一定的破坏，按国际法规定，在我国 R22 可使用到 2040 年，目前其替代物正处于研究和应用的积极推进阶段。

水在 R22 中的溶解度很小，而且随着温度的降低，溶解度越小。当 R22 中溶解有水时，对金属有腐蚀作用，并且在低温时会发生"冰塞"现象。

R22 能部分地与矿物油溶解，其溶解度与润滑油的种类和温度有关，温度高时，溶解度大；温度低时，溶解度小。当温度降至某一临界温度以下时，便开始分层，上层主要是油，下层主要是 R22。

R22 不燃烧、不爆炸，毒性很小（A1）。R22 的渗透能力很强，并且泄漏难以被发现，R22 的检漏方法常用卤素喷灯，当喷灯火焰呈蓝绿色时，则表明有泄漏；当要求较高时，可用电子检漏仪。

（2）R23（CHF_3）

R23 的 ODP=0、GWP=5.7，属于广泛使用的超低温制冷剂，是 R13 和 R503 的替代品，主要应用于超低温冷库、深冷设备中，多用于复叠式制冷系统的低温级。三氟甲烷同时还可用作气体灭火剂，是哈龙 1301 的理想替代品，具有清洁、低毒、灭火效果好等特点。

水在 R23 中的溶解度略高于 R22。R23 不燃烧、不爆炸，毒性很小（A1）。

（3）R134a（HFC-134a）

R134a 是一种新型制冷剂，其主要热力性质与 R12 相近，毒性为 A1 级（与 R12 相同），R134a 的 ODP=0；GWP=1300，比 R22（1700）小，相当于 R12（8500）的 1/6.5。

R134a 的气、液体的导热系数高于 R12，因此在蒸发器和冷凝器中的放热系数比 R12 分别高 35%～40% 和 25%～35%。

以往的常规制冷剂大都使用矿物性润滑油，但 R134a 与矿物油不相溶，必须使用 PAG（Polyolkene Glycol——聚乙二醇）醇类合成润滑油、POE（PolyoeEster——多元醇酯）酯类合成润滑油和改性 POE 油（在原 POE 油中添加了抗磨剂）。

R134a 的吸水性极强，其使用的 PAG 和 POE 润滑油比常规使用的矿物油的吸水性也高得多，特别是 PAG 油。系统内有水分，在润滑油的作用下会产生酸，对金属发生腐蚀和镀铜现象，一般 R134a 系统中的最大含水量不应超过 20×10^{-6}。因此，R134a 对系统的干燥及清洁度的要求比 R12、R22 都高，系统中使用的干燥过滤器，其干燥剂必须使用与 R134a 相溶的产品，如 XH-7 或 XH-9 型分子筛等，润滑油最好使用 POE 酯性润滑油。R134a 液体密度小，故系统中充注的制冷剂质量比 R12 略少；因 R134a 中无氯原子，故其检漏应采用 R134a 专用的检漏仪。

（4）R32

R32 是一种新型制冷剂，其单位质量制冷量较大，约为 R22 的 1.57 倍，循环的 COP 与 R22 相近（约为 R22 制冷效率的 94%），安全性为 A2 级，无毒、微燃。R32 的 ODP=0；GWP=675，比 R22（1700）小。

R32 的制冷性能与 R410A 接近，且随着冷凝温度的升高，R32 的性能及能效比明显优于 R410A。以风冷冷（热）水机组为例，环境温度高于 0℃ 时，R32 的制热性能优于R410A。但在低温情况下，R32 的性能差于 R410A。由于单位质量制冷剂 R32 比 R410A 的冷量要高，因此，同样的额定冷量，R32 充注量要少于 R410A，试验验证的结果约少30%。制冷量相当时，R32 的压力略高于 R410A，且排气温度要高。

需要注意的是，使用 R32 要解决好高排气温度和弱可燃性问题。

随着 R32 制冷剂的制冷空调设备制造与使用安全技术的研究和完善，R32 已经成为 R22 的一个重要替代品。

（5）R404A

R404A 属美国杜邦公司的专利产品，代号为 SUVAHP62，系全 HFC 混合物，其组成物质及质量分数为 R125/R143a/R134a（44/52/4），其 ODP=0，GWP=3260，属温室气体，毒性为 A1/A1。R404A 的相变滑移温度为 0.5℃，属近共沸混合物，系统内制冷剂的泄漏对系统性能影响较小。R404A 的热力性质与 R22 接近，在中温范围时的能耗比R22 增加 8%～20%，但在低温范围时，两者相当。在同温度工况下，由于 R404A 的压缩比比 R22 低，因此压缩机的容积效率比 R22 高。再冷温度对 R404A 的性能影响大，因此提倡 R404A 系统中增设再冷器，R404A 可用于 -45℃/+10℃ 的蒸发温度范围的商用及工业用制冷系统，也可替代 R22。由于 R404A 含有 R134a，故其制冷系统用的润滑油、干燥剂及清洁度要求等与 134a 相同。

（6）R407C

R407C 是由 R32、R125、R134a 三种工质按 23%、25% 和 52% 的质量分数混合而成的非共沸混合物，其相变滑移温度为 7.1℃。该制冷剂的 ODP=0，GWP=1530，毒性为A1/A1。美国杜邦公司和英国卜内门（ICI）公司该产品的商品名称分别为 SUVAAC9000和 KLEA66。R407C 的热力性质在工作压力范围内与 R22 非常相似，其制冷循环的 COP 与 R22 也相近。使用 R22 的制冷设备改用 R407C，需要更换润滑油，调整制冷剂的充灌量、节流组件和干燥剂等。由于 R407C 的相变滑移温度较大，在发生泄漏、部分室内机不工作的多联机系统以及使用满液式蒸发器的场合，混合物的配比可能发生变化，而影响预期的效果。另外，非共沸混合物在传热表面的传质阻力增加可能会造成蒸发、冷凝过程的热交换效率降低，这在壳管式换热器中的变温过程，制冷剂在壳侧更明显。与 R404A 一样，由于 R407C 中含有 R134a，故系统使用的润滑油、干燥剂及对清洁度等的要求同 R134a。

（7）R410A

R410A 是由 R32 和 R125 两种工质按各 50％的质量分数组成的，属 HFCs 混合物，其 ODP＝0，GWP＝1730，毒性为 A1/A1。是英国联合信号（IAI）公司的专利产品，商品代号为 Genetron Az-20。R410 的相变滑移温度为 0.2℃，属近共沸混合物制冷剂，热力性能十分接近纯工质。与 R22 相比，R410A 的冷凝压力增大近 50％，是一种高压制冷剂，需提高设备及系统的耐压强度。由于 R410A 的高压、高密度，使系统制冷剂的管路直径可减少许多，压缩机的排量也有很大降低。同时，R410A 的液相导热系数比 R22 高，黏度比 R22 低，因此其传热和流动特性优于 R22。

（8）R507A

R507A 是由 R143 和 R125 组成的，其质量分数分别为 50％，其 ODP＝0，GWP＝4600。R507A 属共沸混合物，其标准沸点为 -47.1℃，其热力性质与 R502、R22 相近，其压缩比曲线、排气温度和 R502 几乎相同。根据有关文献的报道，在相同工况下，R507A 的 COP 比 R502 高 2％～6％，单位容积制冷量提高 5％～10％，在低温下采用回热循环有利。

2. 碳氢化合物（HCs 物质）

用作制冷剂的主要是 R290（丙烷）和 R600a（异丁烷），该类物质在欧洲和一些发展中国家被广泛用来作为冰箱的制冷剂，国内也有数家冰箱厂采用上述制冷剂，特别是 R600a。

R290 的主要特点是：1）ODP＝0，GWP＝20；2）属于天然有机物，溶油性好，可采用普通矿物性润滑油，吸水性小；3）可以从石油液化气直接获得，价格低；4）热力性能好，其 COP 值稍高于 R22，比 R134a 高 10％～15％；5）汽化潜热大，系统流量小，流动阻力低，系统充液量少；6）相同工况下，排气温度要比合成制冷剂的压缩机低，比 R22 可低 20℃，有利压缩机的使用寿命延长。

使用 R290 制冷剂的主要问题是：可燃性、爆炸性，需加大安全措施，R290 在空气中的可燃极限为 2％～10％。

HCs 物质推广应用的最大障碍是可燃性问题，如选用，必需注意到其充注量一定要控制在相关法规所规定的上限以内。为此，制冷系统中应尽量减少充注量。在 IEC60335-2-24：2007 标准中规定了 R290 制冷剂的限定充注量。此外，减小制冷剂泄漏量及提高泄漏检测、应对能力，是提高 R290 安全性的又一项重要措施，如在机房内设置可燃气体泄漏报警装置，以及与之联动的通风装置。

必须指出，R290 "易燃易爆" 的缺点是可以通过技术方法解决的，随着整个空调系统技术的不断发展，完全有可能将其危险性降到可以控制的范围之内。

3. 无机化合物

一般把无机化合物的制冷剂和前面介绍的 HCs 类制冷剂统称为天然制冷剂或自然制冷剂，即自然界天然地存在而不是人工合成的可用作制冷剂的物质。其中无机化合物中常用的制冷剂有氨和 CO_2。

（1）氨（R717）

氨是一种应用较广泛的中压中温制冷剂，其 ODP 和 GWP 均为 0。有较好的热力学及热物理性质，在常温和普通低温的范围内压力适中，单位容积制冷量大，黏度小，流动阻力小，传热性能好。氨制冷机的 COP 分别比 R134a、R22 高 19％和 12％左右，在我国冷藏行业中得到了广泛应用。

氨的吸水性强，能以任意比例与水溶解，形成弱碱性的水溶液。水一般不会从溶液中析出而冻结成冰，所以氨系统不必设干燥器。但水的存在会导致制冷系统的蒸发温度提高，制冷剂的含水质量分数要求不超过 0.12%。

氨几乎不溶于矿物油。因此，氨制冷系统的管道和换热的传热面上会积有油膜，影响传热。氨液密度比油小，在储液器和蒸发器的下部会沉积油，应定期放油。

氨对黑色金属无腐蚀作用，若含有水分时，对铜及铜合金（磷青铜除外）有腐蚀作用。氨制冷机中除了少量部件采用高锡磷青铜外，不允许使用铜和其他铜合金。

氨的缺点是毒性大（B2 级），对人体有害。当氨在空气中的体积分数达到 0.5%～0.6% 时，人在其中停留半小时，就会中毒；当体积分数达 11%～14% 时，即可点燃（黄色火焰）；若达 15%～16% 时，会引起爆炸。氨蒸气对食品有污染作用，氨制冷机房应保持通风，设置氨气体浓度报警装置，具体要求见本书第 4.9.8 节。

随着 CFCs 及 HCFCs 的淘汰，扩大氨制冷剂的使用范围呼声高涨，各国学者为了在空调制冷领域用氨作制冷剂，做了大量的工作，如：

1）开发了与氨互溶的合成 PAG 润滑油，改善了其传热性能，解决了干式和板焊式蒸发器中的回油问题，简化了系统的油分离器及集油器。

2）封闭式氨压缩机电机的有关技术已解决。

3）用于氨的钎焊板式换热器已有大量产品，它可减少系统中氨的充注量，从而降低其可燃性和毒性。

4）开启式压缩机的轴封泄漏问题已解决。目前，欧洲许多国家（特别是德国）均有空调用氨冷水机组产品，并有许多工程应用实例。

（2）CO_2（R744）

随着 CFCs 及 HCFCs 的淘汰，采用 CO_2（R744）的制冷系统属于比较理想的替代制冷剂使用方案，可显著减少碳排放，被认为是制冷空调行业实现碳中和目标具有意义的领域之一。

CO_2 的 ODP=0，GWP=1，比任何 CFCs 和 HCFCs 物质都小，如果是利用原本要排入大气中的 CO_2，则可以认为对全球变暖无影响。CO_2 化学稳定性好，不传播火焰，安全无毒，汽化潜热大，流动阻力小，传热性能好，易获取并且价格低廉，堪称理想的天然制冷剂。其主要问题是临界温度低（31.1℃），因此能效低。又因为临界压力高（7.38MPa），CO_2 制冷系统压力高，如 $t_0=0℃$，$P_0=3.55MPa$；$t_k=50℃$，$P_k=10MPa$；压差达到 6.45MPa。因此，在制冷空调中应用，系统必须具备高承压能力、高可靠性等特点，相应也导致系统的造价较高。

首先，由于其临界点低，用在制冷空调上常为跨临界过程的单级压缩机制冷系统。欧洲的研究成果认为换热器采用小孔扁管式平流换热器的高效换热器，压缩机采用往复式或斜盘式，对压缩机进行减小缸径，增大行程，增加密封环数量等措施，能满足 CO_2 制冷要求。

其次，因 CO_2 在高压侧具有较大的温度变化（80～100℃），CO_2 的放热过程适宜于热泵的制热运行和热泵热水机的运行。有关研究表明，用作热泵热水机的试验结果比采用电能或天然气燃烧加热水，可节能 75%，水温可从 8℃ 升高到 60℃。

在复叠式制冷系统中，CO_2 用作低温级制冷剂，高温级则用 NH_3 或 HFC 134a 作制冷剂，已经在低温冷冻领域获得普遍应用。作为低温级的压缩机，推荐采用螺杆式压缩机和往复式压缩机。

4.2.5 载冷剂

1. 对载冷剂的要求

（1）在使用温度范围内不凝固、不气化。

（2）密度小、黏度小，以降低流动阻力，减小能耗。

（3）比热大，在使用过程中可减少载冷剂的循环量，同时载冷剂的温度变化不大。

（4）导热系数大，以减少换热设备的传热面积。

（5）无臭、无毒、不燃烧、不爆炸、化学稳定性好，对金属不腐蚀、不污染环境。

（6）价格低廉并容易获得。

常用的载冷剂有空气、水、盐水、有机化合物及其水溶液以及 CO_2（冷库应用）等。

空气和水作为载冷剂有很多优点，特别是价格低廉和容易获得。但空气的比热小、导热系数低，影响了它的使用范围；水只能用在高于 0℃ 的工况，如冷水机组就是采用水为载冷剂，广泛用在各种制冷空调系统中。如要求低于 0℃ 时（有时把凝固点低于 0℃ 的载冷剂称作不冻液），需采用盐水或有机化合物的水溶液。

2. 盐水溶液

（1）盐水溶液的质量浓度及凝固温度

盐水溶液是盐和水的溶液，常用的有氯化钠和氯化钙水溶液，其性质取决于溶液中盐的浓度，如图 4.2-1 所示。图中曲线为不同浓度盐水溶液的凝固温度线。溶液中盐的浓度低时，凝固温度随浓度的增加而降低，当浓度高于一定值以后，凝固温度随浓度的增加反而升高，此转折点为冰盐合晶点。氯化钠盐水溶液的合晶点为 −21.2℃，其对应的质量浓度为 23.1%；氯化钙盐水溶液的合晶点为 −55℃，其质量浓度为 29.9%。

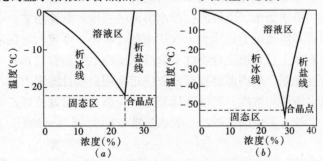

图 4.2-1　氯化钠和氯化钙的凝固曲线
（a）氯化钠水溶液；（b）氯化钙水溶液

（2）盐水溶液的使用

选择盐水溶液的原则是：要保证蒸发器中的盐水不冻结；盐水溶液的凝固温度不要选择得过低，其质量浓度不应大于合晶点的质量浓度。因为盐水溶液的浓度越大，其密度越大，流动阻力就越大；浓度大，比热减少，输送同样冷量时盐水溶液流量增加，溶液消耗功率增加。为保证蒸发器中盐水溶液不冻结，一般应使盐水溶液的凝固温度比蒸发温度低 4~5℃（敞开式蒸发器）或 8~10℃（封闭式蒸发器），故氯化钠盐水适用于蒸发温度高于 −16℃；氯化钙盐水蒸发温度可低达 −50℃。

盐水溶液对金属有强烈的腐蚀作用，其腐蚀性与盐水的纯度和溶液中的含氧量有关。为了减少盐水溶液的腐蚀性，可采取的措施有：1）配制盐水溶液时，应选用纯度高的盐；2）减少溶液与空气接触的机会，宜采用闭式循环系统，并在盐水箱上加封盖；3）在盐水溶液中添加一定量的缓蚀剂，使溶液呈弱碱性，其 pH 值保持在 7.5～8.5 之间，使用较多的缓蚀剂有氢氧化钠（NaOH）和重铬酸钠（$Na_2Cr_2O_7$），一般两者的质量配比为 $NaOH:Na_2Cr_2O_7 = 28:100$。

3. 有机化合物水溶液

由于盐水溶液对金属有强烈腐蚀作用，目前有些场合采用腐蚀性小的有机化合物，乙烯乙二醇、丙二醇、乙醇、甲醇、丙三醇等水溶液均可作为载冷剂。乙烯乙二醇、丙二醇水溶液在工业制冷和冰蓄冷系统中应用较广泛。丙二醇是极稳定的化合物，其水溶液无腐蚀性，无毒性，可与食品直接接触，是良好的载冷剂；但丙二醇的价格及黏度较乙烯乙二醇高。乙烯乙二醇水溶液特性与丙二醇相似，它是无色、无味的液体，挥发性弱，腐蚀性低，容易与水和其他许多有机化合物混合使用；虽略带毒性，但无危害，其价格和黏度均低于丙二醇。乙烯乙二醇水溶液的凝固点如表 4.2-3 所示。

乙烯乙二醇水溶液凝固点 表 4.2-3

质量浓度（%）	5	10	15	20	25	30	35	40	45	50
体积浓度（%）	4.4	8.9	13.6	18.1	22.9	27.7	32.6	37.5	42.5	47.5
凝固点（℃）	−1.4	−3.2	−5.4	−7.8	−10.7	−14.7	−17.9	−22.3	−27.5	−33.8

虽然乙烯乙二醇水溶液的腐蚀性比盐水低，但其对镀锌材料有腐蚀性，乙烯乙二醇氧化呈酸性，因此其水溶液中应加入添加剂。添加剂包括防腐剂和稳定剂。防腐剂可在金属表面形成阻蚀层，而稳定剂可为碱性缓冲剂硼砂，使溶液维持碱性（pH＞7）。应选用空调系统专业配方的工业级缓蚀性乙烯乙二醇溶液。

需要说明的是，由于盐水、乙烯乙二醇水溶液的密度、黏性系数、导热系数、比热等与水不同，因此造成其流动阻力比水大，放热系数比水小，系统所需循环流量比水大。

另外，盐水溶液和上述有机化合物的水溶液在制冷系统运转时，有可能不断吸收空气中的水分，使其浓度降低，凝固温度提高，故应定期用密度计测定上述水溶液的密度，根据密度可查出各自水溶液的浓度，若浓度降低时，应添加盐量或乙烯乙二醇量，以维持要求的浓度。冰蓄冷系统常采用的乙烯乙二醇水溶液浓度为 25%～30%（质量比）。

4. CO_2

CO_2 载冷剂系统用于冷库的类型有氟/CO_2 载冷剂系统、NH_3/CO_2 载冷剂系统等。载冷剂系统制冷剂和载冷剂是在冷凝蒸发器中进行换热，CO_2 冷凝后的液体进入 CO_2 贮液器，然后通过循环泵将 CO_2 液体输送到末端冷风机给冷间制冷。

与以上载冷剂相比较，CO_2 是相变换热，输送泵功率只占盐水类载冷剂的 10%，整个系统节能可达到 20% 以上。

4.3 蒸气压缩式制冷（热泵）机组及其选择计算方法

4.3.1 蒸气压缩式制冷（热泵）机组的组成和系统流程

蒸气压缩式制冷（热泵）机组包含制冷系统的四大件（压缩机、冷凝器、节流机构及蒸发器）和辅助设备，以及控制安全仪表。这种机组结构紧凑、使用灵活、管理方便，而且占地面积小，安装简单，只需连接水源和电源即可，为制冷、空调工程的施工提供了有利条件。蒸气压缩式制冷（热泵）机组有冷水机组，空气调节机组和热泵机组等。

1. 蒸气压缩式制冷机组的组成和系统流程

图 4.3-1 为某活塞式冷水机组系统流程及控制图。由图可见，活塞式冷水机组除装有压缩机、卧式壳管冷凝器、热力膨胀阀和干式蒸发器等四大件外，还有干燥过滤器、视镜、电磁阀等辅助设备，以及高低压保护器、油压保护器、温度控制器、水流开关和安全阀等控制保护装置。整个制冷设备安装在底架上，连接冷却水和冷冻水管以及电机电源就可进行调试使用。机组的自控装置包括冷冻水供水和回水温度的控制，以及制冷系统的高低压力、缺水、缺油等保护。符合环境友好型的制冷剂 R134a、CO_2 的机型正在得到广泛应用。冷凝器和蒸发器可采用高效传热管，提高换

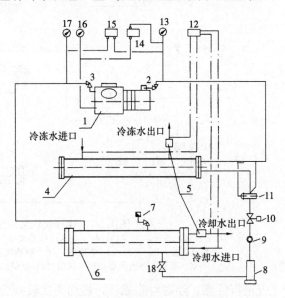

图 4.3-1　活塞式冷水机组

1—压缩机；2—吸气阀；3—排气阀；4—蒸发器；5—水流开关；6—冷凝器；7—安全阀；8—干燥过滤器；9—视镜；10—电磁阀；11—热力膨胀阀；12—温度控制器；13—吸气压力表；14—油压保护器；15—高低压保护器；16—油压表；17—排气压力表；18—截止阀

热效果。目前，活塞式冷水机组多为多机头机组，通过启停压缩机台数的方法实现冷量调节。活塞式冷水机组适用的冷量范围一般不大于 528kW。

2. 蒸气压缩式热泵机组的组成和系统流程

蒸气压缩式热泵机组，从热力学或工作原理上说，实质上也是蒸气压缩式制冷机组，只是蒸气压缩式热泵机组可以供冷，也可以供热或同时供冷和供热。图 4.3-2 为半封闭螺杆式空气源热泵冷热水机组的系统原理图。

制冷工况时，从压缩机排出的高温高压气态制冷剂，通过四通阀进入室外风冷换热器，冷凝液通过单向阀进入储液器，然后经过干燥过滤器、视镜、电磁阀，在热力膨胀阀处节流为低压低温气液混合物，进入水冷换热器，使冷冻水冷却；吸热蒸发后的低压气态制冷剂经过四通阀和气液分离器进入压缩机。制热工况时，四通阀换向。从压缩机排出的高温高压气态制冷剂，通过四通阀进入水冷换热器加热空调用水，冷凝液通过单向阀进入储液器，然后经过干燥过滤器、视镜、电磁阀，在制热热力膨胀阀处节流为低压气液混合物进入室外风冷换热器中，吸收室外空气的热量气化，低压气态制冷剂蒸气经过四通阀和气液分离器进入压缩机。冬季制热工况下室外温度在 5~7℃ 范围内，室外风冷换热器表面会结露；而室外温度在 0~5℃ 范围内，机组运行一段时间后，风冷换热器的表面会结霜，影响换热器传热效果和系统制热效果；此时，机组将根据设定的除霜条件自动转换成

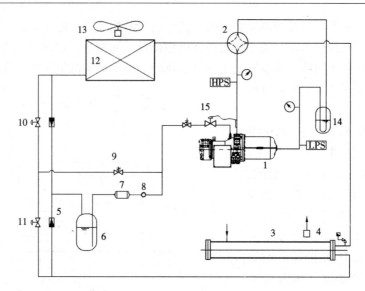

图 4.3-2　螺杆式热泵冷热水机组
1—半封闭式螺杆压缩机；2—四通阀；3—水冷换热器；4—水流开关；5—单向阀；6—储液器；
7—干燥过滤器；8—视镜；9—电磁阀；10—制热热力膨胀阀；11—制冷热力膨胀阀；
12—室外风冷换热器；13—风扇；14—气液分离器；15—喷液膨胀阀

供冷工况进行除霜，经短时除霜后，机组再次转换为制热工况运行。

为使系统配置简化，系统中采用的半封闭螺杆式压缩机带有内装油分离器和油过滤器，且自带喷油装置。该机组中采用喷液膨胀阀向压缩腔喷液，用于吸收压缩热和冷却润滑油，保证压缩机正常工作。热泵机组中安装了两个不同容量的热力膨胀阀（制冷膨胀阀和制热膨胀阀）以满足制冷和制热工况下不同制冷剂流量的需求。由于热泵机组在不同的工况下运行，且具有冬季除霜工况，所以在压缩机的吸气管道上必须设置气液分离器。

空气源热泵冬季制热工况运行时，机组的性能系数和制热量随着室外温度的降低而下降，可以采用带经济器的压缩机中间补气热泵循环，以提高室外低温环境下空气源热泵机组的性能系数和制热量。

4.3.2　制冷压缩机的种类及其特点

在蒸气压缩式制冷（热泵）机组中使用着各种类型的制冷压缩机，它是决定蒸气压缩式制冷（热泵）机组性能优劣的关键部件，对机组的运行性能、噪声、振动、维护和使用寿命等有着直接的影响，是机组的"心脏"。

1. 制冷压缩机的分类

制冷压缩机根据其工作原理可分为容积型和速度型两大类。

（1）容积型制冷压缩机

在容积型制冷压缩机中，一定容积的制冷剂蒸气被吸入到压缩机的气缸内，在气缸中被强制压缩，单位容积内气体分子数增加导致气体压力上升；当达到一定压力时，气体被强制从气缸排出。因而，容积型制冷压缩机的吸排气过程一般间歇进行，其流动并非连续稳定。容积型压缩机有两种结构形式：往复活塞式（简称活塞式）和回转式。回转式又可根据压缩机的结构特点分为滚动转子式、滑片式、螺杆式（包括单螺杆式、双螺杆式、三螺杆式）、涡旋式等。

（2）速度型制冷压缩机

在速度型制冷压缩机中，气体压力的增长是由气体的速度转化而来的，即先使吸入的制冷剂蒸气获得一定的高速，然后速度减缓，动能转化为压力能，使压力升高，然后排出。速度型制冷压缩机中的压缩过程是连续的，其流动是稳定的。在制冷和热泵机组中应用的速度型制冷压缩机几乎都是离心式压缩机。

图 4.3-3 表示了制冷及热泵用压缩机分类及其结构示意图。

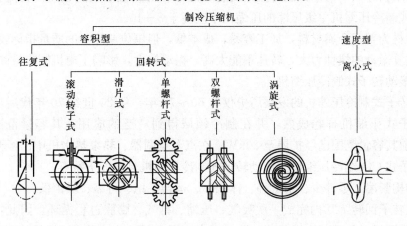

图 4.3-3 制冷及热泵用压缩机分类和结构示意图

2. 制冷压缩机的特点

（1）活塞式制冷压缩机

活塞式制冷压缩机是问世最早的压缩机，目前高速多缸活塞式制冷压缩机还广泛应用于制冷领域。但在空调领域，随着其他类型高效电动制冷压缩机的发展和应用，活塞式制冷压缩冷水机组已很少使用。活塞式制冷压缩机具有如下特点：

1）单机功率范围为 0.1～150kW，缸径为 70～250mm，单机气缸数为 2～16，气缸排列形式有直立型、V 形、W 形、Y 形、扇形（S 形）、十字形等，压缩机转速在小型机中可达 3600r/min，甚至更高（如变频压缩机），大中型机可达 1750r/min。

2）从防止制冷剂泄漏所采取的密封方式可分为开启式、半封闭式和全封闭式三种形式。

开启式压缩机的曲轴一端伸出机体外，通过传动装置与电动机相连。开启式的优点在于电动机独立于制冷剂系统之外，没有耐制冷剂和耐润滑油的要求；电动机的冷却与制冷剂无关，压缩机吸入制冷剂蒸气的过热度减少；其次，压缩机也容易拆卸维修。但是，开启式压缩机却具有质量大，占地面积多，制冷剂和润滑油易泄漏及噪声大等缺点。小型开启式压缩机广泛用于车用空调、冷藏汽车和食品冷藏等行业。

半封闭式压缩机是把电动机和压缩机连成一整体，装在同一机体内，共用一根主轴，因而可以取消轴封装置，避免了轴封泄漏的可能性。半封闭式压缩机的电动机处于制冷剂蒸气的环境中，因而被称为内置电动机。半封闭式压缩机结构紧凑、噪声低，同时也保持了开启式压缩机易于拆卸、维修的优点。由于是内置电动机，因此电动机的绕组必须耐制冷剂和润滑油。此外，机壳存在有用螺栓连接的密封面，所以不可能完全消除泄漏。

全封闭式压缩机不同于半封闭式压缩机之处在于：连成一整体的压缩机—电动机组安

装在一个由上下两部分焊接而成的封闭钢制薄壁机壳内，露在机壳外的只有吸排气管、工艺管等必要的进出管道连接口和电源接线柱。大多数全封闭往复压缩机的电动机由吸入的低温制冷剂蒸气来冷却。全封闭式压缩机提高了机器的密封性能和紧凑性、降低了振动和噪声。这种压缩机生产量大、价格便宜。但是，由于整个电动机和压缩机是封装在密闭的机壳中，很难拆卸修理，因而其加工和装配要求很高。

3) 因结构原因，活塞式制冷压缩机容积效率相对其他形式的压缩机要低。正因为如此，活塞式制冷压缩机单级压缩的压缩比不应高于 8～10。

4) 用材为普通金属材料，加工容易，成本低，但单位制冷量的质量指标较大。

5) 往复运动的惯性力大，转速不能太高，振动较大，影响了单机制冷量的提高。

(2) 滚动转子式制冷压缩机

滚动转子式制冷压缩机的发展历史仅有 60～70 年。从 20 世纪 70 年代后，小型全封闭滚动转子式压缩机日趋成熟，并在制冷领域得到广泛的应用，其容量范围在 0.3～5kW。目前其容量范围已经扩展至 20kW，在汽车空调器、热泵热水机中已经开始广为使用滚动转子式 CO_2 制冷压缩机。滚动转子式制冷压缩机具有如下特点：

1) 结构紧凑、零件少、重量轻、体积小、运转平稳、可靠、噪声低。

2) 在转子回转 720° 内完成一次吸气、压缩、排气、膨胀过程循环。因此，气流的流动速度较为缓慢，从而减少了气体的流动损失，提高了滚动转子式压缩机的容积效率与等熵效率。

3) 由于结构上的原因，在其滑板与进、排气口之间存在空档角。排气口侧的空档角使气缸具有余隙容积，但是空档角为 30° 时，其间包括的容积还不到气缸工作容积的 0.5%，因此，在压缩比较大的工况下，容积效率和等熵效率比活塞式压缩机高（见图 4.3-4 和图 4.3-5）。

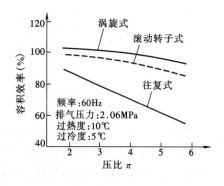
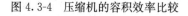
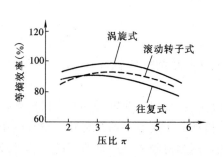

图 4.3-4 压缩机的容积效率比较   图 4.3-5 压缩机的等熵效率比较

4) 设有排气阀，流动阻力小，且吸气过热小。

5) 滚动转子式压缩机的输气量调节方法，除了常规的间断停开方法外，变频调速方法也已经采用。

6) 气缸密封要求高，因此，相关零件的制造、装配精度要求也很高，只有在拥有专用高精度工艺设备、大批量生产条件下方可达到。

(3) 螺杆式制冷压缩机

1）双螺杆式压缩机

双螺杆式压缩机在 20 世纪 50 年代后期开始用于制冷装置后，就显示出许多独特的优点，很快占据了大容量往复式压缩机的使用领域，而且正向大容量范围迅速延伸。螺杆式压缩机的应用范围越来越广，是基于它的以下特点：

①螺杆式制冷压缩机具有多种形式可供制冷空调工程选择，如开启式、半封闭式、全封闭式、单级和双级机等。

②双螺杆式压缩机是靠气缸中一对螺旋齿转子相互啮合旋转，造成由齿型空间组成的基元容积的变化，实现对制冷剂气体的压缩。因此，螺杆式压缩机可以提高转速。在相同排量的情况下，螺杆式压缩机体积小、质量轻、占地面积少，特别是运转中无往复惯性力，对基础要求不高。

③螺杆式制冷压缩机结构简单，易损件少，零部件仅为往复活塞式压缩机的十分之一，运行可靠，易于维修。

④螺杆式制冷压缩机单机制冷量较大，由于气缸内无余隙容积和吸、排气阀片，因此具有较高的容积效率。当压缩比达 20 时，容积效率变化也不大。

⑤螺杆式制冷压缩机对湿冲程不敏感，允许少量液滴进入气缸，无液击危险。

⑥螺杆式压缩机最常用的输气量调节方法是在两转子之间设置一个轴向可以移动的滑阀，即所谓滑阀调节方法。

滑阀调节输气量几乎可在 10%～100% 的范围内连续地进行。调节过程中，在 50% 以上负荷运行时，功率与输气量几乎是正比例关系；50% 以下时，性能系数将有所下降，影响运行经济性。

螺杆式压缩机的输气量除了采用滑阀调节外，也有采用柱塞阀进行调节的，这种调节方法常用在半封闭紧凑型螺杆式压缩机中。

当前变频调速的螺杆式压缩机已得到普遍应用。

⑦螺杆式制冷压缩机在气缸的适当位置开设补气口，与经济器相连，可组成带经济器的制冷循环。图 4.3-6 是带经济器的 R22 螺杆式压缩机与不带经济器的螺杆式压缩机的性能比较。同时，带经济器的螺杆式压缩机还能适应较宽的运行条件，单级压缩比大，对热泵机组更为合适，而且容易控制；与双级压缩机比较，系统简单，且占地少。

⑧螺杆式制冷压缩机的小容量机型也能获得良好的热力性能，并能适应苛刻的工况变化，可靠运行。因此，半封闭和全封闭螺杆压缩机能适应空调领域风冷热泵式机组的需求。

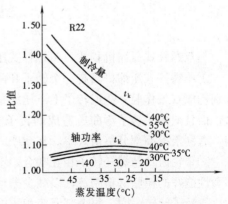

图 4.3-6 带经济器的 R22 螺杆式压缩机与不带经济器的螺杆式压缩机性能的比较

⑨螺杆式制冷压缩机为了减小螺杆转子间的啮合间隙、螺杆转子与气缸内壁、端盖间的间隙处的泄漏，采用向螺杆的压缩腔内喷油的方法，使各啮合间隙处都蒙上一层油膜，起到良好的密封、润滑和冷却作用。试验证明，油温度低，油黏度加大，则密封效果好。因此，开启式螺杆压缩机的油分离器和油冷却器等辅助设备造成压缩机体积增大。

⑩螺杆式制冷压缩机要获得良好的性能并降低噪声，必须要有高精度加工和装配的设备及手段。

⑪螺杆式制冷压缩机由于在工作过程中无吸排气阀片，因此，当吸排气孔口确定后，其吸气终了容积 V_1 与压缩终了容积 V_2 之比 V_1/V_2，即内容积比 V_i 就被确定。

对于内容积比 V_i 为固定值的压缩机，一般选用的内压力比 $\pi_i = P_2/P_1$ 略低于制冷或热泵系统的额定工况压缩比。在变工况运行时，采用可变内容积比的螺杆式制冷压缩机可得到更高的运行效率，同时具有噪声低、排气温度低和寿命长等优点。

2）单螺杆式制冷压缩机

为了克服双螺杆式制冷压缩机结构复杂的不足，并延长设备寿命，20 世纪 70 年代中期出现了单螺杆式制冷压缩机。在单螺杆式制冷压缩机中，由一根螺杆转子、两个星轮和气缸壁组成了一个独立的基元容积。制冷剂气体通过压缩机进气口充满该基元容积，随着螺杆转子旋转，基元容积内的制冷剂气体在两星轮和螺杆沟槽的共同作用下被压缩，直到达到排气压力时，与排气口相通，将压缩后的制冷剂气体排出，完成一个工作循环。单螺杆式压缩机的工作原理如图 4.3-7 所示。

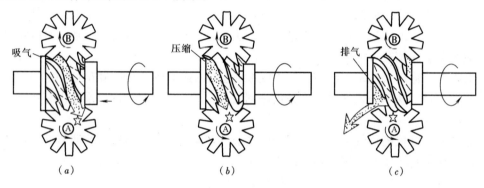

图 4.3-7 单螺杆压缩机的工作原理图
(a) 吸气；(b) 压缩；(c) 排气

与双螺杆式压缩机相比，单螺杆式压缩机具有如下特点：

①单螺杆式压缩机具有一个转子和两个星轮结构，因此，在转子两侧对称配置的星轮分别构成双工作腔，造成转子上下压缩是对称发生的。这样不仅能平衡压力，延长轴承寿命，而且减少了转子弯曲所造成的转子与壳体的接触和振动。并且上下两个独立压缩结构，有利于提高部分负荷效率，在 50%～100%负荷内能保持较好的节能效果。

②星轮齿片与螺杆转子相互啮合，不受压力引起的传递动力作用，因此可用密封性和润滑性能好的树脂材料制造，以减少振动和运行噪声。

③转子旋转一圈，每个基元容积压缩两次，压缩速度快，制冷剂气体泄漏时间短，有利于提高效率。

④单螺杆式压缩机结构的简化使其运动部件减少，可靠性提高，尺寸减小，重量降低。同时，由于大都采用了压差供油的新技术，去掉了油泵，因而降低了能耗，也方便了维修。

3）三转子螺杆式制冷压缩机

近年出现了三转子螺杆式制冷压缩机，其显著特点是平衡转子形状，并缩短螺杆长度，使压缩机轴承负荷显著降低，轴承寿命延长（如超过500000h）。同时，由于全对称布置，润滑油用量下降，系统更平稳，泄漏量更小。该机型采用变频调速，取消了滑阀机构，具有更高的效率；机组的制冷剂为R134a，单台水冷冷水机组空调工况的冷量范围为1055～1913kW，因而，有良好的应用前景。

（4）涡旋式制冷剂压缩机

涡旋式制冷剂压缩机的机理在1905年提出，20世纪80年代初期开发出应用于空调制冷的涡旋式压缩机。目前，其冷量在5～70kW范围。

1）涡旋式制冷剂压缩机的特点

①涡旋式制冷剂压缩机中压缩部分的结构零部件少，在气缸内只有5个零件：两个涡漩体、机座、十字联轴节和偏心轴，并且不需要进排气阀。因此，其体积小、重量轻。与往复式压缩机相比，在同等制冷量条件下，体积减小约40％，重量减轻约15％。

②涡旋式制冷剂压缩机回转半径很小，仅有几毫米，相对滑动速度低，流动损失小；并且同时对称地形成几个压缩室，不平衡力与力矩较小，流动接近连续。所以，这种压缩机不仅运行可靠、效率高，而且振动小、噪声低。

③涡旋式制冷剂压缩机由于没有进、排气阀，不存在余隙容积，再加上采用了专门的轴向和径向柔性密封装置，因此，内部泄漏小，容积效率高。此外，这种轴向和径向的柔性密封还能在特别恶劣的带液工况下维持压缩机运转，从而为压缩机吸气喷液冷却创造了条件。

④制冷剂在涡旋体中流速较低，因此给变频运行创造了极佳条件。它可以在900～13000r/min的范围内较好地运转，所以电机变速调节输气量成为输气量调节方法之一，电机变速已经是多联式空调（热泵）机组的主要机型。电机变速有直流变速和交流变频两种，变频压缩机的工作频率级别范围在30～117Hz之间。采用交流变频的电力转换过程是：交流市电→直流→可控交流→交流变频压缩机；直流变速的电力转换过程是：交流市电→直流→可控直流→直流变速压缩机。因此，直流变速少了一道"直流→交流"的逆变过程，相应少了一次电力损耗，再加上直流变速一般采用效率更高的稀土永磁转子，所以，电能利用率更高、系统稳定性更好。

⑤涡旋式制冷剂压缩机在工作中，其压缩室会向中心移动，具有内压缩的特点，因此可以实现不影响压缩机吸入气量的中间补气，故可实现带经济器运行，使效率得到进一步提高。

⑥涡旋式制冷剂压缩机需有很高的加工精度和装配技术。

2）变容量涡旋式制冷剂压缩机

变容量涡旋式制冷剂压缩机有两大类：一种是上面所提及的变频调节机型；另一种机型为数码涡旋压缩机。

该机型利用"轴向柔性"技术，由一个涡旋盘（动盘）和一个在轴向可以移动微小距离的静盘组成。涡旋机的控制循环周期包括一段"负载期"和一段"卸载期"，"负载期"的压缩机如常规工作，输出为100％容量；"卸载期"则是动盘向上，两个涡旋盘微量分离，制冷剂不通过压缩机，输出容量为0。而调节压缩机负载运行时间和卸载运行时间，进行不同的组合，便可实现压缩机的输出容量在10％～100％的范围内调节。与变频压缩机相比，数码涡旋压缩机具有自身的优势：如由于是机械调节，无高次谐波产生；由于能够实现无级能量输出调整，控温精确；压缩机设计更简单、可靠，不需要制冷剂热气旁通，不需要制冷剂液体旁通，不需要油分离器。

（5）离心式制冷压缩机

从 20 世纪 20 年代初世界上第一台离心式制冷压缩机诞生到现在，已有近百年的历史。随着大型空气调节系统和石油化学工业的日益发展，离心式制冷压缩机得到广泛应用。离心式制冷压缩机是速度型压缩机，因此，具有如下特点：

1）单机制冷能力大，可达 30000kW。大型离心式制冷压缩机的效率也高。

2）结构紧凑，质量轻，比同等制冷能力的活塞式压缩机轻 80%～88%，占地面积可以减少一半左右。

3）叶轮作旋转运动，运转平稳，振动小，噪声较低。制冷剂不混有润滑油，蒸发器和冷凝器传热性能好。

4）无气阀、填料、活塞环等易损件，因而工作可靠，维护费用低。

5）能够合理地使用能源。为了减少二次能源使用和转换过程中的各种损失，大型离心式制冷压缩机可用蒸汽轮机或燃气轮机直接拖动，甚至再配以吸收式制冷机，达到经济合理地利用能源。

6）离心式制冷压缩机有三种能量调节方式。大多数离心式制冷压缩机采用叶轮入口可旋转导流叶片调节，这种调节方法的优点是控制简单、投资少、能在 30%～100% 的负荷间进行无级能量调节，但在负荷低于 50% 时，此种调节方法对压缩机的效率影响较大。

有些离心式制冷压缩机采用了叶轮进口导流叶片加叶轮出口扩压器宽度可调的双重调节方法，使制冷量可以在 10%～100% 范围内连续调节。

离心式制冷压缩机还采用上述方法加变频调速调节的方法。该方法是控制电源的频率和电压，自动调节电机转速，同时配以相关调节装置，达到调节压缩机制冷量的目的，并保证压缩机获得最大的部分负荷效率。

7）离心式制冷压缩机也有开启式、半封闭式和封闭式之分，与封闭式相比，开启式离心压缩机的优点是检修和更换电机、增速器方便，电机线圈绕组不与制冷剂接触。因此，压缩机制冷量大，能耗低，使用寿命长，可以做到特大型机组。其缺点是体形及质量大，噪声偏高，对轴封要求严格，并且电机要向机房空间散热。

离心压缩式制冷机推出有磁悬浮＋变频技术的机型，采用了磁悬浮轴承、轴承传感器和轴承控制器，可精确控制压缩机轴在悬浮的磁衬上实现近似无摩擦地转动（一般轴承的摩擦功耗占到压缩机功耗的 2%～3%）；同时，实现无油润滑，从根本上解决了系统回油问题和油系统的设置，既避免了压缩机失油故障，又使机组尺寸紧凑。机组运行的能效比，尤其是在部分负荷阶段下的能效比较一般离心制冷压缩机有较大提高，如有的机型 IPLV 值可达到 11.0，从而带来节能、延长机组寿命的效果。同时，机组的噪声和振动也大为改善，单台机组的噪声在 62～82dB（A）范围内变动；楼面安装的机组可以置于普通的混凝土基础之上。机组采取软启动，启动电流小（如 1～2A），有利于改造工程的应用。

8）离心式制冷压缩机有单级压缩和多级压缩（二级压缩、三级压缩）之分。多级压缩的特点是：

①多级压缩中间可设置节能器，减少压缩过程的过热损失和节流过程的节流损失，耗

能小、性能系数高，可在宽广的容量范围内有效运行；

②适用的蒸发温度范围大，可用作冰蓄冷空调的主机，或用作提供高温热水的热泵机组；

③多级压缩，压缩机转速低，一般为 2950r/min，消除了增速器的齿轮损失，进一步降低了压缩机能耗；

④压缩机的寿命取决于线速度，由于转速低，叶轮的线速度小，机组的使用寿命长；

⑤压缩机运行噪声低，一般只有 80dB（A）；

⑥压缩机结构复杂，加工装配难度大，运动部件比单级多，检修维护比较困难，售价要高。

9）近年来，由于 R134a 在离心式制冷压缩机中的大量成功应用，使压缩机性能系数显著提高。因此，离心式制冷压缩机的应用总量呈逐年增加的趋势。

10）离心式制冷压缩机的电源一般为三相交流 50Hz（国外有 60Hz 产品），额定电压可为 380V、6kV 和 10kV 三种。一般来讲，采用高压供电可为用户节省供配电投资 30%～50%，还能减少变压器和线路的电能消耗，降低维护费用。因此，在供电允许和保证安全的情况下，经技术经济比较分析，大型离心式制冷站应采用高压供电方式。

11）离心式制冷压缩机由于转速高，对材料强度、制造精度和质量要求严格。

12）由于离心式制冷压缩机的叶轮必须达到较高的圆周速度，而叶片间流道又不宜做得过小，以致输气量不能很小，所以离心式制冷压缩机不适用于小容量的制冷机。

13）单级离心式制冷压缩机在低负荷下（一般在额定负荷的 25% 以下）运行时，容易发生喘振，造成周期性地增大噪声和振动，甚至损坏压缩机。磁悬浮离心式制冷机以及有防喘振专利技术的离心式制冷机，克服发生喘振的能力更好，其低负荷可为额定负荷的 10%。

14）离心式制冷压缩机在运行工况偏离设计工况时，效率下降较快。特别是当冷凝温度高于设计值时，随冷凝温度的升高，离心式制冷压缩机的制冷量将急剧下降，这点必须给予足够的注意。

（6）热泵用电动压缩机

虽然一般制冷用电动压缩机已有长久的发展历史，具有较高的效率和可靠性，但还不能满足热泵应用的严格要求，热泵用电动压缩机有其自己的特点和要求。

1）空气源热泵机组

①其压缩机至少要能在蒸发温度为 −15～+15℃（双级压缩可达 −35℃），冷凝温度≤65℃的条件下正常工作。当采用 R22，在低环境温度下工作时，压缩机工作的压比高、排气温度高、吸气密度小、质量流量下降，容易引起内置电动机和压缩机过热。因此，热泵用压缩机必须在内置电机绕组内设置内置式温度传感器或继电器，以达到迅速可靠地保护电动机的目的，或将一定量的液体制冷剂喷入压缩机，以冷却内置电动机。此外，内置电机需选用改进的绝缘材料和环氧浸渍工艺，以提高电动机的耐高温能力。

②如采用热气除霜的方法，则除霜过程的开始和结束时，系统要反向运行。在原冷凝盘管中所积聚的液态制冷剂由于其中压力突然降低为吸气压力而会大量涌向压缩机的吸气管和机壳，与其中的润滑油相混合，沸腾发泡，剧烈翻滚，导致过多的液体进

入气缸,引起压缩机液击。因此,一些小型全封闭式热泵用压缩机自带气液分离器。

③当压缩机安装处的温度低于室内机组中蒸发器的温度时,例如冬天安装在户外的热泵用压缩机,一旦压缩机停机,则蒸发器中的液体制冷剂将不断蒸发,经过压缩机吸气管而冷凝在压缩机的曲轴箱或机壳中,与润滑油混合在一起,液面高度上升,这就是所谓制冷剂在系统中迁移的现象。这种现象带来两种不利的后果:其一,一旦热泵重新启动,曲轴箱或机壳中压力骤降,制冷剂-润滑油混合物沸腾发泡,容易引起压缩机液击和曲轴箱中失油严重;其二,制冷剂大量溶入润滑油中会大大降低润滑油的性能,从而使运行时压缩机润滑效果变差,以致烧毁。热泵要在整个冬季工作,制冷剂迁移现象是压缩机安全工作的潜在威胁。因此,在热泵用压缩机的曲轴箱或机壳中需装设适当功率的润滑油电加热器,以保证开机前对润滑油进行充分长时间的加热,维持一定的油温。

④空气源热泵的一个最大弱点就是冬季供热时制热量随着环境温度的下降而显著减少,恰恰与用户需要供热量增大的需求相反。因此,热泵用压缩机应有较小的相对余隙容积,提高压缩机在大压缩比工况下的性能。

⑤热泵用压缩机冬、夏季都要使用,每年累计的运行时间长,压缩机运转部件的工况恶劣且变化范围大,因此,热泵用压缩机的可靠性要求高,使用寿命要长。

⑥热泵用压缩机宜采用封闭式压缩机,因为封闭式压缩机中其内置电动机由吸气冷却而带走的热量可转移到冷凝器中变为热泵的制热量。另外,吸入的湿蒸气会被电动机加热气化,有利于避免湿压缩。

2)水(地)源热泵机组

水(地)源热泵机组是以水为热源,可实现制冷/制热循环的一种热泵型水—水或水—空气的空调冷/热源。以水作为热源的优点是:水的质量热容大、传热性能好、换热装置体积小,如能获得足够数量、稳定的水源,采用水(地)源热泵机组则属于可再生能源利用范畴,带来节能减排的良好效果。水(地)源热泵机组有如下特点:

①水(地)源热泵机组完成制冷与制热的功能转换有两种方式:一种是通过水(地)源热泵系统上阀门的切换,实现夏/冬季节空调水与水源水的转换;另一种是通过四通换向阀进行制冷剂侧的切换。显然,后者属于压缩机系统内部的转换,可避免因水管路阀门关闭不严引起水旁路的不利后果。

②水(地)源热泵机组需考虑对不同的水质状况,选取合适的换热器材料和构造,如采用防止腐蚀的材料(用海水作为水源的机组的换热管、阀件和设备等材料可为铝黄铜、镍铜、铸铁、钛合金以及非金属材料);采用防治和清除藻类、微生物的措施。

为防止换热器水源侧的结垢,同时便于清洗,采用外肋片内光面的换热管。为保持换热管表面的清洁,有的产品配置一带自动管刷的清洗系统。

③应用于水(地)源热泵机组的机型,有涡旋式压缩机、螺杆式压缩机和离心式压缩机。同样,压缩机的运行工况范围宽、运行时间长、运行条件更为苛刻,因而压缩机与常规条件下的制冷用压缩机有显著区别。

④当不采用补热措施时,冬季进入和排出机组蒸发器的水温一般都有要求,如有的螺杆式水(地)源热泵机组要求冬季蒸发器进水温度不得低于7℃、出水温度不得低于4℃,以防止冻结现象的发生。

4.3.3 制冷压缩机及热泵机组的主要技术性能参数

1. 制冷压缩机的名义工况

制冷压缩机的制冷量、性能系数和能效比等性能参数随工况的不同而发生变化，故当说明一台制冷压缩机的制冷量时，必须同时说明其使用的工况。为了对不同的制冷压缩机进行性能测试，也为了制冷压缩机的使用者能对不同产品的容量及其他性能指标做出对比与评价，进行选择，因此，需要有一个共同的比较条件，即要规定一个共同的工况。制冷压缩机在铭牌上的制冷量和有关性能参数应该是在名义工况下测得的数值。不同制冷压缩机的名义工况，由国家标准给出。如国家标准《活塞式单级制冷压缩机》GB/T 10079—2018 给出的名义工况如表 4.3-1 和表 4.3-2 所示；国家标准《全封闭涡旋式制冷剂压缩机》GB/T 18429—2018 给出的名义工况如表 4.3-3 所示。表 4.3-4 是《螺杆式制冷压缩机》GB/T 19410—2008 规定的名义工况。由于离心式制冷压缩机很少单独使用，一般都是以冷水机组的标准出现，故无压缩机的名义工况规定。还应指出，在《制冷设备术语》JB/T 7249—94 中定义的制冷压缩机的制冷系数 COP，是在规定工况下，整台制冷压缩机中以同一单位表示的压缩机制冷量与单位时间输给压缩机轴的能量之比；能效比 EER，是在规定工况下，半封闭、全封闭制冷压缩机制冷量与总的输入功率之比。显然，同一制冷压缩机制冷系数 COP 的数值要大于能效比 EER 的数值。

有机制冷剂压缩机（组）的名义工况 表 4.3-1

应用		吸气饱和（蒸发）温度（℃）	排气饱和（冷凝）温度（℃）	吸气温度（℃）	过冷度（K）
制冷	高温	10	46	21	8.5
		7.0	54.5	18.5	8.5
	中温	−6.5	43.5	4.5/18.5	0
	低温	−31.5	40.5	4.5/−20.5	0
热泵		−15	35	−4	8.5

R717 制冷压缩机（组）的名义工况 表 4.3-2

吸气饱和（蒸发）温度（℃）	排气饱和（冷凝）温度（℃）	吸气温度（℃）	过冷度（K）
−15	30	−10	5

全封闭压缩式制冷压缩机（组）名义工况 表 4.3-3

应用		吸气饱和（蒸发）温度（℃）	排气饱和（冷凝）温度（℃）	吸气温度（℃）	过冷度[1]（K）
制冷	高温	10	46	21	8.5
		7.0	54.5	18.5	8.5
	中温	−6.5	43.5	4.5/18.5	0
	低温	−31.5	40.5	4.5/−20.5	0
热泵		10	60	20	10
		−3	48	10	8.5
		−15	35	−4	8.5

[1] 对于配用经济器的压缩机，经济器补气回路膨胀前过冷度为5K；同时，制造商应提供经济器补气回路出口制冷剂气体的压力、温度。

螺杆式制冷压缩机及机组名义工况 表 4.3-4

类 型	吸气饱和（蒸发）温度（℃）	排气饱和（冷凝）温度（℃）	吸气温度（℃）	吸气过热度（℃）	过冷度（℃）
高温（高冷凝压力）	5	5	20		
高温（低冷凝压力）		40			
中温（高冷凝压力）	−10	45	—	10 或 5（用于 R717）	0
中温（低冷凝压力）		40			
低温	−35				

注：吸气温度适用于高温名义工况；吸气过热度适用于中温、低温名义工况。

2. 输气量和容积效率

（1）实际输气量 V_R

实际输气量（也称为实际排气量）V_R 是指在一定的工况下，压缩机在单位时间内吸入的吸气状态下制冷剂气体的体积流量。

（2）理论输气量 V_h

理论输气量 V_h 是指单位时间内压缩机最大可吸入的制冷剂气体的体积流量，它与压缩机的转数和压缩部分的结构等有关。

1）活塞式制冷压缩机的理论输气量

活塞式制冷压缩机的理论输气量与气缸直径 D（m）、活塞行程 S（m）、气缸数 Z 和曲轴转数 n（r/min）有关，其值为：

$$V_h = \frac{\pi}{240} D^2 SnZ \quad (m^3/s) \qquad (4.3-1)$$

2）滚动转子式压缩机的理论输气量

滚动转子式压缩机的理论输气量与气缸半径 R（cm）、转子半径 r（cm）、气缸轴向厚度 L（cm）、压缩机转速 n（r/min）和气缸数 Z 有关，其值为：

$$V_h = \frac{\pi}{60} n(R^2 - r^2)LZ \quad (cm^3/s) \qquad (4.3-2)$$

3）螺杆式制冷压缩机的理论输气量

① 双螺杆式制冷压缩机的理论输气量与螺杆主动转子的公称直径 D_0（m）、螺杆转子长度 L（m）、面积利用系数 C_n、扭角系数 C_φ 和主动转子的转速 n（r/min）有关，其值为：

$$V_h = \frac{1}{60} C_n C_\varphi D_0 Ln \quad (m^3/s) \qquad (4.3-3)$$

② 单螺杆式制冷压缩机的理论输气量与星轮齿轮封闭时的最大基元容积 V_p（m³）、转子齿数 Z 和转子转速 n（r/min）有关，其值为：

$$V_h = \frac{2V_p Zn}{60} \quad (m^3/s) \qquad (4.3-4)$$

4）涡旋式制冷压缩机的理论输气量

涡旋式制冷压缩机的理论输气量与涡旋体高度 H（m）、涡旋体壁厚 δ（m）、基圆半径 a（m）、涡旋节距 $P_h = 2\pi a$（m）、涡旋转子和涡旋定子所形成的小室数 N、形成最外圈小室时的回转角 θ^*（rad）和转速 n（r/min）有关，其值为：

$$V_h = \frac{1}{30} n\pi P_h H(P_h - 2\delta)\left(2N - 1 - \frac{\theta^*}{\pi}\right) \quad (m^3/s) \qquad (4.3-5)$$

3. 容积效率 η_v

压缩机的实际输气量与理论输气量的比定义为容积效率 η_v，即：

$$\eta_v = \frac{V_R}{V_h} \qquad (4.3\text{-}6)$$

容积效率表示压缩机气缸工作容积的有效利用率，对于不同形式的压缩机，部分或全部下列因素会对容积效率产生不同程度的影响。

影响活塞式压缩机容积效率的因素有：

1）气缸中不可避免地留有一定的余隙容积 V_c，排气终了留在其中的高压气体在气缸第二次吸气前膨胀，占据部分气缸的有效空间，减小气缸吸入的低压气体量。余隙容积 V_c 会对容积效率产生重要的影响。通常将 V_c 与气缸工作容积 V_g 之比称为相对余隙容积 C，即：

$$C = V_c / V_g \qquad (4.3\text{-}7)$$

2）压缩机内吸排气流程中的压力降，特别是吸气压力降越大，吸气的密度减少越多，容积效率 η_v 随之下降越厉害。

3）压缩开始前，制冷剂在流程中受热，受热越多，温升越高，吸气密度减少越多，容积效率 η_v 则随之下降越多。

4）由于气阀运动规律不正常（开闭不及时）所带来的充量不足，气体回流等损失。

5）内部泄漏，如气阀处和活塞与气缸之间的泄漏。

上述因素还有一个共同的规律，就是均随排气压力 P_2 的增高和吸气压力 P_1 的降低，各种因素的影响越大，也就是说，当压缩机一定时，压比 $\pi = P_2 / P_1$ 越大，压缩机的容积效率越低。

我国中小型活塞式制冷压缩机系列产品的相对余隙容积 C 约为 0.04，转数大于或等于 720r/min，容积效率大体上可按以下经验公式计算：

$$\eta_v = 0.94 - 0.085 \left[\left(\frac{P_2}{P_1} \right)^{\frac{1}{m}} - 1 \right] \qquad (4.3\text{-}8)$$

式中　m——多变指数，氨：$m=1.28$，R22：$m=1.18$。

小型封闭活塞式压缩机、双螺杆式压缩机、单螺杆式压缩机和涡旋式压缩机的容积效率随压比 π 的变化关系可参考图 4.3-8～图 4.3-11。

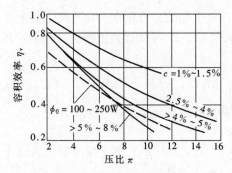

图 4.3-8　小型封闭式压缩机的 η_v
随 π 和 c 的变化关系

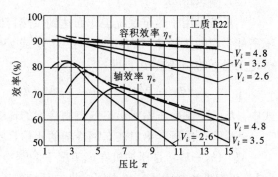

图 4.3-9　双螺杆式压缩机的效率曲线
- - - 可变内容积比；——固定内容积比

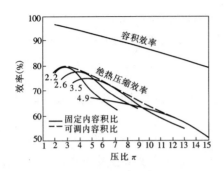

图 4.3-10 R22 单螺杆式
压缩机的效率曲线图

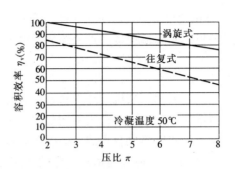

图 4.3-11 涡旋式压缩机的容积
效率与压比之间的关系

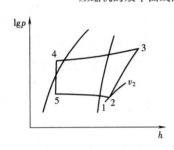

图 4.3-12 制冷机的热力循环图

滚动转子式压缩机在实际工作过程中，容积效率 η_v 受到各运行参数和结构参数等因素的影响，基本上与往复式压缩机的情况接近。

4. 制冷量和制热量

（1）制冷量 Φ_0

制冷压缩机的工作能力是指在一定工况下制冷机所能实际供应的制冷量，单位为 W 或 kW。图 4.3-12 是制冷压缩机的热力循环在 $\lg p\text{-}h$ 图上的表示，图中 1—2 为压缩机内的过热（忽略吸气管内过热）。从图中可以得到制冷压缩机在一定工况下的制冷量 Φ_0，即：

$$\Phi_0 = M_R(h_1 - h_5) = (\eta_v V_h / \upsilon_2)(h_1 - h_5) = \eta_v V_h q_v \qquad (4.3\text{-}9)$$

式中 M_R——制冷剂质量流量，kg/s；

h_1——蒸发器出口制冷剂的比焓，kJ/kg；

h_5——蒸发器进口制冷剂的比焓，kJ/kg；

η_v——制冷压缩机的容积效率；

V_h——制冷压缩机的理论输气量，m^3/s；

υ_2——制冷压缩机入口气态制冷剂的比容，m^3/kg。

（2）制热量 Φ_h

当压缩机用于热泵系统工作而达到供热目的时，其工作能力可用在一定工况下热泵系统所能供应的热量 Φ_h 来表示，单位为 W 或 kW。从图 4.3-12 可以得到压缩机（热泵）在一定工况下的制热量 Φ_h，即：

$$\Phi_h = M_R(h_3 - h_4) = M_R(h_1 - h_5) + M_R(h_3 - h_1) \qquad \text{（kW）} \qquad (4.3\text{-}10)$$

式中 h_3——制冷压缩机出口气态制冷剂的比焓，kJ/kg；

h_4——冷凝器出口液态制冷剂的比焓，kJ/kg。

$M_R(h_1 - h_5)$ 是压缩机在该工况下的制冷量 Φ_0，$M_R(h_3 - h_1)$ 等于输入的电机功率（设该压缩机为封闭式）减去压缩机向环境的散热量 Q_{re}。于是：

$$\Phi_h = \Phi_0 + (P_{in} - Q_{re}) = \Phi_0 + f P_{in} \qquad \text{（kW）} \qquad (4.3\text{-}11)$$

式中 P_{in}——压缩机配用电机的输入功率，kW；

f——考虑到压缩机向外散热后实际输入功率转化为制热量的系数，此值在小型压缩机中可低至 0.75，良好的大型压缩机可达 0.9，如不计散热，则 $f=1$。

压缩机的制热量也随工况的不同而发生变化，其名义制热量应是在相关标准规定的名义工况下测得的制热量。

5. 耗功率

(1) 指示功率 P_i 和指示效率 η_i

制冷压缩机在一定工况下，单位时间内压缩气态制冷剂所消耗的功率称为制冷压缩机的指示功率 P_i。

$$P_i = M_R w_i \quad (kW) \tag{4.3-12}$$

式中 w_i——单位质量制冷剂的实际耗功量，kJ/kg。

指示效率 η_i 就是压缩机在理想情况下的理论压缩功率 P_{th} 与指示功率 P_i 之比：

$$\eta_i = P_{th}/P_i = (M_R \cdot w_{th})/(M_R \cdot w_i) = w_{th}/w_i \tag{4.3-13}$$

P_i 可根据已知的指示效率 η_i 确定。气态制冷剂的理论压缩耗功量为（参见图 4.3-12）：

$$w_{th} = h_3 - h_2 \quad (kJ/kg) \tag{4.3-14}$$

式中 h_2——制冷压缩机气缸入口处气态制冷剂的比焓，kJ/kg。

则指示功率为：

$$P_i = M_R(h_3 - h_2)/\eta_i \quad (kW) \tag{4.3-15}$$

制冷压缩机的 η_i 与制冷压缩机的结构形式和运行工况有关，图 4.3-13 表示了单级活塞式压缩机指示效率 η_i 随压比 π 和相对余隙容积 c 的变化关系。

(2) 轴功率 P_e 和摩擦效率 η_m

由原动机传到制冷压缩机主轴上的功率为轴功率 P_e，它消耗在两个方面：一部分用于压缩气态制冷剂；另一部分用于克服制冷压缩机运动部件之间的摩擦，也包括了制冷压缩机润滑油消耗的功率，所以：

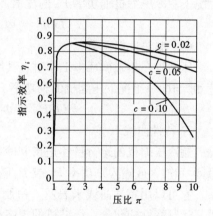

图 4.3-13 单级活塞式压缩机 η_i 随 π 和 c 的变化关系

$$P_e = P_i + P_m \quad (kW) \tag{4.3-16}$$

式中 P_m——制冷压缩机的摩擦功率，kW。

摩擦效率 η_m 是指示功率 P_i 与轴功率 P_e 之比：

$$\eta_m = P_i/P_e \tag{4.3-17}$$

有

$$P_e = P_i + P_m = P_i/\eta_m = P_{th}/\eta_i\eta_m \tag{4.3-18}$$

(3) 电机输入功率 P_{in} 和绝热效率 η_s

从电源输入驱动制冷压缩机电动机的功率是制冷压缩机的电机输入功率 P_{in}。

$$P_{in} = P_{th}/\eta_i\eta_m\eta_e \tag{4.3-19}$$

式中 η_e——电动机效率。

对于封闭式制冷压缩机，电动机输入能量传递给被压缩的制冷剂气体，因此，式（4.3-19)可写为：

$$P_{in} = P_{th}/\eta_s \qquad (4.3\text{-}20)$$

式中 η_s——绝热效率，等于 $\eta_i \eta_m \eta_e$；当然，对于开启式制冷压缩机，η_s 应等于 $\eta_i \eta_m$。

（4）制冷压缩机配用电动机的功率 P

开启式制冷压缩机配用电动机的功率为：

$$P = (1.10 \sim 1.15)P_e/\eta_d \quad (kW) \qquad (4.3\text{-}21)$$

式中 η_d——传动效率，直联时为 1，采用三角皮带连接时为 0.90～0.95；

1.10～1.15——余量附加系数。

6. 性能系数 COP

为了衡量制冷压缩机在制冷或制热方面的热力经济性，采用性能系数 COP 这个指标。

（1）制冷性能系数

制冷压缩机的制冷性能系数 COP 是指某一工况下，制冷压缩机的制冷量 Φ_o 与同一工况下制冷压缩机轴功率 P_e 的比值。

$$COP = \Phi_o/P_e \quad (W/W \text{ 或 } kW/kW) \qquad (4.3\text{-}22)$$

（2）制热性能系数

压缩机在热泵循环中工作时，其制热性能系数 COP_h 是指某一工况下，压缩机的制热量 Φ_h 与同一工况下压缩机的轴功率 P_e 的比值：

$$COP_h = \Phi_h/P_e \quad (W/W \text{ 或 } kW/kW) \qquad (4.3\text{-}23)$$

7. 特性曲线

制冷压缩机的运行特性是指制冷压缩机在规定的工况下运行时，其制冷量 Φ_o、制热量 Φ_h 和轴（或输入）功率 P_e 或 P_{in} 随各种工况（不同的蒸发温度和冷凝温度）的变化关系，它可以用特性曲线来表示，由制冷压缩机的制造厂商供给，以使用户正确选择和使用。运行特性应包含：压缩机的规格型号、液体过冷度、压缩机转速、使用制冷剂、吸气过热度、环境温度、最大和最小运行工况等。图 4.3-14 是一典型半封闭式压缩机的制冷和制（排）热工况运行特性曲线。

从图 4.3-14 的特性曲线中可以发现以下规律：蒸发温度一定而冷凝温度上升，压缩机的制冷量或制热量下降而功率消耗增加；冷凝温度一定而蒸发温度下降，压缩机的制冷量或制热量减少，功率消耗也下降，但前者下降速率大于后者，因而在上述两种情况下，制冷压缩机的性能系数均会由此而逐渐下降。

4.3.4 制冷（热泵）机组的种类及其特点

制冷（热泵）机组，按其供冷（热）的方式，总体上可以分为两大类：冷（热）水机组和直接蒸发式空调机组。

1. 冷（热）水机组

（1）冷（热）水机组的特点

冷（热）水机组是将整个制冷系统中的制冷压缩机、冷凝器、蒸发器、制冷剂管道阀门及电气控制箱等全套零部件整体组装，并充注制冷剂，经带负荷检验运行后出厂的制冷

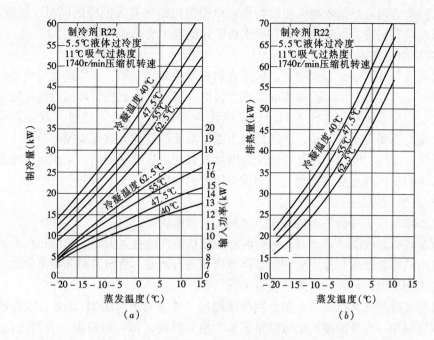

图 4.3-14 一典型半封闭式压缩机的制冷和制（排）热工况运行特性曲线

（a）制冷特性；（b）制（排）热特性

机组。它能提供间接供冷（热）用的载冷（热）剂（冷水、热水或冷盐水）。冷（热）水机组是各类建筑中央空调系统主要的冷（热）源，也是某些生产工艺冷却系统的冷源，其特点为：

1）产品结构紧凑，占地面积小，为用户选型、设计、安装和操作维修提供了方便；

2）配有齐全的控制保护装置，确保运行安全；

3）提供间接供冷（热）的载冷（热）剂，可以远距离输送分配冷（热）量，满足多用户的制冷（热）需要；

4）换热元件的传热效率高，使用寿命长，制冷剂充灌量少；

5）机组制冷系统的工作与使用场所不发生直接关系，其运行工况稳定，不受使用场所环境变化的影响；

6）制冷压缩机采用降压和空载相结合的启动方式，启动电流小，启动过程短，适应频繁运转操作的要求；

7）机组电气控制自动化（带有微电脑控制），具有能量自动调节功能，有利于降低运行能耗；

8）机组产品系列化，主机和零部件标准化、通用化。

（2）冷（热）水机组的种类

冷（热）水机组可以按多种方式来分类，主要有：

1）按机组功能

按机组功能可分为单冷、冷热两用和热回收型。单冷型就是常用的冷水机组，冷热两用型主要是指风冷热泵冷（热）水机组和水（地）源热泵冷（热）水机组，它们具有夏季供冷水和冬季供热水的双重功能，省去了一套锅炉加热系统，对于我国幅员辽阔的夏热、冬冷地区特别适用；热回收型机组的特点：单冷型机组在夏天制冷的同时，回收冷凝热；热泵型机组具有制冷、供暖、热回收冷水机组和制取生活热水三种功能。

2）按机组冷却方式

按机组冷却方式可分为水冷式、风冷式和蒸发冷却式三种。水冷式就是机组的冷凝器采用的是水冷冷凝器，由于冷却水的温度比较低，所以水冷式机组可以得到比较低的冷凝温度，这对制冷系统的制冷能力和运行经济性均较有利，水冷式机组可以安装在建筑物内，安装位置不受限制。但是，水冷式机组需要温度较低的天然水或循环冷却水，这限制了缺水地区的使用。同时，冷却水系统需增加投资和运行管理费用。采用循环冷却水的机组，冷却塔的噪声和水受污染也是一个需要注意的问题。

3）按机组结构形式

按机组结构形式可分为单机头式、多机头式和模块式。

单机头式机组的制冷系统是由一台制冷压缩机组成的独立回路，机组结构简单，价格较低；机组的容量依靠制冷压缩的能量调节机构进行调节，机组容量和耗电量的变化不一定成线性比例关系；再者，机组自身备用能力差。

多机头式机组在其机架上有多台制冷压缩机（普遍为半封闭型），多台压缩机可以共用一台蒸发器和一台冷凝器，也可以组成多个独立回路，每一回路由一台或几台压缩机、一台蒸发器和一台冷凝器组成，多机头式机组最大的好处是启动便利；在部分负荷下，机组可以停止部分制冷压缩机或制冷回路工作，在有级调节的情况下，机组容量的降低和机组耗电量的减少成比例，部分负荷下的效率高；再者，机组有多台压缩机或多个制冷单元，机组自身可以互为备用。与单机头式相比，其结构要复杂，价格也要高。

模块式机组由模块化的小型单元机组并联组合而成。每一模块单元由一台或两台全封闭型制冷压缩机（含磁悬浮离心式机组）、蒸发器、冷凝器、微电脑控制器等各自独立的制冷系统组合而成。工程中，可以根据实际需冷量，选择多个模块现场组装成一台模块式机组。

模块式机组具有以下特点：

① 结构紧凑，外形尺寸小。每个模块单元的重量约为同容量普通型机组的 1/3，所需机房空间只有普通型机组的 40% 左右，占地面积也可少 50%，它既可安装在室内，也可露天安装，因此，更适用于改建工程。

② 运行的智能化程度高。机组内的电脑检测和控制系统根据外界负荷变化，对需要投入运行的压缩机台数随时作出调整（开或停），使机组制冷量与外界热负荷同步增减，从而达到最佳匹配，机组则始终在高效率下运行。

③ 机组的蒸发器和冷凝器采用板式换热器，传热温差小，传热效率高，但对水质要求也高。

④ 每一模块单元一般有两台全封闭型制冷压缩机和两个独立的制冷回路，电脑控制可自动地使各个制冷回路按步进行顺序运行，启用后备制冷系统并进行局部维修，因而提高了整个机组运行的可靠性。

⑤ 由于机组可以逐个模块启动，因此，启动电流小，对所在电网的冲击影响小，配电设备容量也可减小。

⑥ 机组内为全封闭型制冷压缩机，再加上机组外壳内壁均衬有隔音材料，因此，机

组噪声低。

⑦ 机组电耗指标较高，电力增容较大；机组价格较贵，设备一次性投资费用较高。

⑧ 模块式机组由于模块单元的水系统即蒸发器与冷凝器的进、出水没有相应的隔断措施，不适用于变流量运行。每一模块内的水管直径均相同，如果采用 13 个模块组合，管内水流速度将达到 4m/s 以上，因此，一台机组组合的模块数不宜超过 8 个。

4）按机组的制冷压缩机类型

按机组制冷压缩机类型主要分为往复活塞式冷(热)水机组、螺杆式冷(热)水机组、涡旋式冷(热)水机组和离心式冷(热)水机组，以及上述各种类型压缩机组成的热回收机组。

（3）风冷热泵冷（热）水机组

风冷式机组的冷凝器采用的是风冷冷凝器，风冷机组使用方便，节约用水，也省去了冷却水系统的投资；风冷式机组放在建筑物顶层或室外平台即可工作，不需要专用机房，节省了建筑物内的有用空间；当机组为风冷热泵冷（热）水机组时，冬季机组按热泵循环工作，利用较少的电能从室外空气中获得较多的供热热量，从能源利用观点看，优于目前传统的锅炉作为热源的方式。但是，风冷式机组由于空气的比热容小，传热性能差，它的表面传热系数只有水的 1/50～1/100，所以机组的冷凝器［或风冷热泵冷（热）水机组的空气侧换热器］体积较为庞大，机组价格较高。夏季，当室外气温较高时，机组冷凝温度高，制冷量会下降，耗功量增加；冬季，随着室外空气温度的降低，机组的热产量也减少，但建筑物的热负荷却增大，此时产热量与需热量之间的矛盾，应该通过绘制热泵的供热特性线与建筑物热负荷特性线，以求得一个合理的平衡点来解决。如果选择机组时环境温度取得过低，虽然在较低温度时仍能满足供热要求，但机组的容量将增加，如台数匹配不好，有可能在较多时间内运行效率降低。因此，机组容量的选择依据一般是要求在绝大部分时间内满足热量的供需要求，当室外空气温度低到机组的供热量少于需求量时，可采用辅助加热器补充不足的热量。热源可以是电、蒸汽或热水等。

风冷热泵冷（热）水机组室外侧换热器由于空气中含有水分，当其表面温度低于 0℃且低于空气露点温度时翅片管表面上会结霜，结霜后传热能力会下降，使制热量减小。因此，必须定期除霜，这不仅会增加机组电耗，而且会引起供热量的波动。此外，风冷机组同样存在室外侧换热器风机的噪声问题。

由于以空气为热源的热泵在供热季节中的供热量与气候条件有关，还与机组在部分负荷下运行的时间、效率以及辅助加热器的加热量等因素有关，故宜用"制热季节性能系数"（HSPE）来评价机组的经济性。HSPF＝供热季节热泵总的制热量/供热季节热泵总的输入能量。

（4）蒸发式冷凝冷（热）水机组

1）蒸发冷却式机组采用蒸发式冷凝器，如板管蒸发式冷凝器，其冷

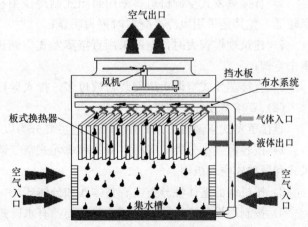

图 4.3-15 板管蒸发式冷凝器基本构造

凝器部分的基本构造如图 4.3-15 所示。工作时冷却水由水泵送至冷凝管组上部喷嘴，均匀地喷淋在冷凝排管外表面，形成一层很薄的水膜，高温气态制冷剂由冷凝排管组上部进入，被管外的冷却水吸收热量冷凝成液体从下部流出，吸热量的水一部分蒸发为水蒸气，其余的落在下部集水盘内，供水泵循环使用。风机强迫空气以 3~5m/s 的速度掠过冷凝排管，促使水膜蒸发，强化冷凝管外放热，并使吸热后的水滴在下落的进程中被空气冷却，蒸发的水蒸气随空气被风机排出，未被蒸发的水滴被挡水板挡住落回水盘。因此，这种机组的冷却水只是补给散失的水量，可减少冷却塔存在的"飞水"损失，其用水量一般不到冷却塔用水量的 1/2；水泵的扬程仅 5m 左右，蒸发式冷凝器传热系数比风冷冷凝器大，机组体积和质量比风冷式小，机组的 COP 大于风冷式。蒸发冷却式机组不需要一套庞大的冷却水系统，具有节能的优势，综合权衡初投资和运行费用比水冷式和风冷式机组要低，故目前采用蒸发冷却式机组有增多之势。其不足之处是空气中灰尘、有害气体对水的污染，需要经常更换水槽的部分水量，板管式冷凝器换热表面不易清洗，影响其换热性能等。

2）蒸发式冷凝器与风冷冷凝器一样，可以转换为蒸发器工作，在环境温度较低的地区（5℃以下），采用添加防冻剂的措施（环境温度可低到－10℃），能够实现热泵冬季无霜运行，同时提高机组制热的能效比。该类机组又有称谓为热源塔热泵系统。

2. 直接蒸发式空调机组

（1）直接蒸发式空调机组的特点

直接蒸发式空调机组实际上是一个中、小型空调系统，机组内不仅有制冷压缩机、直接蒸发表冷器、冷凝器和节流机构组成的制冷（热）系统，而且有通风机、空气过滤器，甚至有的机组还带有空气加湿器等设备。在工厂中将上述设备组装在一个箱体内，充灌好制冷剂出厂；也可以在工厂组装成多个组件，在安装现场连接成一体。直接蒸发式空调机组主要用于分散式空调工程和中、小型集中式空调工程中，其特点有：

1）作为空调工程中的冷（热）源，结构紧凑，尺寸较小，机房空间占用小；

2）使用灵活方便，安装容易，有的机组只需通电（或电、水）即可使用，并且控制简单，可不需操作人员值守；

3）制冷剂直接蒸发冷却（或加热）空气，能效比高，且省去了复杂庞大的冷（热）水系统，能耗损失小，投资省；

4）直接蒸发式空调机组多采用封闭式制冷压缩机，与大型冷水机组相比，其制冷效率较低，尤其是采用风冷冷凝器时更为明显；

5）建筑规模较大时，空调采用直接蒸发式空调机组，其用电总安装容量将超过大型集中空调；

6）直接蒸发式空调机组安装台数过多，投入运行后的维护保养工作量会增大。

（2）直接蒸发式空调机组的种类

直接蒸发式空调机组按其用途和构造主要分为以下几类：

1）按容量大小分类：房间空调器和单元式空气调节机（也称为柜式空调机）、风管送风式和屋顶式空调机组。

2）按机组的整体性分类：有整体式和分体式。

3）按制冷设备冷凝器的冷却方式分类：有水冷式、风冷式和蒸发式。

4）按供热方式分类：有普通式和热泵式。

5）按室外机与室内机的连接方式分类：单联式和多联式。

6）按机组的压缩机调节方式分类：定速（开停）和变速、变容调节机组。

7）按机组的功能分类：常规空调机组和特殊空调机组（如列车空调、汽车空调、低温机组、净化机组、计算机房专用机组等）。

对日常工程常用的房间空调器、单元式空气调节机和屋顶式风冷空调机组，在第 3 章中已有介绍，本处只对多联式机组和水（地）源热泵机组作一介绍。

（3）多联式空调（热泵）机组

多联式空调（热泵）机组由一台（组）空气（水）源制冷或热泵机组配置多台室内机组成，用制冷剂管道将制冷压缩机、室内外换热器、节流机构和其他辅助设备连接而成的闭式管网系统，详见《多联式空调（热泵）机组》GB/T 18837。多联式空调（热泵）机组实际是一个空调系统，即称为多联机空调系统，它是一个直接膨胀式系统，通过改变制冷剂流量来适应各房间的负荷变化。

多联式空调（热泵）机组的压缩机普遍采用涡旋式压缩机，按机组压缩机的调节方式分有定频（定容）、变频调速和数码涡旋调节方式等。目前市场上普遍选用的机型为变频调速和数码涡旋两种。同时，偏高价位的多联式空调系统的初投资正逐渐降低。国内厂家开发出低到 1Hz 运转的机型，标志着适应低频率运转的压缩机技术的水平很高，可实现运行更节能、更舒适，同时，压缩机磨损更小、寿命更长。

振动较大、油污蒸气较多以及产生电磁波式高次频波的场所不宜采用变频多联机空调系统。

多联机空调系统具有以下特点：

1）系统部分负荷能效比高

变频、变容量技术加上电子膨胀阀，使系统可根据实际负荷情况自动调整压缩机的工况，改变制冷剂流量，使得低负荷下的能耗降低，当负荷率为 50%～75% 时，机组的能效比较满负荷时可提高 15%～30%。因此，对于全年绝大部分时间处于部分负荷运行状态的空调系统的能耗和运行费用会带来很大节省。

2）系统布置灵活

多联式空调（热泵）机组的室外机可以实现灵活布置，可充分利用室外空间布置，对于高层、超高层建筑，可以做到分层安放，带来使用的便利。同时，解决了传统空调系统机房布置位置紧张，冷（热）水系统输送能耗加大和实现动态水力平衡困难等问题。分层安放的空气源室外机机房若处于建筑物内，则应解决并防止同一位置在高度上机组的气流短路现象发生。为防止气流短路现象发生，有的机型室外出风静压可达 100Pa。

有的多联机机型可以实现最大配管等效单管长度 240m、室内机与室外机的最大高差为 110m（室外机在上时为 100m）、室内机之间的最大高差为 30m。

3）适用范围广

多联式空调（热泵）机组的室外机和室内机的容量组合系列多，适应不同的用户需求能力强，能够满足不同功能的建筑以及同一建筑内不同室内要求的分区控制的需求。

系统采用连续调节制冷剂流量来适应室内机组的负荷变动，加上智能化的控制系统，可保持近于恒定值的舒适室温。

系统的制冷剂管路占用空间小，室内机的机型具有多种形式，房间独立调节以及单独计量好，带来应用范围的不断扩大。

（4）水（地）源热泵机组

根据《水（地）源热泵机组》GB/T 19409 的规定，水源热泵机组是一种以循环流动于地埋管中的水或井水、湖水、河水、海水或生活污水及工业废水或共用管路中的水为冷（热）源，制取冷（热）风或冷（热）水的设备。水源热泵的"水"还包括"盐水"或类似功能的液体（如"乙二醇水溶液"）。

1）冷热风型机组的形式

①按功能分，有冷风型和热泵型（即冷风型和热风型）；②按结构形式分，有整体型和分体型；③按送风形式分，有直接吹出型和间接风管型；④按机组冷（热）源类型分，有水环式、地下水式、地埋管式和地表水式。

2）冷热水型机组的形式

①按功能分，有冷水型和热泵型；②按结构形式分，有整体型和分体型；③按机组冷（热）源类型分，有水环式、地下水式和地埋管式。

水源热泵机组属于可再生能源利用的范畴，是国家推进节能减排政策支持的暖通空调领域的技术，因而正日益得到更大的发展和应用。

多联式空调水源热泵机组因其拥有的多联机系统特点，也正得到推广应用。

4.3.5 各类冷水（热泵）机组的主要性能参数和选择方法

1. 冷水（热泵）机组的工况

冷水（热泵）机组的性能与工作条件，亦即与通常所说的工况有关，离开了工况来评价机组的性能，没有任何意义。按现行国家标准《蒸气压缩循环冷水（热泵）机组 第 1 部分：工业或商业用及类似用途的冷水（热泵）机组》GB/T 18430.1 和《蒸气压缩循环冷水（热泵）机组 第 2 部分：户用和类似用途的冷水（热泵）机组》GB/T 18430.2 的规定（该标准适用于制冷量不大于 50kW 的机组），冷水（热泵）机组的工况主要有名义工况、部分负荷工况和变工况。

（1）名义工况

规定名义工况是用来作为比较机组的性能工作条件，一般是根据气候条件和大多数机组的使用条件进行规定。因此，各国规定的名义工况均有不同。我国 GB/T 18430.1—2007 和 GB/T 18430.2—2016 对蒸气压缩循环冷水（热泵）机组名义工况等条件的规定为：

1）机组名义工况条件如表 4.3-5 所示。

名义工况时的温度/流量条件 表 4.3-5

项目	使用侧		热源侧（或放热侧）						
	冷热水		水冷式		风冷式		蒸发冷却方式		
	水流量 [m³/(h·kW)]	出口水温 (℃)	进口水温 (℃)	水流量 [m³/(h·kW)]	干球温度 (℃)	湿球温度 (℃)	干球温度 (℃)	湿球温度 (℃)	
制冷	0.172	7	30	0.215	35	—	—	24	
热泵制热		45	15	0.134	7	6	—		

机组名义工况时的蒸发器水侧污垢系数为 $0.018 m^2 \cdot \text{℃}/\text{kW}$，冷凝器水侧污垢系数为 $0.044\ m^2 \cdot \text{℃}/\text{kW}$。新机组进行测试时，蒸发器和冷凝器的水侧应被认为是清洁的，测试时污垢系数应考虑为 $0\ m^2 \cdot \text{℃}/\text{kW}$。大气压力为 $101\ \text{kPa}$。

2）机组正常工作规定的条件如表 4.3-6 所示。

机组在最大负荷工况、低温工况和融霜工况均应正常工作，对于融霜工况，按表 4.3-6规定的融霜工况运行时，在最初融霜结束后的连续运行中，融霜所需时间的总和不应超过运行周期时间的 20%（如共用一个翅片式换热器，则融霜时间总和不超过循环总运转时间的 20%）。

机组设计温度/流量条件　　　　　表 4.3-6

项目		使用侧		热源侧（或放热侧）					
		冷、热水		水冷式		风冷式		蒸发冷却方式	
		水流量 $[m^3/(h \cdot kW)]$	出口水温（℃）	进口水温（℃）	水流量 $[m^3/(h \cdot kW)]$	干球温度（℃）	湿球温度（℃）	干球温度（℃）	湿球温度（℃）
制冷	名义工况	0.172	7	30	0.215	35	—	—	24
	最大负荷工况		15	33		43			27①
	低温工况		5	19		21			15.5②
热泵制热	名义工况	0.172	45	15	0.134	7	6	—	
	最大负荷工况		50	21		21	15.5		—
	融霜工况		45	—	—	2	1		

① 补充水温度为 32℃。

② 补充水温度为 15℃。

对于水（地）源热泵机组，根据《水（地）源热泵机组》GB/T 19409—2013 的规定，机组正常工作的冷（热）源温度范围如表 4.3-7 所示。

机组正常工作的冷（热）源温度范围（单位：℃）　　　　　表 4.3-7

机组型式	制冷	制热
水环式机组	20～40（20～35）	15～30（15～30）
地下水式机组	10～25（15～25）	10～25（15～25）
地埋管式机组	10～40（15～35）	5～25（10～25）
地表水式（含污水）机组	10～40（15～35）	5～30（10～30）

注：无（）数字为容积式制冷压缩机，（）数字为离心式制冷压缩机。

对于高温水源热泵机组，根据《蒸气压缩循环水源高温热泵机组》GB/T 25861—2010 的规定，机组名义工况温度条件如表 4.3-8 所示。

机组名义工况温度条件　　　　　表 4.3-8

机组型式	使用侧		热源侧	
	进口水温（℃）	出口水温（℃）	进口水温（℃）	出口水温（℃）
H1	47	55	20	12

续表

机组型式	使用侧		热源侧	
	进口水温（℃）	出口水温（℃）	进口水温（℃）	出口水温（℃）
H2	52	60	28	20
H3	62	70	38	30
H4	72	80	48	40

机组名义工况时的蒸发器、冷凝器水侧污垢系数为 $0m^2 \cdot ℃/kW$。新机组进行测试时，蒸发器和冷凝器的水侧应被认为是清洁的，测试时污垢系数为 $0m^2 \cdot ℃/kW$。

3）部分负荷工况

部分负荷工况的规定如表 4.3-9 所示。

部分负荷工况 表 4.3-9

名　　称		部分负荷规定工况	
		IPLV	NPLV[①]
蒸发器	100%负荷出水温度（℃）	7	选定的出水温度
	0%负荷出水温度（℃）		同 100%负荷的出水温度
	流量［m³/（h·kW）］	0.172	选定的流量
	污垢系数（m²·℃/kW）	0.018	指定的污垢系数
水冷式冷凝器	100%负荷进水温度（℃）	30	选定的出水温度
	75%负荷进水温度（℃）	26	[②]
	50%负荷进水温度（℃）	23	
	25%负荷进水温度（℃）	19	19
	流量［m³/（h·kW）］	0.215	选定的流量
	污垢系数（m²·℃/kW）	0.044	指定的污垢系数
风冷式冷凝器	100%负荷干球温度（℃）	35	
	75%负荷干球温度（℃）	31.5	
	50%负荷干球温度（℃）	28	—
	25%负荷干球温度（℃）	24.5	
	污垢系数（m²·℃/kW）	0	

① NPLV 是非标准部分负荷系数，是基于本表工况下的部分负荷的性能系数值。

② 75%和 50%负荷的进水温度必须在 15.5℃至选定的 100%负荷进水温度之间按负荷百分比线性变化，保留一位小数。

表中的综合部分负荷系数 IPLV（或 NPLV），是用一个单一数值表示的空气调节用冷水机组的部分负荷效率指标，基于表 4.3-9 规定的 IPLV（或 NPLV）工况下机组部分负荷性能系数值，按机组在特定负荷下运行时间的加权因素，通过式（4.3-24）获得。

$$IPLV(或 NPLV)=1.2\%×A+32.8\%×B+39.7\%×C+26.3\%×D \quad (4.3-24)$$

式中　A——100%负荷时的性能系数，kW/kW；

B——75%负荷时的性能系数，kW/kW；

C——50%负荷时的性能系数，kW/kW；

D——25%负荷时的性能系数，kW/kW。

注：部分负荷百分数计算基准是名义制冷量。

（2）变工况性能

机组变工况性能条件如表4.3-10所示。

变工况性能温度范围　　　　表4.3-10

项目	使用侧		热源侧（或放热侧）					
	冷热水		水冷式		风冷式		蒸发冷却方式	
	进口水温（℃）	出口水温（℃）	进口水温（℃）	出口水温（℃）	干球温度（℃）	湿球温度（℃）	干球温度（℃）	湿球温度（℃）
制冷	—	5~15	19~33		21~43		—	15.5~27
热泵制热		40~50	15~21		-7~21		—	

（3）我国 GB/T 25127.2—2010 规定的低环境温度空气源热泵（冷水）机组

低环境温度空气源热泵（冷水）机组是能在不低于-20℃的环境温度下制取热水的机组。

1）机组名义工况条件如表4.3-11所示。

名义工况时的温度/流量条件　　　　表4.3-11

项　目	使用侧		热源侧（或放热侧）	
	水流量 [m³/(h·kW)]	出口水温（℃）	干球温度（℃）	湿球温度（℃）
制热	0.172	41	-12	-14
制冷		7	35	—

机组名义工况时的蒸发器水侧污垢系数为 0.018m²·℃/kW。新机组进行测试时，新机组换热器应被认为是清洁的，测试时污垢系数应考虑为 0m²·℃/kW。大气压力为 101kPa。

2）机组部分负荷工况条件如表4.3-12所示。

制冷时 IPLV（C）的计算公式按式（4.3-24）计算。

制热时 IPLV（H）的计算公式按式（4.3-25）计算。

$$IPLV(H)=8.3\%×A+40.3\%×B+38.6\%×C+12.9\%×D \quad (4.3-25)$$

式中　A——100%负荷时的性能系数，kW/kW；

B——75%负荷时的性能系数，kW/kW；

C——50%负荷时的性能系数，kW/kW；

D——25％负荷时的性能系数，kW/kW。

部分负荷工况

表 4.3-12

项目	负荷（％）	使用侧		热源侧	
		水流量 [m³/(h·kW)]	出口水温（℃）	干球温度（℃）	湿球温度（℃）
制热	100			−12	−14
	75		41	−6	−8
	50			0	−3
	25	0.172		7	6
制冷	100			35	
	75		7	31.5	—
	50			28	
	25			24.5	

注：在所有工况下，机组换热器水侧污垢系数为 0.018m²·℃/kW。新机组换热器水侧应被认为是清洁的，测试时污垢系数应考虑为 0m²·℃/kW，性能测试时，应按标准规定进行温差修正。

（4）高温工况冷水机组

随着具有节能效益的温、湿度独立控制空调系统的应用，向室内末端供水的冷水温度要求低于室内温度，同时应高于室内空气的露点温度，提出了采用高温冷水机组的需求。国内已经有高温离心式冷水机组生产，可以提供 12～20℃ 的冷水，满足室内末端高温用水，相应较大幅度提高了机组的性能系数，如供水温度为 16℃ 时，机组的 COP 可达 8.6。显然，高温工况的冷水机组会带来节能的效果，但是对于压缩式冷水机组能否提供高温工况的冷水，不是设计者提出就可实现的，需要设备制造厂家对冷水机组的结构、部件做出相应适配，因此高温工况的冷水机组属于定型产品。

（5）大温差冷水机组

常规冷水机组的冷水进出水温差为 5℃，为节约冷水系统输送能耗，大温差的冷水机组应运而生。冷水大温差一般采用 8℃，机组冷水进/出口水温一般有两种：14℃/6℃ 和 15℃/7℃。机组机型有螺杆式冷水机组和离心式冷水机组。

（6）专用空调机组

计算机和数据处理机房的专用单元式空气调节机组有专门的产品标准，它是《计算机和数据处理机房用单元式空气调节机》GB/T 19413—2010。可以判断的是随着经济与科技的发展，也随着节能减排的要求日趋严格，制冷（热泵）机组的细分标准，会日益增多。

2. 冷水（热泵）机组主要性能参数

（1）名义制冷（热）量：在规定的名义制冷（热）工况下，按标准规定，测试得到的制冷（热）量，单位为 kW。制热量不包括辅助电加热的制热量。

（2）名义消耗总功率：在规定的名义制冷（热）工况下，按标准规定，测试得到的机组消耗的总电功率，单位为 kW。总电功率包括压缩机电动机、油泵电动机和操作控制电路等输入的总电功率；风冷式还应包括放热侧冷却风机消耗的电功率；蒸发冷却式还应包括水泵和风机消耗的电功率。但不包括辅助电加热的电功率。

（3）名义工况性能系数：在国家现行标准规定的名义工况下，机组以同一单位表示的制冷（热）量除以总输入电功率得出的比值，单位为 kW/kW。对于部分负荷工况，则有综合部分负荷系数 IPLV 或非标准部分负荷性能系数 NPLV。

GB/T 18430.1—2007 规定，冷水机组名义工况时的制冷性能系数和综合部分负荷系数不应低于表 4.3-13 规定。GB/T 18430.2—2016 规定制冷量不大于 50kW 的户用及类似用途的冷水（热泵机组）应符合《冷水机组能效限定值及能源效率等级》GB 19577—2015 的规定。

GB/T 18430.1—2007 规定的制冷性能系数 COP　　　表 4.3-13

机组类型	制冷量（kW）	性能系数 COP	综合部分负荷性能系数 IPLV kW/kW
风冷式	>50	—	2.8
水冷式	≤528	不低于《冷水机组能效限定值及能源效率等级》GB 19577 的限定值	4.5
	>528～1168		4.8
	>1168		5.1
蒸发冷却式	>50		—

注：蒸发器和冷凝器的水侧污垢系数按 GB/T 18430.1—2007 附录 C 进行修正。

《水（地）源热泵机组》GB/T 19409—2013 规定，冷热风型和冷热水型机组名义工况时的机组能效比和性能系数不应低于表 4.3-14 的数值。

水（地）源热泵机组性能系数　　　表 4.3-14

类型	名义制冷量（kW）		热泵型机组综合性能系数 ACOP	单冷型机组 EER	单热型 COP
冷热风型	水环式		3.5	3.3	—
	地下水式		3.8	4.1	
	地埋管式		3.5	3.8	
	地表水式		3.5	3.8	
冷热水型	水环式	CC≤150	3.8	4.1	4.6
		CC>150	4.0	4.3	4.4
	地下水式	CC≤150	3.9	4.3	4.0
		CC>150	4.4	4.8	4.4
	地埋管式	CC≤150	3.8	4.1	4.2
		CC>150	4.0	4.3	4.4
	地表水式	CC≤150	3.8	4.1	4.2
		CC>150	4.0	4.3	4.4

注：1. 综合性能系数 ACOP——机组在额定制冷工况和额定制热工况下满负荷运行时的能效与多个典型城市的办公建筑按制冷、制热时间比例进行综合加权，$ACOP=0.56EER+0.44COP$；

2. 能效比 EER——机组在额定制冷工况下满负荷运行时的能效；性能系数 COP——机组在额定制热工况下满负荷运行时的能效；

3. "—"表示不考核，单热型机组以名义制热量 150kW 作为分档界线。

GB/T 25127.2—2010 规定，低环境温度空气源热泵（冷水）机组名义工况时的制冷性能系数和综合部分负荷系数不应低于表 4.3-15 的数值。

GB/T 25127.2—2010 规定的制冷性能系数和综合部分负荷性能系数　　　表 4.3-15

名义工况制冷量（>750kW）	性能系数 COP	综合部分负荷性能系数 IPLV（kW/kW）
制热	2.3	2.5
制冷	2.6	2.8
名义工况制冷量（≤50kW）	性能系数 COP	综合部分负荷性能系数 IPLV（kW/kW）
制热	2.1	2.4
制冷	不低于 GB 19577 的规定值	2.6

国家标准 GB/T 25861—2010 规定，蒸气压缩循环水源高温热泵机组名义工况时的制热性能系数不应低于表 4.3-16 的数值。

GB/T 25861—2010 规定的制热性能系数　　　表 4.3-16

型　式	性能系数 COP	型　式	性能系数 COP
H1	3.8	H3	3.4
H2	3.8	H4	3.0

（4）水侧阻力：在规定的名义工况下，按照国家标准《蒸气压缩循环冷水（热泵）机组 第 1 部分：工业或商业用及类似用途的冷水（热泵）机组》GB/T 18430.1—2007 附录 B 的方法，测得的机组冷（热）水侧和冷却水侧的压力损失应不大于机组名义规定值的 115%，单位为 kPa。

（5）噪声和振动：机组的噪声和振动数值的实测值应该不大于机组铭牌的明示值。

冷水（热泵）机组选型时应重视机组的运行噪声，特别是风冷型机组。由于风冷机组多安装在室外或屋面上，应当考虑机组运行噪声对周边环境建筑物的影响，尤其是夜间运行的机组。因此，机组的噪声数值高低，也成为选择机组的一个重要因素。

机组的噪声测定按行业标准《制冷和空调设备噪声的测定》JB/T 4330—2009 附录 C 的相关规定执行，该标准规定了一个反射平面上半自由场条件下噪声声功率级的测定方法。

户用及类似用途的冷水（热泵）机组所测得的分体式机组室外机平均表面声压级不应大于表 4.3-17 规定值。

GB/T 18430.2—2016 规定的噪声限值［单位：dB（A）］　　　表 4.3-17

名义制冷量（kW）	整体式		分体式		
	风冷式	水冷式	室外机		室内机
			风冷式	水冷式	
≤8	64	—	62	—	45
>8～16	66	—	64	—	50
>16～31.5	68	65	66	63	55
>31.5～50	70	67	68	65	

对于带循环水泵的户用及类似用途的冷水（热泵）机组，机组的噪声测试按《制冷和空调设备的噪声测定》JB/T 4330—1999 附录 C 的相关规定执行。测试条件：符合额定电

压和额定频率以及接近名义工况，此外，水泵应在接近铭牌标明的流量和扬程条件下进行运转。

需要说明的是，制造厂家提供的产品噪声数值是依据《制冷和空调设备的噪声测定》JB/T 4330—1999 的规定测得的数值，其测试条件为：将机组视作矩形六面体，对于全封闭、半封闭制冷压缩机及尺寸较小的其他机组，采用半球测量表面，半球面半径优先选取 1m 或 2m；大型机组采用位于反射平面上与基准体几何相似的矩形箱表面，优先选用的测量距离是 1m。一般基本测点为 9 个，附加测点为 8 个。对于冷水（热泵）机组采用标准规定的 1～4 点的位置布点，当机组高度不超过 1m 时，其测点高度为 1m；当机组高度大于 1m 时，其测点高度为 1.5m。对于大型机组，可按标准规定增加测点，其测点高度为 1.5m。

噪声源随距离的增加而衰减，点声源在自由空间且周围无声反射的条件下，当距离增加一倍，噪声级降低 6dB。要了解距机组的不同距离噪声值的数据，当机组至受声区的距离等于声源本身边长的两倍以上时，可将该声源视为点声源，此时，经距离衰减后受声面的噪声声压级可用式（4.3-26）求得：

$$L_{\mathrm{P}} = L_{\mathrm{W}} + 10\lg(4\pi r^2)^{-1} \quad (\mathrm{dB}) \tag{4.3-26}$$

式中　L_{P}——声压级，dB；

　　　L_{W}——声源的声功率级，dB；

　　　r——离开声源的距离，m。

采用此公式也可以近似计算出机组与周围可能受影响的建筑物应保持的距离。

3. 冷水（热泵）机组选用原则

（1）冷水（热泵）机组机型选择。随着技术的发展，冷水（热泵）机组不同机型的制冷量会有所变化，设计人员应通过技术经济比较选用。

电动压缩式冷水机组的总装机容量，应根据计算的空调系统冷负荷值直接选定，不另作附加；在设计条件下，当机组的规格不能符合计算冷负荷的要求时，所选择机组的总装机容量与计算冷负荷的比值不得超过 1.1。

冷水（热泵）机组按冷却方式分为水冷、风冷和蒸发冷却三大类。冷却方式不同，对冷水（热泵）机组的性能系数、体积、性能价格比以及最大制冷量等均有很大影响，设计人员应根据建筑物的规模、用途、冷热负荷情况、气象条件以及环保要求等认真比较确定。

（2）冷水（热泵）机组选型时，应执行有关节能的规定。

（3）冷水（热泵）机组台数及单机制冷（热）量选择，应满足空气调节负荷变化规律及部分负荷运行的调节要求。空调设计冷负荷大于 528kW 时，一般不宜少于两台。

（4）冷水（热泵）机组的制冷（热）量、耗功率和性能系数：

1）冷水（热泵）机组铭牌的制冷（热）量、耗功率和性能系数或样本技术性能表中的制冷（热）量、耗功率和性能系数是机组在名义工况下的制冷（热）量、耗功率和性能系数，只能作为冷水（热泵）机组初选时参考。冷水（热泵）机组在设计工况或使用工况下的制冷（热）量和耗功率应根据设计工况或使用工况［主要指冷（热）水出水温度、冷却水进水温度或室外侧换热器进风空气参数］，按机组变工况性能表、变工况性能曲线或变工况性能修正系数确定，生产厂家在产品样本中应提供以上数据，如样本中没有，应向厂家索取。根据设计工况或使用工况下的制冷（热）量和耗功率可计算出该工况下的性能系数。

2）风冷热泵冷（热）水机组在产品样本中给出的制热量仅是名义工况下的瞬时热量。

机组冬季运行时，室外换热器表面温度低于0℃时，盘管上的凝结水就会结霜、结冰，达到规定限度时，机组进入化霜循环。机组化霜过程中，停止供热，热水温度会下降；化霜期间，机组还要从热水系统吸热，进一步降低水温。一般除霜周期为3min，等于停机6min，即为0.1h。因此，风冷热泵冷热水机组冬季的制热量，应根据室外空调计算温度修正系数和化霜修正系数，按下式进行修正：

$$\Phi_h = qK_1K_2 \tag{4.3-27}$$

式中　Φ_h——机组制热量，kW；

　　　q——产品样本中的瞬时制热量（名义工况：室外空气干球温度为7℃，湿球温度为6℃），kW；

　　　K_1——使用地区室外空调计算干球温度的修正系数，按产品样本选取；

　　　K_2——机组化霜修正系数，应根据生产厂家提供的数据修正；当无数据时，可按每小时化霜一次取0.9，二次取0.8。

3）多联式空调（热泵）机组应当注意实际制冷（热）量的修正，它与配管等效长度、室内外机的连接率、室外温度条件、融霜（制热）等因素有关。

（5）选用电动压缩式机组时，其制冷剂必须符合国家现行有关环保的规定，应选用环境友好的制冷剂。

（6）电动压缩式冷水机组应根据单台电动机的额定输入功率的大小，决定是否采用高压供电方式。

（7）设计选型时，应选用运行噪声较低、对周边环境不会导致噪声污染的冷水机组。

（8）冷水（热泵）机组水侧污垢系数随着机组运行时间的积累而增加，在很大程度上取决于所应用的水质及运行温度。相对较差的水质无法保证机组在15～20年常规应用周期中不出现结垢而影响传热。国家标准《蒸气压缩循环冷水(热泵)机组 第1部分：工业或商业用及类似用途的冷水（热泵）机组》GB/T 18430.1—2007和《蒸气压缩循环冷水(热泵)机组 第2部分：户用及类似用途的冷水（热泵）机组》GB/T 18430.2—2016规定机组名义工况时的蒸发器水侧污垢系数为0.018m²·℃/kW，冷凝器水侧污垢系数为0.044m²·℃/kW，与美国采暖空调制冷协会的ARI 550/590标准规定相同。由于我国实际用水水质的影响，应当考虑实际机组运行的污垢系数有加大的现象出现。污垢系数对冷水（热泵）机组制冷（供热）量的影响可参考图4.3-16，该图取自2000ASHARE Systems and Equipment Handbook（P35.8）。

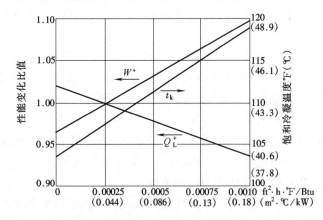

图4.3-16　污垢系数对冷水机组性能的影响

注：Q_L^+—冷水机组实际制冷量/冷水机组设计制冷量；

W^+—压缩机实际耗功量/压缩机设计耗功量；

t_k—饱和冷凝温度，℉（℃）；

机组冷凝器设计污垢系数=0.00025ft²·h（℉/Btu）

（0.044m²·℃/kW）；机组冷水出水温度为44℉

（6.67℃）；冷凝器冷却水进水温度为85℉（29.4℃）。

由图可见，随着机组水冷冷凝器污垢系数的增加，机组的饱和冷凝温度 t_k 提高，制冷量（Q_L^+）下降，消耗功（W^+）上升。显而易见，机组的性能系数 COP 也随着污垢系数的增加而下降。

4.3.6　各类电机驱动压缩机的制冷（热泵）机组的能效限定值及能效等级

1. 冷水机组能效限定值及能效等级标准

《冷水机组能效限定值及能源效率等级》GB 19577—2015 规定，能源效率等级（简称能效等级）按机组名义工况制冷条件下，依据性能系数、综合部分负荷性能系数大小，依次分成 1、2、3 三个等级，2 级为冷水机组节能评价值，3 级为能效限定值，如表 4.3-18 所示。

冷水机组能效限定值及能效等级　　　　　　　　表 4.3-18

类型	名义制冷量 CC (kW)	能效等级 IPLV/COP (W/W)		
		1 IPLV/COP	2 IPLV/COP	3 IPLV/COP
风冷式或蒸发冷却式	CC≤50	3.8/3.2	3.6/3.0	2.8/2.5
	CC>50	4.0/3.4	3.7/3.2	2.9/2.7
水冷式	CC≤528	7.2/5.6	6.3/5.3	5.0/4.2
	528<CC≤1163	7.5/6.0	7.0/5.6	5.5/4.7
	CC>1163	8.1/6.3	7.6/5.8	5.9/5.2

注：1. 冷水机组的实测 IPLV 和 COP 值应同时大于或等于表中 3 级所对应的指示值；
　　2. 节能评价值应满足对应的能效等级 2 级中 IPLV 或 COP 的指标值；
　　3. IPLV 值是冷水机组单机测试数据。

《公共建筑节能设计标准》GB 50189—2015 规定，电机驱动压缩机的蒸气压缩循环冷水（热泵）机组，在额定制冷工况和规定条件下，性能系数（COP）以及部分负荷性能系数（IPLV）不应低于表 4.3-19 的规定。

名义制冷工况和规定条件下冷水（热泵）机组的制冷性能系数 COP
与部分负荷性能系数 IPLV　　　　　　　　表 4.3-19

类型		名义制冷量 CC (kW)	性能系数 COP (W/W) /部分负荷性能系数 IPLV					
			严寒 A、B 区	严寒 C 区	温和地区	寒冷地区	夏热冬冷地区	夏热冬暖地区
水冷	活塞式/涡旋式	CC≤528	4.10/4.90				4.20/5.05	4.40/5.25
	螺杆式	CC≤528	4.60/5.35	4.70/5.45			4.80/5.55	4.90/5.65
		528<CC≤1163	5.00/5.75			5.10/5.85	5.20/5.90	5.30/6.00
		CC>1163	5.20/5.85	5.30/5.95	5.40/6.10	5.50/6.20	5.60/6.30	
	离心式	CC≤1163	5.00/5.15	5.10/5.25	5.20/5.35	5.30/5.45	5.40/5.55	
		1163<CC≤2110	5.30/5.40	5.40/5.50	5.40/5.55	5.50/5.60	5.60/5.75	5.70/5.85
		CC>2110	5.70/5.95			5.80/6.10	5.90/6.20	
风冷或蒸发冷却	活塞式/涡旋式	CC≤50	2.60/3.10				2.70/3.20	2.80/3.20
		CC>50	2.80/3.35				2.90/3.40	2.90/3.45
	螺杆式	CC≤50	2.70/2.90		2.80/3.0		2.90/3.10	
		CC>50	2.90/3.10				3.00/3.20	

注：1. 水冷变频螺杆式机组的性能系数不应低于表列数值的 0.95 倍；水冷变频离心式机组的性能系数不应低于表列数值的 0.93 倍；
　　2. 水冷变频螺杆式机组的综合部分负荷性能系数不应低于表列限值的 1.15 倍；水冷变频离心式机组的综合部分负荷性能系数不应低于表列限值的 1.30 倍。

《水（地）源热泵机组能效限定值及能效等级》GB 30721—2014 规定，表示能效等级的全年综合性能系数见表 4.3-20。

水（地）源热泵机组能效等级 表 4.3-20

类　型		名义制冷量 CC (kW)	全年综合性能系数 ACOP (W/W)		
			1 级	2 级	3 级
冷热风型	水环式	—	4.20	3.90	3.50
	地下水式	—	4.50	4.20	3.80
	地埋管式	—	4.20	3.90	3.50
	地表水式	—	4.20	3.90	3.80
冷热水型	水环式	CC≤150	5.00	4.60	3.80
		CC>150	5.40	5.00	4.00
	地下水式	CC≤150	5.30	4.90	3.90
		CC>150	5.90	5.50	4.40
	地埋管式	CC≤150	5.00	4.60	3.80
		CC>150	5.40	5.00	4.00
	地表水式	CC≤150	5.00	4.60	3.80
		CC>150	5.40	5.00	4.00

我国现行行业标准《蓄能空调工程技术标准》JGJ 158—2018 规定，除动态制冰机组外，双工况制冷机组性能系数（COP）和制冰工况制冷量变化率 C_r 不应低于表 4.3-21 的规定。

双工况制冷机组性能系数（COP）和制冰工况制冷量变化率（C_r） 表 4.3-21

冷机类型		名义制冷量 CC (kW)	性能系数（COP）		制冰工况制冷量变化率
			空调工况	制冰工况	
水冷	螺杆式	CC≤528	4.3	3.3	65%
		528<CC≤1163	4.4	3.5	
		11+63<CC≤2110	4.5	3.5	
		CC>2110	4.6	3.6	
	离心式	1163<CC≤2110	4.5	3.8	60%
		CC>2110	4.6	3.8	
风冷或蒸发冷却	活塞或涡旋式	50<CC≤528	2.7	2.6	70%
	螺杆式	CC>528	2.7	2.5	65%

注：双工况冷水机组空调与制冰工况参数应符合《蓄能空调工程技术标准》JGJ 158 的规定。

2. 多联式空调（热泵）机组能效限定值及能效等级

能效等级——制冷综合性能系数 IPLV（C）见表 4.3-22。

多联式空调（热泵）机组能源效率等级指标　　　　　　　　　　表 4.3-22

名义制冷量CC（W）	能效等级 IPLV（C）（W/W）		
	1	2	3
CC≤28000	3.60	3.40	3.20
28000＜CC≤84000	3.55	3.35	3.15
CC＞84000	3.50	3.3	3.10

> 注：制冷综合性能系数 IPLV（C）是按照国家标准《多联式空调（热泵）机组》GB/T 18837—2002 附录 A 规定的方法试验和计算的，描述部分负荷制冷效率的值。

国家标准《公共建筑节能设计标准》GB 50189—2015 规定，多联式空调（热泵）机组在额定制冷工况和规定条件下，制冷综合性能系数 IPLV（C）不应低于表 4.3-23 的规定，即全部应为 1 级能效等级产品。

名义制冷工况和规定条件下多联式空调（热泵）机组制冷

综合性能系数 IPLV（C）　　　　　　　　　　表 4.3-23

名义制冷量CC（kW）	制冷综合性能系数 IPLV（C）（W/W）			
	严寒 A、B 区	严寒 C 区温和地区	寒冷地区	夏热冬冷地区夏热冬暖地区
CC≤28	3.80	3.85	3.90	4.00
28＜CC≤84	3.75	3.80	3.85	3.95
84＜CC	3.65	3.70	3.75	3.80

国家标准《低环境温度空气源多联式热泵（空调）机组》GB/T 25857—2010 规定的制热部分负荷性能测试工况如表 4.3-24 所示。

制热部分负荷工况　　　　　　　　　　表 4.3-24

项　目	负荷（%）	室内侧入口空气状态		室外侧入口空气状态	
		干球温度（℃）	湿球温度（℃）	干球温度（℃）	湿球温度（℃）/相对湿度（%）
制热综合部分性能试验	100	20	—	—12	—
	75			—6	相对湿度 50%～65%
	50			0	
	25			7	湿球温度 6℃

机组的综合制热性能系数 $IPLV（H）$ 不应小于 2.2W/W。

3. 单元式空气调节机能效限定值及能效等级标准

国家标准《低环境温度空气源热泵（冷水）机组能效限定值及能效等级》GB 37480—2019 给出采用电动机驱动的、低环境温度运行的风（水）型低环境温度空气源热泵（冷水）机组、供暖用低环境温度空气源热泵热水机、供暖用低温型商业或工业用及类似用途的热泵热水机的能效等级指标值，具体见表 4.3-25。

低温热泵机组能效等级指标值　　　　　　　　　　表 4.3-25

名义制热量（或名义制冷量）kW	额定出水温度	能效等级			
		1	2	3	
		综合部分负荷性能系数 $IPLV（H）$（W/W）	综合部分负荷性能系数 $IPLV（H）$（W/W）	综合部分负荷性能系数 $IPLV（H）$（W/W）	制热性能系数 COP_h（W/W）
$H\leqslant35$（或 $CC\leqslant50$）	35℃①	3.40	3.20	3.00	2.40
	41℃②	3.20	2.80	2.60	2.10
	55℃③	2.30	1.90	1.70	1.60
$H>35$（或 $CC>50$）	35℃	3.40	3.20	3.00	2.40
	41℃	3.00	2.80	2.60	2.30
	55℃	2.10	1.90	1.70	1.60

① 主要适用于低温辐射供暖末端，如低温热水地面辐射供暖。
② 主要适用于强制对流供暖末端，如风机盘管、强制对流低温散热器等。
③ 主要适用于自然对流和辐射结合的供暖末端，如风机盘管、低温散热器等。

国家标准《单元式空气调节机能效限定值及能源效率等级标准》GB 19576—2019，能效等级规定的指标值见表 4.3-26。

单元式空气调节机能源效率等级指标值　　　　　　表 4.3-26

类型			能效等级		
			1	2	3
风冷式单元式空调机	单冷型 $SEER$（Wh/Wh）	$7000W\leqslant C\leqslant14000W$	4.50	3.80	2.90
		$CC>14000W$	3.60	3.00	2.70
	热泵型 APF（Wh/Wh）	$7000W\leqslant CC\leqslant14000W$	3.50	3.10	2.70
		$CC>14000W$	3.40	3.00	2.60
水冷式单元式空调机 $IPLV$（W/W）		$CC>14000W$	4.50	4.30	3.70
		$7000W\leqslant CC\leqslant14000W$	4.00	3.70	3.30
计算机和数据处理机房用单元式空调机 $AEER$（W/W）		风冷式	4.00	3.60	3.00
		水冷式	4.20	4.00	3.50
		乙二醇经济冷却式	3.90	3.70	3.20
		风冷双冷源式	3.60	3.40	2.90
		水冷双冷源式	4.10	3.90	3.40
通信基站用单元式空气调节机 COP（W/W）			3.20	300	2.80
恒温恒湿型单元式空气调节机 $AEER$（W/W）			4.00	3.70	3.00

注：$SEER$—制冷季节能源消耗效率；APF—热泵型机组全年能源消耗效率；$AEER$—全年能效比，计算条件和方法见 GB 19576—2019 的规定。

国家标准《公共建筑节能设计标准》GB 50189—2015 规定，名义制冷量大于 7100W、采用电机驱动压缩机的单元式空气调节机、风管送风式和屋顶式空气调节机组时，在名义制冷工况和规定条件下，其能效比（EER）不应低于表 4.3-27 的规定。

名义制冷工况和规定条件下单元式空调机、风管送风式和
屋顶式空气调节机组能效比 EER　　　　表 4.3-27

类型		名义制冷量 CC（kW）	能效比 EER（W/W）					
			严寒 A、B 区	严寒 C 区	温和地区	寒冷地区	夏热冬冷地区	夏热冬暖地区
风冷	不接风管	7.1<CC≤14.0	2.70			2.75	2.80	2.85
		CC>14.0	2.65			2.70	2.75	
	接风管	7.1<CC≤14.0	2.50			2.55	2.60	
		CC>14.0	2.45			2.50	2.55	
水冷	不接风管	7.1<CC≤14.0	3.40	3.45		3.50	3.55	
		CC>14.0	3.25	3.30		3.35	3.40	3.45
	接风管	7.1<CC≤14.0	3.10		3.15	3.20	3.25	
		CC>14.0	3.00		3.05	3.10	3.15	3.20

注：国家标准《屋顶式空气调节机组》GB/T 20738—2018 规定机组性能评价指标与国家标准《单元式空气调节机能效限定值与能效等级》GB 19576—2019 保持一致。

国家标准《风管送风式空调机组能效限定值及能效等级》GB 37479—2019（包括风管送风式空调（热泵）机组和直接蒸发式全新风空气处理组）给出了能效等级指标：水冷式采用 IPLV 评价；风冷式采用 SEER（单冷型）和 APF（热泵型）评价；全新风机组采用 EER 评价。

国家标准《计算机和数据处理机房用单元式空气调节机》GB/T 19413—2010 对机房用单元式空气调节机提出了工况指标和能效考核指标——全年能效比（AEER）限值，并规定了有关计算条件和方法。

4. 房间空气调节器能效限定值及能效等级标准

国家标准《房间空气调节器能效限定值及能效等级》GB 21455—2019 包括热泵型、单冷型房间空调器和低环境温度空气源热泵风机，给出了有关等级指标条件和计算规定，等级指标值见表 4.3-28～表 4.3-30。转速一定型压缩机的房间空调器（热泵型和单冷式）应不小于能效等级的 5 级指标；转速可控型压缩机的房间空调器（热泵型和单冷式）应不小于能效等级的 3 级指标。

热泵型房间空气调节器能效等级指标值　　　　表 4.3-28

额定制冷量 CC（W）	全年能源消耗效率 APF（W/W）				
	1 级	2 级	3 级	4 级	5 级
CC≤4500W	5.00	4.50	4.00	3.50	3.30
4500<CC≤7100W	4.50	4.00	3.50	3.30	3.20
7100<CC≤14000W	4.20	3.70	3.30	3.20	3.10

注：APF——空调器在制冷季节和制热季节期间，从室内除去的热量与送入室内的热量的总和与同期间内消耗电量的总和之比。

单冷式房间空气调节器能效等级指标值　　　　表 4.3-29

额定制冷量 CC（W）	制冷季节能源消耗效率 SEER（W/W）				
	1 级	2 级	3 级	4 级	5 级
CC≤4500W	5.80	5.40	5.00	3.90	3.70
4500<CC≤7100W	5.50	5.10	4.40	3.80	3.60
7100<CC≤14000W	5.20	4.70	4.00	3.70	3.50

注：SEER——制冷季节期间，空调器进行制冷运行时从室内除去的热量总和与消耗电量的总和之比。

名义制热量 HC (W)	制热季节性能系数 HSPF（W/W）		
	1 级	2 级	3 级
HC≤4500W	3.40	3.20	3.00
4500＜HC≤7100W	3.30	3.10	2.90
7100＜HC≤14000W	3.20	3.00	2.80

低环境温度空气源热泵热风机能效等级指标值　　表 4.3-30

注：HSPF——制热季节期间，空调器进行制热运行时，送入室内的热量总和与消耗电量的总和之比。

4.4　蒸气压缩式制冷系统及制冷机房设计

4.4.1　蒸气压缩式制冷系统的组成

空气调节用蒸气压缩式制冷系统的水系统由两个独立的环路系统组成：蒸气压缩式制冷机的蒸发器＋冷水泵＋空调末端装置环路系统；蒸气压缩式制冷机的冷凝器＋冷却水泵＋冷却塔（或地源水系统）环路系统。对于常用的冷水机组水系统的两个独立环路系统为：蒸气压缩式冷水机组＋冷水泵＋空调末端装置环路系统；蒸气压缩式冷水机组＋冷却水泵＋冷却塔（或地源水系统）环路系统。由制冷剂循环所形成的系统则是：蒸气压缩式制冷机＋冷凝器＋蒸发器。

4.4.2　制冷剂管道系统的设计

1. 制冷剂管道系统的设计原则

（1）按工艺流程合理，操作、维修、管理方便，运行可靠的原则进行管道的配置。

（2）配管应尽可能短而直，以减少系统制冷剂的充灌量及系统的压力降。

（3）必须保证供给蒸发器适量的制冷剂，并且能够顺利地实现制冷系统的循环。

（4）管径的选择合理，不允许有过大的压力降产生，以防止系统制冷能力和制冷效率的不必要的降低。

（5）根据制冷系统的不同特点和不同管段，必须设计有一定的坡度和坡向。

（6）输送液体的管段，除特殊要求外，不允许设计成倒"U"形管段，以免形成阻碍流动的气囊。

（7）输送气体的管段，除特殊要求外，不允许设计成"U"形管段，以免形成阻碍流动的液囊。

（8）必须防止润滑油积聚在制冷系统的其他无关部分。

（9）制冷系统在运行中，如发生有部分停机或全部停机时，必须防止液体进入制冷压缩机。

（10）必须按照制冷系统所用的不同制冷剂特点，选用管材、阀门和仪表等。

2. 制冷剂管道的材质

氨制冷剂管道的材质要求，见第 4.9.6 节。

R134a、R410A 等制冷剂管道采用黄铜管、紫铜管或无缝钢管，管内壁不宜镀锌。通常公称直径在 25mm 以下，用黄铜管、紫铜管；25mm 和 25mm 以上用无缝钢管。多联机的制冷剂管道宜采用挤压工艺生产的铜管，挤压管较拉伸工艺生产的铜管壁厚更为均匀。

制冷系统的润滑油管采用制冷剂管道同样的材质。

3. 制冷剂管道系统的设计

对于能溶解一定数量润滑油的制冷剂，管道系统的设计应当使得润滑油在系统内形成良好的循环。

（1）制冷压缩机吸气管道设计

1）制冷压缩机吸气管道应有≥0.01的坡度，坡向压缩机。

2）蒸发器布置在制冷压缩机之下时，管道设计可分成两种情况：一组蒸发器，选定适合的吸气竖管尺寸。

多组蒸发器，由于制冷负荷的变化，当负荷较小时，要保证吸气竖管内制冷剂能有足够的速度，就应采用双吸气竖管，其做法如图4.4-1所示。

3）制冷系统采用两台压缩机并连接管时，设计的吸气管道应对称布置。

（2）制冷压缩机排气管道设计

1）制冷压缩机排气水平管应有≥0.01的坡度，坡向油分离器或冷凝器。

2）两台制冷压缩机合用一台冷凝器，且冷凝器在压缩机的下方时，应将水平管道做成向下的坡度，同时在汇合处将管道做成45°Y形三通连接，如图4.4-2所示。

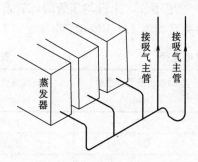

图 4.4-1　三台相同标高的蒸发器
蒸发器管道连接示意图

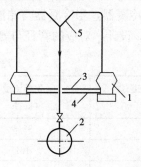

图 4.4-2　Y形管道连接示意图
1—制冷压缩机；2—冷凝器；
3—均压管；4—均液管；5—Y形管

（3）冷凝器与储液器之间的管道设计

壳管式冷凝器与储液器之间的管道设计如图4.4-3所示，壳管式冷凝器中的液体是利用重力经管道自由流入储液器中，因而到储液器的排液管，其流速在满负荷时不应大于0.5m/s，水平管段应有0.001～0.003的坡度，坡向储液器。如在冷凝器与储液器之间的管道设计有阀门时，阀门应安装在距冷凝器下部出口处不少于200mm处。

（4）冷凝器或储液器至蒸发器之间的管道设计

一般按照合理的压力降来选择相应的液体管管径，同时应防止闪发气体的产生。

应当指出，以上设计不是一成不变的，人们所

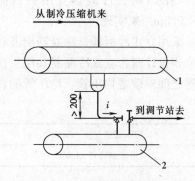

图 4.4-3　壳管式冷凝器至储液
器的管道连接示意图
1—壳管式冷凝器；2—储液器

知道的多联机系统，系统的制冷室外机可以是多台组合。同时，制冷剂可向数十台（有的可连接64台）直接蒸发式的室内机供给，这是由于妥善地解决了每一回路供液的合理匹配与回油技术，并采用了有效的油位控制技术，其管路的总长度可达1000m，最大等效单管长达240m，室内外机高差达110m。

4. R717制冷剂管道系统的设计

氨有毒性，有爆炸危险，同时润滑油不能溶解于氨液中，故氨制冷剂管道系统的设计应当高度重视安全性，并处理好润滑油的排放与回收。

（1）R717制冷压缩机吸气管道设计

制冷压缩机吸气管道的坡度应≥0.003，坡向蒸发器、液体分离器或低压循环储液器，以防止停车时氨液流向压缩机引发液击。当多台压缩机并联时，为防止氨液由干管吸入压缩机，到压缩机的支管应由主管顶部或由侧部向上呈45°接出。

（2）R717制冷压缩机排气管道设计

制冷压缩机排气管道的坡度应≥0.01，坡向油分离器。

当多台压缩机并联时，为防止润滑油进入压缩机，应将压缩机的支管由主管顶部或由侧部向上呈45°接出。

（3）冷凝器与储液器之间的管道设计

采用卧式冷凝器，当冷凝器与储液器之间的管道不长，未设均压管时，管道内液体流速应按0.5m/s设计，对应的管径与氨液流量的关系如表4.4-1所示。

冷凝器出液管道直径　　　　　　　　　　　　　　　　　　表4.4-1

冷凝器出液管道直径（mm）	氨液流量（kg/h）	冷凝器出液管道直径（mm）	氨液流量（kg/h）
9	95.5	38	1200
12	161	50	2020
20	300	65	3300
25	491	75	5070
32	872	100	8780

当设计两台冷凝器共用一台储液器时，冷凝器之间的压力平衡靠管道内液体流速<0.5m/s来实现。

采用立式冷凝器，冷凝器出液管与储液器进液阀间的最小高差为300mm。

当设计两台立式冷凝器共用一台储液器时，此时储液器为波动式储液器，冷凝器与储液器之间应设置均压管。均压管的直径如表4.4-2所示。

均压管道直径　　　　　　　　　　　　　　　　　　表4.4-2

均压管道直径（mm）	20	25	32
最大制冷量（kW）	779	1064	1766

（4）冷凝器或储液器至洗涤式氨油分离器之间的管道设计

氨油分离器的进液管道，应从冷凝器或储液器的底部接出；洗涤式氨油分离器的规定液位高度应比冷凝器或储液器的出液总管低250～300mm（蒸发式冷凝器除外）。

（5）不凝气体分离器（空气分离器）的管道设计

卧式四重管空气分离器、立式不凝气体分离器均按生产厂家提供的管道尺寸设计，分离器的安装高度一般距地坪 1.2m 左右。

（6）储液器与蒸发器之间的管道设计

储液器至蒸发器的液体管道可以经调节阀直接进入蒸发器中，当采用调节站时，其分配总管的面积应大于各支管截面积之和。

（7）安全阀的管道设计

安全阀的管道直径不应小于安全阀的公称通径。当几个安全阀共用一根安全总管时，安全总管的面积应大于各安全阀支管截面积之和。排放管应高于周围 50m 内最高建筑物（冷库除外）的屋脊 5m，并有防雨罩和防止雷击、防止杂物落入泄压管内的措施。

5. 制冷剂管道直径的选择

制冷剂管道直径的选择应按其压力损失相当于制冷剂饱和蒸发温度的变化值确定，有相应的选用图表可供使用。制冷剂饱和蒸发温度或饱和冷凝温度的变化值，应符合下列要求：

（1）制冷剂蒸气吸气管，饱和蒸发温度降低应不大于 1℃；

（2）制冷剂排气管，饱和冷凝温度升高应不大于 0.5℃。

6. 制冷剂管道系统的安装

（1）制冷剂管道阀门的单体试压

制冷设备及管道的阀门，均应经单独压力试验和严密性试验合格后，再正式装至其规定的位置上；强度试验的压力为公称压力的 1.5 倍，保压 5min 应无泄漏；常温严密性试验，应在最大工作压力下关闭、开启 3 次以上，在开启和关闭状态下应分别停留 1min，其填料各密封处应无泄漏现象，合格后应保持阀体内的干燥。

（2）制冷剂管道的安装要求

1）制冷剂管道的安装应符合现行国家标准《工业金属管道工程施工规范》GB 50235、《工业金属管道工程施工质量验收规范》GB 50184、《自动化仪表工程施工及验收规范》GB 50093 和《制冷设备、空气分离设备安装工程及验收规范》GB 50274 的有关规定。多联机空调系统的制冷剂管道安装还应执行《多联机空调系统工程技术规程》JGJ 174 的有关规定。

2）输送制冷剂的碳素钢管道的焊接，应采用氩弧焊封底，电弧焊盖面的焊接工艺。

3）液体支管时，必须从干管底部或侧面接出；气体支管引出时，应从干管顶部或侧面接出。有两根以上的支管从干管引出时，连接部位应相互错开，间距不应小于 2 倍支管管径，且不应小于 200mm。供液管不应出现上凸的弯曲；吸气管除专设的回油管外，不应出现下凹的弯曲。

4）与压缩机或其他设备相接的管道不得强迫对接。法兰、螺纹等连接处的密封材料，应选用金属石墨垫、聚四氟乙烯带、氯丁橡胶密封液或甘油—氧化铝；与制冷剂氨接触的管路附件不得使用铜和铜合金材料；制冷剂接触的铝密封垫片应使用纯度高的铝材制作。

5）管道穿过墙或楼板应设钢制套管，焊缝不得置于套管内。钢制套管应与墙面或楼板底面平齐，但应比地面高 20mm。管道与套管的空隙宜为 10mm，应用隔热材料填塞，并不得作为管道的支撑。

6）制冷剂管道的弯管及三通应符合下列规定：

① 弯管的弯曲半径宜为不应小于 4D，椭圆率不应大于 8%。不得使用焊接弯管（虾壳弯）及褶皱弯管。

② 制作三通时，支管应按介质流向弯成 90°弧形与主管相连，不宜使用弯曲半径小于 1.5D 的压制弯管。

7）多联机系统中的铜管安装尚应符合下列规定：

① 由于多联机系统的管路安装基本都是在施工作业中的建筑物内安装，只有高度重视管路安装质量和管路的保护，才能保证系统的正常运行。

② 铜管切割必须采用专用刀具——专用割刀，切口表面应平整，不得有毛刺、凹凸等缺陷，切口平面允许倾斜偏差为管子直径的 1%。

③ 铜管及铜合金的弯管应采用弯管器弯制，椭圆率不应大于 8%。

④ 铜管喇叭口的加工应使用专用夹具；喇叭口与设备的连接必须采用两把扳手进行紧固作业，其中一把扳手应为力矩扳手，且力矩应符合表 4.4-3 的规定。

喇叭口拧紧力矩　　　　　　　　　　　　　　表 4.4-3

配管尺寸 D_0（mm）	6.4	9.5	12.7	15.9	19.0
拧紧力矩（kN·cm）	1.42~1.72	3.27~3.99	4.95~6.03	6.18~7.54	9.27~11.86

铜管焊接的最小插入尺寸和与铜管间的距离应满足 JGJ 174 的规定。

严禁在管道内有压力的情况下进行焊接。

4.4.3 制冷系统的自动控制与经济运行

1. 制冷系统自动控制的主要环节

制冷系统的自动控制一般有以下主要环节：

（1）联锁控制：

1）启动：开冷却塔风机，经延时后启动冷却水泵，再经延时后启动冷冻水泵，最后经延时后启动制冷机组（现多为冷水机组）。

2）停止：首先停止制冷机组工作，经延时后关闭冷冻水泵，再经延时后关闭冷却水泵，最后关闭冷却塔风机。

（2）保护控制：冷冻水泵、冷却水泵启动后，水流开关检测水流状态，当水压过低时发出启动水泵信号，当水压过高时发出停泵信号。

（3）制冷机组自身的运行控制和保护控制：目前，制冷机组（冷水机组）均配备有完善的控制系统，一般测控的项目有：压缩机控制，包括压缩机的流量控制、压缩机进、排气温度控制、压缩机的进排气压力控制、润滑油系统控制、润滑油压差及电机的超载情况等；蒸发器和冷凝器的进出口水温控制、蒸发器和冷凝器的水流开关；设置电压保护、相序保护、防连续启动保护、低压保护、高压保护、电机过电流热保护和油压保护等。同时，也能提供可编程的中央控制器实现对冷冻水泵、冷却水泵、冷却塔运行的自动控制。

制冷机组（冷水机组）的节流控制，日趋采用电子膨胀阀，有的采用分级步进电机驱动，以保证机组在满负荷及部分负荷下稳定、高效运行。

对于装备多台压缩机的机组，多具备自动控制各工作回路的能力，能够独立控制各回路中各台压缩机的启停及上下载顺序，合理均衡部分负荷工况下各回路及各压缩机的运行时间，提高系统的可靠性。

2. 制冷系统的经济运行

（1）对于压缩式制冷循环，实际循环的经济性与理论循环是不同的，为了有效提高实际运行的经济性，压缩式机组的供货商一方面致力于产品能效比的提高；另一方面致力于产品适应部分负荷工况的调节、优化控制。因而，尽可能选择性能优良，尤其是部分负荷条件下调节性能优异的压缩式冷水（热泵）机组是实现制冷系统经济运行的基本前提。

（2）维持并维护压缩机润滑油系统的可靠运行，能够保证在换热器表面，尤其是采用干式蒸发器时，不会形成较多油膜，产生附加热阻，是一个应当高度重视的且十分必要的措施。

（3）对于系统中的空气分离器应保持良好作用，否则，当含有空气或其他不凝性气体时，它们的分压力会增大冷凝器的总压力，导致压缩机的输入功耗增加。

（4）对于制冷剂中的干燥处理，应保持有效处理。制冷剂的水分会增加制冷剂的沸点，当低于0℃时，还会使水结冰，对一些结构部件产生各种有害作用，如堵塞节流孔、卡住调节机构的活动部件等。

（5）水系统中，尤其是冷水水泵和冷却水泵的设计选择，实际运行往往表现为过大配置，导致实际运行的进出水温差过小，如实际工程中大量的冷水机组供回水温差处于2～3℃的工况下运行，显然，造成水泵的功耗大幅度增加。因而，需对实际运行的制冷系统中的水泵扬程、流量的合理配置、优化，成为系统经济运行的重要措施之一。

（6）对系统冷、热量的瞬时值和累计值进行监测，多台冷水机组优先采用由冷量优化控制运行台数的方式。对制冷系统运行能耗数据分析是发现问题、解决问题的基础工作之一，要实现系统的各类设备用电量的分项计量，如：冷水机组总用电量、冷冻水水泵总用电量、冷却水水泵总用电量、冷却塔风机总用电量等。同时，应对冷却水的补水量进行计量。

（7）合理调度间歇运行机组的启停时间，应设自动启停控制装置；控制装置应具备根据室外和室内条件，按预定时间进行最优启停的功能。

（8）多台机组当部分机组运行时，为防止发生冷冻水、冷却水的旁路经过停止运行的机组，应关闭处于停止运行机组的对应管路上的阀门。

（9）做好机组、系统内设备的定期维护、检修工作，如防止换热器表面结垢、过滤器堵塞等。目前采用的制冷机组冷凝器在线清洗系统装置等清洁换热器表面的设施，正得到推广应用。该类装置已有行业标准《水冷冷水机组管壳式冷凝器胶球自动在线清洗装置》JB/T 11133，装置由发球机、捕球器、管路、电气控制器等组成，采用改性后的天然橡胶发泡成型的胶球，靠压差流经换热器内壁，清洁换热器管簇内表面的污垢。安装了一种冷凝器胶球自动在线清洗装置的冷水机组的现场照片如图4.4-4所示。

（10）针对具体项目做好设备合理优化运行的设计，并确保能够实现实时控制。再好的机组或系统的控制软件，都应该有一个二次开发，即因使用地点的气候变化以及使用建筑功能的变化，需要做出调整、变更和进一步的优化。

实现经济运行应遵循现行国家标准《空调通风系统运行管理标准》GB 50365

图4.4-4 胶球在线清洗装置的现场实景

和《空气调节系统经济运行》GB/T 17981 的有关规定。

3. 制冷系统物联网＋云平台

物联网＋云平台服务于集中空调工程用户，是一个以大数据采集、专业分析、节能服务、智能维保、多项目统一管理的物联网开放平台，它由设备制造、供货商提供，为客户提供系统全面的节能增效和能源管理一体化解决方案，且提供有手机 APP 的操作界面。其主要特征如下：

（1）自联网

制冷系统设备＋无线模块，实现设备出厂即自行联网，动态采集出厂调试数据、安装调试数据及实时运行数据，通过对比分析各阶段数据，优化设备运行控制逻辑，实现设备全生命周期线上管理。

（2）自节能

制冷系统设备＋云平台，可实现设备远程开关机、温度设定、24h 机组状态监控、故障预警等功能，为用户实现远程无忧运行；平台通过大数据分析技术，动态分析设备运行工况，记录最佳节能运行参数，实现设备的自我节能。

（3）自优化

制冷系统设备＋云平台的机器学习算法，可不断优化节能控制模型，可随时升级节能控制逻辑，并将最新的逻辑通过远程升级功能下发设备＋云控柜（对冷水机组、冷水泵、冷却水泵、冷却塔、水处理设施和机房集控系统通过软件实现群控），保证设备在不同工况下仍处于最佳节能运行状态，实现机房自我优化的功能。

4.4.4 制冷机房设计及设备布置原则

1. 制冷机的选择

（1）制冷机冷凝温度的确定。选择制冷机时，其冷凝温度应符合下列规定：

① 水冷式冷凝器，宜比冷却水进出口平均温度高 5～7℃；

② 风冷式冷凝器，应比夏季空气调节室外计算干球温度高 15℃。

③ 蒸发式冷凝器，宜比夏季空气调节室外计算湿球温度高 8～15℃。

（2）制冷机蒸发温度的确定。选择制冷机时，其蒸发温度应符合下列规定：

① 卧式壳管式蒸发器，宜比冷水出口温度低 2～4℃，但不应低于 2℃。

注：冷水出口温度不应低于 5℃。

② 螺旋管式和直立管式蒸发器，宜比冷水出口温度低 4～6℃；

（3）水冷式冷凝器的冷却水进出口温差，宜按下列数值选用：

① 立式壳管式冷凝器：1.5～3℃；

② 卧式壳管式、套管式和组合式冷凝器：4～6℃。

注：冷却水进口温度较高时，温差应取较小值，进口温度较低时，温差应取较大值。

（4）风冷式冷凝器的空气进出口温差，不应大于 8℃。

（5）制冷机的台数的确定。选择制冷机时，台数不宜过多，冷水机组的台数宜为 2～4台，一般不考虑备用，并应与空气调节负荷变化情况及运行调节要求相适应。小型工程只需一台机组时，宜采用多机头机型。

注：工艺有特殊要求必须连续运行的系统，可设置备用的制冷机。

一般根据制冷量进行压缩式制冷机组的配置选型：制冷量为 528～1750kW 的制冷机

房，可选用往复式或螺杆式制冷机，其台数不宜少于两台。

大型制冷机房，当选用制冷量大于或等于 1160kW 的一台或多台离心式制冷机时，宜同时设置一台或两台制冷量较小的离心式或螺杆式制冷机。

(6) 制冷装置和冷水系统的冷量损失附加。选择制冷机组时，对于单幢建筑的制冷系统一般不作附加。对于管线较长的小区管网，应按具体情况确定。

2. 制冷机房设计及设备布置的原则

(1) 制冷机房应尽可能靠近冷负荷中心布置，并应符合下列要求：

1) R22、R134a 等压缩式制冷装置，可布置在民用建筑、生产厂房及辅助建筑物内，可布置在地下室，但不得直接布置在楼梯间、走廊和建筑物的出入口处。

2) 氨压缩式制冷装置，应布置在隔断开的房间或单独的建筑物内，且不得布置在地下室，也不得布置在民用建筑和工业企业辅助建筑物内（制冷装置的辅助设备可布置在室外）。

3) 在高层民用建筑中，制冷机房一般设置于地下层，地下层的制冷机房应留有制冷装置设备进出运输、安装所需要的预留孔洞。

(2) 有工艺用氨制冷的冷库和工业等建筑，其空调系统采用氨制冷机房提供冷源时，必须满足下列要求：

1) 应采用水—空气间接供冷方式，不得采用氨直接膨胀空气冷却器的送风系统。

2) 氨制冷机房的管路设计应符合现行国家标准《冷库设计标准》GB 50072 的规定。

(3) 制冷机房、机房内的设备布置和管道连接，应符合下列要求：

1) 单独修建的制冷机房宜布置在服务区域主导风向的下风侧；而在动力站房区域内，则一般应布置在锅炉房、乙炔站、煤气站、堆煤场等的上风侧。

2) 蒸发器位置应尽可能靠近压缩机，以缩短吸气管路长度，减少压力降。

3) 大型制冷机房宜与辅助设备间和水泵间隔开，并应根据具体情况设置值班室、中央控制室、维修间以及卫生间等生活设施。机房内应有良好的通风设施；地下层机房内应设机械通风和事故通风装置，事故通风装置的通风量按有关规定计算或选取；控制室、维修间宜设空调装置。

4) 制冷机房的高度应根据设备情况确定，并应符合下列要求：对于 R22、R134a 等压缩式制冷，不应低于 3.6m；对于氨压缩式制冷，不应低于 4.8m。制冷机房的高度是指自地面至屋顶或楼板的净高。

5) 宜优先选用工厂生产冷水机组、冷水水泵和冷却水水泵共同组合配置的高效一体化机房。

6) 设置集中供暖的制冷机房，其室内温度不低于 16℃。

7) 制冷机房应设电话及事故照明，照度不宜小于 100lx，测量仪表集中处应设局部照明。

8) 制冷机房应设给水与排水设施，满足水系统冲洗、排污要求。

9) 制冷机房应考虑预留安装孔、洞及运输通道。

10) 制冷机房内的地面与机座应采用易于清洗的面层。

11) 制冷机房的设备布置和管道连接应符合制冷工艺流程，并应便于安装、操作与维修，应符合以下要求：

① 制冷机突出部分与配电柜之间的距离和主要通道的宽度，不应小于 1.5m；

② 制冷机与制冷机或其他设备之间的净距不应小于 1.2m；

③ 制冷机与墙壁之间净距和非主要通道的宽度，不应小于 1.0m；

注：兼作检修用的通道宽度，应根据设备的种类及规格确定。

④ 制冷机与其上方管道、烟道或电缆桥架的净距不应小于 1.0m；

⑤ 布置卧式壳管式蒸发器、冷水机组时，应考虑有清洗或维修的可能。

3. 压缩式制冷设备和管道的保冷

(1) 压缩式制冷设备和管道应设保冷的部位

压缩式制冷机的吸气管、蒸发器及其与膨胀阀之间的供液管；冷水管道、分水器、集水器和冷水箱等。

(2) 设备和管道保冷的要求

1) 保温层的外表面不得产生凝结水；

2) 采用非闭孔材料的保温层的外表面应设隔汽层和保护层；

3) 管道和支架之间，管道穿墙、穿楼板处，应采取防止"冷桥"发生的措施。

(3) 设备和管道保冷材料的选择

1) 保冷材料的主要技术性能应按《设备及管道绝热设计导则》GB/T 8175—2008 的要求确定。

2) 优先采用导热系数小、湿阻因子大、吸水率低、密度小、综合经济效益高的材料；保冷材料的吸水率不得大于 7.5%（重量比）；保冷材料的平均温度为 27℃时，导热系数不得大于 0.064W/(m·K)；泡沫塑料及其制品常温时的导热系数不大于 0.044W/(m·K)；用于保冷的绝热材料及其制品的密度不得大于 180kg/m³；用于保冷的有机成型绝热制品的抗压强度不得小于 0.15MPa。

3) 用于冰蓄冷系统的保冷材料，除满足上述要求外，应采用闭孔型、保异型部位简便的材料。

4) 保冷材料应为符合《建筑材料及制品燃烧性能分级》GB 8624—2012 规定的不燃或难燃（B1 级）材料。

5) 保冷材料的厚度应按防结露方法计算，再按经济厚度法核算，对比后取厚度数值较大者。

4.5 溴化锂吸收式制冷机

4.5.1 溴化锂吸收式制冷的工作原理及其理论循环

1. 溴化锂吸收式制冷的工作原理

(1) 吸收式制冷与蒸气压缩式制冷的比较

吸收式制冷和蒸气压缩式制冷一样，都是利用液态制冷剂在低压低温下气化来达到制冷的目的，但两者存在两个显著不同之处。

1) 能量补偿方式不同。按照热力学第二定律，把低温物体的热量传递给高温物体需要消耗一定的外界能量来作为补偿。蒸气压缩式制冷靠消耗电能转变为机械功来作为能量补偿；而吸收式制冷则不同，是靠消耗热能来完成这种非自发过程。因此，在热源廉价、取用方便，特别是有废热可利用的地方，吸收式制冷具有很大的优势。

2) 使用工质不同。蒸气压缩式制冷是由工质的相变完成的，所使用的工质中，除了混合工质外，均是属单一物质，如 R717、R744、R134a 等。吸收式制冷的工质则不一样，是由两种沸点不同的物质组成的二元混合物。在这种混合物中，低沸点的物质叫制冷剂，高沸点的物质叫吸收剂，因此被称为制冷剂—吸收剂工质对，例如最常用的工质对有：

① 氨—水工质对。氨在 1 个大气压下的沸点是 $-33.4℃$，为制冷剂；水在 1 个大气压下的沸点是 $100℃$，为吸收剂。氨—水工质对适用于低温，如胶片厂等化工企业的生产工艺制冷。

② 溴化锂—水工质对。水为制冷剂，由于溴化锂在 1 个大气压下的沸点高达 $1265℃$，为吸收剂。溴化锂—水工质对主要用于空调制冷。

（2）吸收式制冷工质对的特性

1）吸收式制冷工质对两组分的沸点不同

吸收式制冷工质对的二元溶液，两种组分的沸点不同，而且要相差较大才能使制冷循环中的制冷剂纯度较高，提高制冷装置的制冷效率。

2）吸收剂对制冷剂有强烈的吸收性能才能提高吸收循环的效率。如氨—水工质对，1kg 的水可吸收 700L 的氨，基本上可认为无限溶解。

3）吸收式制冷工质对的二元溶液的质量浓度。对单工质来说，若已知其温度，则其饱和蒸气压力也就随之而定了。但是，作为吸收式制冷工质对的二元溶液，其饱和蒸气压的大小必须由溶液的温度和浓度来确定。吸收式制冷工质对二元溶液的浓度常用质量浓度来表示。

如果已知吸收式制冷工质对的二元溶液中制冷剂的质量为 m_1（kg），吸收剂的质量为 m_2（kg），则：

制冷剂质量浓度：
$$\xi_1 = \frac{m_1}{m_1 + m_2} \quad (kg/kg) \tag{4.5-1}$$

吸收剂质量浓度：
$$\xi_2 = \frac{m_2}{m_1 + m_2} \quad (kg/kg) \tag{4.5-2}$$

$$\xi_1 + \xi_2 = 1 \tag{4.5-3}$$

对吸收式制冷常用的两种工质对，习惯上所说的二元溶液的质量浓度，对氨—水工质对指的是：

$$\xi = \frac{m_{NH_3}}{m_{NH_3} + m_{H_2O}} \quad (kg/kg) \tag{4.5-4}$$

对溴化锂—水工质对指的是：

$$\xi = \frac{m_{LiBr}}{m_{LiBr} + m_{H_2O}} \quad (kg/kg) \tag{4.5-5}$$

纯溴化锂，ξ 为 1；纯水，ξ 为 0。

（3）吸收式制冷系统

图 4.5-1 为吸收式制冷系统示意图。图的左半部是制冷剂循环，整个制冷剂循环与蒸气压缩式相同；图的右半部是吸收剂循环。

在吸收器中，吸收剂吸收来自蒸发器的低压制冷剂蒸气，成为含制冷剂浓度较高的制冷剂—吸收剂二元溶液，经泵升压后送入发生器。在发生器中，外部高温热源向其提供热量 ϕ_g，使二元溶液中的制冷剂大量气化成高压高温气态制冷剂。高压高温气态制冷剂去往冷凝器，剩下含有制

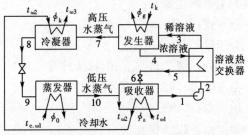

图 4.5-1　吸收式制冷系统

冷剂浓度较低的制冷剂—吸收剂二元溶液，经膨胀阀节流减压后返回吸收器。为了减少能量消耗，在吸收剂循环中增设溶液热交换器。

（4）吸收式制冷机的热力系数与热力完善度

吸收式制冷机的经济性常以热力系数作为评价指标。热力系数 ξ 是吸收式制冷机中获得的制冷量 ϕ_0 与消耗的热量 ϕ_g 之比。

$$\xi = \frac{\phi_0}{\phi_g} \tag{4.5-6}$$

和压缩式制冷中逆卡诺循环的制冷系数是最大的制冷系数相对应，在可逆吸收式制冷循环中也可以求出最大热力系数。

最大热力系数为：

$$\xi_{max} = T_0(T_g - T_e)/[T_g(T_e - T_0)] = \varepsilon_c \eta_c \tag{4.5-7}$$

式中　T_g——发生器中热媒温度，K；

　　　T_0——蒸发器中被冷却物温度，K；

　　　T_e——环境温度，K；

　　　ε_c——工作在 T_0 和 T_e 之间的逆卡诺循环的制冷系数；

　　　η_c——工作在 T_e 和 T_g 之间的卡诺循环的热效率。

热力系数与最大热力系数之比称为热力完善度，即

$$\eta_d = \xi/\xi_{max} \tag{4.5-8}$$

式（4.5-7）表明，吸收式制冷机的最大热力系数等于工作在温度 T_0 和 T_e 之间的逆卡诺循环的制冷系数 ε_c 与工作在 T_g 和 T_e 之间的卡诺循环的热效率 η_c 的乘积。它随热源温度 T_g 的升高、环境温度 T_e 的降低以及被冷却物质温度 T_0 的升高而增大。

吸收式制冷机与由热机直接驱动的压缩式制冷机相比，在对外界能量交换的关系上是等效的。只要外界的温度条件相同，二者的理想最大热力系数是相同的。因此，压缩式制冷机的制冷系数应乘以驱动压缩机的动力装置的热效率之后，才能与吸收式制冷机的热力系数进行比较。

2. 溴化锂吸收式制冷的理论循环

自从 1945 年世界上制成第一台制冷量为 $45 \times 10^4 kcal/h$ 的溴化锂吸收式制冷机，由于它具有不少优点，如噪声小、无振动、无摩擦等，能够有效利用余热，因而得到了迅速的发展，特别是在空调制冷方面占有重要地位。

（1）溴化锂水溶液

溴化锂是无色粒状结晶物，其性质和食盐相似，化学稳定性好，在大气中不会变质、分解或挥发，极易溶解于水。此外，溴化锂无毒（有镇静作用），对皮肤无刺激。无水溴化锂的主要物性如下：

分子式：LiBr；

分子量：86.856；

成　分：锂 7.99%，溴 92.01%；

密　度：3.464（25℃）；

熔　点：549℃；

沸　点：1265℃。

固体溴化锂中通常会含有一个或两个结晶水，则分子式应为 $LiBr \cdot H_2O$ 或 $LiBr \cdot 2H_2O$。

溴化锂具有极强的吸水性，对水制冷剂来说是良好的吸收剂。当温度 20℃时，溴化锂在水中的溶解度为 111.2g/100gH$_2$O。溴化锂水溶液对一般金属有腐蚀性。

由于溴化锂的沸点比水高得多，溴化锂水溶液在发生器中沸腾时只有水汽化出来，生成纯冷剂水，故不需要蒸汽精馏设备。与氨吸收式机相比，系统更为简单，热力系数也较高。其主要弱点是由于以水为制冷剂，蒸发温度不能太低。

（2）溴化锂水溶液的压力—饱和温度图

由于溴化锂水溶液沸腾时只有水汽化出来，溶液的蒸汽压就是水蒸气分压力。而水的饱和蒸汽压只是温度的单值函数，因此溶液的蒸汽压可以由该压力下水的饱和温度来代表。杜林（Duhring）法则指出：水溶液的沸点 t 与同压力下水的沸点 t' 成正比。对实验数据的分析证实了一定浓度的溴化锂水溶液符合下述关系，即：

$$t = At' + B \tag{4.5-9}$$

式中　A，B——系数，为浓度的函数。

若以溶液的温度 t 为横坐标，同压力 p 下水的沸点 t'（或 $\log p$）为纵坐标，绘制溴化锂水溶液的蒸汽压图，即为一组以浓度为参变量的直线。

（3）溴化锂水溶液的比焓—浓度图

溴化锂水溶液的比焓—浓度图如图 4.5-2 所示。比焓—浓度图上的气态部分全部集中在

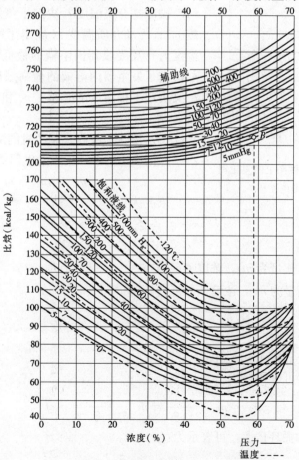

图 4.5-2　溴化锂—水溶液的比焓—浓度图

浓度为零的一根纵轴上。饱和蒸气状态可利用已知的饱和液体线，通过平衡辅助线来确定。

（4）溴化锂吸收式制冷理论循环及其在比焓—浓度图上的表示

在图 4.5-1 中，溶液热交换器的作用是使发生器出来的热浓溶液将热量传给吸收器出来的冷稀溶液，以减少发生器的耗热量，同时减少吸收器的冷却水消耗量，以提高制冷机的经济性。采取这一措施可使循环的热力系数提高大约 50%。

在溴化锂吸收式制冷装置中，冷却水系统如果采用串联式，则冷却水首先通过吸收器，出来后再至冷凝器冷却制冷剂。这是因为吸收器中冷却水温度对制冷机的性能影响大，而且冷却负荷也大。采用这种串联冷却水系统，由于进出溴化锂吸收式制冷机的冷却水温差大，因此，冷却塔应选用中温型。

在分析理论循环时假定：工质流动无损失，因此在热交换设备内进行的是等压过程；发生器压力 p_g 等于冷凝压力 p_k，吸收器压力 p_a 等于蒸发压力 p_0。发生过程和吸收过程终了的溶液状态，以及冷凝过程和蒸发过程终了的冷剂状态都是饱和状态。

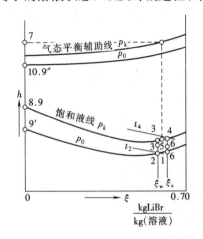

图 4.5-3 比焓—浓度图上的溴化锂吸收式制冷理论循环

图 4.5-3 所示为系统理论循环的比焓—浓度图。

决定吸收式制冷热力过程的外部条件是三个温度：热源温度 t_g，冷却介质温度 t_w 和被冷却介质温度 t_c。它们分别影响着机器的各个内部参数。

被冷却介质温度 t_c 决定了蒸发压力 p_0（蒸发温度 t_0）；冷却介质温度 t_w 决定了冷凝压力 p_k（冷凝温度 t_k）及吸收器内溶液的最低温度 t_1；热源温度 t_g 决定了发生器内溶液的最高温度 t_4。进而，p_0 和 t_1 又决定了稀溶液浓度 ξ_w；p_k 和 t_4 决定了浓溶液浓度 ξ_s 等。

（5）溴化锂吸收式制冷机的溶液循环倍率

在图 4.5-1 中，流入发生器的稀溶液流量为：

$$m_3 = m_2 = m_1 \quad (4.5\text{-}10)$$

浓度为：

$$\xi_3 = \xi_w \quad (4.5\text{-}11)$$

流出发生器的有：

制冷剂水蒸气，流量为 m_7，浓度 $\xi_7=0$；

饱和浓溶液，流量为 m_4，浓度 $\xi_4=\xi_s$。

由此，可以列出：

质量方程式：$m_3 = m_7 + m_4$ （4.5-12）

浓度方程式：$m_3\xi_3 = m_7\xi_7 + m_4\xi_4$ （4.5-13）

解以上两个方程可得到：

$$m_3 = m_7 \frac{\xi_4 - \xi_7}{\xi_4 - \xi_3} = m_7 \frac{\xi_s}{\xi_s - \xi_w} = m_7 f \quad (4.5\text{-}14)$$

上式中 f 称为溶液的循环倍率，可表示为：

$$f = \frac{m_3}{m_7} = \frac{\xi_s}{\xi_s - \xi_w} \quad (4.5\text{-}15)$$

溶液的循环倍率是指制冷剂—吸收剂溶液的质量流量与制冷剂质量流量之比，表示了溴化锂吸收式制冷机产生单位质量流量的制冷剂水蒸气所需要循环的稀溶液质量。溶液的循环倍率越小越好。因为，稀溶液的循环量越少，设备尺寸减小，溶液泵的耗电减少，循环的经济性提高。

在式（4.5-14）中，令

$$\Delta \xi = \xi_s - \xi_w \tag{4.5-16}$$

$\Delta \xi$ 称为溴化锂吸收式制冷的放气范围。由式（4.5-15）可知，放气范围大，溶液循环倍率小，运行经济性好，但溴化锂—水溶液浓度大，易产生结晶。因此，放气范围和溶液的循环倍率这两个参数很重要。溴化锂吸收式制冷的四大性能指标指的就是热力系数、热力完善度、放气范围和溶液循环倍率。

4.5.2 溴化锂吸收式制冷机的分类、特点及其主要性能参数

1. 溴化锂吸收式制冷机的分类及其特点

溴化锂吸收式制冷机的分类方法很多，主要有以下几种：

（1）按制冷循环分

1）单效型溴化锂吸收式制冷机

单效型溴化锂吸收式制冷机是溴化锂吸收式制冷机的基本形式，这种制冷机可采用低位热能，通常采用 0.03～0.15MPa（表压）的饱和蒸汽、85～140℃的热水或其他低位热源。但制冷机的热力系数较低，0.65～0.7。若专配锅炉提供驱动热源是不经济的，利用余热、废热、生产工艺过程中产生的排热等为能源，特别在热、电、冷联供中配套使用，有着明显的节能效果。

2）双效型溴化锂吸收式制冷机

由于溶液结晶条件的限制，单效型溴化锂吸收式制冷机的热源温度不能很高。当有较高温度的热源时，应采用双效型溴化锂吸收式制冷机。如有表压 0.4～0.8MPa 的蒸汽或燃油、燃气作热源时，通常采用双效型溴化锂吸收式制冷机，分别称为蒸汽双效型和直燃双效型。

图 4.5-4 为蒸汽双效型溴化锂吸收式制冷机的流程。它有高、低两级发生器，高、低压两级溶液热交换器，有时还有利用热源蒸汽的凝水热量而设置的溶液预热器。

在高压发生器中溶液沸腾时产生的冷剂水蒸气，先去低压发生器

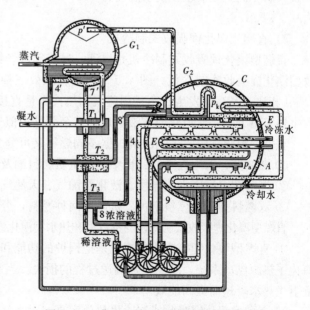

图 4.5-4 蒸汽双效型溴化锂吸收式制冷机

G_1—高压发生器；G_2—低压发生器；C—冷凝器；A—吸收器；E—蒸发器；T_1—利用蒸汽凝水的溶液预热器；T_2—高压溶液热交换器；T_3—低压溶液热交换器

作为加热溶液用的内热源，再与低压发生器中溶液沸腾时产生的冷剂蒸汽汇合在一起，作为制冷剂，去冷凝器 C 和蒸发器 E 制冷。由高压发生器的冷剂水蒸气的凝结热已用于机器的正循环中。因此，冷凝器中冷却水排走的主要是低压发生器的冷剂水蒸气的凝结热。冷凝器的热负荷仅为普通单效型溴化锂吸收式制冷机的一半，而且发生器的耗热量也减少了，热力系数可提高到 $1.1\sim1.2$。

在双效型机的高压发生器中，不仅溶液的最高温度取决于热源温度，而且溶液的压力也与热源温度有关。一般蒸汽双效型机的溶液最高温度约 $150℃$，但因溶液压力也高（约 $0.093MPa$），因而溶液浓度仍能维持在溶液结晶条件的许可范围之内。

低压发生器与普通单级发生器相似，其溶液压力仍取决于冷凝器内冷却水的温度。

（2）按使用热源分

1）蒸汽型溴化锂吸收式制冷机

蒸汽型溴化锂吸收式制冷机使用蒸汽作为驱动热源。根据工作蒸汽的品位高低，还可分为单效型和双效型。单效型工作蒸汽压力范围为 $0.03\sim0.15MPa$（表压）；双效型工作蒸汽压力范围一般为 $0.4\sim0.8MPa$（表压）；特殊的低压双效型工作蒸汽压力可低至 $0.25MPa$（表压）。

2）热水型溴化锂吸收式制冷机

热水型溴化锂吸收式制冷机使用热水作为热源。通常是以工业余热、废热、地热水、太阳能热水等为热源。根据热水温度可分为单效热水型和双效热水型。单效热水型机组的热水温度范围为 $85\sim140℃$，高于 $140℃$ 的热水可作为双效热水型机组的热源。为了适应冬季高温水供热及夏季制冷，不少公司开发了二段热水型（有的称为高温热水型）溴化锂吸收式制冷机。该机组在供水温度为 $115\sim130℃$，回水温度为 $70\sim80℃$ 时，热力系数可达 $0.7\sim0.8$。

3）直燃型溴化锂吸收式制冷机

直燃型溴化锂吸收式制冷机是以油、燃气等可燃物质为燃料，直接燃烧作为热源的双效型溴化锂吸收式制冷机。图 4.5-5 为直燃双效三筒型溴化锂吸收式冷热水机组，与图 4.5-4 相比，其高压发生器不是用蒸汽加热，而是直接用燃气或燃油来加热。因此其高压发生器实质上是一台溴化锂溶液锅炉，其余部件类似于单效吸收式制冷机的部件。

直燃型溴化锂吸收式制冷机根据不同燃料又可分为：

① 燃油型：采用轻柴油、重柴油、重质燃料油及乳化油等液体燃料的机组。

② 燃气型：采用人工煤气、液化石油气、天然气等气体燃料的机组。

③ 双燃料型：双燃料型可一机使用两种燃料，分轻油燃气型及重油燃气型。

直燃型溴化锂吸收式制冷机与蒸汽型和热水型溴化锂吸收式制冷机比较，具有如下特点：

① 直燃型溴化锂吸收式制冷机是把锅炉的功能和溴化锂吸收式制冷的功能合二为一，简化了热源供应系统，减少了热输送过程的损失。当制冷时，采用冷凝热热回收技术；制备卫生热水，进而提高能效。

② 直燃型溴化锂吸收式制冷机热效率高，对大气环境污染小，体积小，占地省。

③ 一机多用，使用范围广。直燃型溴化锂吸收式制冷机能单独或同时实现制冷、制热，必要时还可提供生活热水。

④ 采用"分隔式供热"，使直燃型溴化锂吸收式制冷机冬季供热变得十分简单。燃烧

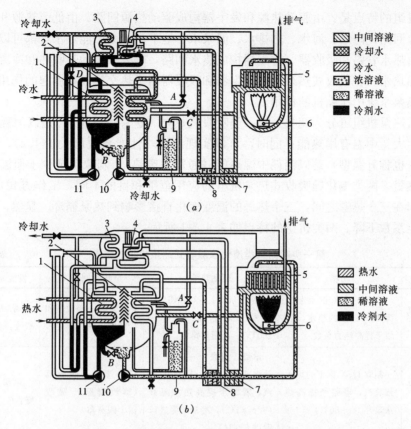

图 4.5-5　直燃双效三筒型溴化锂吸收式冷热水机组

(*a*) 制冷循环；(*b*) 供暖循环

1—蒸发器；2—吸收器；3—冷凝器；4—低压发生器；5—高压发生器；6—燃烧器；

7—高温热交换器；8—低温热交换器；9—自动抽气装置；10—溶液泵；11—冷剂泵

的火焰加热溴化锂溶液，溶液产生的水蒸气将换热管内的供暖热水、生活热水加热，凝结水流回溶液中，再次被加热，如此循环不已。高压发生器成为真空相变锅炉，负压运行，安全性较好。

⑤ 初投资与常规吸收式制冷＋供热水锅炉相当，运行成本较低。

（3）按使用性能分

1）单冷型溴化锂吸收式制冷机

单冷型溴化锂吸收式制冷机（即冷水机组）专供空调或工艺用冷水。

2）冷暖型溴化锂吸收式制冷机

冷暖型溴化锂吸收式制冷机是指直燃型溴化锂吸收式冷（温）水机组，它能交替或同时兼供冷水、温水及生活用热水。这种多功能的特点使得直燃型溴化锂吸收式冷（温）水机组的用途越来越广。

3）溴化锂吸收式热泵机组

吸收式热泵机组是一种以溴化锂溶液作为吸收剂，以水为制冷剂，利用吸收式原理回收利用低品位热源（10℃以上，30～70℃最佳）的热量，向高温处输送热量，制取高温水的热泵机组，它具有节约能源、保护环境的双重作用。

热泵机组的特点是：由驱动热源和发生器构成驱动热源回路；由低温热源和蒸发器构成低温热源回路，海水、河水、热排水、温泉水、地下水、太阳能热水等都可以成为低温热源水；由热水管路和吸收器、冷凝器构成热水回路，以吸收器的吸收热和冷凝器的冷凝热制取高温热水。在吸收式热泵中，发生器和吸收器两个热交换设备所起的作用相当于蒸气压缩式热泵系统中压缩机的作用。

吸收式热泵机组可分为两类：第一类吸收式热泵（也称增热型），是以消耗少量高温热能，产生大量中温有用热能；同时，可以实现制冷（性能系数可大于 1.2）。第二类吸收式热泵（也称升温型）是以消耗中温热能（通常是废热），制取热量少于但温度高于中温热源的热量。两类溴化锂吸收式热泵机组的应用范围和目的不同，工作方式也有不同，但都是工作在三个热源之间，三个热源的温度变化直接影响到热泵循环。显然，升温能力增大，性能系数下降。两类机组的特点如表 4.5-1 所示。

第一类和第二类溴化锂吸收式热泵机组的特点 表 4.5-1

	功能	驱动热源	热水回路	性能系数限定值
第一类吸收式热泵	将 20～70℃ 的水制取为 45～95℃ 的热水，着眼于提高热力系数	蒸汽（0.1～0.8MPa）、燃料、高温水（100～160℃）、高温热排气	热水管路＋吸收器和冷凝器串联	单效：≥1.6；双效：≥2.15
第二类吸收式热泵	制取 175℃ 以下的热水或蒸汽，着眼于提高热水温升（30～80℃）	单级：制取 75～175℃ 的热水或 0.4～0.8MPa 的蒸汽，着眼于提高热水温升（30～80℃），冷却水侧进口温度 6～34℃	热水管路＋吸收器（蒸汽管路＋吸收器＋闪蒸器）	单级：0.43；双级：0.26

从表 4.5-1 中的数据看，尽管第二类吸收式热泵的性能系数较低，但由于是利用排放的 60～100℃ 的废热资源，节能效果显著，因而，日益得到推广应用。

同样，吸收式热泵机组可以依据驱动热源分成蒸汽型、热水型、直燃型、烟气型和复合型；按驱动热源的利用方式分成单效、多效还有多级热泵（指热源在多个压力不同的发生器中依次被利用）；按流经不同发生器和吸收器的顺序分成串联式、倒串联式、并联式和串并联式。

2. 溴化锂吸收式制冷机的主要性能参数

（1）名义制冷量 Φ_0

名义制冷量是指溴化锂吸收式制冷机在名义工况下进行试验时，测得的由循环冷水带出的热量，单位为 kW。

按《蒸汽和热水型溴化锂吸收式冷水机组》GB/T 18431—2014 的规定，蒸汽和热水型溴化锂吸收式冷水机组名义工况如表 4.5-2 所示。

名义工况除表 4.5-2 的规定外，同时规定"冷水侧污垢系数为 0.018m² · ℃/kW、冷却水侧污垢系数为 0.044m² · ℃/kW"和"电源为三相交流，额定电压为 380V，额定频率为 50Hz"。

按国家标准《直燃型溴化锂吸收式冷（温）水机组》GB/T 18362—2008 的规定，直燃型溴化锂吸收式冷（温）水机组名义工况如表 4.5-3 所示，机组燃料标准如表 4.5-4 所示。

蒸汽和热水型溴化锂吸收式冷水机组名义工况和性能参数 表 4.5-2

型式	名义工况						性能参数
	加热源		冷 水		冷却水		单位制冷量加热源耗量 [kg/(h·kW)]
	蒸汽压力①(饱和)(MPa)	热水进、出口温度(℃)	进口温度(℃)	出口温度(℃)	进口温度(℃)	出口温度(℃)	
蒸汽单效型	0.1	—	12	7	32	40	≤2.17
蒸汽双效型	0.4					38	≤1.40
	0.6						≤1.31
	0.8						≤1.28
热水型	—	—②					—②

注：污垢系数：冷水侧 0.018m²·℃/kW，冷却水侧 0.044m²·℃/kW。测试时污垢系数应考虑为 0m²·℃/kW，性能测试时应按标准规定模拟污垢系数。

① 蒸汽压力系指发生器或高压发生器蒸汽进口处压力。

② 热水进出口温度由制造厂和用户协商确定。

直燃型溴化锂吸收式冷（温）水机组名义工况和性能参数 表 4.5-3

	冷水、温水①		冷却水②		性能系数 COP
	进口温度	出口温度	进口温度	出口温度	
制冷	12℃（14℃）	7℃	30℃（32℃）	35℃（37.5℃）	≥1.10
供热		60℃			≥0.90
污垢系数	蒸发器水侧 0.018 m²·℃/kW，冷凝器、吸收器水侧 0.044m²·℃/kW。测试时污垢系数应考虑为 0m²·℃/kW，性能测试时应按标准规定模拟污垢系数				
电源	三相交流，380V，50Hz（单相交流，220V，50Hz）；或用户所在国供电电源				

① 表中（ ）内数值为可供选择大温差送冷水的参考值。

② 表中（ ）内数值为可供选择的名义工况参考值。

《公共建筑节能设计标准》GB 50189—2015 规定，制冷性能系数 COP 应大于或等于 1.20（条件同表 4.5-3 中非括号内数值）。

直燃机燃料标准 表 4.5-4

热源种类		燃料标准	其他
燃气	人工煤气	GB/T 13612	燃料种类、热值及压力（燃气）以用户和厂家的协议为准
	天然气	GB 17820	
	液化石油气	GB 11174—2011	
燃油	普通柴油	GB 252	

（2）名义供热量 Φ_h

名义供热量是指直燃型溴化锂冷（温）水机组在名义工况下进行试验时，测得的通过循环温水带出的热量，单位为 kW。

（3）名义加热源耗量

名义加热源耗量是指机组在名义工况下进行试验时，机组所消耗的加热源或燃料的流量，单位为 kg/h 或 m³/h。

（4）名义加热源耗热量 Φ_g

名义加热源耗热量是指名义加热源耗量换算成的热量值，单位为 kW。当加热源为燃气或燃油时，以低位热值计。

（5）名义消耗电功率 P

名义消耗电功率是指机组在名义工况下进行试验时，测得的机组消耗的电功率，单位为 kW。

（6）性能参数、名义性能系数 COP_0 或 COP_h

蒸汽型溴化锂吸收式冷水机组的性能参数（经济性指标）按标准规定用单位制冷量加热源耗量表示，即单位制冷量蒸汽耗量，单位为 kg/（h·kW）。名义性能系数用 COP 表示。直燃型溴化锂冷（温）水机组用名义性能系数 COP_0 和 COP_h 表示。

直燃型溴化锂冷（温）水机组名义制冷（热）性能系数是指机组在名义工况试验时，测得的制冷（热）量除以加热源耗热量与消耗电功率之和所得的比值，即：

$$COP_0 = \Phi_0/(\Phi_g + P) \quad (kW/kW) \tag{4.5-17}$$
$$COP_h = \Phi_h/(\Phi_g + P) \quad (kW/kW) \tag{4.5-18}$$

上述指标值，不应低于表 4.5-2 和表 4.5-3 的规定值。

（7）名义压力损失

机组在名义工况下运行时，按照《蒸汽和热水型溴化锂吸收式冷水机组》GB/T 18431—2014 附录 C 和《直燃型溴化锂吸收式冷（温）水机组》GB/T 18362—2008 附录 C 的方法测得冷水、温水、生活热水、冷却水等通过机组时所产生的压力损失值，单位为 MPa。

（8）部分负荷性能

机组在规定的部分负荷工况下运行时测得的机组性能数据，包括了机组制冷量、供热量和加热源耗量，分别以名义工况时满负荷性能数据的百分数来表示。

蒸汽和热水型溴化锂吸收式冷水机组部分负荷工况的规定如下：

1）冷水出口温度：名义值；

2）冷水流量：名义工况时满负荷流量；

3）冷却水流量：名义工况时满负荷流量；

4）冷水侧污垢系数为 0.018m²·℃/kW、冷却水侧污垢系数为 0.044m²·℃/kW；

5）冷却水进口温度：从 100％负荷时的 32℃减少到 0％时的 22℃，中间温度按比例折算。

直燃型溴化锂吸收式冷（温）水机组制冷时，部分负荷条件下（50％～75％）能效比较高，机组部分负荷条件下的特性如表 4.5-5 所示。

直燃机部分负荷特性 表 4.5-5

	冷（温）水	冷 却 水
制冷工况	出口温度为 7℃；流量同名义流量	进口温度：100％负荷时为 30℃，10％负荷时为 22℃，中间温度随负荷呈线形变化，流量同名义流量
供热工况	出口温度为 60℃；流量同名义流量	

注：1. 部分负荷性能数据（制冷量、供热量、热源消耗）分别以名义工况时负荷性能数据的百分数表示。

2. 污垢系数同表 4.5-3 的规定。

(9) 变工况性能

机组按表 4.5-2 或表 4.5-3 某一条件改变，其他条件按名义工况不变时，测得其性能参数，将测得的结果绘制成机组变工况性能曲线图，可供设计人员确定机组在设计工况下的性能参数。图 4.5-6 是一组溴化锂吸收式冷（温）水机组典型的变工况性能曲线图。从图中可以看出，溴化锂吸收式冷（温）水机组的供冷（热）量下降，燃料耗量和耗电量也相应降低；供冷（热）量随冷水出口温度的降低（热水出口温度的升高）而降低，机组供冷量也随冷却水入口温度升高（气温升高）而降低，燃料耗量则增加。

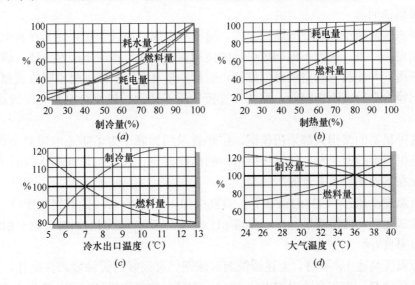

图 4.5-6 溴化锂吸收式冷（温）水机组典型变工况性能曲线图
（a）制冷量变化；（b）制热量变化；（c）冷水温度变化；（d）气温变化
注：图中纵坐标为对应耗水量耗电量、燃料量变化的百分比。

4.5.3 溴化锂吸收式冷（温）水机组的结构特点及附加措施

1. 溴化锂吸收式冷（温）水机组的结构特点

溴化锂吸收式冷（温）水机组是在高度真空下工作的。稍有空气渗入，制冷量就会降低，甚至不能制冷。因此，结构的密封性是最重要的技术条件，要求结构安排必须紧凑，连接部件尽量减少。通常把发生器等四个主要换热设备合置于一个或两个密闭筒体内。

因设备内压力很低 [蒸发器和吸收器约为 0.008MPa（绝对大气压），低温发生器和冷凝器约为 0.075MPa（绝对大气压）]，蒸汽的流动损失和静液高度的影响很大，必须尽量减小，否则将造成较大的吸收不足和发生不足，严重降低机组的效率。为了减少冷剂蒸汽的流动损失，可以采取把压力相近的设备合放在一个筒体内，以及使外部介质和加热介质在管束内流动，冷剂蒸汽在管束外较大的空间内流动等措施。

在蒸发器的低压下，100mm 高的水层就会使蒸发温度升高 $10\sim20℃$。因此，蒸发器和吸收器必须采用喷淋式换热器。至于发生器，仍多采用沉浸式，但溶液层高度应小于 $300\sim350\text{mm}$，并在设计计算时计入由此引起的温度变化。

在真空条件下工作的系统中所有其他部件也必须有很高的密封要求。如溶液泵和冷剂泵需采用屏蔽型密闭泵，并要求该泵有较高的允许吸入真空高度，管路上的阀门需采用真空隔膜阀、双级密封角阀等。

从以上结构特点可以看出，溴化锂吸收式冷（温）水机组除屏蔽泵外，没有其他转动部件，因而振动、噪声小、磨损和维修量少。

"分隔式供热"由于机组主体不参与供热运转，完全无磨损、无腐蚀，所以机组寿命可以延长。而高温发生器全年不间断运转又减少了停机腐蚀，并且由于整台机组只有燃烧机是运转部件，因而故障率比制冷时降低 70％以上。

2. 溴化锂吸收式冷（温）水机组的主要附加措施和制冷量衰减

（1）防腐蚀问题

溴化锂水溶液属于强碱性的腐蚀介质，对一般金属有腐蚀作用，尤其在有空气存在的情况下腐蚀更为严重。腐蚀不但缩短机器的使用寿命，而且产生不凝性气体，破坏高低压筒的压差平衡，并使筒内真空度难以维持，引起冷量衰减。所以，早期吸收式制冷机的传热管采用铜镍合金管或不锈钢管，筒体和管板采用不锈钢板或复合钢板，以致成本高昂，难以推广。

目前这种机器的结构大都采用碳钢，传热管采用铜管。为了防止溶液对金属的腐蚀，一方面须确保机组的密封性，经常维持机内的高度真空，在机组长期不运行时充入氮气；另一方面须在溶液中加入有效的缓蚀剂。

在溶液温度不超过 120℃的条件下，溶液中加入 0.1％～0.3％的铬酸锂（Li_2CrO_4）和 0.02％的氢氧化锂，使溶液呈碱性，保持 pH 在 9.5～10.5 范围内，对碳钢—铜的组合结构防腐蚀效果良好。

当溶液温度高达 160℃时，上述缓蚀剂对碳钢仍有很好的缓蚀效果。此外，还可选用其他耐高温缓蚀剂，如在溶液中加入 0.001％～0.1％的氧化铅（PbO），或加入 0.2％的三氧化二锑（Sb_2O_3）与 0.1％的铌酸钾（$KNbO_2$）的混合物等。

寻求更好的防腐蚀方法仍是业界不断研究的课题，包括新型缓蚀剂的研制，应用于换热管壁面的氟塑料纳米级涂层和新型塑料换热器的研制等。

（2）提高制冷效率

机组中加入表面活性剂，其作用是提高机组的吸收效果和冷凝效果，从而提高制冷能力，降低能耗。实际应用的表面活性剂有异辛醇和正辛醇，异辛醇的加入量一般为溶液充注量的 0.1％～0.3％。注意，辛醇只能在制冷时才起作用。

（3）抽气设备

由于系统内的工作压力远低于大气压力，尽管设备密封性好，也难免有少量空气渗入，并且因腐蚀也会经常产生一些不凝性气体。所以，必须设有抽气装置，以排除聚积在筒体内的不凝性气体，保证制冷机的正常运行。此外，该抽气装置还可用于制冷机的抽空试漏与充液。

常用抽气系统只能定期抽气，为了改进溴化锂吸收式制冷机的运转效能，除装置上述抽气系统外，可附设自动抽气装置。

（4）防止结晶问题

溴化锂水溶液的温度过低或浓度过高均容易发生结晶。因此，当进入吸收器的冷却水温度过低（一般不低于 20℃）或发生器加热温度过高时就可能引起结晶。此外，当发生停电或控制失灵等意外时也会导致结晶。结晶现象一般先发生在溶液热交换器的浓溶液侧，因为那里的溶液浓度最高，温度较低，通路狭窄。发生结晶后，浓溶液通路被阻塞，引起吸收器液位下降，发生器液位上升，直到制冷机不能运行。

为解决热交换器浓溶液侧的结晶问题，有的机组采用了自动融晶套管结构，当出现结晶时，机组的控制系统会自动关闭冷却水泵，使稀溶液升温，几分钟内会融化热交换器及浓溶液管内的晶体，然后自动恢复制冷运行。有的机组设置了浓溶液溢流管，解决溶液侧的结晶问题。

（5）制冷量、供热量调节

溴化锂吸收式冷（温）水机组的制冷量一般是根据蒸发器出口冷水的温度，通过机组控制系统改变热源的消耗量和稀溶液循环量的方法进行调节。用这种方法可以实现在10%～100%范围内的无级调节。

（6）制冷量衰减问题

溴化锂机组的长期运行测试表明，制冷量（Φ_0）衰减的主要原因有：

1）机组真空度保持不良或机组的某些地方泄漏以及传热管的点蚀等原因，造成机组内有大量空气，使吸收器的吸收速度大大下降。试验表明，在名义制冷量为 2268kW 的机组中，加入 30g 的氮气，其制冷量几乎减小了一半。

2）冷剂水流入溶液中，使溶液变稀；或溶液进入冷剂侧，使冷剂水污染，两者都会降低吸收器吸收冷剂蒸汽的能力，造成 Φ_0 下降。

3）喷淋系统堵塞。吸收器和蒸发器喷嘴或淋激孔堵塞，降低吸收和制冷效率，使制冷量下降。

4）传热管结垢严重。从图 4.3-16 可以看出，当机组水侧污垢系数由 0.086m² · ℃/kW（垢层厚度为 0.15mm）增大至 0.344 m² · ℃/kW（垢层厚度为 0.6mm）时，机组制冷量下降了 21%。表明水质（特别是冷却水水质）对机组性能的影响比对电机驱动压缩式机组性能影响大得多。

5）机组内不凝性气体的存在和水侧盘管结垢，均会造成机组冷凝温度 t_k 的提高，运行证明，当 t_k 升高 1℃，机组的 Φ_0 约减小 10%；

6）加表面活化剂（辛醇）的机组，当表面活化剂失去作用时，也会降低机组的 Φ_0。

综上表明，防止溴化锂机组的制冷量衰减需要生产厂家和使用单位共同采取措施，保证机组的正常使用。

4.5.4 溴化锂吸收式冷（温）水机组设计选型及机房布置

1. 溴化锂吸收式冷（温）水机组设计选型

（1）溴化锂吸收式冷（温）水机组负荷

1）溴化锂吸收式冷（温）水机组的冷（热）负荷应在正确的空调或工艺计算负荷的基础上，增加机组本身和水系统的冷（热）损失，一般可考虑为 10%～15%。

2）溴化锂吸收式冷（温）水机组主要由多个换热器组成，前面已述，结垢和腐蚀对机组效率影响很大。因此，选择溴化锂吸收式冷（温）水机组时，应考虑机组水侧污垢及腐蚀等因素，对供冷（热）量进行修正。至于如何修正，可根据水质处理的实际状况确定。

（2）溴化锂吸收式冷（温）水机组的实际选型

使用溴化锂吸收式冷（温）水机组的设计室外环境条件、设计工况常常不等同于机组的名义工况，需要根据具体的设计条件进行相应修正，机组的实际选型应考虑有关修正。

有关修正则应根据机组供货方提供的选型曲线图或表进行，图 4.5-7 是一个厂家提供的产品溴化锂吸收式冷（温）水机组的选型曲线图。

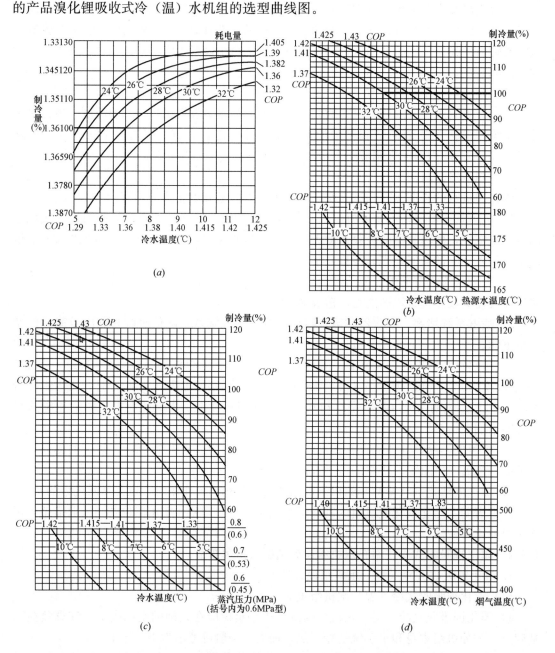

图 4.5-7　溴化锂吸收式冷（温）水机组选型曲线图

（a）直燃型；（b）热水型；（c）蒸汽型；（d）烟气型

（3）溴化锂吸收式冷（温）水机组台数选择

溴化锂吸收式冷（温）水机组一般选用 2～4 台，中小型工程选用 1～2 台。机组台数选择应考虑互为备用和轮换使用的可能性。从便于维修管理的角度考虑，尽量选用同机型、同规格的机组；从节能和运行调节的角度考虑，必要时也可选用不同机型、不同负荷的机组搭配组合的方案。

(4) 溴化锂吸收式冷（温）水机组机型选择

1) 溴化锂吸收式冷（温）水机组的机型选择，应根据用户具备的加热源种类和参数合理确定。各类机型的加热源参数可参考表 4.5-6。

各类溴化锂吸收式机型的加热源参数表　　　　表 4.5-6

机　型	加热源种类及参数
直燃型机组	天然气、人工煤气、轻柴油、液化石油气
蒸汽双效机组	蒸汽额定压力（表）、0.25MPa、0.4MPa、0.6MPa、0.8MPa
热水双效机组	>140℃的热水
蒸汽单效机组	废气（0.1MPa）
热水单效机组	废热（85～140℃热水）

2) 天然气是直燃型溴化锂吸收式冷（温）水机组的最佳能源，天然气供应有保障的地区应优先采用天然气。在无天然气的地区宜采用人工煤气或液化石油气。当无上述气源供应时，宜采用轻柴油。轻柴油系统较重柴油系统简单，运行管理方便，因为轻柴油黏度小，不需要加热输送。如果用户预知燃气不能完全满足需要（每天的用气高峰致使气量不足或年内某一季节供气量不足）时，可选择油气双燃料两用型机组，以满足不同阶段供应不同燃料的特殊情况。由于双燃料机组备有双重功能，价格较贵，选用时应将初投资的增加与运转费的降低加以比较，进行合理选择。

3) 溴化锂吸收式机组在名义工况下的性能参数（对蒸汽型溴化锂吸收式冷水机组指的是"单位制冷量的加热源耗量"，对直燃型溴化锂吸收式冷（温）水机组指的是性能系数 COP），应符合现行国家标准《蒸汽和热水型溴化锂吸收式冷水机组》GB/T 18431—2014 和《直燃型溴化锂吸收式冷（温）水机组》GB/T 18362—2008 的规定，即符合表 4.5-2 和表 4.5-3 所列数值。

4) 溴化锂吸收式冷水机组能效限定值及能效等级

根据《溴化锂吸收式冷水机组能效限定值及能效等级》GB 29540—2013 规定，能效限定值为能效等级的 3 级，有关数值要求如表 4.5-7 所示。

溴化锂吸收式冷水机组能效等级　　　　表 4.5-7

机型与指标	饱和蒸汽压力	1 级	2 级	3 级
蒸汽型 单位冷量蒸汽耗量 [kg/（kW·h）]	0.4MPa	1.12	1.19	1.40
	0.6MPa	1.05	1.11	1.31
	0.8MPa	1.02	1.09	1.28
直燃型 性能系数 COP（W/W）		1.40	1.30	1.10

注：1. 试验方法按照 GB/T 18431 或 GB/T 18362 中的规定方法和企业声明的 GB/T 18431 或 GB/T 18362 中规定的工况之一进行。

2. 直燃机的性能系数为：制冷量（供热量）/［加热源消耗量（以低位热源计）＋电力消耗量（折算成一次能）］。

5）蒸汽和热水型溴化锂吸收式机组的选择，应注意如下问题：

① 有余热、废热或有压力不低于 0.03MPa 的蒸汽或温度不低于 80℃的热水等适宜的热源可资利用时，且制冷量大于或等于 350kW，所需冷水温度不低于 5℃时，经技术经济比较合理时，应采用溴化锂吸收式冷水机组。

② 当使用地点有不低于 0.25MPa 的蒸汽可资利用时，且技术经济比较合理时，可选用蒸汽双效型溴化锂吸收式冷水机组。

③ 供给蒸汽型溴化锂机组的蒸汽，规定应为 0.8MPa 表压以下的饱和蒸汽。在发生器入口处应设稳压（或减压）装置，尽可能保持蒸汽压力的稳定。当蒸汽压力降低 0.01MPa，单效型机组制冷量 Φ_0 下降约 5%；双效型机组制冷量 Φ_0 下降约 10%；Φ_0 下降的同时，其蒸汽单耗量也显著上升。如果蒸汽源是过热蒸汽，在入口处还应设减温装置。

④ 对于冬季采用高温水供暖的一、二次水系统，夏季用来制冷且技术经济比较合理时，可选用二段热水（高温水、大温差）型溴化锂吸收式冷水机组。

6）选用直燃型溴化锂吸收式冷（温）水机组时，应符合以下规定：

① 按冷负荷选型，并考虑冷、热负荷与机组供冷、供热量匹配，一般机组冬季供热量仅为夏季供冷量的 80%左右。

② 当热负荷大于机组供热量时，不应用加大机型的方式增加供热量；当通过技术经济比较合理时，可加大高压发生器和燃烧器以增加供热量。一般加大一档高压发生器，可增加 20%～25%的供热量，但增加的供热量不宜大于机组原供热量的 50%，以免影响机组高、低压发生器的匹配，导致能耗增加，机组效率降低。

7）选用供冷（温）水及生活热水三用直燃机时，应符合下列要求：

① 完全满足冷（温）水及生活热水日负荷变化和季节负荷变化的要求，并达到实用、经济、合理。

② 设置与机组配合的控制系统，按冷（温）水及生活热水的负荷需要进行调节。

③ 夏季机组同时供冷和生活热水时，机组的制冷量应为空调或工艺供冷量加 1.25 倍生活热水供热量之和。

④ 当生活热水负荷大、波动大或使用要求高时，应另设专用热水机组供给生活热水。

8）溴化锂吸收式冷（温）水机组的蒸发器、冷凝器和热水器管束的工作压力一般为 0.8MPa（普通型），可满足一般建筑物的使用要求。对于设在高层或超高层建筑物地下室或底层的机组，其承压往往超过 0.8MPa。如果经分析比较认为采用空调水系统竖向不分区的方案安全可靠且经济合理时，可选用加强型高承压机组，工作压力可达 1.6MPa，但机组价格将有所增加。

9）吸收式机组对水质要求较高，其水质必须满足国家现行有关标准的要求（见《蒸汽和热水型溴化锂吸收式冷水机组》GB/T 18431—2014 附录 D 冷却水和补充水水质），对热水、生活热水及冷却水都应进行处理，以防止和减少对机组换热管的结垢和腐蚀。

2. 溴化锂吸收式冷（温）水机组机房布置

（1）机房位置

溴化锂吸收式冷（温）水机组机房应设置爆炸泄压设施，应尽量靠近用冷地点，其位置有：

1）独立设置；

2）地面一层；

3）建筑物地下层；

4）建筑物最高层；

5）建筑物裙房屋顶；

6）主楼的中间设备层。

上述机房设置方案中的 1）和 2）由于占用建筑面积，在用地紧张的地区很难实现；设置方案 4）、5）和 6）对建筑结构要求高，振动、噪声难以解决，且机组的运输、安装也是问题。因此，当建筑物有地下室时，将机房布置在地下层是比较合适的方案。当机房设于地下层时，机组的运行管理、维修、振动、噪声、燃料供应以及建筑结构处理等都易于解决。但机房在地下层的设置应执行《建筑设计防火规范》GB 50016 与《城镇燃气设计规范》GB 50028 的有关规定。在满足防火要求的前提下，燃油、燃气锅炉（除以液化石油气作燃料的锅炉外）应布置在建筑物的首层或地下一层靠外墙部位，但常（负）压燃油、燃气锅炉可设置在地下二层；当常（负）压燃油、燃气锅炉距安全出口的距离大于6.00m 时，可设置在屋顶上屋（楼）面荷载宜大于或等于 1800kg/m² 。《城镇燃气设计规范》GB 50028—2006 第 4.5.6 条规定：燃气常压锅炉和燃气直燃机可设置在地下二层。《锅炉房设计规范》GB 50041—2008 第 4.1.3 条规定：当锅炉房和其他建筑物相连或设置在其内部时，严禁设置在人员密集场所和重要部门的上一层、下一层、贴邻位置以及主要通道、疏散口的两旁。该规范规定了热水锅炉的容量，其单台锅炉额定热功率为0.7～70MW。溴化锂吸收式冷（温）水机组系真空运行，应属于负压锅炉范畴。有的地方标准根据机房的不同位置做出了更具体的规定，如表 4.5-8 所示。

溴化锂吸收式机组的容量要求　　　　表 4.5-8

机房位置	单台制冷量（MW）	总制冷量（MW）	额定热水出水温度（℃）
建筑物的首层	≤7	≤28	95
建筑物的中间层	≤1.4	≤2.8	95
多层建筑或裙房屋顶	≤7	≤28	95
高层建筑屋顶	≤7	≤21	95
半地下室或地下室	≤4.2	≤28	95

当机房设于地下层时，应考虑通风及排水问题，还应考虑吊装预留口及吊装方案。

（2）机房尺寸与安全出口

溴化锂吸收式冷（温）水机组的机房首先应满足机组本身的要求，并留出维修空间。机房内设备布置应符合的要求见本章第 4.4.4 节。

如果机房设于地下室，且上空管道过多时，为安装方便，减少管道交叉，可将部分管道敷设在机组下方。这时，机房的层高尚应考虑机组下方架空管道的空间高度，此高度一般不小于 0.5m。其次，机房还应考虑值班室、控制室、维修间、卫生间、配电间、水处理间、水泵房等附属用房的尺寸。单层机房面积大于 200m² 时，应设置直接对外的安全出口。

（3）机房吊装孔口

溴化锂吸收式冷（温）水机组体形较大，需要有一定的运输和吊装设备。考虑到机组的吊装方便，在机房的侧墙或楼板上应预留吊装孔口，其孔洞尺寸可参见表 4.5-9。

溴化锂吸收式冷（温）水机组吊装孔口尺寸表   表 4.5-9

机组最大运输外形尺寸（m）	侧墙搬运孔尺寸（m）	楼板吊装孔尺寸（m）
$A \times B \times H$（长×宽×高）	$(B+1) \times (H+0.5)$	$(A+0.8) \times (B+0.8)$

（4）溴化锂溶液储液器

溴化锂吸收式制冷机房中，宜设置储液器，其容积应按储存制冷系统中的全部溴化锂溶液计算。设置储液器的目的是：当机组进入保养期或停机时期，应把机组内的溶液放至储液器，并在机组内充入压力不大于 0.05MPa（如 0.02MPa）的氮气。

（5）燃油系统

当直燃型溴化锂吸收式冷（温）水机组以燃油为热源时，其燃油系统与常规燃油锅炉燃油系统相同，按现行国家标准《锅炉房设计规范》GB 50041 执行。燃油系统必须设置可靠的防静电接地装置。

为了减少占地面积，供油系统常采用地下直埋式圆柱形储油罐。油阀、输油泵、油位探针、呼吸阀应设置在地面可见处。根据现行国家标准《建筑设计防火规范》GB 50016 的规定，民用建筑储油罐总储量不大于 15m³，且直埋于高层民用建筑或裙房附近，面向油罐一面 4.00m 范围内的建筑物外墙为防火墙时，其防火间距可不限。因此，在工程设计中，应尽量控制储油罐的容积不超过 15m³，以减少与建筑物的防火间距，方便安装。

室外储油罐的安装形式有直埋和地下油库两种方式，两种安装方式都具有安全、隐蔽及节省占地的优点，但直埋式检查和维修不便。地下油库必须有不小于每小时 6 次的通风装置。易燃油库的通风装置应防爆。

室内日用油箱也称中间油箱和运转油箱，油箱应密闭且应设直通向室外的通气管，通气管上应设置带阻火器的呼吸阀和防雨设施，油箱的下部应设置防止油品流散的设施。油箱上不应采用玻璃管式液位表，油箱内应设油位控制器，油位高、低报警装置宜与供油设备联锁，紧急排油管通到室外存油设施中。根据现行国家标准《锅炉房设计规范》GB 50041—2008 的规定，室内日用油箱应设在耐火等级不低于二级的单独房间内，该房间的门应采用甲级防火门。日用油箱的容积不应大于 1m³，并为保证燃烧器的油泵有足够的灌注头，日用油箱的最低油位应高于燃烧器的油泵 1~5m。

室内日用油箱严禁设置在直燃型溴化锂吸收式冷（温）水机组上方。

（6）燃气供应方式及配管

当直燃型溴化锂吸收式冷（温）水机组以燃气为热源时，其燃气系统与常规燃气锅炉燃气系统相同，可遵照现行国家标准《锅炉房设计规范》GB 50041 和《城镇燃气设计规范》GB 50028 的有关规定进行设计。

1）燃气供应方式

由于燃气种类、供应压力与供应方式的不同，燃气系统设计时应与当地的燃气管理机构协商，根据国家有关规范、标准进行设计。燃气的供应方式一般可分为下列几种：

① 低压供应方式：家用燃气常为这种方式，特别需注意的是燃气的种类不同，压力也不同。燃气压力一般在 0.98～1.96kPa（100～200mmH₂O）范围内。

② 中压供应方式：从中压管分出，要在用户所在地安装专用的压力调节器。这是直燃型溴化锂吸收式冷温水机的主要供气方式。其设计压力分为 A、B 两级，一般采用中压 B 级。供气压力范围一般为 0.01～0.2MPa，如有的机型要求的供气压力范围是 0.016～0.05MPa，机组的燃气供给管路应设置稳压装置和过滤器。

2）燃气配管

① 燃气进入机房的压力不宜低于 3kPa，使用范围一般为 5～50kPa。压力越高，运转越稳定，所需燃烧器成本越低。当燃气压力高于 15kPa 时应设减压装置。减压装置宜设在地上单独的建筑物或箱内。当受到地上条件限制，且减压装置进口压力不大于 0.4MPa 时，可设置在地下单独建筑物内。管道与机组连接不得使用非金属软管。

两台或多台机组并联时，燃气主管上应设置比主管管径大 3～6 倍的缓冲管，避免同时开机时燃气欠压熄火。缓冲管下部设手动泄水阀。

② 管路进入机房后，在距机组 2～3m 处应设放散管、压力计、球阀、过滤器、流量计等。

③ 燃气管道上应设置放散管，作为充气启动及检修时将燃气排至室外之用，其管径 $DN \geqslant 20mm$，管口应高出屋脊（或平屋顶）2m 以上，并应采取防雨雪进入管道和放散物进入房间的措施。当建筑物位于防雷区之外时，放散管的引线应接地，接地电阻应小于 10Ω。

④ 燃气管道敷设高度（从地面到管底部）应符合下列要求：在有人行走的地方，敷设高度不应小于 2.2m；在有车通行的地方，敷设高度不应小于 4.5m。

⑤ 室内燃气管道和电气设备，相邻管道之间的净距不应小于表 4.5-10 的数值。

室内燃气管道和电气设备，相邻管道之间的净距　　　　表 4.5-10

管道和设备		与燃气管道的净距（cm）	
		平行敷设	交叉敷设
电气设备	明装的绝缘电线或电缆	25	10（注）
	暗装的或管内的绝缘电线	5（从所做的槽或管子的边缘算起）	1
	电压小于 1000V 的裸露电线	100	100
	配电盘或配电箱、电表	30	不允许
	电插座、电源开关	15	不允许
相邻管道		应保证燃气管道和相邻管道的安装、安全维护和修理	2

注：1. 当明装电线加绝缘导管且套管的两端各伸出燃气管道 10cm 时，套管与燃气管道交叉净距可降至 1cm；
　　2. 当布置确有困难时，在采取措施后，可适当减小净距。

⑥ 地下室、半地下室、设备层敷设人工煤气和天然气管道时，应符合下列要求：净高不应小于 2.2m；应有良好的通风设施；地下室或地下设备层内应有机械通风和事故排风设施；应有固定的照明设备；当燃气管道与其他管道一起敷设时，应敷设在其他管道的外侧；应用非燃烧体的实体墙与电话间、变电室、修理间和储藏室隔开；地下室内燃气管道末端应设放散管，并应引出地上。放散管的出口位置应保证吹扫放散时的安全和卫生要

求。防雷接地应符合上述第③条的要求。

燃气管道的设计应遵循《城镇燃气设计规范》GB 50028 和《工业金属管道设计规范（2008 年版）》GB 50316 的有关规定。

⑦ 机房的通风及排水

溴化锂吸收式冷（温）水机组的机房应有良好的通风，以避免由于通风不良导致机组运转所需空气不足，影响机组正常运转。机房通风量一方面要满足直燃型溴化锂吸收式冷（温）水机组燃料燃烧所必需的空气量，避免机房出现负压而引起燃烧不良（单位燃料燃烧发热量所需空气量一般取为 $3.6 \times 10^{-4} \mathrm{m^3/kJ}$）；另一方面要保证机房正常的通风换气次数，以防止形成爆炸混合物和因机房潮湿而腐蚀机组。采用燃油、燃气作燃料，机房应设置独立的送排风系统，其通风装置应防爆，新风量为机组燃烧所需空气量与通风换气量之和。机房换气次数要求见本书第 2.10.8 节。

机房的排水也很重要，因为溴化锂吸收式冷（温）水机组冷水进、出口接管处夏季会产生凝结水，且外部系统管路阀门不可避免会有泄漏；遇到紧急情况时，还必须从放水阀排出大量的冷（温）水和冷却水。故应做好机房的排水工作。常用的排水措施有：

（a）使机组基础高出机房地坪 50～100mm。

（b）机组四周设置 100mm×100mm 的排水明沟。排水沟内的水应能顺利排出机房。沟上敷设铸铁箅子。

（c）机房所有泄水管、信号管均置于排水沟上可见处，不能埋入沟内；

（d）地下室机房应设置集水坑和潜水泵，潜水泵应装有自控装置以便能自动排水。

（7）直燃型机组排烟系统

1）烟囱及烟道尺寸

直燃型溴化锂吸收式冷（温）水机组燃料燃烧产生的烟气需要通过烟道和烟囱排至室外，其排烟系统可参照现行国家标准《锅炉房设计标准》GB 50041 进行设计。

直燃型溴化锂吸收式冷（温）水机组的排烟气量取决于输入燃料的热量，估算每 $4.184 \times 10^4 \mathrm{kJ}$ 热值的燃料，排烟气量约为 $18\mathrm{m^3}$。烟道、烟囱的设计流速宜为 3～5m/s，烟气出口流速不得小于 2.5m/s。排烟系统的烟囱通风抽力及排气流动阻力应通过详细计算求得。一般可按不小于 $0.15\mathrm{m^2}/(1163\mathrm{kW}$ 名义冷量）确定烟道面积。

单台直燃机组可直接按其生产厂家产品样本给出的排烟口径，定为烟道烟囱尺寸，但水平方向长度超出 8m 后，每超出 1m，总面积应增大 5%；同种燃料的多台机组共用烟道，其截面可取各支烟道截面之和的 1.2 倍。不能与非同种燃料或其他类型设备（如发电机）共用烟道。为减少烟道汇合处的烟气干扰，支烟道与共用烟道的连接宜采用插入式，每个烟道应设置电动风门，以免烟气进入未运行的机组，造成腐蚀。

2）烟囱及排烟口位置

直燃型溴化锂吸收式冷（温）水机组的燃料无论是燃气还是轻柴油，其烟气排出口排放浓度均可达到国家规定的排放标准。烟气温度约为 180℃。但在居住区仍应考虑二氧化碳和热量对环境的影响。因此，直燃型溴化锂吸收式冷（温）水机组的烟囱及排烟口位置需注意以下要求：

① 烟囱的高度应按批准的环境影响报告书（表）的要求确定，但不得低于 8m。烟囱出口宜距冷却塔 6m 以上或高于塔顶 2m 以上。烟囱出口应高出屋面 0.6m 以上，并应远

离吸气口，以免废气混入新鲜空气中。

② 烟囱出口应设置防雨帽、防风罩和避雷针，不应受风等因素影响而削弱通风抽力。

③ 尽可能让机房人员方便观察，以便及时发现冒烟事故。

3) 烟囱及烟道材质及安装要求

① 烟道及烟囱材料：烟道宜采用厚 4~5mm 的普通钢板焊成，不锈钢板厚度可减薄；烟囱应采用钢制或钢筋混凝土构筑，钢制烟囱，厚度不应小于 4mm。

② 隔热及防水要求：钢板烟道、烟囱应隔热，室外部分应做防水处理。隔热材料按不低于工作温度 400℃ 选用，厚 30~50mm。可用硅酸铝棉、玻璃纤维棉及矿棉等，外包玻璃丝布。防水材料可采用铝箔或不锈钢板、镀锌钢板，在接口处涂以树脂胶等密封材料。

③ 膨胀：金属遇热会产生膨胀，应按 2.7mm/m 的膨胀量进行设计（膨胀系数 $1.28×10^{-7}$、温度变化 210℃）。解决的方法有，在直段较长处设伸缩器，在法兰口垫厚石棉带，利用弯头自由变形。无论哪种方法，都不能让膨胀力施加到机组上。

④ 烟道内凝水的排除：烟道内不可避免地会产生凝水，如不及时排除会造成钢板腐蚀及烟道结垢，在烟道和烟囱的最低点，应设置水封式冷凝水排水管，连续排除凝水，排水管管径为 DN25 即可。每台机组排气口已设有排水管接口，可接管至排水沟。

⑤ 每台机组支烟道上应设调节方便、定位稳固、标志明显的风门和防爆泄压装置。

⑥ 在立式烟囱底部应设清扫门，在水平烟道适当部位应设置检查门。在所有检查门及法兰处，均应以石棉带密封。

⑦ 穿越屋顶的烟囱应在烟囱壁处焊接挡水罩。

⑧ 穿越屋顶或墙壁的烟道、烟囱应包石棉带或保温棉，以免膨胀和导热影响建筑物。

⑨ 烟道重量应由支架或吊钩承受，绝不能由机组承受。

⑩ 烟道焊接及法兰连接务必密封。经过密封检验后才能加以隔热。烟道上所有螺栓均应涂上石墨粉后再装配，以利于拆卸。

⑪ 为了进行燃烧管理，烟道中要有废气测定口。

⑫ 水平烟道宜有 1% 坡向机组或排水点的坡度。

4) 消防及安全要求

① 直燃机机组额定排气温度为 180℃±10%。为符合消防规范，务必按 400℃ 选择隔热材料，并按 400℃ 设计周围防火隔离区。

② 在烟道周围 0.5m 以内不允许有可燃物。

③ 烟道排气严禁从油库房及散发易燃气体的房屋中穿过。

④ 排气口水平距离 6m 以内，不允许堆放易燃品。

⑤ 金属烟囱应设避雷装置，当避雷针以烟囱本身作为引下线时，在用被非金属垫圈分开的两段筒体间应焊钢筋作引桥导电。

⑥ 在与锅炉等其他设备共用一个烟道时，只限于使用同一种燃料。此外，停机时为了防止废气倒流，各台机器的排气口要装设止回阀或风门。

⑦ 多台直燃机用共同烟道时，为了防止废气倒流到停止运行的直燃机中去，每台直燃机的排气口要装设止回阀或电动风门。

（8）机房消防安全措施

　　燃气作为直燃型吸收式冷（温）水机组的燃料，具有使用方便、火力强、热效率高、对环境污染小、易实现生产自动化及提高产品质量等优点，但也有易燃、易爆及有毒等缺点。因此，在使用燃气为燃料时，直燃型吸收式冷（温）水机组的机房必须采取相应的消防安全技术措施，具体措施如下：

　　1）应保证全部燃气管路、管接头及燃烧器的严密性，消除一切泄漏燃气的隐患。

　　2）机房应设置燃气泄漏检测报警装置，其动作值应设在危险值下限的20%，报警装置还应与机房事故排风风机和供气母管总切断阀联动。燃气报警器设置的位置应符合以下规定：

　　① 报警器与机组的水平距离应在报警器作用半径以内。

　　② 报警器的下端应在楼板底面以下0.3m以内。

　　③ 楼板底面下有凸出≥0.6m的梁时，报警器须设置在梁与机组之间。

　　④ 机房内有排气口时，最靠近机组的排气口附近应设置报警器。

　　⑤ 报警器不得设置在距进风口1.5m范围以内的地方。

　　⑥ 报警器距进入地下室管道的水平距离应在报警器作用半径以内。

　　3）机房设置机械送排风系统，保证通风良好。排风机应与燃气报警器联动，当燃气泄漏报警时，能启动事故通风。

　　4）机房和贮油间应有气体灭火装置。

　　5）机房内的机动设备要求采用防爆型、不起火花。冷水泵和冷却水泵应单独隔开。

　　6）所有燃气设施经过的密闭室均设通风、换气及报警装置。

　　7）机房与变配电间不得相邻设置。

　　8）机房的外墙、楼地面或屋面应有相应的防爆措施，并应有相当于机组房间占地面积10%的泄压面积，泄压方向不得朝向人员聚集的场所、房间和人行通道，泄压处也不得与这些地方相邻。地下机房采用竖井泄爆方式时，竖井的净横断面积应满足泄压面积的要求。当泄压面积不能满足要求时，可采用在机房的内墙和顶部（顶棚）敷设金属爆炸板作补充。

4.5.5　吸收式热泵在能量回收中的利用

1. 工业企业的余热回收利用

　　工业企业在生产过程中往往产生大量的余（废）热，根据行业不同，余热总资源约占其燃料消耗总量的17%～67%，可回收利用的余热资源约为余热总资源的60%。余热利用的途径主要有三个方面：直接回收、动力回收（如余热锅炉）和热泵回收。对高、中温（200℃以上）余热资源，主要采用前两种方式回收。对于大量品位低的低温余热（≤200℃）回收，吸收式热泵就可充分发挥其作用。

　　当余热回收的目的是在提高介质的温度时，要采用的应是第二类吸收式热泵（升温型）。具体产品应符合现行行业标准《第二类溴化锂吸收式热泵机组》JB/T 13303的规定。

　　第二类吸收式热泵的基本组成和循环流程如图4.5-8所示，该系统由再生器、吸收器、冷凝器、蒸发器及换热器等设备组成。

　　再生器送出的溴化锂浓溶液由溶液泵加压后，经溶液换热器与稀溶液换热后进入吸收器。由于溶液中大量溴化锂溶质的存在，溶液（吸收剂）的饱和蒸气压比同温度下纯水的饱和蒸气压低得多，所以进入吸收器的溴化锂浓溶液在换热管表面形成溶液膜吸收来自蒸发器的水蒸气，放出蒸气冷凝潜热和溶液稀释热，其热量通过换热管内的水或被加热介质带走，该热量即为装置产生的可利用热。由于吸收器的放热温度远高于低温余热加热的蒸发器温度，从而达到低温余热升温的目的。

在吸收器中，溴化锂溶液由于吸收水蒸气浓度变稀，流出吸收器的稀溶液经溶液换热器与浓溶液换热后，进入再生器吸收低温余热，溶液蒸发浓缩，蒸发出的水蒸气进入冷凝器冷凝。由于冷凝器由环境温度下的冷却水冷却，进入冷凝器的水蒸气在稍高于冷却水的温度下冷凝，其中的压力为水在冷凝温度下的饱和蒸气压。由于此压力很低，且冷凝器与再生器直接连通，两者压力基本相等，所以稀溶液即使由温度较低的低温余热加热也同样能够浓缩再生。再生后的浓溶液再由浓溶液泵加压去吸收器吸收放热，从而完成溶液循环。在冷凝器中冷凝的冷凝水经冷凝液泵加压进入蒸发器由低温余热加热蒸发为水蒸气，然后进入吸收器被溶液吸收。

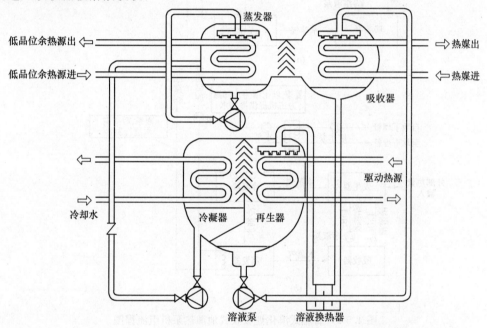

图 4.5-8　第二类溴化锂吸收式热泵的基本组成和循环流程

不难看出，输入再生器和蒸发器的低温余热，接近 50% 的热量在吸收器内升温后输出，其中稍大于 50% 的热量在冷凝器中由冷却水带入环境排放。升温型吸收热泵的性能系数定义为输出热量与低温余热量的比值，一般在 0.45～0.5 之间。

2. 热电厂的余热回收利用

对于集中供热的热电厂，冬季供热时，约占总能耗 15% 的热量经循环水系统（双曲线冷却塔）排到大气中，在我国北方寒冷地区排放的冷却水温度一般为 16～35℃，其循环水的余热利用，生产 45～65℃ 的水用于供热，将产生巨大的社会节能效益，同时减少了水资源的消耗。因此，吸收式热泵在热电厂的余热回收利用中正获得更大规模的推广应用。

所采用的吸收式热泵机组为第一类吸收式热泵机组（增热型）。

3. 在可再生能源系统中的应用

吸收式热泵作为空调的冷热源，用于地源热泵系统中，能够获得更高的能效比。以直燃式溴化锂吸收式热泵机组为例,其制冷性能系数可以达到1.6,制热性能系数可达1.8。

机组供热与制冷时的流程图如图4.5-9所示。

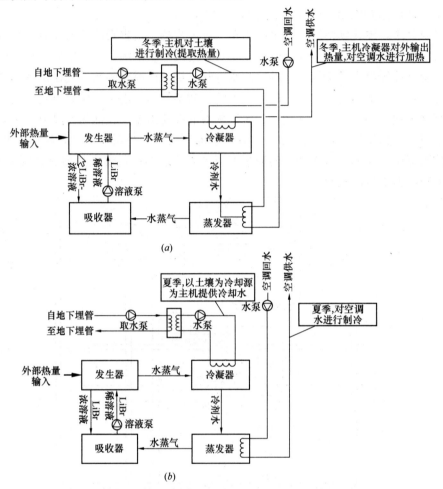

图4.5-9 直燃式溴化锂吸收式地源热泵机组流程图

(a) 供热;(b) 制冷

4.5.6 溴化锂吸收式冷(温)水机组的经济运行

1. 做好运行管理的基本项目

为保证溴化锂吸收式冷水(温)机组的高效运行,应该做好表4.5-11所列出的运行管理基本项目。

2. 优化水系统的配置和运行调节

实现水系统运行在设计温差的工况,可能时采用大温差工况运行,从而节约水泵耗能,是系统经济运行的重要措施之一。

3. 实时监测、优化控制

(1)实时监测、及时分析是保持系统稳定、高效运行的基础。应对系统冷、热量的瞬时值和累计值进行监测,做好系统热源耗量及各类设备用电量的分项计量。如:机组的燃气或蒸汽、热水的总耗量、机组的总用电量、冷冻水水泵总用电量、冷却水水泵总用电量、冷却塔风机总用电量和热水水泵用电量等。同时，应对冷却水的补水量进行计量。在计量的基础之上，分析出薄弱环节，进行针对性的改进。

国内大型吸收式机组的生产厂商对其售出的机组多能做到联网监控，可以通过网络实时传输机组运行的各项数据和监控画面，及时启动就地的维保服务，可以实现有效的经济运行。

（2）应根据室外和室内的环境条件，采用智能控制，合理安排间歇运行机组的启停时间，避免过早开机，过晚停机。

溴化锂吸收式冷（温）水机组运行管理的基本项目　　　表 4.5-11

管理对象	项　　目	具体要求	对　　策
溴化锂溶液	溶液总量与浓度	应符合按产品样本规定	通过放出或添加冷剂水调整
	溶液 pH 值	控制在 9.5～10.5	pH 过高，添加氢溴酸（HBr）；pH 过低，添加氢氧化锂（LiOH）
	缓蚀剂添加量	与封存溶液样本对比	每年开机前检查，适量补充
	增效剂（异辛醇）添加量	保持合理添加量	针对增效剂外逸后，适时补充
真空	运行期	按规定观察与记录相关压力与压差数值	保证抽真空系统的正常运行
	停机期	正压或负压保护	机内充入 0.1～0.2MPa 的氮气；或抽真空保护
	破真空检修期		减少停机时间，及时抽真空
冷却水	水质	须符合机组水质要求	及时除垢、除藻
冷媒水			及时除垢

（3）多台机组当部分机组运行时，应有防止发生冷冻水、冷却水的旁通导致机组停止运行的措施。

4.6　燃气冷热电联供

燃气冷热电联供（Combined Cooling Heating and Power，CCHP）系统是在热电联产（CHP）技术应用的基础上发展起来的一种能源供应方式，属于分布式能源系统，它以机组小型化、分散化的形式布置在用户附近，可同时向用户供冷、供热、供电，实现能源的综合梯级利用，是一种能源转换技术的集成化应用。燃气冷热电联供系统通常以燃气（天然气、石油气、煤田瓦斯气、生物质气等）作为一次能源，将供冷系统、供热系统和发电系统相结合，以小型燃气轮机或燃气内燃机为原动机驱动发电机进行发电，发电后的高温尾气可通过余热回收设备进行再利用，用于向用户供冷和（或）供热，可满足用户同时对冷、热、电等能源的使用需求。与冷、热、电独立供应系统相比，燃气冷热电联供系统可提高一次能源利用效率。因此，燃气冷热电联供系统是国家政策法规鼓励推广应用的一种综合供能方式，也是制冷技术应用中需要关注的一种系统应用形式。典型的燃气冷热电联供系统工艺流程如图 4.6-1 所示。

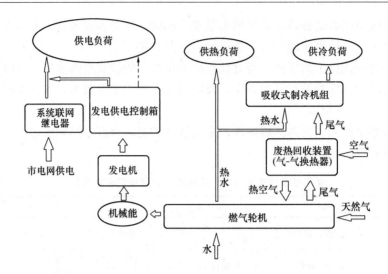

图 4.6-1 燃气冷热电联供系统工艺流程示意图

4.6.1 采用冷热电联供的意义

1. 可实现能量综合梯级应用，有利于提高能源利用效率

采用冷热电联供的重要意义之一在于可使一次能源综合利用效率显著提高，解决了一般热电联产以热定电，但因冬、夏热负荷不平衡而导致能源利用率难以提高的问题。燃气冷热电联供系统的能源利用效率是大型电厂无法比拟的，大型蒸汽轮机的发电效率仅为 35%～55%，先进的燃气轮机联合循环电厂的效率超过 59.5%。相比之下，燃气冷热电联供系统具有集成发电、供热、制冷、能量梯级利用等优势，虽然其单项发电效率不及大型发电厂的高，一般只有 30% 左右，但将其余热用于供冷及供热计算在内之后，年平均能量的综合利用率可高达 80%～90%。燃气热能的梯级综合利用流程关系如图 4.6-2 所示。

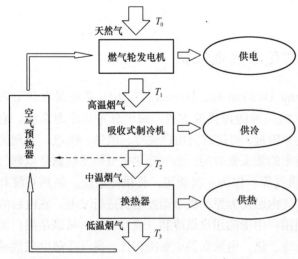

图 4.6-2 燃气热能的梯级综合利用流程关系示意图

一定区域不同用户的供冷、供热、供电负荷需求。

2. 集成供能技术，系统灵活可靠

冷热电联供系统是供冷、供热、供电的技术集成，设备优化配置，集成优化运行，克服了单独设置供能系统时互不兼顾的缺陷，使三种供能实现了既按需供应又运行可靠。燃气冷热电联供系统既可使用户自成一个能源供应系统，又可与市电网并联运行，系统具有相对的独立性、灵活性和安全性。同时，燃气冷热电联供系统既可以一台独立运行，又可以多台并联运行，集成系统的运行实现优化组合，统筹满足

3. 用电用气峰谷负荷互补，利于电网、气网移峰填谷

城市电网供（用）电负荷的峰值通常出现在每年的夏季 7～8 月，电负荷谷值一般在冬季 12～1 月；而城市天然气管网供（用）燃气的负荷峰值通常出现在每年的冬季 12～1 月，燃气负荷谷值一般在夏季 7～8 月。以北京为例，2008 年市政燃气管网供（用）燃气量统计显示，冬夏季用气量峰谷差约为 11 倍，如图 4.6-3 所示；从冬夏季日用气量时分布（见图 4.6-4）曲线亦可得出类似的结论。无论气网还是电网，负荷峰谷差越大，对系统运行越不利，负荷峰谷差越小则越有利于系统稳定、安全、节能运行。而全年用气量最小时段（7～8 月）正好对应着用电负荷最大时段。因此，燃气冷热电联供系统的应用有利于气网和电网二者的负荷峰谷互补，有利于城市供电供气系统稳定、安全、高效、节能运行。

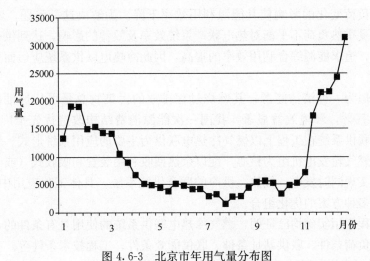

图 4.6-3 北京市年用气量分布图

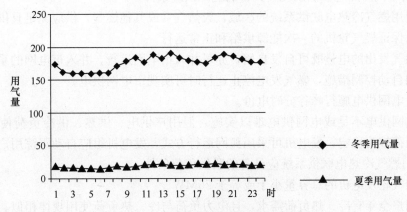

图 4.6-4 北京市冬夏日用气量时分布图

4. 既有环境效益，又有经济效益

由于采用冷热电联供系统可使一次能源利用效率提高 45%～55%，对节能减排产生的环境效益显著。同时，燃气冷热电联供系统可充分利用峰谷电价差来调节供能，在电网峰价供电时段，联供系统自行燃气发电供电，在电网谷价供电时段，联供系统用电网供电，实现对大电网移峰填谷、提高供电能效；冷热电联供系统是多途径供冷、供热、供电

运行方案的集成优化组合，除了前已述及的供电可用大电网供电、燃气发电供电、燃气发电与大电网联合供电之外，供冷可用热驱动吸收式制冷机供冷、辅助电驱动压缩式制冷机供冷、热驱动冷机与电驱动冷机联合供冷，设有蓄冷装置的联供系统还可用运行制冷与蓄冷联合供冷；供热可用燃气发电后的余热供热、热泵供热、余热与热泵联合供热、余热与燃气锅炉联合供热、燃气锅炉供热等。由于冷热电联供系统的供能实施方案综合考虑了能源价格，是以能源利用效率高、运行成本费用低为优化组合供能条件，所以节能的同时，带来可观的经济效益。工程实践表明，燃气冷热电联供系统初投资的增加，可由系统运行费用的降低来回收，设计和运行合理的系统，投资回收期一般不超过五年。

4.6.2 冷热电联供的使用条件

热电联产一般采用"以热定电"的系统设计，而实际应用中全年热负荷变化大，热电联供由于受热负荷变化的影响使其能源利用效率下降。为解决这一问题，增大夏季热负荷，减小冬、夏季热负荷不平衡对热电联产系统效率及效益的影响，达到供电、供热、供冷的最佳匹配，追求能源综合利用效率的提高，因此冷热电联供系统应运而生并得以快速发展。

天然气近似为一种清洁能源，其燃烧过程排放的污染物总量可比燃油减少约35%，比燃煤减少约70%，环境效益显著，我国一次能源消费结构改造优先推广使用天然气。因此，冷热电联供系统在工程上以燃气冷热电联供为主要的应用系统形式。燃气冷热电联供系统以小型燃气轮发电机组为核心，配以余热回收利用装置和吸收式（或吸附式）制冷装置，构成可实现同时发电、供热、供冷的联合供能系统。具体工程应用中，系统供冷、供热、供电有多种方案的优化组合。

研究和工程应用实例均已证明，燃气冷热电联供系统的使用是有条件的，包括能源供应条件、联供负荷条件、联供站址条件、联供能效条件、工程技术条件等。

1. 使用燃气冷热电联供系统应具备的能源供应条件

（1）使用燃气冷热电联供系统的区域，天然气（或其他燃气）供应充足且供气参数比较稳定，以保证燃气轮机的一次能源供给和正常运行。

（2）燃气发出的电量既可自发自用，亦可并入市电网运行，并入市电网的系统应采取发电机并网自动控制措施，燃气发电停止运行时可实现市电网供电。

（3）市电网供电施行峰谷分时电价。

（4）电网供电不足或电网供电难以实施，但用户供电、供热、供冷负荷使用规律相似，用电负荷较为稳定，发电机可采用孤网运行方式，发电机组应自动跟踪用户电负荷。

2. 使用燃气冷热电联供系统应具备的联供负荷条件

（1）燃气轮发电机的总容量小于或等于25MW。

（2）用户全年有冷、热负荷需求，且电力负荷与冷、热负荷使用规律相似。

（3）联供系统年运行时间不宜小于2000h。

（4）联供系统年节能率应大于15%。

3. 使用燃气冷热电联供系统的能源站站址条件

（1）燃气冷热电联供系统的能源站宜靠近热（冷）负荷中心以及供电区域的主配电室、电负荷中心。

（2）燃气冷热电联供系统的能源站应便于与市政燃气管道连接，且入站燃气管道压力应符合国家现行有关标准、技术规程的规定。

（3）燃气发电机设置在建筑物地下室或首层时，单台容量不应大于 7MW；燃气发电机设置在建筑物屋顶时，单台容量不应大于 2MW，且应对建筑结构进行验算。

（4）燃气冷热电联供系统的能源站站址应符合环保要求。

（5）燃气冷热电联供系统的能源站站址应符合防爆、防火等安全性要求。

4. 使用燃气冷热电联供系统的能效条件

（1）符合能效指标规定：燃气冷热电联供系统的年平均能源综合利用率应大于 70%。燃气冷热电联供系统的年平均能源综合利用率定义为联供系统输出能量与输入能量之比，即：

$$年平均能源综合利用效率 = \frac{年输出能量（冷、热、电）}{年输入能量（燃气热量）} \times 100\%$$

系统年平均能源综合利用率的具体数值应按式（4.6-1）计算：

$$\nu_1 = \frac{3.6W + Q_1 + Q_2}{BQ_L} \times 100\% \tag{4.6-1}$$

式中　ν_1——年平均能源综合利用率，%；

W——年净输出电量，kWh；

Q_1——年余热供热总量，MJ；

Q_2——年余热供冷总量，MJ；

B——年燃气总耗量，Nm³；

Q_L——燃气低位发热量，MJ/Nm³。

需要注意的是，式（4.6-1）中输入能量是按燃气低位发热量计算的，输出能量中发电总量为发电机组输出的电量，余热供热总量为余热锅炉等设备利用发电余热产生的热量，供冷部分直接按吸收式制冷机利用发电余热产生的制冷量计算，若供热量、供冷量中含有用补燃措施产生的热量、冷量时应予以扣除。

（2）宜符合配置指标要求：燃气冷热电联供系统年平均余热利用率宜大于 80%。联供系统年平均余热利用率定义为系统利用余热供热、供冷量与可利用余热总量之比，即：

$$年平均余热利用率 = \frac{年余热供热量 + 年余热供冷量}{排烟温度降至 120℃ 可利用热量 + 冷却水温度降至 75℃ 可利用热量} \times 100\%$$

年平均余热利用率的计算，按式（4.6-2）计算：

$$\mu = \frac{Q_1 + Q_2}{Q_p + Q_s} \times 100\% \tag{4.6-2}$$

式中　μ——年平均余热利用率，%；

Q_1——年余热供热总量，MJ；

Q_2——年余热供冷总量，MJ；

Q_p——排烟温度降至 120℃时烟气可利用的热量，MJ；

Q_s——温度大于或等于 75℃的冷却水可利用的热量，MJ。

（3）联供系统的节能率应大于 15%，节能率和发电设备最大利用小时数按现行国家标准《燃气冷热电联供工程技术规范》GB 51131 的规定计算。

5. 使用燃气冷热电联供系统的工程技术条件

燃气冷热电联供系统的设计、施工、验收和运行管理，应符合现行国家标准《燃气冷热电联供工程技术规范》GB 51131、《燃气工程项目规范》GB 55009 和《供热工程项目规范》GB 55010 的规定。

从满足用户用能要求看，燃气冷热电联供系统一般对医院、宾馆、商场、休闲场所、商务区、大学园区、车站、机场、工业企业、产业园区等用户适用性较好，具体的集成供能方案则应经过技术经济分析比较后优化确定。

4.6.3 冷热电联供的系统组成

冷热电联供系统一般由动力系统、燃气供应系统、供配电系统、余热利用系统、监控系统等组成，按燃气原动机的类型不同来分，常用的冷热电联供系统有两类，即燃气轮机式联供系统和内燃机式联供系统，系统的具体组成包括：燃气机组、发电机组及供电系统、余热回收及供热系统、制冷机组及供冷系统，此外还有燃气机组的空气加压、预热、冷却水、烟气排放等辅助系统。

1. 燃气轮机型冷热电联供系统的组成

燃气轮机型冷热电联供系统通常由燃气轮机组、发电机及供电系统、烟气余热回收装置、余热吸收式制冷机及供冷系统、余热供热系统、辅助补燃设备、联供燃气系统的进排气装置等，如图 4.6-5 所示。

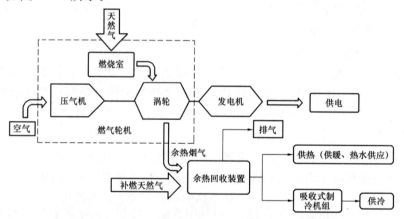

图 4.6-5 燃气轮机型冷热电联供系统组成示意图

2. 内燃机型冷热电联供系统的组成

内燃机型冷热电联供系统一般由燃气内燃机组、发电机及供电系统、烟气余热回收装置、余热吸收式制冷机及供冷系统、余热供热系统、冷却水热回收系统、辅助补燃系统、联供燃气系统的进排气装置等，如图 4.6-6 所示。需要指出的是，系统的余热回收应当回收缸套水和烟气的热量，回收缸套水的热量不仅提高能效，还有利于提高发动机的效率和延长发动机的寿命。

3. 设置余热吸收式制冷机组的燃气冷热电联供系统

冷热电联供系统的制冷机组通常是吸收式冷水机组，以余热高温烟气为热源，或以余热锅炉产生的蒸汽为热源，或以回收余热来的热水为热源，还有以余热热源为主、辅助以燃气补燃措施，上述各联供系统组成如图 4.6-7～图 4.6-11 所示。关于燃气冷热电三联供系统制冷机组设备的性能及特点，见本章第 4.5 节和相关生产厂家的产品资料。

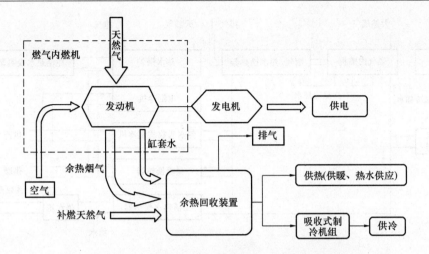

图 4.6-6　内燃机型冷热电联供系统组成示意图

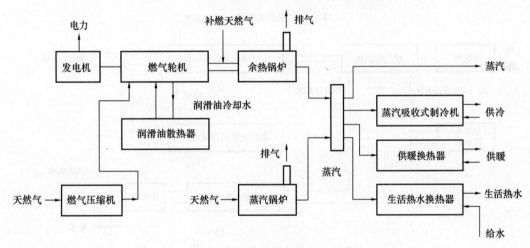

图 4.6-7　燃气轮机余热蒸汽型吸收式制冷联供系统

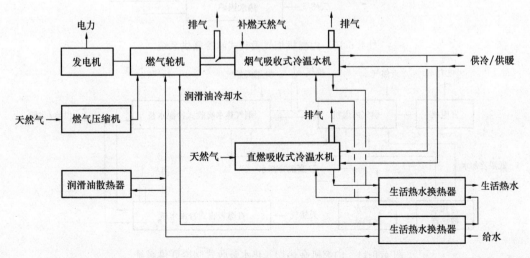

图 4.6-8　燃气轮机烟气吸收式制冷联供系统

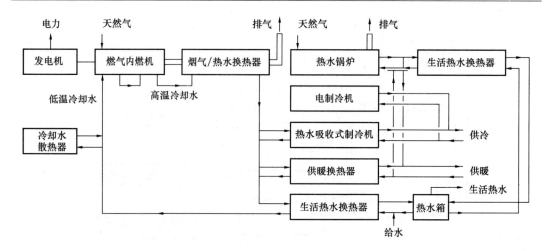

图 4.6-9 内燃机余热热水吸收式制冷联供系统

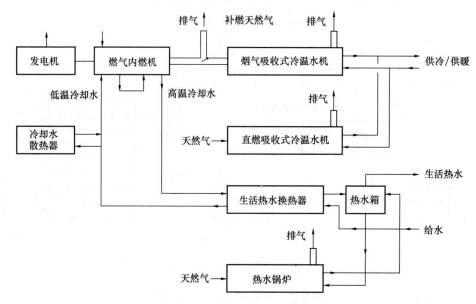

图 4.6-10 内燃机烟气吸收式制冷联供系统

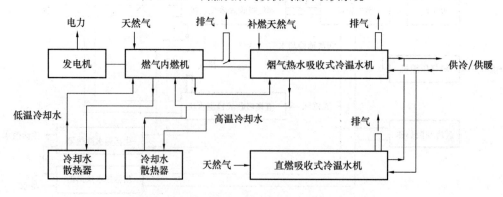

图 4.6-11 内燃机余热烟气热水吸收式制冷联供系统

4.6.4　冷热电联供设备与室内燃气管道的选择

1. 燃气冷热电联供系统的设计原则

（1）冷热电联供系统属于分布式能源系统，所谓"分布式能源系统"是指分布安置在需求侧的能源梯级利用，以及资源综合利用、可再生能源和蓄能设施。通过在需求现场根据用户对能源的不同需求，实现"分配得当、各得所需，温度对口，梯级利用"式的能源供应，将输送环节的损耗降至最低，对能源"吃光用尽"，从而实现能源利用效能、效益的最大化和最优化。联供系统宜采用并网运行或并网不上网运行的方式。

（2）发电机组应在联供系统供应冷、热负荷时运行，供冷、供热系统应优先利用发电余热制冷、供热。经济合理时，应结合蓄能设备使用。

（3）联供系统的组成形式、设备配置，工艺流程及运行方式，应根据燃气供应条件和电力并网条件，以及冷、热、电、气的价格因素，经技术经济比较后确定。

2. 燃气冷热电联供系统的设备选择

（1）联供系统负荷计算

分析联供系统用户具体需求，在调查（有条件时实测）、估算、统计、分析所供建筑的冷、热、电负荷分布情况的基础上，绘制不同季节典型日逐时负荷曲线和年负荷曲线，然后根据逐时负荷曲线和全年运行模式计算全年供冷量、供热量、供电量以及耗电量、燃气耗量。

（2）联供系统形式确定

1）联供系统的形式应根据燃气供应条件和冷、热、电、气价格经技术经济比较后确定，优先选择能充分利用发电余热进行制冷、供热的联供系统。

2）燃气发电机采用燃气轮机时，为充分利用烟气余热、利用烟气中的氧含量，联供系统形式宜采用以下做法：

① 燃气轮机＋补燃型吸收式冷（温）水机组（直燃机）；

② 燃气轮机＋余热吸收式冷（温）水机组（直燃机）＋电制冷机＋燃气锅炉；

③ 燃气轮机＋余热锅炉＋蒸汽型吸收式制冷机＋电制冷机＋汽水换热装置＋燃气锅炉；

④ 燃气轮机＋余热锅炉＋蒸汽型吸收式制冷机＋热泵型电制冷机＋电制冷机＋换热装置＋燃气锅炉；

⑤ 燃气轮机＋补燃型吸收式冷（温）水机组（直燃机）＋电制冷机；

⑥ 燃气轮机＋高压余热锅炉＋汽轮发电机＋低压余热锅炉＋蓄热装置＋蒸汽型吸收式制冷机＋电制冷机＋换热装置。

3）燃气发电机采用燃气内燃机时，由于内燃机有烟气、缸套水等余热形式，为充分利用余热，联供系统形式宜采用以下形式：

① 燃气内燃机＋热水型吸收式制冷机＋电制冷机＋燃气锅炉；

② 燃气内燃机＋热水型吸收式制冷机＋热泵型电制冷机＋电制冷机＋蓄冷装置＋燃气锅炉；

③ 燃气内燃机＋补燃型烟气热水型吸收式冷（温）水机组（直燃机）＋电制冷机。

4）燃气发电机采用微燃机（微型燃气轮机发电机的简称，多采用回热循环，发电效率可达30%或更高，排烟温度为200～300℃）时，由于发电量小（功率多在300kW以下），当回热器的回热量可调时，联供系统形式宜采用以下形式：

① 微燃机＋补燃型吸收式冷（温）水机组（直燃机）；

② 微燃机＋热水型吸收式制冷机＋电制冷机。

5）系统运行方式的确定：

① 可以选择发电机组与市电并网不上网的方式或发电机组孤网运行的方式。为了提高系统运行的经济性和稳定性，宜采用发电机组与市电并网方式。

② 根据建筑物冷热电负荷规律及数量，综合考虑经济、节能、安全等因素后优化确定冷热电联供系统的运行时间。

③ 系统运行时，用电负荷应大于发电机组的最低运行负荷，余热应能充分利用。

④ 当不能保证发电产生的余热随时被全部利用时，宜设置辅助放热装置，保证发电机组稳定运行。

（3）发电设备的选择

1）若发电机组与市电并网运行，则应按基本用电负荷曲线确定发电容量，发电不足部分由市电补充；当采用孤网运行方式时，发电机容量应满足所带电负荷的峰值需求。

2）根据确定的发电容量和用电负荷规律，选择发电机组台数和类型，以保证发电机组较高的负荷率。当发电机供电负荷的供电可靠性要求高时，发电机台数不宜少于2台。

确定发电机组的配置容量时，需要合理确定系统中冷（热）、电的负荷匹配。要使系统实现能源的梯级利用和经济运行，必须使发电机组排放的余热得到全部回收利用，尽量避免或减少系统单独发电的运行工况。在以冷（热）定电的系统中，发电机组一般按满足基本空调负荷（并网的情况为最大负荷的 50%～70%）的要求进行欠负荷匹配，这样既可适当减小发电机组的配置容量，降低设备投资费用，又可提高发电机组的满负荷运转率，保证系统运行的经济性。峰值冷（热）负荷通过配置其他供冷（热）设备进行调节，不足电力从电网购电补充。

3）根据初选的发电机组参数、运行方式和冷热电负荷变化规律，核算全年的余热利用量，应保证系统运行期间较高的余热利用率。

4）根据建筑物所在地的燃气供应压力和发电机组形式，确定是否需要设置燃气压缩机。微燃机发电机组一般可将燃气压缩机组装在机组内；燃气轮机发电机组需要单独配置燃气压缩机。

5）常用燃气发电机组的性能及特点：冷热电联供系统的主要设备是燃气发电设备和余热回收利用设备，其中燃气发电设备的具体类型有燃气轮机驱动发电机、内燃机驱动发电机、微燃机驱动发电机等。这三种燃气驱动发电机的性能各有特点，燃气轮发电机组的发电效率较低，但高温烟气量大，余热利用空间也大，可以获得更多的热水或蒸汽用于供热、制冷；内燃机机组发电效率高，但高温烟气量较燃气轮机组少，可获得的较高品质热能（蒸汽）少，更多的是产生低品质的热水，除了供应生活热水外，冬季可以为供热提供 70～90℃的热水；微燃机组的容量最小、发电效率最低，但烟气余热量回收温度范围大，且以氮氧化物为代表的污染物排放水平最低，环境性能最好。冷热电联供系统常用燃气发电机组的性能及特点如表 4.6-1 所示。

冷热电联供系统常用燃气发电机组的性能及特点　　　　　表 4.6-1

机组 / 性能	燃气轮机	内燃机	微燃机
容量范围（kW）	500～60000	3～22000	25～350
发电效率（%）	20～40	25～45	20～30
余热来源	400～650℃的烟气	400～600℃的烟气； 80～110℃的缸套水； 40～65℃的润滑油冷却水	250～650℃的烟气
所需燃气压力（MPa）	1.0～2.2	≤0.2	0.4～0.8
NO_x 排放水平（ppm）（含氧量15%）	150～300（无控制时）	45～200（无控制时）	<9

6）市场上已经推出 CCHP 成套设备，7 天可完成安装，使得设计周期显著缩短，设计质量提升，同时还有机房占地节约、初投资减少、整体能效提高和更好的经济性等诸多好处，值得推广，成套设备见图 4.6-12 示意。

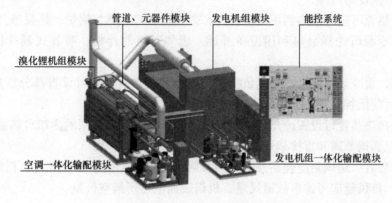

图 4.6-12　CCHP 成套设备

室外布置的能源站，燃气设备边缘与相邻建筑外墙面的最小水平净距应符合表 4.6-2 的规定。

室外布置能源站燃气设备与建筑物水平净距　　　　　表 4.6-2

燃气最高压力（MPa）	燃气设备边缘与建筑外墙面的水平净距（m）	
	一般建筑	重要公共建筑、一类高层民用建筑
0.8	4.0	8.0
1.6	7.0	14.0
2.5	11.0	21.0

（4）余热利用设备的选择

1）联供系统的供冷、供热设备总容量应根据用户设计冷热负荷确定；余热利用设备的容量不应低于发电机组满负荷运行时产生的余热量；余热利用设备形式应根据余热温度和用户对冷、热负荷使用介质的要求来确定。有关选型要求如下：

① 烟气制冷量大于 50% 且具有供暖功能时，宜用余热型＋直燃型；

② 电负荷与冷负荷不同步时，或发电余热不能满足用户设计冷、热负荷时，宜用余热补燃型；

③ 受机房面积、初投资限制时，宜用余热补燃型；

④ 单台机组容量较大（4600kW）宜用余热型＋直燃型，提高系统可靠性；

⑤ 多台余热型制冷机不宜所有机组增加补燃；补燃制冷量以总制冷量 30％～50％为宜。

补充冷、热能供应设备可采用吸收式冷（温）水机组、压缩式冷水机组、热泵、锅炉等。必要且条件许可时，采用蓄冷、蓄热装置。

2）当热负荷主要为空调制冷、供热负荷时，联供系统余热利用设备宜采用吸收式冷（温）水机组，直接利用烟气和高温水热量；当热负荷主要为蒸汽或热水负荷时，联供系统余热利用设备宜采用余热锅炉，将发电余热转化为蒸汽或热水再利用。

3）应按发电机组的运行规律，核算余热利用设备全年可提供的冷、热量，当余热利用设备提供的冷、热量不能满足用户冷热负荷需求时，不足部分由系统辅助冷热源补充。

4）关于联供系统余热利用选用吸收式制冷机、热交换器、余热锅炉、热泵机组、电驱动制冷机、燃气锅炉、蓄能装置等设备的选择方法，可参见本教材相关章节或专门的手册。

（5）辅助设备的选择

1）辅助热源可选择余热利用设备补燃、燃气直燃机、燃气锅炉、热泵等。

2）辅助冷源可选择余热利用设备补燃、燃气直燃制冷机、吸收式制冷机、电制冷机等。

3）蓄热、蓄冷装置根据冷热电负荷变化规律和设备容量，可设置部分蓄热、蓄冷装置，在冷热负荷低谷时段充分利用发电余热。

4）辅助排热装置可设置冷却塔或风冷散热器，将未完全利用的冷却水热量排至室外；应设置烟气三通调节阀和直排烟道，将未完全利用的烟气排空。

5）通风装置：送风量应包括发电机组及锅炉等设备燃烧所需空气量，机组表面散热所需空气量。排风量应考虑事故通风量、机组表面散热所需空气量。

（6）技术经济分析与评价

燃气冷热电联供系统的技术经济分析可以采用增量分析方法，与常规供能系统进行比较。作为比较对象的常规单独供能系统，可以选定为电力由市电供应；供热采用燃气锅炉或燃气直燃机；供冷采用电制冷机、吸收式制冷机或燃气直燃机。

1）环境效益：燃气冷热电联供系统替代燃煤火力发电厂、燃煤锅炉房、电制冷机供应冷、热、电负荷，可减少烟尘、SO_2、NO_x 等污染物的排放量。

2）节能效果：冷热电联供系统相对于常规系统，可减少一次能源消耗量。

3）经济性评价：冷热电联供系统的经济性评价应与常规供能系统比较，在供应同样的冷、热、电负荷条件下，计算增量投资回收期；或者以同样的冷、热、电销售价格，分别计算投资回收期和内部收益率。运行成本包括：外购电费、燃气费、水费、人工工资及附加、修理及维护费、折旧及摊销费、财务费用、管理费及其他费用等。

（7）系统运行调节

1）当用电负荷大于发电能力时，应按发电机组最大能力发电，不足部分由市电补充。

2）当用电负荷小于发电能力时，应降低发电机组发电负荷，保证不向市电上网送电。

3）当冷热负荷大于余热供热能力时，应启动辅助冷热源补充。

4）当冷热负荷小于余热供热能力时，宜降低发电机组发电负荷，充分利用余热，冷热负荷不足部分由辅助冷热源补充。

5）当冷热负荷小于余热供热能力时，也可利用辅助放热装置，排放多余的热量。

3. 室内燃气管道

当燃气冷热电联供为独立站房，且室内燃气管道设计压力大于 0.8MPa 时，或为非独立站房室内燃气管道设计压力大于 0.4MPa 时，燃气管道及其管路附件的材质和连接应符合下列规定：

（1）燃气管道应采用无缝钢管和无缝钢制管件；

（2）燃气管道应采用焊接连接，管道与设备、阀门的连接应采用法兰连接或焊接连接；

（3）焊接接头应进行 100％射线检测和超声检测。

4.7 蓄冷技术及其应用

4.7.1 蓄冷技术的基本原理及分类

1. 蓄冷技术发展概述

空调蓄冷技术的应用已成为电力负荷调峰的重要手段，实现用户运行费用节约的同时，带来空调系统的适应性增强与可靠性提高。

由于国内采用电制冷方式的空调冷源占有极大比重，空调负荷受气候变化的影响极大。因而，每年夏季，空调负荷对电网的负荷特性影响巨大。以 2017 年 7 月 12 日为例，北京天气高温闷热，北京地区用电大幅上升，日用电最大负荷突破 2000 万 kW，而空调成为用电量飙升的推手。2017 年夏季，在长江中下游地区多地出现长期酷热，省级电网用电负荷均屡创历史新高。

采用空调蓄冷系统可以有效地做到合理用电，缓解电力负荷的峰谷差现象。其优点是，第一，用户安装蓄冷装置后，空调供冷的制冷机装机容量可以得到减小，可以相应减少变配电设备的配置，同时，利用峰谷电价可获得较好的经济效益；第二，空调蓄冷系统以谷补峰，减少地区的电力装机容量，可以做到少建电厂，提高燃煤发电机组夜间低谷运行时段的发电效率，因而，实现燃煤发电环节的节能减排；第三，采用大型冰蓄冷装置，提供大温差冷水资源，可以促进实现区域供冷的能源项目得到发展。

2. 蓄冷技术的基本原理

空调蓄冷技术是指采用制冷机和蓄冷装置，在电网低谷的廉价电费计时时段，进行蓄冷作业，而在空调负荷高峰时，将所蓄冷的冷量释放的成套技术。因而，蓄冷技术就是合理选择蓄冷介质、蓄冷装置与设计系统组成，利用优化的传热手段，通过自动控制，周期性地实现高密度的介质蓄冷和合理的释冷过程。

3. 蓄冷系统的基本运行方式

蓄冷系统在实际运行中，根据空调供冷循环周期的负荷特点与量值，结合电价的计取条件，蓄冷系统可以采取蓄冷、释冷供冷、释冷＋制冷机供冷的多种运行方式的最佳组合。一般分全负荷蓄冷及部分负荷蓄冷两大类。

（1）全负荷蓄冷（蓄能率 100％）　在非电力谷段，总冷负荷全部由蓄冷装置提供，制冷机不运行，仅仅依靠蓄冷贮槽向用户供冷。全负荷蓄冷多用于间歇性的空调场合，如体育馆、影剧院等。该方式要求制冷机和蓄冷装置的容量较部分负荷蓄冷方式要大、初投资增多，但是运行的电费最低。

（2）部分负荷蓄冷　一般是处于非电力谷段时，蓄冷—释冷周期内设计总冷负荷的30%～60%由蓄冷装置提供，蓄冷装置和制冷机联合运行。显然，该方式在过渡季也可以执行全负荷蓄冷方式。蓄冰系统采用部分负荷蓄冷方式，因初投资较低，得到广泛采用。

4. 蓄冷技术的应用场合

凡以电力制冷的空调工程，当符合下列条件之一，且经技术经济分析合理时（当以节约运行费用为主要目标而采用蓄冷空调系统时，相对于常规系统的增量投资，静态回收期宜小于5年），宜采用蓄冷空调系统：

（1）执行分时电价，且空调冷负荷峰值的发生时刻与电力峰值的发生时刻接近、电网低谷时段的冷负荷较小的空调工程；

（2）空调峰谷负荷相差悬殊且峰值负荷出现时段较短，采用常规空调系统时装机容量过大，且大部分时间处于低负荷下运行的空调工程；

（3）电力容量或电力供应受到限制，采用蓄冷系统才能满足负荷要求的空调工程；

（4）执行分时电价，且需要较低的冷水供水温度时；

（5）要求部分时段有备用冷量，或有应急冷源需求的场所，如大型数据机房普遍采用的水蓄冷系统（备用）。

5. 蓄冷技术的分类与特点

（1）常用蓄冷技术的分类与特点

常用空调蓄冷技术多以蓄冷介质区分，有水蓄冷（显热式）、冰蓄冷和共晶盐蓄冷系统三大类，每一大类又可分为若干小类别，如表4.7-1～表4.7-3所示。冰蓄冷从制冷系

常用水蓄冷技术的分类　　　　　　　　　　　表 4.7-1

蓄冷介质	按贮槽结构和配管设计分类	结 构 特 点	水 槽
水蓄冷	分层化	温度分层型，上部温水进出口，下部冷水进出口。简单、常用	圆柱形最佳
	迷宫曲径与挡板	串联混合型贮槽、并联型贮槽等，其中串联混合型贮槽简单、常用。单元槽>50个时，应采用分组并联式	串联混合型贮槽的单元槽>20个时，可控制整体贮槽冷温水的混合
	复合贮槽	空、实槽多槽切换型、隔膜型和平衡型，结构复杂、使用较少	

常用冰蓄冷技术的分类表　　　　　　　　　　表 4.7-2

蓄冷介质	蓄冷方式分类	按制冰、融冰方式分类	常用方式的特点	载冷剂
冰蓄冷	*冰浆式		水喷淋在圆筒形满液式蒸发器的表面，结成薄冰，靠旋转刮刀刮落于蓄冰槽内	无
	*冰晶式		采用冰晶式制冰器，冰晶溶液由泵送入贮槽。蓄冰率较大，约为60%	管内为乙烯乙二醇水溶液

续表

蓄冷介质	蓄冷方式分类	按制冰、融冰方式分类	常用方式的特点	载冷剂
冰蓄冷	*冰片滑落式		蒸发板制冰，置于蓄水或蓄冰槽的上部，当蒸发板上的冰的厚度达到 8mm 时，冰片会周期性地脱落到蓄冰槽内	无
	盘管外结冰式	内融冰式和外融冰式盘管常用三种：蛇型、螺旋形和 U 形立式盘管	内融冰式，传热效率高，蓄冰速率稳定，闭式流程带来系统的防腐与静压处理简便、经济；外融冰式，融冰供水温度可低至 0～1℃，适用于大温差低温送风系统、大型区域供冷系统	盘管内为乙烯乙二醇水溶液
	封装冰	冰球式、冰板式和蕊心冰球式	蓄冷速度较慢，温度低。释冷速度快。贮槽的结构和形状可灵活设置，贮槽的阻力低、流量增大、阻力增幅小	冰球（板）外为乙烯乙二醇水溶液

注：蓄冷方式之前有 * 者属动态型，其余为静态型。

常用共晶盐蓄冷技术的分类　　　　　　　　　表 4.7-3

蓄冷介质	蓄冷方式分类	常用方式的特点	载冷剂
共晶盐（又称优态盐）蓄冷	冰球式	共晶盐溶液属高温相变材料，可用常规的机组提供冷源，故特别适用于改造项目	共晶盐溶液
	冰板式		

统构成分类，可分为直接蒸发式和间接载冷剂式。所谓直接蒸发式，是指制冷系统的蒸发器直接用作制冰元件，如盘管外结冰、制冰滑落式等；所谓间接载冷剂式，是指利用制冷系统的蒸发器冷却载冷剂，再用载冷剂进行制冰。

根据制冰方式的不同，可分为静态型制冰和动态型制冰两种。静态型制冰方式，冰的制备和融化在同一位置进行，蓄冷设备和制冰部件为一体结构，具体形式有冰盘管式、完全冻结式、密封件式等多种形式；动态型制冰方式，冰的制备和融化不在同一位置进行，制冷机和蓄冰槽相对独立，如冰片滑落式和冰晶式系统。

1）水蓄冷技术的特点：可以使用常规空调的冷水机组，贮槽可以考虑利用消防水池，因而，初投资省，技术要求低，维修简单、维修费用低。

水蓄冷属于显热蓄冷方式，蓄冷的供回水的温差为 5～10℃，单位蓄冷能力低（5.9～11.2kWh/m³），水蓄冷槽体积大，冷损耗也大（为蓄冷量的 5%～10%）；对蓄冷水池（罐）的保冷及防水措施要求高。

2）冰蓄冷技术的特点（与水蓄冷系统比）：冰蓄冷的蓄冷密度大，故冰蓄冷贮槽小；冷损耗小（为蓄冷量的 1%～3%）；冰蓄冷贮槽的供水温度稳定，供水温度接近 0℃，可采用低温送风系统，从而带来空调运行费用的降低。对制冷机有专门要求，当制冰时，因蒸发温度的降低会带来压缩机的 COP 降低。设备与管路系统较复杂。封装冰系统因贮槽的阻力低、流量增大、阻力增幅小，故适于短时间内需要大量释放冷的建筑，如：体育馆、影剧院等。

3）共晶盐蓄冷技术的特点：介于水蓄冷和冰蓄冷之间，其蓄冷贮槽较水蓄冷小，较冰蓄冷大；由于采用高温相变（如为8℃）材料，制冷机蒸发温度较冰蓄冷时高。但相变潜热较低（如为95kJ/kg），设备投资较高，目前应用较少。

共晶盐蓄冷装置的选择应符合下列规定：

①蓄冷装置的蓄冷速率应保证在允许的时段内能充分蓄冷，制冷机工作温度的降低应控制在整个系统具有经济性的范围内；

②蓄冰装置的融冰速率与出水温度应能满足空调系统的用冷要求；

③共晶盐相变材料应选用物理化学性能稳定，相变潜热量大、无毒、价格适中的材料。

（2）常用蓄冷技术的基本数据

常用蓄冷技术的基本数据如表 4.7-4 所示。

常用蓄冷技术的基本数据 表 4.7-4

蓄冷方式	冷冻水	冰片滑落式	外融冰式	内融冰式	封装冰	冰晶式
贮槽体积（m³/kWh）	0.089～0.169	0.024～0.027	0.018～0.03	0.015～0.023	0.019～0.023	0.015～0.024
蓄冷温度（℃）	4～6	−9～−4	−6～−3（工业应用最低可为−15℃）	−6～−3		−3～−1（直接蒸发） −6～−3（间接冷却）
释冷温度（℃）	高出蓄冷温度 0.5～2	1～2	1～2	2～4	2～6	0.5～1.5
贮槽结构	开式，钢，混凝土	开式，混凝土，钢，玻璃钢	开式，混凝土，钢	开式或闭式，混凝土，钢，玻璃钢	闭式或开式，混凝土，钢，	开式或闭式，混凝土，钢，玻璃钢
贮槽保温	土建贮槽宜采用内保温，其他宜采用外保温，且不应出现冷桥					
制冷机类型	标准单工况制冷机	分装式或组装式制冷机	直接蒸发制冷机或双工况制冷机	双工况制冷机	双工况制冷机	单机空调工况制冷量≤6300kW，宜采用流态冰冷水机组；>6300kW 采用双工况制冷机＋冰晶生成器制取
制冷机蓄冷工况的 COP 值	5～5.9	2.7～3.7	2.5～4.1	2.9～4.1	2.9～4.1	
释冷流体	水	水	水	25%～30%乙烯乙二醇水溶液	乙烯乙二醇水溶液	宜采用体积浓度3%～4%的乙烯乙二醇或丙烯乙二醇溶液

4.7.2　蓄冷系统的组成及设置原则

1. 蓄冷系统的组成

（1）水蓄冷系统的组成

常用水蓄冷系统有两类：开式流程和开闭式混合流程，开式流程有串联完全混合型贮槽流程和温度分层型贮槽流程两种；开闭式混合流程有供冷回路与用户间接连接的流程、高层建筑分区的开闭式混合流程和闭式制冷回路与开式辅助蓄冷回路结合流程。开式流程的供冷回路与用户间接连接流程的水蓄冷系统的基本组成如图 4.7-1、图 4.7-2 和图 4.7-3 所示，具体分析如表 4.7-5 所示。

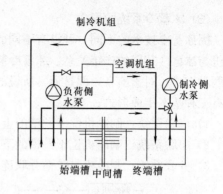

图 4.7-1　串联完全混合型贮槽流程图

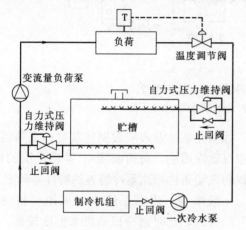

图 4.7-2　温度分层型贮槽流程图

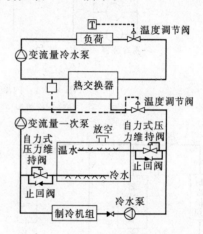

图 4.7-3　用热交换器间接供冷流程

开式流程和开闭式混合流程的水蓄冷系统　　表 4.7-5

项目	开式流程		供冷回路与用户间接连接的开闭式混合流程
	串联完全混合型流程	温度分层型流程	
蓄冷槽	各蓄冷槽内的水完全混合，由多个蓄冷槽串联组成	利用温度不同时的比重差，尽量使水不相互混合，多采用垂直流向型蓄冷槽	蓄冷槽可采用开式流程的形式
热交换器	无	无	蓄冷水和空调冷冻循环水之间采用高效板式换热器（传热温差 0.5~1℃）
优点	直接供冷，系统简单，初投资省，技术要求低，维修简单		空调冷冻水质好，用户侧为闭式回路，水泵的扬程降低，适于 >35m 高层建筑
缺点	开式系统使得水质易受污染，应设置水处理装置；水泵的扬程增加；制冷与供冷回路应考虑防止虹吸或倒空造成的运行工况破坏		空调冷冻水供水温度高出开式流程 1~2℃，带来制冷机的电耗增加

（2）冰蓄冷系统的形式

因冰蓄冷技术的不同，可以有不同的冰蓄冷装置，就冰蓄冷系统的组成而言，有制冷主机与冰蓄冷装置的连接关系、冰蓄冷装置和用户负荷侧的连接关系。后者有直供和间接的两种方式；对于前者，即是通常所说的冰蓄冷系统的形式。常用的冰蓄冷系统形式，一般有三种基本组成形式：

1）串联系统：制冷机位于贮槽的上游如图 4.7-4（a）所示；

2）串联系统：制冷机位于贮槽的下游如图 4.7-4（b）所示；

3）并联系统：制冷机与贮槽并联连接如图 4.7-5 所示。

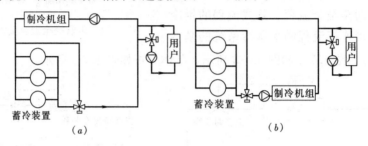

图 4.7-4   内融冰蓄冷系统串联流程配置图

(a) 制冷机组位于上游；(b) 制冷机组位于下游

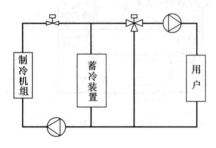

图 4.7-5   内融冰蓄冷系统并联流程配置

冰蓄冷系统形式应根据建筑物的负荷特点及规律（蓄冷周期、负荷曲线）、蓄冷系统的规模、建筑物现场条件和冰蓄冷装置的特性等确定。

一般来说，串联系统中多采用"制冷机上游"的方式，此时制冷机的进水温度较高，有利于制冷机的高效率与节电运行。因而，该方式被广泛采用。

当冰蓄冷贮槽的融冰出口温度不能够稳定获得时，采用"制冷机下游"的方式，可以将板式换热器入口处的冰水温度维持恒定。因而，该方式适用于要求室内温度波动范围小的场合。由于制冷机的出水温度低，制冷机的效率相应较低，即主机的容量或蓄冰容量要相应增加。

并联系统通常应用于乙二醇溶液温差为 5℃的场合，制冷机组与冰蓄冷贮槽处于并联位置，又因制冷机组和冰蓄冷贮槽分别处于相对独立的环路中，操作控制灵活，可以实现联合供冷、蓄冰并供冷、蓄冰、融冰供冷、制冷机供冷等多种模式，较好地发挥了制冷机与冰蓄冷贮槽的均衡供冷能力，运行灵活。系统的板式换热器供空调冷水温度一般为 5℃左右，适合应用于常规空调系统。

若要采用大温差冷冻水或低温送风技术，则宜采用"制冷机上游"的串联系统，系统的乙二醇溶液温差可达 8~10℃，可提供 2~3℃的冷冻水。

2. 蓄冷系统的设置原则

（1）水蓄冷系统的设置原则

1）在场地允许的条件下，宜考虑采用水蓄冷系统。

2) 水蓄冷贮槽应布置在制冷站附近，以降低管道系统的冷损失，同时，节约初投资、减少运行能耗和费用。消防水池可用于蓄冷，但严禁与蓄热水池合用。

3) 水蓄冷贮槽容积不宜小于 100m³，应充分利用建筑物的地下空间，占地面积要小，条件允许时，宜尽可能加深，会带来初投资和用地的节约。水蓄冷贮槽设计的关键是使蓄冷温度和放冷温度之间的过渡温度带水层形成斜温层厚度宜为 0.3～0.8m，尽可能不产生混合，即形成"活塞式"的流场。

4) 供回水温差不宜小于 7℃，蓄冷水温宜为 4℃。蓄冷容积不宜大于 0.048m³/kWh。

5) 开式系统应采取防止水倒灌的措施。

6) 循环冷水泵应布置在贮槽水位以下的位置，保证泵的吸入压头为正值，且应计入蓄冷水槽水位等因素对泵扬程的影响。

（2）冰蓄冷系统的设置原则

1) 较小的空调系统制冰的同时有少量（一般不大于设计蓄冰冷量的 10%）连续空调负荷需求，可在系统中单设循环小泵取冷。

2) 较大的空调系统制冰的同时，如有一定量的连续空调负荷（超过 350kW、超过制冷主机单台空调工况制冷量的 20% 或超过设计蓄冰冷量的 10% 时）存在，宜配置基载制冷机。

3) 冰蓄冷系统的空调供水温度与供回水温差，应满足下列要求：

①选用一般内融冰系统时，空调供回水为 7～12℃；

②选用大温差供水（5～15℃）时，宜选用串联式冰蓄冷系统；

③采用低温送风系统时，宜选用 3～5℃ 的空调供水温度；仅局部有低温送风要求时，可将部分载冷剂直接送至空调表冷器；

④采用区域供冷时，应采用外融冰系统，供回水温度宜为 3～13℃，供回水温差不应小于 9℃。

4) 冷媒蒸发温度要高。蒸发温度每降低 1℃，主机平均耗电量要增加 2%～3%，制冰的经济厚度以 50mm 为宜。

5) IPF（结冰的体积占储冰槽内体积之百分比）值要高，以减少冷损失。一般 IPF 值控制在 10%～40% 的范围。

6) 蓄冰槽体积要小，占地空间要小。原则上贮槽体积以不超过 2.8m³/100kWh 为宜，贮槽占地以不超过 1.4m²/100kWh 为宜。

7) 使用寿命要长。我国规定的折旧期年限为 15 年，国际上为 20 年，美国标准规定为 25 年。投资要节约，较常规制冷方式的初投资的增加应有较短的回收期，一般认为初投资的增加通过运行费用的节约在 6～7 年内能回收即为可行。

8) 蓄冷及释冷速率快；系统必须完全可靠，维护简单方便。

9) 部分负荷蓄冷方式运行的蓄冰系统中应采用双工况制冷机，以减少设备台数和节约投资。

10) 整体系统运转效率要高，系统 COP 值不应低于 2.5。

（3）盘管式蓄冰系统设计规定

1) 应对各蓄冰单元的冰层厚度或蓄冰量进行监控；一个蓄冷—释冷周期内的蓄冷量残留率不宜超过总蓄冰量的 5%。

2）外融冰蓄冰槽应采用合理的蓄冷温度和控制措施，防止管簇间形成冰桥；对内融冰蓄冰槽应防止膨胀部分形成冰帽。

3）当设置空气泵时，应设置除油过滤器，以避免压缩空气中的油液进入冰槽；空气泵的发热量应计入蓄冰槽的冷量损失；并应对钢制蓄冰槽和钢制盘管采取必要的防腐保护措施。

4）外融冰蓄冰槽的数量大于 2 个时，水侧宜采用并联连接。

（4）封装式蓄冰系统设计规定 .

1）宜采用闭式蓄冰装置，膨胀水箱应能容纳冰水相变及载冷剂温度变化引起的体积膨胀量；当采用开式蓄冰装置时，应采取防止载冷剂溢流的措施。

2）当封装冰容器配置板式蓄冰装置时，不冻液在板间应通畅，板的膨胀和收缩不应产生短路循环。

3）当配置矩形封装冰容器时，宜在槽内中间高度加装折流板。加装折流板的蓄冰槽，其进出口压差不应过大。

4）当配置球形封装冰容器时，宜采用冰球隔网保护措施；其蓄冰槽的进出口应设集管或分配器。

5）出水温度控制宜采用旁通法，应设置三通阀门或联动的两通阀门进行控制。

（5）冰晶式蓄冰系统设计规定

1）蓄冷介质宜采用低温、大温差、低循环量直接向空调末端供冷的方式。

2）设备进口应设置过滤器。

3）进液管布置：蓄冰介质出口设计温度高于 4～5℃（或闭式蓄冰槽），宜（应）布置在液面中下部；出口设计温度低于 3～4℃，宜布置在液面之上。

（6）冰片滑落式蓄冰系统设计规定

1）应合理设置制冰与脱冰循环周期。

2）应减少蓄冰槽内的无冰空间（空穴）的形成。蓄冰槽的尺寸、形状，蒸发器在蓄冰槽上的位置都会影响到空穴的大小，从而影响到蓄冰槽蓄冰量的多少，应该在可能的条件下尽量提高蓄冰槽的高度。

当蓄冰槽的高度受到建筑物高度限制时，可以采用辅助机械手段减少空穴。如采用回水通过喷嘴形成高速射流冲击冰面，或采用螺旋推进器将冰面推平。

3）出水集管宜在槽底贴外壁设置，当其立管位于槽体内部时，应采取防止冰片划伤管道的遮护措施。

4）冷却塔应满足蒸发温度较高时制冷机的排热量和蓄冰时最低出水温度的要求。

4.7.3 蓄冷系统的设计要点

1. 蓄冷空调系统的设计步骤

（1）对采用蓄冷空调系统的项目，实地收集电价、拟建（或拟改造）建筑物的类型、使用功能、拟改造建筑物的空调系统现状等；

（2）编制选择蓄冷空调系统方案的可行性研究报告，重点论证系统流程；

（3）进行初步设计，应根据空调负荷的特点、电网峰谷时段等因素经技术经济比较后初定蓄冷—释冷周期，对建筑物空调蓄冷—释冷周期冷负荷进行估算；确定蓄冷系统（蓄冷方式和蓄冷介质）；制冷主机比较选择；蓄冰槽的设计或选择；其他配套设备的选型；

控制系统的方案确定；蓄冷空调系统概算等；

（4）施工图设计：确定蓄冷—释冷周期，对设计蓄冷—释冷周期进行逐时冷负荷计算（改、扩建工程宜采用实测和计算相结合的方法计算），确定蓄能率，确定设计蓄冷—释冷周期的系统内系统的逐时运行模式和负荷分配，并宜确定不同部分负荷率下典型蓄冷—释冷周期的系统运行模式和负荷分配。确定空调蓄冷系统的制冷设备、蓄冷槽及辅助设备；系统流程、运行模式和控制策略；编制蓄冷—释冷负荷逐时分配表；计算蓄冷释冷周期内的移峰电量、减少的电力负荷以及总能效比等；

（5）蓄冷空调系统预算。

2. 蓄冷系统的供冷负荷的确定

（1）蓄冷系统的供冷负荷与非蓄冷空调系统的供冷负荷确定有所区别，具体区别如表 4.7-6 所示。

蓄冷系统与非蓄冷空调系统的供冷负荷确定的区别 表 4.7-6

区别项目	蓄冷系统	非蓄冷空调系统
计算基数	设计日的日负荷	设计日的最大小时负荷
设计依据	设计日逐时冷负荷分布图	同上
总冷负荷	建筑物冷负荷＋建筑物内冷水泵与冷水管道附加冷负荷＋室外冷水管道附加冷负荷＋蓄冷装置的附加冷负荷（冰蓄冷为装置冷容量的 2%～3%；水蓄冷为装置冷容量的 5%～10%）。间歇运行的蓄冷空调系统负荷计算时，还应计入停机时段积累得热量所形成的附加冷负荷①	建筑物冷负荷
节支分析	依据运行期的各月平均日逐时冷负荷分布图进行节支分析	无

① 停机时段附加冷负荷采用动态、负荷模拟计算软件对间歇期和空调运行期进行模拟计算；或按《民用建筑供暖通风与空气调节设计规范》GB 50736—2012 第 8.7.2 条条文说明提供的表格计算。

（2）逐时冷负荷分布图

1）逐时冷负荷分布图的特点

逐时冷负荷分布图的特点与建筑物的使用情况密切相关，如使用周期或间隔、使用时间、设计日平均负荷系数（即：设计日平均小时负荷/设计日最大小时负荷）。部分类型建筑物的使用时间与设计日平均负荷系数如表 4.7-7 所示。

部分类型建筑物的使用时间与设计日平均负荷系数 表 4.7-7

建筑物类型	使用时间（h）	设计日平均负荷系数
办公楼	8～10	0.8～0.93
商场	12～13	0.75
宾馆	24	0.73
医院	24	0.6
学校	9	0.85

2）逐时冷负荷分布图的计算

蓄冷系统的冷负荷计算方法按本书第 3.2.2 节空调负荷计算及有关规范规定进行。

当进行蓄冷空调系统设计时，宜进行全年逐时冷负荷计算和能耗分析，对空调面积超

过 $80000m^2$，且蓄冷量超过 28000kWh 空调系统的项目，应采用动态负荷模拟计算软件进行全年逐时负荷计，并应结合分时电价和蓄冷—释冷周期进行能耗和运行费用分析，及全年移峰电量计算。

3）逐时冷负荷的估算

目前，逐时冷负荷的估算一般采用两种估算方法：平均法和系数法。

①平均法

日总冷负荷可按下式计算：

$$Q_d = \sum_{i=1}^{24} q_i = n \cdot m \cdot q_{max} = n \cdot q_p \tag{4.7-1}$$

$$Q = (1+k)Q_d \tag{4.7-2}$$

式中 Q——设备选用日总冷负荷，kWh；

Q_d——设备计算日总冷负荷，kWh；

q_i——i 时刻空调冷负荷，kW；

q_{max}——设计日最大小时冷负荷，kW；

q_p——设计日平均小时冷负荷，kW；

n——设计日空调运行小时数，h；

m——平均负荷系数，等于设计日平均小时冷负荷与最大小时冷负荷之比，宜取 0.7~0.8；

k——制冷站设计日附加系数，一般为 5%~8%。

②系数法

一般以有关建筑物的冷负荷估算指标为基础，根据冷负荷的组成子项所占比例，结合本地区同类建筑实际运行记录，得出逐时冷负荷占最大小时冷负荷的比例。以最大小时冷负荷为依据，乘以各逐时冷负荷占最大小时冷负荷的比例系数，从而求出各逐时冷负荷。

3. 蓄冷系统的蓄冰装置有效容量与双工况制冷机的空调标准制冷量

蓄冰装置的蓄冷特性，应保证在电网低谷时段内能完成全部预定蓄冷量的蓄存；蓄冰装置的取冷特性，不仅应保证能取出足够的冷量，满足空调系统的用冷要求，而且在取冷过程中，取冷速率不应有太大的变化，冷水温度应基本稳定。

（1）全负荷蓄冰

蓄冰装置有效容量的计算：

$$Q_s = \sum_{i=1}^{24} q_i = n_i \cdot c_f \cdot q_c \tag{4.7-3}$$

蓄冰装置名义容量：

$$Q_{so} = \varepsilon Q_s \tag{4.7-4}$$

制冷机标定制冷量：

$$q_c = \frac{\sum_{i=1}^{24} q_i}{n_i \cdot c_f} \tag{4.7-5}$$

（2）部分负荷蓄冰

蓄冰装置有效容量的计算：

$$Q_s = n_i \cdot c_f \cdot q_c \tag{4.7-6}$$

蓄冰装置名义容量：

$$Q_{so} = \varepsilon Q_s$$

制冷机标定制冷量：

$$q_c = \frac{\sum_{i=1}^{24} q_i}{n_2 + n_i \cdot c_f} \tag{4.7-7}$$

式中　Q_s——蓄冰装置有效容量，kWh；

　　　Q_{so}——蓄冰装置名义容量，kWh；

　　　q_c——制冷机的标定制冷量（空调工况），kW；

　　　q_i——建筑物逐时冷负荷，kW；

　　　n_i——夜间制冷机在制冰工况下运行的小时数，h；

　　　n_2——白天制冷机在空调工况下运行小时数，h；

　　　ε——蓄冷装置的实际放大系数（无因次）（与蓄冷装置类型有关）；

　　　c_f——制冷机制冰时制冷能力的变化率，即实际制冷量与标定制冷量的比值。一般活塞式制冷机，$c_f = 0.6 \sim 0.65$；螺杆式制冷机，$c_f = 0.64 \sim 0.70$；离心式制冷机（中压），$c_f = 0.62 \sim 0.66$；离心式制冷机（三级），$c_f = 0.72 \sim 0.80$。

（3）电力部门有限电政策时蓄冰装置的有效容量

如果当地电力部门有限电政策，所选蓄冰装置的最大小时取冷量应满足限电时段的最大小时冷负荷的要求，即：

$$Q_s \cdot \eta_{max} \geqslant q'_{imax} \tag{4.7-8}$$

$$Q'_s \geqslant \frac{q'_{imax}}{\eta_{max}} \tag{4.7-9}$$

$$q'_c \geqslant Q'_s / (n_i \cdot c_f) \tag{4.7-10}$$

式中　Q'_s——为满足限电要求所需的蓄冰装置容量，kWh；

　　　η_{max}——所选蓄冰装置的最大小时取冷率；

　　　q'_{imax}——限电时段空调系统的最大小时冷负荷，kW；

　　　q'_c——修正后的制冷机标定制冷量，kW；

式中其他符号同式（4.7-3）～式（4.7-7）。

4. 水蓄冷系统的设计要点

（1）水蓄冷贮槽容积设计确定

水蓄冷贮槽容积按下式计算

$$V = \frac{Q_s \cdot P}{1.163 \cdot \eta \cdot \Delta t} \tag{4.7-11}$$

式中　V——所需贮槽容积，m³；

　　　Q——有效设计蓄冷量，kWh；

　　　P——容积率，与贮槽结构、形式等因素有关，一般为 $1.08 \sim 1.30$，对分层型及容量大的贮槽可取低限，其余型式及容量小的贮槽可取高限；

　　　η——在一个蓄冷—释冷周期内水槽的输出与理论上可利用能量之比，与贮槽结构、保温效果和冷温水混合程度有关，具体可参见表4.7-8；

Δt——水槽的供回水温差，一般不宜小于 7℃。

水蓄冷贮槽的蓄冷槽效率 表 4.7-8

贮槽类型	蓄冷槽效率	水深和连通管部流速
串联完全混合型流程	水深为 1～2m 时，0.65～0.80； 水深>2m 时，0.75～0.85	水深为 1～2m 时，流速：0.3m/s；水深：>2m 时，流速：0.1m/s
温度分层型流程（并联）	0.80～0.90	水深：>2m 流速：<0.1m/s

（2）合理确定贮槽（温度分层型）的高径比和流速

钢筋混凝土贮槽的高径比宜为 0.25～0.50，一般为 0.25～0.33，高度范围一般为 7～14m。

地面上钢贮槽的高径比宜为 0.5～1.2，高度范围一般为 12～27m。

温度分层型贮槽的进出水扩散口流速宜小于 0.1m/s。

完全混合型贮槽，贮槽的水深一般为 1～2m，连通管的流速一般为 0.3m/s，连通贮槽数为 15～50 个。

（3）贮槽（温度分层型）的布水器设计

1）布水器的设计是要控制弗鲁德数 Fr 与雷诺数 Re，一般要求 $Fr<2$，宜为 $Fr=1$；Re 数则与贮槽高度有关，见表 4.7-9。

对应贮槽高度所控制的 Re 数值 表 4.7-9

贮槽高度	≤5m 或带倾斜侧壁的水槽	>5m ≤12m	>12m
Re	200	400～850	850

Fr 数与 Re 数的计算公式分别见式（4.7-12）和式（4.7-13）。

$$Fr = q / \left[\frac{g h_i^3 (\rho_1 - \rho_a)}{\rho_a} \right]^{0.5} \tag{4.7-12}$$

式中　Fr——布水器进口的 Fr 数；

$\quad q$——单位布水器长度的体积流量，$m^3/(m \cdot s)$；

$\quad g$——重力加速度，$9.81 m/s^2$；

$\quad h_i$——布水器进水口最小高度，m；对下部布水器的进口高度是指其出水孔与槽底的垂直距离，对上部布水器的进口高度是指其出水孔与液面的垂直距离。

$\quad \rho_1$——进水密度，kg/m^3；

$\quad \rho_a$——周围水密度，kg/m^3。

$$Re = q / \gamma \tag{4.7-13}$$

式中　Re——布水器进口 Re 数

$\quad q$——单位布水器长度（对于出水方向为 180° 的布水器，其有效长度等于实际尺寸的 2 倍）的体积流量，$m^3/(m \cdot s)$；

$\quad \gamma$——进水的运动黏度，m^2/s。

2）布水器的布置

布水器的布置原则是要求经过布水器的出水在整个槽体的断面上分布均匀，避免槽内水平方向产生水的扰动。为此应遵循以下原则：布水器与其相连接的干支管，规格和空间位置应当尽可能对称布置；布水器的开口截面积不大于接管截面积的 1/2；布水器开口前的水流速度不大于 0.3m/s；上布水器的开口应向上，下布水器的开口应朝下；布水器的开孔的水流速一般为 0.3～0.6m/s。

3）布水器的结构形式

布水器对称布置的结构形式主要有：对圆柱形贮槽多采用八角形与辐射圆盘形；对正方形或长方形贮槽多采用连续水平缝隙形及 H 形。八角形及 H 形布水器如图 4.7-6 和图 4.7-7 所示。

4）布水器测温点的布置

布水器测温点的布置十分重要，通过合理布置的测温点可以及时有效地提供蓄冷水槽的运行情况和保冷情况的数据；可以提供水槽蓄冷量计算的依据，有关布置如表 4.7-10 所示。

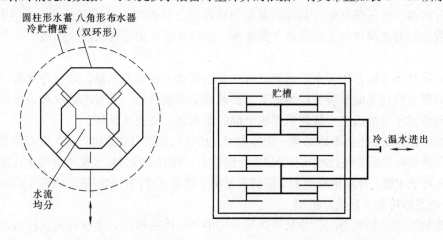

图4.7-6 八角形布水器的布置图　　　图4.7-7 H形布水器的布置

贮槽测温点的布置　　　　　　　　　　表 4.7-10

贮槽类型	测点布置
温度分层型	沿高度布置，测点间距为 1.5～2.0m
串联完全混合型	布置在始端槽、中间槽及终端槽，每槽测点为 3～8 个

5）水蓄冷贮槽应做好保冷和防水设计，好的保冷措施有：贮槽本体应避免冷桥；做好贮槽保冷，尤其是贮槽的顶板暴露在空气中，应采用防潮隔水、保冷效果好的材料，如多采用发泡聚苯乙烯板或氨基甲酸乙酯现场发泡；对处于地下部分的保冷层应做好防水，防水常用的方法是将合成树脂、合成橡胶的涂料涂抹在挡土的外壁上，或将合成树脂、合成橡胶的薄板粘贴在挡土的外壁上；要尽量减少贮槽与大气相通的孔口面积。

5. 冰蓄冷系统的设计要点

（1）合理确定最佳蓄冷比例

对部分负荷蓄冰方式，运行中空调负荷要按一定比例分配给制冷机和蓄冰装置，但该比例的取值应做优化分析。部分负荷蓄冰时的总蓄冷量应根据工程的冷负荷曲线、电力峰谷时段划分、用电初装费、设备初投资费及其回收周期和设备占地面积等因素，通过经济技术分析确定。

不能为了最大电价差的使用，而取过大的蓄冰比例，以免蓄冰贮槽容积过大，同时，变压器容量也将增大，从而使运行费用增加。但蓄冰比例取值过小，就不能显现蓄冷的优越性，蓄冷设备固然减小了，但制冷机却增大了，因此，存在着一个最佳配比设计问题，需要认真进行优化设计比较，一般最佳蓄冷比例以 30%～70% 之间为宜。

（2）合理选择冰蓄冷方式

如前所述，冰蓄冷方式有多种，它们都能提供冰蓄冷能力。同时，随着技术的进步与发展，各种冰蓄冷技术在性价比方面、简化维护方面、节约用地方面等也都在进步之中。因而，要进行技术经济的综合分析、对比，做出合理选择。

1）动态型冰蓄冷——板冰/冷水机组和流态冰冷水（热泵）机组

① 板冰/冷水机组

机组蒸发板垂直安装，与制冷阀件、管道等一并组装而成一个蓄能模块，又将制冷主机与油分离器、低压循环桶、制冷剂泵与制冷阀件、管道等一并组装而成一个主机模块，由一组或多组蓄能模块与主机模块、蓄冰槽、循环泵及管道等连接起来组成为一个制冷供应系统。

水在循环水泵的作用下由贮水箱进入蒸发板模块上部的布水器，通过布水器的均匀分配，沿降膜蒸发板表面呈膜状均匀流下，快速冻结成板状冰。未被冻结成冰的水流返回贮水箱，重新被水泵抽出进入蒸发板模块上部的布水器，完成水循环。

当冰层在蒸发器上逐渐冻结至一定厚度时，由主机模块引高温排气进入降膜蒸发板夹层内侧，与蒸发板表面接触的冰由于受热失去附着力，同时沿蒸发板表面喷淋的水在冰层与蒸发板之间形成水膜，冰层依靠重力滑落到蒸发板下部蓄冰槽内，同时破碎成较小的片状冰。

② 流态冰冷水（热泵）机组

是集制冷水、制流态冰、热泵供热等多功能为一体的机组，系统简化（机房面积小）、制冰和释冷效率高。机组制取的流态冰，可直接用泵输送，可实现不经板换直接向末端供冷。流态冰具有蓄冷密度大、流动性好、传热性能强以及融冰降温速度快等优点。

机组一体化、小型化、自带冷源互为备用；所需蓄冰槽内只有溶液和流态冰，维护量小，系统更加节能。

动态蓄冷装置的运行特性与蓄冰槽内冰的数量无关，在整个蓄冷循环中保持不变，蓄冷过程稳定。同时，动态冰蓄冷可实现日蓄冰、周蓄冰的运行模式，蓄冰多少仅受蓄冰槽体积的限制，可明显减小装机容量。

所蓄的片状冰，释冷速度快，融冰全过程的出水温度可维持在 1℃ 左右，出水温度恒定，整套制冷系统运行稳定。

机组制冰蒸发温度为 -4～-5℃，比间接蒸发制冰的蒸发温度可提高 3～5℃，带来制冷效率提高约 10%～15%。

2）盘管外结冰式——外融冰系统和内融冰系统

根据冻结形式的不同，又分成完全冻结式蓄冰盘管和不完全冻结式蓄冰盘管，区别是前者在融冰过程中，冰与盘管之间形成一个水环，随着水环直径的增大，融冰速率下降较快；而后者在融冰过程中始终保持冰与盘管的接触，保证了稳定的融冰速率及稳定的出口温度。

盘管的材质有钢制盘管、导热塑料盘管，聚合物级材料制成的纳米复合导热盘管也属于导热塑料盘管范畴。不同材质盘管的对比如表 4.7-11 所示。

钢制盘管与导热塑料盘管的对比   表 4.7-11

盘管类型	优 点	缺 点
钢制盘管	导热系数大[最大可达 50W/(m·K)]；采用不完全冻结方式时，释冷速率稳定	易腐蚀（采用乙烯乙二醇溶液不能镀锌）；制冰温度一般≪−6℃
导热塑料盘管	耐腐蚀性好；制冰温度一般≪−5℃；由于结冰冰层厚度薄，结冰时的热工性能与钢盘管相当	导热系数小，一般为 1~2W/(m·K)，不适于采用完全冻结方式

还应当指出的是，外融冰盘管融冰性能与盘管的材料无关，融冰时具有同样的换热机理、换热系数基本相同。因此，外融冰盘管融冰性能仅取决于换热面积的大小。

内融冰盘管（单位蓄冷量 43.4~66.6kWh/m³）采用不完全冻结方式，提供冷冻水供水温度不应高于 6℃，供回水温差不应小于 6℃；外融冰盘管（单位蓄冷量 33.3~55.5kWh/m³）提供冷水供水温度不应高于 5℃，供回水温差不应小于 8℃（区域供冷系统不应小于 9℃），适用于大温差低温送风空调系统和大型区域供冷工程。

内融冰式几种典型的冰盘管蓄冷贮槽的结构和性能如表 4.7-12 所示。

典型的内融冰式冰盘管蓄冷贮槽的结构和性能   表 4.7-12

生产厂家	A	B	C	D	E
盘管类型	蛇形盘管，部分冻结式	圆筒形盘管，全冻结式	U 形盘管，全冻结式	蛇形盘管，部分冻结式	蛇形盘管，部分冻结式
管材与外径（mm）	钢管 26.67	塑料管 16	塑料管 6.35	钢管 25	塑料管 20
冰层厚度（mm）	约 26.7	约 12	约 10	约 25	约 17.5
盘管换热面积（m²/kWh）	0.136	0.54	0.449	0.151	0.357
蓄冰槽容积（m³/kWh）	0.021	0.018	0.016	0.019	0.023
乙烯乙二醇溶液量（kg/kWh）	1.166	1.024	0.626	0.717	1.38
冰水体积（m³/kWh）	0.014	0.011	0.011	0.013	0.017
蓄冰槽空质量（kg/kWh）	2.56	1.24	1.65	6.17	—
流动阻力（kPa）	约 75	约 115	约 75	约 80	40~100

3）封装冰——冰球系统

冰球系统是在高密度聚乙烯球壳内装填水和冰成核剂作为蓄冷介质，制冰时，低温乙烯乙二醇溶液流经冰球外部，形成球体内由表及里的结冰；融冰时，依旧是球体内由表及里的融冰。显然，载冷剂充注量大，其结冰厚度比前述两种方式都要厚，如直径 100mm 的冰球结冰厚度达到 50mm。结冰厚度过大，会导致传热性能下降。

此外，冰球轻于乙烯乙二醇溶液，对安装要求高，并应防止安装过程造成冰球的踩裂或踩瘪（会导致日后开裂）。

冰球系统蓄冰槽的阻力小，一般为 25kPa，盘管式的蓄冰槽阻力多在 36kPa 以上，有的高达 115kPa。

部分负荷蓄冷方式条件下，内融冰式和封装式冰蓄冷的制冷机都采用双工况冷水机组。

4）基载制冷机

在蓄冷周期内，当存在较为稳定、并具有一定数量的供冷负荷时，系统宜配置基载制冷机。基载制冷机的容量按保证蓄冷时段空调系统需要的供冷量确定。

（3）载冷剂的选择

载冷剂的选择具体见本书第 4.2.5 节。

（4）冰蓄冷系统的选择

前面提到常用的冰蓄冷系统一般有三种基本组成形式：

并联系统——制冷机组与蓄冷装置并联连接，两者均处于高温（进口温度 8～11℃）端，适宜全负荷和供回水温差小（5～6℃）的部分负荷系统，如图 4.7-8 所示；

串联系统——制冷机组位于蓄冷装置的上游，制冷机组处于高温端，适合空调负荷变化平稳且供水温度要求平稳的工程，如图 4.7-9 所示；

串联系统——制冷机组位于蓄冷装置的下游，制冷机组处于低温端，制冷效率低；蓄冷装置处于高温端，融冰效率高，适合融冰温度变化较大的融冰装置、封装冰装置或空调负荷变幅较大的冰蓄冷工程。

具体设计应执行现行行业标准《蓄能空调工程技术标准》JGJ 158 和图集《蓄冷系统设计与施工》20K517 的规定。

乙烯乙二醇溶液泵（下称卤水泵）选型合理，能有效提高冰蓄冷系统的运行效率、带来电费的节约。从优化卤水泵的选型角度，并联流程可分成单板式换热器系统和双板式换热器系统，如图 4.7-8 所示。串联流程可分成三种基本系统：如图 4.7-9 所示的单泵系统、双泵系统和三泵系统。

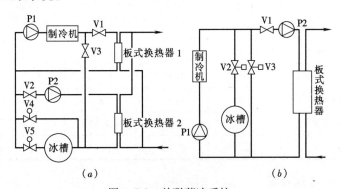

图 4.7-8　并联蓄冰系统

（a）双板式换热器系统；

V1～V3—电磁阀；V4，V5—电动调节阀，P1—制冷机泵；P2—融冰泵

（b）单板式换热器系统

V1—电磁阀；V2，V3—电动调节阀；P1—制冷机泵；P2—融冰泵

一般有如下配置原则：

1）双板式换热器系统适于蓄冰贮槽的阻力接近板式换热器的情况。

2）图 4.7-8 所示的单板式换热器系统易导致联合供冷时制冷机的流量偏大，蓄冰贮

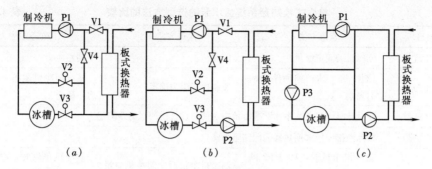

图 4.7-9　串联蓄冰系统

(*a*) 单泵系统；

V1，V4—电磁阀；V2，V3—电动调节阀；P1—制冷机泵

(*b*) 双泵系统；

V1，V4—电磁阀；V2，V3—电动调节阀；P1—制冷机泵；P2—负载泵

(*c*) 三泵系统

P1—制冷机泵；P2—负载泵；P3—冰槽泵

槽的流量偏小，制冷机单供时，流量偏大，应采用表 4.7-14 中改进的设计方法。

3) 并联系统因水泵数量多，控制较复杂，但是，水泵控制更灵活，部分负荷下运行更节能。常规温差并联系统在满负荷时，水泵的总功率会大于串联系统。若能采用大温差并联系统（如供/回水温度为 3℃/11℃），水泵的总功率会减少很多，尤其是在部分负荷条件下，优势更为明显，故大型系统宜采用大温差并联系统。

4) 串联单泵系统的设计流量一般大于制冷机的额定流量，使得泵的扬程增大，当不同运行模式进行切换时，也易导致流量加大，泵的能耗增加。由于控制简单、可靠，适宜在小型系统（空调面积小于 $30000m^2$ 的项目）中采用。

5) 串联双泵系统的能耗低于单泵系统，采用后面提到的制冷机加设旁通的做法，使泵的选型可减小一号，既节约初投资又节省电费。

6) 串联三泵系统为能耗最低的串联系统。

(5) 冰蓄冷系统辅助设备的选择

1) 卤水泵的选型

①并联流程的双板式换热器系统，如图 4.7-8 所示，选型方法如表 4.7-13 所示。

双板式换热器系统卤水泵的选型方法　　　　　　　　表 4.7-13

冷机泵 P1 流量	冷机泵 P1 扬程	融冰泵 P2 流量	融冰泵 P2 扬程
制冷机的额定流量	（制冷机＋板式换热器 1 回路）或（制冷机＋冰贮槽回路）的阻力大者确定	按设计日峰值负荷中冰贮槽所承担负荷与设计供回水温差确定	按冰贮槽＋板式换热器 2 的阻力确定

定性分析：当冰贮槽阻力远小于板式换热器 1 阻力时，制冷机转入蓄冰模式运行，冷机泵流量将大增，能耗大增。

②并联流程的单板式换热器系统，如图 4.7-8 所示。按常规方法与推荐的改进方法的比较，如表 4.7-14 所示。

单板式换热器系统卤水泵的选型方法的比较   表 4.7-14

比较项目	常规方法	改进方法 1	改进方法 2
冷机泵 P1 流量	制冷机的额定流量	同左	同左
冷机泵 P1 扬程	（制冷机＋冰贮槽回路）的阻力确定	按制冷机阻力确定	按（制冷机阻力－冰贮槽阻力）确定
融冰泵 P2 流量	按设计日峰值负荷中冰贮槽所承担负荷与设计供回水温差确定		
融冰泵 P2 扬程	按冰贮槽＋板式换热器的回路阻力确定		
定性分析	制冷机单供时，P1＋P2 的流量远大于制冷机的额定流量，导致能耗大增；联供时，P1 的流量大于制冷机的额定流量，冰贮槽的流量远小于其设计流量，能耗大、效果差	制冷机单供时，制冷机流量明显减少；联供时，冰贮槽的流量增大；蓄冰模式时，制冷机流量有所下降（约为额定流量的 85%～91%）	制冷机单供时，制冷机流量进一步减少；联供时，制冷机和冰贮槽均达到设计流量；蓄冰模式时，制冷机流量进一步下降（约为额定流量的 65%～82%）

③串联流程的单泵系统，如图 4.7-9 所示。改进方法有：采用串联单泵制冷机旁通系统；采用串联双泵制冷机旁通系统（见图 4.7-11）。按常规方法与推荐制冷机旁通系统的比较如表 4.7-15 所示。

单泵式系统卤水泵的选型方法的比较   表 4.7-15

比较项目	常规方法	制冷机旁通方法
泵 P1 流量	按设计日峰值负荷与设计供回水温差确定	同左
泵 P1 扬程	（制冷机＋冰贮槽＋板式换热器回路）的阻力确定	（额定流量下制冷机＋冰贮槽＋板式换热器回路）的阻力确定
定性分析	制冷机处于＞额定流量的工况，导致泵能耗增大；蓄冰模式时，流体不经过板式换热器，泵的流量增大，泵能耗增大；制冷机单供时，泵能耗增大；冰贮槽单供时，流体仍需流经制冷机	常规方法的不足有所改善；冰贮槽单供时，流体仍需流经制冷机，多消耗电能

载冷剂管路系统的管道流量和沿程阻力计算可在常规水路水力计算的基础上，按《蓄能空调工程技术标准》JGJ 158—2018 的附录 C 进行修正。

采用串联双泵制冷机旁通系统，泵 P1 流量和泵 P2 流量按设计日峰值负荷与设计供回水温差确定；泵 P1 扬程＝（制冷机＋冰贮槽）回路的阻力，泵 P2 扬程＝板式换热器回路的阻力。

④系统中卤水泵宜采用变频泵（一组泵设计功率超过 7.5kW 或单台泵功率超过 3.7kW 时，应设置），当然，制冷机组应适应变流量控制。变流量系统仍需要设置旁通阀控制的旁通管路，以适应系统最低流量的约束。

⑤依据设计计算流量选择卤水泵时，其流量和扬程不宜附加裕量。符合标准规定的载冷剂循环泵耗电输冷比（*ECR*）计算见本书第 3.11.3 节。

在工程应用中泵的流量计算，25%的乙烯乙二醇溶液（工作温度为－6～5℃）泵可按式（4.7-14）进行，卤水泵（工作温度为 3～7℃）可按式（4.7-15）进行：

$$L \approx Q_j / (3.83 \times \Delta t)(\text{L/s}) \qquad (4.7\text{-}14)$$

$$L \approx Q_j / (4.2 \times \Delta t)(\text{L/s}) \qquad (4.7\text{-}15)$$

式中　Q_j——输送冷量，kW；

　　　Δt——供回液温差，℃。

⑥常用卤水泵的种类有 G 型管道屏蔽电泵、CQ 型磁力驱动泵和 IHG 型立式管道化工泵，宜采用机械密封型式屏蔽型泵。

2）热交换器的选型

当空调系统较小时，可采用乙烯乙二醇溶液直接进入空调系统末端设备向房间供冷。当空调水系统规模大，工作压力较高时，则宜采用热交换器实现冷量的置换。热交换器的选型普遍采用板式换热器。板式换热器的结构紧凑、传热效率高，一般总传热系数可达 2500～5000W/(m²·K)。热交换器的选型计算方法：根据样本，按对数温差方法进行。当采用表冷器直接供冷时，可按水温降低 1℃，计算浓度 25%的乙烯乙二醇溶液的表冷器的冷量。

3）乙烯乙二醇溶液管路系统

①乙烯乙二醇溶液管路系统应设置存液箱、补液泵、膨胀箱等设备。膨胀箱宜采用闭式，载冷剂系统的膨胀量按《蓄能空调工程技术标准》JGJ 158—2018 的有关条文说明计算。

②管路系统阀门及附件的设置如表 4.7-16 所示。

乙烯乙二醇溶液管路中阀门及附件的设置　　　　　　　　表 4.7-16

阀门及附件	设 置 要 求
安全阀	乙烯乙二醇溶液的闭式管路必须设置，并考虑泄液的收集
自动排气阀	管路及贮槽的最高处设置，并与隔断阀串联
动态流量平衡阀	多个蓄冷贮槽并联，宜采用同程连接，当不能采用同程连接时，宜在每个蓄冷贮槽入口处设置平衡阀
止回阀串联隔膜破裂阀（真空防止装置）	开式管路中的回液立管的最高处设置，最高用冷设备的回水管应局部上抬 1m 后才与回液立管的真空防止装置的接口以下位置处连接
补液管和阀门	设置于管路系统上，开式系统应设补液设备，闭式系统应设置溶液膨胀箱和补液设备，且溶液膨胀箱的溢流管应与溶液收集装置相连接
排液管和阀门	设置于管路系统的最低点

开式系统中，宜在回液管上安装压力传感器和电动阀控制。

间接连接的换热器二次水侧，应采取防冻措施：载冷剂侧设置手动关断阀及电动关断阀和旁通阀；载冷剂侧温度低于 2℃时，应开启二次侧水泵。

③管道材质及阀门的选择：浓度为 25%的乙烯乙二醇溶液的密度略大于水，黏度大于水，比热小于水，导热系数略低于水。乙烯乙二醇溶液的载冷剂管路系统严禁选用内壁镀锌或含锌的管材及配件。钢管内乙烯乙二醇溶液的摩擦损失可按水的 1.2～1.3 倍计取；不锈钢管、铜管和塑料管内乙烯乙二醇溶液的摩擦损失可按水的 1.3～1.4 倍计取；流量修正系数为 1.07～1.08。

选择阀门的主要要求是密封性好（宜采用金属硬密封），不泄漏，维修方便，可按各种阀门的特征进行选择。

④管道与设备的保冷厚度的选择：乙烯乙二醇溶液的运行温度一般为 −6～−2℃，要

求蓄冷—释冷周期内，蓄冷装置的冷量损失不应超过总蓄冷量的 2%。常用于蓄冷系统的保温材料有橡塑、发泡聚氨酯和难燃聚乙烯等闭孔材料，经过进行防结露厚度和经济保冷厚度比较后，有资料综合提出最小保冷厚度如表 4.7-17 所示。

乙烯乙二醇溶液管道、设备采用发泡聚氨酯材料的最小厚度 表 4.7-17

保冷材料	年供冷时间（h）	管公称直径（mm）	最小保冷厚度（mm）
橡塑管壳、难燃聚乙烯管壳	2880	15～32	25
		40～150	30
		200～500	35
	3600	15～25	30
		32～50	35
		65～150	40
		200～500	45
橡塑管壳、难燃聚乙烯管壳	4320	15～50	35
		65～150	40
		200～500	45
橡塑平板、难燃聚乙烯平板	2880		35
	3600		45
	4320		45
发泡聚氨酯管壳	2880	15～125	40
		150～500	50
	3600	15～50	40
		65～500	50
	4320	15～100	50
		125～500	60
发泡聚氨酯平板	2880		50
	3600		50
	4320		60

6. 蓄冷系统运行控制策略的优化选择

部分负荷蓄冰方式的条件下，运行模式为制冷机与蓄冰装置联合供冷时，从经济运行角度出发，宜根据系统效率、运行费用及系统流程，采用下列控制方式：制冷机优先、蓄冷装置优先和优化控制。

（1）制冷机优先

该方式是尽量让制冷机满负荷运行。由制冷机优先运行，设定制冷机出口温度，使其满负荷运行或限定制冷量运行；当空调系统的负荷超出制冷机的制冷量时，调节蓄冷装置的流量，以实现供水温度的恒定。因此，如能满足要求，蓄冷装置处于旁路；只有当制冷机不能满足负荷时，才用蓄冷装置补充，冷负荷直接反馈到制冷机，使制冷机优先，通过对蓄冰装置和制冷机的控制达到理想的供液温度。这种系统比较简单，运行可靠，但蓄冷装置使用率低，不能有效地削减高峰电负荷和用户电费。

（2）蓄冷装置优先

该方式是由蓄冷装置先承担冷负荷，设定蓄冷装置的进、出水流量，使其满负荷运行或限定释冷量运行。当空调系统的负荷超出释冷量时，按设定的出口温度开启并运行制冷机，以实现供水温度的恒定。该方式能最大限度地利用蓄冷装置。由于蓄冷装置先承担负荷，又要求能保证承担每天的最大冷负荷，蓄冷装置中冰的融化速率就需要按负荷预测来决定各时刻的最大融冰量，所以该控制方式实现较为复杂。蓄冷装置优先控制方式适合于低温送风系统，此时出口较低的盐水温度可由制冷机保证。蓄冷装置优先控制方式可从电力低谷的电量中获得最大的节约。

（3）比例控制

比例控制是根据系统的负荷预测和实际监测到的蓄冷装置的剩余冷量和融冰率，按单位时段调节制冷机组与蓄冷装置的投入比例，它可调节、限定制冷机的制冷量，或调节、限定蓄冷装置的释冷量。其具体实现，按以下四个步骤进行：外温预测—负荷预测—系统能耗模型—最优化的控制策略求解。

比例控制的实施，宜具备以下功能：

1）释冷作业于电力高峰时段完成，节约运行费用；

2）夜间电力低谷段的蓄冷，应在次日用完，充分利用低谷电；

3）满足以上条件，同时，尽量使系统内的所有设备处于高效率点运行，实现能耗最小；

4）有对限电和设备故障的应急预案。

7. 蓄冷空调系统的自动控制

部分负荷蓄冰方式的冰蓄冷空调系统的制冷机控制不同于常规空调用制冷机，制冷机既作为制冰时的制冷机又为常规空调用制冷机，制冰过程中制冷机由蓄冰装置控制，而不卸载运行；当冰的厚度达到最大值时，制冷机盐水出口温度和蒸发温度温差较小，此时应保证制冷机安全运行。

蓄冷空调系统都存在系统的工况切换，因而运行中需对相关的阀或者泵进行自动控制。下面就典型的水蓄冷系统和冰蓄冷系统各举一例：图 4.7-10 所示为典型的水蓄冷空调水系统，按运行工况的不同，对相关阀或泵的进行切换控制，如表 4.7-18 所示。

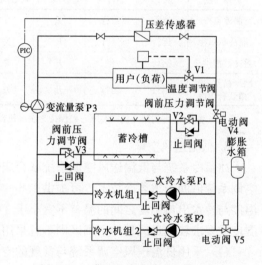

图 4.7-10 典型的水蓄冷空调水系统

水蓄冷系统的工况切换控制   表 4.7-18

工作工况	泵 P1	制冷机	电磁阀 V2	电磁阀 V3	电动阀 V4	电动阀 V5	泵 P3
蓄冷	运行	运行	关	开	关	关	停
制冷机供冷	运行	运行	关	关	开	开	调节运行
蓄冷贮槽供冷	停	停	开	关	开	关	调节运行
制冷机蓄冷贮槽联合供冷	运行	运行	开	关	开	开	调节运行
制冷机边供冷边蓄冷	运行	运行	关	开	开	关	调节运行

图 4.7-11（*b*）所示为带制冷机旁通的串联双泵蓄冰系统，按运行工况的不同，对相关阀或泵进行切换控制，如表 4.7-19 所示。

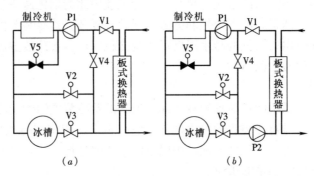

图 4.7-11 带制冷机旁通的串联蓄冰系统

（*a*）单泵系统；（*b*）双泵系统

V1，V4—电磁阀；V2，V3，V5—电动调节阀；

P1—制冷机泵；P2—负载泵

串联双泵系统的工况切换控制　　　　　　　　　　　表 4.7-19

工作工况	泵 P1	制冷机	电磁阀 V1	电磁阀 V4	电动阀 V2	电动阀 V3	电动阀 V5	泵 P2
制冰蓄冷	运行	运行	关	开	全关	全开	开	停
制冷机供冷	运行	运行	开	关	全开	全关	开	运行
蓄冷贮槽供冷	运行	停	开	关	全关	全开	开	运行
制冷机蓄冷贮槽联合供冷	运行	运行	开	关	开（按分配冷量调整）	开（按分配冷量调整）	开	运行

注：电动阀 V5，按制冷机两端压力差保持为制冷机额定阻力进行调节。

8. 低温送风空调

冰蓄冷系统与低温送风空调系统联合应用，会更突出冰蓄冷技术的优越性。低温送风空调系统借助于冰蓄冷技术，可提供 1.5～4℃ 的冷水（不宜高于 5℃），空气冷却器出风温度与冷水出口温度之间的温差不宜小于 3℃，送风温差可达 12～17℃。对于要求室内高湿度或要求较大送风量的空调区则不宜采用低温送风。

（1）采用低温送风空调系统与常规的空调系统相比，有以下优点：

1）由于风量的减少，降低了空气处理系统和空气输送系统的一次投资；

2）由于风量的减少，带来风机功率的下降，节约了风机的用电量，降低了空气处理系统和空气输送系统的运行费用；

3）由于风量的减少，空气处理装置的体积和风管的尺寸都减小，会减少空气处理装置所占的面积，减小风管所占的建筑空间与高度，带来建筑物的投资节约或增加了建筑物的使用有效面积或空间；

4）在冷负荷增加的改建项目中，能够提高原有风管的利用率；

5）低温送风空调系统有较强的除湿能力，可使室内的相对湿度降低，产生清新、凉爽的感觉。在同样的等感温度的条件下，允许室内要求的干球温度适当提高 1～2℃，从而，使得冷负荷下降，节约运行费用。

（2）低温送风空调系统设计方法的特点如表4.7-20所示。

低温送风空调系统设计方法的特点　　　　　　　　　　表4.7-20

项　目	内　　容
房间冷负荷	要计入因渗透引起的潜热负荷；要计入因送风机、混合箱风机及风管的得热
送风温度	满足功能的前提条件下，对初投资和运行费用综合最低进行分析后确定
冷却盘管	面风速为1.5～2.3m/s，盘管的排数为6～10排，翅片数为0.3～0.6片/mm
风管	宜采用圆形或椭圆形风管，密封性好，经济性好
管道、设备的保温	应高度重视保温材料的隔汽能力和隔汽层的设置与施工，保温材料的厚度应按实际温差决定（一般是常规空调保温材料厚度的1.1～1.4倍）
送风末端装置	应避免送风口结露，包括混合箱+冷风散流器，冷风散流器，推荐采用射流式散流器，散流器的选择应按规定的步骤进行；混合箱的类型有三种：带风机的串联式混合箱，所需进口的压力一般为25Pa，风量范围：750～4000m³/(h·个)，属常用形式；带风机的并联式混合箱；无风机的诱导型混合箱

4.7.4　热泵蓄能耦合供冷供热系统

1. 热泵蓄能耦合供冷供热技术的特点

热泵蓄能耦合供冷供热系统是可再生能源利用（空气能、地热能）和蓄能技术的结合，其有利于提高建筑的可再生能源利用率，降低建筑能耗。同时，通过移峰填谷，降低系统的运行费用，并实现电网的平衡调度。可以是水蓄冷与热泵耦合或冰蓄冷与热泵耦合，也可以是热泵相变蓄能系统（相变蓄冷见本书第5.2.4节）。前者特点如下：

（1）利用水蓄冷或利用冰蓄冷，主机装机容量一般可减少25%～40%。

（2）冷冻水侧可采用大温差供水，降低冷冻水泵的能耗。采用冰蓄冷，适于区域供冷。

（3）冰蓄冷的热泵机组采用三工况机组，具有制冷、制冰和供热功能，可满足不同工况出水温度的要求。

（4）带来埋管（地下环路式）总长度、水井数量（地下水）或地表水的用水量的降低。

（5）系统冬夏的匹配性好，主机全年均使用，且能够按照冬季选型，避免了常规地源热泵系统按夏季冷负荷选型导致机组的冬季制热能力更大，如在夏热冬冷地区实际热负荷不大，就会造成机组能力浪费；夏季机组运行+蓄冷供冷，适应的地域更广泛。

（6）热泵机组可以是地下水式水源热泵机组或地下环路式水源热泵机组。

后者如：小型地源热泵、热能存储、电力存储和光伏耦合的系统（见图4.7-12）。

2. 冰蓄冷与地下环路式水源热泵

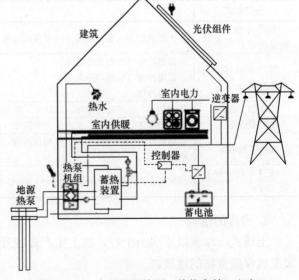

图4.7-12　小型地源热泵、热能存储、电力存储和光伏耦合的系统原理图

机组耦合系统

耦合系统由于有蓄冰槽融冰供冷，使机组容量下降，制冷运行时，冷负荷高峰时段系统向土壤的排热峰值削减，但是由于制冰的机组能效比下降，运行日全天向土壤的排热总量会有所增加，同时在制冷期间，土壤没有自然恢复期，造成土壤平均温度升高更快。因此，要比单独采用热泵机组时，加大埋管的间距（如间距采用6m）。同时，埋管的总长度会有所降低，但不能按照主机容量减少的比例，等比例减少埋管的总长度。

显然，采用该系统必须进行全年动态负荷计算，计算周期内满足地源热泵系统的总释热量与吸热量基本平衡。

4.8 冷库设计的基础知识

4.8.1 冷库的分类与组成

食品的保鲜、储存方法中冷藏技术是应用最为广泛的方法，同时，要求建立一个完善、高质量的食品冷链物流体系。在食品的低温储藏中，储藏温度高于0℃（通常为1～10℃）时称为冷藏，低于0℃（通常为-18℃以下）称为冷冻。食品冷链物流体系的完整概念是包含易腐食品的冷却与冻结加工、储藏、运输、分配、销售的各种冷藏工具和冷藏作业过程的总和。

同时，冷库除了主要用作储藏食品外，如花卉、药物或生物制品、中药材、高档家具和服装等商品，也都要求采用冷库进行低温储藏，因而，冷库的广泛使用，冷藏链的不断发展和完善，是国家实现现代化的一个标志。

1. 冷库的分类

冷库的分类方式有多种，具体如表 4.8-1 所示。

冷库的基本分类 表 4.8-1

分类方式	类　型
按冷库建筑围护的结构形式	土建式冷库、装配式冷库（组合式冷库）
按冷库的库温范围和要求	高温冷库（冷却物冷藏库） 低温冷库（冻结物冷藏库） 变温冷库
按冷库加工功能	冷却库、冷却物冷藏库、冻结库、冻结物冷藏库、解冻库、制冰间、贮冰库、气调库
按贮藏的商品	畜肉类库、蛋品库、水产库、果蔬库、药物或生物制品库、冷饮品库、茶叶库和花卉库等
按冷库的用途	原料冷库、生产性冷库、分配性冷库、销售环节的商业用冷库（包括冷藏柜、制冷陈列柜）等
按冷库的公称容积（m³）	大型：>20000；中型：20000～5000；小型：<5000

2. 冷库的组成

土建式冷库多以库房为中心，加上生产设施和附属建筑，共同组成了一个低温条件下加工或保藏货物的建筑群。

（1）主库

主库由生产加工区、贮藏区、进出货及其操作区组成，库房的组成详见表 4.8-2。

主库的组成　　　　　　　　　　　　表 4.8-2

序号	名称	内容
1	冷却间	畜肉类冷却间：经加工的畜肉制品，在规定的时间内，冷却到 0~4℃，按冷却时间分为缓慢冷却和快速冷却，缓慢冷却时，库温为 -2℃，经 12~20h 冷却到 0~4℃；快速冷却时，库温为 -7~-25℃，经 0.5~8h 冷却到 0~4℃。果蔬冷却的方式有水冷式、风冷式、差压式和真空式冷却等
2	冻结间	通常有搁架式冻结间和风冻间。采用冻结装置冻结时，多采用连续冻结，如流态化冻结机、螺旋式冻结机、隧道式冻结机和液氮冻结机等。冻结方式有风冻式、接触式、半接触式、浸渍式和喷淋式等
3	制冰间和冰库	冰库建筑一般与冷却物冷藏间相同，室温为 -4~-10℃，采用光滑排管或冷风机作为蒸发器，蒸发温度为 -15℃
4	原料暂存间	根据需要设置冷却降温系统，保持合适的贮存环境温度
5	解冻间	冷冻食品加工厂内设置，对冻结物加温到 0~-2℃，以便于加工
6	低温加工或包装间	应在室温为 6~15℃的车间内作业，并应根据需要设置冷却降温系统，同时，必须考虑操作人员对新风量的需求
7	冷却物冷藏间	室温为 -5~20℃，具体温湿度数值因冷藏的商品而异，贮存鲜活商品的冷间，需设置通风换气设备与充氧设备
8	冻结物冷藏间	室温为 -18~-35℃，肉类一般为 -18~-25℃，水产品一般为 -20~-30℃，冰凌产品为 -23~-30℃，经济的冷藏温度为 -18℃
9	穿堂	采用温度为 5~10℃，每个防火分区内的独立穿堂应至少设置 1 个直通室外的安全出口
10	站台	可分为敞开式和封闭式，封闭式站台维持定温穿堂室温度，避免产生取出食品表面凝露或结霜，符合食品冷链工艺要求，新建大、中型冷库多采用
11	门斗	一般设于冷库内，在冷藏门的内侧
12	楼梯、电梯间	电梯多为 2t 型和 3t 型电梯，运载能力分别为 13t/h 和 20t/h
13	理、配货间	当已有穿堂和站台不能满足理、配货需求时设置，有关建筑隔热和室内温度要求，应按商品种类确定

《冷库设计标准》GB 50072—2021 中对库房的要求的强制性条文是：

1）每座冷库冷藏间建筑的耐火等级、层数和面积应符合表 4.8-3 的要求。

冷藏间建筑的耐火等级、层数和面积　　　　　　表 4.8-3

冷藏间建筑耐火等级	最多允许层数	冷库的冷藏间（装配式冷库库房）最大允许占地面积和每个防火分区内冷藏间（装配式冷库每个防火分区）最大允许建筑面积（m²）			
		单层、多层		高层	
		冷藏间占地	防火分区	冷藏间占地	防火分区
一、二级	不限	7000	3500	5000	2500
三级	3	1200	400	—	—

注：1. 当设地下室时，只允许设在地下一层，且地下冷藏间地面与室外出入口地坪的高差不应大于 10m，地下冷藏间总占地面积不应大于地上冷藏间建筑的最大允许占地面积，防火分区不应大于 1500m²。

2. 建筑 2 层及 2 层以上且高度超过 24m 的冷库为高层冷库（库房一层室内地面与室外地坪高差不大于 1.5m 数值不计入高度）。

3. 本表中"—"表示不允许。

4. 库房内设置自动灭火系统时，每座库房冷藏间（或装配式冷库库房）的最大允许占地面积可按本标准增加 1 倍，其余规定数值不变。

2）冷藏间与穿堂或封闭站台之间的隔墙应为防火隔墙，该防火隔墙的耐火极限不应低于 3.00h。该防火隔墙上的冷库门表面应为不燃材料，芯材的燃烧等级不应低于 B1 级。装配式冷库不设置规定的防火隔墙时，其耐火等级、层数和面积执行表 4.8-3 的规定。

3）库房的楼梯间应设在穿堂附近，并应采用不燃材料建造。通向穿堂的门应为乙级防火门；楼梯间应在首层直通室外，当层数不超过 4 层且非高层冷库时，直通室外的门与楼梯间的距离不应大于 15m。

4）建筑面积大于 1000m² 的冷藏间应至少设 2 个冷库门，面积不大于 1000m² 的冷藏间应至少设 1 个冷库门。

5）冷藏间不应与带水作业的加工间及温度高、湿度大的房间相邻布置。

（2）生产设施

生产工艺决定生产设施，属于制冷冷藏范围的生产设施，除满足表 4.8-2 所列的第 1 项至第 8 项外，还有工艺冷却水、快速冷却和冷冻去皮机等设施。

（3）附属建筑

附属建筑的组成主要有：制冷机房、电控室和变配电间、充电间、发电机房、锅炉房、氨库、化验室、办公及生活设施等。

（4）库址选择和总平面布置

《冷库设计标准》GB 50072—2021 对冷库库址选择的要求有：

1）库址应符合建设地总体规划要求。

2）使用氨制冷系统的冷库库址宜选择在相邻集中居住区全年最大频率风向的下风侧。

3）库址周围应有良好的卫生条件，并应避开和远离有害气体、烟雾、粉尘及其他有污染源的地段。

4）应结合物流流向和近远期发展等因素，选址在交通运输方便的区域。

5）应综合考虑各类冷库的特殊要求。

《冷库设计标准》GB 50072—2021 对冷库总平面布置、总平面竖向设计均做出相应规定：

1）制冷机房宜靠近冷却设备负荷最大的区域，并应有良好的自然通风条件。

2）变配电所应靠近制冷机房布置。

3）两座一、二级耐火等级的库房贴邻布置时，贴邻布置的库房总长度不应大于 150m，两座库房冷藏间总占地面积不应大于 10000m²，并应设置环形消防车道。相互贴邻的库房外墙均应为防火墙，屋顶的承重构件和屋面板的耐火极限不应低于 1.00h。

4）库房与氨制冷机房及其控制室或变配电所贴邻布置时，相邻侧的墙体，应至少有一面为防火墙，且较低一侧建筑屋顶耐火极限不应低于 1.00h。

5）使用氨制冷系统的房间、安装在室外的氨制冷设备和管道与厂区外民用建筑最小间距不应小于 150m；制冷系统的安全与监控符合《冷库设计标准》GB 50072—2021 的规定时，该间距不应小于 60m。

《冷库设计标准》GB 50072—2021 还具体规定了消防车道、消防救援口的要求；高层冷库的消防救援要求。

（5）冷库结构

冷库结构（包括一般规定、荷载、材料和防护及涂装）的要求详见现行国家标准《冷库设计标准》GB 50072。

4.8.2 食品贮藏的温湿度要求、贮藏期限及物理性质

1. 食品冷冻工艺

食品冷冻工艺主要包括食品冷却、冻结、冷藏、解冻的方法，根据上述过程中食品发生的物理、化学和组织细胞学的变化，确定出应采用的最佳低温保藏食品和加工食品的方法。

食品是指新鲜食品和加工食品两大类。新鲜食品包括植物性食品（蔬菜、水果等农产品）、动物性食品（猪肉、牛肉、羊肉等畜产品、家禽肉、乳及乳制品、蛋及鱼贝类、虾、蟹、甲壳类等水产品）。加工食品包括农产物加工品、畜产物加工品、水产物加工品和调理加工食品。

（1）食品冷冻工艺

1）食品的冷却：将食品的温度降低到指定的温度，但不低于食品汁液的冻结点。冷却的温度带通常是10℃以下，下限是−2～4℃。食品的冷却保存可延长它的贮藏期，并能保持其新鲜状态。但由于在冷却温度下，细菌、霉菌等微生物仍能生长繁殖，故冷却的鱼、肉类等动物性食品只能作短期贮藏。

食品的冷却方法与适用对象如表4.8-4所示。

食品的冷却方法与适用对象　　　　　　　　表4.8-4

冷却方法	肉	禽	蛋	鱼	水果	蔬菜
真空冷却					√	√
差压式冷却	√	√	√		√	√
通风冷却	√	√	√		√	√
冷水冷却		√		√		
碎冰冷却		√		√		

食品的几种冷却方法对比如表4.8-5所示。

食品的几种冷却方法对比　　　　　　　　表4.8-5

冷却方法	冷却原理	基本组成	特点
真空冷却	水在低压时，实现低温沸腾，大量吸热	真空槽＋真空泵＋冷凝器＋制冷机（制冷是使大量蒸发的水蒸气重新凝结为水，维持冷却槽的真空度）	冷却速度快（一般20～30min），冷却均匀，保鲜期长，损耗小，操作方便，适用于叶类蔬菜
差压式冷却	−5～10℃的冷风以0.3～0.5m/s的速度流经食品，压降为2～4kPa	冷却间内配置风机，控制气流有效流经食品	冷却需时约4～6h，能耗低，食品干耗较大，库房利用率偏低
通风冷却	冷却间内空气强制对流	冷却间内配置风机	冷却速度慢，约12h
冷水冷却	以0～3℃的冷水为冷媒	喷水式冷却设备居多	冷却速度较快，无干耗

采用冷库中冷藏间的冷却方式时，冷却速度慢，冷却时间一般需15～24h，冷却与冷藏同时进行，一般只限于苹果、梨等产品，不适合易腐和成分变化快的水果与蔬菜。

2）食品的冻结：将食品的温度降低到冻结点以下，使食品中的大部分水分冻结成冰。冻结温度带国际上推荐为−18℃以下。冻结食品中，微生物的生命活动及酶的生化作用均受到抑制，水分活性下降，因此，冻结食品可作长期贮藏。

常用冻结设备冻结食品的冻结方法如表4.8-6所示。

冻结设备冻结食品的冻结方法　　　　　　　　　　　　　表 4.8-6

冻结方法	冻结原理	采用的设备	特点
接触式冻结	典型的为平板式冻结装置，上下平板紧压食品，冷媒在上下平板内蒸发	平板冻结装置	间歇式冻结，传热系数高，当接触压力为7～30kPa时，传热系数可达93～120W/(m²·K)
鼓风式冻结	提高空气风速，加速冻结，风速为6m/s时，冻结速度是1m/s时的4.32倍（冻品为7.5cm厚的板状食品）	钢带连续式冻结装置 螺旋式冻结装置 气流上下冲击式冻结装置	连续式冻结，冻结速度为0.5～3cm/h，属中速冻结
流态化冻结	高速气流自下向上流动，食品处于悬浮状态，实现快速冻结	带式流态化冻结装置 振动流态冻结装置	连续式冻结，冻结速度为5～10cm/h，属快速冻结
液化气体喷淋冻结	直接用液化气体喷淋冻结	液氮喷淋冻结装置	连续式冻结，冻结速度为10～100cm/h，属快速冻结

注：冻结速度的定义为：食品表面至热中心点的最短距离与食品表面温度达到0℃后，食品表面热中心点的温度降至比冻结点低10℃所需时间之比，称为该食品的冻结速度（cm/h）。

3）食品的冷藏：在维持食品冷却或冻结最终温度的条件下，将食品进行不同期限的低温贮藏。根据食品冷却或冻结最终温度的不同，冷藏又可分为冷却物冷藏和冻结物冷藏两种。冷却物冷藏温度一般在0℃以上，冻结物冷藏温度一般在-18℃以下。

4）食品的解冻：将冻品中的冰结晶融化成水，恢复冻前的新鲜状态。解冻是冻结的逆过程。作为食品加工原料的冻结品，通常只需要升温至半解冻状态即可。食品解冻的方法有空气解冻法、水解冻法、水蒸气减压解冻法和电解冻法等，都有相应的装置。

5）食品的真空冷冻干燥：一般是先将食品低温冻结，然后进行真空处理，去除食品中的水分使其干燥。常用工艺流程是：优选原料—冻干预处理（必要的物理或化学处理）—冷冻干燥（包括冻结、升华干燥和解吸干燥）—包装贮藏，由专门的食品冷冻干燥设备完成。

（2）冰温冷藏和微冻冷藏

冰温冷藏和微冻冷藏是近年来开发的在食品冻结点附近保存的新方法。

1）冰温冷藏：将食品贮藏在0℃以下至各自冻结点的范围内，属于非冻结保存。冰温贮藏可延长食品贮藏期，但可利用的温度范围狭小，一般为-0.5～-2℃，故温度带的设定十分困难。

2）微冻冷藏：主要是将水产品放在-2～-4℃的空气或食盐水中保存的方法，由于在略低于冻结点以下的微冻温度下贮藏，鱼体内部分水分发生冻结，对微生物的抑制作用尤为显著，使鱼体能在较长时间内保持其鲜度而不发生腐败变质，贮藏期比冰温冷藏法延长1.5～2倍。

（3）速冻技术

速冻技术是指食品在-35～-40℃的环境中，于30min内快速通过-1～-5℃的最大冰结晶生成带，在40min内将食品95%以上的水分冻结成冰，即使食品中心温度达到-18℃以下。

各种冷藏方式的温度要求及适用商品如表4.8-7所示。

各种冷藏方式的温度要求及适用商品　　　　　　表 4.8-7

冷藏方式	温度范围（℃）	主要适用商品
冷却物冷藏	＞0	蛋品、果蔬
冰温冷藏	−0.5～−2	水产品
微冻冷藏	−3	水产品
冻结物冷藏	−18～−28	肉类、禽类、水产品、冰激凌
超低温冷藏	−30	金枪鱼

2. 食品贮藏的室温、湿度要求、贮藏期限及热物理性质

（1）食品贮藏的室温、湿度要求和贮藏期限

食品贮藏的室温、湿度要求和贮藏期限因不同的食品而异、因同一食品的不同形态、品质和包装而异。食品贮藏的室温和食品贮藏的湿度指的是贮藏环境空气的温、湿度，而贮藏期限则是指符合食品保鲜期所要求的时间。部分食品贮藏的温、湿度要求和贮藏期限分别见表 4.8-8～表 4.8-12。

部分肉类、禽、蛋类食品贮藏的室温、湿度要求和贮藏期限　　　　表 4.8-8

食品名称		室温（℃）	相对湿度（%）	贮藏期限
猪肉	新鲜（平均）	0～1	85～90	3～7 天
	胴体（47%瘦肉）	0～1	85～90	3～5 天
	腹部（35%瘦肉）	0～1	85	3～5 天
	脊背部肥肉（100%肥肉）	0～1	85	3～7 天
	肩膀肉（67%瘦肉）	0～1	85	3～5 天
	冻猪肉	−20	90～95	4～8 个月
香肠	散装	0～1	85	1～7 天
	烟熏	0	85	1～3 周
牛肉	新鲜（平均）	−2～−1	88～95	1 周
	牛肝	0	90	5 天
	小牛肉（瘦）	−2～−1	85～90	3 周
	冻牛肉	−20	90～95	6～12 个月
羔羊肉	新鲜（平均）	−2～−1	85～90	3～4 周
	冻羊肉	−20	90～95	8～12 个月
禽类	家禽（新鲜）	−2～0	95～100	1～3 周
	鸡肉、鸭肉	−2～0	95～100	1～4 周
	冷冻家禽	−20	90～95	12 个月
	兔肉（新鲜）	0～1	90～95	1～5 天
蛋类	带壳蛋	−1.5～0	80～90	5～6 个月
	带壳蛋（冷却过）	10～13	70～75	2～3 周
	冷冻蛋	−20		12 个月以上

部分水产类食品贮藏的室温、湿度要求和贮藏期限   表 4.8-9

食品名称		室温（℃）	相对湿度（%）	贮藏期限
鱼类	黑线鳕、鳕、河鲈	−0.5～1	95～100	12 天
	狗鳕、牙鳕	0～1	95～100	10 天
	大比目鱼	0～1	95～100	18 天
腌或熏过的鲱鱼		0～2	80～90	10 天
大马哈鱼		0.5～1	95～100	18 天
金枪鱼		0～2	95～100	14 天
冷冻鱼		−30～−20	90～95	6～12 个月
贝类	扇贝肉	0～1	95～100	12 天
	虾	−0.5～1	95～100	12～14 天
	牡蛎（带壳）	5～10	95～100	5 天
	冷冻贝类	−34～−20	90～95	3～8 个月

部分水果类食品贮藏的室温、湿度要求和贮藏期限   表 4.8-10

食品名称	室温（℃）	相对湿度（%）	贮藏期限
苹果（未冷却）	−1	90～95	3～6 个月
苹果（冷却）	9		1～2 个月
梨	−1.5～0.5	90～95	2～7 个月
桃	−0.5～0	90～95	2～4 周
杏	−0.5～0	90～95	1～3 周
李子	−0.5～0	90～95	2～5 周
柑橘（美国）	9～10	90	2 周
荔枝	1～2	90～95	3～5 周
西瓜	10～15	90	2～3 周
猕猴桃	0	90～95	3～5 周
杧果	13	85～90	2～3 周

部分蔬菜类食品贮藏的室温、湿度要求和贮藏期限   表 4.8-11

食品名称	室温（℃）	相对湿度（%）	贮藏期限
卷心菜	0	95～100	2～3 个月
花椰菜	0	95～98	3～4 周
芹菜	0	98～100	1～2 个月
蘑菇	0	90	7～14 天
成熟番茄（红色）	8～10	90～95	1～3 天
蔬菜叶	0	95～100	10～14 天
干洋葱	0	65～70	1～8 个月
马铃薯（早收）	10～15	90～95	10～14 天

续表

食品名称	室温（℃）	相对湿度（%）	贮藏期限
红薯	15	70～80	2～7 个月
甜玉米	0	95～98	5～8 天

部分乳制品及其他商品贮藏的室温、湿度要求和贮藏期限　　表 4.8-12

食品名称	室温（℃）	相对湿度（%）	贮藏期限
奶油（白脱）	0	75～85	2～4 周
速冻奶油	-23	70～85	12～20 个月
冰激凌（10%脂肪） 冰激凌（上等）	-30～-25 -40～-35	90～95	3～23 个月
液态牛奶（巴氏消毒） 液态牛奶（A 级） 生鲜奶	4～6 0～1 0～4	—	7 天 2～4 个月 2 天
全脂奶粉	21	低	6～9 个月
果汁软糖	-20～1	65	3～9 个月
面包	-20	—	3～13 周

（2）食品的热物理性质

食品冷冻（冷却、冻结、冷藏、解冻）与食品的热物理性质密切相关，食品的热物理性质主要包括：食品的含水率、冻结点、比热容、比焓等参数，它们是计算冷负荷、确定冷冻或冻结时间，选择制冷设备的基础资料。

1）食品的比热容

食品的温度在冻结点以上时，其比热容可按下式求出：

$$C_r = 4.19 - 2.30X_s - 0.628X_s^3 \tag{4.8-1}$$

式中　C_r——冻结点以上的比热容，kJ/(kg·K)；

X_s——食品中固形物的质量分数，%。

食品的温度在冻结点以下时，其水分的冻结量可按下式求出

$$X_i = \frac{1.105X_w}{1 + \dfrac{0.8765}{\ln(t_f - t + 1)}} \tag{4.8-2}$$

式中　X_i——食品中水分的冻结质量分数，%；

X_w——食品的含水率（质量分数），%；

t_f——食品的初始冻结点，℃；

t——食品冻结终了温度，℃。

食品冻结后的比热容可按以下公式近似求出：

$$C_r = 0.837 + 1.256X_w \tag{4.8-3}$$

式中　C_r——食品冻结点以下的比热容，kJ/(kg·K)；

X_w——食品的含水率（质量分数），%。

2）食品的比焓

食品的比焓是一个相对值，多取 $t = -40℃$ 时食品冻结状态的比焓值作为计算零点。食品的比焓一般按食品的冻结潜热、水分冻结率和比热容的数据计算得出，食品在冻结前和冻结后的比焓，可按以下公式近似计算。

食品在初始冻结前的比焓计算公式：

$$h = h_f + (t - t_f)(4.19 - 2.30X_s - 0.628X_s^3) \tag{4.8-4}$$

式中 h——食品在初始冻结点 t_f 以上的比焓，kJ/kg；

h_f——食品在初始冻结点 t_f 时的比焓，kJ/kg；

t——食品的温度，℃；

t_f——食品的初始冻结点，℃；

X_s——食品中固形物的质量分数，%。

食品在初始冻结点以下的比焓计算公式：

$$h = (t - t_r)\left[1.55 + 1.26X_s - \frac{(X_w - X_b)\gamma_0 t_f}{t_f t}\right] \tag{4.8-5}$$

式中 h——食品在初始冻结点以下的比焓，kJ/kg；

t——食品冻结终了的温度，℃；

t_r——食品中水分全部冻结时的参考温度，取 $t_r = -40℃$；

γ_0——水的冻结潜热，$\gamma_0 = 333.6$ kJ/kg；

X_w——食品的含水率（质量分数），%；

X_b——食品中结合水的含量（质量分数），%。

食品中结合水，是指食品中与固形物结合的水分，在冻结过程中不会冻结，该值与食品中的蛋白质含量有关，可按下式近似计算：

$$X_b = 0.4X_p \tag{4.8-6}$$

式中 X_p——食品中蛋白质的质量分数，%。

（3）果蔬的呼吸热与蒸发作用

1）果蔬的呼吸热

果蔬在采摘以后，仍然有呼吸作用，呼吸作用会释放出热量，称为呼吸热。呼吸热与果蔬的品种和贮藏温度有关，呼吸热的数值应是冷却负荷计算时的组成部分。可通过有关资料查出不同温度时部分果蔬的呼吸热，计算选用时，视果蔬的采摘时间分别取值。果蔬采摘后 1～2 天时，可取高值；时间长则取低值。

2）果蔬的蒸发作用与蒸发系数

果蔬由于呼吸作用和环境条件（温度、湿度、风速、包装等因素）的影响，逐渐蒸发失水的现象称为蒸发作用。显然，在贮藏过程中，蒸发作用的强弱会直接影响到贮藏果蔬的品质和损耗（干耗）。贮藏果蔬的水分蒸发的途径有两个：一是果蔬自身的呼吸作用，但所带来的失水量不大；二是果蔬自身的水蒸气分压力大于所处环境的空气水蒸气分压力，形成的压差，使得果蔬的水分源源不断蒸发，造成了果蔬大量失水。食品发生干耗时不仅重量损失，表面会出现干燥现象，食品的品质也会下降。例如水果、蔬菜的干耗达到

5％，就会失去新鲜饱满的外观而出现明显的凋萎现象。

因环境作用引起的果蔬表面水分蒸发所造成的失水量，可用下式计算：

$$m = \beta M (P_g - P_s) \tag{4.8-7}$$

式中 m——果蔬单位时间的失水量，kg/s；

     β——蒸发系数，1/(s·Pa)；

     M——果蔬的质量，kg；

     P_g——果蔬表面的水蒸气压，Pa；

     P_s——果蔬周围空气的水蒸气压，Pa。

果蔬的蒸发系数与环境条件、果蔬的种类等因素有关，表 4.8-13 列出部分果蔬的蒸发系数，可供估算时使用。

部分果蔬的蒸发系数 β（平均值）   表 4.8-13

果蔬名称	蒸发系数 β[×10⁻¹²(s·Pa)]	果蔬名称	蒸发系数 β[×10⁻¹²(s·Pa)]
苹果	42	卷心菜	223
葡萄	123	胡萝卜	1207
柠檬	186	芹菜	1760
柑橘	117	韭菜	790
桃子	572	莴苣	7400
李子	136	洋葱	60
葡萄柚	81	马铃薯	44
梨	69	番茄	140

3）食品冻结时间的计算

食品冷却或冻结过程结束时，在食品内部中的最高温度点称为食品的热中心。食品冻结时间则是指从食品的冻结点温度，降温至所规定的食品热中心点的温度所需的时间。同一食品冻结时间与冻结方法和冻结装置相关。据日本的资料介绍，按食品的形状、食品表面传热系数、食品的热导率等参数，可近似计算出食品的冻结时间（h）。食品的冻结点按一1℃计算，冻结终了热中心点的温度为一15℃，对不同形状食品的冻结时间可按以下公式计算：

①平板状食品：

$$\tau_{-15} = \frac{W(105 + 0.42t_c)}{10.7\lambda(-1 - t_c)}\delta\left(\delta + \frac{5.3\lambda}{\alpha}\right) \tag{4.8-8}$$

式中 δ——食品的厚度或半径，m；

     α——表面传热系数，W/(m²·K)；

     λ——食品冻结后的热导率，W/(m·K)；

     W——食品的含水量，kg/m³；

     t_c——冷却介质的温度，℃。

②圆柱状食品：

$$\tau_{-15} = \frac{W(105 + 0.42t_c)}{6.3\lambda(-1 - t_c)}\delta\left(\delta + \frac{3.0\lambda}{\alpha}\right) \tag{4.8-9}$$

③球状食品：

$$\tau_{-15} = \frac{W\,(105+0.42t_c)}{11.3\lambda\,(-1-t_c)}\delta\left(\delta+\frac{3.7\lambda}{\alpha}\right) \tag{4.8-10}$$

当冻结终了温度不是-15℃时，应从图 4.8-1 中根据冻结终了温度查出修正系数 m，与上述计算结果相乘。

各种冻结方法的表面传热系数值如表 4.8-14 所示。

各种冻结方法的表面传热系数 α

表 4.8-14

冻结方法	传热系数 [W/(m²·K)]
空气自然对流的库房 （或微弱通风的库房）	8～15
空气强制循环的冻结间	10～45
空气强制循环的冻结装置	30～50
流态化冻结装置	60～100
平板冻结装置（与食品接触良好）	500～1000
液氮或液态制冷剂喷淋冻结	1000～2000
液氮浸渍冻结	5000

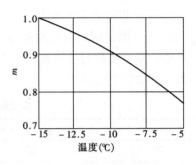

图 4.8-1　冻结时间修正系数 m 值

4.8.3　冷库的公称容积与库容量的计算

1. 冷库的公称容积

《冷库设计标准》GB 50072—2021 中对冷库的公称容积与库容量的计算做出如下规定：

冷库的设计规模应以冷藏间或冰库的公称容积为计算标准。

公称容积应按冷藏间或冰库的室内净面积（不扣除柱、门斗和制冷设备所占的面积）乘以房间净高确定。

2. 冷库的计算容量

（1）直接堆码冷藏库的计算容量可按下式计算：

$$G = \sum V_i \rho_s \eta / 1000 \tag{4.8-11}$$

式中　G——冷库的计算容量，t；

V_i——各个冷藏间的公称容积，m³；

η——各个冷藏间的容积利用系数；

ρ_s——各个冷藏间食品的计算密度，kg/m³。

（2）计算冷藏间的容积利用系数时，冷藏间内用于堆码货物的体积应扣除相应冷藏间内的以下空间：

1）通道、设备、柱子等构筑物所占用的空间；

2）货物与设备、构筑物间隔所占用的空间；

3）货物托盘所占用的空间。

（3）采用货架储存冷藏物的冷库计算容量可按每个货位（托盘）最大允许存放量的总和计算。货位（托盘）数量应按实际布置确定。

（4）食品的计算密度应按实际密度采用，并不应小于表 4.8-15 的规定。

食品计算密度 表 4.8-15

食 品 类 别	密度（kg/m³）	食 品 类 别	密度（kg/m³）
冻肉	400	篓装、箱装鲜水果	350
冻分割肉	650	冰蛋	700
冻鱼	470	机制冰	750
篓装、箱装鲜蛋	260	其他	按实际密度采用
鲜蔬菜	230		

4.8.4 气调贮藏

气调贮藏是指在特定气体环境中的冷藏方法，气调贮藏目前主要用于果蔬的保鲜。

1. 气调贮藏的分类

（1）按调节方法分类

气调贮藏的特定气体环境应控制各种气体的含量，最普遍使用的是降氧和升高二氧化碳。按气调贮藏的特定气体环境的调节方法分类如表 4.8-16 所示。

气调贮藏按调节方法的分类 表 4.8-16

降氧方法	自然降氧	机 械 降 氧		
		充氮降氧	最佳气体成分置换	减压气调
具体做法	仅靠果蔬的自身呼吸作用	用制氮机的氮气强制性进行气体置换	用最佳的气体配比充入真空的贮藏环境	用真空泵实现抽气和外部空气减压加湿输入
特点	投资低、降氧时间长、效果差	降氧快速、可控二氧化碳	效果最佳、成本高	通过降低贮藏环境的空气密度，实现降氧，对设施的强度和密闭性要求高

（2）按不同气调设备分类

按气调贮藏的气调设备分类如表 4.8-17 所示。

气调贮藏按气调设备的分类 表 4.8-17

气调设备类型	塑料薄膜帐气调	硅窗气调	催化燃烧降氧气调	充氮降氧气调
运作原理	靠水透过率低、对氧和二氧化碳有不同渗透性的塑料薄膜实现	选择不同面积的硅橡胶织物膜热合于聚乙烯或聚氯乙烯的贮藏帐上，作为气体交换的窗口	采用催化燃烧降氧机，燃料为工业汽油或液化石油气。同时，要配置二氧化碳脱除机	用真空泵抽出空气，然后充入氮气

2. 气调贮藏的气调设备

常用于气调贮藏的气调设备如表 4.8-18 所示。

常用气调贮藏气调设备 表 4.8-18

气调设备	工 作 原 理	特 点
催化燃烧降氧机	采用复方铬或铂为催化剂，利用燃烧作用降氧	因采用可燃气体，燃烧前后气体既加热又冷却。能源、水资源消耗大，该设备正被淘汰
碳分子筛制氮机	利用两个碳分子筛的吸附床吸附作用制氮，一个吸附，一个再生	与中空纤维制氮机比可靠性稍差，但同等产量时，用电量减少 30%

续表

气调设备	工作原理	特点
中空纤维制氮机	利用气体对膜的渗透系数不同，进行气体分离	膜易损坏，换膜贵于换碳分子筛
二氧化碳脱除机	利用活性炭作吸附剂，按吸附—再生—吸附循环运作	类型选择取决于贮藏库大小、水果呼吸率以及氧和二氧化碳的所需水平
乙烯脱除机	乙烯在催化剂和高温（氧化温度 250℃以上）条件下，氧化反应生成二氧化碳和水	初投资高，较乙烯化学法的保鲜效果、保鲜期和减少果蔬贮藏损失等更优

3. 气调库的气密性

气调库处于密封状态，因而气调库的气密性直接关系到它的保鲜效果。

(1) 气调库的气密性要求

气调库的气密性要求主要体现在采用气密性检测的标准方面，世界各国有所不同，有关国家对气调库的气密性测试要求如表 4.8-19 所示。

气调库的气密性测试要求 表 4.8-19

国家	气密性测试要求	备 注
英国	需氧 2.5% 以上的气调库，库内限压从 200Pa 下降至半压降的时间≥7min； 需氧 2% 以下的气调库，同上压降，时间≥10min	
美国	需氧 3% 以上的库，库内限压从 250Pa 下降至 125Pa 的时间≥20min； 需氧 2% 以下的库，同上压降，时间≥30min	
中国	库内限压从 100Pa 下降至 50Pa 的时间≥10min	GB 50274—2010

(2) 保证气调库气密性的措施

保证气调库气密性的措施如表 4.8-20 所示。

保证气调库的气密性的措施 表 4.8-20

库 部 位	措 施
围护结构	于防潮层外采用聚氨酯现场发泡； 装配式库，关键是处理好夹芯板的接缝处的密封承压
地坪	设置防潮隔汽层，另连续铺设 0.1mm 厚 PVC 薄膜； 用密封胶，处理好有关搭接
门、窗	专用于气调库的门、窗
穿围护结构的管线	采用保证气密性的做法，且均应采用柔性连接

4.8.5 冷库围护结构的隔汽、防潮及隔热

1. 冷库围护结构

如前所述，按冷库围护结构的形式分有土建式冷库和装配式冷库（组合式冷库）两大类。传统意义上的土建式冷库多为钢筋混凝土框架结构。当前，随着钢结构在建筑工程中的广泛应用，围护结构采用钢结构形式的冷库因具有良好的隔汽、防潮及隔热构造、建设

周期短、性价比高等诸多特点，将在土建式
冷库中占有重要地位。而装配式冷库则都是
钢结构冷库。

为了保证冷间的食品贮藏条件，冷库围
护结构应具有符合要求的隔汽、防潮及隔热
能力，因而，在具体的围护结构材料选择、
构造做法方面较常规建筑有更加严格的要求
和更为复杂的做法与施工规范。典型的土建
式冷库基本结构如图 4.8-2 所示。

2. 冷库围护结构的隔汽、防潮及隔热

（1）冷库围护结构的隔汽、防潮

优良的冷库围护结构的隔汽、防潮构造
是保证冷库正常节能运行、实现运转费用低
廉的基础。冷库外部空气中水蒸气的分压力
往往大于低温冷间内空气的水蒸气分压力
（在炎热的夏季则更为显著），在水蒸气的分

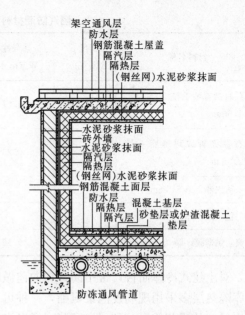

图 4.8-2 土建冷库基本结构

压力差的作用之下，水蒸气将通过围护结构向冷间迁移，隔热材料中一旦有相当的水蒸气
量进入，并冷凝成水，进而由于低温结成冰，将会造成隔热材料的保冷性能丧失；甚至冷
库围护结构的破坏。因而，设计并施工出优良的冷库围护结构的隔汽、防潮构造是建设冷
库的一项十分重要的任务。

优良的冷库围护结构的隔汽、防潮构造应采用以下做法：

1）当在隔汽层上进行现喷或灌注硬质聚氨酯泡沫塑料材料时，隔汽层不应选用热熔
性材料；

2）外墙的隔汽层应与地面隔热层上下的隔汽层和防水层搭接；

3）冷却间或冻结间隔墙的隔热层两侧均应做隔汽层；

4）隔墙隔热层的底部应设防潮层，且应在其热侧上翻铺 0.12m；

5）楼面、地面的隔热层上、下、四周应做防水层或隔汽层，且楼面、地面隔热层的
防水层或隔汽层应全封闭；

6）装配式冷库轻质复合夹芯板的拼装应采取可靠措施，以保证板缝挤紧、密实和隔
汽层的连续；

7）严禁采用含水粘接材料粘接块状隔热材料；

8）带水作业的冷间应有保护墙面、楼面和地面的防水措施；

9）冷间建筑的地下室或地面架空层应防止地下水和地表水的浸入，并应设排水设施；

10）多层冷库库房外墙与檐口及穿堂与库房的连接部分的变形缝部位应采取防漏水的
构造措施。

（2）冷库围护结构的隔汽、防潮设计

1）隔汽、防潮材料的选择

冷库围护结构常用的隔汽、防潮材料有沥青隔汽防潮材料和聚乙烯（PE）或聚氯乙
烯（PVC）薄膜隔汽防潮材料两大类。隔汽防潮材料的主要物理性能如表 4.8-21 所示。

隔汽防潮材料的主要物理性能　　　　　表 4.8-21

材料名称	密度 ρ (kg/m³)	热导率 λ [W/(m·K)]	蒸汽渗透率 μ [$\times 10^{-3}$ g/(m·h·Pa)]	蒸汽渗透阻力 H (m²·h·Pa/g)
石油沥青油毛毡（350 号），厚 1.5mm	1130	0.27	0.00135	1106.57
石油沥青或玛瑞脂一道，厚 2.0mm	980	0.20	0.0075	266.64
一毡二油，厚 5.5mm				1639.86
二毡三油，厚 9.0mm				3013.08
聚乙烯薄膜，厚 0.07mm	1200	0.16	0.00002	3166.37

　　对土建式冷库而言，常用沥青和油毡做隔汽层，工期长、造价高，且施工复杂。基于冷库隔热层多采用现场发泡聚氨酯，一种可行的隔汽层做法是，对聚氨酯的现场发泡工艺提出具体的规范约束，利用聚氨酯现场发泡的表面光滑、坚韧且密封效果好的特点，现场发泡时，要求先于墙面上发出薄薄的一层，其表面光滑无孔隙，然后在此基础上再分层发泡，人为地形成多个密封层，有助于增加聚氨酯的隔汽能力，并延长聚氨酯的寿命。

　　聚乙烯（PE）或聚氯乙烯（PVC）薄膜隔汽防潮材料，要求低温条件下保持柔软、薄膜不能有气孔，施工亦应保证其完整。一般冷库采用 0.13mm 厚聚乙烯（PE）半透明薄膜或 0.2mm 厚聚氯乙烯（PVC）透明薄膜。聚乙烯薄膜使用的胶粘剂为 721 或 XY404 聚乙烯胶粘剂；聚氯乙烯薄膜使用的胶粘剂为 641 或 XY405 聚氯乙烯胶粘剂。

　　2）围护结构蒸汽渗透阻的计算

　　① 单一匀质材料层的蒸汽渗透阻（m²·h·Pa/g）计算：

$$H = \delta/\mu \tag{4.8-12}$$

式中　δ——材料的厚度，m；

　　　　μ——材料的蒸汽渗透系数，g/(m·h·Pa)。

　　② 多层匀质材料层组成围护结构的蒸汽渗透阻 H 计算：

$$H = H_1 + H_2 + \cdots\cdots + H_n \quad \text{(m²·h·Pa)/g} \tag{4.8-13}$$

式中　H_1、H_2、$\cdots\cdots$、H_n——各层材料的蒸汽渗透阻，封闭空气层的蒸汽渗透阻应为 0。

　　③ 当冷库围护结构两侧设计温差≥5℃时，应在隔热层的高温一侧设置隔汽层。围护结构为内保温隔热，且保温隔热层内侧无密实材料或有低蒸汽渗透阻等透汽性能良好的防护层时，围护结构蒸汽渗透阻宜按经验公式计算：

$$H_0 \geqslant 1.6(P_{sw} - P_{sn}^{'}) \tag{4.8-14}$$

式中　H_0——围护结构隔汽层高温侧各层材料（隔汽层以外）的蒸汽渗透阻之和，m²·h·Pa/g；

　　　　P_{sw}——围护结构高温侧空气的水蒸气的分压力，Pa；

P_{sn}——围护结构低温侧空气的水蒸气的分压力，Pa。

（3）冷库围护结构的隔热材料及选择

1）冷库库房围护结构采用的隔热材料主要有：硬质聚氨酯泡沫塑料、聚乙烯发泡体、泡沫玻璃及聚苯乙烯泡沫挤塑板（仅作为地面隔热材料）、达到 A 级不燃级别的聚氨酯封边岩棉夹芯板等。采用金属面绝热夹芯板时，夹芯板芯材应为热固性材料，芯材的燃烧性能不应低于 B1 级。隔热材料应是不散发有毒或异味等对食品有污染的物质；难燃或不燃烧，且不易变质。常用隔热材料的主要特性和物理性能指标分别如表 4.8-22 和表 4.8-23所示。

2）建筑外围护结构的外墙与顶棚采用内保温隔热系统时，保温隔热材料的燃烧性能不应低于 B1 级。隔热材料表面应采用不燃性材料做保护层。

常用隔热材料的主要特性　　　　　　　　　　　表 4.8-22

材料名称	材料特性
低密度闭孔泡沫玻璃	隔热新材料，密度和热导率较小、抗压、吸水率极低、A 级不燃、价格高
聚氨酯封边岩棉夹芯板	隔热复合材料，双面复合铝镀锌彩钢板，热导率较小、抗压、吸水率极低、A 级不燃、近年来，特别是消防要求提高后，获得推广应用
硬质聚氨酯泡沫塑料	轻质、强度高、隔热性好、成型工艺简单，可预制、现场发泡或喷涂。B1 级难燃（添加阻燃剂）
聚苯乙烯挤塑板	抗吸水性高、抗蒸汽渗透性高、机械性能好，可用于冷库地面。B1 级难燃

注：隔热材料表面应采用不燃材料作保护层。

常用隔热材料的物理性能指标　　　　　　　　表 4.8-23

材料名称	密度 ρ (kg/m³)	抗压强度 (MPa)	设计用热导率 λ [W/(m·K)]	蒸汽渗透率 μ [×10⁻⁴g/(m·h·Pa)]	蓄热系数 S_{24} [W/(m·K)]
低密度闭孔泡沫玻璃	140～180	0.5～0.7	0.0525	0.225	0.65
硬质聚氨酯泡沫塑料	35～55	≥0.2	0.026	0.234	0.29
岩棉	100～160	—	0.043	4.88	0.47～0.76
聚苯乙烯挤塑板	30～45	0.25～0.3	0.036	—	0.34

正铺于地面、楼面的隔热材料，其抗压强度不应小于 0.25MPa。

（4）冷库地面防止冻胀的措施

1）冷间地面的防冻方式应根据库房布置、工程造价、运行能耗、维护管理等方面的要求，进行技术经济比较后合理选定。

2）《冷库设计标准》GB 50072—2021 规定：当冷库底层冷间设计温度低于 0℃时，地面应采取防止冻胀的措施；当地面下为岩层时，可不做防止冻胀处理。底层温度≥0℃时，地面仍应设置相应保温层。空气冷却器地面基座下部及其周边 1m 范围内的地面总热阻 R_0 不应小于 3.18m²·℃/W。

3）冷库地面防冻胀的措施：冷库地面防止冻胀的措施有四种常用的方法，如表 4.8-24所示。

冷库地面防止冻胀的方法   表 4.8-24

防止冻胀的方法	方法要求
自然通风	通风管两端应直通，并应坡向室外。管段总长度不宜大于 30m，其穿越冷间地面下的长度不宜大于 24m； 管材宜采用内径为 250mm 或 300mm 的水泥管，管中心距不宜大于 1.2m，管口的管底宜高出室外地面 150mm，管口应加网栅； 通风管的布置宜与当地的夏季最大频率风向平行
机械通风	支风道管材选用同自然通风要求，管中心距可按 1.5～2.0m 等距布置，管内风速不宜小于 1m/s； 主风道断面尺寸不宜小于 0.8m×1.2m（宽×高）； 供暖地区送风温度宜取 10℃，排风温度宜取 5℃； 供暖地区机械通风地面防冻加热负荷和机械通风送风量按《冷库设计标准》GB 50072—2021 附录 A 的规定计算
架空式地面	架空层净高不宜小于 1m；进风口宜面向当地夏季最大频率方向；进出风口地面应高出室外地面 150mm 及以上，风口均应设置格栅
不冻液加热	供液温度不宜高于 10℃；管内流速不宜小于 0.25m/s；加热管应设在地面隔热层下结构层或垫层内，加热层应设置温度监测装置，测点数不应少于 2 处，加热管每一环路应设置流量调节和流量监测装置

注：小型冷库（总排气量小于 500m³/h）可在地坪隔热层下的混凝土垫层内埋设发热电缆加热（至少 15W/m²）。

具体处理方法如图 4.8-3 所示。

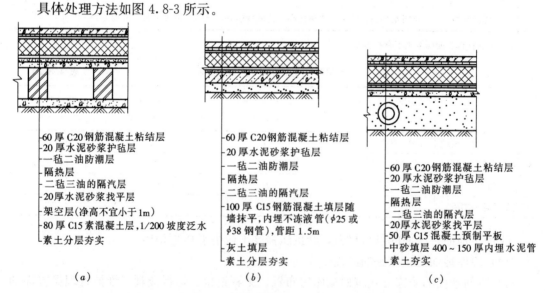

（a）   （b）   （c）

图 4.8-3   冷库地面防冻胀的技术处理方法
（a）架空地坪法；（b）不冻液管加热地坪法；（c）自然或机械通风管地坪法

4.8.6   冷库围护结构的热工计算

1. 冷库围护结构保温隔热材料厚度计算

（1）冷库围护结构保温隔热材料厚度应按下式计算：

$$d = \lambda \left[R_o - \left(\frac{1}{\alpha_w} + \sum_{i=1}^{n} \frac{d_i}{\lambda_i} + \frac{1}{\alpha_n} \right) \right] \quad (m) \tag{4.8-15}$$

式中　λ——保温隔热材料的导热系数，W/(m·K)；

R_0——围护结构总热阻，(m²·K)/W；

d_i——围护结构除保温隔热层外第 i 层材料的厚度，m；

λ_i——围护结构除保温隔热层外第 i 层材料的导热系数，W/(m·K)；

α_w、α_n——围护结构外表面、内表面换热系数，W/(m·K)。

围护结构的总热阻应根据经济性原则确定，并且不应小于总热阻。

（2）隔热材料厚度对导热系数的修正计算

$$\lambda = \lambda' \cdot b \tag{4.8-16}$$

式中　λ'——导热系数测定值，W/(m·K)；

b——导热系数的修正系数，宜按表 4.8-25 选用。

导热系数的修正系数　　　　　　　　　　　表 4.8-25

材料名称	b	材料名称	b
硬泡聚氨酯　挤塑聚苯乙烯塑料	1.3	沥青膨胀珍珠岩	1.2
泡沫玻璃	1.1	水泥膨胀珍珠岩　加气混凝土	1.3
岩棉	1.5	膨胀珍珠岩	1.7

注：装配式冷库用轻质复合夹芯板材料，应按产品性能及安装构造确定。

2. 冷间外墙、屋面或顶棚设计采用的室内外两侧温度差 Δt 的计算

$$\Delta t = \Delta t' \cdot a \tag{4.8-17}$$

式中　Δt——设计采用的室内外两侧温度差，℃；

$\Delta t'$——夏季空气调节室外计算日平均温度与室内温度差，℃；

a——围护结构两侧温度差修正系数，可按表 4.8-26 的规定采用。

围护结构两侧温差修正系数 a　　　　　　　　表 4.8-26

序号	围护结构部位	a
1	$D>4$ 的外墙（冻结间、冻结物冷藏间/冷却间、冷却物冷藏间、冰库）	1.05/1.10
2	$D>4$ 相邻有常温房间的外墙（部位同序号1）	1.00/1.00
3	$D>4$ 的冷间顶棚，其上为通风阁楼，屋面有保温隔热层或通风层（部位同序号1）	1.15/1.20
4	$D>4$ 的冷间顶棚，其上为不通风阁楼，屋面有保温隔热层或通风层（部位同序号1）	1.20 /1.30
5	$D>4$ 的无阁楼屋面，屋面有通风层（部位同序号1）	1.20 /1.30
6	$D\leqslant4$ 的外墙（部位同序号1）	1.30/1.35
7	$D\leqslant4$ 的冷间顶棚，其上有通风层（部位同序号1）	1.40/1.50
8	$D\leqslant4$ 的无通风层屋面（部位同序号1）	1.60/1.70
9	半地下室外墙外侧为土壤时/冷间地面下部无通风等加热设备时	0.20/0.20
10	冷间地面保温隔热层下有通风等加热设备时	0.6
11	冷间地面保温隔热层下通风架空层时	0.70
12	两侧均为冷间时	1.00

注：1. 设计温度低于0℃的控温穿堂或站台的 a 值可按冻结物冷藏间定。

2. 表内未列的其他室温大于等于0℃的冷间可参照各项中冷却间的 a 值选用。

D 值为围护结构的热惰性指标，可从相关手册中选用，或按式（4.8-18）计算。

$$D = R_1 S_1 + R_2 S_2 + \cdots\cdots \qquad (4.8\text{-}18)$$

式中 S——材料层的蓄热系数，$W/(m^2 \cdot K)$。

3. 围护结构热阻的确定

（1）冷间外墙、屋面或顶棚的总热阻根据设计采用的室内外两侧温度差 Δt 值，可按表 4.8-27 的规定采用。严寒地区冷间设计温度高于 0℃ 时，还应采用冬季空调室外计算温度进行验算。

冷间外墙、屋面或顶棚的总热阻（单位：$m^2 \cdot K/W$）　　　　表 4.8-27

设计采用的室内外温度差 Δt（℃）	单位面积热流量（W/m^2）					
	6	7	8	9	10	11
90	15.00	12.86	11.25	10.00	9.00	8.18
60	13.33	11.43	10.00	8.89	8.00	7.27
70	11.67	10.00	8.75	7.78	7.00	6.36
60	10.00	8.57	7.50	6.67	6.00	5.45
50	8.33	7.14	6.23	5.56	5.00	4.55
40	6.67	5.71	5.00	4.44	4.00	3.64
30	5.00	4.29	3.75	3.33	3.00	2.73
20	3.33	2.86	2.50	2.22	2.00	1.82

（2）冷间隔墙、楼面和地面的总热阻计算可按表 4.8-28～表 4.8-31 的规定采用。

（3）围护结构外表面、内表面换热系数和热阻按表 4.8-32 采用。

（4）冷间的设计温度和相对湿度可按表 4.8-33 采用。温度波动范围：当冷藏工艺未明确时，冷却物冷藏间不宜超过 ±1℃，冻结物冷藏间不宜超过 ±1.5℃。

（5）冷间围护结构热流量的计算应符合下列规定：

1）冷间外墙和屋面的热流量计算应包括太阳辐射因素；

2）冷间内墙和楼板外侧的计算温度应采用邻室的室温，当邻室为冷间时，室温采用空库保持温度（按现行国家标准《冷库管理规范》GB/T 30134 的有关规定）。

冷间隔墙总热阻（单位：$m^2 \cdot ℃/W$）　　　　表 4.8-28

隔墙两侧设计室温	面积热流量（W/m^2）	
	10	12
（冻结间）−23℃～（冷却间）0℃	3.80	3.17
（冻结间）−23℃～（冻结间）−23℃	2.80	2.33
（冻结间）−23℃～（穿堂）4℃	2.70	2.25
（冻结间）−23℃～（穿堂）−10℃	2.00	1.67
（冻结物冷藏间）−18～−20℃—（冷却物冷藏间）0℃	3.30	2.75
（冻结物冷藏间）−18～−20℃—（冰库）−4℃	2.80	2.33
（冻结物冷藏间）−18～−20℃—（穿堂）4℃	2.80	2.33
（冷却物冷藏间）0℃—（冷却物冷藏间）0℃	2.00	1.67

注：隔墙总热阻已考虑生产中的温度波动因素。

冷间楼面总热阻　　　　　　　　　　　　　　表 4.8-29

楼板上下冷间设计温度差（℃）	冷间楼面总热阻（m²·℃/W）
35	4.77
23～28	4.08
15～20	3.31
8～12	2.58
5	1.89

注：1. 楼板总热阻已考虑生产中的温度波动因素。

2. 当冷却物冷藏间楼板下为冻结物冷藏间时，其楼板热阻不宜小于 4.08m²·℃/W。

直接铺设在架空层上的冷间地面最小总热阻　　　　表 4.8-30

冷间设计温度（℃）	冷间地面最小总热阻（m²·℃/W）
0～−2	1.72
−5～−10	2.54
−15～−20	3.18
−23～−28	3.91
−35	4.77

注：当地面隔热层采用炉渣时，总热阻按本表数据乘以 0.8 的修正系数计算。

铺设在架空层上的冷间地面总热阻　　　　　　表 4.8-31

冷间设计温度（℃）	冷间地面总热阻（m²·℃/W）
0～−2	2.15
−5～−10	2.71
−15～−20	3.44
−23～−28	4.08
−35	4.77

库房围护结构外表面和内表面传热系数 α_w、α_n 和热阻 R_w、R_n　　表 4.8-32

围护结构部位及环境条件	α_w [W/(m²·℃)]	α_n [W/(m²·℃)]	R_w 或 R_n (m²·℃/W)
无防风设施的屋面、外墙的外表面	23	—	0.043
顶棚上为阁楼或有房屋和外墙外部紧邻其他建筑物的外表面	12	—	0.083
外墙和顶棚的内表面、内墙和楼板的表面，地面的上表面：			
1）冻结间、冷却间设有强力鼓风装置时	—	29	0.034
2）冷却物冷藏间设有强力鼓风装置时	—	18	0.056
3）冻结物冷藏间设有鼓风的冷却设备时	—	12	0.083
4）冷间无机械鼓风装置时	—	8	0.125
地面下为通风架空层	8	—	0.125

注：地面下为通风加热管道和直接铺设于土壤上的地面以及半地下室外墙埋入地下的部位，外表面传热系数均可不计。

冷间设计温度和相对湿度　　　　　　　　　　　　表 4.8-33

序号	冷间名称	室温 (℃)	相对湿度 (%)	适用食品范围
1	冷却间	0～4	—	肉、蛋等
2	冻结间	−18～−23	—	肉、禽、兔、冰蛋、蔬菜等
		−23～−30	—	鱼、虾等
3	冷却物冷藏间	0	85～90	冷却后的肉、禽
		−2～0	80～85	鲜蛋
		−1～1	90～95	冰鲜鱼
		0～2	85～90	苹果、鸭梨等
		−1～1	90～95	大白菜、蒜薹、葱头、菠菜、香菜、胡萝卜、甘蓝、芹菜、莴苣等
		+2～4	85～90	土豆、桔子、荔枝等
		+7～13	85～95	柿子椒、菜豆、黄瓜、番茄、菠萝、柑橘等
		+11～16	85～90	香蕉等
4	冻结物冷藏间	−15～−20	85～90	冻肉、禽、副产品、冰蛋、冻蔬菜、冰棒等
		−18～−25	90～95	冻鱼、虾、冷冻饮品等
5	冰库	−4～−6		盐水制冰的冰块

注：冷却物冷藏间设计温度宜取 0℃，储藏过程中应按照食品的产地、品种、成熟度和降温时间等调节其温度与相对湿度。

（6）冷库围护结构的总传热系数

冷库围护结构的总传热系数计算公式与供暖围护结构的传热系数计算公式相同。对于各层隔热材料的设计用热导率[W/(m·K)]，一般将正常条件下测定的热导率乘以大于 1 的修正系数（见表 4.8-34）。

（7）冷间围护结构热流量的计算

冷间围护结构热流量 Q_1 按式（4.8-19）计算：

$$Q_1 = KA\alpha(t_w - t_n) \quad \text{(W)} \qquad (4.8-19)$$

式中　K——围护结构的传热系数，W/(m²·K)；

A——围护结构的传热面积，m²；

α——围护结构两侧温差修正系数，见表 4.8-29；

t_w——围护结构外侧计算温度，℃；

t_n——围护结构内侧计算温度，℃（见表 4.8-35）。

冷间围护结构的面积 A 的计算规则是：

1）屋面、地面和外墙：以外墙为边界计算的面积，均应自外墙外表面起，或至外墙外表面止；以内墙为边界计算的面积，则取内墙中线为起（止）点计算。

2）楼板和内墙：以外墙内表面为起（止）点计算，或以内墙中线为起（止）点计算。

3）外墙的高度：地下室或底层应自地坪隔热层的底面至上层楼面计算；中间层应自本层楼面至上层楼面计算；顶层应自楼面至顶部隔热层的顶面计算。

4）内墙的高度：地下室、底层或中间层应自该层地（楼）面至上层楼面计算；顶层应自该层楼面至顶部隔热层的底面计算。

4.9 冷库制冷系统设计及设备的选择计算

4.9.1 冷库的冷负荷计算

冷库的冷负荷计算应包括"冷间冷却设备负荷"和"制冷系统机械负荷"，宜采用逐时或通过工程系数修正的稳态计算方法。

冷间冷却设备负荷计算是对所有冷间逐间进行计算，分别将各个冷间的各项"计算热流量"（各个冷间的冷却设备负荷）汇总。

制冷系统机械负荷应根据冷间不同蒸发温度分别计算，各蒸发温度的机械负荷应包括冷间冷却设备负荷，同时，还应包括所有相应制冷设备与管道的冷损耗。

冷间冷却设备负荷由 5 种基本的热流量构成：

(1) 冷间围护结构热流量；

(2) 冷间内货物热流量；

(3) 冷间通风换气热流量；

(4) 冷间内电动机运转热流量；

(5) 冷间操作热流量。

1. 冷间冷却设备负荷

(1) 冷间围护结构热流量按本书第 4.8 节的规定进行。

(2) 冷间内货物热流量应包括食品热流量、食品包装材料和运载工具热流量、食品冷却时的呼吸热流量和食品冷藏时的呼吸热流量。食品热流量和食品包装热流量应按降温过程的最大热流量计算，计算应符合下列规定：

1) 冷藏间的食品冷加工时间应按食品冷藏工艺要求确定，工艺未明确要求时，不应超过 24h。

2) 食品进入温度工艺无明确要求时，按表 4.9-1 的规定。

食品进入温度   表 4.9-1

冷间类别	冻结物冷藏间	冷却物冷藏间	
		生产性冷库	物流冷库和商用冷库
食品进入温度	不宜低于 −8℃	不宜低于当地食品进入冷间的生产旺月的月平均温度	肉类、水产品不宜低于 15℃、果蔬不宜低于 25℃

3) 食品每日进货量应按实际使用要求确定，工艺无明确要求时，按表 4.9-2 的规定。

食品每日进货量   表 4.9-2

冷间类别	冻结物冷藏间		冷却物冷藏间	
	物流冷库	商用冷库	物流冷库	商用冷库
每日食品进货量	不宜少于冷间计算容量的百分数			
	5%	10%	10%	20%

（3）冷间通风换气热流量计算：

1）新风的计算参数应按夏季通风室外计算温度和室外计算相对湿度选取。

2）工艺未确定时，冷却物冷藏间通风换气次数每日不宜少于 1 次。

（4）冷间内电动机运转热流量应包括冷间内制冷设备和冷间内运输工具配用的电动机运转热流量、冷间内固定配置的食品加工和包装工具配用的电动机运转热流量，且应按电动机的实际运转小时数计算。

（5）冷间操作热流量应包括照明系统在冷间内的散热量、通过冷库门进入的冷间外空气热流量、冷间内操作人员散热量、加湿系统在冷间内的散热量、冷间内冷却设备除霜和防冻加热散热量，计算应符合下列规定：

1）非控温穿堂排风换气次数不宜小于 5 次/h。

2）对于冷库门设置在非控温穿堂或站台的冷间，冷间开门的换气次数可按图 4.9-1 取值。冷间外空气计算参数应按夏季通风室外计算温度、相对湿度选取。

3）冷间内操作人员散热量应包括显热和潜热；当操作人员人数难以确定时，可按每 250m³ 冷间体积 1 个人计；每个操作人员产生的热流量，冷间设计温度 ≥ −5℃ 时，取 279W，冷 间 设 计 温 度 < − 5℃ 时，取 395W。

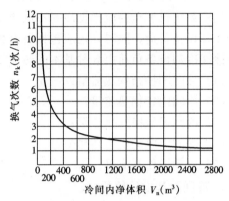

图 4.9-1　冷间开门换气次数图

4）加湿系统在冷间内的散热量应包括显热和潜热。

5）冷却设备除霜时不储存食品的冷间，冷间操作热流量不应包括冷间内冷却设备的除霜散热量。

6）全自动搬运货物的冷间操作热流量不应包括检修用照明系统在冷间内的散热量和冷间内检修人员散热量。

（6）冷却物冷藏间的最低使用温度高于当地冬季空调室外计算温度时，冷间冷却设备负荷还应按冬季工况计算。

（7）冷间冷却设备的实际换热量应按设计工况通过校核计算确定，冷间冷却设备在一个除霜或清洗周期内的实际换热量不应小于该冷间冷却设备负荷。

2. 制冷系统的机械负荷

（1）制冷系统机械负荷采用稳态计算方法时，各项热流量不应包括相应冷间对应热流量的重复计算部分，当各项热流量的峰值不同时出现时，应通过工程系数修正，对于严格限制压缩机运行时间的制冷系统，机械负荷应通过工程系数修正。

（2）除冷间热流量、制冷设备与管道的冷损耗外，制冷系统机械负荷应包括维持制冷系统在某一蒸发温度正常运转时需要制冷压缩机移出的其他热流量，如低压级排热量（双级压缩制冷系统的高压级制冷系统机械负荷）、低温级冷凝排热量（复叠式制冷系统的高温级制冷系统机械负荷）和制冷压缩机喷液式油冷却器的排热量等。

（3）各蒸发温度系统的制冷机组的总制冷量不应小于相应机械负荷。

3. 各类冷间负荷的经验数据

表 4.9-3~表 4.9-5 和图 4.9-2 给出部分冷库的数据归纳结果，可供设计参考。

肉类冷冻加工单位制冷负荷　　　　　　　　　　表 4.9-3

序号	冷间温度 (℃)	肉类降温情况		冷冻加工时间[①] (h)	单位制冷负荷 (W/t)	
		入冷间时 (℃)	出冷间时 (℃)		冷却设备负荷	机械负荷
冷却加工						
1	−2	35	4	20	3000	2300
2	−7/−2[②]	35	4	11	5000	4000
3	−10	35	12	8	6200	5000
4	−10	35	10	3	13000	10000
冻结加工						
1	−23	4	−15	20	5300	4500
2	−23	12	−15	12	8200	6900
3	−23	35	−15	20	7600	5800
4	−30	4	−15	11	9400	7500
5	−30	−10	−18	16	6700	5400

①不包括肉类进冷间、出冷间的搬运时间。

②指冷间温度先为−7℃，待肉体表面温度降到0℃时，改用冷间温度−2℃继续降温。

注：1. 本表冷却设备负荷，已包括食品冷冻加工的热流量 Q_2 的负荷系数 P（即 $1.3Q_2$）的数值。

2. 本表机械负荷已包括管道等冷损耗补偿系数 7%。

3. 本表还适用于连续快速冻结设备的冻结加工。

冷藏间、制冰等单位制冷负荷　　　　　　　　　　表 4.9-4

序号	冷　间　名　称	冷间温度 (℃)	单位制冷负荷 (W/t)	
			冷却设备负荷	机械负荷
冷　藏　间				
1	一般冷却物冷藏间	0, −2	88	70
2	250t 以下冻结物冷藏间	−15, −18	82	70
3	500~1000t 冻结物冷藏间	−18	53	47
4	1000~3000t 单层库冻结物冷藏间	−18, −20	41~47	30~35
5	1500~3500t 多层库冻结物冷藏间	−18	41	30~35
6	4500~9000t 多层库冻结物冷藏间	−18	30~35	24
7	10000~20000t 多层库冻结物冷藏间	−18	28	21
制　　冰				
1	盐水制冰方式		7000	
2	桶式快速制冰		7800	
3	贮冰间		25	

注：本表机械负荷已包括管道等冷损耗补偿系数 7%。

小型冷库单位制冷负荷   表 4.9-5

序号	冷 间 名 称	冷间温度 (℃)	单位制冷负荷 (W/t)	
			冷却设备负荷	机械负荷
肉、禽、水产品				
1	50t 以下冷藏间	−15～−18	195	160
2	50～100t 冷藏间		150	130
3	100～200t 冷藏间		120	95
4	200～300t 冷藏间		82	70
水果、蔬菜				
1	100t 以下冷藏间	0～2	260	230
2	100～300t 冷藏间		230	210
鲜 蛋				
1	100t 以下冷藏间	0～2	140	110
2	100～300t 冷藏间		115	90

注：1. 本表中机械负荷已包括管道等冷损耗补偿系数 7%。

2. −15～−18℃冷藏间进货温度按−12～−15℃，进货量按 5% 计算。

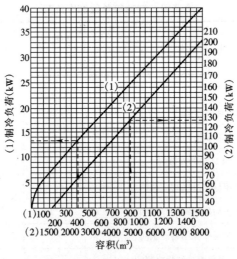

图 4.9-2　果蔬土建冷库制冷负荷曲线

注：公称容积＞8000m³ 时，每增加 155m³，制冷负荷相应增加 3.861kW。

4.9.2　制冷系统形式及其选择

1. 制冷系统形式

冷库制冷系统形式如表 4.9-6 所示。

冷库制冷系统形式 表 4.9-6

按制冷剂划分	按冷却方式划分	按供冷方式划分	按制冷剂供液方式划分
氨制冷系统	直接冷却	集中供冷	直接膨胀供液制冷系统
氟利昂制冷系统		分散供冷	重力供液制冷系统
新型制冷剂系统	间接冷却		液泵供液制冷系统

2. 制冷系统的选择

(1) 冷库制冷工质的选择

目前冷库常用的制冷工质有氨、氟利昂、二氧化碳 3 种，需根据冷库的所处位置、建设内容和一次投资、能耗和运行费用等因素综合考虑选择，三种制冷工质简要比较见表 4.9-7。

商用冷库不应采用氨或氨水溶液载冷剂；生产性冷库和物流冷库，其中具有分拣、配货功能的穿堂或封闭站台不应采用氨直接蒸发制冷；大中型冷库和大、中型制冷系统不宜采用卤代烃及其混合物在冷间内直接蒸发制冷；大、中型制冷系统，载冷剂温度低于 −5℃时，宜采用 CO_2。

氨水溶液载冷剂的质量浓度不应超过 10%；盐水载冷剂的凝固温度应低于设计蒸发温度，并且温差不应小于 5℃。

冷库制冷工质的简要比较 表 4.9-7

比较项目	氨	氟利昂（R507）	二氧化碳+氨 二氧化碳+氟
制冷剂价格	中	高	二氧化碳：低
环境友好	环境友好	有环保问题，配额生产	二氧化碳环境友好
安全性	有毒，可燃，易爆	无味，性能稳定	二氧化碳压缩机运行压力高（复叠式 3~4MPa）
安监	定时检查，经常整改	一般安监管控	一般安监管控
安全保护系统	需设置氨气体浓度报警装置	需设置氟气体浓度报警装置	需设置 CO_2 气体浓度报警装置，安全泄压保护
应用程度	多年应用、技术成熟可靠	应用年限少于氨制冷系统，技术成熟可靠，设计、安装简单	国内近些年应用，案例较少，设计、安装复杂
系统及机房面积	管路复杂，设备体积大，所需机房面积最大	管路复杂，设备体积相对小，所需机房面积大	管道及设备体积小，所需机房面积相对小
运行能耗	低	中	高

(2) 冷库制冷系统的选择如表 4.9-8 所示。

冷库制冷系统的选择   表 4.9-8

按制冷剂划分	按冷却方式划分	按供冷方式划分	按制冷剂供液方式划分
氨制冷系统：常用，单位制冷量大，制冷剂价低，易燃易爆，对人体有害	大、中型氨制冷系统采用间接冷却，有载冷剂（盐水）循环系统和制冷剂（氨）循环系统	大、中型氨制冷系统均采用集中供冷系统	直接膨胀供液制冷系统：多用于氟利昂制冷系统和小型氨制冷系统
氟利昂制冷系统：用于中、小型冷库，受CFC工质禁用限制	中、小型氨制冷系统，氟利昂制冷系统多采用直接冷却系统	氟利昂制冷系统采用分散供冷系统	重力供液制冷系统：用于氨制冷系统
			液泵供液制冷系统：用于大、中型氨制冷系统

注：低温冷库制冷系统采用环境友好型制冷剂 CO_2，以减少氨制冷剂充注量，已获得普遍应用。

4.9.3 制冷压缩机及辅助设备的选择计算

1. 制冷压缩机的选择计算

（1）制冷压缩机的选择依据

制冷压缩机的选择依据是冷间机械负荷 Q_J，具体涉及压缩机的选择，应结合压缩机的设计运行工况确定，视压缩机的类型确定，一般运行工况的蒸发温度和冷凝温度的选择如表 4.9-9 所示。

1）活塞式压缩机。采用二级活塞式压缩机的标准如表 4.9-10 所示。

制冷压缩机设计工况蒸发温度和冷凝温度的选择   表 4.9-9

蒸发温度	冷凝温度
冷间的湿度无工艺要求时，冷间温度和蒸发温度的温差应根据经济性原则确定，并且直接式制冷系统不宜超过 10℃、间接式制冷系统不宜超过 5℃	应根据经济性原则确定；大（总排气量大于 5000m³/h）、中型（总排气量为 500～5000m³/h）制冷系统和氨制冷系统不宜高于 40℃；小型制冷系统不宜高于 50℃

采用二级活塞式压缩机的标准   表 4.9-10

制冷机形式	采用单级时的压缩比	采用二级时的压缩比
氨压缩机	≤8	>8
氟利昂压缩机	≤10	>10

氨压缩机允许的吸气温度如表 4.9-11 所示。

氨压缩机允许的吸气温度   表 4.9-11

蒸发温度（℃）	0	−5	−10	−15	−20	−25	−28	−30	−33	−40	−45
吸气温度（℃）	1	−4	−7	−10	−13	−16	−18	−19	−21	−25	−28
过热度（℃）	1	1	3	5	7	9	10	11	12	15	17

对于氟利昂制冷系统的吸气应有一定的过热度：热力膨胀阀系统，蒸发器出口温度气体应有 3～7℃ 的过热度，单级压缩机和二级压缩机的高压级吸入温度一般不大于 15℃。在回热系统中，气体出口温度比液体进口温度宜低 5～10℃。

二级压缩的中间温度与中间压力的经验公式：

$$t_{zj} = 0.4t_c + 0.6t_z + 3$$

$$p_{zj} = \sqrt{p_c p_z} \qquad (4.9\text{-}1)$$

式中 t_{zj}——二级压缩的中间温度，℃；

t_c、t_z——冷凝温度和蒸发温度，℃；

p_{zj}——二级压缩的中间压力，MPa；

p_c、p_z——冷凝压力和蒸发压力，MPa。

2）螺杆式制冷压缩机。螺杆式制冷压缩机的内容积比会随外界温度的变化而变化，我国规定有 2.6、3.6 和 5.0 三种内容积比的规格，有相应的滑阀匹配。而新型可移动滑阀式螺杆式压缩机，可以进行内容积比的无级调节。三种内容积比的螺杆式压缩机的适应工况范围如表 4.9-12 所示。

螺杆式氨制冷压缩机的适应工况范围   表 **4.9-12**

R717 标准工况压缩比＝4.92

内容积比	适用的压缩比范围	$t_c=30℃$		$t_c=40℃$		$t_c=45℃$	
		t_z（℃）	压 比	t_z（℃）	压 比	t_z（℃）	压 比
2.6	$p_2/p_1 \leqslant 4$	5	2.20	5	3.20	5	
		0	2.72			0	4.14
		−10	4.00	−3	4.05	0	4.14
3.6	$4 < p_2/p_1 \leqslant 6.3$	−10	4.00	−3	4.05	0	4.14
		−20	6.13	−14	6.30	−11	6.37
5.0	$6.3 < p_2/p_1 \leqslant 9.7$	−20	6.13	−14	6.30	−11	6.37
		−30	9.70	−24	9.80	−21	9.78

注：t_z 和 t_c 分别是蒸发温度和冷凝温度；p_2、p_1 分别是排气压力和吸气压力。

（2）氨制冷压缩机的选择要求

制冷压缩机的选择应符合下列要求：

1）压缩机应根据对应各蒸发温度机械负荷的计算值分别选定，不另设置备用机。

2）选用的活塞式氨压缩机，当冷凝压力与蒸发压力之比大于 8 时，应采用双级压缩；当冷凝压力与蒸发压力之比小于或等于 8 时，应采用单级压缩。

3）选配压缩机时，其制冷量宜大小搭配。

4）制冷压缩机的系列不宜超过两种。如仅有两台机器时，应选用同一系列。

5）应根据实际使用工况，对压缩机所需的驱动功率进行核算，并通过其制造厂选配适宜的驱动电机。

（3）采用 CO_2 的复叠式制冷系统

复叠式制冷系统可实现更低的温度，仅当食品加工与贮存确需低温时选用。复叠式制冷系统实际上是 2 套独立的制冷系统，显然，经由两套系统接力的能量传递，其能耗比单一制冷系统要大得多。NH_3—CO_2复叠式制冷系统流程图见图 4.9-3。

冷凝蒸发器的温差应根据经济性原则确定，且不宜超过 5℃。

（4）CO_2 为载冷剂的氨制冷系统

该制冷系统可应用于制冷温度为−50～0℃的场合，蒸发温度高于−25℃时，可采用

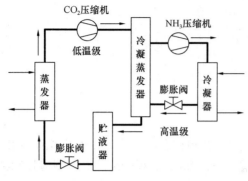

图 4.9-3   NH₃—CO₂复叠式制冷系统流程图

氨单级压缩；具有安全、节能优势。系统中的氨充注量显著减少，大、中型系统的氨仅存在于制冷机房内，系统安全性大大提高。

其与复叠式制冷系统相比有以下优点：CO_2侧无油运行，系统简单；CO_2管路尺寸小，耗材少，管路绝热损失小；输送泵功率低。系统结合了氨制冷系统的高效以及CO_2优良的热力及流动性能，使系统总的性能显著提高。氨制冷系统、冷凝蒸发器及CO_2循环泵和储液器等组装成一个整体的一体式机组，安装过程仅需将CO_2冷风机与机组连接即可。CO_2为载冷剂的氨制冷系统流程图见图 4.9-4。

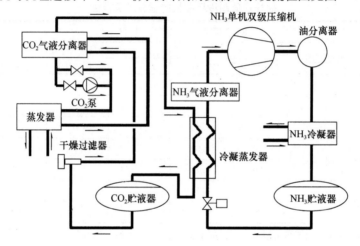

图 4.9-4 CO_2为载冷剂的氨制冷系统流程图

2. 换热设备的选择计算

（1）冷凝器的选择计算

1）冷凝器的选型。冷凝器可按表 4.9-13 进行选取。

各种冷凝器的类型、特点及适用范围   表 4.9-13

类型	形式	制冷剂	优点	缺点	使用范围
水冷式	立式	氨	可装设于室外 占地面积小 传热管易于清洗	冷却水量大 体积较卧式大	大、中型
	卧式	氨、氟利昂	传热效果优于立式 易小型化与其他设备组装	冷却水质要求高	大、中、小型
	套管式	氨、氟利昂	传热系数较高 结构简单、易制造	冷却水侧阻力大 清洗困难	小型
	板式	氨、氟利昂	传热系数高 结构紧凑、组合灵活	水质要求高	中、小型
	螺旋板式	氨、氟利昂	传热系数高 体积小	冷却水侧阻力大 维修困难	中、小型

续表

类　型	形　式	制冷剂	优　点	缺　点	使用范围
空气冷却式	强制对流式	氟利昂	无冷却水和相应配管于室外设置	体积大、传热面积大制冷机功率消耗大	中、小型
	自然对流式	氟利昂	无冷却水和相应配管于室外设置、低噪声	体积大、传热面积大制冷机功率消耗大	小　型
水和空气联合冷却式	淋水式	氨	制造简单易于清洗、维修水质要求低	占地面积大材料消耗大传热效果较差	大、中型
	蒸发式	氨、氟利昂	冷却水耗量小冷凝温度较低	体积大、占地面积大清洗、维修困难	大、中型

2) 冷凝器的传热系数 K 和热流密度 q_l 的推荐值。各种冷凝器的传热系数 K 和热流密度 q_l 的推荐值如表 4.9-14 所示。

各种冷凝器的传热系数 K 和热流密度 q_l 的推荐值　　　　　　　表 4.9-14

制冷剂	形　式	传热系数 K [W/(m²·K)]	热流密度 q_l (W/m²)	相　应　条　件
R717	立式壳管式冷凝器	700~900	3500~4000	1) 冷却水温升 $\Delta t = 1.5~3℃$； 2) 传热温差 $\theta_m = 4~6℃$； 3) 单位面积冷却水量为 1~1.7m³/(m²·h)； 4) 传热管为钢光管
	卧式壳管式冷凝器	800~1100	4000~5000	1) 冷却水温升 $\Delta t = 4~6℃$； 2) 传热温差 $\theta_m = 4~6℃$； 3) 单位面积冷却水量为 0.5~0.9m³/(m²·h)； 4) 水速为 0.8~1.5m/s； 5) 传热管为钢光管
	板式冷凝器	2000~2300		1) 使用焊接板式或经特殊处理的钎焊板式； 2) 板片为不锈钢
	螺旋板式冷凝器	1400~1600	7000~9000	1) 冷却水温升 $\Delta t = 3~5℃$； 2) 传热温差 $\theta_m = 4~6℃$； 3) 水速为 0.6~1.4m/s
	淋水式冷凝器	600~750（以传热管外表面积计）	3000~3500	1) 单位面积冷却水量为 0.8~1.0m³/(m²·h)； 2) 补充水量为循环水量的 10%~12%； 3) 传热管为光钢管； 4) 进口湿球温度为 24℃
	蒸发式冷凝器	600~800（以传热管外表面积计）	1800~2500（对其他制冷剂，1600~2200）	1) 单位面积冷却水量为 0.12~0.16m³/(m²·h)； 2) 补充水量为循环水量的 5%~10%； 3) 传热温差 $\theta_m = 2~3℃$（指制冷剂和钢管外侧水膜间）； 4) 传热管为光钢管； 5) 单位面积通风量为 300~340m³/(m²·h)

续表

制冷剂	形 式		传热系数 K [W/(m²·K)]	热流密度 q_l (W/m²)	相 应 条 件
R22 R134a R404A	卧式冷凝器		800～1200	5000～8000	1) 冷却水温升 Δt=4～6℃； 2) 传热温差 θ_m=7～9℃； 3) 水速为 1.5～2.5m/s； 4) 低肋钢管，肋化系数≥3.5
	套管式 冷凝器			7500～10000	1) 冷却水流速为 1～2m/s； 2) 传热温差 θ_m=8～11℃； 3) 低肋钢管，肋化系数≥3.5
	板式冷凝器		2300～2500		1) 钎焊板式； 2) 板片为不锈钢
	空气 冷却式	自然 对流	6～10	45～85	
		强制 对流	30～40 (以翅片管外 表面积计)	250～300	1) 迎面风速为 2.5～3.5m/s； 2) 传热温差 θ_m=8～12℃； 3) 铝平翅片套铜管； 4) 冷凝温度与进风温差≥15℃

冷凝器（除蒸发式冷凝器外）的冷却水进出口平均温度应比冷凝温度低 5～7℃。

冷凝器进水温度最高允许值：立式壳管式和淋浇式应为 32℃，卧式壳管式应为 29℃。

3) 冷凝器的选择计算：

① 冷凝器的热负荷：

$$Q_c = Q_e + P_i \tag{4.9-2}$$

式中　Q_c——冷凝器的热负荷，kW；

$\quad\quad Q_e$——压缩机在计算工况下的制冷量，kW；

$\quad\quad P_i$——压缩机在计算工况下的消耗功率，kW。

对单级压缩制冷循环，冷凝器热负荷 Q_c 也可按下式计算：

$$Q_c = \psi Q_e \tag{4.9-3}$$

式中　Q_c——冷凝器的热负荷，kW；

$\quad\quad \psi$——冷凝器负荷系数，具体可见图 4.9-5。

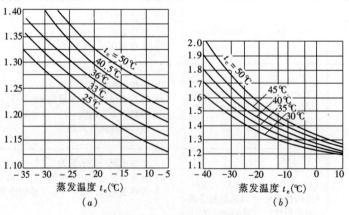

图 4.9-5　冷凝器负荷系数

(a) 氨系统；(b) 氟利昂系统

②冷凝器的传热系数：按表4.9-14中各种冷凝器的传热系数和热流密度的推荐值选取，或按厂家产品规定和参考投产后产生水垢和油污等的影响确定。

③冷凝器的传热温差：采用对数平均温差，也可按表4.9-14选取。

④冷凝器的传热面积 A（m^2）：按式（4.9-4）计算。

$$A = Q_c/(K \cdot \Delta\theta_m) = Q_c/q_l \qquad (4.9\text{-}4)$$

式中　Q_c——冷凝器的热负荷，W；

　　　K——冷凝器的传热系数，$W/(m^2 \cdot K)$；

　　　$\Delta\theta_m$——冷凝器的对数平均温差，K；

　　　q_l——冷凝器的热流密度，W/m^2。

计算出的冷凝器的传热面积需选择大于或等于该值的标准冷凝器。

⑤冷凝器的冷却水量或空气流量。按热平衡式计算或依据设备样本的数据确定。

⑥冷凝器冷却水的阻力。立式冷凝器和淋水式冷凝器冷却水的流动是依靠重力，无需计算冷却水的阻力。

强制对流空气冷却式冷凝器和蒸发式冷凝器均由厂家将冷凝器、风机和水泵成套提供，因此，也不计算冷却水的阻力。

卧式壳管式冷凝器的冷却水水泵应在设计中选配，冷凝器冷却水的阻力通常由厂家的样本获得。

（2）蒸发器的选择计算

1）蒸发器的选型。冷却液体载冷剂的蒸发器的选型可按表4.9-15进行选取。

冷却液体载冷剂的蒸发器的类型、特点及适用范围　　　　表4.9-15

形　　式		优　　点	缺　　点	使用范围
冰箱型（沉浸式）	立管式	1）载冷剂冻结危险小； 2）有一定蓄冷能力； 3）操作管理方便	1）体积大、占地大； 2）容易发生腐蚀； 3）金属耗量大； 4）易积油	氨制冷系统
	螺旋管式	1）～3）同立管式； 4）结构简单、制造方便； 5）体积、占地较立管式小	维修比立管式复杂	氨制冷系统
	蛇管式（盘管式）	1）～3）同立管式； 4）结构简单、制造方便	管内制冷剂流速低，传热效果差	小型氟利昂制冷系统
卧式壳管式	满液式	1）结构紧凑、重量轻、占地面积小； 2）可采用闭式循环，腐蚀性	1）加工复杂； 2）载冷剂易发生冻结胀裂管子； 3）无蓄冷能力	氨、氟利昂制冷系统
	干式	1）载冷剂不易冻结； 2）回油方便； 3）制冷剂充灌量小	1）加工复杂； 2）不易清洗	氟利昂制冷系统

形 式	优 点	缺 点	使用范围
板式蒸发器	1) 传热系数高; 2) 结构紧凑、组合灵活	加工复杂、维修困难	氨、氟利昂制冷系统
螺旋板式蒸发器	1) 传热系数高; 2) 体积小	加工复杂、维修困难	氨、氟利昂制冷系统
套管式蒸发器	1) 传热系数高; 2) 结构简单、体积小	1) 维修困难; 2) 水质要求高、不易清洗	小型氟利昂制冷系统

2) 蒸发器的传热系数 K 和热流密度 q_l 的推荐值。各种蒸发器的传热系数 K 和热流密度 q_l 的推荐值如表 4.9-16 所示。

各种蒸发器的传热系数 K 和热流密度 q_l 的推荐值　　　　　　　表 4.9-16

制冷剂	形 式	载冷剂	传热系数 K $[W/(m^2 \cdot K)]$	热流密度 q_l (W/m^2)	相 应 条 件
R717	直管式	水	500~700	2500~3500	1) 传热温差 $\theta_m=4$~$6℃$; 2) 载冷剂流速为 0.3~0.7m/s; 3) 以管外表面积计算
		盐水	400~600	2200~3000	
	螺旋管式	水	500~700	2500~3500	
		盐水	400~600	2200~3000	
	卧式壳管 式(满液式)	水	500~750	3000~4000	1) 传热温差 $\theta_m=5$~$7℃$; 2) 载冷剂流速为 1~1.5m/s; 3) 光钢管
		盐水	450~600	2500~3000	
	板式	水	2000~2300		1) 使用焊接板式或钎焊板式; 2) 板片为不锈钢
		盐水	1800~2100		
R22 R134a R404A	蛇管式 (盘管式)	水	350~450	1700~2300	有搅拌器,以管外表面积计算
		水	170~200		无搅拌器,以管外表面积计算
		低温载冷剂	115~140		
	卧式壳管 式(满液式)	水	800~1400		1) 水流速 1~2.4m/s; 2) 低肋钢管,肋化系数≥3.5
		低温载冷剂	500~750		1) 传热温差 $\theta_m=4$~$6℃$; 2) 载冷剂流速为 1~1.5m/s; 3) 光铜管
	干式	低温载冷剂	800~1000 (以外表面积计算)	5000~7000	1) 传热温差 $\theta_m=4$~$8℃$; 2) 载冷剂或水流速为 1~1.5m/s; 3) 带内肋芯铜管
		水	1000~1800 (以外表面积计算)	7000~12000	
	套管式	水	900~1100	7500~10000	1) 水流速为 1~1.2m/s; 2) 低肋管,肋化系数≥3.5
	板式	水	2300~2500		1) 钎焊板式; 2) 板片为不锈钢
		低温载冷剂	2000~2300		
	翅片式	空气	30~40 (以翅片管外表 面积计算)	450~500	1) 蒸发管组 4~8 排; 2) 迎面风速为 2.5~3m/s; 3) 传热温差 $\theta_m=8$~$12℃$

3）蒸发器的选择计算：

① 蒸发器的制冷量：综合制冷工艺负荷、设备与管路的冷损耗和制冷量的裕度等因素确定。

② 蒸发器的传热系数：按表 4.9-16 中各种蒸发器的传热系数和热流密度的推荐值选取，或按厂家产品规定和参考投产后产生水垢和油污等的影响确定。

③ 蒸发器的传热温差：采用对数平均温差，也可按表 4.9-17 选取。

④ 蒸发器的传热面积 A（m^2）：按式（4.9-5）计算。

$$A = Q_c/(K \cdot \Delta\theta_m) = Q_c/q \tag{4.9-5}$$

式中　Q_c——蒸发器的热负荷，W；

　　　K——蒸发器的传热系数，$W/(m^2 \cdot K)$；

　　　q——蒸发器的热流密度，W/m^2；

　　　$\Delta\theta_m$——蒸发器的对数平均温差，K。

计算出的蒸发器的传热面积需选择大于或等于该值的标准蒸发器。

⑤ 蒸发器的载冷剂流量：按热平衡式计算或依据设备样本的数据确定。

3. 辅助设备的选择计算

（1）中间冷却器的选择计算

中间冷却器用于两级或多级压缩制冷系统，通过中间冷却器冷却低压级压缩机的排气，对进入蒸发器的制冷剂液体进行过冷，以提高压缩机的制冷量、减少节流损失，同时又对低压级压缩机的排气产生油分离作用。

中间冷却器分为氨中间冷却器和氟利昂中间冷却器两种，用于两级压缩制冷系统时，它们的有关情况如表 4.9-17 所示。

氨中间冷却器和氟利昂中间冷却器的有关情况　　表 4.9-17

中间冷却器	制冷循环	制冷剂液体的流程	制冷剂气体的流速	传热系数 K
氨	一级节流中间完全冷却循环	蛇形管内，流速一般为 0.4～0.7m/s。蛇形管内，氨液出口温度与中冷器内氨液蒸发温度差为 3～5℃	≯0.5m/s	600～700 $W/(m^2 \cdot K)$
氟利昂	一级节流中间不完全冷却循环			

中间冷却器的选择应根据其直径和蛇形管冷却面积，计算确定。

（2）油分离器的选择计算

油分离器的常用结构有洗涤式、离心式、填料式及过滤式四种形式，有关特征和适用范围如表 4.9-18 所示。

几种油分离器的特征和适用范围　　表 4.9-18

油分离器	分油效果的要素	适用范围
洗涤式	取决于冷却作用，分离器氨液进液管必须比冷凝器或储液器的氨出液总管低 250～300mm；氨气在分离器内的流速不大于 0.8m/s，分油效率约 80%～85%	氨制冷装置

油分离器	分油效果的要素	适用范围
离心式	取决于气流沿着叶片的螺旋形运动的离心作用，为提高分离效果，加有冷却水套。气体在分流器内的流速不大于 0.8m/s	大中型制冷装置
填料式	金属丝网填料的效果最好，填料层的厚度高，分离效果佳，阻力也随之增大。应控制蒸汽流速不大于 0.5m/s，分油效率高达 96%～98%	广泛用于氨及氟利昂制冷装置
过滤式	依靠降低流速、改变流向和过滤丝网作用，分油效果不及填料式油分离器。气体在分流器内的流速不大于 0.8m/s	常用于氟利昂制冷装置

油分离器的选择应根据其直径，计算确定。

（3）储液器的选择计算

储液器的作用是储存、调节和补充制冷系统各部分设备的液体循环量，以适应制冷工况变化的需要。同时也起到液封的作用，防止高压气体流向系统的低压部分。储液器多为卧式结构，氟利昂制冷装置也有采用立式结构的储液器。在氨制冷系统中，可分有储液器（高压）和低压储液器，低压储液器又根据其在系统中所起的不同作用分为：低压储液器、低压循环储液器和排液桶。低压储液器用于重力供液的氨制冷系统，储存低压回气经气液分离器分离出来的氨液；低压循环储液器用于氨泵供液的氨制冷系统，储存循环使用的低压液氨，同时也起到气液分离的作用；排液桶则是专供蒸发器融霜或检修排液之用。以下为氨储液器的选择计算。

1）储液器的选择：储液器大多为卧式结构，其上部有压力表、安全阀、进出液阀和气体压力平衡管，下部有放油阀。高压储液器液位高度不得超过筒体直径的 80%，其容量按每小时制冷剂循环量的 1/3～1/2 选配。

2）低压循环储液器的选择计算：低压循环储液器的选择应根据其直径和体积的计算确定。

① 低压循环储液器的直径按下式计算：

$$d_{\mathrm{d}} = \sqrt{\frac{4\lambda V}{3600\pi W_{\mathrm{d}}\xi_{\mathrm{d}}n_{\mathrm{d}}}} = 0.0188\sqrt{\frac{\lambda V}{W_{\mathrm{d}}\xi_{\mathrm{d}}n_{\mathrm{d}}}} \qquad (4.9\text{-}6)$$

式中　d_{d}——低压循环储液器直径，m；

　　　λ——氨压缩机的输气系数（双级压缩时取低压级的输气系数），应按产品规定取值；

　　　V——氨压缩机的理论输气量（双级压缩时取低压级的理论输气量），m³/h；

　　　W_{d}——低压循环储液器内的气体速度，立式低压循环储液器不应大于 0.5m/s，卧式低压循环储液器不应大于 0.8m/s；

　　　ξ_{d}——低压循环储液器截面积系数，立式低压循环储液器采用 1，卧式低压循环储液器采用 0.3；

　　　n_{d}——低压循环储液器气体进气口的个数，立式低压循环储液器为 1，卧式低压循环储液器为 1 或 2（按实际情况确定）。

② 低压循环储液器的体积计算：低压循环储液器的体积计算与供液方式有关，采用

不同的计算公式。

上进下出式供液系统：

$$V_d = (\theta_q V_q + 0.6 V_h)/0.5 \tag{4.9-7}$$

式中　V_d——低压循环储液器的体积，m^3；

　　　θ_q——冷却设备蒸发器的设计灌氨量体积百分比，%；

　　　V_q——冷却设备蒸发器的体积，m^3；

　　　V_h——回气管体积，m^3。

下进上出式供液系统：

$$V_d = (0.2 V_q' + 0.6 V_h + t_b V_b)/0.7 \tag{4.9-8}$$

式中　V_q'——各冷间中，冷却设备灌氨量最大一间蒸发器的体积，m^3；

　　　V_b——一台氨泵的体积流量，m^3/h；

　　　t_b——氨泵由启动到液体自系统返回低压循环储液器的时间，可采用 $0.15\sim0.2h$。

（4）气液分离器的选择

气液分离器分为机房用和库房用两种。机房用气液分离器与压缩机的总回气管路相连接，分离回气中的液滴，防止压缩机产生液击。库房用气液分离器，一般在氨重力供液系统中，设置在各个库房，分离出节流后的低压制冷剂中夹带的蒸气，以及来自各冷间分配设备回气中夹带的液滴，并借助其设置的高度（$0.5\sim2.0m$）向各冷间设备供液，其上设有供液机构——浮球阀或液位控制器配供液电磁阀、手动节流阀等。

1）重力供液方式的回气系统属下列情况之一时，应在氨压缩机机房内增设氨液分离器：

① 两层及两层以上的库房；

② 设有两个或两个以上制冰池；

③ 库房的氨液分离器与氨压缩机房的水平距离大于 $50m$ 时。

2）立式气液分离器的筒体内气流速度不应大于 $0.5m/s$。

（5）制冷剂的净化设备

1）空气分离器。用于分离并排除系统中的空气及其他不凝性气体。小型系统一般在冷凝器上部设置放空气阀，但会带来制冷剂的外排，造成制冷剂损失，甚至污染环境。故大、中型制冷装置均设置专门的放空气阀，如氨制冷系统中常用卧式四套管式空气分离器。

2）制冷剂过滤干燥器。用于清除制冷剂液体或气体中的水分、机械杂质等。氨制冷系统一般只装过滤器，氟利昂系统则必须装过滤干燥器。

气体过滤器一般装在压缩机的吸入口；液体过滤干燥器则装于节流阀、热力膨胀阀、浮球调节阀、供液电磁阀或液泵之前的液体管路上。

（6）液泵的选择计算

制冷系统的供液常用齿轮泵或离心式屏蔽泵，以立式屏蔽泵使用居多。

1）液泵的体积流量应按下式计算：

$$q_v = n_x q_z V_z \tag{4.9-9}$$

式中　q_v——液泵体积流量，m^3/h；

　　　n_x——循环倍数，对负荷较为稳定、蒸发器组数较少、不易积油的下进上出供液系统，取 3~4；反之则取 5~6；上进下出供液系统，取 7~8；

q_z——液泵所供同一蒸发温度的液体制冷剂的蒸发量，kg/h；

V_z——蒸发温度下制冷剂饱和液体的比体积，m^3/kg。

2）液泵的排出压力必须克服液泵出口至蒸发器进液口的沿程及局部阻力、液泵中心至最高的蒸发器进液口上升管段静压阻力损失和蒸发器节流器前应维持的自由压头。氨泵的自由压头一般为 0.1MPa。

3）液泵进液处压力应有不小于 0.5m 制冷剂液柱的裕度。液泵的吸入压头一般在泵的性能参数中提供。

氨泵的进液处压力，采用离心屏蔽泵时，蒸发温度较高或工况稳定的系统为 2.0~2.5m；蒸发温度较低或工况较波动的系统为 1.5~2.5m。

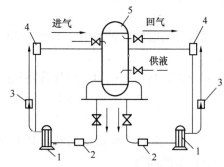

图 4.9-6 双向出液氨泵接管安装图
1—屏蔽氨泵；2—氨液过滤器；3—止回阀；
4—自动旁通阀；5—低压循环储液桶

4）氨泵的设置：氨泵与低压循环储液器的连接布置，应当注意采用由低压循环储液器双向接管至两台氨泵（一用一备），其优点是：有效地保证了低压循环储液器向氨泵的顺利出液，从而消除氨泵产生气蚀现象和上液不好，易坏泵的弊端。保证了氨泵正常运行与提高制冷效果，具体布置如图 4.9-6 所示。

（7）桶泵机组

冷库设备厂家提供桶泵机组，它由低压循环贮液桶、液泵、集油器、供液节流机构、电气控制箱、钢支架等组成，适用于一个或多个蒸发器的供液系统，具备自动供液、液位显示与控制、高（低）液位报警、液泵自动保护、自动或手动操作功能，是工厂化生产的一体化供液装置。它既能保证装备质量和运行控制，又可节约初投资和缩短建设工期。

4.9.4 冷间冷却设备的选择和计算

1. 冷间冷却设备的选择

冷间内冷却设备不应危害食品安全，具体选择见表 4.9-19。

冷间冷却设备选型   表 4.9-19

宜采用的冷间冷却设备	冷间
空气冷却器	设计温度高于 0℃或需要频繁除霜的冷却设备
冷排管	储存冰块的冰库
冻结装置	冻结加工间根据食品冻结工艺要求选用

注：冷间冷却设备内每一通路的压力降宜控制在制冷剂对应的饱和温度降低 1℃的范围内。

2. 冷间内末端常用蒸发器

冷间内制冷末端选择与库房的使用性质有关，出租性的低温库，由于考虑干耗、运行成本及利用峰谷电价原因及客户意愿等因素，多采用顶排管。而运营管理统一、温度稳定、全程冷链的冷库，多采用带空气冷却器的冷风机：吊顶式冷风机（侧吹风式、下吹风式及下进风两侧吹风式）、落地式冷风机等。顶排管与冷风机的有关简要比较见表 4.9-20。

顶排管与冷风机的有关简要比较　　　　　　表 4.9-20

	顶排管	冷风机
优点	较冷风机节约运行能耗 10%~20%，食品干耗低，库内温度场较均匀，维护费用低	库内空气循环好，降温快，合理设计可降低食品干耗；系统渗漏点少；系统制冷剂充注量小，为排管系统的 5%~10%；自动融霜；安装简单、便捷，系统可实现全自动运行
缺点	传热温差大；需定期热工质融霜及人工扫霜；制冷剂充注量大	若风场和温度场不均，对食品造成一定干耗并影响产品质量（为提升库内温度场均匀性，可配套风道*）；运行能耗比顶排管系统高
安全性	排管现场焊点多，泄漏隐患大；制冷剂充注量大，安全风险增大	工厂生产，质量可控，产品可靠、制冷剂充注量小，安全风险相对小

* 冷风机＋织物风道送风系统：冷风机加设柔性风道系统，末端出风风速降至自然对流状态，库内温度场均匀，工程中多采用。

现场组装冷排管的设计按现行国家标准《冷库设计标准》GB 50072 的规定进行。

3. 冷间内冷却设备的设计计算

冷间冷却设备的传热面积应通过校核计算确定。

(1) 冷却设备的传热面积的计算

冷却设备的传热面积按下式计算：

$$A_s = Q_s/(K_s \cdot \Delta\theta_s) \tag{4.9-10}$$

式中　A_s——冷却设备的传热面积，m^2；

Q_s——冷间冷却设备负荷，W；

K_s——冷却设备的传热系数，$W/(m^2 \cdot ℃)$；

$\Delta\theta_s$——冷间温度与冷却设备蒸发温度的计算温度差，℃。

冷间内空气温度与冷却设备中制冷剂蒸发温度的计算温度差，应根据提高制冷机效率、节省能源、减少食品干耗、降低投资等因素，通过技术经济比较确定，并应符合下列规定：

① 顶排管、墙排管和搁架式冻结设备的计算温度差，可按算术平均温度差采用，并不宜大于 10℃；

② 空气冷却器的计算温度差，应按对数平均温度差确定，可取 7~10℃，冷却物冷藏间也可采用更小的温度差。

冷间冷却设备每一制冷剂通路的压力降，应控制在制冷剂饱和温度降低 1℃ 的范围内。

(2) 空气冷却系统的设计原则

1) 空气分配系统。根据冷间的用途、尺寸、空气冷却器的性能、贮存货物的种类和要求的贮存温湿度条件，可采用无风道或有风道的空气分配系统。

无风道空气分配系统宜用于装有分区使用的吊顶式空气冷却器或装有集中落地式空气冷却器的冷藏间，应保证有足够的气流射程，并应在货堆上部留有足够的气流扩展空间。同时，应采取技术措施使冷空气较均匀地布满整个冷间。

在无风道系统中，吊顶式空气冷却器宜设空气导流板，落地式空气冷却器宜设喷嘴，用于库房空气分配。

风道空气分配系统可用于空气强制循环的冻结间和冷藏间，以及冷间狭长、设有集中落地式空气冷却器而货堆上部又缺乏足够的气流扩展空间的冷藏间。

风道空气分配系统应设置送风风道，并利用货物之间的空间作为回风道。

2）冷却间、冻结间的气流组织。冷却间、冻结间的气流组织应符合下列要求：

① 吊挂白条肉的冷却间，气流应均匀下吹，肉片间平均风速应为 0.5～1.0m/s（采用两段冷却工艺时，第一段风速宜为 2.0m/s，第二段风速宜为 1.5m/s）；

② 盘装食品冻结间的气流应均匀横吹，盘间平均风速宜为 1.0～3.0m/s。

4.9.5 冷库冷间冷却设备的除霜

为了保证冷库冷间冷却设备的正常工作，具有良好的传热效果，必须定期将冷库冷间冷却设备（蒸发器）的表面霜层清除。除霜方法取决于蒸发器的形式和工作条件。光滑顶排管以扫霜为主，结合热氨融霜。

1. 空气冷却器的除霜方法

空气冷却器的除霜方法主要有四种，如表 4.9-21 所示。

空气冷却器的主要除霜方法　　　　　　　　　　　表 4.9-21

除霜方法	热电除霜	热气(氨)除霜	反向循环除霜	水 除 霜
除霜原理	于空气冷却器中加装电热管线	将冷凝器排出的热气（氨）转向需除霜的空气冷却器的管路，其他空气冷却器照常制冷运行	将冷凝器排出的热气（氨）转向所有的空气冷却器的管路，即冷凝器与蒸发器互换	冲霜水的温度不应低于 10℃，不宜高于 25℃，通过直流水或水泵与喷淋装置对空气冷却器除霜，采用后者，空气冷却器下部应设置带微量加热的积水盘
适用情况	小型冷库或大、中型冷库采用空气冷却器的个别冷间	适用于各冷间的空气冷却器	适用于小型冷库	仅限于大于－4℃的冷风冻结室的空气冷却器
特点	简单，易实现自动化，耗能	系统较复杂，融霜压力不得超过 0.8MPa，节能	除霜时，冷间温度升高较大	操作简单，易于实现自控，电耗、水耗较大
运行费用	高	最经济	高于热气（氨）除霜方法	运行费用取决于供水量、水泵和微量加热器的功率，回收用于冷凝器冷却用水，可降低费用

国内冷库大多采用混合的除霜方法，即先热气（氨）除霜后，再用水冲霜，效果好、速度快。

2. 热氨除霜系统的设计要求

热氨除霜系统的设计要求如下：

（1）融霜用热氨管应连接在除油装置之后，以防止制冷压缩机润滑油进入系统。其起端应装设截止阀，以便不冲霜时关闭排气管。

（2）每个需要热氨冲霜的库房，必须设置单独的热氨阀和排液阀。

（3）热氨总管及热氨分配站应设有压力表，热氨融霜时，系统压力一般控制在 0.6～0.8MPa。

（4）空气冷却器宜设人工指令自动除霜装置。

3. 水除霜系统的设计要求

水除霜系统的设计要求如下：

（1）空气冷却器的冲霜水量应按产品样本规定，冲霜淋水延续时间按每次 15～20min 计算，冲霜水宜回收利用。

（2）空气冷却器冲霜配水装置前的自由水头应满足冷风机要求，但进水压力不应小于 49kPa。

（3）冲霜给水管应有坡度，坡向空气冷却器。管道上应设泄空装置并应有防结露措施。

（4）冷库冲霜水系统调节站宜集中设置，并应设置泄空装置。当环境温度低于 0℃ 时，应采取防冻措施。有自控要求的冷间，冲霜水电动阀前后段应设泄空装置，并应采取防冻措施。

（5）速冻装置及对卫生有特殊要求冷间的冷风机冲霜水宜采用一次性用水。

4.9.6 冷库制冷剂管道系统的设计

1. 冷库制冷剂管道系统的设计资格

冷库制冷剂管道系统属于《压力管道规范》GB/T 20801.1 中规定的工业管道 GC 类，氨制冷剂管道系统中的氨气又属于《建筑设计防火规范》GB 50016 中规定的火灾危险性为乙类可燃气体，当设计压力 $P<4.0$MPa 时，氨制冷剂气体管道系统中公称直径大于或等于 50mm 的管道（R134a 公称直径≥150mm 的气体管道）属于 GC1 级，管道系统的设计人员和单位都应遵循设计单位资格许可制度，取得设计许可证、并按批准的类别、级别从事设计。

2. 冷库制冷剂管道系统的设计

冷库制冷剂管道系统的耐压强度、柔性和热补偿、材质、焊接、管道的组成件、管道的支吊架、管道的绝热与防腐、管道施工与验收等方面，应遵循国家有关的标准与规范。

（1）冷库制冷系统管道设计压力、设计温度

冷库制冷系统管道设计压力均不应小于系统运行的最高工作压力，应根据其采用的制冷剂及其工作状况确定，并不应小于表 4.9-22 的规定。

制冷系统管道设计压力（MPa）　　　　　　　　表 4.9-22

制冷剂	管道部位	
	高压侧（风冷冷凝）	高压侧（水冷、蒸发式冷凝）及低压侧
R717	—	2.0	设计压力：高压侧不应小于冷凝温度加 5℃ 所对应的制冷剂饱和压力及当地夏季空调室外计算干球温度加 5℃ 所对应的制冷剂饱和压力中的最大值；低压侧不应小于当地夏季空调室外计算干球温度加 5℃ 所对应的制冷剂饱和压力及最高工作压力加循环泵扬程中的最大值
R404A、R407F、R507A	3.0	2.5	
R407C	2.5	2.0	
R134a	1.6	1.2	
R744	与热气融霜无关	与热气融霜有关	
	3.9	不应小于最高融霜温度对应的饱和压力，并且不应小于 5.1	

注：1. 高压侧：指自制冷压缩机排气口经冷凝器、储液器到节流装置的入口的制冷管道；

　　2. 低压侧：指自系统节流装置的出口，经蒸发器到制冷压缩机吸入口的制冷管道，双级压缩制冷装置的中间冷却器的中压部分亦属于低压侧。

制冷系统管道设计温度按现行国家标准《冷库设计标准》GB 50072 的有关规定执行。

(2) 管道与管道的组成件材质

管道与附件材料选用应符合表 4.9-23 的规定。

制冷系统管道与附件材料选用表   表 4.9-23

制冷系统		管道材质执行标准	说明
直接式和 CO_2 间接式	无缝、非脆性金属管道	钢管:《输送流体用无缝钢管》GB/T 8163 或《低温管道用无缝钢管》GB/T 18984; 不锈钢管:《流体输配用不锈钢无缝钢管》GB/T 14976; 铜管:《空调与制冷设备用铜及铜合金无缝管》GB/T 17791	低压侧与热气融霜相关的管道、所在环境温度低于管道材料最低使用温度的高压侧管道、CO_2 制冷系统管道不应按低温低应力工况选用材料; 氨制冷系统管道不应采用铜、铝及其合金管道,管道内不应镀锌

制冷系统	附件	要求	制冷系统	附件	要求
直接式和 CO_2 间接式	$DN \geqslant 25mm$ 的管段	应采用成品管件,其中弯头的弯曲半径不宜小于管子外径的 3.5 倍	卤代烃及其混合物	阀门	需要频繁操作的阀门应采用自动型阀门
卤代烃及其混合物、氨和 CO_2	阀门、过滤器	不应采用铸铁	氨	阀门、过滤器内部	不应含有铜和锌的零配件
			卤代烃及其混合物		不应含有铅和锡的零配件

与制冷管道直接接触的支、吊架零部件,其材料应按管道设计温度选用。

复叠式系统中 CO_2 制冷系统属于低温系统,管道和附件宜采用不锈钢或 16MnDG 低合金高强度合金钢,为避免泄漏,管道之间或管道与阀门之间均采用焊接连接(除必须要求采用可拆卸连接外)。

(3) 制冷管道管径选择

制冷管道管径选择应按其允许压力降和油箱上制冷剂的流速综合考虑确定。制冷回气管允许压力降相当于制冷剂饱和温度降低 1℃;而制冷排气管允许压力降相当于制冷剂饱和温度降低 0.5℃。

直接式制冷系统和 CO_2 间接式制冷系统管道的压力设计、应力分析应符合现行国家标准《工业金属管道设计规范》GB 50316、《压力管道规范 工业管道 第 3 部分:设计和计算》GB/T 20801.3 及《冷库设计标准》GB 50072 的有关规定。

氨制冷系统允许压力降和允许速度宜按表 4.9-24 和表 4.9-25 采用。

氨制冷管道允许压力降   表 4.9-24

类 别	工作温度(℃)	允许压力降(kPa)
回气管或吸气管	—45	2.99
	—40	3.75
	—33	5.05
	—28	6.16
	—15	9.86
	—10	11.63
排气管	90~150	19.59

氨制冷管道允许速度   表 4.9-25

管 道 名 称	允许速度(m/s)	管 道 名 称	允许速度(m/s)
吸气管	10~16	溢流管	0.2
排气管	12~25	蒸发器至氨液分离器的回气管	10~16
冷凝器至储液器的液体管	<0.6	氨液分离器至液体分配站的供液管	
冷凝器至节流阀的液体管	1.2~2.0		
高压供液管	1.0~1.5	（限于重力供液式）	0.2~0.25
低压供液管	0.8~1.0	氨泵系统中低压循环储液器至氨泵	
节流阀至蒸发器的液体管	0.8~1.4	的进液管	0.4~0.5

（4）制冷管道布置

制冷管道布置应符合下列要求：

1）水平制冷管道支、吊架的最大间距，应依据制冷管道强度和刚度计算结果确定，并取两者中的较小值作为其支、吊架的间距。当按刚度条件计算管道允许跨距时，由管道自重产生的挠度不应超过管道跨距的 1/400。

2）直接式制冷系统和二氧化碳间接式制冷系统管道的直管长度超过 50m 时，应设置补偿装置，补偿装置宜采用伸缩弯，不应采用带填料密封的补偿器。

3）管道穿过建筑物的墙体（除防火墙外）、楼板、屋面时，应加套管，套管与管道之间的空隙应密封，但制冷压缩机的排气管道与套管间的空隙不应密封。低压侧管道的套管直径应大于管道隔热层的外径，并不得影响管道的热位移。套管应超出墙面、楼板、屋面 50mm。管道穿过屋面时，应采取防雨措施。

4）在管道系统中，应考虑能从任何一个设备中将制冷剂抽走。

5）供液管应避免形成气袋，吸气管应避免液囊。

6）水平布置的回气管外径大于 108mm 时，应选用偏心异径管作变径元件，并应保证管道底部平齐。

7）制冷剂管道的走向及坡度：氨制冷剂系统，应方便制冷剂与冷冻油分离；对使用氢氟烃及其混合物为制冷剂的系统，应方便系统的回油。

8）跨越厂区道路架空敷设的管道上，不得装设阀门、金属波纹管补偿器和法兰、螺纹接头等管道组成件。架空高度满足道路通行、施工等对净空高度的要求。

（5）制冷系统的管道压力试验和系统的泄漏试验

制冷系统的管道压力试验和系统的泄漏试验应符合现行国家标准《冷库施工及验收标准》GB 51440 的规定。

（6）管道和设备的保冷、保温与防腐

1）管道和设备的保冷、保温。凡管道和设备导致冷损失的部位、将产生凝露的部位和易形成冷桥的部位，均应进行保冷。

保冷、保温结构设计、保冷和保温、防潮层、保护层材料的选择均应符合现行国家标准《工业设备及管道绝热工程设计规范》GB 50264 的有关规定。

穿过墙体、楼板等处的保冷管道，应采取不使保冷结构中断的技术措施。

融霜用热气管应做保温。

2）管道和设备的防腐。制冷管道和设备经排污、严密性试验合格后，均应涂防锈底漆和色漆。冷间光滑排管可仅刷防锈漆。

制冷管道和设备保冷、保温结构所选用的胶粘剂，保冷、保温材料、防锈涂料及色漆的特性应相互匹配，不得有不良的物理、化学反应，并应符合食品卫生的要求。

4.9.7　冷库制冷系统的自动控制和安全保护装置

1. 冷库制冷系统的自动控制

制冷系统应配置自动检测系统，宜配置自动控制系统，大型冷库和大型制冷系统宜配置中央级监控管理系统（具体见《冷库设计标准》GB 50072—2021 的规定）。

自动检测系统应能实时显示、记录所有自动检测的参数，记录时间不宜少于一年。有关自动检测系统与自动控制的内容组成见表 4.9-26。

制冷系统自动检测系统与自动控制的内容组成　　表 4.9-26

<table>
<tr><th colspan="2">对象</th><th colspan="2">检测系统的内容</th><th>自动控制内容</th></tr>
<tr><td colspan="2">大、中型制冷系统和大型冷库</td><td colspan="2">环境温度和湿度</td><td>—</td></tr>
<tr><td colspan="2">冷间</td><td colspan="2">温度，工艺要求的湿度</td><td>检测项的自动控制</td></tr>
<tr><td colspan="2">直接式制冷系统和 CO_2 间接式制冷系统</td><td colspan="2">蒸发压力、冷凝压力、中间压力、过冷温度、融霜压力，其他间接式制冷系统的载冷剂供回温度和压力流量</td><td>不凝性气体分离系统自动清除制冷系统内不凝性气体</td></tr>
<tr><td colspan="2">制冷压缩机</td><td colspan="2">吸气压力和温度、排气压力和温度、油压差和温度，水冷式油冷却器水流、能级、运行时间</td><td>自动开停、能级调节</td></tr>
<tr><td rowspan="3">冷凝器</td><td>蒸发式</td><td>水温、水位、能级</td><td rowspan="4">运行时间</td><td rowspan="3">自动开停、冷凝压力自动调节</td></tr>
<tr><td>水冷</td><td>进出水温度、水流</td></tr>
<tr><td>风冷</td><td>能级</td></tr>
<tr><td colspan="2">循环泵</td><td>能级</td><td>自动开停 、流量自动调节</td></tr>
<tr><td colspan="2">机电设备和所配电磁阀</td><td colspan="2">运行、故障状态，电磁阀的通断状态</td><td>均能现场和远程开停</td></tr>
<tr><td colspan="4">低压循环贮液器、液体分离器、贮液器等容器的液位、压力</td><td>液位自动控制</td></tr>
<tr><td colspan="4">冷却设备的运行时间、融霜周期、电融霜温度</td><td>自动开停、能级自动调节、自动除霜程序</td></tr>
<tr><td colspan="4">冷间通风换气风机的运行时间</td><td>根据冷间内空气参数自动开停</td></tr>
</table>

冷藏间温度传感器的位置不应设置在靠近门口处及空气冷却器或送风道出风口附近，宜设置在靠近外墙处和冷间的中部。冻结间和冷却间内温度传感（变送）器宜设置在空气冷却器回风口一侧。温度传感（变送）器安装高度不宜低于 1.8m。建筑面积大于 $100m^2$ 的冷间，温度传感（变送）器数量不宜少于 2 个 。

在冷库的冷藏品贮存环境中，某些对温度敏感的冷藏品（如水果）不仅要保证冷间的平均温度，而且也要关注空气温度波动的幅度大小。

制冷系统的安全与监控要求如表 4.9-27 所示。

制冷系统安全与监控要求　　　　　　　　　　　表 4.9-27

设置对象		应设置的安全与监控要求
制冷压缩机（制冷压缩机组）		止回阀设置位置：活塞式设于排出口；螺杆式设于吸气口；冷却水出水管应配置断水停机保护装置
大、中型制冷系统		高压侧配置超压报警装置
大、中型制冷系统冷凝器		配置压力表和安全阀
	水冷	配置冷却水断水报警装置
	蒸发式	配置风机和水泵故障报警装置
水冷冷凝器、蒸发式冷凝器、水冷式油冷却器		在冬季地表水结冰的地区，应采取防止冷却水结冰进而损坏设备的措施
循环泵		断液报警和自动停泵装置；排液管上配置压力表、止回阀；流量和压力保护装置
制冷系统内所有压力容器和阀站的集管		配置压力表或真空压力表，不凝性气体分离器未配置压力表或真空压力表时，应在其回气管上配置

注：有关详尽要求见《冷库设计标准》GB 50072—2021。

2. 制冷系统的安全装置

制冷系统的安全装置有安全阀、紧急泄氨器、易熔塞等。

(1) 安全阀一般设置在压缩机的高压端、冷凝器和储液器等设备上，常用的弹簧式安全阀，其给定的开启压力与制冷系统的工作条件、采用制冷剂的种类有关，一般 R717、R22 安全阀的开启压力约为 1.8MPa。

压缩机设置的安全阀口径 d（mm）可按以下经验公式计算：

$$d = C_1 q_v^{0.5} \tag{4.9-11}$$

式中　q_v——压缩机的排气量，m^3/h；

　　　C_1——计算系数，R717、R22 制冷剂分别取 0.9、1.6。

装在压力容器上的安全阀口径 d（mm）可按以下公式计算：

$$d = C_2 (D \cdot L)^{0.5} \tag{4.9-12}$$

式中　D、L——压力容器的直径和长度，m；

　　　C_2——计算系数，R717、R22 制冷剂高压侧取 8，低压侧取 11。

(2) 紧急泄氨器用于大、中型氨制冷系统中，当发生火警等事故时，将氨溶于水，排至经当地环境保护主管部门批准的消纳贮缸或水池中。

(3) 易熔塞主要代替安全阀，用于小型氟利昂制冷装置或不满 $1m^3$ 的容器上。

3. 自动化冷库

自动化冷库是对整个制冷系统的运行实行自动控制，同时实现自动化进出货物的冷库。操作人员在一般情况下只是对系统运行进行监护。

整个制冷系统运行实行自动控制是由各种检测、控制器件，现场 DDC 控制器以及中央控制室的计算机等按一定规律组成控制系统。现场 DDC 控制器采用通信接口与中央控制室的计算机联网，对设备和制冷过程进行自动的优化控制。一般应包括如下内容：对制冷工艺参数的自动检测；自动调节某些工艺参数，使之稳定或者按一定规律变化。

自动化冷库更全面的实施，则不仅仅是冷库的本身，而且要形成冷库制冷系统和进出货物系统的自动化，冷藏品营销网络的数据交换与管理。自动化冷库具有明显的优点是：库存和订单的履行准确率可接近 100%；库房工人减少 50% 以上；杜绝产品和库房的人为操作损坏；显著减少冷库运行冷量（有资料介绍，仅为人工操作冷库运行能耗的 1/3）。因此，建设、营运自动化冷库正成为冷藏业进一步的追求。

4.9.8 冷库制冷机房设计及设备布置原则

1. 冷库制冷机房设计

冷库制冷机房设计应符合下列要求：

(1) 氨压缩机房不应设置在地下或半地下，宜单独设置；或应至少有 1 个建筑长边不与其他建筑贴邻。

(2) 氨制冷机房泄压设施的设置和防火要求，应按现行国家标准《建筑设计防火规范》GB 50016 执行。

(3) 制冷机房的净高，应根据设备情况和供暖通风的要求确定。

(4) 制冷机房内宜与辅助设备间和水泵间隔开，并应根据具体情况，设置值班室、维修间、贮藏室以及卫生间等生活设施。

(5) 氨制冷机房和变配电所的门应采用平开门并向外开启。

(6) 氨制冷机房应设置氨气浓度指示报警设备，当空气中氨气浓度达到 1.5×10^{-4} 或达到其爆炸下限的 25% 时，应能启动声光报警装置，并应强制开启制冷机房内的事故排风机，达到其爆炸下限还应紧急切断制冷机房供电电源的联动信号。氨气浓度传感器应安装在机房事故排风机的吸入口附近或机房内最高点气体易于积聚处。

(7) 库房内制冷设备间和制冷阀站间应设制冷剂泄漏探测指示报警设备，应设置不应小于 12 次/h 的事故排风装置。

(8) 每台氨制冷机应在机组控制台上装设紧急停车按钮。

(9) 制冷机房日常运行时，通风换气次数不应小于 4 次/h。

(10) 采用卤代烃及其混合物、CO_2 的制冷机房应设置事故排风机，排风换气次数不应小于 12 次/h，排风机数量不应少于 2 台。气体浓度探测器宜设置在制冷机房被保护空间的下部。

(11) 氨制冷机房应设置事故排风机，事故排风量应按 $183m^3/(m^2 \cdot h)$ 进行计算确定，且最小排风量不应小于 $34000m^3/h$。排风机必须采用防爆型，排风机数量不应少于 2 台。当采用复叠式制冷系统时，应根据 (10) 和 (11) 的要求设置事故排风装置。

(12) 根据制冷剂相对密度不同，比空气重时，事故排风口下缘距室内地坪不宜大于 0.3m；轻于空气时，排风口应位于侧墙高处或屋顶。

(13) 当制冷系统发生意外事故而被切断供电电源时，应能保证事故排风机的可靠供电。事故排风机的过载保护宜作用于信号报警而不直接停排风机。事故排风机应在制冷机房室内外便于操作的位置分别设置手动启动按钮或开关。氨制冷机房的室内手动启动按钮或开关应布置在机房控制室内。

(14) 氨制冷系统的安全总泄压管出口应高于周围 50m 范围内最高建筑物（冷库除外）的屋脊 5m，并应采取防止雷击、防止雨水、杂物落入泄压管内的措施。

(15) 采用卤代烃及其混合物和 CO_2 为制冷剂、CO_2 为载冷剂的制冷机房内，动力配线不应敷设在电缆沟内，当确有需要时，可采用充沙电缆沟。

(16) 制冷机房的照明方式宜为一般照明，设计照度不应低于 150lx，且应按规定设置备用照明。可采用自带蓄电池的应急照明灯具时，应急照明持续时间不应小于 30min。

（17）氨压缩机房内应设置必要的消防和安全器材（如灭火器和防毒面具等）。

（18）设置集中供暖的制冷机房，室内温度宜取 12～15℃。严禁采用燃气红外线辐射设备、电热管辐射设备和电热散热器供暖。

（19）制冷机房应设给水与排水设施。

2. 冷库制冷机房设备的布置原则

制冷机房的设备布置和管道连接，应符合工艺流程，连接管道要短，并应便于安装、操作与维修。

（1）制冷机

1）制冷机房内主要通道的宽度不应小于 1.5m，非主要通道的宽度不应小于 0.8m 压缩机凸出部位到其他设备或阀站之间的距离不应小于 1.5m。两台压缩机凸出部位之间的距离不应小于 1.0m。

2）制冷机的仪表均应设置在操作时便于观察的位置。

（2）中间冷却器

中间冷却器宜布置在室内，并应靠近高压级和低压级压缩机。

中间冷却器必须装设超高液位报警装置、液位指示器、安全阀、压力表。

（3）冷凝器

1）立式冷凝器一般均安装在室外，其距外墙的距离不宜超过 5m，冷凝器的水池壁与机房外墙面应有不少于 3m 的间距。冷凝器的安装高度应保证液体制冷剂借助重力能够顺畅地流入高压储液器内。对于夏季通风温度高于 32℃ 的地区，安装在室外的冷凝器应有遮阳设施。

2）卧式或分组式冷凝器一般均安装在室内，应考虑检修时能够留有抽出管束的空间。

3）淋水式冷凝器均安装在室外，并应尽量将其排管垂直于该地夏季的主导风向。

4）站房内布置两台以上冷凝器时，其间通道应有 0.8～1.0m 的宽度，其外壁与墙的距离不应小于 0.3m。

（4）过冷器

1）过冷器通常布置在冷凝器与储液器之间，并应靠近储液器。

2）过冷器最低点必须设置放水阀门，以避免冬季停止运行时冻裂设备。

3）过冷器上应设置有冷却水进、排水管的温度测量点。

（5）储液器

1）高压储液器应布置在冷凝器附近，其标高必须保证冷凝器的液体制冷剂借助液位差流入高压储液器内。

2）布置两台以上高压储液器时，两台间的通道应有 0.8～1.0m 的宽度，应在每个储液器顶部与底部设均压管并相互连接，在各容器的均压管上应装设截止阀。

3）高压储液器上必须装设安全阀、压力表，并应在显著位置装设液面指示器。

4）低压循环储液器是专为氨泵系统设置的，应将其靠近氨泵布置。其设置高度应高于氨泵 1.5～3.0m。

（6）排液桶

1）排液桶一般布置在设备间内，并应尽量靠近蒸发器的一侧。

2）排液桶的进液口必须低于氨液分离器的排液口，且进液口不得靠近该容器降压用的抽气管。

3）排液桶应设有安全阀、压力表、液面指示器、高压加压管和降低压力用的抽气管。

（7）机房内氨液分离器

1）氨液分离器应设排液装置，并须保证其液体借助液位差流入排液桶内。氨液分离器与排液桶之间应设有气体均压管。

2）禁止在氨液分离器的进出管上另设旁通管。

3）氨液分离器上应设有压力表。

（8）蒸发器

1）蒸发器的位置应尽可能靠近制冷压缩机，以减少压降。

2）立管式或螺旋盘管式蒸发器一般均安装在室内，可有一长边靠墙，其距墙的距离不少于 0.2m；其两端距墙有不小于 1.2m 宽的操作场地。

3）立管式或螺旋盘管式蒸发器上应装设液面自动控制装置。

4）卧式蒸发器一般均安装在室内，对其要求同上。

5）蒸发器与基础之间应避免发生"冷桥"。

（9）氨油分离器

1）氨油分离器布置在室内外均可，当制冷压缩机总产冷量大于 233kW 时，系统宜采用立式冷凝器，不带自动回油装置的氨油分离器宜设置在室外。

2）专供冷库内用的冷分配设备（如：冷风机、顶排管等）融霜用热氨的氨油分离器可设置在制冷压缩机机房内。

4.9.9　装配式冷库

装配式冷库是一种拼装快速、简易的冷藏设备。

1. 装配式冷库的优点

装配式冷库与传统的土建式冷库相比有以下优点：

（1）隔热层为聚氨酯时，导热系数 $\lambda = 0.023 W/(m \cdot K)$；隔热层为聚苯乙烯时，导热系数 $\lambda = 0.040 W/(m \cdot K)$。这类材料的防水性能好，吸水率低，外面覆以涂塑面板，使得其蒸汽渗透阻值 $H \rightarrow \infty$。因此，具有良好的保温隔热和防潮防水性能，使用范围可在 $-50 \sim +100℃$。

（2）整个冷库的结构均为工厂化生产预制，现场组装，质量稳定，工期短。

（3）采用不锈钢板或喷塑钢板材料，可满足食品贮藏的卫生要求。

（4）重量轻，不易霉烂，阻燃性能好。

（5）抗压强度高，抗震性能好。

（6）组合灵活，安装方便，或根据用户需求并配置制冷机组和自控元件。

2. 装配式冷库的分类

目前市场上销售的装配式冷库一般按以下分类：按使用场所分，有室内型和室外型两种（室外型由室内型加装饰面板组成）；按冷却方式分，有水冷式和风冷式；按冷分配形式分，有冷风式和排管式；按库房结构分，有单间型和分隔型；按面板材料分，有不锈钢板装配式冷库、彩钢板装配式冷库和玻璃钢板装配式冷库。

一单间型装配式冷库的围护结构组成如图 4.9-7 所示。

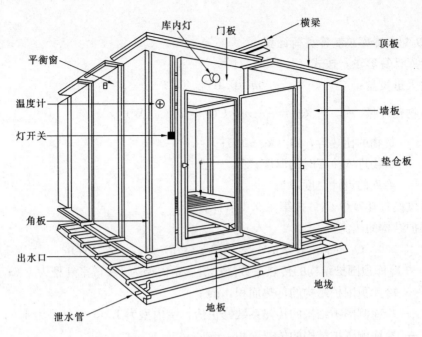

图 4.9-7 单间装配式冷库的围护结构组成

3. 装配式冷库的隔汽、防潮

装配式冷库围护结构的库板是工厂化生产、现场组装，目前市场上销售的装配式冷库，生产厂家在制作时均采用聚氨酯保温预制板，内外均具有良好的封装，隔汽、防潮的重点是处理好板材之间的拼接，对装配式冷库的隔汽、防潮构造则应采用以下做法：

(1) 应选择性能良好的密封材料，具有优良的防蒸汽渗透性，良好的承受板材变形应力的能力，与板材表面有极强的粘结力。

(2) 采用密封材料密封处的薄弱环节应便于实现定期检查和维护。

4. 装配式冷库的选用条件

目前市场上销售的装配式冷库分为室内型和室外型两大类，其选用条件如下：

(1) 冷库外的环境温度及湿度：温度为 35℃；相对湿度为 80%。

(2) 冷库的库级与库内设定温度：L 级冷库（保鲜库）：5～−5℃；

D 级冷库（冷藏库）：−10～−18℃；J 级冷库（低温库）：−23～−28℃。

(3) 进货温度：L 级冷库：≤30℃；D 级冷库：熟货≤15℃、冻货≤−10℃；J 级冷库：≤15℃。

(4) 冷库的堆货有效容积为公称容积的 60% 左右，贮存果蔬时再乘以 0.8 的修正系数。

(5) 每天进货量为冷库有效容积的 8%～10%，未经冻结的熟货直接进入冷藏间，日进货量不得超过规定容量的 5%。

(6) 制冷机的工作系数为 50%～80%。

5. 装配式冷库的选用步骤

装配式冷库的选用步骤如下：

(1) 根据冷库的冷藏要求，结合商家的供货范围，选定冷库的类型和库级；确定冷库的尺寸。

（2）装配式冷库总制冷负荷计算：

1）冷库计算容量，按式（4.8-11）计算。

2）每天进货量：

$$m=0.1G \quad (t) \tag{4.9-13}$$

3）货物耗冷量：

$$Q_2 = \frac{1}{3.6}m \cdot C(\theta_1 - \theta_2) \quad (W) \tag{4.9-14}$$

式中　　C——货物的比热容，kJ/(kg·℃)；

θ_1——货物进入冷库时的温度，℃；

θ_2——冷库的设计温度，℃。

4）通风换气耗冷量 Q_3，按第4.9.1节计算。

5）围护结构的热流量：

$$Q_1 = (\alpha_1 A_S + \alpha_2 A_C + A_X) \cdot (\lambda/\delta) \cdot (t_w - t_n)(W) \tag{4.9-15}$$

式中　　α_1——冷库顶围护结构的传热系数修正值，室内型为1.0，室外型为1.6；

A_S——冷库顶围护结构的传热面积，m²；

α_2——冷库侧围护结构的传热系数修正值，室内型为1.0，室外型为1.3；

A_C——冷库侧围护结构的传热面积，m²；

A_X——冷库地坪的传热面积，m²；

λ——隔热材料的导热系数，W/(m·K)；

δ——隔热材料的厚度，m；

t_w——冷库围护结构外侧计算温度，℃（见本书第4.8.7节）；

t_n——冷库围护结构室内计算温度，℃。

6）冷库总制冷负荷：

$$Q = 1.1(Q_1 + Q_2 + Q_3)(W) \tag{4.9-16}$$

（3）结合商家的样本进行具体选型。

（4）有关估算指标：图4.9-8和图4.9-9分别是L级装配式冷库、D、J级装配式冷库的单位净容积冷负荷估算图。

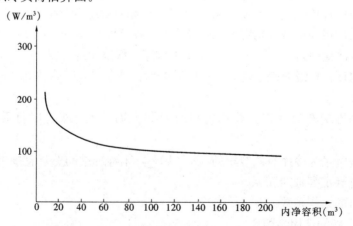

图 4.9-8　L级装配式冷库单位内净容积冷负荷估算图

注：由图查到的单位内净容积冷负荷，即为需配的制冷机产冷量，对库温在0～5℃来讲，已考虑到制冷机工作系数，对库温在-5～0℃来讲，还需考虑制冷机工作系数。

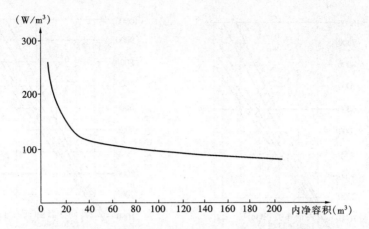

图 4.9-9 D、J 级装配式冷库单位内净容积冷负荷估算图

注：由图查到的单位内净容积冷负荷，即为需配的制冷机产冷量，对 D 级冷库，已考虑制冷机工作系数；对 J 级冷库，还应考虑制冷机工作系数。

（5）综合已经使用的装配式冷库的数据归纳统计结果，反映于表 4.9-28、图 4.9-10 和图 4.9-11 中，有关数据可供选用时参考。

贮藏鲜蛋、果蔬的装配式冷库系列　　　　　　　　　表 4.9-28

	序　号		1	2	3	4	5	6	7	8
冷间规格	公称容积（m³）		513	772	1143	1700	2270	2966	3863	4885
	冷间净面积（m²）		127	191	213	298	398	570	678	857
	冷间净高（m）		4.04	4.04	4.38	5.7	5.7	5.7	5.7	5.7
	冷间容积利用系数		0.4	0.45	0.505	0.535	0.55	0.555	0.56	0.565
	公称吨位	鲜蛋	57	90	145	226	339	396	565	735
	（t）	果蔬	50	80	130	200	300	350	500	650
冷藏负荷（W）	鲜蛋	设备负荷	8617	11887	17252	23657	34393	40015	52233	67909
		机械负荷	7377	10082	14657	19829	28830	33235	43203	56216
	果蔬	设备负荷	13663	20735	30330	46628	67739	77790	107222	138266
		机械负荷	11588	17528	27877	42583	61749	70525	97121	125127
冷藏单位负荷（W/t）	鲜蛋	设备负荷	151	133	119	105	101	101	92	92
		机械负荷	129	112	101	87	85	84	77	77
	果蔬	设备负荷	273	259	234	234	226	222	214	213
		机械负荷	231	219	214	213	206	201	194	193

注：1. 室外计算温度为 31℃，相对湿度为 80%；室内计算温度为 0℃，相对湿度为 90%；冷凝温度为 38℃，蒸发温度为 -10℃。

2. 鲜蛋每天进货量按 5%，果蔬按 8%，进货温度均按 25℃，加工时间按 24h 计算。

3. 果蔬冷库的通风换气次数按 2 次/d 计算，隔热板的芯材为聚氨酯泡沫塑料，厚度 100mm。

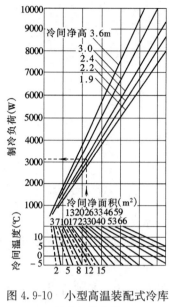

图 4.9-10　小型高温装配式冷库
制冷负荷曲线

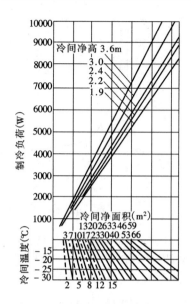

图 4.9-11　小型低温装配式冷库
制冷负荷曲线

注：1. 室外计算温度为 35℃，开门次数按标准计算。

2. 每天进货量按冷间计算量按 10% 考虑，进货温度：高温库为 25℃，低温库为 −5℃。

3. 高温库未考虑货物呼吸热量。

4.9.10　冷库运行节能与节能改造

冷库属于耗能高的行业，其电费支出占到冷链物流体系中所需成本的一大部分。据资料介绍，我国的冷库耗电量平均值高达 131kWh/(a·m³ 冷间容积)，近年国内新落成的自动化冷库耗电量低至 40kW·h/(a·m³ 冷间容积)。因而，实现冷库运行节能与节能改造，既是节能减排的要求，又是降低冷链物流体系成本的实际需求。具体执行现行国家标准《制冷系统节能运行规程　第 1 部分：氨制冷系统》GB/T 33841.1 和商业部标准《冷库节能运行技术规范》SB/T 11091。

1. 运行节能的基本措施

（1）控制冷间的合理使用温度和采取节能运行方法

1）冻结间在不进行冻结加工时，应通过所设置的自动控温装置，使房间温度控制在 −8±2℃ 的范围。

2）根据冷库贮藏物品的变化，合理调节需要的冷间室温，避免不需要的冷间低温情况出现，并将冷间温度与蒸发温度的温差控制在 7～10℃ 之间。

3）尽量安排制冷机组夜间运行，一是可以获得较低的冷凝温度；二是有利于错峰用电。

4）对需要通风换气的冷间，选取室外气温较低的时段（如凌晨）进行。

5）确保冷库自动控制系统的可靠运行。同时，冷间采用适宜的控制精度，以不影响商品的品质为前提，控制精度宜取低不取高。

6）同一制冷系统服务的冷间，应避免或减少不同蒸发温度冷间的并联运行时段。

7）合理堆放货物，避免货物阻挡空气流通的路径，应注意不能出现货物阻挡风口的现象。

8）合理采用除霜方式，做好冷间冷却设备的及时除霜，并优化尽量减少除霜的耗水或耗电。实现回收利用融霜水作为冷凝器的冷却用水。

（2）努力减少冷库作业热流量

冷库作业热流量是一个变动因素，表现于冷库门的开启、进库人员活动、照明和设备的电动机运行等，尤其是冷库门的频繁开启，会增加过多的能耗。因此，尽量减少冷库门的开启，在冷库外门处，加设 PVC 门帘和空气幕都能起到显著节能作用。尽量采用机械化作业，减少作业人员数量。合理控制库房照度以及开闭时间。

2. 冷库的节能改造

（1）围护结构与隔热层的改造

从《冷库设计标准》GB 50072—2021 中可知，规范规定的冷间外墙、屋面或顶棚的热流量为 $6\sim11W/m^2$，因此，采用现有手段可以实现低的热流量。

其主要做法是：采用闭孔的聚氨酯发泡塑料（低温库）或聚苯乙烯泡沫塑料（高、中温库），并加厚隔热层的厚度；认真消除或减少围护结构中的冷桥；冷库的外墙采用减少太阳辐射热的涂料；完善围护结构的防潮、隔汽措施。

（2）完善或增加冷库的自动控制系统，实现实时监控，智能化运行。

（3）采用能效比高的制冷设备，优化系统的组成设计和设备的选用，采用冷凝热回收制冷机，采用蒸发式冷凝器替代传统的"壳管式冷凝器＋冷却塔"装置，实现冷库制冷系统的有效节能。

第5章 绿色建筑

5.1 绿色建筑及其基本要求

5.1.1 绿色建筑的定义

1. 绿色建筑产生的背景

据统计，建筑物在其建造、使用过程中消耗了全球能源的 50%，产生的污染物约占污染物总量的 34%。鉴于全球资源环境面临日益严峻的现实，社会、经济（包括建筑业）的可持续发展问题成为人们关注的焦点，各国纷纷将建筑业的可持续发展问题上升为国策。

我国人均耕地不足世界人均耕地的 40%，水资源仅是世界人均占有量的 1/4，而污水回用率仅为发达国家的 25%。目前，我国的城镇化率已突破 60%，正处于不断增长的阶段。据介绍，城镇化率每提高 1%，新增城市用水约 17 亿 m^3，新增能耗约 6000 万 tce，新增建筑用地 1000 多平方千米，新增钢材、水泥、砖木等建材总量约 6 亿 t。我国化石能源资源探明储量中，90% 以上是煤炭，且人均储量仅为世界平均水平的 1/2；其中，石油人均储量仅为世界平均水平的 11%；天然气人均储量仅为世界平均水平的 4.5%。目前中国单位建筑面积的能耗为发达国家的 2~3 倍以上。中国要在未来保持 GDP 年均增长 6% 左右，将面临巨大的资源约束瓶颈和环境恶化压力，实现建筑业的可持续发展，必须走绿色建筑之路。

2. 绿色建筑的定义

绿色建筑是将可持续发展理念引入建筑领域的成果，它将成为未来建筑的主导趋势。目前世界各国普遍重视绿色建筑的研究，许多国家和组织都在绿色建筑方面制定了相关的政策和评价体系。

我国幅员辽阔，各地区在环境、资源、经济发展水平与民俗文化等方面都存在较大差异，必须因地制宜地制定符合我国国情的绿色建筑设计、评价标准。从基本国情、人与自然的和谐发展、节约能源、有效利用资源和保护环境的角度出发，我国提出绿色民用建筑的定义为："绿色建筑是在全寿命期内，节约资源、保护环境、减少污染，为人们提供健康、适用和高效的使用空间，最大限度地实现人与自然和谐共生的高质量建筑。"

绿色民用建筑的核心是实现"绿色性能"，以"四节一环保"为基本约束，"以人为本"为核心要求，对建筑的安全耐久、健康舒适、生活便利、资源节约（节能、节地、节水、节材）和环境宜居等方面的综合性能评价。

绿色工业建筑的概念。我国从基本国情、从人与自然的和谐发展、节约能源、有效利用资源和保护环境的角度出发，因地制宜地提出绿色工业建筑的定义："在建筑的全寿命周期内，能够最大限度地节约资源（节能、节地、节水、节材）、减少污染、保护环境，提供适用、健康、安全、高效使用空间的工业建筑"。

绿色工业建筑的核心是"四节二保一加强",即节能、节地、节水、节材、保护环境、保障员工健康和加强运行管理。

绿色建筑全面集成建筑节能、节地、节水、节材及环境保护等多项技术,是一揽子实现建筑的保护环境、保证人员健康及舒适的全面解决方案。大力发展绿色建筑,以绿色、生态、低碳理念指导城乡建设,能够最大效率地利用资源和最低限度地影响环境,有效转变城乡建设发展模式,缓解城镇化进程中资源环境约束;能够充分体现以人为本的理念,为人们提供健康、舒适、安全的居住、工作和活动空间。综上所述,推广绿色建筑,不仅是转变建筑业发展方式和城乡建设模式的重大问题,而且直接关系到群众的直接利益和国家的长远利益。

5.1.2 我国绿色建筑的发展

我国绿色建筑实现了跨越式发展,绿色建筑的建设正处于全面实施的阶段。住房城乡建设部提出了《建筑节能与绿色建筑发展"十三五"规划》,建筑节能与绿色建筑发展的总体目标是:建筑节能标准加快提升,城镇新建建筑中绿色建筑推广比例大幅提高,既有建筑节能改造有序推进,可再生能源建筑应用规模逐步扩大,农村建筑节能实现新突破,使我国建筑总体能耗强度持续下降,建筑能源消费结构逐步改善,建筑领域绿色发展水平明显提高。具体要求:到 2020 年,城镇新建建筑能效水平比 2015 年提升 20%。城镇新建建筑中绿色建筑面积比重超过 50%,绿色建材应用比重超过 40%。还提出了既有居住建筑节能改造、公共建筑节能改造等方面的具体指标。

5.1.3 节能建筑、低碳建筑和生态建筑

节能建筑、低碳建筑和生态建筑的主基调被涵盖在绿色建筑之中,但又各自有其专门的特点。

1. 节能建筑

节能建筑是按节能设计标准(包括《严寒和寒冷地区居住建筑节能设计标准》JGJ 26、《夏热冬冷地区居住建筑节能设计标准》JGJ 134、《夏热冬暖地区居住建筑节能设计标准》JGJ 75、《公共建筑节能设计标准》GB 50189、《建筑照明设计标准》GB 50034 等,这些标准可覆盖我国 90% 以上的建筑)进行设计和建造,使其在使用过程中能降低能耗的建筑。从广义上来讲,节能建筑是遵循气候条件和采用节能的基本方法,对建筑规划分区、群体和单体、建筑朝向、间距、太阳辐射、风向以及外部空间环境进行研究后,强化"空间节能优先"原则,设计出的低能耗建筑。

我国 1986 年开始制定节能法规,建筑节能工作已经开展了近四十年,并取得了大批成果。国家标准《近零能耗建筑技术标准》GB/T 51350 的实施,将更大力度推动节能建筑的建设与发展。近零能耗建筑设计技术路线为强调通过建筑自身的被动式、主动式设计,大幅度降低建筑供热供冷的能耗需求,使能耗控制目标绝对值降低。

节能建筑包括小区规划布局、建筑单体设计、外墙、门窗、屋面、遮阳、供暖、通风与空调、给水排水系统、生活热水、供配电系统、照明和电能监测与计量等节能技术。

节能建筑至少具备下列特征:少消耗能源;高性能、高品质;利用清洁能源、减少环境污染;生命周期长;回收利用多等。

节能建筑至少应考虑的十大因素是:

(1) 建筑环境（包括地形、地貌的利用，绿化，水体，环境小品等因素）；

(2) 建筑朝向；

(3) 建筑体形（包括体形系数，空间利用，构架与飘板等）；

(4) 建筑面积（倡导适度消费的观念）；

(5) 建筑物理环境（包括声、光、热、日照与通风等问题，尽量应用自然采光与自然通风等）；

(6) 建筑的供暖、通风与空调（设计并运行高效节能的系统等）；

(7) 建筑节水（选择节水型器具和考虑雨水、中水的利用）；

(8) 建筑节地（尽可能加大住宅进深，缩小面宽；尽可能采用条形住宅；选择合适的建筑层数等）；

(9) 建筑的太阳能利用（包括被动式太阳能住宅，主动式太阳能住宅等）；

(10) 建筑装修（以简约为主，能体现家的感觉）。

2. 低碳建筑

(1) 碳排放

碳排放主要是指二氧化碳和其他温室气体［《京都议定书》附件中强调六种温室气体，除二氧化碳外，还有甲烷（CH_4）、氧化亚氮（N_2O）、氢氟碳化物（HFCS）、全氟化碳（PFCS）、六氟化硫（SF_6）］的排放。

碳对地球极其重要。人类体重的18%是碳，如果没有碳，不光人类，任何动植物以及地球上的其他生命体都无法生存。二氧化碳属于数量最大的无色温室气体，又是人类新陈代谢过程中必需的部分，也是地球碳循环中的重要一环。当人类生产活动所产生的过量二氧化碳被排入地球大气时，就会引起空气和海洋温度的升高。据统计，大气层中的二氧化碳的年增长率达到0.3%~0.4%，而且由于二氧化碳是化学惰性气体，不能通过光化学或化学作用去除，于是过量的二氧化碳就成为当前全球变暖的"罪魁祸首"。

建筑业二氧化碳气体的排放量约占人类温室气体排放总量的30%。建筑的碳排放量表现在建筑全寿命周期中一次性能源的消耗，进而得出二氧化碳的气体排放量。

有关节能减排CO_2的折算关系为：1kWh——0.959kgCO_2［按1kWh电量消耗0.3619kgce］。

(2) 低碳建筑的概念

低碳建筑是指在建筑生命周期内，从规划、设计、施工、运营、拆除、回收利用等各个阶段，通过减少碳源和增加碳汇实现建筑生命周期碳排放性能优化的建筑。

(3) 建筑碳排放计算

国家标准《建筑碳排放计算标准》GB/T 51366—2019规定建筑物碳排放计算（kg-CO_2e/m^2——每年每平方米建筑排放的二氧化碳当量的千克数）以单栋建筑或建筑群为计算对象。计算方法可用于建筑设计阶段对碳排放量进行计算，或在建筑物建造后对碳排放量进行计算，并可将分阶段计算结果累计为建筑生命期碳排放。建筑运行、建造及拆除阶段中因电力消耗造成的碳排放计算，应采用国家相关机构公布的区域电网平均碳排放因子。

有关碳排放量的具体计算方法为：

1) 建筑材料的生产及运输阶段

建材生产及运输阶段碳排放量（$kgCO_2e/m^2$）为建材生产阶段碳排放与运输过程碳排放之和，计算原料提取、材料生产、运输、建造等各过程中的碳排放量。应包括建筑主体结构材料、围护结构材料、构件和部品等，所选主要建筑材料的总重量不应低于建筑中所耗建材总重量的 95%（满足该要求时，重量比小于 0.1% 的建筑材料可不计算）。

① 建材生产阶段的碳排放（$kgCO_2e$）等于第 i 种主要建材的消耗量与该材料的碳排放因子（F）相乘乘积，按第 1～第 i 种主要建材的计算结果相加得出。

建材生产阶段的碳排放因子（F）应包括下列内容：建筑材料生产涉及原材料的开采、生产过程的碳排放；涉及能源的开采、生产过程的碳排放；涉及原材料、能源的运输过程的碳排放；生产过程的直接碳排放。碳排放因子（F）宜选用经第三方审核的数值，也可按《建筑碳排放计算标准》GB/T 51366—2019 附录 D 执行。

建材生产时，当使用低价值废料作为原料时，可忽略其上游过程的碳过程。当使用其他再生原料时，应按其所替代的初生原料的碳排放的 50% 计算；建筑建造和拆除阶段产生的可再生建筑废料，可按其可替代的初生原料的碳排放的 50% 计算，并应从建筑碳排放中扣除。

② 建材运输阶段的碳排放（$kgCO_2e$）等于第 i 种主要建材的消耗量与该材料的平均运输距离、单位重量运输距离的碳排放因子（T_i）的乘积，按第 1～第 i 种主要建材的计算结果相加得出。

建材运输阶段的碳排放因子（T_i）应包含建材从生产地到施工现场的运输过程的直接碳排放和运输过程所耗能源的生产过程的碳排放。T_i 可按《建筑碳排放计算标准》GB/T 51366—2019 附录 E 取值。

2）运行阶段

运行阶段碳排放计算应包括暖通空调、生活热水、照明及电梯、可再生能源、建筑碳汇系统等在建筑运行期间的碳排放量。计算中采用的建筑设计寿命应与设计文件一致，当设计文件不能提供时，应按 50 年计算。碳排放量应根据不同类型能源（电力、燃气、石油、市政热力等）消耗量和不同类型能源的碳排放因子确定。有关计算和碳排放因子在《建筑碳排放计算标准》GB/T 51366—2019 中均一一给出。

3）建造及拆除阶段

建筑建造阶段的碳排放应包括完成各分部分项工程施工产生的碳排放和各项措施项目实施过程产生的碳排放。

建筑拆除阶段的碳排放应包括人工拆除和使用小型机具机械拆除使用的机械设备消耗的各种能源动力产生的碳排放。

建筑建造和拆除阶段的碳排放的计算边界应符合下列规定：

① 建造阶段碳排放计算时间边界应从项目开工起至项目竣工验收止，拆除阶段碳排放计算时间边界应从拆除起至拆除肢解并从楼层运出止；

② 建筑施工场地区域内的机械设备、小型机具、临时设施等使用过程中消耗的能源产生的碳排放应计入；

③ 现场搅拌的混凝土和砂浆、现场制作的构件和部品，其产生的碳排放应计入；

④ 建造阶段使用的办公用房、生活用房和材料库房等临时设施的施工和拆除可不

计入。

《绿色建筑评价标准》GB/T 50378—2019"提高与创新"中明确了建筑碳排放计算所获得的计分分值,《建筑碳排放计算标准》GB/T 51366则为其顺利实施提供了基本的手段。

(4) 碳排放强度

单位GDP的碳排放量,称为"GDP碳排放强度"(简称碳强度),其计算公式为:碳排放总量/GDP总额。

能源种类不同,碳强度差异很大。化石能源中,煤的碳强度最高,石油次之。可再生能源中,生物质能源有一定的碳强度,而水能、风能、太阳能、地热能、潮汐能等都是零碳排放强度的能源。

如果某个国家在经济增长的同时,每单位国民生产总值的二氧化碳排放量在下降,则说明该国实现了低碳的发展模式。

我国政府决定:在2030年碳排放量达到峰值,2060年实现碳中和。

(5) 低碳经济

低碳经济是以低能耗、低污染、低排放为基础的经济模式,是人类社会继农业文明、工业文明之后的又一次重大进步。低碳经济的实质是能源的高效利用、清洁能源的开发、追求绿色GDP,核心是能源技术、减排技术的创新和产业结构、制度的创新以及人类生存发展观念的根本性转变。

(6) 碳交易

碳交易(即温室气体排放权交易)是为促进全球温室气体减排,减少全球二氧化碳排放而采用的市场机制。1997年通过的《京都议定书》中,把二氧化碳排放权作为一种商品进行交易,简称为碳交易。

因此,联合国规定,发达国家可向发展中国家购买节能减排指标。这就意味着发展中国家减少的二氧化碳排放量指标,若经联合国认定,就可卖给西方大企业冲抵其减排指标,俗称碳排放交易。

碳中和是指人为排放量(化石燃料利用和土地利用)被人为作用(木材蓄积量、土壤有机碳、工程封存等)和自然过程(海洋吸收、侵蚀-沉积过程的碳埋藏、碱性土壤的固碳等)所吸收,即净零排放。

根据碳交易的三种机制(清洁发展机制、联合履行机制、排放交易机制),碳交易被分为"配额型交易"和"项目型交易"两种形态。

1) 配额型交易:是指总量管制下产生的排减单位的交易,如生态环境部下发的《2019—2020年全国碳排放权交易配额总量设定与分配实施方案(发电行业)》。配额型交易通常是现货交易。

2) 项目型交易:是指因进行减排项目所产生的减排单位的交易,如清洁发展机制下的"排放减量权证"、联合履行机制下的"排放减量单位",主要是通过国与国合作的减排计划产生的减排量交易,通常以期货方式预先买卖。

我国已发布《碳排放交易权管理暂行条例》,已经启动全国碳排放权交易市场(配额型交易),开展上线交易。碳排放权交易市场是利用市场机制控制和减少温室气体排放,推动绿色低碳发展的一项制度创新,是推进我国碳达峰、碳中和目标的重要核心政策工具。

据有关机构预测，全球碳交易市场有望超过石油市场成为世界第一大市场。

（7）低碳建筑技术

低碳建筑技术是指能有效减少建筑物碳排放量的建筑技术，建筑节能是其重要环节之一，而低碳建筑技术更强调通过建筑寿命全过程去实现，即贯穿从项目定位、建造到后续的运营维护的始终，建筑碳排放计算分析已经成为绿色建筑评价中的提高与创新中的指标，随着科技创新，低碳建筑技术正处于日新月异、蓬勃发展的阶段。

3. 生态建筑与生态小区

一般而言，生态是指人与自然的关系，那么生态建筑就应该处理好人、建筑和自然三者之间的关系，它既要为人创造一个舒适的空间小环境（即健康宜人的温度、湿度、清洁的空气、良好的光环境、声环境及具有长效且适应性好、灵活开敞的空间等），同时又要保护好周围的大环境——自然环境（即对自然界的索取要少、同时对自然环境的负面影响要小）。

一方面，对自然资源的少用、少索取，包括节约土地以及在能源和材料的选择上，贯彻减少使用、重复使用、循环使用以及用可再生资源替代不可再生资源等原则。另一方面，主要指减少排放和妥善处理有害废弃物（包括固体垃圾、污水、有害气体等）以及减少光、声污染等。对小环境的保护则需体现在建筑物的建造、使用直至寿命终结后的全过程。

生态建筑，其实就是将建筑看成一个生态系统，通过组织（设计）建筑内外空间中的各种物态因素，使物质、能源在建筑生态系统内部有秩序地循环转换，获得一种高效、低耗、无废、无污、生态平衡的建筑环境。生态建筑所包含的生态观、有机结合观、地域与本土观、回归自然观等，都是可持续发展建筑的理论建构部分，也是环境价值观的重要组成部分，因此生态建筑其实也是绿色建筑，生态技术手段也属于绿色技术的范畴。

生态建筑设计应注重把握和运用自然生态的特点和规律，贯彻整体优先的准则，并力图塑造一个人工环境与自然环境和谐共存的、面向可持续发展的未来建筑环境。

生态小区则是由若干生态建筑组成，整体上通过调整人居环境区域内生态系统的生态因子和生态关系，使小区成为具有自然生态和人类生态、自然环境和人工环境、物质文明和精神文明高度统一、可持续发展的理想城市住区。

生态建筑更多的是从宏观层面上来考虑的，绿色建筑则更多的是从微观的角度来设计的。

4. 健康建筑

《健康建筑评价标准》T/ASC 02-2016 自 2017 年 1 月 6 日起实施，该评价标准旨在推进营造健康的建筑环境和推行健康的生活方式，促进人民群众身心健康、助力健康中国建设。健康建筑需要针对突发公共卫生事件提出合理的应对措施，并利于实施。

健康建筑是指在满足建筑功能的基础上，为建筑使用者提供更加健康的环境、设施和服务，促进建筑使用者身心健康、实现健康性能提升的建筑。

健康建筑评价重点是对建筑的空气、水、舒适、健身、人文、服务 6 类指标进行综合评价。因此，健康建筑的基本要求是具有全装修的绿色建筑，评价指标体系中涉及空气的指标：污染源、浓度限值、净化和监控；涉及舒适的指标：声、光、热、湿和人体工程学。评价等级划分为一星级、二星级和三星级。

5.1.4 绿色建筑的基本要求

1. 绿色民用建筑的基本要求

（1）符合国家法律法规和相关标准（如符合城市的发展规划，符合结构、防火安全要求等）是绿色民用建筑建设和评价的前提条件，体现了经济效益、社会效益和环境效益的统一。

（2）应因地制宜综合考量项目所在地域的气候、环境、资源、经济和文化等条件和特点。

（3）统筹考虑建筑全寿命周期内，建筑的安全耐久、健康舒适、生活便利、资源节约、环境宜居之间的辩证关系（单项技术的过度采用虽可提高某方面的性能，但有可能造成其他方面的不合理性），体现共享、平衡、集成的理念。

（4）现行绿色建筑评价指标体系由五类评价指标组成，划分成三个等级。每类指标均包括控制项和评分项，整体上又设置有加分项（提高与创新），其中的控制项为绿色民用建筑的必备条件。

2. 绿色工业建筑的基本要求

（1）执行国家对工业建设的产业政策、装备政策、清洁生产、环境保护、节约资源、循环经济和安全健康等法律法规，如：

1）工业企业的建设符合国家批准的区域和产业发展规划；

2）工业企业的产品、产量、规模、工艺与装备水平等应符合国家规定的行业准入条件；

3）工业企业的产品不应是国家规定的淘汰或禁止生产的产品；

4）工业生产的资源利用指标：单位产品的工业综合能耗、原材料和辅助材料消耗、水资源利用指标应达到国家现行有关标准规定的国内基本水平；各种污染物排放指标，应符合国家现行有关标准的规定；

5）工业企业建设项目用地应符合国家关于建设项目用地的规定，不应是国家禁止用地的项目。

（2）满足保障职工健康和工艺生产的要求。

（3）考虑不同区域的气候、资源、自然环境、经济和文化等影响因素。

（4）统筹考虑建筑全寿命周期内，生产工艺、建筑使用功能、清洁生产全过程、土地、材料、能源与水资源利用、环境保护及职业健康等的不同要求之间的辩证关系（单项技术的过度采用虽可提高某方面的性能，但有可能造成其他方面的不合理性）。

（5）现行绿色工业建筑评价指标体系由七类指标组成，划分成三个等级。整体上又设置有加分项（技术进步与创新），每类指标规定有必达分项（绿色工业建筑的必备条件）和权重计分项。

3. 绿色建筑发展的前景

随着互联网＋技术的日新月异，随着智能产品、物联网的普及，给我国的绿色建筑发展开辟了美好的发展前景。

简单可归纳为：

（1）使用人员可以感知的绿色建筑

如借助手机 APP 的软件开发让使用者方便地、可视化地认知、熟悉、监测、评价绿色建筑的设施或措施，激发使用者和拥有者的行为节能，同时给绿色建筑的使用者带来善待环境、健康舒适等心理生理价值认同。

（2）互联网＋BIM

采用 BIM 能够解决建筑大数据的构建、计算和管理，从而实现数据的协同和共享；实现工程寿命周期内各个环节的信息（产品与全过程的造价数据、营运的各种消耗量数据、各种管理手段和数据）的透明化和共享。

（3）互联网与绿色建筑相融合的"互联网＋绿色建筑"

云计算平台及相关软件的开发、发展，将能够实现设计、施工、调试和运营的互联网化；能够实现及时采用最新推出的绿色建材和部件、新工艺、新的管理营运模式；能够实现有效的网络化绿色建筑标识管理。

（4）建造更加生态友好、更人性化的绿色建筑

从建筑、社区到整个城市将最大限度地综合利用可再生能源和循环利用资源，实现人与自然的和谐共生。

5.2 绿色民用建筑评价与可应用的暖通空调技术

5.2.1 安全耐久

控制项：

建筑外遮阳、太阳能设施、空调室外机位等外部设施应与建筑主体结构统一设计、施工，并应具备安装、检修与维护条件，并应符合《建筑遮阳工程技术规范》JGJ 237、《民用建筑太阳能热水系统应用技术标准》GB 50364、《建筑光伏系统应用技术标准》GB/T 51368 和《装配式混凝土建筑技术标准》GB/T 51231 等现行相关标准的规定。

5.2.2 健康舒适

1. 控制项

（1）室内空气中的甲醛、苯、甲苯、二甲苯、氨、TVOC（总挥发性有机物）和氡等污染物浓度应符合现行国家标准《室内空气质量标准》GB/T 18883 的有关规定。

（2）应采取措施避免厨房、餐厅、打印复印室、卫生间、地下车库等区域的空气和污染物串通到其他空间；应防止厨房、卫生间的排气倒灌。

（3）主要功能房间的室内噪声级和隔声性能：室内噪声级应满足现行国家标准《民用建筑隔声设计规范》GB 50118 中的低限要求。

（4）应采取措施保障室内热环境。采用集中供暖空调系统的建筑，房间内的温度、湿度、新风量等设计参数应符合现行国家标准《民用建筑供暖通风与空气调节设计规范》GB 50736 的有关规定；采用非集中供暖空调系统的建筑，应具有保障室内热环境的措施或预留条件。

（5）围护结构热工性能应符合下列规定：在室内设计温度、湿度条件下，建筑非透光围护结构内表面不得结露；供暖建筑的屋面、外墙内部不应产生冷凝；屋顶和外墙隔热性能应满足现行国家标准《民用建筑热工设计规范》GB 50176 的要求。

除空气过分潮湿外，围护结构表面温度过低是导致结露的直接原因。一般来说，住宅

外围护结构的内表面大面积结露的可能性小，结露大多出现在金属窗框、窗玻璃、墙角、墙面等可能出现的热桥（由于围护结构中的窗过梁、圈梁、钢筋混凝土构件等部位的传热系数远大于主体部位的传热系数，形成热流密集通道，即为热桥）附近。

冬季供暖期间，热桥内外表面温差小，内表面温度易低于室内空气露点温度，造成围护结构热桥部位内表面产生结露；同时也避免夏季空调期间这些部位传热过大增加空调能耗。内表面结露，会造成围护结构内表面材料受潮，影响室内环境。因此，应采取措施，消除表面结露、内部冷凝现象发生。

南方地区的梅雨季节，空气相对湿度接近饱和，彻底避免表面结露难度很大，该现象不在控制之列。

在设计中，应验算绿色建筑可能结露部位的内表面温度是否高于空气的露点温度，采取措施防止在室内温、湿度设计条件下产生结露现象。

外围护结构的内表面长期或经常结露，会引起霉变，影响室内的卫生条件，造成居民生活环境质量低下。

（6）主要功能房间应具有现场独立控制的热环境调节装置。

（7）地下车库应设置与排风设备联动的一氧化碳浓度监测装置。

2. 评分项

（1）室内空气品质

室内空气中的甲醛、苯、甲苯、二甲苯、氨、TVOC（总挥发性有机物）和氡等污染物浓度应低于现行国家标准《室内空气质量标准》GB/T 18883 有关规定数值的 10% 及以上；室内 PM2.5 和 PM10 年均浓度分别不高于 $25\mu g/m^3$ 和 $50\mu g/m^3$。

维持室内优良的空气品质，应该设计合理的新风系统。

1）对于居住建筑，应执行现行行业标准《住宅新风系统技术标准》JGJ/T 440。

① 标准按人均居住面积 F_p 规定了最小设计新风量设计换气次数：$F_p \leqslant 10m^2$、$n=0.7h^{-1}$；$10m^2 < F_p \leqslant 20m^2$、$n=0.6h^{-1}$；$20m^2 < F_p \leqslant 50m^2$、$n=0.5h^{-1}$；$F_p > 50m^2$、$n=0.45h^{-1}$。当住宅自然通风无法满足以上换气次数或室外为污染严重区域，应设置新风系统。

② 住宅卧室新风量设计采用换气次数法和室内 CO_2 浓度限值（采用实际人数）所需新风量的大值选取，后者按下式计算：

$$Q_b = 0.1 \times \frac{x_C}{y_{C_2} - y_{C_0}} \tag{5.2-1}$$

式中　Q_b——卧室新风量，m^3/h；

　　　x_C——室内 CO_2 散发量，L/h，按室内人数和每人呼出的 CO_2 量进行计算；

　　　y_{C_2}——室内 CO_2 浓度限值，%，按设计要求或取 0.1%；

　　　y_{C_0}——室外 CO_2 浓度，%，取 0.04%。

成人睡觉状态的 CO_2 量可按 14.4L/（h·P）计算。

③ 起居室按住户设计总人数或实际使用总人数，采用最小换气次数计算。

④ 新风系统的设计新风量应按换气次数计算的最小设计新风量和按卧室与起居室计算的新风量之和的较大者取值。

2）对于公共建筑，应执行现行行业标准《公共建筑室内空气质量控制设计标准》

JGJ/T 461。

（2）具有良好的室内热湿环境

1）采用自然通风或复合通风的建筑，按建筑主要功能房间室内热环境参数在适应性热舒适区域的时间比例，达到 30％及以上。

2）采用人工冷热源的建筑，主要功能房间达到现行国家标准《民用建筑室内热湿环境评价标准》GB/T 50785 规定的室内人工冷热源热湿环境整体评价Ⅱ级的面积比例，达到 60％及以上。

（3）优化建筑空间和平面布局，改善自然通风效果

1）住宅建筑：通风开口面积与房间地板面积的比例在夏热冬暖地区达到 12％，在夏热冬冷地区达到 8％，在其他地区达到 5％及以上。

2）公共建筑：过渡季典型工况下主要功能房间平均自然通风换气次数不小于 $2h^{-1}$ 的面积比例达到 70％及以上。

公共建筑室内人员密度一般较大，建筑室内空气流动，特别是自然、新鲜空气的流动，是保证建筑室内空气质量符合国家有关标准的关键。

无论北方地区还是南方地区，在春、秋季和冬、夏季的某些时段普遍有开窗加强房间通风的习惯，在较好的室外气象条件下，可通过开启外窗通风来获得热舒适性和良好的室内空气品质，具有足够的外窗开启面积可实现良好的自然通风气流组织设计。良好的自然通风设计，还有如采用中庭、天井、通风塔、导风墙、外廊、可开启外墙或屋顶等。

自然通风可以提高室内人员的舒适感，有助于健康。当发生通过空气经呼吸道的病毒传染疫情时，实现充分的自然通风更是十分重要的疫情防控措施。在室外气象条件适宜时，加强自然通风还有助于缩短空调设备的运行时间，降低空调能耗，故绿色建筑应强调自然通风。

采用开窗的自然通风效果不仅和开口面积与地板面积之比有关，还和通风开口之间的相对位置密切相关。在设计过程中，应考虑通风开口的布置，尽量使之有利于形成"穿堂风"。

（4）设置可调节遮阳设施的面积占外窗透明部分的比例 25％及以上，改善室内热舒适

夏季强烈的阳光透过窗户玻璃照到室内既容易引起室内人员的不舒适感，又显著增加空调负荷。窗户的内侧设置窗帘在遮挡直射阳光的同时，常常也遮挡了散射的光线，影响室内自然采光，而且内窗帘对减小由阳光直接进入室内而产生的空调负荷作用不大。

可调节外遮阳装置对夏季的节能作用非常明显。相当数量的住宅在工作日的白天，室内没有人员，如果窗户有可靠的可调节外遮阳（例如活动卷帘），白天可以借助外遮阳将绝大部分的太阳辐射阻挡在室外，将显著缩短晚上空调器运行的时间。

外遮阳之所以强调可调节性，是因为无论从生理还是从心理角度出发，冬季和夏季室内人员对透过窗户进入室内的阳光的需求是截然相反的，而固定的外遮阳（例如窗口上沿的遮阳板）无法适应这种季节变化对阳光的需求。

活动式建筑外遮阳设施应该能够满足以下三个节能要求：

1）在夏季和过渡季节必要的时间段内，阻挡直射阳光，降低空调能耗；

2）在冬季等需要阳光被动供暖的时候，允许尽量多的太阳辐射进入，降低供暖能耗；

3）应该能够向室内引进足够的天然光线并尽量均匀散布，降低照明能耗。

优良的活动式建筑外遮阳设施能阻挡太阳直射光线，防止眩光的产生，使室内光亮度降低到人体感觉舒适的区域；同时通过调节，可对进入室内的反射和折射光线进行再调配，提高整个房间的照度均匀度，有效改善室内光环境。

采用可调节外遮阳措施时，宜考虑与建筑的一体化，并综合比较遮阳效果、自然采光和视觉影响等因素。优良的外遮阳系统能根据太阳方位角和高度角进行自动调节，并同时配套增强自然采光等措施。

5.2.3 生活便利

该类指标强调的是评价建筑用能系统的运行，提倡并力推暖通空调系统的节能、绿色运行，智慧运行。

1. 控制项

建筑设备管理系统应具有自动监控管理功能。

（1）当公共建筑面积不大于 2 万 m^2 或住宅建筑面积不大于 10 万 m^2 时，可设置简易的节能控制措施（如风机水泵的变频控制、就地控制器、单回路反馈控制等）。

（2）合理设置建筑的能源监管平台，确保建筑用能系统高效运行。

有效的建筑能耗监测平台可以给出所监管的建筑物消耗终端能源的具体数据，可综合定量描述各类建筑能耗的特点（如发展变化特点，不同地域、不同功能建筑能耗的特点，建筑内不同终端用能特点等），是建筑节能的重要基础。同时，平台的实施，有利于具体建筑的业主找出问题，对症解决。

（3）能源监测系统主要由末端表计层、数据采集层、网络层以及数据管理层组成。

各级管理人员可以在自己的终端（电脑、平板或手机 APP）访问管理系统，根据权限浏览全部或部分相关能源计量的数据管理信息，通过各分类、分项能耗数据的逐时、逐日、逐月、逐年的统计图表和文本报表，以及各类相关能耗指标的图表，可对能源的小时用量、日用量、月用量进行比对，分析能源使用过程中的漏洞和不合理情况，调整能源分配策略，对系统进行调适，减少使用过程中能源的浪费，实现节能降耗。

2. 评分项

（1）设置分类、分级用能自动远传计量系统，且设置能源管理系统实现对建筑能耗的监测、数据分析和管理（系统存储数据应不少于一年）。

1）计量器具应满足现行国家标准《用能单位能源计量器具配备和管理通则》GB 17167。实现数据依靠计量，管理依靠数据。

2）对于住宅建筑，主要对公共区域提出要求，对于住户仅要求每个单元（或楼栋）设置可远传的计量总表。办公、商场以及综合类公共建筑的空调系统的冷（热）源、水泵风机输配系统等应设置用能的分项计量装置和分楼栋、分楼层或分区域的冷（热）计量装置，以及独立结算用户应及时设置冷（热）计量装置，并根据计量结果进行收费。

采用集中供暖和（或）集中空调机组供热（冷）时，应设置用户自主调节室温的装置；计量用户用热（冷）量的相关测量装置及制定合理的费用分摊计算方法是实现行为节能的根本措施之一。

对于集中供暖系统，楼前安装楼栋热量表，房间内设置水流量的调节阀（包括三通阀）、末端设温控器及热计量装置。对于集中空调系统，应设计住户可对空调的送风或空调给水进行分档控制的调节装置及冷量计量装置。

将收费与用户使用的热（冷）量关联，并以此作为收费的主要依据。计量用户用热（冷）量的相关测量装置和制定费用分摊的计算方法是必不可少的，如温度法、散热器热量分配表法、户用热量表法、户用热水表法等，采用总表计量时，需采用面积分摊法（即楼内住户根据楼栋或单元表计数值和住户面积分摊）。

（2）设置 PM10、PM2.5、CO_2 浓度的空气质量监测系统，且具有存储至少一年的监测数据和实时显示的功能。

（3）具有环境监测、设备控制、用能计量等智能化服务系统。

（4）物业管理制定完善的节能、节水、节材、绿化的操作规程、应急预案。物业工作考核体系应包括并有效实施能源资源管理激励机制。

1）对建筑能源系统进行调适，实现建筑内设备、系统的可靠与高效运行。

工程施工阶段的系统调试是系统投入运行后进行调适前置的重要阶段，系统调适是在建筑的运行维护阶段进行全过程监督和管理工作的重要内容，系统调适既保障符合设计要求，又保证符合使用用户的要求，实现建筑设备系统可靠与高效运行。与系统调试不同的是，系统调适是面对用户已经进入（对应实际负荷），适用于全过程、全系统的动态方式，并涉及用户、物业等多方群体的工作方式和程序。系统调适可以是调适、周期性调适和持续性调适。

良好的运行调适可减少能源消耗、降低运行费用、缩短回收周期、改善建筑状态、提高工作效率、确认系统性能与业主要求的符合性。系统调适一般由具有专业实力的第三方独立团队进行，按照问题—诊断—措施和验证阶段依次进行。调适中应重点关注系统内所安装的传感器、仪器和仪表的精度、准确性是否符合设计与实际要求，有关自动控制系统是否工作正常，以保证日后实际系统运行的正确、有效。

2）建筑的通风、空调等设备的自动监控系统技术合理，能够保证系统的高效运行。

冷、热源系统的控制应满足下列基本要求：对系统冷、热量的瞬时值和累计值进行监测，冷水机组优先采用由冷量优化控制运行台数的方式；冷水机组或热交换器、水泵、冷却塔等设备连锁启停；对供、回水温度及压差进行控制或监测；对设备运行状态进行监测及故障报警。

技术可靠时，应对冷水机组出水温度进行优化设定。

总装机容量较大、数量较多的大型工程的冷、热源机房，应采用机组群控方式。

空气调节冷却水系统应满足下列基本控制要求：冷水机组运行时，冷却水最低回水温度的控制；冷却塔风机的运行台数控制或风机调速控制；采用冷却塔供应空气调节冷水时的供水温度控制；排污控制等。

空气调节风系统（包括空气调节机组）应满足下列基本控制要求：空气温度、湿度的监测和控制；采用定风量全空气空调系统时，宜采用变新风比焓值控制方式；采用变风量系统时，风机宜采用变速控制方式；设备运行状态的监测及故障报警；需要时，设置盘管防冻保护；过滤器超压报警或显示。

采用二级泵系统的空气调节水系统，其二级泵应采用自动变速控制方式。

上述内容为空调系统应进行的基本自控设计，此外，针对下列两种情况，空调系统自控应满足：

① 间歇运行的空气调节系统，宜设自动启停控制装置：控制装置应具备按预定时间进行最优启停的功能。

② 对建筑面积在 20000m² 以上的全空气空气调节建筑，在条件许可的情况下，空气调节系统、通风系统，以及冷、热源系统宜用直接数字控制系统（DDC）。

DDC 控制系统在设备及系统控制、运行管理等方面具有较明显的优越性且能够较大限度地节约能源，在大多数工程项目的实际应用过程中都取得了较好的效果。

3）对空调通风系统应按现行国家标准《空调通风系统清洗规范》GB 19210 的规定进行定期检查和清洗。

空调系统开启前，应对系统的过滤器、表冷器、加热器、加湿器、冷凝水盘进行全面检查、清洗或更换，保证空调送风的风质符合现行国家标准《室内空气中细菌总数卫生标准》GB/T 17093 的要求。空调系统清洗的具体方法和要求参见现行国家标准《空调通风系统清洗规范》GB 19210。空调系统中的冷却塔应具备杀灭军团菌的能力，并定期进行检验。

4）定期对建筑营运效果进行评估，并根据结果进行运行优化。包括：制定绿色建筑营运效果评估的技术方案和计划；定期检查、调适公共设施设备，具有完整的检查、调试、运行、标定的记录；定期开展节能诊断评估，并根据评估结果制定优化方案并实施。

5）建立绿色教育宣传和实践机制，编制绿色设施使用手册，形成良好的绿色氛围，并定期开展使用者满意度调查。

5.2.4　资源节约

1. 控制项

（1）应结合场地自然条件和建筑功能需求，对建筑的体形平面布局、空间尺度、围护结构等进行节能设计，且应符合国家有关节能设计的要求。

1）建筑总平面设计

建筑总平面设计应有利于冬季日照并避开冬季主导风向，夏季有利于自然通风并防止太阳辐射与暴风雨的袭击。应尽可能提高建筑物在夏季或过渡季的自然通风效果以及冬季的采光效果。

2）相关建筑节能标准的实施

我国分为严寒、寒冷、夏热冬冷、夏热冬暖和温和 5 个不同的建筑热工设计分区。除温和地区外，住房城乡建设部发布了分别针对各个建筑气候区居住建筑的节能设计标准。现行国家标准《公共建筑节能设计标准》GB 50189 着力于实现改善公共建筑的室内环境，提高能源利用效率，促进可再生能源的利用，降低建筑能耗。同时规定当建筑高度超过 150m 或单栋建筑地上面积大于 20 万 m² 时，除应符合 GB 50189 的各项规定外，还应组织专家对其节能设计进行专项论证。

一些省、市根据当地建筑节能工作开展的程度和经济技术发展的水平，制定了节能率更高或超低能耗建筑节能设计标准。

建筑节能工程应执行现行国家标准《建筑节能工程施工质量验收标准》GB 50411。

3）建筑设计与建筑围护结构热工设计

① 建筑设计主要是规定建筑体形系数、窗墙比和屋顶透光部分面积占比。

② 建筑围护结构热工设计主要包括建筑围护结构的保温、隔热和防潮设计；外窗的气密性和遮阳设计。建筑围护结构热工设计与建筑物的使用要求和室内的温湿度状况密切相关。

围护结构热工性能的要求是民用建筑节能设计标准的最主要内容之一。围护结构热工性能主要是指外墙、屋顶、地面的传热系数，外窗的传热系数和太阳得热系数等。

我国现行节能设计标准均对执行节能设计标准提供了两条并行的路径（方法）：一种是规定性方法，即直接判断设计建筑相关的一系列热工性能参数是否符合有关规定性指标；另一种是性能化的设计方法，即通过围护结构热工性能权衡判断，证明全年能耗被控制在规定的水平之内。

采用围护结构热工性能权衡判断法评判围护结构的热工性能时，考虑其整体热工性能，即当所设计的建筑不能同时满足节能设计围护结构热工性能的所有规定性指标时，可通过调整设计参数并计算能耗，最终目的是实现所设计建筑全年的供暖、通风和空气调节能耗不大于参照建筑的能耗。该过程中，参照建筑的体形系数应与实际建筑完全相同，而热工性能等参数可作调整（包括围护结构热工要求、各朝向窗墙比设定等），各类热扰（通风换气次数、室内发热量等）和作息设定则按有关标准执行（如公共建筑则按照《公共建筑节能设计标准》GB 50189—2015 第 4.3 节执行），且参照建筑与所设计建筑的空气调节和供暖能耗应采用同一个动态计算软件计算。同时，为了规范有关权衡计算做法，确保建筑节能效益，设计标准中设定了若干必备的权衡计算准入条件（即门槛），即必须达到部分热工性能指标的限值规定后，方能进行权衡计算。

需要指出的是，承担项目设计时，收集、学习、熟悉和执行项目所在地的节能设计标准、规定或细则，应成为进行设计的必备条件。

节能建筑设计的宗旨是使建筑设计总能耗符合或低于国家和地方批准或备案的节能标准规定值。

建筑总能耗是指包括建筑围护结构、供暖、通风与空调和照明、电梯等的总能耗。其中，建筑物围护结构对建筑供暖、通风和空调的能耗影响较大。

③ 外窗的气密性及遮阳设计

通过建筑外窗的能耗损失是建筑能源消耗的主要途径。对于我国北方地区，外窗的传热系数与气密性对建筑的供暖能耗影响很大；而在南方地区，外窗的综合遮阳系数则对建筑空调的能耗具有明显的影响。

为保证建筑节能，抵御夏季和冬季室外空气过多地向室内渗漏，对外窗的气密性有较高的要求。

公共建筑的建筑外窗的气密性不应低于国家标准《建筑外门窗气密、水密、抗风压性能分级及检测方法》GB/T 7106—2008 规定的 7 级（10 层及以上建筑）和 6 级（10 层以下建筑）要求；严寒和寒冷地区外门的气密性不应低于 4 级；建筑幕墙的气密性不应低于国家标准《建筑幕墙》GB/T 21086—2007 规定的 3 级。

（2）应采取措施降低部分负荷、部分空间使用下的供暖、空调系统能耗。

公共建筑的空调系统基本上都是按照最不利（满负荷）情况进行系统设计和设备选型，而实际上建筑绝大部分运行时间是处于部分负荷状况，这既是气候变化的因素引起，又是同一时间内仅有部分空间处于使用状态的现象出现或室内负荷变动形成的（办公建筑夜间加班就属于一个典型的例子）。针对部分负荷和部分空间使用的情况，如何采取有效措施节约用能，至关重要。系统设计应能保证建筑物处于部分冷热负荷或仅部分建筑房间使用时，能根据实际需要供给恰当的能源，同时不降低能源的转换利用效率。要实现该目的，就应符合下列规定：

1）应区分房间的朝向，细分供暖、空调区域，并应对系统进行分区控制；

2）空调冷源的部分负荷性能系数（*IPLV*）、电冷源综合制冷性能系数（*SCOP*）应符合现行国家标准《公共建筑节能设计标准》GB 50189 的规定。

3）应根据建筑空间功能设置分区温度，合理降低室内过渡区空间的温度设定标准。

4）冷热源、输配系统和照明等各部分能耗应进行独立分项计量。

采用集中冷热源的新建公共建筑系统设计（或既有建筑改造设计），必须考虑使建筑内各能耗环节如冷热源、输配系统、照明、热水能耗等都能实现独立分项计量。对非集中冷热源的公共建筑系统设计（或既有建筑改造设计），必须考虑使建筑内根据面积或功能等实现分项计量。对于住宅建筑应实现分户计量。

公共建筑各部分能耗独立的分项计量，对于了解和掌握各项能耗水平和能耗结构是否合理，及时发现存在问题并提出改进措施等具有积极意义。

2. 评分项

（1）优化建筑围护结构的热工性能，较现行国家节能设计标准提高幅度 5％及以上；建筑供暖空调负荷降低 5％及以上。

（2）冷、热源机组能效均优于现行国家标准《公共建筑节能设计标准》GB 50189 规定以及现行有关国家标准能效限定值。

选用的冷水机组或单元式空调机组的性能系数、能效比相对于现行国家标准《公共建筑节能设计标准》GB 50189 中的有关规定值提高 6％或 8％时，分两档计分。

多联式空调（热泵）机组的制冷综合性能系数［*IPLV*（*C*）］相对于现行国家标准《公共建筑节能设计标准》GB 50189 中的有关规定值提高 8％或 16％时，分两档计分。

房间空调器、家用燃气热水炉和蒸汽型溴化锂吸收式冷水机组等，按节能评价值和 1 级能效等级限值，分两档计分。

燃气（油）锅炉的热效率相对于现行国家标准《公共建筑节能设计标准》GB 50189 中的有关规定值提高 2％或 4％时，分两档计分。

实施节能减排，必然推动技术进步、产品更新。设计师的任务之一就是应及时关注节能新产品，执行国家有关产品能效限定值标准的有效版本。

（3）采取有效措施降低供暖空调系统的末端系统及输配系统的能耗，通风空调系统风道系统单位风量耗功率较现行国家标准《公共建筑节能设计标准》GB 50189 规定值低 20％；供暖系统热水循环泵的耗电输热比，空调冷热水系统循环水泵的耗电输冷（热）比，较现行国家标准《民用建筑供暖通风与空气调节设计规范》GB 50736 规定值低 20％。

（4）采取措施降低建筑能耗，较现行国家有关建筑节能标准降低 10％及以上。

采用节能降耗、有效适应负荷变化的暖通空调技术可降低建筑能耗，与之相适应的技术主要有：

1）设置能量回收系统（装置）与冷却塔供冷

设置集中供暖和（或）空调系统的民用建筑，如设置集中新风和排风系统，由于供暖空调区域（或房间）排风中所含的能量十分可观，在技术经济分析合理时，应利用排风对新风进行预热（或预冷）处理，降低新风负荷。集中加以回收利用可以取得很好的节能效益和环境效益。

不设置集中新风和排风系统时，可采用带热回收功能的新风与排风的双向换气装置，这样既能满足对新风量的卫生要求，又能显著减少在新风处理上的能源消耗。

设置能量回收和冷却塔供冷技术具体可见本书第 3 章第 3.11.3 节的内容。

2）全空气空调系统采取实现全新风运行或可调新风比的措施。

空调系统设计时不仅要考虑设计工况，还应考虑全年运行模式。在过渡季，空调系统采用全新风或增大新风比运行，可有效改善空调区域内空气的品质，大量节省空气处理所消耗的能量，故应大力推广应用。但要实现全新风运行，设计时必须认真考虑新风取风口和新风管所需的截面积，妥善安排好排风的出路，并应确保室内合理的正压值。

实际运行中，过渡季节应采用全新风运行或增大新风比的模式。设计的风机风量、新风管管径和风口尺寸需满足新风量增大的模式，同时，新风阀可调。

3）合理采用温湿度独立控制系统，既满足高品质的空气要求，又带来节能效果。

① 传统的热湿联合处理空调方式的弊端

传统空调方式的排热、排湿都是通过空气冷却器对空气进行冷却和冷凝除湿，再将冷却干燥的空气送入室内。传统的热湿联合处理的空调方式存在如下弊端：

（a）能源浪费

对于民用建筑中大量的一次回风系统，采用冷凝除湿方法排除新风余湿（室内产湿量可忽略时），冷源的温度需要低于室内空气的露点温度。考虑到传热温差与介质输送温差，实现 16.6℃的露点温度需要约 7℃的冷源温度，相应要求常规空调水系统采用 5～7℃的冷水供水、房间空调器中直接蒸发器的制冷剂蒸发温度多在 5℃。而空调系统中，占总负荷一半以上的显热负荷部分，本可采用高温冷源排走的热量，却与除湿一起共用 5～7℃的低温冷源进行处理。一则，能量利用品位发生浪费；再则；经冷凝除湿后的空气虽然含湿量满足要求，因温度过低，有时还需要再热，会造成能源的进一步浪费。

（b）难以适应热湿比的变化

通过冷凝方式对空气进行冷却和除湿，其吸收的显热与潜热比只能在一定的范围内变化，而建筑物实际需要的热湿比却在较大的范围内变化。一般是牺牲对湿度的控制，通过仅满足室内温度的要求来妥协，造成室内相对湿度过高或过低的现象。相对湿度过高的结果是不舒适，进而去降低室温设定值，通过降低室温来改善热舒适，造成能耗不必要的增加；相对湿度过低也将导致由于与室外的焓差增加而使处理室外新风的能耗增加。

（c）室内空气品质存在问题

依靠空气通过冷表面进行降温除湿，会导致冷表面成为潮湿表面甚至产生积水，空调停机后形成的潮湿表面就成为各种微生物、霉菌繁殖的最好场所，空调系统运行又会带它们向室内的传播，成为空调可能引起人们健康问题的原因之一。此外，目前我国大多数城市的主要污染物仍是可吸入颗粒物，因此需要有效过滤空调系统引入的室外新风，保证室内健康环境。然而，过滤器内必然是粉尘聚集处，若漂溅进一些冷凝水，则也成为各种微生物、霉菌繁殖的场所。频繁清洗过滤器既不现实，也不是根本的解决方案。

(d) 室内风速偏高

为排除足够的余热余湿，同时又不使送风温度过低，就要求有较大的循环通风量。例如某房间设定温度为 25℃，每平方米建筑面积需排除 80W 显热，当送风温度为 15℃ 时，所要求循环风量约为 24m³/(h·m²)，往往会造成室内空气流速过大，使室内人员产生不适的吹风感。为减少这种吹风感，就要通过改进送风口的位置和形式来改善室内气流组织。大循环风量还易引起噪声增大。在冬季，为了避免吹风感，即使安装了空调系统，也往往由配置的供暖系统通过供暖散热器供热。这样就导致室内重复安装两套环境控制系统，分别供冬、夏使用。

(e) 输配能耗偏大

为了完成室内环境控制的任务就需要有输配系统，带走余热、余湿、CO_2、气味等。在中央空调系统中，风机、水泵消耗了整个空调系统电耗的 40%～70%。在常规中央空调系统中，多采用全空气系统的形式，所有的冷量全部用空气来传送，导致输配效率很低。

② 温湿度独立控制的空调系统

随着节能减排的要求提高，以低品位热能作为夏季空调动力成为迫切需要。空调的广泛需求、人居环境健康的需要和能源系统平衡的要求，对传统的空调方式提出了挑战。新的空调系统应该具备的特点为：

(a) 加大室外新风量，能够通过有效的热回收方式，有效降低由于新风量增加带来的能耗增大问题；

(b) 减少室内送风量，部分采用与供暖系统共用的末端方式；

(c) 消除潮湿表面，采用新的除湿途径；

(d) 采用新的空气净化方式；

(e) 少用电能，以低品位热能为动力；

(f) 能够实现高体积利用率的高效蓄能。

目前普遍认为温湿度独立控制系统具备以上特征。

空调系统中，温度和湿度分别有独立的控制系统，具有较好的控制和节能效果，表现在温、湿度的分控，它可消除参数的耦合，各控制参数容易得到保证。

③ 合理采用蓄冷蓄热技术

蓄冷技术就是利用某些工程材料（工作介质）的蓄冷特性，储藏冷能并加以合理使用的一种实用蓄能技术。广义地说，蓄冷即是蓄热，蓄冷技术也是蓄热技术。

蓄冷（热）技术仅从能源转换和利用本身来讲并不节能，但是，冰蓄冷技术中采用的冷水大温差系统及低温送风系统会带来水、空气输送系统的节能。此外，蓄冷（热）技术对于昼夜电力峰谷差异的调节具有积极的作用，有益于区域能源结构调整、减少发电厂的建设，带来行业节能和环境保护的效果，为此宜根据当地能源政策、峰谷电价、能源紧缺状况和设备系统特点等合理采用。

(a) 工程材料的蓄冷（热）特性往往伴随其温度变化、物态变化或一些化学反应过程而得以体现。据此，可从原理上将全部蓄热（冷）介质广义地划分为显热蓄热、潜热蓄热和化学蓄热三大类型。在这些蓄冷介质中，最常用作蓄冷介质的是水、冰和其他一些相变材料。相变材料一般分为：有机相变材料、无机相变材料和复合相变材料，蓄冷用有机相变材料和无机相变材料的特点见表 5.2-1，复合材料则旨在克服前两者的不足，有效解决相变潜热低、导热系数小、发生相分离等现象。

蓄冷用有机相变材料与无机相变材料的特点 表 5.2-1

相变材料	有机相变材料	无机相变材料
举例	高级脂肪烃、脂肪酸、酯类、醇类、芳香烃类、高分子聚合物	无机盐溶液
优点	过冷度小，不发生相分离，腐蚀性弱，化学稳定性好，固态成型好	导热系数高，相变潜热大，储能密度小
缺点	导热系数低，相变潜热低，储能密度小	存在过冷，易发生相分离，绝大多数有腐蚀性

（b）常见的蓄冷蓄热技术、设备有：冰蓄冷、水蓄冷、溶液除湿机组中的储液罐、太阳能热水系统的蓄水池等。采用冰蓄冷、水蓄冷的空调系统，电驱动溶液除湿机组中的储液罐、太阳能热水系统的储水池均可利用夜间电力蓄能，起到调节昼夜电力峰谷的作用；而热驱动溶液除湿机组由于不使用电力作为动力，故其储液罐无法起到调节昼夜电力峰谷的作用，不属于蓄冷蓄热技术范畴。

一般认为，蓄冷（热）技术最适宜间歇使用、需冷（热）量大且相对集中的场合，这主要包括大量公共、商用建筑的空气调节和一部分工业生产过程。此外，蓄冷（热）系统还可为某些特殊工程提供应急备用冷（热）源，对于集中区域供热供冷，蓄冷（热）也成为一种主要的冷（热）源形式。

（c）蓄冷（热）技术应用的基本原则，除了考虑系统运行的安全、可靠、满足空调特定要求并尽可能便利维护管理外，还应比常规空调系统具有更好的经济性。为此，在蓄冷（热）空调工程设计中，应根据具体设计条件认真进行蓄冷（热）系统技术经济的分析与评估，选定适当的蓄冷（热）方式，采用成熟的蓄冷（热）技术，注意实现蓄冷（热）空调系统的整体优化。

（d）系统投入运行后需对蓄冷蓄热技术的实际应用效果进行测评。测评内容应包括高峰用电转移率和蓄冷（热）率。测试方法参照现行国家标准《蓄冷空调系统的测试和评价方法》GB/T 19412 及现行行业标准《电蓄冷（热）和热泵系统现场测试规范》DL/T 359。

④ 温湿度独立控制空调系统的基本组成

处理显热的系统与处理潜热的系统组成温湿度独立控制系统，两个系统独立调节、分别控制室内的温度与湿度，即利用湿度控制系统承担建筑全部的潜热负荷，实现对室内湿度的控制；利用温度控制系统，处理剩余的建筑负荷，实现温度控制。尽管各种除湿方式都会对室内显热负荷产生一定影响，但温度控制系统可承担这种影响产生的显热负荷，实现对室内温度的控制。

处理显热的系统包括：高温冷源、余热消除末端装置，采用水作为输送媒介，显热系统的冷水供水温度可提高到 18℃左右，从而能采用天然冷源，即使采用机械制冷方式，制冷机的性能系数也将大幅度提高。余热消除末端装置可以采用辐射板、干式风机盘管等多种形式，由于供水的温度高于室内空气的露点温度，因而不存在结露的风险。

处理潜热的系统，同时承担去除室内 CO_2、异味，以保证室内空气质量。此系统由新风处理机组、送风末端装置组成，采用新风作为能量输送的媒介。在处理潜热的系统中，湿度的处理可采用新的节能高效方法。一般来说，这些排湿、排有害气体的负荷仅随室内人员数量而变化，因此可采用变风量方式，根据室内空气的湿度或 CO_2 浓度来调节风量。

⑤ 新风处理方式

温湿度独立控制空调系统中，需要新风处理机组提供干燥的室外新风，以满足排湿、排 CO_2、排味和提供新鲜空气的需求。如何实现对新风有效的湿度控制是新风处理机组所面临的关键问题。

采用转轮除湿方式是一种可采用的解决途径；另一种除湿方式是空气直接与能吸湿的盐溶液接触（如溴化锂溶液、氯化锂溶液等），空气中的水蒸气被盐溶液吸收，从而实现空气的除湿，吸湿后的盐溶液需要浓缩再生才能重新使用。溶液式除湿与转轮式除湿机理相同，仅由吸湿溶液代替了固体转轮。由于可以改变溶液的浓度、温度和气液比，与转轮相比，溶液式除湿方式还可实现对空气的加热、加湿、降温、除湿等各种处理过程。本书第3章第3.4.6节对溶液除湿进行了较为详细的介绍。

4）根据建筑物所处地区的气象条件、室内冷负荷特性和末端设备的选用等，合理采用蒸发冷却（直接蒸发冷却和间接蒸发冷却）技术。

5）余热或废热利用。做好余热或废热利用，提供建筑所需的蒸汽或生活热水是建筑节能的又一途径。

生活用能系统的能耗在整个建筑总能耗中占有不容忽视的比例，尤其是对于有稳定热需求的公共建筑更是如此。用自备锅炉（如天然气热水锅炉等）满足建筑蒸汽或生活热水需求，不仅可能对环境造成较大污染，而且从能源转换和利用的角度看也不符合"高质高用"的原则，故不宜采用。鼓励采用市政热网、热泵、空调余热、其他废热等节能方式供应生活热水，既降低能源的消耗，同样也能提高生活热水系统的用能效率。

余热或废热利用技术实际应用效果的测评，应包括余热废热利用量及余热废热利用系统的效率。

测评要点包括：

① 监测内容：余热或废热利用技术的监测内容包括但不局限于以下内容：

（a）系统全年余热和废热的参数；

（b）系统的总供热量；

（c）余热和废热利用系统的总能耗。

余热或废热利用技术的典型工况检测内容包括但不局限于以下内容：

（d）余热和废热利用系统主要设备和系统的运行参数；

（e）系统余热和废热的参数；

（f）系统的总供热量；

（g）余热和废热利用系统的总能耗和分项能耗。

② 测评方法。余热或废热利用技术的综合评估，根据系统的具体设置情况，对系统的上述参数进行全年运行记录或监测。根据监测记录和计算结果，计算余热废热利用量、余热废热利用系统效率，对现有技术进行评估。

选取典型季节典型工况，对余热或废热利用技术的实际运行情况进行检查，并对系统的实际运行参数进行测试；根据测试结果，计算系统的效率和性能系数（按照不同的系统型式具体计算）；通过实测参数和设计参数的对比，评估系统运行性能和节能效果。

（a）鼓励采用市政热网、热泵、空调余热、其他废热等节能方式供应生活热水；

（b）在没有余热或废热可用时，对于蒸汽洗衣、消毒、炊事等应采用其他替代方法（例如紫外线消毒等）；

（c）空调系统设计中可采取相应的技术措施，包括回收排水中的热量，以及利用如空调冷凝水的冷量或利用其他余热、废热来作为生活热水的预热等。

对设有集中热水供应的住宅小区，系统设计合理并采取有效的保温措施，减少热水输送能耗和管网输送过程中的热量损失，基本要求是水加热站供水温度与最不利用水点处出水温度差小于10℃。

（5）结合当地气候和自然资源条件合理利用可再生能源，根据由可再生能源提供给的生活用热水比例、空调用冷量和热量的比例和提供电量的比例进行分档评分。

根据当地气候和自然资源条件，充分利用太阳能、地热能等可再生能源。可再生能源是指风能、太阳能、水能、生物质能、地热能、海洋能等非化石能源。国家鼓励安装太阳能热水系统、太阳能供暖和制冷系统、太阳能光伏发电系统等太阳能利用系统。

绿色建筑的要求是：建筑可再生能源的利用量由三部分组成：由可再生能源提供的生活用热水比例不低于20%；由可再生能源提供的空调用冷量和热量比例不低于20%；由可再生能源提供电量比例不低于0.5%。按比例的数值增加，增加得分分值。

1）太阳能利用

太阳能是一种清洁的可再生能源，具有极大的利用潜力。太阳能建筑是指利用太阳能代替部分常规能源以提供供暖、热水、空调、照明、通风、动力等一系列功能的建筑物，以满足（或部分满足）人们生活和生产的需要。

太阳能建筑大体可分为主动式和被动式两种。

① 主动式太阳能建筑

主动式太阳能建筑是在被动式太阳能利用设计仍不能满足建筑所需冷、热、电和光需求时，对建筑采用太阳能主动式利用技术，或在普通建筑上直接采用太阳能主动式利用技术所形成的建筑。主动式太阳能建筑需要一定的动力进行热循环，人在系统运行中处于主动控制地位，用户可根据自己的冷、暖、热等需要对系统进行调控，系统更为灵活方便。

主动式太阳能建筑对太阳能的利用效率高，主要是通过高效集热装置来收集、获取太阳能，然后再由热媒将热量送入建筑内，可以供暖、供热水及供冷，并且室内温度稳定舒适，波动较小。目前在发达国家应用广泛，但因为存在着设备复杂、技术含量较高、先期投资偏高、建设困难、阴天有云期间集热效率严重下降等缺点，主动式太阳能建筑在我国尚未得到广泛推广。

② 被动式太阳能建筑

被动式太阳能建筑的设计，关键在于如何最大限度地适应当地气候。设计的关键步骤包括：窗户的位置和窗的类型、保温隔热措施、空气的密封性、热质、遮阳措施和辅助热。如何根据当地气候设计建筑，是所有被动式太阳能设计技术的关键。每栋被动式太阳能建筑都包含五个不同的部件：收集器（aperture 或 collector）、吸收器（absorber）、热质（thermal mass）、热量发散（distribution）和热量控制（control）。

被动式太阳能建筑分为直接收益、间接收益和单独收益三类。

（a）直接收益是最简单的被动式太阳能设计技术。太阳光经由收集器进入室内——通常是通过向南的透明玻璃窗,阳光照射室内地板和墙体,物体吸收和存储太阳热量。当室温低于这些储物体表面温度时,这些物体就成为低温辐射器向室内供暖。

(b) 间接收益——特朗伯集热墙利用热虹吸管/温差环流原理,使用自然的热空气或水来进行热量循环,从而降低供暖系统的负担。特朗伯墙吸收了传统厚重墙体吸热蓄热的手法,同时具备了更轻盈的形象和更高的热效率,可以更主动地适应气候变化。

(c) 单独收益——附加阳光间附建在主体房屋的南侧,其围护结构全部或部分由玻璃等透光材料构成,地面做成蓄热体。

附加阳光间的年度热损失只相当于无该阳光间的年度热损失的一半,其平时管理比特朗伯墙简单。利用附加阳光间可以种花卉、果树,成为毗连种植温室。与此同时,附加阳光间使得视野开阔,心情舒畅,夏季可开窗通风,并设窗帘等遮阳物,防止太阳直射热。

③ 太阳能热水系统

有关内容见本书第6章第6.1节。

④ 太阳能光伏发电系统

太阳能光伏发电系统主要由太阳能电池板、蓄电池组、充放电控制器、逆变器、防反充二极管以及负载等部件构成。

系统主要由太阳能电池方阵、联网逆变器和控制器三大部分构成。太阳能电池方阵在太阳光辐射下产生直流电,经联网逆变器转换为交流电,经由配电箱将电能一部分供家用电器使用,另一部分多余的电能馈入公共市电网;在晚上或阴雨天发电量不足时,由公共市电网向用户用电设备供电。无论是由公共市电网向用户用电设备供电还是将多余的电能馈入公共市电网,都要经过电表计量向公共市电网"卖出"的电量和由公共市电网"买入"的电量,计算用户每个月的电费。

风力发电系统目前在我国发展也比较迅猛,我国已经成为世界上风力发电装机容量的第一大国。

⑤ 太阳能照明系统

太阳光线相比其他能源具有清洁、安全、高效的特点,相同照度的条件下,太阳光带入室内的热量比绝大多数人工光源的发热量都少。根据太阳光的利用方式,太阳能照明技术可以分为三种:第一种是直接利用方式,目前应用较多的是利用采光板反射太阳光将太阳光线直接引入室内;第二种是利用太阳光的光电转换,将太阳光直接转变成电能用于照明;第三种是利用光纤或导光管(筒),将太阳光直接引到室内实现照明。

2)地热的利用

地热的利用方式当前主要是利用地热能,主要有两种形式:一种是采用地源热泵系统加以利用;另一种是利用地道风。

① 地热能供暖

开发60~90℃的地热水用于北方城镇的集中供热是很有前景的事业。规划研究和设计这种供热系统时,首先应注意地热资源的特点(即不能在较短时间内再生)。应当采用分阶段开发、探采结合的方法,在开发利用过程中逐步探明地热田的潜力。地热是分散能源,只能就近利用。要注意水量、水温和水质三个影响利用的因素。即使在同一地点,取不同地层的水,三个因素也会有很大的差别。

国内正大力开发中深层地热能(包括地下深度200~3000m的地热能及地下深度

3000m 以上的干热岩所具有的热能，温度范围 25～150℃ 的来自深部地层的热水及 150℃ 以上的干热岩）。

② 应用地源热泵系统进行供暖、空调和提供卫生热水

根据现行国家标准《地源热泵系统工程技术规范》GB 50366，地源热泵系统定义为：以土壤或地下水、地表水为低温热源，由水源热泵机组、地能采集系统、室内系统和控制系统组成的供热空调系统。根据地能采集系统的不同，地源热泵系统分为地埋管、地下水和地表水三种形式。

地源热泵系统的工作原理主要是通过工作介质流过埋设在土壤或地下水、地表水（含污水、海水等）中的、一种传热效果较好的管材来吸取土壤或水中的热量（制热时）及排出热量（制冷时）到土壤中或水中。与空气源热泵相比，它的优点是出力稳定、效率高，且没有除霜问题，可大大降低运行费用。如果在该建筑附近有一定面积的土壤可以埋设专门的塑料管道（水平开槽埋设或垂直钻孔埋设），可采用地热源热泵机组。

在应用地源热泵系统（也应包括地热水直接供暖系统）时，不能破坏地下水资源。《地源热泵系统工程技术规范》GB 50366—2005（2009 年版）的强制性条文第 3.1.1 条规定：地源热泵系统方案设计前，应进行工程场地状况调查，并对浅层地热能资源进行勘察。GB 50366—2005（2009 年版）第 5.1.1 条规定：地下水换热系统应根据水文地质勘察资料进行设计，并必须采取可靠的回灌措施，确保置换冷量或热量后的地下水全部回灌到同一含水层，不得对地下水资源造成浪费及污染。地源热泵系统投入运行后，应对抽水量、回灌量及其水质进行监测。另外，如果地源热泵系统采用地下埋管式换热器，要注意并预测长期应用后土壤温度的变化趋势。因此，在设计阶段，应进行长期应用后（如 25 年）土壤温度变化趋势平衡模拟计算，或者考虑地下土壤温度出现下降或上升变化时的应对措施，如采用冷却塔、地下埋管式地源热泵产生热水、辅助热源、复合式系统等。

3）空气热能的利用

利用空气能热泵供热或供应卫生热水的技术与设备十分成熟，既是清洁能源又是作为可再生能源热源应用的一大领域。

当室外处于低温环境时，确保空气源热泵可靠供暖的技术不断呈现，常用做法有：

① 风冷涡旋压缩机喷气增焓热泵循环系统

该循环的流程图与热力循环图见图 5.2-1。当室外环境温度为 $-25℃$ 时，可制备约 55℃ 的热水，此时 COP 约 1.5。

② 双机双级压缩热泵循环系统（一级节流中间不完全冷却循环）

采用螺杆机时，该循环的流程图与热力循环图见图 5.2-2。当室外环境温度为 $-35℃$ 时，可制备约 60℃ 的热水，此时 COP 约为 1.4。

当高低压压缩机采用一个电机驱动时，则有单机双级压缩热泵循环系统。

③ 热源塔热泵系统

（a）开式热源塔热泵系统。制热运行时，采用喷淋防冻液与蒸发器进行热交换，消除了冬季热泵机组的蒸发器结霜问题，适合冬季湿球温度高于 $-9℃$ 的地区制热应用，在我国长江流域夏热冬冷地区应用，冬季的平均 COP 约为 3.8。

（b）闭式热源塔热泵系统。制热运行时，闭式热源塔换热盘管表面纳米涂层使得空气中水蒸气相变后不会附着在换热管表面形成霜层。换热盘管中采用低温超导纳米防冻液与空

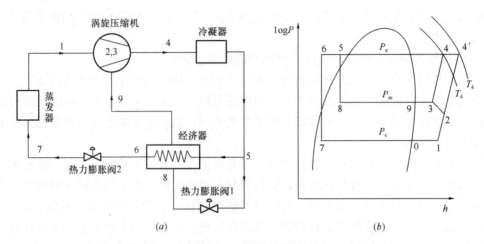

图 5.2-1 风冷涡旋压缩机喷气增焓热泵循环系统

(a) 流程图；(b) 热力循环图

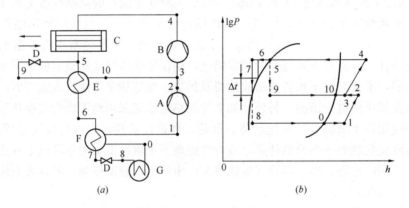

图 5.2-2 双机压缩热泵循环系统（一级节流中间不完全冷却循环）

(a) 流程图；(b) 热力循环图

A—低压级压缩机；B—高压级压缩机；C—冷凝器；D—节流阀；E—中间冷却器；F—回热器；G—蒸发器

气不接触，制热期间无需补充添加防冻液。避免开式热源塔盐溶液漂移损失，消除了对设备、管路的腐蚀和对环境的影响。闭式热源塔热泵机组可以采用螺杆式热泵机组或螺杆式热泵机组与磁悬浮热泵机组组合。制冷时，各热泵机组并联使用；制热时，各热泵机组串联使用。串联使用的优点是各热泵机组制热压缩比比较小，即采用小压缩比压缩机，从而提高了制冷能效。制冷时，螺杆式热源塔热泵机组能效 EER 一般为 5.0～5.4，磁悬浮热源塔热泵机组 EER 可达 6.4。制热时，螺杆式热源塔热泵机组与磁悬浮热源塔热泵机组串联使用在环境温度 $-20℃$、热泵系统提供 $45℃$ 热水时，COP 可达 2.6。采用两台螺杆式热源塔热泵机组串联，环境温度为 $-20℃$ 时最高可提供 $65℃$ 的热水，此时 COP 约 2.0。

（6）空调冷却水系统采用节水设备或技术：循环冷却水系统设置水处理措施（具有过滤或旁滤、缓蚀、阻垢、杀菌、灭藻等水处理功能）和化学加药装置改善水质，减少排污水量；加大集水盘、设置平衡管或平衡水箱等方式，避免冷却水泵停泵时冷却水溢出；采用无蒸发耗水量的冷却技术。

冷却塔应设置在空气流通条件好的场所；冷却塔补水管应设置计量装置。

5.2.5 环境宜居

1. 控制项

建筑的室内外日照环境、自然采光和通风条件与室内的空气质量和室外环境质量的优劣密切相关，对于住宅则直接影响居住者的身心健康和居住生活质量。

（1）建筑规划布局应满足日照标准，且不得降低周边建筑的日照标准。国家对住宅建筑以及幼儿园、中小学校、医院、疗养院等公共建筑都有日照要求。现行国家标准《城市居住区规划设计标准》GB 50180 中规定了有关住宅建筑日照标准要求。

（2）室外热环境应满足现行标准的要求。

建筑环境质量与场地热环境密切相关，热环境直接影响人们户外活动的热安全性和热舒适度。现行行业标准《城市居住区热环境设计标准》JGJ 286 对居住区详细规划阶段的热环境设计进行了规定，给出了设计方法、指标、参数。项目规划设计时，应充分考虑场地内热环境的舒适度，采取有效措施改善场地通风不良、遮阳不足、绿量不够、渗透不强等一系列问题，降低热岛强度，提高环境舒适度。

（3）场地内不应有排放超标的污染源。

污染源主要指：易产生噪声的运动和营业场所，油烟未达标排放的厨房，废气超标排放的锅炉房，污染物排放超标的垃圾转运站等。若有污染源应积极采取相应治理措施并达到无超标污染物排放要求。

2. 评分项

（1）场地内环境噪声优于现行国家标准《声环境质量标准》GB 3096 的要求

环境噪声是绿色建筑的评价重点之一。应对场地周边的噪声现状进行检测，并对规划实施后的环境噪声进行预测，必要时采取有效措施，改善环境噪声状况，使之符合现行国家标准《声环境质量标准》GB 3096 中关于不同声环境功能区的环境噪声限值的规定。

（2）采取措施降低热岛强度

包括室外活动场地设有遮阴措施的比例；道路路面太阳辐射反射系数不小于 0.4 或 70% 以上道路长度设有遮阴面积较大的行道树；屋顶绿化面积、太阳能板水平投影面积以及太阳辐射反射系数不小于 0.4 的屋面面积合计达到 75%。

5.2.6 提高与创新

提高与创新项得分为加分项得分之和（大于 100 分时，取 100 分），其中与供暖、通风与空调相关的是：

（1）采取措施进一步降低建筑供暖空调系统的能耗，相比国家现行有关节能设计标准降低 40% 及以上，最高得分 30 分。

（2）应用建筑信息模型（BIM）技术，在建筑的规划设计、施工建造和运行维护阶段的应用，每一阶段应用各得 5 分。在两个及以上阶段应用 BIM 技术应基于同一 BIM 模型开展。

BIM 技术支持建筑工程全寿命期的信息管理和应用，建筑的设计、施工、运行维护等阶段是应用 BIM 的工作重点内容。其中，规划设计阶段主要包括：①投资策划与规划；②设计模型建立；③分析与优化；④设计成果审核。施工阶段主要包括：①BIM 施工模型建立；②细化设计；③专业协调；④成本管理与控制；⑤施工过程管理；⑥质量安全监控；⑦地下工程风险管控；⑧交付竣工模型。运行维护阶段主要包括：①运行维护模型建立；②运行维护理；③设备设施运行监控；④应急管理。评价时，规划设计阶段和运行维护阶段 BIM 分别至少应涉及 2 项重点内容应用，施工阶段 BIM 至少应涉及 3 项重点内容应用，方可得分。

（3）进行建筑碳排放计算分析，采取措施降低单位建筑面积碳排放强度，评价分值为 12 分。建筑碳排放计算分析包括建筑固有的碳排放量和标准运行工况下的碳排放量。

（4）采用建设工程质量潜在缺陷保险产品，评价总分值为 20 分，并按标准规定的规则分别评分并累计，其中保险承保范围包括装修工程、电气管线、上下水管线安装工程，供热、供冷系统工程的质量问题，得 10 分。

（5）采取节约资源、保护生态环境、保障安全健康、智慧友好运行、传承历史文化等其他创新，并有明显效益，评价总分为 40 分。每采取一项，得 10 分，最高得 40 分。该处需有创新技术的支撑，对于节约能源、环境友好，实现可持续发展或具有较大社会效益时，可以参评。

5.3 绿色工业建筑运用的暖通空调技术

5.3.1 节地与可持续发展场地（总图布置）

1. 公用设施统一规划、合理共享

公用设施包括场地内的动力公用设施、为员工服务和为生产服务的配套公用设施，规划位置与建设形式，应在满足高效、合理服务于生产的前提下，应尽量节约用地，实现土地的集约使用。

动力公用站房的位置应设置合理，靠近市政基础设施或负荷中心，使得为全厂提供水、电、气等生产动力的变配电所、集中供热锅炉房、和水泵房，便捷地接收或提供市政供水、电、气、热等资源，减少输送损耗。

2. 建设场地有利于可再生能源持续利用

将日光、太阳辐射热、风、空气等可再生能源在合适的气候时引入建筑物内，能有效地降低电、油、煤、气等不可再生能源的消耗，减少二氧化碳和废气等污染物的排放量，减少投资和维护费用，提高室内空气舒适度和工作效率。

为充分、可持续利用可再生能源，需要对场地进行整体规划，使各建筑物的位置、朝向、高度不要影响室内外自然通风、自然采光和太阳辐射热的利用，又为绿化植物提供生长所需的光照，并有利于严寒与寒冷地区的冬季挡风。

拟采用太阳能、地热能、水能、风能等各类可再生能源以及生物质能源作为发电、热水、热源或冷源的项目，均宜先作场地利用该类资源的技术经济评估，采用成熟技术，并在场地规划时为之提供可应用的场地。

5.3.2 节能与能源利用

工业建筑节能设计应执行现行国家标准《工业建筑节能设计统一标准》GB 51245，采用供暖、空调的工业建筑属于一类工业建筑分类，其节能设计途径是实现围护结构、供暖和空调系统的节能设计，降低供暖、空调能耗；采用通风的工业建筑属于二类工业建筑分类，其节能设计途径是通过自然通风和机械通风的节能设计，降低通风能耗。

1. 工业建筑体形系数与建筑围护结构热工设计

(1) 建筑体形系数

严寒和寒冷地区的一类工业建筑的体形系数：单栋建筑面积 $A>3000m^2$，$\leqslant 0.3$；$800<A\leqslant 3000$，$\leqslant 0.4$；$300<A\leqslant 800$，$\leqslant 0.5$。

(2) 建筑围护结构热工设计

按照《工业建筑节能设计统一标准》GB 51245—2017 中第 4.3 节和第 4.4 节的规定进行设计。标准中对一类工业建筑给出围护结构传热系数和太阳得热系数限值，对二类工业建筑给出围护结构传热系数的推荐值，该推荐值和建筑的余热强度 q（W/m^3）相关。同时规定一类工业建筑总窗墙面积比大于 0.5 以及屋顶透光部分的面积与屋顶总面积之比大于 0.15 时，均必须进行权衡判断，权衡判断时，根据不同气候分区、围护结构部位，《工业建筑节能设计统一标准》GB 51245—2017 应执行建筑围护结构的传热系数最大限值。

当建筑围护结构采用金属围护系统且有供暖或空调要求时，构造层设计应采用满足围护结构气密性要求的构造，恒温恒湿环境的金属围护系统气密性不大于 $1.2m^3/$（$m^2 \cdot h$）。

2. 外门、外窗的气密性等级和开启方式

有温湿度要求时，根据需要确定其外门、外窗的气密性等级。

外门、外窗的气密性对于围护结构的保温、隔热具有重要作用。气密性差会增加室内外的热湿交换，改变室内的热湿负荷。工业建筑因具体的工艺要求，有时要求一定量室内外空气的热湿交换（在空调设计负荷计算时已作考虑）；有时则需要严格控制室内外空气的热湿交换，就需要对建筑外门、外窗的气密性等级做出规定，故应根据实际工艺需要对不同厂房做出正确的选择。如某些厂房空调、洁净设计要求室内保持正压而必须通过门、窗缝隙向外渗出时，则不予考虑气密性等级，但需要考虑外门、外窗开启的方式。无特殊工艺要求时，外窗可开启面积不宜小于开窗面积的 30%，或应设置相应通风装置。

3. 合理采用自然通风

工业厂房在生产过程中不可避免地会产生大量的余热、余湿，自然通风作为一种被动冷却方式，是改善室内热环境的一种节能、有效的技术措施。特别对有余热的厂房，应尽量采用自然通风。利用自然通风时，应避免自然进风对室内环境的污染或无组织排放造成室外环境的污染。

自然通风的利用应根据建筑周围环境、建筑布局、建筑构造、太阳辐射、气候、室内热源等，组织和诱导自然通风。太阳辐射对自然通风的影响较大，它是通过墙体的导热和热辐射作用间接地传入室内。

在厂房自然通风过程中，主要影响因素有风压及热压两种。由于工艺情况的复杂性、地区气候的差异性、建筑形式的不同，各类情况需区别对待。总的来讲，工业厂房的通风设计必须合理地确定建筑朝向和进、排风口的位置。在工厂总图布置时，需仔细研究当地的风玫瑰图，在合理利用地形的前提下，尽量使厂房的主要进风面朝向夏季主导风向。但当夏季主导风向为偏西向时，若以强化自然通风为主，则需采取遮阳措施，避免西晒问题；若以防西晒为主，则可采用调整窗扇开启方向的方法，利用窗面作为导风板以起到迎风的作用。

加大进、排风口的高差，有利于热压作用下自然通风的形成。通常情况下，厂房的排风可采用高侧窗；而对于散发大量余热的热加工车间，为保证排风的稳定，多采用避风天窗。对于进风，则多利用进风侧窗和门洞，进排风面积宜相近。

工业厂房设计自然通风过程中，应尽量降低中和面的高度。因为中和面低，才可能使室外进入厂房的新鲜空气绝大部分或全部经过工作区，这对降低工作区的温度、提高自然通风的效果有显著的作用；另外，在通风量一定的情况下，降低中和面即可减少排风天窗的开口面积，即要求下部进风窗的面积不小于排风天窗的开口面积，从而可以显著降低厂房土建工程的造价。

对于无人的高大厂房，自然通风的主要作用是排出余热和室内污染物，太阳辐射的存在，加快了污染物的排放效率。"太阳能烟囱"是一种利用太阳能强化自然通风的有效手段，它通过利用太阳辐射来提高烟囱通道内热压、促使诱导气流流动，能有效增加自然通风效率并提高室内空气质量。对于大空间内热源分布不均的情况，不能盲目地以提高通风量为目的，而应该适当地设计自然风的通路，使更多的新风直接对热源降温，又要防止换热后的空气流入低温区。

当热源靠近厂房的一侧外墙布置，且外墙与热源之间无工作地点时，该侧外墙的进风口宜布置在热源的间断处。

二类工业建筑宜采用单跨结构，多跨联合厂房宜采用冷、热跨间隔布置，使冷跨天窗进入的新鲜空气流经热跨的工作区，再经热跨天窗排出。

4. 输送流体设备合理采用流量调节措施

风机、水泵等输送流体的公用设备应合理采用流量调节措施。

风机、水泵等输送流体的设备，其能耗在工业建筑能耗中占有较大的比例，尤其当建筑大部分时间在部分负荷下使用时，输送能耗所占比例更大。因此，针对风机、水泵等输送流体的设备，采用流量调节措施，不仅可适应建筑负荷的变化，还可有效节约输送能耗。

有效的流量调节措施有多种，如输送流体设备的台数控制、电机调速（变极数、变频等）以及风机入口导叶调节技术等，需根据不同的情况，合理采用。

输送流体设备的台数控制往往是首选的基础性的调节措施，投入少、效果明显。若需要，在此基础上，再采用电机调速（变极数、变频等）或其他调节措施。

风机、水泵设计工作点应位于经济工作区之内，且与系统的"流量—扬程"特性匹配。水泵并联时，各台水泵的扬程应接近。

近年来，电机变频调速技术在风机、水泵流量调节中得到广泛推广，但在技术分析时，需注意变频器也是用电设备。当风机、水泵长期处于满负荷（或接近满负荷）使用工况时，采用变频器可能会增加电耗。此外，采用变频方式时，还需要采取可靠的技术措施减少或消除谐波污染。

5. 用能的计量

应按区域、建筑和用途分别设置各种用能的计量设备或装置，进行用能的分区、分类和分项计量。

分区计量是指按建筑单体和建筑功能进行分别计量；分类计量是指按消耗的能源种类进行计量；分项计量是指按用途（如工艺设备、照明、空调、供暖、通风除尘等）进行计量。

　　工业建筑的能源消耗情况比较复杂，节能减排潜力很大。以供配电系统为例，目前已建成的工业建筑，一般没有完全按照工业建筑各系统分别设置供配电装置，导致不能区分系统、设备的能耗分布，不能分析和发现能耗的不合理之处。

　　除分区计量外，新建、改建和扩建工业建筑各种用途的能耗均应进行独立的分类和分项计量，如工艺设备、公用设施各部分能耗的分别计量。

　　用能的分类、分项计量不仅可优化生产管理和控制，更有利于能耗的比较和分析，为进一步节能提供指引。

　　综上所述，系统用能应有按区域和用途分别设置的分区、分类和分项计量。

　　节能监测、能源计量器具配备和管理、能耗计算应分别执行《节能监测技术通则》GB/T 15316、《用能单位能源计量器具配备和管理通则》GB 17167 和《综合能耗计算通则》GB/T 2589 等的规定。

　　6. 空调系统的日常运行调整

　　在满足生产和人员健康前提下，洁净或空调厂房的室内空气参数、系统风量应根据需要及时调整。

　　工艺性空调的目的是满足生产和科学研究等的需求，空调系统设计是以保证工艺要求和人员健康为主，室内人员的舒适感处于次要位置。如：有的厂房洁净度 N8 级能满足生产要求，运行时就不必提高洁净度的等级；还有的机械厂房，室内温度全年设计为 20℃，实际生产时，夏天 24℃就能完全满足工艺要求。对于该类厂房，在满足生产和人员健康前提下，可适当调整室内空气参数的要求，会带来明显节能效果。

　　同样，系统的风量（包括新风量）与能耗关系密切，只要能满足生产和人员的健康要求，采用较小的风量（包括新风量）就可起到降低能耗的作用。

　　7. 提高能源的综合利用率

　　应采取有效措施，提高能源的综合利用率。如采用燃气冷热电联供技术，实现能源的梯级利用，能源利用效率可达到 80%以上，但较大且稳定的热需求是分布式热电冷联供技术运用的前提条件，还应考虑入网、并网等条件。

　　又如用于空调冷冻水的梯级利用等技术也是提高能源利用效率的措施。

　　8. 采用有效的节能供暖、空调系统

　　(1) 供暖的高大厂房，合理采用辐射供暖系统。

　　对流供暖作为工业厂房传统的供暖方式，会加热供暖空间中的全部空气。厂房空间的长、宽、高度以及建筑围护结构、保温性能、换气率等因素对供暖负荷的影响很大；另一方面，供暖空间的温度梯度分布，加大无效热损失，故传统的对流供暖效果较差、浪费能源；且传统的散热器供暖对高大工业厂房（通常指空间高度≥10m，且体积>10000m³ 的厂房）并不适用，有条件时宜采用（红外线）辐射供暖方式。有天然气供应且无需 24h 供暖的工业厂房采用（燃气）红外线辐射供暖方式，易实现随机调节控制，节能、舒适、安全、方便，辐射供暖系统已成功地应用于大型工业建筑。

　　红外线是整个电磁波波段的一部分，波长在 $0.76\sim1000\mu m$ 之间的电磁波，尤其是在 $0.76\sim40\mu m$ 之间，具有非色散性，能量集中，热效应显著，称为热射线或红外线。它以 30 万 km/s 的速度直线传播，当遇到物体时，大部分辐射被吸收并转变为热量，小部分辐射被反射。

燃气（油）红外辐射供暖是利用天然气、液化石油气等可燃气体或轻油，在特殊的燃烧装置——辐射管（板）内燃烧而辐射出各种波长的红外线进行供暖的。大型的燃气（油）辐射管发出的红外线波长在 $6\sim14\mu m$ 之间，正好全部在上述范围内。

燃气（油）辐射供暖相对对流供暖，节约能源可达 $30\%\sim60\%$。节能性主要体现在以下几方面：

1）由于辐射供暖将热量直接投射到供暖对象，在建立同样舒适条件的前提下，室内设计温度可比对流供暖时降低 2～3℃（高温辐射时，可降低 5℃或更多），从而可降低供暖能耗 $10\%\sim20\%$；

2）室内沿高度方向上的温度分布比较均匀，温度梯度小，无效热损失可显著减小；

3）燃气（油）在燃烧器内燃烧充分，而传统的暖气片供暖系统，热源从锅炉引出后，沿途有 $10\%\sim15\%$ 的热损失，所以热效率较低；

4）能量转换环节少，传统的供暖系统的热效率如下：

$$\eta = \eta_1 \times \eta_2 \times \eta_3$$

式中　η——供暖系统热效率，%；

η_1——锅炉热效率，%；

η_2——供热外管网热效率，%；

η_3——散热器（或空气处理设备）的热效率，%。

由上式可看出，传统供暖系统的热效率不高。

辐射供暖不仅节能，在运行过程中还不会导致室内空气的急剧流动，从而减小了四周表面对人体的冷辐射，提高了舒适感。

在成本方面，相比于传统的供暖方式，燃气红外辐射供暖系统结构简单，包括辐射器和控制器两大部分。辐射器本身既是燃烧器又是散热器，燃气红外线辐射器体积小、重量轻，辐射器可以用软管连接，拆装方便。只要有天然气、液化石油气等可燃气体的场所，都可以安装燃气红外辐射供暖系统。只要在燃气管网上接管，并在系统入口安装调压设备即可使用，配套设备少，节约投资。辐射装置一般均安装在建筑物的上部，不需要设备间，基本不占用建筑使用面积。

（2）除负荷计算合理外，根据实际情况选择有效的节能空调系统是空调节能的关键，例如：

1）热湿比较小或全年的热湿比变化较大的空调区，宜采用温湿度独立控制空调系统，且不应采用再热空气处理方式。

2）有条件时，采用蒸发冷却技术。

蒸发冷却过程以水作为制冷剂，由于不使用 CFCs，因而对大气环境无污染，而且可直接采用全新风，可极大地改善室内的空气品质。蒸发冷却技术的应用涉及地域气象条件以及系统方案的合理性。蒸发冷却技术广泛运用于干燥地区（室外空气计算湿球温度小于23℃）的空调系统中。

3）其他节能空调系统。

（3）根据工艺生产需要及室内外气象条件，空调制冷系统合理地利用天然冷源。

利用天然冷源时，要根据工艺生产需要、允许条件和室内外气象参数等因素进行选择。有多种方式可选且情况复杂时，可经技术经济比选后确定，例如：

1) 采用"冷却塔直接供冷"：有条件且工艺生产允许时，可借助冷却塔和换热器，利用室外的低温空气进行自然冷却，给空调的末端设备提供冷冻水等。

2) 运用地道风：有条件且工艺生产（特别是卫生条件）许可时，运用地道风进行温度调节是一项节能措施。

3) 空调系统采用全新风运行或可调新风比运行等。空调系统设计时，不仅要考虑设计工况，而且还应顾及空调系统全年的运行模式。新风管及排风系统应满足过渡季全新风或加大新风比的需求，既可有效改善空调区域内的空气品质，又显著节约系统的能耗。

（4）设计时正确选用冷冻水的供回水温度，运行时合理设定冷冻水的供回水温度。

名义工况是空调、制冷设备的产品设计和性能参数比较的基准和依据，此时冷冻水的供/回水温度是 7℃/12℃，但该供回水温度并非就是工业建筑空调系统最佳的供回水温度。很多情况下，空调供水温度不但可以而且应该高于 7℃，甚至还可以通过提高热交换设备的换热效果而使空调冷冻水的供回水温差大于 5℃（相应的冷冻水量减少，水泵功率减小，水泵节能），此时空调设备的能效比将显著提高。因此，无论是设计阶段还是运行阶段，正确选用或合理设定冷冻水的供回水温度，提高能效比，是空调系统节能的有效措施。

（5）在满足生产工艺条件下，空调系统的划分、送回风方式（气流组织）合理并证实节能有效。

高大厂房（不含气楼的屋面最高点与地面高度差大于 10m，且体积大于 $10000m^3$ 的厂房）采用分层空调方式可节约冷负荷约 30%。对只要求维持工作区域空调的厂房，宜采用分层空调。

很多工业建筑（如纺织厂）因生产工艺的特殊性，也可采用灵活的空调形式，如"工位空调"或"区域空调"等，这既可满足空调要求，又节能。

（6）集中空调循环水系统的水质应符合现行国家或行业相关标准、规范的规定。

集中空调循环水系统的日常水质稳定处理，不仅可延长管线和设备的使用寿命，而且能节约大量的电能及水资源，还可防止集中空调水系统的结垢、腐蚀、菌藻附着，保证系统设备经济而安全运行，创造稳定的舒适工作和生活环境。

采用化学加药处理方法是循环水水质稳定处理中的一种常用的有效且经济的技术措施，即根据循环冷冻水系统的水质和系统材质特点，采用合适的水质稳定剂以控制系统的结垢、腐蚀、细菌藻类滋生等。加药处理后的循环水质执行《工业循环冷却水处理设计规范》GB 50050—2017 的规定，其中：碳钢传热面水侧腐蚀速率应小于 0.075mm/a；铜合金和不锈钢传热面腐蚀率应小于 0.005mm/a；传热面水侧污垢热阻应小于或等于 $3.44 \times 10^{-4} m^2 \cdot k/W$；传热面水侧粘附速率应小于或等于 $15mg/(cm^2 \cdot 月)$。

采用 A.O.P 高级氧化技术（Advanced Oxidation Process）处理方法是循环水水质稳定处理中的一种新的有效且经济的技术措施。

A.O.P 高级氧化技术（原理为：应用电力制氧设备产生的强氧化性物质——臭氧，根据冷却水的特征参数，决定一定浓度的臭氧，受控地连续注入冷却循环水中，产生一系列的 HO·自由基反应，使水中的有机物与微生物分解和破坏，产生易于生化处理的小分子和天然无害物质）可优于化学加药处理方法，其杀菌能力极强，阻垢缓蚀、灭藻防腐，可实现保障公共卫生、节能、节水、减排、延长设备寿命，有利设备稳定运行。已成熟的

A. O. P 高级氧化技术及其成套设备在我国已成功运用于工业行业、地铁车站等的集中空调循环水水质处理系统中。

（7）工业建筑的供暖和空调合理采用水（地）（利用土壤、江河湖水、污水、海水等）热泵及其他可再生能源。

当前，在水（地）热泵应用方面我国很多地区发展较快，但采用水（地）热泵系统（包括地热水直接供暖系统）应考虑其合理性，如：有较大量余（废）热的工业建筑，应优先利用余（废）热；要考虑地源热泵的使用限制条件，如地域条件和对地下水资源的影响等，应注意对长期应用后土壤温度变化的趋势预测等。

由于舒适性空调为常规性要求，水（地）热泵系统较为适用；但工业建筑的工艺性空调要求一般较高或要求较为特殊，采用水（地）热泵作为冷热源，应对其能提供的保障率进行分析后再采用。

太阳能的热利用（包括太阳能光电应用）与建筑一体化技术的发展，能使太阳能热水供应、供暖、空调工程可以预期会有更大的发展。

（8）设置工艺过程和设备产生的余（废）热回收系统，有效收集、梯级利用。

工业生产过程中往往存在大量中、低温的余（废）热，这部分热量由于品位较低，一般很难在工艺流程中直接被利用。鼓励将这些余（废）热用于工业建筑的工艺、空调、供暖及生活热水等。当余（废）热量较大时，可考虑在厂区建立集中的热能回收供热站，以对周边建筑集中供热。当前，吸收式热泵机组在回收低品位的余热领域，正得到较为广泛的应用。余热回收增加的投资，其静态投资回收期不宜超过 5 年。

（9）在有热回收条件的空调、通风系统中合理设置热回收系统。

工业建筑设置热回收装置，用于新风的预热（冷）或（经必要的净化处理）用于空调的回风等。计入回收装置的送、排风机增加能耗后的系统净回收效率：显热回收，不应小于 48%；全热回收，不应小于 55%；溶液循环式热回收，不应小于 40%。

（10）合理利用空气的热能。

空气源热泵系统是利用空气低品位热能的一种常用、方便的方式，并有一定的节能效果，在我国已得到广泛的应用。

严寒和寒冷地区利用空气的低品位热能，应注意分析其能源效率和运行的可靠性。

9. 暖通、动力设备的能效值

暖通、动力设备的能效值（效率、热效率、能效比、负荷性能系数等）应分别达到如下相应的规定：

（1）空调、供暖系统的冷热源机组的能效值达到国家现行标准规定的 2 级及以上能效等级；

（2）单元式空气调节机组的能效值达到国家现行标准规定的 3 级及以上能效等级；

（3）多联式空调机组的能效值达到国家现行标准规定的 1 级；

（4）风机、水泵等动力设备（消防设备除外）效率值达到国家现行标准规定的 2 级及以上能效等级；

（5）锅炉效率达到国家现行标准规定的 2 级及以上工业锅炉能效等级。

上述有关产品的能效等级要求所依据的标准是：

《冷水机组能效限定值及能源效率等级》GB 19577；

《单元式空气调节机能效限定值及能源效率等级》GB 19576；

《多联式空调（热泵）机组能效限定值及能源效率等级》GB 21454；

《通风机能效限定值及能效等级》GB 19761；

《清水离心泵能效限定值及节能评价值》GB 19762；

《工业锅炉能效限定值及能效等级》GB 24500。

《工业建筑节能设计统一标准》GB 51245—2017规定了冷水（热泵）机组额定制冷量的性能系数（COP）限值、综合部分负荷系数（IPLV）的限值和空调冷源综合制冷系数（SCOP）限值；规定了额定制冷量大于7.1kW的电机驱动压缩机的单元式空调机及风管式、屋顶式空调机在名义工况和规定条件下的能效比（EER）限值；规定了溴化锂吸收式冷水机组的性能参数限值。

10. 节能调节系统

公用设备（系统）应设置有效的节能调节系统。

锅炉、空调设备、水泵机组、风机等公用设备（系统）设备并不会始终在满负荷状态下运行。合理地采用有效的节能调节措施（如采用设备变频技术、智能控制技术、设备群控技术等），可取得明显的节能效果。

11. 节能调试

施工完毕后，应对制冷、空调、供暖、通风、除尘等系统进行节能调试，调节功能正常。

节能调试遵照《通风与空调工程施工规范》GB 50738进行，是为了使制冷、空调、供暖、通风、除尘等系统处于最佳节能运行工况而进行的节能调试且调节功能正常。调试工作由除甲方和施工方以外的有资质的第三方进行，并提供详细的节能调试报告书。

12. 利用可再生能源供生活热水

利用可再生能源供应生活热水不低于生活热水总量的10%。

可再生能源的热利用要根据当地的能源价格现状和趋势，经技术经济分析比较后再确定。

由于可再生能源（特别是太阳能）的热利用较为成熟、方便，且工业建筑的生活热水总量往往不是很多，故利用可再生能源供应的生活热水量不低于生活热水总量的10%的要求是可实现的。需提到，采用的生活热水制取方法的效率高于可再生能源方式的，评价时可按可再生能源对待。

13. 节水与排水能量回收

（1）冷却系统合理采用其他介质替代常规水

在缺水及气候条件适宜的地区，鼓励采用空气介质的冷却系统及其他高效、实用、经济合理的介质替代常规水冷却系统的冷却技术。

（2）空调冷却水

空调冷却水应采用循环供水系统，并应具有过滤（或旁滤）、缓蚀、阻垢、杀菌、灭藻等水处理功能。

应使冷却水的水质符合《工业循环冷却水处理设计规范》GB 50050的规定。采用高效冷却塔，冷却塔应设置在空气流通条件好的场所；冷却塔补水管应设置计量装置，采取适当措施，使用地表径流或回收水作为空调系统补水。

（3）空调冷凝水

对于工业建筑采用大型集中空调系统时，应实现冷凝水的回收与再利用。其用途或为补充冷却塔的补给水，或直接用于适应要求的工艺冷却用水，既节能也节水。

（4）排水中的热量回收

高温回水宜进行梯级利用。

温度高于40℃的污、废水，排入城镇排水管道前，应采取降温措施。一般宜设降温池，降温池宜利用废水冷却。所需冷却水量应用热平衡方法计算确定。对于温度较高的污、废水，应将其所含热量回收利用。

5.3.3 室外环境与污染物控制

1. 废气中有用气体的回收

废气中有用气体的回收利用率符合国内同行业现行清洁生产标准的基本或先进或领先水平。

依据《中华人民共和国清洁生产促进法》《中华人民共和国循环经济促进法》，对生产过程中产生的废气进行综合利用，回收有用的物质。在废气再利用过程中，应根据行业生产特点，确保综合利用过程安全生产并防止产生二次污染。

2. 大气污染物的排放

大气污染物的排放浓度、排放速率和无组织排放浓度值应符合或优于国家、行业和所在地方现行排放标准的要求；废气中有关污染物排放总量应符合或优于国家和地方现行污染物总量控制指标的规定。

大气污染物主要指生产过程中产生的需要排放的各类可能对室外大气环境质量造成影响的物质。对于现有污染源大气污染物排放、建设项目的环境影响评价、设计、环境保护设施竣工验收及其投产后的大气污染物排放，应符合国家、行业及地方现行污染物排放标准的规定。

根据国家和地方污染物排放总量控制的要求，地方环保部门对企业的具体污染物控制制定总量控制指标，企业在规划设计、环境评价时，应根据其具体指标确定具体技术措施，并满足相应的总量控制指标的要求。

标准限值按照国家、行业、地方标准中规定最严格的限值执行。

3. 设备、设施产生的振动强度

设备、设施产生的振动强度应符合现行国家和行业现行有关标准的要求。

一些设备、设施工作时，会产生振动，对周边人员的正常生活及生产活动造成影响，因此有必要采取减振、隔振措施，使工艺设备和公用设备产生的振动符合国家、行业现行有关标准的规定。

有的工业厂房设备产生的振动相当大，如重型机械厂的大型锻造设备、大型空压机等，对相邻环境影响显著。除了工业设备运行的振动外，交通、建筑施工也会引起地面振动。振动对室内、室外影响都严重的都要采取减振、隔振等措施进行控制。

在选址、总图布置、生产设备选型、设备安装、设备基础设计、建筑结构设计和生产管理等方面，均应考虑振动的影响并采取减振技术措施。

4. 场地环境噪声

场地环境噪声应符合国家和地方现行标准的规定。

根据《中华人民共和国环境噪声污染防治法》，在城市范围内对周围生活环境产生的工业噪声，应符合《声环境质量标准》GB 3096 和《工业企业厂界环境噪声排放标准》GB 12348，还应符合所在行业和地方标准的规定。

生产过程中产生的噪声是噪声污染的重要来源，工业建筑应按照有关标准的要求，防治噪声污染。对生产过程和设备产生的噪声，应首先从声源上进行控制，采用低噪声的工艺和设备；否则，应用隔声、消声、吸声以及综合控制等噪声控制措施。

5.3.4 室内环境与职业健康

1. 厂房内的空气温度、湿度、风速

厂房内的空气温度、湿度、风速应符合现行国家和行业有关设计卫生标准的规定。

厂房内的温度、湿度和风速对工作人员的舒适性、职业健康有影响。为保证职业健康，要求工业建筑内的温度、湿度和风速需满足《工业企业设计卫生标准》GBZ 1 的基本规定和有关行业标准的规定。因生产需要的空气温度、湿度、风速等要求，还应符合各行业现行有关标准或工艺要求。

2. 辅助生产建筑的室内空气质量

辅助生产建筑的室内空气质量应符合国家和行业现行有关标准的规定。《室内空气质量标准》GB/T 18883 的适用范围为住宅和办公建筑，工业建筑的辅助生产建筑在没有相应的国家或行业标准的情况下可参照该标准执行。同时，《工业企业设计卫生标准》GBZ 1、《工业建筑供暖通风与空气调节设计规范》GB 50019 等现行标准对辅助生产房间内的空气质量也有相应规定。

3. 生产厂房内有害物质浓度

生产厂房内有害物质浓度应符合国家和行业现行有关标准的规定，应满足《工作场所有害因素职业接触限值　第1部分：化学有害因素》GBZ 2.1 和《工作场所有害因素职业接触限值　第2部分：物理因素》GBZ 2.2 的基本要求和有关行业标准的规定，满足职业安全卫生评价的要求。

工业建筑中由于原辅材料以及生产、加工工艺的原因，生产车间内会产生一定浓度的有害物质。当有害物浓度超过一定范围或与人体接触时间较长时，容易危害现场操作人员的身体健康，导致职业病的发生。特别是对产生易燃易爆的有害物质，未能有效控制，往往还会发生安全事故。因此，工业企业运行应满足国家相关标准的要求。此外，应该要求必须设置有效的有害物质实时检测、报警系统。

对已采取工程控制措施，且在同行业内无法达到标准要求的情况下，可根据实际情况采取适宜的个人防护措施，确保职工的健康。

4. 室内最小新风量

室内设计和运行期间的最小新风量应符合国家和本行业现行卫生标准、规范的规定。

采用集中空调的工业建筑，其空调最小新风量应满足国家卫生标准要求的新风量、补风量、稀释有害物至国家标准和行业标准要求所需的新风量三者之大者，维护车间内操作人员的身体健康。无集中空调的工业建筑，可采用送排风等措施使进入车间内的新风量满足国家和行业标准的要求。

5. 建筑内的噪声

对建筑内产生的噪声应采取减少噪声污染和隔声措施，建筑物及其相邻建筑物的室内噪声限值符合国家和本行业现行有关标准、规范的规定。

噪声已成为世界七大公害之首。噪声对人体的伤害基本上可以分为两大类:一类是累积的噪声损伤,指工人在日常生活中每天都要接触的、具有积累效应的噪声;另一类是突然发生噪声所致的爆震聋,其对职工的危害是综合的、多方面的,它能引起听觉、心血管、神经、消化、内分泌、代谢以及视觉系统或器官功能紊乱和疾病,其中首当其冲的是听力损伤,尤其以对内耳的损伤为主。这些损伤与噪声的强度、频谱、暴露的时间密切相关。噪声危害在工业建筑中普遍存在,采取措施降低噪声造成的危害对保证职业健康有重要作用。

对于已采取工程控制措施,且在同行业内无法达到标准要求的情况下,可根据实际情况采取有效的个人防护措施,确保职工的健康。

目前现行的有关国家标准为《工业企业设计卫生标准》GBZ 1、《工作场所有害因素职业接触限值 第2部分:物理因素》GBZ 2.2、《工业企业噪声控制设计规范》GB/T 50087和《声环境质量标准》GB 3096 等。

6. 建筑内的振动

对建筑内产生的振动应采取减少振动危害或隔振措施,应使手传振动接振强度、全身振动强度和相邻建筑物室内的振动强度符合国家和本行业现行有关标准的规定。

工业生产过程中,工业设备、操作工具产生的振动通过各种途径传至人体,对人体造成危害。振动的作用不仅可以引起机械效应,更重要的是可以引起人员生理和心理的效应。从工艺、工程设计、个体防护等方面采取减少振动危害的措施,可以有效保护职工的身体健康。

对于已采取工程控制措施,且在同行业内无法达到标准要求的情况下,可根据实际情况采取有效的个人防护措施,确保职工健康。

目前现行有关国家标准有《工业企业设计卫生标准》GBZ 1 和《工作场所有害因素职业接触限值》GBZ 2.2 等。

5.3.5 运营管理

1. 企业的建筑节能管理标准体系

企业应建立有效的建筑节能管理标准体系,可以反映企业节能管理水平,实现企业节能工作的制度化、连续性和企业的节能目标和企业节能社会责任的客观需求,覆盖企业的各节能环节。国家标准《企业节能标准体系编制通则》GB/T 22336 对企业节能标准体系的编制原则和要求、企业节能标准体系的层次结构、企业节能标准体系的标准格式进行了规定。

2. 能源管理系统

能源管理系统应符合生产工艺和工业建筑的特点,系统功能完善,系统运行稳定。

为保证工业建筑的安全、高效运营,设置合理、完善的建筑信息网络系统,能顺利支持通信和计算机网络的应用,并运行安全可靠,为企业进行能源管理和制定节能目标提供可靠的依据和信息渠道。

3. 自动监控系统

对建筑物和厂区各类站房内设备、设施的运行状况设置自动监控系统,且运行正常。

各类动力站房是维持工业生产必不可少的组成部分,是重要的工业辅助建筑,其内部布置了各种动力设备，操作员工的工作环境相对较差。为了减轻员工的劳动强度，降低设备故障率，合理地设置远程监控装置、报警装置、远程数据采集装置等，以提高设备系统运行的可靠性，既减少了人为因素的影响，又保护了员工的健康。

4. 计量

对建筑物和厂区内公用设备、设施的电耗、气耗及水资源利用等设置便于考核的计量设施，进行实时计量和记录。

对各类公用设备及设施的能耗实行实时计量和记录，从而充分掌握公用设备及设施的能耗现状，及时发现并调整作业流程中的节能瓶颈，监控企业能源运行管理状态，提升企业运行管理能力和水平，降低企业运行成本，又可为节能、节水、环境保护方面提供有效可靠的决策依据。在设置计量设施和记录计量数据时，应充分考虑分项计量和按考核单位进行数据统计。

5. 公用设备和设施的检修、维护

根据公用设备和设施的运行规律，定期检修、维护是保证公用设备和设施正常、安全运行的必要措施，可以防止公用设备和设施在非正常条件下运行造成的资源浪费、影响生产和室内外环境，杜绝安全事故的发生。检修制度应根据相应设备或设施的具体性能要求进行制定，在执行检修和维护制度的过程中，应保留完整的记录。

5.4 绿色建筑的评价

5.4.1 我国绿色建筑评价标准

1. 绿色建筑评价标准

（1）《绿色建筑评价标准》GB/T 50378—2019

该标准是总结我国绿色建筑方面的实践经验和研究成果，在《绿色建筑评价标准》GB/T 50378—2014 的基础上修订而成。同时国内已经发布绿色办公建筑、绿色商店建筑、绿色饭店建筑、绿色医院建筑、绿色博览建筑、绿色校园等系列评价标准，正不断完善适合我国国情的绿色建筑评价体系。

（2）《绿色建筑评价标准》GB/T 50378—2019 的评价指标体系和评价等级

1）评价体系

标准包括以下五类指标：

① 安全耐久；

② 健康舒适；

③ 生活便利；

④ 资源节约；

⑤ 环境宜居。

以上每类指标均包括控制项和评分项。其中，控制项为评价绿色建筑的必备条款，并赋予基础分值。指标体系还设置"提高与创新"加分项，以鼓励绿色建筑采用提高、创新的建筑技术和产品。

2）绿色民用建筑评价

建筑单体（应为完整的建筑）和建筑群均可以参评绿色建筑，并均应满足现行城市各种规划中提出的绿色发展控制要求。

绿色建筑的评价，首先应基于评价对象的性能要求。当需要对某工程项目中的单栋建筑或建筑群进行评价时，由于有些评价指标是针对该工程项目设定的（如住区容积率、绿地率），或该工程项目中的其他建筑也采用了相同的技术方案（如水源热泵区域供冷、供暖项目），难以仅基于该单栋建筑进行评价，此时应以该单栋建筑所属工程项目的总体为基准进行评价。

绿色民用建筑评价分为建筑施工图设计完成后的预评价和建筑工程竣工后评价，体现绿色建筑向注重运行实效方向发展，以保证绿色建筑性能的实现。

申请评价方应对参评建筑进行全寿命期技术和经济分析，选用适宜技术、设备和材料，对规划、设计、施工、运行阶段进行全过程控制，并应在评价时提交相应分析、测试报告和相关文件。申请评价方应对所提交资料的真实性和完整性负责。

3）评价等级

控制项的评定结果应为达标或不达标，只有达标（满足所有控制项的要求方可获得基础分值 400 分）前提下，才能赋予按标准规定的评分项和加分项的分值，有关分值计算规定详见《绿色建筑评价标准》GB/T 50378—2019。

绿色民用建筑划分为基本级（满足全部控制项要求）、一星级、二星级、三星级 4 个等级，一星级、二星级、三星级总得分分别要求为 60 分、70 分、85 分。满足所有控制项的要求获得计算分值 40 分。评价计算分值满分值的五类指标中，资源节约类为 200 分；安全耐久类、健康舒适类和环境宜居类各为 100 分；生活便利类预评价为 70 分（不含物业管理等分值）、竣工后评价为 100 分。提高与创新项满分值为 100 分。

绿色民用建筑评价分值时，尚应符合下列规定（不包括基本级）：

① 绿色建筑均应满足每类指标的评分项得分不应小于其评分项满分值的 30%；

② 绿色建筑均应进行全装修，全装修工程质量、选用材料及产品质量应符合现行行业标准《住宅室内装饰装修工程质量验收规范》JGJ/T 304 和《建筑装饰装修工程质量验收标准》GB 50210 等有关标准的规定；

③ 绿色建筑对于有关技术要求执行《绿色建筑评价标准》GB/T 50378—2019 的规定，技术要求为：围护结构热工性能的提高比例，或建筑空调负荷降低比例；严寒和寒冷地区住宅建筑外窗传热系数降低比例；节水器具用水效率等级；住宅建筑隔声性能；室内主要空气污染物（包括氨、甲醛、苯、总挥发性有机物、氡、可吸入颗粒物等）浓度降低比例和外窗气密性能。

4）金融政策支持

为大力推进绿色建筑的实施，国家出台了绿色金融政策，其中，绿色建筑属于可申请绿色金融服务的项目，包括项目融资、营运和风险管理等所提供的金融服务，申请时，按照相关要求，应对建筑的能耗和节能措施、碳排放、节水措施等进行计算和说明，并形成专项报告。绿色金融服务成为绿色建筑可持续发展的重要保证。

在提高与创新项中，对采用建设工程质量潜在缺陷保险产品，给出评价分值也属于金融政策支持的范畴。

2.《绿色工业建筑评价标准》GB/T 50878—2013

《绿色工业建筑评价标准》以贯彻落实我国建设"绿色发展　建设资源节约型、环境友好型社会"和"低碳经济、低碳社会"的方针政策为目标，实现工业建筑在全寿命周期内节地、节能、节水、节材、保护环境、保障员工健康和加强运行管理的"四节二保一加强"的要求。标准在此基础上，提出了符合中国国情、具有工业特点、共性的、可操作的量化指标和技术措施。

标准适用于新建、扩建、改建、迁建、恢复建设的工业建筑和既有工业建筑的各行业工厂或工业建筑群中的主要生产厂房、各类辅助生产建筑。

工业企业建筑群中独立的办公科研建筑、生活服务建筑以及培训教育建筑、文化娱乐建筑等其他非生产性和非辅助生产性建筑都不在本标准评价范围内，而应执行相关的评价标准。

标准规定的是各行业评价绿色工业建筑需要达到的共性要求。

（1）评价体系

标准包括以下七大指标：

1）节地与可持续发展场地；

2）节能与能源利用；

3）节水与水资源利用；

4）节材与材料资源利用；

5）室外环境与污染物控制；

6）室内环境与职业健康；

7）运行管理。

上述七大指标中的具体指标分为必达分项和评分项两类。其中，必达分项为评价绿色工业建筑的必备条款。为了鼓励绿色工业建筑在建设或运行过程中所采取的创新技术或管理方法，标准设置了技术进步与创新加分，最高可得 10 分，实际得分累加在总得分中。

按工业建筑对绿色工业建筑评价体系各类指标的满足程度的不同，绿色工业建筑划分为一星、二星、三星三个等级。

（2）评价等级

在工业建筑满足所有必达分项要求或必达分项的最低得分要求（合计为 11 分）的前提下，采用绿色工业建筑量化评分方式，按标准规定的得分项逐条评分，再分别计算各类指标得分和加分项附加得分，最后对各类指标得分加权求和并累加上附加得分，计算出总得分。

绿色工业建筑划分为三个等级：一星、二星、三星级，总得分分别要求为大于或等于40 分、大于或等于 55 分、大于或等于 70 分。

我国绿色工业建筑的特征是"四节二保一加强"，要求必达分项指标最低得分值必须达到绿色工业建筑标准的规定为 11 分。

1）绿色工业建筑评价

参评绿色工业建筑，可以是主要生产厂房及其在内的办公间和生活间，也可以是全厂性项目，进行全厂性评价时，建筑群中其他辅助生产建筑、各类动力站房建筑、试验检验车间、仓储类建筑均应包括在内。

贴建于厂房的全厂性办公楼和其他类型建筑应按绿色民用建筑的评价标准进行。

绿色工业建筑评价分为规划设计评价和全面评价两个阶段，考虑到施工阶段应按相关标准进行评价，因而标准未纳入施工阶段评价内容。

规划设计评价：规划设计评价应在建筑工程施工图文件审查通过后进行。其中还应具备项目建设中各项符合法规与政府相关主管部门的许可证或批复。重点评价绿色工业建筑所采取的"绿色措施"和预期效果。简言之，评的是工业建筑的设计。

全面评价：全面评价应在工业建筑通过竣工验收并投入正常运行管理一年后进行。之所以提"正常运行"，实际指的是该项目的产品产量应达到设计规模（设计纲领），否则，会导致单位产品的能耗、水资源利用指标等偏大而达不到要求，也不能反映相应绿色工业建筑有关"绿色措施"所产生的实际效果。简言之，是对已投入运行并达到生产规模的工业建筑进行最终结果的评价。

我国不同地区的自然条件、经济发展水平与社会习惯存在很大差异，因此评价绿色工业建筑时，应考虑不同区域的自然条件、经济和文化影响等因素，注重地域性，因地制宜、实事求是，充分考虑建筑所在地的特点。

绿色工业建筑所属的工业项目首先是应符合国家及产业发展规划、行业准入条件、污染排放达标的项目，不应是列入国家淘汰落后产能的项目。

标准厂房仅可申报绿色工业建筑设计标识，且须提交控制性详细规划文件及招商文件，其内容应明确产业准入门槛，禁止高能耗、高污染产业进入，推行企业清洁生产制度，实行污染物总量控制，推广可再生能源利用。

2）我国绿色工业建筑评价标准的特点

该标准是国际上首部专门针对工业建筑的绿色评价标准，以实现"四节二保一加强"为目标，提出了符合中国国情、具有工业特点、共性的、可操作的量化指标和技术要求。

标准中的绝大多数条文对于各行业绿色工业建筑的评价是通用的，但是涉及能耗和水资源利用等指标判定时，则要在同行业之间进行比较，依据项目的指标所处国内同行业的基本水平、先进水平和领先水平的不同，相应获得不同的评价分值。显然，上述水平的评价是一个动态的、变化的数值。换句话说，不同时期的项目在某一指标上获得的相同分值，并不代表其指标内涵为完全相同的状况。因为，有关水平的划分是以统计期内的行业数据为基准的。

5.4.2　国外绿色建筑评价标准

1. 美国 LEED 评价体系

（1）LEED 评价体系概况

美国 1998 年颁布了非政府性（美国绿色建筑协会 USGBC）的绿色建筑评价标准 LEED（Leadership in Energy and Environmental Design），后改版数次，至 2009 年颁布了 LEED 2009 的第三版，即"绿色建筑评价工具"，其下划分为七个分支：

1）新建建筑（NC）；

2）既有建筑营运管理（EB）；

3）商业建筑室内设计（CI）；

4）业主和用户共同发展（CS）；

5）住宅（H）；

6）社区规划与发展（ND）；

7）学校（S）。

LEED绿色建筑评价体系是美国绿色建筑协会（下简称美国绿建委）用于推广、鼓励及评价认证绿色建筑与绿色社区，推动建筑市场转型的有力工具。评价体系定期更新，以反映建筑技术和政策的新动态。

（2）LEED评价体系的等级划分

LEED的得分，分为"必得分"和"可得分"两类。以LEED第三版"LEED-新建建筑和大规模改建"为例，基本分为100分，再加上"设计创新"分6分和"地域优先"分4分，合计共有"可得分"110分。

七大类得分点的具体分布如下：

1）场地：最多可得分26分/必得分1分

主要内容：交通、场地选择、场地设计与管理、雨水管理。

2）水：最多可得分10分/必得分1分

主要内容：室内用水、室外用水、设备用水。

3）能源与大气：最多可得分35分/必得分3分

主要内容：能源需求、能源效率、可再生能源、持续的能源性能。

4）材料与资源：最多可得分14分/必得分1分

主要内容：垃圾管理、材料生命周期。

5）室内环境质量：最多可得分15分/必得分2分

主要内容：室内空气质量、热舒适、照明、声环境。

6）设计创新：最多可得分6分。

7）地域优先：最多可得分4分。

LEED的各级别认证所需的得分数：

认证级：40～49分；

银级：50～59分；

金级：60～79分；

铂金级：80分以上。

除"LEED-新建建筑和大规模改造"外，其他各体系因针对不同建筑类型或项目类别而各有特色。例如，"LEED-学校建筑"增加了对教室声环境、总体规划、防霉、场地环境质量（污染物）检测的关注。另外，每个体系的总"可得分"以及每个认证级别所需的分值也略有不同。

（3）LEED评审中通常接受的典型绿色技术

LEED评审中通常接受的典型绿色技术有：

1）自然采光、防止眩光污染、合理运用导光管；

2）建筑合理遮阳；

3）合理采用地板送风；

4）屋顶合理绿化；

5）雨水收集系统；

6）太阳能利用；

7）采用节水器具；

8）采用绿色建材（再生材料、贴膜的建筑玻璃等）；

9）分项计量与能耗数据采集系统；

10）垃圾管理（垃圾分类收集及处理）；

11）温室气体的减排。

2009 年版的 LEED 体系还增加了一个新的"碳指标"，它体现的是项目对 LEED 体系中所有与减碳相关的分值的获取情况，以百分数来表示，幅度为 0 ~100。（0 表示与减碳相关的分数一分也没得到，100 表示得到了所有与减碳相关的分值）。LEED 认证建筑中，不同级别的认证与碳指标的高低成正比。

2014 年推出 LEED 第四版（V4），有如下特点：更关注建筑物整体性能；增加了对新业态的覆盖（如数据中心、仓库及配送中心等）；采用了更多的国际标准（能耗标准仍以 ASHRAE 标准为主）；技术条款有新增条款（如项目的整体规划与设计），有改进条款（如新增可步行街道、历史街区的鼓励等）。

（4）LEED 评价体系的优缺点

LEED 评价体系公认度较高，该评估系统有其优点，但也存在一些不足。归纳如下：

1）LEED 的各项指标，一般都是量化指标，都给出了具体的数字，可以进行定量考核。量化指标使该评价体系在执行过程中有统一的尺度，但这也使 LEED 缺少了灵活性，不能满足在评价过程中因区域条件的差异而应进行相应调整的需求。

2）简明实用，每个得分项一目了然。正是 LEED 的便捷和实用，为其带来了良好的市场效益，同时也使其在某些问题上缺乏深入性。如在计算既有建筑的利用率，资源、材料的利用率和地方材料占总建筑材料的比率时，是根据建筑面积和材料价格，而不是根据材料含能（指建筑材料的全过程中所消耗能量的总和），这样势必对材料在生产、运输、利用、废弃的全过程中的能量代价考虑不足。

3）在"节水"与"能源和大气"指标中，强调节约不可再生能源、利用可再生能源及"绿电"、减少水资源消耗和减少制冷设备氟氯烃排放，但缺少对设备可靠性和耐久性的评价指标。

4）LEED 评价体系中没有涉及对建筑（如建筑外围护结构）耐久性的评价。

5）LEED 评价体系考虑了各项指标的权重系数，体现在每个得分点可能获得的分数不同。如保留现有建筑 100% 的建筑结构和外壳以及 50% 非围护结构时，可获得 1~3 分；而在"能源和大气"部分的指标下，节能水平为 20%、30%、40%、50%、60% 时分别可获得 2~10 分，由此看出 LEED 更关注建筑物的节能，权重系数高些，但给出的权重系数缺乏严格的依据。

6）LEED 中对于保护地域生态环境、减轻地域环境负荷，都给出了相应的评价指标，而对保护与营造新建筑周围的地域文化环境则没有涉及。

7）LEED 评估体系中，"能源与大气"部分的分值最高，可见其对建筑节能的重视。

8）LEED 评价体系中"室内环境质量"部分的分值仅次于"能源与大气"部分。除自然通风外，室内空气品质、VOC 成分的排除、污染空气的稀释以及舒适环境的获取，都依赖于空调系统来实现，因此这对加强空调系统的设计和提高其运行性能，会有积极意义。

LEED 不具备通用性。该评价系统在制定初期，主要是考虑美国的需要而建立的，其评价内容和方法并不完全适应其他国家。因此，如果在某一国家进行 LEED 的认证，应该考虑该评估体系的本土化。

　　2. 英国 BREEAM 标准

　　英国 BREEAM 评估法是最早的绿色建筑评估系统，是由英国建筑研究院（BRE）和一些私营单位的研究人员共同开发的。从 1990 年到 1993 年，英国建筑研究院公布了对多种建筑类别适用的五种评估版本。BREEAM 评估法主要根据地球环境和资源利用、当地环境和室内环境三个方面进行评估，内容包括建筑性能、设计建造和运行管理。评价条目涉及 9 个方面的内容：

　　（1）管理——总体政策和规程。

　　（2）健康和舒适——室内和室外环境。

　　（3）能源——能耗和 CO_2 排放。

　　（4）交通——有关场地规划和运输时 CO_2 的排放。

　　（5）水——消耗和渗漏问题。

　　（6）原材料——原材料选择及对环境的作用。

　　（7）土地利用和生态——绿地和褐地❶使用，场地的生态价值。

　　（8）垃圾——分类与处理。

　　（9）污染——（除 CO_2 外）空气和水的污染。

　　每一条目下分若干子条目，各对应不同的得分点。

　　在过去十年里，各国的建筑环境评价系统都已开始转向下一步工作，即建立标识系统，以便向使用者说明建筑的基本使用性能。目前在这方面做得最好的当属英国的 BREEAM，该方法为建筑的市场销售提供了一种性能标识。作为该系统的子系统，加拿大 BREEAM 是 BREEAM 的北美版，目前已能满足加拿大的使用要求。还有一些评价系统（其中很多基于 BREEAM 系统）在瑞典、挪威、丹麦、冰岛等地也不同程度地有所发展。

　　3. 国际绿色建筑标准

　　国际建筑规范委员会（ICC）出台了《2012 国际绿色建筑标准》（lgCC），标准适用于新建及改造建筑，实现建筑高能效、低排放。该标准规定了建筑从设计到施工、营运以及人员认证等要求，设定了建筑物的最低环保要求。该标准可以根据建筑物所在地区的情况进行调整，以符合地域的实际。

5.4.3　绿色建筑的评价程序

　　1. 绿色建筑的评价机构

　　根据《绿色建筑评价标识管理有关工作的通知》（建办科〔2015〕53 号），由第三方评价机构对自愿申报的建筑项目，在进行科学、公开、公平、公正评价的基础上，以评价机构的名义对通过审定的项目进行公示、公告和统一颁发证书、标识。各地住房城乡建设行政主管部门进行绿色建筑评价机构的管理，严格要求，明确责任，并随时对标识项目进行抽查验查，督促评价机构提高评价质量。

　　按照项目所在地强制执行的绿色建筑设计规范、设计要点进行设计，并通过施工图审

---

　　❶　褐地是指褐地（Brownfield）技术支援中心（BTSC）发展的一系列以教育土地所有人、策略决策者及技术人员施行以绿色植物对污染物整治的技术，"植物"与"自然"为两大主轴，处理土壤中有害废弃物、沉积物以及地表水与地下水。

查的建筑可认定为绿色建筑，并纳入当地绿色建筑项目、面积的统计范围。如上述建筑需要获得绿色建筑评价标识与证书，应按照绿色建筑标识评价工作要求，依据绿色建筑评价相关标准，履行相应的评价程序。

2. 绿色建筑的评价程序

绿色建筑的评价程序按相关评价机构的要求进行。

5.4.4 绿色建筑的评价

1. 绿色建筑评价的分类

绿色建筑标识星级由低至高分为一星级、二星级、三星级三个级别。标识包括证书和标牌。绿色建筑三星级标识认定统一采用国家标准，二星级、一星级标识认定可采用国家标准或与国家标准相对应的地方标准。

2. 绿色建筑评价的技术依据

绿色建筑评价的技术依据为《绿色建筑评价标准》系列文件，目前包括：

《绿色建筑评价标准》GB/T 50378；

《绿色建筑评价技术细则》。

3. 绿色工业建筑的评价

绿色工业建筑的评价依据《绿色工业建筑评价标准》GB/T 50878 和《绿色工业建筑评价技术细则》进行。

4. 既有建筑绿色改造的评价

既有建筑绿色改造的星级标识认定采用现行国家标准《既有建筑绿色改造评价标准》GB/T 51141。

第6章 民用建筑房屋卫生设备和燃气供应

6.1 室 内 给 水

6.1.1 室内给水水质和用水量计算

建筑内给水包括生活、生产和消防用水三部分。生产用水则根据工艺要求进行设计。

1. 室内给水水质

（1）水质标准

生活给水系统的水质，应符合现行国家标准《生活饮用水卫生标准》GB 5749 的要求。根据现行国家标准《建筑给水排水设计标准》GB 50015（以下简称《标准》）的术语2.1.1条，生活饮用水是指"水质符合生活饮用水卫生标准的用于日常饮用、洗涤等生活用水"，包括卫生间的冲洗以及消防用水等。

直接饮用水，建设部颁布了行业标准《饮用净水水质标准》CJ 94，该标准适用于以自来水或符合生活饮用水水源水质标准的水为原水，经深度净化后可直接供给用户饮用的管道供水和罐装水。

为了节约用水，不与人体直接接触的用水，如便器冲洗、汽车冲洗、浇洒道路、园林绿化、建筑施工、空调冷却水等，可采用中水和经处理的雨水等。此类用水的水质标准，分别执行国家标准《城市污水再生利用 城市杂用水水质》GB/T 18920 及《城市污水再生利用景观环境用水水质》GB/T 18921。其他如游泳池等有专门的水质标准，锅炉的给水有各种锅炉给水水质标准。供暖热水若为热水锅炉直供，则水质按锅炉水质标准要求，间接供热的供暖热水和空调制冷用水，执行国家标准《采暖空调系统水质》GB/T 29044—2012。冷却水在《工业循环冷却水处理设计规范》GB 50050 规定了循环冷却水系统循环水和补给水的水质。

（2）防水质污染

防水质污染，主要是指防系统内水质被污染。在工程设计中应将不同水质的给水系统分开设置。《标准》3.2 水质和防水质污染中的有关强制性条文对于防水质污染作出了具体规定：如城镇给水管道严禁与自备水源的供水管道直接；中水、回用雨水等非生活饮用水管道严禁与生活饮用水管道连接。《建筑中水设计标准》GB 50336 也规定：中水供水系统必须独立设置。同时，为防止生活饮用水管道向其他系统供水时产生回流污染，一般可设置隔断池和隔断水箱，隔断后不会产生回流污染，但水压丧失，需再用水泵加压。另一种办法是采用防回流设施，采用空气间隙、倒流防止器和真空破坏器，具体方式的选择应根据回流性质、回流的危害程度按《标准》附录 A 确定。

生活饮用水管道系统的管材、设备等应选择对水质无污染的产品。《建筑给水排水及采暖工程施工质量验收规范》GB 50242 规定："生活给水系统所涉及的材料必须达到饮用水卫生标准"（强制性条文）。生活给水系统在施工验收前应进行冲洗，该规范的另一条强制性条文规定："生活给水系统管道在交付使用前必须冲洗和消毒，并经有关部门取样检验，符合国家《生活饮用水卫生标准》GB 5749 方可使用。"为防非饮用水被误用，规定非饮用水管道上接出的水龙头或取水短管，应采取防止误饮误用的措施，如设明显的"非饮用水"等标志。《建筑中水设计规范》规定"中水管道上一般不得装设取水龙头。当装有取水龙头时，必须采取严格的防误饮、误用的防护措施"。"绿化、浇洒、汽车冲洗宜采用有防护功能的壁式或地下式的给水栓"。公共场所及绿化的中水取水口应设带锁装置。

2. 用水量计算

（1）用水定额和水压

生活用水量受各地气候、生活习惯、建筑物使用性质、卫生器具和用水设备的完善程度以及水价等各种因素的影响，故用水量各不相同。生活用水量根据《标准》确定的用水定额等（经多年实测数据统计得出的）进行计算。

1）用水定额

《标准》给出了住宅和公共建筑的最高日生活用水定额。《标准》中各用水定额均有一定范围，可根据当地的具体情况酌情选取，若当地主管部门对住宅生活用水定额有具体规定时，应按当地规定执行。住宅用水定额为每天 24h 使用的水量，各类公共建筑每天使用时数不等，其中学生宿舍、酒店式公寓、宾馆客房、医院住院部、全日制养老院、幼儿园、托儿所等使用时数为 24h，办公楼为 8~10h，商城为 12h，其他公共建筑的使用时数各不相同。

无论住宅或公共建筑在全天中的各小时用水量是不均匀的，《标准》给出了小时变化系数，用以计算最大小时用水量。另外用水定额中一般均不包括供暖、空调系统补水和冷却塔消耗的水量，必须另计。冲洗汽车的用水定额，在《标准》中也有数据可查，浇洒道路和绿化用水等将列入居住小区室外给水系统。卫生器具一次和一小时用水定额可以从设计手册中查到。卫生器具和配件应符合国家现行标准《节水型生活用水器具》CJ 164 的有关要求。

2）卫生器具给水额定流量

根据卫生器具用水要求对其规定了单位时间的出水量，即额定流量，并以 0.2L/s 作为 1 个卫生器具的给水当量数，其数据主要用于计算管径。在有热水供应的情况下，单独计算冷水和热水管道管径时，不能取总的额定流量，但也不是用 1/2 额定流量，如淋浴器额定流量为 0.15L/s，单独计算冷水和热水时，则用 0.10L/s。各器具的具体数据详见《标准》3.1 用水定额和水压。

3）卫生器具所需水压

《标准》对卫生器具的最低工作压力作出了规定，如洗脸盆最低工作压力为 0.05MPa，这是保证卫生器具的额定流量所需的压力，一般称为流出水头。因为各种配水装置出水时需克服给水配件内摩阻、冲击及流速变化等阻力，所以流出水头是指出流控制阀前所需静水压，而不是出口处的水头值。

除对最低工作压力有要求外，卫生器具给水配件也不能承受过大的工作压力，《标准》要求卫生器具给水配件承受的最大工作压力不得大于 0.6MPa。压力过大时，会使配水装置的零件损坏、漏水；开启水龙头、阀门时易产生水锤，不但会引起噪声，还可能损坏管道、附件。卫生器具正常使用的最佳水压约为 0.2~0.3MPa。《标准》规定：居住建筑入户管给水压力不应大于 0.35MPa，住宅的入户管，公称直径不宜小于 20mm。

(2) 设计流量

1) 最高日用水量 Q_d，按下式计算：

$$Q_d = mq_0 \tag{6.1-1}$$

式中　Q_d——最高日用水量，L/d；

　　　m——用水单位数，人数或床位数等；

　　　q_0——最高用水日的用水定额，L/(人·d)或 L/(床·d)，《标准》给出。

2) 最大小时用水量 Q_h，按下式计算：

$$Q_h = \frac{Q_d}{T}k_h \tag{6.1-2}$$

式中　Q_h——最大小时用水量，L/h；

　　　T——建筑物的用水使用时数，h，《标准》给出；

　　　k_h——小时变化系数，《标准》给出。

最大小时用水量主要用于选择设备。

3) 建筑生活给水管道的设计秒流量 q_g

建筑生活给水管道的设计秒流量是反映给水系统瞬时高峰用水规律的设计流量，用于确定给水管管径、计算给水管系统的水头损失以及选用水泵等。

a. 住宅建筑生活给水管道的设计秒流量

计算步骤是：根据住宅配置的卫生器具给水当量、使用人数、用水定额、使用时数及小时变化系数，按《标准》公式计算出最大用水时卫生器具给水当量平均出流概率 U_0（%）；

根据计算管段上的卫生器具当量总数，按《标准》公式计算得出该管段卫生器具给水当量的同时出流概率 U（%）；U 值计算公式中的系数取值，根据 U_0（%），查《标准》附录 B 中表 B 确定；

根据计算管段上的卫生器具给水当量的同时出流概率 U（%），可按下式计算该管段的设计秒流量（当计算管段的卫生器具当量总数超过《标准》附录 C 表格中的最大值时，其设计流量应取最大时用水量）：

$$q_g = 0.2 \cdot U \cdot N_g \tag{6.1-3}$$

式中　q_g——计算管段的给水设计秒流量，L/s；

　　　U——计算管段卫生器具给水当量的同时出流概率，%；

　　　N_g——计算管段卫生器具给水当量总数。

b. 宿舍（居室内设卫生间）、旅馆、宾馆、酒店式公寓、门诊部、诊疗所、医院、疗养院、幼儿园、养老院、办公楼、商场、图书馆、书店、客运站、航站楼、会展中心、教学楼、公共厕所等建筑的生活给水设计秒流量，应按下式计算：

$$q_g = 0.2\alpha\sqrt{N_g} \tag{6.1-4}$$

式中　q_g——计算管段的给水设计秒流量，L/s；

　　　α——根据建筑物用途而定的系数，按《标准》采用；

　　　N_g——计算管段卫生器具给水当量总数。

c. 宿舍（设公用盥洗卫生间）、工业企业的生活间、公共浴室、职工（学生）食堂或营业餐馆的厨房、体育场馆、剧院、普通理化实验室等建筑的生活给水管道的设计秒流量，应按下式计算：

$$q_g = \Sigma q_0 n_0 b \tag{6.1-5}$$

式中　q_g——计算管段的给水设计秒流量，L/s；

　　　q_0——同类型的一个卫生器具给水额定流量，L/s；

　　　n_0——同类型卫生器具数；

　　　b——同类型卫生器具的同时给水百分数，按《标准》采用。

以上计算公式，应按照《标准》应用公式的注解和有关附录选择正确取值。

6.1.2　热水供应

1. 热水系统的组成

（1）热媒系统

热媒系统由热源、水加热器和热媒管网组成，在热水供应系统中称为第一循环系统。热水循环管网服务半径不宜大于300m且不应大于500m。

（2）热水供水系统

热水供水系统由热水配水管网和回水管网组成，称为第二循环系统。从加热器出来被加热到一定温度的热水，经热水配水管网送至各个热水配水点，进入加热器的冷水由冷水管网补给。热水经供水管道时，当配水系统不用水或少量用水时，均会产生较大温降，为保证各用水点随时都有规定水温的热水，需设置回水管网，使一定量的热水经过循环水泵流回加热器以补充管网散失的热量。为保持热水系统管网的温度，还可以采用电伴热方式，使热水可即开即用。在工程中视情况可采用全部热水供水管用电伴热，也可采用局部管道电伴热。日、热水用量设计值大于或等于5m³或定时供应热水的公共建筑宜设置单独的热水循环系统。

2. 热水水质、用水定额和水温

（1）热水水质

生活热水的原水水质应符合现行国家标准《生活饮用水卫生标准》GB 5749 的规定，生活热水的水质应符合现行行业标准《生活热水水质标准》CJ/T 521 的规定。集中热水供应系统的原水的防垢、防腐处理，应根据水质、水量、水温、水加热设备的构造、使用要求等因素经技术经济比较后确定。水质处理主要是对水进行软化或阻垢缓蚀处理。

水的硬度过高或过低均不能满足使用要求，硬度过高易产生水垢，处理后硬度过低不但不经济，而且会使人体感到不舒服。一般洗衣房用水总硬度（以碳酸钙计）宜为50～100mg/L，其他用水宜为75～120mg/L。《标准》对软化处理的规定如表 6.1-1 所示。

热水软化处理规定　　　　　　　　　　　表 6.1-1

项　　目	原水硬度（mg/L）（以碳酸钙计）	
	＞300	150～300
洗衣房日用热水量≥10m³（60℃计）	应进行水质软化或阻垢缓蚀处理	宜进行水质软化处理
生活用水日用热水量≥10m³（60℃计）	宜进行水质软化处理	

用水量较小时，一般设备也小，管路也较短，清理水垢比较方便，允许不进行水质软化处理。对洗衣房来说，若水质硬度合适，衣物洗涤后的效果较好，有条件时可单独设软

化处理。

　　水质阻垢缓蚀处理应根据水的硬度、温度、适用流速、作用时间或有效管道长度及工作电压等，选择合适的物理处理方法或化学稳定剂处理方法，物理处理器有磁水器、电子水处理器、静电水处理器等；化学稳定剂如聚磷酸盐/聚硅酸盐（商品名为归丽晶）等。

　　当系统对溶解氧控制要求较高时，宜采取除氧措施。

　　（2）热水用水定额

　　热水用水定额根据卫生器具完善程度和地区条件，按《标准》规定选取。

　　在天气炎热地区、卫生设备完善、热水 24h 供应时，热水用水定额可取《标准》中的上限值。另外由于热水的供水温度不同、用水量也就不同，显然，水温越高，热水用量越少。《标准》规定的热水用水定额是指水温为 60℃ 的热水用量，而此水量已包括在冷水用量的定额之内。

　　卫生器具一次和 1h 热水用水定额和水温详见《标准》。从其中所列数据可知，卫生器具的热水用水量是与使用水温相对应的，即为配水点热水与冷水混合后的热水用量。

　　（3）热水水温

　　集中热水供应系统的水加热设备出水温度应根据原水水质、使用要求、系统大小及灭菌消毒设施效果等确定，并应符合下列要求：

　　1）进入水加热器的冷水总硬度（以碳酸钙计）小于 120mg/L 时最高出水温度应≤70℃；冷水总硬度（以碳酸钙计）≥120mg/L 时，最高出水温度应≤60℃。

　　2）系统不设灭菌消毒设施时，医院、疗养所等建筑加热设备出水温度应为 60～65℃，其他建筑出水温度应为 55～60℃；系统设灭菌消毒设施时，出水温度均宜相应降低5℃。

　　3）配水点水温不应低于 45℃，保证出水温度不低于 45℃ 的时间，居住建筑不应大于15s，公共建筑不应大于 10s。

　　加热前的冷水计算温度应根据当地资料确定。

　　3. 耗热量和热水量的计算

　　（1）设有集中热水供应系统的居住小区的设计小时耗热量，按《标准》规定计算。

　　（2）宿舍（居室内设卫生间）、住宅、别墅、酒店式公寓、招待所、培训中心、旅馆、宾馆的客房（不含员工）、医院住院部、养老院、幼儿园、托儿所（有住宿）、办公楼等建筑的全日集中热水供应系统的设计小时耗热量按下式计算（计算值还应乘以热损失系数1.10～1.15）：

$$Q_h = K_h \frac{mq_r C(t_r - t_1)\rho_r}{T} \tag{6.1-6}$$

式中　　Q_h——设计小时耗热量，kJ/h；

　　　　m——用水计算单位数（人数或床位数）；

　　　　q_r——热水用水定额，L/（人·d）或 L/（床·d），按《标准》采用；

　　　　C——水的比热，$C = 4.187$kJ/（kg·℃）；

　　　　t_r——热水温度，$t_r = 60$℃；

　　　　t_1——冷水温度，℃，按《标准》采用；

　　　　ρ_r——热水密度，kg/L；

T——每日使用时间，h，按《标准》采用；

K_h——小时变化系数，按《标准》采用。

（3）定时集中热水供应系统，工业企业生活间、公共浴室、宿舍（设公用盥洗卫生间）、剧院化妆间、体育场（馆）运动员休息室等建筑的全日集中热水供应系统及局部热水供应系统的设计小时耗热量按下式计算（计算值还应乘以热损失系数 1.10～1.15）：

$$Q_h = \Sigma q_h(t_r - t_1)\rho_r n_0 bC \tag{6.1-7}$$

式中　Q_h——设计小时耗热量，kJ/h；

q_h——卫生器具热水的小时用水定额，L/h，按《标准》采用；

C——水的比热，$C=4.187$kJ/(kg·℃)；

t_r——热水温度，℃，按《标准》采用；

t_1——冷水温度，℃，按《标准》采用；

ρ_r——热水密度，kg/L；

n_0——同类型卫生器具数；

b——卫生器具的同时使用百分数，按《标准》采用。

（4）具有多个不同使用热水部门的单一建筑或具有多种使用功能的综合性建筑，当其热水由同一热水供应系统供应时，由于不同热水使用部门和不同使用功能的部位其用水量高峰不会同时出现，设计小时耗热量时，可按同一时间内出现用水高峰的主要用水部门的设计小时耗热量加其余部门平均小时耗热量计算。

（5）设计小时热水量

设计小时热水量按下式计算：

$$q_{rh} = \frac{Q_h}{(t_r - t_1)C\rho_r} \tag{6.1-8}$$

式中　q_{rh}——设计小时热水量，L/h，其余各项含义同上。

（6）全日集中热水供应系统中，锅炉、水加热设备的设计小时供热量应根据日热水用量小时变化曲线、加热方式及锅炉、水加热设备的工作制度经积分曲线计算确定，当无条件时，可按下列原则确定：

1）导流型容积式水加热器或贮热容积与其相当的水加热器、燃油（气）热水机组按下式计算：

$$Q_g = Q_h - \frac{\eta V_r}{T}(t_r - t_1)C\rho_r \tag{6.1-9}$$

式中　Q_g——导流型容积式水加热器的设计小时供热量，kJ/h；

Q_h——设计小时耗热量，kJ/h；

η——有效贮热容积系数。导流型容积式水加热器 $\eta=0.7\sim0.8$，导流型容积式水加热器 $\eta=0.8\sim0.9$；第一循环系统为自然循环时，卧式贮热水罐 $\eta=0.80\sim0.85$，立式贮热水罐 $\eta=0.85\sim0.90$；第一循环系统为机械循环时，卧、立式贮热水罐 $\eta=1.0$；

V_r——总贮热容积，L；

T——设计小时耗热量持续时间，h，$T=2h\sim4h$；

t_r——热水温度，℃，按设计水加热器出水温度或贮水温度计算；

t_1——冷水温度,℃,按《标准》采用;

ρ_r——热水密度,kg/L。

当 Q_g 计算值小于平均小时耗热量时,Q_g 应取平均小时耗热量。

从式(6.1-9)可以看出,由于导流型容积式水加热器在设备内贮存了比较多的热量,可以在高峰用水持续时间内(即达到设计小时耗热量的时间)弥补热源供给量的不足,因此主要起到调节小时耗热量的作用。

2)半容积式水加热器或贮热容积与其相当的水加热器、燃油(气)热水机组的设计小时供热量应按设计小时耗热量计算。

半容积式水加热器的贮水容积,只能调节设计小时耗热量与设计秒流量之间的差值,设计秒流量(高峰)出现的时间较短,一般为2～5min,少量的贮水能够保证、也只能保证短时间高峰时的供水,因此设备的供热量按设计小时耗热量计算,而不按秒流量计算。

3)半即热式、快速式水加热器及其他无贮热容积的水加热设备的设计小时供热量应按设计秒流量所需耗热量计算。快速式水加热器无贮热容积,半即热式贮水极少,也起不到调节作用,因此快速式水加热器所需供给的热量最大,容积式加热器所需供热量最小。

6.1.3 热泵热水机

国家发布了《商业或工业及类似用途的热泵热水机》GB/T 21362,热泵热水机的定义是:一种采用电动机驱动,采用蒸气压缩制冷循环,将低品位热源(空气或水)的热量转移到被加热的水中用以制取热水的设备。热泵热水机的循环就是制冷剂的制冷循环。

1. 热泵热水机的分类

依据采用的低品位热源可分为:空气源热泵热水机和水源热泵热水机。

依据其系统组成有:一次加热式热水机、循环加热式热水机和辅助电加热式热水机。

(1)热泵热水机的试验工况

空气源热泵热水机的试验工况分成5种工况,每种工况又分成普通型和低温型,5种工况是:名义工况、最大负荷工况、融霜工况、低温工况和变工况运行。使用侧(或热水侧)的出水温度除变工况运行为9～55℃外,其他工况均为55℃。热源侧(空气侧)的空气温度和湿球温度数值,标准都有具体规定(变工况运行不规定湿球温度数值)。

水源热泵热水机的试验工况分成4种,4种工况是:名义工况、最大负荷工况、最小负荷工况和变工况运行。

热水机机组名义工况的使用侧和水源式热源侧污垢系数为 $0.086m^2 \cdot ℃/kW$。

空气源热泵热水机空气源侧融霜的试验条件,见表6.1-2。

空气源热泵热水机融霜的试验条件 表 6.1-2

工 况	使用侧(或热水侧)		热源侧(空气侧)	
	初始水温度(℃)	终止水温度(℃)	干球温度(℃)	湿球温度(℃)
融霜工况	9	55*	2	—

* 或按照制造厂商明示的该工况最高使用温度进行试验。

(2)热水机机组名义工况时的性能系数(COP)与公共建筑设计要求

热水机机组名义工况时的性能系数(COP)限值与公共建筑设计要求,见表6.1-3。

热水机型式		热源型式		
		空气源式		水源式
		普通型	低温型	
一次加热式		3.70 (4.40)	3.10 (3.70)	4.50
循环加热式	不提供水泵	3.70 (4.40)	3.10 (3.70)	4.50
	提供水泵	3.60 (4.30)	3.00 (3.60)	4.40

注：( ) 内数值为公共建筑采用热水机机组（制热量 *H* ≥10kW）时性能系数（*COP*）不宜低于的数值要求，该值对应《热泵热水机（器）能效限定值及能效等级》GB 29541—2013 的 2 级等级要求。

《热泵热水机（器）能效限定值及能效等级》GB 29541—2013 具体规定了对应 1～5 级的能源效率指标（暂不适用于水源式热泵热水机）。

2. 热泵热水机应用

热泵热水机产业发展较快，产品既满足使用要求，又带来节能和节约使用成本的效益，应用场所不断扩大，尤其是学校、医院、酒店、游泳馆、洗浴中心等使用热水温度 60℃以下的用户，使用数量日趋增加。

热泵热水机产品的研发呈现蓬勃发展，如：开发低温（−20℃）时，可靠运行制取 45℃热水，COP 达到 2.5 以上的空气源热泵热水机。所采用的技术是喷汽增焓，或两级压缩，或汽液喷射，或蒸汽喷射；更有商家推出高水温热水机或供暖热水机（65℃以上），采用了两套热泵系统接力制热，如：采用 R410A 制冷剂的热泵制取 50℃左右的热水，再采用 R134a 制冷剂的热泵提升制取 80℃左右的热水。也有采用第 4 章第 3 节所提到的热源塔热泵系统制备热水，当进水温度为−11.8℃时，可稳定提供 55℃热水。

影响热泵热水机性能系数主要有四个因素：产品性能、环境温度（或水源温度）、初始水温和目标水温。因而实际运行的耗能情况，应结合热水机的性能特性、供热水需求和环境条件等综合分析。大体上，目标水温为 55℃时，初始水温越低，性能系数就越高。空气源热泵热水机冬季环境温度越高，性能系数就越高；夏季环境温度越高，对设备寿命会有影响。显然，目标水温越高，其性能系数会降低。

3. 热泵热水机供应热水设计

(1) 水源热泵热水机

1) 设计小时供热量

$$Q_{\mathrm{g}} = k_1 \frac{mq_{\mathrm{r}}C(t_{\mathrm{r}} - t_1)\rho_{\mathrm{r}}}{T_1} \qquad (6.1\text{-}10)$$

式中 Q_{g}——设计小时供热量，kJ/h；

m——用水计算单位数（人数或床位数）；

q_{r}——热水用水定额，L/(人·d)或 L/(床·d)，按《标准》下限取值；

C——水的比热，C=4.187kJ/(kg·℃)；

t_{r}——热水温度，t_{r}=60℃；

t_1——冷水温度，℃，按《标准》采用；

ρ_r——热水密度，kg/L；

T_1——热水机组设计工作时间，h/d，取 8～16h；

k_1——热损失系数，1.10～1.15。

2）贮热水箱（罐）容积

水源热泵热水供应系统宜采用快速水加热器配贮热水箱（罐）间接换热制备热水，全日集中热水供应系统贮热水箱（罐）的有效容积，应按下式计算：

$$V_r = k_1 \frac{(Q_h - Q_g)T_1}{(t_r - t_1)C \cdot \rho_r} \tag{6.1-11}$$

式中　Q_h——设计小时耗热量，kJ/h；

Q_g——设计小时供热量，kJ/h；

V_r——贮热水箱（罐）总容积，L；

T_1——设计小时耗热量持续时间，h；

k_1——用水均匀的安全系数，1.25～1.50。

定时热水供应系统贮热水箱（罐）的有效容积，宜为定时供应最大时段的全部热水量。

（2）空气源热泵热水机

设计小时供热量可按式（6.1-10）计取，当设置辅助热源时，宜按当地农历春分、秋分所在月的平均气温和冷水供应温度计算；当不设辅助热源时，应按当地最冷月平均气温和冷水供应温度计算。

最冷月平均气温不小于10℃的地区可不设辅助热源；最冷月平均气温小于10℃且不小于0℃时，宜设置辅助热源，或采取延长空气源热泵的工作时间等满足使用要求的措施。

（3）热泵热水机的布置设计

由于空气源热泵热水机有室外机和贮热水箱，或室外设置水源热泵热水机主机和贮热水箱，居住建筑的住户选用热泵热水机时，多属于用户自行采购行为，故应向建筑专业提出预留室外部分安装位置的具体要求，以满足热泵热水机的应用。

4. 太阳能热水器

中国是太阳能热水器的生产大国、也是出口大国，产量雄居世界第一。太阳能热水器是由集热器、贮水箱、辅助加热装置及相关附件组成。将太阳能转换成热能主要依靠集热管。家用太阳能热水器通常按自然循环方式工作，没有外在的动力，设计良好的系统只要有 5～6℃以上的温差就可实现循环使用。当日照时数大于 1400h/年、年太阳辐射量大于 4200MJ/m² 及年极端气温不低于－45℃的地区，宜优先采用太阳能作为热水供应热源。

1）太阳能集热器的基本类型

目前国内市场普及的是全玻璃太阳能集热真空管。结构分为外管、内管、选择性吸收涂层、吸气剂、不锈钢卡子、真空夹层等部分。此外，还有平板集热器，平板集热器具有寿命长、稳定性高、可回收的优点，较真空管集热器成本稍高。

2）太阳能热水器的制热能力

太阳能热水器的制热能力与使用地域、季节变化和当地太阳能资源密切相关。一般根据年平均气温、年日照时数和单位面积年均太阳总辐射总量，可以得出太阳能热水器的供热水能力。应用太阳能集热器宜设置辅助热源，组成复合式热源系统，保证全年使用。

3）太阳能热水系统设计

太阳能热水系统设计应按照《标准》和《民用建筑太阳能热水系统应用技术标准》GB 50364 设计。

太阳能集热系统宜按分栋建筑设置，当需合建时，宜控制集热器陈列总出口至集热水箱的距离不大于 300m。

太阳能热水系统的类型应根据建筑物的类型及使用要求确定。

在既有建筑增设太阳能热水系统，必须经建筑结构安全复核，并应满足其他安全性要求。建筑物上安装太阳能热水系统，不得降低相邻建筑冬季的日照标准。同时，建筑物上安装太阳能热水系统，应与建筑立面、建筑造型相适应。

太阳能热水系统应安全可靠，并应根据不同地区采取防冻、防结露、防过热、防雷、抗雹、抗风和抗震的措施。

太阳能集热器的安装倾角宜与当地纬度一致。

6.2 室 内 排 水

6.2.1 室内污水系统特点

设计室内排水管道系统应了解建筑室内排水系统的特点：

一是，排水是依靠重力流动，管道按非满流设计。建筑内排水系统各排水点排水时间短，属于断续的非均匀流，高峰流量时，水可能充满整个管道断面，而大部分时间管道内可能没有水。

二是，排水中含有固体杂物，但相对于水、气来说固体物较少，因此其流动特点视作水、气两相流。

三是，排水管内流速变化剧烈。水流由横支管进入立管时，流速急骤增大，水气混合，当水流由立管进入横管时，流速急骤减小，水气分离。

因此，排水系统的管内压力波动大，压力分布不均匀，存在正压段和负压段。排水立管上接各层排水支管，下接排水横干管（或水平排出管），立管内水流呈竖直下落流动状态。当横支管排放的污水进入立管后，水流在下落过程中会挟带管内气体一起向下流动，若不能及时补充带走的气体，在立管上部会形成负压；立管中挟气水流进入横干管后，因水流充满横干管断面，流速减小，气体从水中分离出来，若不能及时排走气体，在立管底部和横干管内会形成正压。正压大小与横支管距横干管的高差大小有关，高差越大，污水下落在立管和横干管连接处的动能越大，形成正压越大。

在横支管中，当立管大量排水，而横支管上某卫生器具也同时排水时，就会在支管内造成压力波动，有时出现正压，有时为负压，使不排水的卫生器具水封高度降低（不过，排水横支管自身的排水造成的排水横支管内的压力波动值不大）。排水管系统内气压变化的最大值不得大于水封高度。否则，水封就会被破坏。

由于排水量的不均匀，立管内流动状态不断变化，管内压力经常改变，造成压力波动大。

图 6.2-1 为带伸顶通气管的排水管内压力分布示意图，从图中可见，管内压力分布是不均匀的，且有的地方为负压，有的地方为正压。

由于，排水管道是排除污水用，《标准》对于其布置、安装的部位规定有专门的强制性条文。

6.2.2　排水设计秒流量

1. 卫生器具排水定额

卫生器具排水定额是经过实测得出，主要用于计算建筑内各管段的排水设计秒流量，进而确定各管段的管径。卫生器具以 0.33L/s 排水量作为

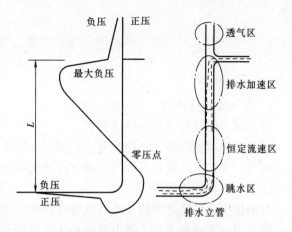

图 6.2-1　排水管内压力分布示意图
（只设伸顶通气管时）

1 个排水当量，由于卫生器具排水具有突然、迅速、流率大的特点，所以，一个排水当量的排水流量是一个给水当量额定流量的 1.65 倍，各种卫生器具的排水流量、当量和排水管管径在《标准》中已列表表示。

2. 设计秒流量

设计秒流量的计算是以卫生器具的排水流量、当量和排水管作为基础资料，并考虑建筑中使用卫生器具的经验规律而确定的，实际是最大排水瞬时流量。

（1）住宅、宿舍（居室内设卫生间）、旅馆、宾馆、酒店式公寓、医院、疗养院、幼儿园、养老院、办公楼、商场、图书馆、书店、客运中心、航站楼、会展中心、中小学教学楼、食堂或营业餐厅等建筑生活排水管道设计秒流量，应按下式计算：

$$q_p = 0.12\alpha\sqrt{N_p} + q_{max} \tag{6.2-1}$$

式中　q_p——计算管段排水设计秒流量，L/s；

N_p——计算管段的卫生器具排水当量总数，查《标准》得到；

α——根据建筑物用途而定的系数查《标准》得到；

q_{max}——计算管段上最大的一个卫生器具的排水流量，L/s。

注：如果计算所得流量值大于该管段上按卫生器具排水流量累加值时，应按卫生器具排水流量累加值计。

（2）宿舍（设公用盥洗卫生间）、工业企业生活间、公共浴室、洗衣房、职工食堂或营业餐厅的厨房、实验室、影剧院、体育场（馆）等建筑的生活排水管道设计秒流量，应按下式计算：

$$q_p = \sum q_0 n_0 b \tag{6.2-2}$$

式中　q_0——同类型的一个卫生器具排水设计秒流量，L/s；

n_0——同类型卫生器具数；

b——卫生器具的同时排水百分数，按《标准》采用。冲洗水箱大便器的同时排水百分数应按 12% 计算。

6.3 燃 气 供 应

6.3.1 燃气输配

1. 燃气及燃气管道

（1）城市燃气的种类与质量要求

国家标准《城镇燃气分类和基本特性》GB/T 13611—2018 将城市燃气类别划分为：人工煤气、天然气、液化石油气、液化石油气混空气、二甲醚和沼气。规定有特性指标计算方法和特性指标要求等。

各地供应的城镇燃气的基准发热量（热值）变化应在基准发热量（热值）的±5％以内，燃气组分及杂质含量、露点温度和接气点压力等气质参数应根据气源条件和用气需求确定。

1）天然气

天然气是优质燃料气，是理想的城市气源。

天然气的质量技术指标应符合现行国家标准《燃气工程项目规范 》GB 55009 的规定，技术指标包括：标准状态下高位发热量大于 31.4MJ/m^3，总硫（以硫计）、硫化氢和二氧化碳；对烃露点也有要求。

2）人工煤气

以固体、液体或气体（包括煤、重油、轻油、液体石油气、天然气等）为原料经转化制得的，且符合现行国家标准《燃气工程项目规范 》GB 55009 质量指标的可燃气体。

3）液化石油气

液化石油气应符合现行国家标准《燃气工程项目规范 》GB 55009 质量指标。液化石油气中不允许人为加入除加臭剂以外的非烃类化合物。

4）燃气应具有当其泄漏到空气中并在发生危险之前，嗅觉正常的人可以感知的警示性臭味。现行国家标准《燃气工程项目规范 》GB 55009 给出了加臭剂的最小量和有关要求。

（2）燃气管道的分类

燃气管道根据用途和输气压力分类。

1）根据用途分类

a. 长距离输气管线—产地、储存库、使用单位之间的用于输送商品燃气的管道。根据《压力容器压力管道设计许可规则》TSG R1001，被划分为 GA 类。

b. 城镇燃气管道—是指城市或乡镇范围内用于公用事业或民用的燃气管道。根据《压力容器压力管道设计许可规则》TSG R1001，被划分为 GB1 类。

c. 分配管道（包括街区和庭院的分配管道）—在供气地区将燃气分配给用户。

d. 用户引入管—将燃气分配管道引到用户引入口的总阀门。

e. 室内燃气管道—由用户引入口总阀门引入室内并分配到每个燃气用具。

f. 工业燃气管道—是指企业、事业单位所属的用于公用工程的燃气管道。根据《压力容器压力管道设计许可规则》TSG R1001，被划分为 GC 类。

2）根据输气压力分类

燃气管道漏气可能导致火灾、爆炸、中毒或其他事故，因此其气密性与其他管道相比，有特别的要求。燃气管道中的压力越高，危险性越大。当管道内燃气的压力不同时，对管道材质、安装质量、检验标准和运行管理的要求也不同。

燃气输配管道应根据最高工作压力进行分级，并应符合表 6.3-1 的规定。

城镇燃气管道设计压力（表压）分级　　　　表 6.3-1

名　　称		压力（MPa）
高压燃气管道	A	$2.5<P\leqslant4.0$
	B	$1.6<P\leqslant2.5$
次高压燃气管道	A	$0.8<P\leqslant1.6$
	B	$0.4<P\leqslant0.8$
中压燃气管道	A	$0.2<P\leqslant0.4$
	B	$0.01<P\leqslant0.2$
低压燃气管道		$P<0.01$

（3）燃气输配管道设计

燃气管道的设计使用年限不应小于 30 年。

燃气管道的设计应遵循现行国家标准《燃气工程项目规范》GB 55009 和《城镇燃气设计规范》GB 50028 的有关规定。同时，应遵循国家有关压力管道设计的现行规定。

居民和小型公共建筑用户一般直接由低压管道供气。中压及以上压力的燃气必须通过区域调压站或用户专用调压站，才能给城市分配管网中的低压和中压管道供气，或给工业企业、大型公共建筑用户或锅炉房供气。

2. 调压站与调压装置

当燃气供应压力是中压或次高压，而使用压力为低压或低于供气压力时，应设置调压站、调压箱（或柜）或专用调压装置。调压装置中起主要作用的是调压器。

（1）调压器

调压器按供应对象可以分为区域调压器、专用调压器和用户调压器。按用途分为高-中压、高-低压、中-低压燃气调压器。燃气相对密度大于或等于 0.75 的燃气管道、调压装置和燃具，不得设置在地下室、半地下室、地下箱体、地下综合管廊及其他地下空间内。

调压器的计算流量应按调压器所承担的管网小时最大输送量的 1.2 倍确定。燃气调压器的选择主要依据是通过能力，它取决于调压器阀孔直径、前后压差和燃气种类。

（2）调压装置的设置要求

1）调压站（含调压柜）与周围建（构）筑物的水平净距应符合国家现行标准的规定。设置调压装置的场所，其环境温度应能保证调压装置的正常工作。

2）调压箱的安装位置应根据周边环境条件综合确定。设置在建筑物外墙上的单独调压箱（悬挂式），对居民和商业用户燃气进口压力不应大于 0.4MPa，对工业用户（包括锅炉房）不应大于 0.8MPa。设置在地上单独调压柜（落地式），对居民、商业用户和工业用户（包括锅炉房）燃气进口压力不宜大于 1.6MPa。

调压箱（悬挂式）的箱底距地坪的高度宜为 1.0～1.2m，可安装在用气建筑物的外墙壁上或悬挂于专用的支架上；当安装在用气建筑物的外墙上时，调压器进出口管径不宜大于 $DN50$。

调压箱到建筑物的门、窗或其他通向室内的孔槽的水平净距应符合下列规定：当调压器进口燃气压力不大于 0.4MPa 时，不应小于 1.5m；当调压器进口燃气压力大于 0.4MPa 时，不应小于 3.0m。

调压箱不应安装在建筑物的窗下和阳台下的墙上；不应安装在室内通风机进风口墙上。

3）调压装置应具有防止压力过高的安全措施。

4）进口压力大于或等于 0.01MPa 的调压站或调压箱的燃气进口管道和进口压力大于 0.4MPa 的调压站或调压箱的燃气出口管道，均应设置切断阀门。切断阀门应与调压站或调压箱保持一定距离。

5）设置调压装置的建筑物和体积大于 1.5m³ 的调压箱应符合国家现行标准有关防爆的要求。

6.3.2　室内燃气应用

1. 燃气系统的构成

室内燃气系统的构成随城市燃气系统的供气方式不同而有所变化，由城市低压燃气管网直接供气的系统，由用户引入管、立管、水平干管、用户支管、燃气计量表、燃气用具连接管和燃气用具组成。

对于高层建筑的室内燃气管道还应考虑如下特殊问题：

（1）高层建筑的燃气立管应有承重的支撑和必要的补偿措施。

（2）燃气与空气密度不同时，随建筑物高度的增大，附加压头也增大。当高程差过大时，为使建筑物各层的燃具都能在允许的压力波动范围内工作，可采取下列措施消除附加压力：

1）分开设置高层供气系统和低层供气系统，以分别满足不同高度燃气用具工作压力的需要。

2）在燃气立管上设置低-低压调压器，分段消除楼层的附加压力。

3）在燃气立管的横支管上设置低-低压调压器，即在用户的燃气计量表前安装一具小型低-低压调压器，将调压器出口压力调整到燃气用具所需要的压力。由于这一措施需增加初投资和维护费用，目前主要在公共建筑中使用，而且效果良好。

计算低压燃气管道阻力损失时，对地形高差大或高层建筑立管因高程差而引起的燃气附加压力，按下式计算：

$$\Delta H = 9.8 \times (\rho_k - \rho_m) \times h \tag{6.3-1}$$

式中　ΔH——燃气的附加压力，Pa；

ρ_k——空气的密度，kg/m³；

ρ_m——燃气的密度，kg/m³；

h——燃气管道终、起点的高程差，m。

2. 燃气管道

（1）用户燃气管道最高工作压力

1）用户室内燃气管道的最高工作压力不应大于表 6.3-2 的规定。

用户室内燃气管道的最高工作压力（表压 MPa） 表 6.3-2

燃气用户		最高压力
工业用户	独立、单层建筑	0.8
	其他	0.4
商业建筑、办公建筑		0.4
住宅、明设/暗封		0.2/0.01
农村家庭用户		0.01

注：1. 液化石油气管道的最高压力不应大于 0.14MPa；
　　2. 管道井内的燃气管道最高压力不应大于 0.2MPa；
　　3. 室内燃气管道压力大于 0.8MPa 的特殊用户设计应按有关专业规范执行。

2）燃气供应压力

燃气供应压力应根据用气设备燃烧器的额定压力及允许的压力波动范围确定。民用低压用气设备燃烧器的额定压力可采用表 6.3-3 的数值。

民用低压用气设备燃烧器的额定压力（表压 kPa） 表 6.3-3

燃气 燃烧器	人工煤气	天然气		液化石油气
		矿井气	天然气、油田伴生气、液化石油气混空气	
民用燃具	1.0	1.0	2.0	2.8 或 5.0

（2）室内燃气管道

室内燃气管道宜选用钢管，也可选用铜管、不锈钢管、铝塑复合管和连接用软管，有关管材与敷设均应符合现行国家标准《城镇燃气设计规范》GB 50028 的规定。

室内低压燃气管道应选用热镀锌钢管（热浸镀锌），其质量应符合现行国家标准《低压流体输送用焊接钢管》GB/T 3091 的规定。中压燃气管道应采用加厚无缝钢管，其质量应符合现行国家标准《低压流体输送用无缝钢管》GB/T 8163 的规定。低压燃气管道可采用螺纹连接（地下室、半地下室除外），中压燃气管道应采用焊接或法兰连接。燃气管道与附件严禁使用铸铁件。

（3）引入管的设置

1）燃气引入管不得敷设在卧室、卫生间、易燃和易爆品的仓库、有腐蚀性介质的房间、发电间、配电间、变电室、不使用燃气的空调机房、通风机房、计算机房、电缆沟、暖气沟、烟道和进风道及垃圾道等地方。

2）住宅燃气引入管宜设在厨房、外走廊、与厨房相连的阳台内（寒冷地区输送湿燃气时阳台应封闭）等便于检修的非居住房间内。当确有困难时，可从楼梯间引入（高层建筑除外），但应采用金属管道且引入管阀门宜设在室外。

3）商业和工业企业的燃气引入管宜设在使用燃气的房间或燃气表间内。

4）燃气引入管宜沿外墙地面上穿墙引入，室外露明管段的上端弯曲处应加不小于 $DN15$ 清扫用三通和丝堵，并做防腐处理。寒冷地区输送湿燃气时应保温。

引入管可埋地穿过建筑物外墙或基础引入室内。当引入管穿过建筑物外墙或基础进入建筑物后，应在最短距离内出室内地面，不得在室内地面下水平敷设。

5）燃气引入管穿过建筑物基础、墙或管沟时，均应设置在套管中，并应考虑沉降的影响；必要时应采取补偿措施。

套管与基础、墙或管沟之间的间隙应填实，其厚度应为被穿过结构的整个厚度。

套管与燃气引入管之间的间隙应采用柔性防腐、防水材料密封。

6）燃气引入管的最小公称直径应符合下列要求：

输送人工煤气管的最小公称直径不应小于25mm；输送天然气管的最小公称直径不应小于20mm；输送气态液化石油气管的最小公称直径不应小于15mm。

7）燃气引入管阀门宜设置在建筑物内，对重要用户还应在室外另设阀门，用于用户房间发生事故时，在室外较安全的地带切断用气，阀门应选择快速式切断阀。

8）输送湿燃气的引入管，埋设深度应在土壤冰冻线以下（例如北京地区要求≥800mm），并宜有不小于0.01坡向室外管道的坡度。

9）敷设在室外的燃气管道应有可靠的防雷接地装置。采用阴极保护腐蚀控制系统的室外埋地钢质燃气管道进入建筑物前应设置绝缘连接。

（4）室内管道的设置

1）暗埋的用户燃气管道的设计使用年限不应小于50年，管道的最高运行压力不应大于0.01MPa。

2）室内燃气管道不得穿过卧室、易燃易爆品仓库、配电间、变电室、电梯井、电缆（井）沟、通风沟、风道、烟道和具有腐蚀性环境的场所。

3）燃气立管不得敷设在卧室或卫生间内。立管穿过通风不良的吊顶时应设在套管内。

4）暗设的燃气管道除与设备、阀门的连接外，不应有机械接头。

5）燃气管道不应敷设在潮湿或有腐蚀性介质的房间内，当确需敷设时，必须采取防腐蚀措施。

6）输送湿燃气的燃气管道敷设在气温低于0℃的房间或输送气相液化石油气管道处的环境温度低于其露点温度时，其管道应采取保温措施。

7）燃气管道敷设在地下室、半地下室及通风不良场所时，应有良好的通风设施，房间的换气次数不得小于3次/h；并应有独立的事故机械通风设施，其换气次数不应小于6次/h。应有固定的防爆照明设备和燃气监控设施。

8）敷设在地下室、半地下室、设备层和地上密闭房间以及竖井住宅汽车库（不使用燃气，并能设置钢套管的除外）的燃气管道应符合下列要求：

a. 管材、管件及阀门、阀件的公称压力应按提高一个压力等级进行设计；

b. 管道宜采用钢号为10、20的无缝钢管或具有同等及同等以上性能的其他金属管材；

c. 除阀门、仪表等部位和采用加厚的低压管道外，均应焊接或法兰连接；应尽量减少焊缝数量，钢管道的固定焊口应进行100%射线照相检验，活动焊口应进行10%射线照相检验，其质量不得低于现行国家标准的要求。

9）燃气水平干管和高层建筑立管应考虑工作环境温度下的极限变形。当自然补偿不能满足要求时，应设置补偿器，补偿器不得采用填料式补偿器。

10）燃气支管宜明设。燃气支管不宜穿过起居室（厅）。敷设在起居室（厅）、走道内的燃气管道不宜有接头。

当穿过卫生间、阁楼或壁柜时，燃气管道应采用焊接连接（金属软管不得有接头），并应设在钢套管内。

11) 确需暗埋或暗封的燃气管道应符合现行国家标准的相关规定。

12) 用户燃气立管、调压器和燃气表前、燃具前、测压点前、放散管起点等部位应设置手动快速式切断阀。

13) 工业企业用气车间、锅炉房以及大中型用气设备的燃气管道上应设放散管，用以吹扫积存在燃气管道中的空气、杂质，或在停止使用时放散少量漏气。放散管管口应高出屋脊（或平屋顶）1m 以上或设置在地面安全处，并应采取防止雨雪进入管道和放散物进入房间的措施，例如加装防雨帽或向下煨弯等。

当建筑物位于防雷区之外时，放散管的引线应接地，接地电阻应小于 10Ω。

14) 燃气管道的安装应严格执行焊缝无损检测的规定；管道吹扫和压力试验的介质应采用空气或氮气，严禁采用水；不得损坏房屋的承重结构及房屋任何部分的防火性。

3. 用气设备

(1) 居民生活用气设备

居民生活用气设备应符合下列规定：

1) 居民住宅应使用低压燃具，其燃气压力应小于 0.01MPa。

2) 居民住宅用燃具严禁设置在卧室内。

3) 家用燃气灶应安装在有自然通风和自然采光的厨房内，利用卧室的套间（厅）或利用与卧室连接的走廊作厨房时，厨房应安装门并与卧室隔开。

4) 家用燃气热水器的设置应符合下列要求：

a. 应安装在通风良好的非居住房间、过道或阳台内；

b. 有外墙的卫生间内，可安装密闭式热水器，但不得安装其他类型热水器；

c. 装有半密闭式热水器的房间，房间门或墙的下部应设有效截面积不小于 0.02m^2 的格栅，或在门与地面之间留有不小于 30mm 的间隙，以保证燃烧所需空气量的供给；

d. 房间净高宜大于 2.4m；

e. 可燃或难燃烧的墙壁和地板上安装热水器时，应采取有效的防火隔热措施；

f. 热水器的排气筒宜采用金属管道连接。

5) 单户住宅供暖和制冷系统采用燃气时，应符合下列要求：

a. 应有熄火保护装置和排烟设施；

b. 应设置在通风良好的走廊、阳台或其他非居住房间内；

c. 设置在可燃或难燃烧的地板上时，应采取有效的防火隔热措施。

(2) 工业和商业用气设备

工业和商业用气设备应符合下列规定：

1) 用气设备应有熄火保护装置；大中型用气设备应有防爆装置、热工检测仪表和自动控制系统。

2) 用气设备应安装在通风良好的专用房间内，安装场所应能满足正常使用和检修的要求。

3) 用气设备设置在地下室、半地下室或通风不良场所时，应设置燃气泄漏报警装置和事故通风设施，有关机械通风的要求具体见本书第 2 章通风和第 4.5 节的有关内容。

4) 当使用鼓风机向燃烧器供给空气进行预混燃烧时，应在计量装置后的燃气管道上加装止回阀或安全泄压装置。

6.3.3 燃气管道计算流量

1. 居民生活用燃气计算流量

居民生活用燃气计算流量按下式计算：

$$Q_h = \sum kNQ_n \qquad (6.3-2)$$

式中　Q_h——燃气管道的计算流量，m^3/h；

　　　k——燃具同时工作系数，居民生活用燃具可按表6.3-4确定；

　　　N——同种燃具或成组燃具的数目；

　　　Q_n——燃具的额定流量，m^3/h。

商业用和工业企业生产用燃气计算流量应按所有用气设备的额定流量并根据设备的实际使用情况确定。

居民生活用燃具的同时工作系数 k　　　　　表6.3-4

每户燃具　户　数	燃气双眼灶	燃气双眼灶和快速热水器	每户燃具　户　数	燃气双眼灶	燃气双眼灶和快速热水器
1	1.000	1.000	40	0.390	0.180
2	1.000	0.560	50	0.380	0.178
3	0.850	0.440	60	0.370	0.176
4	0.750	0.380	70	0.360	0.174
5	0.680	0.350	80	0.350	0.172
6	0.640	0.310	90	0.345	0.171
7	0.600	0.290	100	0.340	0.170
8	0.580	0.270	200	0.310	0.160
9	0.560	0.260	300	0.300	0.150
10	0.540	0.250	400	0.290	0.140
15	0.480	0.220	500	0.280	0.138
20	0.450	0.210	700	0.260	0.134
25	0.430	0.200	1000	0.250	0.130
30	0.400	0.190	2000	0.240	0.120

注：1. 表中"燃气双眼灶"是指一户居民装设一个双眼灶的同时工作系数；当每户居民装设两个单眼灶时，也可参照本表计算。

2. 表中"燃气双眼灶和快速热水器"是指一户居民装设一个双眼灶和一个快速热水器的同时工作系数。

3. 分散供暖系统的供暖装置的同时工作系数可参照国家现行标准《家用燃气燃烧器具安装及验收规程》CJJ 12的规定确定。

2. 流量估算公式

当方案或初步设计阶段缺乏设备台数和用气量等资料时，建筑物的燃气用户燃气小时计算流量（0℃和101.325kPa）宜按下式计算：

$$Q_h = K_m K_d K_h Q_a/(365 \times 24) \qquad (6.3-3)$$

式中　Q_h——燃气小时计算流量，m^3/h；

Q_a——年燃气用量 m³/a，根据当地居民生活和商业的用气量指标确定；

K_m——月高峰系数，计算月的日平均用气量和年的日平均用气量之比，当缺乏实际统计资料时，可按 1.1～1.3 选取；

K_d——日高峰系数，计算月中的日最大用气量和该月日平均用气量之比，当缺乏实际统计资料时，可按 1.05～1.2 选取；

K_h——小时高峰系数，计算月中最大用气量日的小时最大用气量和该日小时平均用气量之比，当缺乏实际统计资料时，可按 2.2～3.2 选取。

3. 供暖通风和空调所需燃气小时计算流量

供暖通风和空调所需燃气小时计算流量，可按现行行业标准《城镇供热管网设计规范》CJJ 34 有关热负荷的规定并考虑燃气供暖通风和空调的热效率折算确定。

附录 1 注册公用设备工程师（暖通空调）执业资格考试专业考试大纲

1 总则

1.1 熟悉暖通空调制冷设计规范，掌握规范的强制性条文。

1.2 熟悉绿色建筑设计规范、人民防空工程、建筑设计防火等标准中与本专业相关的部分，掌握规范中关于本专业的强制性条文。

1.3 熟悉建筑节能设计标准中有关暖通空调制冷部分、暖通空调制冷设备产品标准中设计选用部分、环境保护及卫生标准中有关本专业的规定条文。掌握上述标准中有关本专业的强制性条文。

1.4 熟悉暖通空调制冷系统的类型、构成及选用。

1.5 了解暖通空调设备的构造及性能，掌握国家现行产品标准以及节能标准对暖通空调设备的能效等级的要求。

1.6 掌握暖通空调制冷系统的设计方法、暖通空调设备选择计算、管网计算。正确采用设计计算公式及取值。

1.7 掌握防排烟设计及设备、附件、材料的选择。

1.8 熟悉暖通空调制冷设备及系统的自控要求及一般方法。

1.9 熟悉暖通空调制冷施工和施工质量验收规范。

1.10 熟悉暖通空调制冷设备及系统的测试方法。

1.11 了解绝热材料及制品的性能，掌握管道和设备的绝热计算。

1.12 掌握暖通空调设计的节能技术；熟悉暖通空调系统的节能诊断和经济运行。

1.13 熟悉暖通空调制冷系统运行常见故障分析及解决方法。

1.14 了解可再生能源在暖通空调制冷系统中的应用。

2 供暖

2.1 熟悉供暖建筑物围护结构建筑热工要求，建筑热工节能设计，掌握对公共建筑围护结构建筑热工限值的强制性规定。

2.2 掌握建筑冬季供暖通风系统热负荷计算方法。

2.3 掌握热水、蒸汽供暖系统设计计算方法；掌握热水供暖系统的节能设计要求和设计方法。

2.4 熟悉各类散热设备主要性能。熟悉各种供暖方式。掌握散热器供暖、辐射供暖和热风供暖的设计方法和设备、附件的选用。掌握空气幕的选用方法。

2.5 掌握分户热计量热水集中供暖设计方法。

2.6 掌握热媒及其参数选择和小区集中供热热负荷的概算方法。了解热电厂集中供热方式。

2.7 熟悉汽一水、水一水换热器选择计算方法，熟悉热水、蒸汽供热系统管网设计方法，掌握管网与热用户连接装置的设计方法和热力站设计方法。

2.8　掌握小区锅炉房设置及工艺设计基本方法。了解供热用燃煤、燃油、燃气锅炉的主要性能。掌握小区锅炉房设备的选择计算方法。

2.9　熟悉热泵机组供热的设计方法和正确取值。

3　通风

3.1　掌握通风设计方法、通风量计算以及空气平衡和热平衡计算。

3.2　熟悉天窗、风帽的选择方法。掌握自然通风设计计算方法。

3.3　熟悉排风罩种类及选择方法，掌握局部排风系统设计计算方法及设备选择。

3.4　熟悉机械全面通风、事故通风的条件，掌握其计算方法。

3.5　掌握防烟分区划分方法。熟悉防火和防排烟设备和部件的基本性能及防排烟系统的基本要求。熟悉防火控制程序。掌握防排烟方式的选择及自然排烟系统及机械防排烟系统的设计计算方法。

3.6　熟悉除尘和有害气体净化设备的种类和应用，掌握设计选用方法。

3.7　熟悉通风机的类型、性能和特性，掌握通风机的选用、计算方法。

4　空气调节

4.1　熟悉空调房间围护结构建筑热工要求，掌握对公共建筑围护结构建筑热工限值的强制性规定；了解人体舒适性机理，掌握舒适性空调和工艺性空调室内空气参数的确定方法。

4.2　了解空调冷（热）、湿负荷形成机理，掌握空调冷（热）、湿负荷以及热湿平衡、空气平衡计算。

4.3　熟悉空气处理过程，掌握湿空气参数计算和焓湿图的应用。

4.4　熟悉常用空调系统的特点和设计方法。

4.5　掌握常用气流组织形式的选择及其设计计算方法。

4.6　熟悉常用空调设备的主要性能，掌握空调设备的选择计算方法。

4.7　熟悉常用冷热源设备的主要性能，熟悉冷热源设备的选择计算方法。

4.8　掌握空调水系统的设计要求及计算方法。

4.9　熟悉空调自动控制方法及运行调节。

4.10　掌握空调系统的节能设计要求和设计方法。

4.11　熟悉空调、通风系统的消声、隔振措施。

5　制冷与热泵技术

5.1　熟悉热力学制冷（热泵）循环的计算、制冷剂的性能和选择以及 CFC_s 及 $HCFC_s$ 的淘汰和替代。

5.2　了解蒸汽压缩式制冷（热泵）的工作过程；熟悉各类冷水机组、热泵机组（空气源、水源和地源）的选择计算方法和正确取值；掌握现行国家标准对蒸汽压缩式制冷（热泵）机组的能效等级的规定。

5.3　了解溴化锂吸收式制冷（热泵）的工作过程；熟悉蒸汽型和直燃式双效溴化锂吸收式制冷（热泵）装置的组成和性能；掌握现行国家标准对溴化锂吸收式机组的性能系数的规定。

5.4　了解蒸汽压缩式制冷（热泵）系统的组成、制冷剂管路设计基本方法；熟悉制冷自动控制的技术要求；掌握制冷机房设备布置方法。

5.5 了解蓄冷、蓄热的类型、系统组成以及设置要求。

5.6 了解冷藏库温、湿度要求；掌握冷藏库建筑围护结构的设置以及热工计算。

5.7 掌握冷藏库制冷系统的组成、设备选择与制冷剂管路系统设计；熟悉装配式冷藏库的选择与计算。

5.8 了解燃气冷热电联供的系统使用条件、系统组成和设备选择。

6　空气洁净技术

6.1 掌握常用洁净室空气洁净度等级标准及选用方法。了解与建筑及其他专业的配合。

6.2 熟悉空气过滤器的分类、性能、组合方法及计算。

6.3 了解室内外尘源，熟悉各种气流流型的适用条件和风量确定。

6.4 掌握洁净室的室压控制设计。

7　绿色建筑

7.1 了解绿色建筑的基本要求。

7.2 掌握暖通空调技术在绿色建筑的运用。

7.3 熟悉绿色建筑评价标准。

8　民用建筑房屋卫生设备和燃气供应

8.1 熟悉室内给水水质和用水量计算。

8.2 熟悉室内热水耗热量和热水量计算。掌握热泵热水机的设计方法和正确取值。

8.3 了解太阳能热水器的应用。

8.4 熟悉室内排水系统设计与计算。

8.5 掌握室内燃气供应系统设计与计算。

专业考试时间分配、题量、分值及题型特点

1. 考试时间分配题量及分值

勘察设计注册公用设备工程师（暖通空调）资格专业考试分2天，每天上、下午各3个小时。第一天为专业知识考试，第二天为专业案例考试。第一天，专业知识考试，上、下午各70题，其中单选题40题，每题1分，多选题30题，每题2分，上、下午合计计分，试卷满分为200分；第二天，专业案例考试，上、下午各25题。每题2分，上、下午合计计分，试卷满分为100分。

2. 题型特点

考题由知识题、综合能力题、简单计算题、连锁计算题及案例分析题组成。